泰山学者工程专项经费资助
山东省社科理论重点研究基地
孔子研究院中外文明交流互鉴研究基地成果

MENCIUS'S THEORY OF HUMAN NATURE

方朝晖 简佳星 闫林伟 / 著

古今中外

论人性

及其**善恶**

Interpretations and

Commentaries from

China and Abroad

以孟子为中心

第一卷

社会科学文献出版社
SOCIAL SCIENCES ACADEMIC PRESS (CHINA)

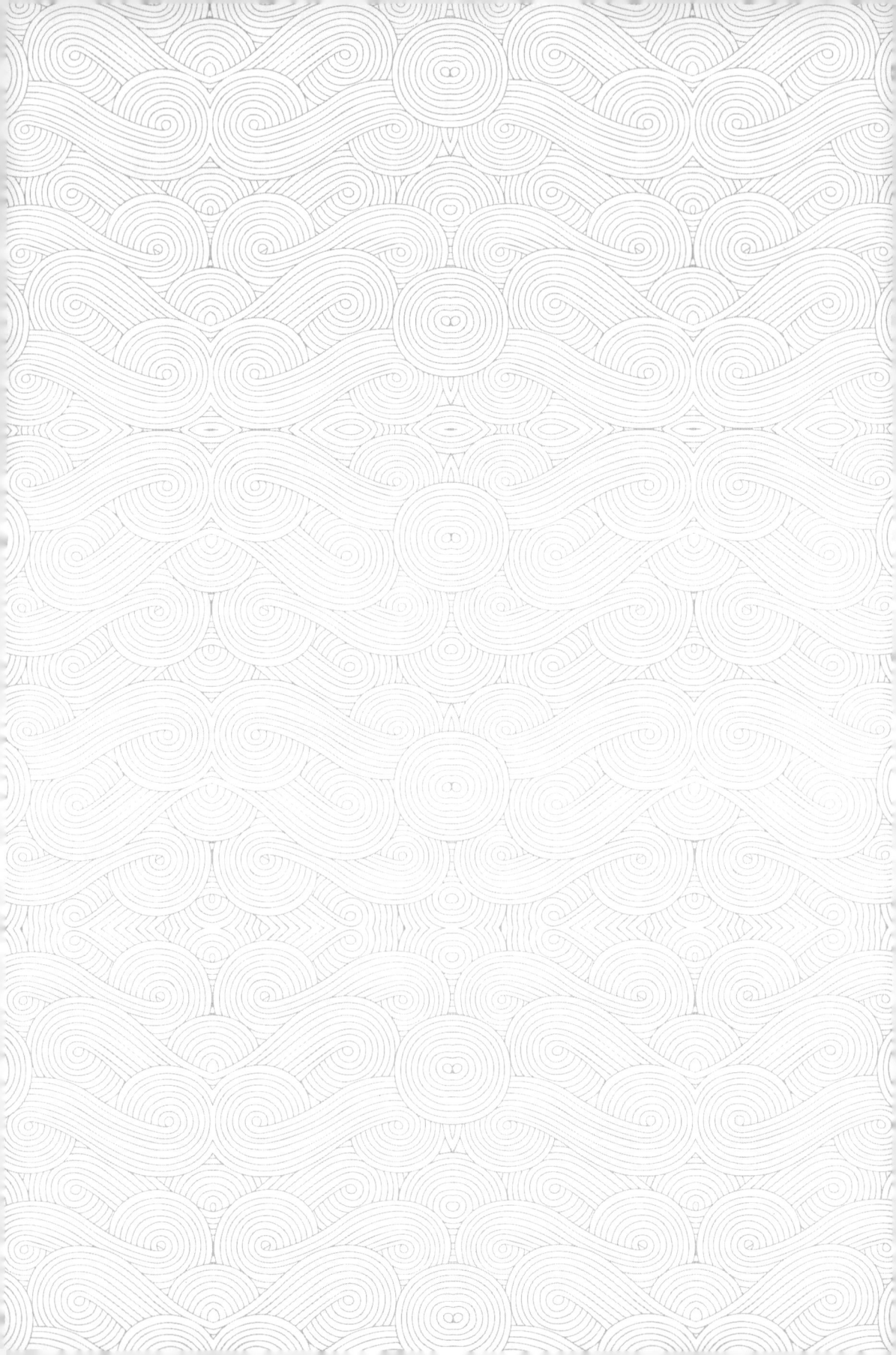

体　例

1. 凡引书中之书，如全集、合集中之文献，所引为单书则用双书名号即《》，节标题为文章或短论则用单书名号即〈〉。域外古籍单篇论著（特别是日本、朝鲜等国的）撰写年代若可获得，则以括号标于节标题后，若不可获得则不标。部分文字设有下划线，皆为本书作者所加，与原作者无关。

2. 第二编以下，以人物为分，通常每个人物一章。每章之中，按文献、主题分级列节标题。例如朱熹章，先按《朱子语类》《朱子文集》《四书章句集注》《四书或问》分出节标题，再在各书下按主题分出小节标题（就《朱子语类》而言，分出"气质说""理与气""性与气"等多个小节标题）。有些学者只采其一本书，也按同样方式分级。

3. 先秦早期文献，特别是儒家十三经之列文献，主要依据（清）阮元校刻《十三经注疏》（北京：中华书局，1980 年影印本），正文中不再标明版本、页码。其他文献，在各节开头注明版本，正文以括号注明页码，括注不再标明文献信息。正文引用非本节主题文献，于脚注注明版本信息，以示区别。

4. 本书引用先秦至两汉文献，以通行本为主（具体版本见第一编各章开头所提供信息），一般不注页码，仅于正文中以括号注明书名和篇名等信息。

5. 本书作者对古人或他人的评注，通常加"方:""方按:"（方朝晖所作）或"闫按:"（闫林伟所作）。

6. 本书第一编名词术语出现次数的统计主要依据如下四个电子数据库：

（1）北京书同文数字化技术有限公司制作的"《四部丛刊09 增补版》全文检索系统"，数据库含图书页面图像。

（2）"文渊阁四库全书电子版——原文及全文检索版"，由迪志文化出版有限公司及书同文计算机技术开发有限公司承办制作，上海人民出版社和迪志文化出版有限公司出版，1999 年 11 月发行，产品代号：SKQS－V－02，中华人民共和国标准书号：ISBN 7－980014－91－X/Z52。

（3）"雕龙：中日古籍全文资料库"，由中国大陆、中国台湾、日本古籍研究专家研制之超大型中日古籍全文检索数据库（包含《四库全书》《四部丛刊》等多个丛书库）。由日本凯希多媒体公司和得泓信息有限公司共同研制，大铎信息股份有限公司制作、行销。

（4）"中华经典古籍库"，中华书局主办（2017 年起）。文本质量高，每页有图像。

弁　言

方朝晖

　　在 2022 年的一篇访谈中，我提到自己以前"对西方汉学也是蛮有偏见的"，但是 2003 年赴美进修期间，因为"在国外期间有比较多的自由时间，就开始比较多地阅读西方汉学作品，这才真正认识到西方汉学的价值和意义"；我认为，"迄今为止，中国人也许还没有真正进入到西方汉学的体系内部去，所以有时无法真正跟人家对话"①。无法对话的原因，现在看来主要还是并不真正重视，一个深层原因则是对西方学术路径不太熟悉，也容易产生成见。我在访谈中提到西方汉学——就我所知，主要是指西方儒学研究——的两个值得重视的特点：一是"西方汉学家通常通好几门语言，比如英语、德语、法语，还有中文和日文等，所以他们的国际视野是非常开阔的"；二是"西方汉学家一个最特别的地方，就是站在域外看中国"，"这些汉学家往往对西方甚至多民族思想文化史比较熟，站在这样的背景来看中国，其眼光跟我们中国人是不一样的"②。就其迄今为止所取得的成就而言，我指出至少有两个方面是非常值得关注的：

　　其一，在对中西方思想文化背后深层次的差异的认识上，往往比我们认识得更深刻。我们现在很多中西文化比较，只是看到一些表面的差异，而他们有时看到了更深层次的本质性的差异。其二，西方汉学家在对中国传统思想的现代转述上做得很出色，他们以真正的现代语言来表述儒学或者中国传统思想。实际上，在儒学几千年的发展史上，每一个重要历史时期的发展，都是要用时代的语言来重新表述过去的思想。……西方汉

---

①　曲祯朋采访和整理《儒学、中西学统与中国现代性——清华大学方朝晖老师访谈》，《国际儒学论丛》第 11 辑，涂可国主编，北京：社会科学文献出版社，2022，页 31。
②　同上。

学家多半善于把古人的思想以现代人可以理解、可以接受的语言来表述。一是因为他们首先需要进行语言转换，这要求他们先把中国原典消化好、转化成自己的理解。二是因为他们大多是大学老师，需要给非专业学生上课，必须做到让学生一听就懂，故必须用最通俗易懂、最契合现代人思维方式的语言来表述中国思想。①

2021年底2022年初，我意识到过去五六年收集、整理的许多有关孟子人性论的文献，特别是域外文献，如能加工出版，或许有利于学林（当初收集整理这些材料是出于科研需要）。因为我在研究推进中发现，目前大批国外孟子研究成果，在国内或并未出版，或无人问津。比如包括日本早期学者山鹿素行、荻生徂徕、伊藤仁斋在内的一大批学者对孟子性善论提出了自己的独特见解，或与中国学者相近，或与中国学者不同。尤其是古学派对孟子性善论的批评，与中国明末清初以后学者的观点有许多相近之处，值得关注。

自20世纪60年代末以来，更准确地说，自葛瑞汉、陈荣捷、刘殿爵、史华兹、牟复礼、倪德卫、孟旦、杜维明、李耶理等人以来，西方学者对孟子的研究早已超越了翻译或介绍，提出了许多十分重要的见解。对于这些见解，如果我们能超越国内学人习惯的语境，深入其内部来咀嚼，就会为其所吸引、启发。如果我们的研究不单纯为了增强民族自豪感，而是从学术自身的真理出发，我们就没有理由不关心、不重视各国学者的研究成果。这正是我下决心整理当初笔记，并撰成此书的主要原因。

当然，本书的主要目的远不限于介绍国外孟子人性论成果，而是试图呈现从古至今关于人性善恶研究的主要面貌。以往对孟子性善论的研究往往局限于国内学者的阐发，对域外文献了解不够；或者先在地将性善论作为一种信念接受，未顾及历代学者对性善论的批评、反思。本书对古今中外具有代表性的学者的人性论思想进行了汇总，并作尽可能客观的分析与评述，这一广度对于今人研究孟子似乎仍有必要性。本书第一编详细研究先秦至两汉重要文献中有关"性"字字义、词义的材料并深入分析，亦试图填补前人研究

---

① 曲祯朋采访和整理《儒学、中西学统与中国现代性——清华大学方朝晖老师访谈》，《国际儒学论丛》第11辑，涂可国主编，北京：社会科学文献出版社，2022，页31。

之空白。本书试图为有志于人性论研究的学者提供可靠的文献津梁和广阔的思想空间，从而深化和丰富对孟子性善论乃至人性论思想的认识与研究，进而推动中国思想史研究的进步。

具体来说，本书收录、分析和评述从先秦历经两汉、隋唐、宋元至明清及民国以来，中国、日本、朝鲜、欧美等地各种文献中围绕孟子性善论所提出的多种不同的人性善恶观。17 世纪以后，儒家人性善恶思想传播到了日本、朝鲜及越南等地，激起了无数新争论，并催生种种新观点。此外，清末以后，儒家人性论也传播到了西方，在西方学界产生了不小的影响。特别是20 世纪 70 年代以后，西方汉学界产生了许多围绕孟子人性论的争论和观点。本书收录的不少境外研究成果，可能为境内首见。

全面回顾并总结过去数千年来中外围绕孟子性善论所形成的有关人性善恶的争论，尤其是了解并总结东亚及欧美学者提出的种种观点，是本书的任务。但事实上，这一目标不可能在本书中全部完成，具体原因我在后记中也作了交代。总的来说，本书具有资料性质，内容是观点总结、分析和评述，与单纯的资料汇编有所不同。

本书收录中国古代文献 70 家，亚洲其他国家古代文献 48 家，欧美各国（英、美、德、法等）文献 29 家，希望能全面反映古今中外围绕孟子性善论所提出的有关人性善恶的重要资料。本书主体部分共五编，另有附录四章。大致内容如下：

第一编：收录先秦至两汉文献 27 家，重点分析其中"性"字含义，针对原始文献进行详尽统计与字义分析，试图厘清"人性"一词在先秦至两汉文献中的真实含义。本编重视早期字义、词义分析，与后面各编完全以人物为重心、以性善为焦点不同。

第二编：收录隋唐以后，从王通、韩愈至王国维，共 43 位学者论人性善恶的主要资料并分析、评述其观点。

第三编：收录日本、朝鲜、韩国及越南共 48 位学者论人性善恶的主要资料，并分析、评述其观点。其中日本学者 15 位，朝鲜、韩国学者 29 位，越南学者 4 位，涵盖这些国家历史上一批重要的儒家学者。

第四编：收录英、美、德、法等国共 29 位学者论儒家人性论的重要资料，并分析、评述其观点，涵盖欧美国家特别是英美一批重要的儒学研究成果。

第五编：收录民国以来中国（包括港澳台地区）29位学者围绕孟子性善论提出的有关人性善恶的种种观点，并进行分析和评述。所录人物希望能涵盖民国以来中国大多数重要学者的重要观点。

上述各编之中，第一编内容较为特别。此编内容并不限于孟子（包括孟子以前的文献），也不限于儒家（包括墨家、法家等），这是因为它不完全是人性善恶观，而是各家对于人性概念的理解及相关观点。之所以这样编写，主要是因为我注意到，长期以来有不少学者提出，有关人性善恶的种种争论主要源于对人性概念含义的不同理解。现当代学者持此说者尤多，比如陈大齐、徐复观、张岱年、刘殿爵等即是其例。西方学者如葛瑞汉、安乐哲等人也主张，汉语中"性"概念的含义非常重要，与西方人性概念有同有异，不可简单混同。因此，全面、认真地总结先秦至两汉人性的概念，是十分有必要的。当然，我在后面各编中，特别是西方汉学编，也同样用不少篇幅来介绍相应学者对人性概念的解释。

在书末另有4个附录，包含：（1）前人论性之义，汇总古代学者对性概念的各种定义；（2）其他人性概念，与人性相关的概念——情、欲、气、才、命、心、德、理等之义研究，这些概念在古代文献中常与性概念混同使用；（3）孟子性论，孟子人性论文献摘录，分孟子论性、论心、论人禽三个方面，并适当地附加了评注；（4）英语世界孟子研究资料，该部分为简佳星所作，收录英语世界研究成果共500余条，并逐条进行介绍。

目　录

第一卷

第二卷

第一卷

第一编　先秦至两汉文献论性

本编集中分析早期（以先秦为主）性字字义，故所录不限于儒家，但以经、子为主。子部之中，仅录儒、道、法、墨四家（《吕氏春秋》论性与道家相近，亦录之）。《孟子》论性原文，后面有专辑，故此编略去。汉代及以后学者所录者皆儒家，不求全。

甲骨文、金文中不见"性"字，但甲骨文有"生"，金文有生、眚二字，一般不读性，多指出生、人名、人称，或读姓、甥、牲等。但不排除其中个别"生"可读为"性"，比如《叔□孙父簠》《蔡姞簋》皆有"弥厥生"，"史墙盘""黄耇弥生"，《豺镈》"用求万（考）命弥生"，若按《诗经·卷阿》"弥尔性"句，读生为性，似亦可通。而傅斯年读法正相反，认为《诗经》"弥尔性"当读"弥尔生"（讨论见后）。① 因此甲骨文、金文有无可读性之字，尚无定论。以传世文献论，先秦论性以《尚书·西伯戡黎》为最早。

需要说明的是，在先秦至汉代文献中，性、生二字常常混用，有时性当读生，有时生当读性。然《郭店简》《上博简》中性常写作眚，说明可能最迟在公元前4世纪时，人们已经从字形上有意识地区分生、性二字。但直到汉代，出土文献中的性字仍常写作生（《马王堆帛书》最为典型）。从心从生的汉字"性"始于何时，不得而知。我们无法准确判断先秦及汉代文献中性字的真实写法。

另外，早期文献中还有不少概念，如命、情、欲、德、中、气等，含义与性字关联甚深，甚或有时相同。凡此种种，很值得全面研究。本书考虑全面研究这些概念工作量太大，为了保证研究的深度，将研究范围仅限于古籍中写作"性"字的文献（唯出土文献检索时兼顾写作生、读作性之例）。为弥补不足，书末附录二对早期文献中情、欲、气、才、命、心、德、理等其

---

① 有关金文中生字含义讨论，见傅斯年《性命古训辨证》，上海：上海古籍出版社，2012，页1—15。

他人性概念做了一些统计性分析。

先秦文献论性，早期当以《左传》《礼记》为大宗，中期以《孟子》《庄子》为大宗，后期则以《荀子》《吕氏春秋》为大宗。汉代学者论性成风，以《春秋繁露》《淮南子》《白虎通》《论衡》等为大宗。其他学者如扬雄、刘向、郑玄，论性皆有相当影响，只是篇幅相对较少。

关于性字之义，虽然古书中含义纷纷，但主流是以性为人生来具有的各种特性、官能等。古人认为性的另一特点是来源于天命，而非人为。这与英语中 nature 和 nurture 相反类似。当然，古人也时常以性指生，或指特定人物、特定人群之性格、属性。相比较而言，我们在《庄子》《文子》《淮南子》等书中发现，道家从先秦起发展出来的一种特别的人性概念，不将性理解为人的各种生理—心理属性，而是理解为一种天然的生活方式。在孟子那里，这种人性概念得到了进一步发展。总之，性字在先秦的基本含义就是人、物与生俱来的种种特性、机能、特征，亦常常指人的基本需要或共同倾向，我们称为"生有属性"。但是古人时常有引申、变异的用法，用作性格，如"性为暴人"；用作特定人群，如"民性""小人之性"之类；用作出生前，如《庄子》《淮南子》等原初特性用法。

笔者为说明性字在先秦两汉时的多义性，特列表如下：

表 1.1　性字在先秦两汉的多种含义及说明

分类	含义		说明
来源义	含义①：生		汉字同音假借
基本义：生有属性	含义②：生理属性		自然属性与道德属性
	含义③：物理属性		
	含义④：道德属性		
	含义⑤：原初特性		接物前之性与接物后之性
	含义⑥：生长特性		
引申义	含义⑦：后天或特定属性		先天属性与后天属性

另外，需要注意，由性构成的有关术语，反映古人欲强调性中的某一方面。比如"性情""性命""情性""形性""才性""天性"，以及"气性""质性""体性"等术语，可以说在先秦两汉文献中常见，而其含义亦与性之义不离。比如"性命"一词亦是讲性，只不过强调来源于天命、无法人为改

变;"天性"一词有时可能是为了强调天赋予此性以正当性;"情性"一词见于《国语》《礼记·乐记》《庄子》《荀子》等书中,含义与性往往无别,有时可能是为了强调性中与人的基本需要有关的方面。由此,"情性"与"性情"含义可能有别,后者更强调性之实情。又比如,"形性""才性""体性""质性""气性"一类术语,可能强调人在身体或技能上的特性,但都可能是与生俱来的。而《庄子》《孟子》以后发展出另一类术语,如"全性""率性""养性""尽性""循性""治性""节性",与"害性""伤性""失性""损性""伐性""易性"等术语,包含视性为生命目的的生命观。还有像"若性""天地之性"之类的术语,也挺有意思。"若性"往往指某种行为成为习惯,如同人天性的一部分;"天地之性"通常指天地的特性或天地赋予人、物的特性。

傅斯年主张先秦"性"皆当读作"生",文献也确实有同时出现全性/全生、养性/养生、害性/害生、益性/益生、亏性/亏生、伤性/伤生之类两种用法共存的现象,其中"性"有时确实可读为"生"。但是正如我们在《左传》《庄子》《吕氏春秋》《淮南子》等一系列文献中看到的那样,虽然很多时候将其中的"性"读作"生"完全可通,但不等于读为"生"就一定正确,因为读为"性"有强调与生俱来的特性这一内涵,而读为"生"就没有此内涵。这可能是古书中区分用字的重要原因。

还有,针对表 1.1 性之第一义,即性读作生的情况,其含义也应当与"生之谓性"(《孟子·告子上》)中性的含义有别。因为后者虽然与读作生的"性"同样可以理解为人的生理特性,但强调的却是这些特性是与生俱来、人人皆有、不可消除的。例如,《礼记·丧服四制》"毁不灭性,不以死伤生也",其中"性""生"对文,如将性读作生,似亦可通。然文本中性、生分用,可以揣测此处性不仅指生命,而且强调人性中一些正常而基本的生理需要,因此性不当读作生。

性字词义与人性思想乃至人性学说,是两个不同的问题。本编关注的是前者而非后者。接下来各编关注的是后者,但重心在性善论问题。本书搜集材料时基本上以此为范围。

本编"性"字次数统计,除出土文献和特别注明外,电子检索经部所据主要为四部丛刊本,子部所据为四库全书本,少数据中华书局所出古籍现代校注本。

1. 《尚书》

王应麟《困学纪闻》卷二〈书〉称"〈汤诰〉，言性之始也"。阮元《揅经室集·性命古训》指出，"此由不知'降衷恒性'乃《古文尚书》也"[1]。《尚书·商书·西伯戡黎》"不虞天性"可能是传世文献中最早见到的"性"字。

《今文尚书》"性"2见：

> 非先王不相我后人，惟王淫戏用自绝。故天弃我，不有康食。不虞天性，不迪率典。（〈西伯戡黎〉）

> 节性，惟日其迈；王敬作所，不可不敬德。（〈召诰〉）

其中上引〈西伯戡黎〉是祖伊劝告纣王的话，〈孔传〉称："以纣自绝于先王，故天亦弃之，宗庙不有安食于天下。而王不度知天性命所在，而所行不蹈循常法，言多罪。"以"不度知天性命所在"释"不虞天性"。〈召诰〉所引〈孔传〉曰："时节其性，令不失中，则道化惟日其行。"以节制释"节性"之"节"。

2. 《诗经》（附〈毛传〉）

《诗经》"性"仅3见，皆见于〈大雅·生民之什·卷阿〉，作"弥尔性"：

> 伴奂尔游矣，优游尔休矣。岂弟君子，俾尔弥尔性，似先公酋矣。
> 尔土宇昄章，亦孔之厚矣。岂弟君子，俾尔弥尔性，百神尔主矣。
> 尔受命长矣，茀禄尔康矣。岂弟君子，俾尔弥尔性，纯嘏尔常矣。

傅斯年《性命古训辨证》以金文发现证明，此三例"性"皆当读为

---

[1] 阮元：《揅经室集》（全二册），邓经元点校，北京：中华书局，1993，页214。

"生"。此说遭多位学者批驳。葛瑞汉（A. C. Graham）早在 1967 年就指出，性、生的区分不当如傅斯年所猜测的那样，直到汉代才发生，《尚书》《诗经》以后人们已经区分性、生，性的含义比生要狭窄得多。[①] 徐复观也在 1969 年指出，西周时期是从生转化成性的过渡期，性、生含义界限尚且模糊不定，不能以金文"弥厥生"为例说明《诗经》中"性"只能读为"生"。性中有生，生亦用作性。[②] 欧阳祯人通过对〈卷阿〉上下文考证，认为《毛诗》中的"弥尔性"不能简单地理解为"弥尔生"，因为这首诗的主旨是"礼贤求士"，而非如傅氏所谓"祈求长生"。正因为礼贤求士，所以"弥尔性"有提倡、尊敬德性之义。所以他认为〈卷阿〉中性有德性之义，并认为《诗经》中的"性"与《尚书》《左传》中"性"的含义一脉相承。[③]

3. 《左传》（附《国语》）

用法统计

今本《左传》"性"凡 9 见，《国语》"性"凡 5 见（两书四库全书本、四部丛刊本同）。引文依四部丛刊本。[④]《左传》《国语》"性"字用法统计见表 1.2。

表 1.2　《左传》《国语》"性"字用法统计

出处		次数	用例
左传	襄公十四年	2	勿使失性/弃天地之性
	襄公二十六年	2	小人之性，衅于勇，啬于祸/以足其性
	昭公八年	1	民力凋尽，怨讟并作，莫保其性
	昭公十九年	1	民乐其性
	昭公二十五年	3	因地之性/淫则昏乱，民失其性/协于天地之性

[①] A. C. Graham, "The Background of the Mencian Theory of Human Nature," in *Studies in Chinese Philosophy and Philosophical Literature*, Singapore：Institute of East Asian Philosophies, 1986, p. 9.

[②] 徐复观：《中国人性论史·先秦篇》，台北：台湾商务印书馆，1978，页 7—13。葛氏与徐氏均发现，《吕氏春秋·重己》等篇中性、生用法已有明显区别，不能将其中的"性"一概读为"生"。

[③] 欧阳祯人：《先秦儒家性情思想研究》，武汉：武汉大学出版社，2005，页 65—67。

[④] 四部丛刊本《左传》名为《春秋经传集解》，《国语》为韦昭注本。

续表

出处		次数	用例
国语	周语上	1	懋正其德，而厚其性
	周语中	1	夫人性，陵上者也
	晋语四	1	利器明德，以厚民性
	晋语七	1	膏粱之性，难正也
	楚语上	1	制城邑若体性焉

术语分析

术语大约可分为如下几类（下引《左传》《国语》不注书名）。

——对于性的行为："失性"（襄公十四年）、"失其性"（昭公二十五年）、"足其性"（襄公二十六年）、"保其性"（昭公八年）、"乐其性"（昭公十九年）、"厚其性"（〈周语上〉）、"因地之性"（昭公二十五年）、"弃天地之性"（襄公十四年）、"协于天地之性"（昭公二十五年）、"厚民性"（〈晋语四〉）。

——特定对象之性："人性"（〈周语中〉），"民性"（〈晋语四〉），"膏粱之性"（〈晋语七〉），"小人之性"（襄公二十六年），"天地之性" 2 见（襄公十四年、昭公二十五年），"地之性"（昭公二十五年）、"体性"（〈楚语上〉）。"民性"尤其是"膏粱之性"似乎可指特定人群的习性。所谓"体性"指身体的结构，亦包括身体的性能。"天地之性"当指天地所规定"并施于人"的天地间最高法则。《左传》"天地之性" 2 见，一次是襄公十四年批评暴君所为不合天地之性，一次是昭公二十五年称"哀乐不失，乃能协于天地之性"。

——有特殊含义的术语："天地之性"（襄公十四年、昭公二十五年）。

性之义

《左传》《国语》论性大体有三种含义。

一是指与生俱来、非人为造就的特性、性能等。如"天地之性"或"地之性"。性亦可指特定的性能。如〈楚语上〉论"体性"不仅"有首领、股肱，至于手拇、毛脉"，而且提到了"大能掉小"（大的部位控制小的部位），若"大能掉小"亦是体性一部分，则性指性能。

二是指特定人群的性格或特性。如"小人之性""膏粱之性"。

三是指生、生命或生活。如"莫保其性""民乐其性""厚其性""民失其性""以厚民性"等为一类。然此类读为"生"并不是必然的，读为性亦可通，如果把性理解为与生俱来的最基本的生理—心理需要的话。

总的来说，《左传》《国语》中，性字之义与告子、荀子之义更相近，是一个中性词，无所谓好坏，与《孟子》理解有别。

从褒贬的角度看，《左传》《国语》中的"性"指人性时，有时是褒义，有时又是贬义。比如，襄公十四年称"天生民而立之君"，"勿使失性"；昭公八年"民力凋尽……莫保其性"；昭公十九年"民乐其性"；昭公二十五年"民失其性"；〈周语上〉"先王之于民也，懋正其德，而厚其性"；〈晋语四〉"厚民性"。此六例，皆针对民人而言，或保其性，或乐其性，或厚其性，或失其性，皆以民之性为正面价值。然而襄公二十六年"小人之性，衅于勇，啬于祸"；〈周语中〉"夫人性，陵上者也"；〈晋语七〉"夫膏粱之性，难正也"。此三例，或针对小人，或针对富贵者，或针对普通人，皆言其性之反面。由此看来，从《左传》《国语》不可以得出人性善来。这大概是其中人性概念的含义决定的。

傅斯年《性命古训辨证》将《左传》多处性读作生，有些地方可通，但多数地方难通。"生"，按今日说法可释为"生活""生命"（作名词时）或"出生"（作动词）；"性"则可释为"与生俱来的特性"，类似于今日所谓"特征"（信广来译为 characteristic tendencies），包括食色之类的生理需要，进一步包括生命健康、完整成长的根本需要（即我所谓的"成长法则"）。那么，从这个角度看，可以看到：

——"小人之性"，"天地之性"，"地之性"显然符合"性"的本义。这非常类似于古人所谓"水之性清""玉之性坚"之类表述中的"性"之义。如果硬将此处的"性"改为"生"，反而不妥，特别是"天地之性""地之性"。

——"足其性"，此"性"似指人与生俱来的生理—心理需要，有贬义。若读作"足其生"，与上文"衅于勇，啬于祸"相连，似不如释为性格或贪性为妥。

——"莫保其性""民失其性""民乐其性""厚其性"，性若读作"生"确实通顺。但是笔者认为，此处应读为性或者另有含义，如果性指常人正常、基本的生理需要或生活需求，则所谓保性、乐性、厚性指这方面的需要或需求的满足；而失性则指其反面。因此，虽然性、生常通假使用，但毕竟含义有别，不可简单归结。

原文分析

天生民而立之君，使司牧之，勿使失性。……天之爱民甚矣，岂其使一人肆于民上，以从其淫，而弃天地之性？必不然矣。（襄公十四年，2见。此处"天地之性"是批评暴君所为不合天地之性。）

夫小人之性，衅于勇，啬于祸，以足其性，而求名焉者。（襄公二十六年，2见。"足其性"当指充满满足自身贪婪的性格需要。）

今宫室崇侈，民力凋尽，怨讟并作，莫保其性。（昭公八年。杜注："性，命也，民不敢自保其性命。"）

吾闻抚民者，节用于内，而树德于外，民乐其性，而无寇雠。今宫室无量，民人日骇，劳罢死转，忘寝与食，非抚之也。（昭公十九年）

则天之明，因地之性，生其六气，用其五行。气为五味，发为五色，章为五声。淫则昏乱，民失其性。是故为礼以奉之……民有好恶、喜怒、哀乐，生于六气，是故审则宜类，以制六志。……哀乐不失，乃能协于天地之性，是以长久。（昭公二十五年，3见。"地之性"杜注："高下刚柔，地之性。""民失其性"杜注："滋味声色过则伤性。""天地之性"似指天地的最高法则。）

先王之于民也，懋正其德，而厚其性。（〈周语上〉）

夫人性，陵上者也。（〈周语中〉。韦注："如能在人上者，人欲胜陵之也"。据此，此处"人性"指人的贪性。）

利器明德，以厚民性。（〈晋语四〉。韦注："利器，利器用。明德，明德教。厚民性，厚其情性。"按：前文有"公属百官，赋职任功。弃责薄敛，施舍分寡。救乏振滞，匡困资无。轻关易道，通商宽农。懋穑劝分，省用足财"，皆为利民之举，故"民性"似可读为"民生"。）

夫膏梁之性，难正也。（〈晋语七〉。韦注："膏，肉之肥者。梁，食之精者。言食肥美者率多骄放，其性难正也。"）

且夫制城邑若体性焉，有首领、股肱，至于手拇、毛脉。大能掉小，故变而不勤。（〈楚语上〉。韦注："拇，大指也。毛，须发也。掉，作也。变，动也。勤，劳也。"）

4.《易传》

"性"不见于《易经》，《易传》凡6见，即〈象〉〈文言〉〈系辞上〉〈说卦〉，其中〈系辞上〉〈说卦〉各2见。

术语有："性命"2见（〈乾·象〉〈说卦〉），"性情"1见（〈文言〉），"尽性"1见（〈说卦〉），"情性"未见。其中，"性命"犹生命，犹言天所命之性（〈中庸〉"天命之谓性"），而〈说卦〉"穷理尽性以至于命……顺性命之理"，强调性命之理。"性情"，王弼以"性其情"解之，[1] 而干宝则分释为性与情，[2] 或可释为性之（实）情，类似于"性命之情"（《庄子·骈拇》《吕氏春秋·重己》等）。"性情"与另一更普遍使用的术语"情性"含义或有别，后者可指人性中与情有关的方面。先秦至两汉学者多用"情性"，而较少用"性情"。〈系辞上〉"成之者性也"一段极有名，与后文"成性存存"呼应。

> 乾道变化，各正性命。（〈乾·象〉）
>
> 乾元者，始而亨者也。利贞者，性情也。乾始能以美利利天下，不言所利，大矣哉！大哉乾乎！（〈乾·文言〉）
>
> 一阴一阳之谓道，继之者善也，成之者性也。……天地设位，而《易》行乎其中矣！成性存存，道义之门。（〈系辞上〉）
>
> 昔者圣人之作《易》也，幽赞于神明而生蓍，参天两地而倚数，观变于阴阳而立卦，发挥于刚柔而生爻，和顺于道德而理于义，穷理尽性以至于命。昔者圣人之作《易》也，将以顺性命之理。（〈说卦〉）

5.《周礼》《仪礼》《礼记》

"三礼"之中，《周礼》《仪礼》未见性字。然《周礼·地官·大司徒》"以土会之法，辨五地之物生"，郑玄注："杜子春读生为性。"此解从上下文

---

① 王弼：《周易注》，楼宇烈校释，北京：中华书局，2011，页7。

② 干宝释"利贞者，性情也"曰："以施化利万物之性，以纯一正万物之情。"（李鼎祚：《周易集解》，王丰先点校，北京：中华书局，2016，页23）

看甚顺，先秦两汉文献中"物性""物之性"术语常见。若然，此"物生"（物性）指地产作物之特性，此乃古人以生作性之例证。下面专门分析《礼记》。

用法统计

《礼记》"性"凡26见（四部丛刊本）。其中〈乐记〉一篇凡8见，〈中庸〉凡11见，详见表1.3（引文据四部丛刊本）。

表1.3 《礼记》"性"字用法统计

篇名	次数	用例
王制	2	五方之民，皆有性也/修六礼以节民性
月令	1	安形性，事欲静
郊特牲	1	以象天地之性
少仪	1	性之直者则有之
乐记	8	六者，非性也/人生而静，天之性也/感于物而动，性之欲也/性命不同矣/血气心知之性/先王本之情性/德者，性之端也/性术之变
中庸	11	天命之谓性/率性之谓道/自诚明，谓之性/能尽其性2见/能尽人之性2见/能尽物之性2见/性之德也/尊德性而道问学
大学	1	是谓拂人之性
丧服四制	1	毁不灭性

术语分析

——特定术语："情性"（〈乐记〉），"形性"（〈月令〉），"德性"（〈中庸〉），"性术"（〈乐记〉），"性之欲"（〈乐记〉），"性之德"（〈中庸〉）。"形性"一词汉以后学者亦用之，笔者以为"形性""情性""德性""性术"等术语，均是指人性，但各强调人性中某一方面，比如形体因素、情的因素、品德因素、才艺因素。

——特定对象之性："民性"（〈王制〉），"性之直者"（〈少仪〉），"人之性"3见（〈中庸〉2见，〈大学〉1见），"物之性"（〈中庸〉）。

——表达特定价值者："天之性"（〈乐记〉），"天地之性"（〈郊特牲〉）。

——对于性的行为："率性"（〈中庸〉），"灭性"（〈丧服四制〉），"尽人之性"（〈中庸〉），"尽其性"（〈中庸〉），"安形性"（〈月令〉），"尽物之性"（〈中庸〉），"拂人之性"（〈大学〉）。

性之义

总体上说，《礼记》中的"性"多数可解读为与生俱来的生理—心理需要或特性。然《礼记》中性有多义，有许多处"性"指后天形成的特定人群的特征，类似于今人所谓"性格"或"特征"，如"性之直者""民性"一类用法。

〈中庸〉"天命之谓性"，与《郭店简·性自命出》"性自命出，命自天降"相近，而古人有许多类似的从天命、天赋角度论性者。正因如此，古人亦不时用"性命"作"性"的同义词。而性、命关系一直是古人人性论的重要内容。阮元《揅经室集·性命古训》认为《尚书·召诰》和《孟子·尽心下》7B24 为先秦论性命最经典之作。

《礼记》中多数篇章用性之例，重心不在人性问题，而体现时人流行用法。如〈王制〉〈月令〉〈少仪〉〈大学〉〈丧服四制〉，其用例少，含义亦不典型，更谈不上思想性。唯〈乐记〉〈中庸〉二篇思想性最强，体现了一种人性论，故其论性亦最重要。〈乐记〉从动静论性情，应该说非常有代表性，与《郭店简》〈性自命出〉〈语丛二〉参看，可见性情关系在先秦已甚受重视。《孟子·告子上》"乃若其情"之"情"，与四端有关。四端亦是情，不管情解读为情实还是情绪。由此，情与性之关系，在《孟子》性善论的语境中亦十分重要。从《庄子》《荀子》"情性""性情"连用，亦可见情、性关系在先秦之重要。总之，性善情恶之说，在先秦并不存在，这是先秦与两汉性情论的重要分别。〈中庸〉是不是性善论，似乎还有争论空间。如不取郑玄以五常读性，而如王充那样将"率性"之性读作"劝率"，则〈中庸〉是不是性善论，更需分辨。

原文分析

下面为有代表性的主要例子：

◇〈王制〉**（2 见）**

两次"性"皆指民人之性。

中国、戎夷，五方之民，皆有性也，不可推移。（方：性指地方人士特有的性格或气质等特征，未必人类普遍具有。）

司徒修六礼以节民性。（方：性当指特性，似可包括先天的与后天的。）

◇〈月令〉**（1 见）**

"形性"似指生理、心理综合状态。"形性"一词在《庄子·徐无鬼》《管子·白心》《吕氏春秋》中亦被多次使用，见《吕氏春秋》〈论威〉〈仲冬纪〉〈审分〉〈勿躬〉。

安形性，事欲静，以待阴阳之所定。

◇〈郊特牲〉**（1 见）**

"天地之性"，当指天地之德，类似今日品性之义。

器用陶匏，以象天地之性也。

◇〈少仪〉**（1 见）**

性之直者则有之矣。（方：性指性格，个人独有而非同类普遍特性。）

◇〈乐记〉**（8 见）**

乐者，音之所由生也；其本在人心之感于物也。是故其哀心感者，其声噍以杀；其乐心感者，其声啴以缓；其喜心感者，其声发以散；其怒心感者，其声粗以厉；其敬心感者，其声直以廉；其爱心感者，其声和以柔。六者，非性也，感于物而后动。是故先王慎所以感之者。（方：此段为古人论性之典型，似将性与情相别，情为感物而发者，性为生而有者。其中"六者"当指哀、乐、喜、怒、敬、爱之心，与〈礼运〉七情即喜、怒、哀、惧、爱、恶、欲相近。）

人生而静，天之性也；感于物而动，性之欲也。（方："性之欲"当指情，联系〈礼运〉、《荀子》均以欲为情之一部分可知①。故性与性之欲相应，即性、情相应。）

方以类聚，物以群分，则性命不同矣。

夫民有血气心知之性，而无哀乐喜怒之常。应感起物而动，然后心术形焉。（方：以"血气心知"释"性"，清人戴震屡称之。此处性或指血气、心知方面的特性，非以血气心知等于性。）

是故先王本之情性，稽之度数，制之礼义。

德者，性之端也。（方：此处若联系孟子"四端"说，似可说德为性中生出之一端，盖指德为性中生出者。然〈乐记〉未主性善。）

声音动静，性术之变，尽于此矣。（方：此处性指才艺。）

◇〈中庸〉（11 见）

天命之谓性，率性之谓道，修道之谓教。

自诚明，谓之性；自明诚，谓之教。诚则明矣，明则诚矣。唯天下至诚，为能尽其性；能尽其性，则能尽人之性；能尽人之性，则能尽物之性；能尽物之性，则可以赞天地之化育；可以赞天地之化育，则可以与天地参矣。

性之德也，合外内之道也。

君子尊德性而道问学。

◇〈大学〉（1 见）

好人之所恶，恶人之所好，是谓拂人之性，菑必逮夫身。（方：性当指人常有的基本需求。此处以"好恶"论性，与《荀子·正名》"性之好、恶、喜、怒、哀、乐谓之情"形成对照，〈礼运〉七情亦包括好恶，称为"爱、恶"。先秦时期好恶属于情，亦为性之一部分。然此重心不是人性论，而是在讲常人具有的嗜好、性格。）

---

① 《荀子·正名》"性之好、恶、喜、怒、哀、乐谓之情"，此处"好恶"与"欲"义近。

◇〈丧服四制〉（1见）

此处性似可读生，然后面以"伤生"释"灭性"，性、生仍有所别也。盖性强调与生俱来的属性，包括特定的生理需要，如饮食、休息等，灭性指灭弃此类需要。

毁不灭性，不以死伤生也。

6. 《论语》

《论语》"性"凡2见，术语有"性与天道"（〈公冶长〉）、"性相近"（〈阳货〉）。

〈公冶长〉（1见）

子贡曰："夫子之文章，可得而闻也；夫子之言性与天道，不可得而闻也。"

〈阳货〉（1见）

子曰："性相近也，习相远也。"

7. 《孝经》

《孝经》"性"字凡3见，其中〈圣治章〉2见，〈丧亲章〉1见。

性之义

术语有"天地之性"（〈圣治章〉）、"天性"（〈圣治章〉）。

"天地之性"（〈圣治章〉），类似"天地之道"，性当指特征、法则。联系《左传》襄公十四年、昭公二十五年以及《礼记·郊特牲》"天地之性"，可以理解《孝经》中的"天地之性"应当指天地的特性（或法则）。

"父子之道，天性也"，此处"性"当指与生俱来、上天赋予的情感法则，绝不可能指食色安逸之类的感官欲望或感性特征。

"毁不灭性"，亦见于《礼记·丧服四制》。"性"固可读作"生"，但若将其解读为与生俱来的属性（其中包括饮食、安逸等需求），"灭性"可解作对健康成长法则的破坏。故此处"性"不一定读作"生"。

原文

> 天地之性，人为贵。（〈圣治章〉）
>
> 父子之道，天性也。（〈圣治章〉）
>
> 三日而食，教民无以死伤生，毁不灭性，此圣人之政也。（〈丧亲章〉）

8. 世子硕（附公孙尼子和漆雕开）

【文献】黄晖：《论衡校释》（全四册），北京：中华书局，1990。

〈本性篇〉

《论衡·本性篇》提及周人世子硕早于孟子而发的人性善恶说，因年代早于孟子，或可视为性善论的开端：

> 周人世硕，以为人性有善有恶。举人之善性，养而致之则善长；[恶] 性，养而致之则恶长。如此，则性 [情] 各有阴阳，善恶在所养焉。故世子作《养 [性] 书》一篇。宓子贱、漆雕开、公孙尼子之徒，亦论情性，与世子相出入，皆言性有善有恶。

"性各有阴阳"一本作"情各有阴阳"（四部丛刊本）。其中宓子贱、漆雕开通常被视为孔子弟子，世子硕、公孙尼子当为孔子再传弟子，公孙尼子常被视为〈乐记〉的作者。

世硕之言，梁启超、汪荣宝、陈钟凡、张岱年皆以之为后来扬雄人性"善恶混"之说所本。章太炎、黄晖及今人丁四新等则以为世硕之言本不指人性善恶并存，而指《孟子》中所谓"有性善，有性不善"，近乎王充秉持的性三品说。黄晖以为："近人陈钟凡《诸子通谊下·论性篇》以世硕之伦谓性善恶混，非也。扬雄主善恶混，世硕主有善有恶，两者自异。故仲任以世硕颇得其正，而扬雄未尽性之理。"① 仲任即王充。黄并认为《孟子·告子上》"或曰有性善有性不善"，"盖即谓此辈"。黄说甚有据，丁四新力申其说，理由之一即是：王充谓世硕之说"颇得其正"，则世硕当与王充一致。然从所引之文看，"举人之善性"或"恶性"，"养而致之"，似谓同一人之性有善也有恶。如谓世硕主性三品，则当称"举善人之性""恶人之性"，或至少当称"举人之善性者""人之恶性者"。又，王充称世硕之意是"性各有阴阳，善恶在所养焉"，如解读为性三品说，则上品人为阳、下品人为阴，这听起来有些怪。故梁启超亦认为"汉扬雄性善恶混，即本世子说"②，汪荣宝则称"善恶混之说，实本世硕"③。张岱年之说参《中国哲学大纲》④，章太炎之说见《国故论衡·辨性上》⑤。

9. 《墨子》

【文献】吴毓江：《墨子校注》，孙启治点校，北京：中华书局，2006。

《墨子》"性"仅3见（四部丛刊本、四库全书本同），其中〈所染〉性当读生；〈大取〉性字2见，指性格。

◇〈所染〉（1见）

凡君之所以安者何也？以其行理也。行理性于染当。（"性"，孙诒让案："《治要》及《吕氏春秋》并作生。"⑥ 吴毓江指出："诸本作

---

① 黄晖：《论衡校释》（全四册），北京：中华书局，1990，页133。
② 梁启超：《梁启超论孟子遗稿》，《学术研究》1983年第5期，页81。
③ 汪荣宝：《法言义疏》，陈仲夫点校，北京：中华书局，1987，页86。
④ 宇同：《中国哲学大纲》，北京：商务印书馆，1958，页215。
⑤ 章太炎撰，庞俊、郭诚永疏证：《国故论衡疏证》，北京：中华书局，2008，页579。
⑥ 孙诒让：《墨子间诂》，孙启治点校，北京：中华书局，2001，页18。

'性'，宝历本作'生'。……潜本、绵眇阁本作'在'。"①"行理"指国君之行为合理，"染当"指所染方式恰当，"行理性于染当"若读"行理生于染当"甚顺。故此处性当读生。）

◇〈大取〉（2 见）

为暴人语天之为是也？而性为暴人，歌天之为非也。诸陈执既有所为，而我为之，陈执执之所为，因吾所为也。若陈执未有所为，而我为之陈执，陈执因吾所为也。暴人为我，为天之以人非为是也。而性犹在，不可正而正之。（性当指性格。吴毓江认为："此节为墨家论性精要文字。言暴人之所以为暴人，由于后天习染，非天性然也。为暴人者谓天之为是邪？如性为暴人，始可谓天之为非善也。"② 方按：孙诒让《墨子间诂》称"疑'性'并当作'惟'"③，似误。"陈执"据吴注指所染。）

10.《庄子》

【文献】郭庆藩：《庄子集释》（全四册），王孝鱼点校，北京：中华书局，1961（2006 年重印）。

用法统计

"性"在四库全书郭象注本《庄子》原文中凡 87 见，分布于 19 篇之中，然皆为外篇或杂篇，内篇未见"性"字。其中〈骈拇〉19 见，〈在宥〉〈天地〉〈缮性〉各 9 见，〈则阳〉7 见，〈马蹄〉〈达生〉〈盗跖〉各 5 见。见下表：

---

① 吴毓江：《墨子校注》，孙启治点校，北京：中华书局，2006，页 27。
② 同上书，页 621。
③ 孙诒让：《墨子间诂》，孙启治点校，北京：中华书局，2001，页 405。

表 1.4 《庄子》"性"字用法统计

篇名	次数	用例
骈拇	19	出乎性/侈于性/擢德塞性/不失其性命之情/性长非所断/性短非所续/决性命之情/削其性者/大惑易性/易其性 2 见/伤性以身为殉/残生伤性/残生损性/属其性乎仁义/属其性于五味/属其性乎五声/属其性乎五色/任其性命之情
马蹄	5	马之真性/埴木之性/民有常性/素朴而民性得/性情不离
胠箧	1	莫不失其性
在宥	9	淫其性 2 见/人乐其性/人苦其性/安其性命之情 4 见/性命烂漫矣
天地	9	其性过人/形体保神，各有仪则谓之性/性修反德/若性之自为/体性抱神/其于失性，一也/然其失性/失性有五/趣舍滑心，使性飞扬
天道	3	仁义，人之性邪/仁义，真人之性也/夫子乱人之性也
天运	2	安其性命之情/性不可易
刻意	1	水之性，不杂则清
缮性	9	缮性于俗/和理出其性/冒则物必失其性/去性而从于心/反其性情而复其初/处其所而反其性/轩冕在身，非性命也/失性于俗者
秋水	1	鸱鸺夜撮蚤……言殊性也
达生	5	壹其性，养其气/长乎性/成乎命 2 见/长于水而安于水，性也/入山林，观天性
山木	1	人之不能有天，性也
知北游	1	性命非汝有
庚桑楚	3	欲反汝情性/性者，生之质也/性之动谓之为
徐无鬼	2	性命之情病矣/驰其形性
则阳	7	而不知其然，性也/人之好之亦无已；性也/人之安之亦无已；性也/离其性，灭其情，亡其神/卤莽其性者/欲恶之蘖为性/寻擢吾性
让王	1	不以易性
盗跖	5	强反其情性/变其情，易其性/此人之性也/以为害于性/求尽性竭财
渔父	1	孔氏者，性服忠信
列御寇	2	摇而本性/忍性以视民

术语分析

粗计全书若干重要术语：

——特定用法："性命" 12 见（〈骈拇〉3 见，〈在宥〉5 见，〈天运〉〈缮性〉〈知北游〉〈徐无鬼〉各 1 见），"性命之情" 9 见（〈骈拇〉3 见，〈在宥〉4 见，〈天运〉〈徐无鬼〉各 1 见），"性情" 2 见（〈马蹄〉〈缮性〉），"情性" 2 见（〈庚桑楚〉〈盗跖〉），"形性" 1 见（〈徐无鬼〉），"人之性" 4 见（〈天道〉3 见，〈盗跖〉1 见），"性也" 5 见（〈山木〉1 见，〈则阳〉3 见，〈达生〉1 见），"本性" 1 见（〈列御寇〉）。

——理想意义上的性："真性" 1 见（〈马蹄〉），"常性" 1 见（〈马蹄〉），"天性" 1 见（〈达生〉）。

——对性的伤害："塞性"（〈骈拇〉），"削其性"（〈骈拇〉），"易性" 2 见（〈骈拇〉〈让王〉），"易其性" 2 见（〈骈拇〉〈盗跖〉），"伤性" 2 见（〈骈拇〉），"损性"（〈骈拇〉），"去性"（〈缮性〉），"忍性"（〈列御寇〉），"失性" 4 见（〈天地〉3 见，〈缮性〉1 见），"失其性" 2 见（〈胠箧〉〈缮性〉），"淫其性" 2 见（〈在宥〉），"反其性" 2 见（〈缮性〉，含 "反其性情"），"反其情性"（〈盗跖〉），"害于性"（〈盗跖〉），"驰其形性"（〈徐无鬼〉），"寻擢吾性"（〈则阳〉），"卤莽其性"（〈则阳〉）。

——特定范围的性："民性"（〈马蹄〉）、"埴木之性"（〈马蹄〉）、"水之性"（〈刻意〉）。

——对性的态度："乐其性"（〈在宥〉）、"苦其性"（〈在宥〉）、"体性"（〈天地〉）、"缮性"（〈缮性〉）、"壹其性"（〈达生〉）、"尽性"（〈盗跖〉）。

《庄子》中 "性命""性情" 连用现象普遍，其中 "性命" 12 见，"性情""情性" 各 2 见。其中 "性命" 往往可读作生命，而 "性情" 似乎强调生命之情状，类似 "性之情"（情指实情）。性、命之关系，〈中庸〉有 "天命之谓性"，《郭店简·性自命出》有 "性自命出，命自天降"，《孟子·尽心下》7B24 "口之于味也，目之于色也" 一章更论之甚详，而二者连用在《孟子》中未见。盖时人以为命者天定而不可变，性者人情所需面对；命指命运、天定也。《庄子》中 "性命/性命之情" 多指人性之实情、实理。"性命之情" 若读为 "生命之情" 固通，然此处庄子不用 "生命" 而用 "性命"，当有实际原因，即性命有成长方式、法则之义。《庄子·天运》说 "性不可易"。〈庚桑楚〉"性者，生之质"，是对性的一个界定，或者说是对性、生关系的说明。

性之义

杨朱贵己，而道家养生，皆是孟子性概念的重要背景。杨朱贵己，则以嗜欲为贵，实不利于生命之全面发展也。故道家养生（即养性），反对嗜欲充盈，实求生命之完整健康发展也。此两种性观念正相反。分析杨朱之弊，可知源于对性——作为生命健全成长法则——的误解。故须有性概念的更深入分析，此道家所以出场，而为理解孟子之重要背景。读者留意一下各篇中与性有关的术语，可助了解《庄子》人性思想的这一特点。

《庄子》中性之义甚清楚。大抵来说，庄生以为性即天生所有的、自然本真状态，顺性代表理想真实的生活方式。盖文明为人性之矫饰，道德为人性之虚伪，仁义为人性之盗名。然庄子虽如卢梭有反文明倾向，但除〈缮性〉一篇论性时有此倾向外，其他各篇论性时均无此意。另外，庄子所谓顺性的生活，除了不求虚名和不真实之外，还有根据后天环境顺应天性而为的含义，这尤其体现在庖丁解牛及"长于水而安于水，性也"等表述中。好像我们今天说有人是数学天才、有人是足球天才一样。

下面的定义特别有意思：

> 形体保神，各有仪则，谓之性。（〈天地〉）

这里的"性"，是指生命健全成长的法则，不是指可见的生理—心理属性。

> 性之动谓之为。（〈庚桑楚〉）

此处"性"当解读为生命体，但不能读为"生"。

总而言之，性字为庄学核心范畴之一。其大意是指尊重本性、自性、天性，万事万物皆然，何况人乎？治国平天下之道，核心在于顺应人性，令其自然发展，不能矫揉造作，不能扭曲人性。仁义之道非人之性，追求仁义乃害性之举。庄子亦提到"害生"，盖其"性"指正常生存/成长的法则也。庄子之"性"，除个别情况之外，绝大多数皆不能理解为"食色"等生理需要之特性，相反，他明确反对这些，并认为这些东西失其性、害其生。《庄子》的这种思想，当然也预设了人性是好的，甚至是善的，尽管后人（如张岱年等）一般认为《庄子》人性论是超善恶论。显然，正如葛瑞汉所认识到的，《庄子》所代表的道家对人性的正面论述，是否开启了孟子从正面讲人性的性善论？

另，《庄子》中的人性概念及人性观，与《文子》《吕氏春秋》《淮南子》等多相近之处。本书未录《文子》中性字用例（四库全书本《淮南子》中"性"174见，含义比《庄子》庞杂，然仍有不少相似或相近者）。

原文分析

◇〈骈拇〉**（19 见）**

有"出乎性""侈于性""塞性""性长""性短""性命""削其性""易性""易其性""伤性""损性""属其性"等术语。

> 骈拇枝指出乎性哉，而侈于德；附赘县疣出乎形哉，而侈于性；……枝于仁者，擢德塞性以收名声，……多骈旁枝之道，非天地之至正也。彼至正者，不失其性命之情。

> 兔胫虽短，续之则忧；鹤胫虽长，断之则悲。故性长非所断，性短非所续，无所去忧也。噫，仁义其非人情乎？！……不仁之人，决性命之情而饕富贵。故意仁义其非人情乎？（方："性长""性短"显然指生理特征。）

> 且夫待钩绳规矩而正者，是削其性者也。

> 夫小惑易方，大惑易性。

> 是非以仁义易其性与？故尝试论之：自三代以下者，天下莫不以物易其性矣！小人则以身殉利，士则以身殉名，大夫则以身殉家，圣人则以身殉天下。故此数子者，事业不同，名声异号，其于伤性以身为殉，一也。

> 伯夷死名于首阳之下，盗跖死利于东陵之上。二人者，所死不同，其于残生伤性均也。奚必伯夷之是而盗跖之非乎？

> 有君子焉，有小人焉。若其残生损性，则盗跖亦伯夷已，又恶取君子小人于其间哉？

> 且夫属其性乎仁义者，虽通如曾史，非吾所谓臧也；属其性于五味，虽通如俞儿，非吾所谓臧也；属其性乎五声，虽通如师旷，非吾所谓聪也；属其性乎五色，虽通如离朱，非吾所谓明也。

> 吾所谓臧者，非所谓仁义之谓也，任其性命之情而已矣。

◇〈马蹄〉（5 见）

性多指正常生长的方式。"彼民有常性"一句则指特定群体的特征。术语有"常性""真性""埴木之性""民性""性情"。

　　马，蹄可以践霜雪，毛可以御风寒。龁草饮水，翘足而陆，此马之真性也。

　　夫埴木之性，岂欲中规矩钩绳哉？

　　彼民有常性，织而衣，耕而食，是谓同德。

　　同乎无欲，是谓素朴；素朴而民性得矣。

　　道德不废，安取仁义！性情不离，安用礼乐！

◇〈胠箧〉（1 见）

性指正常/健康成长的方式。术语："失其性"。

　　上悖日月之明，下烁山川之精，中堕四时之施，喘耎之虫，肖翘之物，莫不失其性。甚矣，夫好知之乱天下也！

◇〈在宥〉（9 见）

性多指与生俱来的特性。术语："淫其性"（2 见）、"乐其性"、"苦其性"、"性命"（5 见）。

　　闻在宥天下，不闻治天下也。在之也者，恐天下之淫其性也；宥之也者，恐天下之迁其德也。天下不淫其性，不迁其德，有治天下者哉？

　　昔尧之治天下也，使天下欣欣焉人乐其性，是不恬也；桀之治天下也，使天下瘁瘁焉人苦其性，是不愉也。

　　自三代以下者，匈匈焉终以赏罚为事，彼何暇安其性命之情哉？

　　天下将安其性命之情，之八者，存可也，亡可也；天下将不安其性命之情，之八者，乃始脔卷狫囊而乱天下也。

　　无为也，而后安其性命之情。

　　大德不同，而性命烂漫矣；天下好知，而百姓求竭矣。

◇〈天地〉**（9 见）**

"形体保神，各有仪则谓之性""体性抱神""其于失性""夫失性有五"，皆当指健全成长的法则。尤其是"各有仪则谓之性"一句，极好地证明了性指成长法则。又"失性有五"，明确批评声色滋味之类的感官欲望导致失性，是《庄子》不以感官嗜欲为性的重要例证。"其性过人""使性飞扬"等表述中，性似指性格，或指人的生理属性，且有贬义，与同书大多数用法不一。术语："失性"（3 见）、"其性"、"性修"、"性之自为"、"体性"。

　　啮缺之为人也，聪明叡知，给数以敏，其性过人。（方：性指性格。）

　　形体保神，各有仪则谓之性。性修反德，德至同于初。同乃虚，虚乃大，合喙鸣。喙鸣合，与天地为合。（方：一方面性是指形体保神之仪则，另一方面又说"性修反德……与天地为合"。"性修"是否不当理解成荀子意义上的矫饰情性，而是指顺其性而为？因为〈天运〉讲"性不可易"。所谓"德至同于初"，正是彻底回归文明社会之前的自然状态。《庄子》认为自然状态才真正合乎性，才有真性。联系〈缮性〉"缮性于俗，学以求复其初"。）

　　大圣之治天下也，摇荡民心，使之成教易俗，举灭其贼心而皆进其独志，若性之自为，而民不知其所由然。（方："性之自为"指顺性而行，让我们联想到《孟子·尽心上》"尧舜，性之也"。这是否印证了葛瑞汉的观点？）

　　夫明白入素，无为复朴，体性抱神，以游世俗之间者，汝将固惊邪？（方：体性似指理会到性。）

尤其是下面这段话：

　　百年之木，破为牺樽，青黄而文之，其断在沟中。比牺樽于沟中之断，则美恶有间矣；其于失性，一也。桀跖与曾史，行义有间矣；然其失性，均也。且夫失性有五：一曰五色乱目，使目不明；二曰五声乱耳，使耳不聪；三曰五臭薰鼻，困惾中颡；四曰五味浊口，使口厉爽；五曰趣舍滑心，使性飞扬。此五者，皆生之害也。而杨墨乃始离跂自以为得，非吾所谓得也。夫得者困，可以为得乎？则鸠鸮之在于笼也，亦可以为得矣！且夫趣舍声色，以柴其内；皮弁鹬冠，搢笏绅修，以约其外。内支盈于柴栅，外重纆缴，睆睆然在纆缴之中，而自以为得，则是罪人交臂历指，而虎豹在于囊槛，亦可以为得矣！

仔细品味上述第一段（原文中第一段在后），则知庄子之性，盖指生命成长所应遵从的法则。人欲满足其口耳四体之需要，未必能全其性，而会"失其性"。第二段中谓"形体保神，各有仪则谓之性"，讲得更明白，"性"指生命健康成长（保神）的"仪则"，即笔者所谓"成长法则"。

◇〈天道〉（3 见）

从天地、日月星辰固有其常道，仁义非其天然之常道，说明夫子乱人之性，此其性盖指万物成长的法则或规律。术语："人之性"（3 见）。

老聃曰："请问，仁义，人之性邪？"孔子曰："然。君子不仁则不成，不义则不生。仁义，真人之性也，又将奚为矣？"老聃曰："请问，何谓仁义？"孔子曰："中心物恺，兼爱无私，此仁义之情也。"老聃曰："意，几乎后言！夫兼爱，不亦迂乎？无私焉，乃私也。夫子若欲使天下无失其牧乎？则天地固有常矣，日月固有明矣，星辰固有列矣，禽兽固有群矣，树木固有立矣。夫子亦放德而行，循道而趋，已至矣。又何偈偈乎揭仁义，若击鼓而求亡子焉！意，夫子乱人之性也！"

◇〈天运〉（2 见）

"性命之情"即是性。"安其性命之情"显然是从正面理解性。"性不可易"，与《荀子·性恶》性"不可学，不可事"之说类似。

莫得安其性命之情者。
性不可易，命不可变。

◇〈刻意〉（1 见）

《庄子》论"水之性"与告子、孟子、荀子均不同。所谓水之性有"天德之象"，这当然是从其动态特征来判断的，也是水的运动变化法则。《吕氏春秋·本生》讲"水之性清"，主要是从物理属性看，并未上升到养生、天德。《孟子·告子上》中告子以水喻性无善无不善，因为水"决诸东方则东流，决诸西方则西流"。而孟子反驳他说水非无定向，称"人性之善也，犹水之就下也"。可以发现，孟子的思想与庄子有相似处，都主张水的运动变化有内在法则，正如人的行为和成长有内在法则一样。

> 水之性，不杂则清，莫动则平；郁闭而不流，亦不能清，天德之象也。

◇〈缮性〉（9 见，含标题 1 见）

本文观点颇类卢梭自然状态之说，反文明，回到原始太朴状态，谓之真正自然。所谓"性"，当指进入文明之前、真正代表合乎本真的自然的生存和成长方式。术语有"缮性""出其性""失性""失其性""去性""反其性情""反其性""性情""性命"。从"失性""失其性""去性""反其性""反其性情"可以看出作者对性的态度。"性命""性情"含义相近，它们与庄子所用的"天性"（〈达生〉）、"形性"（〈徐无鬼〉）等术语一样，均是性的同义语，而不同用法可能意在强调性的特定方面。

> 缮性于俗，学以求复其初；滑欲于俗，思以求致其明。（方：〈缮性〉谓"缮性于俗，学以求复其初"，其中"缮"郭象注释作"治"。〈天运〉既讲"性不可易"，性可以治乎？我想是指常人将性拉过去迎合世俗需要，其行为正是作者所批评的。）
>
> 知生而无以知为也，谓之以知养恬。知与恬交相养，而和理出其性。夫德，和也；道，理也。（方：谓道、德可从性中出，如能知恬交相养。）
>
> 彼正而蒙己德，德则不冒。冒则物必失其性也。
>
> 德又下衰，及唐虞始为天下，兴治化之流，浇淳散朴，离道以善，险德以行，然后去性而从于心。
>
> 文灭质，博溺心，然后民始惑乱，无以反其性情而复其初。
>
> 古之行身者，不以辩饰知，不以知穷天下，不以知穷德，危然处其所而反其性，己又何谓哉！
>
> 轩冕在身，非性命也。
>
> 故曰：丧己于物，失性于俗者，谓之倒置之民。

◇〈秋水〉（1 见）

"殊性"，从上下文看当指某生物的特有官能。

> 鸱鸺夜撮蚤，察毫末，昼出瞋目而不见丘山，言殊性也。

◇〈达生〉（5 见）

性当指生而具有、未被污染的、健全的生存方式。需要说明的是，"长于水而安于水，性也"之"性"，可解读为后天的成长过程，是人在适应环境变化中形成的生活方式，与庖丁解牛的养生之道一致，并不是简单地主张回归前文明状态。但此种适应、养生，不应像安乐哲那样完全理解为历史文化创造，而应当包括人在天道领悟基础上所建立的适合于己之天性的生活。另外，"生于陵而安于陵，故也；长于水而安于水，性也"一段区分性与故，对于理解孟子"天下之言性也，则故而已矣"有助，葛瑞汉已引之。术语："壹其性"、"长乎性"（2 见）、"天性"、"性也"。

> 彼将处乎不淫之度，而藏乎无端之纪，游乎万物之所终始。壹其性，养其气，合其德，以通乎物之所造。
>
> 孔子从而问焉，曰："吾以子为鬼，察子则人也。请问，蹈水有道乎？"曰："亡，吾无道。吾始乎故，长乎性，成乎命，与齐俱入，与汨偕出，从水之道而不为私焉，此吾所以蹈之也。"孔子曰："何谓'始乎故，长乎性，成乎命'？"曰："吾生于陵而安于陵，故也；长于水而安于水，性也；不知吾所以然而然，命也。"
>
> 然后入山林，观天性形躯，至矣。

◇〈山木〉（1 见）

> "何谓人与天一邪？"仲尼曰："有人，天也；有天，亦天也。人之不能有天，性也。圣人晏然体逝而终矣！"（方：成玄英疏承郭注，以自然释天，所谓自然就是"不知所以然而然"，就是"不为"，所以不能说人能有天，只是混同而已。而称"人之不能有天，性也"，性盖指这是人所受命而有者。）

◇〈知北游〉（1 见）

"性命"当与"生命"别，因为前面已有"生非汝有"。

　　生非汝有，是天地之委和也；性命非汝有，是天地之委顺也；子孙①非汝有，是天地之委蜕也。

◇〈庚桑楚〉（3 见）

"性者，生之质"，以"生之质"释性。"性之动谓之为"，"性"当指生命体（但不读"生"）。

　　汝欲反汝情性而无由入，可怜哉！
　　道者，德之钦也；生者，德之光也；性者，生之质也。性之动谓之为，为之伪谓之失。

◇〈徐无鬼〉（2 见）

"盈嗜欲，长好恶，则性命之情病矣"一句，极能说明庄子之性与告子、荀子迥异，不指生而具有的食色等欲望。术语："性命""形性"。

　　君将盈嗜欲，长好恶，则性命之情病矣。
　　驰其形性，潜之万物，终身不反，悲夫！

◇〈则阳〉（7 见）

"性也"似当释为作"合乎性"。几个"性也"代表作者对性的理解，性当指自然而理想的生活方式，尤其指圣人对于知、名、闻、好之淡漠无为态度。术语："性也""离其性""卤莽其性""寻擢吾性"。

　　圣人达绸缪，周尽一体矣，而不知其然，性也。复命摇作，而以天为师，人则从而命之也。忧乎知，而所行恒无几时，其有止也，若之何！

---

① 通行本作"孙子"，陈鼓应从陈碧虚《庄子阙误》引君房本改为"子孙"，今从陈说，作"子孙"。

生而美者，人与之鉴，不告则不知其美于人也。若知之，若不知之，若闻之，若不闻之，其可喜也终无已，人之好之亦无已，性也。

圣人之爱人也，人与之名，不告则不知其爱人也。若知之，若不知之，若闻之，若不闻之，其爱人也终无已，人之安之亦无已，性也。

遁其天，离其性，灭其情，亡其神，以众为。故卤莽其性者，欲恶之孽为性，萑苇蒹葭始萌，以扶吾形，寻擢吾性。并溃漏发，不择所出，漂疽疥痈，内热溲膏是也。

◇〈让王〉**（1 见）**

性指健全的生存方式，其养生态度类似于杨朱。庄子主张不累于物，不劳心怵形，不伤其天性，无论是内圣还是外王、修己还是治人。术语："易性"。

故天下，大器也，而不以易性。

◇〈盗跖〉**（5 见）**

"且夫声色"一段似证明《庄子》性概念含义的复杂性，即性也可指感官嗜欲。术语："反其情性""易其性""人之性""害于性""尽性"。

皆以利惑其真而强反其情性。

小人殉财，君子殉名，其所以变其情，易其性则异矣；乃至于弃其所为而殉其所不为，则一也。

且夫声色、滋味、权势之于人，心不待学而乐之，体不待象而安之。夫欲恶避就，固不待师，此人之性也。

势为天子，而不以贵骄人；富有天下，而不以财戏人。计其患，虑其反，以为害于性，故辞而不受也，非以要名誉也。

此六者，天下之至害也，皆遗忘而不知察。及其患至，求尽性竭财，单以反一日之无故而不可得也。（方："尽性"甚有意思，与〈中庸〉"尽性"比观如何？这里"尽性"当指成全其性。不过此处有异读。成玄英疏似以"平生"释"尽性"，王先谦以"嗜财若天性"释"尽性"，林希逸则以"全其生"释"尽性"。）

◇〈渔父〉（1 见）

"性服忠信"之"性"，与"身行仁义"之"身"呼应，似指人的个性、性格。

> 子贡对曰："孔氏者，性服忠信，身行仁义，饰礼乐，选人伦，上以忠于世主，下以化于齐民，将以利天下。此孔氏之所治也。"

◇〈列御寇〉（2 见）

"忍性"之性当指天然合理的生存方式，非指食色之类的生理特性。术语："本性""忍性"。

> 必且有感，摇而本性，又无谓也。（方："性"一本作"才"。）
>
> 殆哉圾乎！仲尼方且饰羽而画，从事华辞。以支为旨，忍性以视民而不知不信。

11. 《管子》

【文献】黎翔凤：《管子校注》（全三册），梁运华整理，北京：中华书局，2004。

用法统计

"性"凡 16 见（据四库全书房玄龄注本）。性字为重要范畴，然作生理属性者亦甚多，甚明显。

表 1.5 《管子》"性"字用法统计

篇名	次数	用例
七法	1	水土之性
五辅	1	民有淫行邪性
宙合	1	明乎物之性
八观	1	民之道正行善也，若性然
君臣	2	民性因而三族制/顺人心，安情性

续表

篇名	次数	用例
侈靡	3	非人性也/反民性，然后可以与民戚/亲戚之爱，性也
心术下	1	外敬而内静者，必反其性
白心	1	和以反中，形性相葆
内业	2	能反其性，性将大定
度地	2	水之性，以高走下，则疾/水之性，行至曲，必留退
形势解	1	各终其性命者也

性之义

《管子》中的"性"多指人物的各种属性、机能，如"水土之性"（〈七法〉）、"物之性"（〈宙合〉）。性亦可指事物的典型活动方式。如〈度地〉"水之性，以高走下，则疾"，"水之性，行至曲，必留退"。亦可指特定人物的性格特征，如"民有淫行邪性"（〈五辅〉）。亦可指人自然具有的对他人的情感特征，如"亲戚之爱，性也"（〈侈靡〉），这类似《孝经》"父子之道，天性也"。

有一点值得注意，《管子》对性特别是民性多半持肯定、认可的态度，不将其视为需要压抑甚至消除的对象，这与《荀子》的态度非常不同。不过《管子》的着眼点往往是针对治国而言。如"明君顺人心，安情性，而发于众心之所聚"（〈君臣〉），"为国者，反民性，然后可以与民戚"（〈侈靡〉），"道者，扶持众物，使得生育，而各终其性命者也"（〈形势解〉），这些都是从统治角度让人性复归的意思。但也有从个人修养角度强调人性复归的。例如"外敬而内静者，必反其性"（〈心术下〉），"和以反中，形性相葆"（〈白心〉），"能反其性，性将大定"（〈内业〉），其中"反其性"就是复归自性的意思。

术语分析

有"民性""天性""人性""物之性""水土之性""水之性""邪性"一类用法。"民性"2见（〈君臣〉〈侈靡〉）。有"性命"（〈形势解〉）、"情性"（〈君臣〉）、"形性"（〈白心〉）连用。其中"性情""情性"义近生理—心理状态。

"人性"（〈侈靡〉）作价值判断标准，指天然决定的恰当生活方式。"民性"指特定人群的固有特征，非人类普遍特性。"邪性"（〈五辅〉）之性，或指特定类型的特征或性格。"水之性"（〈度地〉）之类，与汉人所谓"水之性清"用法类似，指物理属性。

原文分析

◇〈七法〉（1 见）

根天地之气，寒暑之和，水土之性，人民鸟兽草木之生物，虽不甚多，皆均有焉，而未尝变也，谓之则。（〈七法〉。方：物理属性。）

若民有淫行邪性，树为淫辞，作为淫巧，以上谄君上，而下惑百姓，移国动众，以害民务者，其刑死流。（〈五辅〉。方：个人性格，非普遍天性。）

是以圣人明乎物之性者，必以其类来也。（〈宙合〉。方：人物特征，生理物理属性。）

明君者闭其门，塞其涂，弇其迹，使民毋由接于淫非之地。是以民之道正行善也，若性然。（〈八观〉。方："若性然"，若天性使然，言天生自然属性。）

◇〈看法〉（2 见）

故曰："君明、相信、五官肃、士廉、农愚、商工愿，则上下体而外内别也，民性因而三族制也。"（〈君臣〉。方："民性"当指人民之行为习惯，含义类似今日性格、性情，读为"民生"似亦可。）

明君顺人心，安情性，而发于众心之所聚。（〈君臣〉。方："安情性"指精神心理得安，性情当指人的生理—心理属性。）

◇〈侈靡〉（3 见）

今周公断指满稽，断首满稽，断足满稽，而死民不服，非人性也，敝也。（〈侈靡〉。方："非人性也"指不符合人之天性，这里人性有价值色彩，指天然决定的正常生活方式。）

为国者，反民性，然后可以与民戚。（〈侈靡〉。方："反民性"指让人民回归自性。）

且君臣之属也，亲戚之爱，性也。（〈侈靡〉。方："亲戚之爱，性也"，类似《孝经》"父子之道，天性也"，性指天然决定的自然特性。）

外敬而内静者，必反其性。（〈心术下〉。房注："外敬则合礼，内静则循察，故能反其性。"方：此处"性"类似性格，故可反。）

和以反中，形性相葆。（〈白心〉。房注："事既安和，反归中理，如此则形全性顺，故能相保也。"方：以"形全性顺"释"形性相葆"，形指身体，性则指精神。古人常以形与性相对，此时性当指精神心理方面。）

守礼莫若敬，守敬莫若静。内静外敬，能反其性，性将大定。（〈内业〉。方："反其性"与〈心术下〉用法相同，含义亦同，指改变其性。此时性不当指天然属性，而指个人性情、性格。）

夫水之性，以高走下则疾。（〈度地〉。方：物理属性。）

水之性，行至曲，必留退。（〈度地〉。方：物理属性。）

道者，扶持众物，使得生育，而各终其性命者也。（〈形势解〉。方："性命"与"性"同义，加"命"强调性为天之所命。）

12. 《荀子》

【文献】王先谦：《荀子集解》（全二册），沈啸寰、王星贤点校，中华书局，1988（1997 年第 4 次印刷）。

用法统计

"性"凡 116 见（据四库全书杨倞注本），分布于 14 篇之中。其中〈性恶〉独有 75 见，占总数的 64.7%。余下各篇中，以〈正名〉9 见、〈儒效〉8 见、〈礼论〉6 见为多。据此可知荀子论性之大略。

表 1.6 《荀子》"性"字用法统计

篇名	次数	用例
修身	1	彼人之才性之相县
荣辱	3	材性知能/知虑材性/非知能材性然也
非十二子	2	纵情性，安恣睢/忍情性，綦溪利跂
儒效	8	桥［矫］饰其情性/人无师法则隆性矣/非所受乎性/性也者，吾所不能为也/注错习俗，所以化性也/居越而越，居夏而夏，是非天性也/纵性情而不足问学/行忍情性，然后能修

续表

篇名	次数	用例
王制	1	彼人之情性也，虽桀跖
正论	2	以伪饰性/上失天性，下失地利
礼论	6	一之于情性/性者，本始材朴也/无性则伪之无所加/无伪则性不能自美/性伪合，然后圣人之名一/性伪合而天下治
乐论	1	性术之变尽是矣
解蔽	2	凡以知，人之性也/可以知人之性
正名	9	生之所以然者谓之性/性之和所生/不事而自然谓之性/性之好、恶、喜、怒、哀、乐谓之情/性伤谓之病/性者，天之就也/情者，性之质也/欲不可去，性之具也/欲养其性而危其形
性恶	75	人之性恶15见/今人之性8见/从人之性，顺人之情/纵性情，安恣睢/从情性，安恣睢/从其性，顺其情/圣王以人性恶，矫饰人之情性/扰化人之情性/人之性恶明矣9见/为性恶也3见/人之性善3见/今之学者，其性善/人之性、伪之分/凡性者，天之就也/而在人者，谓之性/性伪之分/今人之性善/皆失丧其性/所谓性善者/生于人之性4见/然则性而已2见/顺情性则不辞让矣/辞让则悖于情性/生于人之情性/化性而起伪/其不异于众者，性也/此人之情性2见/顺情性，好利而欲得/顺情性则弟兄争/性不知礼义/然则性而已/人之性固正理平治邪/性善则去圣王/性恶则与圣王/其性直也/其性不直/礼义积伪者，是人之性/瓦埴岂陶人之性也哉/器木岂工人之性也哉/其性一也2见/岂人之本性也哉/凡人之性者/以礼义积伪为人之性/能化性，能起伪/岂人之性也哉/岂其性异矣哉/人虽有性质美而心辩知
赋篇	2	性不得则若禽兽/性得之则甚雅似者
大略	1	不教无以理民性
哀公	3	若性命肌肤之不可易也/辨乎万物之情性者也/情性者，所以理然不取舍也

术语分析

相关术语有：

——"情性"18见（〈非十二子〉〈哀公〉〈儒效〉各2见，〈性恶〉10见，〈王制〉〈礼论〉各1见）；

——"才性"1见（〈修身〉）；

——"材性"3见（〈荣辱〉）；

——"天性"2见（〈儒效〉〈正论〉）；

——"饰性"1见（〈正论〉）；

——"化性"3见（〈儒效〉1见，〈性恶〉2见）；

——"民性"1见（〈大略〉）；

——"性情" 2 见（〈儒效〉〈性恶〉）；

——"性术" 1 见（〈乐论〉）；

——"性伪" 4 见（〈礼论〉〈性恶〉各 2 见）；

——"性命" 1 见（〈哀公〉）；

——"隆性" 1 见（〈儒效〉）；

——"人情" 9 见（〈荣辱〉1 见，〈王霸〉4 见，〈乐论〉2 见，〈性恶〉2 见）；

——"人之性" 40 见（〈解蔽〉2 见，〈性恶〉38 见）；

——"人性" 1 见（〈性恶〉）。

"材性"（或作"才性"）是荀子的一个特色用法，含义不当与《礼记·乐记》"血气心知之性"相混，后者更近乎《荀子》屡用之"情性"。"人情"在《荀子》中与人性含义相近，似可指人之实情，但含义似较正面（至少非待矫饰者），如〈乐论〉"乐者，乐也，人情之所必不免也"。然〈性恶〉"尧问于舜曰：人情何如？舜对曰：人情甚不美，又何问焉"，〈荣辱〉"夫贵为天子，富有天下，是人情之所同欲也"（〈王霸〉句型含义与〈荣辱〉相近），人情似有贬义。可猜测《荀子》多从反面说"性"，故以"人情""才性"（或"材性"）表述无反面含义的性。

性之义

荀子的性，包括两层主要含义：一是先天的感官属性，二是由感官属性决定的、各种后天的情与欲。它们似乎有先天与后天、及物与不及物之别。以〈乐记〉"感于物而动，性之欲也"衡量，显然荀子所说的各种欲望皆是后天已发范畴。〈正名〉区分性、情、欲三者，然情、欲皆可称为性（欲更为荀子"情"之一部分），故荀子常用"性情"或"情性"。综而言之，荀子之性主要为生理、心理属性，因此多为后天属性，而荀子认为其来源是先天的。我总结，荀子之性以生理、心理或社会的欲望为主，如"好利""疾恶""好声色"（〈性恶〉），"目好色，耳好声，口好味，心好利，骨体肤理好愉佚"（〈性恶〉），"饥而欲饱，寒而欲暖，劳而欲休"（〈性恶〉）之类。这一含义的"性"常常与"情"连用，表述为"情性"；也常常被称为"欲"或"材性"。荀子全书贯穿着"性"需要积、矫、伪的思想，其对象乃是"情""欲"意义上的性。

　　台湾政治大学王华女士引用 Kurtis Hagen、潘小慧、冯耀明等人观点及自己的总结，① 还有山东大学路德斌的观点，认为荀子的人性概念需要从两个层面来理解，一是指未发之前（路德斌），可被称为"实"（潘、冯），也被称为"狭义性"（王华），此时的"性"未接物，有各种"原始自然本能"，但并不针对具体物，因而也无所谓善恶；二是指已发状态（路），可被称为"状"（潘、冯），也被称为"广义性"（王华），此时的"性"已接物，即有"精合感应"，有具体的欲望和需要，因而有所谓善恶。荀子所谓的性恶，是针对这时的"性"，即第二义的性而言，非针对第一义的性。路德斌未发、已发之区分亦大致如此，他认为第一义的性是"性朴"的，荀子本人也不认为其为恶，而第二义的性则不然［荀子正式、明确地谈性恶只有〈性恶〉篇，当然其他地方也使用过"生固小人""生而有欲"（〈礼论〉）等说法，与后来性恶之说法接近］。王华将"狭义性"称为天生的官能、不具体的生理与心理趋向等；将"广义性"称为耳目感官、心理能力与外物精合感应而呈现的较具体的倾向和表现等，当然也是指自然地呈现。

　　梁涛在文章中将荀子的"人性"分为三层含义：（1）生理机能（如目可见、耳可听）；（2）生理欲望（如饥欲饱、寒欲暖）；（3）好利、疾恶和好声色。这三层含义中，他认为只有第（3）层有恶。王华则质疑第（3）层也不一定能说成恶。② 这三层含义中（1）、（2）似乎均可理解为王华所说的狭义性，但第 3 个则很难说是狭义性还是广义性（似更接近于广义性）。而荀子本人则明确说过"生而有好利焉"之类的话。

　　荀子"性"之义有如下几种典型看法。

　　（1）梁涛：①上文中的"生而有好利""疾恶""好声色"；②生理欲望。"今人之性，饥而欲饱，寒而欲暖，劳而欲休，此人之情性也。"（〈性恶〉）③生理机能。"今人之性，目可以见，耳可以听。"③

　　（2）潘小慧：①人生理及心理上的官能，如耳、目、鼻、口、形等五官与"心官"；②官能的能力，如"目辨白黑美恶"（〈荣辱〉）与"心"辨说

_____

① "两岸荀子学术研讨会"，2015 年 4 月 26 日，北京：中国人民大学国学馆，有论文集；另参王华《礼乐化性：从〈荀子〉谈情感在道德认知与判断中扮演的角色》，载郑宗义主编《中国哲学与文化》第 13 辑《心、身与自我转化》，桂林：漓江出版社，2016，页 36—67。

② "两岸荀子学术研讨会"，2015 年 4 月 26 日，北京：中国人民大学国学馆。

③ 梁涛：《荀子人性论辨正——论荀子的性恶、心善说》，《哲学研究》2015 年第 5 期，页 71—80。

故、喜怒、哀乐、爱恶欲（〈正名〉）；③官能的欲望，如"目好色，耳好声，口好味，心好利，骨体肤理好愉佚"（〈性恶〉），"饥而欲食，劳而欲息，好利而恶害"（〈荣辱〉），"饥而欲饱，寒而欲暖，劳而欲休"（〈性恶〉），及"好利而欲得"（〈性恶〉）。①

（3）冯耀明：未及物—及物。认为"生之所以然者"是指"未及物"，即生而有的性能，包括人的自然本能（"目明而耳聪"）与生理需要（"饥而欲饱"），是性之第一义；当此本有之性"接引外在对象"自然产生反应，则属性之第二义，即外在反应与表现（"目好色，耳好声，口好味，心好利，骨体肤理好愉佚。"）（方按：荀子本人未明确表明这里所说的第二义为未及物状态。②）

（4）王华：狭义性与广义性。"狭义来说，性就是指天生的官能、不具体的生理与心理趋力、倾向等，也就是性之'实'；'广义的性'还包括'狭义性'作用于日常生活经验'自然'产生，由耳目感官、心理能力与外物'精合感应'而发展出的较具体的倾向与表现，也就是性之'状'。"③ 作者又说，狭义性包括"基本自然欲望"，而广义性则包括"原初自私欲望"。后者是在外部感应中形成的，以基本自然欲望（狭义性）为基础而形成。这一说法与冯耀明未及物—及物、Hagen"基本欲望"与"具体欲望"的区分有相近之处。王华的论证，主要是想解释荀子之"性"何以可"化"的问题。她认为，性之所以可化，是针对性中的一部分而言（即广义性，或感应后部分）；而性之所以不可化，是指其中的基本自然欲望，即狭义性。当然，荀子本人对此没有明确区分。是否合乎文本，还需要进一步论证。

梁涛在文章中引用郭店简《老子》"绝愳弃虑"释荀子之"性"，认为荀子"心虑而能为之动谓之伪"能证明荀子之"伪"可理解为"心之为"，而不一定指"矫饰"。但廖名春指出，荀子书中"伪"出现40多处，有三义，或指"为"，或有善义，或有不善义，但均是指后天所为，与"性"相对。④

---

① 潘小慧：《荀子的"解蔽心"——荀学作为道德实践论的人之哲学理解》，《哲学与文化月刊》1998年第6期，页516—536。

② 冯耀明：《荀子人性论新诠——附〈荣辱〉篇23字衍之纠谬》，《台湾政治大学哲学学报》2005年第14期，页169—230。

③ 王华：《礼乐化性：从〈荀子〉谈情感在道德认知与判断中扮演的角色》，载郑宗义主编《中国哲学与文化》第13辑《心、身与自我转化》，桂林：漓江出版社，2016，页51。

④ "两岸荀子学术研讨会"会议发言，2015年4月26日，北京：中国人民大学国学馆。

［方按：荀子明确指出，"然则礼义法度者，是生于圣人之伪，非故生于人之性也"，"今人之性，固无礼义，故强学而求有之也；性不知礼义，故思虑而求知之也"（〈性恶〉），故梁涛一定将"伪"解释为"心之为"似不成立，盖认为"心之为"为先天能力，梁亦强调要为礼义找到先天的基础，且说心之辨知能力为先天的。荀子并没有以"心虑"直接定义伪，而是以"心虑而能为之动"定义"伪"；后面又说"虑积焉、能习焉而后成谓之伪"。］正如廖名春所云，〈性恶〉区分了性与伪：

> 凡性者，天之就也，不可学，不可事；礼义者，圣人之所生也，人之所学而能、所事而成者也。不可学、不可事而在人者谓之性，可学而能、可事而成之在人者谓之伪，是性、伪之分也。
>
> 若夫目好色、耳好声、口好味、心好利，骨体肤理好愉佚，是皆生于人之情性者也，感而自然，不待事而后生之者也。夫感而不能然，必且待事而后然者，谓之生于伪。是性、伪之所生，其不同之征也。

这似乎明显地把性限制于先天，伪限制于后天。又〈正名〉有云：

> 生之所以然者谓之性。性之和所生，精合感应，不事而自然谓之性。性之好、恶、喜、怒、哀、乐谓之情。情然而心为之择谓之虑。心虑而能为之动谓之伪。虑积焉、能习焉而后成谓之伪。

据此，则"伪"是在性之后，其中的"心虑"亦是后天之事（性→情→虑→伪）。而梁涛欲从荀子的"心知"概念推出礼义的先天基础，似乎不对。

荀子界定

《荀子》一书对性有多次明确界定，现列如下：

> 性也者，吾所不能为也，然而可化也。（〈儒效〉）
>
> 性者，本始材朴也；伪者，文理隆盛也。无性则伪之无所加，无伪则性不能自美。性伪合，然后圣人之名一，天下之功于是就也。故曰：天地合而万物生，阴阳接而变化起，性伪合而天下治。（〈礼论〉）

不可学、不可事而在人者谓之性。……若夫目好色，耳好声，口好味，心好利，骨体肤理好愉佚，是皆生于人之情性者也；感而自然，不待事而后生之者也。夫感而不能然，必且待事而后然者，谓之生于伪。是性、伪之所生，其不同之征也。（〈性恶〉）

生之所以然者谓之性。性之和所生，精合感应，不事而自然谓之性。性之好、恶、喜、怒、哀、乐谓之情。（〈正名〉）

原文分析

下面我们统计《荀子》中 116 次性字用法：
◇〈修身〉（1 见）

彼人之才性之相县也，岂若跛鳖之与六骥足哉？［方："才性"与〈荣辱〉"材性"无别，以才与性连用，这与"形性"（见于《礼记·月令》《庄子·徐无鬼》《管子·白心》）不同，后者以形与性连用。才性或强调天生的才能，比如技艺。］

◇〈荣辱〉（3 见，作"材性"）

材性知能，君子小人一也。
知虑材性，固有以贤人矣。
譬之越人安越，楚人安楚，君子安雅。是非知能材性然也，是注错习俗之节异也。

◇〈非十二子〉（2 见，作"情性"）

纵情性，安恣睢，禽兽行，不足以合文通治；然而其持之有故，其言之成理，足以欺惑愚众，是它嚣、魏牟也。（方按："情性"常见，与荀子之"性"通义无别，故使用"情性"时往往指情欲。此用法或旨在强调性中与情有关的方面，类似才性强调性中与才能有关的方面。荀子好用"情性"而不好用"性情"，分别为 18 见和 2 见。）
忍情性，綦谿利跂，苟以分异人为高，不足以合大众，明大分；然而其持之有故，其言之成理，足以欺惑愚众，是陈仲、史鳛也。

◇〈儒效〉（8 见）

方按："桥［矫］饰其情性""隆性""忍情性"皆强调性之当变，这与〈正论〉"饰性"、〈礼论〉"性伪合"、〈性恶〉"化性"宗旨一致，代表《荀子》通篇立场。"忍情性"与《孟子·告子下》"动心忍性"表述相近。本章的主旨充分证明了与〈性恶〉相似的立场，即人性不可放任，虽然没有提性恶。

行法至坚，好修正其所闻以桥［矫］饰其情性。

人无师法则隆性矣，有师法则隆积矣。而师法者，所得乎情，非所受乎性，不足以独立而治。性也者，吾所不能为也，然而可化也。积也者，非吾所有也，然而可为也。注错习俗，所以化性也；并一而不二，所以成积也。

居楚而楚，居越而越，居夏而夏，是非天性也，积靡使然也。

纵性情而不足问学，则为小人矣。

志忍私，然后能公；行忍情性，然后能修。

◇〈王制〉（1 见）

彼人之情性也，虽桀跖，岂有肯为其所恶贼其所好者哉！

◇〈正论〉（2 见）

不能以义制利，不能以伪饰性，则兼以为民。

上以无法使，下以无度行，知者不得虑，能者不得治，贤者不得使。若是，则上失天性，下失地利，中失人和。（方按：从"上失天性"句看，作者以"天性"为不可失者，故"天性"含义为正面、褒义。）

◇〈礼论〉（6 见）

故人一之于礼义，则两得之矣；一之于情性，则两丧之矣。

性者，本始材朴也；伪者，文理隆盛也。无性则伪之无所加，无伪则性不能自美。性伪合，然后圣人之名一，天下之功于是就也。故曰：天地合而万物生，阴阳接而变化起，性伪合而天下治。（方：极论性伪之合。）

◇〈乐论〉（**1** 见）

夫乐者，乐也，人情之所必不免也，故人不能无乐。乐则必发于声音，形于动静，而人之道，声音、动静、性术之变尽是矣。（方按："人情""性术"皆无贬义。）

◇〈解蔽〉（**2** 见）

凡以知，人之性也；可以知，物之理也。以可以知人之性，求可以知物之理而无所疑止之，则没世穷年不能遍也。（方按：以知论性，所谓"知"类似今日"明白道理"。）

◇〈正名〉（**9** 见）

散名之在人者：生之所以然者谓之性。性之和所生，精合感应，不事而自然谓之性。性之好、恶、喜、怒、哀、乐谓之情。情然而心为之择谓之虑。心虑而能为之动谓之伪。虑积焉、能习焉而后成谓之伪。正利而为谓之事。正义而为谓之行。所以知之在人者谓之知。知有所合谓之智。智所以能之在人者谓之能。能有所合谓之能。性伤谓之病。节遇谓之命。是散名之在人者也，是后王之成名也。（方按：关于性的经典定义，涉及性、情关系，也涉及虑、伪、知、智、能、病、命等含义及其与性的关系。注意以"好、恶、喜、怒、哀、乐"定义情，与《礼记·礼运》情中含"爱恶欲"一样，可见不限于今日感情，非纯心理活动，情即与外部感应之情状，故含好恶与欲，盖古人不分情欲。本段宗旨与篇名一致，探讨名即定义问题。）

性者，天之就也；情者，性之质也；欲者，情之应也。以所欲为可得而求之，情之所必不免也；以为可而道之，知所必出也。故虽为守门，欲不可去，性之具也。（方按：性与情不分，因情为性之质。"质"当指其内容。情与欲不分，欲为情之应。"应"当指情之反应。情欲不分又一例证。参许慎《说文解字·情》。）

故欲养其欲而纵其情，欲养其性而危其形，欲养其乐而攻其心，欲养其名而乱其行。如此者，虽封侯称君，其与夫盗无以异。（方按：这里又将情与欲分开讨论。）

◇〈性恶〉（75 见）

人之性恶，其善者伪也。今人之性，生而有好利焉，顺是，故争夺生而辞让亡焉；生而有疾恶焉，顺是，故残贼生而忠信亡焉；生而有耳目之欲，有好声色焉，顺是，故淫乱生而礼义文理亡焉。然则从人之性，顺人之情，必出于争夺，合于犯分乱理而归于暴。故必将有师法之化、礼义之道，然后出于辞让，合于文理，而归于治。用此观之，然则人之性恶明矣，其善者伪也。

故枸木必将待檃栝、烝、矫然后直，钝金必将待砻、厉然后利。今人之性恶，必将待师法然后正，得礼义然后治。今人无师法则偏险而不正，无礼义则悖乱而不治。古者圣王以人性恶，以为偏险而不正，悖乱而不治，是以为之起礼义，制法度，以矫饰人之情性而正之，以扰化人之情性而导之也。始皆出于治、合于道者也。今之人，化师法、积文学、道礼义者为君子；纵性情、安恣睢，而违礼义者为小人。用此观之，然则人之性恶明矣，其善者伪也。

孟子曰："人之学者，其性善。"

曰：是不然。是不及知人之性，而不察乎人之性、伪之分者也。凡性者，天之就也，不可学，不可事；礼义者，圣人之所生也，人之所学而能、所事而成者也。不可学、不可事而在人者谓之性，可学而能、可事而成之在人者谓之伪，是性、伪之分也。今人之性，目可以见，耳可以听。夫可以见之明不离目，可以听之聪不离耳，目明而耳聪，不可学明矣。

孟子曰："今人之性善，将皆失丧其性故也。"

曰：若是，则过矣。今人之性，生而离其朴，离其资，必失而丧之。

用此观之，然则人之性恶明矣。所谓性善者，不离其朴而美之，不离其资而利之也。使夫资朴之于美，心意之于善，若夫可以见之明不离目，可以听之聪不离耳，故曰目明而耳聪也。今人之性，饥而欲饱，寒而欲暖，劳而欲休，此人之情性也。今人饥，见长而不敢先食者，将有所让也；劳而不敢求息者，将有所代也。夫子之让乎父，弟之让乎兄，子之代乎父，弟之代乎兄，此二行者，皆反于性而悖于情也。然而孝子之道，礼义之文理也。故顺情性则不辞让矣，辞让则悖于情性矣。用此观之，然则人之性恶明矣，其善者伪也。

问者曰："人之性恶，则礼义恶生？"

应之曰：凡礼义者，是生于圣人之伪，非故生于人之性也。故陶人埏埴而为器，然则器生于工人之伪，非故生于人之性也。故工人斲木而成器，然则器生于工人之伪，非故生于人之性也。圣人积思虑，习伪故，以生礼义而起法度，然则礼义法度者，是生于圣人之伪，非故生于人之性也。若夫目好色，耳好声，口好味，心好利，骨体肤理好愉佚，是皆生于人之情性者也，感而自然，不待事而后生之者也。夫感而不能然，必且待事而后然者，谓之生于伪。是性、伪之所生，其不同之征也。

故圣人化性而起伪，伪起而生礼义，礼义生而制法度。然则礼义法度者，是圣人之所生也。故圣人之所以同于众，其不异于众者，性也；所以异而过众者，伪也。夫好利而欲得者，此人之情性也。假之人有弟兄资财而分者，且顺情性，好利而欲得，若是，则兄弟相拂夺矣；且化礼义之文理，若是，则让乎国人矣。故顺情性则弟兄争矣，化礼义则让乎国人矣。

凡人之欲为善者，为性恶也。夫薄愿厚，恶愿美，狭愿广，贫愿富，贱愿贵，苟无之中者，必求于外；故富而不愿财，贵而不愿埶，苟有之中者，必不及于外。用此观之，人之欲为善者，为性恶也。今人之性，固无礼义，故强学而求有之也；性不知礼义，故思虑而求知之也。然则生而已，则人无礼义，不知礼义。人无礼义则乱，不知礼义则悖。然则生而已，则悖乱在己。用此观之，人之性恶明矣，其善者伪也。

孟子曰："人之性善。"

曰：是不然。凡古今天下之所谓善者，正理平治也；所谓恶者，偏险悖乱也。是善恶之分也已。今诚以人之性固正理平治邪？则有恶用圣王、恶用礼义矣哉！虽有圣王礼义，将曷加于正理平治也哉？今不然，人之性恶。故古者圣人以人之性恶，以为偏险而不正，悖乱而不治，故为之立君上之埶以临之，明礼义以化之，起法正以治之，重刑罚以禁之，使天下皆出于治、合于善也。是圣王之治，而礼义之化也。今当试去君上之埶，无礼义之化，去法正之治，无刑罚之禁，倚而观天下民人之相与也，若是，则夫强者害弱而夺之，众者暴寡而哗之，天下之悖乱而相亡不待顷矣。用此观之，然则人之性恶明矣，其善者伪也。

　　故善言古者必有节于今，善言天者必有征于人。凡论者，贵其有辨合，有符验，故坐而言之，起而可设，张而可施行。今孟子曰："人之性善。"无辨合符验，坐而言之，起而不可设，张而不可施行，岂不过甚矣哉！故性善则去圣王、息礼义矣；性恶则与圣王、贵礼义矣。故檃栝之生，为枸木也；绳墨之起，为不直也；立君上，明礼义，为性恶也。用此观之，然则人之性恶明矣，其善者伪也。

　　直木不待檃栝而直者，其性直也；枸木必将待檃栝、烝、矫然后直者，以其性不直也。今人之性恶，必将待圣王之治、礼义之化，然后皆出于治、合于善也。用此观之，然则人之性恶明矣，其善者伪也。

　　问者曰："礼义积伪者，是人之性，故圣人能生之也。"

　　应之曰：是不然。夫陶人埏埴而生瓦，然则瓦埴岂陶人之性也哉？工人斲木而生器，然则器木岂工人之性也哉？夫圣人之于礼义也，辟则陶埏而生之也，然则礼义积伪者，岂人之本性也哉？凡人之性者，尧、舜之与桀、跖，其性一也；君子之与小人，其性一也。今将以礼义积伪为人之性邪？然则有曷贵尧、禹，曷贵君子矣哉？凡所贵尧、禹、君子者，能化性，能起伪，伪起而生礼义。然则圣人之于礼义积伪也，亦犹陶埏而生之也。用此观之，然则礼义积伪者，岂人之性也哉？所贱于桀、跖小人者，从其性，顺其情，安恣睢，以出乎贪利争夺。故人之性恶明矣，其善者伪也。天非私曾、骞、孝己而外众人也，然而曾、骞孝己独厚于孝之实，而全于孝之名者，何也？以綦于礼义故也。天非私齐、鲁之民而外秦人也，然而于父子之义、夫妇之别，不如齐、鲁之孝具敬父者，何也？以秦人之从情性、安恣睢、慢于礼义故也。岂其性异矣哉？……

　　夫人虽有性质美而心辩知，必将求贤师而事之，择良友而友之。

◇〈赋篇〉（2 见）

性不得则若禽兽，性得之则甚雅似者欤？（方按：谓性得于礼与不得于礼，盖主张人性当依礼而行，即〈性恶〉所谓"能化性，能起伪，伪起而生礼义"。①）

◇〈大略〉（1 见）

不富无以养民情，不教无以理民性。（方按："民情""民性"并举，含义相近。）

◇〈哀公〉（3 见）

故知既已知之矣，言既已谓之矣，行既已由之矣，则若性命肌肤之不可易也。……所谓大圣者，知通乎大道，应变而不穷，辨乎万物之情性者也。大道者，所以变化遂成万物也；情性者，所以理然不取舍也。（方按：注意"性命""情性"用法。性命当指生命，"万物之情性"当指万物之实情、情状，当以"大道"成之。）

13. 《商君书》

【文献】孙诒让：《商子校本》，祝鸿杰点校，北京：中华书局，2014。

用法统计

《商君书》"性"凡 6 见。

表 1.7 《商君书》"性"字用法统计

篇名	次数	用例
算地	2	民之性，饥而求食/求名，失性之常

---

① 荀况著，王天海校释：《荀子校释》，上海：上海古籍出版社，2005，页 1010。

篇名	次数	用例
开塞	1	讼而无正，则莫得其性
错法	1	圣人之存体性
画策	1	圣人有必信之性
弱民	1	圣贤在体性也

性之义

术语有："民之性" 1 见（〈算地〉），"失性" 1 见（〈算地〉），"得其性" 1 见（〈开塞〉），"体性" 2 见（〈错法〉〈弱民〉各 1 见），"必信之性" 1 见（〈画策〉）。

"失性之常"（〈算地〉）、"莫得其性"（〈开塞〉）皆以性为褒义。联系"民之性，饥而求食，劳而求佚……此民之情也"（〈算地〉），此句中性似指人的正常生理需求。从"体性"用法看，性指天生的生理性能。性亦可指性格（〈画策〉）。

原文分析

◇〈算地〉（2 见）

民之性，饥而求食，劳而求佚，苦则索乐，辱则求荣，此民之情也。民之求利，失礼之法；求名，失性之常。（方按：此处"民之性""民之情"并举，可见性、情义近。情有实情义。"失性之常"指性之常态。）

◇〈开塞〉（1 见）

务胜则争，力征则讼，讼而无正，则莫得其性也。（方按：此处"性"似为褒义，以"莫得其性"为非，故性类似于《庄子》"失性"一类说法。）

◇〈错法〉**（1 见）**

　　夫离朱见秋豪百步之外，而不能以明目易人；乌获举千钧之重，而不能以多力易人。夫圣人之存体性，不可以易人，然而功可得者，法之谓也。（方按："体性"用法较特殊，〈弱民〉再见。此用法与"形性"有相近处。参以古人"情性""才性"甚至"性命"一类用法，可知古人于"性"外加一字，欲强调性之某一特定方面。）

◇〈画策〉**（1 见）**

　　圣人有必信之性，又有使天下不得不信之法。（方按：此处"性"较特殊，似乎指个人特性，类似今日性格之义。若然，则此处性不指所有人共有之性。）

◇〈弱民〉**（1 见）**

　　今离娄见秋豪之末，不能以明目易人；乌获举千钧之重，不能以多力易人；圣贤在体性也，不能以相易也。（方："不能明目易人"当作"不能以明目易人"。"体性"一词，盖谓身体之性能，而为天生所有者。）

14. 《韩非子》

【文献】 王先慎：《韩非子集解》，钟哲点校，北京：中华书局，1998。

用法统计

《韩非子》一书"性"18 见，分于 12 篇之中。

表 1.8 《韩非子》"性"字用法统计

篇名	次数	用例
饰邪	1	乱弱者亡，人之性也

篇名	次数	用例
说林下	1	民性有恒，曲为曲，直为直
观行	1	西门豹之性急
安危	2	使伛以天性剖背/天性为非
大体	2	不逆天理，不伤情性/伤万民之性
外储说左下	1	夫天性仁心固然
难势	2	人之情性，贤者寡而不肖者众/为炮烙以伤民性
八说	1	子母之性，爱也
八经	1	民之性有生之实，有生之名
五蠹	1	人之情性莫先于父母
显学	3	夫智，性也/性命者，非所学于人也/夫谕，性也
心度	2	夫民之性，喜其乱而不亲其法/夫民之性恶劳而乐佚

术语分析

术语有："情性"3 见（〈大体〉〈难势〉〈五蠹〉各 1 见），"天性"3 见（〈安危〉2 见，〈外储说左下〉1 见），"人之性"1 见（〈饰邪〉），"性命"1 见（〈显学〉），"性急"1 见（〈观行〉）。

又有"民性"2 见（〈说林下〉〈难势〉），"万民之性"1 见（〈大体〉），"民之性"3 见（〈八经〉1 见，〈心度〉2 见），皆指民人固有或惯有之特性。"子母之性"指人在母子关系上的天性。韩非亦用性指性格（〈观行〉）。

〈八说〉"子母之性，爱也"，类似于《管子·侈靡》"亲戚之爱，性也"及《孝经》"父子之道，天性也"。

性之义

今人多谓韩非子继承师说，主人性恶。然观此书，结论则可商榷。一方面，从〈难势〉"人之情性，贤者寡而不肖者众"，〈心度〉"夫民之性，喜其乱而不亲其法""夫民之性恶劳而乐佚"看，韩非子似主张人性恶。但另一方面，〈说林下〉引孔子曰"民性有恒"，赞美民性能分辨曲直；〈安危〉以有些人伛偻为其天性，不当以"天性为非"；〈大体〉称"古之全大体者""不逆天理，不伤情性"，则以"情性"为不当伤者；同篇主张不当"伤万民之性"；〈外储说左下〉引人称赞孔子弟子子皋"天性仁心固然"；〈八经〉"民之性有生之实，有生之名"。凡此种种，对性或民性似持正面态度。再一方面，〈八说〉"子母之性，爱也"，〈五蠹〉"人之情性莫先于父母"，〈显学〉"夫智，性也""夫谕，性也"，其所谓性皆无褒贬，近乎中性。

由上可知，韩非用"性"含义多样，不限于一义。严格来说，韩非并不像《荀子》对于性有专门的关注、集中的论述及一贯的立场，故就其所用"性"字而言，不可简单地称韩非子主张人性恶。若谓韩非主人性恶，则是就其著作整体立场言，而非就其性之用法言。[①]

从今本《韩非子》论性如此之少，含义简单不定，简直没有荀子的影子，几乎无法得出其说出自其师荀子。

原文分析

◇〈饰邪〉**（1 见）**

乱弱者亡，人之性也。治强者王，古之道也。（方："乱弱"与"治强"对应，"乱弱"似指治弱。"人之性"似指国不治则人性放纵，以致亡国。此解亦有利于性恶说。）

◇〈说林下〉**（1 见）**

孔子曰："宽哉，不被于利。洁哉，民性有恒。曲为曲，直为直。"［方按：《郭店简·性自命出》"未教而民恒，性善者也"，以"有恒"为性之善。"民性"一词在先秦常见，与"民情"义近（参《商君书·算地》），可指民人所固有的习性、习惯，或人性自然的需要。《上博简·孔子诗论》有"民性固然"。］

---

① 冯友兰 1930 年代所撰《中国哲学史》（上册）（上海：商务印书馆，1944，页 398—402）即举大量例证说明韩非子主人性恶。其证据皆体现韩非子对人性的整体立场趋于性恶，而非从韩非子对人性概念的使用立论。宋洪兵认为，"韩非子的人性论是由'圣人'之聪明睿智之性、虚静无为之心与'众人'之好利之性、欲利之心共同构成的二元结构"（宋洪兵：《善如何可能？圣人如何可能？——韩非子的人性论及内圣外王思想》，《哲学研究》2019 年第 4 期，页 72—81）。此一说法区分圣人之性与众人之性，前者为善，后者为恶，若从本节对性的用法统计看，证据似不足。

◇〈观行〉（**1 见**）

西门豹之性急，故佩韦以自缓。（方：性指性格。）

◇〈安危〉（**2 见**）

赏于无功，使谗谀以诈伪为贵；诛于无罪，使伛以天性剖背。以诈伪为是，天性为非，小得胜大。（方：这里"天性"特指有些人天生伛偻。"天性为非"指有人有此天性，本不当非，而以为非，是"诛于无罪"，〈用人〉有"不见伛剖背"。）

◇〈大体〉（**2 见**）

古之全大体者……不以智累心，不以私累己；寄治乱于法术，托是非于赏罚，属轻重于权衡；不逆天理，不伤情性。（方按："不逆天理，不伤情性"，以情性与天理并举，盖以情性为自然合理之属性。）

古之牧天下者，不使匠石极巧以败太山之体，不使贲育尽威以伤万民之性。

◇〈外储说左下〉（**1 见**）

及狱决罪定，公慨然不悦，形于颜色，臣见又知之。非私臣而然也，夫天性仁心固然也。（方按：孔子弟子子皋在卫国断案时，欲免刖危而不得，"慨然不悦"，此记卫大夫刖危称赞其形态为"天性仁心固然"。盖以"天性"形容子皋之生性仁善。）

◇〈难势〉（**2 见**）

人之情性，贤者寡而不肖者众。（方按："人之情性"谓人的普遍天性。此句较有利于人性不善多这一立场。）

桀、纣为高台深池以尽民力，为炮烙以伤民性。（方："民性"再次

51

出现，无贬义，当指民人正常的需求。）

◇〈八说〉（1 见）

子母之性，爱也。（方：性指人之常情。）

◇〈八经〉（1 见）

民之性有生之实，有生之名。（方：〈八经·参言〉。）

◇〈五蠹〉（1 见）

人之情性莫先于父母。（方：指优先自己父母乃人之常情。）

◇〈显学〉（3 见）

夫智，性也；寿，命也。性命者，非所学于人也，而以人之所不能为说人，此世之所以谓之为狂也。谓之不能然，则是谕也。夫谕，性也。[方：以智为人性之一方面。"性命"含义当近于"天命之性"，故"非所学于人"，此亦韩非对性之界定，似与当时流行看法一致。"谕"或当作"喻"，参王先慎《韩非子集解》。"夫谕，性也"似明白（事理）是人的天性。]

◇〈心度〉（2 见）

夫民之性，喜其乱而不亲其法。（方："民之性"。）
夫民之性恶劳而乐佚，佚则荒，荒则不治，不治则乱，而赏刑不行于天下者必塞。（方：此段有利于性恶说。）

15. 《吕氏春秋》

【文献】许维遹：《吕氏春秋集释》（全二册），梁运华整理，北京：中华书局，2009（2010 年重印）。

用法统计

"性"凡 62 见（据四库全书高诱注本）。其中〈本生〉最多，凡 10 见；〈重己〉〈为欲〉各 5 见，次之；〈知度〉4 见；〈侈乐〉〈谨听〉〈勿躬〉各 3 见。具见下表：

表 1.9　《吕氏春秋》"性"字用法统计

篇名	次数	用例
本生	10	水之性清/人之性寿/所以养性/非所以性养/以性养物/利于性则取之/害于性则舍之/全性之道/性恶得不伤/伐性之斧
重己	5	不达乎性命之情 2 见/以安性自娱/之所以养性/节乎性也
先己	2	利身平静，胜天顺性/顺性则聪明寿长
圜道	1	圣王法之，以令其性
孟夏	1	其性礼
尊师	1	达天性也
侈乐	3	若肌肤形体之有情性也/有情性则必有性养矣
荡兵	2	民之有威力，性也/性者，所受于天也
论威	1	咸若狂魄，形性相离
节丧	1	慈亲之爱其子也……性也
仲冬纪	1	禁嗜欲，安形性
诚廉	2	坚与赤，性之有也/性也者，所受于天也
谨听	3	人主之性，莫过乎所疑/耳之可以断也，反性命之情也/非知反性命之情
义赏	2	民之安之若性/民之仇之若性
观世	1	远乎性命之情
审分	2	定性于大湫/形性得安乎自然之所
勿躬	3	毕乐其志，安育其性/矜服性命之情/形性弥羸
知度	4	君服性命之情/上服性命之情/治道之要，存乎知性命/敬守一事，正性是喜
执一	1	因性任物而莫不宜当
具备	1	水木石之性，皆可动也
适威	1	不论人之性，不反人之情
为欲	5	久湛而不去则若性/性异非性，不可不熟/何以去非性/无以去非性
恃君览	1	凡人之性，爪牙不足以自守卫

篇名	次数	用例
知分	1	生，性也
雍塞	2	牛之性不若羊/羊之性不若豚
贵当	2	治欲者，不于欲于性/性者，万物之本也
有度	2	通乎性命之情2见

术语分析

今将术语归类如下。

——性之特定术语："情性"2见（〈侈乐〉，"性情"未见），"形性"4见（〈论威〉〈仲冬纪〉〈审分〉〈勿躬〉各1见），"性命"11见（〈重己〉〈谨听〉〈有度〉各2见，〈知度〉3见，〈观世〉〈勿躬〉各1见），"性命之情"10见（〈谨听〉〈知度〉〈有度〉〈重己〉各2见，〈观世〉〈勿躬〉各1见），"若性"3见（〈义赏〉2见，〈为欲〉1见）。

——对性的积极态度："养性"2见（〈本生〉〈重己〉），"全性"（〈本生〉），"顺性"2见（〈先己〉），"育其性"（〈勿躬〉），"天性"（〈尊师〉），"安性"（〈重己〉），"性也"2见（〈节丧〉〈荡兵〉），"定性"（〈审分〉），"正性"（〈知度〉），"因性"（〈执一〉），"利于性"（〈本生〉），"安形性"（〈仲冬纪〉），"形性得安"（〈审分〉），"知性命"（〈勿躬〉），"节乎性"（〈重己〉），"反性命之情"（〈谨听〉。"反"读"本"），"达乎性命之情"2见（〈重己〉），"远乎性命之情"（〈观世〉。"远"读"达"），"服性命之情"3见（〈知度〉2见，〈勿躬〉1见），"通乎性命之情"2见（〈有度〉）。

——对性的消极行为："害于性"（〈本生〉），"伐性"（〈本生〉）。

——特定对象之性："水之性"（〈本生〉），"人之性"3见（〈本生〉〈适威〉〈恃君览〉），"人主之性"（〈谨听〉），"水木石之性"（〈具备〉），"牛之性"（〈雍塞〉），"羊之性"（〈雍塞〉）。

——其他用法："性者"（〈听言〉），"性之有"（〈诚廉〉）。

性之义

性之定义有如：

性者，所受于天也，非人之所能为也。（〈荡兵〉）

生，性也；死，命也。（〈知分〉）

性者，万物之本也，不可长，不可短，因其固然而然之，此天地之数也。（〈贵当〉）

凡此之类，皆涉及性之定义，与告子"生之谓性"及《荀子·性恶》论性之义甚相近。从〈恃君览〉章可了解作者性之义包括人的种种生理机能在内，即爪牙、肌肤、筋骨、勇猛等方面的特性。从〈知分〉所论，可看到性、命之分，与先秦至汉代性命思想一致。

从本书性之用例，可见作者视性为生命健全成长之法则之例甚多（参前面"对性的积极态度"类术语）。这里再举两例。〈重己〉篇称先王不追求口目四体舒适，"不处大室，不为高台，味不众珍，衣不燀热。……五者，圣王之所以养性也，非好俭而恶费也，节乎性也"。"五者"即先王于苑囿园池、宫室台榭、舆马衣裘、饮食醴醐、声色音乐五者皆有节制。所谓"节乎性"，指据性而节。又如〈为欲〉以性与欲相对，以非性为悖道，非性"则欲未尝正矣"（〈贵当〉）。亦以性与欲相对，称"治欲者，不于欲于性"。这与《荀子》以情欲为性迥然不同。在先秦，除了道家一系（包括《淮南子》）外，唯有《孟子》性概念与之相近。

《吕氏春秋·贵生》有：

子华子曰："全生为上，亏生次之，死次之，迫生为下。"故所谓尊生者，全生之谓；所谓全生者，六欲皆得其宜也。所谓亏生者，六欲分得其宜也。亏生则于其尊之者薄矣。

此处"全生"与同书"全性"（〈本生〉）含义相近。

《吕氏春秋》成书于秦末，其性字极能反映秦汉之际用法，与汉人用法尤近。而此书解性之义，介乎《庄子》与《淮南子》之间，与道家有不少相似之处。另，其用"性""生"含义有时区别，有时相近，值得关注。

原文分析

◇〈本生〉**（10 见）**

非常典型的道家养生思想，与《庄子》颇为一致，强调性当养。这里的"养性"与养生同义。"养性"使我们想到《孟子·尽心上》"存其心，养其性"。"利于性""害于性""全性""伐性之斧"等表述，充分表明作者对性的正面态度。术语："水之性"、"人之性"、"养性"、"性养"（2 见）、"利于性"、"害于性"、"全性"、"伐性"。

> 夫水之性清，土者抇之，故不得清。人之性寿，物者抇之，故不得寿。物也者，所以养性也，非所以性养也。今世之人，惑者多以性养物，则不知轻重也。
>
> 是故圣人之于声色滋味也，利于性则取之，害于性则舍之，此全性之道也。世之贵富者，其于声色滋味也，多惑者。日夜求，幸而得之则遁焉。遁焉，性恶得不伤？
>
> 靡曼皓齿，郑卫之音，务以自乐，命之曰"伐性之斧"。

◇〈重己〉**（5 见）**

倡导"达乎性命之情"。术语："性命之情"（2 见）、"安性"、"养性"、"节乎性"。

> 今吾生之为我有，而利我亦大矣。论其贵贱，爵为天子，不足以比焉；论其轻重，富有天下，不可以易之；论其安危，一曙失之，终身不复得。此三者，有道者之所慎也。有慎之而反害之者，不达乎性命之情也。不达乎性命之情，慎之何益？（方：倡导"达乎性命之情"，就是懂得生命健全成长的法则。）
>
> 昔先圣王之为苑囿园池也，足以观望劳形而已矣；其为宫室台榭也，足以辟燥湿而已矣；其为舆马衣裘也，足以逸身暖骸而已矣；其为饮食酏醴也，足以适味充虚而已矣；其为声色音乐也，足以安性自娱而已矣。五者，圣王之所以养性也，非好俭而恶费也，节乎性也。（方："节乎性"当指以性为准，即节之于性，不是《尚书·召诰》

"节性"之义。)

◇〈先己〉**（2 见）**

以性为正面价值或理想生活方式，倡导顺性，与前面一致，亦与《庄子》一致。"顺性"2 见。

　　勿身督听，利身平静，胜天顺性。顺性则聪明寿长，平静则业进乐乡，督听则奸塞不皇。（方："胜天"之"胜"据王念孙读"任"。）

◇〈圜道〉**（1 见）**

　　圣王法之，以令其性，以定其正，以出号令。（方：旧校"令"一作"全"，"正"一作"生"。①）

◇〈孟夏〉**（1 见）**

　　孟夏之月，日在毕，昏翼中，旦婺女中。其日丙丁，其帝炎帝，其神祝融，其虫羽，其音徵，律中仲吕，其数七，其性礼。（方："其性礼"之"性"，本义当为孟夏月之特性。）

◇〈尊师〉**（1 见）**

　　故凡学，非能益也，达天性也。（方：学达天性亦宋明理学宗旨，所谓"学达性天"。因本书以"天性"为理想价值，故与《荀子》矫性完全不同。）

◇〈侈乐〉**（3 见）**

"情性"2 见，"性养"1 见。论何谓养，曰"瞻非适而以之适者也"，"能以久处其适"。"肌肤形体之有情性"句中，性大概指人在生理上的特性、

---

①　许维遹：《吕氏春秋集释》，梁运华整理，北京：中华书局，2009，页81。

需要。"情性"似指属性，与性义近。身体之养，大概就是让其在冷暖、劳逸、饥饱六方面处于适宜状态。性为何需要养？我想有两方面原因：一是因为人有与生俱来的生理—心理需要，二是因为这些需要遵从一定的规律或法则，一旦违背就会伤生（本书称为害性、伤性），这两方面共同构成性之义。

> 乐之有情，譬之若肌肤形体之有情性也。有情性则必有性养矣。寒、温、劳、逸、饥、饱，此六者非适也。凡养也者，瞻非适而以之适者也。能以久处其适，则生长矣。

◇〈荡兵〉（2 见）
性之定义。术语："性也"。

> 民之有威力，性也。性者，所受于天也，非人之所能为也。

◇〈论威〉（1 见）
"形性相离"，以"形""性"相对。形指身体，则性指精神，即文中"精神""狂魄"之类。

> 敌人之悼惧惮恐，单荡精神尽矣，咸若狂魄，形性相离，行不知所之，走不知所往。虽有险阻要塞、铦兵利械，心无敢据，意无敢处，此夏桀之所以死于南巢也。

◇〈节丧〉（1 见）
古人以为人伦亲情如母子之爱等出于天性，类似用法有如《孝经》"父子之道，天性也"；《管子·侈靡》"亲戚之爱，性也"；《韩非子·八说》"子母之性，爱也"，〈五蠹〉"人之情性莫先于父母"。

> 孝子之重其亲也，慈亲之爱其子也，痛于肌骨，性也。

◇〈仲冬纪〉（1 见）
"安形性"，代表一种理想生活方式。

君子斋戒，处必弇，身欲宁，去声色，禁嗜欲，安形性，事欲静，以待阴阳之所定。

◇〈诚廉〉（2 见）

石可破也，而不可夺坚；丹可磨也，而不可夺赤。坚与赤，性之有也。性也者，所受于天也，非择取而为之也。（方：坚、赤为"性之有"，性指石、丹之物理属性也。）

◇〈谨听〉（3 见）

故人主之性，莫过乎所疑，而过于其所不疑。（方：性指性格、个性。）

夫尧恶得贤天下而试舜？舜恶得贤天下而试禹？断之于耳而已矣。耳之可以断也，反性命之情也。今夫惑者，非知反性命之情，其次非知观于五帝三王之所以成也，则奚自知其世之不可也？（方："贤天下而试某"指以舜、禹为天下贤而试之。"反性命之情"之"反"，高诱注读作"本"，故在这里是褒义，指舜、禹本于性命之情。"性命之情"亦见于《庄子·骈拇》。）

◇〈义赏〉（2 见）

"安之若性""仇之若性"，其中"若性"当指像自己的本性一样，即把外在行为内化成习惯。"若性"一词常见于先秦两汉文献。

久彰而愈长，民之安之若性，此之谓教成。
奸伪贼乱贪戾之道兴，久兴而不息，民之仇之若性。

◇〈观世〉（1 见）

且方有饥寒之患矣，而犹不苟取，先见其化也。先见其化而已动，远乎性命之情也。（方："远乎性命之情"，俞林波《元刊吕氏春秋校订》校注称："'远'，毕沅曰疑当作'达'，于义为胜。"[①] 毕沅之见甚精当。)

◇〈审分〉(**2 见**)
"定性""形性得安"皆代表价值立场。形性以自然之所为归，此道家思想。

问而不诏，知而不为，和而不矜，成而不处，止者不行，行者不止，因形而任之，不制于物，无肯为使，清静以公，神通乎六合，德耀乎海外，意观乎无穷，誉流乎无止。此之谓定性于大湫，命之曰无有。

若此则能顺其天，意气得游乎寂寞之宇矣，形性得安乎自然之所矣。

◇〈勿躬〉(**3 见**)
术语有："育其性""性命之情""形性"。

今日南面，百邪自正，而天下皆反其情，黔首毕乐其志，安育其性，而莫为不成。故善为君者，矜服性命之情，而百官已治矣，黔首已亲矣，名号已章矣。(方："反其情"与"育其性"并列，"反"当读"本"。)

凡君也者，处平静，任德化，以听其要。若此则形性弥赢，而耳目愈精。(方："形性弥赢"，强调形体、生理上无为。)

◇〈知度〉(**4 见**)
"服性命之情" 2 见。"知性命""正性是喜"皆是对性的正面态度。

君服性命之情，去爱恶之心，用虚无为本，以听有用之言，谓之朝。凡朝也者，相与召理义也，相与植法则也。上服性命之情，则理义之士至矣，法则之用植矣，枉辟邪挠之人退矣，贪得伪诈之曹远矣。故治天下之要，存乎除奸；除奸之要，存乎治官；治官之要，存乎治道；治道之要，存乎知性命。故子华子曰："厚而不博，敬守一事，正性是喜。

---

① 吕不韦著，高诱注，俞林波校订：《元刊吕氏春秋校订》，南京：凤凰出版社，2016，页232。

群众不周，而务成一能。"

◇〈执一〉（1见）

变化应求而皆有章，因性任物而莫不宜当，彭祖以寿，三代以昌，五帝以昭，神农以鸿。（方："因性任物"，当为理想生活方式。）

◇〈具备〉（1见）

故诚有诚乃合于情，精有精乃通于天。通于天，水木石之性，皆可动也，又况于有血气者乎？

◇〈适威〉（1见）

故乱国之使其民，不论人之性，不反人之情，烦为教而过不识，数为令而非不从，巨为危而罪不敢，重为任而罚不胜。［方："人之性""人之情"并列，含义当近。"反"当读"本"（参〈勿躬〉"反其情""育其性"并列）。］

◇〈为欲〉（5见）

此章极能说明本书作者对性的立场，即顺性不是从欲，而是正欲，所谓"无以去非性，则欲未尝正矣"。这与《庄子》立场相近。要人熟知"性与非性"，非性指违背性，违背性因为"不闻道"。

桀、纣不能离。不能离而国亡者，逆其天也。逆而不知其逆也，湛于俗也。久湛而不去则若性。性异非性，不可不熟。不闻道者，何以去非性哉？无以去非性，则欲未尝正矣。［方："性异非性"之"异"，当读"与"（参许维遹《吕氏春秋集释》、俞林波《元刊吕氏春秋校订》）。］

◇〈恃君览〉（1 见）
本章论人之性，包括爪牙、肌肤、筋骨、勇猛等方面的特性。

凡人之性，爪牙不足以自守卫，肌肤不足以捍寒暑，筋骨不足以从利辟害，勇敢不足以却猛禁悍。然且犹裁万物，制禽兽，服狡虫，寒暑燥湿弗能害，不唯先有其备，而以群聚邪！

◇〈知分〉（1 见）

生，性也；死，命也。

◇〈壅塞〉（2 见）

夫登山而视牛若羊，视羊若豚，牛之性不若羊，羊之性不若豚，所自视之势过也。

◇〈贵当〉（2 见）
论性与欲之关系，以性为万物之本。显然对欲持消极态度，性与欲对立，类似立场亦见于〈为欲〉。

治欲者，不于欲于性。性者，万物之本也，不可长，不可短，因其固然而然之，此天地之数也。

◇〈有度〉（2 见）

"若虽知之，奚道知其不为私？"季子曰："诸能治天下者，固必通乎性命之情者，当无私矣。"
仁义之术外也。夫以外胜内，匹夫徒步不能行，又况乎人主？唯通乎性命之情，而仁义之术自行矣。

16.《郭店简》

【文献】（1）荆门博物馆编《郭店楚墓竹简》，北京：文物出版社，1998。本书简称《郭店简》。（2）李零：《郭店楚简校读记》，北京：中国人民大学出版社，2007。以下引文排序据李零书。

用法统计

"性"凡44见（排除今人据上下文增补的性字），其中〈唐虞之道〉1见，〈成之闻之〉3见，〈性自命出〉25见（超过一半），〈语丛二〉11见，〈语丛三〉4见。具见下表：

表1.10　《郭店简》"性"字用法统计

篇名	次数	用例
唐虞之道	1	养性命之正
成之闻之	3	圣人之性与中人之性/民皆有性
性自命出	25	凡人虽有性/喜怒哀悲之气，性也/性自命出，命自天降/道始于情，情生于性/好恶，性也/不善，性也/凡性为主，物取之也/虽有性，心弗取不出/四海之内，其性一也/凡性或动之/凡动性者，物也/逢性者，悦也/交性者，故也/厉性者，义也/出性者，势也/养性者，习也/长性者，道也/有以习其性也/哀、乐，其性相近也/仁，性之方也/性或主之/情出于性/唯性爱为近仁/未教而民恒，性善者也
语丛二	11	情生于性/爱生于性/欲生于性/智生于性/子（慈）生于性/恶生于性/喜生于性/生于性4见
语丛三	4	有性有生3见/人之性非与，止乎其

术语分析

术语如下：

——〈唐虞之道〉有"性命"（"养性命之正"）；〈成之闻之〉有"圣人之性"、"中人之性"及"有性"。

——〈性自命出〉有"有性""动性""逢性""交性""厉性""出性""养性""长性""习其性""性善""性之方""性爱""出于性""性相近"等。其中"性相近""交性""厉性""动性""养性""长性""习其性""性爱""性善"等术语值得重视。

——〈语丛二〉有"情生于性""爱生于性""欲生于性""智生于性""子（慈）生于性""恶生于性""喜生于性"。

——〈语丛三〉有"有性有生"（3 见）。

性之义

《郭店简》性皆写作眚，这是从出土文献所能见证的先秦时期人们有意识地区分生、性二词的证据。考虑一直到汉代出土文献如《马王堆帛书》中性仍写作生，这一发现尤其可贵。①

〈性自命出〉〈语丛二〉二篇"性"字合占 36 次，可谓此书集中论性文字。而〈性自命出〉论性最为条理，思想性也最强。《郭店简》年代介于孔、孟之间，而其性概念实承自孔子，与早于孟子的孔子弟子公孙尼子之徒含义当相近，亦与孟子同时代的告子性概念相近。亦有学者指出，其性概念更近于荀子而不是孟子。然从内涵看，其性概念未受道家影响，而孟子性概念出于对道家的反思，故当理解为前孟子的性概念为妥，甚至可以说上接孔子。《郭店简》人性思想最近二十多年来引起了热烈讨论，庞朴、李泽厚等许多前辈学人尤其重视其中有关情的论述。此书情的含义、情与性的关系值得注意。

性与命关系：

性自命出，命自天降。（〈性自命出〉）

这里说明性的来源，应该是对性命问题作的重要论述，后世也有许多类似的说法。据阮元《性命古训》，性命问题的论述始于《尚书·召诰》，而《孟子·尽心下》7B24"性也，有命焉""命也，有性焉"一章是先秦性命关系最经典的论述。古人亦时常从性、寿关键论性命（如《孟子·尽心上》7A1）。

性与生关系：〈语丛三〉"有性有生"重复出现三次，可见性与生相联。

性与情关系：

喜怒哀悲之气，性也。（〈性自命出〉）

---

① 详细的讨论参丁四新《生、眚、性之辨与先秦人性论研究之方法论的检讨——以阮元、傅斯年、徐复观相关论述及郭店竹简为中心》，载丁四新《先秦哲学探索》，北京：商务印书馆，2015，页 3—57（原载《哲学与文化》第 6、7 辑，桂林：广西师范大学出版社，2019、2010）。

好恶，性也。（〈性自命出〉）

大抵来说，《郭店简》以情论性。〈性自命出〉论"交性""动性""养性""长性"，这正是〈乐记〉性之感于物的过程。但是从"人之①虽有性，心弗取不出"，宛如"金石之有声，弗扣不鸣"，可见与〈乐记〉立场不一致，后者以情、性二分，凡是感物而动者，皆"非性也"。〈语丛二〉故"情生于性""爱生于性""欲生于性""智生于性""子（慈）生于性""恶生于性""喜生于性"，这些皆属于〈乐记〉情的范畴，而在《郭店简》中则可以说属于性。

〈性自命出〉〈语丛二〉称"情出于性"或"情生于性"，对于情似无定义。但〈性自命出〉称"道始于情，情生于性"，"凡至乐必悲，哭亦悲，皆至其情也。哀、乐，其性相近也"，"用情之至者，哀乐为甚"，〈语丛一〉"礼因人之情而为之节文者也"，〈语丛三〉有"恸，哀也。三恸，文也。文依物以情行之者"，凡此种种，可以推测《郭店简》之"情"大抵与《礼记·礼运》《荀子·性恶》所谓情同义，即指性感物而生之情状，故曰"情出于性"或"情生于性"。这一点，确实与〈乐记〉特别是汉代董仲舒、《白虎通》、许慎等分性与情，视为不同物迥然不同。汉代学者之中，也许只有刘向、荀悦性情观与《郭店简》相近，即主"性情相应"。

《郭店简》对于性或性情的态度并无多说，但是从〈语丛一〉"礼因人之情而为之节文"，〈性自命出〉"（圣人）理其情而出入之""信，情之方也"，可看出不是听任、放任的态度。但作者对人情显然不是否定或取消的态度，从〈性自命出〉"始者近情，终者近义。知情（者能）出之，知义者能纳之"，〈语丛四〉"言以始，情以久"，特别是〈唐虞之道〉"顺乎②脂肤血气之情，养性命之正，安命而弗夭，养生而弗伤"，〈性自命出〉"凡人情为可悦也。苟以其情，虽过不恶。不以其情，虽难不贵。苟有其情，虽未之为，斯人信之矣。未言而信，有美情者也"，"凡声其出于情也信"，"《韶》《夏》乐情"，"君子美其情，贵（其义），善其节"，"人之悦然可与和安者，不有夫奋作之情则侮"，〈语丛四〉"言以始，情以久"，可以看出作者对情的欣

---

① 根据李零《郭店楚简校读记》释读为"人之"。
② 根据李零《郭店楚简校读记》释读为"顺乎"。

赏、肯定态度。有情则信，无情则侮。道始于情，君子美其情、乐其性、依其情而行。中国文化对此世生活的肯定态度在此充分体现出来。

原文分析

◇〈唐虞之道〉（1 见）

> 禹治水，益治火，后稷治土，足民养×××10×乎脂肤血气之情，养性命之正，安命而弗夭，养生而弗伤。（方："性命"即性，从"脂肤血气之情"到"养性命之正"，可见其性之含义或与〈乐记〉"血气心知之性"相近，指人的生理需要之类。故"养性命之正"当指人的基本生理需要得到正常满足。"养性命"与后面"安命""养生"呼应。）

◇〈成之闻之〉（3 见）

本节讲圣人与中人之别不在性，而在进于善道之不同。性当指人生来具有的能力、资质。董仲舒、王充以来的性三品论以中人之性别于上、下种人之性，这里可能最早所见"中人之性"术语。董用"中民之性"，王充明确使用"中人之性"。

> 圣人之性与中人之性，其生而未有非志。次于而也，则犹是也。虽其于善道也亦非有怿，数以多也。及其博长而厚大也，则圣人不可由与墠之。此以民皆有性而圣人不可慕也。

◇〈性自命出〉（25 见，含标题）

本篇涉及先秦早期关于人性的极重要论述，涉及性之定义，性与情之关系，心与性、情关系，涉及情在整个先秦人性论中的重要位置。从其"牛生而长，生而伸，其性（使然）"看，可看出其所谓性，包括动物的生长特性，也可以说是其生理特性。从〈性自命出〉通篇来看，其论人性聚焦于情，或者说以情论性。故虽从动静说性，但不似〈乐记〉性、情分离。

跟人性之界定有关的表述有："喜怒哀悲之气，性也"，"好恶，性也"。从这里可见，性与情含义相近，性并非情之外的独立存在，这当然是根据《荀子·性恶》以好恶为情及《礼记·礼运》七情之说得出的。"喜怒哀悲之气"，涉及的是情。又"四海之内，其性一也"，这是从人类普遍性理解性。

"情"的重要性："道始于情，情生于性"，"君子美其情"，"凡人情为可悦也。苟以其情，虽过不恶。不以其情，虽难不贵。苟有其情，虽未之为，斯人信之矣。未言而信，有美情者也"，"凡声其出于情也信"，等等。通篇未对情下定义，不过有如"凡至乐必悲，哭亦悲，皆至其情也。哀、乐，其性相近也"，"用情之至者，哀乐为甚"句子。我们可根据传世文献，猜测"情"指喜、怒、哀、乐、好、恶一类东西（即〈礼运〉七情）。《荀子·正名》"性之好、恶、喜、怒、哀、乐谓之情"，亦以情为性之一部分，与此篇看法相近。

"性自命出"一句与〈中庸〉"天命之谓性"如出一辙，类似说法在先秦尚有不少，并不奇特。如"性者，天之就也"（《荀子》〈正名〉〈性恶〉），"性者，所受于天也"（《淮南子·缪称》）。

本篇的另一重要观点是从动静或接物的角度来理解性，与〈乐记〉有相似之处。性本身是静的，但其内容却有待在交于物中表现；不过性的表现，不是表现为客观的事物，而是表现于人心之中，即表现为情，故曰"虽有性，心亡奠志，待物而后作"，"凡性为主，物取之也"，"虽有性，心弗取不出"。正因为性借接物、交物而现，故从"或动之，或逢之，或交之，或厉之，或出之，或养之，或长之"等多个方面讨论了性之表现。〈乐记〉"人生而静，天之性也；感于物而动，性之欲也"，也是从动静说性，但却认为"哀心""乐心""喜心""怒心""敬心""爱心""六者，非性也，感于物而后动"。这一立场与本篇有所不同。

本篇亦论述了性与五常的关系，由此可窥见其对于性的态度，至少与性善论相当不同（其实由于主要从情论性，不可能简单地主张性善）。"始者近情，终者近义"，"近"当指距离远近。性一开始表现为情，但最终要接近于义。义似乎是性的准则，"知情者能出之，知义者能纳之"。"仁，性之方也，性或主之。忠，信之方也。信，情之方也，情出于性。爱类七，唯性爱为近仁。智类五，唯义道为近忠。恶类三，唯恶不仁为近义"一段，论述了仁、义、忠、信、智与性、情之关系，而线索较难理解。"爱类七""智类五""恶类三"中的七、五、三不知何物，但"仁，性之方也""信，情之方也"，似乎是指性、情要以仁、信来引导。这与前面以义准情相近。又论情与礼之关系曰："礼作于情，或兴之也。当事因方而制之。其先后之序则宜道也。又序为之节，则文也。"此即〈语丛一〉"礼因之人情而为之节文"之义。总之，仁、义、忠、智、信等为性、情之标准。

本篇亦论述了性与习、教等的关系。"凡人虽有性，心亡奠志，待物而后作，待悦而后行，待习而后奠"，"养性者，习也。……习也者，有以习其性也。"此处"习"从上下文似乎指行为习惯。孔子曰："性相近也，习相远也。"（《论述·阳货》）孔子所说的习与这里的习有关，但重心似有别。性既"待习而后奠"，习性即养性，则性不可简单说是善的。"四海之内，其性一也。其用心各异，教使然也。"教化不同，用心各异，性之表现亦变矣。

心的重要性："凡学者，求心为难。"性表现于心中，但用心的不同，导致人们采取"或动之，或逢之，或交之，或厉之，或出之，或养之，或长之"等不同的方式对待性。"长性者，道也"，道可使性"长"。这里的"长"，或指成长、进步。作者虽无"心统性情"之意，但确实强调心对情的主导作用。

总之，从作者对于心、习（养）、礼及五常其他范畴与性关系的论述，可知作者对性的态度绝不是放任，更不是后世所谓复性。当然，作者因情论性，对情也不是否认、取消的态度。另外，从"仁，性之方也。性或主之。……唯性爱为近仁"这一表述来看，作者似乎不主张将仁爱等理解为独立于人性、从外强加的道德规范，而主张只有从性出发的爱才可近仁。这说明，作者虽无性善立场，但与孟子"仁义内在说"略近。

凡人虽有性，心亡奠志，待物而后作，待悦而后行，待习而后 1 奠。喜怒哀悲之气，性也。及其见于外，则物取之也。性自命出，命 2 自天降。道始于情，情生于性。始者近情，终者近义。智×××（情者能）3 出之，智（知）义者能内（纳）之。好恶，性也。所好所恶，物也。善×××（不善，性也），所善所不善，势也。凡性为主，物取之也。金石之有声，×××5×××虽有性，心弗取不出。凡心有志也，亡与不××××6独行，犹口之不可独言也。牛生而长，生而伸，其……7而学或使之也。凡物亡不异也者，刚之豆也，刚取之也。柔之8约，柔取之也。四海之内，其性一也。其用心各异，教使然也。凡性9或动之，或逢之，或交之，或厉之，或出之，或养之，或长之。凡动性10者，物也；逢性者，悦也；交性者，故也；厉性者，义也；出性者，势也；养性11者，习也；长性者，道也。凡见者之谓物，快于己之谓悦，物12之势者之谓势，有为也者之谓故。义也者，群善之绝也。习也13者，有以习其性也。

哀、乐，其性相近也，是故其心29不远。（方："其性相近也"，或可读为"其于性相近也"，后面"其心不远"似可读"其于心不远"。）

笃，仁之方也。仁，性之方也。性或主之。忠，信39之方也。信，情之方也。情出于性。爱类七，唯性爱为近仁。智类五，唯40义道为近忠。恶类三，唯恶不仁为近义。（方：此段论性、情与仁、义、智、忠、信之关系，后者为性情之方。"唯性爱为近仁"，似近乎仁义内在说。"性爱"当指爱之出于性者，非外加者。"性或主之"，指性可主于仁，与下文"性爱为近仁"相应。）

未教51而民恒，性善者也。（方：此段亦是论述民性。本段或是"性善"一词最早可见者。不过这里的"性善"或当读为"性之善"或"民之性善"，与孟子含义不同也。）

◇〈语丛二〉（11 见）

本篇一口气论述了情、爱、欲、智、慈（依整理本"裘按"意见）、恶、喜等"生于性"。大量使用"生于"，不当理解为现代意义上的因果关系，而只是说由之而生、因之而起。整理者说："简文主要陈述人的喜、怒、悲、乐及虑、欲、智等皆源于'性'，这也是先秦时期流行的看法。"[1] 从行文句式看，本文的特点是论述人性的一系列内容之间的产生关系。如果我们只关心作者所用"性"之义，特别是作者如何看性、情之关系，作者所谓情包括哪些内容（如欲是否为情之一部分），似乎看不出来。不妨从以下几方面来看此篇。

其一，若按〈性自命出〉、《荀子·性恶》、《礼记·礼运》情之定义，本篇所讲的爱、恶、喜、欲当属于情的范围；而按行文逻辑，智、慈也出于性，当也可纳入情。因此本篇是对情的重要论述。从正面多个"生于性"前空白文字无法知晓来看，本篇所论性情之内容应该很多。

其二，从〈语丛一〉"礼因人之情而为之节文者也"，结合本篇"情生于性，礼生于情，严生于礼，敬生于严，望生于敬，耻生于望"，可能本篇的

---

[1] 荆门博物馆编《郭店楚墓竹简》，北京：文物出版社，1998，页203。

重心在于说明如何通过礼来修养性情。因此，作者通过情来理解性，对情并非持放任态度，而是主张加以修饬。

情生于性，礼生于情，1 严生于礼，敬生于严，2 望生于敬，耻生于望，3 悲生于耻，廉生于悲，4 生于礼，生于，5 大生于……6，生于忧。7

爱生于性，亲生于爱，8 忠生于亲。9

欲生于性，虑生于欲，10 生于虑，静生于，11 尚生于静。12

智生于性，卯生于智，20 生于卯，生于，21 从生于。22

子生于性，易生于子，23 生于易，容生于。24（方："子"依整理本"裘按"当读为"慈"。）

恶生于性，怒生于恶，25 乘生于怒，生于乘，26 恻生于。27

喜生于性，乐生于喜，28 悲生于乐。29

生于性，忧生于，30 哀生于忧。31

生于性，监生于，32 望生于监。33

生于性，立生于，34 生于立。35

生于性，疑生于，36 北生于疑。37

◇〈语丛三〉（4 见）

本篇"有性有生"重复出现三次。从"有天有命"的句子看，似乎是讲性为天命所生。本段根据今人研究有所编连，后面数字为简号，a、b 在纸本上写作上、下。

有性有生，呼生。有 58

人之性非与，止乎其 57 孝 61

有天有命，有 68a［命有性，是谓］69a 生 70a

有性有生，呼 68b 名 69b

有性有生 71b 者 72b

17. 《上博简》

【文献】（1）马承源主编《上海博物馆藏战国楚竹书》（一至九册），上海：上海古籍出版社，2001 - 2012，本书简称《上博简》；（2）季旭升主编，陈霖庆等合撰《〈上海博物馆藏战国楚竹书（一）〉读本》，台北：万卷楼图书股份有限公司，2004；（3）季旭升主编，陈惠玲等合撰《〈上海博物馆藏战国楚竹书（三）〉读本》，台北：万卷楼图书股份有限公司，2005。释文参季旭升本。①

下面引文已根据整理者文字隶定改写。如原文"唯"当读为"虽"，则引文直接用"虽"，不再标"唯"；"寺"当隶定为"待"，则引文直接写"待"，不再标"寺"；"勿"当读为"物"，则引时直接作"物"，不再标"勿"；等等。

用法统计

上博简全部共检得"性"字 32 例，其中〈孔子诗论〉3 见，〈性情论〉21 见（一作生，其他作眚），〈恒先〉7 见，〈鲍叔牙与隰朋之谏〉1 见。其中〈恒先〉〈鲍叔牙与隰朋之谏〉性皆写作生。如下表所示，其中（一）指第一册，他仿此：

表 1. 11　《上博简》"性"字用法统计

篇名	写词	辞例
孔子诗论（一）	眚	民性固然
	眚	民性固然
	眚	民性固然
性情论（一）	生	凡人虽有性
	眚	喜怒哀悲之气，性也
	眚	情生于性
	眚	善不善，性也
	眚	凡性为主
	眚	其性一也
	眚	凡性
	眚	凡动性者，物也
	眚	逆性者，悦也
	眚	交性者，故也
	眚	厉性者，义也

① 本部分写作过程中得到清华大学中文系李守奎老师慷慨帮助，特表感谢。

续表

篇名	写词	辞例
性情论（一）	眚	出性者，势也
	眚	养性者，习也
	眚	长性者，道也
	眚	习也者，有以习其性也
	眚	哀、乐，其性相近也
	眚	性善者也
	眚	仁，性之方也
	眚	性或生之
	眚	情出于性
	眚	唯性爱为近仁
恒先（三）	生	同出而异性
	生	恒，气之性
	生	性出于有
	生	音出于性
鲍叔牙与隰朋之谏（五）	生	人之性，三食色忧

性之义

《上博简》"性"一般也写作"眚"，惟〈性情论〉"凡人虽有生"一句，其中"生"《郭店简·性自命出》写作"性"。在《上博简》中，"眚"不仅可读"性"，亦常训"百姓"之"姓"或"省"等。这说明在战国时期生、性混用，生一字二用、一字两义现象明显存在。

〈性情论〉与《郭店简·性自命出》相近，其区分性、情，与〈乐记〉相近，为汉代性情论之滥觞，值得注意。

原文分析

◇〈孔子诗论〉（3 见）

"民性"在先秦文献中常见，皆指民人固有或惯有的特性，大体上可理解为常人之性。从上下文看，与"人性"还有区别。显然，这里的性是社会属性，有道德色彩。"民性"与《韩非子》"民性"（〈说林下〉〈难势〉）、"万民之性"（〈大体〉）、"民之性"（〈八经〉〈心度〉）句式相近。

性写作眚。

　　孔子曰："吾以《葛覃》得祇初之志，民性固然。见其美，必欲反其本。……吾以《甘棠》得宗庙之敬，民性固然。甚贵其人，必敬其位。悦其人，必好其所为。……《木瓜》得币帛之不可去也，民性固然。"

◇〈性情论〉**（21 见）**

本篇与《郭店简·性自命出》基本相同，因而可据前书校补。本篇性写作眚；唯首句写作"生"，读作"性"。涉及性之定义有："喜怒哀悲之气，性也"，"善不善，性也"。

　　凡人虽有生（性），心亡正志。待物而后作，待悦而后行，待习而后定。喜怒哀悲之气，性也。及其见于外，则物取之（也）。（性）自命出，命自天降。道始于情，情生于性。始者近情，终者近义。知情者能出之，知义者能入（之）。（好恶），（性也）。（所）好恶，物也。善不善，性也。所善所不善，势也。凡性为主，物取之也。金石之有声也，弗扣不鸣。（人之）虽有性，（心弗取不出）。

　　（四海）（之）内，其性一也。其用心各异，教使然也。（方：强调性之发展取决于心。与下文对于性之动、逆、交、厉、出、养、长等行为相关。）

　　凡性，或动之，或逆之，或交之，或厉之，或出（之），（或养之），或长之。凡动性者，物也；逆性者，悦也；交性者，故也；厉性者，义也；出性者，势也；养性者，习也；长性者，道也。

　　习也者，有以习其性也。

　　（至乐）必悲，哭亦悲，皆至其情也。哀、乐，其性相近也。是故其心不远。

　　凡人之情为可悦也。苟以其情，虽过不恶；不以（其）情，虽难不贵。未言而信，有美情者也。未教而民恒，性善者也。

　　恕，义之方也；义，敬之方也；敬，物之则也。笃，仁之方也。仁，性之方也。性或生之。（忠，信之方也。信，性之方也。）情出于性，爱类七，唯性爱为近仁。智类五，唯宜道为近中。恶类三，唯恶不仁为

（近义。）

凡用心之忓者，思为甚。用智之疾者，患为甚。用情之至（者），（哀）乐为甚。用身之忓者，悦为甚。用力之尽者，利为甚。（方："用情之至者，哀乐为甚"，此言说明哀乐对情的重要。）

◇〈恒先〉（7 见）

此篇多认为是道家作品，而性皆写作生。"性出于有"与《老子》有无之辨有关。"音出于性"，指性之活动。

气信神哉！云云（芸芸）相生，信（伸）盈天地，同出而异性，因生其所欲。（方："芸芸""伸"据季旭升读本。）

天道既载，因唯一以犹一，唯复以犹复。恒，气之性，因复其所欲。（方："气之性"句，整理者、季旭升读本均读作"生"。）

有出于或，性出于有，音出于性，言出于音，名出于言，事出于名。或非或，无谓或。有非有，无谓有。性非性，无谓性。音非音，无谓音。言非言，无谓言。名非名，无谓名。事非事，无谓事。

◇〈鲍叔牙与隰朋之争〉（1 见）

此段整理者"生"不读"性"。

人之生（性），三食色忧。

18.《马王堆帛书》（选）

【文献】裘锡圭主编，湖南省博物馆、复旦大学出土文献与古文字研究中心编纂《长沙马王堆汉墓简帛集成》（全七册），北京：中华书局，2014。本书简称《马王堆帛书》。

用法统计

《马王堆帛书》无"性"字，释文中"性"皆写作"生"。笔者利用香港中文大学汉达文库，根据北京文物出版社 1980 年、1983 年、1985 年分三次出版的《马王堆汉墓帛书》所录电子版查原文①，检得"性"凡 10 见，其中〈五行〉8 见，〈经法〉1 见，〈十问〉1 见。其中〈十问〉"芒生"之"生"或不读"性"。据此，《马王堆帛书》论性主要集中在〈五行〉中。

表 1.12　《马王堆帛书》"性"字用法统计（选）

篇名	次数	用例
五行	8	循草木之生（性）/（循）禽兽之生（性）/循人之生（性）/目万物之生（性）/原耳目之生（性）/原鼻口之生（性）/原手足之生（性）/原心之生（性）
经法	1	极而（反）者，天之生（性）也
十问	1	俗人芒生（性），乃恃巫医

性之义

从〈五行〉术语如"草木之性""禽兽之性""人之性""万物之性""耳目之性""鼻口之性""手足之性""心之性"这一系列用法看，性可指人、动物、植物乃至一切事物（与生俱来）的官能、特性，或者说与生俱来的特征。

〈十问〉"俗人芒生"之"生"若读"性"，"性"当指生命的规则、原理，俗人昧于生之理，所以信巫医。但此处"生"不读"性"，未必不可通，我感觉其含义似乎介于生、性之间，或者体现从生走向性的过渡义。

"天之性"在先秦文献中常见，在这里类似"天之道"。但此词若用作描述人物，则可指人物由天所决定的自然的方式，如《孝经》"父子之道，天性也"，《孟子·尽心上》"形、色，天性也"，《吕氏春秋·尊师》"故凡学，非能益也，达天性也"，等等。

原文分析

汉字根据隶定后录入，如"遁"当读"循"，则录入"循"，他仿此

---

① 检索范围包括〈十问释文〉、〈五十二病方释文〉、〈天下至道谈释文〉、〈合阴阳释文〉、〈老子乙本，老子乙本卷前古佚书〉、〈老子甲本、老子甲本卷后古佚书〉、〈却谷食气释文〉、〈足臂十一脉灸经释文〉、〈春秋事语图版〉、〈胎产书释文〉、〈脉法释文〉、〈阴阳十一脉灸经乙本释文〉、〈阴阳十一脉灸经甲本释文〉、〈阴阳脉死候释文〉、〈养生方释文〉、〈导引图题记释文〉、〈战国纵横家书释文〉、〈杂禁方释文〉和〈杂疗方释文〉。

（"生"读"性"例外）。

◇〈五行〉（8 见）

此篇内容以人性与草木之性、禽兽之性相比，而谓"循人之性，则巍然知其好仁义也"；并认为人们不善，是由于"不循其所以受命也，循之则得之"。这似乎像孟子一样基于人禽之别论性善，且与〈中庸〉"率性"说有关。但另一方面，作者将人性之善落实于人心，称"耳目之性""鼻口之性""手足之性"与"心之性"不同，只有"原心之性"，才"巍然知其好仁义"。这也与孟子从四端之心论性善相似。然而，从其论耳目、鼻口、手足之性，可推测作者的人性概念应不排除感官机能。若将感官之性与心灵之性合而观之，似乎不可能得出人性善的结论来，毕竟只有人心知善。作者也没有像孟子一样宣称人性善，只说是循人之性而知其好仁义，似乎不能由此得出作者像孟子一样主张人性善。括弧内为整理者补字。

循草木之生（性），则有生焉，而无（好恶。循）禽兽之生（性），则有好恶焉，而无礼义焉。循人之生（性），则巍然知（其好）仁义也。不循其所以受命也，循之则得之矣。是目之已。故目万物之生（性），而□□独有仁义也，进耳。"文王在上，于昭于天"，此之谓也。文王原耳目之生（性）而知其（好）声色也，原鼻口之生（性）而知其好臭味也，原手足之生（性）而知其好逸（佚）豫也，原心之生（性）则巍然知其好仁义也。故执之而弗失，亲之而弗离，故卓然见于天，著于天下。无他焉，目也。故目人体而知其莫贵于仁义也，进耳。（第四册，页 92）

◇〈经法〉（1 见）

"天之性"当与《左传》襄公十四年、昭公二十五年以及《孝经·圣治章》"天地之性"含义相当，应当指天的机能或行为方式，含义与"天之道"近。

明以正者，天之道也。适者，天度也。信者，天之期也。极而（反）者，天之生（性）也。必者，天之命也。（第四册，页 140）

◇〈十问〉（1 见）

"芒生"之"生"原注读为性，裘锡圭读"生"（见《集成》）。《庄子·齐物论》："人之生也，固若是芒乎？"成玄英疏："芒，闇昧也。"据此，生似不必读性。但〈齐物论〉原文中"生"不是"芒"的宾语而是主语，和"芒生"中"生"作宾语不同。考虑前文讲有的人因"不明大道"，致"阴精漏泄，百脉菀废，喜怒不时"，"生气去之"，后面紧接着说"俗人芒生，乃恃巫医"。因此，"生"若读为"性"，指有人不了解自身生性，完全可通。若读"性"，反而不太顺。如此则性当指生命健全成长的规律或法则，而非感官机能或生理欲望。

> 俗人芒生（性），乃恃巫医，行年未半，形必夭埋，容事自杀，亦伤悲哉。（第六册，页 143。方："容"原作"颂"，此依裘锡圭改。）

19. 陆贾（约前 240—前 170）

【文献】王利器：《新语校注》，北京：中华书局，1986（2010 年第 5 次印刷）。

陆贾，汉初楚人。汉代首位倡导儒学的思想家，其思想以儒学为本，融合了黄老道家和法家。以下所引内容皆出自《新语》，只注篇名。

用法统计

陆贾《新语》"性"凡 14 见（四部丛刊本、四库全书本同）。其中〈道基〉5 见。另查得《论衡·本性》引陆贾语 1 见，合成下表（《新语》只注篇名）：

表 1.13　陆贾"性"字用法统计

篇名	次数	用例
道基	5	调阴阳，布气治性/不夺物性/宁其心而安其性/治情性，显仁义/调气养性
术事	2	五谷养性/性藏于人，则气达于天
慎微	1	情得以利，而性得以治
至德	1	天地之性
怀虑	2	养气治性，思通精神/各受一性，不得两兼

篇名	次数	用例
本行	1	以知性命
思务	1	弛张性命之短长
论衡·本性	1	天地生人也，以礼义之性

术语分析

术语有："治性" 2 见（〈道基〉〈怀虑〉），"物性" 1 见（〈道基〉），"安其性" 1 见（〈道基〉），"情性" 1 见（〈道基〉），"养性" 1 见（〈道基〉），"天地之性" 1 见（〈至德〉），"性命" 1 见（〈本行〉）。其中"天地之性""性命""养性""情性"皆与先秦用法相袭。"治性"之说较新。注意"天地之性""知性命""养性"中的性，皆有成长法则之义。

"天地之性"一词含义当与《左传》昭公二十五年"协于天地之性"，《孝经》"天地之性，人为贵"，《礼记·郊特牲》"器用陶匏，以象天地之性也"相似，指天地之道。

性之义

陆贾所谓性，含义接近《礼记·乐记》"血气心知之性"，即今日所谓生理—心理属性，是指人作为一种既有肉身又有精神的存在物整体之特性，当然都是上天所赋予的。陆贾喜欢以气与性并举，比如用〈道基〉"布气治性""调气养性"，〈术事〉"性藏于人，则气达于天"，〈怀虑〉"养气治性"之类的说法。

陆贾对人性的态度是双方面的：一方面，他强调治性、养性；另一方面，他对人性持肯定而不是如荀子那样否定、排斥的态度。养性、治性的目的并不是消除它，而是使之更健康地成长。甚至可以进一步推测，作者认为一切人世行为都是为了使此血气心知之性健全成长，此亦康德"人是目的"之义。陆氏的这种观点从其性字术语即可看出。另外，从〈怀虑〉称目、耳、口、鼻、手、足等"各受一性，不得两兼"看，性指五官各自的官能，含义类似于今日性能之义。

陆贾对人性善恶的态度，《新语》未必充分表达。幸得王充《论衡·本性》所引陆贾"天地生人也，以礼义之性"一句，这一表述表明他有一种类似于性善论的立场，至少可称为性有善论。

原文分析

◇《新语》

张日月，列星辰，序四时，调阴阳，布气治性，次置五行。（〈道基〉。方：此处"布气治性"与〈怀虑〉"养气治性"可参，不过一对物、一对人。性与气并用。）

不违天时，不夺物性。（〈道基〉。方：这是地，针对天而言。）

故知天者仰观天文，知地者俯察地理。跂行喘息、蜎飞蠕动之类，水生陆行、根着叶长之属，为宁其心而安其性。（〈道基〉。方：心、性并举。）

圣人成之，所以能统物通变，治情性，显仁义也。（〈道基〉）

仗义而强，调气养性。（〈道基〉。方："调气养性"与前文"布气治性"相似，共同反映出作者性之义与气有关。不过这里是针对人，前文针对物。）

五谷养性，而弃之于地。（〈术事〉。方：王利器注以为此处"性"读为生，似不妥。养性之说在先秦多见。养性与养生含义相近，但亦有别。养生侧重生理，养性则生理、心理并包，且寓意遵循生命成长的法则。）

故性藏于人，则气达于天。（〈术事〉）

而情得以利，而性得以治。（〈慎微〉。方：前文有"诗在心为志，出口为辞"，似此语讲诗之功用。情、性并列，〈道基〉有"治情性"。《说苑·建本篇》："学者所以反情治性。"可见治人情、性并列，承《庄子》《荀子》等。）

天地之性，万物之类，怀德者众归之，恃刑者民畏之，归之则充其侧，畏之则去其域。（〈至德〉。方："天地之性"，指天地生养万物之法则。《孝经》："天地之性，人为贵。"故性有法则之义。）

养气治性，思通精神。（〈怀虑〉。方：此段针对人修身养性。气、性并举。）

目以精明，耳以主听，口以别味，鼻以闻芳，手以之持，足以之行，各受一性，不得两兼。（〈怀虑〉。方：性之义殊有意思，指五官之功能。）

按纪图录，以知性命。（〈本行〉。王利器注："图录谓谶纬。"性命，指生命之道。)

夫学者通于神灵之变化，晓于天地之开阖，□□□弛张，性命之短长，富贵之所在，贫贱之所亡。(〈思务〉。方：此处“性命”与生命义类，全句当指让生命机能上的优劣长短各施其能，各得其所。)

◇《论衡》

王充所引陆贾语，不见于今本《新语》。

陆贾曰：“天地生人也，以礼义之性。人能察己所以受命则顺，顺之谓道。”(《论衡·本性》)[①]

20. 韩婴（约前200—前130）

【文献】韩婴撰，许维遹校释：《韩诗外传集释》，北京：中华书局，1980。

韩婴，西汉燕人。治《诗》兼治《易》，韩诗学创始人。引文中“一·六”“二·五”之类，分别指卷一第六章，卷二第五章。分章据许校本。

用法统计

《韩诗外传》“性”凡24见。许维遹校释时多以生释性，似不可。具见下表：

表1.14 《韩诗外传》“性”字用法统计

卷名	次数	用例
一	4	以治气养性/肌肤性命之不可易/安命养性/年寿亟夭而性不长
二	5	弊性事情，劳力教诏/理好恶，适情性/不贪无用则不害物性/适情性则欲不过节/欲不过节则养性知足

① 黄晖：《论衡校释》(全四册)，北京：中华书局，1990，页138。王充评论曰：“夫陆贾知人礼义为性，人亦能察己所以受命。性善者，不待察而自善；性恶者，虽能察之，犹背礼畔义。义挹于善，不能为也。故贪者能言廉，乱者能言治。盗跖非人之窃也，庄蹻刺人之滥也，明能察己，口能论贤，性恶不为，何益于善？陆贾之言未能得实。”王充大意以为人能察礼义之善，即便是大恶之人亦然，但实际上口说不为。陆贾所谓知礼义为性，终不能抵挡人性为恶之现实。

续表

卷名	次数	用例
三	5	以养性为已至道/行礼要节，若性四支/直行情性之所安/养不害性，足以成教/性缘理而不迷
四	1	安旧移质、习贯易性
五	5	茧之性为丝/卵之性为雏/夫人性善/其性非爱蚤蛩距虚/圣人养一性而御六气
七	3	循情性之宜，顺阴阳之序/使情厌性，使阴乘阳/蝠飞蠕动，各乐其性
九	1	徼幸者，伐性之斧也

术语分析

术语有："养性" 4 见（一·六，一·十五，二·三十四，三·五），"情性" 4 见（二·三十四2见，三·二十，七·十九），"性命"（一·十），"弊性"（二·二十四），"物性"（二·三十四），"若性"（三·五），"害性"（三·二十），"易性"（四·二十六），"伐性"（九·十九），"茧之性"（五·十七），"卵之性"（五·十七），"人性善"（五·十七），"乐其性"（七·二十五）。

性之义

大体上来说，性指人与生俱来的种种机能、特性、需要之类，有"治气养性"（一·六）、"肌肤性命"（一·十）之用法。显然主张对性、情性要尊重，顺而养之，所谓"适情性"（二·三十四），"循情性之宜"（七·十九）。但不是放任，提倡"性缘理"（三·二十八）。这种对性的肯定态度与陆贾相似，而与荀子不同。其所谓养性思想，重在生命整体（生理—心理整体）之调适、顺养，亦与孟子不同。

"夫人性善，非得明王圣主扶携，内之以道，则不成为君子"（五·十七），似为汉代少有的明确承认人性善之言，然未言人性善之理由。孟子亦认为性善不足以成君子，不过以为途径在自养，而非靠圣主。可见作者与孟子在成善途径上有所区别：孟子强调自修，韩婴强调圣主。就其重视环境作用而言，韩婴似与董仲舒、王充之类相近。

原文分析

君子有辩善之度，以治气养性，则身后彭祖。修身自强，则名配尧禹。（一·六。方："治气养性"，气、性并举。与陆贾《新语·道基》"布气治性""调气养性"，〈怀虑〉"养气治性"表达类似。此种气、性并举，在先秦少见。另外，"治性"之说，亦未见于先秦。《荀子》则谓"化性""饰性"。）

所谓士者，虽不能尽乎道术，必有由也。虽不能尽乎美善，必有处也。言不务多，务审其所谓；行不务多，务审其所由而已。行既已尊之，言既已由之，若肌肤性命之不可易也。（一·十。方："肌肤性命之不可易"，此处性命似指生命之特征，乃天之所命，人不可改。）

安命养性者不待积委而富。（一·十五。方：性、命对举，与一·十"性命"可参。）

故不肖者精化始具，而生气感动，触情纵欲，反施乱化，是以年寿亟夭而性不长也。（一·二十。方：此处"性"似当读"生"。纵欲则性不长，类似于《庄子》等道家说法。）

人谓子贱则君子矣，佚四肢，全耳目，平心气，而百官理，任其数而已。巫马期则不然。弊性事情，劳力教诏，虽治犹未至也。（二·二十四。方："弊性事情"，弊、事当为动词，弊性即劳烦身体。参许释引俞樾。）

原天命，治心术，理好恶，适情性，而治道毕矣。原天命则不惑祸福，不惑祸福则动静循理矣。治心术则不妄喜怒，不妄喜怒则赏罚不阿矣。理好恶则不贪无用，不贪无用则不害物性矣。适情性则欲不过节，欲不过节则养性知足矣。四者不求于外，不假于人，反诸己而存矣。（二·三十四。方："性"4见，"情性"2见，"物性"1见。此段论养生之道。"适情性"，指"欲不过"，则情性即性，指欲望。）

以从俗为善，以货财为宝，以养性为已至道，是民德也，未及于士也。（三·五）

行礼要节，若性四支。（三·五。方："若性"见于先秦，指使……如其性，"若性四支"当指使四肢如其性。许维遹释性为伸，似不妥。）

饮食适乎藏，滋味适乎气，劳佚适乎筋骨，寒暖适乎肌肤。然后气藏平，心术治，思虑得，喜怒时，起居而游乐，事时而用足。夫是之谓能自养者也。故圣人不淫佚侈靡者，非鄙夫色而爱财用也。养有适，过则不乐，故不为也。是以夏不数浴，非爱水也。冬不频炀，非爱火也。不高台榭，非无土木也。不大钟鼎，非无金锡也。不沈于酒，不贪于色，非辟丑也。直行情性之所安，而制度可以为天下法矣。故用不靡财，足以养其生，而天下称其仁也。养不害性，足以成教，而天下称其义也。适情辟余，不求非其有，而天下称其廉也。（三·二十。方：养生与害性并用。"适情"与卷二"适情性"义近。此段多引，以说明性作为成长法则之义。开头大段皆讲生命健康成长之法则，所谓"养有适，过则不乐"，即指人性成长的法则；"养不害性……天下称其义"，亦是此义。）

圣人以己度人者也。以心度心，以情度情，以类度类，古今一也。类不悖，虽久同理。故性缘理而不迷也。（三·二十八。方：情、性义近。"性缘理而不迷"，将性、理关联，指圣人以其性依理而行，可见性不可任，当依乎理。）

南苗异兽之鞿犹犬羊也，与之于人犹死之药也。安旧移质、习贯易性而然也。（四·二十六。方："移"旧作"侈"。《荀子·儒效》："习俗移志，安久移质。"此段不可通。"习贯易性"，指环境习惯可改变人。）

茧之性为丝，弗得女工燔以沸汤，抽其统理，则不成为丝。卵之性为雏，不得良鸡覆伏孚育，积日累久，则不成为雏。夫人性善，非得明王圣主扶携，内之以道，则不成为君子。（五·十七。方："人性善"，承认人性善，但性善不足成为君子。）

西方有兽名曰蹷，前足鼠，后足兔，得甘草必衔以遗蛩蛩距虚，其性非爱蛩蛩距虚，将为假足之故也。（五·二十六。方：兽之性，指兽之生活方式。）

圣人养一性而御六气，持一命而节滋味，奄治天下，不遗其小，存其精神，以补其中，谓之志。（五·三十二）

善为政者，循情性之宜，顺阴阳之序，通本末之理，合天人之际。如是则天气奉养而生物丰美矣。不知为政者，使情厌性，使阴乘阳，使末逆本，使人诡天，气鞠而不信，郁而不宣。（七·十九。方：情、性并举，而寓意不同。"使情厌性，使阴乘阳"似与后来以阴阳论性情有关。此段立场与陆贾《新语》类似，虽主治性，但不主灭性、排性或变性，而是尊重其规律，顺而长之。）

天下咸获永宁，蝖飞蠕动，各乐其性。（七·二十五。方："乐其性"与乐其生含义相近而义有别。乐其性可能指因其与生俱来的需要得以满足而乐，乐其生则仅指乐其生活。）

徼幸者，伐性之斧也。嗜欲者，逐祸之马也。谩诞者，趋祸之路也。（九·十九。方：此处性或读生。）

21. 董仲舒（前179—前104）

【文献】董仲舒原著，苏舆撰《春秋繁露义证》，钟哲点校，北京：中华书局，1992（2017年第10次印刷）。

董仲舒，世称董子、董夫子，西汉广川人。下文所引内容皆出自《春秋繁露》，只注篇名。

用法统计

《春秋繁露》"性"凡119见（不含目录，四库全书本），其中〈深察名号〉55见，〈实性〉36见，合计91见（占总次数的76%）。今以下表展示各篇"性"字次数及用例。

表1.15 《春秋繁露》"性"字用法统计

篇名	次数	用例
玉杯	1	人受命于天，有善善恶恶之性，可养而不可改，可豫而不可去
竹林	2	天之为人性命2见
玉英	3	凡人之性，莫不善义/为如安性平心者，经礼也；至有于性虽不安，于心虽不平，于道无以易之，此变礼也
盟会	2	天下者无患，然后性可善，性可善，然后清廉之化流
正贯	2	倡而民和之，动而民随之，是知引其天性所好，而压其情之所憎者也/明于情性，乃可与论为政（方：性、情并用义近）
符瑞	1	极理以尽情性之宜
保位	1	因天地之性情、孔窍之所利，以立尊卑之制
三代	6	性命形乎先祖/性长于天文/性长于行/性长于人伦/性长于天光/性长于地文势（方：性指个人特异才能）

篇名	次数	用例
深察	55	暗于性/性之名3见/如其生之自然之资谓之性/性者，质也/诘性之质/离质如毛，则非性已/身亦两有贪仁之性/必知天性不乘于教/无教之时，性何遽若是/性比于禾，善比于米/善出性中，而性未可全为善也/止之内谓之天性/事在性外/性不得不成德/使性而已善/性有似目/万民之性6见/性而瞑之未觉/谓之性情/性情相与为一瞑/情亦性也/谓性已善/圣人莫谓性善/身之有性情也/名性，不以上，不以下/性如茧如卵/性待教而为善/天生民性有善质/民受未能善之性于天/退受成性之教于王/成民之性/谓民性已善者/不当与性/与性则多累/性有善端2见/言性者不当异/性也善/性未善/禽兽之性/民性弗及/吾质之命性者/性已善/性未善/善过性
实性	36	实性/今谓性已善/且名者性之实/实者性之质/善如米，性如禾/性虽出善，而性未可谓善也/王教在性外，而性不得不遂/性有善质，而未能为善/以性为善/非情性质朴之能至/不可谓性/圣人言中本无性善名/使万民之性皆已能善/圣人之性，不可以名性/斗筲之性，又不可以名性/名性者，中民之性/中民之性如茧如卵/性待渐于教训/不谓性/性者，宜知名矣/教训已非性/善出于性，而性不可谓善/在性者以为不然/卵之性未能作雏/茧之性未能作丝/麻之性未能为缕/粟之性未能为米/性者，天质之朴/质而不以善性
为人	1	人之情性有由天者矣，故曰受，由天之号也
五行	1	木者春，生之性，农之本也
祭义	2	五谷，食物之性也/受赐而荐之宗庙，敬之性也
循天	1	欲恶度理，动静顺性，喜怒止于中
如天	1	夫喜怒哀乐之止动也，此天之所为人性命者
天道	4	虽持异物性亦然/不为性说/外物之动性/常然若性

注：篇名只录前二字。

术语分析

术语检索依四部丛刊本。

——特定术语："情性" 4 见（〈正贯〉〈符瑞〉〈实性〉〈为人者天〉），"性情" 4 见（〈保位权〉1 见，〈深察名号〉3 见），"性命" 4 见（〈竹林〉2 见，〈三代改制质文〉〈如天之为〉各 1 见），"天性" 3 见（〈正贯〉1 见，〈深察名号〉2 见），"性之实" 1 见（〈实性〉），"性之质" 2 见（〈深察名号〉〈实性〉），"生之性" 1 见（〈五行顺逆〉），"性之名" 3 见（〈深察名号〉），"性外" 2 见（〈深察名号〉〈实性〉），"性长于" 5 见（〈三代改制质文〉）。"性情""情性" 互换使用，似无分别，皆似为 "性" 的同义词。

——对性的评价："性善" 2 见（〈深察名号〉〈实性〉），"性未善" 2 见

（〈深察名号〉），"性已善" 4 见（〈深察名号〉3 见，〈实性〉1 见），"性可善" 2 见（〈盟会要〉），"性有善质" 2 见（〈深察名号〉〈实性〉），"性有善端" 2 见（〈深察名号〉），"善性" 1 见（〈实性〉），"善过性" 1 见（〈深察名号〉），"未能善之性" 1 见（〈深察名号〉），"贪仁之性" 1 见（〈深察名号〉），"善善恶恶之性" 1 见（〈玉杯〉）。

——特定事物之性："凡人之性" 1 见（〈玉英〉），"中民之性" 2 见（〈实性〉），"圣人之性" 1 见（〈实性〉），"斗筲之性" 1 见（〈实性〉），"民性" 4 见（〈深察名号〉3 见，〈实性〉1 见），"万民之性" 7 见（〈深察名号〉6 见，〈实性〉1 见），"食物之性" 1 见（〈祭义〉），"卵之性" 1 见（〈实性〉），"茧之性" 1 见（〈实性〉），"麻之性" 1 见（〈实性〉），"粟之性" 1 见（〈实性〉），"敬之性" 1 见（〈祭义〉），"禽兽之性" 1 见（〈深察名号〉）。

——对待性的行为或态度："顺性" 1 见（〈循天之道〉），"动性" 1 见（〈天道施〉），"若性" 1 见（〈天道施〉），"非性" 2 见（〈深察名号〉〈实性〉），"名性" 4 见（〈深察名号〉1 见，〈实性〉3 见），"性待教" 1 见（〈深察名号〉），"成性" 1 见（〈深察名号〉），"成民之性" 1 见（〈深察名号〉），"与性" 2 见（〈深察名号〉），"言性" 1 见（〈深察名号〉），"命性" 1 见（〈深察名号〉）。"名性" 指以某为性，"名" 是正名的意思。

性之义

董仲舒论性，大体体现性作为受之于天命的自然属性：

> 性之名，非生与？如其生之自然之资谓之性。（〈深察名号〉）
> 性者，质也。……性之名不得离质。离质如毛，则非性已，不可不察也。（〈深察名号〉）
> 性者，宜知名矣，无所待而起，生而所自有也。（〈实性〉）
> 性者，天质之朴也。（〈实性〉）

董仲舒所谓"性"有时亦理解为生命健全成长的法则，如〈循天之道〉"欲恶度理，动静顺性，喜怒止于中"，讲的是养生之道，而性指人体之恰当的需求，似可解读为成长法则。

〈祭义〉曰：

> 五谷，食物之性也，天之所以为人赐也。宗庙上四时之所成，受赐而荐之宗庙，敬之性也，于祭之而宜矣。

此处"五谷，食物之性"或当读"五谷，食物之生"。然后面"敬之性"极有意思，"敬之性"即"敬之义"。这里似乎是延伸了"性"字的含义范围，由指事物之特征、性能发展为指事物之道理。

性与天

> 天之为人性命，使行仁义而羞可耻。（〈竹林〉）
> 天之所为，有所至而止。止之内谓之天性，止之外谓之人事。事在性外，而性不得不成德。（〈深察名号〉）
> 天地之所生，谓之性情。性情相与为一瞑。情亦性也。（〈深察名号〉）
> 天生民性有善质，……民受未能善之性于天。（〈深察名号〉）
> 人之情性有由天者矣，故曰受，由天之号也。（〈为人者天〉）

性与情

"性情"一词《春秋繁露》共4见（〈保位权〉1见，〈深察名号〉3见）。"情性"一词此书亦4见（〈正贯〉〈符瑞〉〈实性〉〈为人者天〉）。此二词在《春秋繁露》并用，含义似无区别，皆指人性。盖性在董氏有广狭二义。狭义的性与情相区别，广义的性包括性、情两面。称"性情""情性"而不是"性"，就是强调人性有此两面。董氏云："情亦性也。"（〈深察名号〉）

以下为《汉书·董仲舒传》所载董氏对汉武帝贤良对策内容节录，其中论及天、性、情、欲四者关系甚详，而"情性"一词2见。其中"性者，生之质"涉及性之界定。而称"情者，人之欲"，与许慎《说文解字·情》以"有欲"界定"情"一致。可见董氏心目中，情与人欲有关，这与〈礼运〉及《荀子》情概念含义相近。情、欲不分，是先秦两汉共同特点：

87

陛下发德音，下明诏，求天命与情性，皆非愚臣之所能及也。

……性者，生之质也，情者，人之欲也。或夭或寿，或仁或鄙，陶冶而成之，不能粹美……

积善在身，犹长日加益，而人不知也；积恶在身，犹火之销膏，而人不见也。非明乎情性察乎流俗者，孰能知之？此唐、虞之所以得令名，而桀、纣之可为悼惧者也。

董仲舒以阴阳比性情，其人性概念包括性、情两面，阳善阴恶，性善情恶。这种性善情恶思想，与他批评孟子性善论时讲性有善端、不为善的立场颇不一致。王充《论衡·本性》对董仲舒这一思想作了概括。董仲舒明确区分性、情，虽与先秦文献如《郭店简·性自命出》《礼记·乐记》《荀子·性恶》等一脉相承，但明确以情为恶，以性为善，则先秦之所未有，而有开汉代人性论风向之功，后来《白虎通》《说文解字》均体现了较明显的性善情恶立场。盖先秦人性论虽讲性情，但不主性情区分，而往往是以情论性，基本上不以情为恶，这一点在韩婴那里也得到了体现。先秦文献中，也许只有《礼记·乐记》（年代姑且算作先秦）在性、情关系上接近于董仲舒立场，即将性、情区分，而以情有恶。荀子也以情为恶，但以情论性，性、情不分。而董氏则曰：

天地之所生，谓之性情。性情相与为一瞑。情亦性也，……身之有性情也，若天之有阴阳也。言人之质而无其情，犹言天之阳而无其阴也。（〈深察名号〉）

人之情性有由天者矣。（〈为人者天〉）

董仲舒览孙孟之书，作情性之说曰："天之大经，一阴一阳；人之大经，一情一性。性生于阳，情生于阴。阴气鄙，阳气仁。"（王充《论衡·本性》）

性之三品

所谓性三品说，只是认为人生来之质有上、中、下三等之分，分别是极善、中人及极恶。董仲舒可能是最早倡导性三品说的人。① 后世王充的说法表面上非常接近董仲舒，区别在于王充并没有强调人皆有善端、善质，而是更强调环境对人性善恶的塑造。唐君毅认为，董仲舒重人性内在转化、不以品级固化人性，非真正的性三品论者，真正的性三品说当始于王充。②

董氏认为，从正名的角度看，人性可分为"圣人之性"、"万民之性"（或称"中民之性"）与"斗筲之性"三等，无论是圣人之性还是斗筲之性，都不可以称为性，只有万民之性方可称为性。我想他的意思是，圣人和斗筲之性没有普遍意义。他并没有使用"三品"这一词语（最早开始使用"三品"一词的可能是荀悦，而荀悦也只是用"三品"来描述"人事"；首次明确用"三品"一词描述人性的可能是韩愈）。

> 名性，不以上，不以下，以其中名之。（〈深察名号〉）
>
> 圣人之性，不可以名性，斗筲之性，又不可以名性。名性者，中民之性。中民之性如茧如卵。卵待覆二十日而后能为雏，茧待缲以涫汤而后能为丝，性待于教训而后能为善。（〈实性〉）
>
> 诘性之质于善之名，能中之与？既不能中矣，而尚谓之质善，何哉？性之名不得离质。离质如毛，则非性已，不可不察也。（〈深察名号〉）

批评性善论

董仲舒在著作中对孟子性善论从多方面进行激烈的批评。

其一，董氏和荀子、王充等人最大的不同在于，他承认"性有善端，心有善质"（〈深察名号〉），只是他强调"善质""善端"不等于善。这是因为，善端不等于善果，如禾能出米，但禾不等于米；茧能出丝，但茧不等于丝：

> 性比于禾，善比于米。米出禾中，而禾未可全为米也。善出性中，

---

① 姜国柱、朱葵菊将贾谊作为性三品说者，然贾谊《新书·连语》等书只是说"人主"依其"材性"有"上主""中主""下主"之分，没有明确地讲普遍的人性问题。参姜国柱、朱葵菊：《中国人性论史》，郑州：河南人民出版社，1997，页240—241。
② 唐君毅：《中国哲学原论·原性篇》，香港：新亚研究所，1968，页123—125。

而性未可全为善也。善与米，人之所继天而成于外，非在天所为之内也。
（〈深察名号〉）

正由于承认人性中有"善端""善质"，董氏承认"善出性中"（〈深察名号〉），而不像荀子那样完全否认善从性中来。只不过他强调善端、善质不等于善，"性虽出善"（〈实性〉），但"天生民性，有善质而未能善"（〈深察名号〉），这是批评孟子的要害所在。"善质"一词等《春秋繁露》4见（〈深察名号〉3见，〈实性〉1见）。所谓"善质"当指善之质地、基体，〈深察名号〉云："性者，质也。……性之名不得离质，离质如毛，则非性已。"

董氏与孟子最大的区别在于，他对善的界定与孟子不同：

> 性有善端，动之爱父母，善于禽兽，则谓之善。此孟子之善。循三纲五纪，通八端之理，忠信而博爱，敦厚而好礼，乃可谓善。此圣人之善也。（〈深察名号〉）

其二，万民之性，虽有其"善质"而"未觉"，也就是还没有达到善的境地：

> 性有似目，目卧幽而瞑，待觉而后见。当其未觉，可谓有见质，而不可谓见。今万民之性，有其质而未能觉，譬如瞑者待觉，教之然后善。当其未觉，可谓有善质，而不可谓善，与目之瞑而觉，一概之比也。静心徐察之，其言可见矣。性而瞑之未觉，天所为也。效天所为，为之起号，故谓之民。民之为言，固犹瞑也，随其名号以入其理，则得之矣。（〈深察名号〉）

其三，从情的角度可以发现，情作为天所赋人性的一部分，不可能纯善。从这里可看出荀子的影子，荀子论性恶，正是从情出发的：

> 天地之所生，谓之性情。性情相与为一瞑。情亦性也。谓性已善，奈其情何？故圣人莫谓性善，累其名也。身之有性情也，若天之有阴阳也。言人之质而无其情，犹言天之阳而无其阴也。（〈深察名号〉）

其四，论性之善恶是从比较得来的。要看比较的对象，以万民之性与禽兽之性相比，可以说人性是善的，但若与圣人之性相比就不同了：

> 质于禽兽之性，则万民之性善矣；质于人道之善，则民性弗及也。万民之性善于禽兽者许之，圣人之所谓善者弗许。吾质之命性者异孟子。孟子下质于禽兽之所为，故曰性已善；吾上质于圣人之所为，故谓性未善。善过性，圣人过善。（〈深察名号〉）

最后，董仲舒还提出一条理由反驳孟子性善，即圣人之说。此说也是后来欧阳修、叶适及日本古学派学者常常提到的：

> 圣人之所命，天下以为正。正朝夕者视北辰，正嫌疑者视圣人。圣人以为无王之世，不教之民，莫能当善。善之难当如此，而谓万民之性皆能当之，过矣。（〈深察名号〉）
>
> 正朝夕者视北辰，正嫌疑者视圣人。圣人之所名，天下以为正。今按圣人言中，本无性善名，而有善人吾不得见之矣。使万民之性皆已能善，善人者何谓不见也？观孔子言此之意，以为善甚难当。而孟子以为万民性皆能当之，过矣。（〈实性〉）

◇ 善恶依赖外力

善虽出于性，但待教训而成：

> 性待渐于教训而后能为善。善，教训之所然也，非质朴之所能至也，故不谓性。性者宜知名矣，无所待而起，生而所自有也。善所自有，则教训已非性也。是以米出于粟，而粟不可谓米；玉出于璞，而璞不可谓玉；善出于性，而性不可谓善。其比多在物者为然，在性者以为不然，何不通于类也？（〈实性〉）
>
> 性如茧如卵。卵待覆而成雏，茧待缲而为丝，性待教而为善。此之谓真天。天生民性有善质，而未能善，于是为之立王以善之，此天意也。民受未能善之性于天，而退受成性之教于王。王承天意，以成民之性为任者也。（〈深察名号〉）

天之所为，有所至而止。止之内谓之天性，止之外谓之人事。事在性外，而性不得不成德。（〈深察名号〉）

从事于教化以成全人性之善者为王：

天令之谓命，命非圣人不行；质朴之谓性，性非教化不成；人欲之谓情，情非度制不节。是故王者上谨于承天意，以顺命也；下务明教化民，以成性也。（《汉书·董仲舒传》）

又认为性之善待"王道举""礼乐兴"而成：

至意虽难喻，盖圣人者贵除天下之患。贵除天下之患，故春秋重，而书天下之患偏矣。以为本于见天下之所以致患，其意欲以除天下之患，何谓哉？天下者无患，然后性可善，性可善，然后清廉之化流；清廉之化流，然后王道举。礼乐兴，其心在此矣。（〈盟会要〉）

◇ **论性之善**

然而，董仲舒的人性论也有较复杂的层面，并不是只有性三品论，这包括他对后来性善情恶说的开创之功，甚至对性善论立场不自觉的趋近等。

以下《春秋繁露》中的几段话，似乎说明董氏思想在不自觉中体现了与孟子性善论相同的倾向：

凡人之性，莫不善义，然而不能义者，利败之也。（〈玉英〉）

正也者，正于天之为人性命也。天之为人性命，使行仁义而羞可耻，非若鸟兽然，苟为生，苟为利而已。（〈竹林〉）

故倡而民和之，动而民随之，是知引其天性所好，而压其情之所憎者也。（〈正贯〉）

为生不能为人，为人者天也。人之人本于天，天亦人之曾祖父也，此人之所以乃上类天也。人之形体，化天数而成；人之血气，化天志而仁；人之德行，化天理而义。（〈为人者天〉）

人受命于天，有善善恶恶之性，可养而不可改，可豫而不可去。

（〈玉杯〉）

　　人之受命于天也，取仁于天而仁也。是故人之受命天之尊，父兄子弟之亲，有忠信慈惠之心，有礼义廉让之行，有是非逆顺之治，文理灿然而厚，知广大有而博，唯人道为可以参天。（〈王道通三〉）

下段出于《汉书·董仲舒传》，论人性贵于万物，特别是禽兽称人天性"超然异于群生"，以五常论"人之所以贵""贵于物"，与孟子人禽之辨相通：

　　人受命于天，固超然异于群生，入有父子兄弟之亲，出有君臣上下之谊，会聚相遇，则有耆老长幼之施，粲然有文以相接，欢然有恩以相爱，此人之所以贵也。生五谷以食之，桑麻以衣之，六畜以养之，服牛乘马，圈豹槛虎，是其得天之灵，贵于物也。故孔子曰："天地之性人为贵。"明于天性，知自贵于物；知自贵于物，然后知仁谊；知仁谊，然后重礼节；重礼节，然后安处善；安处善，然后乐循理；乐循理，然后谓之君子。

另外，需要注意的是，董仲舒也有顺性而不是抑性的思想，这表明他有以人性为准则的思想。〈循天之道〉云：

　　是故男女体其盛，臭味取其胜，居处就其和，劳佚居其中，寒暖无失适，饥饱无过平，欲恶度理，动静顺性，喜怒止于中，忧惧反之正，此中和常在乎其身，谓之得天地泰。

"动静顺性"，与《吕氏春秋》及陆贾、韩婴等人的人性论一样，对人性持一种顺应、适应的态度，而不是压抑、排斥。

人性有善也有恶

董仲舒又认为人性有善也有恶，并从阴阳角度为之辩护，为后来扬雄善恶混说的先声，这当然也与性三品说不同。同时，由于董又认为"天之任阳不任阴，好德不好刑……故阳出而前，阴出而后"（〈天道无二〉），依此人性中善的方面似当占主导地位，这就说明其与扬雄善恶混说尚有区别。其言曰：

天两有阴阳之施，身亦两有贪仁之性。（〈深察名号〉）

性情相与为一瞑。情亦性也。谓性已善，奈其情何？故圣人莫谓性善，累其名也。（〈深察名号〉）

董仲舒览孙孟之书，作情性之说曰："天之大经，一阴一阳；人之大经，一情一性。性生于阳，情生于阴。阴气鄙，阳气仁。曰性善者，是见其阳也；谓性恶者，是见其阴者也。"若仲舒之言，谓孟子见其阳，孙卿见其阴也。处二家各有见，可也。不处人情性有善有恶，未也。夫人情性，同生于阴阳，其生于阴阳，有渥有泊；玉生于石，有纯有驳。情性于阴阳，安能纯善？（王充《论衡·本性》）

22. 《淮南子》

【文献】何宁：《淮南子集释》（全三册），北京：中华书局，1998。

汉初刘安门下宾客所撰《淮南子》，又名《淮南鸿烈》，《汉书·艺文志》入杂家，然高诱注序称此书"旨近老子淡泊无为，蹈虚守静"，"其大较归之于道"。此书人性观实与《庄子》颇多相似。

用法统计

据四库全书本《淮南鸿烈解》（高诱注）检索，《淮南子》正文"性"字凡174见。其中次数最多者为（下引卷名略"训"字）：〈泰族〉31次，〈齐俗〉25次，〈诠言〉〈俶真〉各23次，〈原道〉15次，〈精神〉13次，〈本经〉12次。全书二十一卷，仅四卷未见"性"字（即〈天文〉〈坠形〉〈道应〉〈说山〉）。

表1.16 《淮南子》"性"字用法统计

卷名	次数	用例
原道	15	有万不同而便于性/人生而静，天之性也/感而后动，性之害也/蛟龙水居，虎豹山处，天地之性也/失其阴阳之性/形性不可易，势居不可移/以恬养性，以漠处神/嗜欲者，性之累也/不能反诸性/使心怵然失其情性/性命之情，处其所安/夫性命者，与形俱出其宗/形备而性命成/性命成而好憎生矣/性之在焉而不离

续表

卷名	次数	用例
俶真	23	圣人用心，杖性依神/在上位者，左右而使之，毋淫其性/以物烦其性命/外从其风，内守其性/人乐其性者/失木性钧也/性命失其得/世之所以丧性命/欲以返性于初/通性于辽廓/擢德慊性，内愁五藏，外劳耳目/水之性真清/人性安静，而嗜欲乱之/唯易且静，形物之性也/达乎性命之情/静漠恬澹，所以养性也/外不滑内，则性得其宜/性不动和，则德安其位/达于性命之情/万物之来，擢拔吾性/和愉宁静，性也/性遭命而后能行/命得性而后能明
时则	1	禁嗜欲，宁身体，安形性
览冥	2	夫全性保真，不亏其身/天下未尝得安其情性
精神	13	此四者，天下之所养性也/所谓真人者也，性合于道也/养性之具不加厚/乃性仍仍然/无天下不亏其性/雕琢其性，矫拂其情/迫性之情/理情性/治心术/性有不欲，无欲而不得/便性者不以滑和/迫性拂情，而不得其和/迫性闭欲，以义自防/情心郁殪，形性屈竭
本经	12	明于性者，天地不能胁也/怀机械巧故之心，而性失矣/性命之情，淫而相胁/心反其初，而民性善/民性善而天地阴阳从而包之/心与神处，形与性调/随自然之性而缘不得已之化/万民皆宁其性/和而弗矜，冥性命之情/凡人之性，心和欲得则乐/人之性，心有忧丧则悲/人之性，有侵犯则怒
主术	5	形性诡也/诡自然之性，以曲为直/使天下不安其性/近者安其性，远者怀其德/凡人之性，莫贵于仁，莫急于智
缪称	6	德者，性之所扶也/非求用也，性不能已/我其性与/性者，所受于天也/比干何罪，循性而行止/原心反性，则贵矣
齐俗	25	率性而行谓之道/得其天性谓之德/性失然后贵仁/形殊性诡，使各便其性，安其居/治欲者不以欲，以性/治者不于性，以德/原人之性，芜秽不得清明者/衣服礼俗者，非人之性也/竹之性浮/金之性沉/缲之性黄/人之性无邪/合于若性/人性欲平，嗜欲害之/夫性，亦人之斗极也/纵欲而失性/不闻道者，无以反性也/耳目之可以断也，反情性也/绝哀而迫切之性也/圣人体道反性/各安其性/性命飞扬，皆乱以营/人失其情性
氾论	4	全性保真，不以物累形/知全性之具者/性保真，无变于己/弑矫诬，非人之性也
诠言	23	性命不同，皆形于有/通性之情者，不务性之所无以为/理好憎，适情性/适情性，则欲不过节/不以欲用害性/欲不过节，则养性知足/节欲之本，在于反性/反性之本，在于去载/能原其心者，必不亏其性/能全其性者，必不惑于道/凡人之性，少则猖狂/内便于性，外合于义/欲与性相害，不可两立/圣人损欲而从事于性/视之不便于性，弗为者，害于性也/凡治身养性/必困于性/非性所有于身/益性之所不能乐/害性之所以乐/凡人之性，乐恬而憎悯
兵略	1	怒而相害，天之性也
说林	2	人性便丝衣帛/巧工不能斫金者，形性然也
人间	2	清净恬愉，人之性也/知人之性
修务	6	人性各有所修短/身正性善，发愤而成仁/性命可说/不待脂粉芳泽而性可说者/欲弃学而循性/其性虽不愚

95

续表

卷名	次数	用例
泰族	31	民化而迁善，若性诸己/治天下，非易民性也/木之性不可铄也/民有好色之性/有饮食之性/有喜乐之性/有悲哀之性/皆人之所有于性/无其性，不可教训/有其性，无其养/茧之性为丝/人之性有仁义之资/因其性则天下听从/拂其性则法县而不用/金木水火土之性/可谓养性矣/百节皆宁，养性之本也/水之性淖以清/不治其性则/其性非异也/则民性可善/节用之本，在于反性/知性之情者，不务性之所无以为/直行性命之情/七窍交争以害其性/民性不殊/其两爱之，一性也/君子与小人之性非异也/禽兽之性，大者为首，而小者为尾/灌其本而枝叶美，天地之性也
要略	3	反其性命之宗/节养性之和/原心术，理性情

术语分析

——特定术语："形性"5 见（〈原道〉〈时则〉〈精神〉〈主术〉〈说林〉。感官身体或生理属性），"情性"7 见（〈原道〉〈览冥〉〈精神〉各 1 见，〈齐俗〉〈诠言〉各 2 见），"性情"2 见（〈诠言〉〈要略〉），"性命"17 见（〈原道〉4 见，〈俶真〉5 见，〈本经〉2 见，〈精神〉〈齐俗〉〈诠言〉〈修务〉〈泰族〉〈要略〉各 1 见。多与性同义），"天性"（〈齐俗〉），"性善"3 见（〈本经〉2 见，〈修务〉1 见。性善并非普遍意义上的人性善，或指民性反于善，或指圣人性善）。

——特定对象之性："民性"5 见（〈本经〉2 见，〈泰族〉3 见），"人性"4 见（〈齐俗〉〈俶真〉〈说林〉〈修务〉），"人之性"13 见①（〈本经〉〈齐俗〉各 3 见，〈诠言〉〈人间〉各 2 见，〈主术〉〈氾论〉〈泰族〉各 1 见），"天之性"2 见（〈原道〉〈兵略〉），"天地之性"2 见（〈原道〉〈泰族〉），"阴阳之性"（〈原道〉），"性命之情"7 见（〈原道〉〈精神〉〈泰族〉各 1 见，〈俶真〉〈本经〉各 2 见），"自然之性"2 见（〈本经〉〈主术〉。与"天之性""天地之性"义近），"竹之性"（〈齐俗〉），"金之性"（〈齐俗〉），"缣之性"（〈齐俗〉），"木之性"（〈泰族〉），"茧之性"（〈泰族〉），"水之性"2 见（〈俶真〉〈泰族〉），"金木水火土之性"（〈泰族〉），"君子与小人之性"（〈泰族〉），"禽兽之性"（〈泰族〉）。

——对性的积极/消极行为或态度："反性"6 见（〈缪称〉〈泰族〉各 1

---

① 除〈泰族〉"小人之性"异义 1 条。

见，〈齐俗〉〈诠言〉各 2 见。读"返性"），"率性" 1 见（〈齐俗〉），"全性" 3 见（〈览冥〉1 见，〈氾论〉2 见），"养性" 9 见（〈原道〉〈俶真〉〈要略〉各 1 见，〈精神〉〈诠言〉〈泰族〉各 2 见），"便性"（〈精神〉），"便其性"（〈齐俗〉），"便于性" 3 见（〈原道〉1 见，〈诠言〉2 见），"迫性" 2 见（〈精神〉①），"循性" 2 见（〈缪称〉〈修务〉），"治性"（〈齐俗〉），"害性" 2 见（〈诠言〉②），"失性"（〈齐俗〉），"性失" 2 见（〈本经〉〈齐俗〉），"理情性"（〈精神〉），"反情性"（〈齐俗〉），"适情性" 2 见（〈诠言〉），"通性之情"（〈诠言〉），"明于性"（〈本经〉），"宁其性"（〈本经〉），"安其性" 3 见（〈主术〉2 见，〈齐俗〉1 见），"因其性"（〈泰族〉），"拂其性"（〈泰族〉），"害于性"（〈诠言〉），"害其性"（〈泰族〉），"困于性"（〈诠言〉），"全其性"（〈诠言〉），"丧性命"（〈俶真〉），"性合于道"（〈精神〉），"亏其性" 2 见（〈精神〉〈诠言〉），"雕琢其性"（〈精神〉），"迫性命之情"（〈精神〉），"安其情性"（〈览冥〉），"失其情性" 2 见（〈原道〉〈齐俗〉），"形性屈竭"（〈精神〉），"形与性调"（〈本经〉），"全性保真" 2 见（〈览冥〉〈氾论〉），"性诸己"（〈泰族〉）。《淮南子》未见"全生"。

性之义

《淮南子》一书中"性"之义非常丰富。首先，书中对性之义亦有明确界定，如：

> 性者，所受于天也；命者，所遭于时也。（〈缪称〉）

此界定与当时流行理解无二。
又主张性为自然所有，不可损益：

> 人性各有所修短，若鱼之跃，若鹊之驳，此自然者，不可损益。
> （〈修务〉）

---

① 除〈精神〉"迫性命之情" 1 条。
② 除〈诠言〉"害性之所以乐" 1 条。

性指生理属性，"不可损益"之义类似《荀子·性恶》"不可学，不可事，而在人者，谓之性"。又〈齐俗〉云：

> 羌、氐、僰、翟，婴儿生皆同声，及其长也，虽重象狄鞮，不能通其言，教俗殊也。今三月婴儿，生而徙国，则不能知其故俗。由此观之，衣服礼俗者，非人之性也，所受于外也。

据此，性是出于内者，非外也。此处以内外论性之义，所谓"内"当指人与生俱来的属性。

又从与《礼记·乐记》同样的角度区分性、情：

> 人生而静，天之性也；感而后动，性之害也；物至而神应，知之动也；知与物接，而好憎生焉。（〈原道〉）

书中有大量以欲为性之对立面的例子，似乎不以欲为性。然而，有时也以情（或欲）为性的一部分，如〈原道〉"夫举天下万物，蚑蛲贞虫，蠕动蚑作，皆知其所喜憎利害者，何也？以其性之在焉而不离也"，分明以"喜憎利害"为性。

值得注意的是，《淮南子》中"性"之义也是多样的，甚至相互矛盾。或指物理属性，如"竹之性"（〈齐俗〉），"金之性"（〈齐俗〉），"缣之性"（〈齐俗〉），"木之性"（〈泰族〉），"金木水火土之性"（〈泰族〉），"茧之性"（〈泰族〉）等一类用法。

或指人正常具有的生理—心理属性，如〈精神〉说子夏"情心郁殪，形性屈竭"，〈本经〉所谓"万民皆宁其性"，〈诠言〉"凡治身养性，节寝处，适饮食，和喜怒，便动静，使在己者得，而邪气因而不生"，〈俶真〉"在上位者，左右而使之，毋淫其性"，其中的性当指生理—心理属性；〈主术〉称"鸱夜撮蚤蚊，察分秋豪，昼日颠越，不能见丘山，形性诡也"，其中的性指生理属性。凡养性，往往从"六欲皆得其宜"角度讲，其中性皆包括人的生理—心理属性。

或指人在正常情况下的情感倾向或情欲，类似于今日所言人之常情，没有褒贬。如〈诠言〉"凡人之性，乐恬而憎悯，乐佚而憎劳"，〈兵略〉"喜而相戏，怒而相害，天之性也"，〈本经〉"凡人之性，心和欲得则乐……人之性，心有忧丧则悲……人之性，有侵犯则怒"。

性亦可作动词用。有时从动态角度理解，有时指事物自然具有的趋势。如〈泰族〉"水之性淖以清，穷谷之污生以青苔，不治其性也"，〈俶真〉"水之性真清，而土汩之；人性安静，而嗜欲乱之"，〈齐俗〉"人性欲平，嗜欲害之。惟圣人能遗物而反己"，皆以性为人、物的存在方式。

亦时常从事物恰当或正常的生存方式来使用性。如〈原道〉"夫萍树根于水，木树根于土；鸟排虚而飞，兽跖实而走；蛟龙水居，虎豹山处，天地之性也"，〈俶真〉"夫唯易且静，形物之性也"，〈氾论〉"越城郭，逾险塞，奸符节，盗管金，篡弒矫诬，非人之性也"，〈人间〉"清净恬愉，人之性也"，等等。又，大量以嗜欲为"性之累"（〈原道〉）或性之对立面，此时性当从单个生命总体而言，指向其成长的法则。

时常以性为最高准则。这一点，从前面大量术语如"反性""全性""循性""率性""适情性""宁其性"以及作者所否定的"害性""失性""丧性命""亏其性""雕琢其性""迫性"等用法中可得到印证。如〈诠言〉"能全其性者，必不惑于道"，〈缪称〉"原心反性，则贵矣"，〈本经〉"明于性者，天地不能胁也"，〈氾论〉"全性保真，不以物累形"，皆赋予性以极高的正面价值，这种倾向在全书占主导地位，且往往与人的感官生理—心理欲望相对立。

性常与欲对立，作为其反面。据此而言，性似乎不包括情。但有时，针对百姓或常人而言，性又包括欲，属于要修治、节文的对象。如〈诠言〉"凡人之性，少则猖狂，壮则暴强，老则好利"；〈泰族〉"民有好色之性""有饮食之性""有喜乐之性""有悲哀之性"；〈修务〉"今无五圣之天奉，四俊之才难，欲弃学而循性，是谓犹释船而欲蹍水也"。但总体上说，还是强调治道因民之性，而不让人弃性，"因其性则天下听从，拂其性则法县而不用"（〈泰族〉）。

亦有近乎性善之论，如〈泰族〉"人之性有仁义之资"；〈齐俗〉"人之性无邪"，"原人之性，芜秽而不得清明者，物或堁之也"；〈氾论〉"越城郭，逾险塞，奸符节，盗管金，篡弒矫诬，非人之性也"；等等。又〈修务〉"且夫身正性善，发愤而成仁，帽凭而为义，性命可说，不待学问而合于道者，尧、舜、文王也"，似此则只有尧、舜、文王属于性善者。

性亦可指特定人物之资质、性格。如〈本经〉"心反其初，而民性善"，"民性善"指民性归于善；〈修务〉"其性虽不愚，然其知者必寡矣"；〈泰族〉"民有好色之性"；等等。

原文分析

◇〈原道〉（15 见）

本卷涉及全书人性观的几乎所有重要方面，包括性之义（可指健全成长方式）、性与情欲对立，还有一系列重要术语如"天之性""天地之性""阴阳之性""形性""性命""情性""养性""反性"等。

> 还反于朴，无为为之而合于道，无为言之而通乎德；恬愉无矜而得于和，有万不同而便于性。（方："便于性"指万物各不相同而皆适其性。）
>
> 人生而静，天之性也；感而后动，性之害也；物至而神应，知之动也；知与物接，而好憎生焉。（方：此同〈乐记〉。"感而后动"以后皆讲情，皆称为害，是以情为害。）
>
> 夫萍树根于水，木树根于土；鸟排虚而飞，兽跖实而走；蛟龙水居，虎豹山处，天地之性也。（方：天地之性指天地赋予事物的恰当生活方式。）
>
> 今夫徙树者，失其阴阳之性，则莫不枯槁。故橘树之江北，则化而为枳；鸲鹆不过济，貉渡汶而死；形性不可易，势居不可移也。（方："阴阳之性"指树根据阴阳成长的特性。）
>
> 以恬养性，以漠处神，则入于天门。（方：这里养性，当指养其生。）
>
> 夫喜怒者，道之邪也；忧悲者，德之失也；好憎者，心之过也；嗜欲者，性之累也。（方：明显以性与嗜欲相对立，此处性就不可简单地理解为情欲，理解为健全的成长方式就比较好。）
>
> 听善言便计，虽愚者知说之；称至德高行，虽不肖者知慕之。说之者众，而用之者鲜；慕之者多，而行之者寡。所以然者何也？不能反诸性也。（方："反诸性"之"反"，读"返"。返其性即对善言便计、至德高行不仅知之慕之，而且用之行之，这里的"性"什么意思？是不是指生命的奥秘或本质之类？）
>
> 圣人处之，不足以营其精神，乱其气志，使心怵然失其情性。

吾所谓得者，性命之情，处其所安也。夫性命者，与形俱出其宗，形备而性命成，性命成而好憎生矣。

夫举天下万物，蚑蛲贞虫，蠕动蚑作，皆知其所喜憎利害者，何也？以其性之在焉而不离也。（方：利害关于性，以情为性的一部分。）

◇〈俶真〉（23见）

本卷多以性、性命指恰当的生存或活动方式，包括人健全成长的方式，两处以性与道相连（与〈中庸〉"率性之谓道"暗合），三处以性/性命与嗜欲、用智相对立，可见性不是指生理属性或情欲之类，甚至不是指人的智力。因为作者认为用智导致精神劳耗，因而与性命对立。本卷思想与《庄子》〈缮性〉〈马蹄〉性论多相近。术语有"杖性""失性""返性""通性""擢德慊性""擢拔吾性""淫其性""守其性""乐其性""性命""性命之情"等。

夫圣人用心，杖性依神，相扶而得终始。（方："杖性"指凭借其性。）

在上位者，左右而使之，毋淫其性；镇抚而有之，毋迁其德。

古之真人，立于天地之本，中至优游，抱德炀和，而万物杂累焉，孰肯解构人间之事，以物烦其性命乎？（方："性命"与生命义近。）

至道无为，一龙一蛇，盈缩卷舒，与时变化。外从其风，内守其性，耳目不耀，思虑不营。（方："守其性"什么意思？从后面"耳目不耀，思虑不营"看，将性与感官属性及用智相对立，可见性指健全的生存方式。）

今夫积惠重厚，累爱袭恩，以声华呕符妪掩万民百姓，使知之欣欣然，人乐其性者，仁也。

百围之木，斩而为牺尊，镂之以剞劂，杂之以青黄，华藻镈鲜，龙蛇虎豹，曲成文章，然其断在沟中，壹比牺尊沟中之断，则丑美有间矣。然而失木性钧也。（方：此出自《庄子·天地》，木斩为牺尊则失其性，可联系《孟子·告子上》"戕贼杞柳而后以为桮棬"。此处性不是指树木的物理属性，而指其恰当的生存方式。）

嗜欲连于物，聪明诱于外，而性命失其得。（方：性命与嗜欲、聪明相对立。）

夫世之所以丧性命，有衰渐以然，所由来者久矣！

是故圣人之学也，欲以返性于初，而游心于虚也；达人之学也，欲以通性于辽廓，而觉于寂漠也。若夫俗世之学也则不然，攉德慊性，内愁五藏，外劳耳目，乃始招蛲振缠物之豪芒，摇消掉揁仁义礼乐，暴行越智于天下，以招号名声于世。（方：此段与《庄子·缮性》等主旨甚近，有批评儒家仁义道德之意。）

水之性真清，而土汩之；人性安静，而嗜欲乱之。（方：人性与嗜欲对立。"水之性真清"，此处"清"当作动词，指趋于清，故性亦指过程，指适宜的存在方式。"人性安静"指人性追求安静。）

夫唯易且静，形物之性也。（方：性不是物理属性，而是指恰当的存在方式。）

古之治天下也，必达乎性命之情。其举错未必同也，其合于道一也。（方：性与道一致，类似〈中庸〉"率性之谓道"。本书多处有此义，见下文。）

静漠恬澹，所以养性也；和愉虚无，所以养德也。外不滑内，则性得其宜；性不动和，则德安其位。养生以经世，抱德以终年，可谓能体道矣。

诚达于性命之情，而仁义固附矣。

今万物之来，攉拔吾性，攓取吾情，有若泉源，虽欲勿禀，其可得邪！

古之圣人，其和愉宁静，性也；其志得道行，命也。是故性遭命而后能行，命得性而后能明。（方："性也"之性，指合乎性或循性，是动词；以"和愉宁静"为性，可见性指恰当的生存方式。）

◇〈时则〉**（1 见）**

"形性"一词亦见于《庄子·徐无鬼》、《礼记·月令》、《管子·白心》、《吕氏春秋》〈论威〉〈仲冬纪〉〈审分〉〈勿躬〉、《法言·问明》及《论衡·本性》，本章内容与《礼记·月令》相似。"禁嗜欲"与"安形性"并举，暗示了对嗜欲与人性关系的理解。

仲冬之月……身欲静，去声色，禁嗜欲，宁身体，安形性。

◇〈览冥〉**（2 见）**

"全性"一词亦见于《吕氏春秋·本生》，其文曰："是故圣人之于声色滋味也，利于性则取之，害于性则舍之，此全性之道也。"又《吕氏春秋·贵生》载子华子曰："全生为上，亏生次之，死次之，迫生为下"，并称"所谓尊生者，全生之谓；所谓全生者，六欲皆得其宜也"。此处"全生"与"全性"义近。以《吕氏春秋》"六欲皆得其宜"为"全生"定义，"全性"当比"全生"更恰当，因为"六欲"代表的正是人性中最基本的成分。且《吕氏春秋》所谓"本生""尊生"之义亦与之相似。术语："全性保真""安其情性"。

> 夫全性保真，不亏其身，遭急迫难，精通于天。
>
> 自三代以后者，天下未尝得安其情性，而乐其习俗，保其修命，天而不夭于人虐也。

◇〈精神〉**（13 见）**

一方面，对来自感官（如目、耳、口）和心理的欲望（如趣舍、好憎）加以批评，认为它们导致人"心劳"、气耗，也是与养性相对立的，以尧"朴桷不斫""粝粢之饭""布衣掩形"即"养性之具不加厚"为典范；另一方面，不主张消除情欲，而主张"食足以接气，衣足以盖形，适情不求余"，"不亏其性"，以"性有不欲，无欲而不得；心有不乐，无乐而不为"为养性理想。为此，反对人们"雕琢其性，矫拂其情"，"迫性拂情"，而主张"理情性，治心术，养以和，持以适，乐道而忘贱，安德而忘贫"的养性方法。这种养性方法体现的是"性合于道"，是"达至道者"的境界。

> 五色乱目，使目不明；五声哗耳，使耳不聪；五味乱口，使口爽伤；趣舍滑心，使行飞扬。此四者，天下之所养性也，然皆人累也。故曰：嗜欲者，使人之气越；而好憎者，使人之心劳；弗疾去，则志气日耗。
> [方：以嗜欲为人性之对立面。色、声、味、趣舍（即下文好憎）四者，"天下之所养性也，然皆人累也"，所谓"人累"指使人心劳气耗，可见所谓"养性"是指使这些人的基本生理属性或本能需要不过度膨胀，但亦非根绝，而应当是《吕氏春秋·贵生》上"六欲皆得其

宜"之义。]

与道为际，与德为邻，不为福始，不为祸先，魂魄处其宅，而精神守其根，死生无变于己，故曰至神。所谓真人者也，性合于道也。（方：亦是论养性，其原则是"性合于道"。性与道的关系是先秦儒家的一个命题，〈中庸〉尤其明确地表达为"率性之谓道"，《淮南子·齐俗训》亦称"率性而行谓之道"。不过，〈中庸〉和〈齐俗训〉皆以率性为道，似乎道由性明，而这里却相反，主性合于道，似乎道为性准。）

人之所以乐为人主者，以其穷耳目之欲，而适躬体之便也。今高台层榭，人之所丽也；而尧朴桷不斫，素题不枅。珍怪奇异，人之所美也；而尧粝粢之饭，藜藿之羹。文绣狐白，人之所好也；而尧布衣掩形，鹿裘御寒。养性之具不加厚，而增之以任重之忧。（方：尧轻天下穷耳目之欲、适躬体之便者，虽为天子，"朴桷不斫""粝粢之饭""布衣掩形"，其"养性之具不加厚"。"养性"当即养生。）

今夫穷鄙之社也，叩盆拊瓴，相和而歌，自以为乐矣。尝试为之击建鼓，撞巨钟，乃性仍仍然，知其盆瓴之足羞也。（方："乃性"之"性"，王念孙、庄逵吉、何宁并认当读"始"[1]。然若以性为人之心理特性，"乃性仍仍然"指其心理愉悦之状，未尝不可。）

圣人食足以接气，衣足以盖形，适情不求余，无天下不亏其性，有天下不羡其和。（方："亏其性"即"亏其生"，但用"性"不用"生"，不妨理解为重视与生俱来的基本需求。）

衰世凑学，不知原心反本，直雕琢其性，矫拂其情，以与世交。（方："雕琢其性"即《庄子·缮性》中之"缮性"，亦即《荀子》〈性恶〉"矫饰人之情性"，〈正论〉"以伪饰性"。不过荀子是从正面使用此词，而本章从反面用之。）

趋翔周旋，诎节卑拜，肉凝而不食，酒澄而不饮，外束其形，内总其德，钳阴阳之和，而迫性命之情，故终身为悲人。达至道者则不然，理情性，治心术，养以和，持以适，乐道而忘贱，安德而忘贫。性有不欲，无欲而不得；心有不乐，无乐而不为。无益情者不以累德，而便性

---

① 何宁：《淮南子集释》（全三册），北京：中华书局，1998，页541。

者不以滑和。故纵体肆意，而度制可以为天下仪。（方："性命之情"一词当指人性实情。此词在先秦已流行，《庄子》9见，《吕氏春秋》10见。"理情性"并非消除情欲，"性有不欲，无欲而不得"，"便性者不以滑和"，即孔子"从心所欲而不逾矩"。此处不以欲为人性对立面，而以"得""和"为之准。）

　　夫颜回、季路、子夏、冉伯牛，孔子之通学也，然颜渊夭死，季路菹于卫，子夏失明，冉伯牛为厉。此皆迫性拂情，而不得其和也。（方："迫性"与上面"迫性命之情"义近。）

　　子夏见曾子，一臞一肥。曾子问其故，曰："出见富贵之乐而欲之，入见先王之道又说之。两者心战，故臞；先王之道胜，故肥。"推其志，非能贪富贵之位，不便侈靡之乐，直宜迫性闭欲，以义自防也。虽情心郁殪，形性屈竭，犹不得已自强也。故莫能终其天年。（方："形性屈竭"指身心交瘁，"形性"当指人的生理与心理属性。此段讥讽子夏未达到"无欲而不得"的境地，以至于"迫性闭欲""形性屈竭"。）

◇〈本经〉（12 见）

"明于性者，天地不能胁也"，"怀机械巧故之心，而性失矣"，"心反其初，而民性善"，"至人之治""形与性调"，凡此皆赋予性以某种积极价值。"明于性"当指明白生命之道理、法则。从"心反其初而民性善"一句高诱注看，似乎将性、情分开。"性失"之"性"似乎不当理解为感官生理需要或本能情欲，而指生命总体健全成长法则，"性失"指生命总体不健全。然而，性之义亦不统一。"万民皆宁其性"当指万民的生理需要等基本需要皆满足无虞，性似指基本生理需要。

　　天地宇宙，一人之身也；六合之内，一人之制也。是故明于性者，天地不能胁也；审于符者，怪物不能惑也。（方："明于性者，天地不能胁也"，可见性与天地之道息息相通。）

　　仁鄙不齐，比周朋党，设诈谞，怀机械巧故之心，而性失矣。（方："性失"与《庄子》屡见之"失性"同义。以"失性"为不可，此性有恰当成长法则之义。）

性命之情，淫而相胁，以不得已则不和，是以贵乐。（高诱注："胁，迫也"，"乐以和之"。方：反对胁迫性命之情，致其不和。）

神明定于天下，而心反其初；心反其初，而民性善；民性善而天地阴阳从而包之，则财足而人赡矣，贪鄙忿争不得生焉。（高诱注："初者，始也，未有情也，未有情欲，故性善也。"方："民性"是后天还是先天的？应当指先天的性本已善——心反其初，则性亦返其原？）

至人之治也，心与神处，形与性调，静而体德，动而理通。随自然之性而缘不得已之化，洞然无为而天下自和。（方："形与性调"可帮助理解"形性"词义。形代表形体，亦代表生理。将形与性相别，性似乎指整体意义上的生存需要。形为局部，性为总体。）

舜乃使禹疏三江五湖，辟伊阙，导廛涧，平通沟陆，流注东海，鸿水漏，九州干，万民皆宁其性，是以称尧舜以为圣。（方："宁其性"当指其生理心理需要皆满足无虞。）

神明藏于无形，精神反于至真，则目明而不以视，耳聪而不以听，心条达而不以思虑，委而弗为，和而弗矜，冥性命之情，而智故不得杂焉。（方："冥性命之情"当指使性命之情藏而不露。《说文》："冥，幽也。"此处冥当指闭藏，与上文"藏于无形"及目"不以视"、耳"不以听"、心"不以思虑"相呼应。）

凡人之性，心和欲得则乐，乐斯动，动斯蹈，蹈斯荡，荡斯歌，歌斯舞，歌舞节则禽兽跳矣。人之性，心有忧丧则悲，悲则哀，哀斯愤，愤斯怒，怒斯动，动则手足不静。人之性，有侵犯则怒，怒则血充，血充则气激，气激则发怒，发怒则有所释憾矣。故钟鼓管箫，干戚羽旄，所以饰喜也；衰绖苴杖，哭踊有节，所以饰哀也；兵革羽旄，金鼓斧钺，所以饰怒也。必有其质，乃为之文。［高注"心和欲得"曰："心和，不喜不怒。欲得，无违耳。"方：此处"凡人之性"皆是在讲情，包括"心和欲得则乐""心有忧丧则悲""有侵犯则怒"。正因为此性（情）容易受刺激而失控，故需要以礼乐来"饰喜""饰哀""饰怒"，即"有其质，乃为之文"。这里并不是主张去除此类情欲反应，而是要理顺。这也与荀子思想甚近。此处性之义，与他处似有别。这里的性作为需要"饰""文"的对象，其内容主要是情，因而与别处所说之性内容有别。］

◇〈主术〉**（5 见）**

以"自然之性"为天然正当，事乎"道理之数"，不能违背。"凡人之性，莫贵于仁，莫急于智"，并非以仁、智为人性内容，其中"性"为动词，指从事于性，属于特殊用法，与《孟子·尽心上》7A21"广土众民"章"君子所性"中的"性"用法可比。

> 鸱夜撮蚤蚊，察分秋豪，昼日颠越，不能见丘山，形性诡也。（方："形性"或指生理属性。）
>
> 圣人举事也，岂能拂道理之数，诡自然之性，以曲为直，以屈为伸哉！（高注："诡，违也。"）
>
> 人主急兹无用之功，百姓黎民，憔悴于天下。是故使天下不安其性。（方：此讲"衰世"，"安其性"与〈本经〉"宁其性"同义。"安其性"指安其与生俱来的属性。）
>
> 德泽兼覆而不偏，群臣劝务而不怠，近者安其性，远者怀其德。
>
> 凡人之性，莫贵于仁，莫急于智。仁以为质，智以行之，两者为本，而加之以勇力、辩慧、捷疾、劬录、巧敏、迟利、聪明、审察，尽众益也。（方："凡人之性，莫贵于仁，莫急于智"中的"性"当读为动词，因从事于性、因性而行，下文称有人"无仁智以为表干"。）

◇〈缪称〉**（6 见）**

本卷论德与性关系，称"德者，性之所扶也"，似以性为德之基础。此说赋予性以利于德的正面价值。又称"原心反性，则贵矣"，亦赋予性以正面价值。"反性""循性"皆从正面看性。论性、命关系，与《孟子·尽心下》7B24"口之于味也"章内容可对读。圣人养民，由于其性不能已。

> 道者，物之所导也；德者，性之所扶也；仁者，积恩之见证也；义者，比于人心而合于众适者也。故道灭而德用，德衰而仁义生。（方：此与今本《老子》《庄子》有关表述相近。德为"性之所扶"，论性与德关系。）
>
> 圣人之养民，非求用也，性不能已。（方：此赞圣人养民出于其性，似以圣人之性与凡人之性相别。）

圣人在上，化育如神。太上曰："我其性与！"其次曰："微彼，其如此乎！"（方：与上面讲圣人"性不能已"相应。）

性者，所受于天也；命者，所遭于时也。（方：性之义及性、命关系。）

太公何力，比干何罪，循性而行止，或害或利。求之有道，得之在命。（方：亦性、命关系。）

原心反性，则贵矣；适情知足，则富矣；明死生之分，则寿矣。（方：前面有"天下有至贵而非势位也，有至富而非金玉也，有至寿而非千岁也"。）

◇〈齐俗〉（25 见）[①]

"性失然后贵仁"似乎印证了张岱年的道家人性超善恶说。又"原人之性，芜秽不得清明者，物或堁之也"，此说与性善说有相近之处，性本善，其不善者"其势则然也"（《孟子·告子上》2A2）。主张以性治欲，可见性与欲对立，与后面"人性欲平，嗜欲害之"相应。在"竹之性""金之性""缣之性"中，性相当于今日物理属性。"人性欲平"一句中的"性"指存在方式，非静态用法，值得注意。提出性为"人之斗极"，可保"不失物之情"，赋予性以极高的地位。"失性""反性""安其性"皆提示对性的正面态度。

率性而行谓之道，得其天性谓之德。性失然后贵仁，道失然后贵义。是故仁义立而道德迁矣，礼乐饰则纯朴散矣。（方：明显借用〈中庸〉，"性失然后贵仁"，与〈缪称〉"道灭而德用，德衰而仁义生"义近，即《老子》第三十八章"失道而后德，失德而后仁，失仁而后义，失义而后礼"之义。）

深溪峭岸，峻木寻枝，猿狄之所乐也；人上之而栗。形殊性诡，所以为乐者，乃所以为哀；所以为安者，乃所以为危也。（方："形殊性诡"亦可读为"形性殊诡"，可与〈原道〉"鸱鸺不过济，貛渡汶而死，形性不可易"对读。）

乃至天地之所覆载，日月之所昭誋，使各便其性，安其居，处其宜，为其能。（方："便其性"即使其性得顺，性可指种种情欲，对读〈精

---

① 除"是非形则百姓眩矣"1 条，其中"性"当读"姓"。

神〉"便性者不以滑和"。)

治君者不以君，以欲；治欲者不以欲，以性；治性者不于性，以德；治德者不以德，以道。原人之性，芜秽不得清明者，物或堁之也。羌、氐、僰、翟，婴儿生皆同声，及其长也，虽重象狄鞮，不能通其言，教俗殊也。今三月婴儿，生而徙国，则不能知其故俗。由此观之，衣服礼俗者，非人之性也，所受于外也。（方：以性治欲，可见以性高于欲。又以道高于德，德高于性。联系〈缪称〉"德者，性之所扶也"。）

夫竹之性浮，残以为牒，束而投之水则沉，失其体也；金之性沉，托之于舟上则浮，势有所支也。夫素之质白，染之以涅则黑；缣之性黄，染之以丹则赤。人之性无邪，久湛于俗则易，易而忘本，合于若性。（方：竹之性、金之性、缣之性，极能体现性之义，义近今天物理属性。"若性"指仿佛天性一般。"人之性无邪"，近乎性善说。）

人性欲平，嗜欲害之，惟圣人能遗物而反己。（方："人性欲平"极能体现性作为成长趋势之义，与《孟子·告子上》"水之性就下"中的性之义相近，皆为存在方式。）

夫性，亦人之斗极也。有以自见也，则不失物之情；无以自见，则动而惑营。（方：以性为"人之斗极"，可保证"不失物之情"，可见其重要性。）

夫纵欲而失性，动未尝正也，以治身则危。（方：反对失性。）

不闻道者，无以反性。（方：主张反性。）

夫耳目之可以断也，反情性也；听失于诽誉，而目淫于采色，而欲得事正，则难矣。（方：断绝耳目诱，可反情性。）

夫三年之丧，是强人所不及也，而以伪辅情也。三月之服，是绝哀而迫切之性也。（方：情、性并举，认为丧服迫性。）

故圣人体道反性，不化以待化，则几于免矣。（方："体道反性"，道与性并列。）

士无遗行，农无废功，工无苦事，商无折货，各安其性，不得相干。

滑乱万民，以清为浊，性命飞扬，皆乱以营。贞信漫澜，人失其情性。

◇〈氾论〉（4 见）

论苌弘等人不得好死，以为其"未知全性之具"，则全性与全生同义。然前面"全性保真"后面称"不以物累形"，又称"适情辞余，无所诱惑，循性保真，无变于己"，则全性、循性似指遵循天然决定的生命健全成长方式。又称盗贼之所为"非人之性也"，似亦以性为生命健全成长方式。

全性保真，不以物累形，杨子之所立也，而孟子非之。（方："全性保真"亦见于〈览冥〉。）

昔者苌弘……此皆达于治乱之机，而未知全性之具者。（方：以苌弘、苏秦、徐偃王、大夫种四人不得好死，说明"未知全性之具"，则全性当指全生。）

所谓为善者，静而无为也；所谓为不善者，躁而多欲也。适情辞余，无所诱惑，循性保真，无变于己，故曰为善易。（方：论"为善易"，因其循性保真，此有性善论之倾向。"循性保真"与"全性保真"同义。）

越城郭，逾险塞，奸符节，盗管金，篡弑矫诬，非人之性也，故曰为不善难。（方："非人之性也"中的"性"，当指健全生存方式。）

◇〈诠言〉（23 见）

方以类别，物以群分，性命不同，皆形于有。

通性之情者，不务性之所无以为；通命之情者，不忧命之所无奈何；通于道者，物莫不足滑其调。（方："通性之情""通命之情""通于道"并列，"性之所无以为"，指不合乎性、违背人性法则的事，显然这里性暗含生命法则之义，且与后面的"道"呼应。）

原天命，治心术，理好憎，适情性，则治道通矣。（方："适情性"当指掌握生命的道理从而与之相适。）

适情性，则欲不过节。（方：欲与情性对。）

不贪无用，则不以欲用害性；欲不过节，则养性知足。（方：以欲与性对立。）

节欲之本，在于反性；反性之本，在于去载。（方：以性与欲对立。）

能原其心者，必不亏其性；能全其性者，必不惑于道。

凡人之性，少则猖狂，壮则暴强，老则好利。（方：此处之性，是绝对正面意义的，指人常有的特征。）

圣人胜心，众人胜欲。君子行正气，小人行邪气。内便于性，外合于义，循理而动，不系于物者，正气也。重于滋味，淫于声色，发于喜怒，不顾后患者，邪气也。邪与正相伤，欲与性相害，不可两立。一置一废。故圣人损欲而从事于性。目好色，耳好声，口好味，接而说之，不知利害，嗜欲也。食之不宁于体，听之不合于道，视之不便于性。三官交争，以义为制者，心也。割痤疽，非不痛也；饮毒药，非不苦也；然而为之者，便于身也。渴而饮水，非不快也；饥而大飧，非不澹也；然而弗为者，害于性也。此四者，耳目鼻口不知所取去，必为之制，各得其所。由是观之，欲之不可胜，明矣。（方：明确主张"欲与性相害，不可两立"，以目、耳、口之好为嗜欲，言其当制，使得其所。）

凡治身养性，节寝处，适饮食，和喜怒，便动静，使在己者得，而邪气因而不生。（方：此为养性之典型内容，指人生理心理之安适。）

饰其外者伤其内，扶其情者害其神，见其文者蔽其质，无须臾忘为质者，必困于性。（方："困于性"当即困于生。）

升降揖让，趋翔周游，不得已而为也，非性所有于身，情无符检，行所不得已之事。（方：此以礼为性外之事。）

生有以乐也，死有以哀也。今务益性之所不能乐，而以害性之所以乐，故虽富有天下，贵为天子，而不免为哀之人。（方："性之所不能乐""性之所以乐"皆指生命所常有之法则。）

凡人之性，乐恬而憎悯，乐佚而憎劳。（方：性无褒贬之义，指人正常情感特征。）

◇〈兵略〉（1见）

性针对人正常具有的情感特征而言，无褒贬。"天之性"不是以天为性之直接对象，含义类似"天地之性"。

喜而相戏，怒而相害，天之性也。

◇〈说林〉**(2 见)**

"人性便丝衣帛"，性指人在穿着上的喜好。木、金之"形性"皆物理属性。

> 人性便丝衣帛，或射之则被铠甲，为其不便以得所便。
> 巧冶不能铸木，巧工不能斫金者，形性然也。

◇〈人间〉**(2 见)**

以"清净恬愉"为人之性，性指人的恰当生存方式。"知人之性"，性似可指生命的道理。

> 清净恬愉，人之性也。
> 知人之性，其自养不勃。

◇〈修务〉**(6 见)**

性常指特定人物之资质，如尧、舜、禹、汤、文王之天资，或指常人之资质，或指西施、阳文之天资。以修短为性之内容，指人生而具有的身材。

> 人性各有所修短，若鱼之跃，若鹊之驳，此自然者，不可损益。（方：以修短为人性之内容。）
>
> 且夫身正性善，发愤而成仁，帽凭而为义，性命可说，不待学问而合于道者，尧、舜、文王也。（方：尧、舜、文王为"身正性善""性命可说"之人，可见不是人人"身正性善"。）
>
> 曼颊皓齿，形夸骨佳，不待脂粉芳泽而性可说者，西施、阳文也。（方：性指西施、阳文之性。）
>
> 今无五圣之天奉，四俊之才难，欲弃学而循性，是谓犹释船欲蹍水也。（方：五圣指尧、舜、禹、汤、文王，四俊指皋陶、契、羿、史皇。没有五圣、四俊之资质，则不可循性弃学。可见性指常人天资，其含义又与他处不同，这里反对常人"循性"。）
>
> 其性虽不愚，然其知者必寡矣。（方："性虽不愚"，性指资质。）

◇〈泰族〉（31 见）

称"人之性有仁义之资"，虽非主性善，至少属于性有善论。

圣人……变习易俗，民化而迁善，若性诸己，能以神化也。（方："若性诸己"指变善为己性，类似于英文 second nature。）

圣人之治天下，非易民性也，拊循其所有而涤荡之。（方：圣人不易民性。）

良匠不能斫金，巧冶不能铄木，金之势不可斫，而木之性不可铄也。

民有好色之性，故有大婚之礼；有饮食之性，故有大飨之谊；有喜乐之性，故有钟鼓管弦之音；有悲哀之性，故有衰绖哭踊之节。故先王之制法也，因民之所好而为之节文者也。因其好色而制婚姻之礼，故男女有别；因其喜音而正《雅》《颂》之声，故风俗不流；因其宁家室、乐妻子，教之以顺，故父子有亲；因其喜朋友而教之以悌，故长幼有序。然后修朝聘以明贵贱，飨饮习射以明长幼，时搜振旅以习用兵也，入学庠序以修人伦。此皆人之所有于性，而圣人之所匠成也。（方：论民之性，而不以民性为善也，包括好色之性、饮食之性、喜乐之性、悲哀之性，此处性之义不可作恰当生存方式解，含义近乎情欲，亦即告子"食色性也"之性。"因民之所好而为之节文"指礼之用，此乃儒家思想，言圣人依于"人之所有于性"而匠成，不是否定人性的这些内容。）

故无其性，不可教训；有其性，无其养，不能遵道。茧之性为丝，然非得工女煮以热汤而抽其统纪，则不能成丝；卵之化为雏，非慈雌呕暖覆伏，累日积久，则不能为雏；人之性有仁义之资，非圣人为之法度而教导之，则不可使向方。故先王之教也，因其所喜以劝善，因其所恶以禁奸。故刑罚不用，而威行如流；政令约省，而化耀如神。故因其性则天下听从，拂其性则法县而不用。（方：与上段义近，皆讲圣人因人之性，顺势利导，劝善禁奸。"因其性则天下听从，拂其性则法县而不用"，强调因性，反对逆性。"人之性有仁义之资"一句，与性善有相近之处。）

乃澄列金木水火土之性，故立父子之亲而成家。

王乔、赤松，去尘埃之间，离群慝之纷，吸阴阳之和，食天地之精，呼而出故，吸而入新，蹀虚轻举，乘云游雾，可谓养性矣。（方：养性之义。）

神清志平，百节皆宁，养性之本也。（方：养性义近养生，以"神清志平，百节皆宁"为养性目标。不妨区分一下养性与养生：养生指让身体健康，而养性指让人与生俱来的生理—心理需求得以充分满足、协调和平衡，体现遵从生命健全成长的法则。可能二者的最终效果甚至内容都是一样的，但古人区分二者，意在强调不同的方面。）

水之性淖以清，穷谷之污生以青苔，不治其性也。掘其所流而深之，茨其所决而高之，使得循势而行，乘衰而流，虽有腐鼬流渐，弗能污也。其性非异也，通之与不通也。（方：水之性淖以清，以性为天然具有的存在方式，性有动态含义，不是静态属性。）

诚决其善志，防其邪心，启其善道，塞其奸路，与同出一道，则民性可善。（方：民性可善，此性可变，与前面讲圣人不易民性不一致也。）

省事之本，在于节用；节用之本，在于反性。

知性之情者，不务性之所无以为；知命之情者，不忧命之所无奈何。

直行性命之情，而制度可以为万民仪。（方："直行性命之情"，此以性命之情为正面价值。）

今目悦五色，口嚼滋味，耳淫五声，七窍交争以害其性。（方：以感官欲望与性对立。）

楚国山川不变，土地不易，民性不殊，昭王则相率而殉之，灵王则倍畔而去之，得民之与失民也。（方：昭王与灵王在位，民性未变。）

凡人之所以事生者，本也；其所以事死者，末也。本末，一体也；其两爱之，一性也。先本后末，谓之君子；以末害本，谓之小人。君子与小人之性非异也，所在先后而已矣。（方："一性也"当作"性也"，"一"字衍；或"一性也"为"同一性也"。"其两爱之，性也"何宁集释："此言本末兼爱，人性皆然。"[1]"两爱之"指凡人既爱生又事死。以爱为性，此处爱无褒贬。）

草木洪者为本[2]，而杀者为末；禽兽之性，大者为首，而小者为尾。末大于本则折，尾大于要则不掉矣。故食其口而百节肥，灌其本而枝叶美，天地之性也。（方："天地之性"指天地所决定的万物生长规律。）

---

① 何宁：《淮南子集释》（全三册），北京：中华书局，1998，页1422。
② "草木"之后据上下文当补"之性"二字，但原文无，姑不计。参何宁：《淮南子集释》（全三册），北京：中华书局，1998，页1422。

◇〈要略〉（3 见）

审死生之分，别同异之迹，节动静之机，以反其性命之宗。

使人黜耳目之聪明，精神之感动，樽流遁之观，节养性之和。

原心术，理性情。

23. 《白虎通》

【文献】班固著，陈立疏证《白虎通疏证》（全二册），吴则虞点校，北京：中华书局，1992（1997 年第 2 次印刷）。

《白虎通》亦称《白虎通义》《白虎通德论》。此书反映汉代正统思想，故其论人性亦有代表性。《白虎通》有对性、情之界定，其论人性善恶典型地体现了汉人以阴阳论善恶，是董仲舒以来汉代人性论的又一标志性著作。汉人论性虽多，当以《淮南子》《春秋繁露》《白虎通》《论衡》及《申鉴》五书最为丰富、全面而专门。

用法统计

《白虎通》"性"字，凡 37 见（不含目录，四库全书本、四部丛刊本同），而其中〈性情〉篇（一作〈情性〉）共 13 见。〈性情〉篇为此书专门论性之篇。

今统计各篇"性"字出现次数如下：

表 1.17　《白虎通》"性"字用法统计

篇名	次数	用例
号	1	钻木燧取火，教民熟食，养人利性
礼乐	2	人无不含天地之气，有五常之性者/八风、六律者……所以顺气，变化万民，成其性命也
五行	5	五行之性或上或下/金者，少阴，有中和之性/水味所以咸何？是其性也/天地之性，众胜寡，故水胜火也/五行之性，火热水寒（方：天地之性指天地之功用之例证。"五行之性" 2 见，性指性能）
诛伐	1	天地之性，人为贵

篇名	次数	用例
谏诤	6	某质性顽钝/未彰而讽告，此智之性也/出词逊顺，不逆君心，此仁之性也/以礼进退，此礼之性也/质相其事而谏，此信之性也/为君不避丧身，此义之性也（方：论五常之性内容）
辟雍	2	学以治性/虽有自然之性，必立师傅焉（方：此论性当治）
考黜	1	玉饰其本，君子之性（方：针对特定人之性）
三正	1	事莫不先有质性，后乃有文章也（方：质对文）
三纲六纪	1	人皆怀五常之性，有亲爱之心
性情	13	性情者，何谓也/性者，阳之施/内怀五性六情/性者，生也/性生于阳/性有仁也/五性者何谓/扶成五性/性所以五/情性之所由出入/六情所以扶成五性/主于性也/性以治内
五经	2	阴阳万物失其性而乖/人情有五性
嫁娶	2	情性之大，莫若男女/男子六十闭房何？所以辅衰也，故重性命也（方："重性命"指厚养生命，"性命"有生命成长法则义）

术语分析

其中术语有："利性"（〈号〉），"五常之性"2 见（〈礼乐〉〈三纲六纪〉），"中和之性"（〈五行〉），"性命"2 见（〈礼乐〉〈嫁娶〉），"天地之性"2 见（〈五行〉〈诛伐〉），"五行之性"2 见（〈五行〉），"治性"（〈辟雍〉），"自然之性"（〈辟雍〉），"君子之性"（〈考黜〉），"质性"2 见（〈三正〉〈谏诤〉），"性情"2 见（〈性情〉，含篇名），"情性"2 见（〈性情〉〈嫁娶〉），"失其性"（〈五经〉），"五性"5 见（〈性情〉4 见，〈五经〉1 见）。

性之义

《白虎通》人性论，以阴阳论性情，主性善情恶，但大体上对情亦并非持否定、压制态度，而认为"情"乃"所以扶成五性"。故可说性、情一体，相辅相成而成人之道。当然亦主张性当治，称"学以治性"，"虽有自然之性，必立师傅焉"（〈辟雍〉）。此书亦认为人性有五常之性，此种说法，后来郑玄在〈中庸〉注亦提及，似乎接近性善说。此说与董仲舒善端大不同。

以生论性：

性者，生也，此人所禀六气以生者也。（〈性情〉）

以阴阳论性情善恶，而以欲为情：

> 性生于阳，以就理也。阳气者仁，阴气者贪，故情有利欲，性有仁也。（〈性情〉）

论五性：

> 五性者何谓？仁、义、礼、智、信也。（〈性情〉）

论性、情关系：

> 五性者何谓？仁、义、礼、智、信也。仁者，不忍也，施生爱人也；义者，宜也，断决得中也；礼者，履也，履道成文也；智者，知也，独见前闻，不惑于事，见微知著也；信者，诚也，专一不移也。故人生而应八卦之体，得五气以为常，仁、义、礼、智、信也。六情者，何谓也？喜、怒、哀、乐、爱、恶谓六情，所以扶成五性。（〈性情〉）

论天地之性，性指天地之活动方式：

> 五行所以相害者，天地之性，众胜寡，故水胜火也。精胜坚，故火胜金。刚胜柔，故金胜木。专胜散，故木胜土。实胜虚，故土胜水也。……五行之性，火热水寒。（〈五行〉）

论谏诤与五常关系，而用"仁之性""礼之性""信之性""义之性"术语，当指人之仁性、礼性、信性、义性，非指仁礼信义自身之性：

> 未彰而讽告焉，此智之性也。顺谏者，仁也。出词逊顺，不逆君心，此仁之性也。窥谏者，礼也。视君颜色不悦，且却，悦则复前，以礼进退，此礼之性也。指谏者，信也。指者，质也。质相其事而谏，此信之性也。陷谏者，义也。恻隐发于中，直言国之害，励志忘生，为君不避丧身，此义之性也。（〈谏诤〉）

原文分析（〈性情〉节选）

性情者，何谓也？性者，阳之施；情者，阴之化也。人禀阴阳气而生，故内怀五性六情。情者，静也，性者，生也，此人所禀六气以生者也。故《钧命决》曰："情生于阴，欲以时念也；性生于阳，以就理也。阳气者仁，阴气者贪，故情有利欲，性有仁也。"（方：先秦以阴阳论性情善恶之典型。）

五性者何谓？仁、义、礼、智、信也。仁者，不忍也，施生爱人也；义者，宜也，断决得中也；礼者，履也，履道成文也；智者，知也，独见前闻，不惑于事，见微知著也；信者，诚也，专一不移也。故人生而应八卦之体，得五气以为常，仁、义、礼、智、信也。六情者，何谓也？喜、怒、哀、乐、爱、恶谓六情，所以扶成五性。性所以五，情所以六何？人本含六律五行之气而生，故内有五藏六府，此情性之所由出入也。（方：五性六情说，是对前面性情说的进一步发挥。郑玄注〈中庸〉，以五性对应五行，以此释"率性之谓道"。六情与《礼记·礼运》《荀子·性恶》情之定义相近。）

24. 刘向（前 77—前 6）

【文献】刘向撰，向宗鲁校证《说苑校证》，北京：中华书局，1987（2009年重印）。

刘向，原名刘更生，字子政，沛郡丰邑人。以下所引内容皆出自《说苑》，只注篇名。

用法统计

今本《说苑》"性"字凡 28 见（不含序。四库全书本、四部丛刊本同），其中〈建本〉〈修文〉各 5 见。另查得王充《论衡》、荀悦《申鉴》所引刘向言"性"若干条。具体见下表（下引《说苑》只标篇名）：

表 1.18　刘向“性”字用法统计

书名	篇名	次数	用例
说苑	君道	1	虐万夫之性
	建本	5	勤于学问以修其性/无以立身全性/质性同伦/反情、治性、尽才者/一性止淫
	贵德	1	凡人之性，莫不欲善其德
	复恩	2	蟨非性之爱蛩蛩巨虚也/二兽者，亦非性之爱蟨也
	政理	1	弊性事情，劳烦教诏
	尊贤	1	僖公之性
	正谏	2	父子之道，天性也/人性有畏其影而恶其迹者
	敬慎	1	徼幸者，伐性之斧也
	善说	1	尊君、重身、安国、全性者也
	奉使	1	足下弃反天性
	至公	1	孙叔敖……其性无欲
	杂言	2	伤其天性，岂不惑哉/反常移性者，欲也
	辨物	3	达乎情性之理/圣王就其势，因其便，不失其性/百姓疾怨，莫安其性
	修文	5	民有血气心知之性/先王本之情性/德者，性之端也/人之善恶，非性也/乐以和其性
	反质	1	民之性皆不胜其欲
论衡	本性	1	性，生而然者也
申鉴	杂言下	2	性情相应，性不独善，情不独恶

术语分析

术语有：

——性的特定术语：“质性”（〈建本〉），“情性”2 见（〈辨物〉〈修文〉），“血气心知之性”（〈修文〉），“性之端”（〈修文〉），“人之性”（〈贵德〉）。

——对性的积极或消极行为：“全性”2 见（〈建本〉〈善说〉），“修其性”（〈建本〉），“安其性”（〈辨物〉），“和其性”（〈修文〉），“本之情性”（〈修文〉），“治性”（〈建本〉），“一性”（〈建本〉），“伐性”（〈敬慎〉），“弊性”（〈政理〉），“移性”（〈杂言〉），“弃反天性”（〈奉使〉），“伤其天性”（〈杂言〉），“非性也”（〈修文〉），“性之爱”2 见（〈复恩〉），“天性也"（〈正谏〉）。"一性"指一切依于性。

——特定人或物之性："万夫之性"（〈君道〉），"僖公之性"（〈尊贤〉），"人性"（〈正谏〉，指个别人的癖性），"其性无欲"（〈至公〉，指孙叔敖之性）。

性之义

通观《说苑》全书所用性字，性可指人物与生俱来的各种需要、特性。从其"质性""情性""血气心知之性"等用法来看，刘向主要把人性理解为人的生理—心理总体与生俱来的各种特性。

刘向也多次以性作为一个人特有的性格，如〈尊贤〉"僖公之性"，〈正谏〉"人性有畏其影而恶其迹者"，〈至公〉称孙叔敖"其性无欲"。

性也可以指自然物的特性，如〈辨物〉论"山川污泽，陵陆丘阜""五土"之性。

性还可以指特定人群的特有特征，如〈反质〉称"民之性皆不胜其欲"。

◇ **性之好坏**

不是否定或取消，也不是放任或复归，而是主张"本之情性"（〈修文〉），通过"修其性"（〈建本〉）、"反情治性"（〈建本〉，反指返）等方式，达到"全性""和其性""安其性"等目标。

〈建本〉称"何以易行？一性止淫也"。"一性"指一于性，以性与淫相对立。又〈杂言〉〈反质〉皆以性与欲对立，均体现出作者对于性的积极态度，甚至将其作为一种价值标准。〈杂言〉称"反常移性者，欲也"，〈反质〉称"民之性皆不胜其欲"，据此似将欲排除在性之外，而认为性并非不好，不好的是欲。

◇ **性与情**

《论衡·本性》引刘向之言曰："性，生而然者也，在于身而不发。情，接于物而然者也，出形于外。"此说涉及性之义，并从动静理解性、情关系，当从〈乐记〉而来。

笔者认为刘向此言对情的定义尤其重要，大抵代表了先秦以后人们对于"情"的基本理解。即现代人常指向于把情理解为情感或实情，但古人可能没有情感与情实二分，此其一；其二，古人对所谓"情"的界定包括人的欲望、好恶、嗜好在内。无论《荀子·性恶》还是《礼记·礼运》对于情的定义皆是如此。因此，我们可将古人"情"的含义归结到刘向这里来。

◇ **人性善恶**

《说苑》〈修文〉篇从〈乐记〉出发，否定人性有善恶，认为善恶是人心感于物所生，接近于性无善恶、而情有善恶之说。这一说法与汉代流行的性善情恶说有所区别。因此刘向《说苑》似以〈乐记〉人性论为基础，似接近人性无所谓善恶，善恶来源于外物感于心。〈修文〉引述〈乐记〉论乐，以"哀心""乐心""喜心""怒心""敬心""爱心"论述人心之感于物，称：

> 人之善恶，非性也，感于物而后动。〈修文〉

下文以礼乐刑政作结，则善恶起于政治环境，非起于人性自身。此种人性无善恶说，是否为告子说翻版？《礼记·乐记》未论述人性善恶，但从其"人生而静，天之性也；感于物而动，性之欲也"，似可引申出刘向人性无善恶之说来。

然而，刘向的观点也似有矛盾之处。〈贵德〉称"凡人之性，莫不欲善其德"，〈修文〉亦云"德者，性之端也；乐者，德之华也；金石丝竹，乐之器也"。以德为性之端，如将"端"理解为孟子所谓四端，则此说似近性善论。

另外，根据王充的看法，刘向不以性为阳、情为阴，而是相反，因为他以性为未发而情为已发（类似于〈中庸〉孔疏观点），故性为阴、情为阳，所以仍然是以阴阳论性情。又据王充，刘子政"不论性之善恶，徒议外内阴阳"，"且从子政之言，以性为阴，情为阳，夫人禀情，竟有善恶不也"，王充认为刘向没有论人性之善恶。此说与荀悦《申鉴·杂言下》所引刘向语"性情相应，性不独善，情不独恶"矛盾。或者刘向之意是否为：性本无善恶，但会受情影响而有善恶？

原文分析

◇《说苑》

> 纵一人之欲以虐万夫之性。（〈君道〉）
> 人之幼稚童蒙之时，非求师正本，无以立身全性。（〈建本〉）。方：

"全性"当即全生，指由师成全其生命成长。）

故善材之幼者，必勤于学问以修其性。（〈建本〉）

质性同伦而学问者智。（〈建本〉。方：质性即生性。）

学者，所以反情、治性、尽才者也。（〈建本〉。方：性当治，情当反。反指返。）

何谓易行？一性止淫也。（〈建本〉。方："一性"当指使其行为归一，有所统领。）

凡人之性，莫不欲善其德，然而不能为善德者，利败之也。（〈贵德〉）

北方有兽，其名曰蹷，前足鼠，后足兔，是兽也，甚矣其爱蛩蛩巨虚也，食得甘草，必啮以遗蛩蛩巨虚，蛩蛩巨虚见人将来，必负蹷以走，蹷非性之爱蛩蛩巨虚也，为其假足之故也，二兽者亦非性之爱蹷也，为其得甘草而遗之故也。（〈复恩〉。方：此事讲蹷与蛩蛩巨虚相互感恩事，亦见于《韩诗外传》卷五。"非性之爱"指此二物并非天性相爱也。）

巫马期则不然，弊性事情，劳烦教诏，虽治，犹未至也。（〈政理〉。方：事见于《韩诗外传》卷二。"弊性事情"俞樾云："言弊其性，劳其情也。"俞樾言见许维遹《韩诗外传集释》卷二第二十四章引。）

僖公之性，非前二十一年常贤，而后乃渐变为不肖也。（〈尊贤〉。方：性指性格。）

父子之道，天性也。（〈正谏〉）

人性有畏其影而恶其迹者，却背而走无益也，不知就阴而止，影灭迹绝。（〈正谏〉。方："人性"指个别人之癖性。）

夫徼幸者，伐性之斧也；嗜欲者，逐祸之马也。（〈敬慎〉。方：伐性即伐生也。）

夫辞者乃所以尊君、重身、安国、全性者也。（〈善说〉。方：全性即全生。）

今足下弃反天性。（〈奉使〉。方：此陆贾奉汉高祖之命劝南越王尉佗言，事见《汉书·陆贾传》。《汉书》颜师古注曰："俏父母之国，无骨肉之恩，是反天性也。"）

臣窃选国俊下里之士曰孙叔敖，秀嬴多能，其性无欲。（〈至公〉。方：性指性格。）

经乎谗人之前，造无量之主，犯不测之罪；伤其天性，岂不惑哉？（〈杂言〉。方：此言士人遇无雅量之主而伤其天性。）

居必择处，所以求士也；游必择士，所以修道也。吾闻反常移性者，欲也，故不可不慎也。（〈杂言〉。方：此晏子赠曾子言。所谓"反常移性"，"常"盖指人事常理，"性"盖指天性，当指恰当的生活方式。）

成人之行达乎情性之理，通乎物类之变。（〈辨物〉。方：情性即性也。）

山川污泽，陵陆丘阜，五土之宜，圣王就其势，因其便，不失其性。（〈辨物〉。方："不失其性"指不使万物失其良好成长。）

今宫室崇侈，民力屈尽，百姓疾怨，莫安其性。（〈辨物〉。方：出自《左传·昭公八年》。）

夫民有血气心知之性，而无哀乐喜怒之常。（〈修文〉。方：出自《礼记·乐记》。）

故先王本之情性，稽之度数，制之礼义。（〈修文〉。方：出自《礼记·乐记》。）

德者，性之端也；乐者，德之华也；金石丝竹，乐之器也。（〈修文〉。方：德为性之端，此说新颖，如将"端"理解为孟子所谓四端，则此说似近性善论。）

乐者，音之所由生也，其本在人心之感于物。是故其哀心感者，其声噍以杀；其乐心感者，其声啴以缓；其喜心感者，其声发以散；其怒心感者，其声壮以厉；其敬心感者，其声直以廉；其爱心感者，其声和以调。人之善恶，非性也，感于物而后动。是故先王慎所以感之。故礼以定其意，乐以和其性，政以一其行，刑以防其奸。礼、乐、刑、政，其极一也，所以同民心而立治道也。（〈修文〉。方：此段出于《礼记·乐记》而略改其文。其中明确讲善恶来源于环境所感，"善恶非性"当指人性无善恶，此说类似于告子。性当指人的各种与生俱来的生理、心理需要，"和其性"即使其各种需要得到恰当满足。）

民之性皆不胜其欲。（〈反质〉）

◇《论衡·本性》所引

刘向批评荀子性恶说曰：

如此，则天无气也。阴阳善恶不相当，则人之为善安从生？（《论衡·本性篇》）①

此处似乎表明，刘向认为荀子未能从阴阳、善恶相当的角度理解人性善恶问题，只抓住恶，而未认识到善。那么这能说明刘向主张人性有善有恶吗？试看下文：

刘子政曰："性，生而然者也，在于身而不发。情，接于物而然者也，出形于外。形外则谓之阳，不发者则谓之阴。"（《论衡·本性篇》）②

这里刘向似乎以性为阴，以情为阳。王充批评此说以接物与否定阴阳不妥，以恻隐、卑谦、辞让作为性之内容而现于外为例，说明"谓性在内不与物接，恐非其实"：

夫子政之言，谓性在身而不发。情接于物，形出于外，故谓之阳；性不发，不与物接，故谓之阴。夫如子政之言，乃谓情为阳，性为阴也。不据本所生起，苟以形出与不发见定阴阳也，必以形出为阳。性亦与物接，造次必于是，颠沛必于是。恻隐不忍；不忍，仁之气也。卑谦辞让，性之发也。有与接会，故恻隐卑谦，形出于外。谓性在内不与物接，恐非其实。不论性之善恶，徒议外内阴阳，理难以知。且从子政之言，以性为阴，情为阳，夫人禀情，竟有善恶不也。（《论衡·本性篇》）③

◇《申鉴·杂言下》所引
荀悦引曰：

刘向曰："性情相应，性不独善，情不独恶。"④

---

① 王充：《论衡》，《诸子集成》第 7 册，北京：中国书店出版社，1986，页 29。
② 同上，页 30。
③ 王充：《论衡》，《诸子集成》第 7 册，北京：中国书店出版社，1986，页 30。
④ 荀悦撰，黄省曾注，孙启治校补《申鉴注校补》，北京：中华书局，2012，页 198。

黄省曾注称："向之意，以性善者情亦善，情恶者性必恶。"① 若按此说，则刘向并非主张人性无善恶，而是主张人性与情之善恶相应。

25. 扬雄（前53—18）

【文献】扬雄：《法言》（《诸子集成》第 7 册），李轨注，上海：上海书店出版社，1986。

扬雄，字子云，蜀郡郫县人。著有《法言》《太玄》等。以下所引内容皆出自《法言》，只注篇名。

用法统计

《法言》"性"凡 7 见（四库全书本）。其中〈学行〉2 见，〈修身〉〈问明〉〈五百〉〈君子〉〈序〉各 1 见。② 可见其论性并不多见。用法见下表：

表 1.19　《法言》"性"字用法统计

篇名	次数	用例
学行	2	学者，所以修性也/视、听、言、貌、思，性所有也
修身	1	人之性也善恶混
问明	1	群鸟之于凤也，群兽之于麟也，形性
五百	1	或性或强，及其名，一也
君子	1	物以其性，人以其仁
序	1	恣乎情性，聪明不开

术语分析

术语有："修性"（〈学行〉），"人之性"（〈修身〉），"形性"（〈问明〉），"或性"（〈五百〉），"情性"（〈序〉）。其中"或性"之"性"作动词，即〈君子〉"以其性"之义，"情性"与"性"含义当同，亦可理解为有情之性（强调性中与情有关的方面，故用"情性"）。

---

① 荀悦撰，黄省曾注，孙启治校补《申鉴注校补》，北京：中华书局，2012，页 201。

② 粗计此书现代标点本约 2 万字，除去标点约 1.47 万字。

性之义

《法言》论性，有如下值得注意的地方：

一、性之义。〈学行〉在论述学者"修性"之后，紧接着说"视、听、言、貌、思，性所有也"，可见以感官、生理、思维特性为性。〈修身〉称"气"为"所以适善恶之马"，可见重其气，使人想到王充后来讲的"气性"。

二、性之好坏。从〈序〉中"天降生民，倥侗颛蒙，恣乎情性，聪明不开"看，显然认为人性不可听任。这与〈学行〉讲"修性"，〈修身〉讲"修其善""修其恶"主旨一致。

三、人性善恶混之说。明确提出人性中同时有善、有恶。此言虽简短，但在历史上影响甚大。原文如下：

> 修身以为弓，矫思以为矢，立义以为的。奠而后发，发必中矣。人之性也善恶混，修其善则为善人，修其恶则为恶人。气也者，所以适善恶之马也与？（〈修身〉。"混"，他本或作"浑"。）

从上下文看，这是针对修身的重要性而谈，非针对孟子或荀子而谈。李轨注曰：

> 混，杂也。荀子以为人性恶，孟子以为人性善，而扬子以为人性杂。三子取譬虽异，然大同。儒教立言寻统厥义兼通耳。惟圣罔念作狂，惟狂克念作圣。扬子之言备极两家，反覆之喻，于是俱畅。
>
> 御气为人，若御马涉道，由通衢则迅利，适恶路则驾寋。

以御马喻御气，驾驭好坏决定是为善人还是为恶人。"人之性也善恶混"，当指的是善端或恶端，并不代表成为善人或恶人。

原文分析

> 学者，所以修性也。视、听、言、貌、思，性所有也。（〈学行〉。
> 方：不用"修身"而用"修性"，盖强调与生俱来的一些特性。下面说

"视听言貌思"为性所有，正是此义，反映了作者对性的含义理解，不过偏重于感官生理因素和思想能力。）

人之性也善恶混。修其善则为善人，修其恶则为恶人。（〈修身〉。方：本段表明作者认为人性是可修的，"修其善""修其恶"当指培养方式。）

群鸟之于凤也，群兽之于麟也，形性。岂群人之于圣乎？（〈问明〉。李轨注："鸟兽大小，形性各异；人之于圣，腑藏正同。"司马光云："圣人与人，皆人也，形性无殊，何谓不可跂及。"① 方：如此，"形性"后当加"各异"。本段认为凤麟之形性为鸟所不可及，但人与圣人不然，形性无别。）

或问"礼难以强世"。曰："难故强世。如夷俟、居肆，羁角之哺果而啖之，奚其强？或性或强，及其名，一也。"（〈五百〉。李注："言礼事至难，难可以强世使行"，"性者，天然生知也；强者，习学以至也。虽为小异，功业既成，其名一也"。）

曰："人可寿乎？"曰："物以其性，人以其仁。"（〈君子〉。方：下文称古圣王及孔子皆有死，盖以为人不当求寿，而当求仁。）

天降生民，倥侗颛蒙，恣乎情性，聪明不开。（〈法言序〉）

26. 王充（27—约97）

【文献】黄晖：《论衡校释》（全四册），北京：中华书局，1990。

王充，字仲任，会稽上虞人。以下所引内容皆出自《论衡》，只注篇名。

用法统计

今查得《论衡》四库全书本中"性"字凡341见（不含序、提要、目录等后人文字），校以黄晖《论衡校释》（中华书局，1990），实有242见。居先秦至汉独家文献之首。其中论性较多的有：〈本性〉73见，〈率性〉33见，〈命义〉26见，〈道虚〉22见，〈无形〉〈非韩〉〈实知〉各11见，〈是应〉

---

① 司马光语见四库全书本《扬子法言》，（晋）李轨撰，（唐）柳宗元注，（宋）宋咸、吴祕、司马光重添注。参汪荣宝注疏《法言义疏》（全二册），陈仲夫点校，北京：中华书局，1987，页183。

〈骨相〉各 9 见，〈初禀〉〈龙虚〉各 8 见。而论人性善恶较集中者有〈率性〉〈初禀〉〈本性〉三篇。下面以一表统计各篇用例（同篇词例重新排序）：

表 1.20 《论衡》"性"字用法统计

篇名	次数	用例
逢遇	1	性定质成（方：指性格）
累害	3	循性行/小人性患耻/火不苦热，水不痛寒，气性自然
命禄	3	操行清浊性与才也/性命有贵贱/天性，犹命也（方：人性贵贱不同由天）
气寿	2	禀寿夭之命，以气多少为主性也/感伤之子失其性
幸偶	1	人物受性有厚薄（方：命运不同因受性各异）
命义	26	有善性/以性为主/禀得坚强之性/禀性软弱者/性羸窳/命则性也/犹性所禀之气/性然骨善/夫性与命异/性善而命凶 2 见/性恶而命吉 2 见/操行善恶者，性也/性自有善恶/性善乃能求之/性善命凶/有三性/禀五常之性/随父母之性/受性狂悖/长大性恶/遭受此性/性命在本/贼男女之性/吉凶之性命
无形	11	用气为性/性成命定/天地之性，人最为贵/能增加本性/人所受之真性/非常性也/天性然也/天性不变者/龙之为性也/形、气、性，天也/气性不均
率性	33	人之性 4 见/人性 2 见/性恶 5 见/臣子之性/蓬之性/土地之本性/肥而沃者性美/性有善恶/性有贤愚/小人君子禀性异类/性恶之人/不禀天善性/性之不善/人性之所贪/性善者/五常之性/性命之疾/性已毁伤/率性/性必变易/变易性/不患性恶/成为性行/不患人性之难率/变性使恶为善/在化不在性/不独在性/好之若性/恶之若性（方：从术语使用可知其主张人性可变且当变）
吉验	2	［黄帝］性与人异/性好用酒
偶会	5	幽王禀性偶恶/火之性/物有秋不死者，生性未极也/同类通气，性相感动/非其性贼货
骨相	9	牛马则有数字乳之性/人之性命/性体法相固自相似/操行清浊，性也/性亦有骨法/性有骨法/性之符验/范蠡、尉缭见性行之证/性命系于形体
初禀	8	人生性命当富贵者/人生受性，则受命矣/性命俱禀/先禀性/王者一受命，内以为性，外以为体/气性刚强/勇气奋发，性自然也/自然之性
本性	73	情性者，人治之本/原情性之极/性有卑谦辞让/乐所为作者，情与性也/人性有善有恶 2 见/人之善性/性善 6 见/性恶 5 见/情性 9 见/性各有阴阳/性有善有恶/性有善恶/人性皆善/禀善性/不善之性/性本自然/或仁或义，性术乖也 2 见/动作趋翔，性识诡也/水土物器形性不同/性无善恶之分/人之性/使性若水/以水喻性/性相近也/中人之性/性有善不善/恶性/禀兰石之性/礼义之性/人礼义为性/人之大经，一情一性/性生于阳/情性有善有恶/情性同生于阴阳/情性〔生〕于阴阳/性，生而然者/性在身而不发/性不发，不与物接/情为阳、性为阴/禀性受命/性无善恶 2 见/九州岛田土之性，善恶不均/人禀天地之性/天性然也 2 见/人性善恶混/尽性之理（方：指完全掌握性命道理）
物势	1	五行之虫以气性相刻

续表

篇名	次数	用例
奇怪	3	天地之性，唯人为贵/子性类父/异类殊性
书虚	4	天地之性，上古有之/禽兽之性/鸟兽之性/夔为大夫，性知音乐
感虚	2	夫水与火，各一性也/师旷能鼓《清角》，必有所受，非能质性生出之
福虚	3	蛭之性食血/狸之性食鼠/禀天善性
龙虚	8	龙之性当在天/天地之性人为贵/龙之性有神与不神/食则物之性也/天地之性，有形体之类，能行食之物，不得为神/物性亦有自然/知往，乾鹊知来，鹦鹉能言，三怪比龙，性变化也/俗人智浅，好奇之性
道虚	22	忧事则害性/虽贵为王侯，性不异于物/禀性受气，形体殊别也/人禀驰走之性/使物性可变/禀自然之性/吞药养性2见/体同气均，禀性于天，共一类也/少君性寿之人也/徒性寿迟死之人/性又恬淡/性命亦自寿长/禀食饮之性/顺此性者为得天正道/逆此性者为违所禀受/禀性与人殊2见/非性之实也/导气养性度世而不死/凡人禀性，身本自轻，气本自长/令身轻气长，复其本性
雷虚	2	缘人以知天，宜尽人之性/人性怒则呼，喜则歌笑
儒增	1	金之性
问孔	6	宰我性不善/使性善/性情怠/有不知之性/哀公之性，迁怒、贰过/本禀性命之时
非韩	11	凡人禀性也，清浊贪廉，各有操行/性行清廉/人无性行/性廉寡欲/性贪多利/人同性，马殊类/率同性之士/水之性不可阅/臣子之性欲奸君父/水之性溺人/水之性胜火
刺孟	2	仲子之性/人禀性命，或当压溺兵烧
说日	2	水性归下/火性趋高
答佞	2	以嫉妒为性/人之旧性不辨
程材	3	所习善恶，变易质性/儒生之性/性非皆恶
量知	5	学问日多，简练其性/学者所以反情治性，尽材成德也/地性生草/山性生木/人含天地之性
别通	3	人生禀五常之性/天地之性人为贵/独受何性哉
状留	1	天地之性人为贵
寒温	1	天地之性，自然之道也
遣告	2	凡物能相割截者，必异性者也/之性习越土气
顺鼓	1	五行之性，水土不同
乱龙	2	气性异殊，不能相动也/昆弟二人，性能执鬼
遭虎	3	象出而物见，气至而类动，天地之性也/禀性狂勃/虎之与蛮夷，气性一也
商虫	1	不达物气之性
讲瑞	7	体状似类，实性非也/凤皇与骐同性/有诡异之性/商均、丹朱，尧、舜之类也，骨性诡耳/曾皙生参，气性不世/气性随时变化/凤皇、骐以仁圣之性

续表

篇名	次数	用例
指瑞	4	人同性类/鸟兽与人异性/性廉见希/凤凰骐黄龙神雀……其性行相似类
是应	9	使圣王性自知之/草性见人而动/虫之性然也/草能指，亦天性也/各变性易操，为忠正之行/一角之羊也，性知有罪/鹦鹉能言，天性能一，不能为二/性徒能触人/物性各自有所知
治期	1	为善恶之行，不在人质性，在于岁之饥穰
自然	7	使天无此气，老聃安所禀受此性/鼻口耳目，非性自然也/人禀天性者亦当无为/天地之性/听恣其性/性命之欲/拂诡其性
齐世	6	禀气等则怀性均/怀性均则形体同/器业变易，性行不异/含仁义之性/世俗之性，贱所见贵所闻也/世俗之性，好褒古而毁今
恢国	1	王者生禀天命，性命难审
佚文	1	人性奇者掌文藻炳
论死	1	天地之性，能更生火
纪妖	3	民之与气，一性也/三文之书，性自然/性自然，气自成
订鬼	3	亦有未老，性能变化/天地之性，本有此化/其物也，性与人殊
言毒	2	万物之性/蝮蛇蜂虿皆卵，同性类也
䜌时	2	天地之性，人物之力，少不胜多，小不厌大/金性胜木
讥日	2	五行之性，木土钧也/夫子之性，水也/卯，木也
辨祟	2	天地之性，人为贵/何其性类同而祸患别也
诘术	2	人之性质亦有五行/人禀金之性者
解除	1	性猛刚者
实知	11	孔子性自知也/性智开敏/虽有圣性/性敏才茂/詹何之徒，性能知之/含血之类，无性知者/鹊知来，禀天之性，自然者也/性能一事知远道/先知性达者/尽知万物之性/圣贤不能知性须任耳目以定情实
知实	1	禀天性而自然
定贤	1	苟欲全身养性为贤
对作	2	世俗之性，好奇怪之语，说虚妄之文/贼年损寿，无益于性（方：世俗之性指世俗中人之性格）
自纪	5	充性恬淡，不贪富贵/俗性贪进忽退/作《养性》之书/冀性命可延，斯须不老/惟人性命，长短有期（方：性命指生命）

术语分析

常见术语有：

——特定对象之性："天地之性"15见（〈无形〉〈本性〉〈奇怪〉〈书

虚〉〈量知〉〈别通〉〈状留〉〈寒温〉〈遭虎〉〈论死〉〈订鬼〉〈调时〉〈辨祟〉各1见，〈龙虚〉2见），"五常之性"3见（〈命义〉〈率性〉〈别通〉），"五行之性"2见（〈顺鼓〉〈讥日〉），"世俗之性"3见（〈齐世〉2见，〈对作〉1见），"儒生之性"1见（〈程材〉），"万物之性"2见（〈言毒〉〈实知〉），"人性"13见（〈累害〉〈雷虚〉〈佚文〉〈自纪〉各1见，〈率性〉2见，〈本性〉7见）①，"水（之）性"4见（〈说日〉1见，〈非韩〉3见），"火（之）性"2见（〈说日〉〈偶会〉），"金（之）性"3见（〈儒增〉〈调时〉〈诘术〉），"物性"3见（〈龙虚〉〈道虚〉〈是应〉），"地性"1见（〈量知〉），"山性"1见（〈量知〉）。当性指特定人群时，是否天生所有？有时似乎未必，比如"儒生之性""世俗之性"等。当然，"水性""火性"之类是天生的。王充也未回答。

——特定术语："质性"4见（〈感虚〉〈程材〉〈治期〉〈诘术〉），"气性"8见（〈累害〉〈无形〉〈初禀〉〈物势〉〈乱龙〉〈遭虎〉各1见，〈讲瑞〉2见），"性命"15见（〈命禄〉〈率性〉〈道虚〉〈问孔〉〈刺孟〉〈自然〉〈恢国〉各1见，〈命义〉〈骨相〉〈初禀〉〈自纪〉各2见），"情性"9见（〈本性〉），"性情"1见（〈问孔〉），"天性"9见（〈命禄〉〈自然〉〈知实〉各1见，〈是应〉〈无形〉〈本性〉各2见）。这几个概念含义基本没区别，都是指性，但可能王充想强调的重点不同。注意，"情性"使用共9次，而"性情"仅1次。

——对性的评比："同性"5见（〈非韩〉2见，〈讲瑞〉〈指瑞〉〈言毒〉各1见），"异性"2见（〈谴告〉〈指瑞〉），"殊性"1见（〈奇怪〉），皆论事物种类异同，故常用"性类"说法，"善性"5见（〈命义〉〈率性〉〈福虚〉各1见，〈本性〉2见），"恶性"1见（〈本性〉），"性善"12见（〈本性〉6见，〈命义〉4见，〈率性〉〈问孔〉各1见。〈本性〉1例作"性善恶"），"性不善"1见（〈问孔〉），"性恶"17见（〈命义〉3见，〈率性〉5见，〈本性〉9见）。

——对性的行为或态度："禀性"13见（〈命义〉〈率性〉〈偶会〉〈初禀〉〈本性〉〈问孔〉〈非韩〉〈刺孟〉〈遭虎〉各1见，〈道虚〉4见），"率性"1见（〈率性〉），"养性"5见（〈道虚〉3见，〈定贤〉〈自纪〉各1见），"若性"2见（〈率性〉），"性自然"5见（〈累害〉〈初禀〉〈自然〉各

---

① 另有"人之性"，凡8见。

1 见，〈纪妖〉2 见）。其中"若性"一词见于《大戴礼记》，汉人也常使用，指一种习惯或行为仿佛出自天性。这几个概念均反映王充对性的理解方式。

"性自然""气性"这两个概念似乎在王充这里出现得比较多，代表他本人的一种倾向。

性之义

仔细阅读王充性之用例，很容易发现他所谓性，就是人、物生来具有的一系列机能、特征乃至特长，甚至人的一切特性。这些特征、特性，也包括运动、活动方面的特性，比如〈说日〉"水性归下，火性趋高"，〈非韩〉"水之性不可阏"，是指水、火的活动方式。也可指事物在与其他事物关系上的特性，如〈非韩〉"水之性溺人""水之性胜火"，〈谰时〉"金性胜木"；还可指事物生长方面的特性，如〈量知〉"地性生草，山性生木"。对人（物也在内）而言，"性"可包括其理智或今日智商之类的特征，如〈是应〉"物性各自有所知"，〈实知〉"性自知也""性智开敏"；或指人的禀赋才能、特异之长，如〈实知〉"性敏才茂"，〈本性〉"动作趋翔，性识诡也"，〈初禀〉称汉高祖斩蛇是"勇气奋发，性自然也"；当然亦可包括人（或动物）在道德方面的特性，如〈本性〉称"或仁或义，性术乖也"，〈齐世〉"夫上世之士，今世之士也，俱含仁义之性"，〈讲瑞〉"凤皇、骐驎以仁圣之性"（针对动物）。对人来说，"性"往往还指某个人的性格，如〈自纪〉"充性恬淡"之类（"充"指王充自己）。有时"性"指特定人群之性，如所谓"世俗之性"则指世俗中人之习惯，并非天生的；又如〈非韩〉"臣子之性欲奸君父"，则是针对臣子这个特定群体而言。

王充之性概念，有命、气两个关键要素。首先，性来源于天命：

> 天性，犹命也。（〈命禄〉）
> 形、气、性，天也。（〈无形〉）
> 体同气均，禀性于天。（〈道虚〉）

其次，性由气体现，主要从气来说性。这与前人有所不同。《论衡》中"气性"一词凡 8 见，其中有论水火之性（〈累害〉），论雄性动物"气性刚强"（〈初禀〉），论五行之虫"气性相刻"（〈物势〉），论非金属物之性（〈乱龙〉），论虎与蛮夷"气性一也"（〈遭虎〉）。论人则有论父子之性不同，如"曾晳生参，气性不世"（〈讲瑞〉）。似此说明王充"气性"一词，侧重于天性中后世称为气质层面的内容。但王充似乎赋予"气性"比较高的价值。比如认为动物品种由气性决定，〈讲瑞〉论太平年代獐变为骐驎，鹄变为凤凰，说明动物"气性随时变化"。又如论人寿命时，说人的寿命是由气性决定的：

> 人以气为寿，形随气而动。气性不均，则于体不同。（〈无形〉）

再如，他讲人体，说其形骸由体气决定，即"体气与形骸相抱"，并声称：

> 用气为性，性成命定。（〈无形〉）

这样一来，人之性也由气而定了。需要注意的是，王充论人、物之性，有时从整体出发，而不以局部特性为性。如〈自然〉称"偶人千万，不名为人者，何也？鼻口耳目，非性自然也"。这里认为耳目鼻口，不能反映一个人天性之自然。

性可变易

王充的人性论，有两个基础性的支柱思想，一是性能变化，加强或削弱；二是性受天命。这两个基础（特别是后一个）确定了他持性三品论。王充关于性能变化的思想，集中体现在〈率性〉中，他把"率"注读为"劝率"，含义当近今日"率领"，而非如郑玄〈中庸〉注读为"循"。后世欧阳修亦继承了王充的这一读法。

> 人恒服药固寿，能增加本性。（〈无形〉）
> 今夫性恶之人，使与性善者同类乎？可率勉之令其为善。（〈率性〉）
> 圣主之民如彼，恶主之民如此，竟在化不在性也。（〈率性〉）
> 善渐于恶，恶化于善，成为性行。（〈率性〉）
> 人之性，善可变为恶，恶可变为善。（〈率性〉）
> 凡含血气者，教之所以异化也。（〈率性〉）
> 不患性恶，患其不服圣教。（〈率性〉）

夫人之质犹邺田，道教犹漳水也。患不能化，不患人性之难率也。（〈率性〉）

亦在于教，不独在性也。（〈率性〉）

命运由性决定

王充把性自天命这一命题发挥到极致，认为人物一生的命运、寿夭、贫贱、善恶全由禀性决定。他看到人性差别大，进一步主张人性善恶也有不同，故主性三品说。

> 禄当贫贱，虽有善性，终不得遂。（〈命义〉）
>
> 死生者，无象在天，以性为主。禀得坚强之性，则气渥厚而体坚强，坚强则寿命长，寿命长则不夭死；禀性软弱者，气少泊而性羸窊，羸窊则寿命短，短则蚤死。故言有命，命则性也。至于富贵所禀，犹性所禀之气，得众星之精。（〈命义〉）
>
> 亦有三性：有正，有随，有遭。正者，禀五常之性也；随者，随父母之性；遭者，遭得恶物象之故也。（〈命义〉。方：所谓"三性"是性三品说。）
>
> 凡人禀性也，清浊贪廉，各有操行，犹草木异质，不可复变易也。（〈非韩〉）

从这个角度看，王充把性等同于命了，这尤其体现在〈初禀〉中。〈初禀〉中认为"王者一受命，内以为性，外以为体"，又说"人生受性，则受命矣。性命俱禀，同时并得，非先禀性，后乃受命也。"《论衡》中"禀性"一词多达 13 见，基本上都是在讲人物之性禀自天命。

性情关系

"性情""情性"二词互换使用，不过一般用"情性"而非"性情"（四库全书本"情性"10 例皆见于〈本性〉，"性情"仅 1 见[①]）。其所谓"情

---

① 其他版本有时会有差别，也有把"情性"写成"性情"，或者反过来的。

性"，含义或等于"性"，或指情、性关系。可见王充同时在广义和狭义上使用"性"，广义的性包括情，狭义的性则不包括情。

王充可能是汉代学者中少有的批评以阴阳比情性，且明确反对以接物与否区分情性的，王充认为性、情皆有阴阳，而性必然是接物的，他甚至举例说恻隐、辞让之类莫不是在接物中。

具体来说，他批评董仲舒以性为阳、情为阴，阳为仁、阴为鄙。批评刘向以性为阴、情为阳。亦批评刘向以未接物定义"性"，以接物理解"情"。另外，二子皆以性为未接物状态，王充殊不以为然。以下内容引自〈本性〉：

> 董仲舒览孙孟之书，作情性之说曰："天之大经，一阴一阳；人之大经，一情一性。性生于阳，情生于阴。阴气鄙，阳气仁。曰性善者，是见其阳也；谓性恶者，是见其阴者也。"若仲舒之言，谓孟子见其阳，孙卿见其阴也。处二家各有见，可也，不处人情性有善有恶，未也。夫人情性，同生于阴阳。其生于阴阳，有渥有泊；玉生于石，有纯有驳。情性于阴阳，安能纯善？
>
> 刘子政曰："性，生而然者也，在于身而不发。情，接于物而然者也，出形于外。形外则谓之阳，不发者则谓之阴。"夫子政之言，谓性在身而不发；情接于物，形出于外，故谓之阳；性不发，不与物接，故谓之阴。夫如子政言之，乃谓情为阳，性为阴也。不据本所生起，苟以形出与不发见定阴阳也，必以形出为阳。性亦与物接，造次必于是，颠沛必于是。恻隐不忍；不忍，仁之气也。卑谦辞让，性之发也。有与接会，故恻隐卑谦，形出于外。谓性在内不与物接，恐非其实。不论性之善恶，徒议外内阴阳，理难以知。且从子政之言，以性为阴，情为阳，夫人禀情，竟有善恶不也？

王充又以性情或情性作为生命的代表，认为一切治道皆以此为基础。〈本性〉称："情性者，人治之本，礼乐所由生也。"

论性有三品

〈本性〉篇论述人性不齐尤其集中：

> 实者，人性有善有恶，犹人才有高有下也。高不可下，下不可高。

谓性无善恶，是谓人才无高下也。禀性受命，同一实也。命有贵贱，性有善恶。谓性无善恶，是谓人命无贵贱也。（〈本性〉）

九州田土之性，善恶不均。故有黄赤黑之别，上中下之差；水潦不同，故有清浊之流，东西南北之趋。人禀天地之性，怀五常之气，或仁或义，性术乖也；动作趋翔，或重或轻，性识诡也；面色或白或黑，身形或长或短，至老极死，不可变易，天性然也。（〈本性〉）

综而言之，王充的人性论还是性三品说。〈率性〉有大量文字强调人性有的生来善、有的生来恶，多数人应该是善恶混杂，关键在于教化。

王充大体认为人性可分上、中、下三品，上品和下品分别是极善和极恶，他们生来如是，不可移易；而中人之性可善可恶，可以改变。那么中人之性善恶情况如何呢？王充应该是肯定中人之性也有善的一面，只是中人之性不可能"纯善"。一方面，他说扬雄人性善恶混及告子人性无善恶之说，皆是针对中人而言。他评告子时说："无分于善恶，可推移者，谓中人也；不善不恶，须教成者也。"（〈本性〉）评扬雄时又说："扬雄人性善恶混者，中人也。"（〈本性〉）似乎认为中人之性或"无分于善恶"（依告子），或"善恶混"（依扬雄）。他评董仲舒时又说："情性于阴阳，安能纯善？"（〈本性〉）但是另一方面，他又在若干地方承认人性中有善的成分（未明言是中人，但从总体上来看，应该指中人）：

夫铁石天然，尚为锻炼者变易故质，况人含五常之性，贤圣未之熟锻炼耳，奚患性之不善哉？（〈率性〉。方：虽通篇强调人性有的生来善、有的生来恶，关键在于后天教化变易，但这段与通篇主旨不太一致的话还是透露了作者对人性善恶的有关看法。）

人受五常，含五脏，皆具于身。禀之泊少，故其操行不及善人，犹或厚或泊也。（〈率性〉）

性善之论，亦有所缘。或仁或义，性术乖也。动作趋翔，性识诡也。（〈本性〉。方：这是在批评孟子性善论的同时，亦承认其有合理成分。"性术"与"性识"相对应，盖性术指性中之术，性识指性中之识。）

恻隐不忍；不忍，仁之气也。卑谦辞让，性之发也。（〈本性〉。方：

这段是批评刘向性不与物接为阴、情与物接为阳而发。这里似乎认同孟子以恻隐、辞让等四端论性之善的合理性，只是强调性不是未接物，而是接物中而见。"仁之气"，即许慎所谓代表性善的"阳气"。许慎云："性，人之阳气也。性，善者也。"）

　　夫人情性，同生于阴阳。其生于阴阳，有渥有泊。玉生于石，有纯有驳。情性于阴阳，安能纯善？（〈本性〉。方：这是批评董仲舒以性为阳、情为阴而说。强调性不能纯善，间接承认性中有善。）

他的观点接近于性三品与善恶混的综合。但认同世硕、公孙尼子之徒人性有善有恶说，"自孟子以下至刘子政，鸿儒博生，闻见多矣。然而论情性，竟无定是。唯世硕儒公孙尼子之徒，颇得其正"（〈本性〉）。

批评孟子性善说

《论衡·本性篇》对世子硕、孟子、告子、荀子以及董仲舒性有善质说、陆贾礼义为性说、刘向性情阴阳说、扬雄善恶混说分别加以批评。

大体观点是：如果按照孟子的观点，人生来皆善，长大后与物交接后才有恶。按照这一思路，人在幼小的时候应该都是善的。可是为什么史载有些人如纣王、羊舌食我幼时即恶？又为何丹朱、商均从小与善人居，却有傲、虐之性呢？再说，"孟子相人以眸子"，根据眸子瞭还是眊来判断人善恶，可是"人生目辄眊瞭，眊瞭禀之于天"，"非幼小之时瞭，长大与人接乃更眊"。可见"性本自然，善恶有质。孟子之言情性，未为实也"（〈本性〉）。

　　孟子作《性善》之篇，以为"人性皆善，及其不善，物乱之也。"谓人生于天地，皆禀善性；长大与物交接者，放纵悖乱，不善日以生矣。（〈本性〉）

　　自孟子以下至刘子政，鸿儒博生，闻见多矣。然而论情性，竟无定是，唯世硕儒公孙尼子之徒，颇得其正。……实者人性有善有恶，犹人才有高有下也。……命有贵贱，性有善恶。……余固以孟轲言人性善者，中人以上者也；孙卿言人性恶者，中人以下者也；扬雄言人性善恶混者，中人也。（〈本性〉）

总之，人性善恶并不统一，不可笼统地说人性善或人性恶。

大抵认为人性有的生来就恶，有的生来就善。引用孔子上智下愚不移、中人以上与以下之区分来说明，有人性极善和极恶两种人，也有善恶不分的中人。特别强调人性善恶人人不一。而中人之性可善可恶，关键在于学习。此论极有利于教育人们学习。不过王充未用"性三品"一词。

孔子曰："性相近也，习相远也。"夫中人之性，在所习焉。习善而为善，习恶而为恶也。至于极善极恶，非复在习，故孔子曰："惟上智与下愚不移。"性有善不善，圣化贤教，不能复移易也。（〈本性〉。方按：本段强调有的人初生时已禀极善或极恶之性，不可移易；而中人之性则可移易。）

实者，人性有善有恶，犹人才有高有下也。（〈本性〉）

论人之性，定有善有恶。（〈率性〉）

余固以孟轲言人性善者，中人以上者也；孙卿言人性恶者，中人以下者也；扬雄言人性善恶混者，中人也。（〈本性〉）

27. 荀悦（148—209）

【文献】荀悦撰，黄省曾注，孙启治校补《申鉴注校补》，北京：中华书局，2012。

荀悦，字仲豫，颍川颍阴人。著有《汉纪》《申鉴》等。以下所引内容皆出自《申鉴》，只注篇名。

用法统计

四库全书本《申鉴》"性"字凡52见。其中〈政体〉2见，〈时事〉2见，〈俗嫌〉12见，〈杂言下〉36见。荀悦生活于东汉末年、汉献帝时期，其论性或代表汉末学者典型看法。其中论人性比较集中体现于〈俗嫌〉〈杂言下〉，前者主要论养性，后者主要论善恶。现将其主要用例统计成下表：

表 1.21　《申鉴》"性"字用法统计

篇名	次数	用例	说明
政体	2	虽天地不得保其性/善治民者治其性	
时事	2	其治至清也天性乎/奚惟性	性为动词
俗嫌	12	性命自然/性寿/非其性也/学必至圣，可以尽性/岂人之性哉/养性秉中和/有养性乎/善养性者无常术/养性之圣术/养性者，崇其阳而绌其阴/养性者不多服也/仁者内不伤性外不伤物	尽性当指成全其性，性寿当指生命长寿
杂言下	36	不能成天性/或问性命/生之谓性也/性命存焉尔/君子循其性以辅其命/穷理尽性以至于命/孟子称性善/荀卿称性恶/性无善恶/人之性善恶浑/性情相应/性不独善，情不独恶/性善则无四凶/性恶则无三仁/性善情恶/桀纣无性而尧舜无情/性善恶皆浑/仁义性也好恶情也/好恶者，性之取舍也/本乎性/性割其情/性少情多/性不能割其情/性欲得肉/性欲得义/各正性命/万物各有性/皆有性焉/性动之别名/善恶皆性也/性虽善，待教而成/性虽恶，待法而消/阳性升/阴性降/皆人性也/与上同性也	

术语分析

术语大体分为三类：

——对待性的行为："养性" 6 见（〈俗嫌〉），"尽性" 2 见（〈俗嫌〉〈杂言下〉），"同性" 1 见（〈杂言下〉），"保其性" 1 见（〈政体〉），"治其性" 1 见（〈政体〉），"循其性" 1 见（〈杂言下〉），"本乎性" 1 见（〈杂言下〉），"成天性" 1 见（〈杂言下〉）。"尽性"与养生有关，似指让生命之生理与精神（即荀悦所谓"形神"）之总体得以健全、充分、完整地成长，与〈中庸〉"尽性"含义不全同。"同性"指性下品者向性上品者看齐。

——特定术语："性命" 4 见（〈俗嫌〉1 见，〈杂言下〉3 见），"性情" 1 见（〈杂言下〉），"天性" 2 见（〈时事〉〈杂言下〉），"人（之）性" 3 见（〈俗嫌〉1 见，〈杂言下〉2 见），"阳性" 1 见（〈杂言下〉），"阴性" 1 见（〈杂言下〉。以阳善阴恶），"情性"未见。"阴性""阳性"与〈俗嫌〉阴气、阳气含义有别，以阴性指性之恶，阳性指性之善。"天性"指天生自然而有之性。

——性之状况："性善" 5 见（〈杂言下〉），"性恶" 2 见（〈杂言下〉），"性寿" 1 见（〈俗嫌〉），"性动" 1 见（〈杂言下〉），"性欲" 2 见（〈杂言下〉），"性之取舍"1见（〈杂言下〉）。"性寿"或读"命寿"；"性动"指情为性之动；"性欲"之"欲"后接"得××"，如"欲得义""欲得肉"；"性之取舍"与"性欲"义近，皆指从天性出发有所取舍或欲求。

性之义

荀悦论性，基本上集中于人，甚少论物之性。其所谓性之义，大抵亦指人物与生俱来的特性。从〈俗嫌〉"男化为女者有矣，死人复生者有矣，夫岂人之性哉，气数不存焉"一句来看，他心目中的性/天性包括人的生理规律或转化特点。

荀悦对性下了与告子类似的定义，也说"生之谓性"。但另一方面，他以"形神"说明人性内容，类似今日生理和精神两方面。形指身体，神指精神。

> 生之谓性也，形神是也。（〈杂言下〉）

荀悦进一步认为，形、神均来源于气，似乎持与王充类似的气化人性论。下段论述了气→形→神→情（性）的关系：

> 凡言神者，莫近于气，有气斯有形，有神斯有好恶喜怒之情矣。故神有情，由气之有形也。（〈杂言下〉。方："神有情"之"神"原作"人"）

论性命

对性、命分别言，以"形神"言性之内容，以"吉凶"言命之义，认为性、命共同构成"生我之制"，指生命的限制，在此基础上提出"循其性以辅其命"，"穷理尽性以至于命"：

> 或问性命，曰：生之谓性也，形神是也。所以立生、终生者之谓命也，吉凶是也。夫生我之制，性命存焉尔。君子循其性以辅其命。（〈杂言下〉）

"立生""终生"皆动宾，系之于吉凶，故谓之命。又论天命人事曰：

> 或问天命人事。曰："有三品焉。上下不移，其中则人事存焉尔。命相近也，事相远也，则吉凶殊矣。故曰：'穷理尽性以至于命'。"

命与吉凶相连，为"生我之制"；性与形神相当，为生之所有。性、命含义有别，人当"循其性以辅其命"，亦即"穷理尽性以至于命"。性、命的这种关系，《孟子·尽心上》7A1"夭寿不贰，修身以俟之"，〈尽心下〉7B24或"有命焉，君子不谓性也"，或"有性焉，君子不谓命也"，论之可谓详矣。荀悦观点亦无二致。

不过，先秦以来"性命"一词，并不都是分性、命而言的，有时只是"人性"一词的同义语。因古人以为"性"源于"天命"，故可以性命指性。

论性情

大体以为情、性一体，性体现于情，情乃性之别名，即刘向所谓"性情相应"说。此说不接受董仲舒、《白虎通》、许慎以阴阳论性而主性善情恶之说，且对情作了明确的界定，〈杂言下〉称：

> 情者，应感而动者也。
> 凡情、意、心、志者，皆性动之别名也。

这个界定，应当从〈乐记〉中看出渊源。《周易·咸·象》"观其所感，而天地万物之情可见矣"亦是此意。以情为性之动，故情、性一体。另外，他显然也以"好恶"为情之内容，认为好恶为"性之取舍"，即性之"实见于外"，"故谓之情"。从〈杂言下〉"有神斯有好恶喜怒之情"，可知其所谓情，至少包括好、恶、喜、怒，这与《荀子·性恶》《礼记·礼运》情之定义非常接近。荀悦又认为情来源于"神"（指人的精神，他以形、神为性之内容），神来源于气。

对于情，荀悦一方面认为情之恶非其罪（〈杂言下〉"情恶非情之罪也"），因其为神之自然属性；另一方面，又认为"纵民之情，使自由之，则降于下者多矣"（〈杂言下〉），因此主张法、教。

〈杂言下〉系统地论述了性、情关系：

> 或曰："仁义，性也；好恶，情也。仁义常善而好恶或有恶，故有情恶也。"曰："不然。好恶者，性之取舍也，实见于外，故谓之情尔，必本乎性矣。仁义者，善之诚者也，何嫌其常善。好恶者，善恶未有所分也，何怪其有恶？凡言神者，莫近于气，有气斯有形，有神斯有好恶喜怒之情矣。故神有情，由气之有形也。善有白黑，神有善恶，形与白黑偕，情与善恶偕，故气黑非形之咎，情恶非情之罪也。"（方：此段批评性善情恶之说，黄注称"即刘向性情相应之说"，其理论特点是以情论性，性由情见，情有善恶；既然情有善恶，则性亦有善恶矣。）

> 或曰："人之于利，见而好之，能以仁义为节者，是性割其情也。性少情多，性不能割其情，则情独行为恶矣。"曰："不然，是善恶有多少也，非情也。有人如此，嗜酒嗜肉，肉胜则食焉，酒胜则饮焉。此二者相与争，胜者行矣，非情欲得酒，性欲得肉也。有人于此，好利好义，义胜则义取焉，利胜则利取焉。此二者相与争，胜者行矣，非情欲得利、性欲得义也。其可兼者则兼取之，其不可兼者则只取重焉。若苟只好而已，虽可兼取矣。若二好均平，无分轻重，则一俯一仰，乍进乍退。"（方：本段主要论述义利之争或善恶之争，结局取决于谁占优，但并不能理解为性、情之争，"非情欲得利、性欲得义"，从而进一步反驳性善情恶说。）

> 或曰："请折于经。"曰："《易》称'乾道变化，各正性命'，是言万物各有性也。观其所感，而天地万物之情可见矣，是言情者，应感而动者也。昆虫草木，皆有性焉，不尽善也。天地圣人，皆称情焉，不主恶也。又曰'爻象以情言'，亦如之。凡情、意、心、志者，皆性动之别名也。'情见乎辞'，是称情也；'言不尽意'，是称意也；'中心好之'，是称心也；'以制其志'，是称志也。惟所宜各称其名而已，情何主恶之有？故曰必也正名。"（方：进一步论述情、性关系，对情做了明确界定，情就是性之动，"应感而动者"。性"不尽善"，情"不主恶"。）

论养性

荀悦极论养性之重要，不过与孟子完全不同，其方法主要在于生理方面。

这可能与他对性的理解有关，集中论述于〈俗嫌〉篇。下面把〈俗嫌〉中有关养性的大段论述分成三小节摘录如下：

> 或问曰："有养性乎？"
>
> 曰："养性秉中和，守之以生而已。爱亲、爱德、爱力、爱神之谓啬。否则不宣，过则不澹，故君子节宣其气，勿使有所壅闭滞底，昏乱百度则生疾。故喜怒、哀乐、思虑必得其中，所以养神也。寒暄、虚盈、消息必得其中，所以养体也。善治气者，由禹之治水也。若夫导引蓄气，历藏内视，过则失中，可以治疾，皆非养性之圣术也。夫屈者以乎申也，蓄者以乎虚也，内者以乎外也。气宜宣而遏之，体宜调而矫之，神宜平而抑之，必有失和者矣。夫善养性者无常术，得其和而已矣。"（方：本段是作者养性思想总纲。）
>
> "邻脐二寸谓之关，关者，所以关藏呼吸之气，以禀授四体也。故气长者以关息，气短者其息稍升，其脉稍促，其神稍越，至于以肩息而气舒。其神稍专，至于以关息而气衍矣。故道者常致气于关，是谓要术。"（方：主要讲如何"致气于关"。）
>
> "凡阳气生养，阴气消杀。和喜之徒，其气阳也，故养性者，崇其阳而绌其阴。阳极则亢，阴极则凝，亢则有悔，凝则有凶。夫物不能为春，故候天春而生。人则不然，存吾春而已矣。药者，疗也，所以治疾也。无疾，则勿药可也。肉不胜食气，况于药乎？寒斯热，热则致滞阴。药之用也，唯适其宜则不为害。若己气平也，则必有伤。唯针火亦如之。故养性者不多服也，唯在乎节之而已矣。"（方：如何保持阴阳二气平衡，包括运用药、食方式。）

上面系统论述了作者的养性思想，其核心思想是"养性秉中和，守之以生"，具体来说需要"节宣其气"，不使壅塞，以致错乱生疾。"中和"之"中"，包括"喜怒、哀乐、思虑必得其中"，"寒暄、虚盈、消息必得其中"。前者养神，后者养体。"中和"之"和"，主要指"导引蓄气"，阴阳平衡，"唯适其宜不为害"。当然，"导引蓄气"还涉及"致气于关""藏呼吸之气"，以及用食、药、针、火来调节冷暖寒热。

关于养性与养生的关系，我觉得从荀悦本文是否还可以加以区分。〈俗嫌）提出"学必至圣，可以尽性。寿必用道，所以尽命"，将学与性相连，寿与道（术）相连。这里"尽性"有养生之义。《孟子·尽心上》："夭寿不贰，修身以俟之。"孟子将寿与命关联，他的修身与荀悦的尽性均属人为范畴。

性善恶

大抵主性有善有恶，难以区分。近乎性三品，而主法教移民之性，"法、教之于化民也，几尽之矣"（〈杂言下〉）。荀悦可能是最早明确使用"三品"一词论性之人，但由于〈杂言下〉又提"施之九品"，以人为九品（即九等），可见荀氏并非典型的三品说者，而称人性善恶不齐或更妥。

荀悦对性善说、性恶说、性无善恶说、性善恶混说、性善情恶说这五说均加以批判。理解其人性善恶观，当知他是以其"性情相应说"为基础的。他认为，性借情以显，非情无以知性，故性之善恶亦由情知，不能把性、情之善恶分开来谈。他批评各家人性善恶观，皆以此为理论根据，认为人人之性皆有善有恶，性"不尽善"、情"不主恶"（〈杂言下〉），但不同人的善恶成分大小不同，故引申出三品之说来。

另外值得注意的是，荀悦人性论中似乎也有一些与性善论相近的成分，至少其不主张抵制、压抑性，而只是主张节制。比如〈杂言下〉称"气黑非形之咎，情恶非情之罪也"，"君子循其性以辅其命"。〈杂言下〉又云：

> 君子乐天知命故不忧，审物明辨故不惑，定心致公故不惧。若乃所忧惧则有之，忧己不能成天性也。

这里称君子应当"不忧""不惑""不惧"，否则会担忧"不能成天性"。可见不以天性为恶，而是相反。细读〈俗嫌〉篇中的养性思想，可以发现其核心在于通过"节宣其气"，使人的身体和精神两方面得到充分滋养，以达"尽性"（〈俗嫌〉〈杂言下〉）之目标。由于荀悦以形、神二者为性之内容，以气为形、神之本，故其养性集中于导气、蓄气、节气。这一思想并不是以否定气为目标，更不是否定人之好恶喜怒之情。荀氏又说：

> 故君子本神为贵，神和德平而道通，是为保真。（〈杂言下〉）

这里提出"本神为贵",而修身养性的最后目标在于通过"神和""德平""道通"达到"保真"。这与道家养生思想有一致之处。

又〈杂言下〉云:

> 昆虫草木,皆有性焉,不尽善也。天地圣人,皆称情焉,不主恶也。

据此,昆虫、草木之性不尽善,天地、圣人之情不主恶。这里并没有谈普通人,但似乎认为人性比动植物之性好。尽管荀悦并没有对人、动物、植物之性明确区分,但从他论"天命人事""有三品"之见,可推测他心目中不仅人性不齐,人物之性亦不齐。

以下出自《申鉴·杂言下》:

> 或问天命人事。曰:"有三品焉。上下不移,其中则人事存焉尔。命相近也,事相远也,则吉凶殊矣。故曰:穷理尽性以至于命。孟子称性善,荀卿称性恶,公孙子曰性无善恶,扬雄曰人之性善恶浑,刘向曰性情相应,性不独善,情不独恶。"曰:"问其理。"曰:"性善则无四凶。性恶则无三仁。人无善恶,文王之教一也,则无周公、管、蔡。性善情恶,是桀纣无性而尧舜无情也。性善恶皆浑,是上智怀惠,而下愚挟善也。理也未究矣。惟向言为然。"(黄省曾注:"韩子三品之说有类于此。"方:此处未明言性三品,但从上下文看,其引孔子"上智下愚不移"来批评人性善恶诸说,又提"穷理尽性以至于命",当指性之三品。下面有进一步论述。)
>
> 形与白黑偕,情与善恶偕。故气黑非形之咎,情恶非情之罪也。
>
> 昆虫草木,皆有性焉,不尽善也。天地圣人,皆称情焉,不主恶也。……惟所宜,各称其名而已。情何主恶之有?(方:上两段论性、情皆有善恶,而非其罪。)
>
> 或曰:"善恶皆性也,则法、教何施?"曰:"性虽善,待教而成;性虽恶,待法而消。唯上智下愚不移,其次善恶交争,于是教扶其善,法抑其恶。得施之九品,从教者半,畏刑者四分之三,其不移大数,九分之一也。一分之中又有微移者矣。然则法、教之于化民也,几尽之矣。及法教之失也,其为乱亦如之。"(方:本段及以下极论法、教的重要

性，性之善成于教，性之恶待于法。"上智""下愚""善恶交争"为性之三品。)

或曰："法教得则治，法教失则乱。若无得无失，纵民之情，则治乱其中乎？"曰："凡阳性升，阴性降，升难而降易。善，阳也，恶，阴也。故善难而恶易。纵民之情，使自由之，则降于下者多矣。"曰："中焉在？"曰："法、教不纯，有得有失，则治乱其中矣。纯德无愆，其上善也。伏而不动，其次也。动而不行，行而不远，远而能复，又其次也。其下者，远而不近也。凡此，皆人性也。制之者则心也，动而抑之，行而止之，与上同性也。行而弗止，远而弗近，与下同终也。"

第二编　隋唐以后学者论人性善恶

自本部分起，以论人性善恶为主，不再以词义考证为主。

28. 王通（584—617）

【文献】王通原著，张沛撰《中说校注》，北京：中华书局，2013。

王通，字仲淹，隋绛州龙门人。以下所引内容皆出自《中说》，只注篇名。今本《中说》论人性善恶甚少，笔者只检得两条（见下）。王通的人性论，以性为五常之本，大抵上接近性善情恶论。一方面，他对人性持接纳甚至肯定态度，多次强调"尽性"（〈周公〉〈问易〉〈立命〉），认为"民之情性"不可亡（〈关朗〉）；另一方面，他并不主张放任人性，而主张"正性"（〈魏相〉〈立命〉）和"以性制情"（〈立命〉）。这一态度与两汉诸子的态度大体相同。

《中说》

◇ 论性为五常之本

以仁为五常之始，可见其所谓五常当指仁、义、礼、智、信。性何以为五常之本，是不是指五常源自性？若然，与性善尚不全同。但谓"欲仁好义而不得"之人为"无性者"，更见其以为仁义植根于人性。

> 薛收问仁。子曰："五常之始也。"问性。子曰："五常之本也。"问道。子曰："五常一也。"（〈述史〉）
> 我未见欲仁好义而不得者也。如不得，斯无性者也。（〈魏相〉）

◇ 论正性

就其以为性当治而言，与后世所谓复性尚不同。论正性：

子曰："《书》以辩事，《诗》以正性，《礼》以制行，《乐》以和德，《春秋元经》以举往，《易》以知来。"（〈魏相〉）

文中子曰："命之立也，其称人事乎？故君子畏之。无远近高深而不应也，无洪纤曲直而不当也。故归之于天。《易》曰：乾道变化，各正性命。"（〈立命〉）

◇ 论尽性

"尽性"一词多次出现（共出现 5 次，〈周公〉〈问易〉各 1 次，〈立命〉3 次），"求诸己"而"非他"为"尽性者"（〈立命〉）。尤其重视《周易·说卦》"穷理尽性以至于命"之言，故其论尽性亦引之：

子谓周公之道："曲而当，私而恕。其穷理尽性以至于命乎？"（〈周公〉）

子谓董常曰："乐天知命，吾何忧？穷理尽性，吾何疑？"（〈问易〉）

知命则申之以《易》，于是乎可与尽性。（〈立命〉）

窦威曰："大哉，《易》之尽性也！门人孰至焉？"子曰："董常近之。"（〈立命〉）

近则求诸己也。己者非他也，尽性者也。（〈立命〉）

◇ 论性情

主张以性制情，此观点类似性善情恶论：

子曰："以性制情者鲜矣。我未见处歧路而不迟回者。《易》曰：'直方大，不习，无不利。'则不疑其所行也。"（〈立命〉）

但又认为情性不可亡，对民之情性持肯定态度：

薛收问曰："今之民胡无诗？"子曰："诗者，民之情性也。情性能亡乎？非民无诗，职诗者之罪也。"（〈关朗〉）

29. 韩愈（768—824）

【文献】韩愈：〈原性〉，《韩愈文集汇校笺注》（全七册）卷一，刘真伦、岳珍校注，北京：中华书局，2010，页47—48。

韩愈，字退之，河南河阳人。自董仲舒倡性三品说以后，汉唐儒者多以性有善有不善或性善情恶说反对性善。性三品说属于人性不齐说这一范畴（按照笔者的看法，可称为"性多元论"①），即《孟子·告子上》6A6"有性善，有性不善"所言。若按章太炎②、黄晖③等人意见，人性不齐说甚至可追溯到孔子弟子公孙尼子等人（其说见于《论衡·本性》）。汉代提到性三品说者，除了董仲舒、王充之外，还有荀悦等。性三品说至韩愈得到进一步发展，显得更精致。这是因为他吸收了汉代较发达的性善情恶说，将性善情恶说与性三品说糅合在一起，其说较王充等人不完全相同。按性善情恶说，容易得出人性善恶并存，而不一定是性三品说。但韩愈却认为性、情皆有三品，并以性、情之三品衡量人之三品。由于他对性、情作了非常明确的界定，导致性、情互动也就不太可能，这与刘向、荀悦等人所主张的性情相应说以及前人所论述的以情论性说（如《郭店简》《上博简》）完全不同。

至宋代苏轼、苏辙及北宋五子，皆不主性三品说，而归于"性一元论"。从此，性三品说在中国历史上趋于消失，而在日本近代早期得到了回声。

〈原性〉

◇ 论性有三品

据孔子上智下愚不移说，分人性为上中下三品："性之品有三"，"上焉

---

① 王国维曾在其〈论性〉（作于1903—1905年）一文中将性善论、性恶论皆称为"性一元论"，而同时有"性二元论"之说［谢维扬、房鑫亮主编《王国维全集》（全二十卷），杭州：浙江教育出版社，2010］。张岱年称宋儒张载、二程、朱子所主张的天地之性、气质之性二分为"性二元论"，认为王阳明、刘宗周、黄宗羲至戴震等人的人性论倾向于"性一元论"，从孟、荀到张载之前的人性论亦可称"性一元论"（字同：《中国哲学大纲》第一册，北京：商务印书馆，1958，页226—245）。张岱年未将人性善恶混说称为"性二元论"，似与王国维不同。据王国维观点，似可将性三品说或人性不齐说称为"性多元论"。

② 章太炎撰，庞俊、郭诚永疏证《国故论衡疏证》，北京：中华书局，2008，页579以下。

③ 黄晖撰《论衡校释》第一册，北京：中华书局，1990，页133。

者，善焉而已矣；中焉者，可导而上下也；下焉者，恶焉而已矣"。

他批评性善、性恶、人性善恶混说皆不可。这是因为，人性善恶状况及程度是因人而异的，并无统一的面貌，有的人生来善、有的人生来恶、有的人生来善恶共存。孟子性善不可，叔鱼、杨食我、越椒即生而性恶；荀子性恶亦不可，后稷、文王即生而性善；扬子善恶混亦不可，"尧之朱，舜之均，文王之管蔡，习非不善也，而卒为奸。瞽叟之舜，鲧之禹，习非不恶也，而卒为圣"。因此，孟子、荀子、扬子三者皆"举其中而遗其上下者也，得其一而失其二者也"。（方按：苏轼也谓上智下愚是讲才之异，非论性之异；苏辙亦认为上智下愚之别生于习、故，亦非性之异。）阮元《性命古训》谓孔子所谓上智下愚，不是指人性善恶，有的人虽愚而性善。故韩子之说，未必完全合乎孔子。

◇ **论性与情**

论性、情之别曰："性也者，与生俱生也。情也者，接于物而生也。"此处对情的定义，与《论衡·本性》所引刘向的界定完全一致，以接于物所生定义情，乃先秦以来之共识。

大体来说，韩愈认为人性分为性、情两方面，而性、情皆有上中下三品，但是性之所以为性体现为仁、义、礼、智、信，情之所以为情体现为喜、怒、哀、惧、爱、恶、欲。因此性、情三品之分，主要表现为五常、七情。性之上品"主于一而行于四"，性之中品"一不少有焉则少反焉，其于四也混"，性之下品"反于一而悖于四"。所谓"一不少有焉则少反焉，其于四也混"，朱熹、王元启等人解释各有不同，"一"当指仁，"不少有焉则少反焉"意为有而不纯，时有所反。从这里看，韩愈虽然以性三品说反对性善，但以五常为性所以为性（接近于指性之内容），还是接近于肯定性善。

对于情之三品，他认为上焉者"动而处其中"，中焉者"有所甚，有所亡"而"求合其中"，但下焉者则为"直情而行者也"。同时又说，"情之于性视其品"，这指上品之人，有上品之性和上品之情，中品、下品之人亦如之。性之品与情之品是对应的关系。大意是认为上品之人，五性为主而情合乎中；中品之人，四性为主而情好坏参半、求合于中；下品之人则五常不存而直情行之、无合于中。

性也者，与生俱生也。情也者，接于物而生也。性之品有三，而其所以为性者五；情之品有三，而其所以为情者七。曰：何也？曰：性之品有上中下三。上焉者，善焉而已矣；中焉者，可导而上下也；下焉者，恶焉而已矣。其所以为性者五：曰仁，曰义，曰礼，曰信，曰智。上焉者之于五也，主于一而行于四；中焉者之于五也，一不少有焉则少反焉，其于四也混；下焉者之于五也，反于一而悖于四。性之于情视其品。情之品有上中下三，其所以为情者七：曰喜，曰怒，曰哀，曰惧，曰爱，曰恶，曰欲。上焉者之于七也，动而处其中；中焉者之于七也，有所甚，有所亡，然而求合其中者也；下焉者之于七也，亡与甚，直情而行者也。情之于性视其品。（页47—48）

　　孟子之言性曰：人之性善；荀子之言性曰：人之性恶；扬子之言性曰：人之性善恶混。夫始善而进恶，与始恶而进善，与始也混而今也善恶，皆举其中而遗其上下者也，得其一而失其二者也。叔鱼之生也，其母视之，知其必以贿死；杨食我之生也，叔向之母闻其号也，知必灭其宗；越椒之生也，子文以为大戚，知若敖氏之鬼不食也。人之性果善乎？后稷之生也，其母无灾；其始匍匐也，则歧歧然，嶷嶷然。文王之在母也，母不忧；既生也，傅不勤；既学也，师不烦。人之性果恶乎？尧之朱，舜之均，文王之管蔡，习非不善也，而卒为奸。瞽叟之舜，鲧之禹，习非不恶也，而卒为圣。人之性善恶果混乎？故曰：三子之言性也，举其中而遗其上下者也，得其一而失其二者也。（页48）

　　曰：然则性之上下者，其终不可移乎？曰：上之性，就学而愈明；下之性，畏威而寡罪。是故上者可学，而下者可制也。其品则孔子谓不移也。曰：今之言性者异于此，何也？曰：今之言者，杂佛老而言也。杂佛老而言者，奚言而不异？（页48）

30. 李翱（772—841）

【文献】李翱撰：〈复性书〉（上中下），郝润华校点，载北京大学《儒藏》编纂与研究中心编《儒藏精华编》第二〇二册下〈李文公集〉（卷二），北京：北京大学出版社，2019，页1337—1345。

　　李翱，字习之。《四库全书提要》称"翱为韩愈之侄婿，故其学皆出于愈"，"才与学虽皆逊愈"，但"大抵温厚和平，俯仰中度"。

李翱对人性基本持性善情恶说，认为圣人、桀纣、常人三者之性无别，所别在于情欲。从其人性无别说可以看出，他抛弃了韩愈的性三品说。李翱论圣贤之别，借《中庸》说法，认为圣人率性，为诚者；贤人复性，为诚之者；并将圣人率性说成"寂然不动，广大清明，照乎天地，感而遂通天下之故，行止语默无不处于极也"。此一说法正是后来朱熹《中庸》道体说之义。李翱〈复性书〉大段引用《中庸》以述其意，认为《中庸》与其观点一致。他还引用孟子"人无有不善，水无有不下"（《孟子·告子上》2A2），明确支持孟子性善说。他的观点应该说是对《白虎通》等性善情恶说的进一步发展，基本观点一致，而明确倡导复性，宣称支持孟子，以寂然不动释性，皆开程朱理学之先河。

〈复性书〉（上中下）

◇ 论性与情

李翱定义情为"喜怒哀惧爱恶欲七者"（此即〈礼运〉定义），但对性之义是什么没有明说。《李文公集》卷八〈寄从弟正辞书〉称"由仁义而后文者性也"，或许应该根据韩愈之义理解为就是五常（仁义礼智信）。那么，情与性是不是完全无关呢，从其主张性情不相离、情由性生、性由情明，以及"情者，性之动也""情者，性之邪也"之言，可知其仍在广义上将情理解为性的一部分。

他将性与情相对立：

> 人之所以为圣人者，性也；人之所以惑其性者，情也。喜怒哀惧爱恶欲七者，皆情之所为也。情既昏，性斯匿矣。非性之过也。七者循环而交来，故性不能充也。水之浑也，其流不清；火之烟也，其光不明。非水火清明之过。沙不浑，流斯清矣；烟不郁，光斯明矣；情不作，性斯充矣。（页1337）

性与情一静一动：

> 有静必有动，有动必有静；动静不息，是乃情也。《易》曰："吉凶

悔吝，生于动者也。"焉能复其性邪？（页1340）

但又认为，情由性生，性由情明：

> 性与情不相无也。虽然，无性则情无所生矣。是情由性而生，情不自情，因性而情；性不自性，由情以明。性者，天之命也，圣人得之而不惑者也；情者，性之动也，百姓溺之而不能知其本者也。（页1337）

◇ 论圣凡同性
李翱不认为世间人与人之性别，所别者在情：

> 圣人者，岂其无情邪？圣人者，寂然不动，不往而到，不言而神，不耀而光，制作参乎天地，变化合乎阴阳，虽有情也，未尝有情也。然则百姓者，岂其无性者邪？百姓之性与圣人之性弗差也。虽然，情之所昏，交相攻伐，未始有穷，故虽终身而不自睹其性焉。（页1337）
>
> 桀纣之性，犹尧舜之性也。其所以不睹其性者，嗜欲好恶之所昏也，非性之罪也。（页1342—1343）

◇ 论人性善恶
主张性善情恶，因此人需要息情复性：

> 情者，妄也，邪也；邪与妄则无所因矣。（页1343）
>
> 情本邪也，妄也，邪妄无因，人不能复。圣人既复其性矣，知情之为邪，邪既为明所觉矣，觉则无邪，邪何由生也？（页1344）
>
> 情之所昏，交相攻伐，未始有穷，故虽终身而不自睹其性焉。（页1337）
>
> 曰："为不善者非性耶？"曰："非也，乃情所为也。情有善有不善，而性无不善焉。孟子曰：'人无有不善，水无有不下。夫水搏而跃之，可使过颡，激而行之，可使在山，是岂水之性哉？'其所以导引之者然也。人之性皆善，其不善亦犹是也。"（页1343）

◇ **论息情复性**

循其源而反其性者，道也。（页 1341）

妄情灭息，本性清明，周流六虚，所以谓之能复其性也。《易》曰："乾道变化，各正性命。"《论语》曰："朝闻道，夕死可矣。"能正性命故也。（页 1343）

或问曰："人之昏也久矣，将复其性者，必有渐也，敢问其方？"曰："弗虑、弗思，情则不生；情既不生，乃为正思。正思者，无虑、无思也。"（页 1339—1340）

情者，性之邪也。知其为邪，邪本无有，心寂不动，邪思自息，惟性明照，邪何所生？如以情止情，是乃大情也，情互相止，其有已乎？（页 1340）

又论圣人与贤人之别：

圣人知人之性皆善，可以循之不息而至于圣也，故制礼以节之，作乐以和之。（页 1338）

诚者圣人性之也。寂然不动，广大清明，照乎天地，感而遂通天下之故，行止语默无不处于极也。复其性者，贤人循之而不已者也，不已则能归其源矣。（页 1338）

31. 胡瑗（993—1059）[附石介（1005—1045）]

【文献】（1）胡瑗：《周易口义》，白辉洪、于文博、徐尚贤点校，北京：中国社会科学出版社，2021；（2）石介：《徂徕石先生文集》，陈植锷点校，北京：中华书局，1984。

胡瑗，字翼之。石介，字守道，小字公操。宋初三先生中，唯胡瑗《周易口义》论性较系统、完备；孙复论性少见；而石介《徂徕石先生文集》于性偶有所论。

胡瑗《周易口义》

胡瑗大体上同时在广狭二义上论性，一方面从性、情二分意义上论性，以五常为性（称"正性""至性"），其立场接近性善论，或称性善情有恶说（注意情有恶，不是情恶）；另一方面又从广义上将性理解为性情一体之生命，接近于〈乐记〉"血气心知之性"，认为此性当遂、当导。这主要是针对万物、中人及小人而言的。鉴于使用了"中之性"这一术语，似乎有理由假定他也受到了性三品说影响。

◇ **论各成其性**

大抵认为万物及人各遂其性是一切政治之理想：

卷一〈乾〉称：

> 天以一元之气始生万物。圣人法之，以仁而生成天下之民物……故高者下者、洪者纤者各遂其分而得其性也。（页9）
>
> （圣人）使一民不失其所，一物必遂其性，此圣人之心也。（页11）
>
> 言九五之交正当阳气极盛之时，生成万物，而万物各遂其性。犹圣人有大中之德，又居圣人之位，故当兴利除害，扶教树化，锄奸进贤，以至经营万事，设为仁义之道，使一民一物无不被其泽，无不遂其性。（页16）

又卷二释〈屯·上六〉曰：

> 夫人君者不欲一夫有失其所，一物不遂其性。（页47—48）

◇ **论人性当化**

卷一〈乾·文言〉引《中庸》论人性当化，并谓中人之性易矜伐：

> "其次致曲，曲能有诚，唯天下至诚为能化"，盖言委曲之事发于至诚则形于外而见著，见著则章明，章明则感动人心，人心感动则善者迁之，恶者改之，然后化其本性，故曰"惟天下至诚为能化"。（页20）

同时称："夫中人之性，有一善则益然溢于面目，而自矜伐其能也。"（卷一〈乾·文言〉，页20）

◇ **性善之论**

胡瑗有性善之论，建立在其性、情二分基础上，接近于性善情有恶说。虽未明言性之内容，但显然以五常为"正性"，盖知情为性之一部分，故作此区分。卷一释〈乾·文言〉"利贞者性情也"曰：

> 盖性者天生之质，仁义礼智信五常之道无不备具，故禀之为正性。喜怒哀乐爱恶欲七者之来，皆由物诱于外，则情见于内，故流之为邪情。唯圣人，则能使万物得其利而不失其正者，是能性其情，不使外物迁之也。然则圣人之情固有也，所以不为之邪者，但能以正性制之耳，不私于己而与天下同也。（页25—26）

此段涉及性、情之义。性中"仁义礼智信五常之道无不备具"，这是非常典型的性善之论，情即〈礼运〉所谓七情。

又卷二〈蒙·象〉：

> 圣贤外能蒙晦其德而内养其正性。（页50）

此处所谓"正性"，文渊阁本作"至性"，二词义近。此外还有"天性之全"（卷五〈复〉）说法。

胡瑗又有"明性"之说，卷二〈需〉曰：

> 君子之于宴乐，非谓苟安其身也，所以保其躬、治其心、明其性。（页57）

胡瑗又有"复性"之说，含义类似李翱〈复性书〉，如称君子"治心明性以复于善道"（卷五〈复〉，页155），"君子之人既能先复其性，邪恶不萌于心"（卷五〈无妄〉，页156），"君子之人既能复其性，明其心"（卷八〈大畜〉，页160）。

胡瑗又有达性之义，如称"君子之心自达于性命之理"（卷八〈困〉）。

凡此种种，皆近乎性善之论也。

◇ **论性、情关系**

主张以性制情、以性正情。认为圣人与天下人一样，有喜怒哀乐之情，但能与天下人共之，故"圣人有其情，则制之以正性"。其卷一释〈乾·文言〉曰：

> 圣人莫不有喜之情，若夫举贤赏善，兴利于天下，是与天下同其喜也；圣人莫不有怒之情，若夫大奸大恶、反道败德者，从而诛之，是与天下同其怒也；圣人莫不有哀之情，若夫鳏寡孤独则拯恤之，凶荒札厉则赒贷之，是与天下同其哀也；圣人莫不有乐之情，若夫人情欲寿，则生而不伤，人情欲安则扶而不危，若此之类，是与天下同其乐也。是皆圣人有其情，则制之以正性。故发于外则为中和之教，而天下得其利也。小人则反是，故以情而乱其性，以至流恶之深，则一身不保，况欲天下之利正乎？（页26）

圣人与常人同样有喜怒哀乐，同样有情，"圣人之情固有也，所以不为之邪者，但能以正性制之耳"，但圣人与小人之别在于能以性制情。所谓"性其情"指以情归于性，亦称回归正性，故说"圣人有其情，则制之以正性"。相反，小人则"以情而乱其性"，故流恶深。由此可看出，胡瑗并不是否定情，亦不以情为恶。

石介《徂徕石先生文集》

石介论性不多见。卷十七〈上颍州蔡侍郎书〉称：

> 夫物生而性不齐，裁正物性者，天吏也；人生而材不备，长育人才者，君宰也。裁正而后物性遂。故曲者、直者、酸者、辛者、仆者、立者，皆得其和。《易》曰"乾道变化，各正性命"是也。（页205—206）

此处以材比人性，当近于孟子所谓"才"之义，而不同于张、程等不包含天理的才质之性。

但石介似乎又有近乎性善之论，因其称性是"与天地生者"，而诚则是

157

"与性生者"。此说至少近乎性有善论。卷十八〈送龚鼎臣序〉曰：

> 夫与天地生者，性也；与性生者，诚也；与诚生者，识也。性厚则诚明矣，诚明则识粹矣，识粹则其文典以正矣。然则，文本诸识矣。圣人不思而得，识之至也；贤人思之而至，识之几也。《诗》《易》《书》《礼》《春秋》，言而为中，动而为法，不思而得也。孟、荀、扬、文中子、吏部，勉而为中，制而为法，思之而至也。至者，至于中也，至于法也。至于中，至于法，则至于孔子也。至于孔子而为极焉，其不至焉者，识杂之也，甚者为扬、墨，为老、庄，为申、韩，为鬼、佛。识杂之为害也如此。辅之将学为文，厚乃性，明乃诚，粹乃识。（页213—214）

这里论性与识。引用《中庸》极赞圣人不思而得、从容中道，并比较孔子与孟、荀、扬、文中子诸人性识之别。所谓"厚乃性"，"厚""性"皆是动词，厚指诚者，"厚乃性"指诚者得其天性。

32. 欧阳修（1007—1072）

【文献】欧阳修：《欧阳修全集》（全六册），李逸安点校，北京：中华书局，2001。

欧阳修，字永叔，号醉翁、六一居士，吉州永丰人。以下所引内容皆收录于《欧阳修全集》，只注篇名。

〈答李诩第二书〉

欧阳修在〈答李诩第二书〉中较为系统地阐述了自己对于人性善恶问题的看法，大抵批评当时学者穷究性命之学，乃"偏说""空言"，人性问题远不如修习问题重要。

〈答李诩第二书〉针对后进而发，针对性强，未必是其思想真旨。因此书为收到李诩"〈性诠〉三篇"而作，而李生信中自夸，曰"今吾子自谓夫子与孟、荀、韩复生，不能夺吾言"。故欧阳修之复，恐有不认其说，而欲折其自信之过之意。据后面欧阳修性善之论及有关观点，可以发现，欧阳修非常欣赏李翱〈复性书〉，且有一些性善之论。

本书今录〈答李诩第二书〉观点如下。

◇ **人性非所急**

六经及孔子皆罕言性，足见人性善恶非古圣贤所重视：

> 夫性，非学者之所急，而圣人之所罕言也。《易》六十四卦不言性，其言者动静得失吉凶之常理也；《春秋》二百四十二年不言性，其言者善恶是非之实录也；《诗》三百五篇不言性，其言者政教兴衰之美刺也；《书》五十九篇不言性，其言者尧、舜、三代之治乱也；《礼》《乐》之书虽不完，而杂出于诸儒之记，然其大要，治国修身之法也。六经之所载，皆人事之切于世者，是以言之甚详。至于性也，百不一二言之，或因言而及焉，非为性而言也，故虽言而不究。（页669）

> 予之所谓不言者，非谓绝而无言，盖其言者鲜，而又不主于性而言也。《论语》所载七十二子之问于孔子者，问孝、问忠、问仁义、问礼乐、问修身、问为政、问朋友、问鬼神者有矣，未尝有问性者。孔子之告其弟子者，凡数千言，其及于性者一言而已。予故曰：非学者之所急，而圣人之所罕言也。（页669）

人性善恶并不重要，真正重要的是修身、习率：

> 或有问曰：性果不足学乎？予曰：性者，与身俱生而人之所皆有也。为君子者，修身治人而已，性之善恶不必究也。使性果善邪，身不可以不修，人不可以不治；使性果恶邪，身不可以不修，人不可以不治。不修其身，虽君子而为小人，《书》曰"惟圣罔念作狂"是也；能修其身，虽小人而为君子，《书》曰"惟狂克念作圣"是也。治道备，人斯为善矣，《书》曰"黎民于变时雍"是也；治道失，人斯为恶矣，《书》曰"殷顽民"，又曰"旧染污俗"是也。故为君子者，以修身治人为急，而不穷性以为言。夫七十二子之不问，六经之不主言，或虽言而不究，岂略之哉，盖有意也。（页669）

《尚书》等皆证明后天努力更重要：

　　《书》曰"习与性成"，《语》曰"性相近，习相远"者，戒人慎所习而言也。《中庸》曰"天命之谓性，率性之谓道"者，明性无常，必有以率之也。《乐记》亦曰"感物而动，性之欲"者，明物之感人无不至也。然终不言性果善果恶，但戒人慎所习与所感，而勤其所以率之者尔。予故曰因言以及之，而不究也。（页669）

后世论性乃后儒偏说和无用空言：

　　今之学者于古圣贤所皇皇汲汲者，学之行之，或未至其一二，而好为性说，以穷圣贤之所罕言而不究者，执后儒之偏说，事无用之空言，此予之所不暇也。（页670—671）

孟、荀、扬三人言性始异终同，皆以仁义礼乐为急。欧阳修从王充《论衡·本性》，将《中庸》"率性"之"率"读为"劝率"，盖以率、帅同义：

　　或又问曰：然则三子言性，过欤？曰：不过也。其不同何也？曰：始异而终同也。使孟子曰人性善矣，遂怠而不教，则是过也；使荀子曰人性恶矣，遂弃而不教，则是过也；使扬子曰人性混矣，遂肆而不教，则是过也。然三子者，或身奔走诸侯以行其道，或著书累千万言以告于后世，未尝不区区以仁义礼乐为急。盖其意以谓善者一日不教，则失而入于恶；恶者勤而教之，则可使至于善；混者驱而率之，则可使去恶而就善也。其说与《书》之"习与性成"，《语》之"性近习远"，《中庸》之"有以率之"，《乐记》之"慎物所感"皆合。夫三子者，推其言则殊，察其用心则一，故予以为推其言不过始异而终同也。凡论三子者，以予言而一之，则诐诐者可以息矣。（页671）

人性问题"非学者之所急"：

　　修患世之学者多言性，故常为说曰：夫性，非学者之所急，而圣人之所罕言也。（页669）

◇ **论人性当顺**

但是，欧阳修在一系列论著中也表达了对人性或性命肯定的态度，认为人之性，尤其是生民之性当顺导，无论是治国还是教学，又认为人性可由学而明。就此而言，欧阳修并不主张听任人性，亦不主张压抑人性。

〈居士集卷十七·本论中〉称：

> 故凡养生送死之道，皆因其欲而为之制。饰之物采而文焉，所以悦之，使其易趣也。顺其情性而节焉，所以防之，使其不过也。（页289）

类似的观点亦见于〈居士外集卷二十一·国学试策三道·第二道〉：

> 盖七情不能自节，待乐而节之；至性不能自和，待乐而和之。圣人由是照天命以穷根，哀生民之多欲，顺导其性，大为之防。……夫顺天地，调阴阳，感人以和，适物之性，则乐之导志将由是乎？（页1032—1033）

此外，欧阳修还有其他一些对人性的积极态度。比如〈居士集卷三十七·皇从孙右领军卫大将军博平侯墓志铭〉赞美博平侯："富贵不动其心，生死不渝其色。惟性之安，惟学之力。"（页544）〈外制集卷三·国子监直讲青州千乘县主簿孙复可大理评事制〉："惟尔复，行足以为人师，学足以明人性。"（页1173）"复"指主簿孙复。视人性为当明之物。〈居士集卷三十九·吉州学记〉则强调教学之法当本于人性："予闻教学之法本于人性，磨揉迁革，使趋于善，其勉于人者勤，其入于人者渐。"（页572）

◇ **性善之论**

然而，欧阳修的主要观点，似乎还是倾向于性善论，但同时又强调学习的重要性。〈本论下〉曰：

> 昔荀卿子之说，以为人性本恶，著书一篇以持其论。予始爱之，及见世人之归佛者，然后知荀卿之说谬焉。甚矣，人之性善也！彼为佛者，弃其父子，绝其夫妇，于人之性甚戾，又有蚕食虫蠹之弊，然而民皆相率而归焉者，以佛有为善之说故也。（页291）

〈本论下〉作于庆历二年或三年（无有定说），即公元1042/1043年（时欧阳修35/36岁），为欧阳修早年作品。此文接下来讲对于佛法之教，不必用强制。民不知仁义为善，而以佛法为善，只能采取化育渐变来转移。

类似的观点亦见于〈居士外集卷三·赠学者〉，认为人为万物最灵，性中有五常，又谓"仁义不远躬"，但同时仍强调学最重要：

> 人禀天地气，乃物中最灵。性虽有五常，不学无由明。轮曲揉而就，木直在中绳。坚金砺所利，玉琢器乃成。仁义不远躬，勤勤入至诚。（页757）

又〈居士外集卷九·监试玉不琢不成器赋〉明称"性虽本善"：

> 性虽本善，不学则弗至于道；质虽至美，不琢则弗成其饰。（页849）

欧阳修又作专文论唐人李翱，称其〈复性书〉为《中庸》之义疏（〈复性书〉确实多次引《中庸》），由此提出若人识性，当读《中庸》，可见其对李翱性善之说及《中庸》观点均有肯定之意。从行文中看出，欧阳修对李翱忧世之心亦颇为赞赏。〈居士外集卷二十二·读李翱文〉称：

> 予始读翱《复性书》三篇，曰此《中庸》之义疏尔。智者诚其性，当读《中庸》。愚者虽读此，不晓也，不作可焉。（页1049）

"诚其性"之"诚"，或读"识"。

◇ 释《中庸》

欧阳修平生颇重视《中庸》，其文集亦不时引之。不过对于《中庸》之理解，与后世宋儒略别。例如，〈居士集卷四十七·答李诩第二书〉称：

> 《中庸》曰"天命之谓性，率性之谓道"者，明性无常，必有以率之也。（页669）

显然以帅而不是循读"率性"之率,与王充同(《论衡》有〈率性篇〉)。

又〈居士集卷三十九·问进士策三首〉释《中庸》"自诚明谓之性"为生而知之:

> 《中庸》曰:"自诚明谓之性,自明诚谓之教。"自诚明,生而知之也;自明诚,学而知之也。若孔子者,可谓学而知之者,孔子必须学,则《中庸》所谓自诚而明、不学而知之者,谁可以当之欤?(页675)

33. 李觏 (1009—1059)

【文献】李觏,《李觏集》,北京:中华书局,1981。

李觏,字泰伯,建昌军南城人。《四库全书提要》《盱江集》称:"宋人多称觏不喜孟子,余允文《尊孟辨》中载觏《常语》十七条,而此集所载仅'仲尼之徒无道桓文之事'及'伊尹废太甲'、'周公封鲁'三条。"可见四库全书所收〈常语〉已非完本。查中华书局版《李觏集》卷三十二〈常语〉,正文部分未见讨论孟子,而此书附录一〈佚文·常语〉中有不少批评孟子的文字,但没有批评孟子性善论的。另查四库全书本《盱江集》,可发现其中多处引《孟子》为己立论,可见李觏并非一概否定孟子之意。

《李觏集》

◇ **性有三品**

李觏批评孟子人性论的内容见于其文章〈礼论〉等处。大体是认同韩愈性三品说,认为人性并非千篇一律、人人一样的,善恶在每一个人的人性中的状况并不一致。

> "孟子既言人皆有仁义之性,而吾子独谓圣人有之,何如?"曰:"孟子以为人之性皆善,故有是言耳。古之言性有四:孟子谓之皆善,荀卿谓之皆恶,扬雄谓之善恶混,韩退之谓性之品三:上焉者善也,中焉者善恶混也,下焉者恶而已矣。今观退之之辨,诚为得也。孟子岂能专之?"(页18)

> 性之品有三：上智，不学而自能者也，圣人也。下愚，虽学而不能
> 者也，具人之体而已矣。（页12）

在〈删定易图序论〉中，他称："本乎天谓之命，在乎人谓之性。非圣
人则命不行，非教化则性不成。"（页66）据此，性待教化而成，这应当是针
对圣人之外而言的。

◇ **善出于圣人之性**

只有圣人之性，包含仁义智信，而贤人及常人皆无之，或者说此仁、义、
智、信者生于圣人之性。

> "或曰：仁义智信，疑若根诸性者也。……"曰："圣人者，根诸性
> 者也。贤人者，学礼而后能者也。"（页11）
>
> 仁、义、智、信者，圣人之性也。（页11。方按：盖以为礼非圣人
> 之性，而是圣人之性的外在表现。礼是"圣人之法制"，"性畜于内，法
> 行于外"。）
>
> 郑氏注《中庸》性命之说，谓"木神则仁，金神则义，火神则礼，
> 水神则信，土神则智"，疑若五者并生于圣人之性，然后会而为法制。
> 法制既成，则礼为主，而仁、义、智、信统乎其间，若君臣之类焉。
> （页14）
>
> "然则贤人之性果无仁、义、智、信乎？"曰："贤人之性，中也。
> 扬雄所谓'善恶混'者也。安有仁、义、智、信哉？"（页11—12）

◇ **性善论**

李觏也有一些近乎性善论的观点，比如他认为人之所受于天者为善之性。
《李觏集》卷二十〈广潜书十五篇〉之二谓：

> 受命于天乎？受命于人乎？受命于天，性善是也。受命于人，从俗
> 是也。（页222）

《李觏集》卷四〈删定易图序论·论六〉明确提出"性者，人之所以明
于善也"，"人之有仁义，所以顺性命也"，显然近乎性善论：

命者，天之所以使民为善也；性者，人之所以明于善也。观其善则见人之性，见其性则知天之命。《说卦》曰："昔者圣人之作《易》也，将以顺性命之理，是以立天之道曰阴与阳，立地之道曰柔与刚，立人之道曰仁与义兼，三才而两之。"故《易》六画而成卦。人之有仁义，所以顺性命也。（页 66。标点有变动。）

34. 王安石（1021—1086）

【文献】王安石，《临川先生文集》（全三册），聂安福、侯体健整理，载王水照主编《王安石全集》（第五至七册），上海：复旦大学出版社，2017，页1—1890。

王安石，字介甫，号半山。《临川先生文集》〈论议〉部分有〈性情〉（卷六十七）、〈杨孟〉（卷六十四）、〈命解〉（卷六十四）、〈材论〉（卷六十四）、〈对疑〉（卷六十四）、〈荀卿〉（卷六十八）、〈对难〉（卷六十八）诸篇，涉及孟子、扬雄、荀子等人的命、性、材思想。其中〈原性〉（页 1234—1235）、〈性说〉（页 1235—1236）、〈性情〉（页 1218—1219）等篇驳孟子并申己说尤力。

梁启超曾谓司马光之〈性辨〉、王安石之〈原性〉"皆驳孟说之最有力者"。[①]

〈性情〉

◇ 论性、情关系

〈性情〉讨论了性、情之关系，主张性、情一体。

大抵谓性、情一也，所谓性善情恶之说不成立。性就是喜、怒、哀、乐、好、恶、欲藏于心，情就是这七者发于外，"性者情之本，情者性之用"：

性、情一也。世有论者曰"性善情恶"，是徒识性情之名而不知性情之实也。喜、怒、哀、乐、好、恶、欲未发于外而存于心，性也。喜、

---

① 梁启超：《梁启超论孟子遗稿》，《学术研究》1983 年第 5 期，页 82—83。

怒、哀、乐、好、恶、欲发于外而见于行，情也。性者情之本，情者性之用。吾故曰性、情一也。（页1218）

性、情之相须，犹弓、矢之相待而用，若夫善、恶，则犹中与不中也。（页1219）

如其废情，则性虽善，何以自明哉？（页1219。方按：同时举例说舜、文王亦有喜怒，当喜而喜，当怒而怒，同时亦承认性亦可以为恶。）

若性即情之存于中，则自然有善亦有恶，非为纯善也。这一观点与王安石后面"性不可以善恶言"（页1234）的观点是矛盾的。而且，"性、情一也"也与"有情然后善恶形焉"之说有悖。

◇ **反对以习和情为性**

王安石驳斥孟、荀、扬、韩四人之人性论，认为他们都是以习和情为性。他们所谓善恶的性，其实只涉及性的产物，而不是性本身。性本身似乎是不可以善恶言的：

孟子言人之性善，荀子言人之性恶。夫太极生五行，然后利害生焉，而太极不可以利害言也。性生乎情，有情然后善恶形焉，而性不可以善恶言也。此吾所以异于二子。（页1234）

且诸子之所言，皆吾所谓情也、习也，非性也。（页1234）

孟、荀皆认识不到，善恶只是"情之成名"，"有情然后善恶形焉"：

古者有不谓喜、怒、爱、恶、欲情者乎？喜、怒、爱、恶、欲而善，然后从而命之曰仁也、义也。喜、怒、爱、恶、欲而不善，然后从而命之曰不仁也、不义也。故曰：有情然后善恶形焉。然则善恶者，情之成名而已矣。（页1234—1235）

◇ **回到性相近习相远**

他批评韩愈未明习对于善恶的重要性，韩子所谓上中下三品之说实主性善，而以不善归于习，"是果性善，而不善者，习也"（页1236），故称"韩子之言性也，吾不有取焉"（页1235）。

由此，他主张回到孔子性近习远之说论性：

> 吾所安者，孔子之言而已。（页 1234）
> 孔子曰："性相近也，习相远也。"吾是以与孔子也。（页 1235）

孔子所谓上智与下愚不移，是指智愚，然人之善恶取决于习，而上智、下愚及中人之于善恶，亦取决于"习于善"或"习于恶"。上智就是"习于善"，下愚就是"习于恶"，中人则是"一习于善，一习于恶"（页 1235）。

◇ **孟、荀皆一偏之见**

又指出孟子、荀子之说皆只居其一端，无法解释人性中相反现象的存在：

> 孟子以恻隐之心人皆有之，因以谓人之性无不仁。就所谓性者如其说也，必也怨毒忿戾之心人皆无之，然后可以言人之性无不善，而人果皆无之乎？孟子以恻隐之心为性者，以其在内也。夫恻隐之心与怨毒忿戾之心，其有感于外而出乎中者有不同乎？（页 1234）

荀子则走入另一极端：

> 荀子曰："其为善者伪也。"就所谓性者如其说，必也恻隐之心，人皆无之，然后可以言善者伪也，为人果皆无之乎？荀子曰："陶人化土而为埴，埴岂土之性也哉？"夫陶人不以木为埴者，惟土有埴之性焉，乌在其为伪也？（页 1234）

尽管如此，这些只是指出二子的逻辑矛盾，并不是说人性有善也有恶，扬子善恶混之说，也是以习、情为性。"扬子之言为似矣，犹未出乎以习而言性也。"（页 1234）

35. 司马光（1019—1086）

【文献】（1）司马光，《司马光集》（全三册），李文泽、霞绍晖校点整理，成都：四川大学出版社，2010；（2）余允文，《尊孟辨》，北京：中华书局，1985。

司马光，字君实，号迁叟，陕州夏县涑水乡人，世称涑水先生。司马光曾作《疑孟》一书，主要批评孟子。此书今无传，余允文《尊孟辨》卷上、朱熹《晦庵集》卷七十三著录其中 11 条。司马光又撰短文〈情辨〉〈善恶混辨〉，收录于《司马光集》卷七十二〈议辨策问〉（页 1459—1461）中。

综观其《疑孟》及〈善恶混辨〉，可知其批评孟子人性论的要点是对扬雄善恶混说的发挥。①人性有善也有恶，不可能纯善或纯恶。即使是圣人也有恶，愚人也有善。②人性中有恶存在。孟子谓人性无不善，无法解释丹朱、商均何以无法移其恶。③孟子与荀子乃各执一偏，不如扬雄善恶混之论。称韩愈始混后分之说，亦非知扬之论。从这里可以看出，他对韩愈性三品说未必接受。但司马光似乎又吸收了性三品说，认为人有圣人、中人和愚人之别。"善至多而恶至少，则为圣人。恶至多而善至少，则为愚人。善恶相半，则为中人。"（《司马光集》，页 1460）然而这似乎并不是在讲人性有三品，只是指人有三品。④孟子与告子犬牛之性一段，表明其以辩胜人，而非以理胜人。上述观点，尤其以〈善恶混辨〉（《司马光集》页1460—1461）一文观点明确。《疑孟》中论孟子人性论文字不够典型。

《尊孟辨》

◇ 驳性善说

余允文，字隐文。《尊孟辨》一书收《尊孟辨》三卷，《续辨》二卷，《别录》一卷。凡辨司马光《疑孟》11 条。今录其中属于司马光《疑孟》中辨性善之部分如下：

> 疑曰：告子云："性之无分于善不善，犹水之无分于东西。"此告子之言失也。水无分于东西，谓平地也。使其地东高而西下，西高而东下，岂决导能致乎？性之无分于善不善，谓中人也。瞽瞍生舜，舜生商均，岂陶染所能变乎？孟子云："人无有不善。"此孟子之言失也。丹朱商均，自幼及长，所日见者尧舜也。不能移其恶，岂人之性无不善乎？（页 6）
>
> 疑曰：孟子云"白羽之白犹白雪之白，白雪之白犹白玉之白"，告子当应之云"色则同矣，性则殊矣。羽性轻，雪性弱，玉性坚"。而告

子亦皆然之，此所以来犬牛之难也。孟子亦可以辩胜人矣。（页9）

疑曰：所谓性之者，天与之也。身之者，亲行之也。假之者，外有之，而内实亡也。尧舜汤武之于仁义也，皆性得而身行之也。五霸则强焉而已。夫仁所以治国家而服诸侯。皇帝王霸皆用之。顾其所以殊者，大小高下远近多寡之间耳。假者，文具而实不从之谓也。文具而实不从，其国家且不可保，况于霸乎？虽久假而不归，犹非其有也。（页9）

以上三段《疑孟》中有关之论唯两条，其中第一条大意是人性皆善不可成立，有人生来就恶，而非皆善。

朱子《晦庵先生朱文公文集》卷七十三〈读余允文尊孟辨〉引司马光《尊孟辨》，与上引基本相同。

〈善恶混辨〉

◇ 人性有善亦有恶

以下为〈善恶混辨〉全文：

孟子以为人性善，其不善者，外物诱之也。荀子以为人性恶，其善者，圣人之教之也。是皆得其偏而遗其大体也。

夫性者，人之所受于天以生者也，善与恶必兼有之。是故虽圣人不能无恶，虽愚人不能无善。其所受多少之间则殊矣。善至多而恶至少，则为圣人。恶至多而善至少，则为愚人。善恶相半，则为中人。圣人之恶不能胜其善，愚人之善不能胜其恶。不胜则从而亡矣。故曰："惟上智与下愚不移。"

虽然，不学则善日消而恶日滋，学焉则恶日消而善日滋。故曰："惟圣罔念作狂，惟狂克念作圣。"必曰圣人无恶，则安用学矣？必曰愚人无善，则安用教矣？譬之于田稻粱藜莠相与并生，善治田者耘其藜莠而养其稻粱，不善治田者反之。善治性者长其善而去其恶，不善治性者反之。

孟子以为仁义礼智皆出乎性者也，是岂可谓之不然乎？然不知暴慢贪惑亦出乎性也。是知稻粱之生于田，而不知藜莠之亦生于田也。荀子以为争夺残贼之心，人之所生而有也。不以师法礼义正之，则悖乱而不治。是岂可谓之不然乎？然殊不知慈爱羞愧之心亦生而有也。是知藜莠之生于田，而不知稻粱之亦生于田也。故扬子以谓人之性善恶混。混者，善恶杂处于身中之谓也。顾人择而修之何如耳。修其善则为善人，修其恶则为恶人。斯理也，岂不晓然明白矣哉！如孟子之言，所谓长善者也；如荀子之言，所谓去恶者也。扬子则兼之矣。韩文公解扬子之言，以为始也混，而今也善恶。亦非知扬子者也。（页 1460—1461）

此篇之言，极力批驳孟子和荀子，以为二子皆出于一偏、持论极端，而实认同扬雄人性善恶混之断。即人性有善也有恶，即使是圣人也不能无恶、即使是愚人也不能无恶。人性不可能是纯善或纯恶的。

36. 王令（1032—1059）

【文献】王令，《王令集》，上海：上海古籍出版社，2011。

《四库全书提要》称北宋王令，初字钟美，后字逢原，王安石最重之，"同时胜流如刘敞等并推服之"，称其"古文如〈性说〉等篇亦自成一家之言"。

〈性说〉

王令作〈性说〉一篇（页 222—225），篇幅甚短，理亦不深。大抵以性为万事万物之道理，故知性就可以为纲纪教化、行典章法度于天下。同时以为性无善恶，而善恶皆人之情。此种以情为善恶根源之说，王安石实倡于先。

◇ 以"性"为万物之源

从下文来看，性似乎指世间万物之所以为万物的道理，这样就可以与最后以知性为圣人、知性方可有为于天下的说法相一致。

性者，万物之源乎！廓而无形像也，寂而无兆朕也。不日不月，阴阳不能晦也；不雷不霆，气象不所由应也。天苍然禀之而上也，地隤然禀之而下也。日星禀之，所以经纬也；山川禀之，所以融结也。（页 222）

然后感叹"世人之所以不达"（页 223），即认识不到性，是因受"善恶之情之缚"（页 223）。

◇ **善恶皆生于情**

有善之情，有恶之情。

> 善与恶，利害则殊矣。要其事为，皆出于情也。（页223）

善恶皆生于情，又生于习。他说："善恶之来，各缘其习。"（页223）所谓善恶生于情是从人性内在说，生于习是从人之环境说。

◇ **性无善恶，善恶皆是情**

> 性无善恶也。有善有恶者，皆情耳。（页224）

情有善恶之说从汉代即有，在《白虎通》《说文解字》中即有明确说法，韩愈、李翱承之。然认为性无善恶，则不同于前人。

停留于善恶，为情所缚，则不能复其性。

> "善恶纷纷，何由复其性也？"曰："夫明觉之人，不留善也，不滞恶也。善恶忘则好恶平，好恶平则物我等，物我等则湛然无情于其间，故能与太虚等矣。"（页224）

此为典型的道家思想。

◇ **以知性为圣人，为有志天下者之目标**

主张"等太虚"，指虚怀若谷，故能有为于世，如"谷之空，万物之应也"（页224）。这里似乎是在讲性所代表的道理。知性就能等太虚，心怀万物而敦天下，并能立纲纪法度。

> 伊尹觉斯民之道，上而亿万世，下而亿万世，舍吾所谓性者，无可觉者矣。圣人没，典法沦丧，知吾道者，几人也？后之世，德行不修，仁义不著，使天下之人，泯泯然入顽犷之俗而不自知者，皆不知性之罪也。有志于天下者，可不念哉！（页224—225）

反对"等太虚"指无为，而指因其太虚，故能为于天下，此即圣人。故非道家明矣。

37. 苏轼（1037—1101）

【文献】（1）苏轼，《苏轼文集》（全六册），孔凡礼点校，北京：中华书局，1986，以下简称《文集》；（2）苏轼，《苏氏易传》（全二册），北京：中华书局，1985，以下简称《苏易》；（3）余允文，《尊孟辨》，北京：中华书局，1985。

苏轼，字子瞻，号东坡居士。苏轼主性无善无恶说，近告子，然亦赞扬雄人性善恶混之说。主要观点可见《苏轼文集》之〈扬雄论〉〈韩愈论〉〈孟子论〉，以及《苏氏易传》等。另有苏轼〈论语说〉讨论了人性问题，此文已佚，可参余允文《尊孟辨》所引。

苏轼的基本观点大体可概括如下。

（1）本来之性，无所谓善恶，善恶之分源于情。这与苏辙善恶源于习、故之说一样。后世孙星衍等人亦同此说。他说："善恶者，性之所能之，非性之所能有也。"（《文集》，页111）理由是，人生之初的各种感性特征或生理欲望是不能说其是善是恶的，善恶是这些欲望的自然发展所导致的后果。苏氏区分性情与韩愈之区分性情，表面相同而结论不同。韩以善归于性，恶归于情，故近性善。而苏氏以为性在于善恶未分前，而情既有恶也有善。即苏认为善恶皆源于情，这与王夫之同。

（2）然而如果讨论性之善恶，则须以情为性（似乎认为情为性的一部分），所以主张扬雄人性善恶混之说更近于真实，因为情既有善亦有恶（因为正如苏辙所言，孟子四端之情只是情之善者，而孟子忽其恶者）。"苟性之有善恶也，则夫所谓情者，乃吾所谓性也。"（《文集》，页111）他批评韩愈将喜怒哀乐属之情而不归于性，所以相信人性善（恶归于情）。在苏氏看来，只要在讲善恶，就是在讲情了；由于情有善恶，故性亦有善恶，而非只有善或只有恶（他同样严厉批评荀子）。

（3）关于性、情、命三者关系之论尤其见于《苏氏易传》。大体认为：其一，性是不可变、不可消的；其二，情为性之动，就好比六爻是卦之发挥一样。所以情不能离于性来理解。（方按：既然情为性之动，则情有善恶也可说是性有善恶了。这大概是他赞赏扬雄的主要原因吧。）

（4）《苏氏易传》"继善成性"条注明确批评孟子性善之说以"性之效"为性，其理由与后世之王夫之同。即认为一阴一阳之道无所谓善恶，善恶皆是后继而起，也是"性之效"。因此性与道甚近，性为道之体现，道与性之关系如同声与闻之关系。有声而后有闻，有道而后有性。这是对孟子明确的批评。

然而，苏轼对孟子的总体评价是极高的，尤其见于其〈孟子论〉〈荀卿论〉中。其中〈孟子论〉这样评价孟子："若孟子，可谓深于《诗》而长于《春秋》矣。其道始于至粗，而极于至精。充乎天地，放乎四海，而毫厘有所必计。至宽而不可犯，至密而可乐者。"（《文集》，页97）

《苏轼文集》

◇〈扬雄论〉

载《文集》卷四（页110—111）。他首先批评孟、荀、扬、韩四家论性，认为他们皆以才言性：

> 昔之为性论者多矣，而不能定于一。始孟子以为善，而荀子以为恶，扬子以为善恶混。而韩愈者又取夫三子之说，而折之以孔子之论，离性以为三品，曰："中人可以上下，而上智与下愚不移。"以为三子者，皆出乎其中，而遗其上下。而天下之所是者，于愈之说为多焉。（页110）

> 嗟夫，是未知乎所谓性者，而以夫才者言之。夫性与才相近而不同，其别不啻若白黑之异也。圣人之所与小人共之，而皆不能逃焉，是真所谓性也。而其才固将有所不同。今夫木，得土而后生，雨露风气之所养，畅然而遂茂者，是木之所同也，性也。而至于坚者为毂，柔者为轮，大者为楹，小者为桷。桷之不可以为楹，轮之不可以为毂，是岂其性之罪耶？天下之言性者，皆杂乎才而言之，是以纷纷而不能一也。（页110）

又认为孔子以才论性，并未论性善恶；韩愈以情言性，终莫能通：

> 孔子所谓中人可以上下，而上智与下愚不移者，是论其才也。而至于言性，则未尝断其善恶，曰"性相近也，习相远也"而已。韩愈之说，则又有甚者，离性以为情，而合才以为性。是故其论终莫能通。（页110—111）

那么，究竟当如何理解性呢？其言曰：

> 彼以为性者，果泊然而无所为耶？则不当复有善恶之说。苟性之有善恶也，则夫所谓情者，乃吾所谓性也。人生而莫不有饥寒之患牝牡之欲。今告于人曰：饥而食，渴而饮，男女之欲，不出于人之性也，可乎？是天下知其不可也。……由是观之，善恶者，性之所能之，非性之所能有也。且夫言性，又安以善恶为哉！虽然，扬雄之论，则固已近之，曰：人之性善恶混，修其善则为善人，修其恶则为恶人。此其所以为异者。唯其不知性之不能以有善恶，而以为善恶之皆出于性而已。夫太古之初，本非有善恶之论，唯天下之所同安者，圣人指以为善；而一人之所独乐者，则名以为恶。天下之人，固将即其所乐而行之。孰知圣人唯以其一人之所独乐，不能胜天下之所同安，是以有善恶之辨也？（页111）

同篇亦认为上智下愚之别，以及韩愈三品之分，皆只能指才之别，而非性之别也。这与苏辙认为上智下愚之别，以及圣贤与不肖之分，皆由于故与习，相类也。

◇〈韩愈论〉

载《文集》卷四（页113—115）。苏轼批评将喜怒哀乐归于情而不归于性：

> 儒者之患，患在于论性，以为喜怒哀乐皆出于情，而非性之所有。夫有喜有怒，而后有仁义，有哀有乐，而后有礼乐。以为仁义礼乐皆出于情而非性，则是相率而叛圣人之教也。……喜怒哀乐，苟不出乎性而出乎情，则是相率而为老子之"婴儿"也。（页114—115）
>
> 儒者至有以老子说《易》，则是离性以为情者。（页115）

这些表明，苏轼以喜怒哀乐等人的情感归于性，故认为人性有善也有恶。这与前述倾向于人性无善恶也有所不同，大概这属于从"继之者善"的角度论性，即非本源的性，而是情层面上的性。

《苏氏易传》

据《四库全书提要》，此书非全苏轼一人作，杂有苏洵、苏辙等人文字。这里姑且将此书作为苏轼本人观点介绍。

"乾道变化，各正性命。保合太和，乃利贞"条注曰：

> 贞，正也。方其变化各之，于情无所不至。反而循之，各直其性以至于命，此所以为贞也。世之论性命者矣，因是请试言其粗，曰：……君子日修其善，以消其不善。不善者日消，有不可得而消者焉。小人日修其不善，以消其善。善者日消，亦有不可得而消者焉。夫不可得而消者，尧、舜不能加焉，桀、纣不能亡焉。是岂非性也哉？君子之至于是，用是为道，则去圣不远矣。（页3。方按：性为君子小人所共有而不消者。）
>
> 性至于是，则谓之命。命，令也。君之令曰命。天之令曰命。性之至者亦曰命。性之至者非命也，无以名之，而寄之命也。（页4。方按：这里论性命关系。）
>
> 情者性之动也。溯而上，至于命。沿而下，至于情。无非性者。性之与情，非有善恶之别也。方其散而有为，则谓之情耳。命之与性，非有天人之辨也。至其一而无我，则谓之命耳。其于易也，卦以方其性，爻以言其情。情以为利，性以为贞。其言也互见之，故人莫之明也。《易》曰："大哉乾乎！刚健中正，纯粹精也。夫刚健中正纯粹而精者，此乾之大全也，卦也。及其散而有为，分裂四出而各有得焉，则爻也。故曰'六爻发挥，旁通情也'。"以爻为情，则卦之为性也明矣。"乾道变化，各正性命。保合太和，乃利贞"，以各正性命为贞，则情之为利也亦明矣。又曰"利贞者，性情也"，方其变而之乎情，反而直其性也。（页4。方按：认为情是性之动，如以卦爻关系比，则卦是性、爻是情。）

又于《易·系辞上》第七章"成性存存，道义之门"条下注：

> 性所以成道而存存也。尧、舜不能加，桀、纣不能亡。此真存也。存是则道义所从出也。（页162—163）

又于《易·系辞上》第五章"一阴一阳之谓道，继之者善也，成之者性也"注：

> 阴阳之未交，廓然无一物，而不可谓之无有。此真道之似也。阴阳交而生物，道与物接而生善，物生而阴阳隐。善立而道不见矣。故曰"继之者善也，成之者性也"。仁者见道而谓之仁，智者见道而谓之智，夫仁智，圣人之所谓善也。善者道之继，而指以为道则不可。今不识其人而识其子，因之以见其人，则可。以为其人，则不可。故曰"继之者善也"。学道而自其继者始，则道不全。昔子孟子以善为性，以为至矣。读《易》而知其非也。孟子之于性，盖见其继者而已。夫善，性之效也。孟子不及见性，而见夫性之效，因以所见者为性。性之于善，犹火之能熟物也。吾未尝见火，而指天下之熟物以为火，可乎？夫熟物则火效也。也问性与道之辨？曰：难言也。可言其似。道之似则声也，性之似则闻也。有声而后有闻邪？有闻而后有声邪？是二者，果一乎？果二乎？孔子曰："人能弘道，非道弘人。"又曰："神而明之，存乎其人。"性者其所以为人者也，非是无以成道矣。（页 159—160）

这段话有以下三层意思。（1）由道而有阴阳之交，有阴阳之交而生善。因此善是后起者，非道也。而性则为成此善者。（2）性与道不分，如同声与闻不分。"性者其所以为人者也，非是无以成道矣。"（页 160）（3）孟子以后继者即性之所成为善，此乃以性之效为性，混淆性与性之所成。

〈论语说〉

〈论语说〉已佚。下引此文，出自宋人余允文《尊孟辨》卷下：

> 说曰：子曰："性相近也，习相远也。"子曰："惟上智与下愚不移。"性可乱，不可灭。可灭，非性也。……孟子有见于性，而难于善。《易》曰："一阴一阳之谓道。继之者善也，成之者性也。"成道者性，而善继之耳，非性也。性如阴阳，善如万物。物无非阴阳者，而以万物为阴阳，则不可。故阴阳者，视之不见，听之不闻，而非无也。今以其非无即有而命之，则凡有者皆物矣，非阴阳也。故天一为水，而水非天

一也。地二为火，而火非地二也。人性为善，而善非性也。使性而可以谓之善，则孔子言之矣。苟可以谓之善，亦可以谓之恶。故荀卿之所谓性恶者，盖生于孟子。而扬雄之所谓善恶混者，盖生于二子也。性其不可以善恶命之。故孔子之言曰"性相近也，习相远也"而已。（页54）

这段话的基本观点也被后来王阳明、王夫之所发明，梁启超似亦接受。大意是认为正如《易·系辞上》"继善成性"之说，性先于善恶，本不可以善恶命之（"性其不可以善恶命之"）。故认为孟、荀、扬皆不对。这与司马光辟孟、荀而是扬雄，颇为不同也！他还指出，若一定要认为人性皆善，那么也一定可以得出人性皆恶，或人性善恶混这两种结论来，这正是荀子与扬子之观点。上文后面未引部分讨论为什么孔子有上智与下愚不移，认为"不移"不是指先天之性，而性之表现为各人资质。

38. 苏辙（1039—1112）

【文献】苏辙，《苏辙集》（全四册），陈宏天、高秀芳点校，北京：中华书局，1990。

苏辙，字子由，一字同叔，晚号颍滨遗老。以下所引内容皆出自《苏辙集》。

《苏辙集》

苏辙少年时《孟子解》二十四章（统计约6000字），其中论孟子人性观的部分凡三章约1278字（含标点）。此书见于其文集《栾城后集》（载《苏辙集》第三册，页948—957），《孟子解》亦收入《四库全书·经部·四书类》。二十四章每章为一小段，每章开头引《孟子》原文一句，随后加以点评。其中直接评论孟子人性论的共三章，即第十二、十三、十四章，《四库全书提要》称其"以孔子之论性驳难孟子之论性"，亦不全对。

苏辙的大意是从性与故之分出发来论性，认为性是天生的，故是后天应对过程中养成的习惯或特征，因此性与故完全对立。孟子对性、故之区分非常高明，但却错误地"以故为性"。因为严格按照性故之别来看，则性无所谓善恶，而故则有善也有恶。人既有不忍人之心，亦有忍人之心；既有羞恶之心，亦有无耻之心；既有辞让之心，亦有争夺之心；既有是非之心，亦有蔽惑之心。但所有这些，皆属于"故"，而非"性"。故孟子所谓性善，乃是"以故为性"。（方按：性、故之别，即所谓性、情之别。此亦古今大批学者共持者。性无所谓善恶或纯善，而情有恶。性情之别如孙星衍即阳阴之别也。）

◇ **论性故之别**

他对性、故下了明确定义，以此为论性基础：

> 无所待之谓性，有所因之谓故。物起于外，而性作以应也。此岂所谓性哉？性之所有事也。性之所有事之谓故。方其无事也，无可而无不可。及其有事，未有不就利而避害者也。知就利而避害，则性灭而故盛矣。（页953）

认为性只存在于"无事""无物"之时：

> 夫人之方无事也，物未有以入之。有性而无物，故可以谓之人之性。及其有事，则物入之矣。或利而诱之，或害而止之，而人失其性矣。譬如水，方其无事也，物未有以参之，有水而无物，故可以谓之水之性。及其有事，则物之所参也，或倾而下之，或激而升之，而水失其性矣。……水行于无事则平，性行于无事则静。方其静也，非天下之至明无以窥之，及其既动而见于外，则天下之人能知之矣。（页953）

◇ **孔、孟均以故为性**

孔子上智下愚不移之说，所谓有性善、有性不善之论，皆是以故为性：

> 孔子曰："上智与下愚不移。"习者，性之所有事也。有性善，有性不善。以尧为父，而有丹朱；以瞽瞍为父，而有舜；以纣为君，而有微子启、王子比干。安在其为性相近也？曰：此非性也，故也。天下之水，未有不可饮者也。然而或以为清冷之渊，或以为涂泥。今将指涂泥而告人曰："虽是，亦有可饮之实。"信矣。今将指涂泥而告人曰："吾将饮之。"可乎？此上智、下愚之不可移也。非性也，故也。（页954）

◇ **性本无有善恶，善恶是应物而生**

性是先于接物存在的，善恶皆源于接物、应物、遇物而生。这一观点与〈乐记〉之说、程颢性不可知论、王安石性/情/习之分、苏轼太古之初之说，可谓相近：

> 夫性之于人也，可得而知之，不可得而言也。遇物而后形，应物而后动。方其无物也，性也；及其有物，则物之报也。惟其与物相遇，而物不能夺，则行其所安，而废其所不安，则谓之善。与物相遇，而物夺之，则置其所可而从其所不可，则谓之恶。皆非性也，性之所有事也。（页954）

◇ **善恶之别源于习和故，非源于性本身**

习、故属同一层面，皆非性：

> 孔子曰："性相近也，习相远也。"故夫虽尧、桀而均有是性，是谓相近。及其与物相遇，而尧以为善，桀以为恶，是谓相远。习者，性之所有事也。自是而后相远，则善恶果非性也。（页954）

孔子所谓"上智下愚不移"，孟子所论尧、舜与丹朱、瞽瞍等之别，皆生于故、由于习，非性有善恶之不同也，皆习相远之结果。

◇ **论性善之不成立**

主要认为孟子存在两个逻辑毛病：一是取证片面，二是以故、习论性：

> 孟子道性善，曰："无恻隐之心，非人也；无羞恶之心，非人也；无辞让之心，非人也；无是非之心，非人也。""恻隐之心，仁之端也；羞恶之心，义之端也；辞让之心，礼之端也；是非之心，智之端也。"人信有是四端矣，然而有恻隐之心而已乎，盖亦有忍人之心矣。有羞恶之心而已乎，盖亦有无耻之心矣。有辞让之心而已乎，盖亦有争夺之心矣。有是非之心而已乎，盖亦有蔽惑之心矣。忍人之心，不仁之端也。无耻之心，不义之端也。争夺之心，不礼之端也。蔽惑之心，不智之端也。是八者未知其孰为主也，均出于性而已。非性也，性之所有事也。

今孟子则别之曰：此四者，性也；彼四者，非性也。以告于人，而欲其信之，难矣。（页954）

◇ **释孟子"天下之言性"章**

《孟子·离娄下》4B26"天下之言性"章历来争论纷纷，苏辙从其性、故二分的理解出发，认为天下之言性者皆"则故而已"，即是皆"不知性者也"。他说：

孟子尝知性矣，曰："天下之言性者，则故而已矣。故者，以利为本。"知故之非性，则孟子尝知性矣。然犹以故为性……（页953）

他这样解读孟子之言：

孟子曰："天下之言性者，则故而已矣。"所谓天下之言性者，不知性者也。不知性而言性，是以言其故而已。故，非性也。……故曰："故者，以利为本。"（页953）

故曰："所恶于智者，为其凿也。如智者，若禹之行水也，则无恶于智矣。禹之行水也，行其所无事也。如智者亦行其所无事，则智亦大矣。"水行于无事则平，性行于无事则静。方其静也，非天下之至明无以窥之，及其既动而见于外，则天下之人能知之矣。"天之高也，星辰之远也"，吾将何以推之。惟其有事于运行。是以千岁之日，可坐而致也。（页953）

39. 张载（1020—1077）

【文献】张载，《张载集》，张锡琛点校，北京：中华书局，1978。

张载，字子厚，世称横渠先生。《张载集》论性见于〈正蒙〉（页1—66）、〈横渠易说〉（页67—244）、〈经学理窟〉（页245—304）、〈张子语录〉（页305—346）、〈文集佚存〉（页347—370）、〈拾遗〉（页371—378）等；其中以〈正蒙·诚明〉（页20—24）尤为集中。下面将以〈正蒙〉为例，论述张载人性思想。①

〈正蒙〉

◇ 性之义

张载赋予性以极其崇高的地位，其基本思想似乎受《中庸》启发较大。张载以性为天或天地赋予事物的根本原理或道理，性代表的是天地宇宙的普遍原理，似乎超越于一切个别事物，是一种普遍的东西，他所说的"天地之性"指的正是这个东西。但他没说此普遍之性的内涵具体是什么。考究可知，张载所谓"天地之性"之义，来源于《左传·襄公十四年》《礼记·郊特牲》《孝经·圣治章》等之中的"天地之性"一词，尤其与《孝经·圣治章》"天地之性人为贵"中此一术语之义相近，后者笔者认为与"天地之道"或"天地之德"含义相近，正因如此，以仁义等为人性，或主张性善，皆是从这一源头含义而来。后来程氏称性善之性为"极本穷源之性"（《河南程氏遗书》卷三），正是出于此。可惜的是，张载并没有明确界定"天地之性"的具体内涵：

> 天能谓性，人谋谓能。（〈正蒙·诚明〉，页 21）
>
> 性者万物之一源，非有我之得私也。（〈正蒙·诚明〉，页 21）

性似乎代表宇宙万物的根本道理：

> 客感客形与无感无形，惟尽性者一之。（〈正蒙·太和〉，页 7）
>
> 若阴阳之气……所以屈伸无方，运行不息，莫或使之，不曰性命之

---

① 前人于张载性说论述多矣，此处仅列若干影响较大者。冯友兰：《中国哲学史》下册，北京：中华书局，1961，页 860—866；冯友兰：《中国哲学史新编》下卷，北京：人民出版社，1999，页 160—167；字同：《中国哲学大纲》，北京：商务印书馆，1958，页 227—230；《张岱年全集》第二卷，石家庄：河北人民出版社，1996，页 240—243。以上为在中国大陆影响至大者。唐君毅：《中国哲学原论·原性篇——中国哲学中人性思想之发展》，香港：新亚书院研究所，1968，页 325—334；牟宗三：《心体与性体》第一册，《牟宗三先生全集⑤》，台北：联经出版事业股份有限公司，2003，页 511—597。当代学人较简明的论述可参劳思光《新编中国哲学史三上》第三版，台北：三民书局，2007，页 177—181；陈来《宋明理学》，北京：北京大学出版社，2020，页 76—83。（方按：前辈论横渠，当以牟氏为精深。唐君毅亦有高见，然内容简要。）

理，谓之何哉？（〈正蒙·参两〉，页12）

这是从气化流行的角度论证，或以性为有形与无形之共同原理，或以阴阳气化过程为性命之理。他亦从总体的视角来论证，性通于天地之道：

> 天所性者通极于道，气之昏明不足以蔽之；天所命者通极于性，遇之吉凶不足以戕之。（〈正蒙·诚明〉，页21）
> 天包载万物于内，所感所性，乾坤、阴阳二端而已，无内外之合，无耳目之引取，与人物蕞然异矣。（〈正蒙·乾称〉，页63）
> 天地生万物，所受虽不同，皆无须臾之不感，所谓性即天道也。（〈正蒙·乾称〉，页63）
> 妙万物而谓之神，通万物而谓之道，体万物而谓之性。（〈正蒙·乾称〉，页63—64）
> 性通极于无，气其一物尔；命禀同于性，遇乃适然焉。（〈正蒙·乾称〉，页64）
> 有无虚实通为一物者，性也。（〈正蒙·乾称〉，页63）
> 性通乎气之外，命行乎气之内。（〈正蒙·诚明〉，页21）

正因为性通乎道，为天或天地赋予事物的根本原理或道理，因此认为事事物物之性均与天地相通，因此可由个别事物之性上达于天：

> 故思知人不可不知天，尽其性然后能至于命。（〈正蒙·诚明〉，页21）
> 尽性然后知生无所得则死无所丧。（〈正蒙·诚明〉，页21）
> 知性知天，则阴阳、鬼神皆吾分内尔。（〈正蒙·诚明〉，页21）
> 心能尽性，"人能弘道"也。（〈正蒙·诚明〉，页22）

◇ **人之性**

对个体而言，性为个别物生死存亡之根本原理：

> 聚亦吾体，散亦吾体，知死之不亡者，可与言性矣。（〈正蒙·太

和〉，页7）

对于人而言，性为人类生命之根本道理：

无我而后大，大成性而后圣，圣位天德不可致知谓神。（〈正蒙·神化〉，页17。方按：此以性为个体生命的最高原理或最高准则。）

知微知彰，不舍而继其善，然后可以成人性矣。（〈正蒙·神化〉，页17）

徇物丧心，人化物而灭天理者乎！存神过化，忘物累而顺性命者乎！（〈正蒙·神化〉，页18）

如果说天地之性是总的普遍原理或道理，落实到人就表现为"德性"：

德者得也，凡有性质而可有者也。（〈正蒙·至当〉，页33）

不尊德性，则学问从而不道。（〈正蒙·中正〉，页28）

见闻之知，乃物交而知，非德性所知；德性所知，不萌于见闻。（〈正蒙·大心〉，页24）

◇ 尽性成性

正因为性代表生命的最高原理或根本道理，故张载以"尽性"为生命最高使命之一，亦倡"知性""顺性""成性""存性"乃至"达于性"：

尽性穷理而不可变，乃吾则也。（〈正蒙·诚明〉，页22）

"自明诚"，由穷理而尽性也；"自诚明"，由尽性而穷理也。（〈正蒙·诚明〉，页21）

圣人尽性，不以见闻梏其心，其视天下无一物非我，孟子谓尽心则知性知天以此。（〈正蒙·大心〉，页24）

穷理尽性，然后至于命；尽人物之性，然后耳顺。（〈正蒙·三十〉，页40）

顺性命之理，则所谓吉凶，莫非正也。（〈正蒙·诚明〉，页24）

惟君子为能与时消息，顺性命、躬天德而诚行之也。（〈正蒙·大

易〉，页 51)

大能成性之谓圣……君子之道，成身成性以为功者也。(〈正蒙·中正〉，页 27)

大人造位天德，成性跻圣者尔。若夫受命首出，则所性不存焉。(〈正蒙·大易〉，页 50)

蔽固之私心，不能默然以达于性与天道。(〈正蒙·有德〉，页 45)

从张载论性善可以看出，他的性是有"生命健全成长的法则"这一含义的（见下）。

◇ **性善说**

由于他所说的性，或者说他心目中真正的性是天地之性，故无不善：

性于人无不善，系其善反不善反而已，过天地之化，不善反者也。(〈正蒙·诚明〉，页 22)

纤恶必除，善斯成性矣。(〈正蒙·诚明〉，页 23)

性未成则善恶混，故亹亹而继善者斯为善矣。恶尽去则善因以成，故舍曰善而曰"成之者性也"。(〈正蒙·诚明〉，页 23)

他也明确宣称，"气质之性，君子有弗性者焉"(〈正蒙·诚明〉，页 23)。

正由于性代表的是生命的最高原理或根本道理，因此，它带有鲜明的价值色彩，而道德规范如礼、仁、义等均可理解为性命之理：

不诚不庄，可谓之尽性穷理乎？性之德也未尝伪且慢，故知不免乎伪慢者，未尝知其性也。(〈正蒙·诚明〉，页 24)

性天经然后仁义行，故曰"有父子、君臣、上下，然后礼义有所错"。(〈正蒙·至当〉，页 34)

仁通极其性，故能致养而静以安。(〈正蒙·至当〉，页 34)

知礼成性而道义出，如天地设位而易行。(〈正蒙·至当〉，页 27)

明庶物，察人伦，然后能精义致用，性其仁而行。(〈正蒙·作者〉，页 38)

　　仁义人道，性之立也。（〈正蒙·大易〉，页 48）

　　至诚，天性也。（〈正蒙·乾称〉，页 63）

　　张载不仅认为仁、义、礼、诚等符合性命之理，而且认为正因如此，人们只要知性、尽性就可自然达到诚、庄；此外，道德不需要外部强加，不必被动勉强：

　　勉而后诚庄，非性也；不勉而诚庄，所谓"不言而信，不怒而威"者与！（〈正蒙·诚明〉，页 24）

　　无意为善，性之也，由之也。有意在善，且为未尽，况有意于未善耶！（〈正蒙·中正〉，页 28）

◇ 气质之性

　　总体上来说，张载从气化流行的角度来解释宇宙万物的有形过程，因此就有了气质之性的概念。气质之性是类似于告子所谓"生之谓性"，荀子所谓感官属性，今日所谓生理属性，今人亦常称为情欲也。张载以"攻取"来形容人的感官或生理欲望：

　　湛一，气之本；攻取，气之欲。口腹于饮食，鼻舌于臭味，皆攻取之性也。（〈正蒙·诚明〉，页 22）

　　但显然，张载认为气质之性不是真正的性，当他使用"性"时多半不是从这个角度来使用的，而是指"天地之性"，落实于个人身上则表现为"德性"。所以他强调告子以生为性，是不通天地生命之道、不明人禽之别：

　　以生为性，既不通昼夜之道，且人与物等，故告子之妄不可不诋。（〈正蒙·诚明〉，页 22）

　　他一再强调，学问的主要任务就是由气质之性返归天地之性，故有明确的复性之见：

形而后有气质之性，善反之则天地之性存焉。（〈正蒙·诚明〉，页23）

德不胜气，性命于气；德胜其气，性命于德。穷理尽性，则性天德，命天理，气之不可变者，独死生修天而已。（〈正蒙·诚明〉，页23）

人之刚柔、缓急、有才与不才，气之偏也。天本参和不偏，养其气，反之本而不偏，则尽性而天矣。（〈正蒙·诚明〉，页23）

心御见闻，不弘于性。（〈正蒙·诚明〉，页23）

他又从"物欲"角度理解气质之性：

莫非天也，阳明胜则德性用，阴浊胜则物欲行。（〈正蒙·诚明〉，页24）

〈横渠易说〉〈经学理窟〉〈张子语录〉

◇ 性与情

总的来说，情在张载思想中的地位远不及气，所以在〈正蒙〉中基本上没有专门论情。不过，在〈横渠易说〉中，他在讨论《易传》中有关情的文字时，也涉及情。他以喜怒哀乐等为情，以情为性之所发：

情尽在气之外，其发见莫非性之自然，快利尽性，所以神也。情则是实事，喜怒哀乐之谓也，欲喜者如此喜之，欲怒者如此怒之，欲哀欲乐者如此哀之乐之，莫非性中发出实事也。（〈横渠易说·上经·乾〉，页78）

又认为情在气之外，情之发"莫非性之自然"。又认为《易传》"利贞者，性情也"，其中利指性，贞指情，称"快利尽性"：

"利贞者，性情也"，以利解性，以贞解情。利，流通之义，贞者实也；利，快利也，贞，实也；利，性也，贞，情也。（〈横渠易说·上经·乾〉，页78）

张载大抵以事言情，接近于性静情动：

> 〈复〉言"天地之心"，〈咸〉〈恒〉〈大壮〉言"天地之情"。心，内也，其原在内时，则有形见，情则见于事也，故可得而名状。（〈横渠易说·上经·复〉，页113）

又如说"自无而有，神之情也；自有而无，鬼之情也"（〈横渠易说·系辞上〉，页183）。

张载不以情为恶：

> 说以动须是归妹，圣人直是尽人情。（〈横渠易说·下经·归妹〉，页161）
>
> 今既宗法不正，则无缘得祭祀正，故且须参酌古今，顺人情而为之。（〈经学理窟·祭祀〉，页292）
>
> 然譬之人情，一室中岂容二妻？（〈经学理窟·丧纪〉，页298）

又谓孟子以性、情为一物，情不必恶：

> 孟子之言性情皆一也，亦观其文势如何。情未必为恶，哀乐喜怒发而皆中节谓之和，不中节则为恶。（〈张子语录·中〉，页323—324）

然亦不以情为善，如说"情有邪正故吉凶生"，"爻有攻取爱恶，本情素动，因生吉凶悔吝而不可变者，乃所谓'吉凶以情迁'者也"（〈横渠易说·系辞下〉，页209）。

除上述内容以外，张载也提出了著名的"心统性情"说。

40. 程颢（1032—1085）、程颐（1033—1107）

【文献】程颢、程颐，《二程集》（全二册），王孝鱼点校，北京：中华书局，2004。其中：《河南程氏遗书》（以下简称《遗书》）共二十五卷［页1—327（此页码不含附录）］，《河南程氏外书》（以下简称《外书》）共十二卷（页 351—446），《周易程氏传》共四卷（页 689—1026），《河南程氏粹言》（以下简称《粹言》）共十篇（页 1167—1272）。① 下面主要以《遗书》为例，辑录二程论性部分文字，能明确何人之言则注之。《遗书》文字只注卷名。《遗书》之外，仅用《粹言》两条。

程颢，字伯淳，世称明道先生。程颐，字正叔，世称伊川先生。二程作品收录于《二程集》，以下所引内容皆出自《二程集》。

《遗书》

◇ 性之义

下面是"天命之谓性"之义。

天之付与之谓命，禀之在我之谓性，见于事业（一作物）之谓理。（卷六/页 91）

性之本谓之命，性之自然者谓之天，自性之有形者谓之心，自性之有动者谓之情，凡此数者皆一也。（卷二十五/伊川语/页 318）

在天为命，在人为性，论其所主为心，其实只是一个道。（卷十八/伊川语/页 204）

自理言之谓之天，自禀受言之谓之性，自存诸人言之谓之心。（卷二十二上/伊川语/页 296—297）

人之于性，犹器之受光于日，日本不动之物。（卷三/伊川语/页 67。方按：此以性为天之所命，不自人物自身而来，故不变。）

孟子言性……不以告子"生之谓性"为不然者，此亦性也，彼命受生之后谓之性尔，故不同。（卷三/页 63）

---

① 二程《遗书》《外书》等来源考证参赵振《二程语录研究》，北京：人民出版社，2015。二程人性思想参冯友兰《中国哲学史》下册，北京：中华书局，1961，页 881—884；冯友兰《中国哲学史新编》下卷，北京：人民出版社，1999，页 121—134；《张岱年全集》第二卷，石家庄：河北人民出版社，1996，页 243—247。以上为在中国大陆影响至大者。另有：唐君毅《中国哲学原论·原性篇——中国哲学中人性思想之发展》，香港：新亚书院研究所，1968，页 336—358；牟宗三《心体与性体》第二册，《牟宗三先生全集⑥》，台北：联经出版事业股份有限公司，2003，页 146—231、290—348 等；葛瑞汉《二程兄弟的新儒学》，程德祥等译，郑州：大象出版社，2000，页 90—110（英文原版参 A. C. Graham, *Two Chinese Philosophers*：*Ch'eng Ming-tao and Ch'eng Yi-chuan*, La Salle, Ill.：Open Court Publishing Campany, second edition, 1992）。

论物之性，其中论牛马之性，近乎指其活动方式，这与孟子以"就下"为水之性同义：

> 铅铁性殊，点化为金，则不辨铅铁之性。（卷六／页87）
>
> 循性者，马则为马之性，又不做牛底性；牛则为牛之性，又不为马底性。此所谓率性也。（卷二上／页30）
>
> 服牛乘马，皆因其性而为之。（卷十一／明道语／页127。方按：此处亦以性即理，又以动物之性为动物活动方式。）

◇ 性与道

二程不仅讲性即理，亦讲性即道。反对"道外寻性，性外寻道"，源自《中庸》"率性之谓道"。以性为道，寓意性代表生命健全成长或正确成长的方式。

> 道即性也。若道外寻性，性外寻道，便不是。圣贤论天德，盖谓自家元是天然完全自足之物，若无所污坏，即当直而行之；若小有污坏，即敬以治之，使复如旧。所以能使如旧者，盖为自家本质元是完足之物。（卷一／明道语／页1）
>
> 汉儒如毛苌、董仲舒，最得圣贤之意，然见道不甚分明。下此，即至扬雄，规模窄狭。道即性也。言性已错，更何所得？（卷一／页7）
>
> 人在天地之间，与万物同流，天几时分别出是人是物？"修道之谓教"，此则专在人事，以失其本性，故修而求复之，则入于学。若元不失，则何修之有？是由仁义行也。则是性已失，故修之。"成性存存，道义之门"，亦是万物各有成性存存，亦是生生不已之意。天只是以生为道。（卷二上／页30。方按：此段以《中庸》率性谓道为核心，前面曾以牛、马之性譬之，说明物之性即是物之道。）
>
> 在天为命，在人为性，论其所主为心，其实只是一个道。苟能通之以道，又岂有限量？（卷十八／伊川语／页204）
>
> 称性之善谓之道，道与性一也。（卷二十五／伊川语／页318）
>
> 自性而行，皆善也。圣人因其善也，则为仁义礼智信以名之；以其施之不同也，故为五者以别之。合而言之皆道，别而言之亦皆道也。舍

此而行，是悖其性也，是悖其道也。而世人皆言性也，道也，与五者异，其亦弗学欤！其亦未体其性也欤！其亦不知道之所存欤！（卷二十五/伊川语/页318）

关于性与道的关系，吕大临曾以《中庸》率性谓道为据，称道由中出，亦即道由性出，伊川驳之：

> 吕大临曰："中者道之所由出也。"子曰："非也。"大临曰："所谓道也，性也，中也，和也，名虽不同，混之则一欤？子曰：中即道也。汝以道出于中，是道之于中也，又为一物矣。在天曰命，在人曰性，循性曰道，各有当也。大本言其体，达道言其用，乌得混而一之乎？"大临曰："中即性也。循性而行，无非道者。则由中而出，莫非道也。岂为性中又有中哉？"子曰："性道可以合一而言，中不可并性而一。中也者，状性与道之言也。犹称天圆地方，而不可谓方圆即天地。方圆不可谓之天地，则万物非出于方圆矣。中不可谓之性，则道非出于中矣。中之为义，自过与不及而立名，而指中为性可乎？性不可容声而论也。率性之谓道，则无不中也，故称中所以形容之也。"（《粹言·论道篇》，页1182—1183）

◇ **性·理·命**

二程多次引用《周易·说卦》"穷理尽性以至于命"之言，从而视性、理、命三者为一体。以理解性，为程氏特色。

> 理则须穷，性则须尽，命则不可言穷与尽，只是至于命也。横渠昔尝譬命是源，穷理与尽性如穿渠引源。然则渠与源是两物，后来此议必改来。（卷二上/页27。方按：所谓"穿渠引源"，"穿渠"是穷理，"引源"喻尽性。故以性为源。）
>
> 性即是理，理则自尧、舜至于涂人，一也。（卷十八/伊川语/页204）
>
> 穷理尽性至命，只是一事。才穷理便尽性，才尽性便至命。（卷十八/伊川语/页193）
>
> 在天为命，在义为理，在人为性，主于身为心，其实一也。（卷十八/伊川语/页204）

理也，性也，命也，三者未尝有异。穷理则尽性，尽性则知天命矣。天命犹天道也，以其用而言之则谓之命，命者造化之谓也。（卷二十一下／伊川语／页274）

服牛乘马，皆因其性而为之。胡不乘牛而服马乎？理之所不可。（卷十一／明道语／页127。方按：性即理，理指动物的正常活动方式。）

又问："性如何？"曰："性即理也，所谓理，性是也。天下之理，原其所自，未有不善。"（卷二十二上／伊川语／页292）

动物有知，植物无知，其性自异，但赋形于天地，其理则一。（卷二十四／伊川语／页315。方按：以理为性，则万物之本性皆善矣。这正是韩国人性物性异同之争。）

◇ **性·气·才**

二程论气质之性，认为"才出于气"，故气、才属于同一层面。基本观点是才、气有不善，而性无不善（见后）。按照伊川在《遗书》卷二十四所说，一个人的气质之性，也是出于天生，故称气禀，就像日光照于各处而表现不同。但性不也是天命之在人者吗？笔者认为程氏的意思是，人之本性虽然是天之所命，但并非因物而变的部分，而是背后共通的道理。由此而有性善，而有知性知天。

论性，不论气，不备；论气，不论性，不明。（一本此下云："二之则不是。"）（卷六／页81）

去气偏处发，便是致曲；去性上修，便是直养。然同归于诚。（卷六／页82）

性即是理，理则自尧、舜至于涂人，一也。才禀于气，气有清浊。禀其清者为贤，禀其浊者为愚。（卷十八／伊川语／页204）

性出于天，才出于气，气清则才清，气浊则才浊。譬犹木焉，曲直者性也，可以为梁栋、可以为榱桷者才也。才则有善与不善，性则无不善。"惟上智与下愚不移"，非谓不可移也，而有不移之理。所以不移者，只有两般：为自暴自弃，不肯学也；使其肯学，不自暴自弃，安不可移哉？（卷十九／伊川语／页252）

又问："如何是才？"曰："如材植是也。譬如木，曲直者性也；可以为轮辕，可以为梁栋，可以为榱桷者才也。今人说有才，乃是言才之美者也。才乃人之资质，循性修之，虽至恶可胜而为善。"（卷二十二上/伊川语/页292）

"性相近也"，生质之性。（卷八/页102）

"'性相近也，习相远也'，性一也，何以言相近？"曰："此只是言性（一作气）质之性。如俗言性急性缓之类，性安有缓急？此言性者，生之谓性也。"又问："上智下愚不移是性否？"曰："此是才。须理会得性与才所以分处。"又问："中人以上可以语上，中人以下不可以语上，是才否？"曰："固是，然此只是大纲说，言中人以上可以与之说近上话，中人以下不可以与说近上话也。"（卷十八/伊川语/页207）

"性相近也"，此言所禀之性，不是言性之本。（卷十九/伊川语/页252）

韩退之说："叔向之母闻杨食我之生，知其必灭宗。此无足怪，其始便禀得恶气，便有灭宗之理，所以闻其声而知之也。使其能学，以胜其气，复其性，可无此患。"（卷十九/伊川语/页252）

犬、牛、人，知所去就，其性本同，但限以形，故不可更。如陈中日光，方圆不移，其光一也。惟所禀各异，故生之谓性，告子以为一，孟子以为非也。（卷二十二上/伊川语/页312）

"仁之于父子"至"知之于贤者"，谓之命者，以其禀受有厚薄清浊故也。然其性善，可学而尽，故谓之性焉。禀气有清浊，故其材质有厚薄。禀于天谓性，感为情，动为心，质干为才。（卷二十四/伊川语/页312。方按：此段论气、才、性、心、情之别。）

形易则性易，性非易也，气使之然也。（卷二十五/伊川语/323）

问："先生云：性无不善，才有善不善，扬雄、韩愈皆说着才。然观孟子意，却似才亦无有不善，及言所以不善处，只是云：'舍则失之。'不肯言初禀时有不善之才。如云：'非天之降才尔殊。'是不善不在才，但以遇凶岁陷溺之耳。又观：'牛山之木，人见其濯濯也，以为未尝有材焉，此岂山之性？'是山之性未尝无材，只为斧斤牛羊害之耳。又云：'人见其禽兽也，以为未尝有才焉，是岂人之情也哉？'所以无才者，只为'旦昼之所为有梏亡之耳'。又云：'乃若其情则可以为善矣，乃所谓善；若夫为不善，非才之罪也。'则是以情观之，而才未尝不善。

观此数处，切疑才是一个为善之资，譬如作一器械，须是有器械材料，方可为也。如云：'恻隐之心，仁也。'云云。故曰：'求则得之，舍则失之，或相倍蓰而无算者，不能尽其才也。'则四端者便是为善之才，所以不善者，以不能尽此四端之才也。观孟子意，似言性情才三者皆无不善，亦不肯于所禀处说不善。今谓才有善不善，何也？或云：善之地便是性，欲为善便是情，能为善便是才，如何？"先生云："上智下愚便是才，以尧为君而有象，以瞽瞍为父而有舜，亦是才。然孟子只云'非才之罪'者，盖公都子正问性善，孟子且答他正意，不暇一一辨之，又恐失其本意。如万章问象杀舜事，夫尧已妻之二女，迭为宾主，当是时，已自近君，岂复有完廪浚井之事？象欲使二嫂治栖，当是时，尧在上，象还自度得道杀却舜后，取其二女，尧便了得否？必无此事。然孟子未暇与辨，且答这下意。"（卷十九/伊川语/页252—253。方按：此段弟子与伊川辨才，弟子详举孟子以才为善，而伊川硬说才不善。）

◇ **性·心·天**

程氏完全按照孟子尽心知性知天的思想理解心、性关系，心中有仁义礼智，故性之理存于心中；而性之发为情，即四端。心之所以有仁义，是因为天赋，故心与天关系密切。故尝称"心即性也"（卷十八）。同时，亦将心理解为主宰，即所谓"所主在心"（卷十八），"主于身为心"（卷十八）。

> 心具天德，心有不尽处，便是天德处未能尽，何缘知性知天？尽己心，则能尽人尽物，与天地参，赞化育，赞①则直养之而已。（卷五/页78）
>
> 只心便是天，尽之便知性，知性便知天②。（卷二上/页15）
>
> 曰："尽心莫是我有恻隐羞恶如此之心，能尽得，便能知性否？"曰："何必如此数，只是尽心便了。才数着，便不尽。大抵禀于天曰性，而所主在心。才尽心即是知性，知性即是知天矣。"（卷十八/伊川语/页208）

---

① 原注："一本无赞字。"
② 原注："一作性便是天。"

孟子曰："尽其心者，知其性也。"彼所谓"识心见性"是也。若"存心养性"一段事则无矣。（卷十三／明道语／页139）

孟子曰："尽其心，知其性。"心即性也。在天为命，在人为性，论其所主为心。（卷十八／伊川语／页204）

在天为命，在义为理，在人为性，主于身为心，其实一也。心本善，发于思虑，则有善有不善。若既发，则可谓之情，不可谓之心。（卷十八／伊川语／页204）

伯温又问："孟子言心、性、天，只是一理否？"曰："然。自理言之谓之天，自禀受言之谓之性，自存诸人言之谓之心。"又问："凡运用处是心否？"曰："是意也。"棣问："意是心之所发否？"曰："有心而后有意。"又问："孟子言心'出入无时'，如何？"曰："心本无出入，孟子只是据操舍言之。"伯温又问："人有逐物，是心逐之否？"曰："心则无出入矣，逐物是欲。"（卷二十二上／伊川语／页296—297）

心也，性也，天也，非有异也。（卷二十五／伊川语／页321）

心本善，发于思虑，则有善有不善。若既发，则可谓之情，不可谓之心。譬如水，只谓之水，至于流而为派，或行于东，或行于西，却谓之流也。（卷十八／伊川语／页204）

◇ **性与情**

以情为"性之动处"，情未必恶，但情当正。亦以四端为情。此固启后世四端七情之辨者也。

人之有喜怒哀乐者，亦其性之自然，今强曰必尽绝，为得天真，是所谓丧天真也。（卷二上／页24。方按：此批评佛家。）

利贞者分在性与情，只性为本，情是性之动处，情又几时恶。"故者以利为本"，只是顺利处为性，若情则须是正也。（卷二上／页33）

礼乐只在进反之间，便得性情之正。（卷三／页68）

万物皆有性①，此五常性也。若夫恻隐之类，皆情也，凡动者谓之情。（性者自然完具，信只是有此，因不信然后见，故四端不言信。）

---

① 原注："一作信。"

（卷九／页 105）

性情犹言资质体段。（卷十一／明道语／页 129）

恻隐固是爱也。爱自是情，仁自是性，岂可专以爱为仁？孟子言恻隐为仁，盖为前已言"恻隐之心，仁之端也"，既曰仁之端，则不可便谓之仁。退之言"博爱之谓仁"，非也。仁者固博爱，然便以博爱为仁，则不可。（卷十八／伊川语／页 182）

问："喜怒出于性否？"曰："固是。才有生识，便有性，有性便有情。无性安得情？"又问："喜怒出于外，如何？"曰："非出于外，感于外而发于中也。"问："性之有喜怒，犹水之有波否？"曰："然。湛然平静如镜者，水之性也。及遇沙石，或地势不平，便有湍激；或风行其上，便为波涛汹涌。此岂水之性也哉？人性中只有四端，又岂有许多不善底事？然无水安得波浪，无性安得情也？"（卷十八／伊川语／页 204。方按：谓水之波浪非水之性，非也。若依孟子，有波与就下一样，均为水之性。）

心本善，发于思虑，则有善有不善。若既发，则可谓之情，不可谓之心。（卷十八／伊川语／页 204）

◇ **性与外物**

强调性无内外，以程颢〈定性书〉所论为精。所谓性无内外，是指放下"自私用智"之心，其心能知性知天，其行能率性行道，故能不以外物为非、为碍，最终包容万物，物我两忘。

性不可以内外言。（卷三／页 64。方按：类似说法书中没有几处。）

承教，谕以定性未能不动，犹累于外物。……所谓定者，动亦定，静亦定，无将迎，无内外。苟以外物为外，牵己而从之，是以己性为有内外也。且以性为随物于外，则当其在外时，何者为在内？是有意于绝外诱，而不知性之无内外也。既以内外为二本，则又乌可遽语定哉？……夫天地之常，以其心普万物而无心；圣人之常，以其情顺万物而无情。故君子之学，莫若廓然而大公，物来而顺应。《易》曰："贞吉悔亡。憧憧往来，朋从尔思。"苟规规于外诱之除，将见灭于东而生于西也。非惟日之不足，顾其端无穷，不可得而除也。……圣人之喜，以物之当喜；圣人之怒，以物之当怒。是圣人之喜怒，不系于心而系于物也。是则圣人岂不应于物哉？乌得以从外者为非，而更求在内者为是也？今以自私用智之喜怒，而视圣人喜怒之正为如何哉？夫人之情，易发而难制者，惟怒为甚。第能于怒时遽忘其怒，而观理之是非，亦可见外诱之不足恶，而于道亦思过半矣。（《河南程氏文集》卷二〈答横渠张子厚先生书〉／页460—461）

其他相近说法有：

> 盖上下、本末、内外，都是一理也，方是道。（卷一／页3）
> 诚者合内外之道，不诚无物。（卷一／页9）
> 须是合内外之道，一天人，齐上下，下学而上达，极高明而道中庸。（卷三／页59）
> 圣人之心，未尝有在，亦无不在，盖其道合内外，体万物。（卷三／页66）

◇ 性之善

【总论性善】以道为性、以理为性、以本源为性，故主性善。

> 道即性也。……圣贤论天德，盖谓自家元是天然完全自足之物，若无所污坏，即当直而行之；若小有污坏，即敬以治之，使复如旧。所以能使如旧者，盖为自家本质元是完足之物。（卷一／明道语／页1）
> 性本善，循理而行是须理事，本亦不难，但为人不知，旋安排着，便道难也。（卷十八／伊川语／页188）
> 且如言人性善，性之本也；生之谓性，论其所禀也。孔子言性相近，若论其本，岂可言相近？只论其所禀也。告子所云固是，为孟子问佗，他说，便不是也。（卷十八／伊川语／页207）
> 才则有善与不善，性则无不善。（卷十九／伊川语／页252）
> 问："人性本明，因何有蔽？"曰："此须索理会也。孟子言人性善是也。虽荀、扬亦不知性。孟子所以独出诸儒者，以能明性也。性无不善，而有不善者才也。性即是理，理则自尧、舜至于涂人，一也。才禀于气，气有清浊。禀其清者为贤，禀其浊者为愚。"（卷十八／伊川语／页

204）

　　称性之善谓之道，道与性一也。以性之善如此，故谓之性善。（卷二十五/伊川语/页318）

　　自性而行，皆善也。圣人因其善也，则为仁义礼智信以名之；以其施之不同也，故为五者以别之。合而言之皆道，别而言之亦皆道也。舍此而行，是悖其性也，是悖其道也。而世人皆言性也，道也，与五者异，其亦弗学欤！其亦未体其性也欤！其亦不知道之所存欤！（卷二十五/伊川语/页318）

　　性即理也，所谓理，性是也。天下之理，原其所自，未有不善。喜怒哀乐未发，何尝不善？发而中节，则无往而不善。（卷二十二上/伊川语/页292）

　　（荀子）却以礼义为伪，性为不善，佗自情性尚理会不得，怎生到得圣人？（卷十八/伊川语/页191）

【性善内容】大抵以五常为性善之内容。

　　仁、义、礼、智、信五者，性也。仁者，全体；四者，四支。仁，体也。义，宜也。礼，别也。智，知也。信，实也。（卷二上/页14）

　　仁义礼智信，于性上要言此五事，须要分别出。若仁则固一，一所以为仁。恻隐则属爱，乃情也，非性也。恕者入仁之门，而恕非仁也。因其恻隐之心，知其有仁。惟四者有端而信无端。只有不信，更无①信。如东西南北已有定体，更不可言信。若以东为西，以南为北，则是有不信。如东即东，西即西，则无②信。（卷十五/伊川语/页168）

　　自性而行，皆善也。圣人因其善也，则为仁义礼智信以名之；以其施之不同也，故为五者以别之。（卷二十五/伊川语/页318）

　　爱自是情，仁自是性，岂可专以爱为仁？孟子言恻隐为仁，盖为前已言"恻隐之心，仁之端也"，既曰仁之端，则不可便谓之仁。（卷十八/伊川语/页182）

---

① 原注："一作便有。"
② 原注："一有不字。"

盖仁是性①也，孝弟是用也。性中只有仁义礼智四者，几曾有孝弟来？（卷十八／伊川语／页183）

心譬如谷种，生之性便是仁也。（卷十八／伊川语／页184）

万物皆有性②，此五常性也。（卷九／页105）

义还因事而见否？曰："非也。性中自有。"或曰："无状可见。"曰："说有便是见，但人自不见，昭昭然在天地之中也。且如性，何须待有物方指为性？性自在也。贤所言见者事，某所言见者理。"（卷十八／伊川语／页185）

君子所以异于禽兽者，以有仁义之性也。苟纵其心而不知反，则亦禽兽而已。（卷二十五／伊川语／页323。方按：此亦人禽之辨也。此说似与性即理之说矛盾，若按性即理，则万物本性皆善也。人禽之别仅气才而已。）

【孟子】对孟子性善说的评说，其中称"孟子之言善者，乃极本穷源之性"，尤值得重视：

孟子所以独出诸儒者，以能明性也。（卷十八／伊川语／页204）

棣问："孔、孟言性不同，如何？"曰："孟子言性之善，是性之本；孔子言性相近，谓其禀受处不相远也。"（卷二十二上／伊川语／页291）

孟子所言，便正言性之本。（卷十九／伊川语／页252）

孟子言性，当随文看。不以告子"生之谓性"为不然者，此亦性也，彼命受生之后谓之性尔，故不同。断之以"犬之性犹牛之性，牛之性犹人之性与？"然不害为一。若乃孟子之言善者，乃极本穷源之性。（卷三／页63）

孟子言性善，皆由内出。（卷十五／伊川语／页149。方按：指善自性内出。）

《粹言》亦载伊川称孟子性善为"极本穷源之性"语：

---

① 原注："一作本。"
② 原注："一作信。"

子曰：告子言生之谓性，通人物而言之也。孟子道性善，极本原而语之也。生之谓性，其言是也。然人有人之性，物有物之性，牛有牛之性，马有马之性，而告子一之，则不可也。（〈心性篇〉，页1253）

【批评告子】批评告子有多处，此其一也：

"天地之大德曰生"，"天地絪缊，万物化醇"，"生之谓性"①，万物之生意最可观，此元者善之长也，斯所谓仁也。人与天地一物也，而人特自小之，何耶？（卷十一/明道语/页120）

【《易传》】以《易传》为证说性善。

"生生之谓易"，是天之所以为道也。天只是以生为道，继此生理者，即是善也。善便有一个元底意思。"元者善之长"，万物皆有春意，便是"继之者善也"。"成之者性也"，成却待佗万物自成其②性须得。（卷二上/页29）

"一阴一阳之谓道"，自然之道也。"继之者善也"，有道则有用，"元者善之长"也。"成之者"却只是性，"各正性命"者也。（卷十二/明道语/页135）

【批评荀扬】多次批评荀子、扬雄及韩愈，他们或以才论性。

韩退之言"孟子醇乎醇"，此言极好，非见得孟子意，亦道不到。其言"荀、扬大醇小疵"，则非也。荀子极偏驳，只一句"性恶"，大本已失。扬子虽少过，然已自不识性，更说甚道？（卷十九/伊川语/页262）

扬子，无自得者也，故其言蔓衍而不断，优游而不决。其论性则曰："人之性也善恶混，修其善则为善人，修其恶则为恶人。"荀子，悖圣人

---

① 原注："告子此言是，而谓犬之性犹牛之性，牛之性犹人之性，则非也。"

② 原注："一作甚。"

者也，故列孟子于十二子，而谓人之性恶。性果恶邪？圣人何能反其性以至于斯耶？（卷二十五/伊川语/页325）

扬雄、韩愈说性，正说着才也。（卷十九/伊川语/页252）

【德性】 "德性"一词当取自《中庸》，而常指人之善性（参卷十一）。

德性谓天赋天资，才之美者也。（卷二上/页20）

"德性"者，言性之可贵，与言性善，其实一也。"性之德"者，言性之所有；如卦之德，乃卦之韫也。（卷十一/明道语/页125。方按：此段论德性之义甚明，德性乃天生所有四德之性也。）

闻见之知，非德性之知。物交物则知之，非内也，今之所谓博物多能者是也。德性之知，不假闻见。（卷二十五/伊川语/页317）

【婴儿】 婴儿刚出生，未受外诱之前有真性，是善的：

然禽兽之性却自然，不待学，不待教，如营巢养子之类是也。人虽是灵，却椓丧处极多，只有一件，婴儿饮乳是自然，非学也，其佗皆诱之也。欲得人家婴儿善，且自小不要引佗，留佗真性，待他自然，亦须完得些本性须别也。（卷二下/页56）

◇ **性之不善**
性无不善，气、才有不善，是人间不善之源。

气有善不善，性则无不善也。人之所以不知善者，气昏而塞之耳。孟子所以养气者，养之至则清明纯全，而昏塞之患去矣。或曰养心，或曰养气，何也？曰："养心则勿害而已，养气则在有所帅也。"（卷二十一下/伊川语/页274）

又问："才出于气否？"曰："气清则才善，气浊则才恶。禀得至清之气生者为圣人，禀得至浊之气生者为愚人。如韩愈所言、公都子所问之人是也。然此论生知之圣人。若夫学而知之，气无清浊，皆可至于善而复性之本。所谓'尧、舜性之'，是生知也；'汤、武反之'，是学而

知之也。孔子所言上知下愚不移，亦无不移之理，所以不移，只有二，自暴自弃是也。"（卷二十二上／伊川语／页291—292）

◇ **性不可知**

以下这段话一般认为出自程颢，其主要观点与伊川有所不同。其中值得注意的有以下几点：（1）"善固性也，然恶亦不可不谓之性也"，此说表明性善、性恶均非论有合理性，并非只有性善成立；（2）说"'人生而静'以上不容说，才说性时，便已不是性也"，此说意味着人性善恶不可知；（3）从《易·系辞上》"一阴一阳之谓道，继之者善也，成之者性也"论性，认为善恶只是继起之事，非源头之事；（4）孟子所言性善，亦属于"继之者善"，未及本源；（5）因为后起有善恶，所以需要澄治之功，复其本原。

　　"生之谓性"，性即气，气即性，生之谓也。人生气禀，理有善恶，然不是性中元有此两物相对而生也。有自幼而善，有自幼而恶①，是气禀有然也。善固性也，然恶亦不可不谓之性也。盖"生之谓性""人生而静"以上不容说，才说性时，便已不是性也。凡人说性，只是说"继之者善"也，孟子言人性善是也。夫所谓"继之者善"也者，犹水流而就下也。皆水也，有流而至海，终无所污，此何烦人力之为也？有流而未远，固已渐浊；有出而甚远，方有所浊。有浊之多者，有浊之少者。清浊虽不同，然不可以浊者不为水也。如此，则人不可以不加澄治之功。故用力敏勇则疾清，用力缓怠则迟清，及其清也，则却只是元初水也。亦不是将清来换却浊，亦不是取出浊来置在一隅也。水之清，则性善之谓也。故不是善与恶在性中为两物相对，各自出来。此理，天命也。顺而循之，则道也。循此而修之，各得其分，则教也。自天命以至于教，我无加损焉，此舜有天下而不与焉者也。（卷一／明道语／页10—11）

◇ **文本解读**

【"公都子曰"章（〈告子上〉6A6）】

---

① 原注："后稷之克岐克嶷，子越椒始生，人知其必灭若敖氏之类。"

人性皆善，所以善者，于四端之情可见，故孟子曰："是岂人之情也哉？"至于不能顺其情而悖天理，则流而至于恶，故曰："乃若其情，则可以为善矣。"若，顺也。（卷二十二上／伊川语／页291）

【"口之于味也"章（〈尽心下〉7B24）】

口目耳鼻四支之欲，性也，然有分焉，不可谓我须要得，是有命也。仁义礼智，天道在人，赋于命有厚薄，是命也，然有性焉，可以学，故君子不谓命。（卷十九／伊川语／页257）

【"天下之言性"章（〈离娄下〉4B26）】

伊川据《易·乾·文言》"利贞者，性情也，乾始能以美利利天下"释孟子"以利为本"，以顺释利，称《孟子·梁惠王上》"何必曰利"之言并非抽象地反对利，而是反对以利为心，但仁义本身未尝不是利，关键是"顺理无害"。将"则故而已矣"释为"必求其故"。

"故者以利为本"，只是顺利处为性，若情则须是正也。（卷二上／页33）

"天下之言性，则故而已矣"，则语助也，故者本如是者也，今言天下万物之性，必求其故者，只是欲顺而不害之也，故曰"以利为本"，本欲利之也。此章皆为知而发，行其所无事，是不凿也；日至可坐而致，亦只是不凿也。（卷十五／页154—155）

"故者以利为本"，故是本如此也，才不利便害性，利只是顺。天下只是一个利，孟子与《周易》所言一般。只为后人趋着利便有弊，故孟子拔本塞源，不肯言利。其不信孟子者，却道不合非利，李遘（觏）是也。其信者，又直道不得近利。人无利，直是生不得，安得无利？且譬如倚子，人坐此便安，是利也。如求安不已，又要褥子，以求温暖，无所不为，然后夺之于君，夺之于父，此是趋利之弊也。利只是一个利，只为人用得别。（卷十八／伊川语／页215—216）

"利贞者性情也"，言利贞便是〈乾〉之性情。因问："利与'以利为本'之利同否？"先生曰："凡字只有一个，用有不同，只看如何用。

凡顺理无害处便是利，君子未尝不欲利。然孟子言'何必曰利'者，盖只以利为心则有害。如'上下交征利而国危'，便是有害。'未有仁而遗其亲，未有义而后其君。'不遗其亲，不后其君，便是利。仁义未尝不利。"（卷十九/伊川语/页249）

智出于人之性。人之为智，或人于巧伪，而老、庄之徒遂欲弃智，是岂性之罪也哉？善乎孟子之言："所恶于智者，为其凿也。"（卷二十一下/伊川语/页275）

"天下言性，则故而已"者，言性当推其元本，推其元本，无伤其性也。（卷二十四/伊川语/页313）

41. 胡宏（1106—1162）

【文献】（1）胡宏，《胡宏集》，吴仁华点校，北京：中华书局，1987。（2）朱熹，《晦庵先生朱文公文集》（全六册），刘永翔、朱幼文校点，以下简称《朱子文集》，载朱杰人、严佐之、刘永翔主编《朱子全书》（修订本）第二十至二十五册，上海：上海古籍出版社，合肥：安徽教育出版社，2010。（3）黎靖德编，《朱子语类》（全八册），王星贤点校，北京：中华书局，1994。

胡安国（1074—1138），字康侯，号青山，学者称武夷先生，后世称胡文定公。胡宏，字仁仲，号五峰，人称五峰先生。

安国云孟子性善之说只是叹美之辞，故性"不与恶对"；仁仲云"性也者，天地鬼神之奥也，善不足以言之"（源出〈知言〉，今存于《朱子文集》卷七十三〈胡子知言疑义〉）。盖谓善恶不足形容性，按朱子之评，则胡宏以为性无善恶。特别重要的是，〈释疑孟〉中胡宏引用〈乐记〉说明性为"人生而静"以上，即为接物前状态，而非感物而动范畴。这就可以理解他为什么倾向于人性无所谓善恶，而似乎倾向于认为孟子人性善之说是针对告子而言的。胡宏的"性"概念大体是作为接物前范畴，同时又强调它具涵众理（见下引〈知言〉），比如他说："大哉性乎！万理具焉，天地由此而立矣。"（《胡宏集》，页28）

不过，五峰对孟子总体评价极高（与苏轼同），文中常引孟子之言。其评价孟子曰："孟轲氏之言信而有征，其传圣人之道纯乎纯者也。"（《胡宏集》，页30）"自孟子之后……求如孟子知性者，不可得也。"（《胡宏集》，页41）其〈皇王大纪论〉中"孟子辟杨墨"章为孟子辟杨墨辩护。专门撰写〈释疑孟〉以驳司马光，并称孟子之性善论为"圣学之原"（《胡宏集》，页318）。

《胡宏集》

收有〈知言〉（页1—48），〈皇王大纪论〉[页219—282，中有"孟子辟杨墨"章（页281—282）]，〈释疑孟〉[页318—327，中有"性"章（页318）]。

大意以为心、性相分，心为性之主宰，性为心之实体。性与气、情亦相关，气为性之质，情为性之动。总体上讲，其对心的强调很多，大概认为一切寄托心的主宰作用。以下主要为〈知言〉内容（〈释疑孟〉仅引一条）。

◇ 心为性之主宰

胡宏提出"性主乎心"，张载"心统性情"与此义近：

> 气主乎性，性主乎心。（页16）
> 非性无物，非气无形。性，其气之本乎！（页22）
> 气之流行，性为之主。性之流行，心为之主。（页22）
> 性定，则心宰。心宰，则物随。（页30）
> 事物属于性，君子不谓之性也，必有心焉，而后能治。（页25）
> 天下莫大于心……莫久于性。（页25）
> 夫性无不体者，心也。（页16）

又朱子所作《胡子〈知言〉疑义》亦引胡宏曰：

> 《知言》曰："天命之谓性。性，天下之大本也。尧、舜、禹、汤、文王、仲尼六君子先后相诏，必曰心而不曰性，何也？曰：心也者，知天地，宰万物，以成性者也。六君子尽心者也，故能立天下之大本，人至于今赖焉。"[①]

---

① 《朱子文集》，载朱杰人、严佐之、刘永翔主编《朱子全书》（修订本）第二十至二十五册，上海：上海古籍出版社，2010，页3555。

该段未见于今本〈知言〉。称心为"知天地，宰万物，以成性者也"，与朱子所谓"心具众理"之义相近，亦已近乎性善论。

◇ **论性具众理**

其义与朱子同。称"义理，群生之性也"，近乎性善论，不过义理毕竟不等于孟子所谓"理义"。孟子理义即仁义，而胡子义理指道理、法则：

> 义理，群生之性也。（页29）
>
> 万物皆性所有也。圣人尽性，故无弃物。（页28）
>
> 大哉性乎！万理具焉，天地由此而立矣。世儒之言性者，类指一理而言之尔，未有见天命之全体者也。（页28）

◇ **心、性、情、命关系**

其言曰：

> 诚成天下之性，性立天下之有，情效天下之动，心妙性情之德。（页21）
>
> 诚，天命。中，天性。仁，天心。理性以立命，惟仁者能之。委于命者，失天心。失天心者，兴用废。理其性者，天心存。天心存者，废用兴。达乎是，然后知大君之不可以不仁也。（页41）
>
> 乾道变化，各正性命，命之所以不已，性之所以不一，物之所以万殊也。万物之性，动殖、小大、高下，各有分焉，循其性而不以欲乱，则无一物不得其所。……是故圣人顺万物之性，惇五典，庸五礼，章五服，用五刑，贤愚有别，亲疏有伦，贵贱有序，高下有等，轻重有权，体万物而昭明之，各当其用，一物不遗。（页41）
>
> 人尽其心，则可与言仁矣；心穷其理，则可与言性矣；性存其诚，则可与言命矣。（页26）

性代表存在（"性立天下之有"），情代表存在之动，心代表存在之主（心立存在之德）。

◇ **批评告子**

性为接物前，告子从接物后论性故不得要领。以下为〈释疑孟〉"性"条：

孔子曰："人生而静，天之性也。感于物而动，性之欲也。"知天性感物而通者，圣人也；察天性感物而节者，君子也；昧天性感物而动者，凡愚也。告子不知天性之微妙，而以感物为主，此孟子所以决为言之，使无疑也。此圣学之原也。而司马子乃引朱、均之不才以定天性，是告子之妄乱孟子之正。其不精，孰甚焉！（页318）

由上可知，胡宏称孟子之性论乃"圣学之原"，评价之高甚为明白。当然，这里并未讨论人性是善是恶，而似乎认为孟子称性善，是针对告子以感物而动者论性，而不是从"人性而静"论性。即告子囿于接物后，而性本存在于接物前。从这个角度看，胡宏倾向于人性无所谓善恶，大概也就不难理解了。

〈胡子知言疑义〉（朱熹）

朱子作〈胡子知言疑义〉，篇幅不长（《朱子全书》标点本共八页又四行），共录胡宏〈知言〉凡八条，逐条评论，偶引杨时、张栻，以批评为主。载《朱子文集》卷七十三，见《朱子全书》第二十四册，页3555—3564。

以下数条皆今本〈知言〉所未见，朱子所评皆谓胡宏主性无善恶，朱子、张栻不认同其言，且谓其说有悖于杨时。

《知言》曰："天理人欲，同体而异用，同行而异情，进修君子，宜深别焉。"熹按：此章亦性无善恶之意，与"好恶性也"一章相类，似恐未安。（页3556）

《知言》曰："好恶，性也。小人好恶以己，君子好恶以道。察乎此，则天理人欲可知。"熹按：此章即性无善恶之意。若果如此，则性但有好恶，而无善恶之则矣。君子好恶以道，是性外有道也。察乎此则天理人欲可知，是天理人欲同时并有，无先后宾主之别也。然则所谓"天生烝民，有物有则。民之秉彝，好是懿德"者，果何谓乎？龟山杨子曰："天命之谓性。人欲非性也。"却是此语直截，而胡子非之，误矣。（页3557）

栻曰："好恶，性也。"此一语无害，但著下数语，则为病矣。今欲作："好恶，性也，天理之公也。君子者循其性者也，小人则以人欲乱之，而失其则矣。"（页3557）

熹谓好恶固性之所有，然直谓之性则不可。盖好恶，物也，好善而恶恶，物之则也。有物必有则，是所谓"形色，天性也"。（页3557）

上两条皆为朱子批评胡宏以为人性无善恶之处，下面这段话则是从正面载胡宏自称承其父胡安国论性之要旨，可见其所谓性无善恶，并非如告子之意，而是指性超出善恶对立，暗寓性为至善，故称孟子性善说"独出诸儒之表"，后来王阳明、王夫之、钱德洪亦有类似观点：

《知言》曰："或问性。曰：'性也者，天地之所以立也。''然则孟轲氏、荀卿氏、扬雄氏之以善恶言性也，非欤？'"曰："性也者，天地鬼神之奥也。善不足以言之，况恶乎哉！"或又曰："何谓也？"曰："宏闻之先君子曰：'孟子所以独出诸儒之表者，以其知性也。'宏请曰：'何谓也？'先君子曰：'孟子道性善云者，叹美之词，不与恶对。'"……熹按："性无善恶""心无死生"两章似皆有病。性无善恶，前此论之已详，心无死生则几于释氏轮回之说矣。（页3559）①

此观点影响甚广。日本学者山鹿素行《山鹿语类》卷四十一"论诸子说性"条亦载：

胡文定公曰："性不可以善言。才说善时，便与恶对，非本然之性。孟子道性善，只是赞叹之辞说好个性，如佛言善哉善哉。"②

山鹿所引，与〈胡子知言疑义〉所引字异而义同（山鹿本人亦持此说，认所谓人性善恶只是强而字之）。

据《朱子语类》卷一百零一〈程子门人〉所载朱子语，胡安国"孟子性

---

① 胡宏此条亦见于《宋元学案》卷一百，后亦录朱子评语。清儒陈澧《东塾读书记》卷二十五亦录此条，且非之曰："澧谓康侯之说文义不通，仁仲之说亦欲高出于孟子之上，不必与辩。"

② 井上哲次郎、蟹江义丸编《日本伦理汇编》卷四〈古学派の部（上）〉，东京：育成会，明治35年5月4日发行，页577。方按：山鹿所引胡文定语，据《朱子语类》当出自胡文定之季子胡季随，非胡文定语。参朱熹《朱子语类》卷一百零一〈程子门人·胡康侯〉，北京：中华书局，1986，页2585。

善乃叹美之辞，不与恶对”之言传自龟山杨时，初发于常摠，而朱子对此说显然不认同：

> 龟山往来太学，过庐山，见常摠。摠亦南剑人，与龟山论性，谓本然之善，不与恶对。后胡文定得其说于龟山，至今诸胡谓本然之善不与恶对，与恶为对者又别有一善。常摠之言，初未为失。若论本然之性，只一味是善，安得恶来？人自去坏了，便是恶。既有恶，便与善为对。今他却说有不与恶对底善，又有与恶对底善。如近年郭子和《九图》，便是如此见识，上面书一圈子，写“性善”字，从此牵下两边，有善有恶。或云：“恐文定当来未有甚差，后来传袭，节次讹舛。”曰：“看他说‘善者赞美之辞，不与恶对’，已自差异。”①

42. 朱熹（1130—1200）

【文献】（1）黎靖德编，《朱子语类》（全八册），王星贤点校，北京：中华书局，1994，以下简称《语类》。（2）朱熹，《晦庵先生朱文公文集》（全六册），刘永翔、朱幼文校点，载朱杰人、严佐之、刘永翔主编《朱子全书》（修订本）第二十至二十五册，上海：上海古籍出版社，合肥：安徽教育出版社，2010，以下简称《文集》。（3）朱熹，《四书章句集注》，北京：中华书局，2012。（4）朱熹，《四书或问》，黄珅校点，载《朱子全书》第六册，页491—1016。

朱熹，字元晦，又字仲晦，号晦庵，世称朱文公。朱子论性，钱穆《朱子新学案》“论性”“论情”“论心与性情”诸条已详录原文资料，且精加点评。读者如读此书，可忽略本处矣。② 以下摘录内容，参照了钱穆《朱子新学案》。

---

① 黎靖德编《朱子语类》（全八册），王星贤点校，北京：中华书局，1994，页2587—2588。

② 参钱穆《朱子新学案》第二册，载《钱宾四先生全集》（十二），台北：联经出版事业股份有限公司，1998，页1—44（论性）、45—69（论命）、123—129（论情）、131—139（论心与性情）。此书初版于1971年，再版于1982年。除1998年全集版外，亦有大陆《钱穆先生全集》（新校本）之《朱子新学案》（全五册）（北京：九州出版社，2011）。

今人论朱子之人性观可参钱穆《朱子新学案·朱子学提要》，冯友兰《中国哲学史》《中国哲学史新编》[1]，张岱年《中国哲学大纲》[2]，唐君毅《中国哲学原论·原性篇》[3]，牟宗三《心体与性体》[4]，陈来《朱子哲学研究》[5]，劳思光《新编中国哲学史》[6]。西方汉学界可参田浩（Hoyt Till-man）[7]、安靖如（Stephen C. Angle）[8] 等人论著。

《朱子语类》

◇ 气质说

　　道夫问："气质之说，始于何人？"曰："此起于张、程。某以为极有功于圣门，有补于后学。"（《语类》卷四〈性理一〉，页 70）

◇ 理与气

　　有是理而后有是气，有是气则必有是理。（《语类》卷四〈性理一〉，页 73）

　　方按：此言甚是。然若如此言，则不可言气质之性恶，气之理何曾得恶，故颜元谓："后言不且以己矛刺己盾乎？"[9]

---

① 冯友兰：《中国哲学史》，上海：华东师范大学出版社，2011，页 263—267；《中国哲学史新编》下卷，北京：人民出版社，2001，页 193—198。
② 张岱年：《中国哲学大纲》，载《张岱年全集》卷二，石家庄：河北人民出版社，1996，页 247—249。
③ 唐君毅：《中国哲学原论·原性篇》，载《唐君毅先生全集》卷十五，台北：台湾学生书局，1984，页 358—411。
④ 牟宗三：《心体与性体》第三册，载《牟宗三先生全集⑦》，台北：联经出版事业股份有限公司，2003，页 451—539。
⑤ 陈来：《朱子哲学研究》，上海：华东师范大学出版社，2000，页 194—212。
⑥ 劳思光：《新编中国哲学史》（卷三上），桂林：广西师范大学出版社，2005，页 226—236。
⑦ 田浩：《朱熹的思维世界》，南京：江苏人民出版社，2011，页 56—81；《功利主义儒家：陈亮对朱熹的挑战》，姜长苏译，南京：江苏人民出版社，2012，页 121—128。
⑧ 安靖如：《圣境：宋明理学的当代意义》，吴万伟译，北京：中国社会科学出版社，2017，页 70—74。
⑨ 《颜元集》第一册，王星贤、张芥尘、郭征点校，北京：中华书局，1987，页 6。

◇ 性与气

"论性不论气，不备；论气不论性，不明。"……须是合性与气观之，然后尽。盖性即气，气即性也。（《语类》卷五十九〈孟子〉，页1387—1388）

◇ 性与情

大抵性是体，情是用；性主静，情主动；性未发，情已发。亦汉代以来常见观点。其批评李翱灭情之论，以为沦入释老。其实李翱亦主性由情显，并非灭情，只是主情有善恶。另外，朱子解释孟子之"情"，却是情感之情居多。"性不可说，情却可说"，所以告子问性，孟子以情答之（《语类》卷五十九〈孟子九·告子〉）。（方按：以四端为情，王夫之《读四书大全说》力驳之。盖王氏以情、才可为不善，故须证明四端非情，而情只是喜怒哀乐；朱子释情为"若其情"之情，情即四端，则可以为善。）

情不是反于性，乃性之发处。性如水，情如水之流。情既发，则有善有不善，在人如何耳。才，则可为善者也。（《语类》卷五十九〈孟子〉，页1381）

性不可说，情却可说。所以告子问性，孟子却答他情。盖谓情可为善，则性无有不善。所谓"四端"者，皆情也。仁是性，恻隐是情。恻隐是仁发出来底端芽，如一个谷种相似，谷之生是性，发为萌芽是情。所谓性，只是那仁义礼智四者而已。四件无不善，发出来则有不善。（《语类》卷五十九〈孟子〉，页1380）

情本不是不好底。李翱灭情之论，乃释老之言。（《语类》卷五十九〈孟子〉，页1381）

◇ 性即理

伊川"性即理也"，自孔孟后，无人见得到此。亦是从古无人敢如此道。伊川"性即理也"四字，颠扑不破。（《语类》卷五十九〈孟子〉，页1387）

性与气皆出于天。性只是理，气则已属于形象。性之善固人所同，气便有不齐处。（《语类》卷五十九〈孟子〉，页1387）

问："看道理，须寻根原来处，只是就性上看否？"曰："如何？"曰："天命之性，万理完具；总其大目，则仁义礼智，其中遂分别成许多万善。大纲只如此，然就其中须件件要彻。"曰："固是如此，又须看性所因是如何？"曰："当初天地间元有这个浑然道理，人生禀得便是性。"曰："性只是理，万理之总名。此理亦只是天地间公共之理，禀得来便为我所有。天之所命，如朝廷指挥差除人去做官；性如官职，官便有职事。"（《语类》卷一百一十七，页2816）

◇ **性即仁义礼智**

性，只是那仁义礼智四者而已。四件无不善，发出来则有不善。（《语类》卷五十九〈孟子〉，页1380）

◇ **本然之性与气质之性**

盖本然之性，只是至善。然不以气质而论之，则莫知其有昏明开塞，刚柔强弱，故有所不备。徒论气质之性，而不自本原言之，则虽知有昏明开塞、刚柔强弱之不同，而不知至善之源未尝有异，故其论有所不明。（《语类》卷五十九〈孟子〉，页1387—1388）

◇ **性体**

今以中华书局开发的中华经典古籍库（电子数据库）《语类》电子版检索，检得"性之本体"10见（其中朱熹及其弟子使用若干次）。大致来说，朱子"性之体"指性本身，往往针对气质而言，即性之不杂乎气质者，故内容只是天理，亦即其"本然之性"，含义无别。

大抵人有此形气，则是此理始具于形气之中，而谓之性。才是说性，便已涉乎有生而兼乎气质，不得为性之本体也。然性之本体，亦未当杂。要人就此上面见得其本体元未当离，亦未当杂耳。（《语类》卷九十五

〈程子之书〉，页2430）

此段针对程明道"人生而静以上不容说"一句解释。

◇ **心体**

陈来指出，"在北宋五子，不仅濂溪、横渠没有心体与性体的概念，即是二程，也没有提出这两个概念。不过，张横渠提出'太虚无形，气之本体'的思想，明确地在'本然之体'的意义上使用'本体'的概念。及二程提出'其体则谓之易，其理则谓之道，其用则谓之神'，在变易总体的意义上发展了'体'的用法。……理学中最先提出心体与性体的观念的，反而是朱子。朱子初年与张南轩论中和时曾提出'心体流行'，这里心体的体并非体用的体，乃程氏'其体则谓之易'的体，即变易的总体"。①

> 学者须当于此心未发时加涵养之功……方其未发，此之心体寂然不动，无可分别，且只凭混沌养将去。（《语类》卷六〈性理三〉，页119）
>
> 心体本正，发而为意之私，然后有不正。（《语类》卷十六〈大学〉，页343。方按：此弟子问。）
>
> 此心之体，寂然不动，如镜之空，如衡之平，何不得其正之有？（《语类》卷十六〈大学〉，页423）
>
> "心本善，发于思虑，则有善有不善。"程子之意，是指心之本体有善而无恶。（《语类》卷九十五〈程子之书〉，页2439）

◇ **孟子之"才"**

孟子言才未能把事理说透，故引出荀、扬来，因为他只针对才之出于性者，程子则针对才之出于气者，"孟子自其同者言之，故以为出于性；程子自其异者言之，故以为禀于气"（《语类》卷五十九〈孟子〉，页1386）。

> 若孟子与伊川论才，则皆是。孟子所谓才，止是指本性而言，性之发用，无有不善处。……如伊川论才，却是指气质而言也。（《语类》卷五十九〈孟子〉，页1385—1386）

---

① 陈来：《有无之境：王阳明哲学的精神》，北京：北京大学出版社，2013，页198。

孟子说自是与程子说小异。孟子只见得是性善，便把才都是善。不知有所谓气禀各不同。(《语类》卷五十九〈孟子〉，页1386)

问孟、程所论才同异。曰："……孟子自其同者言之，故以为出于性；程子自其异者言之，故以为禀于气。大抵孟子多是专以性言，故以为性善，才亦无不善。到周子、程子、张子，方始说到气上。要之，须兼是二者言之方备。只缘孟子不曾说到气上，觉得此段话无结杀，故有后来荀扬许多议论出。"(《语类》卷五十九〈孟子〉，页1383)

◇ **孟子论性未备**

朱子认为气有清浊，如水一般，故有好坏不齐。朱子所谓孟子所论在"大本处"，盖指本原之性、性之本体。

孟子已见得性善，只就大本处理会，便不思量这下面善恶所由起处有所谓气禀各不同。(《语类》卷五十九〈孟子〉，页1386)

孟子说性善，只见得大本处，未说到气质之性细碎处。……孟子只知论性，不知论气，便不全备。(《语类》卷五十九〈孟子〉，页1389)

"论性不论气不备，论气不论性不明。"盖本然之性，只是至善。然不以气质而论之，则莫知其有昏明开塞，刚柔强弱，故有所不备。徒论气质之性，而不自本原言之，则虽知有昏明开塞、刚柔强弱之不同，而不知至善之源未尝有异，故其论有所不明。须是合性与气观之，然后尽。盖性即气、气即性也。若孟子专于性善，则有些是"论性不论气"；韩愈三品之说，则是"论气不论性"。(《语类》卷五十九〈孟子〉，页1387—1388)

若只论性而不论气，则收拾不尽，孟子是也。若只论气而不论性，则不知得那源头，荀、扬以下是也。韩愈也说得好，只是少个"气"字。(《语类》卷五十九〈孟子〉，页1389)

◇ **告子知气质之性**

告子从知觉运动说性，故为气质之性。

"生之谓性"，只是就气上说得。盖谓人也有许多知觉运动，物也有许多知觉运动，人、物只一般。却不知人之所以异于物者，以其得正气，故具得许多道理；如物，则气昏而理亦昏了。（《语类》卷五十九〈孟子〉，页 1377）

告子说"生之谓性"……乃是说气质之性，非性善之性。（《语类》卷五十九〈孟子〉，页 1377）

他说"食色性也"，便见得他只道是手能持，足能履，目能视，耳能听，便是性。释氏说"在目曰视，在耳曰闻，在手执捉，在足运奔"，便是他意思。（《语类》卷五十九〈孟子〉，页 1380）

【性之本体为形而上者】性分形上、形下，告子所言性为形下之性，孟子所言为性之本体，当属形上：

问"生之谓性"。曰："他合下便错了。他只是说生处，精神魂魄，凡动用处是也。……盖谓目之视，耳之闻，手之执捉，足之运奔，皆性也。说来说去，只说得个形而下者。……然只得告子不知所答，便休了，竟亦不曾说得性之本体是如何。"（《语类》卷五十九〈孟子〉，页 1376）

后面称告子从知觉运动出发。下面"不曾说得性之本体"是指孟子不曾告诉对方性之本体。这说明朱子认为孟子性善是从性之本体出发。

【本然之性即道心】以道心、人心相对，道心代表本然之性。此处"本然之性"，当即前文所言"性之本体"。

告子只知得人心，却不知有道心。他觉那趋利避害，饥寒饱暖等处，而不知辨别那利害等处正是本然之性。（《语类》卷五十九〈孟子〉，页 1378）

◇ **孟荀扬韩之别**

《语类》卷五十九《孟子九·告子上》有朱子集中论孟子、告子以及荀子、扬雄、韩愈等论性之语。

荀子只见得不好人底性，便说做恶。扬子只见得半善半恶人底性，便说做善恶混。韩子见得天下有许多般人，故立为三品，说得较近。其言曰：仁义礼智信，性也；喜怒哀乐爱恶欲，情也。似又知得性善，荀、扬皆不及，只是过接处少一个"气"字。（《语类》卷五十九〈孟子〉，页 1389）

荀扬韩诸人，虽是论性，其实只说得气。（《语类》卷四〈性理一〉，页 73）

"如孟子说性善，是'论性不论气'也。但只认说性善，虽说得好，终是欠了下面一截。自荀扬而下，便只'论气不论性'了。"道夫曰："子云之说，虽兼善恶，终只论得气。"曰："他不曾说著性。"（《语类》卷五十九〈孟子〉，页 1388）

"论气不论性"，荀子言性恶，扬子言善恶混是也。"论性不论气"，孟子言性善是也。性只是善，气有善不善。韩愈说生而便知其恶者，皆是合下禀得这恶气。有气便有性，有性便有气。（《语类》卷五十九〈孟子〉，页 1388）

若只论性而不论气，则收拾不尽，孟子是也。若只论气而不论性，则不知得那源头，荀、扬以下是也。韩愈也说得好，只是少个"气"字。若只说一个气而不说性，只说性而不说气，则不是。（《语类》卷五十九〈孟子〉，页 1389）

若孟子专于性善，则有些是"论性不论气"；韩愈三品之说，则是"论气不论性"。（《语类》卷五十九〈孟子〉，页 1388）

"性气"二字，兼言方备。孟子言性不及气，韩子言气不及性。然韩不知为气，亦以为性然也。（《语类》卷五十九〈孟子〉，页 1389）

孟子只论性，不知论气，便不全备。若三子虽论性，却不论得性，都只论得气，性之本领处又不透彻。（《语类》卷五十九〈孟子〉，页 1389）

《朱子文集》

下引为《朱子全书》第二十至二十五册，此六册统一页码。

◇ **性体**

书同文公司开发的《四部丛刊09增补版》电子数据库中《晦庵先生朱

文公文集》中"性之本体"一词查得 8 见 [卷四十六、卷六十一（5 见）、卷六十二、卷七十四]。

> 性之本体便是仁义礼智之实。（《文集》卷六十一〈答林德久〉，页2935）
>
> 便是人生以后，此理堕在形气之中，不全是性之本体矣。然其本体又亦未尝外此。要人即此而见得其不杂于此者耳。（《文集》卷六十一〈答严时亨〉，页 2964—2965。方按：此段为朱子解释明道"才说性时便已不是性也"。）

上面〈答严时亨〉还称："《易大传》言继善，即是指未生之前。孟子言性善，是指已生之后。"（《文集》卷六十一，页 1965）以《易大传》"继之者善也"指未生之前，以与其性善指未生已有之理之说一致。

朱子〈答陈器之（问玉山讲义）〉极论性之本体，堪称经典。《宋元学案》之〈晦翁学案上〉〈木钟学案〉均有录（前者录其半，后者录其全）。朱子大抵认为，性之本体"含具万理"，而理之大者即是仁、义、礼、智；"四端"则性之本体有感而发、显于外者，由四端之萌可逆知四德之存。同时，他反对释"乃若其情"的"若"为"顺"，而认为此句指就其情而知其性而言。盖性之发为情，情虽有不善，但孟子就性之发处言，故能由情知性。

下面摘录其中紧要几段：

> 性是太极浑然之体，本不可以名字言，但其中含具万理，而纲理之大者有四，故命之曰仁、义、礼、智。（《文集》卷五十八〈答陈器之〉，页 2778）
>
> 盖四端之未发也，虽寂然不动，而其中自有条理、自有间架，不是侗侗都无一物，所以外边才感，中间便应。如赤子入井之事感，则仁之理便应，而恻隐之心于是乎形；如过庙过朝之事感，则礼之理便应，而恭敬之心于是乎形。盖由其中间众理浑具，各各分明，故外边所遇随感而应，所以四端之发各有面貌之不同，是以孟子析而为四，以示学者，使知浑然全体之中而灿然有条若此，则性之善可知矣。然四端之未发也，所谓浑然全体，无声臭之可言、无形象之可见，何以知其灿然有条如此？

盖是理之可验，乃依然就他发处验得。凡物必有本根，性之理虽无形，而端的之发最可验。故由其恻隐所以必知其有仁，由其羞恶所以必知其有义，由其恭敬所以必知其有礼，由其是非所以必知其有智。使其本无是理于内，则何以有是端于外？由其有是端于外，所以必知有是理于内而不可诬也。故孟子言"乃若其情，则可以为善矣，乃所谓善也"，是则孟子之言性善，盖亦溯其情而逆知之耳。（《文集》卷五十八〈答陈器之〉，页2779）

后面极论四端未发时虽寂然不动，而其中条理自具；之所以知性具此四端，因为"就他发处可验得"。（方按：牟宗三批判朱子寂然不动，强调存在即活动，是要说明宇宙创生过程；如果寂然不动，何以生生不息？这是后人超越前人处，但牟说只是进一步对朱说的完善，在将性之本体绝对化、先验化上，二人本无二致。）

◇ **心体**

> 人之心，湛然虚明，以为一身之主者，固其本体。而喜、怒、忧、惧，随感而应者，亦其用之所不能无者也。然必知至意诚，无所私系，然后物之未感，则此心之体寂然不动，如鉴之空、如衡之平；物之既感，则如妍媸高下随物以应，皆因彼之自尔而我无所与。此心之体用所以常得其正，而能为一身之主也。（《文集》卷五十一〈答黄子耕〉，页2379）

> 孝述按："……言正心，则曰心之本体湛然虚明，而欲其顺应事物而无所动……"先生批云："同上。"［《文集·续集》卷十〈答李孝述继善问目〉，页4806。方按："心之本体"为李孝述（字继善）用语，朱子"同上"之批文有"理固如此，然须用其力"之意。］

李孝述之问中有"心之本体"一词。朱子〈答黄子耕〉中以人心之"湛然虚明""为一身之主者"为心之本体。

◇ **理与气**

理、气决是二物，承认虽然说"未有物而已有物之理"，但强调"未尝实有是物也"。

所谓理与气，此决是二物。但在物上看，则二物浑沦，不可分开各在一处，然不害二物之所有一物也；若在理上看，则虽未有物而已有物之理，然亦但有其理而已，未尝实有是物也。（《文集》卷四十六〈答刘叔文〉，页2146）

◇ **性与气**

批评"气之精者为性、性之精者为气"，与后来陈确、颜元、程瑶田辈区别即在此。

须知未有此气，已有此性。气有不存，性却常在。虽其方在气中，然气自气，性自性，亦自不相夹杂。……不当说气之精者为性、性之粗者为气也。（《文集》卷四十六〈答刘叔文〉，页2147）

◇ **孔、孟言性之异**

孔子言性"杂乎气质而言之"，孟子则"专言其性之理"。

至于孔、孟言性之异……略而论之，则夫子杂乎气质而言之，孟子乃专言其性之理也。杂乎气质而言之，故不曰同而曰近。盖以为不能无善恶之殊，但未至如其所习之远耳。（《文集》卷五十八〈答宋深之〉，页2784）

"专言其性之理"，此说似强调孟子言性善，只针对性之理，不针对性之质。然孟子确实说过"不能尽其才"，亦强调"践形"，但此不可说脱离气质矣。

《四书章句集注》

◇ **性即理**

性者，人之所得于天之理也……以理言之，则仁、义、礼、智之禀，岂物之所得而全哉？此人之性所以无不善，而为万物之灵也。（《孟子集注》〈告子上〉6A3，页332）

性，即理也。天以阴阳五行化生万物，气以成形，而理亦赋焉，犹命令也。于是人物之生，因各得其所赋之理，以为健顺五常之德，所谓性也。（《中庸章句》第一章，页17）

性者，人所禀于天以生之理也。浑然至善，未尝有恶。（《孟子集注》〈滕文公上〉3A1，页254）

性者，人、物所得以生之理也。（《孟子集注》〈离娄下〉4B26，页302）

性者，人生所禀之天理也。（《孟子集注》〈告子上〉6A1，页321）

性则心之所具之理，而天又理之所从以出者也。（《孟子集注》〈尽心上〉7A1，页359）

◇ 告子以气为性

告子不知性之为理，而以所谓气者当之。（《孟子集注》〈告子上〉6A3，页332）

告子以人之知觉、运动者为性，故言人之甘食、悦色者即其性。（《孟子集注》〈告子上〉6A3，页332）

◇ 性与气

性，形而上者也；气，形而下者也。人物之生，莫不有是性，亦莫不有是气。然以气言之，则知觉、运动，人与物若不异也。（《孟子集注》〈告子上〉6A3，页332）

《四书或问》

以下页码为《朱子全书》第六册页码。

◇ 心体

此论及心之本体，以"真体之本然"称之。

人之一心，湛然虚明，如鉴之空，如衡之平，以为一身之主者，固其真体之本然，而喜怒忧惧，随感而应，妍蚩俯仰，因物赋形者，亦其用之所不能无者也。故其未感之时，至虚至静，所谓鉴空衡平之体，虽鬼神有不得窥其际者，固无得失之可议；及其感物之际，而所应者，又皆中节，则其鉴空衡平之用，流行不滞，正大光明，是乃所以为天下之达道，亦何不得其正之法哉？（《四书或问》卷二〈大学〉，页534）

此段以《中庸》未发、已发释《大学》有所忿懥、恐惧、忧患、好乐则"不得其正"，即正心之说。以《中庸》首章"未发之中"为心之本体，盖亦指性之本体，含具众理。

◇ **性体**

性之本体，理而已矣。情则性之动而有为，才则性之具而能为者也。（《四书或问》卷三十六〈孟子〉，页981）

43. 叶适（1150—1223）

【文献】叶适，《习学记言序目》（全二册），北京：中华书局，1977。

叶适，字正则，号水心居士。叶适似乎认为人性本不适合于以善恶来评论；据沈尚武等人看法，[1] 叶氏认为人性善恶受环境影响，因此不赞同孟、荀之言。叶氏引孔子"性近习远"、汤武"若有恒性"、伊尹"习与性成"之言以证己意。他批评荀子，说既然圣人化性起伪而为善，则圣人之性亦尝有恶。与此同时，他亦对孟子性善之论高度评价，认为是在世风日下的时代条件下，针对人们普遍认为"人性本来就是这样的"这一特定现象而论，其目的在于承续尧舜之道统，功莫大焉。[2]

---

[1] 沈尚武、袁岳：《叶适人性论新诠释》，《福建论坛》（社科教育版）2010年第6期，页28—31。

[2] 今本《叶适集》（上中下三册，刘公纯等点校，北京：中华书局，2010）中未查到论性文字，盖叶氏于人性善恶问题未甚着意也。

《习学记言序目》

◇ 古人固不以善恶论性

大意认为孟、荀相对之说皆非无的放矢，但均可能不全面。孔子性近习远之言表明，"古人固不以善恶论性"：

> 孟子"性善"，荀卿"性恶"，皆切物理，皆关世教，未易重轻也。夫知其为善，则固损夫恶矣；知其为恶，则固进夫善矣。然而知其为恶在，是后进夫善以至于圣人，故能起伪以化性，使之终于为善而不为恶，则是圣人者，其性亦未尝善欤？伊尹曰："兹乃不义，习与性成。"孔子曰："性相近也，习相远也，惟上智与下愚不移。"呜呼！古人固不以善恶论性也，而所以至于圣人者，则必有道矣。（页653）
>
> 余尝疑汤"若有恒性"，伊尹"习与性成"，孔子"性近习远"，乃言性之正，非止善字所能弘通。而后世学者，既不亲履孟子之时，莫得其所以言之要，小则无见善之效，大则无作圣之功，则所谓性者，姑以备论习之焉而已。（页206）

◇ 批评"率性之谓道"

《习学记言序目》卷十八〈礼记·中庸〉部分全面批评了"天命之谓性，率性之谓道，修道之谓教"这三句话（页107—108）。他引用《尚书》"惟皇上帝降衷于下民"批评"天命"不若"降衷"，因为"降衷"专对人，而"天命"泛指万物；引《尚书》"若有恒性"批评"率性"之说，因为"率性"导致人们忘记性之所恒，而人各"以意之所谓当然者率之"（页107），"将各徇乎人之所安，而大公至正之路不得而共由矣"（页108）。盖叶氏认为"率道"可，"率性"则不可。他引《尚书》"克绥厥猷惟后"批评"修道"之说，因为道可以"绥"而不可"修"，"修则有所损益而道非其真"（页108）。从叶氏反对"率性"，担心人人徇己而不知性之所当然，其疑性善可想而知。从其一再引用《尚书》，可知其认为《尚书》《论语》比子思、孟子重要得多。其言曰：

> 《书》又称"若有恒性"，即"率性之谓道"也，然可以言若有恒

性，而不可以言率性。盖已受其衷矣，故能得其当然者，若其有恒，则可以为性；若止受于命，不可知其当然也，而以意之所谓当然者率之，又加道焉，则道离于性而非率也。（页 107）

且古人言道，顺而下之，"率性之谓道"，是逆而上之也。夫性与道合可也，率性而谓之道，则以道合性，将各徇乎人之所安，而大公至正之路不得而共由矣。（页 108）

◇ 孟子性善针对特定时代

《习学记言序目》卷十四〈孟子〉有"滕文公"章和"告子"章，其中论性善曰：

"孟子道性善，言必称尧舜。"按子思独演尧舜之道，颜曾以下为善有艺极者所不能也，故自孟子少时，则固已授之矣。尧舜，君道也，孔子难言之；其推以与天下共而行之疾徐先后喻之，明非不可为者，自孟子始也。（页 200）

周衰而天下之风俗渐坏……当时往往以为人性自应如此，告子谓"性犹杞柳，义犹桮棬"，犹是言其可以矫揉而善，尚不为恶性者。而孟子并非之，直言人性无不善，不幸失其所养使至于此，牧民者之罪，民非有罪也，以此接尧舜禹汤之统。虽论者乖离，或以为有善有不善，或以为无善无不善，或直以为恶，而人性之至善未尝不隐然见于搏噬、紾夺之中，此孟子之功所以能使帝王之道几绝复续，不以毫厘秒忽之未备为限断也。余尝疑汤"若有恒性"，伊尹"习与性成"，孔子"性近习远"，乃言性之正，非止善字所能弘通。而后世学者，既不亲履孟子之时，莫得其所以言之要，小则无见善之效，大则无作圣之功，则所谓性者，姑以备论习之焉而已。（页 206）

大意以为孟子性善之旨传自子思，欲明尧舜之道非不可为。下段中华书局本移至"告子"章首段，而原本在"滕文公"章上接上段，文义亦紧承"滕公文"章。这两段大意以为孟子言性善，是针对当时人们看到风俗之坏，"往往以为人性自应如此"。告子无善恶之说，意在说明人性本不为恶、尚可"矫揉而善"，而孟子"并非之，直言人性无不善"，以强调今日人性之坏皆当政所为，"以此接尧舜禹汤之统"。并盛赞孟子此举"之功所以能使帝王之道几绝复续"（页206）。

44. 陈淳（1159—1223）

【文献】陈淳，《北溪字义》，熊国祯、高流水点校，北京：中华书局，1983。

陈淳，字安卿。今本《北溪字义》据《四库全书提要》所言，为其门人王隽所录。是书条目中"命""性""心""情"诸条较为详尽，可惜没有立"天"为一条，盖其论天载于论"命"条中。程朱理学的人性论经陈淳解说，十分简要、明达，今撮其说中与人性善恶有关者如下。

《北溪字义》

◇ 性即理

以性即是理：

> 性即理也。何以不谓之理而谓之性？盖理是泛言天地间人物公共之理，性是在我之理。只这道理受于天而为我所有，故谓之性。（页6）
> 理与性字对说，理乃是在物之理，性乃是在我之理。（页42）

理则是事物"当然之则"：

> 只是事物上一个当然之则便是理。"则"是准则、法则，有个确定不易底意。（页42）。
> 理是在物当然之则。（页42）

理与道"道与理大概只是一件物"（页41），但析为二字，含义亦有侧重之不同，"道是就人所通行上立字"（页41），"理有确然不易底意"（页42）。

◇ 性之内容

陈淳承程朱之学，以性为理，又界定理为事物"当然之则"。既然性即是理，理就是事物当然之则，那么此理何以归结为仁义礼智信五常呢？五常诚然代表一种道德原理，但万物之理岂限于此？作者所讲"足容重""手容恭"之类，固然反映了五常之理，但作者所举之"视思明，听思聪"之类，恐怕就不能说可由五常之理完全代表了。而且作者似乎没有区分实然之理与应然之理二者。比如水有就下之理，此乃实然之理。人有敬长之理则是应然之理。按照休谟从"是"推不出"应该"的说法，此二理似乎有本质区别：

> 性字从生从心，是人生来具是理于心，方名之曰性。其大目只是仁义礼智四者而已。得天命之元，在我谓之仁；得天命之亨，在我谓之礼；得天命之利，在我谓之义；得天命之贞，在我谓之智。（页6）

性即理诚然是一个好的说法，但若将理的范围拓宽一下，将实然之理与应然之理之界限区分清楚，对性之义无疑有巨大进步。

◇ **性与命**

陈淳认为，"命，犹令也，如尊命、台命之类"，"天命，即天道之流行而赋予于物者"（页1）。但他又认为，命有二义，"有以理言者，有以气言者"（页1）。以理言，指天赋予万物以理；以气言，指天规定万物厚薄长短之不齐乃至贫富贵贱、夭寿祸福之不同，即"命分"之命。他强调，理不是独立于气而存在，"只是就气上指出个理"（页1）。据此，性亦是天命于人者，不过不是气质意义上命分之命，而是命万物以理之命。陈曰：

> 性与命本非二物，在天谓之命，在人谓之性。故程子曰："天所付为命，人所受为性。"文公曰："元亨利贞，天道之常；仁义礼智，人性之纲。"（页6）

> 性命只是一个道理，不分看则不分晓。只管分看不合看，又离了，不相干涉。须是就浑然一理中看得有界分，不相乱。（页6）

◇ **性与情**

大抵认为情是性之动，性是未发，情是已发；但同时主性善情有不善。情的内容是喜、怒、哀、惧、爱、恶、欲七者，但同时也明确说《中庸》中的"喜、怒、哀、乐"，《大学》中的"忿懥""恐惧""忧患""好乐"，

〈乐记〉中的"性之欲"，与《孟子》中的"恻隐""羞恶""辞让""是非"四端，皆属于情的范畴（页14）。他说：

> 情与性相对。情者，性之动也。在心里面未发动底是性，事物触着便发动出来是情。寂然不动是性，感而遂通是情。这动底只是就性中发出来，不是别物，其大目则为喜、怒、哀、惧、爱、恶、欲七者。《中庸》只言喜、怒、哀、乐四个，《孟子》又指恻隐、羞恶、辞让、是非四端而言，大抵都是情。性中有仁，动出为恻隐；性中有义，动出为羞恶；性中有礼智，动出为辞让、是非。端是端绪，里面有这物，其端绪便发出从外来。若内无仁义礼智，则其发也，安得有此四端？（页14）
>
> 孟子四端，是专就善处言之。喜、怒、哀、乐及情等，是合善恶说。（页15）
>
> 《乐记》曰："人生而静，天之性也。感于物而动，性之欲也。"性之欲便是情。（页15）

这里的逻辑问题有以下几个：既然情是性之动，那么纯善之性动起来何以就变成恶了？又如何能变成喜、怒、哀、惧、爱、恶、欲七者？还有，仁义礼智如何能动？这些都是从现代哲学上说不通的。

◇ **心统性情**

陈淳认为在孟子那里，"恻隐、羞恶等以情言，仁义等以性言"。性中有仁义礼智，发出来就表现为四端之情。四端之情通过心表现，所以他认为"心""贮此性"，心是"统情性而为之主也"：

> 大概心是个物，贮此性，发出底便是情。孟子曰"恻隐之心，仁之端也；羞恶之心，义之端也"云云。恻隐、羞恶等以情言，仁义等以性言。必又言心在其中者，所以统情性而为之主也。孟子此处说得却备。又如《大学》所谓忧患、好乐及亲爱、畏敬等，皆是情。（页14）

仁义礼智既然存在于性中，又如何说它们"贮于心"呢？难道"贮于心"的不是四端，或者说是情吗？怎么能说性贮于心呢？也许是为了回答这一问题，陈淳进一步把性之善界定为情之发而中节。如果情之中节＝性之善＝情之当然之则，由情之中节说性之善，情之中节即情之当然之则，于是回到开头性之定义上来，颇能自圆其说。如此一来，情与性、与当然之则的关系更加明了，而所谓性"贮于心"的问题似乎也就不存在了。其理论依据当然是《中庸》"发而中节"说：

> 情者心之用，人之所不能无，不是个不好底物。但其所以为情者，各有个当然之则。如当喜而喜，当怒而怒，当哀而哀，当乐而乐，当恻隐而恻隐，当羞恶而羞恶，当辞让而辞让，当是非而是非，便合个当然之则，便是发而中节，便是其中性体流行，著见于此，即此便谓之达道。若不当然而然，则违其则，失其节，只是个私意人欲之行，是乃流于不善，遂成不好底物，非本来便不好也。（页14）

> 情之中节，是从本性发来便是善，更无不善。其不中节是感物欲而动，不从本性发来，便有个不善。孟子论情，全把做善者，是专指其本于性之发者言之。禅家不合便指情都做恶底物，却欲灭情以复性。不知情如何灭得？情既灭了，性便是个死底性，于我更何用？（页15）

> 古人格物穷理，要就事物上穷个当然之则，亦不过只是穷到那合做处、恰好处而已。（页42）

由于陈淳由情之中节说性善，就变成了性之善需要依情而明。由此自然会反对将性、情对立起来，反对李翱那种"灭情复性"的思想，尽管李翱也主张性善情恶。这也是朱子的观点，性善情有不善，但不等于性善情恶。这种思想源于"道不离器"思想。

不过陈淳此处也有个逻辑困难。如果性只是情之中节者，那又怎么能说"寂然不动是性，感而遂通是情"（页14），以及"在心里面未发动底是性，事物触着便发动出来是情"（页14）？"情者，性之动也"（页14）与"性者，情之中节"，这两者是不是有矛盾呢？"情者，性之动也"实际上寓意性先情后，如果没有性早已存在，何来性之动而为情？

◇ **性之善**

《北溪字义》"性"条云：

> 天所命于人以是理，本只善而无恶。故人所受以为性，亦本善而无

恶。孟子道性善，是专就大本上说来，说得极亲切，只是不曾发出气禀一段，所以启后世纷纷之论。盖人之所以有万殊不齐，只缘气禀不同。（页7）

这里提出孟子性善"专就大本上说来"，即指孟子从"天所命于人以是理，本只善而无恶"而言，下面更称"是就人物未生之前，造化原头处说"。

天命说多以《易·系辞》"继善成性"及"太极两仪"说为证，即天以阴阳之道运，赋予善性于其初，然后有万物之生。然此说无法从《孟子》中找到任何证据，而《易·系辞》之说亦有不同解释之可能。比如陈淳即从《易·系辞》"继善成性"上论证己说，并称程颢将性之"善"理解为"继之者善"不妥（"非《易》之本旨"），认为应该理解为"继之"之前，即一阳将动、万物待生之际。陈氏云：

孟子道性善，从何而来？夫子系《易》曰："一阴一阳之谓道，继之者善也，成之者性也。"所以一阴一阳之理者为道，此是统说个太极之本体。继之者为善，乃是就其间说：造化流行，生育赋予，更无别物，只是个善而已。此是太极之动而阳时。所谓善者，以实理言，即道之方行者也。道到成此者为性，是说人物受得此善底道理去，各成个性耳，是太极之静而阴时。此性字与善字相对，是即所谓善而理之已定者也。"继""成"字与"阴""阳"字相应，是指气而言；"善""性"字与"道"字相应，是指理而言。此夫子所谓善，是就人物未生之前，造化原头处说，善乃重字，为实物。若孟子所谓性善，则是就"成之者性"处说，是人生以后事，善乃轻字，言此性之纯粹至善耳。其实由造化原头处有是"继之者善"，然后"成之者性"时方能如是之善。则孟子之所谓善，实渊源于夫子所谓善者而来，而非有二本也。《易》三言，周子《通书》及程子说已明备矣。至明道又谓孟子所谓性善者，只是说继之者善也。此又是借《易》语移就人分上说，是指四端之发见处言之，而非《易》之本旨也。（页8—9）

唐文治亦指出，陈淳对于孟子性善的解释，以区分"先天之善"与"后天之善"为前提，他说："宋陈氏淳谓继之者善，乃造化继续流行处有至善之理，是先天之善；人得之以成性，是后天之善。"①

45. 黄震 (1213—1280)

【文献】黄震，《黄震全集》（全十册），张伟、何忠礼主编，杭州：浙江大学出版社，2013。

黄震，字东发，世称东发先生、于越先生、文洁先生。以下所引内容出自《黄氏日抄》，收录于《黄震全集》。

《黄氏日抄》

◇ 性不能皆善

《黄氏日抄》卷二〈读论语〉、卷三〈读孟子〉皆有论及人性，分别载于《黄震全集》第一册页5—25（〈读论语〉）、页26—35（〈读孟子〉）。其中卷二〈读论语·阳货篇·性相近章〉对孟子颇有微词，大意认为只有孔子性近习远之说唯一正确，孟子性善之说与人性之实际面貌不能尽合，而朱子等人以天地之性别于气质之性，是为了说明性善乃就性之本然者而言，但他似乎认为性之本然者不等于性之实然者；"本朝之言性，特因孟子性善之说揆之人而不能尽合，故推测其已上者以完其义耳"（页23）。他似乎主张，孟子并没有讨论到人性之实然，而只是讨论到性之本然。就人性之实然言，必然善恶不尽同，不能一概而论地说是善是恶。

从人性的终极本原来看，应当都是善的，这就是所谓的天地之性皆善。但天地之性终究不等于人之性。人性或性，就是指现实中存在的人性或性，即孔子相近之性。现实中存在的性，虽如孔子所言相近，却不一定皆善；他并认为"孟子言'忍性'"，恰证明"性不能皆善"（页24）。但从卷三〈读孟子·告子上〉内容看，他对孟子性善论评价还是很高的，称"言性莫善于孟子"（页33）。

---

① 唐文治：《孟子通周易学论》，载《茹经堂文集第四编》卷四〈经学类〉，林庆彰主编《民国文集丛刊》第一编第六十四册，台中：文听阁图书有限公司，2008，页1619—1620。（方按："继之者善、成之者性"，王夫之解释为"性使善成"有别，而非后天所成之善。此语各家解释分歧。）

谓性为皆善，则自己而人，自古而今，自圣贤而众庶，皆不能不少殊，推禹、汤、文、武之圣，亦未见其尽与尧、舜为一。孟子盖独推其所本然者以晓人也。言性之说，至本朝而精。以善者为天地之性，以不能尽善者为气质之性，此说既出，始足以完孟子性善之说。（页23）[①]

所谓天地之性，是推天命流行之初而言也，推性之所从来也；所谓气质之性，是指既属诸人而言也，斯其谓之性者也。夫子之言性，亦指此而已耳。本朝之言性，特因孟子性善之说揆之人而不能尽合，故推测其已上者而言其义耳。言性岂有加于夫子之一语哉？（页23）

黄氏对天地之性、气质之性二分之说功劳甚大。

◇ **性善之疑**

他特别强调，夫子相近之说者才唯一正确，天地之性、气质之性只是对孟子的一种曲护，如果因此而误以为孔子言性粗而孟子精，就大错特错了。故进一步指出：

……推人之性矣，其赋自天，何有不善？自阴阳杂糅属之人而谓之性，宜不能粹然而皆善，此相近之说也。奈何独主性善之说，而遂废"性相近"之说耶？（页24）

孟子言"忍性"，是性不能皆善，而忍亦习之义也。（页24）

黄氏又云，"性学之说，至本朝愈详，而晦庵集其成"（页33），可见其说以朱子为宗。

46. 王阳明（1472—1529）

【文献】王阳明，《王阳明全集》（全四册），吴光等编校，上海：上海古籍出版社，2014。其中〈传习录〉载于《王阳明全集》卷一至卷三，页

[①] 陈澧《东塾读书记》卷二十五评此语曰："澧案：孟子但言性善，未尝以为尽与尧舜为一也。东发误解圣人与我同类之语耳，同类非为一也。"

1—161；〈文录〉载于《王阳明全集》卷四至卷八，页 162—315；〈大学问〉载于《王阳明全集》卷二十六，页 1066—1072；〈年谱〉载于《王阳明全集》卷三十三至卷三十五，页 1345—1466；〈续编〉载于《王阳明全集》卷二十六至卷三十一，页 1066—1284。

王守仁，幼名云，字伯安，别号阳明。以下所引内容皆出自《王阳明全集》，只注篇名。

〈传习录〉

◇ 本体之义

王阳明使用此词时，时常指事物的"根基"和"实质"或"本来面目"，有时亦指"固有特征""固有根本特征""典型特征"。比如王阳明说"定者心之本体"（〈传习录上〉，页 19）、"诚是心之本体"（〈传习录上〉，页 40）、"乐是心之本体"（〈传习录下〉，页 127）时，此"本体"指固有特征。

比如称"良知之本体"（〈传习录中·答陆原静书〉，页 71），即良知也，也可指"良知的本来面目"。此处可参〈大学问〉："天命之性，粹然至善，其灵昭不昧者，此其至善之发见，是乃明德之本体，而即所谓良知也"（页 1067）。所谓"明德之本体"，当指"光明德性"之"基体"或"实质"。

故称"体"，有时是指"基体"和"基础"或"根基"。比如称"心之体，性也"（〈传习录上〉，页 38。方按：后亦重出），性为心之体，大概是指"基体"。

◇ 心之本体

心之本体大抵是指人心没有任何杂念、私欲的至纯至善状态，它代表天理在人心中的落实。王阳明又曾经用"定""诚""知""乐"来形容之。

良知是心之本体：

> 良知者，心之本体，即前所谓恒照者也。（〈传习录中·答陆原静书〉，页 69）

心体（良知）寂然不动、感而遂通：

> 人之本体常常是寂然不动的，常常是感而遂通的。未应不是先，已

应不是后。(〈传习录下·黄以方录〉，页 139)

心体廓然大公、与物一体：

　　良知即是未发之中，即是廓然大公，寂然不动之本体，人人之所同具者也。但不能不昏蔽于物欲，故须学以去其昏蔽，然于良知之本体，初不能有加损于毫末也。(〈传习录中·答陆原静书〉，页 71。方按：该段问知无不良，何以不能寂然不动、廓然大公，答曰存之未纯、蔽未尽去。)

　　良知是造化的精灵。这些精灵，生天生地，成鬼成帝，皆从此出，真是与物无对。人若复得他完完全全，无少亏欠，自不觉手舞足蹈，不知天地间更有何乐可代。(〈传习录下〉，页 119)

　　朱本思问："人有虚灵，方有良知。若草、木、瓦、石之类，亦有良知否？"先生曰："人的良知，就是草、木、瓦、石的良知。若草、木、瓦、石无人的良知，不可以为草、木、瓦、石矣。岂惟草、木、瓦、石为然，天地无人的良知，亦不可为天地矣。盖天地万物与人原是一体，其发窍之最精处，是人心一点灵明。风、雨、露、雷、日、月、星、辰、禽、兽、草、木、山、川、土、石，与人原只一体。故五谷禽兽之类，皆可以养人；药石之类，皆可以疗疾：只为同此一气，故能相通耳。"(〈传习录下〉，页 122)

心体应变无穷：

　　圣人之心如明镜，只是一个明，则随感而应，无物不照，未有已往之形尚在，未照之形先具者。……学者惟患此心之未能明，不患事变之不能尽。(〈传习录上·陆澄问〉，页 13—14)

　　人只要成就自家心体，则用在其中。如养得心体，果有未发之中，自然有发而中节之和，自然无施不可。苟无是心，虽预先讲得世上许多名物度数，与己原不相干，只是装缀，临时自行不去。亦不是将名物度数全然不理，只要"知所先后，则近道"。(〈传习录上·唐诩问〉，页 24)

心体无分于动静，暗示不是自然达到的无思无虑、寂然不动状态，都等于未发之中。未发之中是需要塑造自我来达到的，其途径不在于培育宁静，而在于去人欲、存天理：

> 问："宁静存心时，可为'未发之中'否？"先生曰："今人存心，只定得气。当其宁静时，亦只是气宁静，不可以为'未发之中'。"曰："'未'便是'中'，莫亦是求'中'功夫？"曰："只要去人欲、存天理，方是功夫。静时念念去人欲、存天理，动时念念去人欲、存天理，不管宁静不宁静。若靠那宁静，不惟渐有喜静厌动之弊，中间许多病痛，只是潜伏在，终不能绝去，遇事依旧滋长。以循理为主，何尝不宁静；以宁静为主，未必能循理。"（〈传习录上·陆澄问〉，页15—16）

> 侃问："先儒以心之静为体，心之动为用，如何？"先生曰："心不可以动静为体用。动静，时也。即体而言，用在体；即用而言，体在用。是谓'体用一源'。若说静可以见其体，动可以见其用，却不妨。"（〈传习录上·侃问〉，页36）

强调未发在已发之中，已发在未发之内，已发、未发本不能分为二截。易言之，良知无分于动静，无分于有事无事：

> "未发之中"即良知也，无前后内外而浑然一体者也。有事无事，可以言动静，而良知无分于有事无事也。寂然感通，可以言静，而良知无分于寂然感通也。动静者，所遇之时，心之本体固无分于动静也。……"动中有静，静中有动"，又何疑乎？有事而感通，固可以言动，然而寂然者未尝有增也。无事而寂然，固可以言静，然而感通者未尝有减也。"动而无动，静而无静"，又何疑乎？……未发在已发之中，而已发之中未尝别有未发者在；已发在未发之中，而未发之中未尝别有已发者存；是未尝无动静，而不可以动静分者也。（〈传习录中·答陆原静书〉，页72）

良知本体超越于动静：

> 周子"静极而动"之说，苟不善观，亦未免有病。……太极生生之

理，妙用无息，而常体不易。太极之生生，即阴阳之生生。就其生生之中，指其妙用无息者而谓之动，谓之阳之生，非谓动而后生阳也。就其生生之中，指其常体不易者而谓之静，谓之阴之生，非谓静而后生阴也。若果静而后生阴，动而后生阳，则是阴阳动静截然各自为一物矣。阴阳一气也，一气屈伸而为阴阳；动静一理也，一理隐显而为动静。（〈传习录中·答陆原静书〉，页72—73）

有喜静厌动，流入枯槁之病，或务为玄解妙觉，动人听闻，故迩来只说致良知。良知明白，随你去静处体悟也好，随你去事上磨炼也好，良知本体原是无动无静的，此便是学问头脑。（〈传习录下·钱德洪录〉，页119。方按：反对一味求静，"良知本体"无分于动静。）

人心灵明之功：

人心与物同体……可知充天塞地中间，只有这个灵明，人只为形体自间隔了。我的灵明，便是天地鬼神的主宰。天没有我的灵明，谁去仰他高？地没有我的灵明，谁去俯他深？鬼神没有我的灵明，谁去辨他吉凶灾祥？天地鬼神万物离却我的灵明，便没有天地鬼神万物了。我的灵明离却天地鬼神万物，亦没有我的灵明。如此，便是一气流通的，如何与他间隔得？（〈传习录下·黄以方录〉，页140—141）

四书五经不过讲心体：

盖四书五经不过说这心体，这心体即所谓道，心体明即是道明，更无二。（〈传习录上·陆澄问〉，页17）

心之本体可悟入。强调"利根之人"可以"直从本源上悟入"，"本体功夫，一悟尽透"。这大概是孟子以来儒家神秘主义精神毫无保留的展现：

利根之人，直从本源上悟入。人心本体原是明莹无滞的，原是个未发之中。利根之人一悟本体，即是功夫，人己内外，一齐俱透了。……无善无恶是心之体，有善有恶是意之动，知善知恶的是良知，为善去恶是格物，只依我这话头随人指点，自没病痛。此原是彻上彻下功夫。利根之人，世亦难遇，本体功夫，一悟尽透。此颜子、明道所不敢承当，岂可轻易望人！（〈传习录下·钱德洪录〉，页133—134）

◇ **心之本体即是性**

心之本体与"性"几乎同义，但王阳明还是实际上对之作了区别对待，大抵认为二者的唯一区别在于性是不动的，而心之本体毕竟是心，是主动的。① 大抵是认为心就主宰言，性就禀赋言。

心之本体即是性，性即是理，性元不动，理元不动。集义是复其心之本体。（〈传习录上〉，页28）

心之体性也，性即理也。（〈传习录上〉，页38）

夫心之体，性也；性之原，天也。能尽其心，是能尽其性矣。（〈传习录中·答顾东桥书〉，页49）

先生曰："知是理之灵处。就其主宰处说，便谓之心；就其禀赋处说，便谓之性。孩提之童，无不知爱其亲，无不知敬其兄，只是这个灵能不为私欲遮隔，充拓得尽，便完；完是他本体，便与天地合德。自圣人以下，不能无蔽，故须格物以致其知。"（〈传习录上〉，页39）

◇ **性之本体**

先生曰："今之论性者，纷纷异同，皆是说性，非见性也。见性者无异同之可言矣。"（〈传习录下〉，页139）

性与情：

性一而已，仁、义、礼、智，性之性也；聪、明、睿、知，性之质也；喜、怒、哀、乐，性之情也；私欲、客气，性之蔽也。质有清浊，故情有过不及，而蔽有浅深也。（〈传习录中·答陆原静书〉，页77。方

---

① 陈来：《有无之境：王阳明哲学的精神》，北京：北京大学出版社，2013，页76—77。

按：大意以为人性无别，皆以仁、义、礼、智为体；然智有高低，质有清浊，蔽有浅深，故有伊、傅、周、召之圣，有张、黄、诸葛及韩、范诸公之贤，亦有小人、君子之别。）

定体与本体：

> 问："古人论性，各有异同，何者乃为定论？"先生曰："性无定体，论亦无定体，有自本体上说者，有自发用上说者，有自源头上说者，有自流弊处说者。总而言之，只是这个性，但所见有浅深尔。若执定一边，便不是了。性之本体原是无善无恶的，发用上也原是可以为善，可以为不善的，其流弊也原是一定善一定恶的。譬如眼，有喜时的眼，有怒时的眼，直视就是看的眼，微视就是觑的眼。总而言之，只是这个眼，若见得怒时眼，就说未尝有喜的眼，见得看时眼，就说未尝有觑的眼，皆是执定，就知是错。"（〈传习录下·钱德洪录〉，页 130—131）

子思、《易》亦是复性之本体：

> 子思性、道、教，皆从本原上说。……人能修道，然后能不违于道，以复其性之本体，则亦是圣人率性之道矣。……"中和"便是复其性之本体，如《易》所谓"穷理尽性，以至于命"，中和位育便是尽性至命。（〈传习录上·马子莘问〉，页 43）

◇ **良知本体**

本处可参陈来先生的有关论述。[1]

> 良知之体皎如明镜，略无纤翳。妍媸之来，随物见形，而明镜曾无留染，所谓"情顺万事而无情"也。"无所住而生其心"，佛氏曾有是言，未为非也。明镜之应物，妍者妍，媸者媸，一照而皆真，即是生其心处。妍者妍，媸者媸，一过而不留，即是无所住处。（〈传习录中·答

---

[1]　陈来：《有无之境：王阳明哲学的精神》，北京：北京大学出版社，2013，页 190—197。

陆原静书〉，页79）

圣人只是还他良知的本色，更不着些子意在。良知之虚，便是天之太虚；良知之无，便是太虚之无形。日、月、风、雷、山、川、民、物，凡有貌象形色，皆在太虚无形中发用流行，未尝作得天的障碍。圣人只是顺其良知之发用，天地万物，俱在我良知的发用流行中，何尝又有一物超于良知之外，能作得障碍？（〈传习录下·钱德洪录〉，页121）

◇ 由工夫直达本体

汝若于货色名利等心，一切皆如不做劫盗之心一般，都消灭了，光光只是心之本体，看有甚闲思虑？此便是"寂然不动"，便是"未发之中"，便是"廓然大公"。自然"感而遂通"，自然"发而中节"，自然"物来顺应"。（〈传习录上·陆澄问〉，页25）

常人之心既有所昏蔽，则其本体虽亦时时发见，终是暂明暂灭，非其全体大用矣。……须是平时好色、好利、好名等项一应私心，扫除荡涤，无复纤毫留滞，而此心全体廓然，纯是天理，方可谓之喜怒哀乐"未发之中"，方是天下之"大本"。（〈传习录上·陆澄问〉，页26—27）

◇ 天命之性粹然至善
解《大学》首段"至善"，以至善等于性，即性本善之性，亦即性之本体：

至善者性也，性元无一毫之恶，故曰"至善"。止之，是复其本然而已。（〈传习录上·尚谦问〉，页29）

钱德洪〈复杨斛山书〉阐发其师之说曰：

人之心体一也，指名曰"善"，可也；曰"至善无恶"，亦可也；曰"无善无恶"，亦可也。曰"善"，曰"至善"，人皆信而无疑，又为"无善无恶"者，何也？至善之体，恶固非其所有，善亦不得而有也。至善之体，虚灵也，犹目之明、耳之聪也。虚灵之体不可先有乎善，犹明之不可先有乎色，聪之不可先有乎声也。目无一色，故能尽万物之色；耳无一声，故能尽万物之声；心无一善，故能尽天下万事之善。今之论至善者，乃索之于事事物物之中，先求其所谓定理者，以为应事宰物之则，是虚灵之内先有乎善也。虚灵之内先有乎善，是耳未听而先有乎声，目未视而先有乎色。塞其聪明之用，而室其虚灵之体，非至善之谓矣。……目患不能明，不患有色不能辨；耳患不能聪，不患有声不能闻。心患不能虚，不患有感不能应。虚则灵，灵则因应无方，万感万应，万应俱寂，是无应非善，而实未尝有乎善也。其感也无常形，其应也无定迹，来无所迎，去无所将，不识不知，一顺帝则者，虚灵之极也。①

钱氏又引见孺子入井而恻隐之心之发，"抑虚灵触发，其机不容已邪"，故"心能尽天下之善，而不可先存乎一善之迹"，此正如太虚之中日月星辰雨露何往不有，"而未尝一物为太虚之有"：

> 千思万虑，而一顺乎不识不知之则，无逆吾明觉自然之体，是千思万虑，虽谓之何思何虑亦可也；此心不可先有乎一善，是至善之极，虽谓之无善亦可也。故先师曰"无善无恶者心之体"，是对后世格物穷理之学，为先乎善者立言也。特因时设法，不得已之辞耳。然至善本体，本来如是，固亦未尝有所私意撰说其间也。②

又谓王阳明之无善无恶之体，与告子之无善无恶之性，截然不同。告子欲分内外，"内外两截，已失至善之体矣"；又谓"感物而动之动，即动于欲之动，非动静之动也"。③

钱氏大意以为无善无恶之体，乃宇宙本体，非有意为之。学者之功不过是复此本初之体，而非刻意求善。此本初之体虚灵不昧，感应无方，应变不穷，可谓之至善，亦可谓之无善。所以强调无善，因其非有意于为善。又从动静角度论曰：

---

① 《钱德洪集》，朱炯点校整理，宁波：宁波出版社，2019，页103—104。
② 同上，页104。
③ 同上，页104。

动静二字之义，有对举而言者，亦有偏举一字而二义备者。周子主静之静，是兼动静而言也。其自注曰："无欲故静。"夫无欲无静，是有欲即动也，动则失其至静之体矣。《记》曰："人生而静，天之性也。"即静一言，已尽夫性体寂感之理。感于物而动，是动则失其至静之体，涉于欲也。故程子曰："人生而静已（以）上不容说，才说性，便已不是性矣。"谓求其性于既动之后，非性之真也。故静之一言，实千古圣学之渊微，然非精凝湛寂、自得于神领独悟之中者，未易以言说穷也。①

此以静说性体。动静之静，既可从无欲来理解（如周子），也可从"空寂之虚体"来理解（如告子），即理解为无行为、无动作。无欲之静，可兼动静，指其虚灵之体不会因为外部行为、动作而摇荡。寂然不动之静，纯指形体不动，无关乎性之本体。此中精义在于，无欲之静，兼含行为之动静。

◇ **孟子性善论**

称孟子性善是从本原上说，或从源头上说：

夫子说"性相近"，即孟子说"性善"，不可专在气质上说。若说气质，如刚与柔对，如何相近得？惟性善则同耳。人生初时，善原是同的。但刚的习于善则为刚善，习于恶则为刚恶；柔的习于善则为柔善，习于恶则为柔恶，便日相远了。（〈传习录下·黄以方录〉，页140）

来书云：有引程子"人生而静以上不容说，才说性，便已不是性"。何故不容说？何故不是性？晦庵答云："不容说者，未有性之可言；不是性者，已不能无气质之杂矣。"二先生之言皆未能晓，每看书至此，辄为一惑，请问。"生之谓性"，"生"字即是"气"字，犹言"气即是性"也。气即是性，"人生而静以上不容说"，才说"气即是性"，即已落在一边，不是性之本原矣。孟子"性善"，是从本原上说。然性善之端须在气上始见得，若无气亦无可见矣。恻隐、羞恶、辞让、是非即是气，程子谓："论性不论气，不备；论气不论性，不明。"亦是为学者各认一边，只得如此说。若见得自性明白时，气即是性，性即是气，原无性气之可分也。（〈传习录中·启问道通书〉，页68—69）

---

① 《钱德洪集》，朱炯点校整理，宁波：宁波出版社，2019，页104—105。

先生曰："……孟子说性，直从源头上说来，亦是说个大概如此。荀子性恶之说，是从流弊上说来，也未可尽说他不是，只是见得未精耳。众人则失了心之本体。"问："孟子从源头上说性，要人用功在源头上明彻；荀子从流弊说性，功夫只在末流上救正，便费力了。"先生曰："然。"（〈传习录下·钱德洪录〉，页131）

◇ **性、心、理，一也**
性具众理、涵仁义，性之主宰为心。

心之体性也，性即理也。穷仁之理，真要仁极仁；穷义之理，真要义极义：仁义只是吾性，故穷理即是尽性。（〈传习录上〉，页38）

夫物理不外于吾心，外吾心而求物理，无物理矣；遗物理而求吾心，吾心又何物邪？心之体，性也，性即理也。故有孝亲之心，即有孝之理，无孝亲之心，即无孝之理矣。有忠君之心，即有忠之理，无忠君之心，即无忠之理矣。理岂外于吾心邪？（〈传习录中·答顾东桥书〉，页48）

或问："晦庵先生曰：'人之所以为学者，心与理而已。'此语如何？"曰："心即性，性即理，下一'与'字，恐未免为二。此在学者善观之。"（〈传习录上·陆澄问〉，页17。方按：此语欲说明，性、心、理，一也。）

性一而已：自其形体也谓之天，主宰也谓之帝，流行也谓之命，赋于人也谓之性，主于身也谓之心。心之发也，遇父便谓之孝，遇君便谓之忠，自此以往，名至于无穷，只一性而已。犹人一而已：对父谓之子，对子谓之父，自此以往，至于无穷，只一人而已。人只要在性上用功，看得一性字分明，即万理灿然。（〈传习录上·陆澄问〉，页17—18）

所谓汝心，却是那能视听言动的，这个便是性，便是天理。有这个性才能生，这性之生理，便谓之仁。这性之生理，发在目便会视，发在耳便会听，发在口便会言，发在四肢便会动，都只是那天理发生，以其主宰一身，故谓之心。这心之本体，原只是个天理，原无非礼，这个便是汝之真己。这个真己，是躯壳的主宰。若无真己，便无躯壳，真是有之即生，无之即死。汝若真为那个躯壳的己，必须用着这个真己，便须常常保守着这个真己的本体，戒慎不睹，恐惧不闻，惟恐亏损了他一些，才有一毫非礼萌动，便如刀割，如针刺，忍耐不过，必须去了刀，拔了针，这才是有为己之心，方能克己。（〈传习录上·萧惠问〉，页41。方按：论心、性、理、真己、本体关系。）

◇ **无善无恶，还是至善无恶。**

黄宗羲论王阳明"四句教"时，记其师刘蕺山"尝疑阳明天泉之言与平时不同"，疑"无善无恶心之体"非阳明本意，且阳明平时语录中并无此言。[1] 王阳明所谓心之本体，即至善之心体。所谓无善无恶，当指至善。王畿《天泉证道记》记其师之语，亦以"至善"描述"无善无恶"："天命之性粹然至善，神感神应，其机自不容已，无善可名。恶固本无，善亦不可得而有也。是谓无善无恶。"[2]

不过根据陈来的看法，"四无"之说出自王畿，即心、意、知、物皆无善恶；"四有"之说出自钱德洪，即心、意、知、物皆有善恶，因钱称"至善无恶心之体"，则心亦有善恶；王阳明本人似乎认为"一无""三有"，即心无善恶，意、知、物皆有善恶。[3]

【无善无恶指至善，又指不执念】王阳明有时以"无善无恶"为至善，"无善无恶"亦指动时"不着意"，即无有执念；亦指"不动气""无私意"。文中亦解释道：不作好恶并非"无知觉"，"只是好恶一循于理，不去又着一分意思"，好比去草时只是按理去之而已，偶有未去亦不累心，此指执着于结果（页33）；又如"如好好色，如恶恶臭"，是指一循于理，"本无私意作好恶"，此指没有私意（页34）：

> 无善无恶者理之静，有善有恶者气之动。不动于气，即无善无恶，是谓至善。……圣人无善无恶，只是"无有作好"，"无有作恶"，不动于气。……只在汝心，循理便是善，动气便是恶。……虽是循天理，亦着不得一分意，故有所忿懥好乐则不得其正，须是廓然大公，方是心之

---

① 黄宗羲：《明儒学案》卷十六〈江右王门学案一·文庄邹东廓先生守益·东廓论学书〉（修订本），沈芝盈点校，北京：中华书局，2008，页332。
② 王畿：《王龙谿先生全集》（全三册）卷一〈语录〉，道光壬午年（1822年）重镌本，莫晋校刊，台北：华文书局股份有限公司影印，1970，页90。
③ 陈来：《有无之境：王阳明哲学的精神》，北京：北京大学出版社，2013，页186。

本体。知此即知未发之中。（〈传习录上·侃问〉，页 33—34）

【无善无恶针对本体，非外物】王阳明肯定性无善无不善，但非告子所说的性，因后者非本体意义上的性：

> 告子病源从"性无善无不善"上见来。性无善无不善，虽如此说，亦无大差；但告子执定看了，便有个无善无不善的性在内。有善有恶又在物感上看，便有个物在外。却做两边看了，便会差。无善无不善，性原是如此，悟得及时，只此一句便尽了，更无有内外之间。告子见一个性在内，见一个物在外，便见他于性有未透彻处。（〈传习录下·钱德洪录〉，页 122）

【性之本体无善恶，发用则有善恶】从体用上说善恶：

> 性无定体，论亦无定体，有自本体上说者，有自发用上说者，有自源头上说者，有自流弊处说者。总而言之，只是这个性，但所见有浅深尔。若执定一边，便不是了。性之本体原是无善无恶的，发用上也原是可以为善，可以为不善的，其流弊也原是一定善一定恶的。譬如眼，有喜时的眼，有怒时的眼，直视就是看的眼，微视就是觑的眼。总而言之，只是这个眼，若见得怒时眼，就说未尝有喜的眼，见得看时眼，就说未尝有觑的眼，皆是执定，就知是错。（〈传习录下·钱德洪录〉，页 130—131）

◇ "四句教"考

【"四句教"一】

"四句教"有几个不同版本，下面为《传习录》所见。

> 丁亥年九月，先生起复征思、田。将命行时，德洪与汝中论学。汝中举先生教言曰："无善无恶是心之体，有善有恶是意之动，知善知恶是良知，为善去恶是格物。"德洪曰："此意如何？"汝中曰："此恐未是究竟话头。若说心体是无善无恶，意亦是无善无恶的意，知亦是无善无

恶的知，物是无善无恶的物矣。若说意有善恶，毕竟心体还有善恶在。"德洪曰："心体是天命之性，原是无善无恶的。但人有习心，意念上见有善恶在，格、致、诚、正、修，此正是复那性体功夫。若原无善恶，功夫亦不消说矣。"是夕侍坐天泉桥，各举请正。先生曰："我今将行，正要你们来讲破此意。二君之见正好相资为用，不可各执一边。我这里接人原有此二种：利根之人，直从本源上悟入。人心本体原是明莹无滞的，原是个未发之中。利根之人一悟本体，即是功夫，人己内外，一齐俱透了。其次不免有习心在，本体受蔽，故且教在意念上实落为善去恶。功夫熟后，渣滓去得尽时，本体亦明尽了。汝中之见，是我这里接利根人的；德洪之见，是我这里为其次立法的。二君相取为用，则中人上下皆可引入于道。若各执一边，眼前便有失人，便于道体各有未尽。"既而曰："已后与朋友讲学，切不可失了我的宗旨：无善无恶是心之体，有善有恶是意之动，知善知恶的是良知，为善去恶是格物，只依我这话头随人指点，自没病痛。此原是彻上彻下功夫。利根之人，世亦难遇，本体功夫，一悟尽透。此颜子、明道所不敢承当，岂可轻易望人！人有习心，不教他在良知上实用为善去恶功夫，只去悬空想个本体，一切事为俱不着实，不过养成一个虚寂。此个病痛不是小小，不可不早说破。"是日德洪、汝中俱有省。（〈传习录下·钱德洪录〉，页133—134）

【"四句教"二】下面为另一版本：

是月初八日，德洪与畿访张元冲舟中，因论为学宗旨。畿曰："先生说知善知恶是良知，为善去恶是格物，此恐未是究竟话头。"德洪曰："何如？"畿曰："心体既是无善无恶，意亦是无善无恶，知亦是无善无恶，物亦是无善无恶。若说意有善有恶，毕竟心亦未是无善无恶。"德洪曰："心体原来无善无恶，今习染既久，觉心体上见有善恶在，为善去恶，正是复那本体功夫。若见得本体如此，只说无功夫可用，恐只是见耳。"畿曰："明日先生启行，晚可同进请问。"是日夜分，客始散，先生将入内，闻洪与畿候立庭下，先生复出，使移席天泉桥上。德洪举与畿论辩请问。先生喜曰："正要二君有此一问！我今将行，朋友中更无有论证及此者，二君之见正好相取，不可相病。汝中须用德洪功夫，德洪须透汝中本体。二君相取为益，吾学更无遗念矣。"德洪请问。先生曰："有只是你自有，良知本体原来无有，本体只是太虚。太虚之中，日月星辰，风雨露雷，阴霾馐气，何物不有？而又何一物得为太虚之障？人心本体亦复如是。太虚无形，一过而化，亦何费纤毫气力？德洪功夫须要如此，便是合得本体功夫。"畿请问。先生曰："汝中见得此意，只好默默自修，不可执以接人。上根之人，世亦难遇。一悟本体，即见功夫，物我内外，一齐尽透，此颜子、明道不敢承当，岂可轻易望人？二君已后与学者言，务要依我四句宗旨：无善无恶是心之体，有善有恶是意之动，知善知恶是良知，为善去恶是格物。以此自修，直跻圣位；以此接人，更无差失。"畿曰："本体透后，于此四句宗旨何如？"先生曰："此是彻上彻下语，自初学以至圣人，只此功夫。初学用此，循循有入，虽至圣人，穷究无尽。尧、舜精一功夫，亦只如此。"先生又重嘱咐曰："二君以后再不可更此四句宗旨。此四句中人上下无不接着。我年来立教，亦更几番，今始立此四句。人心自有知识以来，已为习俗所染，今不教他在良知上实用为善去恶功夫，只去悬空想个本体，一切事为，俱不着实。此病痛不是小小，不可不早说破。"是日洪、畿俱有省。（〈年谱三〉，页1442—1443）

【"四句教"三：王畿所记】下面王畿所记，明确将"四句教"分为"四无说"与"四有说"，而以"四无说"为上。作为修行方法，则不能执着于四无，对中根以下人反以"四有说"为宜。"四无说"主顿悟，而"四有说"主渐修。"四无说"的实质，在笔者看来就是直达本体，豁然开朗，工夫与本体合一：

晚坐天泉桥上，因各以所见请质。文成曰："正要二子有此一问。吾教法原有此两种：四无之说为上根人立教，四有之说为中根以下人立教。上根之人，悟得无善无恶本体，便从无处立根基；意与知物，皆从无生；一了百当，即本体便是工夫；易简直截，更无剩欠，顿悟之学也。中根以下之人，未尝悟得本体，未免在有善有恶上立根基；心与知物，皆从有生，须用为善去恶工夫；随处对治，使之渐渐入悟，从有以归于无，复还本体；及其成功一也。世间上根人不易得，只得就中根以下人立教，通此一路。汝中所见，是接上根人教法；德洪所见，是接中根以下人教法。汝中所见，我久欲发，恐人信不及，徒增躐等之病，故含蓄到今。此是传心秘藏，颜子、明道所不敢言者。今既已说破，亦是天机该发泄时，岂容复秘？然此中不可执着。若执四无之见，不通得众人之意，只好接上根人，中根以下人无从接授。若执四有之见，认定意是有善有恶的，只好接中根以下人，上根人亦无从接授。但吾人凡心未了，虽已得悟，仍当随时用渐修工夫。不如此不足以超凡入圣，所谓上乘兼修中下也。汝中此意，正好保任，不宜轻以示人。概而言之，反成漏泄。德洪却须进此一格，始为玄通。德洪资性沉毅，汝中资性明朗，故其所得亦各因其所近。若能互相取益，使吾教法上下皆通，始为善学耳。"自此海内相传天泉证悟之论，道脉始归于一云。①

【"四句教"四：邹东廓记】下面是邹东廓作为第三者所记，内容又有别：

阳明夫子之平两广也，钱、王二子送于富阳。夫子曰："予别矣！盍各言所学。"德洪对曰："至善无恶者心，有善有恶者意，知善知恶是良知，为善去恶是格物。"畿对曰："心无善而无恶，意无善而无恶，知无善而无恶，物无善而无恶。"夫子笑曰："洪甫须识汝中本体，汝中须识洪甫功夫，二子打并为一，不失吾传矣。"②

黄宗羲据邹东廓此记认为，"四句教"非出于阳明，而出于德洪，非阳明教法；且德洪本意，亦是四有，而非四无。其言曰：

此与龙溪《天泉证道记》同一事，而言之不同如此。蕺山先师尝疑阳明天泉之言与平时不同。平时每言"至善是心之本体"。又曰"至善只是尽乎天理之极，而无一毫人欲之私"。又曰"良知即天理"。《录》中言天理二字，不一而足，有时说"无善无恶者理之静"，亦未尝径说

---

① 王畿：《王龙谿先生全集》（全三册）卷一〈语录〉，道光壬午年（1822年）重镌本，莫晋校刊，台北：华文书局股份有限公司影印，1970，页89—90。

② 黄宗羲：《明儒学案》卷十六〈江右王门学案一·文庄邹东廓先生守益·东廓论学书〉（修订本），沈芝盈点校，北京：中华书局，2008，页339。

"无善无恶是心体"。今观先生所记，而四有之论，仍是以至善无恶为心，即四有四句亦是绪山之言，非阳明立以为教法也。今据《天泉》所记，以无善无恶议阳明者，盍亦有考于先生之记乎？[1]

【"四句教"王畿自解】王畿对"四句教"别有解释，称"盖无心之心则藏密，无意之意则应圆，无知之知则体寂，无物之物则用神"，实主心之本体无所不能，随感随应，而无所不通，无所不能。此即乃本体说之最佳写照，此为"四无说"之精髓：

> 夫子立教随时，谓之权法，未可执定。体用显微，只是一机；心意知物，只是一事。若悟得心是无善无恶之心，意即是无善无恶之意，知即是无善无恶之知，物即是无善无恶之物。盖无心之心则藏密，无意之意则应圆，无知之知则体寂，无物之物则用神。天命之性粹然至善，神感神应，其机自不容已，无善可名。恶固本无，善亦不可得而有也。是谓无善无恶。若有善有恶则意动于物，非自然之流行，着于有矣。自性流行者，动而无动，着于有者，动而动也。意是心之所发，若是有善有恶之意，则知与物一齐皆有，心亦不可谓之无矣。[2]

〈文录〉

◇ **工夫与动静**

论如何由工夫达性之本体：

> 不知常存戒慎恐惧之心，则其工夫未始有一息之间，非必自其不睹不闻而存养也。吾兄且于动处加工，勿使间断。动无不和，即静无不中。而所谓寂然不动之体，当自知之矣。（〈文录一·答汪石潭内翰〉，页165）

---

[1]　黄宗羲：《明儒学案》卷十六〈江右王门学案一·文庄邹东廓先生守益·东廓论学书〉（修订本），沈芝盈点校，北京：中华书局，2008，页332—333。

[2]　王畿：《王龙谿先生全集》（全三册）卷一〈语录〉，道光壬午年（1822年）重镌本，莫晋校刊，台北：华文书局股份有限公司影印，1970，页89—90。

◇ **本体之灵明**

称其"无所不照，无所不觉，无所不达"：

> 以良知之教涵泳之，觉其彻动彻静，彻昼彻夜，彻古彻今，彻生彻死，无非此物。不假纤毫思索，不得纤毫助长，亭亭当当，灵灵明明，触而应，感而通，无所不照，无所不觉，无所不达，千圣同途，万贤合辙。无他如神，此即为神；无他希天，此即为天；无他顺帝，此即为帝。本无不中，本无不公。终日酬酢，不见其有动；终日闲居，不见其有静。真乾坤之灵体，吾人之妙用也。〔〈文录二·与黄勉之〉，页215。方按：此为黄勉之来信，阳明甚赞其"已其分晓"（页216）。〕

〈大学问〉

此篇作为王阳明亲作，其思想价值或高于学生所录。其说一方面强调，圣人所修所为，"非能于本体之外而有所增益之也"，不过是复其心之本体；另一方面强调大人（当指圣人）之学，"亦惟去其私欲之蔽，以自明其明德，复其天地万物一体之本然而已耳"。盖大人、圣人尽除其私欲，尽复其心本体，故能"以天地万物为一体"。然人人皆有灵昭不昧、粹然至善之天性，表现为一体之仁。

> 大人之能以天地万物为一体也，非意之也，其心之仁本若是，其与天地万物而为一也。岂惟大人，虽小人之心亦莫不然，彼顾自小之耳。是故见孺子之入井，而必有怵惕恻隐之心焉，是其仁之与孺子而为一体也；孺子犹同类者也，见鸟兽之哀鸣觳觫，而必有不忍之心焉，是其仁之与鸟兽而为一体也；鸟兽犹有知觉者也，见草木之摧折而必有悯恤之心焉，是其仁之与草木而为一体也；草木犹有生意者也，见瓦石之毁坏而必有顾惜之心焉，是其仁之与瓦石而为一体也；是其一体之仁也，虽小人之心亦必有之。是乃根于天命之性，而自然灵昭不昧者也，是故谓之"明德"。小人之心既已分隔隘陋矣，而其一体之仁犹能不昧若此者，是其未动于欲，而未蔽于私之时也。及其动于欲，蔽于私，而利害相攻，忿怒相激，则将戕物圮类，无所不为，其甚至有骨肉相残者，而一体之

仁亡矣。是故苟无私欲之蔽，则虽小人之心，而其一体之仁犹大人也；一有私欲之蔽，则虽大人之心，而其分隔隘陋犹小人矣。故夫为大人之学者，亦惟去其私欲之蔽，以自明其明德，复其天地万物一体之本然而已耳，非能于本体之外而有所增益之也。（〈大学问〉，页1066）

天命之性与天地万物一体，故曰"其一体之仁也，虽小人之心亦必有之。是乃根于天命之性，而自然灵昭不昧者也，是故谓之'明德'"（〈大学问〉，页1066）。"明明德"指能"以天地万物为一体"，"真能以天地万物为一体矣"。以《中庸》"尽性"解《大学》"明明德"，称"夫是之谓明明德于天下，是之谓家齐国治而天下平，是之谓尽性"（页1067）。

◇ **天命之性粹然至善**

天命之性，粹然至善，其灵昭不昧者，此其至善之发见，是乃明德之本体，而即所谓良知也。（〈大学问〉，页1067）

是乃根于天命之性，而自然灵昭不昧者也，是故谓之"明德"。（〈大学问〉，页1066）

〈年谱〉

◇ **良知本体**

"良知本体原来无有"，"本体只是太虚"。强调本体靠人直悟，"一悟本体"，即"物我内外，一齐尽透"，然颜子、明道即亦敢承当。

有只是你自有，良知本体原来无有，本体只是太虚。太虚之中，日月星辰，风雨露雷，阴霾饐气，何物不有？而又何一物得为太虚之障？人心本体亦复如是。太虚无形，一过而化，亦何费纤毫气力？……上根之人，世亦难遇。一悟本体，即见功夫，物我内外，一齐尽透，此颜子、明道不敢承当，岂可轻易望人？二君已后与学者言，务要依我四句宗旨：无善无恶是心之体，有善有恶是意之动，知善知恶是良知，为善去恶是格物。（〈年谱三〉，页1442—1443）

〈续编〉

◇ **忠孝五伦皆人天性**

忠孝五伦，乃是人之所以为人之天性，也可以说是人健全成长的自然法则。

今夫水之生也润以下，木之生也植以上，性也。而莫知其然之妙，水与木不与焉，则天也。激之而使行于山巅之上，而反培其末，是岂水与木之性哉？其奔决而仆天，固非其天矣。人之生，入而父子、夫妇、兄弟，出而君臣、长幼、朋友，岂非顺其性以全其天而已耶？圣人立之以纪纲，行之以礼乐，使天下之过弗及焉者，皆于是乎取中，曰"此天之所以与我，我之所以为性"云耳。不如是，不足以为人，是谓丧其性而失其天。（〈续编四·性天卷诗序〉，页1153）

47. 罗钦顺（1465—1547）

【文献】罗钦顺，《困知记》，阎韬点校，北京：中华书局，1990。

罗钦顺，字允升，号整庵。论性主要见于《困知记》卷上第一章、第十四章、第十九章、第二十三章等。

《困知记》

◇ **论性及心性之别**

卷上凡八十一章。第一章曰：

孔子教人，莫非存心养性之事，然未尝明言之也，孟子则明言之矣。夫心者，人之神明；性者，人之生理。理之所在谓之心，心之所有谓之性，不可混而为一也。《虞书》曰："人心惟危，道心惟微。"《论语》曰："从心所欲不逾矩。"又曰："其心三月不违仁。"孟子曰："君子所性，仁义礼智根于心。"此心性之辨也。二者初不相离，而实不容相混。（页1）

此处论性、心之关系甚明。以性为心所有之生理，故性存之于心。认可孟子之说，以仁义礼智为性，存于心。"性者，人之生理。理之所在谓之心，心之所有谓之性"，此义甚明。罗对孟子评价甚高，认为存心养性之事，至孟子始明言之。从其引孟子"君子所性"一句，可知其以仁义礼智为性。

◇ **天命之性与气质之性之矛盾**

卷上第十四章指出，程、张、朱子分而论述天命之性与气质之性，其说虽备，终不能令人满意：

> 然一性而两名，虽曰"二之则不是"，而一之又未能也。学者之惑，终莫之解，则纷纷之论，至今不绝于天下，亦奚怪哉！（页7）

他称自己"愚尝痛瘵以求之"，"积以岁年"，终于"一旦恍然似有以洞见其本末者"，认为"性命之妙，无出理一分殊四字"（页9）。此段认为天命、气质二性之关系终不能令人满意，解决之道在于理一分殊。接下来具体论述为何从理一分殊来摆脱二性之问题：

> "成之者性"，理之一也，"仁者""知者""百姓"也、"相近"也者，分之殊也。"天命之谓性"，理之一也；"率性之谓道"，分之殊也。"性善"，理之一也，而其言未及乎分殊；"有性善，有性不善"，分之殊也，而其言未及乎理一。程、张本思、孟以言性，既专主乎理，复推气质之说，则分之殊者诚亦尽之。但曰"天命之性"，固已就气质而言之矣；曰"气质之性"，性非天命之谓乎？一性而两名，且以气质与天命对言，语终未莹。朱子尤恐人之视为二物也，乃曰："气质之性，即太极全体堕在气质之中。"夫既以堕言，理气不容无罅缝矣。惟以理一分殊蔽之，自无往而不通，而所谓"天下无性外之物"，岂不亶其然乎！（页7—8）

此段认为，不需要从天命、气质之分的角度来分论性，只需要从理一分殊来看性即可。因为性就是理，理只有一个，源于天命。而现实中人性善恶皆为理一之分殊，即理一之各种表现，故欲以理一分殊代替天命、气质二分说。接着第十九章又说：

理一分殊四字，本程子论《西铭》之言。其言至简，而推之天下之理，无所不尽。……持此以论性，自不须立天命、气质之两名，粲然其如视诸掌矣。但伊川既有此言，又以为"才禀于气"，岂其所谓分之殊者，专指气而言之乎！朱子尝因学者问理与气，亦称伊川此语说得好，却终以理气为二物，愚所疑未定于一者，正指此也。（页9）

他并强调，天命、气质之性本为一物，若从理一分殊论之，其间分隔自然消失。气质之性当然也是天之所命，本不当分而为二。

◇ **养性与养气无别**

卷上第二十三章认为，"气与性"为"一物"，但有形下形上之分。盖以性为理，而气质为分殊。欲知性须于分殊中得，但不能将分殊之气质称为性：

孟子以"勿忘勿助长"为养气之法。气与性一物，但有形而上下之分尔。养性即养气，养气即养性，顾所从言之不同，然更无别法。（页10）

48. 王廷相（1474—1544）

【文献】王廷相，《王廷相集》（全四册），王孝鱼点校，北京：中华书局，1989。

王廷相，字子衡，号浚川。论性主要见于〈性辨〉（《王廷相集》第二册，页608—610）及〈问成性篇〉（凡二十四章，《王廷相集》第三册，页765—769）。

其中〈性辨〉篇幅较短，内容简略。而〈问成性篇〉篇幅稍长，论述详细。大抵有以下观点。（1）本然之性与气质之性不可二分。"故离气言性，则性无处所，与虚同归；离性论气，则气非生动，与死同途。是性之与气，可以相有，而不可相离之道也。是故天下之性，莫不于气焉载之。"（〈性辨〉）（2）倾向于认为世间各人之性不同，人性有善也有恶，唯圣人之性纯善。此说近乎人性善恶混或性三品之说，赞同"恶亦不可不谓之性"（〈问成性篇〉）。（3）性善之说，乃取性之善者以为教。"善固性也，恶亦人心所出，非有二本。善者足以治世，恶者足以乱。圣人惧世纪弛而民循其恶也，乃取其性之足以治世者而定之，曰仁义中正，而立教焉，使天下后世由是而行则为善，畔于此则为恶。"（〈性辨〉）（4）善恶当以是否可治世为准。"仁义中正，圣人定之以立教持世，而人生善恶之性由之以准也"（〈性辨〉），"圣人缘生民而为治，修其性之善者以立教，名教立而善恶准焉。是故敦于教者，人之善者也；戾于教者，人之恶者也"（〈问成性篇〉）。（5）对情欲持否定态度，似乎认为情欲是恶之来源。"情荡则性昏"，"为恶之才能，善者亦具之；为善之才能，恶者亦具之。然而不为者，一习于名教，一循乎情欲也。夫性之善者，固不俟乎教而治矣；其性之恶者，方其未有教也，各任其情以为爱憎"（〈问成性篇〉）。

〈性辨〉

◇ 离气言性与离性言气，均荒谬之论

本然之性与气质之性同在无别，即便是圣人之性，亦不过"七情所自发"，"不离乎气"：

> "气质之性，本然之性，何不同若是乎？"曰："此儒者之大惑也，吾恶能辨之？虽然，尝试论之矣。人有生，斯有性可言；无生则性灭矣，恶乎取而言之？故离气言性，则性无处所，与虚同归；离性论气，则气非生动，与死同途。是性之与气，可以相有，而不可相离之道也。是故天下之性，莫不于气焉载之。今夫性之尽善者，莫有过于圣人也。然则圣人之性，非此心虚灵所具而为七情所自发耶？使果此心虚灵所具而为七情所自发，则圣人之性亦不离乎气而已。性至圣人而极。圣人之性既不出乎气质，况余人乎？所谓超然形气之外，复有所谓本然之性者，支离虚无之见与佛氏均也，可乎哉？"（页609）

◇ 对人性皆善提出怀疑

"恶亦人心所出"，善恶"非有二本"，似认为恶亦当出自人性：

> "敢问何谓人性皆善？"曰："善固性也，恶亦人心所出，非有二本。善者足以治世，恶者足以乱。……出乎心而发乎情，其道一而已矣。"（页609）

他还认为："圣人惧世纪弛而民循其恶也，乃取其性之足以治世者而定之，曰仁义中正，而立教焉，使天下后世由是而行则为善，畔于此则为恶。"（页609）

◇ **质疑以气质之偏解释恶**

王廷相对程朱理学以气质之偏解释恶之源进行质疑，认为气质之偏未必是恶，只是人性之自然，就如爱子胜于爱人，乃是人之天性，只要不为害天下即可。由于他反对割裂本然之性与气质之性，对人性是善是恶持回避态度，至少不认为人性是善，所以提出"以义制情，以道裁性"，主张以"仁义中正"为判断人性善恶之准则。

日："人之为恶者，气禀之偏为之，非本性也。"（页609）

日："气之驳浊固有之，教与法行，亦可以善，非定论也。世有聪明和粹而为不道者多矣。……是故以义制情，以道裁性，而求通于治焉。"（页609—610）

夫缘教以守道，缘法以从善，而人心之欲不行者，亦皆可以蔽论矣。故曰：仁义中正，圣人定之以立教持世，而人生善恶之性由之以准也。（页610）

〈问成性篇〉

〈问成性篇〉对于人性及善恶作了全面而系统的论述。

◇ **人性善恶兼有**

总的来说，王廷相似认为人性善恶兼有，圣人取其善者立教，为后世之准：

问成性，王子曰："人之生也，性禀不齐，圣人取其性之善者以立教，而后善恶准焉。故循其教而行者，皆天性之至善也。极精一执中之功则成矣，成则无适而非善也，故曰'成性存存，道义之门'。"（页765）

性者缘乎生者也，道者缘乎性者也，教者缘乎道者也。圣人缘生民而为治，修其性之善者以立教，名教立而善恶准焉。……为恶之才能，善者亦具之；为善之才能，恶者亦具之。然而不为者，一习于名教，一循乎情欲也。夫性之善者，固不俟乎教而治矣；其性之恶者，方其未有教也，各任其情以为爱憎，由之相戕相贼胥此以出，世道恶乎治！圣人恶乎不忧！故取其性之可以相生、相安、相久而有益于治者，以教后世，而仁义礼智定焉。背于此者，则恶之名立矣。故无生则性不见，无名教则善恶无准。（页765）

这里又以名教为善恶之准，然又以为名教不过是"取其性之可以相生、相安、相久而有益于治者，以教后世"，故善亦源自人性。对于人性中善恶之关系：

天地之化，人生之性，中焉而已。过阴过阳则不和而成育，过柔过刚则不和而成道。故化之太和者，天地之中也；性之至善者，人道之中也。故曰"惟精惟一，允执厥中"，求止于至善而已矣。（页768）

◇ 人心、道心不可分

从人心、道心角度论人性中善恶共存。人心、道心乃圣人、常人所共有，物欲自是本性一部分，正如道心亦是禽兽之性一部分：

性之本然，吾从大舜焉，"人心惟危，道心惟微"而已；并其才而言之，吾从仲尼焉，"性相近也，习相远也"而已。恻隐之心，怵惕于情之可怛；羞恶之心，泚颡于事之可愧，孟子良心之端也，即舜之道心也。"口之于味，耳之于声，目之于色，鼻之于嗅，四肢之于安逸"，孟子天性之欲也，即舜之人心也。由是观之，二者圣愚之所同赋也，不谓相近乎？由人心而辟焉，愚不肖同归也；由道心而精焉，圣贤同涂也，不为相远乎？夫是道之拟议也，会准于三才，参合于万物，圣人复起，不易吾言矣！（页766）

道化未立，我固知民之多夫人心也。道心亦与生而固有，观夫虎之负子，乌之反哺，鸡之呼食，豺之祭兽，可知矣。道化既立，我固知民之多夫道心也。人心亦与生而恒存，观夫饮食男女，人所同欲，贫贱夭病，人所同恶，可知矣。谓物欲蔽之，非其本性，然则贫贱夭病，人所

愿乎哉？（页766）

◇ 性·情·气

情为性之象，灵为性之质；体为气之机，气为神之用：

> 识灵于内，性之质；情交于物，性之象。仁义中正，所由成之道也。（页766）

本然之性变称为"性之质"，气质之性变称为"性之象"。以性之质、性之象分述性、情及其善恶。

论述性、气、神关系尤多：

> 存乎体者，气之机也，故息不已焉；存乎气者，神之用也，故性有灵焉。体坏则机息，机息则气灭，气灭则神返。神也返矣，于性何有焉！（页766）

> 天者，言乎其冒物也。帝者，言乎其宰化也。神者，言乎化机之不可测也。性者，言乎其生之主也，精气合而灵，不可离而二之者也。命者，言乎其赋之非由我者也，造化神而章物，莫之为而顺者也。天道者，言乎运化之自然，四时行，百物生，乾乾而不息者也。圣人者，言乎人道之至也，穷理尽性至命，以合天之神者也。（页767）

> 气附于形而称有，故阳以阴为体；形资于气而称生，故阴以阳为宗。性者，阴阳之神理，生于形气而妙乎形气者也。观夫心志好恶，魂魄起灭，精矣。相待而神，是故两在则三有，一亡则三灭。（页767）

> 耳目开而视听生矣，魂魄拘而思识生矣。万物之情，其入我也，以耳目之灵；其契我也，以魂魄之精。耳目虚，物无不入；魂魄之精有主，盖有不受之物矣。不受也者，逆于性者是已。（页767）

> 耳听，目视，口言，鼻嗅，心通，天性也。目格于听，耳格于视，口格于嗅，鼻格于言，器局而不能以相通也。解悟者心，注于听则视不审，注于视则听不详，注于言则嗅不的，注于嗅则言不成，神一而不可以二之也。（页768）

> 气不可为天地之中，人可为天地之中，以人受二气之冲和也，与万

物殊矣。性不可为人之中，善可为人之中，气有偏驳，而善则性之中和者也。是故目之于色，耳之于声，鼻之于臭，口之于味，四肢之于安逸，孟子不谓之性，以其气故也；刚善柔善，周子必欲中焉而止，以其过故也。（页768）

气神而精灵，魂阳而魄阴也。神发而识之远者，气之清也；灵感而记之久者，精之纯也，此魂魄之性，生之道也。气衰不足以载魄，形坏不足以凝魂，此精神之离，死之道也。（页768）

圣愚之性，皆天赋也。气纯者纯，气浊者浊，非天固殊之也，人自遇之也。圣人治天下，必欲民性至善而顺治，故立教以导之，使其风俗同而好尚一，虽不尽善，而为恶者亦鲜矣。（页768）

◇ **人性之恶**
明确认为人性中有恶：

情荡则性昏，性昏则事迷，迷而不复，则躁激骄吝之心滋矣，由灵根之不美也。《庄子》曰"嗜欲深者天机浅"，亦善言性者与！（页765）

未形之前，不可得而言矣，谓之至善，何所据而论？既形之后，方有所谓性矣，谓恶非性具，何所从而来？程子曰"恶亦不可不谓之性"，得之矣。（页765）

◇ **人性之善**
亦颂赞人性之善：

父子兄弟，天性之亲也，仁也；君臣朋友，人道之宜也，义也；夫妇齐体而易气，介乎其间者也。同育而承宗者，仁也；犹可以离之者，义也。故曰"立人之道，曰仁与义"。（页766）

仁者，天之性也；义者，道之宜也。（页766）

君子行仁必主于义，则事无不宜而仁矣。仁无义以持之，或固于不忍之爱，而反以失其仁，故君子任道不任情。（页768）

《易》曰"穷理尽性"，谓尽理可乎？《孝经》曰"毁不灭性"，谓不灭理可乎？明道《定性书》之云，谓定理可乎？故曰"气之灵能而生

之理也。仁义礼智，性所成之名而已矣"。（页767）

人之性，纯而已；天之道，诚而已。"维天之命，于穆不已，于乎不显，文王之德之纯"，此天人合一之道，故曰"知性斯知天"。（页769）

◇ 反对以静验性

这与程朱理学不同：

或问："人心静未感物之时可以验性善，然乎？"曰："否。大舜孔子吾能保其善矣，盗跖阳虎吾未敢以为然。何也？发于外者，皆氏乎中者也。此物何从而来哉？又假孰为之乎？谓跖也、虎也心静而能善，则动而为恶，又何变之遽？夫静也，但恶之象未形尔，恶之根乎中者自若也，感即恶矣。诸儒以静而验性善者，类以圣贤成性体之也。以己而不以众，非通议矣。"（页767）

49. 焦竑（1540—1620）

【文献】（1）焦竑，《焦氏笔乘》（全二册），李剑雄点校，北京：中华书局，2008；（2）焦竑，《澹园集》（全二册），李剑雄点校，北京：中华书局，1999。

焦竑，字弱侯，号漪园、澹园。《焦氏笔乘》卷一〈论性〉及《澹园集》等均有论性内容。其观点大体如下。（1）大抵不主张儒释道对立，而主三者互补之说。"学者诚志于道，窃以为儒释之短长，可置勿论，而第反诸我之心性，苟得其性，谓之梵学可也，谓之孔孟之学可也。"（《澹园集》卷十二〈答耿师书〉，页82）"故释氏之典一通，孔子之言立悟，无二理也。张商英曰：吾学佛然后知儒。诚为笃论。"（《焦氏笔乘·续集》，页282）"佛虽晚出，其旨与尧、舜、周、孔无以异者。"（《澹园集》卷十二〈又答耿师书〉，页82）（2）不主张灭情见性，而主张忘情复性。"不灭情以求性，情即性，此梵学之妙，孔学之妙也，……而吾心性之妙也。"（《澹园集》卷十二〈答耿师书〉，页82）虽认为情不可灭，主张随顺，但同时还是以情与性相对。

以情为执念，执念不忘，则性不见。

《焦氏笔乘》

◇ 性、情关系

论性、情关系，批评李翱灭情之说。故虽倡儒佛同途，而主以情论性。但是又认为若情为主宰则心不能尽、性不能复，故亦有"情根内亡"之说。对于情，焦氏似持有之而不执的态度，即所谓"有喜非喜，有怒非怒"，如此方能"应之以性"而"随顺皆应"。

卷一〈论性〉曰：

> "乃若其情，则可以为善矣。"《孟子》即情以论性也。贺□云："性之与情，犹波之与水。静时是水，动则是波；静时是性，动则是情。"盖即此意。李习之乃欲灭情以复性，亦异乎孟子之旨矣。……才性本一，何得有同异离合邪？（页28—29）

〈续集〉曰性、情与心之关系，尽心知性与孟子不二：

> 人患不能复性，性不复则心不尽。不尽者，喜怒哀乐未忘之谓也。由喜怒哀乐变心为情。情为主宰，故心不尽。若能喜怒哀乐之中，随顺皆应，使虽有喜怒哀乐，而其根皆亡。情根内亡，应之以性，则发必中节，而和理出焉。如是，则有喜非喜，有怒非怒，有哀乐非哀乐，是为尽心复性。心尽纯，不谓之天，不可得已。（〈读孟子〉，页280）
>
> 意者，七情之根。情之饶、性之离也。故欲涤情归性，必先伐其意。意亡而必、固、我皆无所传，此圣人洗心退藏于密之学也。（〈读论语〉，页254）

《澹园集》

◇ 性中无不备

称"仁义者，性有之"，故学以知性为最高。此乃性善论之义。卷十四〈国朝从祀四先生要语序〉云：

君子之学，知性而已。性无不备，知其性而率以动，斯仁义出焉。仁义者，性有之，而非其所有也。（页131）

◇ **从佛法无执释情**

又解《中庸》未发之中并非无喜怒哀乐，而是指有之而不执，甚有趣。《澹园集》卷十二〈又答耿师书〉云：

所言"本来无物"者，即《中庸》未发之意也。"未发"云者，非拔去喜怒哀乐而后以为未发也，当喜怒无喜怒，当哀乐无哀乐之谓也。故孔子论"憧憧往来，朋从尔思"，而曰："天下何思何虑。"于憧憧往来之中，而直指何思何虑之体，此非佛法何以当之？（页82）

50. 刘宗周（1578—1645）

【文献】刘宗周，《刘宗周全集》第二册，吴光主编，杭州：浙江古籍出版社，2007。

刘宗周，初名宪章，字起东，号念台，其弟子称之为蕺山夫子，"蕺山学派"亦本于此。刘氏勤于著述，先后著有《心论》《论语学案》《曾子章句》《第一义说》《圣学宗要》《人谱》等。其为学宗旨在于"慎独""诚意"，一反前人从工夫论向度理解"慎独""诚意"，而将其本体化，"慎独"是从本体上说，"诚意"是从本体之意向上说，进而将本体工夫化、工夫本体化，也即其高足黄宗羲"工夫所至即是本体"之谓。

刘氏性情刚毅、心慕节义，加之身处晚明乱局，治世之心颇切，廷谏直陈利弊，虽一度身居要位，终难容于庙堂，遂归乡读书讲学。崇祯自缢后，为全节义，宗周亦绝食殉国，可谓以身殉道。牟宗三许之为理学殿军，认为"蕺山绝食而死，此学亦随而音歇绝响"。杜维明则认为他是"中国17世纪最具原创性的思想家之一"。①

---

① 林月惠对刘宗周作为宋明理学殿军的性情论从宋明理学系统内部作了详尽考察，说明刘宗周的性情论是开启"情欲明清"的重要先河。参林月惠《从宋明理学的"性情"论刘蕺山对〈中庸〉"喜怒哀乐"的诠释》，《中国文哲研究集刊》第二十五期，台北："中研院"中国文哲研究所，2004，页177—218。

下面所讨论之〈中庸首章说〉载《刘宗周全集》第二册〈语类十〉，〈问答〉载《刘宗周全集》第二册〈语类十一〉，〈学言〉载《刘宗周全集》第二册〈语类十二〉，〈易衍〉载《刘宗周全集》第二册〈语类四〉。《刘宗周全集》共六册，各册独立编码，以下所引皆出自第二册。

〈中庸首章说〉〈问答〉

◇ 理气一元、性情同质同层

刘宗周一反朱子理气二元、性情二分的义理架构，而主张理气一元、性情同质同层。其言曰：

> 须知性只是气质之性，而义理者，气质之本然，乃所以为性也。心只是人心，而道者人之所当然，乃所以为心也。人心道心，只是一心；气质义理，只是一性。识得心一性一，则工夫亦一。静存之外，更无动察；主敬之外，更无穷理。其究也，工夫与本体亦一。此慎独之说，而后之解者往往失之。（〈中庸首章说〉，页301）

> 心与意为定名，性与情为虚位。喜怒哀乐，心之情；生而有此喜怒哀乐之谓心之性。好恶，意之情；生而有此好恶之谓意之性。盖性情之名，无往而不在也。即云"意性""意情"亦得。意者，心之意也；情者，性之情也。（〈问答〉，页344）

刘宗周反对将义理之性与气质之性划分成两种异质、异层之性，反对义理之性源自天理，气质之性源自气禀，而认为理只是气的条理，而义理则是气质的本然状态，义理是性的内容。在蕺山的思想中，情并非一般而言的感性之情，而是性之情（喜、怒、哀、乐）、心之情（恻隐、羞恶、辞让、是非）、意之情（好、恶）。按照林月慧的说法：蕺山所谓情，是"上提"的"形而上"之"情"，特别以"性之情"称之，实指喜、怒、哀、乐，乃第一义之情，可称为"根源性之情"或"先天之情"。由此我们可以看出，蕺山将情视为性之情，是将其置于同质同层的角度加以思考的，这与其理气一元说具有一致性。

〈学言中〉

◇ 喜怒哀乐为四德

在蕺山之前，儒者对《中庸》首章"喜怒哀乐"的理解多倾向于将之释读为感性之情，属形下之气的活动范畴，泛指人的各种情绪。而蕺山则赋予"喜怒哀乐"以独特的哲学内涵，将其统属形上之"四气"，认为其指四德而言，并非可以涵括在七情中的自然情感。其言曰：

《中庸》言喜怒哀乐，专指四德言，非以七情言也。喜，仁之德也；怒，义之德也；乐，礼之德也；哀，智之德也。而其所谓中，即信之德也。一心耳，而气机流行之际，自其盎然而起也谓之喜，于所性为仁，于心为恻隐之心，于天道则元者善之长也，而于时为春。自其油然而畅也谓之乐，于所性为礼，于心为辞让之心，于天道则亨者嘉之会也，而于时为夏。自其肃然而敛也谓之怒，于所性为义，于心为羞恶之心，于天道则利者义之和也，而于时为秋。自其寂然而止也谓之哀，于所性为智，于心为是非之心，于天道则贞者事之干也，而于时为冬。乃四时之气所以循环而不穷者，独赖有中气存乎其间，而发之即谓之太和元气，是以谓之中，谓之和，于所性为信，于心为真实无妄之心，于天道为乾元亨利贞，而于时为四季。故自喜怒哀乐之存诸中而言，谓之中，不必其未发之前别有气象也。即天道之元亨利贞，运于於穆者是也。自喜怒哀乐之发于外而言，谓之和，不必其已发之时又有气象也。即天道之元亨利贞，呈于化育者是也。惟存发总是一机，故中和浑是一性。如内有阳舒之心，为喜为乐，外即有阳舒之色，动作态度，无不阳舒者。内有阴惨之心，为怒为哀，外即有阴惨之色，动作态度，无不阴惨者。推之一动一静，一语一默，莫不皆然。此独体之妙，所以即隐即见，即微即显，而惧独之学，即中和，即位育，此千圣学脉也。自喜怒哀乐之说不明于后世，而性学晦矣。千载以下，特为拈出。（〈学言中〉，页414—416）

蕺山创造性地将"喜怒哀乐"称为四气、元气，"喜怒哀乐，四气周流"，"元气种于先天"，但值得注意的是，此"元气"属形上创生之气，而非形下活动之气。蕺山以"喜怒哀乐"来配伍"仁义礼智"、"恻隐、羞恶、辞让、是非"、"元亨利贞"和"春夏秋冬",无异于将心性论、宇宙论和天道观统合为一个整体。喜怒哀乐与春夏秋冬同为"四气",但并非形下之气的经验性活动,而是形上之气的创生性活动。喜怒哀乐是心在活动时所呈现出的四种不同状态,就其发用流行,可谓之恻隐、羞恶、辞让、是非四端之心;就其未发之中而言,可谓之仁义礼智之性。在蕺山的论述下,喜怒哀乐四气的活动,呈现出一个井然分明的道德秩序。

〈学言上〉〈易衍〉

◇ 四气与七情

在蕺山看来,《中庸》所言"喜怒哀乐"专指四德,非以七情而言。喜怒哀乐属于形上之气的活动,而七情则为形下之气的活动,为异质异层。但四气与七情并非毫无联系,当喜怒哀乐四气活动时,必然会落实到形下经验世界。其言曰:

> 喜怒哀乐,性之发也;因感而动,天之为也。愤懥恐惧好乐忧患,心之发也;逐物而迁,人之为也。众人以仁而汩天,圣人尽人以达天。(〈学言上〉,页381)

> 喜怒哀乐,虽错综其文,实以气序而言。至榖为七情,曰喜怒哀惧爱恶欲,是性情之变,离乎天而出乎人者,故纷然错出而不齐。所谓感于物而动,性之欲也,七者合而言之,皆欲也。君子存理遏欲之功,正用之于此。若喜怒哀乐四者,其发与未发,更无人力可施也。(〈学言上〉,页399)

> 君子俯察于地,而得后天之易焉。夫性,本天者也。心,本人者也。天非人不尽,性非心不体也。心也者,觉而已矣。觉故能照,照心尝寂而尝感,感之以可喜而喜,感之以可怒而怒,其大端也。喜之变为欲、为爱,怒之变为恶、为哀,而惧则立于四者之中,喜得之而不至于淫,怒得之而不至于伤者。合而观之,即人心之七政也。七者皆照心所发也,而发则驰矣。众人溺焉,惟君子时发而时止,时返其照心而不逐于感,得易之逆数焉。此之谓"后天而奉天时",盖慎独之实功也。(〈易衍〉,页138—139)

当作为形上超越性的四气活动时,落实在经验世界中,便失去原有的气序，产生七情之气，此为"性情之变"。由于七情不具有自主性，只能被动地感于物而动，为对象所决定，"所谓感于物而动，性之欲也，七者合而言之，皆欲也"，所以蕺山将七情归于"欲"。七情之情的具体内涵则指情欲而言，与性之情异质。喜怒哀乐四气感于可喜、可怒之对象，而触发为七情之喜怒，进而由喜迁为欲、爱，怒迁为恶、哀，而作为七情的惧则"立于四者之中"，起着一种调节、平衡功能，防止从喜滑向欲、爱，从怒滑向恶、哀这种过度的情感。

（闫林伟整理）

51. 朱舜水（1600—1682）

【文献】朱舜水，《朱舜水集》（全二册），朱谦之整理，北京：中华书局，2008。

朱之瑜，字楚屿，又字鲁屿，号舜水，浙江余姚人。舜水自幼聪明好学，矜尚名节，轻视功名。清军南下后，数次参与抗清斗争，复明无望后，流亡日本，以全名节。其学问与德性受到日本朝野人士的敬重与礼遇，在江户讲学时，许多著名学者慕名而来，执弟子礼。舜水提倡"实理实学"，认为"学问之道，贵在实行；圣贤之学，俱在践履"。其思想对水户学的形成产生了重要影响，以其学说为主旨的水户学派一直影响到明治维新，为日本思想的发展和进步做出了重要贡献。

舜水一生重在实行，著述不多，去世后，其讲学书札和问答书信由德川光国父子刊印为《朱舜水文集》二十八卷，另著有《朱舜水集》《安南供役纪事》《阳久述略》《释奠仪注》等。后人将其与黄宗羲、王夫之、顾炎武、颜元并称为"明朝中国五大学者"。

下面所讨论之〈答古市务本问二条〉〈答安东守约问八条〉均载于《朱舜水集》卷十〈问答二〉。其中〈答古市务本问二条〉在页378—380，〈答安东守约问八条〉在页368—375。

〈答古市务本问二条〉

◇ 中人之性籍乎问学

舜水论性处并不多，在〈答古市务本问二条〉中，针对古市务本所提出的性非善非恶的疑惑，作了解答。其言曰：

> 问：仆经星霜，向二十余年，汲汲世事，皇皇职务，而虽不知圣贤之道腴，遂不归老佛之徒，仅欲尊信王道。但天所赋之性，或为人欲，辄被遮蔽，无由得其全。孟子曰："性善也。"仆非性善。荀子曰："性恶也。"且亦非恶。胸次之间，不能解其迷。噫嘻，致"克己复礼"之工夫，则岂不得性之全哉？幸希示焉。答：性非善亦非恶，如此者，中人也。中人之性，习于善则善，习于恶则恶，全籍乎问学矣。学之则为善人，为信人；又进而学之，则为君子；又进而学之不已，则为圣人。《书》曰："惟圣罔念作狂，惟狂克念作圣。"无所迷，无不可解者也。既能学，自知人欲之非，自不受其蔽；既能学，自知王者圣贤之道之为美，自知老佛之徒之邪之伪，不待辨而自明矣。（页 378—379）

针对古市务本所提到的性非善非恶的现象，舜水将之归于中人之性。中人之性的提出，在形式上似乎与董仲舒、韩愈等人的性三品说无异，但在具体内涵上却与之存在较大的分殊。董仲舒的性三品说为圣人之性/中民之性/斗筲之性，其中圣人之性纯善，斗筲之性纯恶，而中民之性则"有善质而未能善"，处于可上可下、可善可恶的中间状态，"性待渐于教训，而后能为善"，因此强调王者的教化。韩愈则将性情引入性三品说，性的内涵为仁义礼智之性，与生俱来；情的内涵则为喜怒哀惧爱恶欲，是接物而生的。上品之人能够自觉地由"性"而行动，下品之人只能通过惩戒来畏威而寡罪，中品之人有待于后天的修身养性。

舜水强调中人之性可以为善，亦可以为恶，而其间的关键在于问学，即强调后天学习的重要性。经由学习，人性的状态或境界可以沿着善人—君子—圣人的次第而升之。所谓能学即强调学的解蔽、向善功能，学即是心灵的敞开和主动性的高扬，心灵能够开放，则能够省察到自己的"不善"，不为之所蔽；心灵能够学习，则自能判断抉择，知道善恶美丑，而以圣贤之道为企向，进而进行道德践履，向圣人看齐。我们在此看出，舜水认为存在一种中人之性是非善非恶的，似乎有滑向告子之嫌，但他同时又强调了人有学习的能力和愿望，这种学习的能力能够自觉地省察到恶、判断出善，并自觉为善去恶。

〈答安东守约问八条〉

◇ 人之不贤，为习俗之害

安东守约持理学气禀说对舜水提出了疑问，即贤者禀受清气而生，愚者禀受浊气而生，禀得清气者，其性情纯粹至善。然而为何从上古到如今，贤者少而愚者多。针对此，舜水作出回复：

> 贤者受其清，愚者受其浊，儒者固有是说，不足异也。然此天赋之乎，抑人之受之乎？既有受之者，则必有予之者矣。果尔，则天地常以清气私贤智，而以浊气困愚不肖，如种瓜得瓜，种豆得豆。然则愚不肖之为不善，乃其理所应尔，是则天地有过，而愚不肖无罪也。又何以天则降之百殃，而人主则施之刑戮耶？至于"虽愚必明，虽柔必强"者，或有改行从善者，又何以称焉？岂清浊气相杂而禀欤？抑前禀其浊而后禀其清欤？亦有素行皆贤，一旦为利回，为害怵，不保其末路者，又何以称焉？尧舜之民，比屋可封，桀纣之民，比屋可诛。岂尧舜之民之气皆清，而桀纣之民之气皆浊哉？试观孩提之童，无不知爱其亲，无不知爱其兄，乳之则喜，咸之则啼，薄海内外，天性无少异也。及其长也，父母之训教也无方，世俗之引诱也多故，习之既久，灵明尽蔽，昏惑奸狡横生，相去遂有万万不侔者。……若夫礼义道德之训，昏昏而不知，是皆世俗之害也。……天曷尝以浊气限人哉？孔子曰："性相近也，习相远也。"又曰："唯上智与下愚不移。"夫上智与下愚，世宁有几人哉？（页374）

从舜水的答复中我们可以看出，他反对将人的智愚、贤不肖看作气禀决定的产物。如此，"是则天地有过，而愚不肖无罪也"，在这种决定论下，人性是先定的，则人不必承担道德责任，这是舜水所不能接受的。为此，他更加强调后天环境、习俗对人的影响，"尧舜之民，比屋可封，桀纣之民，比屋可诛"，便是为了佐证这一点，尧舜治下的百姓善良是因为实行教化的缘故，桀纣治下的百姓不善则是实行暴政的结果。至于孩提之童无不善，人性之间没有太多的差异，而长大后的差异却是"万万不侔"的，这都是父母训教无方、世俗引诱所导致的，也即为后天的习俗所蔽，故其言曰"是皆世俗之害也"。总的来说，舜水对人性论的言说，有舍弃理学家自形上本体论述的路径而向孔孟经验世界回归的倾向。

（闫林伟整理）

52. 陈确（1604—1677）

【文献】陈确，《陈确集》（全二册），北京：中华书局，1979。

其中〈别集卷四·瞽言三〉有〈圣学〉（页441—442）、〈知性〉（页443）、〈性解上/下〉（页447—451）、〈气情才辨〉（页451—454）、〈气禀清浊说〉（页454—455）等篇；〈别集卷五·瞽言四〉有〈原教〉（页456—457）、〈子曰性相近也二章〉（页458）、〈性习图录〉（页459）、〈性习图咏〉（页460）、〈侮圣言〉（页460）等篇。

陈确，字乾初，浙江海宁新仓人。陈确为刘蕺山弟子，竭力反对宋儒本然、气质二性之分，而认为修养工夫才是成性关键，亦是理解性善要害。孟子道性善，与孔子性近习远之旨一致，均是强调如何靠后天努力"成性"。故道性善的宗旨在于"尽其心知其性也"一句。对于《易·系辞》"继善成性"作工夫论解读，认为"继""成"皆是讲修养工夫，欲人借工夫以成全己性。

〈气情才辨〉

◇ 性善意味着气、情、才之善

〈原教〉又称孟子以"气、才、情之善"以明性之善，而宋儒求之于"人生而静以上"，便是惑世诬民，"盖孟子分明指出气、才、情之善，以明性之无不善。而宋儒将气、才、情一一说坏，甚云'人生而静以上不容说，才说性，便已不是性矣'，则所谓性竟是何物？惑世诬民，无若此之甚者"（页457）。

〈气情才辨〉论性与气、情、才一体不分，曰：

> 性之善不可见，分见于气、情、才。情、才与气，皆性之良能也。天命有善而无恶，故人性亦有善而无恶；人性有善而无恶，故气、情、才亦有善而无恶。此孟子之说，即孔子之旨也。……是知气无不善，而

有不善者，由不能直养而害之也。（页452）

情、才、气有不善，则性之有不善，不待言矣。是阴为邪说者立帜也，而可乎？（页452）

不知舍情才之善，又何以明性之善耶？（页453）

《中庸》以喜怒哀乐明性之中和，孟子以恻隐、羞恶、辞让、是非明性之善，皆就气、情、才言之。气、情、才皆善，而性之无不善，乃可知也。孟子曰"形色天性也"，而况才、情、气质乎！气、情、才而云非性，则所谓性，竟是何物？（页453—454）

故践形即是复性，养气即是养性，尽心、尽才即是尽性，非有二也，又乌所睹性之本体者乎？（页454）

〈性解〉

◇ 强调工夫重要，性待工夫而成，性善因工夫而明

他的最大特点在于认为性善借工夫而明。他认为孟子道性善，与孔子性近习远之说一脉相承，认为其核心在〈尽心上〉"尽其性者，知其性也"一句，而此句的核心在于一个"尽"字。尽字，与达、扩充、养等工夫是完全一致的，同时也意味着知行合一。只有知行合一，才可语性善。这是典型的从工夫论出发论性（参见447，等等）。〈原教〉认为孟子从立教需要出发道性善，故言性必言工夫，盖认为人"为善而无不能，此以知其性之无不善也"（页456），"使举天下更无不善人，即孟子可不言性善矣"（页456）。

又曰："孔子言'性相近'，亦正为善不善之相远者而言，即孟子道性善之意。"（页451）因为孟子的目的与孔子完全一致，均是人能借工夫成为善人，甚至成为尧舜。修养之功是为了成全己性。

他认为，孟子所谓性善，是指人人皆可以通过修炼（包括《中庸》戒慎恐惧之功）成全自己，好比谷子非要经过风霜和季节才能成长，谷子长成，就是"成其性""尽其性"。"尽其性"是指让其充分、全面、尽情地长成自己应有的样子，即"各正性命"（方按：类似于葛瑞汉把性解读为事物在营养充足、不受伤害的情况下所获得的充分生长，引申义为：人性之善在于其道德潜能也需要充足展示才能成其性）。因此，他坚决反对把"性善"解释

为至生物之初的所谓本体、本原中来寻找（页447—451）。

〈性解上〉：

"尽其心者知其性也"之一言，是孟子道性善本旨。盖人性无不善，于扩充尽才后见之也。如五谷之性，不艺植，不耘籽，何以知其种之美耶？故尝谆谆教人存心，求放心，充无欲害人之心，无穿窬之心，有所不忍，达之于其所忍，有所不为，达之于其所为，老老幼幼，以及人之老幼，诵尧之行，行尧之行，忧之如何，如舜而已之类，不一言而足。学者果若此其尽心，则性善复何疑哉！（页447）

涵养熟而后君子之性全。（页448）

陈认为："盖人性无不善，于扩充尽才后见之也。如五谷之性，不艺植，不耘籽，何以知其种之美耶？"（页447）性之善是本来就有的，但仍必须靠后天成之的过程来呈现。

〈性解下〉曰：

物成然后性正，人成然后性全。（页449）

◇ **批评宋儒本然、气质二分，言本体堕入佛老，言气质同于告子**

大抵来说，陈确一方面极其反对宋儒本然之性、气质之性二分之说，认为本然之义理即在气质之中，谓："诸儒言气质之性，既本荀、告，论本体之性，全堕佛老。……性岂有本体、气质之殊耶？""另悬静虚一境莫可名言者于形质未具之前，谓是性之本体，为孟子道性善所自本。孟子能受否？""至云'才说性便已不是性'，更不解是何语。"（页449）

作者说：

荀、扬语性，已是下愚不移。宋儒又强分出个天地之性、气质之性，谓气情才皆非本性，皆有不善，另有性善之本体，在"人生而静"以上，奚啻西来幻指！一唱百和，学者靡然宗之，如通国皆醉，其说醉话，使醒人何处置喙其间？噫！可痛也！（〈性解下〉，页451）

〈圣学〉〈知性〉

◇ **赞赏王阳明，谓知行合一方知性善**

对王阳明知行观点极为赞赏，知行合一、致良知方知性善：

> 若但知性善，而又不力于善，即是未知性善。……知行不合，则孟子性善之教虽明无益也。（〈圣学〉，页442）

> 今学者皆空口言性，人人自谓知性，至迁善改过工夫，全不见得力，所谓性善何在？（〈知性〉，页443）

〈侮圣言〉称"今学者纷纷"，认为"性有不善，气情才有不善"之说"固可笑"，"即灼见得性无不善，气情才无不善，知行合一，知行并进，知行无先后，言甚凿凿，顾不知自反之身心力行，果何如也"（页460）。

◇ **从工夫出发解《易·系辞》"继善成性"**

他反对把性善的基础放在四端之上，而是注重"成之者性"之义，即性善体现在"成之"之功上。他引孟子"恻隐之心，仁之端也"后紧接着说，"虽然，未可以为善也"（〈性解上〉，页448），强调仅靠此端不足以为善；故而他特别强调《易·系辞》"继之者善，成之者性"一句，称"从而继之，有恻隐，随有羞恶有辞让有是非之心焉"，道得恻隐、羞恶、辞让、是非之心"时出靡穷焉，斯善矣"，这才是"继之者善"之义（〈性解上〉，页447—448）；进一步，"成之者，成此继之之功，即《中庸》'成己仁也，成物知也，性之德也'之谓。向非成之，则无以见天赋之全，而所性或几乎灭矣"（〈性解上〉，页448）。

陈确解"继善成性"的重要特点是从修身工夫来理解其中"继""成"之义，〈性解下〉亦自谓"继善成性以工夫言"（页449）。将"继善成性"解释为："继之者善"指继之以善，此即修身之功，即戒慎恐惧；"成之者性"，即因此修身之功而成全性，如谷物经过风霜和耕作而成熟。成熟即成其性；完全成熟即尽其性；走向成熟，即各正性命。性之成全即是《中庸》中和位育、天下达道。这样一来，继善成性皆成为后天修炼之事，而无关于宇宙发生学之事（页447—448）。

◇ 从工夫出发解《易·乾·彖》

〈性解下〉又利用《易·乾·彖》"大哉乾元！万物资始，乃统天。云行雨施，品物流形。大明终始，六位时成，时乘六龙以御天。乾道变化，各正性命，保合太和，乃利贞。首出庶物，万国咸宁"一段发挥己意。称：

> 今老农收种，必待受霜之后，以为非经霜则谷性不全。此物理也，可以推人理矣。……是故资始、流形之时，性非不具也，而必于各正、葆合见生物之性之全。孩提少长之时，性非不良也，而必于仁至义尽见生人之性之全。继善成性，又可疑乎？（页449—450）

> 今夫一草一木，谁不曰此天之所生，然滋培长养以全其性者，人之功也。庶民皆天之所生，然教养成就以全其性者，圣人之功也。非滋培长养能有加于草木之性，而非滋培长养，则草木之性不全。非教养成就能有加于生民之性，而非教养成就，则生民之性不全。（页450）

〈子曰性相近也二章〉

◇ 恶来源于"习"

〈子曰性相近也二章〉认为恶是来自"习"，即孔子"习相远"之习：

> 圣人辨性习之殊，所以扶性也。盖相近者性也，相远者习也。……夫子若曰：人之性，一而已，本相近也，皆善者也。乌有善不善之相远者乎？其所以有善有不善之相远者，习也，非性也，故习不可不慎也。（页458）

接着批评宋儒以"本然之性无不善，而气质之性有善有不善"之"支离"，谓"夫有善有不善，是相远，非相近也，是告子之说也。如是言性，可不复言习矣"（页458）。因此，"孟子道性善，实本孔子"（页458），"大抵孔、孟而后，鲜不以习为性者"（页458）。

53. 黄宗羲（1610—1695）

【文献】黄宗羲，《黄宗羲全集》（全二十二册），吴光主编，杭州：浙江古籍出版社，2012。

以下所引文献主要涉及《黄宗羲全集》第一册〈孟子师说〉，页46—155；《黄宗羲全集》第十六册〈明儒学案〉，页1015—1370。

黄宗羲，字太冲，一字德冰，号南雷，别号梨洲老人、蓝水渔人、双瀑院长、古藏室史臣等，学者称"梨洲先生"。梨洲一生学问渊博、著述宏富，主要有《明儒学案》《宋元学案》《明夷待访录》《孟子师说》《思旧录》等。在思想上继承与发展了孟子的民本思想，主张"天下为主，君为客"，认为"天下之治乱，不在一姓之兴亡，而在万民之忧乐"，并对君主专制进行了激烈的抨击。后人将之与顾炎武、王夫之并称为"明末清初三大思想家"，并将其称为"中国思想启蒙之父"。[①]

〈孟子师说〉

◇ 四端见性

黄宗羲论性，大抵沿着即性言情、指情言性的脉络，肯定四端之心，人皆有之，但同处在于赋予四端之心过与不及的分别。其言曰：

> 蕺山先师云："孟子论性，只就最近处指点。如恻隐之心，同是恻隐，有过有不及，相去亦无多，不害其为恻隐也。如羞恶之心，同是羞恶，有过有不及，相近亦然，不害其为羞恶也。过于恻隐，则羞恶便减，过于羞恶，则恻隐便伤。心体次第受亏，几于禽兽不远。然良心仍在，平日杀人行劫，忽然见孺子入井，此心便露出来，岂从外铄者？"羲曰："《通书》云性者，刚柔善恶中而已矣。刚柔皆善，有过不及，则流而为恶，是则人心无所为恶，止有过不及而已。此过不及亦从性来。故程子言恶亦不可不谓之性也，仍不碍性之为善。"（页64）

黄宗羲将过与不及引入四端中，尽管不会影响到四端性质，但若有一端有所过，则会对另一端造成程度上的减杀，"过于恻隐，则羞恶便减，过于

---

① 黄宗羲之性情论，参齐婉先《王阳明与黄宗羲关于性情善恶诠释之探讨》，《当代儒学研究》第十七期，台北：台湾"中央大学"文学院儒学研究中心，2014，页77—101。

羞恶，则恻隐便伤"。如此会导致心体"次第受亏"，积而久之，有堕入禽兽之虞，而解决之道就是在良知呈现时用功。如此，性之善恶的问题，就被黄宗羲置换成四端之过与不及的问题，为此他专门援引周敦颐以"刚柔善恶中"言性，有不及或过即流为恶的观点。但不可据此即言性为恶，实则人心无所谓恶的问题，只有性上的过与不及。

◇ **性情论说**

黄宗羲论性情与朱子、阳明俱不同，为承继其师宗周学说而有所发明。其言曰：

> 先儒之言性情者，大略性是体，情是用；性是静，情是动；性是未发，情是已发。程子曰"人生而静以上，不容说。才说性时，他已不是性也"，则性是一件悬空之物。其实孟子之言，明白显易，因恻隐、羞恶、恭敬、是非之发，而名之为仁义礼智，离情无以见性，仁义礼智是后起之名，故曰仁义礼智根于心。若恻隐、羞恶、恭敬、是非之先，另有源头为仁义礼智，则当云心根于仁义礼智矣。是故"性情"二字，分析不得，此理气合一之说也。体则情性皆体，用则情性皆用，以至动静已未发皆然。（页 127）

对于性情论说，黄宗羲主张摆落朱、王，回归于孟子自身的言说上。黄宗羲强调心为仁义礼智四德之根源，而恻隐、羞恶、恭敬、是非四端由心而发，而后仁义礼智之名乃起；性情二字不可分而言之，情为性之情，离情无以见性；而性情之形上根据则在于理气合一之宇宙论。

〈明儒学案〉

◇ **理气心性合一论**

黄宗羲的心性论是由其理气论所派生的，是理气论在人这一特殊存在的"气"上的表现，理气与心性属于同一序列，是同一之"气"的不同表现。〈明儒学案〉卷四十七〈诸儒学案中一·文庄罗整庵先生钦顺〉中论罗钦顺时指出：

> 夫在天为气者，在人为心，在天为理者，在人为性。理气如是，则

心性亦如是，决无异也。人受天之气以生，只有一心而已，而一动一静，喜怒哀乐，循环无已，当恻隐处自恻隐，当羞恶处自羞恶，当恭敬处自恭敬，当是非处自是非，千头万绪，辏辐纷纭，历然不能昧者，是即所谓性也。初非别有一物，立于心之先，附于心之中也。（页1204）

黄宗羲以气为宇宙本体，并将其视为一切存在的根据，而性理正是气的表现形式。人作为气的一种特殊形态，在于其心是有灵知的，是一个能动的实体。心与气的关系，可以划分为气→心、心→性两个结构，在气→心结构中，心是气之灵处，二者是同质的两种不同状态。在心→性结构中，心是性的物质基础，性是心这一物质在流行过程中的条理（张学智）。由此，我们既可以说"盈天地皆气也"，也可以说"盈天地皆心也"，二者是同一的，只是表达的侧重点不同而已。

（闫林伟整理）

54. 陆世仪（1611—1672）

【文献】（1）陆世仪，〈性善图说〉，载王德毅主编《丛书集成三编》第十五册，台北：新文丰公司，1997；（2）陆世仪，〈思辨录辑要〉，景海峰校点，载北京大学《儒藏》编纂与研究中心编，《儒藏精华编》第一百九十六册上，北京：北京大学，2018。

〈性善图说〉一文，唐文治《孟子大义》多引之。〈思辨录辑要〉卷二十六至二十七〈人道类〉多处论性善。〈陆桴亭思辨录辑要〉前二十二卷载于《丛书集成初编》第六百六十八至六百七十册（王云五主编，上海：商务印书馆，1936），但其中不含卷二十六至二十七。

陆世仪，字道威，号刚斋，晚号桴亭。主张性有善说，认为有善与有恶并不矛盾，与陈澧似一致，然强调所有之善是本，不可与所有之恶放同一层次。大体来说，陆氏于性善，紧守程朱义理、气质二性之说。然陆氏又认为孟子本人已知气质之性，故孟子本人即主人性有善有恶。不过，孟子之见与有性善、有性不善及善恶混之说相区别，即虽然有善有恶，但善恶一主一客，相去甚远，不可以同等位置视之。然在〈性善图说〉中，陆氏并未提出人性兼有善恶，而是极力以人与禽兽、万物相比较证明人性善，两书观点似有矛盾。①

〈性善图说〉

此文以"一阴一阳之谓道，继之者善也，成之者性也"一句来理解（《周子太极图》改，见图1至5）善、性及人性善。图1阴阳五行皆属"一阴一阳之谓道"范围，故图1"成性"上有"继善"二字。将"继之者善"解释为"天与人将接未接之顷，但可以善名而不可以性名者也"（页227），盖此时男女及万物尚未形成。男女、万物之形成为"成性"。不过，后来解释"性善"时，又将善理解为人为万物之最秀者。因此过程是：①阴阳五行（道）→②继善→③成性→④人性善、物性不善。

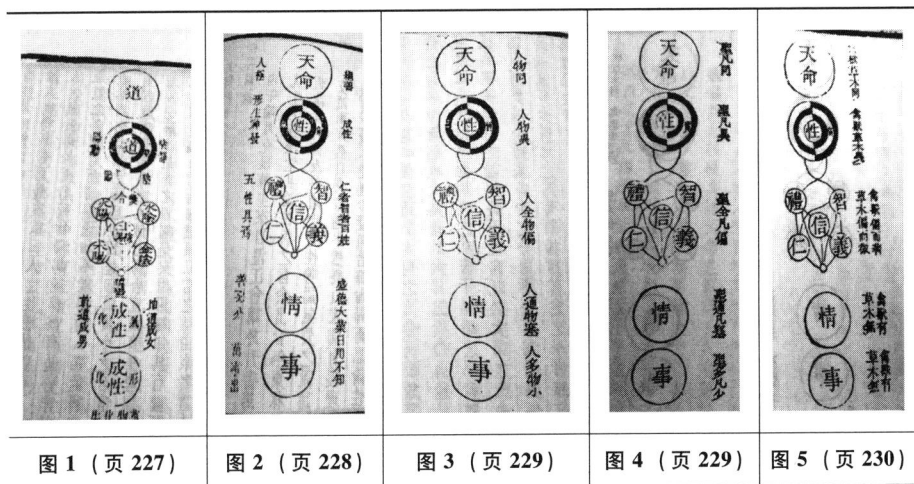

图1（页227）	图2（页228）	图3（页229）	图4（页229）	图5（页230）

资料来源：《丛书集成三编》第十五册。

陆氏反对讨论人物之性时"以善归之天命、以恶归之气质"，因为人物之性无论善恶，皆是成性以后事，成性以后即气质已化为有形；相应地，性

---

① 当代学者称陆世仪将义理、气质二分之性转化成气质一元论，似有不妥。史革新在《清代理学史》中说："在人性论问题上，陆世仪强调'气质之性'，认为'气质之外无性'，性'只是一个'，不能将其分为'义理之性'和'气质之性'，显然于程、朱的性二分说立异。"葛荣晋、王俊才在《陆世仪评传》中认为"陆世仪的人性论……将朱学的'性二元论之说'转变为'气质性善一元论'。这是陆世仪对朱熹人性论的根本修正，也是他对中国人性论学说的一大理论贡献"。相关观点参辛晓霞《陆世仪对性善的重构及其理论困境》，《中州学刊》2003年第10期，页111—115。

善性恶皆应当是指气质善恶，或者更准确地说，指气质有偏全、通塞、多少之不同。他认为，宋儒"以善归之天命、以恶归之气质"，则无法解释人、物之性皆受之天命，何以有人物之性之异哉？他认为导致宋儒以善归之天命，原因在于混淆了《易·系辞》中"继之者善"与孟子"人性之善"这两个"善"，不知道这两个"善"所指不同。前者指示成性之初之义理，后者针对成性之后之气质。此说与朝鲜湖洛之争中有关观点近似。

〈性善图说〉极少谈孟子，主要为了维护、完善程朱人性论，批评阳明及告子、扬雄、韩愈人性论，对义理、气质之关系进行更好的说明，论证义理即气质之义理，孟子性善指气质之善，针对人、禽、物所得于天之五行之气存在偏全、通塞、多少之不同而言。因此，他把性善理解为人与万物相比较之善。

◇ **反对以善归之天命、以恶归之气质**

善是针对人而言，性是针对人与万物共有而言。"后人不察性之一字为人物公共之性，又不察善之一字为人性独有之善，因举恶而归之于气质，举善而归之于义理。"（页227）

大概是认为人性之善与"继之者善"是两码事。"继善之善，即一阴一阳之道。道即太极，人所本之以立极者，是即人极也。……而人极不可遂名性也。"（页228）即继善之时，性尚未成，故此善非指性善。性就其从天命之源而言，乃人物所共享一善，但此非孟子所谓性善也。孟子所谓性善，指人性之善，区别于物而言。故孟子性善不可从源头处讲，即不可从天命之处讲，将性之善归之于天命，将性之恶归之于气质。若从源头处（即天命处）讲，则人与物无异也，皆善也，何以独曰人性无不善？"人与物同得天地之理以为性，同得天地之气以为形。"（页229）

◇ **气质与义理不分**

义理即气质之有条理者。"何以谓之义理也？曰：是即气质中之合宜而有条理者指而名之也。何者为合宜而有条理？即恻隐羞恶辞让是非之四端是矣。因四端知其有健顺五常，因健顺五常而知健顺五常之所由来者，实本于阴阳五行之德，此所以谓之义理，非于阴阳形气之外别有一物焉谓之义理而人可得之以为性也。"（页228）"予以性善归之气质。"（页230）"人性之善在于气质，气质之外无性。"（页231）

◇ 性善是人高于禽兽及万物的比较判断

是成性之中，万有不齐，而总其伦类之大凡，则惟人得其秀而最灵，故曰人之性善。是善也，正以人之气质得于天者，较物独为纯粹，故有是善。非于气质之外，别有所谓义理，物不能得而人独能得之也。（页228）

人与物同得天地之理以为性，同得天地之气以为形，而人性善、物性不善者何也？曰：此人之所以为灵，物之所以为蠢，而性情偏全通塞之不同、事为有多少之各别。……同一五德也，人则全而物则偏，虽人之中亦有仁智之殊，物之中亦有五德之目，而人终处于全，物终处于偏也。同一知觉也，人则通而物则塞。虽人之中，亦有昏蒙冥顽之属，物之中亦有猩猩鹦鹉之备，而人终处其通，物终处其塞也。同一事为也，人则多而物则少。虽人之中，亦有饱食终日无所用心之辈，物之中亦有子手拮据予目卒瘏之伦，而人终处其多，物终处其少也。惟其全、惟其通、惟其多，故虽赋秉偶亏，终可通于圣贤之路。惟其偏，惟其塞，惟其少，故虽灵明偶露，终难勉以学问之功。此人性之所以为善，而物性之所以不得为善也。（页229—230）

予以性善归之气质者，以人之性对物之性而观也。儒者以性恶归之气质者，以人之性对人之性而观也。（页230）

◇ 人性之善源于人得五行之秀气

人得金、木、水、火、土之气而有其性。"若性之有五，则所谓仁义礼智信之德，得天五行之气而生者。自圣贤以至于凡庸，固无不全不备。"（页228）然而人得五行之气有轻重之偏，故有仁者（得木气多），有智者（得水气多）。如此而有凡圣之别，百姓之生。

〈思辨录辑要〉

〈思辨录辑要〉张伯行辑，张氏原序作于康熙四十八年（1709年）己丑仲冬。其〈后集〉卷四至六（页281—327）集中论性，并讨论到早前所作〈性善图说〉。此文"义理之性""本然之性"二词时常混用。陆氏大抵认为人性中有善也有恶，论性不能离开气质。本然之性与气质之性只是一个性，只是看从什么角度看它。他认为孟子从义理之性角度倡性善，并非不知道气质之性，只是迫于时势，有所针对罢了。同时，他也表达了对性善论的认可，认为性善论比起人性有善、有不善以及善恶混说，抓住了人性高于禽兽的本质。

◇ **孟子道性善亦是从气质立论**

下面强调孟子非不知气质之性，孟子所谓性善"全是从天命以后说"，这与程颢之意同。[1] 若将性善像张载、朱子那样理解为本原之性，即天命之初立论，则人性、物性皆善矣，何必人禽之辨？"若就命上说善，则人与万物同此天命，人性善则物性亦善，何从分别。"（页 290）这一点，可谓切中要害，朝鲜后来的湖洛之争即源于此：

> 诸儒谓孟子道性善，只是就天命上说，未落气质。予向亦主此论，今看来亦未是。若未落气质，只可谓之命，不可谓之性。于此说善，只是命善，不是性善。且若就命上说善，则人与万物同此天命，人性善则物性亦善，何从分别？孟子所云性善，全是从天命以后说，反复七篇中可见。如"乃若其情""则故而已""形色天性"以及"犬之性犹牛之性""牛之性犹人之性"之类，并未尝就天命之初落气质处说。（页 290）

◇ **孟子道性善与时代有关**

按照这一思路，孟子道性善也是从气质立论的吗？然而陆氏又不承认这一点。他似乎又认为孟子性善之说，是从义理之性立论的。孟子既知气质之性，而气质之性有不善，为什么偏要说性善呢？他认为这是出于针对当时时代气氛而言的：

> 《孟子》七篇只言性善，未尝言气质之性。惟"口之于味"一章以气质之性与义理之性对说，则知孟子非不知气质之性，但立教之法，决当以义理为主。亦以当时性学大坏，非专主义理，无以障狂澜于既倒也。（页 286）

---

[1] 程颢、程颐：《二程集》（全二册），王孝鱼点校，北京：中华书局，2004，页 10。

◇ 性善论从人禽之别立论

陆氏一方面主张从气质论性，明知人性中有善也有恶；但是另一方面，他又对性善说持赞赏态度，且不同意有性善、有性不善之说及人性善恶混之说。他给出的辩护理由是性善说抓住了人与禽兽的根本差别，而有性善、有性不善之说、人性善恶混之说未抓住，同人于禽兽：

> 吴江戴芸野读予《性善图说》，问：先生以气质论性善，则性中之恶何以处之？予曰：孟子原止说性中有善，不曾说无恶。盖缘当时之人，皆以仁、义、礼、智为圣人缘饰出来，强以教人，非本来之物，如"杞柳""栝楮"等议论。故孟子特特指点，以为"四端"原人性中本有，非谓性中止有善而无恶也。若止有善而无恶，则人人皆圣人矣。故程子曰"恶亦不可不谓之性"。曰：如此则似有性善、有性不善及善恶混之说，如何？曰：有性善、有性不善及善恶混，与孔子"性相近"之说原相似，但立意主客不同耳。孔子言"性相近"与《书》言"恒性"相似，原主善一边言，故曰"人之生也直"。盖人之所以为人，与禽兽异者，只是这个。故善是个主，恶是个客。若有性善、有性不善及善恶混之说，则主客无别。故语虽相似，而旨意相去不啻天渊也。（页301）

55. 王夫之（1619—1692）

【文献】（1）王夫之，《读四书大全说》，载船山全书编辑委员会编校，《船山全书》（全十六册），第六册，长沙：岳麓书社，2011，页393—1151；（2）王夫之，《四书训义（下）》，载《船山全书》，第八册，页1—987；（3）王夫之，《尚书引义》，载《船山全书》，第二册，页135—449。各册独立页码。

王夫之，字而农，号姜斋、又号夕堂。王夫之代表作有《周易外传》《尚书引义》《春秋世论》《读通鉴论》《宋论》等。

《读四书大全说》

孟子部分在卷八至卷十（页894—1151），论性集中于〈滕文公上篇〉与

〈告子上篇〉。

王夫之强调情、才不同于性，情、才皆是后起，性则为原有。情、才不可谓无不善，或者说情、才正是告子所谓可善可恶的。而性则不与恶对，言性善不如言性诚。从《易传》出发，性是阴阳之道之实，是道心，情是人心。性是阴阳之理，代表天地、太极之实。性之本体不与恶对，性之定体有善恶。

◇ **王夫之大意**

（1）此书极力抨击宋儒理气二分之说，主张性中理、气不分，理即是气之理，气即是理之气；因为并非在气之外别有一个理，所以把气说成恶之源，实为不妥。若气恶，则理亦恶，而性亦恶矣。

（2）心、性：主张心为性之统，性为心之所；性好比是体，心好比是用，从体用说心、性关系。

（3）情、才：二者体现了性中变合，而未必尽善。大体是认为性为本体，本体发用动作即有情与才，有情与才自然会有善恶。此"情"当是指主观知觉情感之实情，而又以"动之有同异者""知觉者同异"形容"情"（页1055）。此才，指"动之于攻取者"（页1055），大概类似于行动之体，所以情、才似乎一为虚、一为实（情似为内容，才似为材质；情为内在感觉，才为外在身体）。后面又称朱熹《四书章句集注》"情不可以为恶"，是"误以恻隐等心为情"，实际上"恻隐等心乃性之见端于情者而非情，则夫喜怒哀乐者，其可以'不可为恶'之名许之哉！"（页1072），可见其以喜怒哀乐为情也。此一说法与"乃若其情则可以为善"相矛盾，故王夫之说"性善"一说不妥，当改为"性诚"（性为本体、超善恶）；情、才为性之发用；又认为孟子"情可以为善，乃所谓善"是"专就尽性者言之"，是"道其常"，而自己是"尽其变"（页1072）。[①]

（4）王夫之对于性的理解，秉承《易传》"一阴一阳谓之道，继之者善也，成之性也"之旨，强调性就是阴阳之道，而善乃是后继者，所以一方面直接把性当作虚灵不昧、含有五常的本体，本身不与恶对，所以虽善而严格来说不能称为善。此性与理、气不分，浑然为一。另一方面，此性发用为情、才，用以解释人性之恶。即性之本体无有不善，但性之发用可有善恶。这样

---

① 《四书训义（下）》则云："夫情之可以为善，惟其为性发动之几也；不善非才之罪，惟其为性效灵之具也。"（王夫之：《船山全书》第八册，页701）

一来，他就在取消了程朱理学用气质来解释人性之恶的同时，用情、才来解释人性之恶。王夫之与程朱的共同之处，显然都是承认了人性中同时有善也有恶，其中善的成分是性之本体或本质，恶的部分是性之表现或发用。这又是他与朱熹等理学家的共同点。至于王夫之强调性作为气之本体、实体无与恶对待，则与王阳明的心之体之说吻合。

（5）王夫之以《易传》释性，认为性超善恶，善为性之发用，这一解释显然存在这样的矛盾，即据《易传》，性亦是"继"而"成"者，奈何又是气之本体，先于善恶者呢？另外，王夫之将人性之恶归为情、才，显与孟子"乃若其情，则可以为善也，乃所谓善也"以及"若夫为不善，非才之罪也"相矛盾。王夫之对此解释道，"乃若其情则可以为善也"，可以为善，则亦可以为不善；为不善非才之罪，则为善非才之功（页1055）。如此说法，与孟子上下文颇不相类。问题根源可能是他对性的概念的理解有问题。

◇ **论性之义**

王夫之在论孟子时，指出孟子将人之生理、气质、生形等一切归之于天，并总结道：

> 只是天生人，便唤作人，便唤作人之性，其实则莫非天也。（页961）

这当然是对孟子性的概念的总结，不完全是他自己的理解。他自己则重新理解天命之性（宋儒或称天地之性、本然之性）与气质之性，区分先天之性和后天之性。他所谓先天之性，类似于天命之性；所谓后天之性，类似于气质之性。不过他认为，气质之性非先天所成，乃"习与性成"：

> 先天之性天成之，后天之性习成之也。（页964）

由于先天之性"天成之"，固无不善；后天之性"习成之"，"习于外而生于中"，"乃习之所以能成乎不善者，物也"。（页964）

他并论述性、心关系曰：

> 性，无为也；心，有为也。（页966）

◇ 从《易传》说性善

根据《易传》"继之者善也，成之者性也"，则善在性前，而孟子"善通性后"，虽理固如此，但易起误会。"乃《易》之为言，惟其继之者善，于是人成之而为性。……孟子却于性言善，而即以善为性，则未免以继之者为性矣。"（页961）他说，为避免误会，孟子干脆将一切皆归之天命，"莫非命也"，"形色天性也"。

下面一段颇能说明王夫之对于性何以是善的认识：

> 孟子斩截说个"善"，是推究根原语。善且是继之者，若论性，只唤做性便足也。性里面自有仁、义、礼、智、信之五常，与天之元、亨、利、贞同体，不与恶作对。故说善，且不如说诚。唯其诚，是以善（原注：诚于天，是以善于人）；惟其善，斯以有其诚（原注：天善之，故人能诚之）。所有者诚也，有所有者善也。则孟子言善，且以可见者言之。可见者，可以尽性之定体，而未能即以显性之本体。（页1053）

这段话值得琢磨。大意是说，性本身源于天，与天之元、亨、利、贞相应，而含仁、义、礼、智、信，此为性之本体。此本体不与恶对，故称为"善"有所不妥，不如称为"诚"。然称为"善"，是针对其外在表现而言，涉及的是性之"定体"而非性之"本体"。故有"定体"与"本体"之别。定体为何，本体为何，此处无交代，后面论"心"时云"不可执一定体以为之方所也"（页1080），似指固定之位或理。此种理解，其实与王阳明"无善无恶性之体"之说不同，王阳明并未以理释性，而王夫之以理释性。（方按：这种本体意义上的"性"，确实不是经验意义上的，恐怕不能理解为某种需要通过"存养省察"之功才能体验到的"超越存在"或"超越真实"，与王阳明的区别在于王夫之以理为性。[1]）

---

[1] 根据《四书训义（下）·孟子十一·告子章句上》解释，"定体"指"一定之体"，类似于今人所谓有一定规则或特性的躯体。如曰："其在于水，则本以下为性，而无逆上之理。皆天命自然之理，实有其然，而为一定之体。"（《船山全书》第八册，页680）其他地方亦提到"夫人有一定不易之理"（页690）。"性之本体"一词船山在《读四书大全说》中有用，义同"气之本体"，然在《四书训义（下）》中用"性之本体"似有别义，指一物不变之性："人性之顺趋于善也，引之而即通，达之而莫御，犹水之就下也，是可以知性之本体矣。"（页680）

王夫之大意是，阴阳之道生出了善，善成就了性。天有元、亨、利、贞四德，故此性与天之四德同体，而为仁、义、礼、智、信之五常。故曰性善。（参页1053）因此，他极言"性之本体"，亦称"气之本体""气之实体"，本身超越善恶，只有诚。故孟子"性善"不如"性诚"妥。

按照《易传》之义，善、性皆是后起，而一切归之于天，则性之本体、气之实体超越于善恶。所谓性善乃不妥说法，然而性善之旨则在于提示，善是内生的，恶是外来的。"自内生者善；内生者，天也，天在己者也，君子所性也。自外生者不善；外生者，物来取而我不知也，天所无也，非己之所欲所为也。"（页963）后面说恶并非货、色本身不好，而是由于"物摇气而气乃摇志"，"此非气之过也，气亦善也"。

王夫之又说，人只要像圣人一样知几审位，尽形色之才，因天地之化，即"无不可以得吾心顺受之正"（页965），这进一步证明人性之善。

王夫之从《易传》继善成性解性之义，认为性体本身含有仁、义、礼、智，与元、亨、利、贞相应，"不与恶对"，因而说"性是善的"，不如说"性是诚的"。大概认为有善必有恶，善恶相对，乃是情、才发用之物。当然也可以说性之本体无有不善。他对孟子有一定的批评，孟子未抓住性之本体，只看到了后起的性之定体（本体之发用、表现）：

> 乃《易》之为言，惟其继之者善，于是人成之而为性。孟子却于性言善，而即以善为性，则未免以继之者为性矣。（页961）

> 所有者诚也，有所有者善也。则孟子言善，且以可见者言之。可见者，可以尽性之定体，而未能即以显性之本体。（页1053）

据王夫之解释，"一阴一阳之谓道，继之者善也，成之性也"的本义是，善是后继而起，而性是成就此后起之善者。性即阴阳之道，本身超越善恶，故能成就善（恶）。而善与恶皆是性之后起，故曰"继之者"。王夫之此说，与苏轼之见同（见《苏氏易传》〈系辞上〉第5章"继善成性"条）。但是，如不同意此解，亦可说性为道之所成，凝聚了善，故曰性善。〈系辞上〉第5章此句究竟是证明了性善，还是性超善恶，真的不好说。

◇ **孟子程子之别**

程子将性分为两截，以气质之性说明恶所自来，所以"孟子说性，是天性。程子说性，是己性，故气禀亦得谓之性"（页961），并谓孟子将人之生理、生气、生形、生色"一切归之于天"，故曰"形色天性"。正因为人的一切生自天，故无不善。又说：

> 孟子即于形而下处见形而上之理，则形色皆灵，全乎天道之诚，而不善者在形色之外。程子以形而下之器为载道之具，若杯之盛水……盖使气禀若杯，性若水，则判然两物而不相知。（页963）

◇ **性之善是体证结果**

性之善不可从言语来度量。"性之善也，则非可从言语上比拟度量底。孟子之言性善，除孟子胸中自然了得如此，更不可寻影响推测。故曰'尽其心者知其性也'。知其性方解性善，此岂从言语证佐得者哉？"（页960）

又谓，"告子一流自无存养省察之功，不能于吾心见大本"。（页1062）

另外，《四书训义（下）》称性须反心而知之。"惟知性者反之吾心而确见其固有之实，则其所为性者，果吾之性也。"（页675）

◇ **理气不分**

"心之虚灵不昧""固性之所自含"；气亦"天地之正气而为吾性之变焉合焉者"（页925）。又云：

> 性善，则不昧而宰事者善矣。其流动充满以与物相接者，亦何不善也？虚灵之宰，具夫众理，而理者原以理夫气者也，则理以治气，而固托乎气以有其理。是故舍气以言理，而不得理。（页925）

这段大意是说，正因为人性是善的，所以人有虚灵之宰而不昧，具众理而治夫气。理是理气之理，气是存理之气。

> 气从义生，而因与义为流行，又岂理外有气，心外有义。（页926）
>
> 理即是气之理，气当得如此便是理，理不先而气不后。理善则气无不善；气之不善，理之未善也。人之性只是理之善，是以气之善；天之道惟其气之善，是以理之善。（页1054）
>
> 天以二气成五行，人以二殊成五性。温气为仁，肃气为义，昌气为

礼，晶气为智，人之气亦无不善矣。（页 1054）

从乎气之善而谓之理，气外更无虚托孤立之理也。（页 1054）

天下岂别有所谓理，气得其理之谓理也。气原是有理底，尽天地之间无不是气，即无不是理也。（页 1060）

气失其理，即"馁矣"，"无理处便已无气"。暴气、害气则不能"全其刚大"，做到"形以践，性以尽"（页 1061）。"人不能与天同其大，而可与天同其善，只缘者（笔者注：这）气一向是纯善无恶，配道义而塞乎天地之间故也。"（页 1061）

天虽"无无理之气"，则人之才质善于禽兽草木，而有一点未泯之良心。（页 1078）

正因为天以理赋予气，只要气不间断，理即不会间断，"故命不息而性日生"（页 1079）。若"离理理于气而二之，则以生归气而性归理"，则只能说初生受性，"既生则但受气而不复受性"（页 1079）。

程子以气禀属之人而为不善，而"孟子以气禀归之天，故曰'莫非命也'"，所谓"莫非命"也就是"莫非性"。因为归之天，故曰性。因为莫非命，故"时时在在，其成皆性；时时在在，其继皆善；盖时时在在，一阴一阳之莫非道也"（页 962）。

◇ 理、气与性

气与性相成，贵性贱气正是告子之弊：

人有其气，斯有其性；犬牛既有其气，亦有其性。人之凝气也善，故其成性也善；犬牛之凝气也不善，故其成性也不善。气充满于天地之间，即仁义充满于天地之间；充满待用，而为变为合，因于造物之无心，故犬牛之性不善，无伤于天地之诚。气充满于有生之后，则健顺充满于形色之中；而变合无恒，以流乎情而效乎才者亦无恒也，故情之可以为不善，才之有善有不善，无伤于人道之善。（页 1056）

天地之气无非是由阴阳、五行为太极，人之气则由阴阳为仁义，在其未发用为情才之前，即配义与道、塞乎天地之间之状态。所以孟子借养心以养气，也就是回归到天地之体、太极之实。"其识夫在人之气，唯阴阳为仁义，

而无同异无攻取，则以配义与道而塞乎两间。故心、气交养，斯孟子以体天地之诚而存太极之实。"（页 1056—1057）

◇ **不善之源：情、才、习**

王夫之既区分性为先天、后天，认为不善来源于习，即后天环境因素，他描述其过程为"化之相与往来""不能恒当其时与地"，这样就进一步坐实性本善：

> 后天之性，亦何得有不善？"习与性成"之谓也。……取物而后受其蔽，此程子之所以归咎于气禀也。虽然，气禀亦何不善之有哉？（原注：如公刘好货，太王好色，亦是气禀之偏。）然而不善之所从来，必有所自起，则在气禀与物相授受之交也。气禀能往，往非不善也；物能来，来非不善也。而一往一来之间，有其地焉，有其时焉。化之相与往来者，不能恒当其时与地，于是而有不当之物。物不当，而往来者发不及收，则不善生矣。（页 964）

王夫之认为，"天不能无生，生则必因于变合，变合而不善者或成"（页 1055）。所谓变合，指"阴之变""阳之合"。

其一，人之性善，而万物不皆善，正是因为"阴之变、阳之合"，"有变有合，而不皆善"，禽兽草木之类不尽善"非阴阳之过，而变合之差"（页 1054—1055）。以上是"告子章"。在"滕文公章上"，又说有先天之性、有后天之性，后天之性"习成之"。后天之性可以不善，非是因为气禀或来物之不善，不善来自"气禀与物相授受之交也"，气与物一来一往之间，不能时时处处"恒当"，"则不善生矣"（页 964）。

其二，人之不善也出于阴变阳合，因为变合导致情才发用。"其在人也，性不能无动，动则必效于情才，情才而无必善之势矣。在天为阴阳者，在人为仁义，皆二气之实也。在天之气以变合生，在人之气于情才用。"（页 1055）"变合而情才以生。"（页 1059）"惟在人之情才动而之于不善，斯不善矣。然情才之不善，亦何与于气之本体哉！"（页 1061）"大抵不善之所自来，于情始有而性则无。"（页 967）

其三，情、才之别在于，"动之有同异者，则情是已；动之于攻取者，则才是已"（页 1055）。又说，而在情未活动、才未攻取之前，则是气之体——

性——也。页 1072 以喜怒哀乐为情。

其四，虽有阴阳变合、情才效用，但仍由于性中固有之仁义礼智，可从中使其"利导于正"；而"气之良能"就是"使气之变不失正，合不失序，以显阴阳固有之撰者"。（页 1056）

其五，理、气、情、才总体关系是："理以纪乎善者也，气则有其善者也（原注：气是善体），情以应夫善者也，才则成乎善者也。故合形而上、形而下而无不善。"（页 1056）"气之诚，则是阴阳，则是仁义；气之几，则是变合，则是情才。"（页 1057）"性纯乎天也，情纯乎人也。"（页 967）

王夫之《读四书大全说》论性、情、气三者关系甚有趣。"情原是变合之几，性只是一阴一阳之实"，"情便是人心，性便是道心。"（页 1068）"孟子以体天地之诚而存太极之实。"（页 1057）王谓性为本体，而情、才皆为发用。他举例说"如布衣而卿相，以位殊而作用殊"（页 1067），却同是一"故吾"。此一同者，即是性。故性不离于情，在情中有性，如布衣、卿相皆是此一人。王夫之以为，性超越善恶，而情、才有善有恶，"不可竟予情才以无有不善之名"（页 1056）。所以他对孟子"乃若其情，则可以为善矣；若夫为不善，非才之罪也"解释为："可以为善，则可以为不善矣，'犹湍水'者此也；'若夫为不善，非才之罪也。'为不善非才之罪，则为善非才之功矣。"（页 1055）他也意识到这样解释可能会遇到质疑，即为什么孟子不说乃若其情可以为不善、若夫为善非才之功？

◇ 性情关系

大抵认为性情，情即是喜怒哀乐等七情，是中性的；而性则是善的。同时反对情生于性，反对情是性感于物而生。后一观点与《礼记·乐记》或王安石、孙星衍等性情观历来多数学者非常不同。因一般皆以为情生于性（《郭店简·性自命出》亦有），且情为性之动。

> 情元是变合之几，性只是一阴一阳之实。情之始有者，则甘食悦色；到后来蓄变流转，则有喜怒哀乐爱恶欲之种种者。性自行于情之中，而非性之生情，亦非性之感物而动则化而为情也。（页 1068）
>
> 故知阴阳之撰，唯仁义礼智之德而为性；变合之几，成喜怒哀乐之发而为情。性一于善，而情可以为善，可以为不善也。（页 1071）

◇ "乃若其情" 新解

以喜怒哀乐等为情，故情才可以导致不善。至于"乃若其情"的"情"，他认为就是指情感之情，故而大力强调其可以为善，亦可以为不善。但这与"乃若其情，则可以为善矣"似有矛盾，所以王夫之开释说；说"可以为善"，即暗含了"可以为不善"；说为不善"非才之罪"，即暗含了为善"非才之功"。

> 孟子曰："乃若其情，则可以为善矣。"可以为善，则可以为不善矣，"犹湍水"者此也；"若夫为不善，非才之罪也。"为不善非才之罪，则为善非才之功矣，"犹杞柳"者此也。（页1055）

> 孟子言"情可以为善"，而不言"可以为不善"，言"不善非才之罪"，而不言"善非才之功"，此因性一直顺下，从好处说。……此是大端看得浑沦处，说一边便是，不似彼欲破性善之旨，须在不好处指摘也。（页1066）

王夫之此说，主要是要将历史上七情之说与这里孟子从正面讲由情善讲性善相协调。因其不将情解释为"实情"，也不解释为"四端"，那么它何以可以为善？他说孟子也说"情可以为不善"（方按：此针对6A6后文"若夫为不善"而言），即是言情非固善，亦可以为不善也，"情固有或不善者"，"大抵不善之所自来，于情始有而性则无"（页967）。王夫之进一步辩解说，孟子在6A6"恻隐之心，仁也；羞恶之心，义也；恭敬之心，礼也；是非之心，智也"，这分明是强调了四端即是仁义礼智，"既为仁义礼智矣，则即此而善矣。即此而善，则不得曰'可以为善'。恻隐即仁，岂恻隐之可以为仁乎？若云恻隐可以为仁，则是恻隐内而仁外矣"（页1067）。他的意思是，孟子若以四端为情，则不当"可以为善"，而当说四端"即是善"；孟子既说"可以为善"，正表明他不以情等同于四端，等同于善。

他又认为是告子等"只说得情、才，便将情、才作性，故孟子特地与他分明破出，言性以行于情、才之中，而非情、才之即性也"（页1066）。孟子反对以情、才即性，只是认为性行于情、才之中而已。至于"其情可以为善"，并不否定其情亦可以为恶。他又说：

　　孟子言"情可以为善"者，言情之中者可善，其过、不及者亦未尝
不可善，以性固行于情之中也。情以性为干，则亦无不善；离性而自为
情，则可以为不善矣。恻隐、羞恶、辞让、是非之心，固未尝不入于喜、
怒、哀、乐之中而相为用，而要非一也。（页967）

情若以性为干，则可以为善；若不然，则可以为恶。情之中者可善。

◇ **四端是不是情？**
总体倾向是不以四端为情，以情指喜怒哀乐爱恶欲。

　　孟子言情，只是说喜怒哀乐，不是说四端。今试体验而细分之。乍
见孺子入井之心，属之哀乎，亦仅属之爱乎？无欲穿窬之心，属之怒乎，
亦仅属之恶乎？若恭敬、是非之心。其不与七情相互混者，尤明矣。学
者切忌将恻隐之心属之于爱。（页1067—1068）

四端不是情，情就是七情。他批评朱熹以四端为情，曰：

　　《集注》谓"情不可以为恶"，只缘误以恻隐等心为情，故一直说然
了。若知恻隐等心乃性之见端于情者而非情，则夫喜怒哀乐者，其可以
"不可为恶"之名许之哉！（页1072）
　　性不可戕贼，而情待裁削也。故以知恻隐、羞恶、恭敬、是非之心，
性也，而非情也。夫情，则喜、怒、哀、乐、爱、恶、欲是已。（页1067）

此处不以四端为情甚明显。王夫之强调四端是纯善，而七情则不然。
　　但是另一方面，王夫之显然认为四端之中包含情，不然何以说四端是
"性之见端于情者而非情"？针对〈告子上篇〉（6A6）"恻隐之心，仁也；羞
恶之心，义也；恭敬之心，礼也；是非之心，智也"，一方面强调这里"明
是说性，不是说情"（页1066），但另一方面又说仁义礼智"缘情而发"，
"缘于情而为四端"（页1067），似乎认为四端缘情而为。其说曰：

　　仁义礼智，性之四德也。虽其发也近于情以见端，然性是彻始彻终
与生俱有者，不成到情上便没有性！性感于物而动，则缘于情而为四端；

虽缘于情，其实止是性。（页1066—1067）

为了说明四端与性不能分别，他举布衣变成卿相，仍是从前之故吾；又如生理之为花果，"花成为果而生理均也；非性如花而情如果，至已为果，则但为果而更非花也"（页1067）。

那么，"缘于情而为四端"，仁义礼智"发也近于情以见端"（页1067），是"性之见端于情者而非情"（页1072）。这里四端与情究竟是什么关系呢？他在解释〈公孙丑上篇〉（2A6）孟子以孺子入井讨论"不忍人之心"时，特别强调了"忍"字含义，谓"'忍'字从刀、从心，只是割弃下不顾之意"（页942），故不忍就是割舍不下之意，故"忍者，情欲发而禁之毋发，须有力持之事焉"（页943）；故在"不忍人"这一术语中，"吃紧在一'人'字。言人，则本为一气，痛痒相关之情自见"（页943），"均是人矣，则虽有贵贱亲疏之别，而情自相喻，性自相函，所以遇其不得恰好处，割舍下将作犬马土芥般看不得"（页943）。从这些地方看，王夫之似乎认为四端是情，至少是一种特殊的情。至于他强调四端非情，批评朱熹以四端为情，则是因为他想说明孟子于四端之情以见性。

如果王夫之将四端称为情，就与其"情可以为不善"之说相矛盾，因其明称"恻隐之心"等"固全乎善而无有不善矣"（页967）。那么，王夫之的观点究竟是什么呢？笔者认为，他的思想大概是认为四端指情之发而中节者，故而不能代表情的内容。情的内容就是喜怒哀乐等七情。试看下面一段：

> 今以怵惕恻隐为情，则又误以性为情，知发皆中节之"和"而不知未发之"中"也。曰由性善故情善，此一本万殊之理也，顺也。若曰以情之善知性之善，则情固有或不善者，亦将以知性之不善与？此孟子所以于恻隐、羞恶、辞让、是非之见端于心者言性，而不于喜、怒、哀、乐之中节者征性也。有中节者，则有不中节者。若恻隐之心，人皆有之，固全乎善而无有不善矣。（页967）

以四端为情，乃是"误以性为情"。以中节与否论性、情。在同节他又说，"情之中者可善"，"恻隐、羞恶、辞让、是非之心，固未尝不入于喜、怒、哀、乐之中而相为用，而要非一也"（页967）。于此可见，他认为四端行于七情之中。

◇ **告子限于情才、未及真性**

告子所论限于情才，以情才为性，"不知气之实体，而据以气之动者为性"（页 1055）。告子所言"杞柳"，乃是才；所谓"湍水"，乃是情。"'生之谓性'，知觉者同异之情、运动者攻取之才而已矣。"（页 1055）

《四书训义》

《四书训义（下）·孟子十一》论性善，与《读四书大全说》极为不同，对于程朱之学多有继承，尤其对于气质、天命之分，有所认同。特别是将气、性分别以形下、形上视之，且谓人物之气同而其理异。另外，此书以天理为性以定人禽之别，实有以人禽之别论性之意。故虽称"性为理"，而落实到人，则以为人性之理即是仁义礼智，此亦与朱子无异。"公都子曰"一章训义之前，特引程子性气备明之说，及张子气质之性之言（页 696），下面训义亦未驳之，吾疑其释性全盘接受气质、天命二分之说矣。

◇ **性之义**

性为生之理。"夫性者何也？生之理也，知觉运动之理也，食色之理也。此理禽兽之心所无，而人所独有也。故与禽兽同其知觉运动，而人自有人之理。此理以之应事，则心安而事成，斯之谓义。"（页 676）关于"生之理"，他曾以水就下为例说明，说水"本以下为性，而无逆上之理。皆天命自然之理，实有其然，而为一定之体"（页 680），可见即"知觉运动之理"。若以此定义，则"生之理"即成长法则也，然而他又说此理"禽兽之心所无，而人所独有"，大概是将之归于仁义礼智。

人、物之性不同。告子"混人物为一致，而不知二气五行降衷于人之妙独钟于人，以参天地而为三才之精理"（页 683）。"人性之有义，所以异于犬牛之慈子贪食而奔色，乃以立人道而参天地，盖一出于上天生人使异于禽兽之定理。"（页 689）

人性趋善。"人性之顺趋于善也，引之而即通，达之而莫御，犹水之就下也，是可以知性之本体矣。"（页 680）此处有"性之本体"一词。此处本体，类似于今日所谓"本质"。

作者又用"性体"一词，"求则得之，而性体现矣"，"舍则失之，而性体隐矣"（页 700）。性体，即"性之本体"，指其得于天之理，对人而言即仁义礼智之类（对水则是就下）。

◇ **性何以善**

区分理与气，谓气有恶而理惟善；性是天之理，故善。此与程朱之说无异也！

> 性者，人之所得于天之理也；生者，人之所得于天之气也。性，形而上者也；气，形而下者也。人物之生，莫不有是性，亦莫不有是气。然以气言之，则知觉运动，人与物若不异也。以理言之，则仁义礼智之禀，岂物之所得而全哉？此人之性所以无不善，而为万物之灵也。（页682）

◇ **告子知气不知理**

批评告子以生为性，不知"所谓生者，在生机而不在生理，则固混人禽于无别"（页682）。并谓：

> 告子不知性之为理，而以所谓气者当之，是以杞柳、湍水之喻，食色无善无不善之说，纵横缪戾，而此章之误乃其本根。所以然者，盖徒知知觉运动之蠢然者人与物同，纷纭舛错，而不知仁义礼智之粹然者人与物异也。（页682）

> 告子之言，至（原注：于）以甘食悦色为性，率天下为犬牛。（页686）

◇ **情、才之义**

情为喜怒哀乐之类，才为知觉运动之体：

> 心为之动，而喜怒哀乐之几通焉，则谓之情。情之所向，因而为之，而耳目心思效其能以成乎事者，则谓之才。（页698）

> 夫人心之灵，不但此闻见知能之才也，不但此喜怒哀乐之情也。（页699）

又谓情为"性发动之几"，才为"性效灵之具"，它们可以为善，可因之以求性（页 700）。

《尚书引义》

张岱年先生在《中国哲学大纲》（1958 年）、《中国伦理思想研究》（1989 年）等书中特别强调了王船山赋予性概念"日生日成"的含义。即王夫之认为，所谓人性受命于天，并不是一次性完成的，而是不断的、每时每刻、每日每夜都在完成之中，"受命"之事伴随着人的一生的分分秒秒。所以性是一个不断生成的过程。①

《尚书引义》论性，大意性中必兼有义与不义，否则无法解释性何以会受不义，也无法解释习与性成。

> 习与性成者，习成而性与成也。使性而无弗义，则不受不义；不受不义，则习成而性终不成也。……夫性者生理也，日生则日成也。则夫天命者，岂但初生之顷命之哉！……幼而少，少而壮，壮而老，亦非无所命也。（页 299—300）
>
> 故天日命于人，而人日受命于天。故曰性者生也，日生而日成之也。（页 300）
>
> 天命之谓性，命日受则性日生矣。……天日命之，人日受之。……终身之永，终食之顷，何非受命之时？皆命也，则皆性也。天命之谓性，岂但初生之独受乎？（页 301）

类似的思想，亦见于其《张子正蒙注》及《思问录·内篇》。②

张岱年称王夫之此种观点"确实是人性论中一个特异学说。船山是反对以生而完具的本能为性，而应用其气化日新的观念于人性论，认为性是日新的。生来即有的固是性，后来养成的亦是性；性非固定不变的，而常在改变

---

① 参《张岱年全集》第二卷，石家庄：河北人民出版社，1996，页 252—254；《张岱年全集》第三卷，石家庄：河北人民出版社，1996，页 554—555。

② 《张子正蒙注》卷七："未生而生，已生而继其生，则万物日受命于天地，而乾、坤无不为万物之资，非初生之生理毕赋于物而后无所益。"（《船山全书》第十二册，页 286）《思问录·内篇》："命曰降，性曰受。性者生之理，未死此前皆生也，皆降命受性之日也。"（《船山全书》第十二册，页 413）

之中，即常在创新之中"①。

这种否认人性的内容完全由先天决定，出生之后仍时刻因天之命而不断生成的动态人性观，当始于王夫之；当代美国学者安乐哲、江文思等人的观点与其相近。

56. 颜元（1635—1704）

【文献】颜元，《颜元集》（全二册），上册，王星贤、张芥尘、郭征点校，北京：中华书局，1987。

颜元，原字易直，更字浑然，号习斋，颜李学派开创者。是书〈存性编〉（页1—35）及〈存学编〉（页37—100）重点反驳理学家性理之说。颜氏驳宋儒气质之性之说，甚为有力。

〈存性编〉

◇ 气质即性所在之地

颜元的要点在于：性善为针对人性全体而言之善，气质作为材质为性善之存所，如气质为恶则性善不成立矣，此说实极有力。正因为性善是指人性之全体言，而气质乃是此性之实体，性善不可能在此实体之外别指一物而言。如果气质恶，何谈性善？

> 性善而气质有恶，譬则树矣，是谓内之神理属柳而外之枝干乃为槐也。（页27）
> 非情、才无以见性，非气质无所为情、才，即无所为性。是情非他，即性之见也；才非他，即性之能也；气质非他，即性、情、才之气质也；一理而异其名也。（页27）
> 将天地予人至尊至贵至有用之气质，反似为性之累者然。不知若无气质，理将安附？且去此气质，则性反为两间无作用之虚理矣。（页3）
> 若谓气恶，则理亦恶，若谓理善，则气亦善。盖气即理之气，理即气之理，乌得谓理纯一善而气质偏有恶哉！（页1）

---

① 《张岱年全集》第二卷，石家庄：河北人民出版社，1996，页253—254。

天下有无理之气乎？有无气之理乎？（页21）

故谓变化气质为养性之效则可……谓变化气质之恶以复性则不可。
（页2）

他又强调，孟子明言"形色天性，圣人践形"，可见气质乃作圣之具，
"明乎人不能作圣，皆负此形也，人至圣人乃充满此形也；此形非他，气质
之谓也"。（页3）此语极精彩，孟子"尽其才""若其情"亦是此义。

他以眼为喻，眼眶、眼皮、眼球皆气质，其中光明能见物为性。如果眼
眶、眼皮、眼球之性恶，难道他们只能见邪色吗？眼能见光明固是天命，但
眼眶、眼皮、眼球又何尝不是天命，"更不必分何者是天命之性，何者是气
质之性；只宜言天命人以目之性，光明能视即目之性善"（页1）。

◇ 恶归之于环境

他以"引蔽习染"解释恶之源，显然不足以让宋儒信服：

岂不思气质即二气四德所结聚者，乌得谓之恶！其恶者，引蔽习染
也。（页2）

他以水为喻，称宋儒以浊水喻气质不妥，清水同样是气质，此言固是；
但他同时称，性恶犹如水中有杂质，是从外部来的。然而，如果水性没有不
善，何以能接受污染？毕竟宋儒提出气质之性，是发现恶有其人性根源，并
合理吸纳荀、扬学说有关成分。如不承认气质性恶，亦需要重新解释恶的人
性论根源。如果按照颜氏说法，气质之性是纯善，则环境又何以能染之？他
还指出，视固有详略远近，但不可因视近且略而谓眼之性恶，此言固是；但
是他又说视之恶生于环境，如"邪色引动，障蔽其明"而生淫视，这不可归
咎于眼之性恶（页1）。若目不是发生自内心的意愿，邪色何以能引之？故谓
恶源于环境，不源于性本身，难以服人也。

颜氏以性七图试图说明人人性格不同之原因，同时进一步说明恶为何来
源于"引蔽习染"。其实当他说二气、四德演变出人物性格有偏颇时，已经
等于承认人性有恶之根源在于气质偏差。例如他解释发于恻隐之心的仁如何
演变成"贪营"和"吝鄙"，是因为"贪所爱而弑父弑君"，"吝所爱而杀身
丧国"，这些"皆非爱之罪，误爱之罪也"（页29—31）。这样来解释恶的来

源也颇值得怀疑。试问"误爱"是如何产生的呢？难道不是由于人性的某种因素所致？颜氏之说似乎要说，人性如刀，本无不善，故用刀杀人则非刀之罪。然而人性毕竟不像刀那样完全是纯粹消极被动的，他的一切行为都是自己主观意志的产物。如果他受到了误导，除了环境因素外，也一定与其自身内在因素有关，前面颜氏所说气质之偏就是主观因素之一。

我们说人之为恶，部分由于天性，部分由于环境；来自天性的成分同，来自环境的部分异，故人与人千差万别。人之为恶固然与环境有关，但若人性中没有相应的因素，恶又如何产生？

◇ **以仁义礼智为性**

颜氏对孟子之性的解释并无新意，只是将其称之为仁、义、礼、智而已。颜氏所作性七图，主要是从二气（阴阳）到四德（元亨利贞）再到万物这一顺序来解释万物生化过程，并由二气与四德之交感过程中的中正偏斜来说明万物各自的特性差异形成的机理，说明理气相融而有万物之性，是一套宇宙论模式。其言曰：

> 知理气融为一片，则知阴阳二气，天道之良能也；元、亨、利、贞四德，阴阳二气之良能也；化生万物，元、亨、利、贞四德之良能也。知天道之二气，二气之四德，四德之生万物莫非良能。（页21）

由此，认为所谓"性"就是由二气、四德凝结而来，而仁、义、礼、智之性不过是元、亨、利、贞四德在人身上的表现而已。其言曰：

> 万物之性，此理之赋也；万物之气质，此气之凝也（方按："此理"指此二气四德生化万物之理，"此气"指阴阳之气）。二气四德者，未凝结之人也；人者，已凝结之二气四德也。存之为仁、义、礼、智，谓之性者，以在内之元、亨、利、贞名之也；发之为恻隐、羞恶、辞让、是非，谓之情者，以及物之元、亨、利、贞言之也；才者，性之为情者也，是元、亨、利、贞之力也。（页21）

> 仁、义、礼、智，性也；心一理而统此四者，非块然有四件也。……发者情也，能发而见于事者才也；则非情、才无以见性，非气质无所为情、才，即无所为性。（页27）

颜元所作性七图，实从《易·系辞》"一阴一阳之谓道，继之者善也，成之者性也"和"乾道变化，各正性命"，以及《易·文言》对元、亨、利、贞解释而来。此七图乃其宇宙演化图也。

57. 李光地（1642—1718）

【文献】（1）李光地，《榕村语录 榕村续语录》，陈祖武点校，北京：中华书局，1995（此两书出版时合为一册，页码统一。以下分别简称《语录》《续语录》）。（2）李光地，《榕村全书》（全十册），陈祖武点校，福州：福建人民出版社，2013（此书每册独立页码）。

李光地，字晋卿，号厚庵，别号榕村。其著作今皆收录于《榕村全书》中。

《榕村语录 榕村续语录》

李氏解释孟子人性善的主要观点有二：一是人为万物之灵，故曰性善；二是孟子性善兼气质而言，并非脱离气质的所谓本然之性。

◇ **推崇孟子性善之说**

《语录》卷二十〈诸子〉：

> 见得性善，则人我一也，便能感化人，成就人，故曰尽己性，则能尽人、物性。荀卿当日声势大于孟子，孟子日渐尊崇，荀卿日就消歇。至今孟子为吾教宗祖，而摈荀卿如路人别派以此。（页347）

◇ **孟子论性非极本穷源之性**

《语录》卷六〈下孟〉：

> 问："程子谓'孟子言性是极本穷源之性'。既是极本穷源，似不应以人物两两较量。"曰："然。《易》言'继之者善'，乃明道所谓'人生而静以上不容说'者，是极本穷源之性也。言'成之者性'，乃明道所谓'才说性时便已不是性'者。然后人物异，而善不善分焉。是则孟子言性，正就形生神发以后言之。"（页98）

方按：此段极重要，说的正是朝鲜"湖洛论争"的要害。既是极本穷源之性，则无法谈什么人禽之辨矣！故李光地认为孟子性善是建立在比较判断的基础上，不是什么极本穷源之性。又《续语录》卷十七〈性命〉论天地之性与气质之性：

> 天命之性，即天地之性也。在造化继善上看，最明白。在人物，则总属气质矣，所谓"才说性，便已不是性矣？"（页793）

此处亦间接承认孟子之性"天地之性"，不是从造化源头说性，陈淳、黄震理解迥异。

◇ **孟子言性包含气质，性善基于人禽之别**
这是李光地一明确观点，此说也开后来戴震以血气心知说性之先。

> 孟子所谓性善者，单指人性。如是统论万物一原之性，则不应云异于禽兽几希，违于禽兽不远。且云犬牛与人异性，犬马与我不同类矣。既是单指人性，便是以其得气质之正，而为万物之灵。孟子论性，又何尝丢了气质？如以人性未必皆善为疑，则正是好参寻孟子本意处。我与尧舜同类，不与禽兽同类，禽兽做不得我，我却做得尧舜，便是性善。何必十成至善，而后谓之善哉。（页98—99）

孟子论性包含气质，是既生之后说性，此与程颢之说同。此说也与后来戴震之说同。一方面强调孟子性善包含气质，另一方面不得不说性善是基于人禽之别的比较判断。因为，如果性含气质，不可能纯善，只能从比较角度说。例如，李光地云："'性'字自孔孟后，惟董江都'明于天性，知自贵于物'数句，说得好。"（页444）董仲舒之言，显然是基于人禽之别。①

---

① 李光地《榕村藏稿·自记》曰："孟子所谓性善者，人性也。故既言人性异于犬牛，又言犬马与我不同类，又言违禽兽不远，可见所谓性善者，惟指人性为说。人性所以善，以其阴阳之交，五行之秀气，孔子所谓'天地之性人为贵'也。夫以其禀阴阳五行之全而谓之善，则孟子论性，已兼气质矣。谓孟子专以天命言性，遗却气质，与孔子言相近者异，岂其然乎！"[转引自焦循撰《孟子正义》（全二册），沈文倬点校，北京：中华书局，1987，页739]此说未见于《语录》《续语录》。

◇ **以性善为"有性善"，近乎"性有善"?**

李光地复称人能好善而恶恶，正因为"必我有善，而彼之善与我之善合，故好之；彼之恶与我之善不合，故恶之。其所以合不合者，非我有极善之性，何以能然?"此种说法，类似于"有善说"。《语录》卷二十五〈性命〉分析人性善恶。

知好善恶恶之为性，原不错，但要知何以能知好善与恶恶。必我有善，而彼之善与我之善合，故好之；彼之恶与我之善不合，故恶之。其所以合不合者，非我有极善之性，何以能然? 程子以谷种喻性，便是，谷种里面是有的。释氏以镜喻性，便非，明镜里面是无的。谷种是热的，明镜是冷的。(页 445)

◇ **批评程子分理气之说**

《语录》卷六〈下孟〉曰：

程朱分理与气说性，觉得孟子不是这样说。孟子却是说气质，而理自在其中。若分理气，倒像理自理、气自气一般。气中便有理，气有偏全，理即差矣。……人形气与物不同，性自与物不同，不是说气同而理异。(页 99—100)

《语录》卷二十六〈理气〉分析理气关系甚清楚，尤其是以人之喜怒皆有其理，说明气与理本自不分。所谓"先有理后而有气"，不能从时间先后上说，而当从"等级"上说。

先有理而后有气，不是今日有了理，明日才有气。如形而上者为道，形而下者为器，岂判然分作两截? 只是论等级，毕竟道属上，器属下；论层次，毕竟理在先，气在后。理能生气，气不能生理。大凡道理不明白处，即以人身验之。如人之欢欣暴厉者气也，但未有漠然无喜而忽欢忻，恬然无怒而忽暴厉之事。何以有喜? 以有仁之理故也。何以有怒? 以有义之理故也。喜中乎仁之节，则喜得其理矣；怒中乎义之节，则怒得其理矣。是未发之先，此理本自充满坚实于中，故及其已发，自有条

理。明乎此，则知天地虽气化迁流，万端杂糅，亦有不能自主之时，却有万古不变的一个性在。（页455）

◇ 于气之曲折处见性

性不是气外独存之物，而是体现于气之发、情之生，见孺子而生恻隐体现了乃是"情之正而性之真"。《语录》卷二十五〈性命〉论性与气关系。

> 性之不明也，虚斋、整庵欲"于气之曲折处见性"，姚江以"昭昭灵灵"言之，皆难以口舌争。须知气不过运动，神不过知觉，而所发之理乃性也。如见孺子入井而恻隐，能恻隐者，气也，知恻隐者，神也。而恻恻然发于不自觉，动于不得不然，此处非气、非神，乃情之正而性之真也。（页444）

◇ 解孟子"天下之言性也"章

《续语录》卷二〈下孟〉论"天下之言性也"章曰：

> "天下之言性也"一章，亦是王守溪文字说得融贯。向以"言性""言"字，与"行所无事""行"字，毕竟是两样话。今想，总是一意。"天下之言性也"，此一句所包者广，其当时如性有善不善，无善无不善，皆在其内。孟子言天下之言性也纷纭杂出，无所不有，以吾论之，何必如此，只自其可见者言之，以晓然易知，"则故而已矣，故者以利为本。"如"素隐行怪"、告子异端之流之言性，说他是愚人不得。彼皆自作聪明以为知者，而不知其穿凿实甚。所以说"所恶于智者"云云。如此看来，原不两截。（页567—568）

《榕村全书》（2013年）

◇ 〈读孟子札记〉

《榕村全书》第三册《四书解义·读孟子札记》（页226—299）论性基本沿袭朱子理气的二分思路，以本然之性为性之本。其中解《孟子·离娄下》4B26"天下之言性也"章，以为首句"天下之言性也，则故而已"是泛言天下之言性，并解"故者以利为本"为提出己意，指"因故而求，未尝不是，但当以其利顺者为性之本然"（页255—256），以"顺"释"利"，不以为"利"为不是。此解与毛奇龄观点相近。

◇〈榕村文集〉

《榕村全书》第八册收录的〈榕村文集〉，多有论性之处。其中有〈尊朱要旨〉（页204—228）之篇，分别从理气、心性、气质等不同角度捍卫程朱之学，批评陆、王之毁，可见其学尊崇朱子之义。其中论性章节有：〈性〉（页30—33）、〈性命篇〉（页194—200）、〈心性〉（页205—207）、〈气质〉（页207—210）、〈孟子篇〉（页159—166）、〈性说一〉（页396—397）、〈性说二〉（页397—398）、〈心性说〉（页399）、〈仁说〉（页400—401）。

58. 戴震（1724—1777）

【文献】戴震撰，《孟子字义疏证》，何文光整理，北京：中华书局，1982。

戴震，安徽休宁人，字东原。本书除引用《孟子字义疏证》外，亦收录多篇重要文献，包括〈原善〉〈绪言〉〈孟子私淑录〉〈徐彭进士允初书〉〈读易系辞论性〉〈读孟子论性〉〈法象〉〈中庸补注〉等。其中下面引到的《孟子字义疏证》在页1—59；〈读孟子论性〉在页181—184；〈读易系辞论性〉在页180—181。

◇ **性之义：血气心知**

戴氏所谓性，即生命体也，接近于英文 life。大抵来说，他以心、材质、理义三者合而言人性，即所谓血气心知之性。戴氏《孟子字义疏证》（以下简称《疏证》）云：

> 性者，分于阴阳五行以为血气、心知、品物，区以别焉，举凡既生以后所有之事，所具之能，所全之德，咸以是为其本，故《易》曰"成之者性也"。（页25）
>
> 性者，血气心知本乎阴阳五行，人物莫不区以别焉是也。（页28）
>
> 《易》《论语》《孟子》之书，其言性也，咸就其分于阴阳五行以成性为言。（页27）

人出生之后的一切事情、能力、德行皆源于此性，此即《易》所谓"成之者性也"。"天地之气化"正表现为"阴阳五行运之不已"，而万物皆因阴阳五行"成性各殊"。正因为阴阳、五行之"杂糅万变"，才导致不同种类的万物形成，并导致即使同一物类之中又各不同。"孟子矢口言之，无非血气心知之性"，既有血气、又有心知，"孟子言性，曷尝自歧为二哉？"（页30）

"血气心知之性"的成分据戴震自己的说法包括情、欲、知三者：

> 人生而后有欲，有情，有知，三者，血气心知之自然也。给于欲者，声色臭味也，而因有爱畏；发乎情者，喜怒哀乐也，而因有惨舒；辨于知者，美丑是非也，而因有好恶。声色臭味之欲，资以养其生；喜怒哀乐之情，感而接于物；美丑是非之知，极而通于天地鬼神。声色臭味之爱畏以分，五行生克为之也；喜怒哀乐之惨舒以分，时遇顺逆为之也；美丑是非之好恶以分，志虑从违为之也；是皆成性然也。有是身，故有声色臭味之欲；有是身，而君臣、父子、夫妇、昆弟、朋友之伦具，故有喜怒哀乐之情。惟有欲有情而又有知，然后欲得遂也，情得达也。天下之事，使欲之得遂，情之得达，斯已矣。（页40—41）

这里强调情、欲、知皆非恶。关于情、欲、知，他在后面〈读孟子论性〉中有进一步论述。

由上可见，戴震所谓血气心知之性，亦可谓材质之性。不过这是从广义上而言的材质。狭义的材质指躯体，广义的材质则指包含血气、心知即包括情、欲、知的躯体。

◇ **性之义：从同类共性言**

戴震强调孟子之言性，是从人与其他物类之特殊性入手的。此说极类冯友兰、张岱年、梁涛等人的观点，可纳入"善性说/人禽说"之中。戴氏说：

> 人物之生，类至殊也；类也者，性之大别也。……盖孟子道性善，非言性于同也；人之性相近，胥善也。（页182）

戴震又说，"然性虽不同，大致以类为之区别"，并举孟子"凡同类者举相似也"，及其诘告子"犬之性犹牛之性"两段为证，说明孟子论性善，以

人与他物相区别立论。（页 25）

◇ **性不离才质**

才质者，性之所呈也；舍才质安睹所谓性哉！以人物譬之器，才则其器之质也；分于阴阳五行而成性各殊，则才质因之而殊。（页 39）

惟不离材质以为言，始确然可以断人之性善。（页 182）

言才则性见，言性则才见，才于性无所增损故也。（页 41）

"孟子道性善"，成是性斯为是才，性善则才亦美。（页 42）

形色臭味无不区以别者，虽性则然，皆据才见之耳。（页 40，此举桃杏例）

他以材质之千差万别论世间人与万物之性差异。他说，《大戴记》"分于道之谓命，形于一之谓性"，其中"分于道"即分于阴阳五行，"形于一"即"各成其性"。万物之所以与人不同，是因为"其本受之气，与所资以养者之气则不同"。"本受之气"即天地之气，"资以养者之气"即各物之气，因各物在受天之气时有异，而有百物之殊。（页 25）

他批评，"后儒以不善归气禀；孟子所谓性，所谓才，皆言乎气禀而已矣"。（页 39）

◇ **才／才质之义**

戴震同时在广义和狭义上使用才质（亦作材质）一词。下面是狭义的才质：

才者，人与百物各如其性以为形质，而知能遂区以别焉，孟子所谓"天之降才"是也。气化生人生物，据其限于所分而言谓之命，据其为人物之本始而言谓之性，据其体质而言谓之才。（页 39）

狭义的才是就"形质""体质"而言，类似于今日的躯体、身体。又曰：

其禀受之全，则性也；其体质之全，则才也。（页 39）

性以本始言，才以体质言也。体质戕坏，究非体质之罪，又安可咎其本始哉！（页 41）

戴氏论命、性、才三者之义甚精。《疏证》卷下〈才〉开头曾以金锡铸成器辨命、性、才三者关系，"金锡之精良与否"喻性，"器之所以为器即于是乎限"喻命，"就器而别之"，各自成分差异喻才。（页39）

戴氏一方面特别强调不离材质以言性（页39—43，页182），另一方面又主张不能从材质出发，强调不离理义以言材质，这就涉及所性之善或性善的根据问题（盖性善是指材质之常理）。因此，遗理义而言性，也会陷入性恶或性无善无不善之偏，即只看到人的情、欲。就此而言，他似乎以情、欲更近于才/材质。他说，"遗理义而主材质，荀子告子是也"（页182），"古人言性，不离乎材质而不遗理义"（页182）。

然而，下面这段话则表明戴震所谓材质是同时包含血气和心知的，材质（才）与性的含义并无很大区别。材质乃是性展示自己的途径、载体，其内容理应一致，见下面所引〈读孟子论性〉中的话。

◇ **性善是才之善**

【性之善即才之善】戴氏从才、性关系论性善，"惟不离材质以为言，始确然可以断人之性善"。（页182）那么材质是如何证明性善的呢？笔者认为，他大概是认为"人之材质得自天，若是其全也"（页182），"人之材质良，其本然之全德违焉而后不善"（页183）。即人的材质高于万物，内在灵觉，人之材质（才）既包含了心知，也包含了情欲（是后者的载体或展现方式）。其言曰：

> 耳之于声也，天下之声，耳若其符节也；目之于色也，天下之色，目若其符节也；鼻之于臭也，天下之臭，鼻若其符节也；口之于味也，天下之味，口若其符节也；耳目鼻口之官，接于物而心通其则，心之于理义也，天下之理义，心若其符节也；是皆不可谓之外也，性也。耳能辨天下之声，目能辨天下之色，鼻能辨天下之臭，口能辨天下之味，心能通天下之理义，人之材质得于天，若是其全也。……惟不离材质以为言，始确然可以断人之性善。（页182）

此段是广义上使用才（材质）一词，将材质（才）作为包含感官及心知的一体展现，并以此材质断人性善。

戴氏说法，笔者认为如果解读为"人的材质本质上是善的"，就不好理解；如果解读为"人的材质总体上是善的"，相对好理解些；但若解读为

"人的材质相比于其他生物是善的"，则更易理解。因此，戴氏似乎从比较判断出发。这一说法在一定程度上来自《易·系辞》"一阴一阳之谓道，继之者善也，成之者性也"这句话，他对这话的解读见其文〈读易系辞论性〉（页180—181）。

【性之善即情、欲、知皆得遂、达】戴氏大抵认为，人虽有情欲，但其情、欲、知皆有其得遂之理、得达之常，此理、此常为得于天，高于万物，故曰性善。

血气心知之性包括情、欲、知，"人生而后有情有欲有知，三者血气心知之自然也"（页40）；情、欲、知三者皆得遂为最佳（似乎这三者构成了"才"），"天下之事，使欲之得遂，情之得达，斯已矣"（页41）。还应加上，知能尽美丑、是非之极致。在这里，戴氏以"常"释性善，性善即情、欲、知得其常也。（方按：此说极类似于我所谓"成长法则"之义。）

戴氏认为，性的三个成分——情、欲、知，三者需要通过才展开，情、欲、知三者可以有偏蔽缺失，三者变则才亦变，但性为其本则不变其为善。但他同时反对因为材质可变，可说材质有过、有罪。

荀子之误在于，只见欲、觉之私，不见其得中正。"以有欲有觉为私者，荀子之所谓性恶在是也；是见于失其中正之为私，不见于得其中正。且以验形气本于天，备五行阴阳之全德，非私也，孟子之所谓性善也。人之材质良，其本然之德违焉而后不善。"（页183）

【性善指人性能事天地之常】此处笔者认为戴氏阐发了一种将性解释为万物健全成长方式的含义，因为他把性理解为人按照"天地之常"践行，谓之"中正"。他以顺论道，以常论善，以德论性。性之常即性之善也。性有常，故性善。所谓性有常，即性合乎天地之常的恰当存在方式。

为什么包含情欲的材质可称为得天之全？这是因为：

> 人有天德之知，能践乎中正，其自然则协天地之顺，其必然则协天地之常。……孟子道性善，察乎人之材质所自然，有节于内之谓善也。（页182）。

戴氏〈读易系辞论性〉曰（下画线为引者加）：

未有生生而不条理者。条理之秩然，礼至著也；条理之截然，义至著也；以是见天地之常。三者咸得，天下之至善也，人物之常也；故曰"继之者善也"。（页180—181）

有天地，然后有人物；有人物，于是有人物之性。人与物同有欲，欲也者，性之事也；人与物同有觉，觉也者，性之能也。事能无有失，则协于天地之德，协于天地之德，理至正也。理也者，性之德也。言乎自然之谓顺，言乎必然之谓常，言乎本然之谓德。天下之道尽于顺，天下之教一于常，天下之性同之于德。（页181）

善，以言乎天下之大共也；性，言乎成于人人之举凡自为。性，其本也。所谓善，无他焉，天地之化，性之事能，可以知善矣。君子之教也，以天下之大共正人之所自为，性之事能，合之则中正，违之则邪僻，以天地之常，俾人咸知由其常也。明乎天地之顺者，可与语道；察乎天地之常者，可与语善；通乎天地之德者，可与语性。（页181）

◇ 告子荀子道家性论之误

戴震指出，孟子前后，性之说大体有三：一是"以耳目百体之欲为说"，此当指告子之类，以生有欲望论性；二是"以心之有觉为说"，此当指老庄道家，此说追求"冲虚自然"，反对欲望和道德；三是"以理为说"，"谓有欲有觉，人之私也"。此说当指荀子等人一类，视知觉和欲望为恶之源，欲纳之于理义，宋儒实承此说。故言性者可分为以觉为说、以欲为说、以理为说三类。然而这三种说法，皆以人性中一面而言。以觉为说者和以欲为说者，皆外于理义。以觉为说者，"不见于理义者本然之德，去其本然而苟语自然"；以欲为说者，"不见于性之欲，其本然中正，动静胥得，神自宁也"；以理为说者，"不见于理之所由名也"。（页183）他总结道：

自孟子时，以欲为说，以觉为说，纷如矣；孟子正其外理义而已矣。心得其常，耳目百体得其顺，中正无邪，如是之谓理义。自心至于耳目百体，形气本于天，故其为德也类；专以性属之理，而谓坏于形气，是不见于理之所由名也。以有欲有觉为私者，荀子之所谓性恶在是也；是见于失其中正之为私，不见于得其中正。且以验形气本于天，备五行阴阳之全德，非私也，孟子之所谓性善也。人之材质良，其本然之德违焉

而后不善，孟子谓之"放其良心"，谓之"失其本心"。（页183）

戴氏这段话有几个要点：其一，反对将理义与知觉、情欲对立，尤其反对视人之知觉、情欲为私为恶；其二，所谓理义就是知觉、情欲"得其中正"，性之理义就是"心得其常"，"耳目百体得其顺"；其三，性善是指人之心、人之耳目百体"本于天""备五行阴阳之全德"；其四，具体来说，性善是指"人之材质良"，有其常、有其顺，有其"本然之德"。

◇ **性之善包括心之善**

戴氏又以心善释性善曰：

"孟子道性善，言必称尧舜"，非谓尽人生而尧舜也。自尧舜而下，其等差凡几？则其气禀固不齐，岂得谓非性有不同？然人之心知，于人伦日用，随在而知恻隐，知羞恶，知恭敬辞让，知是非，端绪可举，此之谓性善。（页28—29）

此处心善与性善之所以不矛盾，是因为戴氏以"血气心知"为性，性含知、情、欲三者，而此性通过才展现自身。才，在此虽然与知、情、欲不同，但是与知、情、欲的展开方式、展开场所同。

戴氏释"乃若其情"之"情"为实情，非感情之情；"四端"亦不是情感，而谓之心。（页41）

◇**性善是由人禽才质之别**

人性之善是由于人的血气心知高于动物，更加发达。"孟子言'人无有不善'，以人之心知异于禽兽，能不惑乎所行之为善。"（页29）禽兽虽然也有一定程度上的君臣礼义，但不能像人那样"扩充其知至于神明"，以至于"仁义礼智无不全"。（页28）"凡血气之属皆有精爽，而人之精爽可进于神明。"（页30）恶的来源，则是由于有的人不能扩充至于神明。"不能尽其才，言不扩充其心知而长恶遂非也"，"故性虽善，不乏小人"（页29）。戴震所谓"性善"，亦指此材质得天理之全（纯然善的），故谓"人之材质良"（页183）。

戴氏又进一步说，大体来说，人、禽兽、百物之性各殊。首先，三者皆由气类而殊；但人与禽兽皆有血气，在血气之物中，"不独气类各殊，而知觉亦殊"（页35）。具体来说，"人以有礼义，异于禽兽，实人之知觉大远乎物则然，此孟子所谓性善"（页35）。正是在人、动物、万物三者的等级差异中，人之知觉独高，故曰性善。此为典型的比较判断，用他自己的话是"因性之等差而断其善"（页41）。

区分百物为三等，形不动者为卉木，形动、有血气、有知觉者又分禽兽鱼虫与人，三者之中人最贵。由"气运"而有卉木，"形不动者"；有动物，"形能动""有知觉"者，属"有血气者"；有人，有知觉，且"能扩充其知至于神明，仁义礼智无不全也"（页28）。人与动物皆有知觉运动，但发达程度大不同。他总结造成人、动物及植物之性不齐的原因：

> 阴阳五行之运而不已，天地之气化也，人物之生生本乎是，由其分而有之不齐，是以成性各殊。（页28）

比较人与禽兽之别而言性善见《疏证》卷中〈性〉（页27—29）。

◇ **善当指合乎理义，也指情欲才之遂、达**

戴氏也强调孟子以理义为性，故有性善。他说：

> 当孟子时，天下不知理义之为性，害道之言纷出以乱先王之法，是以孟子起而明之。……明理义之为性，所以正不知理义之为性者也；是故理义，性也。（页181—182）

不过戴氏此一说法，和上述说法是合在一起讲的。更重要的是，他强调理义与材质不相分离，理义是材质之理义，材质是理义之材质。他说，"人之材质得于天，若是其全也。……惟不离材质以为言，始确然可以断人之性善"（页182）。

戴氏论"理"本义为条理，极为精妙。

另外，戴震将〈系辞〉"继善成性"中的"善"与孟子性善之"善"分而言之，认为〈系辞〉中的"善"指天地生物之条理，此善乃"天下之大共"；而孟子所谓善则仅限于人所独有的、可进于神明的心知之能。由于他将两个善区分开来，就避免了宋儒以本然之性与孟子之性等同所致的困境：本然之性是纯善、至善，而孟子之性既然是既生之后，不可能尽善。戴氏作此区分之后，性善之善就只变成相对意义上的善（相对于禽兽而言），同时也变成潜能意义上的善（有进于扩充心知、进于神明之能）。戴震这一解读，当然仍承认〈系辞〉之善有造化源头之义，但不承认〈系辞〉之性有造化源头之义（与朱子、陈淳、王夫之皆不同）。这是因为他把一切先秦之性皆归入人物既生之后范畴，反对先天后天之分。戴震在〈读易系辞论性〉中对〈系辞〉中的"性"义作了充分阐述：

> 《易》曰："一阴一阳之谓道，继之者善也，成之者性也。"一阴一阳，盖言天地之化不已也，道也。一阴一阳，其生生乎，其生生而条理乎！以是见天地之顺，故曰"一阴一阳之谓道"。生生，仁也，未有生生而不条理者。条理之秩然，礼至著也；条理之截然，义至著也；以是见天地之常。三者咸得，天下之至善也，人物之常也；故曰"继之者善也"，言乎人物之生，其善则与天地继承不隔者也。（页180—181）

这里以一阴一阳释天地之道，称之为条理，连续到礼义，说明"继之者善"，又言"善，以言乎天下之大共也"（页181）。由于人物之性"本五行阴阳以成性"，其"所谓血气心知之性，发于事能者是也"；然而"人与物同有欲，而得之以生也各殊"，"存乎其得之以生，存乎喻大喻小之明昧也各殊"（页181），故不能以人物之性同归之善。那么，人之性何以相对于禽兽之性为善呢？他认为这是由于人的心知"人之精爽可进于神明"（页30），"人之材质良，其本然之德违焉而后不善"（页183）。

59. 程瑶田（1725—1814）

【文献】程瑶田，《程瑶田全集》（全四册），第一册，陈冠明等校点，合肥：黄山书社，2008。

程瑶田，字易田，一字易畴，号让堂，安徽歙县人，徽派朴学代表人物之一。《通艺录·论学小记》"述性"四篇，载《程瑶田全集》第一册，页38—48。〈论学小记〉本另有"诚意义述"（页25—38）一篇，"述诚"二篇（页44—47），"述情"三篇（页47—50），皆与性善有关。

〈论学小记〉

◇ **性由质、形、气构成，不分天命与气质**

强烈反对天命、气质二分，坚持性即是质、形、气之性，非是在质、形、气之外别有一性。

性由质、形、气构成之实体，性不离气质。"有质、有形、有气，斯有是性，是性从其质、其形、其气而有者也。"（页38）"人之所以异于物者，异于其质、形、气而已矣。"又云："夫人之生也，乌得有二性哉！"（页39）"气质之性，古未有是名"（页40）；"安得谓气质中有一性，气质外复有一性哉！"（页40）复云无气质则无人，无人则无心，无心安得谓性之善？作者显然亦以生命之体解性，说"是故性善断以气质言，主实有者而言之"，"性具气质中"。

程氏又云，所谓天地（天命）之性，如果与气质之性截然分开，则回溯到生人之前。于是，一方面，生人之前的天地之性正是天道，可是天道本亦不离于天之形与气而有；另一方面，

> 使以性为超乎质、形、气之上，则未有天地之先，先有此性。是性生天地，天地又具此性以生人、物。如是，则不但人之性善，即物之性亦安不得不善。何也？（页38）

> 若以赋禀之前而言性，则是人物同之，犬之性犹牛之性，牛之性犹人之性，何独至于人而始善也？（页40）

这实际上是程氏言性之道。

◇ **性善是由于人的禀赋高于万物**

性善是由于其质形气全乎仁义礼智之德，而物之性则不然。从性情关系看，人之恻隐、羞恶、辞让、是非之情，虽下愚之人亦皆有。虽人之情可为不善，然亦可以为善。而物之情则不同，不能为善。"人与物异，故性无不善也。"此处之"物"，可概括禽兽与草木。故亦可以理解为比较判断。

"天地位矣，则必有元亨利贞之德，是天地之性善也。人生矣，则必有仁义礼智之德，是人之性善也。"（页38）紧接着就说，"若夫物则不能全其

仁义礼知之德，故物之性不能如人性之善也"（页38）。对于人而言，"仁义礼知之德，具于质形气之中以成性"（页39）。又云："虽虎狼有父子，蜂蚁有君臣，而终不能谓其性之善也。何也？……物与物虽异，均之不能全乎仁义礼知之德也。人之质形气，莫不有仁义礼知之德，故人之性断乎其无不善也。"（页38）"但禀气具质而为人之形，即有至善之性。其清，人性善者之清；其浊，人性善者之浊。"（页39）

批评将性理解为成物之先即有之先天判断，认为这样就只能说万物之性皆善了。（据此说来，戴氏将《易》"成之者性也"解释为"性使万物成"就有问题。）

◇ 四端是情之体，六情是情之用

程瑶田对孟子"乃若其情"（6A6）中"情"的看法与戴震不同，他似乎回到朱熹，将朱子与王夫之对情的理解结合起来，将情理解为四端为体、六情为用的结合体；他以恻隐、羞恶、辞让、是非之情为情之体，以喜、怒、哀、乐、好、恶为情之用，认为孟子以情善言性善（页34、50等）。

> 是故恻隐、羞恶、辞让、是非之情，盖性之用，而实为情之体。若夫情之用，则喜怒哀乐好恶是也。所以跃露流布其"四端"，其诸不及情者多，而过情者或寡也。（页49）

程氏同时指出，孟子"乃若其情，则可以为善矣"（6A6）的"情"，与下文"为不善"的"情"是同一个"情"。那么这个"情"是指四端呢？还是指六情（喜怒哀乐好恶）呢？〈慎独篇〉称"此真好恶之情，人皆有之，《孟子》所谓'乃若其情可以为善'者也"（页15），则以"其情"为好恶，属于六情。又同书"诚意义述"引"乃若其情则可以为善"后称"'其情'者，'下愚不移'者之情，即下文'为不善'者之情也"，此处前文有"孟子以情验性，总就'下愚不移'者，指出其情以晓人。如言恻隐、羞恶、辞让、是非为仁、义、礼、智之端，谓'人皆有之'者，'下愚不移'者亦有也"（页34），则以"情"为四端矣。"述性二"谓"犬牛之愚，无仁义礼知之端；人之愚，未尝无仁义礼知之端。故曰：'乃若其情，则可以为善也，乃所谓善也'"（页41），同样以四端为情。"述性四"云："其言'情'之'可以为善'也，则验之于人，皆有恻隐、羞恶、恭敬、是非之心"（页43），

仍以"四端"为"乃若其情"之情。"述情一"引"乃若其情"句后言
"'今人乍见孺子将入于井，皆有怵惕恻隐之心'，孟子之善言情善也"（页
48），以恻隐之心为情。

综上所述，程瑶田结合朱子以四端为情说和先秦以来的六情说、七情
说，以四端为情之体，又以喜怒哀乐为情之用，合而言情，认为情之本然、
情之初为善，故谓孟子"以情善验性善"。然其解释孟子"乃若其情"之情，
仍多释为四端，与朱子同。而偶然以六情当之，因其以体用解释四端与六情
之故。对于六情，他其实认为其初无不善，不善乃诚意之意所为（参页 47—
51）。

◇ 性、情、意：从情善说性善

他认为孟子"乃若其情，则可以为善矣，乃所谓善也"一句中，"乃若"
是转语，与下文"若夫为不善"相应；"情"包括恻隐、羞恶、辞让、是非
等，亦包括好恶之情。此情既可为善，也可为不善，因此"性善"只是针对
人情可以为善而言，非谓人情不可为不善。而为不善也不能归咎于"情动之
初""本然之才"。所以，这段话说明"孟子以情验性"。即孟子要说明的是，
即使是下愚不移者，也与圣贤同有此情，而禽兽草木则不然，故曰人性善也。
"仁、义、礼、知之性，其端见于恻隐、羞恶、辞让、是非之情者，虽下愚
之人，未尝不皆有也。由是言之，孟子'性善'之说，以情验性之指，正孔
子'性相近'之义疏矣。"（页 36）

又从性命关系看，谓人之不学而知、不习而能、学而愈知、习而愈能者，
"是之谓性善"（页 37）。

《通艺录·论学小记》有〈述情一〉〈述情二〉〈述情四〉三篇，系统地
论述了程氏的情善观。大抵认为，"性发为情，情根于性"，性情一体，性善
则情亦善。情之不善，是诚意不够之故。

> 性善，情无不善也。情之有不善者，不诚意之过也。由吾性自然而
> 出之谓情，由吾心有所经营而出之谓意。心统性情，性发为情，情根于
> 性。是故喜怒哀乐，情也。故曰："喜怒哀乐之未发谓之中，发而皆中
> 节谓之和。"其中节也，情也；其未发也，情之未发也；其中也，情之
> 含于性者也；其和也，性之发为情者也。是故"心统性情"。情者，感
> 物以写其性者也，无为而无不为，自然而出，发若机括，有善而已矣。

（页 47）

　　孟子不云乎？"乃若其情，则可以为善。若夫为不善，非才之罪也。"情为性之所发，才乃情之所施，才且无不善，而况于情乎？孔子曰："我欲仁，斯仁至矣。"情善之谓也。"今人乍见孺子将入于井，皆有怵惕恻隐之心"，孟子之善言情善也。（页 48）

　　善哉，孟子之言情善也！曰："恻隐之心，仁之端也；羞恶之心，义之端也；辞让之心，礼之端也；是非之心，智之端也。"端者，情之初出于性，即连乎意之始萌于心者也。故孟子皆以"心"言之。盖性、情统之于心，当性发为情时，而心未有不动者。心之动，即意之萌。……是故恻隐、羞恶、辞让、是非之情，盖性之用，而实为情之体。（页 49）

　　若夫情之用，则喜怒哀乐好恶是也，所以跃露流布其"四端"，其诸不及情者多，而过情者或寡也。（页 49）

　　心统性、情，性生于心，而情出于性，意则心之动而主张乎情之发焉者也。情出于性，意出于心，情与意似不同其源，然性、情实具之于心。心之动也，动以萌其意者也。性则浑然具之于心，有善而无恶；情则沛然流于所性，亦有善而无恶。……以意为之枢，经之营之，于是利害之分明，而趋避之机习，丧其良心、不诚其意之为害大矣。（页 50）（方按：此论性、情、意、心四者甚明。）

　　诚其意，则情之发也无不中节；不诚其意，则发之而不中节者，意主张之，而岂情之不有不善哉！……故曰：情无不善，情之有不善者，不诚其意之过也。（页 50）

60.　凌廷堪（1757—1809）

【文献】凌廷堪，《校礼堂文集》，王文锦点校，北京：中华书局，1998。

　　凌廷堪，字仲子，一字次仲，安徽歙县人。著有《礼经释例》《燕乐考原》《校礼堂文集》等。下文所讨论内容皆收录于《校礼堂文集》，其中卷四〈复礼上〉（页 27—29）、卷十六〈好恶说上〉（页 140—142）、卷十〈荀卿颂〉（页 76—77）、卷二十四〈复钱晓徵先生书〉（页 220—222）等涉及性论。

〈复礼上〉

◇ 五伦根于性

凌廷堪在〈复礼上〉一文中的说法较有代表性，大抵是持性善之说，认为人伦之道如父子亲、君臣义、夫妇别、长幼序、朋友信之类皆根于性，"五者（方按：指五伦之道）根于性者也"，而同时作者称"性本至中，而情不能无过不及之偏"，则仍类似性善情恶之说，性静情动、性体情用。〈复礼上〉性情论与过去未发、已发之说无大别，称性"具于生初"，情"缘性而有"，是为性本论。"性本至中，而情则不能无过不及之偏"，故礼以节其情：

> 夫人之所受于天者，性也。性之所固有者，善也。所以复其善者，学也。所以贯其学者，礼也。是故圣人之道，一礼而已矣。……夫性具于生初，而情则缘性而有者也。性本至中，而情则不能无过不及之偏，非礼以节之，则何以复其性焉。父子当亲也，君臣当义也，夫妇当别也，长幼当序也，朋友当信也，五者根于性者也，所谓人伦也。而其所以亲之、义之、别之、序之、信之，则必由乎情以达焉者也。非礼以节之，则过者或溢于情，而不及者则漠焉遇之，故曰："喜怒哀乐之未发谓之中，发而皆中节谓之和"。其中节也，非自能中节也，必有礼以节之。故曰：非礼何以复其性焉？（页27—28）

〈复礼上〉强调通过礼才能复性，"良材之在山也，非轮人之规矩不能为毂焉，非辀人之绳墨不能为辕焉。礼之于性也，亦犹是而已矣。如曰舍礼而可以复性也，是金之为削、为量不必待镕铸模范也，材之为毂、为辕不必待规矩绳墨也"（页28）。性既善，何须礼以复之？作者的逻辑可能是性情之分。性虽善，而情未必中。情之中即是性，亦即复性。

〈好恶说上〉

◇ 性即好恶之中

〈好恶说上〉以好恶论性，谓喜怒哀乐皆出于好恶，性即好恶之中。称"人之性受于天，目能视则为色，耳能听则为声，口能食则为味，而好恶实基于此，节其太过不及，则复于性矣。……先王制礼以节之，惧民之失其性也"。（页 140）据此，则好恶指人之情，而好恶中正则谓性。如此，性指好恶之则（此以性为恰当成长法则义）。又谓《大学》"性"字仅一见，"好人之所恶，恶人之所好，是谓拂人之性"（页 141），即以好恶论性，"然则人性初不外乎好恶也"（页 141）。"盖喜怒哀乐皆由好恶而生，好恶正则协于天地之性矣。"（页 142）

〈荀卿颂〉

◇ 舍礼无以复性

〈荀卿颂〉对荀子与孟子的评价同样高，在内心同情荀子甚多。"舍礼而复性，则茫无所从。盖礼者，身心之矩则，即性道之所寄焉矣。"（页 76）"夫孟氏言仁，必申之以义；荀氏言仁，必推本于礼。推本于礼者，譬诸凫栗之有模范焉，轮梓之有绳墨焉，其与圣人节性防淫之旨，威仪定命之原，庶几近之。……然则荀氏之学，其不戾于圣人可知也。后人尊孟而抑荀，无乃自放于礼法之外乎！"（页 77）此说认为荀子与圣人之旨相近。并赞荀子曰："卓哉荀卿，取法后王。……本礼言仁，厥性乃复。……孟曰性善，荀曰性恶。折衷至圣，其理非凿。善固上智，恶亦下愚。各成一是，均属大儒。"（页 77）

〈复钱晓徵先生书〉

◇ 礼原于性，性待礼而复

〈复钱晓徵先生书〉极论礼原于性，性待礼而复："盖先习其气数仪节，然后知礼之原于性，知其原于性，然后行之出于诚，皆学礼有得者，所谓德也。"（页 221）"孟子以为人性善，犹水之无不下；荀子以为人性恶，必待礼而后善。然孟子言仁言义，必继之曰'礼则节文斯二者'，虽孟子亦不能舍礼而论性也。"（页 221）

61. 孙星衍（1753—1818）

【文献】孙星衍，《问字堂集》，骈宇骞点校，北京：中华书局，1996。

孙星衍，字渊如，号伯渊，别署芳茂山人，阳湖人。主要作品收录于《岱南阁丛书》，其中包括《问字堂集》六卷。以下所讨论内容皆收录于《问字堂集》卷一〈原性篇〉（页15—19）。

〈原性篇〉

以阴阳说性，区分情、性，"情欲后于性命"。同时特别强调性有善端，但不等于性就能为善，因为为善取决于教，赞同董仲舒"性待教而为善"之说。孙氏之说似有矛盾之处，即情属阴，而有恶；性属阳，而主善。这实际上很接近于性善论。从其"性有五常、情有六欲"之说看，他似乎是主性善的，接近于许慎"性，人之阳气，性善者也"之说（许慎虽谓"性为阳气，性善者也"，但并不主性善，而是主性有善恶，见《说文》"酒"条）。故他抨击告子、荀子等皆以情为性（与苏轼、苏辙同）。但同时，他又强调情有恶，如以性、情合为性，则似乎是有善有恶论。引用许慎及先秦秦汉多位学者之言。

◇ **性有阴阳，故分为性情**

性为阳、情为阴，欲为情之成分。情、欲皆不可笼统地称为恶，其中有善也有恶。他举孔子"饮食男女人之大欲存焉"等说明欲可为善，又举《中庸》"发而中节谓之和"说明情也可善。孙氏的基本观点如下：

> 古者性与天道通，不明于阴阳五行，不可以言性。民受天地之中以生，在天曰命，在人曰性，故《神农经》言"养命以应天，养性以应人"。天为阳，主性；地为阴，主情。天先成而地后定，故情欲后于性命。五六天地之中合，性有五常，情有六欲。五常者，仁、义、礼、智、信；六欲者，喜、怒、哀、乐、好、恶也。阳者善，故性善；阴有欲，故情有不善。阳极生阴，故性之动为情；阴极胜阳，故情之动为欲。性动而之情，变而之欲。变者情也，情动而有欲，变而之不善，化而复迁于善。善者性也，性对情则性为阳，情为阴。（页15）

从这段话来看，孙氏是主性善的。重在以阴阳理解情性，而处理善恶关系问题，即恶是如何产生的。恶生于情之欲。然这里的性是狭义的，若从广义上看，性情之阴阳合为一完整的性，则性有善也有恶。故孙氏亦引许慎《说文》"酒"条"人性之善恶"一语。综而言之，孙氏似乎倾向于认同孟子性善说，他认为性中含有五常，他主要从性情分别代表阴阳立论，认为恶主要来自情和欲，而不是来自性。

◇ 商臣越椒之恶非性恶

他们只是"形恶"（页19）；告子食色之性，荀子好利之欲、声色之好，《周书》喜怒欲惧忧五气，《大戴礼》改五气为五性，"是皆以情为性"（页18）。这充分说明"后儒之不通阴阳，不能正名情性甚矣"（页19）。因此据孙氏之论，宋儒所谓气质之性，似亦属情的范畴，但他未明说。总之，以阴、阳区分情、性，自然容易以恶属阴之情，以善属阳之情。这似乎是孙氏的主要观点。

◇ 性中有善端，但须待教方能为善

人虽有良知良能、四端之心，但不等于就能亲亲爱长，"慈母乳之而爱移"，"严师扑之而敬移"。总之，孙氏强调人性有善端，但不等于说人性就能为善。"性有善而教之，以止于至善"，"性中之五常，必教而能之，学而知之也"（页18）。他不完全同意董仲舒的禾米之喻，强调禾不是米，而忽略了禾中有米这一事实。

孙氏强调曰：

> 何以言性待教而为善？《易》言天道阴阳，地道柔刚，人道仁义，后以裁成辅相左右民。《礼记》言尽人物之情，与天地参。《书》云刚克柔克正直，刚属性，柔属情，平康之者教也。《礼记》言天命谓性，率性谓道，修道谓教。教者何？性有善而教之，以止于至善。故《礼记》之言明德也，曰"新民"，曰"止至善"。止者，如文王止于仁敬孝慈信，即性中之五常，必教而能之，学而知之也。孟子以孩提之童爱其亲，敬其长是也。然童而爱其亲，非能爱亲，慈母乳之而爱移。敬其长，非能敬长，严师扑之而敬移。然则良知良能不足恃，必教学成而后真知爱亲敬长也。故董仲舒之言性待教而为善是也。（页18）

◇ 批评董仲舒

孙氏认为董仲舒区分圣人之性、中人之性和斗筲之性三品完全无必要，因为"人生皆中民也"，圣人与斗筲之分都是教的产物。他又批评董仲舒的禾米之喻未指出禾中含米这一事实，这是在强调性本身有善端。他说：

夫人生皆中民也，已教则性胜情，谓之圣人；失教则情胜性，谓之斗筲；非性有三等。孔子言善人者，谓已教之性，犹称道盛德至善，故难得见也。禾虽出米，而未可谓米固也，然亦不可谓之中无米也，此亦董之疏也。（页18）

62. 焦循（1763—1820）

【文献】（1）焦循撰，《孟子正义》（全二册），沈文倬点校，北京：中华书局，1987。对性善论的解释见〈滕文公章句上〉〈告子章句上〉〈告子章句下〉。（2）焦循撰，《雕菰集》（全六册），北京：中华书局，1985（丛书集成初编）。

焦循，字理堂，一字里堂，江苏扬州黄珏镇人。以下论性内容主要见于《孟子正义》卷十〈滕文公章句上〉、《雕菰集》卷九〈性善解〉。

〈滕文公章句上〉

◇ 性善是孟子学问根本

他说：

> 孟子生平之学，在道性善，称尧舜，故于此标之。（页340）
> 孟子学孔子之学，惟此"道性善""称尧舜"两言尽之。（页343）

其中"称尧舜"，他认为是指"正称其通变神化也"，具体来说就是"执两用中"。他说，"圣人治天下之道，至尧舜而一变"（页318），"盖尧舜以变通神化治天下，不执一而执两端，用中于民，实为万世治天下之法"（页318）。"夫通变神化之道，尧舜所以继羲农而开万世，故称尧舜，欲天下后世法其通变神化，不执一而执两端，以用中于民。"（页319）又说，"即孔子删《书》首唐虞，赞《易》特以通变神化归于尧舜之意也"（页319）。

◇ 性善论成立的理由

对于性善成立的原因，即人性何以是善的，作者的基本观点似乎可用"天地之性人为贵"一言表示。大抵认为，人性高于动物之性，不仅在于有五常，而且在于有心知。人是天地间最尊贵者，"性之神明，性之善也"（页755）。因此我说它是一种比较判断。

这与人禽之别的说法小有区别。一是人禽之别主要是强调人与禽兽之别，而焦氏并不完全局限于人与禽兽之别，同时可及于人与草木之别①。他强调"人物之不同"，称"人之性善，物之性不善。盖浑人物而言，则性有善有不善。专以人言，则无不善"（页738）。二是人禽之别主要限于道德层面，而焦氏不限于道德，更及于人的知觉意识各方面综合言之。因此，焦循的观点似乎更接近于比较判断，好比是相对而言是善的。他所说的"善"似乎也不完全是道德概念，而是接近于"好"的意思。当然从总体上说，谓焦氏从人禽之别解释无不可，只是其人禽之别含义与张程朱子及徐复观等有所不同，不限于道德层面，焦氏观点如下。

其一，人的知觉意识发达，而禽兽远不如人。人的知觉意识形成人伦有别、分工发达、生产进步等（人伦之别还可理解为包括道德良知）。焦循从男女关系说起，禽兽男女无别，而人能做到男女有别（页318）；他还举了人即使再坏也有基本的人伦之知，比如己妻不可为人妻，人食不可为己食，"固心知之也"（页318）。禽兽知觉意识不发达，而人发达。圣人教民嫁娶之礼、耕耨之法，而民知之；然"以此教禽兽，禽兽不知也。人知之，则人之性善矣"（页317）。"惟物但知饮食男女，而不能得其宜，此禽兽之性，所以不善也。人知饮食男女，圣人教之，则知有耕耨之宜，嫁娶之宜，此人之性所以无不善也。"（页743）他并引用《礼记·乐记》"人生而静，天之性也……物至知知"一段中"知知"解释为知而又知，即人类的知性不停留在浅层，而是不断进步、往高级发展。"知知者，人能知而又知"。相比之下，禽兽虽也有知觉，但停留在浅层，不能无限发展。禽兽"知声"但"不能知音"，"知色"但"不知好妍而恶丑"，"知食"但"不知好精而恶疏"，"知臭"但"不知好香而恶腐"（页738—739）。

其二，人可教，而禽兽不可教，此人性善的又一证据。虽然"人之性不能自觉，必待先觉者觉之"，但"使己之性不善，则不能觉"，因此"非性善无以施其教，非教无以通其性之善"（页317）。又说，"为之而能善，由其性之善也"（页317）。"禽兽既不能自知，人又不能使之知，虽为之亦不能善。

---

① 〈告子章句上〉注引李光地、戴震等人之言提及"卉木"。参《孟子正义》页739。

然人之性，为之即善，非由性善而何？"（页317—318）"人之性可因教而明，人之情可因教而通。禽兽之性虽教之不明，禽兽之情虽教之不通。"（页756）"性之善，全在情可以为善。"（页756）

焦氏特别强调人性之善是由于人可教、可造，而禽兽不可教、不可造。"世有伏羲，不能使禽兽知有夫妇之别；虽有神农，不能使鸟兽知有耕稼之教，善岂由为之哉？"（页318）他批评荀子性恶之说，谓人性之善由于伪，殊不知人可伪，而兽不可伪，正是人性善之证。"荀子能令鸟让食乎？能令兽代劳乎？"（页318）

其三，从情、性关系出发，据《说文》提出性是阳气、情为阴气（情有欲，致贪恶），然后引《易》"利贞者，性情也。六爻发挥，旁通情也"认为：情虽有欲致贪，但人与禽兽之别在于，人之情可旁通，而禽兽之情不能旁通。"孔子以旁通言情，以利贞言性。情利者，变而通之也。"（页755—756）所谓"旁通"，就是"以己之情，通乎人之情；以己之欲，通乎人之欲。己欲立而立人，己欲达而达人，己所不欲，勿施于人。因己之好货，而使居者有积仓，行者有裹粮；因己之好色，而使内无怨女，外无旷夫。如是则情通，情通则情之阴已受治于性之阳，是性之神明有以运旋乎情欲，而使之善，此情之可以为善也。故以情之可以为善，而决其性之神明也"（页756）。所谓"情之阴受治于性之阳"，即荀子"有师法之化，礼义之道，即能出于辞让，合于文理而归于治"。因此"孟子'性善'之说，全本于孔子之赞《易》"（页755）。

其四，又认为，人性之善是指有灵明之德（而动物植物没有）。他据《系辞》"以通神明之德，以类万物之情"，谓其中的"神"指"灵"，"神明之德"即人所具有的"灵明之德"（不是指与鬼神相通），因而"神明之德"即"人之善性"。"神明之德，即所谓性善也，善即灵也，灵即神明也。"（页317）而这个"神明之德"，据焦氏主要指知觉意识发达（可教人伦之分、耕耨之法等，同时涵盖知性和德性），也可指四端之心。后面又进一步指出，正因为性有神明之德，"所以心有是非；心有是非，则有恻隐、羞恶、恭敬矣"（页757）。后又以五行释之，谓"性为天所命，性之有仁义礼智信，即象天之木金火土水，故以性属天，以六情从五性，是以人之情法天之性，即前'性善胜情，情则从之'之义也"（页759）。

◇ 反对区分天命、气质二性

显然，焦氏之人性概念，也同时包含着气质在内，与戴震、王夫之、颜元等人一致，即反对区分天命、气质二性。

他论述性与理的关系时认为，性中固有理，但理不离气。他说，"以性为理，自郑氏已言之，非起于宋儒"。但是，此说应当从《大戴记·本命篇》"分于道之谓命"来理解。性由于天命，"分于道"即分其理，但各物分理不同，而成各物不同性。分其理同时亦分于气。故理气不分，这与释氏真空、老氏真宰不同。"理之言分也。《大戴记·本命篇》云：'分于道之谓命。'性由于命，即分于道。性之犹理，亦犹其分也。惟其分，故有不同；亦惟其分，故性即指气质而言。性不妨归诸理，而理则非真宰真空耳。"（页752）

〈性善解〉（1817 年）

焦循〈性善解〉一至五，载《雕菰集》卷九，页127—129（该书目录后附焦氏留言曰"嘉庆二十二年，岁在丁丑，正月二十九日，江都焦循手订于半九书塾之仲轩"）。

〈性善解〉共五章，每章小则3行，多则9行，总共才2页又6行。其基本思想与《孟子正义》非常一致。大意反对将性善作高深解，性善是指人相对于禽兽而言而有"灵"，人能知孝悌忠信、礼义廉耻，而禽兽不能。人能"习相远"，而禽兽不能。人能知礼义，而禽兽不能。他举例说，在饮食男女中即能体现人知礼义和男女之别，而禽兽不能；人乍见孺子入井而生恻隐，而禽兽不能，如此等等。总之，这是非常典型的比较判断。源于《孝经》"天地之性人为贵"。

> 性善之说，儒者每以精深言之，非也。性无他，食色而已。饮食男女，人与物同之。当其先民，知有母，不知有父，则男女无别也；茹毛饮血，不知火化，则饮食无节也。有圣人出，示之以嫁娶之礼，而民知有人伦矣；示之以耕耨之法，而民知自食其力矣。以此示禽兽，禽兽不知也。禽兽不知，则禽兽之性不能善；人知之，则人之性善矣。以饮食男女言性，而人性善，不待烦言自解也。禽兽之性不能善，亦不能恶。人之性可引而善，亦可引而恶；惟其可引，故性善也。牛之性可以敌虎，而不可使呹人，所知所能，不可移也。惟人能移，则可以为善矣。是故

惟习相远，乃知其性相近；若禽兽，则习不能相远也。（《雕菰集》卷九〈性善解一〉，页127）

李明辉在〈焦循对孟子心性论的诠释及其方法论问题〉[①] 一文中对焦循人性论加以评点。他大抵认为焦循取消了孟子人性概念中的超越义，把性完全归结为形而下的经验层面，违背了孟子本义。李还将焦氏放在刘蕺山之后，从陈确开始的回到形下层面、否定性之超越义的整个传统中，这个传统由罗钦顺、王廷相、陈确、颜元、李塨、戴震、焦循等人所代表。[②] 李明辉最后还从诠释学循环、徐复观批评傅斯年完全局限于字义解性等角度，总结了焦循方法论问题的根源，即所谓陷入零散的字义句义，而不能抽离、超越字面的毛病。他总结道：

> 焦循……碰到义理问题时，无法凭其抽象思考的能力去建立基本概念，而在不自觉中将汉人的思想附会到先秦的文献中。在这种情况下，焦循对孟子心性论的误解也就不足为奇了。[③]

63. 阮元（1764—1849）

【文献】阮元撰，《揅经室集》（全二册），邓经元点校，北京：中华书局，1993，页211—236。

阮元，字伯元，号芸台、雷塘庵主、揅经老人、怡性老人，江苏扬州仪征人。《揅经室集》一集卷十〈性命古训〉所论重心不在性善，而在性命关系。阮氏以《礼记·乐记》论性，其概念与荀子甚近，强调性与情之别，皆强调后天因素以节性。而阮氏以为与性善之说不悖，则其性善之义，乃是比较判断或总体判断。如此解释，自与荀子不冲突矣。据台大王华女士说法，荀子亦区别感于物与未感于物之二义，惟皆视为性之一部分（参本书荀子部分）。

---

① 李明辉：《孟子重探》，台北：联经出版事业公司，2001，页69—109。
② 同上书，页74。
③ 同上书，页109。

〈性命古训〉

◇ 此书大意

阮氏此书从《尚书》《诗经》等出发，实与清儒戴震、焦循、程瑶田等人一样将性理解为生命体（life），兼含血气和心知（《礼记·乐记》，页229—230），绝非形上的虚灵寂静之体，坚决反对佛老之说，也反对李翱复性之说。"古人但言节性，不言复性也。"（页211）并说《易》"寂然不动感而遂通天下之故"是针对筮时神明、神道而说，并非针对人性，不可因此援佛老入儒。

本书主要内容为论述"性"与"命"的关系。开篇即从《尚书》《诗经》等出发论古人天命思想，然后引出"性"的问题。列引先秦大量儒家文献说明其中"性"字之义。附带论述"威仪"（页216—220）、"灵"（即神灵，在神为美称，在人则为恶称；考证颇精。① 页224—225）、"情"（页227）、"欲"（不在性外，页228—229）、"中"（并非神秘寂静状态，而是人生而静、尚未感物、有形且有质，页226）。

◇ 性之义

性即血气心知之体，性外与命对举，内与情对举，然情亦是性之内容。故情、欲皆性之内容。"'性'字从心，即血气心知也。有血气，无心知，非性也。有心知，无血气，非性也。"（页217）

从外看，以性与命对举，命是天之命，故不可为；性是凝于人，须治。凡是命，皆无能为；凡是性，皆须治。故而特别强调《孟子·尽心下》

---

① "古人言人性之上者曰哲、曰智，皆与'愚'字相对相反，绝未言及'灵'字。言灵者，道家之说也。《说文》灵为以玉事神，或从巫。故灵为神灵之称，在神则是美称，在人则是恶称。故《曾子》曰：'神灵者，品物之本也。阳之精气曰神，阴之精气曰灵。'《楚辞》曰：'横大江兮扬灵。'夫惟灵修之故也。《毛诗》之灵台、灵沼、灵雨，《礼记》之四灵，皆兼神灵之义。《周书》谥法：极知鬼神曰灵。故《庄子·则阳注》曰：'灵即是无道之谥也。'自《庄子》'天地始有，大愚者终身不灵'之语，使'灵'字与'愚'字相对而相反，晋人谈玄者喜此字虚明妙觉，胜于言哲言智，于是《古文尚书·泰誓》始有'惟人万物之灵'之语。自有此语，学者幼小而读之，长而习之，忘其本矣。是以刘孝标《辨命论》全是玄学，有'圣人言命，以穷性灵'之语，不知《庄子》心灵本是玄学。故《庄子·德充符》曰：'不可入于灵府。'《庚桑楚》曰：'不可内于灵台。'《注》曰：'灵台者，心也。'故以心灵为学者，自《庄子》始。而释家明镜心台之谕，实袭之于《庄子》。释袭于《庄》可也，儒转袭于释不可也。"（页224—225）

（7B24）"口之于味也，目之于色也，耳之于声也，鼻之于臭也，四肢之于安佚也，性也；有命焉，君子不谓性也。仁之于父子也，义之于君臣也，礼之于宾主也，知之于贤者也，圣人之于天道也，命也；有性焉，君子不谓命也"一段，认为是先秦儒家对性、命关系的最正宗论述。

从内看，强调性与情对举。情中含欲，情亦性中所有。故似乎分出广义与狭义的性来。狭义的性与情对举。情即《礼记·礼运》中的七情，"此（方按：即《礼记·礼运》）所谓七情，即包在孟子所说性也之中"（页227）。以此解释《说文》性为阳气之说："性，人之阳气性，善者也。情，人之阴气有欲者也。"（页220）性中含阳气与阴气，阴气即是情。情代表感应于万物而动。荀悦《申鉴》："《易》称乾道变化，各正性命。是言万物各有性也。观其所感，而天地万物之情可见矣。是言情者，应感而动者也。昆虫草木皆有性焉，不尽善也。天地圣人皆称情焉，不主恶也。"（页221）称荀氏之语，汉以前古训也。

性既以血气心知为内容，有情和欲，故须治、节。"欲生于情，在性之内，不能言性内无欲"（页228），耳目口鼻四肢之欲亦不外于性。"性中有味、色、声、臭、安佚之欲，是以必当节之。"（页211）《礼记·中庸》"发而中节，即节性之说也。……天地位，万物育，即《周易》所谓各正性命也"（页226）。正因性有七情六欲，才有弥性、节性、虞天性、治性、养性、尽性、率性、正性命等说法，而修身势所必需。（方按：此乃荀子人性概念，然未必合乎孟子及《礼记·中庸》。）

然以情在性内，如何解释《礼记·乐记》中"乐者，音之所由生也；其本在人心之感于物也。是故其哀心感者……乐心感者……喜心感者……怒心感者……敬心感者……爱心感者……。六者，非性也，感于物而后动"一段中"六者非性"？阮氏辩解道："此亦言哀、乐、喜、怒、爱、敬，乃乐音之哀、乐、喜、怒、爱、敬，非人性之哀、乐、喜、怒、爱、敬，先王以乐之哀、乐、喜、怒、爱、敬，感人性情之哀、乐、喜、怒、爱、敬也。"（页228）又曰："窃释氏之言者，必愿拒六者于性之外，尊性为至静、至明、至觉、无情、无欲。"（页228）（方按：此段辩解似难通。《礼记·乐记》明言感于物而动者非性，因为性是先天的，而情是后起的。后世学者性、情之分亦多因于此。阮氏以血气心知为性，故以情属于性，强为此辩。）

他指出，释氏对《礼记》哀、乐、喜、怒、爱、敬六者，"必愿拒六者于性之外，尊性为至静、至明、至觉、无情、无欲"，与《礼记》《孟子》之言不合。

他强调："周以前圣贤之言，皆质实，无高妙之旨。"（页214）"商周人言性命多在事，在事故实，而易于率循。晋唐人言性命多在心，在心故虚，而易于傅会。"（页235）李习之（翱）《复性书》即虚之例。所谓实，正是以性为血气心知为性。《礼记·乐记》"血气心知"，"即孟子所谓性也有命焉，命也有性焉"。此性"应感起物而动"，而有"喜怒哀乐之既发"，故"有血气，无心知，非性也。有心知，无血气，非性也"（页229—230）。

◇ **孟子性概念**

孟子的人性概念与先秦秦汉主流之见完全一致。生之谓性、食色性也不误。

孟子并不否认"生之谓性"，亦未否定"食色"为性。"《孟子·尽心》亦谓口目耳鼻四肢为性也"（页211），赵氏注亦谓口、目、耳、鼻、四肢有"人性之所欲"，"惟其味、色、声、臭、安佚为性，所以性必须节，不节则性中之情欲纵矣"（页212）。（方按：孟子从未讲到性必须节，"节性"绝非孟子义。）

《礼记·礼运》："所谓七情，即包在孟子所说性也之中。所谓十义，即包在孟子所说命也之中。而孟子所说君子不谓性不谓命，即是此篇以礼治之之道。"（页227）

"告子'生之谓性'一言本不为误"，"孟子非辟其'生之谓性'之古说也"。（页230）"孟子此章惟辟其义外之说，而绝未辟其'食色性也'之说。若以告子'食色性也'之说为非，然则孟子明明自言口之于味，目之于色为性矣，同在七篇之中，岂自相矛盾乎！"（页230—231，下划线为引者加）孟子"养其性，即《召诰》所谓'节性'也"（页231）。（方按：以"节性"释"养性"，大非孟子之旨矣！）

又释《周易》"继善成性"，称"成之者性，即孟子所说'命也有性焉，君子不谓命'也。《周易·系辞传》：成性存存，道义之门。……天地能成人与万物之性，人能自成以性，即所谓成之者性也"（《揅经室集》，页222）。

◇ **孟子性善之旨**

孟子与告子论辩的主要立场是反对混同人物之性。因此，所谓性善是从比较而来。（参页230）

他说，告子"生之谓性"虽本不误，但他"竟无人物善恶之分，其意中竟欲以禽兽之生与人之生同论，与《孝经》'人为贵'之言大悖。是以孟子……以羽、雪至犬、牛、人之性不同辟之。盖人性虽有智愚，然皆善者也"（页230）。

又说，"民之秉夷，好是懿德，即性善也"。（页231）故"性善之说，始于《诗》不始于孟子"（页231）。从上下文看，他理解"秉夷"即仁义礼智之德。（页231）他又认为性中虽有欲，但欲不同于善恶之恶（页228），故不可以性中含情、欲而认为性恶。

又引荀悦"昆虫草木皆有性焉，不尽善也。天地圣人皆称情焉，不主恶也"（页221），以动植物与人性不同说明性何以善。

不过，阮氏此书并未以孟子为专题，故论性善并不多，亦非重点，故而逻辑也不甚明确。（"论孟子"，参页230—234）

◇ "口之于味也……君子不谓命也"章

孟子"口之于味也……君子不谓命也"一章，阮氏屡引之，散见于多处，认为"此章乃孔子言性与天道之大义，必得此性命两节（方按：另一节是"尧舜性之也"）相通相互而言之，则五经性命之古训无不合矣"（页233）。他认为其中"君子不谓性"非真不谓性，而只是强调耳目口鼻之欲等能否满足取决于命；"君子不谓命"非真不谓命，而只是强调人们需要"各正其道以尽性也，穷理尽性，以至于命"（页234）。

◇ 阮氏释孟特点

阮氏既认为孟子的人性概念并不与先秦大传统有异，这一点确实颇为特殊，原因在于他将性理解为材质之体也（当然他没有这样的术语）；又与清儒戴震、焦循、程瑶田、李光地等人观点如出一辙，似乎是从一种比较判断来理解人性之善。其所谓"善"或者当读为"好"也（因为清儒比较人物之性之异不限于从仁义礼智之德，更重知觉意识发达）。从这个角度说，戴震"材质良"一说颇能代表清儒对性善说的基本看法。

然而，事也不尽然。如将性善理解为全称判断，则似乎要承认性中亦有恶，因为阮氏明明承认情、欲为性中所有（页228），不可纵，故须节性。"欲生于情，在性之内，不能言性内无欲。……欲在有节，不可纵，不可穷。"（页228）但是，阮氏同时也指出，"欲不是善恶之恶"（页228），故性中之情欲虽可致恶，但本身不是恶。如此说来，其性善之论亦未必只能理解为比较判断，<u>可以说也包含着总体判断</u>。所谓总体判断，即性中有中性的情和欲，有善性的仁义礼智四德，故总体是善的。

◇ **论《易传》《孝经》**

〈性命古训〉：

> 《周易·系辞传》：一阴一阳之谓道。继之者善也，成之者性也。按：善即元也。故《尚书》曰："惇德允元。"成之者性，即孟子所说"命也有性焉，君子不谓命也"（页222）。

此段一方面与前人一样，认为〈系辞〉"成之者性"之性与孟子之性同义，皆生物之后事，又似乎认为"继善"之善为天地生物之善意，故称其为"元"，然并未交代天地之元善与孟子之性善，二善是否同指。又：

> 《周易·系辞传》："成性存存，道义之门。"按：此言《易》行乎天地之中，天地能成人与万物之性，人能自成以性，即所谓成之者性也。存存，在在也，如孟子所说"存其心养其性也"。道义由此而入，故曰门也。（页222）

释"存存"为"存养"，则以工夫论释"存存"，"成性存存"即"存养其性"。后又引《孝经》"天地之性，人为贵"而释曰：

> 此经言天地之性，可见性必命于天也。言人为贵，可见人与物同受天性，惟人有德行，行首于孝，所以为贵，而物则无之也。所以《孟子》曰："仁之于父子也，命也。有性焉，君子不谓命也。"……孔子教颜子惟闻复礼，未闻复性也。（页222—223）

64. 陈澧（1810—1882）

【文献】陈澧，《东塾读书记》，钟旭元、魏达纯校点，上海：上海古籍出版社，2012。

陈澧，字兰甫、兰浦，号东塾，广东广州府番禺县人。以下所讨论内容皆收录于《东塾读书记》卷三〈孟子〉。

《东塾读书记》卷三〈孟子〉

◇ 性有善端

该书卷三〈孟子〉（页32—39）极论性善即"性有善端"之义，并历数荀、杨、韩愈、董仲舒、王充、皇甫持正、杜牧、司马光、王介甫、苏子由、程子、黄震、胡安国、杨晋庵、朱子等人观点，特别是批驳他们误解孟子。

陈澧云："孟子所谓性善者，谓人人之性皆有善也，非谓人人之性，皆纯乎善也。"（页32）"圣人之性，纯乎善；常人之性，皆有善恶；人之性，仍有善而不纯乎恶。"（页33）并引赵岐注"人无有不善"曰："人皆有善性。""董子言性有善端，性有善质，正合孟子之旨。"（页34）"世硕等但言人性有善有恶，非谓人性无善也。"（页34—35）他还说，孟子"乃若其情，则可以为善矣，乃所谓善也"一句当读为："彼性虽不善而仍有善，何以见之？以其情可以为善，可知其性仍有善，是乃我所谓性善也。"（页32）

方按：陈澧引用〈孟子〉原文，证明孟子只言人心、人性中有善，而未言人心、人性皆善，<u>似亦有理</u>。所引孟子言"恻隐之心人，皆有之……是非之心，人皆有之"；"非独贤者有是心也，人皆有之"；"孺子将入于井，皆有怵惕恻隐之心"；"人皆有不忍人之心"，"虽存乎人者，岂无仁义之心哉"，"无恻隐之心非人也……非人也"，皆言人性"无无善之心"，未说人性无心不善。

陈澧谓：告子谓"生之谓性"，其解"性"字本不误，"此言与生俱来者也，即孟子所谓'非由外铄我也，我固有之也'"。问题在于告子认识不到，仁义礼智也是"与生俱来者也"。此言甚是！

陈澧又谓："性善者，人之所以异于禽兽也。扩充者，人皆可以为尧舜也。"（页41）

65. 俞樾（1821—1906）

【文献】俞樾，《春在堂全书》（全七册），第三册，南京：凤凰出版社，2010。

俞樾，字荫甫，自号曲园居士，浙江省德清县城关乡南埭村人。

俞樾《宾萌集》之二〈性说〉上、下，载《春在堂全书》（全七册），第三册，页797—799）。江恒源称此两篇以申荀黜孟为主旨。①

〈性说〉上、下

俞樾大概是清代学者当中最明确地主张否定孟子性善论，并明确肯定荀子性恶论者，尽管他对孟子性善论并无多少研究，所留论孟子性善论者据我统计只有1300多字（限《宾萌集》所见，无标点）。俞氏在人性善恶上明确支持荀子、反对孟子，"吾之论性不从孟而从荀"（页197）。他对孟子性善论的批评理由有如下几条：

◇ **"孩提之童无不知爱其亲也，及其长也无不知敬其长"一条不成立**

因为孩提之童之爱亲敬长皆由于"私其所昵"。这种"昵私"倾向在长大后可以演变成唯我独尊、罔顾他人，因而无善可说。

◇ **"人无有不善，水无有不下"条不成立**

以水为喻，可知水之在额、过山皆极短，片刻之后即已再次趋下矣，这表明"其性不如是而强之如是，向未有能久者也"（页797—798）。也就是水的向下趋势是非常强大、不可阻挡的。然而看看人，"人之为不善若终身焉"（页798）；特别是圣贤一类善人少之又少，千百年才出一个。由此可见人在现实生活中不善的趋势堪比水之下流趋势，若以水喻性，结论应当相反，"孟子之说非也"（页798）。

◇ **孟子称"尧舜与人同耳"，"何其言之易也！"之妄**

如果说"人皆可以为尧舜"固可，这正是荀子"涂之人可以为禹"之义，不过荀子的逻辑根据是尧舜可学而至，而不是由于人性本善。因此"荀子取必于学者也，孟子取必于性者也"（页798）。取必于学可，取必于性则不可：

> 孟子之说将使天下恃性而废学，而释氏之教得行其间矣。《书》曰："节性，惟日其迈。"《记》曰："率性之谓道。"孟子之说其率性者欤？

---

① 江恒源：《中国先哲人性论》，太原：山西人民出版社，2014，页229—233。

荀子之说其节性者欤？夫有君师之责者，使人知率性，不如使人知节性也。故吾子论性不从孟而从荀。（页798）

显然，这里强调了性善之说的危害之一在于教育。

◇ **"民之初生固若禽兽然"**

这才是圣人作、教之父子尊卑长幼的原因。"民始皆芒然无所措手足，于是制之为礼"，"为刑"（页798）。"夫使人之性而固善也者，圣人何谓屑屑焉若是？"（页798）

◇ **批评一种辩护意见**

有人说，"若人性不善，则教无所施。今将执禽兽而使知有父子之亲、夫妇之别、尊卑上下长幼之分，得乎哉？"俞反驳说，人与禽兽之别不在于性之善恶，而在乎"才之异"。禽兽不如人聪明、能役万物，"故不能为善，亦不能为大恶"。而人则不然，其才高于禽兽，故为恶亦远甚于禽兽。然人之才"能为恶亦将为能善"，所以主张"屈性而申才"。（页799）

◇ **主张"屈性而申才"**

如此方可使不学者惧，而学者劝：

> 然性既恶矣，人且曰："吾禽兽耳，何善之能为？"故吾屈性而申才，使人知性之不足恃然，故不学者惧矣。使人知性不足恃而才足恃然，故学者劝矣。（页799）

66. 龚自珍（1792—1841）

【文献】龚自珍，《龚自珍全集》，王佩诤校，上海：上海古籍出版社，1999。

龚自珍，字璱人，号定庵，浙江仁和人。《龚自珍全集》第一辑之〈阐告子〉（页129—130），详细论述了对人性善恶的看法（亦可参见四部丛刊本《定盦文集补编》卷一；或民国丛书《定盦文集补编》卷三，国学整理社1935，页3。各卷独立页码）。此文甚短，大约只有458字（含现代标点），据作者原文作于1818年。且作者自认自己42岁时"始读天台宗书，喜少作之闇合乎道"（页130），可见他认为其人性善恶观与天台宗一致，但非受后者影响而作。另外，龚自珍亦有〈壬癸之际胎观第七〉（页17—19）、〈农宗〉（页48—52，论农为宗法礼义之原）、〈宥情〉（页89—90，论情欲）、〈论私〉（页91—93，论天地万物皆有私）等文，论及人性善恶或相关问题，然皆零散、浅显，不如〈阐告子〉系统、深入。

〈阐告子〉

◇ 论性无善无不善
认为性无善恶，故善恶皆后起：

> 龚氏之言性也，则宗无善无不善而已矣，善恶皆后起者。夫无善也，则可以为桀矣；无不善也，则可以为尧矣。知尧之本不异桀，荀卿氏之言起矣；知桀之本不异尧，孟氏之辩兴矣。为尧矣，性不加菀；为桀矣，性不加枯。为尧矣，性之桀不亡走；为桀矣，性之尧不亡走。不加菀，不加枯，亦不亡以走，是故尧与桀互为主客，互相伏也，而莫相偏绝。（页129）

◇ 善恶非性固有
以上出于〈阐告子〉。〈壬癸之际胎观第七〉也有类似看法：

> 善非固有，恶非固有，仁义、廉耻、诈贼、很忍非固有。或诚耻之，万人耻其名矣；或诚争之，万人争其委矣；或诚嗜之，万人嗜其貌矣；或诚守之，万人守其蹼矣。（页18）

◇ 后天礼法无加于性
正因为性无善恶，故帝王所制作一切劝善抑恶行为，皆非针对"性"而来：

> 古圣帝明王，立五礼，制五刑，敹敹然欲民之背不善而向善，攻劘彼为不善者耳，曾不能攻劘性。崇为善者耳，曾不能崇性。治人耳，曾不治人之性。有功于教耳，无功于性。进退卑亢百姓万邦之丑类，曾不能进退卑亢性。（页129）

◇ 推崇告子

他以告子所举杞柳为例，人们可以之为桮棬，甚至为门户、为藩杝，进而为虎子、为威俞，而"杞柳又何知焉"，此说类似说王安石、苏轼之论：

> 是故性不可以名，可以勉强名；不可似，可以形容似也。（页 129）

正因为性不可名，扬雄所谓"善恶混"之说，就是"未湮其源"（页 129），而"告子知性，发端未竟"（页 129）。

67. 章太炎（1869—1936）

【文献】（1）章太炎：《国故论衡疏证》，庞俊、郭诚永疏证，北京：中华书局，2008 年；（2）章太炎讲演，《章太炎国学讲演录》，诸祖耿、王謇、王乘六等记录，北京：中华书局，2013 年。以下分别简称《国故论衡》《国学讲演录》。《国故论衡》系章氏早年作品，而《国学讲演录》为其晚年即 1933—1936 年讲稿。

章太炎，原名学乘，字枚叔，后易名为炳麟，号太炎，世人常称之为"太炎先生"，浙江余杭人。章氏《国故论衡》下卷〈诸子学辨〉有"辨性"上、下两篇（页 579—607），提出以佛法解释人性善恶，而以告子为最上。《国学讲演录·诸子略说》继承此思路，对孟、荀均加以批评，并对其说缘起进一步分析。章氏性论综述可参江恒源《中国先哲人性论》相关章节①，江恒源称章太炎"纯取佛学的心理学来比论，在论性各派中，可说是独树一帜"②

《国故论衡》

章氏称儒者言性有五家：

> 儒者言性有五家：无善无不善，是告子也。善，是孟子也。恶，是

---

① 江恒源：《中国先哲人性论》，太原：山西人民出版社，2014，页 233—241。

② 同上书，页 233。

孙卿也。善恶混，是扬子也。善恶以人异，殊上中下，是漆雕开、世硕、公孙尼、王充也。（页579）

此说概括古人性论，最为完备。与梁启超说法类似（见《梁启超论孟子遗稿》）。

章太炎根据佛经中的八识——眼识、耳识、鼻识、舌识、身识、意识、末那识、阿罗耶识——理论指出，末那所指为意根，"意根常执阿罗耶以为我"，有了我执，"我爱我慢由之起"，由我爱、我慢出生善恶，他称为"审善""审恶"，与外界人为努力形成的"伪善""伪恶"相区别。孟子性善、荀子性恶正是此我爱、我慢之心产物。

> 孟子以为能尽其材，斯之谓善。大共二家皆以意根为性。意根一实也，爱慢悉备，然其用之异形。一以为善，一以为恶。皆颠也。悲孺子者，阅人而皆是。能自胜者，率土而不闻，则孟、孙不相过。孟子以不善非才之罪，孙卿以性无善距孟子，又以治恶比于烝矫謷厉，悉蔽于一隅矣。（页583）

> 孟子不悟己之言性与告子之言性者异实，以盛气与之讼。告子亦无以自明，知其实，不能举其名，故辞为之诎矣。杨子以阿罗耶识受熏之种为性。……杨子不悟阿罗耶恒转，徒以此生有善恶混。所以混者何故，又不能自知也。漆雕诸家，亦以受熏之种为性。（页584—585）

孟子、荀子不出我执范围，故有我爱（故倡性善）、我慢（故倡性恶），是其意根作用的结果。至于扬雄的善恶混学说，漆雕开、王充等人的性三品说，则比孟子、荀子又低一层，因此二说是在我爱、我慢的基础上进一步形成的。只有意根断了，才能根除我执，无善无恶，亦无死无生。意根断，则归阿罗耶。这正是告子所见。"夫意根断，则阿罗耶不自执以我，复如来藏之本，若是即不死不生。"（页582）因为八识之中，阿罗耶藏万有，"藏万有者，谓之初种。六识之所归者，谓之受熏之种"（页581）。

由此他自然得出：言性之各家，"悉蔽于一隅"，唯告子所言为阿罗耶识。

诸言性者，或以阿罗耶当之，或以受熏之种当之，或以意根当之。（页581）

告子亦言生之谓性。夫生之所以然者谓之性，是意根也。即生以为性，是阿罗耶识也。阿罗耶者，未始执我，未始执生，不执我则我爱我慢无所起，故曰无善无不善也。（页584）

故各家之中惟告子及于本体。

《国学讲演录》

◇ 以佛法论评诸家得失

其评点孟子、荀子、扬雄曰：

孟、荀、扬三家，由情见性，此乃佛法之四烦恼。佛家之所谓性，浑沌无形，则告子所见无善无不善者是矣。（页243）

这段话可以说代表了章太炎理解人性善恶的宗旨。他进一步申述自己的佛法人性观：

佛法阿赖耶识，本无善恶。意根执著阿赖耶为我，乃生根本四烦恼：我见、我痴、我爱、我慢是也。我见与我痴相长，我爱与我慢相制。由我爱而生恻隐之心，由我慢而生好胜之心。孟子有见于我爱，故云性善；荀子有见于我慢，故云性恶；扬子有见于我爱、我慢交至为用，故云善恶混也。（页242—243）

◇ 孟荀人性观产生渊源

太炎复从人生经历论孟子、荀子立论各异的根源，认为二人"为学入门不同，故立论各异"：

孟子由诗入，荀子由礼入。诗以道性情，故云人性本善；礼以立节制，故云人性本恶。（页242）

又从二人生长环境出发解释：

> 孟子邹人，邹鲁之间，儒者所居，人习礼让，所见无非善人，故云性善。荀子赵人，燕赵之俗，杯酒失意，白刃相仇，人习凶暴，所见无非恶人，故云性恶。且孟母知胎教，教子三迁，孟子习于善，遂推之人性以为皆善。荀子幼时教育殆不如孟子，自见性恶，故推之人性以为尽恶。（页242）

此番论述，可以发前人所未发。

◇ **孟、荀逻辑矛盾**

章氏复以为孟、荀之说，各有所长，而皆有无法自圆之处：

> 孟子论性有四端：恻隐为仁之端，羞恶为义之端，辞让为礼之端，是非为智之端。然四端中独辞让之心为孩提之童所不具，野蛮人亦无之。荀子隆礼，有见于辞让之心，性所不具，故云性恶。以此攻击孟子，孟子当无以自解。（页242）

这里章太炎指出孟子的一大漏洞，就是与礼关系极大的辞让之心为人年幼时所无，这一点容易在生活中到得验证。他进一步认为，二人皆有理论漏洞：

> 然荀子谓礼义辞让，圣人所为。圣人亦人耳，圣人之性亦本恶，试问何以能化性起伪？此荀子不能自圆其说者也。反观孟子既云性善，亦何必重视教育，即政治亦何所用之。是故二家之说俱偏，唯孔子"性相近，习相远"之语为中道也。（页242）

章氏认为孟子既云性善，则教育、政治皆无所用，恐有所失，孟子已云"操存舍亡"和良心的"出入无时"。然章氏认为荀子性恶论若推到极处，必然得出圣人之性亦恶，化性起伪、隆礼修义均无法落实的问题，可谓击中要害。故今人（如梁涛等）强调荀子亦有"心善"之说。

68. 康有为（1858—1927）

【文献】康有为，《孟子微·礼运注·中庸注》，楼宇烈整理，北京：中华书局，1987。

康有为，字广厦，号长素，广东南海人，人称康南海。以下论性内容皆见于《孟子微》一书中。

《孟子微》

《孟子微》谓人性有阴阳两端，故善恶两存。康引董子之言曰："'天地有所生谓之性情，情亦性也。天两有阴阳之施，身两有贪仁之性。'《白虎通》亦言之，此实精微之论。盖魂气之灵，则仁；体魄之气，则贪。魂魄即阴阳也。魂魄常相争，魂气清明，则仁多；魄气强横，则贪多。使魂能制魄则君子，使魄强挟魂则小人。"（页37）而孟子标性善，"就善质而指之"（页37）。故康氏对董氏之言尤其接受，实即接受了董氏对孟子之批评。此亦人性有善有恶（世子硕之类）或善恶混（扬雄）之说的精致版。尽管康氏对孟子之性善论极为欣赏，但实际上并不完全认同孟子对人性的理解，至少认为孟子只标其一端，而不全面也。

◇ 人性有阴阳两面

康氏实主张人性有阴阳两面，而实际上的人性千差万别、千变万化，不可一概而论。此种观点，实兼善恶混与性多品而言性。性多品说即有性善、有性不善之变种，与董仲舒之见相近也。

康氏的大意是比较认同董仲舒的意见，认为人性有善也有恶，就好比事物皆有阴阳两面一样。他对于告子之人性论亦颇同情，认为告子生之谓性亦孟子所不反对，且其强调性可为善可为不善，"为中人言之，本无可议"（页39）。

他又指出，人性有魂与魄两面，魂为阳魄为阴，而孟子"尊其魂而贱其魄"（页7），"独标性善"，以凸显"人人皆可平等自立"（页7），"人人皆可为太平大同之道"（页8），这是其"善诱之苦心"（页49），以鼓励人心向上；考虑到孟子生于乱世，"由太平大同之世"返论"今世之各国"，"狂而失人之本性"，"亦未为过"（页39）。此种说法与钱穆称孟子性善为鼓舞人心相似，今人张奇伟亦提出类似说法。

总体上看，他认为孟子道性善，其所谓"性"是人之善性，即仁义礼智之性，故他事实上认为孟子性善论是指善性为人性。

康氏亦对其他学者，如告子之无善无恶说、荀子之性恶说、扬雄之善恶混说、董氏之善质说、王充之性三品说、朱子之理气二分说加以批驳。其中对于朱子理气二分之说的批驳尤其有力（当继承戴震、王夫之、颜元等人而来）。

《孟子微》对孟子人性论之讨论比较集中地体现在"总论第一"和"性命第二"两章。

◇ **以下从若干方面分述其义**

（1）"孟子一生学术研究，皆在'道性善''称尧舜'二语，为《孟子》总括，即为七篇总提。"（页7）

（2）孟子人性论舍其恶而称其善，以人性之一面即其魂、阳之面为性，因其可为善而称人性善。

> 孟子探原于天，尊其魂而贱其魄，以人性之灵明皆善，此出于天生，而非禀于父母者。厚待于人，舍其恶而称其善，以人性之质点可为善，则可谓为善。（页7）

这一段是他全部看法之最精练概括。其中"尊其魂而贱其魄"，指康有为认为人性有魂魄两面，其中魂代表善、阳，魄代表恶、阴，而孟子"舍其恶而称其善"，此是厚道待人之道。另外，这一段话还认为孟子性善论是"以人性之质点可为善"而称人性善。其所谓"质点"，当即今日"质地"之义。

（3）孟子以人之善性为性、以其可为善而称人性善。

> 不忍人之心，仁也，电也，以太也，人人皆有之，故谓人性皆善。（页9）
>
> 人性之善，于何验之？于其有恻隐、羞恶、辞让、是非之心见之。（页9）
>
> 其情可为善，乃所谓善，此孟子性善说所由来也，即董子所谓善质者也。（页31）

孟子之言性善曰："其情可以为善。"则仍是性可以为善，可以为不善之说耳。（页36）

孟子独标性善，就善质而指之。……以举世暴弃，而欲振捄之，乃不得已之苦心，立说有为，读者无以辞害意可也。（页37）

又认性善论为"平世之法"，性恶论为"乱世之法"。"盖言性恶者，乱世之治，不得不因人欲而治之，故其法检制压伏为多，荀子之说是也。言性善者，平世之法，令人人皆有平等自立，故其法进化向上为多，孟子之说是也。"（页9）

（4）康有为实主张人性固有善有恶。

康氏实主张人性有阴阳两面，而实际上的人性则千差万别、千变万化，不可一概而论。此种观点，实兼善恶混与性多品而言性。性多品说即性有善、有不善之变种。

惟人入于形色体魄之中，则为体魄所拘；投于声色臭味之中，则为物交所蔽。薰于生生世世业识之内，则为习气所镕。故性不能尽善，而各随其明暗、轻清、重浊以发之。要其秉彝所含终不能没，苟能养之，终可以人人尽善。（页30）

……董子之言也。曰："天地之所生谓之性情，情亦性也。天两有阴阳之施，身亦两有贪仁之性。《白虎通》亦言之，此实精微之论。盖魂气之灵，则仁；体魄之气，则贪。魂魄即阴阳也。魂魄常相争，魂气清明则仁多，魄气强横则贪气多。使魂能制魄，则君子；使魄强挟魂，则小人。……若其魂魄之清浊、明暗、强弱、偏全，互相冲突牵制，以为其发用于是，人性万端，人品万汇。尝为人性表考之，分为万度，错综参伍，曲折万变。但昔人不直指魂魄，或言阴阳，或言性情，或言精气，皆以名不同而生惑。若其直义，则一而已。"（页37）（方按：此段是康有为人性论之全义也。）

（5）康氏认同告子"生之谓性说"，谓性即生而固有之特征。

告子以食色为性，而孟子不难之（方按：参〈告子上〉）。盖孟子亦

以形色为天性，则生之谓性，众论所同。……若浑言之，则生之谓性，无疑义矣。（页41）

又引荀子"性者本始质朴"，董子"天地之所生谓之性"，"性之名，非生欤？如其生之自然之资谓之性，性者质也"，谓此"当是性之本义，制义制字者所为"。（页39）

又谓告子性犹湍水之说，与孔子性近习远之说相似，"为中人言之，本无可议"（页39）。

（6）论董子：董仲舒以为人性有善质、善端，可以为善，但不等于善；董子也是性善论者，只是对于善的理解有不同而已，要求以至善名性，不知性有等级之分。

董子固主性善，然董子以为善质不能谓之善，必至善乃可谓善，此乃小其名耳。（页31）

但善亦有等，至善可名为善，则善质亦可名为善，但有精粗之分，而可名为善则一也。（页32）

又认为董子之所以反对孟子，无非是认为孟子只发现了善质、善端，但认为善端、善质不行于善，董子实际上是以至善、全善为善，殊不知"物有等差，善亦有等差也"，"既不能去其善之名，又何争于孟子哉？"（页38）

然而，康氏又极赞同董氏以阴阳言性，见前。

（7）论王充及周人世硕等人。

王充《论衡·本性篇》引周世子硕及宓子贱、漆雕开、公孙尼子之徒，"皆言人性有善有恶"。王充认为，"性本自然，善恶皆有质"，而认为人性善或人性恶，"未为实也"，只是将其一端为准也。

（8）批判程朱理气二分之说。

康有为认可清儒王夫之、戴震、颜元等反对理气二分之说，论曰：

按，《易》曰："天地之大德曰生"。言生即兼理气而言，无所不包。夫谓之大德，何尝不为理，何尝专就气言之？即孟子，亦言形色为天性，则性不专就理言，在孟子亦无异说矣。（页40）

复引孔子"知气在上，若魂气则无不知"，"精气为物"，"元者，气之始也"，称：

> 无形以始，有形以生，造起天地万物之始，元气、知气、精气，皆理之至。盖盈天下皆气而已，由气之中，自生条理。物受生气，何尝不受生理？但与人不同。非止与人不同，亦物物不同也。（页40）

还指出，朱子本人注《中庸》亦言"人物之生，各有健顺五行之理"，则与其分理、气以言性不同。故云"朱子未知生与气，即未为知性，且持说未定，而难告子，亦非也"（页41）。

69. 梁启超（1873—1929）

【文献】（1）梁启超，《梁启超论孟子遗稿》，载《学术研究》1983年第5期，页77—98。（2）梁启超，《儒家哲学》，周传儒笔记，载梁启超《饮冰室合集（典藏版）》（全四十册），专集第二十四册，北京：中华书局，2015。页码为单册页码。

梁启超，字卓如，号任公，又号饮冰室主人，广东新会人。以下论性内容皆载于《梁启超论孟子遗稿》《儒家哲学》中。

《梁启超论孟子遗稿》

谓孟子之见不如告子，且赞王安石、司马光批判性善之言。孟子所见为真如相，而告子所见为众生相。

梁氏观点，是以佛教义理阐说性善要旨，称孔、孟、荀、告所言性所指非同，孟子所谓性是"真如相"，荀子所谓性则是"生灭相"，告子所谓性是"一心法"。另一重要特点是对告子评价甚高，认为更近于孔子性相近之说。告子所谓无善无不善之性就是超越善恶对待的性之体，而性之善/恶乃为此性体之用。他并为告子"仁内义外"说提供辩护，认为告子之说更合理，可见梁氏对孟子性善论不完全认同。〔方按：此"真如相"之说，似乎颇类宋明儒义理之性，尤其类牟宗三"性体"之旨（李明辉阐之），非谓现有状态，而谓须经实践体证之理想状态，亦是人性之最佳状态或圆满实现。〕

要点如下。

（1）孟子性善之学，非孔子原意，而源于子思，明见于《中庸》。"孟子之学，出于子思，其特标性善为进德关键，则《中庸》之教也。"（页79—80）梁启超认为："众生心中之无明生灭相，本自无始以来即有之，指之为性，未尝不可。况绎孟荀告诸子论性之言，皆就各人赋形受气后立论。"（页83）

（2）性善为孟子一生学术大旨。"'孟子道性善，言必称尧舜。（《滕文公》上）'此孟子一生论学大宗旨。"（页80）

（3）孟子所谓"善"即仁义礼智，所谓"性"指生而然、非外加者。"孟子以仁义礼智为善，以人性具此四端，故谓之性善。"（页82）"孟子所谓善者，仁义礼智也。所谓性者，生而固有，非由外铄，所谓不虑而知之良知，不学而能之良能是也。"（页80）又："人之善性，受之自天，即《中庸》'天命之谓性'之义也。"（页80）

（4）孟子强调性为人类共有，故有"故凡同类者举相似也""圣人与我同类者""圣人先得我心之所同然耳"之义。"极力发明人类有共通性。性既非吾一人所独而为全人类之所共，则人类所具之德，吾固当具之；人类所能之事，吾固当能之。人类中既产圣贤，则人类之本质能产圣贤甚明。吾既为人类之一，则吾亦能为圣贤甚明。此立言之本意也。"（页80）

（5）以佛教义理说明"万物皆备于我"一段，是孟子"性善之圆满义，亦即《孟子》全书最精到之语也"（页80）。佛教言"一切众生，皆从佛性中流出，还归于佛性，所谓万物皆备于我也。……我即佛性，佛性即我之义。""我心非他，即人类同然之心也，即天之所以与我之心也，亦即佛典所云众生心也。是故虽我也，而与物同体与天同体也。""宇宙万有之现象，皆由我识想分别而得名，苟无我则天与万物且不成安立也。"（页81）复以笛卡尔"我思故我在"证之。

（6）梁文最大的特色是根据《大乘起信论》解说孟子性善论。众生心有二相，一为真如相，二为生灭因缘相。大概真如相代表体（"示摩诃衍体故"），生灭相代表用（"示摩诃衍自体相用故"）。又"依一心法有二种门，一者心真如门，二者心生灭门"。此处：

一心法：众生心所有之法，无对待，即无善恶或超善恶也。"告子所谓无善无不善者，盖指此众生心，即所谓一心法也。此一心法超绝对待，不能加以善不善之名。"（页81）一心之法可以开二种门，即可以为善可以为不善之义，类似于告子之义，亦类似于孔子习相远之义。"必欲品第其优劣，则告子所说，与孔子合，义最园融（无善不善指性之体；可以为善不善，指性之用）。"（页82）后又指出告子所谓"生之谓性""食色性也"则复落入生灭门，此告子矛盾处。

真如相：盖指圆满之相，即今人所谓最佳理想状态，也可谓完满实现。"孟子言性善者，指真如相，即一心法下所开之心真如门也。"（页82）"盖孟子所谓性，指真如相。真如浑然，物我同体，仁之德具焉；真如有本觉，智之德具焉。此二者诚无始以来即固有之，谓为天下之所以与我者可也。"（页82）

生灭门：盖指现象界各殊之途，近于现实百态；亦如盲人摸象，各得一偏也。"荀子所谓性恶者，指生灭因缘相，即一心法下所开之心生灭门也。……生灭门所显示之体相用，千状万态，故谓性有善有不善可也，谓有性善有性不善亦可也。"（页82）生灭门有对待。

（1）梁氏谓："孟子指真如为性，所以劝向上，其义精。荀子指无明为性，所以警堕落，其义切。然而当有辨者，告子所云无善无不善，以释心体，诚甚当矣。"（页82）"要之若言性之体，则无善无恶；略言性之相，则有善有恶；若为性之用，则可以为善可以为恶。此孔佛一致之说，孟荀则各明一义，不必相非也。"（页83）孟荀言性，皆是从教育着眼。"孟荀言性，皆所以树教育主义之根抵。孟言性善，故其教法在发挥本能；荀言性恶，故其教法在变化气质。二者各有所长。"（页83）"孟子发挥本能之教。其次序亦有可寻者，第一立志，第二据存，第三长养，第四扩充也。"（页83）

（2）又强调，孔、孟、荀、告、宋儒所谓性含义不同，由于中国人不重逻辑，混淆不分，才导致争辩不休；若能界定清楚概念，则争辩自息。"孟子所谓性，荀子所谓性，告子所谓性，乃至宋儒所谓性，其实并非同物（或虽同物而其外延内苞之量不同）。若能各赋以一名，各人于其所研究之对象，下一定义而立一范围，则争辩或遂息，或所辩更深入而精到。今同用性之一名，而所指不同，故虽辩而未由折衷也。"（页83）

（3）梁氏以各民族礼仪风俗不同为证，说明"礼义"为性外之物，驳孟子礼义内在说，称告子仁内义外说"固优于孟子"（页82）。吾以为对孟子性善之旨未能领会也。

方按：梁启超以孟子之性为"真如相"，实谓孟子以人性的理想、圆满状态为性；又谓"孟子以仁义礼智为善，以人性具此四端，故谓之性善"（页82），类似于说孟子自将人之善性定义为人性。此两说法似有矛盾也。盖真如相，并非人性的现实状态，当指人性潜在具有、须经努力方可实现的圆满状态。这样解说，与孟子所谓四端之心人皆有之之说，颇不相类；梁氏既持此说，就不当另从四端说性善。其实从四端理解性善，是历来的一大误区。孟子本意倒更接近于此"真如说"，如将其稍加改造，即可得性善论真面目。即人性的圆满实现依赖于为善方可达到，故曰性善。此性善论真相也。但若不改造，直接称孟子之性为真如性，则不可。此真如说未达一间之处也。

《大乘起信论》云："摩诃衍者（译言大乘），有二种，一法、二义。法者，谓众生心，是心则摄一切世间出世间法，依于此心，显示摩诃衍义。何以故，是心真如相，即示摩诃衍体故。是心生灭因缘相，能示摩诃衍自体相用故。"又云："依一心法有二种门，一者心真如门，二者心生灭门。是二种门皆各总摄一切法，此义云何，以是二门不相离故"。以彼义相印证，则告子所谓无善无不善者，盖指此众生心，即所谓一心法也。此一心法超绝对待，不能加以善不善之名。孔子所谓性即指此，故只能概括其辞，曰性相近也。然依此一心法能开二种门，故可以为善可以为不善也，孔子则言习相远也（《楞伽经》、《大乘起信论》皆极言熏习义）。孟子言性善者，指真如相，即一心法下所开之心真如门也。荀子所谓性恶者，指生灭因缘相，即一心法下所开之心生灭门也（小注：《起信论》又云："以不达一法界故，心不相应，忽然念起，名为无明"。又云："世间一切境界，皆以众生无明妄心而得住持"。此无明为生灭相所依。荀子所谓性恶指此）。两俱得谓之性者，以是二门各总摄一切法，是二门不相离故。不宁惟是，生灭门所显示之体相用，千状万态，故谓性有善有不善可也，谓有性善有性不善亦可也（有性善有性不善之说，最粗浅不圆。信如所言，则此性不善之人与圣贤非同类矣。与孔子说相戾。此性不善之人必无佛性矣，与佛说相戾）。譬犹数人闭眸扪象，各道象形，谓所道象全体固不可；谓所道为非象体亦不可。各明一义，俱有所当，所谓万物并育而不相害，道并行而不相悖也。若必欲品第其优劣，则告子所说，与孔子合，义最圆融（无善不善指性之体；

可以为善不善，指性之用）。孟子指真如为性，所以劝向上，其义精。荀子指无明为性，所以警堕落，其义切。然而当有辨者，告子所云无善无不善，以释心体，诚甚当矣。然告子所下性字之定义，则曰："生之谓性"；又曰："食色，性也"。是其陈义已全落生灭门。既落生灭门，则有对待，而无善无不善之说不能成立矣。故为孟子所难而几无以自完也。然其言仁内义外，则固优于孟子。孟子以仁义礼智为善，以人性具此四端，故谓之性善。使孟子专言仁或专言仁智，则其说应颠扑不破（孔子专言仁，有时以仁智对举。其以仁义两者对举，又以仁义礼智四者并举，则自孟子也）。盖孟子所谓性，指真如相。真如浑然，物我同体，仁之德具焉；真如有本觉，智之德具焉。此二者诚无始以来即固有之，谓为天下之所以与我者可也。若义与礼，则是生灭因缘相中分别比较所立之名。若以之与仁智并列，而谓皆与有生俱来，则其说决不能自圆。孟子屡言恻隐羞恶辞让是非之心，人皆有之，而其所举显证，惟恻隐一端耳。以下三端，皆未举证，恐欲举亦正不易也。以吾论之，恻隐之心，为人所固有，此无待言。次则是非之心亦然，一事物当前，吾人对之自有一番审量判断，或以为是，或以为非，此尽人所同也。然其所是非者为合于礼义抑不合于礼义，则甚难言。此非独因吾人之智识有高下也，盖礼义之本质，先自不定，常随时随地而有异同。例如妇人夫死改醮，在泰西为常事，中国则谓之不义矣。男子置妾，在中国为常事，泰西则谓之不义矣。东方之复仇，西方之决斗，在古代皆谓之义，今若有之，则触刑纲矣。此义之无定也。例如裼袭之衣，古为大礼盛服（今泰西犹然）。今若袒胸而赴宴会，必共诧为非礼矣。西人相见，抱腰接吻，行于广众中，我国有此，必大诧为非礼矣。野蛮部落之祭礼，有例须以其长子为牺牲者，自文明人观之，其残忍殆不可思议；然彼固以为不如此则非礼矣。此礼之无定也。夫其本质先自无定，乌从于人性中求之，且既指各人分形受气者以为性，则已是生灭门中之事，其不能有善而无恶，甚章章矣。此所以不免为后人所议也。（页81—82）

《儒家哲学》

其中"第六章 儒家哲学的重要问题"第一节"性善恶的问题"（页72—

88），讨论人性善恶问题。不过，通篇内容是对中国古代人性论的一个概括性描述。讲到孔子之前，六经中对性加以节制的思想，到孔子对性的少及，再到孟子之前包括《易传》中的性说，王充所记世硕、密子贱、漆雕开、公孙尼子之徒的从阴阳善恶说性，告子可能上见墨子、下遇孟子，《礼记·中庸》开孟子之性善之端，再到后来孟、荀的出场，一直讲到清末。

作者说，"《书经》上所说的性，都不是一个好东西，应当节制她才不会生出乱子来"（页72）。

"孟子学说，造端于《中庸》的地方总不会少。"（页72）"'率性之谓道'的解释，'率性'，为孟子性善说的导端；'尽性'，成为孟子扩充说的根据。"（页72）

"孟子本身对于性字，没有简单的定义，从全部看来，绝对主张性善。性善的本原只在人身上，有仁义礼智四端，而且四端亦就是四本。"（页77）所以"四端就是四本"，他引用"无某某之心非人也"一段。因此他是倾向于良心说，类似于朱熹以绪而非萌芽释端之义。

梁启超对性善说颇不同意，虽然批评并不多。大意以为性善说不比性恶说更圆满；而且孟子这样讲是为了教育的目的，不过离开教育手段来说就不一定说得通。他说：

> 荀子与之相反，要说争夺之心，人皆有之。到还说得对些。那时的人如此，现在的人也亦然。后来王充〈本性篇〉所引如商纣、羊舌食我一般人，仿佛生来就是恶的，不能不承认他们有一部分的理由。（页77）
>
> 孟子主张无论什么人，生来都是善的，要靠这种绝对的性善论作后盾，才树得起这派普遍广大的教育原理。不过单作为教育手段，那里对的，离开教育方面，旁的地方，有的说不通，无论何人亦不能作为他作辩护。（页77）

70. 王国维（1877—1927）

【文献】王国维，〈论性〉，载《王国维全集》，第一卷，谢维扬、房鑫亮主编（傅杰、邬国义分卷主编），杭州：浙江教育出版社，2009，页

4—17。

王国维，字静安，号观堂，浙江海宁人。〈论性〉一文收入王国维光绪三十一年（1905 年）自编的《静安文集》中。据文集自序，此文当作于 1903 至 1905 年之间。

大抵来说，王国维反对性善论和性恶论，倾向于接受告子无善无恶论，或性可为善、可为恶论。〈论性〉篇认为孟子、荀子皆立于经验之上而说，而非真性。蒋维乔认为王国维论性，"批评古来性善性恶之矛盾，颇为彻底，乃可使几千年来之聚讼，为之一息"①。

〈论性〉

◇ 人性的先天属性

王国维借用康德的先验理论，认为人性作为先天的属性，是超出人的认识能力之外的；现实中讨论人性善恶，都不得不从经验出发，这本身就是个问题（从后天经验出发，所论非真性、非性之本然。此即程颢"人生而静以上不容说，才说性时便已不是性"（《二程全书》卷二）。正因为是从经验出发，才会有性善论、性恶论的争论，因为后天的经验必然好恶俱见。在这种情况下，无论是性善论、还是性恶论，都是性一元论（以善或恶统一性论），都自相矛盾。从逻辑上说，只有超绝的性一元论，即无善无恶论或性可为善、可为恶论，才能避免自相矛盾。王国维还认为，告子性无善无恶之说才是孔子"性近习远"之真意。"所谓'湍水'者，性相近之意也；'决诸东方则东流，决诸西方则西流'者，习相远之意也。"（页 7）此即谓：无善无恶者为性相近，有善有恶者为习相远。

王国维〈论性〉一文也借助于康德（他称"汗德"）先验、经验二分说表达了先天意义上的"性"无法知晓的意思。他说，对于性的认识究竟是先天的知识，还是后天的知识？

> 若谓于后天中知之，则所知者又非性。何则？吾人经验上所知之性，其受遗传与外部之影响者不少，则其非性之本来面目，固已久矣。故断言之曰：性之为物，超乎吾人之知识外也。（页 5）

---

① 蒋维乔：《中国近三百年哲学史》，上海：中华书局，1932，页 146。

　　人性之超乎吾人之知识外，既如斯矣，于是欲论人性者，非驰于空想之域，势不得不从经验上推论之。<u>夫经验上之所谓性，固非性之本然</u>。（页5）

　　夫立于经验之上以言性，虽所论者非真性……（页6）

　　性的本义应该是一种先天就有的属性。但是先天的属性，按照康德的观点，只是一个空洞的形式、没有半点内容。康德指出，先天意义上的知识只有纯粹形式，而无实质内容。从这个角度看，性作为先天的属性在内容上也必然是空洞的；也就是，严格意义上的性，是不可知的。而实际上，人们所讨论的所有"性"的含义或内容，只能是经验中、后天的，皆似乎违背了"性"之本义或真义。这无疑是一个由人性概念的本义所预设的、不可解的逻辑悖论。正由于未发现这一点，中国古代学者论性，始终无法走出性善论还是性恶论的循环怪圈。他们无论是说其善还是说其恶，都是从后天出发的，"故古今言性之自相矛盾，必然之理也"（页6）。中国历代之性论，之所以出现性二元论（性既有善亦有恶）与性一元论（即性善或性恶统一人性观）之争，原因也在于此。这其实是一个一开始就注定了无果的争论，因而是没有意义的。

◇ **超绝的性一元论**

　　他逐一分析了孟子、荀子、董仲舒、扬雄、苏轼、王安石、周敦颐、张载、程颢、程颐、朱熹等人，以此为例来说明中国历史上性善或性恶的一元论者皆不免矛盾。最后，他举印度之婆罗门教、波斯之火教、希腊之神话等为例说明，人类各大文化体系皆认识到人性中善恶两种势力之争斗，"善恶之相对立，吾人经验上之事实也。自生民以来，世界之事变，孰非此善恶二性之争乎？……故世界之宗教，无不著二神教之色彩"（页15—16）。由于人们在经验中必然会有善恶二性相对并存，因此凡从经验出发主性善或性恶一元论，皆难免自相矛盾。除非超绝的性一元论（无善无恶论），干脆以性为人类经验之前之存在，可避免自相矛盾。"吾人经验上善恶二性之相对立如此，故由经验以推论人性者，虽不知与性果有当与否，然尚不与经验相矛盾，故得而持其说也。超绝的一元论，亦务与经验上之事实相调和，故亦不见有显著之矛盾。至执性善性恶之一元论，当其就性言性时，以性为吾人不可经验之一物故，故皆得而持其说。然欲以之说明经验，或应用于修身之事业，则矛盾即随之而起。吾故表而出之，使后之学者勿徒为此无益之议论也。"
（页 17）

 <u>王国维批评孟子之性善论不能自圆其说</u>，主要理由之一是无法说明恶的来源。他说，孟子牛山之例欲解释人性本善，可是同时孟子在解释恶的来源时提到的"旦旦伐之""梏亡之"者，难道不正是人欲吗？"然则所谓欲者，何自来欤？若自性出，何谓而与性相矛盾欤？"（页 7）孟子在解释欲的来源时诉诸耳目之官受物之引，然而：

  顾以心为天之所与，则耳目二者，独非天之所与欤？孟子主性善，故不言耳目之欲之出于性，然其意则正如此，故孟子之性论为二元论，昭然无疑矣。（页 7）

  孟子曰："人之性善，在求其放心而已。"然使之放其心者谁欤？（页 4）

  古今之持性善论，而不蹈孟子之矛盾者，殆未之有也。（页 16。考证了周敦颐、张载、程颢、程颐、朱熹等人欲持一元论，实皆不能免二元论之讥。二元论既有善也有恶。）

 王氏之意，欲是从性而出，耳目也是性之一部分，孟子性善说不承认人性中有恶的一面，故逻辑上有漏洞。

（方朝晖、闫林伟整理）

第三编　亚洲其他国家学者论人性善恶

第三编以日本、朝鲜、韩国、越南儒学为主，介绍一批学者关于人性，特别是性善论的观点。在人物排序时，依照日、朝、韩、越的顺序。其中越南儒学方面，由于目前掌握的材料有限，内容仍不充分，有待将来补充。

71. 山鹿素行（1622—1685）

【文献】井上哲次郎、蟹江义丸编《日本伦理汇编》第四卷《古学派の部（上）》，东京：育成会，明治三十五年（1902 年）五月四日发行。引文标点新加。

山鹿素行，名高佑，字子敬，号素行，别号隐山。日本古学派创始人。其主要作品收录于《山鹿素行全集》十五卷中。山鹿宣称孔子去世后圣人之道不存，贬斥朱子为异端。在人性问题上，山鹿素行认为天命之性即气质之性，否认宋儒天命之性和气质之性二分的观点。其古学实际上是一种带有"复古"形式的新学，以"复古"的名义力图从朱子学中解放出来，从而具有"以复古求解放"的特点，与同时期中国明末清初思潮有相近处。

《圣教要录》（1665 年）

载《日本伦理汇编》第四卷，页 12—28。

是书为门人所锓梓，门人所作"小序"称先生"排斥汉唐宋明之诸儒"。小序作于宽文乙巳（1665 年）季冬十月。是书篇幅不长，正文只有 14 页，每条之下往往只有数行。经统计，《圣教要录下》论"性"共 10 条（页 25—26），其中有两条论在"心"条下。

大抵认为性为理气妙合而成之灵性，而不可从善恶为性立言（此说近乎王安石、二苏、欧阳修等言论）；性善、性恶及善恶混皆不知性；性善之说流弊甚大，致后世学者好静求远，为孟子之学中令后学困惑最大者之一。另外，主张圣教、习教更重要，从本善入手不妥。同时，山鹿亦明确反对天命、气质之性二分。

◇ **性为理气妙合、有象之灵性**

理气结合，赋予人物以灵性，即所谓性；性因形体而有，但非形体。方按：这是狭义上的性概念，接近于王阳明及朱子与气质之性区分之"天地之性"，然山鹿亦否定天命、气质之性二分。

> 理气妙合，而有生生无息底，能感通知识者，性也。人物生生，无不天命，故曰"天命之谓性"。（页25）
>
> 理气相合，则交感而有妙用之性。凡天下之间有象，乃有此性也。此象之生，不得已也。有象乃有不得已之性，有性乃有不得已之情意。有情意，乃有不得已之道。有此道，乃有不得已之教。天地之道，至诚也。（页25）
>
> 性充形体之间，无方形之可指，其所舍寓之地，谓心胸，一身之中央，五脏之第一，神明之舍。（页26）

◇ **性不可以善恶言**

性善、性恶及善恶混之说皆不知性。性本不可以善恶言。性善之说颇易误导学人。在《山鹿语类》中，他还指出，性本是一个生生无息的过程，不能定义为善或恶（见下节）。

> 性以善恶不可言。孟轲所谓性善者，不得已而字之，以尧舜为的也。后世不知其实，切认性之本善，立工夫，尤学者之惑也。（页25）
>
> 学者嗜性善，竟有心学理学之说。人人所赋之性，初相近，因气质之习相远。宋明之学者，陷异［端］之失，唯在这里。（页25）
>
> 修此道，以率天命之性，是圣人也，君子也。习己之气质，从情，乃小人也，夷狄也。性唯在习教。不因圣教，切觅本善之性，异端也。（页25）
>
> 圣人不分天命、气质之性。若相分，则天人理气竟间隔。此性也，生理气交感之间，天地人物皆然也。措气质论性者，学者之差谬也。细

乃细，而无益圣学。（页 25—26）

　　生之曰性，曰性恶，曰善恶混，曰无善无恶，曰作用是性，曰性即理也，皆不知性也。性不可涉多言。（页 26）

《山鹿语类》（1665 年）

　　载《日本伦理汇编》第四卷，页 29—676。

　　是书为其弟子所编，篇幅极长，近 650 页，而每卷分目录含多个条目，然《日本伦理汇编》所载亦非全本。是书门人序称："先生名高兴（初名义以），字子敬，别号素行，大明舜水朱之瑜作号记称之，生元和壬戌历八月庚辰东奥会津。……庚子致仕……述治教要录三十一卷、修教要录十卷，此书专以周程张朱之学为宗。癸卯先生之学日新，而直以圣人为证，故汉唐宋明之诸儒，其训诂事论可执用，而至其圣学之的意，悉乖先生之志。冬十一月，门人等辑录先生之《语类》。其书皆因先儒之言以纠其道。乙巳书成，于兹提其要，举其领，述《圣教要录》，门人等人为序称之。……先生之学，其要领也在《要录》，其条目也在《语类》。"据此，则《山鹿语类》亦成书于乙巳年（1665 年）。此书与《圣教要录》均代表山鹿一生主要思想。

　　此书卷四一、卷四二专论"性""心"问题，尤其是卷四一。其大旨与《圣教要录》同，对程朱理学天命、气质二分之性多有批评，而对孟子性善之说多有微词。山鹿特别强调以"生生无息"说性，反对程子以水之清喻性之善（《山鹿语类》卷四一，页 557—558）。此说启后来动态人性观也！比如后来伊藤仁斋强调生命是一活物，其性亦是活性而不能作死物衡量（见本编伊藤仁斋章）。

　　◇　卷三四〈圣学二致知・读书读孟子〉

　　孟子之学令后世学者困惑之处唯在于性善、养气之说，此子思好高骛远之流弊，导致后世学者好静求远。

　　　　愚谓孟子之学，其所可令后学惑焉，唯在性善养气之说。是圣学自子思既骛高远之敝也。孟子而后论之可也，后学泥着这里，则有好静求性之病，是孟子好辨论，谓前圣所未发，以赘学者也。性善养气之论，不详究其理乃惑。学者可玩读。（页 254）

◇ 卷四一〈圣学九性心〉、卷四二〈圣学十性心〉

《山鹿语类》卷四一〈圣学九性心〉、卷四二〈圣学十性心〉分别载《日本伦理汇编》第四卷，页544—595、页596—630。此二卷皆以性、心为题，其中卷四一多集中于"性"，卷四二多论心及心、性、情关系。

【性之义：为理、气相合之妙用，反对性即理】"此性只天命之在人物也，不可作为计较。"（页545）后面强调理气结合而有性，故不可以性为理。二者同时存在，性不在理气之外，理气相合之妙用即为性。程子"不备不明"之说乃以性为理。人、物之别在理、气多少，人"厚理"，物"厚气"（页547）。故不反对理、气之别，以理为阳、以气为阴，"天命曰理，气质曰气。生气曰气，无息曰理。阳曰理，阴曰气。气曰理，质曰气。此等之理气相合，则交感而有其妙用之谓性。凡天下之间，理气交感，而有一个象底，无不具此性也"（页546）。

又论理气相合，使性能"感通知识"，曰：

> 或问：性只感通知识，而无性必善之称，又无具众理之说，则性是形而下者乎？
>
> 师曰：感通知识者，理气之妙用也。有这个感通知识，故理气之间，无不感通，无不知识。尤虚灵而流行变通，生生无息，是岂形而下者乎？无此妙用，则非情也。人物各自具此妙用。人厚理，能感通天地之德，能知识天地之用，是所以为万物之灵也。性善众理之思，亦自感通知识之里面出来底之道理也。（页560）

【性不可以善恶言，善恶见于发用之迹】"性者生生无息，感通知识底耳。更以善恶不可言。善恶之名，因发见之迹可见也。孟子谓性善，只性之方象无可谓，强名之曰善也。"（页552）又："人之性是天命也。天地之命唯生生无息，不可以善恶论。人亦因天命禀理气妙用以为性，这个小天地也。故性唯生生无息，能感通知识耳。其本然无以善可名。其发而中节者皆善也。"（页553）又称善恶为发用之迹因为中节，所以被强名曰"善"。故善恶乃后人强名。

【"继善成性"亦证明性是成善者，而不是善】"易曰：一阴一阳之谓道，继之者善也，成之者性也。方是夫子以性不谓善，以成之者为性。一阴一阳互相因道乃立，继一阴一阳之道来，乃发而中节，其用各得和，是善也。成这个底是性也。性之本然不可以善恶名，因其流行不得已之道，乃发而善有中节，是强而名性善也。……频至昧性之本然，甚非圣人之教也。"（页552）这与王夫之类似，皆以性为成就善恶者，而性本身不可名善恶。

【孟子性善之说起因】"孟子谓性善，只性之方象无可谓，强名之曰善也。而天下之道不可以不善，推充之，便只一个之善耳。故虽性元不可以善名，其不得已之至大至公，在善究其事理，法天地之至德。至德何以不善？是孟子性善之说所因起也。"（页552）"善"是指性之发用中节。"中节则善也，故孟子道性善，言必称尧舜。人以尧舜为的，性以尧舜性为的。'道性善'与'称尧舜'二句，正相表里，是人以至于尧舜当为法则也。"（页553）"孟子道性善，皆就情上来。是情上已发之眹，只中节之谓也。"（页559）

【反对区分本然之性与气质之性】"论性不可离气质。有气质则未尝有无其习，有其习则未尝有无不善之动。……若只昧本然之性，以其怗淡为作用来，殊不差异端之教也。"（页546—547）"天命之性，是气质之性也。离气质欲谓天命之性，便无所安顿性字。"（页559）

【圣人不道性善、不道本然之性】"孔子言性与天道，子贡之徒，不可得而闻。孟子乃开口说性善，是时之不得已，学之立标的也。然孔孟大圣大贤之差亦可见。孔子《易》言道善性，《大学》述三纲领，然更无昧本然之善教戒，后儒附会而专泥孟子性善之说，认得此性，岂圣门之学哉！"（页547）

【仁义礼智不是性】"或问：仁义礼知是性乎？师曰：……性，二气五行之妙用也。仁义礼智信者，五行之发见，二气之分名也。其性之发动，太感通此间。若只以五常为性，以其余不为性，便偏倚而不正说也。"（页557）

◇　**卷三五〈圣学三致知・杂子儒家者流〉**

称荀子之学"与圣人异也"（页260），尤其否认其性恶说，曰："荀子认己之心上来，竟以性为恶，是不知性之随欲而然。以礼为伪，不知从情径行为戎狄也。"（页260）

称董子"为汉醇儒"，然称其"性非教化不成之一语太精"，然"以性为生之质乃不可也"。（页260）

称扬雄人性善恶混之说："愚谓杨子之学，其渊源皆本于老庄。"（页261）

◇ 卷三六〈圣学四中道理德〉

其中论"中"尤精（页 316—338），不循理学路径，值得一读。称子思"喜怒哀乐之未发"，不是指"情未发"；"人之情少无不发，是天道流行，生生无息之谓也。语默动静、行住坐卧、瘄寐之际，其情迁转流行来"（页316）；"子思既曰喜怒哀乐之未发已发，不曰情之未发已发。……情虽不及喜怒，未尝不发"（页 321）。因此，他似乎认为，"中"不是指情之未发，而是指情发之后、喜怒哀乐之前。

72. 伊藤仁斋（1627—1705）

【文献】（1）井上哲次郎、蟹江义丸编《日本伦理汇编》第五卷《古学派の部（中）》，东京：育成会，明治三十四年（1901 年）。（2）关仪一郎编纂《日本名家四书注释全书·论语部》，服部宇之吉、安井小太郎、岛田钧一监修，东京：东洋图书刊行会，大正十一年（1922 年）四月三十日发行，各书独立页码（全书无统一页码），此书十卷，共 296 页。（3）关仪一郎编纂《日本名家四书注释全书·孟子部》，服部宇之吉、安井小太郎、岛田钧一监修，东京：东洋图书刊行会，大正十三年（1924 年）十月三十日发行。（4）大日本思想全集刊行会编《大日本思想全集》第四卷《伊藤仁斋集》，东京：吉田书店出版部，昭和九年（1934 年）。

伊藤仁斋，讳维桢，字源佐，号仁斋，姓伊藤。幼时好宋儒之学，后疑之。著有《语孟字义》（1692 年）、《童子问》（1692 年）、《孟子古义》（1720 年）等。伊藤仁斋作为日本古学派代表，反对朱子学派，其学受明代正德年间进士吴苏原（名廷翰，字崧伯，无为人）影响；主张气一元论，未如苏原主张主静无欲之说。古学派类似于朱子学派左派，受张载、罗整庵影响。仁斋专以气质言性，而主张性相近。谓人或有性不善。[①]

仁斋论性善，大抵调和孔子性近习远与孟子性善之说（这一点尤其可见于其《论语古义》"性相近"条注解）。主张回归孟子本身，反对气质与天命之性二分；认为性自天、本为善，而性之恶为习气之染；强调教、养之重要，性之善不可恃，所以孔子与孟子之说虽表异而实同，皆重在教人以法。对性

---

① 相关论述参朱谦之《日本哲学史》，北京：人民出版社，2002。

善的解释有三种：一是人有善性，即仁义礼智之类，同时不否定人性中有恶；二是称其为发展趋势，如水之就下；三是屡用人与禽兽相比，接近于比较判断意义上称性善，谓人性有仁义礼智，而禽兽则无，故不可进。又，《论孟语义》《童子问》中以人性为万物中最灵，而有赖于扩充；认为宋儒复性之说源于庄子，宋儒实未知性，故说人性上不可添一物；宋儒以性为理，不出无善无不善之说。重视孟子，认为其书仁、义二字乃王道之体要。

《语孟字义》（1692 年）

据井上哲次郎、蟹江义丸编《日本伦理汇编》第五卷《古学派の部（中）》（1901 年），是书收录伊藤仁斋（页 1—181）、伊藤东涯（页 182—547）父子。其中《语孟字义》二卷，载《日本伦理汇编》第五卷，页 11—73。此书论"心"四条，论"性"五条。标点为引者加。

◇ **孟子"性"不离气质，性善指有好善特征，不指本然之理**

这是指性，即就其身心总体之特征而言，而性善则是指此身体有向善之趋势。故而反对宋儒本然之性、气质之性二分之说，此说确实类乎王夫之、戴震等清儒，然其论性善之意与清儒似不同。亦反对宋儒以未发、已发分性、情之说。性不离气质，亦即认为孟子不以感官之性（如食色）为非性（见下）。

> 性，生也。人其所生，而无加损也。董子曰："性者，生之质也。"周子以刚善、刚恶、柔善、柔恶、不刚不柔而中焉者为五性是也。犹言梅子性酸，柿子性甜，某药性温，某药性寒也。而孟子又谓之善者，盖以人之生质虽有万不同，然其善善恶恶，则无古今，无圣愚，一也，非离于气质而言之也。（页 33）

又云：

> 然后儒以孔子之言为论气质之性，孟子之言为论本然之性。信如其言，则是非孔子不知有本然之性，孟子不知有气质之性乎？非惟使一性而有二名，且使孔、孟为同一血脉之学，殆若泾渭之相合，薰莸之相混，一清一浊，不可适从。其言支离决裂，殆不相入若此。夫天下之性，参差不齐，刚柔相错，所谓性相近是也。而孟子以为，人之气禀虽刚柔不

同，然其趋于善则一也，犹水虽有清浊甘苦之殊，然其就下则一也。盖就相近之中，而举其善而示之也，非离乎气质而言。故曰："人性之善也，犹水之就下也。"盖孟子之学，本无未发、已发之说。今若从宋儒之说，分未发、已发而言之，则性既属未发，而无善恶之可言，犹水之在于地中，则无上下之可言。今观谓之犹就下也，则其就气质言之，明矣。

又曰："乃若其情，则可以为善矣，乃所谓善也。"其意以为，鸡犬之无知，故不可告之以善。若人之情，虽若盗贼之至不仁，然誉之则悦，毁之则怒，知善善而恶恶，则足与为善。<u>是乃吾所谓善者也，非谓天下之性尽一而无恶也</u>。以此观之，则孟子所谓性善者，即与夫子"性相近"之旨无异，益彰彰矣。……孟子性善之说，本就气质论之，而非离乎气质而言之也。其他若曰动心忍性；曰形色天性也；曰口之于味也，目之于色也，耳之于声也，鼻之于臭也，四肢之于安佚也；皆以气质论之，益分晓矣。（《语孟字义》卷之上，"性"，页33—34）

上段话内容丰富，大抵对于性之义、性善之义皆作了较明确的交代：
（1）性之义，即气质之体，生之质所具之特征；
（2）性善指此气质体皆有向善之趋势；
（3）性善指性有善，不否认人性有恶；
（4）性善就心之发动而言，不是未发之前状态（见下）。

◇ **性善就心之发动而言，无未发、已发之分**

孟子所谓性善者，本以恻隐、羞恶、辞让、是非之心言之。故曰："人之有是四端也，犹其有四体也。"又曰："人性之善也，犹水之就下也。人无有不善，水无有不下。"又曰："乃若其情，则可以为善矣，乃所谓善也。"皆就人心发动之上明之，非宋儒所谓本然之云。（页34）

此说殊类唐君毅以心之感应释性善，亦可谓心善说。其一再举"水之就下"，亦使人想到傅佩荣之说。下面极批延平、朱熹于未发之前寻性之说。

◇ **有善说：人性有恶，但其善不可除**

前称周子人性有刚柔善恶中五等之分合理，既是承认人性有善也有恶，又谓荀、杨、韩之见不是事实，他们认识不到"推至其极，仍归于善"。所以他的意思是，性善不是不承认人性中有恶，而是指出人性中虽有恶，但善才是其究极。其言曰：

> 凡谓善，则必对恶言之。然有善有恶者其常，而推至于其极焉，则必归于善而止，何也？人之性有刚柔善恶之不同，夫人能识之，不待贤者而后知焉。若扬之善恶混，韩之有三品之说，是也。然非究而论之者。虽盗贼之至不善，然乍见孺子之将入于井，必有怵惕恻隐之心。人有嗜欲，可以受呼尔之食，可以搂东家之处子，然必有羞恶之心，为之阻隔，不敢纵其贪心，非性之善，岂能然乎？是孟子论性善之本原也。（页 35）

后面亦批评《乐记》"人生而静"之说，源于《文子》，亦见于《淮南子》。《文子》作"性之害也"，不作"性之欲也"。故此等以虚无为性，乃老氏之说。关于有善说，参下面《童子问》中更清楚的论述。

◇　**情是性之欲**

"情者，性之欲也。"（卷上"情"条，页 37）引《乐记》"感于物而动，性之欲也"。批评宋儒"情是性之动"之说。谓情与心不同，四端是心，不是情。"凡无所思虑而动之谓情，才涉乎思虑则谓之心。"（页 38）此说似可疑。

《童子问》（1692 年）

载《大日本思想全集》第四卷《伊藤仁斋集》（1934 年），页 7—121。亦见井上哲次郎、蟹江义丸编《日本伦理汇编》第五卷《古学派の部（中）》，页 74—167。以下引文除注明外，均用《日本伦理汇编》第五卷。标点为引者加。

【尊崇《论语》《孟子》二书，怀疑汉人及宋明理学】"论孟既明，则六经不治而明矣。盖六经之道，平正通达，万世人伦之道备矣。"（页 79）先学论孟然后学六经，"不然，则六经徒为虚器"（页 79）。

【从性、道、教三者关系入手看孔、孟、荀关系】此是从《中庸》首句而来，强调性虽善而不可恃，教者为重。《论语》专言教，《孟子》专言道，而教亦在其中。孟子虽重性，而性、教兼备，因强调扩充存养（页 83—84）。"夫性、道、教三者，实学问之纲领。"（页 82）

【从重视"教"的立场出发，强调孟子虽道性善，亦主张性之善不可恃，一个人一生成就大小完全取决于教】"盖君子小人之分，不由性而由教。故夫子不责性，而专责习。"（页84）"性皆善，然学以充之，则为君子矣。不能充之，则众人而已耳。性之不可恃也如此。"（页84）"教有功，而性无为。故性学盛，则教法衰。教法衰，则天下之达道废。"（页134）

又，孔子之所以不道性善，是因为重在教。"《论语》专以教为主，故性之美恶在所不论。……孟子专言道，而教在其中矣。其所谓性善云者，本为自暴自弃者发之，亦教也。……孟子虽道性善，不徒论其理，必曰扩充，必曰存养。所谓扩充、存养云者，即非教而何。"（页82）孟子所谓扩充、存养，"皆言性之善不可恃焉，而扩充之功不可懈也"（页83）。"其倡性善之说，亦非徒发明其理，欲使人知其性之善而扩充之也。"（页83）

因重教之功，故认为欧阳修"圣人教人，性非所先"之说不可深非，因为圣人责习而不责性，性之美恶在所不论。（页133）

又，宋儒以"尽性"为极则，殊不知学问之功岂止于此，通过尽己之性，还是要达到尽物之性、参天地化育方可，这些皆不是尽己之性所能达到的。尽己之性好比用一把柴烧一把火，而参天地化育好比用火烧毁一座宫殿，后者非一把火之力，而是由一把火而起。（页86）

【孟子道性善，本为自暴自弃者发之，由于孟子知性不可恃，学问根本还是要落实到"教"而不是"性"】"其所谓性善云者，本为自暴自弃者发之，亦教也。"（页82）"故性善之说，虽明仁义为己之固有，而其实为自暴自弃者发之也。"（页83—84）"其说性善者，亦为自暴自弃者而发之，非徒以性为主而说也。"（页134）

◇ **有善说**

性善指人不同于禽兽，实有仁义于己。

其言性善者，明仁义之实有于己也。（页106）

使人之性顽然无智如鸡犬然，则虽有百圣贤，不能使其教而从善。惟其善，故其晓道受教，不啻若地道之敏树，故性亦不可不贵。（页82）

使人之性不善，若犬马之与我不同类，则与道扞格不相入。惟其善，故见善则悦，则不善则嫉，见君子则贵之，见小人则贱之。虽盗贼之至不仁，亦莫不然。是教之所以由而入也。虽蛮貊无教之邦，叔季绝学之

世，人不皆化为鬼为魅者，性之善故也。性之善，岂可不贵耶？（页84）

人之所以能因教而从善，正是性善的缘故。"能受难人之教者，性之善也。"（页84）下述表达更清楚地说明了他是持有善说：

> 孟子之意，本非谓天下之性皆善而无恶也，就气质之中而指其善而言之，非离气质而论其理也。（页136）

同条又进一步称所谓"善"是"就四端之心而言"："而其所谓善者，就四端之心而言"（页136），"其道性善者，皆就其有四端者而言之也"（页137）。据此，则所谓性善，指性有善端，而有善说也就是指性中有善端，非谓性中无恶端。进而申言：

> 从来诸儒误认孟子之意，以为天下之性唯善一样，而无一恶者。然见天下之人刚柔善恶，气禀不同，于是荀扬韩之说兴矣。自理气之说作，而又谓其善者理，而自尧舜至涂人不异，而其不同者，则气之不齐也。（页137）

从上述有善说出发，《童子问》卷之下第一章，全面地批评了荀、杨、韩、程、张、苏、胡（五峰）之说。进一步，在《语孟字义》卷之上"性"条，复有类似言论："孟子以为人之气禀虽刚柔不同，然其趋于善则一也，犹水虽有清浊甘苦之殊，然其就下则一也。盖就相近之中，而举其善而示之也，非离乎气质而言。"（页33）

【性之义】性指人所命于天而有于己者，故与道不同。"夫性者，天之赋予于我，而人人所固有。……盖性者，以有于己而言。道者，以达于天下而言。……故有人则有性，无人则无性。道者，不待有人与无人，本来自有之物，满于天地，彻于人伦，无时不然，无处不在。"（页83）（方按：参《语孟字义》"性"条。）

【循性为道】循性之自然，即为道。"圣人之道本循人性之自然，而不相离。"（页82—83）诸子百家私用其智故离道。"若不论循性与否，则无以见道之邪正。……苟循人之性而不可得而离则为道，否则非道。故圣人之道，非离性而独立，亦非谓自性出也。"（页83）故《中庸》以循性为先，非以性为贵于道。

【动态"性"概念，以心之动释性善】性不可理解为未发状态，无未发、已发之分，仁斋的"性"概念有动态含义，批评宋儒以未发、已发区分性、情。因为这样做，将性（仁义礼智）视为不需要澄治之物，如水在地中，学问之功变成无欲主静、以复其初，所谓波定影明，类乎庄禅。而不知孟子"人心人路"之说、孔子"居仁由义"之论，并非指此功夫，而指于事事物物上求放心。又说，孟子本人曾以"水之就下"喻性善，可见性之善是指动中所见。若称性为未发之物，则性之善当指水在地中而不动时，无乎澄治之功。（页100）

进一步又以"四端之心"说明性不可指未发。因为孟子以四端论性善，而四端发于外、见于行，不是未发之理。四端乃就心之发动而言。性善就人心有超善之势而言。（方按：此即唐君毅所谓"心之应"。）

> 而其所谓善者，就四端之心而言，非谓未发之时有斯理也。故曰："人性之善也，犹水之就下也。"夫水之就下，在流行之时而可见焉。则人性之善，亦就发动之时而言之，可知矣。又曰："人之有是四端也，犹其有四体也。"言四端之心，人人具足，不假他求，犹四体之有于其身而相离不得也。可见孟子之学本无未发、已发之别，而以四端之心比四体之有于其身，则性善者，即以四端之心言，而非本然之理也。（页136—137）

《语孟字义》卷上"四端之心"条亦曰："孟子当来只是发出人有四端，以明人性之善不可自暴自弃。苟此心之存，其则此理自明。"

方按：强调发动时见性善，有动态人性含义，且有与成长法则相通处。《语孟字义》"性"条亦强调此意，即性善"皆就人心发动之上明之"。

仁斋的动态性概念，亦见于《童子问》卷之下第四十七章：批评佛、老喜欢以明镜止水为喻，认为这种说明要人回归寂静、虚静无欲，与圣人之道水火不容（此说与山鹿素行之强调性乃"生生无息底"、为二气五行之妙用，皆属动态性概念）。因为圣贤所谓的心和性，皆"生物"，非"死物"。其言曰：

　　盖道也，性也，心也，皆生物，而非死物也。……故孟子以水取譬，常就流水为言，而未尝有言以止水为譬者也。尝曰："人性之善也，犹水之就下也。人无有不善，水无有不下。"又曰："若火之始然，泉之始达。又曰：流水之为物也，不盈科不进。"其意不亦明白乎？（页161）

接着批评镜以其虚而应百物，然自身不辨美恶，亦不能放光：

　　故舜之十二章，取日月暨火之象，而不取镜者，亦岂非以其不分美恶、不辨好丑，物来则写，无所拣择乎？佛老尚空虚，圣人尚实理。故佛老之书，以镜为譬，不可胜举。而浩浩六经语孟，一无及于镜者，为其有生死之差也。（页161—162）

《古学先生文集》

载《大日本思想全集》第四卷《伊藤仁斋集》，页169—249。其中有〈性善论〉（页181—185）、〈荀子性恶论〉（页208—213）。引文标点为引者加。

◇ 性善论（页181—185）

〈性善论〉一文作者后自称写于二十八九岁时，据此，此文当作于1655年或1656年，属早年作品，篇幅不长，只有数千字，末尾附"长胤谨识"称"此论专究宋朝儒选这精奥。……壮年研覃如是而后来发挥亦如是"。

　　全文极力称颂人性至善，然对"性"的理解似乎为"一物（人）天生就有的健全成长方式"更为恰当，并未体现多少与宋明理学相同处。同时，将人之为恶解释为"拘于习气"（页185）。

　　首先，称颂人性至善、至可贵。"往古来今，莫尊于我，以夫性也。"（页181）"故人之性也，至明而不污，至粹而不驳，而贵为无上。至大而无外。不为王者而加焉，不为匹夫而损焉。"（页182）又曰：

　　古今之性同也。性之善可知矣。其谓恶者诬也。谓善恶混者迷也。谓无善无恶者昏也。（页183—184）

　　性譬犹月也。善譬犹月之明也。夫谓善者，能知月之明者也。谓恶者，为云雾遮所未见月者也。谓善恶混者，见半阴半晴之月者也。谓无

善无恶者，瞽盲者也。自其谓恶者而下，皆所见之异，而非知性之真者也。（页184）

其次，性之善源于天之所命。"夫性也者，天之所命于我，善而无恶者也。盖天地之际，四方上下，浑浑沦沦，充塞通彻，莫非是善也。"（页182）

最后，君子、小人之别，在于"自贵天性"与"每狗物欲"之别，或者说小人"自昧天性，不知性也"。（页185）尧舜与桀纣之别，亦在于"知其性"与"不知其性"。"故能知其性者，自以为尧舜。不如（当作'知'——引者）其性者，自以为桀纣。"（页181）

那么，其所谓"性"，究竟是何意？从下述一段话中可以看出，作者以"鸢飞鱼跃，各得其所""乘马服牛，各就其用"为性，又以"父慈子孝，各尽其道""夫倡妇和，各得其分"为性。（页182）据此，"性"指万物各有其适宜的生存、成长方式，故而称圣人"顺其性以施治"，以"万物遂其性"为旨。（页183）又称"天地以位，神人以和，鸟兽以若，草木以蕃，岂出于性分之外，而所能为乎哉？亦率其性而已耳。"（页183）原文如下：

> 夫鸢飞鱼跃，各得其所，性也。乘马服牛，各就其用，性也。父慈子孝，各尽其道，性也。夫倡妇和，各得其分，性也。故圣人品其性以立教，顺其性以施治。是故圣人在位，则万物遂其性。圣人不在位，则万物失其性。昔尧之治天下也，分命羲和，以治四时，各授其政。舜之摄政也，乃命禹平水土，稷播百谷，契敷五教，皋陶明五刑，伯夷典礼，夔典乐，益为虞，垂为其工。是故天地以位，神人以和，鸟兽以若，草木以蕃，岂出于性分之外，而所能为乎哉？亦率其性而已耳。故性，天下之所一，古今之所同。（页182—183）

◇ **荀子性恶论**（页208—213）

伊藤仁斋的另一观点是，<u>性虽善而不可恃，性待教而明</u>。因此，他认为孔子与孟子之别在于，孔子更重教，而孟子更重性或心。教，即学问。从这个角度出发，他虽不同意荀子的性恶论，却寄予同情的理解，大意是认为荀子之学重教也，性虽至善，无教则不明。仁斋对性、教二者关系的论述见于《童子问》等处。

〈荀子性恶论〉自注作于"元禄四年秋七月星夕"，即 1691 年。

【孔子虽不言性善，而意在其中】（页 210—211）："孔子虽不明言性之善，然性善自在其中矣。尝曰：'仁远乎哉？我欲仁，斯仁至矣。'又曰：'道不远人，人之为道而远人，不可以为道。'其以圣人君子望人，皆由夫性之善也。"（页 210）

【性不可恃，待教而明。无教而任性，亦大不可】（页 208—209、页 211）：《中庸》"自诚明、自明诚"一段，"言性教两者，其功相埒"。（页 209）"教者，孔门所谓学问是也……性缘教以成其大，教因性以为其地。两者相段，而不可偏废。"（页 209）"若夫知有性而不知有教，则专尚乎一心，而不足以治天下，若佛氏之流是也。知有教而不知有性，则无有所本。"（页 209）"徒知性之为善，而不知学以充之，则性之善，无有于己，而不足以尽夫道。"（页 211）

【荀子论性恶虽偏，亦有一般见识】（页 208、页 209—210）：荀子认为圣贤、君子皆是学问之功，教之力。"若废学问，独任其性，而不用修为之功焉，则情纵欲炽，其卒必陷于恶，桀纣是也。故专知贵教，而以性为恶。"（页 209）他认为荀子如此倡教，是受孔子影响，因为孔子重教之故。"彼盖观《论语》专主教，而不言性，而遂为此一偏之说。"（页 210）因此，他认为"荀子以性为恶，其言固偏矣……然亦不为无一般之见焉。"（页 208）同时盛赞荀子〈劝学〉篇"滋味溢口，句句可取"（页 210）。

【论性善的两个角度：人禽之别；恶人亦有善恶之心】（页 210—211）大意是禽兽无论如何无法告之以善，而人再坏也有善恶之心。其言曰：

> 若使人之性，顽冥不灵如犬牛然，则虽告之以仁义之美，而且无闻知焉。藉令百荀子日咻于其侧，而不能使其人（当作"入"——引者）于善。惟其善，故虽盗贼之至不仁，犹且善善恶恶，毁之则怒，誉之则喜，其情之可与为善也如此。况乎君子之于仁义，不啻刍豢之悦我口。非性之善，岂能然乎？此孟子所以发性善之论。（页 210）

《论语古义》（1712 年）

见关仪一郎编纂《日本名家四书注释全书·论语部》（1922 年），所收各书独立页码（全书无统一页码）。《论语古义》十卷，共 296 页。

此书将《论语》逐篇逐章注释。其子伊藤长胤（东涯）刊行此书序作于"正德二年（1712 年）壬辰九月日"。

该书《卷之九·阳货第十七》于"子曰：性相近也，习相远也。子曰：唯上智下愚不移"章下曰：

> 此明圣人之教人，不责性而专责习也。言人性气质，其初未甚相远，但习于善则善，习于恶则恶，于是始相远矣。学者不可以不审其所习焉。苟有教以习之，则皆可以化而入善，唯上知与下愚，一定不移而已矣。（页 256）

又于其下针对"孔子性相近"与"孟子曰性善"之异而答曰："孟子学孔子者也，其旨岂有异乎？其所谓性善者，即发明相近之旨者也。"（页 256）并认为，夫子所谓相近与孟子所谓性善，皆指其"四端则未尝不同"。（页 256—257）

《孟子古义》（1720 年）

载关仪一郎编纂《日本名家四书注释全书·孟子部》（1924 年），页 231—232。

伊藤仁斋《孟子古义》卷之六〈告子章句上〉"杞柳章"注称："杞柳之性柔韧，故能顺之，而可以为栝楼。若使如梗楠之刚坚，则亦不堪用。子之意，必谓戕贼杞柳，以成栝楼，而不知本顺其性。若致戕贼，则必生釁隙，材不中用，何可以戕贼而言哉？"（页 231—232）

73. 伊藤东涯（1670—1736）

【文献】（1）大日本思想全集刊行会编《大日本思想全集》第四卷《伊藤东涯集》，东京：吉田书店出版部，昭和九年（1934 年）。（2）井上哲次郎、蟹江义丸编《日本伦理汇编》第五卷《古学派の部（中）》，东京：育成会，明治三十四年（1901 年），收录伊藤东涯（页 182—547）。（3）关仪一郎编纂《续日本儒林丛书》第二册《解说部第一及杂部》，东京：东洋图书刊行会，昭和六年（1931 年）十二月十五日发行。（4）关仪一郎编纂《续日本名家四书注释全书》，服部宇之吉、安井小太郎、岛田钧一监修，东京：东洋图书刊行会，昭和二年（1927 年）六月二十八日发行，共 598 页。

伊藤东涯，名长胤，字原藏，号东涯，谥号绍述先生，为伊藤仁斋长子。伊藤父子所开创的堀川学派属于古学派的一大流派，也称为"古义学"，主张以孟解孔，对朱子学、阳明学均有批评。

《辨疑录》

载《大日本思想全集》第四卷，页 253—357。

大意包括以下几点：

（1）人性非有所谓本然、气质之分，人性是人的感官、气质之特征，性之善亦就此感官、气质特征而言。

（2）性，乃至性善问题对先秦并不如对后世重要，心、性变得重要乃受庄禅影响，非先儒正宗。以此推想，性善问题在东涯看来未必很重要，至少对于理解孟子思想并不十分重要。

（3）孟子提出性善亦是救世之说，带有针对时代风气特点，不可强执。此说在其父仁斋处已露出。

（4）有善说，比较判断：承认人性中也有恶，但是主张性善是"推其本而通之"（页 353）之所见。什么叫"推其本"，所言不明，似乎是指人禽之别基础上的比较判断。（页 355）

【性之义：人所禀受于天的一切特征，不离感官，故人性各不同而相差不远】下面两段似强调此思想：

> 性者，人生禀受之名也。凡人之为生，自耳目口鼻之欲，以至昏明强弱之差，嗜好癖疾之偏，皆其所生来禀受，各自不同，名之曰性。天下古今之人，所其知而通称，本无异义。而人之可使为善，亦自此中而出，其等虽不复一样，而不甚相远，故夫子谓之相近，而孟子以为善也。（卷之二，页 352—353）
>
> 其（指圣人——引者）所谓性，即是人人禀受之名，此间俗言生付者，无复异义。（卷之二，页 356）

下面强调，荀子、扬雄、韩愈等人所用之"性"亦皆不离上述含义，非指与本然之性对立的气质之性。宋儒之说与其以前皆不同也。批评宋儒"把人之所以为人之理以为性"，非圣贤古义。（卷之二，页356—357）

【人性不齐，"性"似指气质】"人性之不齐，昏明强弱，千汇万态。虽天禀之美，可以至道，而其所行未必皆适中。"（卷之一，页280）强调人性有过不及之异，故以"道"为准绳矫正之。"有过不及者，人性所禀之不齐，人心所趋之不同……"（卷之一，页282）

从上述两段可见，东涯所谓性，指不离于感官、气质的特性。而又认为孟子人性善，以及孔子性相近之说，皆指其中共有之趋。因此，性善似乎是指性有善。

【孟子以食色为性，性之善见于食色之中，非离之】"孟子以耳目口鼻之欲为性，而亦必言性善者，盖就耳目口鼻之欲而见其善也。目之欲色，口之欲味，是人之性。而不搂东家之处子，不受嗟来之食，亦是性之善也。然则外人心，而复有所谓道心之可言哉？"（卷之二，页326）

【孟子性善之说指"性有善"？】"……孟子则曰本心者，人使之为善，则皆能可为善，而虽极恶大罪之人，亦能辨知善恶是非之分，其性善故也。"（卷之二，页320）

【承认人性中有恶，性善是"推其本而通之"之见】"但心之所欲有过不及之差，而不能纯乎善而易流于恶，如大有优劣甚相应远。故荀况、扬子云、韩退之等诸儒不服孟子之说，盖不能推其本而通之也，然皆就世俗恒言论其美恶等差……"（卷之二，页353）"以性为恶者，堕于俗见；以性为主者，亦流于虚见。"（卷之二，页354）又谓：

> 有识之物无不甘食好色，人与物之所同也。物则甘之好之，而无条理；人则甘之好之，而有条理。"天地之性，人为贵"，以是耳，非外甘之好之者而别有条理者谓之性善也。就甘之好之者即有条理谓之性善，譬诸食焉，稻梁固可食也，糠核亦可食也。糠核可食而不可养人，稻梁可食而亦能养人，故谓之嘉谷。此人性所以与犬牛异也。（卷之二，页355）

【孟子道性善是救世不得已之权宜】"及世教日衰也……孟子为之标榜仁

义二者，推其本于己心，而曰良心，<u>曰性善</u>，时方叔季，躬不处其位，私家讲习，互相告语，亦不得已耳。"（页 319）

【性之说在孟子当中并不如后人所说重要】性、心变得重要，完全是汉以后之事。孔子与弟子问答少有说到性字（卷之二，页 354），自汉以后贵心、贵性，乃受老庄佛家影响。（卷之二，页 319）古代圣贤只是讲仁义而已，不以心与性为主。（卷之二，321）

【仁义礼智非人性之具，乃修身条目】"仁义礼智相比为言，始见于孟子，盖修身之条目，而非性具之定名也。"（卷之一，页 300）梳理历史上仁、义、礼、智、信合称"五性"，配以五行，出现于汉代。至宋代又称其为"本然之性、未发之理"。此等说法，皆非先儒原意，不合孔孟原典：

> 自汉以来，加之以信，名之曰性，而配之五行，则为人性所具之定数，其然则自天生蒸民之时，凡为人者之所必具而俱有，何以古无其说？（卷之一，页 301）
>
> 至汉儒仁义礼智配之以信，而象五行，则以为人之五性。至宋儒以为本然之性，则亦以为未发之理，必从其言耶？外五性而别有智仁勇之目，最不可解。（卷之一，页 307）

【天性为人之所同，循之为道】又言人性所同者天性，率性而行之即为道。此性似指天性，不指气质。此与宋儒之说无别。"父子相亲，天性也，圣人率其性而教之以父子之道。夫妇相爱，天性也，圣人率其性而教之以夫妇之道。以至夙兴夜寐，夏葛冬裘，亦皆人性之所同然。所谓道云者，则因其性之所欲以为之制度品节，故曰率性谓之道。"（卷之一，页 283）

《经史博论》（1710 年）、《经史论苑》（1734 年）

载关仪一郎编纂《续日本儒林丛书》第二册。两书独立页码（全册无统一页码），以下简称《博论》《论苑》，其中《博论》在页 1—88，《论苑》在页 1—26。

《博论》四卷，其中卷四有"心论上下"（页 71—73）、"性善论上中下"（页 73—77）、"子贡不得不闻性与天道论"（页 77—78）、"荀扬韩言性论"（页 78—80）、"温公疑孟子论"（页 80—81）。此书自序（称"论引"）写于宝永七年岁次庚寅，即1710年，元文两年丁巳三月榖旦首次发行，即1737年出版。

《论苑》一卷，其中"治经八论"篇中有"古今言性异同"（页3—4）、"性情古今异同"（页4—5）。此书序由其子伊藤善韶作于安永八年己亥之夏五月十有七日，即1779年，称为其父晚年所笔。全文末尾有"享保甲寅岁季冬，长胤撰"，即1734年，不知是全书撰定日，还是第二部分"品士四欸"的撰写日期。

上述各篇中，尤其是"古今言性异同""性善论上中下""性情古今异同"最为重要，其中以"古今言性异同"最为集中、典型地概括了作者对孟子性善论的理解。

◇ **批评历代学者人性善恶观**

批评了周人世硕、告子、公都子、荀子、扬雄、刘向、韩愈，以及张、程、李、朱之说，尤其批评程朱理学之说。（《论苑》，页3）

◇ **性善：性中固有恶，"比而观之、合而见之、极其所至"知性善**

所谓"比而观之"，是将人与万物比较，人为万物之灵，以此比较判断论性善。所谓"极其所至、以观其定"，是指在生死关头人心之仁的表现（如不吃嗟来之食）。所谓"合而见之"，是指人与人虽然千差万别，但"天下之好恶一也，万世之是非亦一也"（《论苑》，页4）。方按：后两条，只能证明人性中有善，不能证明人性即是善。而"极其至以观其定"，则可能暗含成长法则之义，故称此时"物无遁情"。今录原文如下：

> 先子反其说以谓，孟子所谓性善，亦犹世之所谓性也，不可求于未有善恶之先也。或曰："世之所谓性也，昏明善恶，固其所有，孟子何以偏决之于善邪？"曰："夫物必比而观之，以知其异；合而见之，以知其同；极其所至，以观其定，然后物无遁情矣。"何也？天地之间，万物并生，而飞潜动植，无不各有其性，而或有气而无识，或有识而无智。惟人之生也，其智能辨是非，分好恶，生乎千载之下，而知乎千载之上，其性之美，岂物之所能比乎哉？故曰："天地之性，人为贵。"又曰："惟人万物之灵。"比之于物而特异，善恶不假言也。分而观之，则亿兆之众，生禀之差，昏明刚柔，智、愚、贤、不肖之不同，似乎不可概而谓之善。通而验之，则天下之好恶一也，万世之是非一也。非性之一于

善，亦岂能然乎？平居无事，操舍存亡，可以为善，可以为不善，易于流恶，而难于进善，亦疑于可以为善。及其生死决乎前，利害迫于后，而不肯受嗟来之食，甘尔汝之言，非善之根于性，亦岂能然乎？于是乎，孟子之言信矣。（《论苑》"古今言性异同"条，页3—4）

方按：上面论述性善的理由条理清楚，有三个角度，即从比较角度看、从合观角度看、从生死处境看，这三个角度都涉及比较判断。其中"先子"指其父仁斋，"反其说"指仁斋反对张、程、李（李翱）、朱之说，"比而观之"指相互比较，"合而见之"指察其所同，"极其所至"指极限处境。

◇ **性善：亦指人心之善不可泯**

《论苑》"性情古今异同"条称：

> 人虽奸诈狡伪无所不至，而其心未自以为善。衔乎名而饰乎言，掩其不善而著其善，则其心之实，非不好善也。孟子所谓"乃若其情，则可以为善"者是也。非性之善，岂能然乎？（《论苑》，页5）

◇ **性情不可以未发、已发区分**

《论苑》"性情古今异同"条，批评宋儒以性为未发、以情为已发，称"盖情者，人心好恶之实，而无伪者也"（页5），故情亦作"实"。因此，所谓性，就是情之表现，性善，即情善，故孟子将性善称"乃若其情，则可以为善"。（《论苑》，页4—5）

《复性辨》（1708年）

载《日本伦理汇编》第五卷，页210—215。据后面自署，《复性辨》写于"宝永五年戊子春三月"，即1708年。

主要攻击李翱以来，复性之说不符圣贤本意，此说源于老氏、释氏。此说倡虚无寂静为真性，而虚无之初性本不可得。盖性之初，即婴儿刚出生时，本无善恶可说。"圣人之言性，有充养之方，而无复初之说。"（页211）其论性善之义谓人在幼小之时，虽无善可长、无恶可除，然已具良知良能，或曰"为善之本具焉"，"此人性之所以为善，而非物之所能及"。（页212）据此，则其所谓性善，或指性有善端而已。此说更接近于可善说。

《孟子集注大全标释》

转引自西岛兰溪《读孟丛钞》，写本十四卷，载关仪一郎编纂《续日本名家四书注释全书·读孟丛钞》。

西岛兰溪《读孟丛钞》页421以下转引东涯（称东厓）《标释》曰：

> 按孟子言性善，因情以知其为善也。先儒谓情者性之动，情可为善，而不可为不善。故知其性之善。此以已发之情而知未发之性也。自恻隐羞恶辞让是非之发，而知仁义礼智之性具于未发之时。譬犹以流之清而知源之清也。然天下之人，其性不一，昏明强弱，倍蓰而无算，犹天下之水清浊不同，此三说之所以作也。其曰性无善无不善者，犹言水不可以为清浊言也。其曰性可以为善，可以为不善者，犹言水有清有浊者，皆就其所见而立说，以已发而言。若以已发之上善一偏而言性之善，何以折三三说之谬，而服公都子之心哉？人心之不则矫揉按排，又未经断丧梏亡而自然而然者也。上世无葬埋之礼，反蝇蛆而掩之，是人之至情也，岂由教化而然哉？人之性善故也。若人之为不善，如居丧无礼蔑亲犯上等项，皆狃于不善而失其本心所致，非情本然也。故曰"……是岂人之情也哉"，盖就已然上，认辨其真与非真，以认其性之善也。（西岛兰溪《读孟丛钞》，页421—422）

> 又按：性者，人之性质禀受之名，万物无不各有其性，而唯人为灵。故易曰："一乾道变化，各正性命。"又书曰："惟人万物之灵。"性善之可见者以此。心者，思虑运用之主，其性既善，则其心亦善。然性之善恶，不知人之为恶皆陷溺之所致。而原其情，则可以为善，而不可以为恶。情者，人心之无所按排伪饰者也。故以知性之善。又曰情者，天下之所同。故亦曰同情。若但以情为已发而不辨其实与否，则何以独举善以为性哉？三说之作，皆见人心作用。善恶之不一而言，荀杨韩之说，亦犹其意尔。孟子特就情而见性，故独见其为善，而万世无以易之矣。（西岛兰溪《读孟丛钞》，页422）

上述之意是为孟子性善辩护，大意为孟子以情见性，但非如常言以情之善见性之善。情有善，也有不善。孟子是以情之实见性之善，并非所有的情皆为"实情"。因此，不能简单地说孟子以已发之情证未发之性，而是以情之实证性之善。

《训幼字义》（1759 年）

载《日本伦理汇编》第五卷，页 312—547。此书跋写于"宝历九年秋八月"，即 1759 年。识者"西周 樋口公英"称此书继承《语孟字义》"迴伊洛之狂澜，疏洙泗之正派"之业而作。此书卷六"性"（页 466—489），凡 33 则，皆日语。

74. 荻生徂徕（1666—1728）

【文献】（1）井上哲次郎、蟹江义丸编《日本伦理汇编》第六卷《古学派の部（下）》，东京：育成会，明治三十五年（1902 年）六月十六日初版发行，明治三十六年（1903 年）十月九日再版发行。（2）关仪一郎编纂《日本名家四书注释全书·论语部》，服部宇之吉、安井小太郎、岛田钧一监修，东京：东洋图书刊行会，大正十五年（1926 年）五月五日发行。（3）关仪一郎编纂《续日本儒林丛书》第一册《随笔部第一》之《萱园随笔》（五卷，共 76 页），《萱园十笔》（十卷，共 202 页），东洋图书刊行会，昭和五年（1930 年）十二月二十六发行。此书中每册独立成页，全书无统一页码。此书以下简称《续儒林》。

荻生徂徕，本姓物部，名双松，字茂卿，号徂徕、萱园。荻生徂徕属古学派之别支，重古文辞，又称萱园学派。49 岁时与仁斋决裂，作《萱园随笔》，大驳仁斋；50 岁后又受李于鳞、王元美启发而尽弃旧学，治古文辞。后著《辨道》《辨名》《论语征》《大学解》《中庸解》等。故其学有三期。攻击宋儒，轻孟子重荀子。仁斋重仁义，而徂徕重礼乐。徂徕认为宋儒分本然之性与气质之性为错，不知并无本然之性，只有气质之性。此与仁斋同。但他又反对变化气质之说，谓气质不可变，圣人不可至。其学近于颜元。弟子太宰春台（1680—1747）亦颇知名，著《六经略说》《辨道书》《圣学问答》《论语古训》等。坚持性三品说，与孟子对立。"其所谓性，实即本能，故特表告子。"[1] 他

---

① 朱谦之：《日本哲学史》，北京：人民出版社，2002，页 78。

的性三品说，底子里却以食色为人性，故主张"以礼制心"。重效果的功利主义，不重动机。重老子，倡无为主义。

徂徕门人太宰春台评价伊藤仁斋，称其"独能出理窟，而首道邹鲁之道，实为豪杰"，然见识仍狭小，"未达先王所以道民之故"（太宰纯：《圣学问答序》，《日本伦理汇编》第六卷，页231）。其评徂徕之学曰："及至徂徕先生，超乘而上之，以六经为学，以孔子为归，以《论语》为规矩准绳而不取孟子以下，遂能俾先生之道昭乎万世之下，其功岂不大哉！"（太宰纯：《圣学问答序》，《日本伦理汇编》第六卷，页231）。

荻生与俞樾宁取必于学、不取必于性观点一致，认为孟子性善论与荀子性恶论均是门户之见和"无用之辩"，不如孔子性近习远之说为妥。其本意可能是为了劝学，或说服对手，然最终导致后世无穷争辩之患（如宋儒本然、气质之别即是一例）。又同意欧阳修性者非圣人之真意，亦非学者之所急的观点，也就是性善还是性恶，其实学者在为学之中不必太在意。其弟子太宰春台亦承徂徕之意，反对孟子性善论。另外，荻生认为人性最重要的就是其可变性，即作者所谓的有"善移性"，故而欣赏告子杞柳、湍水之喻，由此需要"学"。另外，他总体上持人性有善有恶论，故而欣赏扬雄善恶混之见。从其整体倾向看，他还是更倾向于荀子，这从两点可看出：一是强调人性的善移，从而强调学的重要；二是强调礼乐特别重要，认为孟子导致礼乐废，称："性善之说出，而礼乐几乎废矣，故荀子有礼乐论。"（《萱园十笔·三笔》，页44）

《辨道》（1717年）

作于享保丁酉秋七月望（1717年，51岁），载《日本伦理汇编》第六卷，页11—27。

◇ **言性非圣人真意，乃受道家影响，且为劝学权宜之见**

性善性恶之说皆是救时劝学之语，非圣人之真意；又，言性本为道家之说，子思孟子皆受其影响而言性，故赞同欧阳子"性非学者之所急"。原话如下：

> 言性自老庄始，圣人之道所无也。苟有志于道乎，闻性善则益劝，闻性恶则力矫。苟无志于道乎，闻性恶则弃不为，闻性善则恃不为。故

孔子之贵习也。子思、孟子盖亦有屈于老庄之言，故言性善以抗之尔。荀子则虑夫性善之说必至废礼乐，故言性恶以反之尔。皆救时之论也，岂至理哉？欧阳子谓性非学者之所急，而圣人之所罕言也，可谓卓见。（页19）

《辨名》

载《日本伦理汇编》第六卷，页28—119。其中《辨名下》有"性情才"七则（页89—94）。

◇ 性之义：本指气质，多样而能变

认为性就是天生具有的气质，故人人各殊，所谓圣人之性与常人之同之说是不成立的；强调性的最大特点就是容易改变（"善移"），故"学"最重要，人皆可学至圣人。孟子称人皆可学至圣人，不等于孟子认为人人性同；孟子称仁义礼智根于心，不等于他认为人人之性同（页90）。

> 性者，生之质也，宋儒所谓气质者是也。（页89）
> 性者，人之所受天，所谓中是也。（页91）

引《诗》《易大传》《书》称：

> 皆指人之性善移而言之也……"成之者性"，言其所成就，各随性殊也。人之性万品，刚柔轻重，迟疾动静，不可得而变矣。然皆以善移为其性。习善则善，习恶则恶。故圣人率人之性以建教，俾学以习之。及其成德也，刚柔轻重，迟疾动静，亦各随其性殊。（页89）

只有极少数下愚之性不可移。孔子性近习远"非论性者焉"，乃"劝学之言"，针对中人而说。（页90）类似看法又见于《徂徕先生学则》（见下）、《萱园十笔》（〈六笔〉〈七笔〉）。

◇ 天性："人生而静""未发之中"之重新解释

天性，或本然之性，非指有生之初或真婴儿状态，更不能因此而以静虚为性。对于《乐记》"人生而静天之性也"句，称"石梁王氏及仁斋先生皆

以为老氏之意"（页91），并谓这句话本意是"以其婴孩之初，喜怒哀乐未用事之时言之，所谓人生而静者是也，是非谓必求复婴孩之初也，又非谓以静虚为至也"（页91），而"乐能制其躁动，防其过甚，故以其未甚时言之耳"（页91）。

对于《中庸》"喜怒哀乐之未发谓之中"的解释，认为"如《中庸》未发之中，亦非以未发之时为大，本为施功之地。但谓人之性，禀天地之中，故先王之道，率人性以立耳"。（页91）

总之，认为宋儒从老氏角度来解释这两句，试图将其拉回儒家本旨。

◇ **孟子性善与荀子性恶皆门户之见**

荻生徂徕认为孟子性善说与荀子性恶说皆为"门户之见"和"无用之辩"，他欣赏告子性可移说，赞同扬雄、韩愈有关说法，反对苏轼性无善恶说。从其反对苏轼无善恶说，可推测他并不主张告子性无善无不善说。他赞同扬雄和韩愈，而此二人观点有重要区别。因此，徂徕于告、扬、韩、苏之说，亦惟取所可，并非全部认同。

《中庸》"率性"之说，只是针对老子之徒"以先王之道为伪"而发，强调"先王率人性而立道，非强之耳"，故不足为性善之据。

告子杞柳之喻"甚美"，湍水之喻"亦言人之性善移"，并无不可。孟子乃极言折之，以逞其辩，遂开宋儒之谬，后患甚大。（页90）

原文云：

> 祗如告子杞柳之喻，其说甚美。湍水之喻，亦言人之性善移。孟子乃极言折之，以立内外之说，是其好辩之甚。遂基宋儒之谬焉。其与荀子性恶，皆立门户之说，言一端而遗一端者也。子云善恶混，退之性有三品，岂悖理哉？至于苏子瞻无善恶，则佛氏之意矣。欧阳子谓性非圣人所先，卓见哉！……苟能信先王之道，则闻性善益劝，闻性恶益勉。苟不信先王之道，则闻性善自用，闻性恶自弃。故荀、孟皆无用之辩也。故圣人所不言也。其病皆在欲以言语喻不信我之人，使其信我焉。不唯不能使其信我，乃启千古纷纷之论，言语之弊，岂不大乎？（页90—91）

又批评孟子与告子争论时好辩之甚：

孟子固以仁义礼智根于心为性，非以仁义礼智为性。然其说本出于争内外、立门户焉。观其与告子争之，议论泉涌，口不择言，务服人而后已。其心亦安知后世有宋儒之灾哉？是其偏心之所使，乃有不能辞其责者矣。（页92）

又于同书《附录先生书五道·答屈景山书》（页129—135）称君子无所争，然而"自孟子好辩辟杨墨，虽其时之不得已乎，亦非古之道也"（页130）。

批评仁斋以性善为人皆有善善恶恶之心，曰："然虽有善善恶恶之心，岂必可使为善乎？"（页91）

◇ **心、性、情、欲之别**

大意以为心与情之别在于有思虑与无思虑（又谓七情之中有思虑的部分为性，无思虑的部分为情）。总之，情是无思虑的。情的发生是由顺其性之所欲及逆其性之所欲决定的。顺则喜、爱，逆则怒、哀、惧。

情导致万物之不同。解释孟子之"情"为情感，认为"物之不齐，物之情也"指"以性所殊言之"（页93），即物物之性不同，皆由于其情。又称情之解释为"实"，实指"内实"（内心实有）（页93）。孟子"是岂人之情也哉"，是"直以［情］为性"（页93）。"自宋儒以性为理，而字义遂晦，性情之所以相属者，不得其解。"（页93）

◇ **批评宋儒本然与气质之性**

大抵认为所谓"性"本来就是指气质。宋儒所谓本然之性，只能求之于有生之初、求之于天，而与人、物实有之性不是一回事。因此，强将人、物之性区分为本然、气质之分，乃是妄说。（页89）宋儒既受老庄影响，别出一本然之性，所以也不得不与老庄走向一途，即以虚静为性。徂徕特别指出，《中庸》"未发之中"、《乐记》"人生而静"，皆不可从老庄虚静之旨出发理解，而只是指情之未发或有助于识性之所在。宋儒虚灵不昧、中偏不倚之说，乃是妄解。他还在别处指出，性既然指气质，自然是人人各殊，而不必变化气质，反而是人人皆应顺其所有之殊性而成其器用。（《徂徕先生学则》，页125）

性者，生之质也，宋儒所谓气质者是也。……然胚胎之初，气质已具。则其所谓本然之性者，唯可属之天，而不可属于人也。（页89）

又同书《附录先生书五道·答安澹泊书》批评宋儒较为集中，认为宋儒去古已远，违背先圣本意。又论本然、气质之性曰：

> 本然之性、气质之性，本为苦孔孟之言不合而设焉。然胚胎之始，气质在焉。故古无此言，而孟子性善亦大概言之耳。（《附录先生书五道·答安澹泊书》，页127）

徂徕《萱园随笔》亦有类似说法。其言曰："予尝论本然之性曰：胚胎之始如露乎？则既有气质之性者存焉。是所谓本然之性者，悬诸未生之前乎？则不可谓之人之性也。……以此观之，人皆可以学至于圣人者，其有之于生之初也。岂不昭昭乎明焉哉？但自其生之定者命之，曰气质之性。自其虽定能变可以至于圣人者，命之曰本然之性。故世学者之论，往往乎至于气质之性而极者，为其际人如土石故也。为其不见于人之最灵而非死顽物故也。此程朱二夫子所谓本然之性者，岂非睹乎天地之生者邪？"（页12—13）（方按：此段为程朱本然之性辩护，大意为虽人、兽、物之别，不在于气质，而在于其有生之初，即人于其生之初为最灵。人之最灵尤其体现于人可学至圣人，而兽、物皆不能。此种区别，源于有生之初。此即所谓本然之性也。如此下去，则亦可从人禽之别论性善矣。）

《徂徕先生学则》

载《日本伦理汇编》第六卷，页120—125。人人之性皆不同，不必强求一致；人当各随其性，以成其器，终究各成一类人才。"人殊其性，性殊其德，达财成器，不可得而一焉。孔门诸子，各得其性所近者，岂仲尼之教有所不足乎？……及乎器之成也，虽圣人有所不及焉。"（页125）

《附录先生书五道》（1727年）

载《日本伦理汇编》第六卷，页126—143。享保丁未春正月（1727年）滕元启跋。

首篇〈答安澹泊书〉（页126—129）批评宋儒较为集中，认为宋儒去古已远，违背先圣本意。又论本然、气质之性曰：

本然之性、气质之性，本为苦孔孟之言不合而设焉。然胚胎之始，气质在焉。故古无此言，而孟子性善亦大概言之耳。（页 127）

《萱园随笔》（五卷，1714 年）

载《续儒林》第一册，吉有林校，页 1—76。此书似代表 50 岁或 45 岁以前，宗程朱时的思想。对程朱态度较肯定，与后期大不同。

东野滕焕东璧之序作于"正德甲午春正月"（1714 年，48 岁）。该书末写有初版时间为"正德四甲午岁孟春吉旦"（1714 年）。此书对程朱之学多有赞美，批评仁斋不识程朱。如卷一论程朱动静、阴阳、天地之思想，称"此为学问大纲领处，故程朱诸先生一言一句，莫有不自此处流出者矣。予十七八时，有见于斯，而中夜便起，不觉手之舞之足之蹈之。自此之后，愈益戴程朱先生之德弗衰。以至于今三十一年一日也。而仁斋者缘此遂致视程朱若仇雠也，世之可怪者，岂有过于是哉？"（页 11）此实不像徂徕之语也。

◇ **性义：生而有者**

孔孟所言之性含义无别，皆指生而有者，然孔孟角度不同。"夫性者，生而有之之名也。世俗但据其现成言之，知者则见其可学以至圣人者，不外于生之固有也。孔子就世俗之所见而言，孟子则有所发挥焉。均之其为生而有之之名者同，则其在言语者初不为殊矣，孔孟何有意于同异哉？"（卷三，页 28）

◇ **本然之性是人与禽兽、万物区别的关键**

为程朱本然之性辩护。大意以为人、兽、物之别不在于气质，而在于其有生之初，即人于其生之初为最灵。人之为灵体现于人能长养万物及自身，通过修习，增进其才智德行。而人之最灵尤其体现于人可学至圣人，而兽、物皆不能。此种区别，源于有生之初，此即程朱所谓本然之性。如此下去，则亦可从人禽之别论性善矣。其言曰："予尝论本然之性曰：胚胎之始如露乎？则既有气质之性者存焉。是所谓本然之性者，悬诸未生之前乎？则不可谓之人之性也。……以此观之，人皆可以学至于圣人者，其有之于生之初也。岂不昭昭乎明焉哉？但自其生之定者命之，曰气质之性。自其虽定能变可以至于圣人者，命之曰本然之性。故世学者之论，往往乎至于气质之性而极者，为其际人如土石故也。为其不见于人之最灵而非死顽物故也。此程朱二夫子所谓本然之性者，岂非睹乎天地之生者邪？"（页12—13）论人与万物之别。

《萱园十笔》

载《续儒林》第一册，页1—202。此书似为后期代表性言论汇集，与《萱园随笔》代表50岁或45岁以前以程朱为宗不同。

◇ **主张人性善恶皆有，不可夸大一方或偏废**

其中《萱园十笔·二笔》谓孟子性善、荀子性恶各有道理，不可偏废。此与前述赞同扬雄善恶混之说极近。其言曰："孟子谓之性，荀子谓之伪。伪，人为也，非诈伪也。其实仁义之德，圣人所养而成焉，生之始岂有此盛哉？故荀子云尔。然生之始若不有此盛之理乎，则虽圣人亦未能养而使至于此极也。故孟子云尔。要之，二家不可偏废。"（页23—24）

又《萱园十笔·二笔》称"生之初一善，养以成万善。均之，非外乎性。故孟子言性善也，必谓生之初具万善，有是理，岂有是事？故程子之言过矣。必谓生之初不具万善，无是事，岂无此理？故程子之言过矣，必谓生之出不具万善，无是事，岂无此理？故仁斋之言过矣。谓性，理也；事之理亦理也。谓事，非性也，事从何来？"（页31—32）此处亦类似善恶混之说。

又《萱园十笔·五笔》称孔子实主张人性因人而异，不可能用善恶笼统称之。"孔子答为仁为政之问，人人而殊焉。后人或性善，或性恶，或格物，或致良知，皆执一说以欲尽乎圣人之道，难矣哉！"（页102）

◇ **"继善成性"是指人继而成之，非指天道流行**

论《周易》此段甚多。大抵强调继善成性是指从天道下降到地面和人间，继善是指以善继之，指善人或圣人之继；成性是指人、物继天之道而各成其性。成性，即成就其气质之体。

"一阴一阳之谓道，继之者善，成之者性。第一句言天道也，圣人继之以善。善者，言圣人之道也。继云者，犹之继天为天子之继也。圣人不兴，道几乎熄，故继乎绝，谓之继焉。善之成德也，人各以其性乎成德焉。有知者焉，有仁者焉，有百姓者焉，所谓性相近也，习相远也。朱子以继善为天道之流行，昧乎字义矣。且也一阴一阳，岂非流行邪？"（《萱园十笔·三笔》，页43）

又谓："易曰：继之者善，成之者性。人各以其性之所近而成德焉，守而不失之，是谓之据，《周礼》所谓'敏德以为行本'是也。"（《萱园十笔·四

笔》，页85）

又谓："一阴一阳，变动不居，易道也，亦天道也。然不有善人，天道几乎熄矣，虽有功用不见。故承继以行之民者，唯善人为尔。然不有民，孰能成其业？民之性禀于天，故顺其性所殊，各成其业。故成之者，性之力也。"（《萱园十笔·八笔》，页164）

又于《萱园十笔·十笔》（页187）称"继善成性"为"坤元资生，在地成形也"，此乃"广冒天下，非君子之道也"。以"一阴一阳"指天道，以"继善成性"为地道，两相对应。故此可以理解为何反对程朱等以继善成性为天道流行。（继善指善人继天道，成性指各成其性。据此，则此段不可引用以证性善矣！）

又《萱园十笔·十笔》（页197—198）称："继善"之"继"是指筮之所得只是上半片，《易》所言皆上半片，而下半片指待人以善心继之，易道唯此方得全。"人以善继之者虽同，而至于其成事业，则人各以其性殊，故曰：成之者，性也。"（页198）前面称"易有四象……六十四卦取象，亦有取半体者，可见是四象也"（页197）。

◇ 性善之说导致礼乐之废

"性善之说出，而礼乐几乎废矣，故荀子有礼乐论。"（《萱园十笔·三笔》，页44）又谓："观乎孟子养气之言，审矣礼乐扫地也。礼乐之教而在焉，何事于养气也？"（同上，页47）

◇ 孟子倡性善为与老庄争

"……孟子就心求仁，以明性之善，是与老庄贵自然，以仁义为先王所设者争也。"（《萱园十笔·三笔》，页76）

◇ 德指人性之所成，人性万殊故德亦多样

大抵认为人性多种多样，所以不能或不必将所有人之德统一成一种，《周礼》六德只是德之大目，"盖非人人而有此六德也"（《萱园十笔·五笔》，页98）。"凡所谓德者，多以人性之所成而言。人之性万殊，故德亦有大小种种不同。"（同上，页98）

◇ 反对仁义礼智为性

此汉儒及宋儒之说，非孟子之说。（萱园十笔·五笔，页99）在别处亦言孟子以仁义礼智根于心为性，非以仁义礼智为性。又谓孔子罕言性与天道，后世以仁义礼智信五者配五行以称性，疑此非圣人之教。（同上，页101—102）

◇ 孟子之言仁义礼智乃开争端

"孟子之言，号召其门外而与百家争者言也。"（《萱园十笔·五笔》，页99）又谓孟子不从事于礼，而从事扩充是非之心，"此孟子与门外争性善者言也"（同上，页101）。"子思、孟子皆与门外争之言也。"（《萱园十笔·六笔》，页120）

◇ 以气质为性

《萱园十笔·六笔》："羁靮因马性，穿鼻因牛性，故羁靮穿鼻，可以知牛马之性也。先王之道因人性。故先王之道，可以知人之性也。"（《萱园十笔·六笔》，页120）从这里可以看出，他所讲的"性"是气质之性。

◇ 释"天下之言性"章

认为"以利为本"是指"以人之以为利而欲之者为本"，而非"以其以为不利而恶之者为本"。"天下之言性也，则故而已矣。言凡天下之言性者，如告、孟、老、庄，皆不过以故常言之耳。然亦当以人之以为利而欲之者为本焉。若以其以为不利而恶之者为本，则凿矣。故次引禹之行水也，至下文曰：'天之高也，星辰之远也，苟求其故，千岁之日至，可坐而致也。'此言故之不可罪也。唯恶乎凿耳。或训故为事，为所以然之故。皆不通矣。"（《萱园十笔·六笔》，页122—123）

◇ 释"口之于味也，目之于色也"章

认为"君子不谓性也"是指"口之于味也，目之于色也，耳之于声也，四肢之于安佚也，皆性所欲也，然其得与不得有命焉，君子安于命，而不谓以为性也"。（《萱园十笔·六笔》，页123）孟子并不是说口目耳肢之欲不是性，而是指因得与不得取决于命，不因其为性之欲而求必得。

◇ 释"杞柳栝棬"章

大抵认为告子以性为杞柳、以仁义为栝棬并不错。杞柳不为栝棬则无所用，人性不为仁义亦无所用。因此，何必言性善？"性犹杞柳也，仁义犹栝棬也。此言为未有病。何也？杞柳不为栝棬，则无所用也，犹率其性而不为仁义，亦无所用也。然非人则不可为仁义也，犹非杞柳不可为栝棬也。则何必言性善哉？亦何必害于性善哉？"（《萱园十笔·六笔》，页126）

◇ 释"形色天性也"章

形色指作色。"'形色者，天性也。'色如天子穆穆，诸侯皇皇之类，介胄有不可犯之色之类，所谓威仪也。"（《萱园十笔·七笔》，页135）

◇ 释"成性存存"

"成性存存，道义之门。言万物之成其性者，存存弗已。今牛非古牛，今马非古马，然其健顺之性弗亡，是道义之所由出也。又曰：'知崇礼卑'，此人之成性者，所以存存不失，而道义之所由出也。"（《萱园十笔·七笔》，页143）

◇ **不需要变化气质，只需要各成其器**

反对"变化气质"之说，因为人人各因其气质而成其器，从而人人所成之材亦不必同。此说甚合当今专业分工之世需要。谓："人自咎其气质之偏，怨天者也。古之时无变化其气质之说，随其气质所近，养以成器，先王之道也。臧武仲之知，孟公绰之欲，卞庄子之勇，冉求之艺，养之以礼乐，皆可以成器，故谓之成人。养之成器，然后其材焕然见焉，故曰文之。"（《萱园十笔·七笔》，页146）此说似与夫子"君子不器"之说悖。

◇ "尽性"指各成其独有之特性

又谓"尽性"不过是指人物各成其特殊之性，不必过于引申。"《易》《中庸》尽性，皆赞圣人能尽人物之性情，如马羁靮牛穿鼻是也。程朱乃谓尽性所具之理，而以之强学者，可谓过矣。"（《萱园十笔·九笔》，页180—181）从人人各成其材出发，反对人人可以为圣人之说："人人可以为圣人。圣人，王者之德也，人人而王，岂有是理哉？亦无此事矣。观于孔子教人，各成其材，将以用之也。"（《萱园十笔·七笔》，页129）

《论语征》（共十卷，1740年）

物茂卿（荻生徂徕）：《论语征》（共十卷，1740年），载《日本名家四书注释全书·论语部》，关仪一郎编纂，东京：东洋图书刊行会，大正十五年（1926年）。此书末记原版本信息为"武江书林松本新六梓行元文五年庚申首夏"，则刊年为1740年，共358页。是书为《论语》一书逐章逐段注解。较少引他人或前人，大段阐释己意。

本书注《论语》称"性"为"性质"，进一步强调了孟子好辩，未得孔子之旨。性善、性恶之说皆是应对老庄之说而起，然皆失孔子之旨。孔子、孟子之旨并不一致。另外，解孔子"上智下愚不移"时称"移"不是指"性可移"，而是指学习以后发生了变化，此说甚有新意。

◇ "子曰：性相近也，习相远也" 章注

性者，性质也。……自孟子有性善之言，而儒才论性，聚讼万古。遂以为孔子论性之言，而不知为劝学之言也。盖孔子没而老庄兴，专倡自然，而以先王之道为伪，故孟子发性善以抗之。孟子之学，有时乎失孔氏之旧，故荀子又发性恶以抗之，皆争宗门者也。宋儒不知之，以本然气质断之，殊不知古之言性，皆谓性质，何本然之有？仁斋先生辨之者是矣。然仁斋又以为孔子、孟子，其旨不殊焉。……然孔子之意，不在性而在习。孟子则主仁义内外之说，岂一哉？且孔子以上知下愚不移，而孟子则人皆可以为尧舜。则孟子亦岂非以理言之邪？大氐孟子之言，皆与外人争者，岂可合诸孔子哉。（页314—315）

◇ "子曰：唯上知与下愚不移" 章注

盖自有孟子有性善之说，而学者以善恶见之，遂日习有善恶，而至于以下愚为桀纣之徒焉。又自孟子好辨，而学者率以言语为教，务欲以言语化人，一如浮屠。……（页315—316）

盖 "移" 云者，非移性之谓矣。移亦性也，不移亦性也。故曰上知与下愚不移，言其性殊也。中人可上可下，亦言其性殊也。不知者则谓性可得而移焉。夫性岂可移乎？学以养之，养而后其材成。成则有殊于前，是谓之移，又谓之变。其材之成也，性之成也。故《书》（《太甲》）曰："习与性成。" 非性之移也。（页316）

75. 太宰春台（1680—1747）

【文献】井上哲次郎、蟹江义丸编《日本伦理汇编》第六卷《古学派の部（下）》，东京：育成会，明治三十六年（1903年）十月九日再版发行。

太宰春台，又号紫芝园，又称太宰纯，荻生徂徕门人，与徂徕一样反对性善论。日本德川时期的儒学思想家，萱园古学派的代表人物之一。其通晓经学和近世汉语，精于经济学。信州饭田人。青少年时代跟随荻生徂徕学习儒学。32 岁加入萱园社，为捍卫徂徕古学从事学术和教育活动，著述颇多，终身清贫。主要著作有《经济录》《论语古训》《六经略说》《辨道书》《圣学问答》。

以下所引出自井上哲次郎、蟹江义丸编《日本伦理汇编》第六卷《古学派の部（下）・太宰春台》，此书"太宰春台"条在页 204—330，其中"圣学问答（上卷）"在页 234—268。原版为日文，引用时译成中文。

《圣学问答》卷之上（1852 年）

◇ 性善非圣人本意

"今遍寻六经之中，不曾见性善二字，凡古之圣王之道，不言人之性。孔子所言'性相近也，习相远也'，仅此而已，不说性善性恶。孔子平日亦不多谈性。门下弟子鲜有问之者，故子贡云：'夫子之言性与天道不可得而相闻也'。"（页 239）"说六经之道，以孔子之言定其是非也。不论何事，皆以孔子之说为规矩准绳，定是非邪正者，后之学者之大法也。"（页 240）

◇ 圣人之意在习，不在性

"孔子所言之意，在习相远也一句，然孔子之意不唯拘于性，只以习为重也。"（页 240）盛赞欧阳修"圣人之教人，性非所先"胜于程朱（页 240）。"自孟子荀子起性之说，宋儒之徒，以此为学问之要，故圣人之道差谬，与浮屠氏无别。"（页 240）"论性之说，子曰'有教无类'，曰'习相远也'。人只因教与习之异，而成君子小人，专说非唯君子小人二类者也。此乃古圣人之旨也。"（页 240）

◇ 孔子本旨性有三种

见页 240—241。孔子有上智与下愚不移之说，可见分人性为善、恶及中庸三种。"究以孔子之言，总其要，人之性，有善、恶和中庸三种。"（页 241）故扬雄善恶混之说，与孟荀一样，皆不区分人性之不同种类，违背孔子本意。

◇ 韩愈性三品说得圣人之旨

见页 241—242、页 245。"人之性虽万人万样不同，究如上所说，大约为善、恶、中庸三类。此乃孔子之旨也，韩退之将人之性分三品之说，与此合，孔子之后，胜于孟子荀子，得圣旨，知性之说者，退之一人也。"（页 242）韩愈虽尊孟子，然于人性之说，不取孟子。（页 245）其言孟子"醇乎醇者"

未免过誉，"孟子为豪杰，故为大醇大疵"（页245）。

◇ **荀子性恶说矫枉过正，孟荀杨皆不分性之种类**

见页242—243。"然孟子与荀子，性之说相反而不同，于违圣旨者同等之罪也。"（页243）"人之性，有唯善无恶者，有唯恶无善者，何谓天下之人皆善恶混之性耶，可见其谬。孟荀杨三子，皆不知性而谬说。"（页244）

◇ **宋儒尊性善为敌佛法**

因为佛法主张众生皆有佛性，皆可成佛。"然宋儒唯孟子性善之说为是，以荀杨二家为非者，佛乘有言：'一切众生，悉有仏性，草木国土，悉皆成佛'，羡之，言儒者亦有如是者，为敌佛法之故也。"（页244）

◇ **人心本有仁义礼智为"无理之谈"**

见页247—253。仁是德，义与礼皆是道。智是取舍。义、礼皆因不同国家、不同民族而别，本无定体，岂可称人心固有？

◇ **告子论性皆是，徂徕之言然**

见页253—262。对于孟告论辩，宋儒及仁斋都认为孟子是、告子非，独徂徕认为告子是、孟子非。太宰春台赞成徂徕之说，肯定告子论性之是，甚至认为："孟子不如此问，直言犬之性与牛之性同欤，牛之性与人之性同欤，故告子不答。此与孟子之前二问，其旨大变，故告子不答。究孟子好与人争，不欲负于人，故言此无理之辞。告子不复答，其心不好争，长者也。鄙谚有吵架比声高，孟子声高者也。"

◇ **孟季子与公都子论性，季子是都子非**

见页262—263。认为孟季子与公都子论性，公都子错而孟季子对："孟季子信告子之说，确得义外之解，故以此说与公都子论辩。公都子即以敬长之义答之。一再论之，终为季子追问所困，不能答，告孟子。孟子又辩之。虽乍闻于理相合，究见之当敬而敬之，轻敬之，重敬之，皆义也。此义乃先王之教，见之当敬而起，此义外者弥明。故季子闻此而不解，季子之不解者，宜也。公都子欲晓之，以饮汤饮水譬之。此又与孟子所谓嗜炙者同意，无理之辞也。冬饮汤，夏饮水，随时之宜而取舍，固心中之所忖，谓之内者尚可，以之为义，比之于敬长之义者，大为无理之辞也。冬好汤，夏好水，天下人之常性也，天性所具好恶也。告子所谓食色性也，是也。此情者，无圣人以前有之。何以敬长之义比之耶。敬长者，圣人之道之义也。非存于人性之本分者。"

◇ 公都子论性之三义如何

见页263—266。批评公都子论性为僻论。其论性三说："第一为告子之说，第二第三为某人之说，今觉后二说亦皆告子之言。三说之中，初之说与次之说，意一也。第三之说，言性有善与不善二类，因上二说意一，故共三类也。天下人之性，不出此三类。此乃孔子之旨也。"

◇ 朱子以阴阳五行之气论性之谬

见页266—268。批判朱子以阴阳五行之气说性善，人之不善是由于气质，人之性即天地之性，天地无不善，则人之性无不善。认为此说"欲立性善之义，杜撰不存于古圣人之道者也。究不知造化之理之故也。天地之性无不善者，受其气而生者，亦无不善之性，此说乍见为合理之论，实昧造化之理。所谓阴阳五行之气无不善者，谬论也"。

76. 冢田大峰（1745—1832）

【文献】冢田大峰：《孟子断》刊本二卷，载关仪一郎编纂《日本名家四书注释全书·孟子部》，东京：东洋图书刊行会，昭和三年（1928年）六月三十日再版发行，共计88页（独立页码）。

是书与中井履轩《孟子逢原》合为一册（独立页码）。此书非注解体，择重要章节点评，故篇幅较短，署名"日本信浓冢田虎撰"。书末注"雄风馆藏江都书肆嵩山房发行"，盖为此书原来版本。

冢田大峰，名虎，字叔貔，号大峰、雄风馆，江户后期的儒学者，信浓国水内郡长野村人。作者于孟子性善论持否定态度，认为这不是孔门教义，倾向于人之为善待于后天。认可告子"以人性为仁义犹以杞柳为桮棬"说，并证明告子"仁内义外"之说古来有据，然不同意告子以生为性说，谓非孔子本意。

《孟子断》

◇ 性善性恶皆非孔子所道

评〈滕文公上〉首章曰："孟子道性善，性善性恶之论，孟荀而下，诸说喧哗也。然皆孔门之所以不道。其辩具于圣道合语。"（页33）

◇ 人性岂能为仁义，必待讲学切磋

评〈告子上〉首章原文曰：

> 杞柳能为桮棬，而松柏不能为桮棬。人性能为仁义，而犬马不能为
> 仁义。虽然，人岂性而能为仁义哉？必待讲学切磋，而后能为仁义也。
> 杞柳岂性而能为桮棬哉？必待矫挠揉屈，而后能为桮棬也。如切如磋者，
> 道学也。如琢如磨者，自修也。故以人性为仁义，犹以杞柳为桮棬。此
> 告子之说，实是也。倘如孟子之说，人皆性而为仁义，又何以切磋琢磨
> 为也乎？（页66）

> 水之就下，其性自然而然矣。人之为善，岂其自然而然哉？性犹湍
> 水，专在所学习而已。然告子以为生之谓性，则圣言之所无焉。孟子以
> 犬牛之性论之者，可谓分了也。（页66）

> 仁，内也，非外也。义，外也，非内也。《管子》曰："仁从中出，
> 义从外作。"然则告子之言，固古也哉？然告子与孟子皆以长长以义者，
> 非义之当然也。《书》曰"以义制事"，《易》曰"义以方外"。此义也
> 者。先王之教，而制凡行事者也，何独以长幼论之。其辨前篇既出焉，
> 孔子曰："门内之治恩掩义，门外之治义掩恩。"亦可以见也。孟子类仁
> 义者，固非古训。（页66）

◇ 性善只是孟子一家之教

又评〈公都子〉章曰："此章性善四心之说，皆如前既辨焉，只是孟子
一家之教也已。"（页67）

◇ 朱子性即理之说非孟子本意

评〈尽心上〉首章曰："朱注性理之说，固其一家之学，孟子岂有意乎
如是之穷理哉？"（页73）

◇ 对孟子的全面批评

开头"总论"（页1—7）对孟子一生的思想进行了全面评价，基本以批
评为主。大抵认为孟子并未真正继承孔子遗志，专注内心、养气、性善，皆
非圣门之教，称"如轲乃是战国之一辩士也已，非亦有德义可崇焉，宁与古
圣人同日之谈乎哉？"（页3）。唯六经、二语（论语、孔子家语）、孝经传记
为圣人真谛所在，尤其批评韩愈、程颐等人对孟子的高度评价，称韩愈"太

甚矣，其推尊孟轲也"（页 3）。程子称孟子有功于圣门，"以为仲尼之不足，孟轲足之乎?"（页 4）孔子之教重在于学，徒思无益，"孟轲则不主学，徒求之心，四端、性善、养气、存心尽心之说，皆是使人自思者也。以孔子见之，则是所谓以思无益者而已。以其所谓无益者，如何得启孔门之关钥"。（页 5）"扬雄及韩愈以下，推尊孟子之甚者，以其必言仁义也已。而其必言仁义者，即是孟子之所以异于圣教，而我之所以不信也。"（页 5）

77. 丰岛丰洲（1737—1814）

【文献】丰岛丰洲：《论语新注》（四卷，1802 年），载关仪一郎编纂《日本名家四书注释全书·论语部》，东京：东洋图书刊行会，大正十五年（1926 年）。共 174 页，独立页码。注作者为"武藏丰干子卿氏学"。据自序是书初版于宽政年间（1789—1800），后加"补抄及序辩"，序作于"享和壬戌孟春中冈氏人丰干书"，则此书写成于 1802 年。

丰岛丰洲，本姓中冈，名干，字子卿，别号由己亭、考亭。江户时代中后期的儒者，江户（现今东京）人，曾师从宇佐美灊水、沢田东江。他是反对宽政异学之禁的"宽政五鬼"之一，著作有《文学正路》等。

《论语新注》（1802 年）

◇ 主张人性善恶兼有
称"人性善恶兼备矣"（页 148），"人性相类，善恶俱备"（页 147）。以为关键在于如何修习。批评宋儒本然之性、气质之性二分。而宋儒本然之性为形而上之性，然"夫形而上者，则未有是形。未有是形，何处置性?"（页 148）

> 人性相类，善恶俱备。偏习，则一为善人，一为恶人。故致其相远。孟子性善说，则为长其善也。荀子性恶论，则为退其恶也。举在性该备善恶上而言。释此，则无有性说。故孔子乃以相近相远言之耳。（页 147）

◇ 批评程子以此句为言气质之说
称"以气为性者，非古人所语"（页 148）。因为气充满于天圆中，而"人既得性质，气从则生，不从则死，与性质已成之形异"（页148）。大意似乎以为性即是性质，气从之而有生命，故气为性后之物。

78. 中井履轩（1732—1816）

【文献】（1）中井履轩：《论语逢原》（四卷），载关仪一郎编纂《日本名家四书注释全书·论语部》，东京：东洋图书刊行会，昭和三年（1928年）六月三十日再版发行，共396页。与广濑淡窗《读论语》一卷（共58页）合并一书。两书独立页码。（2）中井履轩：《孟子逢原》七卷，载关仪一郎编纂《日本名家四书注释全书·孟子部》，东京：东洋图书刊行会，昭和三年（1928年）六月三十日再版发行，共476页。此书与冢田大峰《孟子断》二卷合为一册，各书独立页码。

中井履轩，名积德，字处叔，号履轩、幽人，大阪人。中井履轩虽被称属于朱子学派，其实对朱子批评甚多，尤其见于《孟子集注》。其反对朱子及理学家之处，有针对本然之性与气质之性二分者，有批评复初之说者（本然之性浑然至善）。可以说对朱子之批评贯穿《孟子逢原》始终。此实与当时古学派，特别是与荻生徂徕非常一致。[①]

《论语逢原》

此书为《论语》逐章详注，署名"水哉馆学"。

大意以为孟子性善之说，为劝暴弃者而言，与孔子性近习远之旨一致，仅仅是言辞紧漫之别。其注"子曰性相近也习相远也"章曰："孔子曰'性相近'，孟子曰'性同然'。其义一也，辞有紧漫而已。"（页343）又称："孟子道性善，称尧舜，皆所以鞭策暴弃者。暴弃，何不移之有？"（页345）

另一有趣观点是认为"性近习远"章专言性，不言气质，"气质非性也"；下章"唯上智与下愚不移"专言气禀，而非论性。因此两章含义不同，相混不当。（页343—344）

---

① 参黄俊杰评论：Chun-chieh Huang, "Nakai Riken's Interpretation of the Mencius：'Goodness of Human Nature' and the 'Way' Redefined", in Chun-chieh Huang, Gregor Paul, Heiner Roetz, eds., *The Book of Mencius and its Reception in China and Beyond*, Wiesbaden：Harrassowitz, 2008, pp. 117 – 145。

《孟子逢原》

此书为《孟子》逐章注解，包括词义及章旨。文字简练，内容以朱熹集注本底本，而正文亦时时对《集注》加以辩驳。署名"水哉馆学"。其"序说"引韩愈、程子、杨时之言，似可见其理学立场。然其辩驳朱子《集注》及程子随处可见，知非死守朱子。并称："凡注娓娓叙说者，皆宋代理气之说，而未吻合于孔孟之言者，是别自立言可也，未可主张用解孔孟之书也。"（页319）

◇ **强调习的重要性**

"人之不善，唯习与蔽之由。注特举蔽，而不及于习，为未备。但此不论气质禀之偏正者，为得孟子之旨。他处并气禀论之者，皆非。"（页139）"注"指朱熹《集注》。

◇ **朱子人性浑然至善之说丢失孟子扩充、存养之旨**

批评朱注人性"浑然至善，未尝有恶……初无少异"之说（见《集注·滕文公上》首章注）曰："浑然至善，初无少异，语并太深，即其复初之说，而非孟子扩充之旨。若果至善矣，亦何须扩充？"（页139）此说强调，朱子人性浑然至善之说，丢失孟子扩充、存养之旨。"孟子之扩充，工夫在外。程朱之扩充，工夫在内。此其不相合处。"（页139）

◇ **宋儒复性之说殊非孔孟之旨**

"复性之本，殊非孔孟之旨。若孟子，唯有扩充而已矣。扩充者，进往也。复初者，还家也。其道犹阴阳矣。凡复初诸说，并不得采入于七篇解中。"（页327）

◇ **顺杞柳柔曲之性乃可为桮棬**

〈告子上〉"杞柳"章注曰："杞柳柔而易矫，故有顺性之说。"（页316）

◇ **孟子之"性"专指人性，不包括物性，亦不可作"理"**

"性专谓人生而已，不当挟物性作说。"（页252）注〈尽心上〉首章曰："性字，经唯以人而言。"（页385）

◇ **性指特性，不指理**

"性字，经唯以人而言。注乃以穷理为解，乃是包万物、笼天地，其义汎然，不切于人，又与'知天'句相碍。若谓万物具于性中，知性即穷理，则天亦理而已。"（页385）"性即理也，是语有病。"（页139）又谓：

水之性寒，火之性热，镜之性照，刀之性割，狗之性守，鼠之性窃，人之性善，虎之性害。各性其性也。性岂得用理一字作解哉？（页140）

据此，则其所谓性，指性质、特性。

◇ **性善是讨四端之心所以然之故**

"人皆有恻隐羞恶之心，因讨其所以然之故，谓性善，是孟子之正论矣。"（页252，注"天下之言性"章）并称公都子列举几种人性善恶观，亦是"必讨所以然之故"而立论。所谓"所以然之故"，即人们何以有善心或不善之心。

◇ **性善是针对时人气质为性说**

他认为，孟子讲性善是针对是时人以气质为性且性不可移而说，故性善说之旨，在劝人迁善希贤。性与气质为二物，本不可混，孟子正欲以性善说矫正时人气质为性说。（页327—329）

气质指人的昏明强弱，本无所谓善恶，"有不足恤者"，此气质非性。其言曰：

孟子之时，满天下之人，皆谓气质为性，以为不可变者也，遂自安于暴弃。孟子独揭性善，以绌气质之说。孟子岂不识气质哉？（页327）

性自性，气质自气质，判然二物，焉得有气质之性？即无气质之性，则性不待称本然。……而宋代之人，不自知觉焉。（页328）

气禀何必有不善。（页328）

昏明强弱，究竟气质之优劣而已。……岂可一之哉？然优劣者，愚夫愚妇，皆能知之，不俟识者之辨矣。但以此为性，而意其一定不可移，遂自画，而无迁善希贤之心。所以孟子有性善之说，使人扩充焉。迁善希贤，日进而弗息焉。若气质优劣，有不足恤者，且愚夫愚妇所知，故舍而弗论焉。孰谓之不备哉？（页329）

孟子何曾不识气质哉？但不以为性而已。（页330）

作者大意为气质不是性，气质人人殊异，人人亦自知。气质本身无所谓善恶。而性则指人人所同者。

◇ **"天下之言性"章（页252）**

"利是利导之利。本犹主也，谓以此为本事也，是定主意之义，是本干之本，非原本之本。""宜利导之，不当有所害。亦是率性扩充之意。""善言天者，必验于人。……注以'顺'解'利'，及自然之势，皆不通。""注"指朱注。

79. 龟井南冥（1743—1814）

【文献】龟井南冥：《论语语由》（1806年），载关仪一郎编纂《日本名家四书注释全书·论语部》，东京：东洋图书刊行会，大正十一年（1922年）六月三十日发行，共356页。与其他几本书，即《论证考次》《正平本论语札记》同册，但各书页码独立。

龟井南冥，江户末期医生、汉学家，龟门学创始人。南冥继承并发展了荻生徂徕的古文辞学并形成了自己独特的学问观。

《论语语由》（1806年）

本书宫崎舒安跋作于文化三年（1806年）冬十一月，朝阳源长舒之序作于"文化丙寅（1806年）冬十月"。书首载"龟井南冥传"称其"文化十一年殁，年七十二"，则其生平为1743—1814。此书内容为《论语》逐章注解。

◇ **性善、性恶之说皆属多余**

大意在人性善恶上，宗孔黜孟、荀；性善、性恶之说皆属多余，孔子曰性近习远，善恶已在其中，而关键在于修习，即所谓"习与性成""舍习而言性，吾不能知也"（页310），并声称"孟固可崇矣，亦固可刺矣"（页309），其意与东条一堂一致。

"子曰性相近也，习相远也"章注曰：

> 孟言性善，荀言性恶；孔子曰"性相近也"，善恶在其中也。……孔子曰"习相远也"，变与不变，在其中也。以余观之，孔子之言含蓄有余，诸子何不足之苦。而诡言纷挈乎？亦皆不知任之过耳。……唐虞之廷，比屋可封，非性咸然也。晋之朝士，大率不可信，习使然也。……故舍习而言性，吾不能知也。（页309—310）

80. 佐藤一斋（1772—1859）

【文献】（1）井上哲次郎、蟹江义丸编《日本伦理汇编》第三卷《阳明学派の部（下）》，东京：育成会，明治三十四年（1901 年）十一月八日发行。（2）佐藤一斋：《论语栏外书》二卷，载关仪一郎编纂《日本名家四书注释全书·论语部》，服部宇之吉、安井小太郎、岛田钧一监修，东京：东洋图书刊行会，大正十一年（1922 年）四月三十日发行，各书独立页码（全册无统一页码）。《论语栏外书》共 114 页。（3）佐藤一斋：《孟子栏外书》二卷，载关仪一郎编纂《日本名家四书注释全书·孟子部》，服部宇之吉、安井小太郎、岛田钧一监修，东京：东洋图书刊行会，大正十三年（1924年）十月三十日发行，共 116 页。与伊藤仁斋的《孟子古义》等另外三本书合为一册，各书独立页码。

佐藤一斋，名坦，字大道，号一斋，又号爱日楼、老吾轩，江户人。书中多理学观点，即以气质与天命之性二分为主。大抵谓天命之性纯善，而气质受于地，故有恶。气质或躯壳感于物而不能自主，故有恶。恶乃气质或躯壳过不及之所致，气质或躯壳并非真恶也。情、性、欲三者关系：性之动为情，然情有过不及之差，未必合于性；情之发而中节者，合于性；故情在动中见，性在动前有。欲为气质或躯壳之所有，可为恶亦可为善。

《言志录》（1813 年以下）

载《日本伦理汇编》第三卷，页 12—41。首条下记"文化癸酉五月念六日录"（1813 年），其弟子校刻时所撰之"跋"写于"甲申春仲月下浣"（当是 1824 年）。

◇ 性同质异

"性同而质异。质异，教之所由设也。性同，教之所由立也。"（页 21）若如此说，则气质非性欤？宋儒以气质之性亦为性，以释人性之恶，不以气质为性外之物。又谓："形质相似者，气性亦相类。人与物皆然。"（页 35）如此则似乎亦承认气质为性。

◇ 性、躯壳来源不同，善恶亦不同

大抵认为性禀于天，故善；躯壳受于地，故善恶兼存。然躯壳本来亦非

恶，只是过与不及罢了。"性禀诸天，躯壳受诸地。天纯粹无形，无形则通，乃一于善而已。地驳杂有形，有形则滞，故兼善恶。"（页22）然而，地亦"本能承乎天以成功者"，如"起风雨以生万物""又有风雨坏物"，所以"兼善恶"。然而，"其所谓恶者，亦非真有恶，由有过不及而然"（页23）。关于躯壳之善恶云：

> 性虽善而无躯壳不能行其善。躯壳之设，本趋心之使役以为善者也。但其有形者滞，则既承乎心以为善，又由有过不及而流于恶。孟子云："形色，天性也。惟圣人然后可以践形。"可见躯壳亦本无不善。（页23）

恶是由于人心受制于躯壳而有过不及之差。又《言志后录》谓：

> 须知躯壳是地，性命是天。天地未曾有死生，则人物何曾有死生？死生荣枯，只是一气之消息盈虚。（页45）

◇ **欲：能为恶，但亦能为善**

欲来源于"人身之生气"，此生气源于"地之精"。"人身欲气四畅，由九窍毛孔而漏出，因使躯壳炽其愿，所以流于恶也。"（页23）但孟子曰"可欲之谓善"，孔子曰"从心所欲"，舜曰"俾予从欲以治"，皆就善处言之。总之欲来源于地之精，故有恶。所谓地之精，指躯壳、肉身。

◇ **情之本体即为性，恶之本体即为善**

"情之本体，即性也。则恶之本性，即善也。恶亦不可不谓之性。"（页37）

《言志后录》（1828 年以下）

载《日本伦理汇编》第三卷，页42—72。首条下记"文政戊子重阳录"（1828 年）。

◇ **性为主宰之灵，与气质对立**

"气入而主宰之，则物不能活，人不能灵。主宰之灵，即性也。"（页51）此说当源于宋儒二性之分。以气质为恶，为后世所诉。

◇ **道心是性，人心是情。性由情见，二者不离**

"余谓道心，性也。人心，情也。精一执中，约情于性也，本体功夫存焉。其著功处，则为五伦之交，有亲义别序信之教，即感应自然之条理，见性于情也，功夫、本体存焉。……觅性于言语道断、心行路绝之际，岂果人伦乎？"（页51）

◇ **性之动为情，然情受习气之扰，则发不中节而离乎性**

性发为情，而情未必合乎性。情唯不受习气之扰，方能发而中节，纯以性动。"性之动为情，毕竟不可断灭。唯发而中节，则为性之作用。然锢闭自性者为习气，而情之发每夹习气，有所粘著，是锢闭也。故习气不可不除矣。工夫机筶，在一念发动上，就即反观自性，觅未发时景象以挽回之，则情之所感，纯以性动，无不中节也。"（页51）

◇ **为善为恶皆人之天性**

为恶是由于人体感于物而不能自主，可见与身体五官的天性有关，这等于承认人有为恶之性。还是气质与天地二性对立思路。"躯为何物？耳有天性之聪，目有天性之明，鼻口有天性之臭味，手足有天性之运动。此物也各专于一，而不能自主。则其与物感应，而物之自外至，或有塗耳目，胶鼻口，为其所牵引，以拗其天性。故人之为善，固是自然之天性。而为恶亦是拗后之天性。"（页53—54）

◇ **静坐**

"静坐之功，在于定气凝神，以补小学一段工夫。要须气容肃，口容止，头容直，手容恭，棲神于背，俨然持敬，就自探出胸中多少杂念客虑、货色名利等病根伏藏以扫荡之。不然，徒尔兀坐瞑目，养成顽空，虽似定气凝神，抑竟何益？"（页56—57）

《言志晚录》（1838—1849年）

载《日本伦理汇编》第三卷，页73—101。又《言志晚录别存》（载《日本伦理汇编》第三卷，页102—109，录"快烈公遗言遗事及余少壮履历"）篇首称"单记积年……录起天保戊戌孟陬月至嘉永己酉仲春月"（1838—1849年）。

◇ **论道统**

继承宋儒。"孔孟，是百世不迁之祖也。周程，是中兴之祖。朱陆，是继述之祖。薛王，是兄长之相友爱者。"（页75）

◇ 性情心与《易》《诗》《书》

"《易》是性字注脚,《诗》是情字注脚,《书》是心字注脚"(页78)。

《论语栏外书》(1862年)

此书弟子若山拯之序作于"文久二年岁在壬戌春三月"(1862年)。

《阳货·性相章》曰:"人或认习为性,故夫子特简别之,欲使人慎所习,以全其性。"(页97)此说还是阳明学之见,即莫以后天所成为性,性为先天所有;人当慎以习遮蔽其天性,故须全其天性。

《孟子栏外书》

此书内容为注释体,为《孟子》各篇、各章大意之阐发,故不详注文义。

《孟子·告子上》"告子章"释杞柳桮棬之说,称孟子本意是,必顺杞柳之性乃可以为桮棬,故必顺人之性乃可以为仁义。其言曰:

> 顺杞柳之性以为桮棬,则孟子见解固如此。故先举问之。意谓杞柳有柔曲之性,故能为环曲之器。他木不可以为桮棬,必杞柳而以为桮棬,则桮棬即杞柳,非杞柳外别有桮棬。犹人有粹善之性,故能为美善之行。他物不可以为仁义,必人性而以为仁义,则仁义即人性,非人性外别有仁义也。如告子见解,则不然。杞柳固无桮棬之性,必矫揉之、戕贼之,然后为桮棬,犹人无仁义之性,必隈括之、挢捏之,然后为仁义也。……故孟子以戕贼人、祸仁义责之耳。旧解以子能两句为辨失喻。(页80—81)

81. 东条一堂(1778—1857)

【文献】东条一堂:《论语知言》(写本十卷),载关仪一郎编纂《日本名家四书注释全书·论语部》,东京:东洋图书刊行会,大正十五年(1926年)十月二十日发行。此书共522页,题"大日本南总一堂东条弘著,男方荢喆编次,孙保、永胤校订",为其《四书知言》之一种。

此书引吴廷翰(号苏原,1491—1559)颇多,亦提及阎若璩。据书首安井小太郎"论语知言解题"称东条一堂卒于安政四年（1857年）五月，享年80岁，则其生年当为1778年。又称此书及作者其他书籍四十四种明治三十七年（1904年）"迄遗族たる东条永胤氏の家に保存せしも"（页3）。

东条一堂，本姓源，名弘，字子毅，通称文藏，江户后期儒者。著有《学范》《四书知言》《五辨》《老子标识》《系辞答问》等。

《论语知言》

其注"子曰性相近也章"，批评宋儒气质之性、本然之性二分，称宋儒做法是"唯恐孔子之与孟子，其言有相碍"，"夫人必有气质，然后有性，岂气质之外，更有所谓本然之性者哉？吴廷翰辨之允矣"。（页470）又认为才、性不分，"才岂外乎性哉？"（页470）

◇ **性之善恶并非要害**

批评孟子性善论，认为导致聚讼纷纭，莫衷一是。大意以为孔安国"君子慎所习"为是，即性之善恶并非要害。曰：

> 自孟子有性善之言，而儒者论性，聚讼万古。遂以为孔子论性之言，而不知为劝学之言也。古注性字无解，孔安国曰："君子慎所习"，得此章之意矣。（页470。"此章"为《论语》"子曰性相近也"章）

下引吴廷翰《吉斋漫录上》，吴氏以为《论语》"性近习远"与《周易》"继善成性"之辞论性，"后世莫加焉"。据《系辞》继善成性，则"成之之性，为阴阳之气之所成。……盖天之生人，以有此性也。性成而形，虽形亦性，然不过一气而已。……性之为气，则仁义礼智之灵觉精纯者是已"（页471）。然而形有长短、肥瘦，性有偏全，故有上智与下愚之别。但莫不有仁义礼智，故相近。吴并批评宋儒"性相近""兼气质而言"曰："夫惟本是气，而曰兼之，则性实何物乎？"（页472）

82. 广濑淡窗（1782—1856）

【文献】（1）广濑淡窗：《读论语》（写本一卷），载关仪一郎编纂《日本名家四书注释全书·论语部》，东京：东洋图书刊行会，昭和三年（1928

年）六月三十日再版发行，共 58 页。与中井履轩《论语逢原》合为一册，然皆独立页码。此书择录《论语》少量原文而解之。此书署名"苓阳先生口授，男孝笔记"。（2）广濑淡窗口授《读孟子》，载关仪一郎编纂《日本名家四书注释全书·孟子部》，服部宇之吉、安井小太郎、岛田钧一监修，东京：东洋图书刊行会，大正十三年（1924 年）十月三十日发行，共 30 页。此书与伊藤仁斋《孟子古义》、佐藤一斋《孟子栏外书》，猪饲敬所《孟子考文》合为《全书》一册。各书独立页码。

广濑淡窗，字廉卿，又字子基，号淡窗，初号青溪。江户时代的折中学派儒者、教育家、汉诗诗人。著有《远思楼诗钞》《析玄》《义府》《迁言》《怀旧楼笔记》《约言》《淡窗诗话》等。广濑淡窗学徂徕、南冥。

《读论语》

◇ 性在于习，而不在善恶

大意亦是以为孔子言知愚，而不言善恶，关键在于习，而不在善恶。〈阳货篇〉"唯上知与下愚不移"条称：

> 孔子言知愚，不言善恶。微说是也。微曰："孔子之意，专谓及学而为君子，而后其贤知才能，与乡人相远已，未尝以善恶言之也。如十室之邑，必有忠信如丘者，不如丘之好学也，亦同意。"（页 50）
>
> 尧舜之民，比屋可封；成康之世，刑措不用，可见恶变为善矣。若人之不辨菽麦，则非教之所能移也。（页 50）

《读孟子》

此书只是零星摘录《孟子》原文片段口头阐发理解，无考证。

"离娄下·天下之言性"条及"以利为本"条曰："以孟子意，则性善是利说；性恶及善恶混、有三品，是凿说。"（页 14）"利者通利，若禹之行水是也。"（页 14）

"告子上·生之谓性"条谓："程朱本然、气质之说，则以清水为人之气质，以浊水为物之气质，以日月之光为本然之性，清水能写天光，犹人之气质能全其性；浊水不写天光，犹物之气质不能全其性。"（页 18）

"告子上·生之谓性"条亦谓："程朱之意，在与佛老抗，嫌古说之浅狭，故构此义也。"（页18）"构此义"即上所谓本然、气质之说。

83. 照井全都（1819—1881）

【文献】照井全都：《论语解》，载关仪一郎编纂《续日本名家四书注释全书·论语部》，服部宇之吉、安井小太郎、岛田钧一监修，东京：东洋图书刊行会，昭和二年（1927年）十一月二十四日发行。此书共452页。作者《遗范碑》称"明治十四年二月二十一日病没，年六十三"（1819—1881）。书首有〈封建论〉〈礼乐论〉〈汤武论〉各一篇。署名"大日本陆中照井全都著，田正名编次，孙全吉校订"。

照井全都，生于盛冈，通称小作，号一宅，此外还自称螳螂斋。遗著有《论语解》《孟子解》《大学中庸解》等。《论语解》对《论语》逐章逐句精解，每章于各句下解原文，后于章末附一章旨意之解释。

《论语解》

◇ 性之义，在习学，而非善恶

大意以为孟子、荀子性善、性恶之意，皆只是劝人习学，关键不在于善恶，与孔子性近习远之意相同。此与前面丰岛丰洲、东条一堂、龟井南冥、广濑淡窗之意一致。

其注"子曰：性相近也，习相远也"章谓"相近""非善恶之谓也，善恶固冰炭黑白，不得言近矣"（页383），此章"论学之进与否，专在习而非性也"，学者们好恃性而不习，"故言彼基学之上达者，非性然也，习乃然也。此其学之不进步，亦非性然也，不习乃然也"（页384）。"彼既已知学而入于门者，性之善恶，固不足以责矣。"（页385）

又称孟子、荀子性善、性恶之说，只是一种劝善戒恶的策略，其本旨不过是为了劝人向学，根本目的是一致的，故二人皆举孟、荀，皆称尧舜与我同者，皆重学习。学者当于其异观其同，不必究其表面之意。其言曰：

> 若夫性善恶之说，则孟子荀子各在当时而广为众人劝为善也，是故皆举尧舜与同者以证之矣。……则孟子是说，于恶中拔其可以为善者，

以启入善之门户也。……荀子是说，于善中戒其可以至于恶者，以劝为善也。（页384）

二子之说不同，虽有黑白之别，然而彼其所为者，不得均焉也，至于其道善，则一也。一以引之，一以推之。孰为非？故曰：彼一时也，此一时也。是以有异语而同意者，有同语而意异者。读书者所以不得慢字义文理也。（页385）

……彼既已知学而入于门者，性之善恶，固不足以责矣。（页385）

84. 西岛兰溪（1780—1852）

【文献】西岛兰溪：《读孟丛钞》，写本十四卷，见关仪一郎编纂《读日本名家四书注释全书》，服部宇之吉、安井小太郎、岛田钧一监修，东京：东洋图书刊行会，昭和二年（1927年）六月二十八日发行。《读孟丛钞》共598页。

西岛兰溪，名长孙，字元龄。书署名"江户西岛长孙元龄"。安永九年（1780年）庚子十二月二十八日生，卒于嘉永（1852年）壬子十二月十五日，得故73岁。

《读孟丛钞》

此书内容主要特点是抄录各家注释，包括清儒焦循、阎若璩及日本学者如仁斋等人观点，略加本人按语，以"长孙按""长孙云"出现，按语不占主体。对原文章节及词语皆有详注，然亦时有不少《孟子》句子忽略不解。本书特点在于疏通文义，以集解与训诂为主要特点。

所收注解如清凌扬藻《海雅堂集》，阎若璩《孟子生卒年月考》，焦循《孟子正义》（引用甚多），明陈士元《孟子杂记》，宋林奇《孟子讲义》，王伯厚《困学纪闻》，尤侗《艮斋杂说》，张伦言《林泉随笔》，中井履轩《七经雕题略》（此书引用甚多），伊藤东涯《经说拾遗》、《孟子集注大全标释》（引用甚多），程拳时《四书识遗》，毛奇龄《四书賸言》，徐敬弦曰，琅耶代醉云，《古今大全》（明董思白、明黄葵峰等），赵注，孙疏，朱注，郝敬《孟子说解》（引用甚多），赵翼《陔余丛考》，顾廷纶《五亩之宅考》，伊藤仁斋《孟子古义》，张南轩《孟子说》，袁了凡《删正》，《四书释地》，《正解析讲》，《异同条辨》，《双槐岁抄》，等等。

◇ **孟子道性善，言必称尧舜**

引《七经雕题略》"是以尧舜为表的也，非以尧舜证性善。惟性善故尧舜可为也。"（页 186）

◇ **天下之言性者则故而已矣**

引用湛渊静及大段《四书膡言》文字。其中湛渊静语："天下之言性者则故而已矣，未知定说，但见庄周有云：'吾生于陵而安于陵，故也；长于水而安于水，性也。不知吾所以然而然，命也。'此适有故与性二字，疑战国时有此语。"（页 319）《四书膡言》亦说："陆子静有云：此故字，即庄子去智与故之故。盖故原有训智者，如杂卦随无故之故也，是无智计。而《淮南子·原道训》'不设智故'，谓不用机智穿凿之意，正与全文言智相合。是以孟子言天下之言性，不过智计耳。顾亦何害，但当不通利不穿凿为主。"（页 320）

◇ **〈告子上〉首章**

注引赵注、焦氏正义、郝氏《说解》《七经雕题略》，附长孙按。按中无新意，只说明告子"性，犹杞柳也；义，犹桮棬也"中"义"当连带指"仁义"。

85. 大滨晧（1904—1987）

【文献】大滨晧：〈孟子と告子の论争〉，载大滨晧《中国古代思想论》，东京：株式会社劲草书房，1977，页 205—240。

大滨晧，生于冲绳县，原为楠本正继的学生。著有《老子的哲学》（劲草书房，1962）、《庄子的哲学》（劲草书房，1966）、《中国思维的传统：对立与统一的逻辑》（劲草书房，1969）、《中国古代思想论》（劲草书房，1977）、《朱子的哲学》（东京大学出版会，1983）等。《中国古代思想论》像是个人论文集，不过每篇文章都很长。其他论文包括：①孔子思想的三支点，即道、命、乐；②老子における究竟的人间；③逍遥游；④庄子人间观；⑤他爱和自爱（墨家）；⑥名と实（《墨经》）；⑦中の思想（《中庸》）；⑧韩非子的政治思想（基础、要领和究极）。共 9 篇论文。以下评论根据杜雪雅的日文原文翻译作出。

〈孟子と告子の论争〉

对《孟子》中论性善的各种言论，就孟子本身的逻辑指出其漏洞，发现孟子对告子的批评不能成立之处，并分析前人的注解问题，从赵岐以来对孟子的辩护为何多因袭前人之弊而不能发现其误。作者也不是一味批评孟子，个别地方对孟子逻辑上的合理性亦加以肯定。文章确实发现了孟子若干逻辑上的明显漏洞，对告子的辩护似颇有力。总之，非常精彩。

◇ 论以人性为仁义与以杞柳为桮棬

与中国学者普遍理解不同，顺杞柳之性为桮棬被理解为"为桮棬是顺杞柳之性之故"，而非"为桮棬是逆杞柳之性之故"。日本学者普遍如此理解"顺杞柳之性"。

◇ 乃若其情则可为善中"可以"的含义

在《孟子》中有两义，一作可能，二作应当。无论是作可能，还是作应当，均无法得出性善的结论来。因为若作可能，则人性只是可能为善，不排除也可能为恶，故得不出人性善；若作应当，则只是表明性善之立场而已（即若如其情，当为善），更不能证明性善。

◇ 气与心之关系

孟子反对"不得于气，勿求于心"，因为以心为本，为善之据。然而另一方面，孟子主张"气壹则动志"，如此则气亦可影响到心，并非只有心影响到气。因此，并非在任何情况下都必须求之于心。这就是孟子自身的矛盾之处。

◇"无是馁矣""行有不慊于心则馁矣"两句中的"馁"怎么解释

一是无浩然之气，则心馁（道义乏）；二是解释为道义，则气馁（正气乏）。这是两种相反的解释，一以（正）气为重，另一以义为重，抑或同持两解，即解"无是馁矣"以气为重，解"则馁矣"以义为重。从孟子本文看无法得出何者正确的结论。

86. 李退溪（1501—1571）

【文献】李退溪原著，退溪学丛书编辑委员会编《退溪学丛书》第Ⅱ部

第 2 卷《陶山全书二》，首尔：退溪学研究院，1988，页 1—116。

李滉，字景浩，号退溪，又号陶叟、退陶，籍贯朝鲜庆尚道安东郡。退溪终身以朱子为师，继承其理气论、心性论、居敬穷理等思想并有所发挥，主要著作有《论四端七情书》《自省录》《朱子书节要》《启蒙传疑》《圣学十图》等。退溪是朝鲜继往开来、具有创造性的儒者，人称"朝鲜儒学之宗祖"。

退溪虽著有《孟子释义》一书，但对孟子人性论思想的阐发较为疏略，难以立论，故取其与高峰之间的书信往来作为探究其人性论的主要依据。

《陶山全书二》

◇ 以理气分言四端七情

退溪的理气说与心性论具有统一性，因此对其人性论的阐发离不开理气论的分析，用理气来分说四端与七情，正是其对于传统朱子学的突破。退溪虽用理来解释四端，但其重心却放在四端而非理，理只不过是为四端的纯善提供本体论依据而已。其言曰：

> 性情之辨，先儒发明详矣。惟四端七情之云，但俱谓之情，而未见有理气分说者焉。往年郑生之作图也，有"四端发于理，七情发于气"之说。愚意亦恐其分别太甚，或致争端，故改下"纯善""兼气"等语，盖欲相资以讲明，非谓其言之无疵也。（《答奇明彦论四端七情第一书》，页 20）

> 又因士友间传闻所论四端七情之说，鄙意亦尝自病其下语之未稳。逮得砭驳，益知疏缪，即改之云："四端之发纯理，故无不善；七情之发兼气，故有善恶。"未知如此下语，无病否？（《与奇明彦》，页 17）

> 若以七情对四端，而各以其分言之，七情之于气，犹四端之于理也。其发各有血脉，其名皆有所诣，故可随其所主而分属之耳。……且四端感物而动，固不异于七情，但四则理发而气随之，七则气发而理乘之耳。（《答奇明彦论四端七情第二书》改本，页 47）

退溪以四端与七情对举，初从朱子"四端理之发，七情气之发"之说，遭到高峰误解后，遂改为"四端之发纯理，故无不善；七情之发兼气，故有善恶"。最后又将其调适为"四则理发而气随之，七则气发而理乘之耳"作为定论。退溪的理发说不是为了说明理的属性，而是为了将四端的纯善性根源于理，才将四端解释为理发。将四端归于理发，是为了凸显四端的纯粹至善性；将七情归属于气发，是为了强调七情的有善有恶性。理发说强调人的内在的、先验的性理在现实中会自发地显为情，以此保证四端的纯粹善性，这无疑是对孟子性善论的继承与发展。

◇ 四端纯善，七情兼善恶

"四端"是孟子人性论的一个基本概念，而"七情"则是儒家另一经典《礼记·礼运》中的一个概念。在中国儒者中，四端七情尚未成为心性论论辩的主题，而在朝鲜儒学中，则将其视为论辩焦点。因此若要了解朝鲜儒者对于孟子人性论的看法，离开"四端七情"这一思想背景是不可能的。退溪认为四端与七情是异质性的存在，四端属性，故纯善；七情属情，故兼善恶。然而，这一辩论早已逸出了孟子的思想范畴，也非一般的朱子学所能涵摄。其言曰：

> 且以"性"之一字言之，子思所谓"天命之性"，孟子所谓"性善之性"，此二"性"字，所指而言者何在乎？将非就理气赋与之中，而指此理原头本然处言之乎？由其所指者在理不在气，故可谓之"纯善无恶"耳。若以理、气不相离之故，而欲兼气为说，则已不是性之本然矣。……诚以为杂气而言性，则无以见性之本然故也。……故愚尝妄以为，情之有四端、七情之分，犹性之有本然、气禀之异也。然则其于性也，既可以理、气分言之，至于情，独不可以理、气分言之乎？（《答奇明彦论四端七情第一书》，页21）

> 恻隐，羞恶，辞让，是非，何从而发乎？发于仁义礼智之性焉尔。喜、怒、哀、惧、爱、恶、欲，何从而发乎？外物触其形，而动其中，缘境而出焉尔。四端之发，孟子既谓之"心"，则心固理气之合也；然而所指而言者，则主于理，何也？仁、义、礼、智之性粹然在中，而四者，其端绪也。七情之发，朱子谓"本有当然之则"，则非无理也；然而所指而言者，则在乎气，何也？……四端，皆善也，……七情，善恶未定也，……（《答奇明彦论四端七情第一书》，页21）

为了回应高峰的质疑，退溪除援引朱熹"四端是理之发，七情是气之发"外，还援引本然之性与气质之性来证成四端七情之区分。在这段论证中，退溪着重强调"四端"与"七情"的异质性，即"四端之发纯理，故无不善；七情之发兼气，故有善恶"。具体来说，就是四端发于仁义礼智之性，七情则是由外物之触动形气所引发，两者在根源上和本质上均有不同。至于说四端是如何发于仁义礼智之性？我们可依据双重文本作出解读，按照朱子的解读，四端依据仁义礼智之性理而发，此性理本身不活动，即"只存有不活动"；按照孟子的解读，四端就是仁义礼智之心，也即本心的直接呈现，在此，本心与理（仁义礼智）、情（四端）是统一的。退溪在坚持四端与七情的异质性时，似乎并无自觉意识到，他将揭示出朱子思想的一个理论困境：既然四端之情以仁义礼智之性为其理，那么，七情之理何在？七情之中有不善之情，是否意味着有不善之性为其理？

◇ **四端亦有恶**

对于高峰四端亦可以有恶的思想，退溪虽表示部分认同，但认为其不足以作为否定性善论的依据。人性善具有存在论的根源，为形上之天理所保证，而四端只是其经验性的例证而已。其言曰：

> 四端之情，理发而气随之，自纯善而无恶，必理发未遂而掩于气，然后流为不善。七情之情，气发而理乘之，亦无有不善；若气发不中，而灭其理，则放而为恶也。（《圣学十图》〈心统性情图说〉，页198）
>
> 且"四端亦有不中节"之论，虽甚新，然亦非孟子本旨也。孟子之意，但指其粹然从仁、义、礼、智上发出底说来，以见"性本善，故情亦善"之意而已。今必欲舍此正当底本旨，而拖曳下来，就寻常人情发不中节处滚合说去。夫人羞恶其所不当羞恶，是非其所不当是非，皆其气昏使然，何可指此儳说，以乱于四端粹然天理之发乎？（《答奇明彦论四端七情第二书》，页20）

退溪认为人类皆普遍禀受天地所赋予的善性，但这种善性在现实的放逸中有所减弱和遮蔽，但并未完全丧失。四端作为偶尔显露的本性，也会因丧失本来面目而被歪曲。因此，我们在讨论仁之最普遍的天赋善性时，不能以被后天所歪曲的感性为依据。也就是说，四端虽有可能流于恶，但并不具有恶的根源，只是受到后天不利因素的影响而遭到扭曲。

◇ 以月喻性说

朱子曾借佛家"月映万川"来比喻理气关系，高峰则将此引入心性论领域，以天上之月比喻天地之性，以水中之月比喻气质之性。退溪虽然沿用了高峰的这一比喻，但其寓意却发生了根本性的变化。其言曰：

> 但就来喻而论之，天上水中，虽同是一月，然天上真形，而水中特光影耳。故天上指月则实得，水中捞月则无得也。诚使性在气中，如水中月影，捞而无得，则何以能明善诚身，而复性之初乎？然此则就性而取比，犹或仿佛；若比于情，则犹有所不然者。盖月之在水，水静则月亦静，水动则月亦动。其于动也，安清流漾，光景映彻者，水月之动，固无碍也。甚或水就下而奔流，及为风簸而荡，石激而跃，则月为之破碎闪飚，凌乱灭没，而甚则遂至于无月矣。夫如是，岂可曰：水中之月，有明有暗，皆月之所为，而非水之所得与乎？滉故曰：月之光景，呈露于安清流漾者，虽指月而言其动，而水动在其中矣。若水因风簸石激而汩月无月者，只当指水而言其动，而其月之有无明暗，系水动之大小如何耳。（《答奇明彦论四端七情第三书》，页68）

在高峰那里，虽天上之月与水中之月有区别，但在本质上二者是相同的。水中之月因水之清浊而有明有暗，以水之清浊比喻气质之不齐；四端与七情如同水中之月，但四端映在清水之中，七情映在浊水之中。退溪则将天地之性比喻为天上之月，将气质之性比喻为水，两者在本质上是相异的。虽然退溪也有将四端七情比拟为水中之月者，但四端如映在平静的水中之月，而七情则如映在搅动的水中之月，以水之动静比喻气质之不齐。我们可以进一步分析，天上之月映在平静的水中，水虽动却无碍于天上之月，也就是说四端虽有气之相随，却无碍其为理之发；天上之月映在搅动的水中，甚至因为激流过大而不见月影，此为水之动使然，非关理事，也就是说七情之不善出于气之动，与理无涉。水之动有大小之分，水中之月亦有明暗之别，以此说明七情有善有恶。由此我们可看出，退溪在其心性论上的一贯主张，即坚持认为四端与七情的异质性。

（闫林伟整理）

87. 李栗谷（1536—1584）

【文献】朱杰人等主编《栗谷全书》（下册），上海：华东师范大学出版社，2017。

李珥，字叔献，号栗谷、石潭、愚斋。谥号文成，本籍朝鲜京畿道德水县。其代表作有《栗谷全书》44卷，其中哲学著作为《答成浩原》《圣学辑要》《东湖问答》《击蒙要诀》《经筵日记》《四书栗谷谚解》等。栗谷与退溪并称为朝鲜"性理学双璧"。

栗谷虽著有《孟子释义》一书，但于孟子性善论阐发较少，难以立论，故取其与牛溪"四七论辩"往来书信作为主要依据。

《栗谷全书》下册

◇ 四端为善情之别名

退溪以四端为理，七情属气，从而将四端与七情看作异质性的两种"情"。栗谷则与此不同，认为四端和七情具有同质性，同属于一种"情"，四端可以包含在七情之中，四七的关系是"七包四"，"四端只是善情之别名，言七情，则四端在其中矣"。七情是情的全部，而四端只是全部情之中的善情而已。其言曰：

> 情一也，而或曰四，或曰七者，专言理、兼言气之不同也。是故人心、道心不能相兼，而相为终始焉。四端不能兼七情，而七情则兼四端。道心之微，人心之危，朱子之说尽矣。四端不如七情之全，七情不如四端之粹，是则愚见也。……四端、七情，正如本然之性、气质之性。本然之性，则不兼气质而为言也；气质之性，则兼本然之性。故四端不能兼七情，七情则兼四端。朱子所谓"发于理""发于气"者，只是大纲说，岂料后人之分开太甚乎！学者活看可也。且退溪先生既以善归之四端，而又曰"七者之情，亦无有不善"，若然，则四端之外，亦有善情也，此情从何而发哉？（〈答成浩原壬申〉，页345—346）
>
> 今以恻隐言之，见孺子入井，然后其心乃发。所感者孺子也，孺子非外物乎？安有不见孺子之入井，而自发恻隐者乎？就令有之，不过为心病

耳，非人之情也。夫人之性，有仁、义、礼、智、信五者而已；五者之外，无他性。情有喜、怒、哀、惧、爱、恶、欲七者而已；七者之外，无他情。四端只是善情之别名，言七情，则四端在其中矣，非若人心、道心之相对立名也。吾兄必欲并而比之，何耶？盖人心、道心，相对立名，既曰道心，则非人心；既曰人心，则非道心，故可作两边说下矣。若七情，则已包四端在其中，不可谓四端非七情，七情非四端，乌可分两边乎？……若以四端准于七情，则恻隐属爱，羞恶属恶，恭敬属惧，是非属于知其善恶与否之情也。七情之外，更无四端矣。（〈答成浩原壬申〉，页356—357）

栗谷继承孟子从四端之发而推衍出人性之善的思想，将四端与七情视为同质性的存在，同属于一个"情"。栗谷认为"四端只是善情之别名"，即四端可包含在七情之中。七情是指人的全部情感，有善有恶，而四端则是其中的善情。若将四端对应于七情，"则恻隐属爱，羞恶属恶，恭敬属惧，是非属于知其善恶与否之情也"。基于此，他批判了退溪以理气分言四端七情的错误，认为"若必以七情四端分两边，则人性之本然与气质亦分为二性也"，于理不同。

◇ **气发理乘一途**

对于退溪的理气互发说，栗谷并不认同其"理发气随"说，而只认可其"气发理乘"说，进而提出了"气发理乘一途"说。其言曰：

见孺子入井，然后乃发恻隐之心，见之而恻隐者气也，此所谓"气发"也。恻隐之本则仁也，此所谓"理乘之"也。非特人心为然，天地之化，无非气化而理乘之也。是故，阴阳动静，而太极乘之，此则非有先后之可言也。若"理发气随"之说，则分明有先后矣，此岂非害理乎？天地之化，即吾心之发也。天地之化，若有理化者、气化者，则吾心亦当有理发者、气发者矣。天地既无理化、气化之殊，则吾心安得有理发、气发之异乎？若曰吾心异于天地之化，则非愚之所知也。（〈答成浩原壬申〉，页355）

理，形而上者也；气，形而下者也，二者不能相离。既不能相离，则其发用一也，不可谓互有发用也。若曰互有发用，则是理发用时，气或有所不及；气发用时，理或有所不及也。如是，则理气有离合、有先后，动静有端，阴阳有始矣。（〈答成浩原〉，页361）

栗谷以人心为例，认为见到孺子入井之后，方会产生恻隐之心。恻隐之心之发为"气"，即所谓"气发"，而恻隐之根本为仁，即所谓"理乘"。不仅人心如此，天地之化亦然如是，由此证成"气发理乘一途"说。栗谷"气发而理乘"之说并非否定理的根源性或主宰性，而是认为理虽然是善的根据，但若无气，理则无可发，因为理是只存有不活动的。栗谷认为理气"决是二物"，发之者只能是气，但气之发是以理为根据的。基于气有形有为而理无形无为的"气发理乘一途"说的目的并非否定理的根源性，而是说天赋与人的善性被气所遮掩，而不能得其全。

◇ **变化气质以复性**

栗谷的理气论和其心性论是统一的，其哲学虽带有明显的"主气"倾向，但"气发理乘一途"说的目的是说明人的能动性和自律性，为人恢复到至善天理的境界提供了理论依据。其言曰：

> 圣人之千言万语，只使人检束其气，使复其气之本然而已。气之本然者，浩然之气也。浩然之气，充塞天地，则本善之理无所掩蔽。此孟子养气之论所以有功于圣门也。若非气发理乘一途，则理亦别有作用，则不可谓理无为也。孔子何以曰"人能弘道，非道弘人"乎？如是看破，则气发理乘一途，明白坦然。（〈答成浩原〉，页375）

我们知道，栗谷在论述心性论时，特别注重"气"的分析。因为相对于理的无形无为，气具有有形有为的特性，理只存有不活动，作为气的根据，通过气发生活动。就栗谷的心性论和理气论来说，两者具有内在的有机联系。栗谷强调气质的可变化性，其根据在于"气发理乘一途"说，气质所指向的善的根据便是本体之理。因此，最重要的便是如何检束有为之气。栗谷将人视为能动的存在，为了恢复其本然之性，应该努力察看有为之气，恢复气之本然，即"湛一清虚之气"。这一后天的修养功夫就好比储水的器具虽然清净，但由于水中掺入一些渣滓，因此只有通过澄净之功，水才能恢复其本有的清净。因此，我们论及栗谷的人性论便不可忽视其理气论，其理气论为心性论提供理论依据，其"气发理乘一途"说正是强调人的能动性与自律性，揭示人的纯粹之善，以此使人显现生而具备的至善天理。

（闫林伟整理）

88. 权得已（1570—1622）

【文献】权得已：《孟子僭疑》，载成均馆大学校大东文化研究院《韩国经学资料集成35·孟子一》，首尔：成均馆大学出版部，1991，页207—384。影印本，无标点。①

权得已，字重之，号晚悔，曾任礼曹佐郎。《孟子僭疑》本名《僭疑－孟子》，收入《晚悔集》卷四，其特点是"就［《孟子》］各章内容发表议论"（林荧泽《儒藏》〈题解〉）。

《孟子僭疑》

原本作《僭疑－孟子》（从《四书僭疑》中分出故如此名），今从《韩国儒藏》林荧泽〈题解〉改。

◇ 性为自然之理

释〈离娄下〉4B26"天下之言性也"章甚有新义（页298—302），尤其体现在其释"利""性""则故"及章旨上。大抵以为，所谓"性"指"事物自然之理"（页299）或"理之自然"（页300），如人见孺子入井而生恻隐之心与水之就下皆其例证；顺之则性存，逆之则"失性"（页301）；"利"指顺其自然之理，不利指逆其自然之理（页301）。又称"性"，即"人之所以为人，水之所以为水，物之所以为物"（页301），可谓发前人所未发。以三个"故"皆指"已然之迹"，指以过往行迹求其自然之理。作者重述此章大义曰：

> 凡天下之言性，但以已然之故为征，则可明。故者，必以顺其自然者为本，智者不顺其自然而好行小慧，则凿矣。此不利而非其性也。性即自然理，禹之行水，顺水之性，所谓故也。天之高，星辰之远，亦

---

① 《韩国经学资料集成》第35—48册《孟子篇》，全14册（首尔：成均馆大学校大东文化研究院，1991），各册页码独立、统一编排，各书皆影印本。中文版参张立文、王国轩总纂，国际儒藏编纂委员会编《国际儒藏·韩国编四书部·孟子卷1—4》（总第ⅩⅢ—ⅩⅥ册），北京：华夏出版社、中国人民大学出版社，2010。中文版于各书前加"题解"，作者多与《韩国经学资料集成》中韩文题解作者同，然中文版"题解"内容为韩国学者林荧泽等人新写，较《韩国经学资料集成》本大为丰富。

以故求之，无不得矣。大概此章专为处事物者设。（页302）

又曰：

> 此章因天下之言性而就其顺者以为定。（页298）
>
> 凡事物各有自然之理，所谓性也。"则故而已矣"，谓凡言性者，皆指已然之迹以为证，如韩子《原性》引叔鱼、越椒等事是也。后世有难断之事，必引故事以为参验，亦其类也。"以利为本"，故事之中，必以顺者为正。……其或气禀之偏，不可据以为证。（页298。方按：谓韩子等人所引非正，即孟子所恶之凿。）
>
> 曰"人物所得以生"，则人之所以为人，水之所以为水，物之所以为物，皆性也。当尧之时水逆行，鲧湮洪水，禹之行水，皆故也。逆行则失性，湮则凿，皆不利也。若禹则所谓利也，以人性言，则叔鱼、越椒逆行之类也；荀杨言性，用智而凿也。孟子之言性，所谓利也。推之事物，无不皆然。凡处事物者，以故之利者，求其自然之性而顺之行，其所无事则为大智。若反是而用其私智，凿而自私，则害其自然之理而反有所不达矣。（页301。方按：此段极精彩。）
>
> 若禹之行水，造历者之求其故，则事物之理皆有以得之矣。然则朱子所谓"人物所得以生之理者"，其主意盖在于事物也欤？（页302）

作者亦引经典曰"凡古文言利，多主于善"（页300），如"利者，义之和""忠言逆耳利于行"之类，称"盖顺理之自然，物各付物，则天地万物各得其宜而无不利矣，此利之为顺、为自然之说也"（页301）。

◇ **有则者亦是性**

释〈告子上〉"食色性也"章引张栻曰：

> 南轩曰："食色固出于性，然莫不有则焉。"然食色性也，而有则者亦性也。告子盖以人之性但知甘食悦色，而有则者人为也，此说则近于荀子。（页326）

此说甚为精辟。感官属性固出于性，但感官属性则亦是性。

大抵作者继承程、朱以理释性，而同时以理为则。故释〈告子上〉"富岁子弟多赖"章（6A7）时，引程子"在物为理、处物为义"后论义、理之别曰：

> 自人心之斟量当然而言，则曰义；自事物当然之则而言，则曰理；其实一物也。《诗》曰："天生烝民，有物有则。民之秉彝，好是懿德。"则是天理之当然，人心之同然也。……愚谓合宜之谓义，所宜之为理。（页327—328）

以理为"事物当然之则"，并引《诗》以证之。

89. 赵翼（1579—1655）

【文献】赵翼：《孟子浅说》，载《韩国经学资料集成35·孟子一》，首尔：成均馆大学大东文化研究院，1991，页385—665。影印本，无标点。

赵翼，字飞卿，号浦渚，著有《浦渚集》。《孟子浅说》（1639年）自序作于"己卯五月二日"，称在二十年前旧稿基础上，将原来的分类编排改成按《孟子》篇章次序而成。末附〈孟子分类目录〉，将《孟子》分为十类，包括性（卷一）、学（卷二）、心术（卷三）、人伦（卷四）、处身（卷五）、处世（卷六）、治道（卷七）、王霸（卷八）、异端（卷九）、道统（卷十）。原稿各卷无标题（这里各卷内容为本人概括），各卷附宗旨及相关章名。现本〈滕文公下〉〈离娄上下〉〈万章上下〉皆缺（缺3B1—5B9），盖因旧稿本依分类而作乎？

《孟子浅说》（1639年）

此书内容类似《孟子》讲义，注重各章大旨，据自序乃作者欲与朱子《集注》相发明而作，故其观点不违朱子而略申己意。

◇ 以全性、尽性释性善

卷五〈滕文公章句上〉滕文公见孟子，"孟子道性善，言必称尧舜"说曰：

> 言性之善，则举尧舜而证之。性本皆相似，尧舜与众人，其性同也。

观尧舜之圣则可知人性之皆善矣。但尧舜全之，而众人失之，故不同耳。人必学以克之，至于如尧舜，而后乃为尽其性也。……古之圣贤惟见性之本及道之正，故其论如是。不如是则失人之性与道矣。（页495—496）

方按：以全性、尽性释性善，性之善惟全、尽其性而后知。故性善不是指当下之性、部分之性，而是针对性之全、性之尽而论。此处颇有新意。

90. 李惟泰（1607—1684）

【文献】李惟泰：《四书答问》，载《韩国经学资料集成35·孟子一》，首尔：成均馆大学大东文化研究院，1991，页1—162。影印本，无标点。

李惟泰，字泰之，号草庐，著有《草庐集》。《四书答问》内容为问答体，先录一问，下面多引前人旧说以为答，而所引朱子之言尤多。所问内容有针对《孟子》原文者，亦不少针对朱子《集注》者。此书乃宗崇朱子典型之作也。

《四书答问》

◇ 从造化源头处与人生禀受处言性

〈滕文公上〉答问（其中○为原有）：

> 问："性善与《易》继之者善同耶？"○答："朱子曰：《易》言继善是指未生之前，孟子言性善是指已生之后。虽曰已生，然其本体初不相离也。"○"雪峰胡氏曰：孔子亦尝说性善，曰继之者善，成之者性，但善字从造化发育处说，不从人生禀受处说。子思曰天命之性，正是从源头说，但不露出善字，性善之论是自孟子始发。"（页64）

方按：这里分为造化源头处与人生禀受处两个不同维度。一是宇宙论角度，二是人性论角度。"天命之谓性"亦是宇宙论视角。《易传》正是只从宇宙论讲，未从人性论角度讲，而孟子显然只从人性论角度讲，未从宇宙论角度讲。但朱子认为两个角度是相通、相接的。

91. 朴世堂（1629—1703）

【文献】朴世堂：《思辨录－孟子》，载《韩国经学资料集成37·孟子三》，首尔：成均馆大学大东文化研究院，1991，页15—226。影印本，无标点。

朴世堂，字季肯，号西溪。《思辨录》为其一著，集成版辑出自其中孟子部分，故称《思辨录－孟子》。此书体例是先摘出《孟子》中重要句子，以己见解之，较少引用前贤。从内容看，作者对朱子之注解系统全面地提出质疑和异见，对几乎所有大小朱子注解都进行了批评，包括对程朱以气质之性释人性物性不同提出疑义（页115—116、页162—164、页216—218等）。

《思辨录－孟子》

◇ 性乃人性所有的道德禀赋

释"孟子道性善，言必称尧舜"曰：

> 性，即人所受于天以为其心之明而不违乎理者也。道性善者，谓人之无不可为善也。……孟子之意，欲使世子知天以善与我，我之为善唯反求而已。……夫尧舜者，实能尽其性而无不善者也。（页74）

方按：作者似以为性乃人心明觉所能认识到的理，此理当指生命之理，亦可指万物之理。用今人的话说，性乃人性所有的道德禀赋。此承程朱而来。后面释〈尽心上〉7A21"君子所性仁义礼智根于心"曰："根于心，谓心之所本有也"（页201），释〈尽心上〉7A30"尧舜性之也"曰："性之，谓自其始生全此性而不失所谓由仁义行者也。"（页209）这表明作者虽批评程朱，亦认同仁义礼智为心所本有之说。

◇ "故"为当然之理

释"孟子曰天下之性也，则故而已矣，故者以利为本"：

> 故者，当然之谓也。人之性亦不过为理之当然者耳。虽物亦然也，夫所谓当然者，有顺而无逆。故之以利为本，为此也。……《易》所言

"遂通天下之故"者，亦言其通乎人事之变，审于必然之理，使人以得决嫌疑而犹豫，岂已然之迹乎？（页122）

以"当然"释故，进一步称为"当然之理"（页124），极为罕见，所据《易传》"通天下之故"亦似有理。这样解释，于下文亦可通。作者进一步说：

> 所谓当然者，必以顺利而无穿凿之巧为本。穿凿者常烦劳而不能无事，唯安于顺利而处其当然者为无事也，如禹之行水是也。（页124）
>
> 以天之高与星辰之远，若审求其所当然之理，则从今以往，虽积累千万岁，可坐致其日至之期而无所失。夫然者，顺乎其运而已。（页124）

作者亦批评朱子以"已然之迹"释故，称"经传所载亦未有可指举以为据者"（页123）。

方按：以"当然""当然之理"释"故"，义近今日汉语"缘故"之故。据笔者初步检索，《孟子》中"故"约119见，多数情况下皆有"因此""所以"之义（如"故曰"［22见］、"是故"［17见］、"故也"［4见］之类）。① 以此看来，"故"或指"所以""所以然"义。但"故"作"因此""所以"时，在《孟子》及古汉语中似多作介词，非名词。"故"作名词而指缘故，古汉语似不多见，且"故"指缘故，亦从其故事（旧事）之义引申而来。

◇ **以实训情**

释〈告子上〉6A6"乃若其情"：

> 性之为言实也，犹所云物之情。《庄子》亦曰"如求得其情"，此盖言性之实，即可以为善也。（页159）

以实训情，早于戴震。

---

① 统计次数据北京书同文数字化技术有限公司开发的《书同文古籍数据库·四部丛刊09 增补版》检索，由清华大学图书馆提供，访问日期：2023 年 3 月 3 日。

◇ **性命之别**

释〈尽心下〉"口之于味也，目之于色也，耳之于声也，鼻之于臭也，四肢之于安佚也；性也，有命焉，君子不谓性也。仁之于父子也，义之于君臣也，礼之于宾主也，知之于贤者也，圣人之于天道也；命也，有性焉，君子不谓命也"（7B24）如下：

> 盖孟子之意，以为耳目口鼻四体之用，莫非性也，而其于声色臭味安逸未免有得之不得，则系乎命。仁义礼智与夫圣人之于天道，亦莫非性也，而其于父子君臣宾主贤否之间与夫道之行也，亦不免有得之不得，则此又命也。然前五者不可谓之性而求其必得，则当安于命而已，故曰有命焉。后五者亦不可诿之命而谓无奈何，则期尽吾心而已，故曰有性焉。此其分别性命，以为内外之辨者，不已明乎？（页218—219）

此说可参照王夫之、焦循、阮元之说。

92. 金幹（1646—1732）

【文献】金幹：《札记－孟子》，载《韩国经学资料集成37·孟子三》，首尔：成均馆大学大东文化研究院，1991，页227—708。影印本，无标点。

金幹，字直卿，号厚斋。著有《厚斋集》，《札记－孟子》为《厚斋先生集》卷25—30。此书是摘录《孟子》短句短语（往往只有几个字），考证其本义，亦附前贤之说及提问之语，以己意释答。有训诂性质，亦细绎其义。立场宗朱子，故常引朱子以为正。

《札记－孟子》

◇ **论性情**

> 性即心中所具之理也，情即性之感物而发见于外者，心即该贮此性、运用此情者也，故曰："心统性情。"（页374）

此处释情最贴切。情本不限于今日所谓感情。赵岐注"乃若其情则可以为善矣乃所谓善也"引《孝经》"哀戚之情"，称"情从性也，能顺此情，使之善者，真所谓善也"，亦以情为情感乎？以性为"心中所具之理"，固朱子"性者，人、物所得以生之理也"（《集注》4B26"天下之言性也"注）之说。

◇ 释"天下之言性也"章

释〈离娄下〉4B26"孟子曰天下之言性也，则故而已矣，故者以利为本"曰：

> 性是无形而难见者，故是已然之迹也。如恻隐是仁性已发之迹也，见恻隐已发之迹，则仁之性虽无形难见，而据其迹用可得以言仁也。羞恶是义性已见之迹也，见羞恶已发之迹，则义之性虽无形难见，而据其迹乃可得以言义也。礼智亦然，所谓以利为本者，如见孺子入井则恻隐自然发见，见非义则羞恶自然发见，其自然发见处无不顺利也，初非逆其性而勉强为之也。（页564）

此段释朱子《集注》原文，朱子用"无形而难知"。"利"释为自然、顺利，即无勉强。

◇ 论性情才与仁义

作者于别处称：

> 仁义即人性也，非仁义之外别有人性也。（页621）
>
> 性之未发也，一而无杂，中而不偏，纯善而无恶。及其乘气而发，则直出者为善，横出者为恶，善恶于是乎分。岂有善与恶相与混而为性之理哉！（页623）
>
> 生属气，生之理即性。告子认气为理，故曰生之谓性也。（页624）

由此种种，皆说明作者以仁义礼智为性之内容，而以喜怒哀乐等七者为情之内容。其释"乃若其情"章说：

> 情有七情四端之分，七情可以为善、可以为恶，四端专言善。孟子平日所言者皆四端，故曰"乃若其情，则可以为善"，以四端为主而言

也。（页633）

因为将孟子之四端理解为情，而七情有恶，故曲为之辩。

论性、情、才之别曰：

> 性之动是情，性之能是才。性既纯善，则所能之才亦岂有不善乎？

（页633）

93. 郑齐斗（1649—1736）

【文献】郑齐斗：《孟子解》《孟子说》，载《韩国经学资料集成38·孟子四》，首尔：成均馆大学大东文化研究院，1991，页1—177（《孟子解》《孟子说》页码统一）。

郑齐斗，字士仰，号霞谷。所著《孟子解》，重点摘取《孟子》中"浩然之气"章、"生之谓性"章、"告子"章、"集大成"章、"配义与道"章、"四端"章、"天下之言性"章等加以阐说。《孟子说》则摘取《孟子》中大量片言只语（所谓"寻其枝叶"），加以解说。二书不时举朱子《集注》而评之，对朱子之见有吸收（如气质之性说），亦多有批评，而批评甚烈。与中国明清之时及日本古学派批评朱子不同的是，这些批评并不以否定义理/气质二分说为主，亦不采取王阳明心学立场而抛弃义理之性。《孟子解》《孟子说》皆取于《霞谷集》。

《孟子解》

"四端得其本体，则无不善。失其本体，则有过不及之矣。盖此则虽食色亦无不皆然，但孟子所言，本主其出于本体者言之，初未尝论其失体者也。曰：四端何如斯为得其本体也？曰：心体得乎其本体，则四端即其本体也。"（页101—102）此以四端有善有不善，取决于心是否得其本体。又称："恻隐羞恶之有善有不善者，是天理人伪之辨耳。"（页102）

不同意朱子"心统性情"说，改称"心通性情"，因为称"通""则不无彼此歧贰"。（页102）

◇ **四端与仁义礼智的关系**（"智"作者亦常称"知"，个别时用"智"）

认为"端"是"物初生之头"，"谓其初所发之处也"，不是朱子所说的"绪"或"末端之端"；仁义礼知则是四端发展、壮大的结果，不是本来在那里的。（页104）

> 四端，恻隐、羞恶、辞让、是非者，指其本源之在我而言；仁、义、礼、知者，举其全体而言也。端者，物初生之头，谓其初所发之处也。仁义礼知，其体甚广，虽至于博施济众，如其初发端处即恻隐、羞恶、辞让、是非之心是也。如燧为火之端，泉为水之端是已。（页104）

> 孟子之言仁义礼知之德，主全体而言（以德性之全体者言①），其言仁义礼知之端，如江河之推发源处，乔木之推根头处……四者其发于中则为恻隐、羞恶之心焉，其扩而充之则为仁义礼知之德是尔。（页106—107）

作者举孟子"充""扩"之举以证之与孟子以四端为四体、"无四端之心非人也"不合，颇有力。当代学者杨泽波亦有类似之论（见本书杨氏专章）。

◇ **性善是就性之全体言**

此最有趣。他说：

> 孟子言性善，实以其性之全体者言，非以其未发体用之分言之也。情其原头，性其全体。情其发处，性其用处。（页107）

此说针对朱子，须注意：此处所谓"全体"，不是静态地看人性，而是动态地看人性，指人性得到充分、全面的发展后，因为仁义礼智都是在充分扩充之后才呈现的。按照我以前的说法，接近于成长说、价值判断，而非总体说、全称判断。据《孟子说》论断（见下），此"全体"，即性之"本体"，故又似本质判断。其精彩处是以发、用而不是体、用释性善。在中国，至清初陈确亦有与此类似思想。

又《孟子说》释"仁之实"称"仁义本在于我心……非有求之于外也，非可以安排为之也"。（页170）

---

① 括弧内为作者自注，双行小字。

◇ "天下之言性" 章解

认为孟子所谓 "故" 为 "其本然之实指，性之所验也"（页133），所谓 "千岁之日至" 指 "故者之验，其不差如此，即其利者之实也"（页134）。又谓 "利者，其自然之势也，是性之本体也"。（页66）

《孟子说》

◇ 形色天性也

其谓：

> 形色之中，天性存焉，得其本体者是天性也。天性不外于形色，而即此形色之中，天性无不在矣。惟全其形色之本体则践形矣。其若以天性为所具之理，则虚矣。（页167）

此段批评朱子以天理为天性，称天性不外于形色。后面论 "口之于味" 章，含义类似。（页167）

◇ 性善指性之本体

释 "孟子道性善" 章，称：

> 人心之中，而性体存焉，人性之体难以示人，惟尧舜尽其性之体者也。（页169）

◇ "天下之言性" 章解

此处与《孟子解》同章略有不同，称：

> 天下之言性，皆以其已然之迹，己无所为而然者，如恻隐、羞恶之怵惕、颡泚者也，若有所为而然者，则用智而凿者也，是私欲也，非性之本体也。（页170）

94. 李瀷（1681—1763）

【文献】李瀷：《孟子疾书》，载《韩国经学资料集成39·孟子五》，首尔：成均馆大学大东文化研究院，1991，页3—482。

李瀷，字自新、号星湖。《孟子疾书》为《星湖疾书》之一部分。据其《星湖疾书·孟子·序》，自言取名"疾书"，"盖恐其旋忘也……亦所以待之熟也"（《集成39·孟子五》，页3）。此书内容基本上对《孟子》七篇遂章解说（个别章无解说），内容以申己意为主，而长短详略极不均匀，盖以阐发新义为主，故解说不求全面，非逐句详解。不时引朱子《集注》等书，立场宗朱明显，尤重理气二分。

《孟子疾书》

◇ 论食色为性

解〈告子上〉第4章（6A4），认为告子以食色为性，孟子未必否定（此与牟宗三之言类似，见牟氏《圆善论》），只不过孟子不以此为"性之大体"而已：

> 食色性也，非独告子言之，恐不可一切摈他也。孟子曰"动心忍性"，谓忍其声色臭味之性。又曰声色臭味性也，有命焉，不谓性也。一则曰忍也，二则曰不谓性也。所谓戒其不放则至矣，而未尝指以为非性也。但告子因此转而为仁义之论，则未妥。将论仁义，必须如孟子四端之说可也，盖恻隐羞恶、甘食悦色，莫非性之用。然仁义者，性之大体。……恻隐羞恶，乃其符也。（页347）

◇ 释"所性"与"性之"（7A21、7A30）

以"乐之与所乐"比"性之与所性"，联系后面7A30"尧舜，性之也"。释《孟子·尽心上》"广土众民"章（即7A21）曰：

> 此章末节"所性"之注脚，性之之事也。"性之"之于"所性"，如"乐之"之于"所乐"，以语势推而知也。朱子曰："这'所性'字说得虚，如'尧舜性之'之性字。"（页425）

所引朱子言见《朱子语类》卷60〈孟子十·尽心上·广土众民章〉。

释《孟子·尽心上》"尧舜性之也"章（即7A30）曰：

此章"性之"一句，恐当与"所性"字参看，似非专指生知之圣也。（页430）

95. 金谨行（1712—1782）

【文献】金谨行：《孟子札疑》，载《韩国经学资料集成39·孟子五》，首尔：成均馆大学大东文化研究院，1991，页701—737。影印本，无标点。

金谨行，字敬甫，号庸斋。《孟子札疑》出于氏著《庸斋先生文集》卷十〈杂著〉部分，篇幅甚短，只有35页（《国际儒藏》从影印改版后只有5页），分〈札疑一〉〈札疑二〉，内容是读书笔记性质，大体以理、气二分解人性善恶。

《孟子札疑》

◇ 区分无善无不善与可以为善、可以为不善

〈札疑二〉释〈告子上〉6A6"公都子"章曰：

> 无善无不善，可以为善、可以为不善，差难分别。无善无不善，性之无定体也。可以为善、可以为不善，性之有定体也。（页726—727）

方按："定体"亦见于王夫之，此处用以区分二说，甚有趣。

96. 金钟厚（1721—1780）

【文献】金钟厚：《札录－孟子》，载《韩国经学资料集成40·孟子六》，首尔：成均馆大学大东文化研究院，1991，页3—60。

金钟厚，字伯高，号本庵。《札录－孟子》（《国际儒藏》改称《孟子札录》）为读书笔记性质，散取部分篇章以发己意。据安秉杰《题记》，此书基于畿湖派立场讨论朱子《集注》，而多有异见及疑问；此书出于《本庵集》卷十一、《本庵续集》卷五，《本庵集》刊行于1797年。①

---

① 参张立文、王国轩总编纂，国际儒藏编纂委员会编《国际儒藏·韩国编·四书部·孟子卷2》（总第XIV），北京：华夏出版社、中国人民大学出版社，2010，页384。

《札录 – 孟子》

◇ 释"非才之罪也"

认为"才"指可能，性善则指"能如此"。此说与张奇传等人"可善说"相通：

> "非才之罪也"，按：此犹言非不能也。盖才只是能如此之意，故孟子以为理既如此，则必能如此，而谓才无不善。（页31）

下面引程子"非气不能，而谓才有善有不善"之说互相发明。

◇ 区分气质之性、各有之本然与本然之全体三者

此乃畿湖学派论人性、物性异同所生，将气质之性与本然之性二分模式扩大，将本然之性又分为各有之本然与全体之本然。其各有之本然，从上下看大概是指孟子区分犬、牛、人之性时所指之性（6A3）。而全体之本然，则当指万物共有之天地本然之理，全体之本然，即程朱所谓"极本穷源之性"，亦即张载所谓"天地之性"。从全体之本然出发，则无法区分人禽，此是韩国学者所发现的朱子气质之性、天地之性（又称本然之性）的一个漏洞乎？从天地之性，即本然之性言，人物之性无不同，由此面临如何解释人禽之性别的问题，毕竟从气质看不出人性物性善恶之别来。作者称孟子区分犬牛人之性，乃是"只就气上说各有之本然"，"固不及乎一原全体之论也"。然则人物各有之本然，即各有之性（如6A3所谓犬牛人不同之性）有善（人）有恶（物），则导致善恶不同的原因究竟是气质呢，还是天理呢？这是不是又回到了气质、义理二分的原轨上来了？其释〈生之谓性章〉曰：

> 夫性与气之或同而或异者，以其所指有一原异体之别也。孟子所谓犬、牛、人之不同，是于异体之中，指言其各有本然者也。然既曰异体，则依旧是气质之性，而非本然之全体也。但所谓本然之全体，亦非离此各有之本然而别为一性也，此一原之谓也。是以虽其各有之本然面面不同，而其一原之全体则未尝不自在其中矣。盖告子只据异体上相近之气而谓之性，故孟子亦就异体上不同之理而答之而已，固不及乎一原全体之论也。且孟子之言，只就气上说各有之本然，而今之言性异者，直引

之为全体不同之证；告子之说只据气之同处以为性，而今之为言性同者，乃就气上说全体自在之理。毫厘之间，相去甚远。……今之为人物本性不同之论者，动以此章为口实。而殊不知《集注》之说，固有极细秤量者……（页53—55）

方按：气质之性、各有之本然及一原之全体含义之关系如表3.1所示。

表3.1　气质之性、各自之本然及一原之全体含义之关系

层次	三种性，两种本然		说明
从造化源头说	一原之全体，又称本然之全体		《易传》所谓"一阴一阳继之者善"，张载所谓"天地之性"
从万物所禀说	各物之本然	各物之气质	此从各物层次上区分本然之性与气质之性，认为人物气质无别，而本然之性有别，此说先秦所无，程子所谓"极本穷源之性"类此

方按，金钟厚区分了两种本然之性，从而似乎在理气二分基础上，一方面说明朱子等所谓天地之性、本然之性是善（于万物皆善），而另一方面又说明何以人性善、物性则不然。按照这套逻辑，气质之性/义理之性（或称天地之性、本然之性）二分之说原来可能有的漏洞——既然本然之性，即天地之性，天地命物以善，则人性、物性皆善，何来人禽之别——得以弥补。

97. 赵有善（1731—1809）

【文献】赵有善：《经义－孟子》，载《韩国经学资料集成41·孟子七》，首尔：成均馆大学大东文化研究院，1991，页157—204。

赵有善，字子淳，号萝山。《经义－孟子》载自所著《萝山集》卷五。此书按《孟子》七篇为序，各篇摘取若干地方加以申论，主要针对朱注从训诂或释义角度讨论，多有质疑，亦引退溪、栗谷之言加以讨论。内容简短、篇幅较小。

《经义－孟子》

◇ 告子是否以仁为性

认为告子可能以甘食悦色为仁，故既然说仁内，则未必不可能以此种仁

为性，批评朱子"告子略认仁为内，亦不以仁为性"之说：

> 告子曰食色性也，继之曰仁内也，则以仁为性而朱子说如此，可疑。若论仁之体，则心之德、爱之理是也。告子不以此为性之所固有，固矣。其所谓仁，不过甘食悦色之类，则正所谓食色性也，何可不以为性之所有？此则恐未定之论也。（页165）

方按：〈告子上〉6A4原文"告子曰：'食色，性也。仁，内也，非外也。义，外也，非内也。'"确以仁内继于食色之论后。

98. 金相进 （1736—1811）

【文献】金相进：《经义－孟子》，载《韩国经学资料集成41·孟子七》，首尔：成均馆大学大东文化研究院，1991，页177—204。

金相进，字士达，号濯溪。下面《经义－孟子》摘自所著《濯溪集》卷三〈杂著·经义·孟子〉。

《经义－孟子》

◇ 孔孟皆说性善而角度不同

认为孟子论性善，不是从造化源头上说性善，所谓"极本穷原"是从理上说：

> 孔子说继善成性，而孟子只说性善，是孔子自阴阳造化上说来，而孟子则就人生以后讲。朱子所谓"孟子不曾推原原头者"，此也。告子以气言性，而孟子不杂气质，别出理一边言，伊川所谓"孟子言性极本穷原"者，此也。（页198—199）

99. 崔左海 （1738—1799）

【文献】崔左海：《孟子窃意》，载《韩国经学资料集成42·孟子八》，首尔：成均馆大学大东文化研究院，1991，页 3—683。

崔左海，字伯下，号山堂、草堂、龙岩、乃菴，堂号古书斋，私谥渊正先生。《孟子窃意》一书为《五经诸注窃意》之一部分，篇幅浩瀚，达 680 页，手抄本，文字常难辨认。内容大体上为逐章讲解孟子，而以朱子《集注》和《退录》为本。新意不甚多。

《孟子窃意》

◇ 释尽其心者知其性也

不同意朱子释此句为"尽其心"是因"知其性"，亦不同意伊川、杨时"尽其心"而后能"知其性"，认为二者乃同时发生：

> 尽其心者知其性，说气（"说气"当为"语气"之误——引者）只是言尽心者便即能知性者云尔，初不是先后之辞。而自程、杨以来，偏主尽心而后知性之说，恐未尽矣。朱子又果之为先知性后尽心之训，亦未至当。若夫孟子，则却是说尽其心者方算知性耳，何曾说尽心工夫在知性之前？却是说尽其心者必是知其性者耳，亦何曾说知性工夫在尽心之先耶？且此节只是泛言，方采以立致道之准耳，未尝著说工夫语，其所以作工者，则下文乃详言及之。（页 575—576）

方按：认为孟子此言并非针对工夫，故从道的角度看尽其心与知其性不分先后。但紧接着说"存其心、养其性……修身以俟之"，确实是工夫，则这里何尝不是工夫，而是泛言？

100. 金龟柱（1740—1786）

【文献】金龟柱：《经书札录 - 孟子》，载《韩国经学资料集成 41·孟子七》，首尔：成均馆大学大东文化研究院，1991，页 205—640。

金龟柱，字汝范，号可菴。下书摘自《经书札录》卷五、卷六，对《孟子》全书逐章解说，每章摘取重要句子讲说其要义，多引朱子、伊川等人语加以申说，其发挥朱子之说甚明。其论性善，基本上基于朱子理/气、未发/已发之分说。篇幅浩瀚，计 436 页。

《经书札录－孟子》

◇ 四端与四德体用关系

分析四端与四德（仁义礼智）体用关系甚精，解〈公孙丑上〉"人皆有不忍人之心"章（2A6）曰：

> 此云皆有不忍人之心，则以性之固有者言也。下云皆有怵惕恻隐之心，则以情之自然发出者而言也。盖不忍人之心即恻隐之心，则似不可以体看。然恻隐之心有专以用言者，有因用以指体者。此章曰恻隐之心，仁之端也，此专以用言者也。〈告子篇〉曰"恻隐之心，仁也"，此因用以著体者也。此云人皆有不忍人之心者，正犹〈告子篇〉之意也。且心者，统性情之名，惟在人看得如何。若以恻隐之心对仁而言，则此心字属用；若就恻隐之心四字而分体用，则以恻隐为用而以心字属体，亦无不可矣。（页243—244）

金氏大体认为四德是体（心之体），而恻隐是用。之所以孟子于此章说"恻隐之心，仁之端"，而于〈告子上〉"公都子曰"章（6A6）说"恻隐之心，仁也"，前者是专门讲用，后者是因用以著体。

◇ 以理释故、利

〈离娄下〉"天下之言性也"章（4B26）"天下之言性也，则故而已矣"，将朱子"已然之迹"说解释为自然之理著见于外，称以"理之发现于情上者而言"，非以气言：

> 言性"故而已矣，故者以利为本"，此义只把孟子恒言者正好见得。盖孟子言性必就恻隐羞恶辞让是非上说，此所谓故也。见孺子入井而有恻隐之心，非所以内交要誉恶其声而然，即是自然之理，此所谓利也。（页386）
>
> 已然之迹，迹字盖以理之发现于情上者而言，非指气也。如说恻隐之心仁也，则就恻隐之上指其仁之理发现者而谓之迹，非以其恻隐之气为迹也。理固无迹，而发现之已然者，则自有昭著而不掩矣。故特下一迹字。（页386）

盖天之运星辰之行即故也。因其故而求之，则其运其行皆是自然之理，故自前千岁以至于今日至之度，未尝少差，即所谓以利为本也。（页387）

方按：古人理解天之运、星辰之行与今人不同，无现代天文学概念。现代自然科学的"规律"建立在归纳经验现象之上，而古人可能认为天地运行之常，反映了天之道、天之理。故此处以天理解释"故"或"已然之迹"，未尝没有道理。

◇ **释所性、性之**

〈尽心上〉"广土众民"章（7A21）所性、性之别：

盖"所性"之性，乃"性之"之谓，则此圣人之所独得而与性之本体通，众人言者异矣。下篇"尧舜性者"，《集注》曰"性者，得全于天"，《通书》"性焉安焉"注曰"性者，独得乎天"，其义正与此同。（页560）

◇ **释命之二义**

〈尽心下〉"口之于味也"章（7B24）论性命，前后有两个性、两个命，认为前一个命是"所值之命"，后一个命是"所禀之命"：

命有所禀之命、所值之命。而上五者之命，即所值之命也。下五者之命，即所禀之命也。此乃孟子之正意也。……有所禀、有所值，初非两命，只是横说竖说之不同也。（页612—613）

101. 金履九（1746—1812）

【文献】金履九：《杂识－孟子》，载《韩国经学资料集成41·孟子七》，首尔：成均馆大学大东文化研究院，1991，页689—748。

金履九，安东人，字元吉，号自然窝。下面《杂识－孟子》载于《自然窝集》卷七〈杂识·孟子〉，为读书笔记性质，篇幅短。

《杂识 – 孟子》

◇ 释故

谓 "故"，即率性之道，与金龟柱以理释故相近。释〈离娄下〉"天下之言性也"章（4B26）曰：

> 故者，性之发见者，即率性之道也，故曰 "以利为本"。盖循其性之自然，则其势本皆利顺，而私智穿凿者不以利为本。（页720—721）

102. 徐滢修（1749—1824）

【文献】徐滢修：《讲义 – 孟子》，载《韩国经学资料集成44·孟子十》，首尔：成均馆大学大东文化研究院，1991，页3—36。

徐滢修，字汝琳，号明皋，本贯达城。徐氏是典型的朱子学学者，其思想背景与理论论证方式基本是朱子哲学式的。就其所著《讲义 – 孟子》来看，是书通过与正祖王问答的形式对《孟子》六篇（〈公孙丑〉〈滕文公〉〈离娄〉〈万章〉〈告子〉〈尽心〉）作了大义阐发，对于朱子思想表达的模糊及矛盾处予以说明，以论证朱子学在理论上的一致性和深刻性。

《讲义 – 孟子》摘自《明皋全集》卷十八。

《讲义 – 孟子》

◇ 未生已生、理气与善恶关系

针对有人对于朱熹《孟子集注》关于性善问题 "专属于理，不言气一边" 的偏颇，以及朱熹与程子 "凡言善恶皆先善后恶" 的观点存在抵牾之处，徐氏明显站在尊朱的立场上对这些问题进行了回应，解〈滕文公篇〉曰：

> 《系辞》所谓 "继之者善"，以理之方行者言，是未生之前也；"成之者性"，以理之已立者言，是已生之后也。然而 "继" 与 "成" 虽有先后之异，而 "善" 与 "性" 初无二本之殊。故未生之前，全体浑然，而阴阳之气初未尝离乎理也；已生之后，气质已形，而浑然之理亦未尝

杂乎气也。是以孟子所谓性善，就其气质之中拈出，不杂乎气者，而探本极源以见其人性之善。正由于继之者善，故曰纯粹而至善也。《集注》之专属于理而不及于气者，亦是孟子言本然不言气质之意也欤？程子所谓先善后恶，兼言恶而说。《集注》所谓未尝有恶，以纯粹善而言，虽或有彼此抵牾之疑，而《集注》又以汩于私欲言之，则是程子先善后恶之意也。程子又曰原其所自，未有不善，则亦《集注》未尝有恶之意也。（页9）

朱子在继承伊川"性即理"的基础上，吸收了张载"气质之性"的观念，进一步发展为天地之间有理有气，人物禀受天地之气以为形体，禀受天地之理以为本性的人性论观点。朱子此说贯通了儒家性与天道之间的隔阂，为儒家的性善论找到本体论的来源和根据。朱熹禀受天地之理为性的经典依据则是《易传》"一阴一阳之谓道，继之者善也，成之者性也"。按照朱熹的看法，"继之者善"是指天地间流行之天理，"成之者性"是指流行之天理禀赋于人类个体所成之性。

徐氏则在朱子学的此一基础上认为"继之者善"是指理之方行者言，即从天理流行的角度而言，此时天理尚未赋予人物个体，故说"未生"；"成之者性"是指人物禀赋天理于个体自身以成其性而言，故说"已生"。虽然"继"与"成"存在先后关系，但性即善，善即性，二者具有同一性。至于朱子"专属于理，不言气一边"是极本探源，专就本然上说明人性之善。程子言人性"凡言善恶皆先善后恶"，即兼善恶而言，而徐氏认为朱子"汩于私欲"之说正是程子先善后恶之意。其实在孟子那里，恶完全是后天形成的，即人有不善是后天陷溺的结果。"孟子之论尽是说性善，至有不善处说是陷溺，是说其初无不善，后来方有不善耳。若如此，却似论性不论气，不备。"（《朱子语类》卷四）而在朱熹看来，恶的品质同样具有先天的根据，即人的气禀或气质不同导致，但是这种先天的恶是可以通过道德修养来改变的。

◇ **生之谓性**

生之谓性，即以生言性，是儒学的一个大传统，即表明"性"字源于"生"字，又表明是从"生"来理解"性"的。而对于这一命题，不同人有不同的阐述，这也表明"生之谓性"仅是一形式命题，而对其的理解仍有待于对"生""性"关系作进一步界说。针对告子"生之谓性"的命题，传统儒者从孟告各自的人性论出发，以阐明孟子性善之是，告子性无善无不善之非。而理学兴起后，朱熹则从本然之性与气质之性的角度对之进行了形上、性下之区分。而徐氏正是在继承朱子学的背景下，对于这一问题进行了深入探讨。其言曰：

> 性有本然气质之异，语其本然之性则一理浑然，纯粹至善，寓乎气而不杂乎气。《中庸》所谓天命之性也，语其气质之性则有清、有浊、有偏、有塞，气各不同而性亦有异，《论语》所谓相近之性也。孟子之言性，就气质之中而拈出其本然之性，程子之言性，就本然之外而发明其气质之性，所指不同，言各有主，而人物之生固莫不具是理，亦莫不禀是气。论性不论气则不备，论气不论性则不明。此所以程子之言气质，功不在于孟子之下，而其与告子认气为性不可同日而语者也。（页21）
>
> 孟程之言，或言气质，或言本然，所从而言者，虽或不同，然其大旨之所在则互相发明，初无同异之可言。至于告子之言性，既不知性与气之分，而认气为性，又不知气或不齐，性亦有异，混人物而无别，纷纶错杂，浑沦说去，其失正在于徒知知觉运动之气，人与物无异，而不知仁义礼智之理，因其气之偏全有发用之不同也。是以孟子以犬牛人性之说折之，其意精矣！然而后儒之不会本旨者，或有以所禀之气不同者，认以为性，而不知其所受之理无异，则又有程夫子性即理之说矣。（页24—25）
>
> 夫孟子之言如此，程子之论如此，其他宋明诸儒之发明推说，我东名贤之讨论辨释无复余韵。而迄乎今，风云舛错，尚为不决之疑案者，岂有他哉！只缘读之者抉摘妙皮膜而无融会贯通之，因循蹈袭而无精切自得之见耳！虽以涑水之笃实正大，犹未免有疑，而至于李觏、晁公武之徒，其说益肆。臣尝以疑，《孟》《论》观之，则其所谓未晓者在于湍水章，则以人无有不善之说为失言于此章，则以白羽白雪之喻为辩胜。其言之误已有余隐之辩论，臣何必架叠哉！（页26）

徐氏继承了朱子本然之性、气质之性的说法，以本然之性来说明人性的来源和根据，以气质之性的差异来说明人性在现实性上的善恶问题。就孟子道性善而言，是专就人的本然之性而言的，而告子的生之谓性则是认气为性，按照朱子的说法，"生之谓气，生之理谓性"。孟程之间并无抵牾，孟子是从本然之性的角度来讲性善的，而程子则是从气质之性的角度来阐明人性在现实性上的差异问题。而只有从天命和气质两方面来阐释，方能完备地解释人的善恶的产生及其差异。论性，即人之性善，人皆可以为尧舜，是强调每个人都有成为圣贤的可能性，但如果不对这种可能性向现实性转化的困难给出合理解释，则这种可能性便会虚幻不实。因此，气质之性的提出不仅有效地揭示了人性的来源问题，还有效地解释了人性在现实性上的差异问题。正是从这个角度，徐氏认为程子之功不在孟子之下。也正是气质之性的发明，以这种结构来重新审视孟子思想时，很多晦暗不明的问题显得更加清晰，更加具有系统性和理论性，对于告子等所谓"异端"思想的驳斥也显得有理可循。

（闫林伟整理）

103. 尹行恁（1762—1801）

【文献】尹行恁：《薪湖随笔－孟子》，载《韩国经学资料集成44·孟子十》，首尔：成均馆大学大东文化研究院，1991，页65—188。

尹行恁，字圣甫，号硕斋、方是闲斋，本贯南原。《薪湖随笔－孟子》是收录于《硕斋别稿》卷三至卷四。该书是其在流配时所作，摘录了《孟子》的重要部分，并附有自己的见解。虽有训诂考证，但总的来说，尹氏对孟子思想的言说是基于朱子学而展开的，如运用性情体用、本然气质等分析框架。与此同时，尹氏作为海东儒者，自然受到韩国儒学传统的影响，这体现在其将"四七论辩"引入对孟子人性论的诠释中。

《薪湖随笔－孟子》

◇ 四端之心

尹氏在继承朱子以四端为情、以四德为性的基础上对于恻隐羞恶辞让是非之心予以阐说，并在此基础上加入了韩国儒者的"四七论辩"，将此一问题进一步丰富化、深入化。其言曰：

孟子以仁义礼智之端为言，而不出性一字，故朱子足之曰：仁义礼智，性也。孟子以恻隐羞恶是非辞让之心为言，而不出情一字，故朱子足之曰：恻隐羞恶是非辞让，情也。非孟子无以道四七之所由生，非朱子无以知四七之所由分。（页87）

孟子之言四端，统性情而言。而言心者，以其心为之统也。自古圣人之言心性情者，始于孟子，此所以为安社稷之功者。（页87）

观于不忍人之心章，益知孟子之学出于子思，而善学者也。孟子所谓恻隐羞恶辞让是非，即子思所谓喜怒哀乐，当恻隐处恻隐，当羞恶处羞恶，当辞让处辞让，当是是非非处是是非非，是谓发而皆中节。（页87—88）

对于"情"字的解释，在《孟子》中，有情性、情实二意，结合上下文，在孟子提出四端之前有"乃若其情，则可以为善矣"一句。对于这个"情"字的解释，学界大多数学者认为当训为实情。因此，梁涛认为恻隐羞恶辞让是非之心的实情，可以表现为具体的善性，这就是所说的善，这实际上是以心言性，庶几接近孟子本意。而朱熹则将性情体用关系引入对《孟子》的诠释中，以四端为情、为用，以四德为性、为体。朱熹此处的情并非指实情，也不限于狭义的情感情绪，而是包含智识念虑在内的广义的情。

特别值得注意的是，尹氏拈出的"四七"之说。所谓"四七"，即四端与七情。四端者，恻隐之心仁之端也，羞恶之心义之端也，辞让之心礼之端也，是非之心智之端也；七情者，喜怒哀乐爱恶欲也。对于这一命题的争辩形成了韩国儒学独具特色的主理派和主气派。（此一问题于此处点到为止，后面将详细展开论述。）

心统性情是张载所提出的命题，朱熹则赋予其新的内涵。在朱熹这里"心统性情"这一命题包含心兼性情与心主性情二义，总的来说，心是概括性情的总体，性是心之体，情是心之用。具体来说，心是指人的思维意识活动的总体范畴，性则是指其内在的道德本质，情则是指具体的情感念虑。既然四端是情，则只是心的一部分，既然是作为心的一部分，如何能够统性情呢？因此，尹氏认为四端统性情，于理有不合，这是其思维的不周处。

◇ **人之所以异于禽兽者几希**

人禽之辨是孟子三大论辩之一，也是儒家人性论的重要议题。在早期儒学那里，对人性的界定往往是基于人禽之辨的，大多时候，是以礼义、仁义等界说人情之辨的。对于孟子的这一重要论辩，尹氏提出自己的看法。其言曰：

> 人物之性同异如数一二，虽凡人，同我人类。舜亦人也，凡人亦人也。舜由仁义而行，则凡人亦皆由仁义而行。禽兽若能全有仁义之性，则孟子何谓独提舜说去也。人而不能行仁义，则与禽兽无异焉。人性与物同耶？异耶？朱子曰：僧问佛如何？是性曰耳能闻，目能见，他便把这个作性，不知这个禽兽皆知，人所以异者，以其有仁义礼智。凡今世之混人物性者，盖观于斯。呜呼！七圣皆迷，颓波滔滔，真所谓良遂知处，诸人不知者耶！（页 111—112）
>
> 朱子曰：人物之不同者，心也。真文忠公以为人物均有一心，文忠之说异于朱子之训，心统性情者也。性既不同，则心亦不同，故其所发之情亦悬然相殊，是非辞让羞恶恻隐之端，冥然、顽然，无有发现处，只是寒暖饥饱同得其气，在物则偏。（页 112—113）
>
> 人与禽兽同一性也。孟子何谓而谓之去禽兽几希欤？人与禽兽，其性绝异，故以禽兽警之，朱子所谓同得原初，赋生之理气俱从太极来。南塘先生之言曰：太极超形气而名无常，因气质而称此，发前圣所未发，有功于圣门。（页 113）

综上，我们可以看出，所讨论的正是人物性同异问题。自孟子始，人物性同异，也即人禽之辨，一直是人性论所讨论的重要问题之一。在先秦儒学那里，多是以礼义、仁义等道德观念界说人物性同异，而到了宋儒尤其是朱熹这里，则引入"理同气异"说以阐明这一问题。在朱熹看来，人与物之性皆是禀受天地之理而来，此即理同。但由于气有清浊，故性有偏正，此即气异。朱熹认为万物之性都禀受天地之理，而万物各具一太极而互不假借，虽然为性善论提供了本体论论证，但过于强调理的普遍性，而忽视了人之为人的特殊性。如此，万物各具一太极之普遍性便与传统儒学以"天地之性人为贵"来强调人的特殊性之间产生了矛盾。尹氏认为人和禽兽之间的区别就在于禽兽仅有知觉活动，而人却禀得仁义礼智之性。其实，这更接近于荀子的观点。尹氏强调人物性之异，引入心统性情，以性异来推出心异情异，进一步界定人物性之异。

◇ **性犹杞柳**

告子持性无善无不善说，至于说人有仁义，就如同杞柳之为桮棬，完全取决于后天的营为。孟子通过顺杞柳之性及水性之就下来说明人性固有的倾向，即仁义，此正是人性善的内在依据。尹氏则以水之性清喻人性之善，水之就下喻情之已发，对这一问题进行了进一步阐发。其言曰：

> 孟子答杞柳之说不露性善二字，乃因告子所言，以戕贼与顺之意微发其端。示仁义之为性而非由外铄我，盖欲自发其蒙耳！（页136）
>
> 告子所谓决字又是为字之变，湍水而变于杞柳，桮棬而变于东西，其说愈变而欲穷。水之流也，于东于西，只就于下所以必下者，其本然也。于东于西，则非所性也。孟子又因告子东西之说而告之，故以就下为喻，而水之本性则清如人性之善，其就下则譬之于人为已发之情也。（页136）
>
> 《困勉录》曰：孟子以生之理为性，则非徒人物之性不同，且人物之生先不同也。告子以生为性，则人物之生初无异也，人物之性亦不得谓有异，此说覰得性理甚精妙。今之主告子之论者，自不觉其归于异端，殊莫晓也。……（页137）
>
> 食色性也，即生之谓性之意。食与色果不是非性也，但知食色之为性而不知其本然之善，则只知有人心，不知有道心。仁内之说，比之于为仁义之说，差有闲焉。（页138）

尹氏针对告子所提出的湍水之喻，强调水之就下是其本然，也即其本然之性所在，以此来论证人性之善。以今天视野来看，水之就下是由于受到万有引力的影响，恰恰是服从自然规律的表现。孟子以服从自然规律的水之就下来论证性善是人的根本倾向，似乎比喻不当、逻辑不周。人之异于万物者，恰恰由于其能够摆脱自然规律的束缚，拥有自由意志，能够自己作决断。正因如此，出于自主的道德选择才有善恶可言，才能确立起责任。

（闫林伟整理）

104.　丁若镛（1762—1836）

【文献】丁若镛：《孟子要义》，载《韩国经学资料集成 43·孟子九》，首尔：成均馆大学大东文化研究院，1991，页229—458。

丁若镛，字美庸、颂甫、归农，号茶山、三眉、与犹堂、俟庵，天主教名为约翰。茶山反对朱子理气二元论，明显回到孟子本人，但将孟子之性解释为"嗜好"（或"癖好"），认为孟子的"四端"即此嗜好，为人本然之性。而仁义礼智待心之为而走。人不能自然而然地接受仁义礼智，尽管有此嗜好。茶山此说基于一种性三种论，即人、禽兽和草木三类生命的性不同，人性最高贵，因其有知且有灵。

《孟子要义》（1813 年）

《孟子要义》完成于1813年夏。[①]

◇ 以嗜好言性

丁氏以"嗜好"（亦称"好恶"）言"性"，即孟子所谓"心之所同嗜"，也即根本性的偏好。他认为，人虽可为善可为恶，但人人皆好善恶恶，皆有是非之心，此心不可泯灭。此外，即使为非作恶之人，亦知其为非，亦会中心愧怍、流涕认罪。他以鹿之好山林，雉之恶驯养来说，人心虽有恶，但终以善为归。其言曰：

> 人莫不好财色，人莫不好安逸，其谓之性善者，何也？孟子以尧舜明性善，我则以桀蹠明性善。穿窬之盗负赃而走，欣然善也，明日适其邻，见廉士之行，未尝不油然内怍。古所谓梁上君子可与为善，此性善之明验也。此地有尹氏子为盗，余令其兄弟谕之以仁义，盗泫然以泣。又有郑氏子，恶人也，余临溪打鱼，使之切脍，关长跪赧色而自数其罪，曰"我恶人也，我杀无惜者也"，缕缕言不已。苟性不善，岂有是也？（页292。自注曰"此以羞恶之心明性善"）

[①]　据许卷洙《孟子要义》"题解"，载张立文、王国轩总编纂，国际儒藏编纂委员会编《国际儒藏·韩国编四书部·孟子卷3》（总第 XV 册），北京：华夏出版社、中国人民大学出版社，2010，页426—427。

见忠臣孝子，则美之为善也，与国人同；见贪官污吏，则疾之为恶也，与国人同，此所谓性善也。因此性而感之，贪淫虐杀者有朝迁义之理，不善而能然乎？言性者必主嗜好而言，其义乃立……（页293。后自注"此以是非之心明性善"）

丁承认，荀子性恶、扬雄善恶浑之说等并非完全无据：

若以其自主之权能而言之，则其势可以为善，亦可以为恶，扬雄以此为性，故命之曰"善恶混"；若以其形气之私欲而言之，则不惟可善而可恶，抑亦难善而易恶，从善如登，从恶如崩，非过语也，荀卿以此为性，故命之曰"性恶"。彼荀与扬之言亦未尝指无为有，诬白为黑，则必其所指点者与孟子不同耳。（页294）

但是，他又指出：

鹿之性好山林，雉之性恶驯养，虽不幸而堕于驯养，顾其心终以山林为好，一见山林，油然有感美之心，此之谓性也。天于赋生之初予之以此性……即本性所受之天命也。（页296）

人因有"嗜好"，即偏好于仁义善性，故能乐善耻恶，如同水之就下，沛然不可御之。就现实性来说，人都可能耽于财色、货利、安逸等自然情欲，但本于人心之内的恻隐、羞恶、辞让、是非等先验道德意识会对此有所觉察、反省，虽一时可能为自然情欲所遮蔽，但其本质上却是偏好于仁义理智等善性，如盗贼为非作歹，但见到廉士后也会油然内作，鹿雉不幸堕于驯养，但终以山林为归，此皆其"嗜好"也，也即其善性也。

◇ 以杞柳、湍水喻性

针对告子所提出的"性犹杞柳""性犹湍水"之喻，丁氏在孟子的反驳基础上，以性为"吾心之所好"，并结合宋儒以天理气质言性的观念进行了深入阐发。特别值得注意的是，丁氏在论及人禽之辨时，特别强调人的自主性。其言曰：

　　告子曰：以人性为仁义。孟子曰：戕贼人以为仁义欤？两个"为"字最为明目。为仁者，行仁也；为义者，行义也。行之为之，而后仁义之名立焉。若云人性之中本有仁义，则两个"为"字不可解也。性者，吾心之所好也。告子曰：人性不好仁义，必待矫揉而后可以为之。若云所禀之天理，则又恶能生心于矫揉乎？……（页385）

　　凡人每行一善事，即其心悠然浩然沛然无滞，如水之顺流而逝；人每行一恶事，即其心欿然赧然惨然不豫，如水之壅遏不通。斯可以知性矣！人盖有涕泣而盗人货者，人盖有涕泣而淫于色者，其所自慰自解之言，不过曰：吾迫不得已。夫既曰迫不得已，则水之遏搏而跃，以至过颡也，水之过颡非迫不得已乎？孟子搏跃之说毫不爽实，而今人认之为强，为好言，不亦谬乎？……（页386）

　　人之性只是一部人性，犬牛之性只是一部禽兽性。盖人性者，合道义与气质二者而为一性者也；禽兽性者，纯是气质之性而已。今论人性，人恒有二志相反而并发者，有馈而将非义也，则欲受而兼欲不受焉；有患而将成仁也，则欲避而兼欲不避焉。……且人之于善恶皆能自作，以其能自主张也。禽兽之于善恶不能自作，以其为不得不然也。人遇盗或声而逐之，或计而擒之；犬遇盗能吠而声之，不能不吠而计之，可见其能皆定能也。夫人性之于禽兽性，若是悬绝，而告子只就其生觉运动之同处便谓之一性，岂不谬乎？（页387）

　　丁氏将性定义为"心之所好"，也即根本性偏好，而这种偏好是以善为倾向的。为了说明这一点，丁氏特举人行善事、恶事时的不同心理状态和反应予以说明。当行善事时，"其心悠然浩然沛然无滞，如水之顺流而逝"，即此时的心理状态和反应是自然而然的，是顺势而为、充满力量的。而当行恶事时，"其心欿然赧然惨然不豫，如水之壅遏不通"，何以如此呢？我们顺着丁氏的思路便会发现，人的嗜好是倾向于善的，这是天赋与人的先验道德意识，能够对人的意念行为起到觉察、监督乃至纠正的作用，故一旦产生不善的念头或行为，人的"四端"便会有所反省，便会判断、抉择所思所行是否合于道德法则。因此，其心才会"欿然赧然惨然不豫"，更形象的比喻则是"如水之壅遏不通"。

　　另外，值得注意的是，丁氏在论及人禽之辨时，反复申明人对于自己的善恶选择能够自作主张，这就意味着人在道德意志和道德行为的选择上是自由的，唯有如此，方能确立起普遍责任的问题。人既然有自由意志，可以自作主张，则可以为善，也可以为恶，一方面基于现实性解释了恶存在的问题，另一方面表明了人虽然有自由意志，但同时人性有一种根本性的偏好或倾向，即善性。因此，人在为善的时候是自然而然的、充满力量的，而当人为恶后，一旦反省到这种行为的不正当性时，则会陡生愧怍之心，自觉改过迁善。

（方朝晖、闫林伟整理）

105. 柳健休（1768—1834）

【文献】柳健休：《东儒四书解集评－孟子》，载《韩国经学资料集成44·孟子十》，首尔：成均馆大学大东文化研究院，1991，页217—339。

柳健休，字子强，号大埜，本贯完山。柳氏在经学上有较高造诣，其所著《东儒四书解集评－孟子》收录于《东儒四书解集评》卷六中。柳氏对于孟子性善论的证成，基本上是沿着朱熹的理路展开的。但为了深入和展开对孟子性情论的探讨，其将退溪与高峰关于"四七"之间的论辩引入其中，进一步发展了朱熹的性情理论。

《东儒四书解集评－孟子》

◇ 四端七情

四端七情既是韩国儒者对于孟子四端之心，及朱子以性情体用言四端、四德的深入讨论，也是韩国儒学的独特之处。为了将这一问题讨论得更加深入、更加充分，柳氏将退溪和高峰关于"四七"之间的论辩引入其中。其言曰：

> 大山曰：人性只是一个理，孟子如何便开口说仁义礼智，仁义礼智如何便包得尽？性字若看不透，信不及这上添一个也不觉多，减一个亦不觉少，亦是不曾看耳！盖此性是活底物事，便会动静，自动而静，自静而动，亦须有渐次。……（页251）
>
> 退溪曰：情之发，或主于理，或主于气。气之发，七情是也；理之

发，四端是也。天下无无理之气，无无气之理。四端，理发而气随之；七情，气发而理乘之。理而无气之随，则做出来不成；气而无理之乘，则徒为狂妄底物。此不易之定理，若混沦言之，则以未发之中为大本，以七情为大用。……（页252）

人心，七情是也；四端，道心是也。非有两个道理也。四端情也，七情亦情也，均是情也，何以有四七之异名耶？所就以言之者，不同是也。盖理之与气，本相须以为体，相待以为用，固未有无理之气，亦未有无气之理。然而所就而言之不同，则亦不容无别。（页253）

高峰曰：情之发也，兼理气有善恶，而四端专指其发于理而无不善者言之，七情则固指其兼指理气有善恶者言之。若以四端属之理，七情属之气，则是七情理一边反为四端，所占而有善恶云者，似但出于气，此于语义之间，不能无可疑者也。（页256）

大山曰：七情，浑沦言则固兼理气，有善恶，四端包在其中矣。若与四端对说，则理一边当属之四端，而七情之所谓善者，即形气之得其正者耳！昔有问饮食男女之得其正，即道心矣，又如何分别？朱子曰：这个毕竟是生于血气。又曰：固未尝直以形气之发尽为不善，而不容其有清明纯粹之时。但此所谓清明纯粹，既属乎形气之偶然，则但能不隔乎理，而助其发挥耳！不可便认以为道心也。据此，则人心道心之分，即四端七情之对言者谓四端占理一边，而七情出于气，何不可之有？（页256）

我们知道，关于性情问题，朱熹从动静、体用、未发已发等方面作了极为详细的论述，但唯独没有从理气角度进行阐发。基于此，韩国儒者李退溪提出了"四端，理发而气随之；七情，气发而理乘之"的论断，即认为四端之情为理发，七情之情为气发。理发的四端之情是纯善的，而气发的七情之情则杂善恶，因此要为善去恶。而与退溪论辩的另一儒者奇高峰则认为，如果四端发于理为纯善，七情发于气有善恶，则是将理气判为二物。对此，他主张理为气之所以然者，气为理之显现者；理在气之凝聚处而理非气的"理气混论"的观点。四端与七情是同质的，既然七情有善有恶，则四端亦有善有恶，并创新性地提出了情兼理气的说法，即四端七情皆有理有气，皆为理气之合。此一说法是对朱熹性为理、情为气的深化和发展。

◇ 以理气言性

将理气或天命气质引入人性论的论证中，是朱子的创新，经过这一重构以后，不仅为儒家的性善论找到本体论依据，也为人性在现实性上的差异找到更加具有说服力的论证。柳氏则自觉继承了朱子的理气观，对孟子的人性论思想作出阐发。其言曰：

> 尤庵曰：孟子之言性，是于气中拈出理一边言，故曰无不善。孔子、周子则兼理气而言，故曰相近，曰刚柔善恶。若但主孟子之说，则程子所谓不备；主孔子、周子之说，则程子所谓不明。……（页311）
>
> 自天所命而言，则曰天地之性；自人所受而言，则曰气质之性。单言气质之性，则天地之性在其中，对言天地之性，则彼是专言理，此是兼理气。气有清浊，故理有微著，受气清者，滢然而无所蔽，粹然而无所杂，则无待于反之，而天地之性存焉。（页311—312）

对比前面徐氏的论说，我们发现二者的言说理路具有相似性，即都强调孟子是从本然之性（理）的角度来言性善，而程子则是从气质之性的角度来阐明人性在现实性上的差异问题。而只有从天命和气质两方面来阐释，方能完备地解释人善恶的产生及其差异问题。

（闫林伟整理）

106. 金近淳（1772—?）

【文献】金近淳：《邹书春记》，载《韩国经学资料集成44·孟子十》，首尔：成均馆大学大东文化研究院，1991，页343—504。

金近淳，字汝人，号十青、归洲，本贯安东。金氏著作主要集中于《十青集》中，《邹书春记》将《孟子》全书按内容区分章节作为标题，通过与正祖王问答的形式对《孟子》一书的重要问题展开论述。

《邹书春记》

◇ 孟子道性善

金氏对于孟子道性善给予极高评价，虽继承了理学的基本框架解读孟子思想，但也有自己的阐发，如并不赞同以本然气质二分结构去看待孟子性善论。其言曰：

> 《易》言继善是指未生之前，《孟子》言性善是指已生之后。而继之者善，即性之所以善也。何以知性之善也？以其有四端也。端之为言绪也，绪见于外，知其丝之在内也。性善也，四端也，自孟子始发之，此大有功于天下万世者。只此一个性善，可以为尧舜，可以为孔颜，又何必本然气质之论理论气为乎？臣愚浅见，气质之性，孟子非不知也，特不言耳！性善之说既明，则人皆知其性之善，益勉于为善之工，斯其可矣！气质二字言之，未为益；不言，未为损。伏未知若何。（页374—375）

我们知道，继善是指天地之理，也即性之所以善的来源和根据，金氏则反复申说这一点。其划分已生未生，实指已禀未禀，未生是指天地之理流行阶段，已生则是指天地之理禀于人而成人之性的阶段。人之所以性善，是由于有四端，按照朱子的看法，四端属情，但不同于一般的自然情感，而是一种道德情感，经过发展扩充后，是可以形成仁义礼智四德的。值得注意的是，金氏虽是一位朱子学者，但他并不赞同将性分为本然气质的做法，而是强调"只此一个性善"。

◇ **孟告论辩**

孟子与告子的论辩主要集中于生之谓性、性犹杞柳湍水等命题中。金氏对于孟子的辩说进行了剖析，并予以较高的评价。其言曰：

> 此所谓生之谓性，若如程子看解，则固是无病，故孟子疑其心之或出于此，此特以白之为白设问，而其答曰然，则于是乎告子之言悖矣！于此问答，亦可见孟子知言之实，而析理之详耶！……（页407）
>
> 告子以性比湍水，曰：以犹水之无分于东西。孟夫子便即答之云：信无分于东西，无分于上下乎？于是乎，虽以告子之固执不通，无分于上下云云，语屈不敢复辩。……告子出于子夏，故颇有尚气之习；而荀卿出于告子，故有性恶之说；李斯出于荀卿，故至于焚书毁经，而后已一言之差，末流受弊有如许，可不惧哉？（页409）

金氏为了凸显孟子性善说的价值，特意拟定了一个人性论谱系，即子夏—告子—荀子—李斯。此谱系犹如韩愈所提出的道统谱系一般，皆是出于价值判断，并无多少事实依据。有了这一谱系，我们似乎不必过多着眼于告子、荀子等学者思想内在的丰富性、复杂性，而只需看看这一谱系的性质即可，无论是从子夏、告子按照顺序发展至荀子、李斯，还是由李斯、荀子逆推至告子、子夏，这一学派的性质早已被确定，即早已是异端邪说、洪水猛兽。如此，价值先行遮蔽了我们对于其思想的进一步分析。但好处在于，将异端思想列入同一谱系，更加清晰地凸显孟子思想的特点和价值。

◇ **人之所不学而能**

金氏对阳明学驳斥较为激烈，可以看出其基本立场是朱子学的，立倡格物之说，而反对阳明的致良知之说，甚至将王学定性为禅学。其言曰：

> 人皆有良知良能，自然知爱亲敬长，则此所谓本然之知，因其已知而益推致之，即格物之要诀。然而阳明之致良知，未免为禅学之归，其差毫谬千之所以然，愿承明旨。（页439）
>
> 良知良能，孟子大文垂训，丁宁朱子，《集注》分释明白。读此看此，但当服膺而勿失之。阳明之如何立论？禅学之如何同归？差待识益进而德亦崇，然后徐取整庵答阳明书，而知其来历，亦似未晚。但撮其要而言之，则阳明之说曰无善无恶谓之性，有善有恶谓之意，知善知恶谓之致知，为善去恶谓之格物。似此误解错见，亦非本来学问，而忽于黔中三年，自称有得，遂树良知之帜，其余毒遗烈至今未已。彼所谓庭前竹树云者，即佛氏柏树之谓也；其所谓满街圣人云者，即佛氏含零佛性之谓也。（页439）

阳明学虽然是韩国儒学的一支，但其影响与朱子学比起来，自是不可同日而语。金氏正是在这种学术传统中成长起来的，因此其学术思想不可避免地先天带有朱子学的视角。他力倡格物之说，而反对致良知之说，将阳明学归入禅学，不能不说没有夹杂门户之私。孟子首提良知良能，即指先验的道德意识和道德能力，据此而推致之，便是格物。其实，我们认真分析，这也是阳明致良知之说的内涵，从这一点上说与朱熹的格物说并不违背。但金氏心存门户私见，未能深入阳明学的固有脉络分析，而是径直将其斥为禅学。

阳明学最引争议的是四句教法，即无善无恶心之体，有善有恶意之动，知善知恶是良知，为善去恶是格物。其中最难理解的当属第一句，无善无恶心之体，按照陈来的理解，阳明学在此强调的并不是伦理学的善恶问题，而是强调心"作为情绪—心理的感受主体具有的无滞性、无执著性，喜怒哀乐往来出没人心，但心之本体无喜无怒无滞无执，因此人心虽生七情，却应使之一过而化，不使任何一种留滞心中"（《有无之境》）。但是，传统学者囿于理学、心学，或儒学、禅学的门户之见，或站在尊朱的立场上反对阳明学，或站在儒佛之别的立场上斥阳明学为禅学，事实上都违背了基本的学术原则，不能平心静气地去理解这一命题。徐氏虽是韩国儒者，但他的这一看法，实则继承了非阳明学者的门户私见。

（闫林伟整理）

107. 金鲁谦（1781—?）

【文献】金鲁谦：《论性纂要－孟子》，载《韩国经学资料集成44·孟子十》，首尔：成均馆大学大东文化研究院，1991，页507—572。

金鲁谦，号性庵，本贯庆州。平生深研经学，著作宏富。《论性纂要－孟子》收录于文集《性庵集》卷六中。此书一如题目所表，对性理学之根本"性"进行了摘录，并发挥己见。总体来看，金氏的基本思想是在朱子学的基本框架下对《孟子》思想予以言说的。对于孟子性善论的观念，其继承了朱熹以理言性的理路，对于性善论进行了本体论论证，阐明了性善的来源和形上依据。

《论性纂要－孟子》

◇ 孟子道性善，言必称尧舜

金氏继承了朱熹以理言性的观点，认为孟子道性善，即是言所禀于天之理，而称尧舜，则是通过史实来说明禀得理之全者。其言曰：

> 性者，人所禀于天，以生之理也，浑然至善，未尝有恶。人与尧舜初无所异，但众人汩于私欲而失之；尧舜则无私欲之蔽，而能充其性尔！……（页507）

> 孟子道性善，言其理也；称尧舜，以实之言其性也。天下无理外之事，能为尧舜所为之事，便是不失。吾所得以生之理，然而人不能皆尧舜者，气质之拘、物欲之蔽也。《集注》言物欲不言气质，盖以孟子不曾说到气质之性，故但据孟子之意言之。程子曰：性善二字，孟子扩前圣之所未发，而有功于圣门。愚亦敢曰："性即理也"一句，程子扩前圣所未发，而有功于孟子。（页 510）

金氏以理言性，认为性为人所禀得天之理，故而纯粹至善。人与尧舜的区别在于，尧舜未尝失去天赋之理，而众人为私欲所遮蔽，失去了本有的善性，不能扩而充之。值得注意的是，金氏虽然继承了朱子学的基本观点，以理言性，但对于人性之恶并未从形上、先天的角度予以言说，而是从形下、后天的角度予以说明。

◇ **生之谓性**

生之谓性是先秦人性论的一个大传统，但这一命题在不同思想家那里有着不同的内涵，对于告子所提出的这一命题，朱熹则进一步阐发为"生之谓气，生之理谓性"。金氏则在此基础上，予以进一步论说。其言曰：

> 生，指人物之所以知觉运动者而言。朱子曰：人得正气，故全得许多道理，如物则气昏而理亦昏了。性与气，皆出于天，性只是理，气则已属于形象。性之善，固人所同，气便有不齐处。物也有这性，只是禀得来偏了，这性便也随气转了。……（页 511）
>
> 愚按：性者，人之所得于天之理也；生者，人之所得于天之气也。性，形而上者也；气，形而下者也。人物之生，莫不有是性，亦莫不有是气，然以气言之，则仁义礼智之禀，岂物之所得而全哉？此人之生所以无不善，而为万物之灵也。（页 512）

金氏继承了朱熹以"生之谓气，生之理谓性"对告子驳斥的言说，认为人物禀天地之气为形体，禀天地之理为本性。只有完备具足天理气质之禀才是完整的人性，气禀之偏全影响性之偏全。人与物之区别在于，人禀得仁义礼智，即理之全，故人性纯粹至善，为万物之灵。

（闫林伟整理）

108. 申教善（1786—1858）

【文献】申教善：《读孟庭训》，载《韩国经学资料集成44·孟子十一》，首尔：成均馆大学大东文化研究院，1991，页3—694。

申教善，初名述善，字祖卿，号渲泉。《读孟庭训》为其71岁时所作，可谓凝结其一生所学所悟。该书共有七卷，通过问答形式对孟子主要思想展开论述。值得注意的是，申氏对孟子思想的理解多是自己的新见，没有太多采用朱子或宋儒的说法。

《读孟庭训》

◇ 以理言性的本体论论证

申氏对于孟子性善论的言说，基本上是沿袭了程朱以理释性、以理善言性善的本体论路径。其言曰：

> 天理本善，故人性无不善，故程子谓性即理也。又曰：元者，善之长，亨利贞皆善也。仁与善之长，礼义智皆善也。性命，一理也，有善而无恶也，明矣！性善二字有所本之说，详辨于陈北溪《四书字义》，其说曰：孟子道性善，从何而来？夫子系《易》曰：一阴一阳之谓道，继之者善也，成之者性也。所以一阴一阳之理者为道，此是统说个太极之本体；继此者为善，乃是就其间说造化流行、生育赋予，更无别物，只是个善而已，此是太极之动而阳时所谓善者，以实理言，即道之方行者也。……（页186—187）

申氏基本上沿袭了朱熹以理言性的理路，并将性的具体内涵界说为仁义礼智，如此理无不善，则性无不善，通过以理言性的方式为儒家性善论作出本体论论证。朱子言性善，常从继善成性的角度来阐发，所谓继善是指天地之理，成性是指人物禀得天地之理而成的人物之性。如此，天地之理与人物之性便具有同构性，天地之理既是宇宙的自然法则，也是人性所要遵循的道德法则，如此人之性善便具有了必然性与当然性。但是，基于一定社会历史条件下所产生的伦理原则被本质化、先验化，既凸显了天理的专制性，也凸显了道德法则的专制性，这是我们所要警惕的。

◇ 人性的现实性与可能性

申氏就孟子道性善所涉及的可能性与现实性作了讨论：在可能性上，人皆可以为尧舜；在现实性上，人人不尽能为尧舜。此间的差别何在，这是申氏需要加以说明的。其言曰：

> 问人性皆善可以无疑，而若以为人人皆可以为尧舜之圣，未敢自信也。翁曰道性善与称尧舜二句，正相表里。言这性充得去时，便是尧舜。盖尧舜与人同是一性，即做到唐虞事业，不曾于本体上加得毫分，可见人人此性，人人此善，人人尧舜矣！语意只要世子亦尧舜自期，不重尧舜能尽性，上此说，统之说也。孟子曰：人皆可以为尧舜；良知家言：满街都是圣人。其言似合而有冰炭之异，一则师心自是，一则须致知力行，以必至于圣人也。滕世子为人，想是资性粹美而气魄薄弱，故孟子特以此开发激动之。然骤闻此语，焉能无疑，不是定要他不疑，才疑亦便可进说耳！此吕晚村之说也。并看二说，可无疑于孟子之本旨，而良知家师心自是之病，亦可戒之哉！（页189）

申氏所强调的人性皆善无疑，人人可以为尧舜未敢自信，实则揭示了性善问题在可能性和现实性之间的一个鸿沟。在可能性上，人与尧舜一样皆禀天地之理而来，因此并无不异；在现实性上，尧舜为圣王，大多则为贩夫走卒，此差异不啻千里乎？直到阳明提出成色斤两说，这一问题在理论上才有了较为合理的解释。阳明认为一个人是否为圣人，与其社会地位、职业等外在条件没有关系，并不需要像尧舜一样创造帝王功业，尽管在其他方面与孔子和尧舜相比具有一两与万镒的差距，但只要心中纯是天理，不管是农民也好，贩夫走卒也罢，都可以成为圣人。如此，将先前的圣人从遥不可及的神圣性下解放出来，又在每个个体的心灵世界建立起完满的道德性，对于张扬人性的光辉与挺立道德主体性具有积极意义。而申氏则囿于门户之见，对阳明的致良知说、满街都是圣人予以驳斥，因此，始终在这一问题上未能深入讨论，这不能不说是其大失矣！

（闫林伟整理）

109. 李恒老（1792—1868）

【文献】李恒老：《杂著－孟子》，载《韩国经学资料集成46·孟子十二》，首尔：成均馆大学大东文化研究院，1991，页3—28。

李恒老，初名光老，字而述，号华西，本贯碧珍。李氏笃信程朱理学，开创了朝鲜末期有巨大影响力的"华西学派"，代表作有《华西集》《华西雅言》等。在理气观上，提出"理气二元论"，认为理气不可分割、相互依存，但理和气不能等量齐观，进而提出"理主气客""理主气役"等思想。

《杂著－孟子》

◇ 以四德言性善

李氏以四德赋予人者为性，实即继承了朱熹以理言性的传统，所谓四德即性，其真体内涵则为仁义礼智，四德纯善故理至善，因此人之性无不善。其言曰：

> 或问：孟子性善之说可得闻其详欤？曰：所谓性者，天之命也，生之理也，四端七情之体也，万物所同得之太极也。……（页4）
>
> 四德之赋于人者是性也，在彼则善，在此则非善，乌有是理哉？……告子之说性也，如食色之云，切近人情而迷乎道心之真；如杞柳之云，曲尽事势而昧乎天命之原；如雪羽之云，眩惑众德而实混人兽之别；如勿求之云，勇过孟贲而反犯揠苗之讥。……故孟子所以苦口尽力而发明之也。其言曰：恻隐之心，仁也；羞恶之心，义也；恭敬之心，礼也；是非之心，智也。由此观之，所谓性之目，只此四德而已焉。有不善底四德也哉？人无不善之人，性无不善之性，则人之为善岂可已而不已者耶？（页6）

李氏继承了朱子以理言性的传统，通过理之至善来论证性之至善，并强调仁义礼智四端作为性的节目，也即性的具体内涵。对于告子以食色界说人性，认为其混同人兽之别，迷失了道心、天命之原，李氏完全是以朱子学的视角来看待这一问题的。

◇ **性善说的现实困境**

郭氏力倡性善说，有人则对此有疑，认为在现实性上，恶人多而善人少，善难为而恶易为。对此，郭氏以气、形、欲对人本然之性的遮蔽，来回应这一质疑。其言曰：

> 信子之言则天地之间有善无恶久矣。征诸古今，则善人少而恶人多；参诸事实，则为善难而为恶易；验诸知觉，则善念微而恶念著。其故何也？
>
> 此非性也，气使之然也，形使之局也，欲使之蔽也，是犹以水行舟，浮沉出没，非舟之罪也；以器受日，大小方圆，非日之体也；以管窥天，远近阔狭，非天之偏也。然则夫为不善，岂性之为也哉？所谓恶者，非别有一种于天地之间而与善对立者也，特其善之施，失其当，用过其中者无名可名，故名之以恶耳！（页8）

性善说面临的最大的困境就在于其现实性，在现实性上，我们往往很难解释恶人恶事的存在，甚至会动摇我们对性善论的信念。既然在本然之性上，人性是无不善的，那么为何会有恶的存在呢？孟子认为是被后天的情欲所遮蔽，丧失了其本来的善性。这实际上，还是否认了恶的先天存在，将恶的出现归于环境的作用。朱子则从气禀的偏全、清浊立论，以此来论证人性在现实性上的差异性。李氏这里提到的气、形、欲，并没有沿着朱熹的路径来说明人性在现实性上的差异问题，而是将之归于后天环境的作用。李氏为了说明这一点，特举水之行舟会产生浮沉，以器具接收阳光会出现不同形态，以管窥天则会看到天的不同情状，之所以会如此，并不是其本身的原因，而是环境的作用。紧接着，李氏引出了其关于性善的论说，认为恶的存在并不是性的本然状态，而是善在实施过程中产生的不当而已。这就从根本上否认了恶是与善对立的存在，庶几接近于西方哲学所谓"恶是善的缺乏"之言。

（闫林伟整理）

110. 朴宗永（？—1875）

【文献】朴宗永：《经旨蒙解－孟子》，载《韩国经学资料集成46·孟子十二》，首尔：成均馆大学大东文化研究院，1991，页125—148。

朴宗永，字美汝，号松鸣，本贯潘南。《经旨蒙解－孟子》收录于朴氏文集《宋五遗稿》卷四中，书中只讨论了〈公孙丑〉〈离娄〉〈告子〉〈尽心〉四篇，主要论述了"不动心""浩然之气""性善论""存心"等重要思想，主要以作者自己的见解对孟子思想展开言说。

《经旨蒙解－孟子》

◇ 生之谓性

朴氏对于孟子性善论的言说，基本上未曾突破朱子学的樊篱，仍是以理气二分模式对于告子生之谓性的命题作出分析。其言曰：

> 告子曰"生之谓性"。生者，指人物所以知觉运动而言，知觉运动者是气也，非性也，而告子认气为性，故有是言也。盖性者，天所赋予人物，同受于有生之初，而人与物有正昏偏全之异。气者，属于形质，凡知觉运动、饮食言语，罔非气之所使也。气亦人物之所同得，而人所以异于物者，以其得正气，故全得许多道理；物则得其昏气，故并与所赋之理而昏了，不全人之性。……今若以知觉运动为性，则是告子全昧性之理，而以人物之性混称而无别也。是以孟子折之曰：然则犬之性犹牛之性，牛之性犹人之性与者？深斥其非也。盖性者，人之所得于天之理也；生者，人之所得于天之气也。人物之生，莫不有是理与是气。以气言，则其知觉运动，人与物若不异也；而以理言，则仁义礼智之禀天叙天秩之命，岂物之所得而全哉？……（页130）

我们知道，朱子将佛教的心性论归纳为"识心见性""作用是性"。在朱熹看来，作用是性，即以知觉运动为性，而知觉运动是心，因而作用见性的"性"就是儒家的"心"。以知觉运动为性无异于告子以犬牛之性为人性，因此以知觉运动来言性是不包含道德等内容的，如此则忽于人禽大防。朴氏正是顺着朱熹的这一理论对于告子"生之谓性"这一命题进行驳斥的，其认为告子以知觉运动为性，是认气为性，不明理气之别，将物性混同于人性。

（闫林伟整理）

111. 李震相 （1818—1886）

【文献】李震相：《孟子札义》，载《韩国经学资料集成46·孟子十二》，首尔：成均馆大学大东文化研究院，1991，页177—318。

李震相，字汝雷，号寒洲，人称浦上先生或洲上先生，大浦人。李氏学宗朱熹，是朝鲜后期著名的性理学者，一生著述宏富，高达85册，代表作有《性学图说》《异端说》《性情心说》《心即理说》《理学综要》《春秋集传》等。在朝鲜哲学史上，其与李恒老、奇正镇并称为近世儒学三大家。

《孟子札义》

◇ 四端由恻隐悉数之

李氏顺着朱熹"仁包四德"的理论，进而提出"由恻隐统四端"的观点，并将之视为理之发端。其言曰：

> 孟子言四端，由恻隐悉数之。盖人物恻隐之心者，便无此三者之心。（仁包四德）非谓三者，心发出之初，恻隐每作头也，四者之发皆其统，发之始，只缘满腔子皆恻隐之心，为人之生道，故三者之心皆自恻隐中动出来，此义须□妙看。此章心字皆以发处。……是非二字若与智稍别，而知其善恶，然后可以为是为非。故《集注》特下知字。恻隐等四者之心，以情言仁义等，一者性之理也。端即其发底，四端理之发，孟子已道之矣，何尝有气发之意乎？（页210）

在朱熹哲学中，四端为情，四德为性，并有"仁包四德"的观点。李氏顺着朱熹的这一理路，即在性上，仁包四德，故而与之相对应的情自然也是恻隐统四端。四端作为四德的发端，既然恻隐统四德，则只说恻隐之心即可。四德即性，性即理，而理的具体内容便是四德，统归于"仁"字；四端同归于恻隐，因此恻隐之心便是仁的发端、理的发端。恻隐之心虽然属情，但并非一般的自然情感，而是一种道德情感。这种恻隐之心是我固有的，非由外铄我也，由扩充便可实现为仁。此是说恻隐之心是一种"天赋的内在原则"，它是作为倾向、禀赋或自然的潜在能力在我们心中的，当感官与外物接触时，这一心理固有的倾向便可以从潜在的状态变为确定的观念，而这一过程正是从四端到四德的过程。

◇ **性兼善恶言**

李氏从朱子学的视角出发，继承了程朱"论性不论气不备，论气不论性不明"的基本观点，对孟子展开批评，并认为应从性兼善恶的角度来理解性。其言曰：

> 此《集注》不言气禀，而言私欲，人多谓孟子不论气之故，而非朱子本意。盖人之不能为尧舜，固由于气禀之拘，而苟能遏绝私欲，扩充善性，则气禀之污自至□□，不日而变化矣。人之患在不能窒欲耳！若与此并论气禀，则人将谓尧舜之不可及，而不信孟子之言矣。……孟子言性善，性学之真诠也。明道少时，见人之生下来便有恶者，而古经中"习与性成""惟日节性"等"性"字亦多兼善恶说者。究其原本，知得恶之本在气，而理不离气，气外无性，故便自□言曰：生之谓性。性即气，气即性，善固性也，恶亦不可不谓之性。（页 219—220）

孟子言善，只承认善是人先天固有的道德意识和道德能力，将恶归结于后天物欲的遮蔽，即受到环境的影响。这也是李氏所提到的"此《集注》不言气禀，而言私欲，人多谓孟子不论气之故"，认为孟子言性不论气是不完备的。李氏继承了朱子哲学关于人性论的基本理路，认为人的形体是由气质而形成的，人的本质是由禀得天地之理而形成的，理无有不善，故而人无不善，但在现实性上却呈现不善的现象，认为这是受到气质的影响，由于气质杂有善恶，故善可谓之性，恶亦可谓之性。只有从理气，即从本然、气质两方面理解性，更进一步说，只有从性兼善恶的角度来理解性，才是对性的完整认识。

◇ **以生言性**

针对告子生之谓性的命题，朱熹对之进行了批评与重构，认为告子这是以知觉运动言性，并将这一命题改为："生之谓气，生之理谓性。"而李氏正是在这一基础上展开其关于孟子性论言说的。其言曰：

> 生之谓性，只欠中间一理字，以知觉运动言之，知觉之理便是专德

之智，运动之理便是全体之仁。故朱子曰：所知觉是理。程子曰：语言动作，人之理。但以知觉运动对说仁义礼智，则仁义礼智纯乎天理，知觉运动属乎形气。朱子曰："生之谓气，生之理谓性"。生字之必以知觉运动训之者。（页267）

在李氏看来，告子所谓"生之谓性"，即以知觉运动言性，而知觉运动属于气的层面，这无异于认气为性，忽于人禽之大防，有将人性混同为兽性之虞。为此，他沿着朱子的理论，对"生之谓性"这一命题进行了分析与判分：以生之谓气，即就人之知觉运动而言；生之理谓性，即以仁义礼智为性。

（闫林伟整理）

112. 田愚（1841—1922）

【文献】田愚：《杂著 - 孟子》，载《韩国经学资料集成46·孟子十二》，首尔：成均馆大学大东文化研究院，1991，页483—504。

田愚，字子明，号艮斋，别号畏庵、臼山居士、泰华山人、华逐病夫等，本贯潭阳。《杂著 - 孟子》收录于作者文集《艮斋私稿》卷二十九至卷三十一中，分为〈浩然章问目〉〈读孟子生之谓性章集注〉〈读孟子〉三篇。该书主要引用《集注》《语类》《广录》等来表明自己的见解，分析致密、说理简练。

《杂著 - 孟子》

◇ 体一用殊言性

体一用殊，即理一分殊，朱熹常以理一分殊来表述其哲学中作为宇宙本体的太极与万物之性的关系。田氏显然采取了这一进路来证成孟子的性善论。其言曰：

> 性即太极之在人物形气之中者，体用本末一色是善，不问元初气禀之不齐，后来发见之各殊。性则毫无变异，谓性有不善者，诬天也。（此句是龟山语）曰：然则所谓气质之性、攻取之性，是何所指？曰：此君子之所不性也。或曰：太极体一之中带得用殊之理，此以元亨利贞、

生长收藏、仁义礼智、爱恶让别言之，则是矣。但其意以为昏明偏全，全皆在用殊二字之内，则善恶邪正亦何独脱漏耶？然则在人之性，亦当如此，此大误也。（页497）

关于理一分殊的关系，朱熹一方面强调"合万物而言之，为一太极而一也"，此为理一；另一方面则强调"万物之中各有一太极"，此为分殊。"一物各具一太极"，这里的"太极"指性理而非分理。理一分殊指作为宇宙本体的太极与万物之性的关系。总的来说，宇宙万物的本体只是一个太极（理一），同时每一事物之中都包含一个与理一之"太极"完全相同的太极作为自己的本性（分殊）。值得注意的是，万物之性理虽然是禀受自太极而来，但并不是分有了太极的一部分，而是每一事物的性理与宇宙本体的太极是相同的，这与柏拉图关于理念的分有模仿说是完全不同的。田氏所提出的"性即太极之在人物形气之中者"，即强调作为宇宙本体的太极为人物所禀得，而成为人物的性理，纯粹至善，太极是一，性理是多。但性理不是太极的分有，而是其全体在万殊上的体现，如此则强调了万物的普遍性，但万物何以在现实性上呈现差异性呢？田氏将之归为气禀的作用，因为气禀有昏正偏全，故而影响到万殊之理，导致了万物之间理气组合的差异性，从而呈现万物的差异性。

◇ 从体用上言性

田氏利用体用模式对孟子思想中的性情展开言说，将仁义礼智四德看作性，将情看作性之发用。其言曰：

仁义礼智之粹然，此就发用上说，非指性体言，以知觉运动之蠢然对说，义已明矣。又将《论语》"成人"章注中正和乐粹然、无复偏倚驳杂之蔽来相校勘，所指尤晓然矣。（页498—499）

乃若其情，则可以为善矣。言情是性之动者，（此问虽有心之动，但论性之善，故不暇及于心动一著）虽非有意去为善，然其发是善，则亦可曰：可以为善，是不为之为，不为之为如言不宰之宰也。《蒙引》云：此以为字，如谓之相似。盖情是无意发出者，不可谓情去为善也。《集注》以为字俱当如认此说，恐未精。陈定宇、曹月川皆言情可为善，与《蒙引》异。《集注》尤非，如《蒙引》说。（页499）

我们知道，朱子将性情、体用关系引入对四德、四端的诠释中，认为仁义礼智四德为性，恻隐羞恶辞让是非四端为情。性为体，情为用，即强调性是心理活动的内在本质，情则是这一本质的外在表现，也即性是情的内在依据，情是性的外在表现。当人应接外部事物时，相对于人之性来说是一种"感"，对于此"感"，性自然作出反应，则为"应"。性所作出的这一反应，表现为一定的情感。我们以孺子入井为喻，由仁性之动而生恻隐之情，此为"应"。而这一感应的过程也就是性动为情的发生过程，而这一切皆是自然而然发生的，不假人为，也即田氏所强调的"无意发出者"。此说基本上沿袭了朱熹性体情用、性本情用的思想，充分显现了田氏学术的朱子学背景。但值得注意的是，"乃若其情"之"情"，学界（如戴震、陈大齐、牟宗三、梁涛等人）一般认为指"实情"，而非指情性、情感。田氏在此将之视为性之动，也即性之用者，明显是将其看作"情性""情感"来解，恐与孟子本意违碍。

（闫林伟整理）

113. 朴文镐（1846—1918）

【文献】朴文镐：《孟子集注·孟子或问》，载《韩国经学资料集成46·孟子十二》，首尔：成均馆大学大东文化研究院，1991，页543—738。

朴文镐，字景谟，号壶山、枫山、老樵，宁海人。朴氏为学，特重义理心性之学，对于朱熹的经传有深入的研读，并私淑韩元震的学说。朴氏文稿甚多，有《大学章句讲义》《大学章句详说》《论语集注详说》《孟子集注详说》《书集传详说》《周易本义详说》《壶山集》等，数量超过百本，涉及的范围十分广泛。因此，若想了解朝鲜后期的诸子学发展情况，朴氏是一位绕不过去的人物。

《孟子集注·孟子或问》

◇ 已发未发言性情

田氏对孟子性情关系的言说基本上未能摆脱朱子学的窠臼。关于性情关系，在朱熹那里有体用、动静、已发未发之分殊，田氏论述中虽都有涉及，但我们重点分析其已发未发说。其言曰：

程子曰：以其恻隐知其有仁。又曰：四端不言信者，既有诚心为四端，则信在其中矣。《集注》曰：恻隐羞恶辞让是非，情也；仁义礼智，性也。因其情之发，而性之本然可得而见，犹有物在中而绪见于外。潜室陈氏曰：性是浑然之全体，本不可以各自言。孟子时异端蜂起，往往以性为不善。孟子苟但曰：浑然全体，则恐如无星之称、无寸之尺，而终不足以晓天下，于是别而言之，界为四波而四端之说于是乎立，盖四端之未发也。性虽寂然不动，而其中自有条理，自有间架，不是笼统都是一物，所以外边才动，其中便应，浑然全体之中粲然有条，如此，则性之善可知矣。（页 577—578）

在朱熹哲学中，未发已发涉及的是智识念虑和喜怒哀乐等情感活动产生之前和产生之后的状态、关系问题。此处的情指人的情感活动，其具体内容一般指喜怒哀乐爱恶欲这七情，但理学中讲的情不只是一般的喜怒哀乐等情感活动，还将其他思维活动包含在内。在朱熹看来，性纯粹至善，情则有善有恶，情不仅包括四端这些善的智识念虑，还包含七情这样不完全善的情感情绪。如果我们简单做分类归纳的话，四端属于道德情感，是善的；七情属于自然情感，有善有恶。这其实给朱子哲学造成了一个很大的矛盾，即作为道德情感的四端可以四德配属，保证了性发为情的至善性，但在情中还有七情等自然情感的存在，如果说七情也为四德之性所发，则善之性发为不善之情，体用之间不能一致。情有善恶还可能导致的另一矛盾在于，朱熹对性善论往往采取逆推论证的方式，因为性是情的依据，情是性的表现，因此可以从普遍存在于人的四端之情逆推证成人皆有四德之性。但是，情有善恶，还有不善的部分，是否也可以说，从种种不善之情逆推出与之对应的不善之性。如此，朱熹这种以情证性的方式存在巨大的矛盾。

要想解决这一问题，就要对情作一狭义的界说与限定。关于四端七情的讨论是韩国儒学的特色所在，他们将理气引入性情关系中，对于朱熹的这一思想进行了深入的阐发与推进，化解了其间的矛盾。但作为海东儒者的朴氏没有继承这一理路来展开言说，而是将情狭义化理解，将其严格限定为四端之情，如此四端之情是善的，四德之情自然无不善。这种性善论的证成是以牺牲人的喜怒哀乐这一自然情感为代价的，更进一步助长了理的专制性，这在一定程度上会滑入禁欲主义的陷阱。

◇ **以本然之性言性善**

朴氏依循朱熹以理言性的理路，以天理气质二分的模式，从本然之性的角度证成孟子的性善说。其言曰：

> 朱子曰：杞柳必矫揉而后为桮棬，性非矫揉而后为仁义。南轩张氏曰：人之为仁义，乃其性之本然。庆源辅氏曰：不言戕贼人之性，而言戕贼人者，人之所以为人者，性也。按：杞柳之性真亦犹人之性善，故孟子就杞柳之性以明人性，此则人与木，其本然之性不同者也。……（页585—586）

> 《集注》曰：性即天理，未有不善者也。此章言性本善，故顺之而无不善，本无恶，故反之而后为恶，非本无定体而可以无所不为也。水之过颡在山，皆不就下也。然其本性未尝不就下，但为抟击所使而遂其性耳！南轩张氏曰：人无有不善，水无有不下，孟子之言可谓深切著明矣！新安倪氏曰：本性者，本然之性，定体即此性本然之定体也。按：水性之下亦犹人性之善，而皆其本然一定之理，如此，此则人与水，其本然之性不同者也。（页587—588）

在朱熹哲学中，"性"有不同的含义，总的来说，可以从两个视角来理解。一指相对于人物禀受的天地之理而言，谓之天命之性，相对于它所依赖的气质而言，简称天命，相对于气质之性而言，则谓之本然之性；二指人物的气质之性，包含物在内，大多数情况下则专指人（陈来《朱子哲学研究》）。朱熹继承了二程"性即理"的基本命题，强调人的本性与宇宙普遍法则的一致性，以此在本体论上证成性善论。朴氏显然沿袭了朱熹的这一理路，将仁义看作人的本性，即其所强调的"性之本然"。仁义作为性、理的具体内涵，显示了性、理的至善性，而人性是禀赋天理而来，如是理之至善，表明人之性之无不善。

（闫林伟整理）

114. 郭钟锡（1846—1919）

【文献】郭钟锡：《茶田经义答问－孟子》，载《韩国经学资料集成44·

孟子十四》，首尔：成均馆大学大东文化研究院，1991，页3—316。

郭钟锡是朝鲜晚期的性理学学者，其一生问学不辍，著作等身，主要集中于《俛宇集》中，凡63册之多。郭氏关于孟子的言说则主要集中在《茶田经义答问》卷九至卷十一中，该书通过论辩的形式展开对孟子思想的阐发，涉及人物超299名，充分显示了该书在内容上的丰富性。

《茶田经义答问－孟子》

◇ 不忍人之心

郭氏以天地生物之心言不忍人之心，顺朱熹人物禀得理气而有形体本性之说而详加阐发。其言曰：

> 不忍人之心即天地生物之心，天地之形体乃是积气也，而就此积气上造化之周流不息，常以生物为心，则其心岂非仁底理乎？所生之物，因各得其心以为心，则谓此心是气可乎？圣人无物欲之蔽，故此心即是仁也，此可以见心之为理矣！众人之蔽于物欲者，岂非气拘而不通乎理者乎？是以论心之本体，则所惟曰一个理而已矣！……（页130）

> 乍见孺子之乍是真心之直出，而无所为这耶！（页131）

> 乍者，见之乍也，尚未说到心。盖瞥然之见而此心蓦出，不暇计较者正可验真心之固有，故以乍见处言。若到久后，则容有许多计较，而不由真心者。……（页131）

> 或谓见孺子入井，有怵惕恻隐之心，是四端也；有内交要誉之心，是七情也。下节说恐未稳当。（页133）

> 内交要誉，私意之横发也，不可谓七情。（页133）

> 孟子以恻隐羞恶辞让是非，并谓之心，而《集注》以为性，何也？（页133）

> 心统性情，而性为未发之心，情为已发之心。（页133）

我们知道，张栻曾经和朱子讨论认为"天地以生物为心"，张氏认为不如说"天地生物之心"，而朱子则相反，认为"天地以生物为心"更为妥当。由此，我们知道，郭氏所提到的"天地生物之心"实则是张栻的说法，但想要表达的却是朱子"天地以生物为心"之意。"心"在朱子学里，有知觉、主宰二义，此处当作主宰讲。天地以生物为心，即强调天地生物的主宰之义，而天地与万物之间的关系则在于生，要求我们从生的意义上去领会天地之心，而结合朱熹的众多论述，我们知道其以仁为天地之心。结合郭氏不忍人之心即天地生物之心，即以不忍人之心为仁。我们知道在《孟子》中，不忍人之心即恻隐之心，而有"恻隐之心，仁之端也"与"恻隐之心，仁也"两种表述，亦可佐证此天地生物之心是指仁，而"仁包四德"，实则是性的具体内涵。郭氏通过天地生物之心，最终推论出人禀此生物之心为性，即以仁为性，从而论证了性善论的主张。

◇ **以杞柳、水之就下喻性善**

郭氏以水之就下为水之理，进而论证性之本善为性之理，以证明其性善论。其言曰：

> 告子云：义犹杞柳而其下并言仁义，何也？（页222）
>
> 告子之意，以义为外，故上段专言义，及说为仁义出，则才说为仁便向外面推去。若仁民爱物之类，皆不干已，故并义而称之。……（页222）
>
> 朱子曰：水之流下，譬如性之发善，孟子本意果就性发处言欤？水本下者，水之理也；性本善者，性之理也。何害于未发言之。（页223）
>
> 观情之善而知其性之本善，故孟子亦曰"乃若其情，则可以为善"。（页223）

孟子通过水之就下来论证其人之性善，虽有逻辑不周之处，但不过是借此来讲人性的倾向性。朱子亦进一步发挥为水之就下，譬如性之发善，也是着眼于其倾向性的。郭氏似乎未看到这一点，而将水之就下看作水本身要遵循的必然法则、定理，于是就推导出性之善也是人性所要遵循的必然法则、定理。且不说逻辑不通，比喻亦不当。水之就下是万有引力的影响，是其必然要遵循的自然规律，而人之性善属于道德法则，只能就倾向处讲，性善是人性之当然，却非实然，因为人有自由意志，不为自然规律所决定，所以郭氏以自然法则的必然性来推出道德法则的必然性是不当的。

（闫林伟整理）

115.　黎贵惇（1727—1784）

【文献】（1）黎贵惇：《芸台类语》，载黄俊杰主编《东亚儒学资料丛书07》，台北：台湾大学出版中心，2011［民100］。（2）黎贵惇，《四书约解》，黎明命二十年（1839年），郁文堂重刊本。（3）黎贵惇，《阴骘文注》，载黄心川主编《东方著名哲学家评传》，济南：山东人民出版社，2000。

黎贵惇，原名黎名芳，字允厚，号桂堂，越南沿河县沿河社（今平省兴河县独立社）人。代表作有《群经考辨》《易经层说》《春秋略论》《四书约解》《阴骘文注》《圣贤模范录》《书经演义》《芸台类语》等。黎氏思想虽然丰富，但关于人性论的阐发总体不多，主要散见于《四书约解》《芸台类语》《阴骘文注》中。

《芸台类语》卷一〈理气〉

◇ 性命之分

《芸台类语》虽有〈理气〉篇54条，但基本上是对朱熹理气观的抄录、转述，阐发不足。至于人性论，则基本没有涉及，只有引述刘康公及《易传》思想时，略有涉及。其言曰：

> 刘康公曰"民受天地之中以生，所谓命也。是以有动作威仪之则，以定分命也。"《易》曰"穷理尽性，以至于命。"此命字乃所谓降衷也，乃所谓秉彝也，乃所谓明德也。后世言命则穷达得丧荣辱而已。（页53）

"民受天地之中以生"一语原出《左传》成十三年。徐复观认为刘康公此言尽管说到人性论的边缘，但他却不能把"民受天地之中以生"称为"性"，而称为"命"。此处的"命"并非天命、神意，而是一般性的道德法则向具体的个体上的凝结，但这个"中"是外在于人的东西，故需通过动作威仪将此"命"定在人身上。（见氏著《中国人性论史·先秦篇》）依徐氏看法，此道德依旧是一"外铄"的道德。黎氏将前后两个"命"字合为一解，以"降衷""秉彝""明德"释之，恐有不妥。"降衷"出自《尚书·汤诰》"惟皇上帝，降衷于下民"，即天施善降福之意。"秉彝"出自《诗经·

457

大雅·烝民》"天生烝民，有物有则。民之秉彝，好是懿德"，即禀执常道之意。"明德"则出自《大学》"大学之道，在明明德"，此处"明德"显然不是"外铄"的，是我固有之的内在善性。相比较而言，"降衷""秉彝"显然是一种外在天命观或外在德性论，"明德"则代表了内在德性论。黎氏以前者释"民受天地之中"，以后者释"穷理尽性，以至于命"则可，将此三者混为一谈，确为有失。

《四书约解》

◇ 复性说

黎氏《四书约解》一书则主要是对朱子《四书章句集注》的简约化。从对《大学》首章的解读，则明显看出其对朱子"复性说"的继承。其言曰：

> 大学者，大人之学也。在明明德者，己之德本明也，而不能不昏于气禀物欲，故学者当因其所发而遂明之以复其初也。民之德本新也，而不能不污于习俗，又当推吾之所明，立法垂教，使革其旧自新焉。止者，必至于是而不迁之意。至善则事当然之极也，言明明德、新民，皆止于至善之地而不迁。此三者，大学之纲领也。（《四书约解》卷一）

按照朱子学的基本逻辑：人性是由天命之性和气质之性共同构成的。天命之性也叫本然之性，是禀得天地之理而成的，故纯粹至善，但由于受到气质的"污染"，故形成气质之性。而需要下的功夫就是剥落气质对人性的遮蔽，以恢复纯粹至善的本然之性。从黎氏的阐释来看，"己之德本明"是说"明德"，即就性之本体而言，但由于"昏于气禀物欲""污于习俗"，所以表现为不善，而要想复善，就要"因其所发而遂明之以复其初也"，也即通过明明德的功夫，以恢复本体之善。从黎氏的这一阐释来看，几乎与朱子经注若合符节，并没有太大创新。这也反映了越南儒学的基本性格：主要是"照着"朱子学而讲，而非"接着"朱子学而讲。

《阴骘文注》

◇ 理欲之辨

在"天理"与"人欲"的关系上，黎贵惇基本上继承了朱熹"理欲之辨"的思想，稍微有所发挥。其言曰：

> 人莫不有人心，莫不有道心。人心是人欲，道心是天理。顾得一分天理，便消得一分人欲。人欲生则为恶，天理胜则为善。（页176）

朱熹认为人性由天命之性和气质之性共同构成，以此来说明人性善恶问题。在此基础上，又有道心人心之辨，他认为道心源自"性命之正"，出乎"义理"；人心则源自"形气之私"，出乎"私欲"。故"道心"无不善，而"人心"有善与不善。黎氏基本上是顺着朱子的这个架构来讲道心人心、天理人欲，将人心等同于人欲，等同于恶，将道心等同于天理，等同于善，从而将人性的善恶归结于道心与人心、天理与人欲的斗争问题，而实现人性之善，就要努力去践行"去人欲"的工夫。

（闫林伟整理）

116. 裴辉碧（1744—1818）

【文献】（1）裴辉碧：《四书节要》，成泰柒年（1895）仲秋新镌，柳文堂藏板。（2）裴辉碧：《性理节要》（又名《性理大全节要》），皇朝绍治四年（1844）夏月上浣新镌，美文堂校梓。

裴辉碧（又作璧），一名裴璧，字希章，又字黯章，号存翁、存庵、存斋等。越南河东清池盛烈社人。著有《皇越诗选》《皇越文选》《存庵文集》《四书精义》《四书五经大全性理节要》等。

《四书节要》

◇ 天地气质之性

裴氏在〈大学章句序〉中基本是节录、摘抄朱子〈大学章句〉，但也有所发挥。其言曰：

> 《大学》之书，古之大学所以教人之法也。盖自天降生民，则既莫不与之以仁义礼智之性矣，此谓天地之性，然其气质之禀或不能齐，是以不能皆有以知其性之所有而全之也。（页23—24）

性是这理，气则已属于形象。阴阳五形（五行）之气袤在天地中，精英者为人，渣滓者为物，精英中又精英者为圣贤，精英中渣滓者为愚、不肖，此所以为气质之性。（页24）

一有聪明睿智能尽其性者出于其间，则天必命之以为亿兆之君师，使之治而教之，以复其性。（页24）

与朱子〈大学章句序〉作对比，我们便可发现裴氏在人性论上基本是承袭了朱子的观点，但在节录、摘抄朱子思想的同时有所增删，正是在这一细节中蕴含着裴氏自己的独特思考。从同一性来说，人皆禀受仁义礼智之性，此为天地之性，但由于人在所禀气质上不齐，故使得在现实的人性上具有差异性。裴氏在此基础上，进一步将此气质（阴阳五行）细分，清者（精英）为人，浊者（渣滓）为物。在清气（精英）中又细分出精英与渣滓，其中精英为圣贤，渣滓为愚者、不肖之人。阮氏将人性预设为二元性，即天地之性与气质之性。天地之性纯粹至善，气质之性有善有不善，因此道德践履的工夫即在于去除气质之性中私欲对人性的遮蔽，以恢复其本然之性。但由于存在所禀气质的不同，固有圣贤与愚、不肖者的差异，而愚、不肖者由于自身的局限，不能自复其性，故只能有待于圣贤的教化使其恢复本然之性。

◇ **正心以去私欲**

裴氏在解释《大学》首句时，有自己独特的发挥。将"明德"解释为至虚灵、至空洞，触之即觉、感之即通的道德本心，具有自主判断、自觉践履的道德实践能力。其言曰：

大学之道，在明明德，在亲民，在止于至善。……夫自太极之理与阴阳五行之气妙合而凝，形既生矣。则所谓明德者，炳然于方寸间，至虚灵、至空洞，湛乎如水之无波，滢乎如镜之无尘，触之即觉，感之即通。方其孩提，无不知爱其亲；及其既长，无不知敬其兄。见孺子之将入井，则怵惕之心动；闻牵牛之将釁钟，则不忍之念萌。随事而有觉焉，不自知其然也。在《书》谓之降衷，在《诗》谓之秉彝，在《中庸》谓之性，在《大学》谓之心，其为明德，一耳！是德也，与生俱生，本无加损。然而存养之则晶荧，斵丧之则晦蚀，洗濯之则呈露，封闭之则伏藏。是以《大学》：君子必致知格物，以究义理之归；正心修身，以

　　去私欲之累。（页44—45）

　　裴氏采取经义互证的方式，以《尚书》降衷、《诗经》秉彝、《中庸》之性、《大学》之心解释"明德"一词。虽与明德本义未必相合，但其想要表达的含义应当是较为清晰的，即将其有意解释为至虚灵、至空洞，触之即觉、感之即通的道德本心，从而赋予其道德实践的主体含义。所谓怵惕之心、不忍之念是就此道德本心而言，在具体的道德情境中具有自主判断、自觉践履的道德实践能力。然而这一道德本心容易被遮蔽，需要不断去存养、扩充，清楚私欲对本心的遮蔽，以恢复其道德本心的澄明之境。

《性理节要》

◇ 克己复理

　　裴氏有〈克己铭〉一篇，以阐明克除私欲、恢复天理的道德实践工夫，以及希贤希圣的为学次第。其言曰：

　　　去病非难，当拔其根；己私既克，天理复还。克者伊何？譬如破敌；战而胜之，是之谓克。去恶之道，如农去草；既已芟夷，复蕴崇之。绝其本根，勿使能殖，则善者信；无复蟊贼，不能胜敌，其何能国？为学亦然，其可弗力，以士希贤；颜真准的，力到功深，优入圣域。（页3）

　　裴氏继承了朱子"复性"说的基本思想，以阐明希贤希圣的道德实践目标。而道德实践的具体工夫在于克去私欲，以复还天理，也即恢复纯粹至善的本然性性。其背后的逻辑基本是朱子理气二元的架构，由此划分出天地之性与气质之性。总之，裴氏的阐发没有太多的新意与精微之处，基本上是对朱子思想的"绍述"。

　　　　　　　　　　　　　　　　　　　　　　　　（闫林伟整理）

117. 阮文超（1799—1872）

　　【文献】阮文超：《方亭随笔录》，载黄俊杰主编《东亚儒学资料丛书06》，台北：台湾大学出版中心，2013。

阮文超，字逊班，号方亭、昌寿居士，清池县金碌乡（今河内市黄美郡）人。代表作有《方亭舆地志》《诸经考约》《诸史考释》《四书备讲》《方亭随笔录》《方亭诗类》《方亭文类》等。

其中《方亭随笔录》凡六卷，第五卷为《四书摘讲》，但实际上只论及《论语》《大学》《中庸》，未涉及《孟子》。第一卷和第五卷内容相似，主要为考究儒家经典，提出不同于朱子等历代名儒的见解，在继承中国历代注家解释外，也有所创新。

《方亭随笔录》

◇ 存理灭欲

阮氏在解释《易经·复卦》时，引入朱熹人心道心之说，对其义理进行了富有特色的阐释。其言曰：

> 故人之善端每于顷刻间复萌，人心惟危，道心惟微也。必精以察之，一以守之。私欲去一分，则天理明一分，犹天地之复而临，临而泰乃已。（页35—36）

阮氏在阐释〈复卦〉时，引入朱熹基于人心道心之辨的"复性"说，可谓独具特色。阮氏将人心归于私欲归于恶，将道心归于天理归于善，而恢复善端的工夫在于去私欲。

◇ 以气禀言人性之差异

阮氏承朱子气禀之说对《论语》中孔子"性相近也，习相远也"一句作了理学化的解读，以说明后天人性所具有的差异。其言曰：

> 子曰："性相近也，习相远也。"注：谓是言气质之性，夫性之为性，或谓恶，或谓善，或谓善恶混。张横渠分为义理气质，朱程谓"大有功于圣学"。然气禀之性混之固不可，别之亦不可。《易》曰"一阴一阳之谓道，继之者善，成之者性也"。道即太极，所谓理也。一阴一阳，流行变化，太极恶乎不在，受生者继此理无不善，成此性亦无不善也。然人之有生，孰非阴阳五行之气妙合而凝，是气有清浊之不同，故于人有纯驳之异禀。譬以桶水取物，当中而轮转之，则水之行也，有清些，

有浊些，则气浑之固不可，分之亦不可也。得其清者固为善，得其浊者岂无善乎？有生之初，性相近也。惟有生之后，涉于人为，然后乃善不善，其习乃相远也。后章子曰"惟上智与下愚不移"，盖得是气之清为贤智，其性无不善，虽与不善者处，亦不为其所染，非上智欤？愚者禀气之浊，善为其所汩，虽与善者处，甘于暴弃而不为，此所谓上智与下愚不移。盖与前章互相发明也。（页687—689）

孔子未曾下过对人性善恶问题的基本断言，整个《论语》中也仅有"性相近也，习相远也"一句。其义较为朴素，一般认为"人性本相近，但后天的习染使各自相距渐远"。（杨逢彬：《论语新注新译》）阮氏基本上是绍述朱子思想，认为此"言气质之性"，由于人禀气有清浊的不同，故人性有纯驳之不同。在初生时，人性的差异不是很大，但在后天的环境中，有些人习于善，有些人习于恶，故出现了差距。阮氏又将"唯上智与下愚不移"与此相互发明，认为禀得清气为贤智，即所谓上智；禀得浊气为愚者，即所谓下愚。贤智之人其性纯粹至善，与不善者相处也不会改变其性；愚者则容易受到不善者的影响，且其即便在与善者相处时也甘于堕落，致使其善性未加保养、维护，终必堕落为恶。但此中对上智与下愚作了善恶上的定性，具有决定论的意味，原本在孔子那里是指智识上的差异被阮氏置换成德性上的差异，且这种差异具有决定性。这恐怕与孔子的本意不合，无疑是受到理学影响下所作出的解释。

◇ **以气禀言善恶**

阮氏在解释《中庸》"天命之谓性"一语时，引入朱熹的气禀说，以说明人先天具有的仁义礼智之性。其言曰：

"天命之谓性"注：谓天以阴阳五行化生万物，气以成形，而理亦赋焉，则是气为主，而理为附，阴阳五行则本周濂溪《太极图》。备举阴阳五行，然求之于《易》，则未尝说气，未尝说五行。只这一阴一阳之谓道，继之者善，成之者性，则理气何分？宋儒只争说理气先后，故于他处言先有此理，然后有此气。此处却言气以成形，理亦赋焉，遂至彼此不相符。以《太极图》观之，有阴阳，然后有五行，则言健顺亦该，何必添五行？天命之谓性，专就人说。有生之初，吾性中有仁，率

之遂为父子之亲；吾性中有义，率之遂为君臣之义。大概如此，率此仁义礼智之性而行之而莫不然，是谓道也。（页717—718）

阮氏此说继承朱子理气说，人禀受天地之气以成其形，禀受天地之理以成其性。此天地之理落实在人身上表现为人的内在本质，具体体现为仁义礼智等基本德性，此为人先天具足的道德禀赋，"故率之遂为父子之亲""率之遂为君臣之义"，也即将人本有的道德禀赋充分地展现出来，便可成就道德。

◇ 已发未发言性情

阮氏继承了朱熹的"已发未发言性情"，以阐释"喜怒哀乐之未发谓之中，发而皆中节谓之和"一句。其言曰：

性情之中，不出喜怒哀乐四者，自其未发则谓之中，性之主静也。发而中节，则谓之和，情之顺应也。情出于性，气顺理得，和而达道，行矣！利用安身以崇德也，性之为德，中而大本立矣。故结之曰致中和，天地位焉，万物育焉。致之为致，得于心身性情之中，自有浸渍优游之寔。前此戒慎恐惧，由不睹不闻而至于有睹有闻，慎其独于微隐。由隐而见，由微而显，一而已矣。（页721）

《中庸》"喜怒哀乐之未发谓之中，发而皆中节谓之和"之意，即讲人的思维念虑未产生时的一种心理状态，这种情感产生之前为性，产生之后为情。阮氏顺着朱子已发未发说以言性情，即认为：我们的理性能够主宰这些情感，使其含而不露，是中的状态；即便是情感向外表露时，也要做到符合外在的伦理规范，无所爽失、适可而止，便是和的状态。

（闫林伟整理）

118. 阮德达（1825—1887）

【文献】阮德达：《南山丛话》，载黄俊杰主编《东亚儒学资料丛书08》，台北：台湾大学出版中心，2016。

阮德达，字豁如，一字士伯，号南山养叟、南山主人、可庵主人。阮氏一生著述甚多，有《南山随笔》《南山窗课》《咏史诗集》《越史剩评》《考古臆说》《南山丛话》《登龙文选》等。

《南山丛话》在嗣德三十二年（1879 年）被阮氏及其学生编纂成书。此书仿照《论语》对话语录的形式分为四卷三十二篇，内容涉及阮氏人生观、教育、政治、哲学等思想。该书被士人用来作为科举考试的教科书，对阮朝士人有很大影响。

《南山丛话》卷一〈德性篇〉

◇ 四端扩充说

阮氏承朱子之说，将孟子"四端"之端解释为"绪"，但在具体的解释中却并不符合朱子的思想，反而更符合孟子的原意。其言曰：

> 或问四端？翁曰：端者绪也。发如絮，引如抽，展之家及国，是名四德，一身而具四体，其全矣乎！损则亏，益则赘。（页 123—124）

朱子将"端"解释为"绪"，是包含其性情二元的架构的，即将仁义礼智四德解释为性，将恻隐羞恶辞让是非解释为情。在这里，仁义礼智是本然之性，通过恻隐、羞恶、辞让、是非之情见；此四端之情犹如性之端绪，而显现于外。其实这并不符合孟子的原意，对孟子四端说作了一个翻转。孟子的原意毋宁是说我们具有恻隐、羞恶、辞让、是非之心这四种道德情感，这是人的先天的道德禀赋，我们将其存养、扩充，从而实现四德。阮氏此说，颇有新意，认为我们将四端向外扩充的场域是由家至国，以此解释四德，将内圣工夫与外王作了连接，从而将原本阐释道德的四端落到政治上来，充分显示了越南儒学所具有的政治性、实践性的特色。

◇ 以嗜欲言性恶

阮氏以荷珠露滴譬喻人性之醇，以风波搅动譬喻嗜欲之牵引，以此来说明后天环境对于人性的影响。其言曰：

> 翁曰：露滴荷珠，一叶一珠，其寔万叶一珠也。天予性，一人一性，其寔万人一性也。珠本圆也，风波搅之，则圆者碎；性本醇也，嗜欲害之，则醇者杂。风波不作，珠无不圆；嗜欲不牵引，性无不醇。（页 127—128）

阮氏认为荷珠之上的露滴原本是圆的，但由于风波的搅动，则变得破碎。由此类比人性，人性本来醇善，但由于嗜欲的牵引，则失去了原有的醇善。并以此认为若无嗜欲的牵引，则人性没有不醇善的。阮氏此说看到了嗜欲对人性的影响，这是没有问题的。但他将人性与荷珠露滴进行类比，可谓"不知类"。荷珠露滴受到风波的搅扰完全是被动的，而人则不然，人作为有理性的存在者，具有意志自由，对于外界的环境和情欲的诱惑是可以作出抉择的。在阮氏的解释下，人性完全丧失了主动性，从而将人性的堕落诿过于嗜欲的牵引，既遮蔽了人的自由，也推卸了人的道德责任。

◇ **以才情言善恶**

阮氏以才、情言善、恶，并对才、情作了独特的规定和解释。其言曰：

> 或问才情？翁曰：善恶曰才善而情恶欤？曰：否。可理可气之谓才，可公可私之谓情。才出于理，情靠于公，是之谓善，反是恶也。
>
> 或曰：善恶皆生于情，何善难而恶易？翁曰：善，阳也，阳主升；恶，阴也，阴主降。登山坠轨，孰难而孰易乎？翁曰：马所以驾舆，马骇而舆不稳；气所以运才，气暴而才不纯。马骇则静之，气暴则顺之，必清必明，必直必专，必自然调气之方即炼气之诀也。（页140）

阮氏对才、情作了独特规定和解释，认为可理可气之谓才，可公可私之谓情。也就说才是兼理气而言，情是兼公私而言，才、情本身无所谓善恶。当才出于理、情出于公时表现为善；反之，当才出于气、情出于私时则表现为恶。针对别人的质疑：既然善恶同出于情，为何谓善难而作恶易？对此，阮氏以阴阳二气的升降给出回应，认为善属阳属升，恶属阴属降，自然是上升困难，下降容易。姑且不论譬喻是否得当，实际上阮氏真正想说的是人性中存在两种力量，即向上提升的善的力量和向下堕落的恶的力量，而向下堕落远比向上提升容易。既然才兼有理气，我们要做的就是在才上下功夫。因为气是才的载体，气暴导致了才的不纯，所以我们要顺之，才能使气达到清、明、直、专的状态。这实际上是承袭了孟子的"养气"说，并对之进行了发挥。

◇ **去欲以复性**

阮氏对于性情善恶问题的言说，明显带有理学"复性"说的影子，即以性为至善，情虽不必然导向恶，但会触发欲，而欲则会滑向恶。其言曰：

> 翁曰：心触物是生情，物交情是生欲。情也者，心之线而欲之媒也。通心莫如调线，窒欲莫如禁媒。（页141）
>
> 或曰：泉生水，泉清斯清；性生情，性善斯善。浊恶亦然。翁曰：情丽于性，犹皮丽于形也。皮诟非形之咎，情恶岂性之罪哉？性充则性范其情，性亏则情陵其性。曰：性自然也，政教何施？曰：璞玉琢诸、浑金治诸，亦皆自然也。曰：珠含砾、瑾挟瑕，性何无恶？曰：珠之光、玉之洁、人之德义，性也。其杂则质，良工治之，则杂去而性纯。（页146—147）

针对别人关于性情关系的理解：认为性比情更为本原，性的善恶决定了情的善恶。阮氏对此予以批判，认为情之于性就好比皮之于形的关系，皮受到污染并不是由形决定的。同理，情之于性也具有相对的独立性，故情恶不应该归咎于性。德义作为人的性质，就好比珠之光、玉之洁作为珠玉的性质一样，受到污染，导致其性质不能充分凸显出来，所以要下的功夫就是清除杂质的污染，以恢复其本来光明、洁净的性状。同理，人性本来纯善，但由于情欲的牵引导致本然之性受到遮蔽，只要去除遮蔽，便可恢复纯粹至善的本然之性。综之，阮氏此说基本是沿着程朱理学复性说的思路展开阐释的，创新性略显不足，这也是越南人性论思想，乃至越南儒学的基本特色。

（闫林伟整理）

泰山学者工程专项经费资助
山东省社科理论重点研究基地
孔子研究院中外文明交流互鉴研究基地成果

MENCIUS'S THEORY OF HUMAN NATURE

方朝晖　简佳星　闫林伟 / 著

古今中外
论人性
及其善恶

Interpretations and

Commentaries from

China and Abroad

以孟子为中心

第二卷

社会科学文献出版社
SOCIAL SCIENCES ACADEMIC PRESS (CHINA)

目　录

第一卷

第二卷

第二卷

第四编 欧美汉学论人性善恶

注：同一篇文献同时有中文和西文两个版本，引用西文版本时页码用 p.，pp. 标，中译本页码用"页××"标注。

119. Arthur Waley（韦利，1889—1966）

【文献】Arthur Waley，*Three Ways of Thought in Ancient China*，（Doubleday anchor books），Garden City，N. Y.：Doubleday & Company，Inc.，1956.

Three Ways of Thought in Ancient China（1956）

作者是英国著名汉学家。本书论述了以庄子、孟子和法家（书中称为现实主义者/realists）三者为代表的中国早期三种典型的思想。此书甚薄，正文只有 196 页，加上附录（摘译原文）及索引共 216 页，小 32 开本。其中在 pp. 83 - 147 论述孟子，主要讨论其政治思想，逐节介绍孟子与列国国君的对话，少量内容涉及墨子。对于孟子的人性论少有论及，认为其在逻辑上不成立。（p. 145）

◇ **孟子人性概念**

Arthur Waley（韦利）可能认为孟子与告子的辩论在逻辑上不成立（p. 145），所以此书在介绍孟子的时候，未专门讨论其人性论，只是在讨论韩非子的老师荀子时，迫于需要介绍故而探讨了对孟子人性论的看法。他大体认为孟子以与同时代主流看法并不一致的方式来使用人性概念，其人性概念主要指"是非之心"（feelings of right and wrong），而且是与生俱来的。这与荀子不一样，荀子认为道德来自环境。荀子所使用的人性概念也与众不同，他认为人的自然倾向是恶的，而孟子认为是善的（p. 156）。

Arthur Waley（韦利）写道：

孟子使用词汇时总是要么与日常生活中所接受的含义不一致，要么当有的词汇有多个含义时，他只采纳其中一个含义。例如，"性"在日常用语中指一个事物的初始属性。而孟子使用此词时却与日常生活中所接受的含义不同。他把"性"理解为"是非之心"，后者在他看来是天生就有的。于是，如果一个人尊敬他哥哥，并不是教育他的人使他这么做，而是天生的是非之心让他这么做。（pp. 155 – 156）①

韦利认为，"性"在日常用语中指"事物最初具有的特性"（qualities that a thing has to start with），孟子的"性"则是指"是非之心"（feelings of right and wrong，他把"心"译为 feelings）。葛瑞汉对此观点进行了批驳，他指出孟子虽然认为道德倾向为人所独有，但也明确指出过味、色、臭、声、安佚等属于人性。如果孟子真的把"性"理解为"是非之心"，我们就没有必要仔细研究他的性善论了。②

◇ **孟子与告子辩论无逻辑**

他认为孟子与告子就仁义是内是外的论证，多半是"一大堆无关的比喻，同样的比喻绝大多数也可同样用来反驳他们所持的观点"。（p. 145）他认为孟子与告子的辩论逻辑多半不得要领（a mass of irrelevant analogies，most of which could equally well be used to disprove what they are intended to prove. p. 145），同样的逻辑也可用来反驳他们的观点。另外，孟子以一种与同时代人有所不同的方式来使用人性概念，或者说把人们通常接受的人性概念的多重含义片面利用。孟子认为人性就是人生来就有的特性（qualities that a thing has to start with），他把这种特性解释为"天生的是非之心"（feelings of right and wrong，which according to him were inborn），从而得出人生来就有道德禀赋。（pp. 145，155 – 156）

---

① 讨论参 A. C. Graham，"The Background of the Mencian Theory of Human Nature," in *Studies in Chinese Philosophy and Philosophical Literature*，Singapore：Institute of East Asian Philosophies，1986，p. 27.

② A. C. Graham，"The Background of the Mencian Theory of Human Nature," in *Studies in Chinese Philosophy and Philosophical Literature*，Singapore：Institute of East Asian Philosophies，1986，p. 27.

◇ **术语**

书中将"仁"译为 goodness（jên），认为"仁"代表"同情心"，即不忍之心和责任感（Goodness meant compassion；it meant not being able to bear that others should suffer. It meant a feeling of responsibility for the sufferings of others，…p. 83）。

义：duty；

良知：good knowledge；

良能：good capacity；

良心：good feelings。

120. Ernst Faber（花之安，1839—1899）

【文献】（1）花之安：《性海渊源·自序 目录 经书类篇》，《万国公报》1893 年第 53 期，页 8—10。（2）花之安：《性海渊源续录：孟子类篇》，《万国公报》1894 年第 61 期，页 36—41。（3）花之安：《续性海渊源：告子原篇》，《万国公报》1894 年第 64 期，页 19—22。（4）花之安：《性海渊源总论》（以下简称〈总论一〉），《万国公报》1898 年第 110 期，页 14—15。（5）花之安：《续性海渊源总论》（以下简称〈总论二〉），《万国公报》1898 年第 111 期，页 18—20。（6）花之安：《三续性海渊源总论》（以下简称〈总论三〉），《万国公报》1898 年第 112 期，页 20—21。（7）花之安：《四续性海渊源总论》（以下简称〈总论四〉），《万国公报》1898 年第 113 期，页 14—15。上述文献因分载于《万国公报》，下面合而论之，引用时不注页码，标注文字名及所属条目。如"总论一 . 1"指〈总论一〉之第一条。

花之安另著《孟子的心灵》，参 E. Faber, *The Mind of Mencius：Political Economy Founded Upon Moral Philosophy*，trans.，Arthur B. Hutchinson，reprinted，Oxon（U. K.）：Boutledge，1882/2000，pp. 41 以下。

《性海渊源》（1893）

Ernst Faber（花之安），德国传教士。花之安《性海渊源》于光绪十九年（1893 年）在中国初版，同年 5 月在上海《万国公报》第 53 期上连载，直至光绪二十四年（1898 年）5 月连载完毕，历时 6 年之久，并于该年出单行本。两次单行本都由上海广学会出资，于美化书馆印行。初版未见，目前见到的是"公报本"与光绪二十四年（1898 年）"戊戌本"，而公报本内容较戊戌本简略。[①] 该书内容为以学案体的形式，辑录《尚书》、孔子、子思、孟子、《淮南子》、董仲舒、班固、扬雄、王充、韩愈、皮日休、无能子、周敦颐、邵雍、张载、二程、李侗、朱子、刘敞、陈淳、吴澄、许鲁斋（衡）、王阳明、湛若水、汪应辰、程瑶田、顾炎武及附录释教（佛教）等数十家论性言语，后加评语。分三十篇三十一家，标题有如〈经书类篇〉〈孔子类篇〉〈子思子篇〉〈孟子类篇〉〈告子类篇〉〈荀子原篇〉等。称自己"是以二十年前余有《性海渊源》之作，采周汉以来性理诸儒之说，汇而述之，而略为之评以异同"。

作者于〈自序〉（1893 年）自述著书目的，大意欲以中华典籍"明上帝之旨"，而以人性学说为枢纽。〈自序〉称"欲助人得上帝之神，洞明夫主之道，只以中外经籍不同，语言各异，思欲有以助人，必就人之能通我意者，以引诱之而后可。故传福音于中国，必采中国圣贤之籍，以引喻而申说，曲证而旁通"。此说缘由。又称"又苦中国之书门户错杂，彼俗人不通文墨与释道之不同，儒者书无论矣，即先儒名贤亦多歧异"，中国书甚多且杂，流派纷繁，不易使人明上帝之旨，故以性理为例以绎己意，欲人们"具是性者，观是书焉而深思夫真理之所在，反本于主宰之上帝，是则余之所厚望也"。因为人皆具是性，是性本善人人相同，故人人皆可借己性以观各家性说，返本而明上帝之意。

◇ **思想大意**

此书与孟子有关者包括〈孟子类篇〉〈告子原篇〉〈总论〉等。其中〈总论〉（1898 年）为对各家之总结，内容较丰富，篇幅亦较长，可谓系统全面地反映作者自己的思想。〈总论〉于《万国公报》（1898 年）分四期连载，从各家人性论上升到耶稣、上帝，试图借此说明上帝之存在及其福音。〈总论〉共 26 条，而从第 5 条开始讨论上帝，从第 7 条开始较全面地由性论切换到上帝论。〈总论〉在《万国公报》分四期连载，而后三期几全论上帝问题。由此可见作者意图。从〈总论〉可以看出，作者以孟子性善为发现至善之源

---

① 参林乐知主编《清末民初报刊丛编之四（光绪元年至光绪三十二年）》，台北：华文书局股份有限公司，1968，影印本。

者，故对孟子性善论评价极高。因为人之善性乃上帝赋予，故人为万物之灵，人性之善源于上帝之灵，故认识善性，即认识上帝。将"天命谓性"解释为上帝赋予人以己性，即《圣经》上人与上帝相像，人之灵魂源自圣灵，人之性，即上帝之性之分有。此人为万物之灵缘故，而人性不全善，唯上帝之性全善，基督不离上帝，故其性为全善。人离物欲返回其性，即是回到上帝（总论四.26）。由此观之，作者亦主性善立场，而认为人之善性源自上帝，故可借之认识上帝。

　　注意，《性海渊源》在前面〈孟子类篇〉〈告子类篇〉所论性善内容，较为具体，未及上帝，与〈总论〉四篇所论差别较大。（1）早期强调"性要成"，"成"指成长的过程。（2）性之善在于"合理"，即生命成长方式合性，不是先天有理在于性中。"合理为性，一言蔽之，若使亲亲长长而不合理，便不是性。即下至工贾，其合理处亦是性。"（〈孟子类篇〉）（3）仁义礼智四德或五德（加上信）非婴孩开始就有，而是后来臻至。因此，性之善是一个过程。此三条合于一处，体现其以成长为性思维。要将作者在前面论孟子性善思想与后面区别开来看待。

◇ 争论不息因未达"至道之原"

〈自序〉（1893 年）论著作缘由还说，"夫性，人所同具之事，显而易见，非若天国之道渊深微妙，世俗以为无所见闻，似不难于明辨，而何以纷纷聚讼者？且各持一说以成家数几，令后之人莫衷一是。试推其由，皆由未采至道之原，而徒以口舌争是非故耳"。因性理本显而易见，不难明辨，而聚讼不息，是因"未采至道之原"（总论一.1，4）。

◇ 性必要成：成长法则？

〈孟子类篇〉云："仁必要熟，性必要成。苟不能成，终归无用。"此言甚是。作者大抵认为人性并非先天地拥有仁义礼智或五常，但人有善端而已。性之善体现于成长过程，五德（五常）皆非与生俱有，而可后来达成。此处与其在〈总论〉中将宋儒天地之性解释为上帝之性，由此而证性善，迥然不同。

◇ 以合理为性

以合理为性，认为孟子以仁义礼智言性有不妥处："以仁义礼智为性，是孟子创言，而后儒因之，似未细妥。总之，合理为性，一言蔽之，若使亲亲长长而不合理，便不是性。即下至工贾，其合理处亦是性。"（〈孟子类篇〉）方按：此处"合理"并非朱子"性即理也"之"理"，朱子之理指人心先天具足之理，而此处之理指后天行为合理。故其所谓合理，指后天成长过程、方式之合理，只有合理的成长方式才可称为性，故可曰以性为成长法则矣。

又曰："能助我成性善之功者，道理是也。"（总论四·23）不过认为此道理载于《圣经》。另参总论三·20，谓上帝让人明白真理，此真理即所谓道。

◇ **仁义礼智四德或加信之五德当为追求结果，非始有**

婴孩仅有善性，而无善德（四德或五德），后者后天塑造形成。称："仁义礼智，非由外铄，立意甚是，而语未显白。盖人心只有此理，初无仁义等名目，惟人学得成仁义等事业，亦属更好。缘仁义礼智信，原非本性，乃善德耳。况仁义礼智信是五德，而性则独居其一，德行于外，性蕴于内，验之赤子，初何尝备五德？只有一性耳。故五德之备，先须由性善发出。虽然，性固善矣，何以圣人与我同类，而今之能希圣希贤者卒少？可知五德非用力不能臻其诣也。"（〈告子类篇〉）［方按：此说以四端之端为萌芽，而非端绪（朱子）。］

◇ **万物备于我一句可与言救主之道**

称此句"仔细玩之，甚有深意。见得人之所以异于禽兽者几希，能葆其性，一径于性善上作工夫，人自与物异，不葆其怀，由渐向性恶上作工夫，人便与物同，为人为物，惟在乎我而已矣。既在乎我，我当存心养性，不为外物之所摇夺，善者亲之，以辅我善，不善者拒之，以远我恶，则我有权而物皆听于无权，人苟明此，可与言救主耶稣之道矣"。（〈孟子类篇〉）

◇ **舍生取义句辟告子甚力**

"舍生取义一句，便可辟得告子生之谓性，与程子生之谓性。盖生可舍，而性不可舍故也。彼以生为性，是性可舍矣。然乎否乎？礼重食轻，则兄臂不紾，是舍食取礼，奈何嫂溺援手，又是取生舍礼乎？可知礼可舍，而义不可舍，则义为要，而礼属缓。"（〈孟子类篇〉）（方按：此言甚精彩。"生可舍，而性不可舍"堪称经典，"礼可舍，而义不可舍"亦精彩。）

◇ **孟子不足处**

大抵以为孟子未能说明为何让心内之善如何软弱，故开荀子性恶之端。"孟子正应解明，为何心内之善，凭他软弱；如此道理，凭他无权；竟如作外物的奴仆一般，时常受其勉强拘制，以至败坏而后已。皆因孟子道理，没有缺乏。"（〈孟子类篇〉）此寓意必求上帝，才能克服软弱。〈告子类篇〉称

"力不足者"，"须借助其力，以足成之。夫此助力之权，非师友所能旁贷，必求生我育我之上帝，以一气相通，而默佑之，斯其跻于圣贤之域而无难矣"。

◇ **孟子与告子之别**

虽承认孟子与告子辩论时有"强辩"之处，有时"恐难折服"。"告子于心性分别处，似欠清楚。揣告子意思，是就事言，因以义为外。揣孟子意思，是就理言，因以义为内。"但告子认识不到人心中有内在之善，而"欲藉教训而定人性之为善为恶"。"告子所见，以为人心中无全道理之端，竟将道理抹煞了。……若藉教训而定人性之为善为恶，试问教训由何处出？倘若本来初心，未尝有善，及不知道理者，则其心只在求利益与快乐之事，以遂人性私欲，故孟子竭力对敌此等之理。"（〈告子类篇〉）

以下为〈总论〉四篇内容，特别强调全善之性来自上帝，即上帝之性。将宋儒"天地之性"解释为上帝赋予之性，故实以宋儒相近的逻辑证明性善，不过以上帝替换"天"而已。

◇ **人人言性与全善之性**

人人言性人人异，圣贤之性亦有别，但总有"纯然全善之性"。"孟子道性善，言必称尧舜"，所称者即"犹此意"。（总论一.2，3）

◇ **人心皆有趋善之诚，此性善之证**

"全善成圣之事，我心固有所在，纵不能造乎其域，而向慕之私，出于自在。"（总论一.3）并引"孟子道性善言必称尧舜"谓孟子即此意。又谓天下四方对于善莫不有仰慕之心，此即性善之证：

> 性之一字，包古今而言。一时有善，万世仰之。一方有善，四海慕之。胚然全善之救主出，而万国咸深仰望之心者是已。要不论何世何地何人，而有所隔阂也，此性善之证也。（总论一.5）
>
> 人之本性，无不有向善之诚也。（总论三.17）

◇ **人性之同原在于自知与自主**

表面看来人人之性皆不同，然不同之中亦有同者，此同者即"自知与自主也"。（总论一.6）此自知自主之性是人性最可珍贵者，因为它使人区别于禽兽（总论一.6），亦使人进入圣贤之途（总论二.11）。而其来源则是上帝，在中国典籍中则称"天命之谓性"，作者称上帝为"大主宰"，与道家、儒家之天不全同。（总论一.7，8）"同一性也，有己之性，有人之性。人不与己同……俣人与己而无不同者，则自知与自主也。"（总论一.6）此自知自主之性，体现了灵魂特征，亦与后人所谓自由意志相关，故是人所以与万物不同者。（总论二.12）

◇ **由性善证上帝**

其一，正因人有向善之心，故全善之救主出，而万民莫不仰望。（总论一.5）其二，古人所谓"天命之谓性"，性由天造，实即上帝。（总论一.7）其三，古人"天命谓性"之说与《圣经》"人为上帝之像"之说，含义相近。作者说："可见人与上帝，性本相近，故人当勉为圣人，以全其善。"（总论一.9）

◇ **由耶教证性善**

人的生命灵魂与肉体二分，灵的部分体现善性，亦是人性高于动物所在：

> 人有身体，有灵魂。灵魂是上帝之神，身体为地土之物。人秉天地之性以为灵，故可自知自主，不同于物。存心养性，以俊萎化，庶几无愧于天地。（总论二.12）

人的存活肉体依赖于土物，而心性则依赖于道理。只有与上帝相连，才可化其心。（总论二.13）"人与上帝相连，则性有能持之力，而物欲与己私无权。本然之善，自然发露。耳目心思之用，不致或蹈愆尤，养成一完善灵魂，归返上帝，方与道理无忝。"（总论二.14）所谓与上帝相连，指人自身的力量往往不足，故须上帝之助（总论三.17）。

又，上帝降世，天下之人始知道理，并由道理识性善。"自上帝降世，而后人知真理之所在。并有以见天父之心，称之为道。道者，元始上帝以统率夫人性者也。自基督一人成圣，而天下万世，于是乎识性善之源。"（总论三.20）

◇ **基督得人性之全，代表全善之性**

其言曰：

> 亚当终离上帝之性，基督不离上帝之性。基督不离上帝之性，并

欲世人复其性以归于上帝。……基督得人性之全，故能超乎万有。凡性之不得其正者，终莫能逃其末日之权，并较腓立比二章七节下，以明性之善功，成之于道，而性之大原，出于上帝，其所包为至广也。（总论四.21）

　　不失本性，自然与基督之身、上帝之神恒相连，而本然之善显矣。（总论四.22）

方按：此性善之根源，中国人称为"天命之谓性"。宋明理学称为"天地之性"。花之安将天地之性或义理之性理解为上帝赋予人的性，此性来源于上帝之性，故为全善。

◇ 存心养性可见上帝之本性

"人能成存心养性之功，则灵神多归聚于一心。虽在人世，与在天国无异。见上帝之本性，显上帝之荣耀。"（总论四.26）

121. Ivor A. Richards（瑞恰慈，1893—1979）

【文献】I. A. Richards, *Mencius on the Mind*：*Experiments in Multiple Definition*, edited by John Constable, London：Routledge, 2001. 扉页标有"first published 1932 by Kegan Paul, Trench, Trubner & Co Ltd"。[1] 以下引页码出自2001 年版。

Mencius on the Mind：*Experiments in Multiple Definition*（2001）

瑞恰慈是现代英国文学批评家和语言教育家。此书为其 1929 年 9 月至 1930 年 12 月在清华大学执教期间，与三位燕京大学同道共读《孟子》的基础上写成，到 1931 年 4 月底基本写成，1932 年初版。这三人分别是 Li An-Che，H. T. Hwang，Lucius Porter。此书初版后，Arthur Waley 曾纠正此书翻译

---

[1]　据哈佛大学图书馆（HOLLIS）书目显示，此书有 1964 年版、1997 年版、2001 年版、2013 年版，还有 2002 年、2014 年以 John Constable 署名的同书书目（当为改编本）。HOLLIS 提供的书评信息包括：J. C. Sample 发表于 *Rhetoric Review*, 1（2004），pp. 94 - 98；W. E. Soothill，发表于 *Journal of the Royal Asiatic Society of Great Britain and Ireland*, 1（1935），pp. 155 - 157；A. Forke 发表于 *Orientalistische Literaturzeitung*, 36（1933），p. 453。除了 J. C. Sample 之文发表于 2004 年之外，另两篇分别发表于 1935 年、1933 年。

上的错误，作者认为 Waley 有汉学家不允许别人进入其领地之嫌。据 John Constable，此书在比较研究领域颇有声誉，Edward Said 曾称作者的讨论为"令人振奋的、真正的多元主义样板类型"（参此书"Editorial Introduction"，pp. viii-xix）。

此书的特点并不是从哲学或思想史角度来研究孟子（尽管人性论是此书的一个重心），而是着重从语义学立场来分析孟子文本的理解问题，特别是站在西方跨文化和语言角度，如何来理解《孟子》文本。根据 John Constable 介绍，作者重视语言、词汇的多重含义，包括作者的意图或目的、感受或态度、语调（tone，针对听者）、感觉（sense，针对说话内容）（pp. xxx-xxxi）。从此书最后一章内容看，作者是以《孟子》为例，来说明跨文化、跨语言文本比较研究的方法问题。

◇"性"与"故"的含义

《孟子》的"性"概念是作者比较关心、经常提到的。在第一章，作者就重点谈了"性"（Hsing）和"故"（Ku）的理解问题，涉及"性"作为事实（fact）、现有（given）、现象（phenomenon）、（行为的）原因（causes）、行为的理由（reasons of conduct）等的可能性；"性"约定俗成的含义；它的含义的语用基础（pragmatic foundation）；它的实用价值及自然性；等等。（p. 14）这说明作者作为一个英国人具有对于从另一种语言和文化背景出发进入准确理解另一种文化中的经典时可能面对的困难的敏锐意识。

◇"心"与"性"的含义

第二章标题"Mencius's View of the Mind"，讨论了性（Nature/Hsing）、心（Mind/Hsin）、志（Will/Chi）、仁义礼智、气（Vital Energy/Ch'i）、欲（Desires）等。总体来讲，作者似乎认为，孟子的"性"概念是人区分于动物、所有人共有的属性（p. 68），进一步包含各种冲动（impulsion），四端就是其中最原始的冲动（pp. 68 – 69），故性与心往往同义，性就是四端之心（p. 69）。作者的结论是，孟子的"性"概念关心的是人的社会属性，是自发生长和发展着的心灵倾向，所谓人性善正是指自发向善的倾向（p. 72）。作者说：

> 我们看到，孟子关心的是人区别于动物的社会本性（social nature），他在活动或原始活动的意义上使用性概念，一种只要许可总会自我生长（self-development）的活动。这种自我生长的趋势——心的（自我）实

现——正是他所谓"善"。(p. 72)

注意，这里作者从动态角度看性，与葛瑞汉的看法接近，但早于后者。他把孟子的性理解为（心灵）自我成长的倾向，主要指四端在未受阻碍的情况下自发成长的活动，故又称此倾向为"心的（自我）实现"（the fulfillment of the mind）。他认为这一概念（包含"心"的概念）与西方人熟悉的"自己"（self）、"自我"（ego）、"意识主体"（the conscious subject）含义有别（p. 72）。我想大概是因为作者认识到，西方语义上的心灵容易被当成实体来对待，而在汉语中，心竟然是一种活动，而且是可以自发生长、有一定方向的活动。

作者显然对中国文化中的思维方式及其所代表的不同于西方的文明特征有强烈的自觉认识，且抱欣赏态度。比如他认为，孟子的思想并不仅是西方那种通过系统观察、预言来求知的类型，也是一种心理学，孟子的语言中存在情感成分（参此书"Editorial Introduction"）。

122. D. C. Lau（刘殿爵，1921—2010）[①]

【文献】（1）D. C. Lau，"Theories of Human Nature in Mencius and Shyuntzyy," in *Bulletin of the School of Oriental and African Studies*，London，15（1953），pp. 541 – 565.

（2）D. C. Lau，"Introduction," in D. C. Lau，trans.，*Mencius*，London：Penguin Books，1970.

"Theories of Human Nature in Mencius and Shyuntzyy"（1953）

此文旨在通过分析孟子性善论与荀子性恶论的内在逻辑，对二者进行比较，试图说明仅仅从相互对立、互不相容这一简单化角度来理解二人的人性论是不对的，而主张换个角度看问题，应该认识到他们的人性论未必相互矛盾，二者均与人类生活经验和事实相容。他们的差别可能来源于他们对于道

---

① 关于孟子，作者还有一篇论文是讲其方法论的，参 D. C. Lau，"On Mencius' use of the Method of Analogy in Argument," *Asian Major*，London，10（1963），pp. 173 – 194。

德本质的看法不同，进而对道德教育方式的看法不同（p. 545）。论文包括三个主要方面：一是孟子人性论的逻辑根据，二是荀子人性论的逻辑结构，三是如何理解二者。

作者解释孟子人性论的逻辑根据比较精彩。

◇ 孟子人性论（pp. 545－551）

批评清人陈澧将性善论解释为"有善论"，因为如果性善是指人性有善的话，即寓含人性也有恶，若如此为何不可得出性恶论呢？（pp. 545－547）若真如陈澧所言，孟子并不认为人性纯善或纯恶，那又如何能得出人性善呢？（p. 548）又指出，孟子讲性善时，针对的当然不只是圣人，而是所有人。所以不能以性三品来解释孟子，孟子明确说过"人皆可以为圣人"。

作者认为，《孟子·公孙丑上》"人皆有不忍人之心……今人乍见孺子将入于井"（2A6）一章，代表孟子人性论的全部要领（whole of Mencius' doctrine of human nature）（pp. 547－548）。孟子的真义是，尽管在现实中人们有时做错、有时做对，但人即便做错了，也有道德感，即认识到自己错了并有羞耻感。如果做对了，他会对自己加以肯定。因此常人做错事，并不能否定人性之善。（p. 548）

所以，在第Ⅳ部分，作者认为孟子人性论（性善论）的理论根据（the grounds）包括：（1）人皆有是非与羞恶之心（a sense of right and wrong and a sense of shame）；（2）人能自发地往正确的方向走，即人性中有内在的趋势促使人做正确的事情（pp. 558－559）。这里，作者在分析孟子的理论基础时，似乎认为真正有价值的是人皆有是非之心和羞恶之心，而不是孟子自己说的恻隐之心。

有一段精彩的分析。作者说，为了帮助理解，我们可以问孟子这样一个问题：按照他的逻辑，在什么情况下可以说人性是恶的？那么，依据上述分析，只有在人们肯定（approve of）做错误的事，并且在做正确事情的时候感到羞耻时，才可以说人性恶。然而，这是明显矛盾的说法，因为这等于说"错误"是指"正确"而不是"错误"。正是在这个意义上，我们可以说，孟子人性善的对立面并不是人性恶（the human nature is bad），而是人性无善恶（a-moral）。因为孟子所谓性善，指的是人是一种道德的动物，能分辨是非（p. 550）。他又说，孟子试图打破"性"与"命"的分离，他的"道德的'内在化'"（internalization of morals）是以人的"自我立法"（self-legislation）代替"外在神圣命令"（external divine demands）的（pp. 550 - 551）。

方按：作者将性恶之"恶"翻译为 bad，而不是 evil，可谓别出心裁。

◇ 荀子人性论（pp. 551 - 558）

作者认为，荀子的人性论大体可概括为：人性由各种情（emotions）所构成，情体现为由外物引起的欲（desires）。欲自然地导致对外物的追逐。由于人生活在社会（群）中，"欲多而物寡"（《荀子·富国》），人欲若不加节制，必致"争"和"乱"，争乱就是所谓恶。幸而圣人出来，制定了道德，明确了职分，实现了和谐。道德的合理性基于三个事实：（1）心（mind）可以控制欲；（2）人的品性可以塑造（habituation）、形成第二天性（second nature）；（3）凡人皆有道德之知（一旦道德被发明出来）。这样荀子解释了人为何既会作恶，也会为善。他之所以主张人性恶，完全是因为基于他对人性的理解，这种东西如果不加干预，就会不可避免地导致争斗（p. 558）。

作者总结荀子人性论的理论根据为：（1）道德并非人性的一部分，而是圣人的发明；（2）人若按照天性走，必导致争斗（strife）。这里最重要的是荀子对于性和伪的区分。荀子间接地否定人有为善之欲，否定欲望可导致和而不是争（p. 559）。这与孟子正好相反。

◇ 孟、荀人性论比较（pp. 558 - 565）

在最后部分，作者重点比较了孟子与荀子对于人性中是否生来就有道德的论证，认为孟子的论证有一定根据。作者分析指出，人的道德固然是后天产生的，但后天产生的东西未必就不是与生俱来的。比如性欲（sex）不是初生时就有的，但我们会认为它是与生俱来的。当然，我们认为语言（speech）并不是与生俱来的。但就道德而言，道德为心灵产物，而心灵可视为人性的一部分，故视道德源自人性并无不可。道德与人性的关系似乎更接近于性欲而不是语言（pp. 561 - 562）。相比之下，荀子认为道德是圣人的发明，可是在圣人出现之前，究竟是谁发明了道德呢？在圣人之前，是不是还是人？那么道德最初的来源是不是人呢？因此荀子似乎面临困难。对孟子来说，由于道德源自人性，所以圣人并不是道德的发明者，而只是道德的先知先觉者。然而荀子则强调了性伪之别，以为道德只能来自伪，不能来自性。作者暗示荀子自相矛盾之处（pp. 560 - 563）。

作者认为，孟、荀人性论之别从教育方式上看尤其有意义。对荀子来说，道德教育完全是灌输（drill）和塑造（habituation）、使之成为第二本能

（second nature）的问题。但在孟子看来，这是非常危险的事。他在批评告子"以人性为仁义，犹以杞柳为桮棬"时指责"率天下而祸仁义者必子之言夫"（6A1）（pp. 563 – 564）。

作者又从道德实践角度比较了孟、荀人性论的后果。由于孟子主张道德内在于人性，因此人可以在人性深处找到无穷无尽的道德资源，所以就可以解释他为什么说君子"深造之以道"可以"自得"，并"取之左右逢其原"（4B14），以及为何说君子可以"舍生取义"（6A10）。但对荀子来说，"舍生取义"就比较难了。因为对荀子来说，遵循道德的根本原因是避免"争"（strife）和"乱"（disorder）。争乱之所以要避免，是因为"（对人）有害"（harmful）。然而，还有比丧生更有害吗？如果真的为了对世界有利（无害于世界）而必须牺牲生命，这种行为也意味着背离了好不容易养成的习惯。（方按：我猜测作者的意思是，人们之所以选择礼义，是因为认为这样做对自己有利，反之则是因为认为对自己有害。但要注意，有利有害之话并非荀子所说。）所以荀子的道德思想比较适合于日常琐事，如尊长礼让之类，但不太适合于舍生取义之事（pp. 564 – 565）。

◇ 其他

作者对荀子"（人）性"概念的含义的总结可谓经典，至少在英文中非常有代表性。他说，荀子赋予人性一词如下几重含义：（1）"天之就"，（2）"不可学"，（3）"不可事"（cannot be improved through application），（4）非出于思虑（not the result of reflection by the mind）（p. 559）。

作者将"良知"翻译为 what one really knows，将"良能"翻译为 what one really knows how to do（pp. 559 – 560），并在脚注中专门花篇幅说明为何这样翻译，认为朱子将"良"解释为"本然之善"（originally good）（王阳明承之）不符合文本，而赵岐读为"甚"亦不可。他统计《孟子》中共出现 12 次的"良"（除了再次出现于人名），其中 7 次"良人"为俗语（指丈夫），2 次指合格尽职（良工、良臣），3 次皆可指"确实"（truly, genuinely, really），包括"良贵""良心""良于眸子"。方按：我统计共出现 22 次，其中人名共 7 次（陈良 2 次、王良 5 次），良工 1 次，良臣 2 次，良于眸子 1 次，良人 7 次，良心 1 次，良贵 1 次，良知 1 次，良能 1 次。若除人名，共有 15 次，非 12 次。作者少算了良臣、良知、良能各 1 次。又："良"读为"善"，于"良于眸子"可通；于"良心"亦可通（因此语出现于 6A8 "虽存乎人者，岂无仁义之心哉？其所以放其良心者，亦犹斧斤之于木也"之中，显然指仁义之心）；于"良贵"亦未必不可通，可指"贵之善者"。《说文》："良善也。从富省，亡声。""良"读为"善"有很多旁证，如《左传》所谓"良史""良大夫"。据此则朱子之读未必错。徐锴曰："良，甚也。故从富。"与赵岐同。良有甚之义，但于"良心""良知""良能"似难通。

◇ 术语

人性：human nature；

人性善：the human nature is good；

人性恶：the human nature is bad（偶尔用 evil）；

恻隐之心：the feeling of apprehension and pity，heart of commiseration；

羞恶之心：the heart of shame；

辞让之心：the heart of keeping oneself back in order to make way for others；

是非之心：the heart of right and wrong；

乃若其情：follow one's natural inclinations（注意将"情"译作 natural inclinations）（p. 546）；

四端：four beginnings；

仁：humanity；

良知：what one really knows；

良能：what one really knows how to do；

伪：human artifice；

荀子：Shyuntzyy；

情：emotions（*chyng*）；

礼义：morality（pp. 556，etc.）；

仁义法正：morality and norms（pp. 556 – 557）；

理义：reason and morality（p. 563，方按：似把"义"译为 morality）。

"Introduction"（1970）

这是一篇对孟子思想全面介绍的导言，即其所译英译本《孟子》之"导言"，其中有对孟子人性论的论述。

葛瑞汉曾称西方学者原本以为孟子的人性论浅陋不堪（比如韦利在《中国古代三种思想》一书中介绍孟子时不愿意专门介绍其人性论，甚至认为其人性论在逻辑上不通），他是在刘殿爵的启发下才开始认识到孟子人性论的重要性（参本书葛瑞汉章）。

作者所译《孟子》英文版开头有一长达近 40 页（pp. 7 – 46）的 "Introduction"，比较全面地介绍了孟子的生平年代、主要思想等。由于该书的 "Introduction" 页码与正文页码统一，下面在引用时只注页码（不必交代这是译者序之页码）。"Introduction" 中涉及孟子人性论的部分内容如下。

◇ **人性**

孟子时代流行的人性论是告子的观点，即以食色等为性（appetite for food and sex is nature）。孟子从未否认过食色为性，甚至可能承认感官欲望（desires and appetites）构成人性中很大的部分。但是他所重点否定的是，仅仅以感官欲望为人性。因此，孟子与时人 "人性" 概念的根本区别在于他从人禽之别出发来理解人性的独特性（p. 13）。因此，他说，"虽然人们可能承认人与动物同样有感官欲望，也可能承认这些欲望构成了人的重要组成部分，但人们也可以合理地这样说：人的感官属性不能称为人性，因为它们不能把人与动物区别开来"（Though one may admit that man shares with animals the possession of appetites and desires and though one may further admit that these form the greater part of his make-up, nevertheless, one is justified in saying that the desireful nature of man cannot be called human nature, because this fails to distinguish him from animals. p. 15）。

刘认为，孟子主要是从 "心" 这一角度来理解人禽之别，所以提出或使用了 "存心" "本心" "良心" "放心" 等概念。心之所以构成人禽之别中最关键的要素，是因为心有思之官；人一旦不用心思，就会受到外物引诱、听从感官欲望支配而身不由己，从而坠入与禽兽一样的境地。因此，"心" 与 "感官"（sense organ）的重要性有别，而大人与小人之别也在于是以心优先还是以感官优先。心能悦于理义，但感官则不会。（pp. 14 – 15）所以他又说，"把人与动物相区别的是人的心，尽管这只是人性中很小的部分，但却是人所独有的，且是人的一切器官中最高级的部分"（What distinguishes him from animals is his heart, for though this forms but a small part of his nature it is both unique to man and the highest amongst his bodily organs. pp. 15 – 16）。

◇ **性善论的理由**

孟子主张人性善的主要原因是人心有四端这样一种道德的种子。他在介绍完人见孺子将入于井而有恻隐之心后，这样说道：

> 这正是孟子所想说明的一切，即人心中有道德的萌芽。也正是这个
> 原因，孟子说人性是善的。因为不管这一经验多么飘忽不定，没有人能
> 完全清除这种心理（that is all Mencius needs to show that the man has the
> germ of morality in him. It is for this reason that Mencius says that human na-
> ture is good, for no one is completely devoid of such feeling no matter how
> faint and momentary the experience proves to be. p. 19）。
>
> 人性被从人所独有的——心的——角度来定义，而不从人与动物共
> 有的欲望来定义（human nature is defined in terms of what is unique to
> man, viz. his heart, rather than in terms of desires which he shares with ani-
> mals. p. 28）。

◇ 孟、荀人性论之别

有人说孟子只针对善人说人性，荀子只针对恶人说人性，故有性善性恶
之别。此是误解。孟、荀均认为人皆可以为圣人。但二人对人性的定义不同。
荀子不以心为性而以感官欲望为性，而孟子则从人禽之别谈人性。造成区别
的原因在于，他认为在荀子看来，只有那些与人不可分离的属性才能被视为
性，比如视是眼之性，视这一属性与眼是不可分离的。但是，心特别是道德
不能被视为人不可分离的属性。所以荀子不以心、特别是道德为人性。但是
孟子则从人禽之别出发，认识到以四端为人心自然具有，所以会得出人性善
（pp. 20 - 22）。

◇ 中西人性论之别

他进一步论述认为，中国人没有西方那种灵魂与肉体之别的说法，所以
不会讨论二者之间是如何互动的（方按：虽然孟子谈心与感官之别，但二者
均非独立的实体）。在孟子看来，人是一个完整有机的总体（an organic
whole），在这一总体中，各部分之间构成某种复杂的结构，其中有的部分高
级、有的部分低级。那些只关心口腹之需的人，就是搞错了高级、低级之间
的关系。但是那些对各部分关系处理得当的人，则会让各部分都得到完满的
发展，所以才会"睟面盎背、施于四体"，"惟圣人为能践形"。总之，处理
得当的人，会同时兼顾到那些低级的部分，让人作为这个有机的总体各部分

得以和谐、全面发展（p. 16）。（方按：这一说法应该是极为正确的，且部分得到了葛瑞汉的继承）

中西道德哲学的重要区别在于西方哲学家不把成圣当作首要关怀，他们把道德实践（to make people better）交给了宗教家去做，而自己只讨论"道德是什么"。但在中国，由于宗教教育并不强大，所以道德实践主要成为哲学家的任务（pp. 23 - 24）。

◇ 术语

仁（*Jen*）：在英文中有多种译法：benevolence, human-heartedness, goodness, love, altruism, humanity（p. 12）；

性善论：theory of the goodness of human nature（p. 12）；

良心：true heart（p. 14）；

本心：original heart（p. 14）；

其他表述：Incipient moral tendencies, morality is natural in this sense, natural moral motive（p. 22），Mencius' theory that human nature is good（p. 28）。

123. A. C. Graham（葛瑞汉，1919—1991）

【文献】（1）A. C. Graham, "The Background of the Mencian Theory of Human Nature," in *Studies in Chinese Philosophy and Philosophical Literature*, Singapore: Institute of East Asian Philosophies, 1986, pp. 7 - 66.

（2）A. C. Graham, *Disputers of the Tao*: *Philosophical Argument in Ancient China*, La Salle, Illinois: Open Court, 1989.

"The Background of the Mencian Theory of Human Nature"（1986）

这是一篇在西方汉学界对于人性论及孟子人性学说研究的里程碑之作。后来的所有孟子研究都绕不开此文。此文迄今为止未在中国产生应有的反响，可能是由于中国学者对西方汉学研究成果不够重视。此文最初发表在台湾《清华学报》（1967 年）上，后来为西方多个文集或著作所收录。该文分两部分，第一部分论述孟子之前的人性概念，主要讲到了杨朱学派和道家。讲杨朱学派时主要依据了《吕氏春秋》和《淮南子》中的有关篇章，讲道家时主要运用了《庄子》有关篇章（特别是第28—31 章）。第二部分系统论述孟子的人性论。

◇ "性" 在汉以前指成长过程（pp. 9 – 26）

葛瑞汉认真研究了先秦时期诸子所使用的 "性" 字，发现了它的另一重要含义是代表恰当的生命过程或生活方式。葛瑞汉对 "性" 之义的表述有：

生命之恰当的成长过程（its proper course of development during its process of *sheng*. p. 10）；

生命保持健康活力的过程（the proper course of a man's vital processes if he is to keep his health. p. 12）；

恰当的，特别是有益于健康和长寿的生命历程（the course of life proper to man, in particular to health and longevity. p. 10）；

生命在不受伤害和营养充足条件下的成长方式（the way that it develops when both uninjured and sufficiently nourished. p. 15）；

性是人民合适的生活过程，或者用现代话说，有水准的生活（Here *hsing* is the course of life proper to the people, their "standard of life" in the modern phrase. p. 11）；

生物之 "性" 通常被理解为它在不受伤害和营养充足的条件下生老病死的方式（the *hsing* of a living thing was commonly understood to be the way in which it develops and declines from birth to death when uninjured and adequately nourished. p. 27 – 28）

性与生的区别仅在于，某一特定事物之性就是它的生命按照合适的方式发展，或者说区别在于过程本身 [*Hsing* differs from *sheng* only in being the *sheng* of a specific thing following the course proper to it（or to the extent that the distinction is recognized, the course itself）. p. 26]；

事物在不受伤害且营养充足的情况下自发的、充分实现潜能的成长（developments which are spontaneous but realise their full potentialities only if uninjured and adequately nourished. p. 8）；

走向成熟的成长过程（forward to the maturation of a continuing growth. p. 8）（针对孟子）。

上述表述中 "恰当的"（proper）一词最为重要，代表一种适合于它的生活方式，即对生命的生长、发育、繁荣有益。比如<u>杨朱学派</u>及<u>道家</u>（如庄子）把健康、快乐和长寿当作"合乎性"的生活，在杨朱、道家等学派看来，"性"就是在不受伤害、营养充足的条件下所过的合适的生活，包括身体健康、官能齐全、终老天年等（living to a ripe old age in good health, but also, we may assume, every other characteristic proper to man's formation, growth and decay. p. 10）。

不仅如此，葛氏还进一步把"性"理解为生命成长的趋势、方向或潜能。他又说：

我们可以根据自己的意愿把"性"理解为趋势、方向、途径、规范或潜能（tendency, direction, path, norm, potentiality）。（p. 15）

认识人性就是充分地认识人的构成中的全部潜能（the full potentialities of the human constitution），无论是寿命方面的还是道德方面的。（p. 42）

◇ 引用《左传》、《庄子》、杨朱材料证明己见

葛瑞汉引用了《吕氏春秋》《左传》《淮南子》《庄子》等书中的例子。他说，正如傅斯年发现的，汉以前即有养生、全生、伤生、害生、逆生之用法。但是当使用"性"时，关注的是健康和长寿的问题，包括《召诰》"节性"和《诗经》"弥性"的用法。

例一，《左传》中"性"不仅指健康和长寿，而且指普通人的生活美好（prosperity of the common people），如"勿使失性""莫保其性""民乐其性"。这与《庄子》中"彼民有常性，织而衣，耕而食，是谓同德，一而不党，命曰天放"中的"性"意思同。又有昭二十五年"则天之明，因地之性，生其六气，用其五行"，"哀乐不失，乃能协于天地之性，是以长久"，襄十四年"岂其使一人肆于民上，以从其淫而弃天地之性"。

例二，《庄子·天道篇》有"请问仁义，人之性邪？""夫子乱人之性也"；同书有"性命之情"，"属其性乎仁义"。"是故凫胫虽短，续之则忧；鹤胫虽长，断之则悲。故性长非所断，性短非所续，无所去忧也，意仁义其非人情乎，彼仁人何其所多忧也。""水之性，不杂则清，莫动则平，郁闭而不流，亦不能清，天德之象也，故曰：纯粹而不杂，静一而不变，惔而无为，动而以天行，此养神之道也。"

例三,《吕氏春秋》的〈本生〉〈重己〉章中,当用"生"时,指的是一般意义上的"生命"或特定的生命,如死生、长生、生之长也、害一生、便一生、吾生、逆其生。但当用"性"时,指的则是恰当的<u>生命历程</u>,特别是<u>有益于健康和长寿的生命历程</u>,如水之性、人之性、养性、顺性、伐性、性命、安性、节乎性、利于性、害于性、全性、性恶得不伤。

例四,《吕氏春秋》之〈情欲〉〈贵生〉等章认为最好的活法是终身享乐、健康足寿(the best life is to live out one's full span in good health, enjoying the pleasures of the senses to the last)。"古人得道者,生以寿长,声色滋味,能久乐之"(〈情欲〉)。"以全天为故","物也者所以养性也,非所以性养也","是故圣人之于声色滋味也,利于性则取之,害于性则舍之,此全性之道也";"故圣人之制万物也,以全其天也,天全则神和矣,目明矣,耳听矣,鼻臭矣,口敏矣,三百六十节皆通利矣。"(〈本生〉)

例五,杨朱"全性保真,不以物累形"(《淮南子·氾论》),子华子"愁身伤生",主张"全生为上,亏生次之,死次之,迫生为下"。拔一毛以利天下而不为。

◇ **孟子人性论的逻辑(pp. 26 – 42)**

葛氏认为,孟子的人性概念与杨朱学派、道家一脉相承,都是指一种成长的过程或方式,而不是某种固定不变的初始状态。他们都有共同处,即承认"天"是性的决定者。所以他重点从如下几方面论证了孟子的人性观。

首先,人不仅有生理倾向,还有道德倾向。他从四端之心、孺子入井、浩然之气等例子说明人的道德倾向是自然而然的、可欲的,无须人为努力、刻意拔苗的。他又称此倾向为"incipient moral impulses"。

其次,孟子的主要对手之一其实是主张人性既有善也有恶的世子硕。世子的这一观点在主张人性有善方面是孟子同意的,但主张人性有恶是孟子反对的。孟子的逻辑是,为善是人的潜能,为恶是潜能未发挥出来。就好比人正常的潜力是活到 70 岁,可有人没有活到,那是没有尽其才;人正常的潜力是为善,可有人为恶,也是没有尽其才。他似乎说孟子没有明确这样论证,但确实认为人高于禽兽的地方在于其道德属性。孟子既然发现了人性之中有道德倾向,自然会认识到它高于人性之中的感性倾向,也会把追求道德看得高于快乐和长寿。他以行道之人、快饿死之乞丐也会拒绝他人羞辱性的帮助为例,来说明每个人都有视道德高于生命的时候。(方按:这在逻辑上有问题。人也有恶的潜能。以什么潜能/倾向为标准是价值判断，有无恶的潜能则是事实。人有高于禽兽的本性，也有同于禽兽的本性，岂能仅因其有高于禽兽的本性而笼统地说人性善呢？"行道之人不受"之例，只能说明人皆有善性，不能说明人一定无恶性。）

最后，人性既有感性的本能倾向，也有道德的倾向。人的道德倾向与感性欲望（appetites, natural/physical inclinations）有时未必冲突，但有时会相互冲突。当出现冲突时该怎么办呢？孟子不可能不知道人性的内在复杂性和矛盾性，他认为人需要把这些不同的倾向放在一起，作为一个整体来面对，做出正确的取舍，才是合乎人性的（accord with our nature, p. 40）。他认为孟子关于大体小体及相关的说法，旨在说明有时不得不进行取舍，而进行取舍的标准就在于怎样才能更好地实现生命应有的潜能，唯此才能真正合乎人性（accord with our nature）。

葛瑞汉在解释孟子人性论时，强调人的各种自然倾向（natural inclinations）可能相互冲突，特别是生理欲望与道德愿望（都是自然倾向）可能冲突，所以孟子主张的舍小体、从大体，正是把人的各种自然倾向作为一个整体来权衡的结果，因此顺人之性（to follow one's nature）并不一定意味着服从生理欲望① (pp. 40 - 41)。打个比方，食色等感性欲望（natural inclinations）本来是人的自然属性，可看作出于人性，但过度沉溺其中则无益于人体健康，让人短命。因此，感性欲望与长寿欲望相冲突。当两者相冲突时，只有为后者牺牲前者，才能从总体上真正合乎人性（accord with our nature）。同样的道理，人的感性欲望与道德倾向（moral inclinations, incipient moral impulses）之间有时也相互冲突，这时同样只有为后者牺牲前者，才能真正从总体上合乎人性（pp. 39 - 40）。他说：

> 为了顺性而活（live according to our nature），有必要对各种相互对立

---

① "Our natural inclinations, moral and physical, belong to one whole, within which we prefer the major to the minor as we judge between the members of the body...When we reject the minor for the major desire we accord with our nature as a whole." (p. 40) "Mencius holds that we can develop the full potentialities of the human constitution only if the mind is continually active, judging the relative importance of our various appetites and moral impulses. To follow one's nature is not (as it must be as Hsün-tzǔ used the term *hsing*) a matter of surrendering to natural inclination, even to the most disinterested impulse." (p. 41)

的欲望加以权衡，并根据它们是有利于还是有害于实现我们自然具有的寿命潜能来评判它们。（p. 40）

我们的自然倾向（natural inclinations），包括道德的和感性的，属于同一个整体，我们在对身体所有这些特性进行评判后选择大的、放弃小的。（p. 40）

认识人性就是充分地认识人格素质（human constitution）的全部潜能，无论是寿命方面的还是道德方面的，如果我们要想认识这些潜能，就必须在养与害之间做出判断。（p. 42）

孟子主张，只有心灵能保持积极状态，并对各种感官欲望（appetites）和道德倾向（moral impulses）的相对重要性加以评估，才能充分实现人格素质（human constitution）的潜能。（p. 41）

葛氏说，人性包含人格素质（human constitution）的全部潜能（full potentialities）（p. 42）。因此，并不是只有顺从感性欲望就是合乎人性的，有时并不合乎人性。这说明认识人性的总体复杂性并不容易。

方按：这里最大的问题就是，根据什么标准来判断呢？为什么道德倾向——moral inclinations——就一定更重要呢？就代表大体？如果标准是所谓人的尊严，人高于动物之处，就容易陷入道德判断在先，进而易陷入程朱理学以理杀人之弊。

◇ **孟子与告子的争论（pp. 42 – 49）**

他在分析与告子的争论时，认为孟子反驳告子"生之谓性"用"白之谓性"并非无理由，孟子用意在于说明"性"并不是指初始状态，而是指过程。

他说西方许多汉学家包括 Arthur Waley 在内均认为孟子的论证没有什么逻辑，但他经过刘殿爵才认识到不然。

◇ **对"则故而已矣"一章的解释（pp. 49 – 53）**

他用"天下之言性也则故而已矣"（〈孟子·离娄下〉4B26）来进一步说明孟子的人性概念。他说，两个"故"的含义应当是一致的，都是指从过去的历史来寻找原因。也就是说，孟子以"故"来说明"性"，进一步说明孟子的性是指过程。

他也提到了毛奇龄引用《管子》《庄子》《吕氏春秋》来证明"故"与

"智"合在一起被形容为"诈伪"的文献，但还是不同意毛的观点，认为"故"在本段是褒义。"则故"就是从过去找到缘由，从而能"顺性"。

◇ **天人关系，性作为规范性力量（pp. 54－57）**

他强调，孟子与荀子最大的不同在于，孟子认为"天"是道德性的，而荀子认为不然。孟子认为"天"不仅对实然负责，也对应然负责。故而"天命"谓性，我们的"性"与"天"的一致表明，性的道德倾向也是来自天的。<u>"我们认为生物之性不仅代表它在不受伤害、营养充足情况下的实际成长过程，也代表所应有的成长过程。"</u>（We can conceive a living thing's nature both as the course it will follow if uninjured and sufficiently nourished and as the course it ought to follow. p. 54）因此，顺应天道、天命也是合乎性的行为。换言之，顺性而为也就是顺应天道。相反，在荀子看来，天是中性的，没有道德可言。道德完全来自人为。他提出如下三个方面：

一、物之性均来自天命；

二、天之道是由万物之道（the courses proper to things）构成的，万物借此将其本性中的潜能发挥出来；

三、人的工作是赞天，即按照自己的本性来养生，从而成己和成物。

◇ **批评"孟子以人禽之别重新定义人性"之说**

他批评了冯友兰<u>"孟子以人禽之别为性"</u>的观点，理由是：如果这样的话，等于自己完全按自己的方式使用"性"，与时人之见不一致，如何去与人论战？从其行文可以看出，他不可能怀疑食色之类是人性的一部分，也不可能认识不到人与动物共同的特征就是不构成其性，因而不可能以仁义为人性唯一内容。好比吃肉是虎性之一，我们不可能因为其他哺乳动物也吃肉就否认这一点，构成一物之性的东西不可能取决于其他生物有没有共同之性（pp. 38－39）。

在《论道者》（*Disputers of the Tao*，1989）中，葛瑞汉又两次提到，孟子从人禽之别重新定义人性概念不符合事实，见后。

◇ **其他有意思的地方**

他提到<u>亚里士多德的人性论</u>，特别是其潜能/现实之分，认为与孟子有相似之处（p. 55）。

他特别重视潜能（potentialities）的充分实现问题，有时称之为 capabilities，认为这是"性"的重要内含之一。比如说，每个事物都有其性，并通过实现其性之潜能（capabilities）来"成全自己"（becomes complete）。对于人而言，这种成熟状态就是在《中庸》中所定义的"尽性""致诚"（wholes, integrity）。正是借助于这种状态，我们通过全心全意地依性而行，并成为真正的人（the full sense men）（p. 55）。

根据葛瑞汉的描述，我们可以得出这样的结论：荀子和孟子都只是在特定情况下才提出性恶论或性善论。对于荀子来说，性恶说只是一个标签，未必能代表他的人性论。他其实是主张人性本身是自然的，未必是好的或恶的。但对于孟子来说，"人性善"能充分反映问题，就其是指仁义符合人性而言，正如向下合乎水之性一样（in the case of Mencius "Human nature is good" is a quite adequate formula, as long as it is understood to mean merely that it is man's nature to become benevolent and dutiful, as it is the nature of water to tend downward. p. 58）。他又说，孟子的观点虽然直到李翱少有认同者，但是《易传》"继之者善也，成之者性也"之说已经包含了性善说，尽管苏轼《苏氏易传》和胡宏《胡子知言》对这段话有不同解读（pp. 57 - 59）。

据此，葛瑞汉的基本观点是，孟子性善论是继承了同时代道家、杨朱的人性概念，区别在于他认识到为善也是人性的一部分。孟子之所以主张性善，是出于他对大体与小体的权衡。因为人性中既有感性倾向（physical inclinations），比如食色声味安佚之类，也有道德倾向（moral inclinations），即仁义等。这两种不同的倾向并不必然冲突，但有时确实有冲突。在冲突之时，从将生命作为一个整体来看，就有孰轻孰重之别。显然，大体（道德倾向）更值得选择。葛氏并不赞同孟子以人禽之别来定义人性，但是似乎认为性善论的基础在于人有道德本能，而动物没有。葛氏特别强调，孟子认为发现善也是人性中的一部分，而道家和杨朱似乎不承认这一点。

他强调孟子发现了人性中的两个层面，即事实的层面与规范的层面。人性的道德倾向代表的是人性的规范力量。

◇ 术语

natural/physical inclinations，又称为 spontaneous inclinations，appetites 主要指感性欲望。与 moral inclinations 相对应，后者又被他称为 incipient moral impulses。他把"仁"翻译为"benevolence"，"义"翻译为"duty/dutiful"。

Disputers of the Tao: Philosophical Argument in Ancient China（1989）

《论道者》（*Disputers of the Tao*, 1989）基本上重述了上文观点，即把

"性"理解为生命成长的趋势、方向或潜能，并强调了孟子所说的"性"作为生物之性既有事实层面，也有价值层面，即生命的恰当过程既指生命正常成长过程之事实，也指事实之最佳或理想状态，并引用《淮南子》"水之性清，人之性寿"为证。他还指出，这一点与西方 nature 概念相同（p. 125）。

《论道者》① 基本上重述了前文所论孟子人性论逻辑的三方面，认为孟子的逻辑与杨朱学派的逻辑有类似处，即杨朱学派认为，人性的不同成分，特别是长寿有时可能与感官相冲突，此时需要人从中权衡取舍，选择长寿。同样的道理，孟子认为人性中的道德倾向与感官欲望有时可能相冲突，此时需要人心权衡取舍，选择道德放弃私欲（appetites）是自然的事情，典型的例子是乞丐宁死也不接受侮辱人的施舍。他说：

> 对于孟子来说，做出"人性是善的"这一较强烈的判断意味着更多的东西，即选择道德而不是其他倾向是自然的。（In making the stronger claim that "human nature is good", Mencius implies something more, that it is natural to prefer the moral to other inclinations. p. 130）

> 孟子认为，只有人心保持积极，对各种感官和道德欲望（appetites and moral inclinations）的相对重要性做出权衡，我们才能充分实现生命构成的全部潜能（develop the full potentialities of the human constitution）。（p. 131）

葛瑞汉又两次提到，孟子从人禽之别重新定义人性概念不符合事实，他引用的是韦利（Arthur Waley）的《中国古代思想的三条道路》（*Three Ways of Thought in Ancient China*）②，认为孟子的人性概念与同时代人不同，主要指是非之心这一观点。他指出，孟子本人就明确说过，眼、耳、鼻、口、身之欲属于人性。他的证据是孟子"目之于色，耳之于声，鼻之于臭……性也，君子不谓性"（《孟子·尽心下》7B24）一段，认为后面"君子不谓性"等语是要颠倒人们将感性欲望当作性的习惯，强调道德出自天命（pp. 122 - 123，129）。

---

① A. C. Graham, *Disputers of the Tao: Philosophical Argument in Ancient China*, La Salle, Illinois: Open Court, 1989, pp. 123 - 132.

② Arthur Waley, *Three Ways of Thought in Ancient China*, London: Allen & Unwin, 1939, p. 205.

总评葛瑞汉对孟子人性论的研究

葛氏的重大突破在于认识到了学界长期以来对先秦"人性"理解上的一个局限，即把它理解为"生来就有的"特性，因而是静止、固定、不变的东西。而实际上先秦时期包括孟子之前，人性概念的重要内涵是指一种恰当的生长过程和生活方式。这种人性概念既是事实也是规范（both factual and normative），而不只是简单的经验事实的描述。这种人性需要经过较长时期的观察，通过了解生物生老病死的过程来发现，特别是要搞清什么样的生活方式有助于生命的健康成长。所以"人性"代表一种健康的生活方式。在杨朱等重生学派看来，健康、快乐、长寿是"合乎性的"，即可"全性保真"。我认为，这种人性概念，即使在现代汉语中也经常使用。比如当我们说"没有人性""压抑人性""违背人性"时，指的正是对生命健康成长不利。这里还涉及对生命成长规律（法则）的了解。凡是对生命健康成长不利的行为或事物，我们均可称为"违反人性"。搞清这一点非常重要，因为长期以来人们批评性善论，均是把人性当作与生俱来的一些本能属性。如果人性概念不一样，对孟子的批评是否也应当改变？另外，作者从杨朱及道家来看先秦的人性概念，说明了孟子的人性概念并不是空穴来风，而是时代条件下的产物。

葛瑞汉"The Background of the Mencian Theory of Human Nature"的另一精彩之处在于并不限于一家一派，而是从整个先秦、秦汉思想史的大背景出发来讨论孟子性善论的产生。其中他提到，影响孟子思想的人包括杨朱的人性观（在《吕氏春秋》《淮南子》中可找到），齐国稷下学派的观点（告子当属此派，另外可从《管子》中找到），道家的人性观（在《庄子》中可找到些）。这些是儒家外部的主要观点。他认为儒家内部的主要代表，应该是世子硕等人（王充《论衡》有载，包括宓子贱、漆雕开、公孙尼子之徒），主张人性有善有恶，这一观点就其主张人性有善而言，与告子无善无恶之说有别，孟子当赞同；就其主张人性恶而言，却是孟子着力反驳的。他正是从先秦非儒家的人性概念出发，才发现孟子的人性概念不同于我们通常所理解的含义，即代表生命成长的潜能、过程、方向等。

葛氏对孟子性善论的解释是：性善论的基础是发现善也植根于人性，就像感性欲望植根于人性一样，道德冲动同样植根于人性，而这是人区别于动物的最重要的地方；感性欲望（physical inclinations）与道德冲动（incipient moral impulses/moral inclinations）之间可能相互冲突，但后者代表大体，前者代表小体，舍小从大才是人性作为一个整体的需要。另外，葛氏还认为，如果人的所有禀赋都充分发挥出来就可以为善；如果不为善，那是因为耽溺于感官欲望之中而不能充分发挥其大体作用。换言之，只有充分发挥其潜能，人才能成为人。而人充分发挥其潜能，也包含着舍弃小体、选择大体。易言之，人性善不是因为人无感性欲望（appetites），而是因为人还有大体，即天然的道德倾向。这自然是一种总体判断。

遗憾的是，葛瑞汉的这篇大作迄今为止在汉语学界没有受到应有的足够重视。比如黄俊杰《中国孟学诠释史论》①一书对于葛瑞汉的介绍只有六七行，而且是批评，对于葛氏的重要突破完全没有说。

葛瑞汉从杨朱、道家等广阔的背景出发揭示了先秦秦汉人性概念的另一重要含义，是先秦思想史研究中重大的突破；他从人性内部复杂性，特别是其中各部分相互冲突的角度来论证孟子的人性论，确实是较以前大大前进了一步。但是还有问题，为什么在道德倾向与感性欲望的冲突中，前者就代表大体，后者就代表小体？因为，在健康长寿与本能欲望的冲突中，我们很容易分辨何者大、何者小，但是在这两者的区分中，如何来分辨？葛瑞汉确实提供了鉴别标准，即前者反映了人异于甚至高于禽兽之处。不过人异于禽兽之处，也不能说明就一定是最重要的，这涉及价值判断标准的问题；如果一个人不接受道德倾向为更高的价值标准，就无法拿出更具说服力的理由来。毕竟健康长寿与感性欲望二者之间的比较，孰轻孰重一望便知，而后面二者的比较很难分辨轻重。葛氏之说易陷于以道德标准代替事实标准，或以价值预设在先的思维方式。这恰恰没有点出孟子思想最精彩的地方。凭什么说，在两种倾向（感官欲望与道德倾向）相互冲突时，只有顺从道德倾向才是真正合乎人性（accord with our nature）的？固然，葛氏已经说明，这两种倾向（inclinations）或冲动（impulses）都是人性的组成部分，但是为什么选择后者，即道德倾向，会比选择前者更合乎人性？如果说后者代表了人高于禽兽的高级价值，但这也只是人为的价值预设。事实上，我个人认为，这一说法还是不足以证明性善论成立。

葛氏虽然一再表示了孟子选择大体、放弃小体是为了"符合人性"［ac-

---

① 黄俊杰：《中国孟学诠释史论》，北京：社会科学文献出版社，2004。

cord（ance）with our nature，pp. 40－42]，这完全是他从道德倾向代表大体、感官欲望代表小体的价值立场出发的。他认为，人性作为一个整体，存在着内部的矛盾和冲突，择大弃小才更有利于人性的总体发展需要。他之所以不能像世子硕那样因为人有本能的感官欲望而承认人性也有恶，是基于总体判断。因为人的感性欲望（physical inclinations）本身是无所谓恶的，只有当它与道德倾向冲突时才显得不好。而这时，我们把人性作为一个总体（as a whole）来看，只能选择道德欲望这个大体。正如感性欲望与健康长寿欲望相冲突时，只有选择后者才真正合乎性一样，<u>当感性欲望与道德欲望相冲突时，也只有选择后者才真正合乎性</u>（pp. 39－40）。他说，"我们反对小体、选择大体，与作为一个整体的人性的需要是一致的；就像为了保护作为一个整体的身体，我们宁愿牺牲手指来保护肩背一样"（p. 40）。显然，问题在于，说选择道德欲望才真正合乎人性是基于一种价值判断，这和这一判断本身恰恰是问题所在。

我认为葛瑞汉的主要局限是，没有说明<u>什么是合乎人性（accord with our nature）的标准</u>。这个标准，杨朱学派和道家认为包含健康和长寿，不过不应当限于生理意义，还应包括精神和心理意义，即人的精神和心理的健康。杨朱和道家所说的健康长寿已经包含这两方面，但他们没有认识到道德冲动也内在于人性，自然不能从道德角度来理解健康长寿的内涵。所谓从道德角度理解的健康长寿，指人的精神和心理的健全还依赖于为善，即行仁义。这里涉及<u>健全成长的法则</u>问题。正因为需要从道德角度来理解人性的法则，所以孟子会提出性善的立论来，因为毕竟杨朱和道家不愿意从道德角度来讨论健全成长的法则问题。

具体来说，孟子与杨朱、道家均探讨人性健全成长的法则，二者对于人性健全标准的理解差异应当不会太大，比如应包括健康、长寿等内容，所以均重视养生。但是杨朱、道家只涉及节欲、为我等方面，而没有涉及道德方面。孟子发现，为恶，即按照人的私心去做事，不仅会伤害他人，也会伤害自己，让自己的生命不能健康成长。具体来说是这样的，顺着人的自私欲望，有时会让人的心灵扭曲、心理不健康、精神受压抑；反之，顺着人的道德倾向，会让人的心理更健康、精神更奋发、身心更和谐，甚至灵魂趋于不朽。这是人性健全成长法则的道德层面，也是杨朱学派和道家所未注意到的。孟子有关这方面的说法有很多，诸如："反身而诚乐莫大焉""自反不缩慊然往矣""浩然之气塞于天地""万物皆备于我""上下与天地同流""生则恶可已也""睟面盎背四体不言而喻""足之蹈之手之舞之""沛然若决江河"……

葛瑞汉认为，孟子与杨朱的差别在于，后者注重的是健康与长寿，而孟子注重的是道德倾向（"The Background of the Mencian Theory of Human Nature"，p. 42）。这两者均属于人性内在的内容，表面看来，确实如此。但是葛氏没有注意到，杨朱注重健康长寿是从探索人性健康成长的法则出发的，而在这一点上孟子与杨朱是没有差别的。孟子正是从探讨人性健康成长的法则出发，才找到了仁义的人性基础的。孟子并不是单纯因为仁义代表崇高，甚至也不是单纯因为仁义源于人性而重视它们的。

现在我们可以以表4.1来说明孟子与杨朱、道家之别。

表 4.1 孟子与杨朱、道家之别

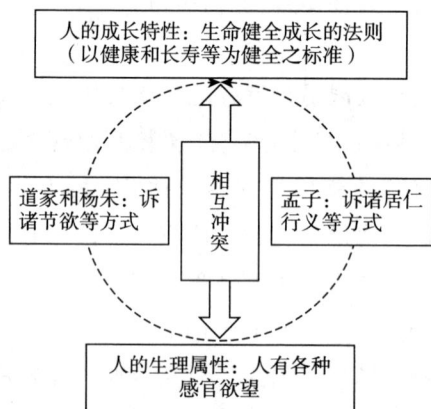

生理属性与成长特性时常是相互冲突的，但是成长特性无疑是最高原则，遵循成长特性也就是"顺性""因性""循性""率性"，或"全性"，或"性之"，也即所谓"尽性"或"尽己"。道家和杨朱已经力图揭示人性健全成长的法则，孟子受他们的影响，进一步提出全性之道并不限于道家的养生或杨朱的为己，还包括居仁行义（讲守道德）。

葛瑞汉的认识停留于道德内在于人性，而不能进一步到道德行为何以合乎性；他所谓"合乎性"（accordance with our nature），限于道德本身也是性的一部分含义，即在大体、小体之分中舍小取大。他在分析道家和杨朱时确实多次提到了"性"在当时包括生命成长的趋势、方向、规范等含义，但是没有明确地认识到：之所以要遵循道德（仁义），并不是因为它代表大体，而是因为这才真正"合乎人性"；他并没有有意识地把人性健康成长的法则作为道德的准则，而只认识到遵循道德也是遵循人性中一个方面的要求，即他所谓"incipient moral impulses"。认识到这一点十分重要，因为只是在孟子这里，道德的基础才明确地不是建立在道德本身之上，而是建立在人性目标之上。这里有两个观点，虽均正确，但区别十分重要：

> 观点一，道德内在于人性；
> 观点二，遵循道德才能让生命健康成长（符合人性的法则）。

这两个观点的差别在于，前者只说明人有本能而内在的道德冲动（仁义皆内），但并不等于人遵循这些冲动，生命才能健康成长。因为正如我们已知的，感官欲望也是人本能而内在的冲动，但遵循它们未必能让生命健康成长。由于孟子讲得最多的是观点一，绝大多数学者被观点一所迷惑，误以为这是孟子性善论的主要论据。其实不然。孟子性善论成立的理论基础是观点二，而不是观点一。观点一之所以成立，是因为观点二。孟子突出观点一的同时，特别强调了观点二，而观点二的表述方式不太清晰，导致有很多不同理解。所以，可以说葛氏是未达一间。

124. Benjamin I. Schwartz（史华兹，1916—1999）

【文献】Benjamin Isadore Schwartz, *The World of Thought in Ancient China*, Cambridge, Mass. & London, England：The Belknap Press of Harvard University Press，1985.

［中译本］〔美〕本杰明·史华兹：《古代中国的思想世界》，程钢译，南京：江苏人民出版社，2004。下面引时凡依据中译本皆注明中译本，否则为英文本页码。

The World of Thought in Ancient China（1985）

该书是一部先秦思想史的专著，讨论了周初思想、孔子、道家、墨家、孟荀、法家、阴阳家、五经等重要问题，内容集中于从春秋到战国期间中国思想界各家之间争论的若干核心问题，比较注重思想史的脉络。中译者称此书在西方学界引发了普遍主义和特殊主义的争论。葛瑞汉与史氏的区别在于，葛的立场是"透过所有的相同点，去揭示那些与受文化制约的概念系统相关的，以及与汉语与印欧语言结构差异相关的关键词汇间的差别"，而史华兹的立场是"运用那些超越文化和语言差异的概念，透过所有表面的不同，去发现中国思想中对普遍问题的探索"（译者后记之注释）。

◇ 关于"性"的理解

第 5 章（pp. 173 – 185）集中讨论了几个概念，即"性"（hsing）、"气"和"心"。关于"性"，作者实在没提出什么新颖的见解来，他的主要观点基本上可以看作对葛瑞汉有关论述的总结。他说，正如葛瑞汉指出的，"性"之义与希腊文 physis、拉丁文 natura 相似，后者来源于 phuo（to grow），nascor（to be born）。这与"性"来源于"生"惊人地相似。他在后文也提到了霍布斯和卢梭的自然状态说，把自然状态下的人性看成是自利的。

在汉语中，从"生"出发，"性"衍生出一种含义，即指"<u>与生俱来的、按照预定的方向成长或发展的固有趋势</u>"（an innate tendency toward growth or development in a given, predetermined direction. p. 175。方按：这一定义极有意思，与唐君毅之说相似，从"成长趋势"理解"性"，实在极为重要。）杨朱则不仅用"性"来指固有的天然禀性，而且指人所特有的追求健康、长寿、安宁的禀性（not simply refer to innate "natural" propensities in general but to the particular propensity of human beings to pursue their own natural "desires" for health, long life, and freedom from anxiety. p. 175）。正是杨朱开启了人天生具有的基本禀赋（the basic "inborn" predispositions inherent in all human beings. p. 175）的所有讨论。

对《诗经》《左传》《论语》等的讨论说明，在孔子那个时代，"性"就是一个流行的词汇（不是傅斯年所谓的"性"，他也提到了徐复观对傅的反驳）。然后就是从孔子、墨子、杨朱到孟子的人性论史，大致认为：孔子虽未明言"性"与"天道"之关系，但可能已经涉及这个问题；墨子则试图将二者分开，认为天生的属性不是最重要的，重要的是后天人为；杨朱可能从墨子处得到启发，认识到人性生来就是自利的，并进一步把人"天生"的趋势理解为健康、安逸、满足等（the "natural" tendency implanted in man by Heaven is the tendency to live out one's own life in health, in the absence of anxiety, and in the moderate satisfaction of one's sensual desires. p. 179）。

◇ **关于孟子的讨论**

第 7 章 "对儒家信仰的捍卫：孟子与荀子"，其中讨论孟子见 pp. 257 – 290。其中对于"气""心"讨论较多，对于性善论似乎未专门讨论，但其基本观点是认为不能简单地用"人性是善的"一句话来概括（p. 292. 中译页 302）。

◇ **术语**

静：inner peace，serene courage/equanimity（p. 269）；

性：inner propensity（p. 275），inner dispositions（p. 182）；

天命：heavenly endowed，heavenly ordained（p. 179）（方按：Graham《论道者》用 decreed by Heaven）；

心：heart-mind（pp. 184 – 185）；

气：energy/stuff，courage，vital energy，psychophysicalenergy/substance，mentally an emotional disposition，a mysterious vital substance/energy which binds the individual to ultimate source of being（p. 270），Aristotle's irrational part of soul（p. 270）。

125. Frederick W. Mote（牟复礼，1922—2005）

【文献】Frederick W. Mote，*Intellectual Foundations of China*，（2nd ed.），New York：McGraw-Hill Education，1989.

此书为 1989 年第 2 版（1971 年初版）。中译本参见《中国思想之渊源》，王重阳译，北京：北京大学出版社，2016。正如译者于后记中所言，此书准确译名应为《中国思想之奠基》，但因约定俗成，故一仍其旧。文中所引若为中译本，皆注明中译本。

Intellectual Foundations of China（1989）

该书为海外汉学研究中国先秦思想史的一部力作，短小精悍、辞约旨远。开头前两章涉及中国历史、宇宙观和世界观的论述，接着，第三章至第七章对儒、墨、道、法等先秦主要哲学思想进行了深入探讨。作者有着深厚的中国历史和文献素养，使得其能够深入中国文明内部进行细致、深刻的研究，绝非隔靴搔痒、作皮相之谈。虽然身为汉学家，难以摆脱西方思维的前见，但在字里行间我们仍然能够看到作者企图跳出做轻率比附的西方固化思维，用贴近中国文献本身和中国人的思维方式去理解中国。作者对中国历史、宇宙论和世界观的探究有着深刻的洞见，为其后对诸子思想展开提供基础。尽管书中有些知识背景方面的错误或有争议的结论，但大醇小疵，总体来说是一部上乘之作。

作者认为农耕在中国人的生活中具有至高地位，使得中国人"关心真正的价值，胜过抽象的概念"（p. 2. 中译页 15）。接着对商周时期中国文明取得的发展进行了阐述，认为周文化在感性和思辨两方面都取得了等量齐观的成就，"它揉和了各种文化流脉，形成了全新的文明"（p. 7. 中译页 31）。在第二章，作者着重探讨了中国人的世界观和宇宙观，认为这是走入中国人心灵世界和历史世界的根基。作者认为中国人没有创世神话，认为宇宙出自"自化"。"对于外来者而言，他最难以发现的是中国没有创世的神话，这在所有民族中，不论是古代的还是现代的，原始的还是开化的，中国人是唯一的。这意味着中国人认为世界和人类不是被创造出来的，而这正是一个本然自生（spontaneously self generating life）的宇宙的特征，这个宇宙没有造物主、上帝、终极因、绝对超越的意志，等等。"（p. 14. 中译页 48）牟氏援引杜维明的观点认为中国人的宇宙观是一个有机整体（organismic wholeness）。中国人构想的宇宙观不是机械论的，"宇宙运作机制只需用内在的和谐与世界有机体各部分的平衡来解释就足以了"（p. 20. 中译页 64）。闫按：牟氏所强调的中国人没有创世神话，是说中国文化的此岸取向，专注于现实世界的个人德性成就和人间的和谐有序。谈及中国人的有机整体宇宙观，是和此岸取向密不可分的，由于儒家文化的此岸取向和整体主义特征，在对宇宙现象进行观察时，将之比德，即将人对道德的期望投射到宇宙万物，作为对宇宙万物的认识，其所看到的宇宙是一个道德化的宇宙，并将之先验化，认为人既为天地所生，性为天地所赋，所以人之性自然是善的，人担负有"与天地参"的责任，有责任将此善性扩充，由家庭（族）而乡里，由乡里而邦国，由邦国而天下，乃至宇宙万物、草木禽兽之类，这是一种"无限连带责任"。这在孔孟那里肇其端，在王阳明那里发展到极致。但注意，这不能从人类中心主义去解读，可以参照狄百瑞的儒家"人格主义"（personalism），"个人与他人之间，与生物的及历史的洪流之间，与道的有机进程之间，构成一个动态的关系"。①

---

① 〔美〕狄百瑞：《中国的自由传统》，李弘祺译，北京：中华书局，2016，页55。

经过一番阐述后，作者在中国的宇宙秩序是"伦理化的宇宙秩序"（the ethical cosmic order）（p. 52. 中译页 109）的基础上，对中国文化中"恶"的问题进行了探讨。

◇ **无罪的世界与恶（pp. 21－22）**

作者援引胡适对于传教士因中国人无法严肃对待"恶"而懊恼的问题展开了分析，认为我们如果能够了解中国人所特有的"和"所运作的有机体宇宙的模式，就能明白中国人为何对"罪"不重视。

"在这个宇宙里，没有哪个部分的存在完全是错误的（there can be no parts wrongfully present，p. 21），世上的万物莫不如此，即使是那些由于暂时失衡而导致的产物。"（p. 21. 中译页 64）

"恶不能作为一个自为和主动的力量存在，也没有被令人恐惧地人格化。恶不能控制人和宇宙，人犯的错和其他文明中的'罪'不一样，不会让神震怒，不会危及人的存在。"（Evil as a positive or active force cannot exist; much less can it be frighteningly personified. No devils can struggle with good forces for mastery of humans and the universe, and people's errors, unlike sin in other worlds, can neither offend personal gods nor threaten a person's individual existence. ）（p. 21. 中译页 64）

作者认为，对于古代中国如此复杂的文明，从文化人类学进路来区分耻感文化和罪感文化失之简单、粗浅，要想认识中国民族性和中国人的人格类型，需要从宇宙论那里获得指引。"这种宇宙论把人们从各种震慑的教条和罪的戒律之下解放出来，让他们跟宇宙形成了一种两不相害的人性关系。然而，中国的道德哲学并不因没有原罪观念而放纵，在各个时代都强调自省和自纠的必要性，其哲学的根基中，道德责任从来都未阙如。"（p. 22. 中译页 67）。

牟氏从宇宙论进路来理解中西两种文明思维方式的不同，可谓抓住了要害，由于中国人所构想的宇宙观是德化的宇宙观，是和谐的、动态的有机整体宇宙观，所以处于这一宇宙内的万物都有其各自的位置和责任，和谐相处，不存在相互排斥。在中国文化中不存在"根本恶"，儒家所设想的人是一个自觉的、积极的道德主体，自动承担起改善自我、完善自我与和谐万物的责任。

◇ 孟子的人性论（pp. 46 – 51）

在引出孟子人性论之前，牟氏先对孔子的人性论作了一个铺陈，认为孔子对人性问题没有给出直截了当的答案，作者猜测当时可能没有产生人性论这一问题，但孔子在涉及伦理问题时强调人的心理层面，不过在理论上未曾说明"人性中是什么促使人有如此强烈的利他之心"（p. 49. 中译页 106）。因此，对人性论观点众说纷纭：人性善、人性恶、人性无善无恶、人性善恶混、有性善有性不善（that individuals were good, or bad, or neutral, or both good and bad, or that some are good and others are bad. p. 49），而孟子坚称"人皆性善"（all people are clearly good by nature. p. 49）。

孟子说，人之为初，其性本善，但是由于环境的影响，会染上恶习，会玷污心灵。除非他竭尽全力来保存和滋养他与生俱来的善端。人皆有禽兽之性（中国独特的版本），它无所谓好坏，但却能导致对自己、对他人的恶行。（All people have their animal nature which—in distinctive Chinese fashion—is neither good nor bad in itself, but which is capable of making everyone do bad things to himself or herself and to others. p. 49）

"人皆有仁、义、礼、智（区分善恶的能力）的善端，都是与生俱来的，每个人都应该让善端苗生，并付诸行动。"以孺子掉入井里的故事为例，"我要提醒的是孟子对人兽之别、利欲之蔽、善性迁衍等问题，都做了极其详细的阐述。他对人类生活的复杂有着敏锐的感受，并且保持着乐观。"（p. 50. 中译页 107）

人生而有四端（four inherent moral tendencies），应滋养呵护，使之达到极致。至其极就已和成圣相类了。凡人之性皆有成圣的可能。人性之初的境况已经蕴含了人们本性上的平等，以及对人类和社会的乐观主义。这种乐观主义作用于儒家的教育理论，二者都进一步促进了平等精神，提升了这种平等主义的社会意义。改善社会就要返求诸人们内心的宝藏。孟子的这种人人皆可成圣（all people are potential sages）的观点强化了人的基本尊严，延续了儒家对人道的重视。（p. 50. 中译页107）

◇ **荀子的人性论（pp. 55 – 57）**

作者在谈及荀子时，认为荀子完全坚持一个伦理化的宇宙观（p. 55. 中译页114）。作者提出一个有趣的观点，将孟子看作儒家的左派，强调个人的自由优先于社会约束。而荀子肆无忌惮地批判陈腐的伦理道德，并认为孟子的主观唯心主义在伦理和文化层面容易滋生超道德的价值，将否定理性、走向集权。其顺带批评现代新儒家将孟子擢升于荀子之上视为孔门首座，其弊端之一就是徒劳无效的道德热忱。

牟氏认为在荀子的人性论中，"人性基本上是怠惰、淫欲、贪婪、兽性的，我们不能放任，而是要克制、修饰（our basic nature is slothful, lustful, avaricious, and animal, and that instead of freely that nature, we must curb and refine it. p. 56），用社会造就的文化来剔除人性中的恶。但这种克制和修饰不是为了奴役人的灵魂，而是为了社会的公益"（p. 56. 中译页116）。值得注意的是，作者否认了从"原罪观念"解读荀子的人性论，认为孟荀之间构成互补，同大于异，而并非完全对立。"他们二人都对人类可以臻于完美（缮其性）没有异议"（p. 56. 中译页116），"孟子和荀子在缮性这一点上是根本一致的，故而，他们都强调个人修养和经史之学的重要性"（p. 57. 中译页117）。

"荀子对人类既不鄙视也不悲观。在他看来，人类的文化正是天下最高贵的，是人类遏制天性的明证。他认为人生而有灵明，即便茹毛饮血的野人见到美善之物也会识得。"作者进一步认为，荀子的哲学可以称为文化哲学，认为一个人在文化上的追求和提升是其基本天职。"而文化的核心是礼。礼就是格秩行为的规范……礼可以雅训、净化参众的情感与意念，齐秩他们参与、完成。"（The ceremonies and rituals of *li* refine and purify the emotions and senses of the persons participating in them or observing others perform them. ）（p. 57. 中译页117）

◇ **其他术语**

君子儒、真儒，儒、文人：genuine ju. , Confucian, educated man（p. 27）；

道德感：ethical sense（p. 32）；

仁、人、仁道的、仁爱的：Human, humane（p. 38）；

仁慈、爱、善、良知：benevolence, love, goodness, human, heartedness（p. 41）；

天地的道德本性：moral nature of the world（p. 39）；

孝：filial submission（p. 40）；

人本：human-centered（p. 40）；

智、整体的心智：wisdom，integrating mind（p. 42）；

诚信之心、羞耻之心、利他之心：trustworthiness，a sense of shame，altruism（p. 42）；

义：righteousness（汉语中的"义"并无"righteousness"所含有的"以正义自居"之意，p. 49）；

禽兽之性：animal nature（p. 50）；

善：god（p. 50）/恶：bad（p. 50）/无善无恶：neutral（p. 50）/人性善恶混：both good and bad（p. 50）/有性善有性不善：some are good and others are bad（p. 50）；

四端：four inherent moral tendencies（p. 50）；

人皆可以成圣：all people are potential sages（p. 50）；

灵明：incipient wisdom（p. 57）。

（闫林伟整理）

126. David S. Nivison（倪德卫，1923—2014）

【文献】David S. Nivison，*The Ways of Confucianism*：*Investigations in Chinese Philosophy*，Chicago and La Salle，Illinois：Open Court Publishing Company，1996.

此书中译本参见《儒家之道：中国哲学之探讨》，周炽成译，南京：江苏人民出版社，2006。该书在汉学研究领域算得上是一部精品之作，虽有中译本，但因种种因素，使得其并未像葛瑞汉、史华兹、刘殿爵等人那样在中文世界引起足够广泛而深入的重视。这种遭遇与其研究的精湛和深刻的洞见是不相匹配的，不能不使我们感到遗憾。下面引文所在中译本页码注明"中译页"。

The Ways of Confucianism：*Investigations in Chinese Philosophy*（1996）

本书主要由"中国哲学探索"（"德"字探源及德论研究、道德金律）、

"中国古代哲学"（主要探讨了孟、荀人性论及意志无力、道德行动等问题）和"最近的几个世纪"（主要探讨了王阳明、戴震、章学诚等人的思想）三部分构成。立论新颖、文献功夫扎实，尤其是作者溯源至甲骨文、金文去探讨"德"字的本义及其演变历程，这一点在长于语言分析、逻辑推理的汉学家那里无疑显得十分可贵。正如作者在导言中所言："研究中国哲学需要不同寻常的才能之组合。首先，研究者在本质上必须是一个哲学家（如果不是学术部门的），因为孟子、庄子、朱熹、王阳明和其他中国思想家所解决的问题都是活生生的哲学问题。"［The study of chinese philosophy requires an unusual combination of talents. First, one must be a philosopher at heart (if not of academic department), for the issues that Mencius, Zhuangzi, Zhu Xi, Wang Yangming, and other Chinese thinkers address are living philosophic issues. ］（p. 1. 中译页 1）这并不是说只有"哲学家"才有资格去研究哲学家，而是说需要具备"哲学家"的品格方能真切地理解哲学家的立言之情，当然这是针对中国哲学所言，因为中国哲学是实践的学问，强调行动而不是知识。因此，研究中国哲学，只有具备了和孔孟、程朱等人"相似的心灵"以后，才能更好地体会、体证他们语言背后的真切实指。

◇"德"字探源及其悖论

作者对"德"的论述无疑值得我们重视，他在"甲骨文和金文中的'德'"（"Virtue" in Bone and Bronze）（pp. 17 – 30. 中译页 21—35）一章中，得出结论："它似乎是国王身上的一种品质或精神能量，神灵可以在其身上察觉并乐于看到；它看来是他习得的东西，或者是当他为别人（在我们看过的治疗的例子中是为别的人，在献祭中是为神灵）否定自己或使自己遭受危险时变得明显的东西。"（It appears to be a quality or psychic energy in the king that the spirits can perceive and are pleased to see in him; and it appears to be something he gets, or something that becomes more evident in him when he denies or risks himself, does something for another—for another human being, in the medical cases we looked at, or for a spirit, in offering sacrifice. ）（p. 24. 中译页 29）

作者分析了卜辞"甲午卜王贞我有德于太乙"的句法结构"A 有德于 B"，即 A 为 B 做了某事，B 因此感激 A，可以表达为"A 有恩于 B"，"在这种社会中，当你为我做某事或给我某物时，我感到要在此时或别时恰如其分地作出反应的强迫性会如此之大，以至于我开始认为它不是我自己的一种心灵结构，而是一种从你那里发出的精神力量，使我向你靠拢。这种力量就是你的'德'——你的'美德'或'道德力量'。"（In this kind of society, the compulsion I feel to respond appropriately, now or sometime, when you do something for me or give me something, is a compulsion I feel so strongly that I come to think of it not as a psychic configuration in myself, but as a psychic power emanating from you, causing me to orient myself toward you. That power is your *de*—your "virtue" or "moral force". ）（pp. 25 – 26. 中译页 29—30）作者又分析道，"我有德于（自）祖先太乙"，此处之"德"是从神灵那里获得的东西。"如果我为了控制神灵而献祭，它当然不会接受。我必须真正做到慷慨和尽责；献祭是这些品质的外在表现，这些品质正是我在拥有'德'时被认为具有的品质。……神灵的有利反应是对我已有之'德'的认可……维护其'德'是国王最重要的职责……国王必须敬德……但是国王必须以完全宗教式的谦卑来敬德，不为自己的'美德'感到骄傲。"（Surely it will not accept, if I am making sacrifice in order to get a hold on the spirit. I must be, really, generous and dutiful; the sacrifice is the external embodiment of these qualities, which are just the qualities I am regarded as having in having *de*. …the favorable response of the spirit is approval of *de* I already have…Maintaining his *de* comes to be the king's most important duty…the king must "reverently care for his 'virtue'"…And yet the king is to do this in all religious humility, which no pride in being "virtuous". ）（p. 26. 中译页 30—31）

倪氏又根据金文及传世文献对"德"进行了总结概括：

（1）"德"是一个明君的品质，但事实上也是任何良善之人的品质（闫按：即强调"德"的适用对象及其普遍性）。（2）它是为慷慨、自制和献身之行为以及谦卑之态度而产生的，或给予的回报。（3）同时，它也是该行为和该态度的构成要素。（4）它是值得拥有的东西，不仅因为其本身，而且还因为它对拥有者的影响。例如，一个国王没有它便不能履行职责。它为其带来了威望（考虑到其军事维度）和影响。（5）既然它涉及（a）慷慨、（b）不自我放纵、（c）献身、（d）尽职（至少在宗教意义上）、（e）谦卑有礼，等等，显然必须承认，无论说什么，将其称为"德"是合适的。事实上，它似乎是多种"德"的集合。[（1）"virtue" is a property of a good king; but really, of any good person. (2) It is generated, or given in reward for, acts of generosity, self-restraint, and self-sacrifice, and for an attitude of humanity. (3) It is at the same time constitutive of such behavior and of such an attitude. (4) It is something good to have, not just for itself but for its consequences for the possessor. A king, for example, cannot function without it. It gives him prestige (consider its military dimension) and influence. (5) And since it involves being (a) generous, (b) not self-indulgent, (c) self-sacrificing, (d) dutiful (at least in a religious sense), (e) humble and polite, etc., it must obviously be granted that whatever else may be said, it is proper to call it "virtue" – indeed, it seems to be a collection of virtues.] (pp. 29 – 30. 中译页 31)

倪氏强调，王之"德"，即所谓的"道德力"，"德"这一概念的根源称为"感恩之债"（gratitude credit），即强调施恩者（国王）的心灵力。后来这种"德"的概念又进一步延伸："此德作为其不变的个性，被认为既是其本身的结构，又是所有与其周围世界交感的因果关系。"（As being its fixed character, thought of as both the configuration of the thing it self and all of its sympathetic causal relationships—for good or ill, active or passive—with the world around that thing. ）（p. 32. 中译页 39）对于"德"作为天生的特性这一点，倪氏以女子的性吸引力为例，认为一个女子对异性的吸引力就是她的"德"。

作者又对"德"在道家思想中作了探讨，将原来的王之"德"作为道本身的特性。"因此，'德'是事物从'道'那里得到的东西，以成为它自己。……所以'德'是一种形而上的'得'。"（De thus is what the thing "gets" from the *dao* to be itself. ...so "virtue" must be a metaphysical "getting". ）（p. 33. 中译页 40）接着倪氏分析了"德"存在的两个悖论：

（a）当我为别人否定或牺牲我自己或我自己的好处或利益，并因此从字面上对别人"有德"时，我便获得了对此人的控制，并因此获得对他或她的优势。因此，似乎我通过否定它来提升自己的利益。但是，人们会认为，我并没有真正否认它，而是在追求它，同样地，我应该是失去了"德"，而不是得到了它。（When I deny or sacrifice my self or my own good or interest for someone else, and so literally "have *de* with" the other, I acquire a hold on this person, and so gain an advantage over him or her. So, it seems, I am enhancing my own interest by denying it. But then, one would think, I am not really denying it but pursuing it, and by the same token ought to be losing *de* rather than gaining it.) （p. 34. 中译页 40）

（b）从明君的典范来看，我们似乎可以作出如下结论：如果一个人想要做能获得"德"之事，就必须已经有了"德"；特别是，如果一个人要听从能使他得到"德"的教导，就必须已经有了"德"。（From the model of the good king, it would seem that we must conclude that one must already have *de* if one is to do the things that would get it; and in particular one must have "virtue" already if one it to heed the instruction that would lead one to it. ）（p. 34. 中译页 40）

这种悖论正是体现在"除非我已经有了'德'，否则我不能履行'德'的行为"。接着倪氏详细剖析了两种悖论。

◇ 对孟子人性论的分析

在倪氏看来，〈告子上〉第三章至第五章对于注释者和翻译者来说是一个难题。孟子与告子就德性与人性问题展开辩论，告子处于攻势，孟子处于守势。在进入正题之前，作者先对〈告子上〉的中心议题作了总结。作者认为告子所说的"以人性为仁义，犹以杞柳为桮棬"，即表明"他认为道德习惯和倾向是在道德中立的人性材料中加以教育和训练而成的。这里讨论的是道德倾向的原因或来源，而不是特定道德行为的特定偶然原因或提示"（He thinks moral habits and dispositions are formed by education and discipline in a morally neutral human material. Under discussion here is the cause or origin of moral dispositions, not the particular occasional causes or promptings of particular moral acts. ）（p. 150. 中译页 189）。至于第二章，作者认为孟子对于这一问题的处理是较为模糊的，至于原因则没有详加说明。接下来对于〈告子上〉第三章至第五章的人性论题展开层层分析。

对于告子所提出的"生之谓性"这一命题，作者援引俞樾、刘殿爵的观点，认为生、性二字在孟子时代读音、写法均相同，因此是同一个字。"生"可以意味着生命、生活、产生、出生等，因而可以派生出"性"这一意涵。

（中译页 190）耐人寻味的是，作者将"生之谓性"作如是翻译：

> 当我们说"生之谓性"时，是指我们把某种性质归于一物，此物即我们［平时］所说的这种或那种生命物。（When we speak of the quality "live", we are talking about the quality we ascribe to a thing when we speak of it as a live thing of some kind or other.）（p. 152. 中译页 192，未采纳）

作者对于生、性两个概念在孟子思想中的意涵作了辨析，告子即"生"言"性"，但"生"、"性"对孟子是不同的东西。"性"在孟子那里是指"本性"，"是一个生的东西作为它同类事物的本性，是把此类事物与他类事物区分开来的本性"（The nature of a living thing as a thing of its kind, what it is that distinguishes one kind of thing from other kinds.）（p. 152. 中译页 192）。按照倪氏的这一区分，所谓"生"与"性"的区分就是属性与本质的区分。

至于"仁义内在"还是"仁内义外"这一孟告之间的分歧，作者认为"任何'义'的行为都需要足够的意愿（'内在的'）与合适的场景（'外在的'）"（Any instance of *yi* behavior needs both an adequate disposition "inside" and an appropriate occasion "outside".）（p. 165. 中译页 205）。孟子看到了"意愿的原因"，告子看到了"场景的原因"。

值得注意的是，倪氏对于《孟子·尽心上》一向不太引人注意的第十七章予以密切关注，并有较高评价。〈尽心上〉第十七章原文为："无为其所不为，无欲其所不欲，如此而已矣。"作者将其翻译为："（1）不要做你不做之事，（2）不要欲你不欲之事，（3）只要这样就行了。"［（1）Do not do what you do not do.（2）Do not desire what you do not desire.（3）Simply be like this.］（p. 167. 中译页 209）只要做到这三点，道德生活的问题就解决了。何以能如此呢？倪氏对孟子的观点进行了解释性补充，认为第一句可以理解为："不要做（根据适用于像自己这样的人的文明生活惯例之下）人们不做的事。"［Do not do what（under the conventions of civilized life applying to a person such as oneself）one does not do.］其认为这是"呼吁个人规范的自律"（appeals to individual normative autonomy）（p. 167. 中译页 209）。对于整个这段话的解读，倪氏的理解对我们颇有启发，他认为："孟子可能是说：我们经常不按照我们认识到的和接受的方式行事；而道德问题只是确保我们按照我们知道的方式行事。换句话说：避免或克服道德无力是基本的道德问题。"（Mencius could be saying that we often do not act according to what we recognize to be, and accept as, the way we should act; and that the moral problem isjust for us to see to it that we do as we know we should. In other words, that avoiding or overcoming moral weakness is the essential moral problem. ）（p. 168. 中译页 210）这里提到的"道德无力"的问题涉及意志和行动，倪氏在前面曾予以详细讨论，我们不妨将其移在下面进行讨论。

◇ **意志无力与漠然（懒惰）**

倪氏从孟子对"不为"与"不能"的划分着手，"不能"是指不能做"挟泰山以超北海"这样超出了个人能力之外的事情；"不为"是指能够实现仁政却不下决心去做的事情。对于"心之官"和"耳目之官"作出区分：前者"是一种内在指向的意识"（the inner-directed sense），后者是一种"外在指向的感觉"（the outer-directed senses）；前者是自由自主的，后者是自发的，但在运作过程中受到命运的控制。（p. 85. 中译页 103—104）倪氏接着又对孟子"心与欲的模式"展开剖析，即"心是自由的，而感觉则是被束缚的"。倪氏引出了一个西方哲学家长期疑惑不解的问题，即我知道我应该去做某件事，但我没有去做，反而做了相反的事情。由此引出了"意志无力"这个概念，即我们的欲望和爱好构成了我们认为道德上应当去做而没有去做之事的障碍。至于为什么会出现"道德无力"的状况，作者给出了以下两种解释。（1）以吃某种食物为例，我知道自己不该去吃，并且有一种强烈的道德意向不去吃，但这种意向无法阻止自己的欲望，"因为我错误地相信，我的意向不足以强到去可以阻止这种欲望。……从一种更为细微但不如此宽厚的解释来说，我们可以设想他们自欺欺人，认为自己缺乏足够强的意向"（Because I believe mistakenly that my disposition is not strong enough to block that appetite. …On a subtler and not so charitable interpretation, we might suppose that they had deceived themselves into supposing that they lacked sufficient strength of disposition. ）（p. 89. 中译页 109）。（2）"我可能知道克制是我的道德义务，并且也知道我有克制的意向，但并不知道如何运用这种意向，也就是说，不知道如何使它在感官欲望和对象之间发挥作用"（I might know that refraining is mymoral duty and know that I have a disposition to refrain, and not know how toemploy that disposition, so to speak not know how to maneuver it into position between sense desire and object. ）

（p. 89. 中译页 109）。

接着在第七章"孟子的动机和道德行动"中，作者又区别了"意志无力"和"漠然（懒惰）"。所谓的"漠然（懒惰）"就是"我断定我应该去做某事，但就是没有或不能有足够愿意去做它。……这是行动问题，而不是道德本身的问题"（I judge I should do something yet cannot or do not control temptations which move me not to. …we deal here with problems of action, not morality per se. ）。同时作者认为"漠然"才是中国早期道德哲学所主要关心的问题（p. 92. 中译页 114）。

（闫林伟整理）

127. Donald J. Munro（孟旦，1931—2023）[①]

【文献】（1）Donald J. Munro, *The Concept of Man in Early China*, Standford, California：Standford University Press, 1969.

（2）Donal J. Munro, "Mencius and an Ethics of the New Century," in Alan K. L. Chan, ed. , *Mencius：Contexts and Interpretations*, Honolulu：University of Hawai'i Press, 2002, pp. 305 – 315.

The Concept of Man in Early China（1969）

此书有 2001 年新版，中译本参见《早期中国"人"的观念》（丁栋、张兴东译，北京：北京大学出版社，2009）。

该书以儒家和道家为中心，以对比的方式分析他们对于"人""人性"的不同理解方式，其中掺杂大量对西方哲学史、思想史上与中国思想家类似或不同观点的比较分析，是此书最精彩的内容之一。开头主要讲到春秋以降思想界普遍反对贵族的特权这一背景，认为这一背景导致同时代几乎所有思想家都主张人人生来平等（natural equality），并引儒、道、法、墨等多家证

---

① 孟旦成果甚丰，著有《宋代人性面貌》（*Images of Human Nature：A Sung Portrait*, Princeton, NJ：Princeton University Press, 1988/2014）、《当代中国"人"的概念》（*The Concept of Man in Contemporary China*, Michigan：University of Michigan, 1977/2000），主编《个人主义与总体主义：儒家和道家价值观研究》（*Individualism and Holism：Studies in Confucian and Taoist Values*, edited by Donald J. Munro, Ann Arbor：Center for Chinese Studies, University of Michigan, 1985）。

之。后面具体讨论了为何儒家一方面讲生来平等，另一方面主张现实等级。因为平等只是就生来具有的人性特征而言，而在现实中是有区分的；道家讲人生来平等，是指人人之性皆服从"道"，故无区别。Natural equality 是该书的核心术语之一，人性（hsing）是另一个核心概念。他对儒家人性概念三得含义的分析颇有意思。大抵是认为孟子混淆了理想与现实。也就是说，孟子把人性的理想状态，即仁，与人性的现实状态相混。孟子说人性善时忽视了人性的复杂性（pp. 72 – 73）。

◇ 对"性"的总体理解（pp. 65 – 81）

特别有意思的是，作者对于儒家和道家的"人性"（hsing）概念的总结，与葛瑞汉有相似处，尽管作者似乎并未从葛瑞汉那里得到启发（引用葛氏文献仅限其 1960 年版的《列子》一书）。比如，他认为性通常指先天赋予的、惯有的或有规律的行为或活动（constancies），不过道家的"性"在保留这一含义的同时有变化，在庄子处主要指"永恒的生命原理"（principle of life, eternal principle within），因为道家的"人性"是指"道之在人"（Tao in individual. 方按：即人道）。

他说，性从生而来，指的是生命中惯有的活动，它是固有的、天赋予的，通过一系列重复的行为来体现的。[the new term *hsing* differed from the old term *sheng* in that its meaning was, in part, precisely those constantly appearing activities found in life…*Hsing* is a being's innate constitution, bestowed at birth by Heaven, and it is made up in part of a variety of regularly repeated kinds of behavior. Generally speaking, *hsing* could be used to refer to the regular behavior of any creature, especially to behavior that was unique to the species in question; by extension, the term could refer to things like the regular "behavior" of a mountain (e. ge., growing trees). During the formative period, however, *hsing* was usually used whenthe topic was "man in general" and attention was being focused on the regular behavior characteristic of a human being. p. 66] 他经常用 constancy 来形容，一方面指一物重复性的行为，另一方面指其进行重复性行为的潜能，再一方面指一种"自然的"行为。所谓"自然的"，在儒家的衡量标准有时是使人安乐（如孟子），判定是否是"自然的"还有一个办法就是观察儿童（如孟子之孺子入井）（p. 67）。

他批评傅斯年完全以"生"释"性"。他从词源上考证说，"性"从

"生"而来，是"生"加"心"，体现了人性区别于动物的特点，即人是有心的，因此人性有时是指人区别于动物的独有特征（p. 82）。

◇ **儒家的人性观（p. 12，pp. 68 – 83）**

儒家的人性有以下三个含义。

一是指人与动物共有的特征，比如吃、饮、睡、性之类。

二是指人独有的特征（不同的人看法不同。比如孟子从人性有仁义礼智的角度看，荀子则从群、分的角度看）。他举孟子"动心忍性"一段说明孟子不可能局限于人禽之别来理解人性，颇有说服力（p. 72）。

三是人心具有分别是非、好坏、善恶的能力，即孟子所谓"是非之心"（evaluating mind）。人心是人最重要的官能。

这三个方面都是指所有人共有的特征（characteristics，traits），但要注意这些特征有时是指潜能，不一定已实现。另外，他用 behavioral constancies，social tendencies 分别描述上述第一个和第二个含义，都是人性之义。

◇ **对孟子性善论的否定**

作者对于孟子的性善论评价很低，大抵是认为孟子混淆了理想与现实。也就是说，孟子把人性的理想状态，即仁，与人性的现实状态相混。孟子忽视了人性的复杂性。但他同时说，从孟子"天将降大任于斯人……动心忍性"一段可看出，孟子不可能把人性局限于人独有的社会性之上，即孟子应该也承认人性包括人与动物共有的属性（p. 15，pp. 72 – 73）。我认为他引此段特别好。

◇ **道家的人性观（pp. 135 – 139）**

道家不以人为中心，不再像儒家看重"是非之心"（the evaluating mind），是非、高下、善恶、冷热、干湿等性质（qualities）之别并不符合自然，道德也不符合自然。

庄子后学（从《庄子》〈外篇〉〈杂篇〉看出）给予"性"的含义就是"德"，即"真宰"，也即《庄子·内篇》中的"常心"（constant mind）。

庄子所谓的"性"有时也指惯有行为（behavioral constants），比如说马吃草饮水，民有常性耕而食、织而衣。（但这并不反映庄子人性论之核心。）

有时，〈外篇〉〈杂篇〉中"性"的含义接近于〈内篇〉中的"常心"，它是生来具有的，但需要内省，特别是忘记外在诱惑才能发现的。这种"性"是超越时间的、永恒的生命原理（a principle of life，eternal principle within. p. 137, p. 139）。此处的"（人）性"不包括所谓"是非之心"，它就是"道之在人"（the Tao in the individual），它就是"生命原理"（the principle of life）。

"性"有时不指人的惯有活动或特征（a description of actual behavioral constancies），而代表追求理想，故有"复性""不失性"之说。〈外篇〉〈杂篇〉讲"趣舍滑心使性飞扬"，"自三代以来者天下莫不以物易其性"，"丧己于物失性于俗"。

方按：道家之"性"有时固然指惯有活动特征，但主要指人身上具有的"道"，代表永恒的生命原理。《庄子·内篇》未见"性"字，〈外篇〉〈杂篇〉之"性"义近〈内篇〉之"常心""真宰"。

◇ 性恶非荀子本义（pp. 77 – 81）

大意认为《荀子·性恶》当是其后学所为，且重点在于反驳孟子，不代表前面多篇中的荀子人性概念，因为荀子强调人性有"群"（forming social organizations）、"分"（social rank distinctions）的特点，不可能是"恶"的。

◇ 论"礼"（pp. 26 – 27, 35 – 40, etc.）

曾将中国与古希腊相比，认为中国的地理环境决定了他们可以封闭自足，从而视自己的习俗为唯一、绝对的。（方按：这有一定道理。当然中国周边有不少蛮夷，但倾向于认为它们野蛮，不足以说明问题。这才是三千年未有变局之义也。）

◇ 其他术语

礼：propriety, respectfulness, rules of propriety（p. 58），the customary norms dictating human action（p. 51），the customary norms（p. 47），the mores, the customary rules of proper conduct（p. 75），good form in conduct（pp. 75 – 76）

恻隐之心：commiseration, compassionate activity（p. 75）；

仁：humanheartedness（p. 28, p. 75），humane（p. 25, p. 28）；

义：moral sense（p. 51, pp. 75 – 76）；

孝（filial piety），诚（sincerity, integrity），忠（loyalty），敬（respect），直（straightforwardness），etc.（p. 28）；

性质：characteristics, traits, qualities, constancies, attributes, etc。

"Mencius and an Ethics of the New Century" (2002)

◇ 进化生物学对孟子人性论的证明

该文主要是对作者从社会生物学家 Edward O. Wilson（同时引用了社会科学家 Auschwitz survivor Primo Levi，James Q. Wilson）提供的若干证据出发，来论证孟子人性论中在 21 世纪有用的成分。他认为孟子人性论中的宗教成分（如"知性则知天"之类）类似于基督教神学人性论，已无价值［方按：这一观点已遭华霭云反驳（参本编 Irene Bloom 章），我想华霭云的反驳是成立的，即孟旦把孟子之天理解为宗教意义上的上帝，其实在孟子这儿恰恰是指天生的，即 nature］，但是孟子人性论中一些重要方面与进化论生物学（evolutionary biology）的立场一致，在 21 世纪仍然是有用的。所谓进化论生物学，是强调人性中遗传因素的作用，这种因素构成所有人共有的普遍属性，影响人的性格，甚至构成人的道德意识。Edward O. Wilson 也认为人有先天的道德意识，并以科学证据证明了这一点。Auschwitz survivor Primo Levi 通过实验证明人有天生的道德情感（the innate moral sentiment）。孟子说明亲情对于培养人类之爱的重要性，Edward O. Wilson 也证明了婴儿对于照料自己的人的感情（infant bonding with care-givers and sympathy）非常特别。这一学问着重于说明基因对于文化的作用，对于理解孟子作为人类共有的、具有道德意识/道德情感的、成为伦理学之基础的人性概念，颇有说服力。显然，该文只从进化生物学说明孟子对人先天地具有道德意识/道德情感，并把道德建立在人性基础上，但并未对性善说作任何评判。

他特别提到了孟子思想的如下三个方面在 21 世纪有意义：（1）把人类天生具有的道德思想理解为一种情感；（2）人的首要的道德情感是亲情之爱（kinship love）；（3）对于人心分辨善恶的能力的重视，即人有"是非之心"。就（1）而言，他认为这冲破了西方伦理学史上康德主义及功利主义对情感不重视的局限，并得到了 Edward O. Wilson 的证据支持。就（2）而言，Edward O. Wilson 也证明了婴儿对于照料自己的人的感情（infant bonding with care-givers and sympathy）非常特别。就（3）而言，James Q. Wilson 和 Edward O. Wilson 都论证人从遗传或其他因素获得了对事物进行道德判断的能力。

他最后认为，孟子人性论的弱点在于：未能讨论人性区分自己人与外人（in-group/out-group distinctions）的特点，对于扩充同情心（empathy）的阻碍作用。他说，达尔文主义者认为人天生具有作此区分的特性，社会生物学家认为这是一种"部落本能"（tribal instinct）。这种区分，可以看作纳粹屠杀犹太人的原因。（pp. 313 – 314）

128. John Knoblock（王志民，1938—1999）

【文献】（1）John Knoblock, tran., *Xunzi: A Translation and Study of the Complete Works*, Vol. I, Stanford, Calif.: Stanford University Press, 1988, pp. 85 – 87.

（2）John Knoblock, tran., *Xunzi: A Translation and Study of the Complete Works*, Vol. III, Stanford, Calif.: Stanford University Press, 1994, pp. 139 – 150.

John Knoblock，中文名王志民，著名汉学家，生前为美国迈阿密大学教授。上面书是一部完整的《荀子》英译本，前面有很长的荀子介绍，每章前都有数页甚至十多页导论，书后有几个重要附录，包括"《荀子》各章的结构""《荀子》残篇"，可见作者用功之勤。此书在西方学界有广泛声誉。[①]

此书共三册，分别于1988年、1990年、1994年在同一出版社出版。论荀子人性概念见第一册开头的总论及第三册〈性恶篇〉章首介绍（pp. 139 – 150）。三册页码独立，出版时间有隔，故下面分书介绍。作者在第一册总论（General Introduction）中只用了短短一页多一点的篇幅概述了孟子性善论及荀子性恶论，而且是非常片面地对孟子进行了介绍。但是第三册〈性恶篇〉用了近12页的篇幅系统全面地介绍了孟子性善论、荀子性恶论及其相互对立的根源，特别是对荀子"性"概念的含义、性恶论的论据、孟子的短处等分析得较深入。

[①] Burton Watson 的《荀子》英译本只选了10章，没有这么多的介绍、导论和分析，相对而言简略多了（参 Burton Watson, *Xunzi: Basic Writings*, New York: Columbia University Press, 2003）。Knoblock 书相关评论参 William G. Boltz, "Review," *Bulletin of the School of Oriental and African Studies*, University of London, 54（1991），pp. 414 – 418; Kwong-loi Shun, "Review," *The Journal of Asian Studies*, 48（1989），pp. 364 – 365。Boltz 称此书"在许多研究上特殊地成功，无论是前面的讨论还是后面的翻译"（p. 414）。Shun 称"这部著作显然是全面研究的产物，其所包含的信息之丰富令人难以置信"（p. 364）。

Xunzi：*A Translation and Study of the Complete Works*，Vol. I（1988）

关于荀子人性论的介绍见于 "General Introduction" 第 6 节 "Man and Society" 开头 3 页（pp. 85 – 87），内容简略。作者将孟子人性论解释得比较简单，认为孟子以人性生来就有四端，所以人性善，即认为孟子的性善论建立在四端基础上。他还指出，其实孟子自己也承认人性中有大体也有小体（6A15），其中小体是需要压制的。荀子认为，孟子既然认识到后天人为努力的重要性，就说明善不是生来就有的，而是后天获得的。因此，荀子让人们克服其性与孟子让人们克制小体，是同样的思维逻辑（p. 86）。原文如下：

> 孟子主张人性善，这个可由如下事实来证明：人人皆有 "四端"，即恻隐之心、羞恶之心、辞让之心、是非之心。孟子举见孺子将入井时所有人的自发反应为例。每一个人都会试图营救。孟子由此得出结论说，既然儒家认为最重要的德性都已预存在四端中了，人生来就有的本性（man's inborn nature）是善的（《孟子》，2A6）。荀子显然认为孟子的观点有缺陷，并以 "性恶" 为专章标题来反驳孟子的观点。现实迫使孟子承认人性中有 "小体"（6A15），需要君子用心来克服。常人不用心思考、不知道怎么办，所以保持原样。荀子论证认为，用心所包含的 "有意识的努力" 表明，善不是与生俱来的本性（inborn nature）的一部分，而是获得的。（p. 86）

◇ **术语**

人性：human nature（较多），或 man's nature（p. 85），man's inborn nature（p. 86），亦常用 inborn nature（pp. 85 – 87），偶用但极少见 constitution（p. 87）；

性：nature（p. 132，191）；

人性善：man's nature is good（p. 86）；

人性恶：man's nature is evil（p. 86）［此译法受到西方学者诟病，比如 William G. Boltz 在书评（1991）中就强力批评此译法，称英文中的 evil 与基督教原罪说相关①]；

四端：four beginnings（p. 86）；

恻隐之心：a sense of compassion for others（p. 86）；

羞恶之心：a sense of shame（p. 86）；

辞让之心：a sense of modesty and courtesy（p. 86）；

是非之心：a sense of right and wrong（p. 86）；

小人：pretty man（p. 86）；

天：Nature（pp. 67 – 69, p. 75, 83, 100, 178）。

Xunzi: A Translation and Study of the Complete Works, Vol. III（1994）

这里对孟子的性善论进行了较深入的研究和分析，并试图梳理荀子的人性理论是如何批评孟子的、孟子性善说的问题在哪里等。下面简要介绍本部分内容，特别是作者对孟、荀人性论的分析和看法。

作者一开始就说古汉语中的"恶"有善恶之恶与厌恶之恶两个含义，"恶"字从亚，后者有丑义。因此，汉语"恶"不具有英语 evil 一词的绝对本质化特征，正因如此，汉语说某物恶，不等于它不可变、不可为善（p. 139）。作者指出，孟子与荀子并非在所有问题上都对立，比如他们都认为圣人与常人的人性并无区别，都诉诸礼来实现道德，他们都重视仁、义、礼、孝、从、忠、信、节等价值（pp. 139 – 140）。接下来大体从如下几方面讨论了孟、荀人性善恶之争及自己的看法。

◇ 争论的焦点（pp. 140 – 141）

作者认为，孟、荀之别在于对客观事实（the facts of the case）的态度。荀子以客观事实为判断依据，而孟子则未必（作者以〈性恶〉23. 3a 为据，即"孟子曰人之性善"下一段）。比如，孟、荀都以客观确定的事物关系为"善"（good），用西方思想家的话说，"某物善"是指它能满足人的需要。孟子也确实说过"可欲之谓善"（7B25）。荀子则指出，"从人之性，顺人之情，必出于争夺，合于犯分乱理，而归于暴"（《性恶》23. 1），据此，"可欲"未必善。可见孟子并未像荀子那样以客观事实为据。他认为这是孟、荀

---

① William G. Boltz, "Review," in *Bulletin of the School of Oriental and African Studies*, University of London, 54（1991）, pp. 414 – 418.

的重要区别（p. 140）。

他总结孟子的主要观点是认为仁义植根于人性，为人性的一部分，因此得出人性善。其主要证据有（pp. 140 – 141）：

（1）人性之善体现于人面对危机时的自发反应，比如见孺子将入于井时（2A6）；

（2）孩提之童无不知爱其亲、敬其兄（7A15）；

（3）君子之仁义虽大行不加、虽穷居不损，因为它们"根于心"（founded in his heart/mind）（7A21）（方按：《孟子》原文只说"君子所性"如此）；

（4）"人皆有所不忍""有所不为"，这是人的天性，仁义不过是这类天性的扩充（7B31）；

（5）恻隐之心、羞恶之心、辞让之心、是非之心植根于人心，它们是仁义之"端"（2A6）。此外，孟子相信圣人"尽其心、知其性"（7A1），不失其"赤子之心"，故能"由仁义行"（4B19）。

然而，荀子认为（p. 141）：

（1）"好利"是人生来就有的，顺之则"争夺生而辞让亡"；

（2）"疾恶"是人生来就有的，顺之则"残贼生而忠信亡"；

（3）感官欲望是生来就有的，顺之则"淫乱生而礼义文理亡"；

（4）礼义法度起于圣人制作，非出于人之天性。相反，它们克服人们与生俱来的好利、贪得倾向。

荀子特别反驳了孟子的以下两个论点（p. 141）。

（1）孟子认为人可学这一事实证明人性善。在尾注中作者说，虽然孟子文本中无此说，但杨倞在注释中认为这一观点潜含在孟子与告子的争论中。但这与将人性作为与生俱来的属性、不可学不可事的人性界定相矛盾。

（2）孟子认为孩提之童的素朴简单是善的，人们作恶是因为丢失了原始之朴。但是成长和成熟本来就是人性的一部分，失其初始之朴乃是必要和必不可少的。（方按：这两个说法严格来说把孟子过于简单化。孟子从赤子之心、讲孩提之童角度论证性善，严格来说不是发生学意义上的，只是为了说明善乃是一开始就被赋予的。）

◇ **荀子的"性"概念：性与伪（pp. 141 – 145）**

作者说，孟、荀都认为人的成长过程会发生变化。他们的差别不在于此，而可能在如下三个方面（p. 141）：

（1）对于"性"（nature）的理解有别（如葛瑞汉）；

（2）对于人性事实的理解有别；

（3）对于"善"（good）的理解有别。

他认为，荀子给出了"性"的三个标准：

（1）性是天所生（〈性恶〉"凡性者，天之就也"）；

（2）天生之物自发地发生，故性之行是自发的、非刻意努力的（〈正名〉"生之所以然者谓之性。性之和所生，精合感应，不事而自然谓之性"）；

（3）性属于不可学、不可事范围（〈性恶〉"不可学，不可事，而在人者，谓之性"）（pp. 141 – 142）。

对于"性"这一概念，荀子给出了许多例证，从而说明了什么是人性（pp. 142 – 143）。

（1）基本生理欲望：凡人之性皆有共同之处，"凡人有所一同：饥而欲食，寒而欲暖，劳而欲息，好利而恶害，是人之所生而有也，是无待而然者也"（〈荣辱〉）。

（2）感官官能："目辨白黑美恶，耳辨声音清浊，口辨酸咸甘苦，鼻辨芬芳腥臊，骨体肤理辨寒暑疾养，是又人之所常生而有也，是无待而然者也"（〈荣辱〉）。

（3）好恶："人之情，食欲有刍豢，衣欲有文绣，行欲有舆马，又欲夫余财蓄积之富也；然而穷年累世不知不足，是人之情也。"（〈荣辱〉）

（4）名利："夫贵为天子，富有天下，是人情之所同欲也。"（〈荣辱〉）

（5）其他一："新浴者振其衣，新沐者弹其冠，人之情也。"（〈不苟〉）

（6）其他二："人伦并处，同求而异道，同欲而异知，生也。"（〈富国〉）

这些是"禹桀之所同"。作者暗示，这些正是荀子得出人性恶的主要原因，也说明荀子是以人性的实际情况（facts of case）为立论基础的。[方按：还可加上"材性知能，君子小人一也；好荣恶辱，好利恶害，是君子小人之所同也"（〈荣辱〉）]。

荀子的"性"概念还须结合其"伪"概念来理解（pp. 143 – 145）。

作者将荀子的"伪"译为 conscious exertion，称为 acquired nature，为"性"的第二义（the second sense）。"可以为尧禹，可以为桀跖，可以为工匠，可以为农贾，在势注错习俗之所积耳"（〈荣辱〉），是因为人之性可以转化。

荀子认识到了性伪合的重要。"无性则伪之无所加，无伪则性不能自美。性伪合然后成圣人之名，天下之功于是就也。"(〈礼论〉) 又认为圣人不仅依赖伪，还依赖辨，"圣人清其天君，正其天官，备其天养，顺其天政，养其天情，以全其天功"(〈天论〉)。

◇ **孟子的缺陷（pp. 145－147）**

通过上述总结，作者认为孟子显然对荀子所说的狭义的人性缺乏了解，他把荀子所说的"伪"说成"存养"和"扩充"。这是他认为孟子的第一个重要缺陷。(p. 145)

他认为孟子的另一个重要缺陷是在分析人性时，有时针对所有人而发，有时却只针对一部分人而发。比如孟子一会儿说"人皆有不忍人之心……人之有是四端也，犹其有四体也"(2A6)，"尧舜与人同耳"(4B32)；一会儿又说"无××之心非人也；××之心，××之端也"(2A6)。前一句"人之有是四端也，犹其有四体也"是事实判断，但后一句"无××之心非人也"则非事实判断，是在批评、指责有的人，是价值判断。因为无四体是身体残疾，但你不能说无四心是道德残疾。(p. 145)（方按：此处似有误解。孟子没说到残疾，只是强调没有人无四体，同样没有人无四心。"无××之心非人也"绝不是价值判断，而是事实判断。）作者的意思似乎是，孟子"无××之心非人也"只是针对一部分人而发的，是批评这一部分人丧失了恻隐、羞恶、辞让、是非之心。作者的逻辑大概是，孟子既然在这里只是批评性的价值判断，所以不可能是针对所有人的，只有事实判断才是针对所有人的。他一再讲荀子基于客观事实论证也是由于此。

孟子还有一个缺陷是：他并未能证明人们确实有四端。他所举孺子入井的例子只说明了行为的自发性和非功利性(p. 145)。

最后他认为，孟子常常混淆事实与价值两种判断，不仅上面一例，他还举出另外四例来说明孟子的逻辑问题(pp. 146－147)。

（1）孟子说，"不得乎亲，不可以为人；不顺乎亲，不可以为子"(4A28)。这显然不是事实描述，而是道德判断(p. 146)。

（2）孟子说，"人之所以异于禽兽者几希。庶民去之，君子存之"(4B19)。这一说法似乎主张，"人性之善在常人那里通常会丢失，因为除非加以培养，它会容易坏掉；而培养又很难"(p. 146)，这与以"求其放心"为善的说法不太一致。（方按：王志民大概认为按照孟子的逻辑，善不当是求得的，而是恢复的？）然而在荀子看来，偏离生有的天性、违背天生的倾向才是不正常的。既然是与生俱来的性，怎么会如此容易丢失呢？〔方按：这似乎确实是一个比较厉害的批评。不过孟子引用孔子说过的，"操则存，舍则亡"（6A8），孟子也说"人皆有不忍人之心"（2A6），人人皆有（p. 146）〕。

（3）孟子说，"杨氏为我，是无君也；墨子兼爱，是无父也。无父无君，是禽兽也"（3B9）。这里说人之为人或禽兽的本质条件，但同样是价值判断。（方按：从事实出发，你不可能说一个人无父无君是禽兽。）说一个人是禽兽，只能是一种批评而非描述一个事实。孟子的本意是要说明人按照生来就有的天性做可以为善，即所谓得其养与失其养的问题（p. 146）。

（4）孟子说，"理义之悦我心，犹刍豢之悦我口"（6A7）。王志民认为，理义之悦我心与刍豢之悦我口是不一样的，后者是普遍客观的事实，但前者绝不是。荀子指出，"今使人生而未尝睹刍豢稻粱也，惟菽藿糟糠之为睹，则以至足为在此也，俄而粲然有秉刍豢稻粱而至者……则莫不弃此而取彼"（〈荣辱〉）。人在感官方面这种"弃此而取彼"的倾向，在理义方面则完全没有表现出来，即人绝不是一看到理义就会像尝到刍豢一样，自动地选择它们，只可以说先王对理义的选择如同常人对刍豢的选择，但对普通人来说则不然。故荀子说，"今以夫先王之道……以夫桀跖之道，是其为相县也，几直夫刍豢稻粱之县糟糠尔哉！然而人力为此，而寡为彼"（〈荣辱〉）。

◇ **荀子人性概念的其他方面（pp. 147 – 150）**

作者还花篇幅分析了荀子人性概念的其他内涵。

（1）群和分的倾向（〈劝学〉"草木畴生，禽兽群居，物各从其类也"；〈王制〉"人何以能群，曰分"；〈富国〉"人之生不能无群，群而无分则争"，"救祸除患，则莫若明分使群矣"；〈性恶〉"从人之性顺人之情，必出于争夺，合于犯分乱理而归于暴"）（pp. 147 – 148）。

（2）道德认知能力（〈儒效〉"人生而有知且有义"；〈礼论〉"有知之属莫不爱其类"；〈王制〉"水火有气而无生，草木有生而无知，禽兽有知而无义，人有气、有生、有知，亦且有义，故最为天下贵也"）。（pp. 148 – 149）

荀子认为人性是无法否认或消除的，但可以用主观力量来引导和驯化，我们只能以可行的方式来面对人性（"可"），"心"的作用是在可欲与不可欲之间找到平衡。正因为人心有与生俱来的道德意识（p. 148 "a sense of what is right and moral is inborn in man"；p. 149 "man are born with a sense of morality"），因此驯化（moderate）人性是可能的，不过要通过"师法之化"才能致"礼义之隆"（〈性恶〉）（pp. 148 – 149）。当然，荀子还谈到了"政"（government）的必要性（p. 149）、"德"的重要性（pp. 149 – 150），以及"化俗"的重要性（p. 150）。

◇ 术语

作者经常以"humanity and morality"来翻译仁义，特别是多次将"义"译为morality。这不是不可争议的，但我认为"义"在古汉语中确实有接近于英文morality的地方，就此词常指对一事物之正确做法而言。

圣人：the sage；

理：reason（pp. 146 – 147）；

善：good，goodness；

恶：evil；

性：inborn nature（偶用original nature）；

情：essential（p. 143），essential nature（pp. 142 – ）；

伪：conscious exertion（pp. 143 – ），acquired nature（p. 143）；

君子：gentleman（pp. 140，etc.）；

仁：humanity（p. 139），human feelings（p. 149）；

义：morality（p. 144），moral duty（p. 139），standard of morality（p. 149）；

德：power/virtue（p. 150），moral authority and prestige（p. 149）；

礼：ritual（p. 139），moral principles（p. 139）。

129. Antonio S. Cua（柯雄文，1932—2007）

【文献】（1）Antonio S. Cua, "Philosophy of Human Nature（1976），" in Antonio S. Cua, *Human Nature, Ritual, and History: Studies in Xunzi and Chinese Philosophy*, Washington, D. C. : The Catholic University of America Press, 2005, pp. 3 – 38.

（2）Antonio S. Cua, "Morality and Human Nature," in Antonio S. Cua, *Moral Vision and Tradition: Essays in Chinese Ethics*, Washington, D. C. : The Catholic University of America Press, 1998, pp. 100 – 118.

"Philosophy of Human Nature"（1976）

据作者介绍，此文由作者发表于 1977 年《东西方哲学》（Vol. 27，No. 4，pp. 373 - 89）、1978 年（Vol. 28，No. 1，pp. 3 - 19）上的两篇论文合成，汇在此书中增加了一些注释。此文是作者试图站在伦理学角度对荀子性恶论的内在逻辑（arguments）进行的深度分析，最后则对孟、荀人性论的差别作了简要的总结。作者将"恶"翻译成英文 bad（不好或坏）而不是 evil，并强调荀子人性善恶概念有美学意蕴（见后）。通篇文章的特点是，试图从伦理学角度来分析说明荀子性恶判断的内在逻辑根据。这不是按照现代人的价值立场来为荀子辩护与否，而是试图揭示荀子自己的逻辑是什么。有些东西是荀子言明的，有些东西是没有言明的。此文的目的是把二者都说清楚。

此文主要包括两部分：一是性恶论所涉及的概念含义，包括善恶、人性、道德标准三个方面；二是性恶论的几个论据，主要是经验性的，体现在荀子的三个思想实验中。

◇ 荀子的主要论证

首先，作者以《荀子·性恶》第 1 章作为荀子性恶论的主要论述（principal arguments）：

> 人之性恶，其善者伪也。今人之性，生而有好利焉，顺是，故争夺生而辞让亡焉；生而有疾恶焉，顺是，故残贼生而忠信亡焉；生而有耳目之欲，有好声色焉，顺是，故淫乱生而礼义文理亡焉。然则从人之性，顺人之情，必出于争夺，合于犯分乱理，而归于暴。故必将有师法之化，礼义之道，然后出于辞让，合于文理，而归于治。用此观之，人之性恶明矣，其善者伪也。

他认为，在这段话里荀子的论证有两个方面：一是欲（desires）的论证，即人生来好利欲得，尤其是有感官欲望，导致争夺生而文理亡；二是情的论证，即人生来有各种"情"（包括嫉、恨），导致残贼生而忠信亡。他认为，这些论证具有典型的后果论特征，即性恶是从人性的后果出发得出的。我们都知道情、欲本身在道德上是中性的（pp. 7 - 9）。作者在其他地方也说，人性或者作者所称的基本动机结构本身不是恶的，而是它会导致不道德的后果（p. 30）。

他认为，荀子的论证逻辑大体上可归结为：人的基本动机结构不受约束的话，必然导致不道德的后果。作者认为荀子的判断是否成立涉及两个基本问题：一是，从荀子对一些基本概念，如善恶、人性及道德的界定来看他是如何得出自己的结论的；二是，荀子使用过哪些论据，他发现荀子使用的比较有效的是经验证据而不是形而上学论据（他说荀子的"天"不是形而上学概念，p. 34）。

◇ **性恶论的概念基础**

其次，作者分析荀子性恶论的最基本问题——概念，从而说明荀子人性恶的判断从何而来。重点讨论了善恶、人性及道德在荀子这里的含义。通过这些讨论可以发现，荀子如何赋予这些概念以含义，由此得出了人性恶的结论来。

（1）善恶（pp. 9 – 13）。他赞同 Andrew Cheng 所说的荀子所谓恶并不意味着"彻底的堕落和无望"（pp. 9 – 10），但不赞同 Cheng 把恶解释为不能自我调整的道德失败。他认为，〈性恶〉篇以"正理平治"［upright（正），reasonable（理），orderly（平治）］为善、以"偏险悖乱"［partial（偏险），rebellious（悖）disorderly（乱）］为恶，这种定义并不是规定性的（stipulative），而是描述性的（reportive），即不是严格的定义，而只是描述特征。从理论上说，"正理平治""偏险悖乱"本身包含着道德立场预设（善恶预设），因而无法作为精确定义来对待。他认为，荀子的善恶概念包含着审美内容，他引用〈性恶〉篇中"人情甚不美"[1] 为证。另外〈礼论〉篇也有类似证据，说明荀子并不把礼、善恶与情感割裂开来。在荀子看来，善的即是美的，恶的就是丑的（p. 11）。荀子对于善恶的理解可从其对君子与小人的区分看出，而君子小人之别在〈荣辱〉篇中表现为追求好恶荣辱的不同态度[2]，君子以仁义礼为准，小人以自利为准。关于君子小人，作者指出，"人"在荀子中有两种含义，一是指人的基本动机（basic motivational struc-

---

[1] 原文："尧问于舜曰：'人情何如？'舜对曰：'人情甚不美，又何问焉！妻子具而孝衰于亲，嗜欲得而信衰于友，爵禄盈而忠衰于君。人之情乎！人之情乎！甚不美，又何问焉！唯贤者为不然。'"这里，荀子其实以"不美"来形容性恶。

[2] 原文："材性知能，君子小人一也；好荣恶辱，好利恶害，是君子小人之所同也；若其所以求之道则异矣。"

ture），二是指人所具有的分和辨的能力。（《非相》："人之所以为人者，以其有辨也。辨莫大于分，分莫大于礼，礼莫大于圣王。"）

（2）人性或情性，或人的基本动机结构（pp. 13 – 16）。作者使用基本动机结构（basic motivational structure）来描述荀子所说的人性或情性，认为它大体是由一系列情和欲所构成的，二者是相互关联的。作者将此一基本动机结构的特点概括为"自利"（作为其对荀子"好利"一词的英译，self-see-king）。

情（feelings）包括六种，好恶喜怒哀乐，还包括嫉（envy）。他认为情可分为三个方面或层次：情绪（moods），如喜、哀、乐；情感（emotions），如爱、恨、怒、嫉妒；身体感受，如饥渴之类（pp. 14 – 15）。

欲（desires）就是欲望，包括好（likes）、恶（dislikes），与情紧密相连，即〈正名〉中所谓"欲者情之应也"。饿了自然想吃，冷了自然欲暖，以及好逸恶劳、趋利避害之类（〈非相〉）。有些欲望与感官感觉有关，如色、声、味（pp. 15 – 16）。

荀子认为，人的基本动机结构具有"好利"［作者译为自利（self-seeking tendency）］的特点，具体来说具有主动意义上好利和被动意义上恶害的双重内含。

作者也引入刘殿爵对荀子人性概念含义的概括：a. 天之就，b. 不可学，c. 不可事，d. 非主观产物（方按：即不可改）（p. 14）。

（3）道德。人性恶是建立在道德立场上的判断。在荀子看来，人的基本动机结构会导致不合乎道德的后果，这是他得出性恶的原因。那么，荀子心目中道德标准是什么呢？是礼？还是仁？他认为二者都不是，在《荀子》那儿，"道"包含礼、义和仁，他引〈正名〉论道为据。① 接着他自己分析了仁、义、礼与道的关系（pp. 18 – 20）。

◇ **荀子的论据**

再次，荀子的论据，主要提供了准经验主义的论据（the quasi-empirical aspect）（pp. 20 – 38）。搞清了荀子的基本概念依据，下一个问题是荀子是如何论证自己的观点的。

---

① 原文："先王之道，仁之隆也，比中而行之。曷谓中？曰：礼义是也。道者，非天之道，非地之道，人之所道也，君子之所道也。"

（1）荀子提出的论据之一是"欲"的特征：a. 人总是欲求自己所没有的东西；b. 人们欲求善；c. 可见人性中没有善，也就是说人性恶。这见于其〈性恶〉篇如下论述：

> 贫愿富，贱愿贵。苟无之中者，必求于外；故富而不愿财，贵而不愿势。苟有之中者，必不及于外。用此观之，人之欲为善者，为性恶也。

Andrew Cheng 以"人们即使有学问仍然要学习"为例来批评荀子的上述逻辑①，但作者反驳了 Cheng，认为就所学内容来说，人们每次学习仍然是学其所未曾学者，仍然符合"欲其所未有者"这一逻辑。但作者考察认为，荀子的逻辑问题在于，荀子以此来证明人性善却是不行的，这是因为即使人们欲求善，也只是指具体的善物，而不是一般意义上的善，所以不能从一般意义上说明人性是恶的（pp. 21 - 23）。

（2）经验性论据。其认为荀子主要是通过思想实验（thought-experiment）的方式使用了三个经验证据，并认为都比较成功。

论据一（A1）："假之有弟兄资财而分者，且顺情性，好利而欲得，若是，则兄弟相拂夺矣；且化礼义之文理，若是，则让乎国人矣。"（〈性恶〉）在这样一个假设的情形里，可以说人的好利（自利）欲望必然导致违反道德的后果，关键是这个假设是否合理（pp. 26 - 27）。

论据二（A2）："今诚以人之性固正理平治邪，则有恶用圣王，恶用礼义哉？虽有圣王礼义，将曷加于正理平治也哉？"（〈性恶〉）荀子的逻辑是，如果人性已善，则不再需要圣王和道德（方按：荀子紧接着指出，事实上人们是依赖圣王和道德的，即所谓圣王之治和师法之化）。作者认为，此论据仅从自身看是不够的，还需要进一步论据（方按：善即是道德，人性已善即是人性已经合乎道德）（pp. 27 - 28）。

论据三（A3）："今当试去君上之势，无礼义之化，去法正之治，无刑罚之禁，倚而观天下民人之相与也。若是，则夫强者害弱而夺之，众者暴寡而哗之，天下悖乱而相亡，不待顷矣。"（〈性恶〉）这是一种极端而不常见的情

---

① 作者引自 Andrew Cheng, *Hsün Tzu's Theory of Human Nature and Its Influence on Thought*, Peking: Privately published, 1928.

形，有虚构性，但是设想核武器毁灭人类的情况下不是不可能（核毁灭之后只剩下陌生人，完全没有道德约束，他们将只会追逐自己的情欲而罔顾他人需要）。这将是一种类似霍布斯所说的"自然状态"（the state of nature）的假设。作者认为，荀子的推理是成立的，即在完全没有道德原则的情况下人的自私本性会导致人类陷入毁灭（方按：核毁灭应该是指人类如果没有政治和道德约束，随时可能被核武器毁灭）。他认为，荀子并没有预设人是利己主义者（egoist），因为人的自利本性并不意味着人不会关心他人。人虽然会关心他人，但是这种关心也是有"偏颇"（partial）的。正如休谟所说的，人先关心自己，然后关心亲人，最后才关心陌生人①（pp. 28 – 30）。

（3）荀子认识到道德的目的在于化性。荀子对道德作用的认识不同于康德，后者是从纯粹思辨角度看的，而荀子则重视道德传统的作用（pp. 30 – 32）。

◇ **孟、荀人性论关系**

最后，孟子与荀子之比较（pp. 33 – 38）。这一部分从道德与人性的关系切入。

作者指出，可以从三个不同角度来解释荀子和孟子，即经验层面、形而上学层面和规范层面。经验层面的研究通常认为没有足够的哲学意义，而形而上学层面实不存在于荀子之中。他认为荀子确实同时有经验和规范层面上的论证。正如刘殿爵所言，孟、荀代表了对人性不同角度的解读，但都有规范性论证。他们的区别在于对人性的定义不同，因此都可视为"概念论者"（conceptual reminders）。作者想表达以下意思：

（1）荀子对人性的理解聚焦于人的基本动机，而孟子聚焦于人的道德本性（比如四端）。因此，当孟子说"可欲之谓善"（7B25）时，其实是指道德上可欲（因而与荀子所谓欲含义不同）。而荀子对善的定义则是"正理平治"，与孟子所谓"可欲"形成鲜明对比。

（2）荀子与孟子理解道德与人性关系的角度不同。荀子关注的是植根于人性的欲望的冲突，而孟子关注的是人作为道德主体（moral agents）实现道德品质的内在趋势（inherent tendencies toward the fulfillment of moral ex-

---

① David Hume, *An Inquiry Concerning the Principles of Morals*, Indianapolis, Ind. : Bobbs-Merrill, 1957, p. 34.

cellence. p. 37）。因而，荀子赋予道德作为外在约束条件的任务，而孟子赋予道德以提供理想成就之条件（providing conditions of ideal achievement. p. 37）的任务，并从人性内在固有的道德趋势出发。因此，在道德与人性的关系上，荀子采取的是外在主义路径（externalist approach），而孟子采取的是内在主义路径（internalist approach）。作者强调，这两种路径是互补的。（方按：作者在下面一篇文章中着重论述了荀、孟分别代表的外在主义与内在主义解释。根据作者自己的说法，荀子所谓性恶并不是指人根本上堕落或不可救药，也不是指人不会关心别人，所以荀子才强调化性。p. 10，pp. 29 - 30）

◇ **术语翻译**

性：nature（人性被译为 human nature 或 original human nature）；

恶：bad，badness；

善：good，goodness；

欲：desires；

情：feelings；

礼：ritual rules，rules of proper behaviors/conducts；

辨：(social) distinctions；

分：socialorganization；

伪：activity（这是陈荣捷的译法，亦提到其他学者译法，Watson 译为 "conscious activity"，Dubs 译为 "acquired training"，刘殿爵译为 "human arti-fice"。方按：王志民译为 human exertion）；

道德：morality。

"Morality and Human Nature"（1998）

据作者说明，此文最初发表于《东西方哲学》第 32 期（1982 年）。本文的主要目的是，提出道德与人性的关系有两种相反的解释，一种是外在主义解释，另一种是内在主义解释，荀子的人性论为前者，孟子的人性论为后者。

所谓外在主义（externalism），认为道德与人性本质上是外在关系，即道德外在于人性，由此主张道德的作用是通过规则或法则（rules，principles）对人性进行约束；所谓内在主义（internalism），是认为二者之间存在一种内在的紧密关系，即道德内在于人性，并通过外在行为来实现自身。（p. 101）外在主义与人性的恶、攻击性和破坏性有关，内在主义与人性的善、仁慈和合作性有关（pp. 101 - 102）。作者强调，这两种对于道德与人性的解释并不是对立、不相容的，而是互补的，因为它们反映了对人基本动机的不同侧面的认识（p. 102，p. 117）。

◇ **外在主义（pp. 102 - 106）**

外在主义从人的基本动机结构出发来理解人性，认为它有自利的（self-seeking or self-interested）特征。这并不必然表示与利他对立，而是说即使利他也是有偏心的（正如休谟所说的，人先关心自己，然后关心亲人，最后才关心陌生人。[①]）。因此，人的基本动机是有问题的，需要道德法则来约束。不过对于基本动机的具体内容，作者似乎承认它既有一定的跨文化的普遍性，又有一定的受制于特定文化或环境的特殊性。荀子无疑是外在主义者。

◇ **内在主义（pp. 106 - 110）**

但外在主义有其不足，即人们需要追问道德约束（moral regulation）的权威性何在，这让我们想到了 Butler 所说的良心的反省能力以及孟子作为道德种子的四端。内在主义者主张，道德的实质内容不能从外在主义立场来阐释，而是当事人自身的道德自觉问题。外在主义将道德理解为规则或约束，而内在主义认为，道德探讨原理、理想乃至好生活。内在主义认为道德对人是什么的回答包含着对人的尊严的理解。这就是在孟子看来人如何作为一个道德主体（moral agents）的问题（pp. 107 - 108）。内在主义赋予道德约束以意义，并认为一切道德行为均应在人性中有某种萌芽或开端。通过对道德情感的培养，生命的理想（the ideal of humanity）和美德可以被视作植根于人性（pp. 106 - 109）。

对于内在主义来说，道德、美德不是刻意追求的目标，而是扩充人的道德种子或道德情感的产物。内在主义认为生命的理想在于拥有美德，而不是将行为纳入规则中（pp. 109 - 110）。

◇ **两种伦理学：原理伦理学与理想伦理学（pp. 110 - 112）**

伦理学可以以原理为基础，以规则或原理为基础，体现了人类理性的能力。也可以以人的道德自我为基础，以美德或生命整体的理想为基础，重视道德主体如何确立起来，以及人的道德潜能（moral capacity）。

---

① David Hume, *An Inquiry Concerning the Principles of Morals*, Indianapolis, Ind.：Bobbs-Merrill, Oxford：Clarenden Press, 1951, Book Ⅲ, pt. Ⅱ, sec. 2.

作者主张，这两种伦理学是互补的。

◇ **道德的基础**（**pp. 113 – 118**）

作者不是站在康德的立场上，从先验出发来探讨道德的基础，而是接受 Richard Price 的指示，持一种接近于 18 世纪英国道德哲学家（如休谟等人）的立场理解之，并分别从道德认识论、道德推理和道德心理学三个角度来看这个问题。从道德认识论看，关键是如何解释和运用理性；从道德推理看，主要是何谓最高原理和首要德性；从道德心理学看，主要是探讨道德行为的动机和理由。

◇ **结论**（**pp. 116 – 118**）

这一部分并不是独立的，主要强调道德内在主义和外在主义各有其合理性。道德一开始确实是从外在约束开始的，但是很快人们便会追问道德约束的合理性。外在主义者无法从道德主体的职责出发理解道德实践。外在主义和内在主义代表了对人的基本动机之不同侧面的解读。二者都是需要的。

◇ **术语**

情：feelings；

性：dispositions；

人性：humanity 或 human nature；

礼：rules of proper conducts；

四端：four（moral）beginnings；

恻隐、羞恶、辞让、是非之心：the hearts of compassion, shame, courtesy and modesty, and right and wrong；

道德：morality；

美德：virtue；

理：reason 或 reasonableness（reasonableness 强调不是从先验法则出发而是从道德情感出发，不脱离具体经验）。

130. Tu Weiming（杜维明，1940—　　）

【文献】（1）Tu Weiming, "Mind and Human Nature（review article），" in Tu Weiming, *Humanity and Self-Cultivation*：*Essays in Confucian Thought*, Boston：Cheng & Tsui Company, 1998.

（2）杜维明：《中庸：论儒学的宗教性》，段德智译，林同奇校，北京：生活·读书·新知三联书店，2013；Tu Weiming, *Centrality and Commonality*：*An Essay on Confucian Religiousness*, *A Revised and Enlarged Edition of Centrality and Commonality*：*An Essay on Chung-yung*, Albany：State University of New York, 1989.

（3）Tu Weiming, "On the Mencian Perception of Moral Self-development", *The Monist*, January 1978, Vol. 61, No. 1, *Conceptions of the Self*：*East & West* (January, 1978), pp. 72 –81；杜维明《论孟子的道德自我发展观念》，载杜维明《仁与修身：儒家思想论集》，胡军、于民雄初译，张端穗译校，邵东方再校，北京：生活·读书·新知三联书店，2013，页67—80。

（4）杜维明：《儒家思想：以创造转化为自我认同》，曹幼华、单丁译，邓辉校，北京：生活·读书·新知三联书店，2013；Tu Weiming, *Confucian Thought*：*Selfhood as Creative Transformation*, Albany：State University of New York Press, 1985.

杰出的现代新儒家代表杜维明（Tu Weiming，或作 Weiming Tu），思想受牟宗三、徐复观等人影响较深，多年在西方世界重新表述其一套心性儒学思想，取得了极大成功。杜先生早年长期致力于探讨儒家心性之学或修身学问在现代世界的意义，尤其是相对于基督教等西方精神传统而有的独特意义，批评西方学界长期以来对它的误解；长期关注儒学的现代转化、关于儒学与现代性关系问题，对启蒙现代性及 20 世纪中国的新文化运动多有批评或反思；对于儒学在未来世界文明格局中的作用和角色思考甚多，故近年来倡导儒学与不同宗教的对话；近年来倡导精神人文主义，当为杜先生一生思想之结晶。理解杜维明先生，我认为一定要抓住两个要点：一是他是在西方语境中，针对西方学界对儒学的理解尤其是误解，来讲儒学的意义，特别是现代意义，因而他的问题意识与国内学者迥然不同；二是他是一个信仰纯粹的儒家，不是儒学研究者，他以心性儒学为个人精神信仰，所以其论著更多的是阐释而不是考证或训诂。严格来说，他的学术成果也不能说是哲学史研究，称为思想史研究甚至有些勉强。杜先生的学术与同样信仰儒家的安乐哲完全不同，后者是纯粹学者风格，从事专业哲学研究，而杜先生介于布道者与学者之间，他以学者语言所阐发的，乃是一种现代人如何修身，从而重建自我、重建世界的途径。因此，我认为他的学问是高度实践导向的。

对于儒家人性论，特别是性善论，杜维明多年来形成了一套自己的理解。其基本观点当然是站在孟子和宋明新儒家立场，认为善或道植根于人性之中，因此人的成长或转化必须通过自我认识来实现。他长期主张，儒家的世界观是以"存在"为一连续整体，而人的自我成长——或者说人之所以为人——要依靠自身而不是外在的上帝来实现，其基本方式是修身，这在人性论上体现为对生命，特别是对人性的信赖，故较赞同性善论。在 1978 年为牟宗三《心体与性体》所写的英文书评《心与人性》中，作者说，在儒家哲学中，"人性被理解为善的，因为人的自我完善的终极基础就存在人的实在结构中"①。按照这个观点，杜先生认为人性善是基于对人的根本信任，即人的最终得救在人自己，而不在人之外的其他力量。这暗含与基督教人性观的某种对照，尽管作者并未提及后者。这是一种很有意思的对性善论的解读。当然，作者并没有对人性概念以及性善论的各种疑难进行分析，但确实似乎抓住了孟子性善论在历史上被无数人欣赏、接受，长期占统治地位背后的深层原因，即中国人相信性善是基于他们必须依赖人本身来拯救自己。从根本上讲，这也说明性善论的真正基础是一种信仰——我们相信人性只能靠自身（没有外在上帝可依靠）。这一点在他的《儒家思想：以创造转化为自我认同》一书中也得到了充分的体现。

笔者找到他的一篇论孟子自我成长（self-development）思想的论文（1978年1月发表于《一元论》），该论文比较集中地讨论了孟子的人性论。此外，最早于 1976 年出版、1989 年扩充再版的《中庸：论儒学的宗教性》，其中有大量对儒家人性论的看法。另外，他还撰写了多篇以人或人性为题的专门文章（包括前面那篇评述牟宗三《心体与性体》的文章，篇幅不长，且讨论人性并不多）。杜先生对儒家性善论少有专题式研究，但其基本观点遍布在许多论文中，这些论文已收集在若干论文集中。其中，我认为能反映其人性论观点的三本最有代表性的著作是《仁与修身：儒家思想论集》（*Humanity and Self-cultivation*，1978/1998）、《儒家思想：以创造转化为自我认同》（*Confucian Thought：Selfhood as Creative Transformation*，1985）及《中庸：论儒学的宗教性》（*Centrality and Commonality：An Essay on Confucian Religiousness*，1989）。这三本书中译本皆已收入生活·读书·新知三联书店 2013 年版"杜

① Tu Weiming, "Mind and Human Nature (Review Article)," in Tu Weiming, *Humanity and Self-Cultivation：Essays in Confucian Thought*, Boston：Cheng & Tsui Company, 1998, p. 111.

维明作品系列"，其中前两本皆为论文集性质。

以下文献标题皆用英文，但引用时或用英文版，或用中译本。同一本书，引文凡出自英文版以 p. 或 pp. 标注，出自中译本以"页××"标注。括弧内英文原文皆引者加。

"On the Mencian Perception of Moral Self-development"（1978）

从该文看，杜先生似偏重于从人禽之别这一角度来理解性善论，认为孟子所谓人性不局限于狭义的生性，而主要指人的本质属性。但同时他极有见识地指出，孟子所追求的道德发展是包含生理需要和道德意识双方面内容的总体过程，不是以压抑生理欲望为代价的。他特别强调了孟子的道德发展学说所追求的目标是人之为人（to be human），即使人真正成为人。值得注意的一点是，作者在讨论孟子性善论时，其主要关注点在于如何使人成为人，而不是抽象地或纯思辨地讨论人性善恶问题。他预设这也是正确理解孟子性善论的关键。

该文从若干不同的视角出发，试图重新解释孟子性善论的真义。一开始他就批评人们容易把孟子性善论作简单化理解，仅以《孟子·公孙丑上》"人皆有不忍人之心"章（2A6）为据，把人性善理解为建立在"四端"之上的简单命题（p.72，参页67）。他主张孟子的人性论有着更为深刻和复杂的思想，决不会如此简单。他说："我坚信孟子对人类生活的所有复杂面有明敏的赏识，我并坚信如果我们对这些赏识作仔细的研究，那么我们就会发现他的人性观可能就是有关这一论题最有说服力的阐述。"（页68）

正因如此，作者在方法论上并不是采取语义分析这一路径，认为这样做"既不能说明孟子对某些具体问题发表自己看法的对话背景，也不能说明孟子形成自我这一概念的最初的原因"（页68）。于是作者采取的路径就是阐述或解释（interpretations）。下面我分别从如下几个方面，来总结作者如何精彩地分析了孟子性善论的可能含义。

（1）从人与环境的关系看，孟子与荀子都充分认识到了人受环境影响，人性的内容易受外物诱导。但是与荀子一味强调人性的可塑性、认为人性的完善（perfectibility）取决于礼义等外在规范不同，孟子则强调："在终极意义上，每个人身上都有某种永远不屈服于外部控制的东西。这种东西既非学来、也非得来，而是一个既定的实在，它是上天所赋予的、确定人之为人的特征。"（There is something in each human being that, in the ultimate sense, can never be subject to external control. This something is neither learned nor acquired; it is a given reality, endowed by Heaven as the defining characteristic of being human. p. 74)

（2）从自然主义立场无法看到人性的本质。他所谓自然主义立场，即告子"生之谓性"的立场［国内有学者（如梁涛）称为"即生言性"］。从自然主义立场出发，很容易以食色为性（appetite for food and sex），从而无法区分人性与动物性。在孟子与告子关于"生之谓性"的论辩（6A3）中，我们看不到告子对人性与动物性的区分。虽然自然主义立场不能说错，但它不能帮助我们"从总体上理解人之为人的独特性"（a holistic understanding of the uniqueness of being human. p. 75），因而是有欠缺的。或者说，人的独特品质（the unique human quality）不能简化为人与牛、狗共有的动物本能（p. 75）。孟子在关于"大体""小体"的讨论（6A14）中指出，我们不能"养其一指而失其肩背"，以为"口腹"只为"尺寸之肤"。同理，将人性归结为食色之欲也是片面和不够的（p. 75，或页 71）。

（3）那么，人与动物的关键区别在哪里呢？我认为作者提到了两个方面（尽管他并未明确这样概括）。一方面，人与动物的一大区别在于人有强烈的自我实现（self-realization）的愿望（p. 76）。他有时用 self-development，把修养、修身过程理解为道德意义上的 self-development。自然主义立场的一大问题就是，将"所见到的人"（what one appears to be）与"真正的人"（what one really is）混为一谈（p. 76）。另一方面，人与动物的关键区别在于"心"，这是作者重点强调的。人永远不能被替代、不能被外力征服的东西是"心"。从孟子有关"存心""养心"的论述中不难看出，他认为人心在道德方面具有永不枯竭的内在活力，而且这种活力是人人共有的，他用 commonality 来描述此活力的普遍性（方按：其论《中庸》书中亦用此词）（pp. 76 – 78）。

孟子认为，道德意识（moral sense）对人来说既非"学来"（learned）亦非"得来"（acquired）。它是人与生俱来的，虽能迷失（"放其心"），亦可随时找回（"操则存"）。他指出，当孟子说"无 ** 之心，非人也"时，未必只是表示他拒绝承认某些人为人，而是要传达这样的意思，即人的道德意识不可能化约掉（irreducibility）。因为只要是人，就不可能没有道德意识（即"四端"），此即"非由外铄我，我固有之"（6A6）之义。也就是说，道德意识植根于人性（pp. 78 – 79）。

（4）孟子并不是贬低或主张压抑食色之类的欲望。他虽将生理需要和道德意识相区分，但也承认前者是人性中的必要部分，并且也是人道德成长（moral self-development）的组成部分。也就是说，人之成为人（to be human）并不是以取消或压抑本能需要为代价，而是上述两种需要合成一整体的发展（p. 79）。孟子关于大小体的论述（6A14："无以小害大"，"口腹岂适为尺寸之肤哉"）表明的正是这一点。这也是体现人之为人的独特所在（方按：这是作者揭示的人的独特品质的第二义。第一义指人区别于动物，第二义则是合道德与生理之总体发展）（pp. 79 – 80）。

（5）孟子以"思"为中心，但这并不是像西方理性主义那样，借此超验程序来推动没有具体内容的形式主义命题。人之成为人的过程，是一个具体而实际的道德发展过程（即所谓"存心""求放心"），并不仅仅要运用普遍理性（universalizable rationality）。在这一过程中，心——而非不朽的灵魂或上帝——才是根本基础。也就是说，具有"思"之功能的心，足以担负起道德发展的职责（pp. 80 – 81）。

◇ **术语**

生之谓性：human nature is what we are born with；

心：mind and heart；

存心：to preserve the mind；

恻隐之心：feeling of commiseration；

羞恶之心：feeling of shame and dislike；

辞让之心：feeling of deference and compliance；

是非之心：feeling of right and wrong；

四端：four germination；

仁：humanity；

义：righteousness；

礼：propriety；

智：wisdom；

食色：food and sex。

Centrality and Commonality: An Essay on Confucian Religiousness (**1989**)

此书初版于 1976 年，书名 *Centrality and Commonality: An Essay on Chung-*

yung（Honolulu：University Press of Hawaii）。段德智中译本最早由武汉大学出版社于 1999 年出版，书名《论儒学的宗教性——对〈中庸〉的现代诠释》，人民出版社 2008 年更名再版，此书后收入《杜维明文集》（郭齐勇等编，武汉大学出版社 2002 年版，生活·读书·新知三联书店于 2013 年以《文集》本为底本新版，书名改为《中庸：论儒学的宗教性》。下引中译本为 2013 年三联版）。

此书在对《中庸》的解读中涉及性善论。

◇《中庸》人性论与其宇宙论有关

作者认为，《中庸》的人性论建立在没有彼岸创世者的宇宙论基础上，结果，道德的基础不在彼岸的"神"，而在此世的人自身之上。他说：

> 《中庸》从未思考过，有一位与人的真实存在相比，如果说不是"全然他在的"，至少也是在质上不同的全能创世主的可能性问题。其实，缺乏创世神话，不仅是儒学符号体系的一个突出特征，而且也是中国宇宙论的一个规定性特征。（页 83）

> 《中庸》并不自认为拥有作为道德终极基础的神的清楚确实的知识。相反，它明确肯定：普通的人类经验即是道德秩序依存的中心。《中庸》如此强调人性中的这种道德倾向性，从表现上看，似乎与让－雅克·卢梭完全一致。（页 84）

下面这段话，我认为代表了作者对《中庸》人性论的主要理解，贯穿全书：

> 人性（human nature）受命于天，表示了一种使人性与天的实在性得以合一的本体论基础。既然这种合一或同一从本质上讲就是一种为人之道或人道（the way of man），则它的实现就得依赖人的努力。但是，实现这种根本性的同一并不是超离人性（humanity），而是通过人性来运作。最大限度体现了诚的人也是最真实的人（the most genuine human being）。正是在这个意义上，我们说他完全实现了自己的本性（completely realizes his own nature）。而充分实现了自己本性的人就成了真正人性的范式（a paradigm of authentic humanity）。因此，他所实现的不仅代表他个人作为人（his personal humaneness）具有的性质，而且也代表着人性（humanity）本身和人性整体。（页 95。英文引者加，原文参 pp. 77－78）

注意中译本将 human nature 和 humanity 同时译作"人性"。

更重要的是，作者强调由于人性从本质上体现着"天"之性，因此人真正按照人性，即其天性生活，也就是对天地宇宙的最好赞美或实现。换言之，作者强调，天地之道是需要人来参与并共同彰显的，绝不是独立地存在于人之外的硬性规定等着人来遵守。人性"之为我们存在的规定性特征，正如它之为天的自觉的彰显一样"（页124）：

> 人性是人的自我彰显、自我实现的形式。如果我们不能按照我们的人性来生活，我们从整个宇宙来说，就不能成就我们作为天、地的共同创造者的使命。从道德上讲，就不能恪尽我们作为宇宙大化的共同参与者的责任。（页124）
>
> 我们可以对天的嘱咐做出回应的这种天赋能力，推动我们不断地拓展我们的视域，从而使人性的内在性获得了一种超越的意涵。（页118）

其他一些能反映作者观点的话，如："道不是别的，只是真正人性的实现"（页8）；"戒慎恐惧""就是有意识地力求察知到他内在自我表露的精细微妙的表征，从而能充分地实现其本性中所固有的人道"（页32）；"儒家传统中总是把一个人设想为各种关系的中心，则他越是深入内在自我，就越能实现人与人之间相关性的真实本性"（页33）；"慎独""绝非追求那种像原子般的个人的孤僻，而是意在上升到作为普遍人性之基础的真实存在这个层面"（页33）；"《中庸》所憧憬的似乎是一种自我实现的创造性过程，它是由一种自我生成的力量源泉所孕育和推动的"（页34）；等等。

另外，作者强调，《中庸》所体现的儒家修身思想，绝不是为人性从外部强加任何价值结构，而促使其可从内在人性结构生发出道德来。"给这些人（指君子——引者）强加上一种在其本性中无根基的价值结构的做法，是同他以内在感受性为自我改进之基础的信仰针锋相对的。他看不出任何有力的理由能够说明他必须指定一些规则要他们予以遵从"（页43—44）。因此，"孔子远不是超人，他能够彰显出来的，可以理解为是他的人性的一种'提炼'。……因此，孔子的'神性'，或者说精神性，是深深植根于他的人性之中的"（页106）。

其他精彩之处还包括，论道德的本质不在于满足政治稳定和社会整合的外在需要，"道德并不是一种使我们能够群居的原则，而是一种使我们的群居具有价值的原则；道德不只是一种维系社群的工具，它还是社群从一开始何以值得组织起来的根本理由"（页82）。论儒学的宗教性，视之为"人通过这个超越者的诚敬的对话性的回应而实现了终极的转化"（页118），"我们可以把成为宗教的人的儒家取向界定为一种终极的自我转化"，"儒家的宗教性是经由个人进行自我超越时具有的无限潜在和无可穷尽的力量而展现出来的"（页113）。"超越者"，即 transcendence，或 the transcendent，作者显然以"天"为超越者。

◇ **孟子人性论**

下面这段话我认为代表了作者对孟子性善论的核心理解：

> 孟子尽管充分意识到政治和语言的重要性，但他却从来不曾把人规定为政治动物或符号的使用者。相反，他主张人性本善（the intrinsic goodness of human nature）。这一特殊的关切，蕴含着他对人性通过自我努力可得到不断完善（the perfectibility of human nature）的强烈信念。他认为人是一种道德的存在。这并不是说，人在现实存在的意义上就已经是善了。这只是说，人成为善的终极根据，就在于人自己的内部。在这个意义上，"仁"就意味着人之所以为人的充分体现（the fullest manifestation of humaneness）。仁人（a man of humanity）代表了最真实最本真的人，因为他能够把大家所"共有"的东西实现出来。（页61—62，参 p.51）

◇ **术语翻译**

君子：profound person；

中：centrality[①]；

庸：commonality；

慎独：self-watchfulness，self-watchfulness when alone，or watch over himself when he is alone（p.26）；

[①] 这一译法来自 E. R. Hughes（1883 – 1956）。E. R. Hughes 曾翻译《大学》与《中庸》。另，作者将"庸"译作"commonality"亦受 E. R. Hughes 影响，尽管后者最后选择了 The Mean-in-action 译《中庸》书名。此外，作者提到，Ezra L. Pound（1885 – 1972）将《中庸》书名译作 The Unwobbling Pivot（不变的轴心）。方按：将"中"译作 centrality 显然是错误的，但"庸"的译法有一定合理性。参 Tu Weiming, *Centrality and Commonality: An Essay on Confucian Religiousness*, A revised and enlarged edition of *Centrality and Commonality: An Essay on Chung-yung*, Albany: State University of New York, 1989, pp. 131 – 132。

仁：humanity；

忠：consientiousness（p. 34。方按：这是取"尽己"之义）；

恕：altruism（p. 34）；

诚：*ch'eng*，sincere/sincerity（陈荣捷译法）or true（刘殿爵译法）（p. 71 以下，强调了英译无法传达的含义）。

Confucian Thought：*Selfhood as Creative Transformation*（1985）

此书收集作者 9 篇从不同角度论述儒家自我观的文章，其中〈导言〉（pp. 7 – 18）、第 3 篇〈儒家论做人〉（页 43—62，或 pp. 51 – 65）、第 4 篇〈先秦儒家思想中的人的价值〉（页 63—80，或 pp. 67 – 80）及第 6 篇〈孟子思想中的人的观念：中国美学探讨〉（页 99—125，或 pp. 93 – 112）均有关于孟子人性论较清楚的论述，但篇幅皆不算多。本书中译有不理想处。

◇〈导言〉［页 1—16（非正文页①），或 pp. 7 – 18］

> 孟子，这位儒学之道的传承者……把个人的终极的自我转化当作实现社会价值和政治价值的关键。他的人性论，绝不是对人的可完善性（human perfectibility）提出天真浪漫的辩护，而是把我们的注意力引向精神成长的内在源泉。在孟子看来，学习做人，就意味着要陶冶我们自己，以便我们能变成善、信、美、大、圣、神。（导言页 10，参 p. 12）

作者批评人们对儒家的一种"错误的印象"，"即个人的尊严、独立和自主不属于儒家的深层价值"（导言页 10，参 p. 12），他显然认为儒家的修身传统包含着对人的尊严、独立性和自主性的承诺。我认为这里包含着对孟子性善论重要意义的正确认识，即性善论的最大意义在于发现了人性内在的价值与尊严，由此存心、养心、求放心等修身行为在表面看来是道德实践，实际上是为了充分地确立人的价值和尊严。他在〈导言〉中也引用了墨子刻的话说道，"儒者像清教徒一样，也从对自我价值的内在估量中汲取巨大动力，其合理化潜力同清教徒的潜力一样大，尽管它没有产生与资本主义精神类似的现象"（导言页 8，参 p. 11）。

---

① 此页码为导言页，与正文页码不是统一的。

作者概括本书最后一章〈宋明儒学本体论初探〉的内容时说，"探讨了宋明儒学主要思想家所理解的人性的形而上学基础"，并称：

> 由于他们（宋明思想家——引者）致力于弘扬关于通过自我努力可以完善人性的信念，所以其中心问题是：我如何才能成圣？由于成圣意味着人性的最本真的展现（the most genuine and authentic manifestation of humanity），因此，这个问题实际上就等于是：我如何充分实现人性（learn to be fully human）？进一步说，既然如上文所言，在儒家看来，学做人必须通过"为己之学"来实现，那么，这个问题也就相当于：我如何才能真正地认识我自己？或者用宋明儒家更精致的话来说，我何以修养我的"身心"，以便我能真正地理解人的本性（my human nature），并进而知天？（导言页 15，参 p. 15）

他的观点是，宋明儒家的人性论的核心在于，人性拥有内在的道德潜力，人的使命在于，通过挖掘这一内在潜能，人就能成为真正的人。他又说，"从比较的观点看，似乎宋明儒家的本体论恰好同康德的形而上学针锋相对"，"但是，几乎自从十年前我写出《初探》以来，我就不断地为隐藏在这两种外表看来相互冲突的形而上学背后的相互契合的观点而感到欢欣鼓舞"（导言页 15，参 p. 15）。原因是：

> 康德对"绝对命令"所赖以产生的形式和原则的深切关注，可以在宋明儒家关于内在于人性（human nature）的"天理"是道德创造之真正源泉的主张中找到共鸣。（导言页 15—16，参 pp. 15 – 16）

方按：为什么不说"天理"与基督教的"上帝"有共鸣呢？至少在思维方式上更近些。事实上，如前所引，他在别处也提及儒者像清教徒一样有内在自我方面的巨大潜力（导言页 8，或 p. 11），不过那里并未涉及上帝与天理的关系问题。其实康德哲学的动机可能并不是作者所理解的那样，为了找到"道德创造之真正源泉"，而只是基于认知上的理论基础探讨。

◇〈儒家论做人〉（页 43—62，或 pp. 51 – 65）

作者说，儒家的理想（project）是主张一种学习成为人的个人途径，易言之，它认为"我们能在日常生活中实现生命的终极意义"（页 57，参 p. 60）。但他指出，孟子"万物皆备于我"的断言，并不是指人可以孤芳自赏地满足于内在精神（inner spirituality）的追求，而是相反：

> 作为人，我以巨大的喜悦认识到，我接触到了真正的人性（my gen-uine humaneness），这须努力与他人诚恳相处，从而以最有效的方式理解我们共通的人性。（页 58，参 p. 61）

他认为，"孟子在其通过知性而知天的本体论主张中，充分肯定了每个人的独特性"（页 59，参 p. 61），人的现实决定了，知天最好的方式就是尽心、知性和践仁（页 61，参 p. 63）。

◇〈先秦儒家思想中的人的价值〉（页 63—80，或 pp. 67–80）

作者强调，孟子所谓"心之所同然"，是基于对个体自我内在根源的信赖而提出的，为我们指出一条通向人与人真正沟通，从而实现真正的自我的正途。而道德的终极目标，在于"知天"。因为人性既然受之于天，"它就分有了构成万物之基础的实有"，这保证了人越是真正地知性，就越是能真正知天（页 73）。

> 孟子通过将注意焦点放在"人之所同然者"上，企图说明道德的善不仅是人性固有的潜能，而且是被普遍体验的实有（universally experi-enced reality）。（页 68，参 p. 70）
>
> 这种对自我的内在根源的信赖和承担，其根据就在于观察到［如下事实］：人类共有的情感，如恻隐、羞恶、辞让以及是非之心，尽管有时相对和微弱，却是道德修养的具体基础。（页 69，参 p. 71）
>
> 孟子把"内在性"（"内"）放在突出地位，这既不是关心隐私，也不是附和个性（individuality）。毋宁说，它为了说明个人知识（personal knowledge）是通向真实沟通和深化自我理解的真正途径。这与儒家的下述教导是一致的，即为己之学是展现共通人性（common humanity）的最好方式——人与人关系（human-relatedness）之路体现于引导自己情感的能力中。（页 70，参 pp. 71–72）
>
> 在儒家的孟子传统中，"内在性"意味着一种被体验到的人的价值，

一种对善的个人认知（personal knowledge）。（页 75，参 p. 75）

◇〈孟子思想中的人的观念：中国美学探讨〉（页 99—125，或 **pp. 93 – 112**）

在孟子看来，"我们不可能单纯或简单地靠活下去来实现人性（humani-ty），我们只有通过修身，才能够充分实现人性中所固有的种种仁的可能性"（页 101，参 p. 94）。他这样总结孟子人性思想的重要特点：

> 孟子思想的一个鲜明特征，就是确信人通过自我努力有可能达到至善。孟子既不求助于上帝的存在，也没有诉诸灵魂的不朽，而是认为本然的人心已足以实现自我的完善。这似乎意味着，在人性之中有一种道德的"深层结构"，它无须外力的强制，就可以作为一种自然的生长过程而得到充分发展。（页 102—103，参 p. 95）

◇ **术语**

知性：to know one's nature；

尽心：to give full realization to one's heart；

为己之学：learning for self；

天理：Heavenly Principle；

终极的自我转化：ultimate self-transformation；

为人性，或译为仁：Humanity。

131. Roger T. Ames（安乐哲，1947—　）

【文献】Roger T. Ames, "The Mencian Conception of *Ren Xing*：Does It Mean 'Human Nature'?" in *Chinese Texts and Philosophical Contexts*：*Essays Dedicated to Angus C. Graham*, edited by Henry Rosemont, Jr., La Salle, Illinois：Open Court, 1991, pp. 143 – 175.

此文的中文版参〔美〕江文思（James Behuniak Jr.）、〔美〕安乐哲（Roger T. Ames）编《孟子心性之学》（*Mecius's Learning of Mental-Nature*），梁溪译，北京：社会科学文献出版社，2005，页 86—124。中文翻译晦涩难懂，故这里还是用英文版。安乐哲的另一篇观点相近的文章是 Roger T. Ames, "Mencius and a Process Notion of Human Nature," in Alan K. L. Chan, ed., *Mencius*: *Contexts and Interpretations*, Honolulu: University of Hawaii Press, 2002, pp. 72 – 90。安乐哲其他论性文章参：Roger T. Ames, "Reconstructing A. C. Graham's Reading of Mencius on *xing*（性）：A Coda to 'The Background of the Mencian Theory of Human Nature'（1967），" in *Having a Word with Angus Graham*: *At Twenty-five Years into His Immortality*, ed. by Carine Defoot and Roger T. Ames, Albany: State University of New York Press, 2018；〔美〕安乐哲（Roger T. Ames）：《经典儒学核心概念》（*A Conceptual Lexicon for Classical Confucian Philosophy*），英文版，北京：商务印书馆，2021 年，页 383—405。下面只讨论到前一篇。

"The Mencian Conception of *Ren Xing*: Does It Mean 'Human Nature'?"（1991）

◇ 孟子的人性是在历史—文化环境中不断变化和创造的

在这篇文章中，安乐哲强烈地表达出来的基本观点是，孟子的人性概念并不是指某种先天的、一次性被给定的普遍本质，而是在历史—文化环境中不断变化和创造的，也正是这个原因，它不能用西方语言中的 human nature 来理解。西方的 human nature 是一种起始心理状态，代表一种内在、普遍而客观的人的概念，而汉语中的"性"则是一种历史地、文化地、社会地呈现出来的人的概念（conception of human nature as a psychological starting point—an internalized, universal, and objectifiable notion of human being—and *xing* as an historically, culturally, and socially emergent definition of person. p. 143），他说：

> 本文的基本立场是，在古典儒家中，一个人的人性（one's humanity）绝非是前文化的（precultural），而显而易见地是一种文化创造。换言之，"性"绝不仅仅是一个起指示作用的标签，而需要从文化学的角度出发、把它作为在共同体中塑造或形成的东西来解释。（p. 143）

他在接下来的行文中，大量地从不同角度来论证自己的这一观点。① 他

---

① 我本人对这一观点持否定态度，批评见拙文《本质论与发展观的误区：性善论新解》，《国学学刊》2014 年第 3 期，页 25—32；《性善论新探》，北京：清华大学出版社，2022，页 33—54。

反复强调"性"具有的存在的、历史的和文化的层面（existential, historical and cultural aspects），是一种人为的规划、设计、创造和追求的过程，而非静止、固定的抽象本质，或先天、绝对的原理理念，而这一方面未被人们注意到。他引用来证明自己观点的学者包括葛瑞汉、唐君毅、徐复观、张岱年等。他的主要论据包括以下几点。（1）孟子强调的"（牛）山之性"是森林而不是山本身，森林好比是山修炼出来的"美"，因此孟子之性不是事物本身所有的内在本质，而是人为创造出来的外在文化成就（pp. 145 - 146）。（2）中国的宇宙观缺乏希腊哲学中那种通过外在的造物者赋予绝对本质的特征（包括希腊哲学中的 arche、eidos、principle，还有犹太—基督教中的 deity），所以，它的秩序不是由外部力量赋予的，而是由事物/现象本身在相互依赖及自我管理中实现的。这就是儒家特别强调修身的主要原因（方按：<u>西方哲学及基督教中确实很少谈修身。安乐哲从中西宇宙观差异来说明了这一原因，这一点非常有启发性</u>）（pp. 148 - 149）。（3）从人禽之别的角度论证"性"不是天生的，因为人之所以为人是通过修炼和人为努力的。（方按：这一论证是不成立的）。因为在孟子看来，人禽之别并不是那些不可违背的自然禀赋，而是人为造就的文化修养（cultural refinement, p. 149）。另外，禽兽与人共同的属性对于性来说并不是最重要的，最重要的是它们之间的区别（pp. 157 - 158）。他又提到了小体大体之说（p. 158）。（4）孟子即心言性以及四体不言而喻的说法，皆是人所实现的身心和谐，因而是在具体情境下实现的发展和成就。可见孟子预设了性是可以无止境地变化的（pp. 152 - 153）。（5）孟子重视关系，他的性是在关系中成长的。这些关系包括天人关系、人与世界的关系（他认为"天命"可译为 world）、人与外物的关系（成己成物）。儒家的"人"不是西方的原子式个人（an "individual" in the atomistic sense），而是在一系列家庭、文化关系网络中的人。所以，孟子的"性"，正如葛瑞汉所言，不是脱离这一切关系而自在地好（good in itself），而是在人与家庭、共同体的互动中呈现自身；"性"不是孤立于人世的、由先天因素决定的个体，而是通过经营、完善关系所实现自身的过程（pp. 156 - 157）。（6）孟子之所以反对告子"生之谓性"，正因为告子之说法否定了"性"代表的规范性力量。作为规范性力量的"性"，是积极地整合人己关系、人与环境关系的动力。

◇ 性代表一种创造过程

性代表一种创造过程（creative act，dynamic process），它是人通过规划（project）的方式来实现某种理想（ideal），是一种修养成就（as a cultivated product，p. 158）。他说："性的可能性不在于性本身，而在于一种创造性行为。成为人并不能使人成圣，成圣却使人充分地成为人。"（p. 145）他说，孟子强调的"（牛）山之性"乃是超越其原有状态而生出来的山之外的东西——森林。森林不是山的本质禀赋，而是山历史地创造出来的"美"（p. 146）。他之所以用牛山之木之例，是因为孟子在这里提到了"山之性"，可是山之性却并不是山本身，而是指山上的树木这样一个山之外的东西。这大概是安乐哲主张孟子之"性"不是指事物之本质，而是指事物创造出来的东西的重要原因吧。就其认定"山之性"并不代表山之"本质"而言，我认为他是正确的；就其认为"性"是事物创造出来的身外之物而言，我认为他是错误的。在本文中，安乐哲用大量笔墨论证了古希腊以来西方语言中的人性概念所包含的本质主义内含，就这一点而言他是正确的。他讲到了希腊语言中的 physis 概念。

"性"更接近于性格（character）、个性（personality）、涵养（constitution），而不是 nature（本质）（p. 150），不是既定的本质（a "given" essence，p. 154。（方按：更准确地说，"性"是指先天地具有的特征。"性"确实不是本质，这一点安乐哲完全正确。但是说"性"是性格、个性、涵养这类后天成就，抽掉了性的先天层面，是非常不正确的。）

"性"是一种规范性力量。它具有规范、整合各种关系，从而最大限度地实现、最充分地造就、最完整地保持，而不是去实现某种先天给定的潜能。他说："作为一个规范性概念，'最好的'（人）性有能力实现其最大可能性、保持自身完整性，并在同时实现最大限度的整合。'善'并不是实现某种预定的潜能，而是某些条件——这些条件决定了特定事物的历史发展——的最优结局。"（p. 157）

"性"是 inspirational 而不是 aspirational。前者指灵性，后者指感性。这是强调它不能被任何普遍、抽象、一致的规则或规范所限，而依赖于具体情境来实现（realized within an always *specific* context, it is a generalization grounded ultimately in and derived from the historical particularity, the ultimate specificity of *xing*. p. 159）。尧舜即是 inspirational 之例。

亚里士多德的潜能/现实（potential/actuality）不适合理解孟子人性论。该划分是一种目的论思维模式，而在儒家的人性论中并无此预设。目的论预设了某种确定的目的为一切行为之根本目标，而儒家不然（p.159）。

孟子没有区别性与养（nature/nurture），提出只是到荀子才第一次提出性与养的区别，此即荀子的性伪说。这进一步说明孟子的性只能理解为具体历史文化情境中的过程。更重要的是，在孟子看来，"成为人的过程"与"成为人的能力"是二而一的，没有分别（pp.161–162）。

对于天命、四端、我固有之的解释。安乐哲在讨论"天""天命"时，认为孟子主张的是人与天的互动，强调人的主动性，这和他以修身来理解性的思路是一致的（pp.154–155）。他又把"命"解释为 basic conditions（基本前提、基础状况），意在说明天命之只是起始条件，而不代表性本身。他在讨论到"四端"时，把它们当作人性的初始条件（而不是完成），这一点尤其可从孟子强调只要人们稍不注意四端就会消失看出。所以"我固有之"也有了新的解释。在解释"仁义皆内"时，他认为孟子强调的是，价值是人创造的，而不是由外部力量所主宰的（如西方宇宙论所理解的）（p.155）。

孟子的"性"是指人区别于动物之性，不是指人与禽兽共有之物。这与冯友兰、张岱年、余纪元、梁涛等人同。他说，"荀子不理解孟子的性是人特有的"（Xunzi did not understand that what Mencius meant by *xing* is that which is distinctively human. p.161），"对孟子来说，性指那些把人与动物区别开来的特征。换言之，人与动物共有的特征不能称为'性'"（p.162）。

作者的主要思想或可概括如下。（1）文化精英主义（cultural elitism）成为古典儒学的特征。因为没有文化，人就不能成为人。圣人不过是最完美地成为人而已。而在人间，不同的人成为人的程度有别，由此决定了人不断自我完善的必要性。（2）人性（humanity）要不断地修正，这主要是指人要不断地学习，不断地接受教育。（3）关系的重要性。人的各种关系，政治的、私人的、社会的甚至宇宙的关系秩序是我们成为人的主要场地，而性是其中的枢纽。

◇ **孟子"性"概念的八个重要含义**

孟子"性"概念的八个重要含义：动态过程；身心一体；虽有四端但需修为；在一系列关系系统中展现；通过经营关系建立和谐秩序；向历史和圣贤而不是抽象法则或理念学习；不脱离社会、政治甚至宇宙秩序（不像西方形而上学实体）；需要群体（如家族）的共同参与（p. 165）。

Andrew Nathan 通过十三部中国宪法与美国宪法的比较研究发现中国人的人权概念与美国人之不同。美国人的人是独立的、非历史的、非文化的，而中国人的人是依赖性的、历史的和文化的。美国人的权利是绝对的、不变的，而中国人的权利是相对于人、事而变化的（p. 166）。

综合言之，我感到安乐哲所解释的"性"更像是指 life，即"生"，不过不是"出生"之义，而是"生命"。他的观点当然在思维方式上与马克思从社会关系总和解释人性有类似之处，但也有区别。类似之处是反对抽象本质，区别之处在于马克思完全归之于社会关系，而安乐哲没有，他的生命过程旨在"统分成为人"（to be a person fully），这从他对"性"的一系列形容，比如"修养成果"（a cultivated product）、"一种打磨"（refinement）、"一种成就"（an accomplished project）、"并非预定"（a gioen）（p. 160）等的表述中可以体现。按照安乐哲的意思，孟子要么是重新定义了"性"，将其中先天的成分丢弃，这与张岱年、梁涛等人说他以善性定义人性有共同处，即均认为孟子的人性概念是重新定义的。他说孟子明确地强调了，不把人与动物共有属性作为他的"性"概念（Mencius is explicit and emphatic in excluding what humans share in common with other animals from his conception of *xing*. p. 159）。

按照安乐哲的思路，孟子之性就不可能是"自在地善"（good in itself），而是在人己关系、人物关系中发展自我的"善"（"good at" or "good for". p. 156）

◇ Human nature

Human nature 用来翻译孟子的"性"最不合适，相比之下用它来翻译《论语》和《荀子》中的"性"更合适些（p. 145）。"性"是作为（doing）、创造（making），是过程（process）、规划（project）。而 human nature/nature 是某种固定、静止、不变的本质，是生来就有、非人力能改变的。nature 是本质，而"性"更接近于性格（character）、个性（personality）、涵养（constitution）。他主张用汉语拼音 *xing* 而不是西方语言中的任何术语来翻译汉语中的"性"。

同时，他从中西方宇宙论之别来说明此一观点（pp. 148 - 149）。

葛瑞汉认为 nature 之 inborn，innate 特征与孟子之"性"不符，孟子之

"性"作为一个从"生"之字，表示生物从出生、成长到终极归宿（ultimate demise）的整个过程。早期中国学者讨论的"性"很少指事物的初始。孟子似乎从不把事物推到出生，而总是推到其成长到成熟的过程。这一含义难以在其英文中最相近的单词中找到（p. 147）。

◇ **批判西方学者**

批评如下几位西方学者。（1）孟旦（Donald J. Munro）在 *Concept of Man in Contemporary China*[①] 中将"性"广义地定义为"与生俱来、不能人为改变的"东西（方按：此与荀子《正名》《性恶》中的定义颇近），这是从西方的 human nature 传统出发的遗传学概念（p. 144）。（2）史华兹（Benjamin Schwartz）提到早期中国学者的"性"是指天赋或天命的东西，与希腊文 *phuo*、拉丁文 *nascor* 惊人一致。安乐哲认为，希腊文 *physis* 有客体内在具有的决定原则（defining principle）；西方人性概念背后有一个深广的宇宙论不为中国人所具有（pp. 147 以下）。（3）杜维明（Tu Weiming）夸大了初始状态在人性中的作用（p. 156）。

◇ **中西宇宙论之别**

中西宇宙论之别（cosmogonic cosmology 与 non-cosmogonic cosmology 之异）：针对史华兹认为早期中国的"性"与古希腊文 *phuo*、拉丁文 *nascor* 含义相近的说法，他指出这些概念背后有一个中国人所不具有的宇宙论，他称为 cosmogonic beginning/cosmogonic cosmology。他说，*physis* 既可指一切自然事物（objects and events）的总和，也可指任一对象内在的决定原理（defining principle）。故而由之分化出两个词：一是 nature（自然全体），二是 the nature of particular things（具体事物之本质）。由此，一个单一有序的宇宙（single-ordered kosmos）是由一种外部的<u>创造法则</u>，即 archē 所塑造的，并由外部的造物者赋予其潜能。这种潜能是被给定的，生物后发的行为都不过是实现这一早已给定的潜能而已。所谓外部的创造法则，即 principle，体现为柏拉图的 eidos，犹太—基督教的 deity、phusis，或 archē，它们为现象的行为划定了边界。这种宇宙观追求事物的本质原理（essential principle），包括其开端、原理、元素、始基等（pp. 148 – 149）。

然而，在中国文化中，由于缺乏这样一种宇宙论，创造力量及责任就不

---

① Ann Arbor, University of Michigan Press, 1979, esp. pp. 19 – 20, 57.

是来自外部，而是来自现象自身，以及事物与事物之间的相互作用。好比希腊人的思维是军队由军官指挥，而中国人的思维是军队自我管理、内部自律和相互依赖。正因为中国人的这种思维，他们不把主要精力用于探索宇宙原理，而是进行自我修为，重视祖先或圣贤的示范（p. 148）。

方按：中西宇宙论有区别是事实，不过说中国人注重修身是因为没有先天就有的原理也不正确。中国人是讲"天命""知天"的。只不过，中国人的"天"并不是客观的原理，不是 eidos/principle 一类的东西而已。所以安乐哲似乎抓住了中西方宇宙论的真正差异所在，但仍可深入探讨。

132. Robert Eno（罗伯特·伊若泊，1949—　）

【文献】Robert Eno, "The Meaning of 'Hsing' in the Mencius," in The Confucian Creation of Heaven: Philosophy and the Defense of Ritual Mastery, Albany, N. Y.: State University of New York Press, 1990, pp. 118 – 120.

"The Meaning of 'Hsing' in the Mencius"（1990）

在专门讨论孟子人性论的小节（pp. 118 – 120），强调孟子在一种非同寻常的意义上使用"性"字，即赋予了"性"与众不同的含义。他称常人的"性"是描述意义（descriptive notions）上的，而孟子的"性"是规范意义（prescriptive term）上的（p. 119）。所谓规范意义上，是指孟子的"人性"指一种人需要通过努力追求才能实现的理想生命状态。他一开始也引用了葛瑞汉关于孟子并非回到出生之初，而是指向持续成长的成熟过程的论述（p. 118）。他说：

> "性"似乎并不是指人心初生时的能力，也不是指人在一生中所能刻意开发出来的全部能力的总和，这两者都是描述性概念。"性"指一种人所渴求的特定事物。它是一个规范性术语，指示儒家的总体主义，乃是（儒家）对以礼修身所能实现的一切现象或行为方式的整体理解。（"Hsing" does not seem to denote either the capacities of the mind at birth, or a composite of all capacities that a person could conceivably develop in a lifetime, both of which are descriptive notions. Hsing points toward a particular

type of being to which man can aspire. It is a prescriptive term, denoting the Ruist totalism, the holistic comprehension of all phenomena and all action imperatives, attainable through ritual self-cultivation.）（p. 119）

在这里，性不是指生来就有的能力或后来有意发展出来的能力，这些都是描述性术语。性指人热切追求的理想。他认为孟子的人性论和儒家的整体主义思维方式相关。所谓整体主义，根据第三章第一节（pp. 64 - 69）的介绍，应当指儒家视世界为一整体，因此学问是要提供关于这个世界的总体指导方案。我认为这是指中国文化的此岸取向。

他重点引用了《孟子》中的两段话来证明自己。一是4B26，"则故而已矣"章，将大禹"行其所无事"解释为"followed their spontaneous courses"，"水之故"就是水的自发过程，而人之故也是人的自发过程。因此修身也是一个自然的过程（natural self-cultivation）。二是7A21，"广土众民，君子欲之，所乐不存焉……君子所性虽大行不加焉……"章，认为"君子所性，仁义礼智根于心，其生色也睟然见于……施于……"是表示，君子并不是消极被动地接受了某种生来不得不然的属性，而是积极地追求"性"，将它作为生命赋予他的机会把握住。将"根于心"解释为"我以仁义礼智植根于我心"，不是理解为"我认识仁义礼智根于我心"。他的解释向安乐哲的方向倾斜（p. 120）。

除了从整体主义角度来理解孟子性善论外，他还特别强调了孟子的人性论与礼的关系。性是人人具有的，但只有圣人在整体主义的理想中充分地实现了性。圣人的整体主义理想包含着对于礼的准确实践（p. 120）。

133. Irene Bloom（华霭云，1939—2010）

【文献】（1）Irene Bloom, "Mencian Arguments on Human Nature（Jen-hsing）," *Philosophy East & West*, Vol. 44, No. 1, January 1994, pp. 19 - 53.

（2）Irene Bloom, "Biology and Culture in the Mencian View of Human Nature," in Alan K. L. Clan, ed., *Mencius: Contexts and Interpretations*, Honolulu: University of Hawai'i Press, 2002, pp. 91 - 102.

除此篇外作者还有一篇论述孟子人性论的文章（Irene Bloom, "Human

nature and biological nature in Mencius," *Philosophy East & West*, Vol. 47, No. 1, January 1997, pp. 21 - 32），读者可参阅。

华霭云，中文名又译卜爱莲。作者生前为哥伦比亚大学教授。作者论述孟子人性论的文章有三篇，其中两篇侧重从生物属性的角度讨论。

"Mencian Arguments on Human Nature（Jen-hsing）"（1994）

此文主要批评安乐哲对孟子人性概念的解读方式。安乐哲把孟子的"性"解释为每个人在具体的历史文化情境中的创造行为，对个体来说其人性都是独特的，这样就否认了人性的普遍特征和先天特征的重要性，这与孟子本人的说法不合。该文主要通过一系列原始文献的引用来反驳安乐哲的这一看法，说明孟子的人性是指人所共有的普遍属性，既包括感性的欲望，也包括道德的冲动，既是来自天命，又是实现于动态的过程。安乐哲主张孟子的人性概念完全是一种规范性的力量，其先天特征并不重要，而该文作者认为这是对葛瑞汉的片面解读，后者其实是主张孟子的人性既有事实的层面的，也有规范的层面的。安乐哲认为在孟子那里，"天命"只是人性存在的基础条件（basic conditions），真正重要的是后天的发展过程。该文作者认为这一看法有问题，因为孟子的"性"是天之所命（endowment from Heaven），性中有命，命中也有性。

"Biology and Culture in the Mencian View of Human Nature"（2002）

此文开头作者就强调自己前面两篇文章共同论述了如下观点：

（1）《孟子》中的"人性"翻译成英文中的 human nature 是合适的；

（2）孟子的人性概念是人所独有的普遍人性；

（3）这一人性概念从根本上是一个生物学概念。

她说观点（3）争议较多，故重点论述之。她说自己不同意的有安乐哲与孟旦，尤其是安乐哲认为：孟子的"性"不能翻译成 human nature，因为它代表一种后天成就（an achievement concept）；对孟子来说重要的不是人与人相近，而是其独特的修养成就（p. 92）。这一观点是作者重点反驳的。她主张，孟子所说的"性"是所有人共有的，尧舜之类人物只不过把人所共有的四端之性充分发展起来而已（p. 98）。

作者所谓生物学意义上的人性，是指人先天具有的、通过遗传所形成的属性，英文中的 innate 一词有助于我们理解此义。她通过 innate/acquired、biology/culture、biology/human nature、biology/ethics 这几组概念，来说明孟子人性概念中的先天/后天并存、生物成分/文化成分并存的事实。她引用了西方社会心理学家 Eward O. Wilson 的观点，后者提出人性中遗传因素如何与文化因素互动，从而共同构成了现实的人性。与此同时，据此她特别强调了，性（nature）与养（nurture）、先天具有与后天习得这两者从来都是不可分割的，这两个方面的关系在孟子那儿也就是潜能与发展（potential/development）的关系。孟子一方面强调了先天赋予的人性特征（孩提之童无不知……良知良能……），另一方面主张后天的修养过程（操存舍忘、求放心、扩而充之、存心养性）。

她所说的生物学意义上的人性，应当并不排除道德因素。恰好重要的是，她认为孟子与告子之别，在于孟子发现了人性中存在道德因素，而告子否认这一点。

◇ **对孟旦的批评**①

孟旦认为，孟子与当代达尔文主义理论共同主张道德的人性根源，这是孟子思想的合理之处。但孟子主张人性为天所命，这类似于基督教人性为上帝所支配，这一思想已经过时了。这是孟旦的观点。华霭云认为孟旦的观点有如下问题：首先，在孟子那儿，先天固有与后天塑造二者之间不可能像在西方那样分得很清楚；其次，孟子所谓的"天"在英文中更应当译作 Nature 而不是 Heaven，代表不可测的力量，这一点即使在现代的人们也是不得不承认的（并不是每个现代人的行为都建立在精确计算或对后果的预知之上）；最后，孟子"尽心知性知天"之言表达的是人对自己的生存环境整体的意识，不能说不合适。总之，孟旦对孟子"天"概念的否定未必恰当，他也许用西方的性与养截然二分的思维来理解孟子了（pp. 99 – 101）。

◇ **术语**［除注（2002）之外皆见于 1994 年论文］

仁：humaneness；

义：rightness；

心：mind；

恻隐：pity and commiseration；

---

① 参孟旦的文章 Donald J. Munro, "Mencius and an Ethics of the New Century," in Alan K. L. Clan, ed., *Mencius：Contexts and Interpretations*, Honolulu：University of Hawai'i Press, 2002, pp. 305 – 313。

性：the nature；

命：destiny/ordinance；

四端：four sprouts/germination；

天命：ordained/bestowed by Heaven；

天赋：endowment from Heaven（what is endowed in human beings by heaven，2002/p. 100）；

禀赋/秉彝：common disposition（2002/p. 98）；

养：nourish/nurture；

良心：the innate, good mind；

本心：the original mind；

良知（即 innate knowledge）：the original good knowledge（2002）；

良能（即 innate capacity）：the original good capacity（2002）；

感性经验：sense experience；

感官快乐：sensual enjoyment；

感官欲望：physical appetites；

生理冲动与能力：physical promptings and capacities。

对"性"的描述：

性：human propensities/tendencies/capacities/dispositions；natural endowment，natural resources of human being，natural potentialities（2002）；the natural tendency of human development over the course of life（2002，p. 97）；moral instincts or propensities（2002/p. 101）；

人的共有属性：common humanity（1994，2002）；

情、才：characteristic tendencies and capacity.

三种人性论（1994，2002/p. 97）：

告子的无善无不善论：narrow biologism；

公都子提到的可善可恶论：strong environmentalism；

公都子提到的有善有恶论：radical inequalitarianism。

134. Kwong-loi Shun（信广来，1953—　　）

【文献】（1）Kwong-loi Shun，"Mencius on Jen-Hsing," *Philosophy East &*

West，Vol. 47，No. 1，January 1997，pp. 1 – 20.

（2）Kwong-loi Shun，*Mencius and Early Chinese Thoughts*，Stanford，California：Stanford University，1997.

信广来曾发表多篇论文论述孟子[①]，其专著 *Mencius and Early Chinese Thoughts*（Standford，California：Standford University，1997）在西方汉学界评价颇高，该书观点与下面论文相重，材料更丰富。他间接地认为孟子混淆了人性"可为善"与"能为善"。可为善与能为善是不同的："可为善"，只是潜能，是天生具备的潜质；"能为善"，是有实际能力的，这需要以塑造为前提。不过，他并未明确这样批评孟子，只是间接地表达了意见。

"Mencius on Jen-Hsing"（1997）

作者比较重视文献考证分析，尤其是对先秦诸子文献的征引体现了考据学派或者说分析学派的扎实风格，这与其他西方汉学家相比显得非常可贵。作者对于概念的分析给人比较深的印象。他大体上也继承了葛瑞汉对先秦人性概念的立场，在安乐哲与华霭云之间的争论中比较倾向于安乐哲。安乐哲认为孟子之性是特定的、创造出来的成果，而非现成的和普遍的东西，而华霭云批评了这一观点。他大体上认为孟子所谓"人之性"是针对具备一定的文化修养能力（capability of cultural accomplishments）的人，强调人在孟子处是指作为一种物种（species）。这是孟子所讨论的"人"（human beings）的范围。他把"性"翻译成characteristic tendencies，这是吸收了葛瑞汉的成果。他引用先秦时期一些著作来说明己见（方按：先秦时期确有把"人"与"民"相区别对待），另外孟子本人在提到人时也有此倾向。但是他没有交代清楚他与安乐哲的区别，也没有讲清经过这番限定的"人"究竟以何谓标准。因为他在文中也提到，孟子指出过尚无文化修养的孩提之童等也属于"人"之范畴，而这些人可能是潜在地有此"能力"。那么，是不是可以说所有人，作为同一个物种都有此能力呢？也就是说，孟子所说的"人"的范围与今日所说的"人"（human beings）的外延是完全一致的吗？安乐哲把人限定为"取得一定文化修养"的，这与信广来的理解有区别吗？有文化修养与有进行文化修养的能力毕竟不是一回事。

[①]　黄俊杰：《中国孟学诠释史论》，北京：社会科学文献出版社，2004，页23—25。

信广来讲孟子限定了"人"的含义，其主要理由是孟子良知良能及人禽之别的有关论述。然而，孟子明确提到良知良能是指不学而知、而能的；人禽之别适合于每一个普通的人与动物的区别，即凡是人（human beings）这个物种皆天然地有四端，未必将其中的人限定于有一定文化修养能力。即使信广来自己所说的具备文化修养能力的人，其外延也不确定，甚至可以理解为包括一切可能意义上的人。因为一个人虽然言行似禽兽（借孟子语言），但不等于没有潜在的文化修养能力。

按照信广来的解释，孟子的"人性善"就变成了"具有一定文化修养能力的人之性善"，而文化修养（cultural accomplishments）——包括结成社会组织（social distinctions）、遵守相应规范——的前提，在作者看来，就是心的道德素质（ethical predispositions）。因为信广来说孟子认识到"心"有一种情感结构（emotional predisposition，下面我也译为心理结构），这一结构具有道德取向、道德理想，比如趋向于仁义礼智等。所以很自然地可以得出（虽然信广来没有说），正因为这一道德素质，决定了人性是善的。如果张岱年、梁涛等人说孟子将"性"限定为善性（别于禽兽处），故有人性善；信广来则相当于说孟子将"人"限定为具有善质（ethical predispositions）的人，故有人性善。这两种说法，一说孟子重新界定了"性"，另一说孟子重新界定了"人"。总之，要么是以"善性"为性，要么是以"善人"为人，如此得出"人性善"似乎也就顺理成章了（当然更准确地说，应当是指把人限定为具有善端的人，有善端不等于是善人）。这样理解是否合适仍可讨论。

◇ **早期"性"之义（pp. 1 – 3）**

综合前人研究，他指出，"性"之义有如下共识。

其一，性源于"生"，其含义与"生"有关，可能指"一物生命的过程"，或"某物成长发展的方向"。这一解释在葛瑞汉、史华兹及唐君毅那里均有。

其二，性与普通人的生活状况（livelihood）有关，包括他们的需要和欲望、他们的物质生活（the material well-being of the common people）。比如《左传》《国语》中所讲的"保其性""厚其性"。（方按：此"性"即傅斯年所谓"生"。）

其三，性指某物特有的趋势（tendencies characteristic of a thing），有时这种趋势是特定环境下养成的，未必合乎道德（如《左传》中的"小人之性"），有时这种趋势是合道德的（inherent moral tendencies，inborn moral propensities，p. 3）（如《左传》中的"天地之性""不失其性"，或者葛瑞汉指出的"六气和谐"）。（方按：其三与其一的区分在于，其一针对生长、成长，其三与生长、成长无关。其三与其一在葛瑞汉处未分开。）

"性"在其专著 *Mencius and Early Chinese Thoughts*（1997）中被译成 nature 和 characteristic tendencies.

◇ **作为动词的"性"（pp. 3 - 5）**

作者重点研究的作为动词的"性"，成为本文的关键点。《孟子》7A21"君子所性"、7A30"尧舜性之也"、7B33"尧舜性者也"，此三处"性"皆作动词，且后可有宾语（性之）。他认为这里的"性"有三种不同解释，即：

——朱熹"其所得于天者"（张轼类似）；

——安乐哲"性××指通过修身让××成为自己的一部分"（或曰"通过实践××使之内化到自我中"）；

——王夫之"性××指以××为性"。

他说"性之"（＝性××）中的宾语是"仁义礼智"（7A21 有"仁义礼智根于心"）。然后分析说，朱熹的解释将仁义礼智理解为君子得自天的品质，这不符合孟子本义［takes the ethical attributes to pertain to the superior person（7A21）or to Yao and Shun（7A30，7B33）by birth］，因为孟子明明认为这些品质人人都有；王夫之的解释和 7A21 中"欲之""乐之"及 7A30 中的"身之""假之"在句式上不一致。所以只有安乐哲的解释可以接受，且与前面"性"作为"一物特有的趋势"这一理解一致。

方按："性"作为动词来用，应当与其名词含义区别不大，所谓"性之"就是"依其性而行之"。在这里"性××"如果理解为"从天性出发实践××"（其中"天性"当指得自天的、生命健全成长的法则），则与朱熹的理解完全一致。朱熹只是在注释"所性不存焉"时说"然其所得于天者，则不在是也"。其章末总结语"君子固欲其道之大行，然其所得于天者，则不以是而有所加损也"，不一定要解释为他将仁义礼智限定为君子天质，因为"君子"后有"固欲其道之大行"一语。另外，将"性"解释为"实践仁义使之内化到自我中"，不如解释为"从天性出发实践××"更合孟子 7A1"尽心知性知天"之说。

◇ **"情"与"性"**（pp. 6 – 9）

作者说，"情"常指实情、某物实际上之所是、能反映某物之实情的典型特征或趋势（characteristic features of things of a kind, revealing what such things are really like, p. 7; certain characteristic tendencies, p. 8）。它时常用来指某一类人/物（文中简称为 x's），这里指这类事物之特征，但并不是说其中每一个个体皆有之（即大体特征，比如说"小人之性"时并非每一个小人皆有此性）。情与性是相关的，但区别有三：情突出某类物之趋势，性突出趋势为某类物之品质；情强调趋势之不可改变，性强调此趋势受环境影响，需要养；情可指某一类之大体特征但未必人人皆有之，性则不可如此使用。

◇ **孟子的人性观**（pp. 9 – 12）

孟子描述人道德禀赋（ethical predispositions）的方式与《吕氏春秋》中杨朱描述"性"的方式类似。比如杨朱有养性，孟子有养心；杨朱有伐性、害性，孟子有放心、害心；杨朱反对纵欲，孟子主张寡欲；杨朱反对外求，孟子亦反对。考虑到孟子心、性之联系（7A1）及性之道德性（7B24），他提出以下观点。

（1）孟子所谓的"性"是由心或者至少以心为核心构成的，而这个心具有道德禀赋。他说："孟子认为性由心的道德禀赋的发展所构成，至少以之为核心。"（Mencius regarded *hsing* as constituted by, or at lest as having as a central component, the development of the ethical predispositions of the heart, p. 10）他进一步认为，（2）心的情感结构（emotional predispositions）——或者说其道德禀赋（ethical predispositions）——决定了人有一定的文化成就（cultural accomplishments）或取得文化成就的能力，比如分辨人伦、遵守道德等。（3）孟子所说的"人"不是纯粹生物学意义上的人，而是有一定的文化含义。具体来说，安乐哲称之为已经有一定文化（cultured）的人[①]，信广来称之为具有取得文化成就的能力（their capability of certain cultural accomplishments, p. 12）的人。

方按：这一观点，确实与华霭云之说有明确区别。不过，华霭云所谓"生物学意义上的人"，就其指 human nature 所代表的人性而言，并不是排斥

---

① 方按：这需要进一步检讨。〈尽心上〉7A15 说过，"人之所不学而知者，良知也；不虑而能者，良能也"。不学、不虑，当然指没有文化成就。

文化内涵的。信广来说，在《孟子》中，人被用来指与其他动物相区别的物种（"jen" is used to refer to human beings as a species distinct from other animals），把作为一个物种的人区别出来的，不是其生物学成分，而是其取得文化成就的能力（p. 12）。

　　所谓"文化成就"，即 cultural accomplishments，作者通过考察墨子、荀子和孟子，认为包括分辨人伦关系（social distinctions）、遵守道德规范之类。他说安乐哲的观点有下述例证，比如《论语》14/9 称管仲"人也"、《左传》中"成人"，都是指有一定成就的人；墨子强调人不同于动物，并且如果人不受分和规范管束，就会堕为动物；荀子以分和辨为衡量人的标准。正因为他们称人为有一定文化成就的人，所以一个人要真正成为人，就必须具备取得文化成就的能力。他也说，孟子的良知良能和天命也需要后天培养过程（upbring）。另外，孟子的人禽之别也与孔子、《左传》、《墨子》、《荀子》等有类似处，即需要后天培养（他提到 1A7 中齐宣王对于牛无罪的认识、6A10 中舍生取义者对待自我的态度均来源于培养，p. 11）。他总结道：

> 　　正像在其他早期文本中一样，在《孟子》中，"人"被看成由具有取得文化成就的能力——比如分辨人伦关系、遵守相应规范——而与低等动物相区别的物种。（So, in the *Meng-tzu* as in other texts, jen is viewed as a species distinguished from lower animals by the capability of cultural accomplishments such as forming social distinctions and abiding by norms governing such distinctions. p. 12）

　　那么，信广来所谓具有文化能力的"人"，在外延上与我们平常所说的作为一个物种的人，甚至是生物学意义上的人（human beings）是不是完全一致呢？如果按照安乐哲的观点，则二者外延肯定不一致，因为他把"人"限定为"已经有文化"，不可能适用于所有的人。但是如果按照信广来的观点则不一定，不管他主观上承认与否。区别在于信广来不说"已经有文化"，只说"有文化能力"；有××和有取得××的能力，毕竟不是一回事。他明确提出，是不是所有的心灵不经学习就拥有道德禀赋（the ethical predispositions of heart, somethings unlearned and shared by all human beings）？（pp. 10 - 12）从其上下文的分析看，他的答案应该是肯定的。因为他通过考察《孟子》原文发现："'人'（jen）可以被用来指那些尚无文化的（who are not yet cultured）物种成员"（p. 12），"人"可以指君子或普通人（4B19）、婴儿或小孩（2A6，7A15），尽管他们尚未学习（unlearned）。显然，即使一个人表现出禽兽一般的言行，也不能说他不具备人的道德潜能，即取得文化成就的能力。

作者认为，在孟子看来，人之所以为人，主要在于此文化能力。而此文化能力的产生，是由于人的心理结构（emotional predispositions）具有道德取向（members of the species *jen* share certain emotional predispositions in the direction of the ethical ideal, p. 14）。人心的道德禀赋导致人有文化创造的能力（在 *Mencius and Early Chinese Thought*，p. 136 以下，作者也讨论了 the ethical predisposition of the heart/mind）。但是，这种心的道德禀赋（ethical predisposition）是如何形成的呢？就孟子而言是生而具有的，而信广来没有交代是怎么看的。如果把人限定于具备文化能力者，而不说是天生具有的，那么就不能说心的道德禀赋是天生的，那么它是如何产生的呢？显然这好像进入了一个无解的循环。这里的 ethical predispositions，含义有点接近于杨泽波的"伦理心境"。杨也解释不了其何以产生，因为他同样不接受其为天生，最后归结为"人心的自然生长倾向"，至于这个倾向何以出现，也是无法再问的。

方按：作者说，孟子的"人"是指和动物相区别的物种（species）特征（p. 12），那么这和生物学意义上的人有何区别呢？我想大概只能说，当人丢失了文化能力时，就不属于孟子所说的"人"的范围了（"无××之心非人也""与禽兽奚择""是禽兽也"）。这样一来，孟子之所以主张人性善，似乎是因为人已被限定为善人，所以人性善是一个同义反复。关键在于：孟子的本意究竟是强调所有的生物学意义上的人都有善心呢，还是以有无善心为对一切"人"进行讨论的前提条件？还有一个问题就是，这些善心——心灵的道德禀赋（the ethical predispositions of heart/mind）——是先天地形成的，还是后天培养（upbring）出来的？作者没有明确回答，但从作者说《孟子》中所有的心灵不经学习就拥有道德禀赋来看，则应该是指先天地形成的。既然是先天地形成的，即 innate、inborn，那和生物学意义上的人在外延上哪有区别？再者，既然强调"人"代表一个"物种"（species）的文化能力，那么所有的人，无论受没受过教育，无论大人小孩，无论好人坏人，都应当有此能力（capability），既然如此，当孟子说"人之有道也，饱食暖衣，逸居而无教，则近于禽兽"（〈滕文公上〉）时，难道是说这类人没有上述能力吗？当然不是，按照信广来则只能理解为遗弃了其文化能力。今查《孟子》中"禽兽"一词共出现 15 次，多数皆是人之外的动物，针对人而言的有：

> 人之有道也，饱食暖衣，逸居而无教，则近于禽兽。（〈滕文公上〉）
> 墨氏兼爱，是无父也。无父无君，是禽兽也。（〈滕文公下〉）
> 人之所以异于禽兽者几希，庶民去之，君子存之。（〈离娄下〉）
> 其自反而仁矣，自反而有礼矣。……其横逆由是也，君子曰："此亦妄人也已矣。如此则与禽兽奚择哉？于禽兽又何难焉！"（〈离娄下〉）
> 其日夜之所息，平旦之气，其好恶与人相近也者几希，则其旦昼之所为，有梏亡之矣。梏之反复，则其夜气不足以存。夜气不足以存，则其违禽兽不远矣。人见其禽兽也，而以为未尝有才焉者，是岂人之情也哉？（〈告子上〉）

这些"禽兽"语句从信广来的观点来看应当是事实判断而不是价值判断。不过《孟子》大多数有关"禽兽"的语句以禽兽指人之外的动物，则说"是禽兽也""与禽兽奚择"似一种比喻？如果按照信广来的解释，则"非人也""是禽兽也"，难道是指此人没有文化能力吗？这又怎么可能？如果是先天具有的能力，是不会因为后天梏亡而丧失的。孟子既然说"人皆有是心"，显然不会承认会丧失此文化能力；虽然"舍则亡"，但毕竟还有"操则存"，怎么会丧失？强调"几希"、易亡，也是为了提醒人们要警惕。我觉得，说孟子"把人限定为具备文化能力的人"，信广来的这一整套解释，是成问题的。我想孟子所谓的"非人也""是禽兽也"，作为事实判断的意思是，具备道德禀赋和文化能力的人，如果不发挥自己的禀赋与能力，则在行为方式上与禽兽无异（不是谴责人的价值判断）。但是如果按照信广来所言，说孟子限定了人是有文化能力的人，"非人也""是禽兽也"，就只能理解为丧失了此能力，这显然不合孟子本意。

如果说孟子没有限定"人"这一概念的内涵，只是在探讨这一概念的特征，其出发点就是日常生活中所有可能的人（我想应该是生物学和社会学双重意义上的），即 human beings。那么，所谓"非人也""是禽兽也"，只是讲回到了和一般动物无异的地方，不具有人区别于其他动物的典型特征。

◇ **孟荀之别：能（*neng*）与可以（*k'oi*）（pp. 13－15）**

他认为孟子人性论有两个成分：一是心有道德情感禀赋，二是心的道德情感禀赋导致人有文化能力（that members of the species *jen* share certain emotional predispositions in the direction of the ethical ideal, and that it is the presence of such predispositions that accounts for the capability of cultural accomplishments that makes one a *jen*. p. 14）。

墨子区分了"能"与"可"，其所谓"能"对应某种心理结构（emotional dispositions in the appropriate direction）。孟子也涉及"能"与"可以"（比如在讨论"挟泰山超北海"时），但在 1A7、2A6、6B2、7A15 等文本中，他把"能"与"可以"互换通用。而荀子在〈性恶篇〉中区分了"能"与"可以"。人皆可以为尧舜，不等于人皆能为尧舜。他译"可以"为 capacity，而"能"则意味着以相应的、具有某种道德理想的心理结构（emotional dispositions）为前提，作者的用语是"通向道德的理想需要情感禀赋发挥作用"（requiring the presence of emotional dispositions in the directions of the ethical ideal. p. 14）。换言之，孟子所包含的两个前提之间是有矛盾的。一个人可以取得某种文化成就，但不等于他自己的心理结构改变了，而后者才是荀子提出"性伪之辨"及"隆师重礼"的根本原因。

方按：信广来关于"能"与"可以"的讨论颇具新意。不过其最后结论是认为孟子未能区分二者是个局限，而荀子的性伪说、隆礼说有基础。此种论调与作者所主张的"性"指一种特定的文化成就的立场相一致。他未明言却暗含的一个意思似乎是，孟子把性理解为心的某种道德结构，是未区分"能"与"可以"的缘故。

南乐山（Robert Cummings Neville）在评议中这样总结信广来的观点：

信广来教授并不试图讨论孟子的人性论及相关理论是否正确、有价值或特别新颖。他讨论的是孟子的论辩如何有独特之处，即成为人意味具有一种追求道德理想（如在"四端"中）的心理素质［to be human（*jen*）means having an emotional predisposition toward an ethical ideal］，这是取得文化成就的前提条件，也决定着人性（humanity）的潜能。孟子与荀子论辩的区别在于，后者认为不具有这里的道德和心理素质（the ethical and emotional predispositions），但具备发展这一可能尚未实现的素质的能力，同样可以成为人。①

◇ 描述"性"之语句

性：the direction of *sheng* of a thing，the direction that a thing develops in its process of growth，the direction of the life process as a whole（p. 1）；the direction of growth of a thing over a lifetime（p. 2）；tendencies characteristic of a thing，the characteristic features of a thing of a kind；the development of the ethical pre-dispositions of the heart（p. 10）；characteristic tendencies（*Mencius and Early Chinese Thought*，1997）。

心：emotional predispositions；the presence of emotional dispositions in the directions of the ethical ideal（p. 14）；the ethical predispositions of heart-mind。文中在描述"心"时用了 predispositions，但后面在使用 emotional predisposi-tions 时没有明确提到是指"心"，我是根据上下文推断如此。

情：the facts about a situation；the deep features that reveal what the things of this kind are really like；what a thing is genuinely like。

Mencius and Early Chinese Thoughts（1997）

下面重点介绍此书中的观点，主要有三个方面：一是对先秦早期性概念之义的较全面检讨；二是对孟子人性概念之分析；三是对孟子性善论的解释。

◇ 对先秦早期性概念之义的分析（pp. 35 – 47）

作者在第二章第三节对早期性概念之义进行了系统的分析。有理由认为，信广来在对《尚书》《诗经》《左传》《国语》《吕氏春秋》性概念含义的考证中，将性皆释为变化或成长的方向或趋势。他得出一种笼统的结论，说早期性概念均含有动态含义。另外，他对于上述文献中的性概念的分析方式恐怕也值得商榷。他好像不重视性的本义就是指某种属性、特征，类似于今日英文中的 attributes、qualities、characteristics、features 等。

他提到，葛瑞汉、史华兹、唐君毅提到"性"与"生"含义相关，指生

---

① Robert Cummings Neville，"Commentary on the AAS Panel：Shun，Bloom，Cheng，and Birdwhis-tell，" *Philosophy East & West*，Vol. 47，No. 1，pp. 67 – 68.

之向。（There is also agreement that the early use of "hsing" bore a close relation to that of "sheng", and that "hsing" probably refereed to the direction of *sheng* of a thing—that is, the direction that a thing develops in its process of growth. p. 37）总的来说，作者认为早期性概念之义主要指"某物一生长之方向"（a thing's direction of growth over its lifetime）、"生存的欲望和需要"（its needs and desires by virtue of being alive）、"典型的趋势或倾向"（its characteristic tendencies or inclinations）（p. 180）。所有这三者之义均与动态有关。他并总结道：

> 在所有的这些用法中，"性"都有一种动态内涵，指的并非固定的性质，而是成长方向、欲望或其他趋势。也许在早期文献中，"性"字一般都确实具有动态的含义。（In all of these usages, "hsing" still retains a dynamic connotation, referring not to fixed qualities, but to directions of growth, to desires, or to other tendencies. It is probably generally true of the use of "hsing" in early texts that it has a dynamic connotation. p. 39）

为了说明动态含义普遍存在于早期文献中的"性"字中，他举《吕氏春秋》中的"水之性清"为例，说这里表面上看是没有动态含义的，但其实"清"并非一个现成的性质（given quality），而是指水的变化方向。他进一步以孟子"水之就下"和《管子·度地》"夫水之性，以高走下，则疾，至于（水澌）石。而下向高，即留而不行"为例，论证性有动态含义。在"人之性寿"中，"性"的动态含义就更清楚了（p. 39）。（方按：如何解释古人雪之性白、缣之性黄、羽之性轻、金之性沉呢？）

第一，《召诰》《诗经》中的"性"（p. 37）。针对《尚书》中的"节性"和《诗经》中的"弥尔性"，他认为虽然有人认为指生活中的欲望，但也可以理解为"生命历程作为一总体的方向"（the direction of the life process as a whole. p. 37）。例如，葛瑞汉就译"节性"为"过有节律的生活"（live a regular life），译"弥尔性"之"弥"为"活到足寿"（fulfill one's term of life. p. 37）。他认为没有足够材料证明这里的"性"不是指"生命过程的方向"（the direction of the life process）（p. 37）。

第二，《左传》《国语》中的"性"大体有三种含义（pp. 37 - 40）："某物生命成长历史的方向"（the direction of growth of a thing over a lifetime. p. 39）、

"某物为了生存的需要或欲望"（needs or desires that a thing has by virtue of being alive. p. 39）、"某物典型的（发展）趋势，或有道德意义或者没有"（certain tendencies characteristic of a thing, where such tendencies may or may not be ethically desirable. p. 39）。

具体来说，他认为《国语·周语上》及〈晋语四〉"厚其性""厚民性"，即《左传》"厚生"之义，"性"当与民的"生活"（livelihood）有关。从后文看，他认为这里的"性"指活得足够好（material well-being of common people），或"活到足寿"（living out their term of life）（p. 38）。从《左传》"民失其性""莫保其性"看，"性"可进一步指人民的基本需要和欲望（p. 38）。

但是《左传》中的"性"亦可指"某物典型的趋势"。如襄公二十六年"夫小人之性，衅于勇、啬于祸、以足其性"，《国语·周语中》"夫人性，陵上者也"，〈晋语七〉"膏粱之性难正"，皆有此义，而不限于指生理欲望。有时，"性"还指某种不好的趋势（undesirable tendencies），如《管子·五辅》"民有淫行邪性"。

有人认为《左传》襄公十四年"勿使失性"及"天地之性"（昭二十五年又有"协于天地之性"）有道德含义，但作者认为不是非常明确。

第三，杨朱学派的人性论（pp. 40 – 44）。他的分析从葛瑞汉出发，重视作为孟子思想之两大背景的杨朱学派和墨子思想的性概念和人性论。而对于杨朱学派的思想，他按照冯友兰的做法，也提及侯外庐，将《吕氏春秋》第1章第2、3节和第2章第2、3节及第21章第4节视为杨朱学派思想之作。另外，《淮南子》13/7b. 10 – 11、《韩非子》50/4.4、《列子》7/4b. 8 – 5a. 5均提及杨朱学派，或似乎是杨朱学派的思想。又按关锋之意，《庄子》第29—31章也体现杨朱学派的思想。但是，信广来似乎主要依据《吕氏春秋》来理解杨朱学派的人性论。

具体来说，《吕氏春秋》中的"性"与"生"互用，含义相通，有大量性、生互用（interchangeable）的例子。比如全性/全生、养性/养生、害性/害生、伤性/伤生。但这是针对人而言的，对于人之外的物（如水之性清）就不能互通。此书中的"性"有时指长寿［见（〈本生〉）"人之性寿"及同篇他处］，让感官的满足服从于性（〈本生〉"圣人之于声色滋味也，利于性则取之，害于性则舍之，此全性之道也"），让人保持平衡（〈重己〉"其为声色音乐也，足以安性自娱而已矣"等）。基于这些，他得出结论说，"性/生"

主要指生物学意义上的"足寿"（living out of one's term of life）（p. 42）。当然，也有其他地方性/生不是此义，而指追求感官享乐（sensory satisfaction），以第2、21等几篇为证，特别是子华子。子华子区分了全生、亏生、死、迫生四种生命状态，从高级到低级。葛瑞汉误将全、亏、迫当作形容词，实为动词（联系《淮南子》"全性保真"可知）。其中迫生则指受到侮辱，此时生不如死。从迫生与受辱有关可知，生不仅指生物学意义上的存在，而且指既有感官满足又不受欺辱（absence of disgrace, p. 43）。生命的最高级状态是全生，具体来说应包括不受侮辱、六欲皆得其宜，应包括眼、耳、鼻、舌之欲得其宜，寿、安、誉、逸之欲得其所。

总而言之，作者认为杨朱学派的"性"概念与"生"互通，主要指生命的健全成长，除了生物学意义上的足寿，还有感官欲望及其他欲望（包括安全、安逸、名声等）皆得其宜。下面为作者所录《吕氏春秋》中的两段话：

> 子华子曰："全生为上，亏生次之，死次之，迫生为下。"故所谓尊生者，全生之谓。所谓全生者，六欲皆得其宜也。所谓亏生者，六欲分得其宜也。亏生则于其尊之者薄矣。其亏弥甚者也，其尊弥薄。所谓死者，无有所以知，复其未生也。所谓迫生者，六欲莫得其宜也，皆获其所甚恶者。服是也，辱是也。辱莫大于不义，故不义，迫生也。而迫生非独不义也，故曰迫生不若死。（《吕氏春秋·贵生》）

> 乐之有情，譬之若肌肤形体之有情性也。有情性则必有性养矣。寒、温、劳、逸、饥、饱，此六者非适也。凡养也者，瞻非适而以之适者也。能以久处其适，则生长矣。生也者，其身固静，感而后知，或使之也。遂而不返，制乎嗜欲；制乎嗜欲无穷，则必失其天矣。且夫嗜欲无穷，则必有贪鄙悖乱之心、淫佚奸诈之事矣。（《吕氏春秋·贵生》）

◇ 孟子性概念之义（pp. 180–184, etc.）

特别重视孟子中性用作动词的三个出处，即7A21"君子所性"、7A30"尧舜性之也"、7B33"尧舜性者也"三段。从上下文看，"欲之""乐之"当对应"性之"，亦对应后面的"身之""假之"：

- 欲之
- 乐之

- 性之
- 身之
- 假之

在此，同样的句式结构暗含相近的含义。"之"作为共同宾语，应当指"仁"。那么"性之"是什么意思呢？他认为从前后几个动词之义来看，"性"不应当指"按照天性而行"（朱熹），也不应当理解为"以仁义为性"（王夫之），而应当指"实践仁使之成为自己的一部分"（安乐哲），他的典型说法是："'性之'就是通过修养自己，使某物真正成为自己的一部分"（to *hsing* something is to cultivate oneself so that the thing truly becomes part of oneself. p. 181），"濡化某物或者使某物成为自己的一部分"（embodying something or making it part of oneself. p. 183）。在最后一种解释里，"性"代表某种典型的生命活动趋势。在这三种解释中，只有第三个解释从某种动态或动词性上来理解性字之义，而前两种皆从静态或名词性上使用性字。他认为朱熹的解释之所以不成立，是因为预设了性只为君子所有。而王夫之的解释之所以不通，是因为若"性之"为"以仁义为性"，则"身之""假之"读为"以仁义为身""为假"，这显然不通。

方按：信广来将孟子作为动词的"性"解为践行仁义使之内化，这一解释有较大的把"性"理解为后天属性，即英文中"second nature"的嫌疑，与孟子所反对的仁义外在说相近。按照这一说法，"性之"就是"实践……使之成为性"。须知，从"性之""身之"到"假之"，有一种递进关系，即从视仁义为己所有（性）到仁义完全外在（假）。"身"则居于"性"与"假"之间。显然，"性"作为动词，应当理解为从内在的角度进行仁义的实践。如果把"性"翻译为通过修身接纳某某为自己的一部分（to cultivate oneself so that the thing truly become part of oneself），恐与孟子本意相去甚远。再看从"欲之""乐之"到"性之"，也即"所欲""所乐"到"所性"，同样包含一层递进关系。此处作为宾语的"之"显然不再是"仁"，而是其他正文内容。欲、乐的内容（如广土众民、中天下而立之类）之所以不被孟子赞赏，还是因为不符合天性，或者说"皆身外之物"。所以从"所欲""所乐"到"所性"，就是一个不断寻找或达到真正符合天性的活动。因此，"性之"至少在 6A6 中的含义就是"依天性而行之"（如果"之"指仁义等，则从天性出发实践它们，就是不同于告子等从外在规范立场来接受它们）；"所性"，即依天性而行，亦可译为"以某某为符合天性"。这当然接近于朱熹之说。而释"所性"之"性"为"以某某为天性"，是王夫之说法。

信广来认为释动词"性"为"以……为性"（王夫之），则须释"身""假"为"以……为身/假"。此一问题当这样看待："所性"之"性"可视为名词，"性之"之"性"为动词。当"性"为动词时，指"依天性而行"，读"性之"；当"性"为名词时，指"天性"，读"所性"，后者译为"以某某为（符合）天性"。朱熹、王夫之的解释并不构成矛盾，同一个汉字因句子不同而在名词、动词之间如此变换使用，符合古汉语语法。信广来视"所性"之性与"性之"之"性"皆为动词，似误。如果读"所性"之"性"为动词，则按照信的逻辑，当有"所身""所假"句式，而事实上没有。

当然，如果将"所乐""所欲"中的乐、欲皆作动词，则当译为"乐做""欲做"，这样做也可通。如此"所性"则当译为"性做"。什么叫"性做"？只能指"以合乎天性的方式做"，或"从天性出发来做"。性字本为名词，当作为动词用时，其含义也应当从名词之义出发来解，不能歪曲或强加他义。如果按信文，则"所性"与"性之"，皆当指"实践……使之内化为自己的一部分"。可是孟子通篇并没有在任何地方表达过这种意思，而这种人为实践道德、使之内化的做法，正是孟子所反对的告子等人以义为外的做法。信的研究在这里似乎体现出某种弱点，即过分重视字义，而不够重视文本上下文，有训诂而思想性不足。

另外，他认为朱熹的解释方式预设了君子之性区别于众人，似乎看不出来有何道理（p. 182）。

此外，作者还重点分析了"性""情""才""心"等之义。对于"才"的分析，也是从"心"出发，理解为"心的情感结构"，与过去的习惯看法大异。

◇ **如何看待孟子性善论（pp. 210 – 222）**

信广来说：孟子认为人心具有某种内在的道德倾向（moral direction），这保证人们只要借助自我反省即可实现道德自觉（p. 212）。

> 如果我们同意，孟子认为性由人心的道德禀赋所潜含的发展方向所构成，那么宣称（性善）就等于肯定这一发展方向是趋向善的（If we accept that Mencius regarded *hsing* as constituted by the direction of develop-

ment implicit in certain ethical predispositions of the heart/ mind，the claim a-
mounts to the assertion that this direction of development in directed toward
goodness. p. 210）。

我认为这段话非常典型地反映了作者对于性善论的看法，即作者还是以心善为基础来说性善，而他所说心善与徐复观等人不同，强调心善是指心有潜在的道德倾向，即赋予心善以某种方向性、趋向性之义（这一点与唐君毅、傅佩荣其实无别）。他认为先要搞清孟子的"性"是什么意思，而这个性在孟子那儿是以心为基础。心既有此趋向，那么性也就自然具有向善的方向发展的趋势，这就是所谓的"性善"。信广来之所以重点分析"可/可以"与"能"之别，就是要说明，孟子的性善是指心有趋向善的能力。他认为在早期文献中，"可以"与"能"是有区别的，特别是荀子处，但是在孟子处没有区别开来。对于有些人来说，"可"更像一种意愿，而"能"则代表了素质（constitution）的建立。有时人们没有相应的禀赋或素质，是"不能"做成一件事的，即使他主观"认可"这件事。对于孟子来说，"可/能"就是指有某种预先的禀赋（moral predispositions）。这样一来，我们概括地说，信广来对孟子性善论解释有如下三个要点。

第一，他把性善解释为"心向善"。他之所以重视性字词义考察，是想说明性字本来就有一种动态含义，而他所谓动态含义主要是指某种典型趋向、典型发展方向。由此，我们理解，他在全书开头对早期性字词义的考察，之所以重视动态含义，也是基于此。这一观察，其实还是在唐君毅的老路上。与我所重视的成长法则还有重大的、根本性的区别。

第二，他把性善解释为"能善"。所谓"能善"，是指有一定的道德禀赋或素质（moral predispositions，constitution）。

他认为孟子 6A6 "乃若其情则可以为善矣，乃所谓善也。若夫为不善，非才之罪也"对于理解孟子性善论至关重要（可能是因为其中有"所谓善也"），认为"乃若"可读为"就……而言"（as far as...is concerned），"其"指"人"（而不是仁义），"情"指"实"，"可以"并不只是一种可能（ca-
pacity），而包含某种具有道德倾向性的情感结构（emotional dispositions in the appropriate direction）；"才"指"心的情感结构（在道德意义上）"。"才"与"可以"之所以相关，是因为正是借助于"才"——心的情感结构（emotion-

573

al predispositions），人们才"可能"为善（p. 219）。由此，他总结道：

> 所谓人可以为善，孟子指的是人的禀赋中有某种情感结构，这种情感结构趋向于善，借助于它人们就能为善。按照孟子的说法，这就是他所谓的"性善"。（Thus, in saying that human beings *k'o yi* become good, Mencius was saying that human beings have a constitution comprising certain emotional predispositions that already point in the directions of goodness and by virtue of which people are capable of becoming good; this, according to Mencius, is what he meant by *hsing shan*）（pp. 219 – 220）

他考察分析了三种对于孟子性善论的典型观点，并认为它们皆不成立（pp. 210 – 212）。一是顾立雅（Herrlee G. Creel）的说法，认为孟子的性善说乃是重言命题，即孟子已经把一切合乎性的方向的东西理解为"善"。（方按：这与梁涛"以善为性"的说法相反，梁涛是把善理解为仁义礼智，说孟子把仁义礼智定义为性了。但顾立雅似乎是"以性为善"，认为一切合乎性的东西皆是善。）问题在于孟子并没有把一切合性的东西皆称为善，而是只以仁义礼智为善。二是刘殿爵的说法，认为性善论是指人是一种道德主体（moral agents），有辨别好坏的能力。性善说的反面立场并不是指性不善，而是指人没有辨别好坏的能力，从而认为性无道德内含。然而问题在于，这无法解释 6A1—3、6A6 之中，孟子对于公都子所提各种对立立场的反驳。这些立场包括性无善无不善说、性可善可不善说、性有善有不善说。性善说正是为了反驳这些说法而出现的，怎么能说性善说的反面不是性不善？三是傅佩荣的向善说。大抵是说，傅氏对于性本善与性向善之别过于较真，强调孟子不可能认为人性已足够善（fully good）。孟子确实不认为人性已足够善，他本来就说人性包含善端，但是这个善端之中包含着向善的倾向。也就是说，性本善与性向善在孟子处本来就是一致的。或者说，是一件事情的两个方面。因此，他认为过分强调性本善与性向善的区别，乃是名词之争（terminological issue, p. 212）。

◇ 孟荀之别（pp. 222 – 231）

认为流俗对于孟荀之别的看法是口号化的，显得没有意义。他的考察重在分析"可以"与"能"之别。孟子未区别二者，但把"可以"理解为有某种道德情感禀赋（emotional predispositions in moral contexts），而荀子则认为二者有别，认为"能"才是指拥有这种素质，而"可以"则不一定拥有。为什么他会从这一角度出发来区别二人的人性论呢？我认为他把性善论解释为"能善"，而把"性恶论"理解为"能恶"，是孟荀二人分别主性善、性恶的根本原因，在他看来是由于他们对于人的先天道德禀赋的认识不同。在孟子看来，人既然都有先天道德禀赋，都可以为善（6A6）。而在荀子看来，人有了道德禀赋不等于可以为善。

135. Philip J. Ivanhoe （艾文贺，1954—　　）[①]

【文献】（1）Philip J. Ivanhoe，*Ethics in the Confucian Tradition：The Thought of Mengzi and Wang Yangming*，second edition，Indianapolis/Cambridge：Hackket Publishing Company，Inc.，2002.

（2）Philip J. Ivanhoe，"Human Nature and Moral Understanding in the *Xunzi*，"in T. C. Kline Ⅲ & Philip J. Ivanhone，eds.，*Virtue，Nature，and Moral Agency in the Xunzi*，Indianapolis：Hackett Publishing，2000，pp. 237 – 249. 中译参〔美〕克莱恩、艾文贺编《荀子思想中的德性、人性与道德主体》，陈光连译，南京：东南大学出版社，2016，页 214—225。

Ethics in the Confucian Tradition：The Thought of Mengzi and Wang Yangming（2002）

这是一本孟子与王阳明伦理思想的比较研究之作。南乐山在《波士顿儒家》一书中对之评价甚高。其中第 3 章（pp. 37 – 58）以"人性"（human nature）为题，在分析孟子的性善论时，说自己认可葛瑞汉的基本观点，并着重讨论了《孟子》中人性的内容、结构和过程（content，structure，and proper course of development），就内容而言，孟子揭示了人性固有的善端，作为其本质成分（p. 38）；作为结构，他认为大小体之说说明了人性的不同内

[①] 艾文贺另一篇研究孟子的论文，主要讨论孟子的道德推理方式，我想这涉及孟子性善论的立论方式（参 Xiao Ying 书评介绍），参 Philip J. Ivanhoe，"Confucian Self-cultivation and Mengzi's Notion of Extension，"in Xiusheng Liu and Philip J. Ivanhoe，eds.，*Essays on the Moral Philosophy of Mengzi*，Indianapolis：Hackett Publishing Company，Inc.，2002，pp. 221 – 241。

容之间有等级之分；作为过程，他说葛瑞汉首次揭示了，对于孟子而言，合适的发展过程是人性一个根本而有决定性的特征（For Mengzi, this proper course of development is an essential and defining feature of human nature. p. 43）。

艾文贺强调，孟子的人性论并不是认为人生来就是善的，而是生而为善的（not we are inborn good, but we are born for goodness）。为善的过程也就是人性不断走向成熟的过程，或者说，人性按照恰当的过程发展将会趋向善（p. 43）。原文如下：

> 孟子并不主张我们生而即善，而是主张我们生而为善。我们的道德萌芽需要成长和成熟，就像谷物需要成熟一样，从而充分展现我们的天性（nature）。孟子对其性善论的解释清楚地表明，他指的是人的恰当成长过程（proper course of human development）会导致善。（p. 34）

艾文贺强调，孟子的观点常常被口号式地简化为"人性是善的"，而其真正内涵很少被人们严肃地关注到（p. 37）。这一观点与史华兹《古代中国的思想世界》中的有关提法一致。

◇ 术语

性的描述：characteristic tendency, characteristic inclinations and responses；

四端：moral sprouts as essential parts of human nature；

良心：innate heart and mind；

本心：fundamental heart and mind。

"Human Nature and Moral Understanding in the *Xunzi*"（2000）

此文是作者对孟、荀人性善恶观的一个有趣比较，而以荀子为主。作者将性恶译为"human nature is bad"，反对德效骞（Homer H. Dubs）译为"human nature is evil"。

首先，作者提出自己对孟、荀人性论的一种理解，提出人们对道德来源的三种可能解释。或持建构主义立场（constructivist account），即认为我们是基于理性才认识到道德的重要性并付诸行动的，据此道德是理性的产物。或持直觉主义立场（intuitionist account），即人性中有原始的、尚不够完善的道德意识（moral sense）。不仅如此，人也有能力重视它、发展它。孟子的性善说即对道德持直觉主义立场。但荀子的人性论则既非建构主义也非直觉主义的，而是改造主义立场（re-formation account），认为道德既非源于纯粹的理性，也非源于原始官能，而是完全源于外部习得。（p. 239）

其次，作者以语言学中的经验主义（language empiricists）和先验主义（language innatists）为参照，来说明孟、荀人性论的差别，大体认为：虽然二者均认为人有能力学习语言，但语言先验主义者认为，语言的结构反映了人类心灵的结构，正是后者使人能够学习和掌握语言。同理，孟子认为道德反映了心灵的结构，正是后者使人能够拥有并发展道德。语言经验主义者则认为人的心灵是弹性、可塑的，或如蜡块可变形，或如大理石可刻画。荀子的人性论也是如此，他甚至用黏土或金属来比喻人性之伪（p. 241）。

最后，作者批评了对孟、荀人性论的两种错误解释。一种错误的解释是如德效骞那样的，从基督教（本质主义）立场来看人性，把荀子的性恶解释为类似于原罪（sins）那样的"恶"（evil），这不符合荀子本人的思想。作者未明说但暗示了，如果把人性善解释为本质上善也是不对的。他把"四端"解释为 sprouts，即萌芽，而不是朱子所说的"绪"。另一种错误的解释是认为孟、荀各抓住了人性中的一个方面，他们的观点其实是互补的，因而也并不矛盾。他认为并不是这样的，因为孟子、荀子代表了理解人性的两种完全不同的立场（如前所述），荀子认为人性中并无道德源头，而孟子却认为有；荀子认为人性可塑，需要塑造，而孟子则不强调此。从这个角度看，把荀子说成是人性论上的悲观主义者也是不对的，至少他相信人性可塑、道德可发展。

◇ **术语**

性恶：human nature is bad；

性善：human nature is good；

四端：four sprouts。

136. Heiner Roetz（罗哲海，1950—　）

【文献】（1）Heiner Roetz, *Confucian Ethics of the Axial Age：A Reconstruction under the Aspect of the Breakthrough toward Postconventional Thinking*, Albany：State University of New York Press，1993.

（2）韩振华、罗哲海：《轴心时期的儒学启蒙：与罗哲海教授谈汉学》，《华文文学》2012 年第 1 期，页 112—123。

（3）韩振华：《"批判理论"如何穿越孟子伦理学——罗哲海的儒家伦理重构》，《国学学刊》2014 年第 3 期，页 133—134。

Confucian Ethics of the Axial Age：A Reconstruction under the Aspect of the Breakthrough toward Postconventional Thinking（1993）

此书主要讨论儒家的道德观（伦理学），其中当第 13 章〈道德的基础〉（Groundings of Morals）讨论道德的基础时，有一小节专门讨论孟子的人性论，标题为"Mengzi's Nativism"（pp. 197 – 213），对孟子性善论的理解仍然局限于西方主流的看法，即认为孟子性善论的主旨在于将道德奠基于人性，或者说从人性，特别是人心中找到道德的本体论基础。后面一节专门讨论荀子的人性论。他似乎认为，孟子的性善论（尽管他基本上没有使用"性善""性善论"这一术语，而是直接讨论"善"，特别是善在人性中的基础）主要只是说明人性中有道德的可能性，而不是直接从事实推出价值。因此，他的结论或许是说，孟子的性善论只是指人性可以为善，而不是说人性事实上善（不过他本人没有明确这样说）。他指出，孟子没有犯摩尔所说的"自然主义谬误"，或者不如说他更接近于西方伦理学中的直觉主义者。他强调，如果说"心"既指思（thinking）也指感（feeling），孟子既不是将道德的基础立于思也不是立于感，而是将道德奠基于人所具有的某种自发的倾向（spontaneous inclination）（p. 201）。他从 Lawrence Kohlberg（1927—1987）关于人的道德判断力从幼年时逐渐生长的阶段和特点的学说出发来理解孟子的观点，认为孟子关于人的道德心在某种时候会自然形成的论点是可以成立的。

◇ **主要观点**

称孟子的人性论是"先天主义"（nativism），而荀子的人性论为理性主义（rationalism）。"心"既指"思想"（thinking），也指"感受"（feeling）。尽管这二者有时矛盾，孟子还是将它作为一个总体。可以推想，孟子认为道德不可能没有情感基础。但仅有情感是不够的，还需要思维。但是仅有思维也是不够的。孟子未将道德的终极基础放在"思"或"感"之上，而是放在某种"自发的倾向"（spontaneous inclination）上（方按：大概是指心灵的自发反应方式）。这就是他将道德奠基于人性的基本思想。他认为，这是孟子对道家的反驳，后者也从反思的自发过程（prereflected spontaneity）来界定人性，但认为道德与人性是对立的（p. 201）。

作者比较详细地分析了〈告子上〉各章内容。

孟子从人性中找到道德的基础（to find a foundation of morality within human nature. p. 201）。也可以说，他试图从自然推出道德来（derive morality directly from nature），他的立场是保护和发展人的自然禀赋和倾向（the natural disposition and propensities of man）（p. 208）。

他认为，孟子的道德现象学（即对人性中的道德现象的描述分析）"至少合理地（证明了）先于和独立于教育和传统、通过自我实现道德的可能性（the possibility for morality prior to and independent of education and tradition by virtue of his very self）。也许这才是孟子真正要揭示的"（p. 213）。

孟子在杞柳为桮棬的例子中批判了从纯粹工程技艺角度确立社会秩序的思想（p. 202）。

孟子反对"言"（道德规范）的他律（heteronomy），捍卫人心的内在权威和人作为道德行为的主体性（p. 203）。

Kohlberg 道德判断力的发展阶段理论，也在有些地方否定了孟子。比如孟子认为"孩提之童无不知爱其亲也"（《孟子·尽心上》7A15），而此理论说明在早期阶段孩童都是以自我为中心的，一切以对自身有利为标准。但是此理论也证明幼儿成长过程中会自然而然地出现走向考虑他人的道德阶段，这又似乎符合孟子道德植根于人性的学说。

◇ **事实与价值、是与应该的讨论**

孟子是不是混淆了事实与价值，或者说是与应该？休谟以来，有摩尔（G. E. Moore）所谓"自然主义的谬误"，即从事实导出价值来，把道德判断等同于经验判断。然而，孟子确实区别了经验判断和道德判断（参 1A1、6A4）。在现代伦理学争论中，孟子的学说与其说接近于自然主义，不如说接近于直觉主义。孟子在"可欲之谓善"的说法中，并没有像摩尔"自然主义谬误"所认为的那样，把"所欲"（the willed or the desired）等同于善，而是把"可欲"（the desirable）等同于善。据此看来，作者也认为孟子的性善，并不是指性事实上善，而是指性可欲善。他指出，孟子的伦理学只是认为，人们可以抛弃利欲之心，从良知出发选择善（p. 208）。在后面（p. 209），他也指出，孟子试图揭示人所自然具有的道德反应（a natural moral sensorium within man）这一现象，从而说明"是"之中所具有的道德行为的可能性。再往下一页（p. 210），他又借用 Konrad Z. Lorenz 和 Hans Jonas 提及初生婴儿的存在方式会自然引发父母或人们的关心和保护冲动，称为 the elemental "ought" in the "is"（即婴儿的存在方式会本能地让人们想到应该怎么做，所以没有"是"与"应当"的鸿沟）。Jonas 称人们对幼儿自发的关爱之心为"一切负责任的行为的原型。这种行为幸好不需要从原理推出来，而是强有力地植根于我们的本性"（p. 210）。然而他指出，Lorenz 和 Jonas 所说的情形是针对父母对自己的孩子的关爱，这种关爱现在也被有些人认为有自私自利的因素在其中，所以有时也会发生杀女婴现象。所以从这个角度看，他们两人所讲的情况还是不如孟子更能有力地说明人性中的道德成分，因为孟子所举的孺子入井并不是针对自己的孩子。［方按：这段非常重要，说明作者认为孟子的性善论是可善论，不过他在这样说时并没有明确说自己是针对"性善论"的。他在 p. 213 声称，孟子真正想揭示的也许就是"先于和独立于教育和传统、通过自我实现道德的可能性"，他还引用了"乃若其情则可以为善矣，是所谓善也。若夫为不善，非才之罪也"（《孟子·尽心上》6A6）一段证明孟子对于善的上述理解。］

◇ **术语**

希腊文中"自然"与"人为"的区别：*physis* and *nomos*（p. 198）；

性：innate nature（p. 204），the intrinsic nature（p. 209）；

仁：humaneness（*ren*）（p. 206）；

生之谓性：*xing* is the inborn（p. 206）；

告子的生物主义：biologism（p. 206）；

良心：innate "good knowledge"（p. 208）；

恻隐之心：innate compassion（p. 212）；

相关表述还有：natural roots of morality exist in man（p. 209），existence of a natural moral nucleus in man（p. 210）。

◇ **西方资源**

借鉴 Kohlberg 关于道德判断能力的个体发生学（the ontogenies of moral judgement competence），也称为认知—发展理论（cognitive-developmental theory），他特别试图强化文化相对主义，即不同的文化中道德成长会遵循不同的规律学说，他借用的论著有如：（1）Lawrence Kohlberg, *The Philosophy of*

Moral Development（Essays on Moral Development，Vol. 1，San Francisco：Harper & Row，1981）；（2）Lawrence Kohlberg，*The Psychology of Moral Development*（Essays on Moral Development，Vol. 2，San Francisco：Harper & Row，1984）；（3）Lawrence Kohberg，"From Is to Ought，" in Th. Mischel，ed. ，*Cognitive Development and Epistemology*（New York：Academic Press，1971，pp. 151 – 235）。

罗哲海、Lawrence Kohlberg 对人类从幼儿时起道德判断力形成的几个阶段的划分如下（pp. 26 – 27）。

Level A-Preconventional Level（前习惯阶段）：儿童早期，享乐主义为主，以身体感受判别是非。

Stage 1 惩罚和服从取向。根据身体后果决定对错，服从权威也是出于自利。

Stage 2 相互利用阶段。认识到只有满足别人才能满足自己，故以利他或互利为标准定是非。

Level B-Conventional Level（习惯阶段）：以国家和社会标准为是非，典型的他律取向。

Stage 3 人际互动取向，"好孩子"取向。以取悦别人或群体，或遵守群体规则、价值和期望确定是非。

Stage 4 法律和秩序取向。以是否合乎一个人在国家和社会中的角色为准确定是非，根据权威和相应的职责来实施行为和判断。

Level C-Postconventional Level（后习惯阶段）

Stage 5 1/2 青春期反叛，事事都要自己来定，彻底反对外在规范，一切以自己喜悦为准。试图超越好坏，未形成规则。

Stage 6 功利的和相对主义的契约取向。不接受现有机构和社会条件决定，以个人的相对价值为准，倾向于根据平等而独立的个人之间相互同意、共同约定的标准行事或判断，并在可控的秩序内调整。

Stage 7普遍的伦理原则取向。以是否符合抽象的、合逻辑的、普遍的原则定是非。它建立在良心自发决定的基础上。

其他西方理论资源包括：Hans Jonas 关于人们对新生婴儿天然的关怀冲动的研究，参 Hans Jonas, *The Imperative of Responsibility: In Search of an Ethics for the Technological Age* (Chicago and London: University of Chicago Press, 1984)；Konrad Z. Lorenz 描述了婴儿头部和身体的比例及其运动方式，会造成父母本能地想要保护和关心他（她），参 Konrad Z. Lorenz, *The Foundations of Ethology* (trans., K. Z. Lorenz and R. W. Kickert. New York: Touchstone, 1982)。

〈轴心时期的儒学启蒙：与罗哲海教授谈汉学〉（2012）

罗哲海在访谈中提到，他对安乐哲对人性的完全开放观点持批评态度，即安乐哲认为人是后天成为人的，而不是先验地已经是人。但同时不同意华霭云将一切归之于生物性的说法，认为人性之有道德性来源于先天（天命），人站在生物性基础上拥有道德并不等于可以将一切道德归之于生物性。他从人权的角度说明否认人的先验道德特征的荒谬。那些完全后天论者认为，胎儿或小人物不是"人"，不享受人权和人的尊严，因为他们还没有"长成人"（页 114—115）。

〈"批判理论"如何穿越孟子伦理学——罗哲海的儒家伦理重构〉（2014）

此文称（页 133—134），《轴心时期的儒家伦理》第 13 章〈为道德寻找基础〉重点讨论了孟子的性善论。儒家并没有像前儒家文献那样"强烈地从超越性的上帝、天那里为伦理学寻求终极凭据"，因为"儒家的'道'是由自行主动培养，而非通过任何天国（宗教论述）或本体论（形上学话语）的规范来预先定位"（页 133）。"在为道德寻找基础时，孟子其实并不满足于把他的道德准则置于尘世之外，而是想利用上天赐予人类'天性'的说法，将那个较高的道德领域移置于人的身上。"（页 133）孟子发现"人类具有不依赖传统，仅依靠自身而发展出道德的可能性"，执政者如果没有从人类具有道德潜能的角度来运作政治，那就是"罔民""率兽食人"，尽管孟子的论证逻辑存在缺陷（类比不当，混淆事实与价值等）。

其他资料参 Heiner Roetz，"Confucianism between Tradition and Modernity, Religion and Secularization：Questions to Tu Weiming," *Dao*，Vol. 2008，No. 7，pp. 367 – 380。此文主要探讨杜维明"精神人文主义"及多元现代性问题。

137. Lee H. Yearley（李耶理，1940—　）

【文献】（1）Lee H. Yearley，"Mencius on Human Nature：The Forms of His Religious Thought," *Journal of the American Academy of Religion*，Vol. 43，No. 2，1975，pp. 185 – 198.

（2）Lee H. Yearley，*Mencius and Aquinas：Theories of Virtue and Conceptions of Courage*，Albany，N. Y.：State University of New York Press，1990.（书评参 Heiner Roetz，"Review," in *Bulletin of the School of Oriental and African Studies*，Vol. 56，No. 1，1993，pp. 174 – 76.；中译本为施忠连译，北京：中国社会科学出版社，2011）。

"Mencius on Human Nature：The Forms of His Religious Thought"（1975）

李耶理，斯坦福大学宗教学教授。他从宗教经验角度研究孟子特别是其人性论，提出了一种独特的价值判断说法来解释孟子性善论。他借用 Joachim Wach 关于宗教经验的表达方式理论论证认为，孟子"对于四端的直觉是一种宗教经验"（p. 190），对于人性善的经验可认为具有宗教性（p. 193）。因为他论证的善性具有"超越人的"（transhuman）"终极的含义"（ultimate referent）。所谓"终极的含义"，是孟子提出的、植根于性的善（仁义礼智），代表了人人皆可能有的"所欲有甚于生""所恶有甚于死"的价值，因而是一种终极价值。所谓"终极价值"，是指它足以摧毁一切其他价值、放弃一切其他义务、彻底改变人生方向（p. 191）。这不仅表现为孟子不吃呼与之食的例子，还表现在孟子关于舍生取义（《孟子·告子上》6A10）的论述中。

Joachim Wach 认为人们表达其宗教经验的方式有多种，如神话、理论、信条（dogma）、注经、教义、赞美诗等，前三者尤其是该文关注的。他认为孟子涉及了从神话、理论和信条三个方面的宗教经验表达。（1）孟子用讲故事的方式代替神话的宗教表述方式，这是更加发达的宗教思维。孟子所讲的故事包括历史人物、想象故事（如孺子入井、饿乞拒食）。（方按：正因为是宗教经验，所以故事比逻辑更有用）（2）与齐宣王、告子等人，特别是告子的争论，通过反驳人性有善有恶、无善无恶、时善时恶的观点，建立某种对于性善的理论表述。（3）信条（dogma），他认为信条与孟子的关系相对来说较小。这里他对 dogma 作了界定，认为宗教 dogma 传统在中国从未像在西方那样获得良好的发展（p. 195）。所谓 dogma，是指在各种不同的论断（propositions）中明确选择一个或几个自己相信或认为正确的论断。因此，它带有明确的排他性和针对所有人的普遍性。比如孟子宣称人性是善的，是一种信条式论断；孟子认为如果没有四端之心，就"不是人"或"非人也"。按照他的论述，孟子是发现了人的一种终极价值，以此价值为基础提出人性善的观点。

方按：李耶理的论述很有新意，进一步坐实了儒家人性论的宗教性特点，而非典型的哲学思维。李本人也说孟子人性善的"论断"（proposition）"不是哲学推导"（philosophic deduction，p. 192），并称孟子的论述不是一般意义上的，而是对于可怕、神秘而奇妙的人性的敬畏与惊奇（p. 192）。这一思路，比张岱年从人禽之别出发，以仁义等体现人高于动物的高贵与尊严来论证孟子性善论的理据，似乎更有说服力。

Mencius and Aquinas：*Theories of Virtue and Conceptions of Courage* （1990）

作者认为阿奎那所代表的是开放型宗教，孟子所代表的是区位型（locative）宗教。他所说的区位型宗教是指儒学不以死后超验世界为目标，而以回归人伦为目标。

该书将孟子与阿奎那的德性观进行比较。其中第 3 章第 2 节，"Mencius：Human Nature's Fundamental Inclinations as a Basis of Virtue"（pp. 58 – 62）专门讨论了孟子的性善论。他非常有意思地提出了讨论人性时的两种模式：发展模式（developmental model）和发现模式（discovery model）。所谓发展模式，是认为德性是一个人在营养充足且不受伤害的情况下自然可能发展出德性的能力（capacities）。所谓发现模式，是对人的"存在现实"（ontological reality）的发现。

他说，在发现模式中，人性是指一组通常情况下被遮蔽、有待触及或发现的恒常特征（a permanent set of dispositions）。人性并不是培养出来的，而是某种隐蔽的"存在现实"（a hidden ontological reality）。对于所谓的"存在现实"，他强调并不是生物学意义上的，因为生物学意义上的特点并不能反映人的恰当处境；所谓"存在现实"是指"真实自我"（the true self），它是对于所有人来说共同存在的现实，是"一种基本的、不变的和'非个人'的现实"（a fundamental, unchangeable, and "apersonal" reality. p. 60），它常常被错误的情绪和感觉所遮蔽。因此，寻找它并不是指植物通过缓慢生长实现繁荣，而是指"获得一种让人触及——通常以即刻的方式——某种控制人们行为的根本的本质（fundamental nature）"（p. 60）。［方按：这里所讲的发现模式把"人性"理解为某种类似于"真实自我"的东西，当然绝不是通常意义上的事实判断（所以强调不是生物学意义上的），而是指非常类似于牟宗三所阐发的"性体"，也即傅伟勋、刘述先、李明辉等所讲的"超验真实"或超验呈现］在第 5 章结论部分，作者说发现模式"相信人们能挖掘出（uncover）一种超人的现实，从而完整地显示其特征（uncover a transhuman actualization that will completely inform their characters）"（p. 172）。

然而，他认为孟子所讲的人性不是基于发现模式，而是基于发展模式［他认为阿奎那也是采取了发展模式（p. 59）］。他说这是因为孟子认为人有某种能力，即只要培养得当且不受伤害，即可建立恰当的性格。（Mencius's model is developmental because capacities produce proper dispositions and actions only if they are nurtured and uninjured. If improperly developed, capacities either attain only a truncated form or become so weak that animating them becomes virtually impossible. p. 60）他宣称：

> 孟子采用发展模式意味着，他所谓的人性善，并非指一种隐蔽的"存在现实"，而是指人所具有的能力。于是，"善"就等于四端的呈现，后者能发展为人之为人的基本德性。正如他所说："乃若其情，则可以为善矣。乃所谓善也。若夫为不善，非才之罪也。"……对我们来说最重要的，是孟子对于如何从人的基本能力发展出德性的理解，即人们如何趋向或培养恰当的性格。［Mencius's employment of a developmental model means that when he declares human nature is good he refers not to a hidden ontological reality but to the capacities humans possess. Goodness, then,

equals the presence of those four sprouts that can grow into the basic virtues that define the distinctively human. As he says, "as far as what is genuinely (*ch'ing*) in him is concerned, a man is capable if becoming good...This is what I mean by good. As for his becoming bad, that is not the fault of his native endowment." ...Most important to us, however, is Mencius's understanding of how people develop their basic capacities into virtues; that is, how people direct or cultivate the proper dispositions. p. 60]

除了用孟子"乃若其情"（A6A）一章证明其观点外，他还引用了孟子宋人拔苗助长的故事来证明孟子采用了发展模式（p. 61）。他认为孟子在培养德性方面提出了一个重要概念（pp. 60 – 61）：一是推或达（extend），二是恕（attention），三是智（the understanding of resemblance）。

第 5 章"结论"部分称，孟子与阿奎那在人性论上的相似有：都认为人有既定的人性（humans have a given nature），都相信人的能力——或者得到了发展或者没有——定义了人性；都认为人性的特征由一种更强的力量来为它负责（方按：在其他处称其为一种神圣力量）。但是深入研究也发现二人不同，比如二人对此更强的力量如何作用于人性的方式理解不同，以及对人的自然能力（natural capacities）的脆弱程度及其如何展现的理解不同（p. 171）。

宗教性：孟子的儒学是区位型宗教（a locative religion），阿奎那的基督教哲学是开放型宗教（open religion）（p. 170）。

区位型宗教与开放型宗教之别（pp. 42 – 44）：开放型宗教是指，（人的自我）实现表现为超越任何特定文化、生前或死后上升到更高领域；区位型宗教是指（人的自我）实现表现为人们将自己定位于某种复杂而神圣的社会关系序列中。对于区位型宗教来说，宗教团体的分类和修行群体的突出化都不存在。人的自我实现体现在通过宗教—文化系统来沟通人们的生活意义、态度、行为及特定社会活动方式的过程中。孟子的区位型视角导致他重视和强调"礼"（propriety）的作用。

138. Francois Jullier（于连，或译朱利安，1951—　）

【文献】（1）Francois Jullier, *Fonder la Morale：Dialogue de Mencius avec un Philosophe des Lumières*，Paris：B. Grasset，1995. 中译本〔法〕弗朗索瓦·于连：《道德奠基：孟子与启蒙哲人的对话》，宋刚译，北京：北京大学出版社，2002。下面用中译本。

（2）韩振华、罗哲海：《轴心时期的儒学启蒙：与罗哲海教授谈汉学》，《华文文学》2012 年第 1 期。

（3）韩振华：《"批判理论"如何穿越孟子伦理学——罗哲海的儒家伦理重构》，《国学学刊》2014 年第 3 期，页 133—140、144。

《道德奠基：孟子与启蒙哲人的对话》（2002）

于连属文化相对主义阵营，反对共同本质、万有普遍性，突出中西差异而不是中西共通；以问题为切入点也以问题为归宿，不求得出普遍结论，特别有趣的是比较孟子与卢梭、康德、叔本华等人；分析了人性善恶问题等，认为孟子性善是讲一种道德潜能；认为孟子对法律、政治的工具意义认识不足，这是中国法治社会结构不健全的深层原因；"意志"在中国思想中的匮乏导致中国人重视责任而无视自由；于连与罗哲海均认为，孟子所谓的"性善"中的"善"只是一种道德潜能而已[①]。

◇ 道德应该有一个先验的基础

于连认为，<u>道德应该有一个先验的基础，否则只是为功用的目标服务，只能永远是相对的</u>。"只有两种对立的可能：要么道德只凭其功用而成立，但因此也就只能是相对的，要么它只能是无条件的理想。道德奠基，便是要为道德找一个先于经验而使之独立于经验的根据。或者是我们的天性（卢梭），或者是先验的实践理性（康德）。在这一点上，孟子也只能与他们英雄所见略同了。在中国，孟子首先提出了先天与根源的概念。"（页 38）他又说，孟子认识到，"任何人都具有合乎道义的先天之质——羞恶或怜悯等反应，不过是使之显露出来而已。康德所说的我们'无尽的道德宏愿'正是从这里产生的。孟子以人的自然善性为其学说之要点的原由即是在此"（页 38）。孟子论辩

---

① 韩振华：《"批判理论"如何穿越孟子伦理学——罗哲海的儒家伦理重构》，《国学学刊》2014 年第 3 期，页 133—140、144。罗哲海批评于连见韩振华、罗哲海《轴心时期的儒学启蒙：与罗哲海教授谈汉学》，《华文文学》2012 年第 1 期，页 118。瑞士汉学家毕来德（Jean Francois Billeter，1939—）批评于连见郭宏安译《驳于连》，《中国图书评论》2008 年第 1 期，页 8—27。此文内容相当丰富、全面，但没涉及于连对孟子性善论的理解问题，故下面不录；此文 2006 年初版于法国，2007 年修订再版，2008 年出中文版。

得出："道义之心乃是'天生'的。"（页43）另外，他说：

> 在中国思想中，人性没有以一个预先设定的绝对标准来加以规定，道德意识也没有依附于任何实体性的"灵魂"，所以对孟子来说，由羞恶、怜悯等反应来开掘道义之心，再以道德为唯一基础来定义人性是尤为重要的。（页45）

方按：所谓"预先设定的绝对标准"，如在康德哲学和基督教中，这是在超于人的领域；"实体性的'灵魂'"，如在笛卡尔哲学中，这是在人的领域。于连后面似乎认为西方人要以此方式来寻求道德的普遍基础。孟子则只能一通过类比推理，二借助"天道"思想。

他认为在孟子这儿，"道德只是作为一种预先的可能性而被视为天生的，人性'本'善——但'善'只是潜能而已"（页54）。他大抵认为，正如卢梭、康德所发现的那样，道德的基础一定是超越于经验的，不能在经验中、功利的实践后果中来寻找道德的基础。他说，荀子对孟子反驳的失败，"可以使我们明白，为什么一切功利主义的道德理论都不可能成立，甚至仅从逻辑的角度讲也是站不住脚的；换言之，就是说任何实证思想都不可能正确地理解道德。……用一句话总结起来，也就是说，道德不是权利"（页55）。荀子一方面从经验出发批评孟子，另一方面不得不承认人人皆知礼义，人人皆可以成为君子，"荀子虽是反对孟子，却一样也要预设某种向善的天性"（页54）。这一观点似乎与牟宗三等强调孟子的良心本心的先验性一致。

他认为荀子与霍布斯一样，都从纯粹的实践经验出发来理解道德，从而都发现人性为恶（页56—58）。另外，孟子与卢梭、康德的道德思路更加接近。"孟子的解决办法恰与我们的启蒙哲人康德、卢梭欲罢不能的那条思路契合。"（页61）相比之下，他似乎认为卢梭以先验为道德寻找基础的做法更接近于孟子，因为康德的道德律令是普遍的、"一刀切"的，不顾情境的具体性，诉诸绝对的普遍律，这与孟子所主张的"权""时"的思想很不一致。孟子主张回到自我的本性，回到自然的天性，回到良心和本心，而不是在完全脱离人的抽象普遍律令中寻找道德基础。康德的做法更接近于基督教传统。

作者也一再拿基督教作比较。基督教与孟子都认为，失去最初的美好本性才为恶。但是差别在于，基督教认为"人有两个天性，失去了最初的那一个，令我们坠入了第二个，堕落的人性。我们自己是不可能恢复到原始状态的，要赎解亚当之罪，人类需要基督的帮助。而在孟子这边则不同，"人永远只有一个天性，人性本身为善……人只需靠自己找回本性，其自存之路（与宗教性的拯救不同）就总是伸手可及的"（页64）。"他无须等待什么天上的启示，也不用任何神助，只要保持住天生才能就可以了。要想不失其性，人只要不失去对良心的意识，使之常驻常现就是了。"（页65）他同时指出，这才是孟子不需要像西方人那样区分心理学意义上的意识（德文 Bewusst-sein）与道德意识（卢梭意义上的良心意识，德文 Gewissen）的原因所在（页65）。

后面比较康德的道德律令思想与孟子或中国道德思想的重要区别：康德重律令，重绝对的超越于经验的法则，反对机会主义或依情境而行；孟子则不然，"由仁义行，非行仁义"（《孟子·离娄下》4B19），一切依着我们的自然天性而行，反对把仁义当作外在的法则或规范来实施（页67—68）。"圣道就是顺应自然在我们身上的要求，那么圣人也就不能与身外的现实世界中自然动作的方式分享，因此他不能与这个世界的内在逻辑脱节。"（页68）他举孔子"可以仕则仕，可以止则止"为"圣之时者"，及孟子"权"的思想来说中国道德思想不主张"一刀切"式的规则主义。（方：孟子反对"执一"）

◇ **中国思想的局限**

他在总结中国思想的局限时说，中国思想依旧徘徊在两个极端，要么是一切以道德为基础来延伸，要么是什么道德都不要，从而不能认识道德与法律的互补性，中国人发展出了非常精妙的道德思想，但缺乏"法治社会结构之健全（通过契约与法律形式）"方面的思想（页58）。

孟子及中国思想的逻辑思辨性弱：孟子与对手关于人性的论战，完全是以类比的方式进行的，没有任何西方人习见的逻辑工具，如型、类、本质、特征、主体、客体等概念。孟子所说的"内"（义内与义外），他认为有"模糊指称的内容"，"我们要以意志和（康德意义上的）动因等范畴来理解。总的来说，中国思想在此反映出了它难以把握道德动因之个人性的弱点，这使我们看到了这一思维模式思考生存之超个体的便利所带来的负面（或者是负担）结果"（页43—44）。所谓"难以把握道德动因之个人性的弱点"，脚注曰："见《告子上》四章'悦'一词指称个人动因之模糊性"（页44）。（方按：因为孟子所讲的"内"是同时包括 mind 和 heart，在中国人看来这种感受与理智并行的思维很正常，但在西方人看来，这种思维模式导致目标不清晰。"悦"作为一种感受，是非理性的，不应作为理性判断的基础）他又说，孟子没有确立一种理性的自我实体（如笛卡尔的自我），也就没有办法合逻辑地提出具有普遍意义的道德。"既然孟子没有确定一个主体我的范畴，又不具备任何人性的神学—本体论标准，那么他不可能马上就建立起道德意识的普遍性。"（页44）所以孟子所建立的道德普遍只是借助于类比，逻辑上并不严密。

〈轴心时期的儒学启蒙：与罗哲海教授谈汉学〉（2012）

罗哲海批评了于连强调中国的特殊性，但没有涉及后者对孟子性善论的解读。罗认为特殊性已经成为过去。

〈"批判理论"如何穿越孟子伦理学——罗哲海的儒家伦理重构〉（2014）

韩振华对于连的评价，说它"属于文化相对主义阵营"，反对不同文化有共同本质的观念，但同时主张对话，以问题为楔子和旨归。他认为，罗哲海与于连皆认为"'道德何以奠基'是一个普遍性的问题；孟子在为道德寻找基础时，并不过多求诸超越性的'天'（因而不是宗教式的），亦不从本体论角度入手，而主要是从人的自然本性中寻找根据。又如，他们都认为，孟子所说的'性善'，此'善'只是一种道德潜能而已"（页138）。

于连认为，"意志"由行动中的人发出，最终抵达"自由"。"而中国思想的出发点是潜能及其具体实现化，表现为一种行为演化论，关心的是'如何'行为，最终抵达的是'自然'。"（页138）该文还指出，于连认为"主体性"观念与西方漫长的宗教与思想史有关，用它来解释孟子存在"扞格难通"的问题（页138）。（方按：这些总结均可从中文版《道德奠基》一书中找到证明）

139. James Behuniak Jr.（江文思，1969——　）

【文献】James Behuniak Jr.，*Mencius on Becoming Human*，Albany：State University of New York Press，2005.

Mencius on Becoming Human（2005）

本书的基本观点是认为人性没有先天预设的固定本质，反对从本质主义（essentialist）或目的论（teleological，end-driven）的角度理解孟子的人性论，认为孟子及其同时代中国人的人性论（以《郭店简》为例）都是"过程取向的"，主要是指在特定的环境条件下与各种外在因素相互作用的结果，被作者称为开放的动态过程（left openvirtue of the dynamics of self-expression，changes in conditions，and creative advance. p. 21）。孟子的基本议题应是指现有环境中"如何成为人"（becoming human），这一点他在后记中也结合现代人的命运提到了。他在后记中结合"9·11"事件强调了孟子的这一思想在现代社会中的重要意义，讨论了现代人不顾及他人感受和生命需要的可悲现实。

本书的基本结构分为五章：

第一章为宇宙论背景；

第二章为心的作用（role of feeling）；

第三章为家庭与道德成长（family and moral development）；

第四章为人之性（human disposition）；

第五章为推行人道（advancing human way）。

从这五章的结构可以看出作者的一贯思路，第一章是宇宙论，确定中国人的宇宙论是过程取向的气化宇宙论，与西方人的本质主义宇宙论迥然不同；然后是人性论，以"心"为中心，讨论了气、性、心三者循环作用过程，是气化宇宙论的一个产物；然后是家庭，家庭的重要性在于它是孟子说明人格成长的最基本起点，是四端的来源，有了这一基础就可以讨论性善论了，性善非指人性天生就善，而是可以造就为善；最后，性善论的最终目的为说明成为人的过程、成为人的现实就是一套仁政学说。

◇ **中国人的宇宙观**

在讨论中国人的宇宙观时使用了气、形（shape）、势（propensity）、德（qualities）等概念。

着重强调了中国人的宇宙观是过程取向（process-oriented）的，没有先验的本质或预设的终点，过程就是一切；所谓过程，就是身体与环境交互作用中不断地塑造和重塑的过程。因此，每一个事物都不是孤立或独立的实体，也无绝对的来源或目标。《道德经》《周易》《庄子》中均不乏这种"气化宇宙观"。他特别强调的是中国人的宇宙观与西方宇宙观的本质区别。

◇ **孟子的人性论（pp. 73 – 99，129 – 132）**

作者在书末特别强调，孟子的人性概念是过程取向的，绝不能用任何本质主义或目的论（essentialist or teleological）的方式来理解，具体来说，孟子并不预设人性发展的先验的目标或绝对的本质。他明确强调，任何把人性看成人人完全一样且任何时候都从本质上是善的，都是陈腐的哲学（any stale philosophy that declares humans essentially the same and essentially "good" for all time）。

作者的基本观点是：孟子的人性并不是指任何先天决定的、一成不变的本质（essence，nature），而是在人与历史、文化、社会因素的互动中成长、变化的过程；尽管人与人之间有许多共享的特征（traits），但是每一个人都是独特的、不一样的，其最终的样式也是完全开放的，不可能由人为设计或规定；在人性的这一过程中，真正影响它的因素包括它从前的经历和后来的处境；人性的这一成长过程不仅是在与环境的交互作用中完成的，而且是一个自发的过程，不能把人为的目标或主观的设想强加于它（反对专制）。所以他把孟子的人性概念翻译为 disposition，完全抛弃了 nature 的译法（他援用了不少《郭店简》尤其是其中〈性自命出〉材料来支持己说，引用的现代支持者包括葛瑞汉、信广来等人）。正因为如此，孟子特别强调后天培养的作用。后天培养的过程，即养性，也即孟子所谓"成为人"（becoming human）的过程。

他特别强调在人的成长过程中，有一个决定性的因素导致它有善端，即家庭（书中第三章专门讨论家庭和亲情）。家庭是亲亲之爱的场所，而四端之心也正是在家庭中培养出来的。这样一来，所谓"人性善"是指人能为善（p. 83）。他说：

> 孟子解释道，人因为情感而能变善。他认为这就是所谓"善"。……当孟子讨论善性时，他也在讨论导致善性的环境之势。（p. 83）①

从孟子儒学的角度看，诞生于家庭中的人性在道德和社会意义上是善

---

① 原文：Mencius explains that as far as one's emotional content is concerned one is capable of becoming good（shan）. This, he says, is what he means by "good." ...if Mencius is talking about about a "good" disposition, he is also talking about the propensity of circumstances under which it is so.

的。亲情之爱（family affection）构成了人性的初始条件，人性有在其中发展出更牢固的人际关系（仁）和更完善的道德感（义）的倾向。（p. 79）

他引用孟子"乃若其情，则可以为善矣，乃所谓善也"（6A6）一句，强调孟子所谓的"性善"并不是抽象地讲，而是有条件地讲，即在"情"（包括喜怒哀乐等情感）形成的情况下，并且是在命、性、势、情四者交互作用中变成善的（p. 83）。情是中性的，无所谓褒贬。（方按：这样一来，性善就是指"性能善"。）他甚至把"人性善"译成"人性是有作为的（productive）"（p. 80）。（关于性善的专门讨论见 pp. 80 - 86）

在解释孟子"不虑而知、不学而能"这话时，他认为这是指在有了家庭、亲情的培养过程中，人性自然会变成"不虑而知、不学而能"（《孟子·尽心上》7A15）。（p. 74 以下）

◇ **心与内外问题（pp. 23 - 46）**

他强调，心能自发地发生感应（resonance），但感应并不是刺激—反应模式，后者预设了绝对时空中客体之间的因果关系模式。

气、心、性循环互动：气为基础，心为根本。心与性互动，故存心即养性。在气的基础上，通过养心来养性；养成浩然之气后又反过来作用到心。性是气支配下体用无间的过程。心是道德（义）的标准，但心的道德情感来自家庭，心的道德判断来自自反。（参 p. 40，p. 46，etc.）

他认为，人格成长类似于植物生长，不是按照某种外在标准人为地塑造出来的，而是无内外之分的、身体与环境之间连贯互动的过程。孟子从未说过"心"是内在的，心的功能在于身与环境的互动中。他多次强调（特别是导言和后记中均提到了孟子庙中的诸多植物形状，以此说明孟子植物之喻）孟子一再引用植物来比喻人的成长过程，这一植物成长模式是超越内外二分模式的。人性的成长过程正因为这样也不能用内外二分来理解，孟子并没有说过义是"内"，只是反对把"义"当作外而已。（参 pp. 38 - 41. etc.）（方按：如果把"心"当成是"内"，导致认为心中的情感来自某种内在的本质或某个实体似的，实则心的内容也是有关于环境的、来自环境的。）

他把"理"译成 coherence，把"诚"译成 integrated/integrity，养性过程也就是恢复人与环境的协调、和谐，由此也容易理解无内外之义。内外模式接近于刺激—反应模式，预设了人性有一个先天、固定的内在本质，与某种外在的、同样不变的实体进行互动。而实际上，在中国式的气化宇宙观中，无论是人性还是环境，都是处在历史、文化、社会的塑造和再塑造的不间断过程中的。按照《乐记》，如果出现了内外分裂，那是人的欲望与环境发生冲突的情形，需要做的就是通过"存心"认识到自己的不足，从而恢复人与环境的协调，即 coherence。（pp. 42 – 45，etc.）

他说，孟子以"心"为义，也即道德的标准（心有四端），那么心之标准又从何来的呢？他说根据孟子，心是通过"自反"获得道德判断标准的。由此可见，孟子的学说绝不是从抽象理论的角度论证道德的基础（而是从实践过程来论证道德基础的），这是贯穿全书的基本思路。（pp. 44 – 45）

方按：江文思坚持孟子只是反对告子义外，并不曾主张义内或仁义内在。这一说法似与孟子本人所主张的"仁义礼智非由外铄我也，我固有之也"（告子上）相矛盾。又孟子"仁义礼智根于心"，心有四端之类，中国当代学者一般均认为指仁义礼智内在于心，故有所谓"以心善说性善"。另外，江文思认为孟子所说的性主要是后天的产物，特别是家庭的产物，表面上看似乎也能说得通，但若与先秦、秦汉各家论性，特别是中庸、荀子、董仲舒等人以天生为性，显然不可说性是指所谓"有一定文化成就的人"（安乐哲语）。

◇ 术语（参 pp. xx-xxvii）

性：disposition（名词），to cultivate as disposition（动词），"人性"译为 human disposition，估计是借鉴于安乐哲之启示；

心：feeling, human feeling, heart-mind（作者说，"心"在《论语》中只出现了 6 次，在《孟子》中出现了 119 次，经常尤其是第 2 章使用 feeling 这个译法，这是从"心"作为 heart 之义而来，这一译法在理解"四端"时似颇有力，但显然在理解"心之官则思"时完全无力。作者介绍，W. A. C. H. Dobson、里雅各和陈荣捷也曾在不同场合用过这一译法，feeling 的译法避免解剖学的含义。他认为心之官之"思"只是使感觉获得感觉的内容，因为《大学》中说"心不在焉，视而不见，听而不闻，食而不知其味"，而所谓"正其心"就是"身无忿懥、恐惧、忧患、好乐"。pp. 26 – 27）；

命：conditions（称其为"conditions"or"circumstances"under which those events proceed, conditions that "forces" mandate，将《郭店简·性自命出》译成"*Dispositions Arise from Conditions*"（方按：诚然一个人的环境不是己力所

为的，但是否等于说天命就是指它的生存环境呢?);

义: appropriateness（认为孟子并不是从内或外来理解义，而是从诚来理解义，这样一来，也常常被指"合适""恰当"）;

诚: well Integrated, integration, integrity（这样一来常常被用来指与环境协调、一致。这与将"理"译为 coherence 一样，与其在 pp. 43 - 45 论"心"的部分删除，共同说明孟子不区分外内）;

兼爱: impartial concern;

气: configurative energy（气是一种有塑造力、配置力的能量）;

天: forces（作者称其为 "forces" or "broadest set of interlocking patterns" within which events proceed; 作者曾引庞朴论"天"之义为自己作证，见 p. 104）;

道: becoming, the most productive course（后者是把"道"作为一种规范的褒义来使用，他说孟子把墨子的道说成了此义，古人讲道时确实多是从褒义、正面的角度来讲的）;

德: character, force of character, quality（quality 的译法表明作者认为德是"人的性质"，即人性。因而与他把人性理解为一种成长、塑造的过程一致）;

仁: associated humanity;

志: aspiration;

用: functions（用"体用不二"来说明中国古代的宇宙论或世界观是过程取向的，参 pp. 17 - 21）;

势: propensity;

情: emotion（尤其是孟子"乃若其情"的"情"，也译为 emotion）;

理: cohernce。

140. Yu Jiyuan（余纪元，1964—2016）

【文献】Yu Jiyuan, "Human Nature and Virtue in Mencius and Xunzi: An Aristotelian Interpretation," *Dao: A Journal of Comparative Philosophy*, Vol. Ⅴ, No. 1, Winter 2005, pp. 11 - 30.

"Human Nature and Virtue in Mencius and Xunzi: An Aristotelian Interpretation" (2005)

◇ 基本思路

本文的基本思路是分析荀子与孟子人性论差异的根源，认为他们均是为了回应时代思想的挑战，基于二人对于天人关系的不同理解，而有不同的人性论。文章最后用亚里士多德的人性理论视角来看孟、荀二人，认为亚氏的人性理论与孟子更接近。作者的总体倾向是从亚氏立场来为孟子人性论辩护。他认为孟子的人性论今天多被人认为过于理想，不够现实，这是受现代西方人性思潮的影响，这一思潮倾向于把人看成自私的动物。其实孟子人性论的实质在于发现了人性中存在善的成分，而此成分恰恰决定了人不同于动物的地方。孟子与亚里士多德的共同之处在于均从人高于动物的地方看人性，并由此找到了道德/伦理学的人性基础。

具体来说，他认为孟子与孔子一致，均认为人道是天道的具体体现，鉴于同时代杨朱、墨子等人从人性论立场出发来论证为我主义或功利主义，孟子必须从人性论立场出发说明儒家的道德理想，并从而把孔子之（天）道建立于人性的基础上。荀子认为天与人可分，不把人道看作天道的具体体现，不以天为人间秩序之源。他面对的主要问题是如何论证礼作为人间秩序之源，发现孟子的人性论容易忽视圣人与礼制，所以要批判孟子。荀子的人性论是为礼制立论的。但荀子的人性论存在自相矛盾或不一致的地方。一方面他说人性恶，另一方面他说人性中存在是非观念，人有辨别道德的质或具（pp. 14 – 15）。总之，荀子有时从人的感官欲望的角度讲性，这时他是从人与动物共有属性的角度讲人性；有时从人与动物不同的角度讲性，这时他与孟子并无区别。他之所以反对孟子，是出于他的理论需要。

本文的新意在于对亚里士多德人性论的揭示和比较（pp. 25 – 29）。他指出亚氏对人性善恶的看法模棱两可，但是他重视人高于动物的官能——human function（*ergon*），并以此为人之所以为人的标准，这与孟子一样，均是从狭义上理解人性。亚氏在《尼各马可伦理学》中尤其强调了人与其他生物的区别（NE 1097b33 – 1098a3）。亚氏认为人的官能在于理性活动；人类的善（即 *eudaimonia*）就是灵魂与德性相一致的活动；人的官能之所以与德性相连，是因为官能的全面实现依赖于德性。（pp. 27 – 28）（方按：葛瑞汉和冯友兰也讲到了亚里士多德有关潜能与现实的思想，以及人高于动物的地方。）

◇ **对孟子人性论的定位**

余纪元对孟子人性论的理解非常典型的从人禽之别出发。他认为孟子虽然知道人性是多种因素的复合体（the human nature itself is a complex），有善也有不善，但是当他提出人性善时，他所指的是人性中善的成分，即人高于动物的地方，即人的道德性。换言之，孟子所谓"性善"并不是针对人性的复合总体而言，而是针对其中人高于动物的部分而言，即"四端"。他认为，孟子之所以这样做，是因为正是这一部分才真正代表人高于禽兽的地方。他说：

> 当孟子宣称人"性"（xing）善时，他指的仅仅是人性复合体中的一部分，即由四端所构成的那部分。（p. 13）
>
> 孟子从人性复合体中选出这一部分（来说人性善），是因为它决定了人之所以为人（a human being qua a human being），从而把人与其他动物区别开来。（p. 14）
>
> 因此，当孟子说人性善时，他是指人独有的特征，不包括人与其他动物共有的特征。（p. 14）

作者所举出的理由包括 7A21 "君子不谓性"一段、6A8 "无恻隐之心……非人也"一段等。他认为孟子所使用的"人性"有两种含义，一种是指一切天生的特性（whatever is inborn），另一种是指人天生就有的特性（the inborn human characteristic）。当他讲性善时，他所使用的是上述第二种，即狭义的人性概念。（p. 14）

◇ **描述"人性"的术语**

性：Unlearned natural or inborn qualities；inner constitution；our original human makeup or constitution；special human characteristics（p. 15）；its original constitution or tendency apart from human intervention；natural endowment；an inborn feature for human beings；

质：The innate and natural faculty；

具：The innate and natural ability；

感官欲望：Sensuous desires。

141. Stephen C. Angle（安靖如，1964—　）

【文献】（1）Stephen C. Angle, *Sagehood：The Contemporary Significance of Neo-Confucian Philosophy*, NewYork：Oxford University Press, 2009.（本书中译本为《圣境：宋明理学的当代意义》，吴万伟译，北京：中国社会科学出版社，2017。文中凡引中译本皆注明。）

（2）〔美〕安靖如撰、马俊译：《责任心是美德吗？——美德伦理学视域下重思孔孟荀的主张》，《文史哲》2019 年第 6 期，页 148—165。

Sagehood：The Contemporary Significance of Neo-Confucian Philosophy（2009）

本书由"关键词"（圣、理、德、和）、"伦理学和心理学"、"教育与政治"三部分组成，集中探讨了儒家以"圣人"为追求的最高理想。书中将儒学的核心概念置于中西比较的语境下，更丰富和突出了这些概念在儒学中的特殊含义。兹举两例便可看出作者对儒家圣人观的理解之深刻与贴切："圣境的关键是人们能够轻松自然地按照道的要求行动。"（中译页 31；a key to sagehood is a transformation such that one is able to effortlessly follow the Way. p. 1. 14①）"从根本上说圣人是人。当然，圣人是特殊之人，在有时候表现出了普通人似乎无法理解的神秘性，但他们毕竟是人，正如他们所看到的那样，这正是宋明理学的核心承诺所在。"（中译页 31；Sages are exceptional humans, to be sure, and may sometimes appear to bemysterious, beyond the ken of ordinary people. p. 1. 14）值得注意的是，作者在文中引用了大量中国大陆学者的研究成果，这在以往的汉学家那里是极为少见的，足见作者对于中文世界学术前沿的重视，这在一定程度上体现了作者研究的深入。

另外，作者提出了"进步儒学"（progressive confucianism）的概念，与当前流行的各种儒学思潮，尤其是"自由儒学"（liberty confucianism）进行对话。"进步儒学"无疑是一个更为包容和开放的概念，正如作者所定义的：

---

① 此书英文原版未按照一般书籍采用连续编页的方式，而是将每一章作为一个独立单元重新编页。为方便查询，引者标为 p. 1. 14 即表示第 1 章第 14 页。余皆如此。

"进步儒学是一种对于儒学传统的不断发展的承诺，它重视批判性吸收现代性对于我们多元社会的独特影响。"① "进步儒学" 可以从两个方面来理解：从整个儒学来说，它在继承传统的基础上批判性吸收现代性成果，因此是一种 "有根的全球哲学"（rooted global philosophy）；从儒学内部对于道德主体的人格和境界的期许与承诺来看，相信每个人具有道德提升的动力和能力，因此也可以称为 "进步儒学"。

◇ **早期中国的 "德" 概念**

作者对 "德" 之本义、先秦之德和宋明之德都作了总结。在这里，我们着重讨论其对 "德" 之本义和先秦之德的论述。首先，安氏将 "德" 作为 "桥梁概念"（bridge concepts）与希腊语 "*aretē*"（优秀性和美德）进行了对比，认为二者意涵颇为相近。作者认为发源于亚里士多德的德性伦理学关注道德主体的品质以及美德，这与儒学具有相似性和可沟通性。由此引申到对圣人的理解，认为圣人之德并非出于自我约束或克制的结果，"这种性格来自平静安详的内在状态而非自我控制的结果，圣人对复杂的道德情景作出反应的轻松自然正是贯穿理学始终的主题"（中译页 67；p. 3. 3）。

在对早期之德的探讨中，我认为作者对 "德" 的探讨可分殊为三个层面。

（1）由天及人，即最初的 "德" 是和 "上帝" "天" 等宗教崇拜有关的。"最初与宗教崇拜和天的紧密联系开始松弛，德越来越多地被理解为内在的、个人的成就。"［中译页 68；This evolution is one in which an initial tight connection to religious worship and *tian*（"Heaven"）is loosened；over time，*de* increasingly is understood as an internal，individual accomplishment. p. 3. 3］

（2）由君主到普通人，对于其中的演变过程，作者没有给出详细论证，但对君主之德的强调是倪德卫的一个观点，作者应当是受到倪氏的启发。"演化的另一个趋势是关注的焦点从最初集中在君主之德转向值得钦佩的普通人之德，虽然君主之德的范式从来没有消失。无论是君主还是普通人，有德之人都对他人产生魅力和影响力。"（中译页 68；An individual with *de*，whether a ruler or common person，manifests a kind of charisma or power to influence others. p. 3. 3）

（3）由外到内，作者引用了《郭店简·五行篇》（战国前中期）的内容，强调 "德" 的内在转向。"德的最初意思和后来意思都和同源词 '得'

---

① 〔美〕安靖如撰、胡晓艺译：《用进步儒学取代自由儒学》，《哲学探索》总第 2 辑，页 230。

（意思是获得或得到）密切相关……后来，重点集中在人们从内心获得德：也就是个人心理变化，……‘仁行于内谓之德之行；不行于内谓之行’。换句话说，如果这个行为是受到外来威胁或出于别有用心的动机，即使看起来令人钦佩，也是平常行为，只有产生于内心的行为才能成为德。"（中译页68；Only behavior that springs from one's inner heart counts as *de*. p. 3. 4）

〈责任心是美德吗？——美德伦理学视域下重思孔孟荀的主张〉（2019）

本文从"责任心"与"美德"两个核心概念入手，着重探讨了先秦儒家的伦理思想。如果将此置于中西比较的视域，强调"责任心"无疑更接近康德义务论的传统，这在港台新儒家及其后学那里极为流行；强调"美德"则更接近于亚里士多德的"德性伦理学"传统，这在 20 世纪 70 年代后的美国呈复兴之势，受英语世界影响，国内近年来有很多学者主张从"德性（美德）伦理学"着手来解读儒学传统。不管如何，中西比较都是必要的，正如作者所言："跳出西方传统，可以为西方哲学家们提供一个检验自身的有益视角。"（页 149）对于该文，有学者认为过于割裂了美德和责任心之间的联系，夸大了责任心的负面作用。[①]

在本文中，尽管作者对于孔子和荀子有很多精微而深刻的分析，但我们主要集中于对孟子的探讨上。

◇ 尽责与道德之间的边界

作者认为孟子表达了对于"尽责"的隐忧，因为这可能会导向"乡愿"，即表现出某种"道德伪装"（semblances of virtue）。孟子竭力批判乡愿行为，认为"乡愿的问题在于他们促成和鼓励了一种只谈责任不谈其他的习惯，并且他们这样做的结果，致使社会群体所理解的责任太过狭隘，无法为个人或社会带来真正的道德进步"（页 151）。

作者援引孟子"人之所以异于禽于兽者几希，庶民去之，君子存之。舜明于庶物，察于人伦，由仁义行，非行仁义也"这一句话，并展开分析，认为"孟子的意思是，确实有必要将仁爱付诸实践，但是仁爱的行为须以一种自然的方式从仁爱之心中产生"（页 151）。也就是说相比于责任、规范等外

---

① 何中华：《美德与责任心是二分的吗？——与安靖如先生商榷》，《文史哲》2019 年第 6 期，页 156—158。

在义务，孟子更强调道德的内在自觉，这种道德的内在自觉容不得丝毫的勉强，也就是作者所强调的"仁爱的行为须以一种自然的方式从仁爱之心中产生"，这一点深刻理解了孟子"仁义内在"的观点。［闫按：按照安氏的这种分析，他明显地倾向于儒家伦理更接近于美德伦理，而非康德义务论（强调为义务而行为，换句话说，强调责任心的重要性）。如果是这样，牟宗三以康德来会通儒学和西方哲学岂非南辕北辙？］

安氏显然看到了孟子思想的重要性，他指出孟子所说的"服尧之服，诵尧之言，行尧之行，是尧而已矣"是孟子的随机施教，是针对曹交一人的，而非一种普遍性的主张。（页152）（闫按：亦有学者强调儒家伦理的情景性，称之为情景伦理，这又陷入了"边见"。如果儒家伦理没有其普遍原则，仅强调情景性，用儒家自己的话说，只有"权"而没有"经"，这无疑降低了儒家伦理的品质，不是正如同黑格尔所说的一堆道德训条吗？）安氏分析曹交的案例时说："一个人用心地模仿尧并希望这样的善行和深层的转化将会随之而来。"（页152）也就是说，孟子最终的目的还是强调一个人的道德自觉，由内而外的自然而然的行为，而非为了某种责任而勉强去做。

（闫林伟整理）

142. Bryan W. Van Norden（万百安，1962—　）

【文献】（1）Philip J. Ivanhoe & Bryan W. Van Norden, eds., *Readings in Classical Chinese Philosophy*, second edition, Indianapolis/Cambridge：Hackett Publishing Company, Inc. 2005（其中孟子部分为 Van Norden 所写）。

（2）Bryan W. Van Norden, *Virtue Ethics and Consequentialism in Early Chinese Philosophy*, 1st pbk. ed., Cambridge：Cambridge University Press, 2007.

（3）Bryan W. Van Norden, *The Essential Mengzi：Selected Passages With Traditional Commentary*（Abridged ed.）, Indianapolis, Ind.：Hackett Pub. Co., 2009.

（4）Bryan W. Van Norden, "Mengzi and Xunzi：Two Views of Human Agency," in *Virtue, Nature, and Moral Agency in the Xunzi*, T. C. KlineIII. & Philip J. Ivanhone, eds., pp. 103 – 34, Indianapolis：Hackett Publishing, 2000.（discussion of the role of desires and other emotions in Mengzi and some other early philosophers.）

（5）Bryan W. Van Norden, *Introduction to Classical Chinese Philosophy*, Hackett Publishing Company, 2011.

万百安对性善论的解读，基本上继承了葛瑞汉，强调先秦两种不同的人性概念，一是内在的人性观（the innate conception of *xing*）（2007：202①），二是发展的人性观（the developmental view of *xing*）（2007：202），后者才是孟子的人性观。而对于发展的人性观，他的理解有模糊不清之处。他有时称性为事物在良好环境（比如植物营养充足、不受伤害）下成长过程中自然会发展出来的那些特征（比如植物结果）（2011：75，76；2009：138），但有时又称其为在良好环境下生存、成长和发展的方式（2009：xxiv；etc.）。这两者其实是有区别的，前者仅针对事物的具体特征尤其是道德萌芽的成长过程，后者则针对事物的总体成长过程。于是，在讨论人性善时，他仅仅局限于讨论人的道德萌芽（四端）的成长过程，而不是讨论为善对于生命总体的健全成长过程的关系。按照前一种理解，道德是人内在具有的四端的自然发展走势；按照后一种理解，道德符合生命总体健全成长的要求。

对于孟子的性善论，他在 *The Essential Mengzi*（2009）中概括得非常清楚。他说，"孟子以一句口号来表达自己的立场，即'人之性善'。他的意思是，人具有内在和最初的道德倾向，此倾向在良好的环境和道德引导下可以发展起来"（2009：xxv）。在 *Virtue Ethics and Consequentialism in Early Chinese Philosophy*（2007）中，他的说法类似："孟子主张人性是善的，他的意思是，人具有内在的向善的趋势（innate tendencies toward virtue），后者会在良好环境和道德修养（ethical cultivation）下发展起来。"（2007：203）〔方按：这一说法有可疑处。如果孟子的性善是指道德"在良好的环境和道德引导/修养下可以发展起来"，岂不成了环境决定论了，特别是"道德引导"（ethical guidance），本来就是人为努力。当然作者并不是这个意思，他只是强调有了好的环境人性会自然而然地发展出道德来，他也强调了孟子以道德内在于人性来

---

① 本章开头将作者上述的多个论著合并引用，为区分起见，采用著作年来区别。如"2007：202"指 Bryan W. Van Norden, *Virtue Ethics and Consequentialism in Early Chinese Philosophy*（1st pbk. ed., Cambridge：Cambridge University Press, 2007）这本书。接下来各节，对于非本节作者书的引用也以同样方式标注页码。

反驳杨朱和墨子。但是他的表述方式至少从字面上让人产生上述决定论嫌疑。而且，强调环境和道德修养的外在条件，合乎孟子性善论本意吗？我们知道，道德的培养在《孟子》中主要并不是环境良好与否的问题，而是人的主观人为努力的问题，即所谓"存心""求放心"的问题。作者说法的最大症结在于以植物比喻人，植物之性确实是成长中自然而然地展现的，但人却不一样，何谓人的自然而然的成长是无法定义的。进一步讨论见下。］

Readings in Classical Chinese Philosophy（2005）

本书为一部先秦若干代表人物的论著选读，所收包括孔子、墨子、孟子、老子、庄子、荀子、韩非子，附录公孙龙子和杨朱学派（Yangism），其中孟子部分为万百安所写。全书附录有四，分别为"重要人物"（政治家）、"重要时期"（三代至汉）、"重要经籍"（六艺）和"重要术语"。比较有价值的是"重要术语"部分。本书在论述孟子人性论方面还不够充分，在后来其他书中才充分展开，尽管作者已接受了葛瑞汉对孟子人性概念的解读，以及葛对杨朱等人与孟子关系的认识。

◇ **性之义**

在"重要术语"（p. 393）部分，说：

> 古典时期的绝大多数思想家都把此词理解为生物在典型情况下的特征（the characteristics of a paradigmatic instance of the sort of creature that one is）（这与西方哲学作品中"nature"的含义之一很像，所以这么译）。这些趋势（tendencies）在提供了良好环境下更有可能得以展现。因此，柳树的萌芽有长成一棵成年柳树的趋势，但也可能会因缺水而死，或被用技艺手段包裹起来、长成一棵盆景。荀子主张性仅指事物固有的那些特征（the characteristics something has innately）。（p. 393）

这一理解非常有意思。作者将荀子的性概念与其他学者区别开来，认为荀子所理解的性概念指生而固有的静态特征，而其他学者则理解为生物成长的趋势（tendencies），即葛瑞汉所说的生物在营养充足、不受伤害的情况下的成长特征。可见其理解受葛瑞汉影响之大。事实上，作者的理解是片面的，性的本义就是如荀子所说，事物与生俱来、不可人为改变的特性。而理解为成长规律，只是这一本义基础上延伸出来的含义之一。因为，即便是"成长特征"或成长规律，也是一种与生俱来的特性。

nature（性）在后面作者常作复数，写作 natures（p. 115），我想因为他把性理解为特征、特性。杨泽波也曾强调类似观点（参本书杨泽波章），我认为这一看法无疑是正确的。

◇ **孟子人性论（pp. 115 – 117）**

在"第三章 孟子"（pp. 115 – 159）部分，作者在导言中除简单介绍了孟子生平和著作外，在思想部分基本上只介绍了孟子的人性论，共占约 2 页篇幅，大抵承葛瑞汉。

（1）孟子的人性论建立在对杨朱人性论的反驳之上。杨朱强调人当顺性（following one's *xing*），声称儒墨皆让人逆性（to act contrary to our natures），从而牺牲自我。（p. 115）（方按：这一说法从"杨氏为我"一语推出，杨氏并未说过顺性。）

（2）孟子同意杨朱"人应顺性"的观点，但反对"道德修养违背人性"（ethical cultivation must violate one's natures）之说，他在与告子的论辩中指出此一观点。他写道：

> 孟子反驳杨朱道，在我们的本性中确有原初的德性倾向（incipient virtuous inclinations in one's nature）〔《孟子》6A6。他常用"（四）端"（sprouts）来比喻这些倾向，把道德修养比喻为存养（四）端（《孟子》2A6，2A2，6A7 – 8）〕。孟子提出了各种证据来说明人有道德"端倪"，包括成人在不经意行为中所自发呈现出来的倾向〔比如齐宣王对于一头拉去屠宰的牛的同情心所体现的恻隐之心（《孟子》1A7）〕。还有"思想实验"〔比如让人回答一个正常人在看到一个小孩即将落井（《孟子》2A6）时或看到亲人的尸体在路边腐烂（《孟子》3A5）时的直观反应〕。
>
> 需要认识到，虽然（四）端的显露保证了人性之善（the goodness），但这并不意味着绝大多数人就实际上是善的。（p. 116）

作者下面比较多地论述了为什么孟子强调修养或人为努力的重要。最终，他指出，"孟子以特有的人性概念对墨子和杨朱进行了回应"（p. 117）。首先，孟子认为杨朱的人性概念内容贫乏〔an impoverished account of the contents of that nature（p. 117）］；其次，墨子是"普遍主义的效果论者"［univer-salistic consequentialism（p. 115）］，主张兼爱，同时重"利"（benefit or prof-it），包括国家利益，这些都是孟子所反对的。（p. 117）

由上可以发现，作者是反对把孟子的性善论说成是性本善的，强调"四端"只是最初的端倪［incipient sprouts（p. 116）］，是一种反应或呈现，而不是固有的［innate（p. 393）］。当然，更不会接受朱熹说心是"所以具众理而应万事者也"（《孟子集注·尽心章句上》），以及王阳明则进一步说良知"虚灵不昧，众理具而万事出。心外无理，心外无事"（《传习录上》）。后者皆把德性说成是良心/本心先天而有的内容。

作者虽然也说"（四）端的显露保证了人性之善（the goodness）"（p. 116），但从其论述孟子对杨朱的批评来看，四端只是端倪、萌芽，并不是代表了性善。性之善之所以不由四端代表，是因为人有为善的潜能。后面2007年、2009年、2011年出版的三本书中，作者更全面地论述了自己的看法（其中2007年一书最全面系统）。

◇ **术语**

（四）端：sprouts（pp. 115 – 117）；

人性之善：goodness of human nature（p. 116）；

恻隐之心：feeling of compassion（pp. 116 – 117）。此词与英文单词sympa-thy（同情）含义有别。在他书中，他又将此恻隐之心译为 heart of compassion（2011：88 – 89）。

Introduction to Classical Chinese Philosophy（2011）

这是万百安最新的有关孟子人性论讨论的文字。不过，由于只是一个介绍性著作，其中关于孟子的部分很少。此书是以人物为线索的先秦古代思想的概括性介绍，包括历史背景（第1章）、孔子（第2—3章）、墨子（第4章）、杨朱（第5章）、孟子（第6章）、名家（第7章）、老子（第8章）、庄子（第9章）、荀子（第10章）、韩非子（第11章）、后世（第12章）。孟子的第6章在 pp. 83 – 100。另外第5章（pp. 73 以下）杨朱也与性善论有关，作者特别重视杨朱的人性论与孟子的关联。

◇ **杨朱定义"性"（pp. 75 – 76）**

作者提出，"性"字从字源上看由"生"（"to be born" or "to live"）构

成，但是"不同思想家强调了生的不同含义。所以，'性'（nature）可以指某物内在的特征（the innate characteristics of a thing），也可以指某物在良好环境中由其生命历程发展出来的特征（the characteristics a thing will develop over the course of its life）"（p. 75）。他以《吕氏春秋·本生》下述一段话为例来说明杨朱心目中性之义（p. 75）：

> 夫水之性清，土者扣之，故不得清。人之性寿，物者扣之，故不得寿。物也者，所以养性也，非所以性养也。……是故圣人之于声色滋味也，利于性则取之，害于性则舍之，此全性之道也。

作者大意是，这段话说明杨朱把性理解为上述后一种含义，即性代表一个生命在健康、正常情况（也是理想状态）下所能具有的特征，因此性代表一事物的生长潜能。以蜘蛛为例，他正常情况下会有 8 条腿，但有的蜘蛛只有 7 条（受伤了）或 9 条、10 条腿（变异了）。以刺柏（Chinese Juniper）为例，它在正常情况下会长到 3 到 60 英尺高，但多数刺柏在生长时不能充分地实现其潜能，而变成盆景、被剪裁就体现了人工因素的影响。因此，"性"不是指事物在现实中所呈现的特征，甚至不是事物在绝大多数情况下所呈现的样子，而是指事物在理想状态下的样子。"某物之性就是其在理想生存状态下的样子。"（The nature of something is what it will be like in ideal conditions for its life. p. 76）

由此出发，他总结杨朱的人性论，杨朱认为"人性是完全为我的"（it is human nature to be purely self-interested. p. 76），这并不是说人们事实上都能为我（self-interested），正如受伤的蜘蛛只有 7 条腿、盆景刺柏长不到 6 英寸高一样，人们的动机往往并不符合"为我"，相反，它们构成了对人性的人为扭曲（an artificial warping of human nature. p. 76）。他得出"杨朱不是一个心理学意义上的自我中心主义者，而是一个道德上的自我中心主义者"。（Yang Zhu is not a psychological egoist. Rather, he is a sort of ethical egoist. p. 76）所谓道德上的为我主义者，根据作者在 Virtue Ethics and Consequentialism in Early Chinese Philosophy （2007）中的定义是，"人只应当做合乎自身利益的事情"（humans should do only what is in their own interest. 2007：204）。换言之，如果人们的动机偏离了这一方向，那是愚蠢的（2007：206）。关于杨朱的人性论的细致讨论，参其

著 *Virtue Ethics and Consequentialism in Early Chinese Philosophy*（2007：204 -
211）。

作者又说杨朱的性概念既有事实的维度，又有规范的维度。（p. 75）

方按：以《吕氏春秋·本生》上的一段话来说，"人之性寿"一句中的
"性"只有理解为生命成长的潜能较为合适，故作者译为"事物在良好环境中
借由生命历程发展出来的特征"（the characteristics a thing will develop over the
course of its life. p. 75），而所谓"养性"，便当读为"培养出这些特征"。如
此理解，"性"还是指特征，不过不一定是指多数情况下实际呈现的特征，
而是指理想情况下才能实现的潜能。作者也用 potential 一词来描述性（p. 76，
p. 90，etc.）。有了这种理解，我们就能比较好地理解他对孟子性善论的解
读。他认为孟子也是从此概念出发来使用性，而所谓性善大概就是指人有道
德方面的潜能、生命在理想状态下会发展出道德来？那么，什么是人的理想
状态（ideal conditions，p. 76）？恐怕作者不能指在道德方面的理想状态吧
（那样就成了循环论证）。我们来看下文。

◇ **孟子论性善（pp. 88 - 91）**

从〈公孙丑上〉2A6 孺子入井引入孟子性善论，"与杨朱把人性看成仅
由食、色、身体舒适、存活等方面的为我欲望（self-interested desires）构成
的相反，孟子用这些思想实验来论证人性也有明显道德性的动机"（p. 89）。
所谓思想实验，他举出 2A6 孺子入井、6A10 "鱼与熊掌不可得兼"时舍生取
义、6A10 乞人不屑呼与之食三例，第一例证明恻隐之心，后两例证明羞恶之
心。他指出，人们用现实中人之为不善来否定性善是不对的，因为"孟子并没
有宣称人天生是善的，而是宣称人性天生是善的"（Mengzi does not claim that
humans are innately good; he claims that *human nature* is innately good. p. 89）。

那么，什么是孟子所谓的人性善学说呢？作者举例说：

> 结果实是桃树的本性（it is the nature of a peach to bear fruit），但如
> 果没有良好的环境（雨水、阳光等）此本性将无法实现；有四条腿是青
> 蛙的本性，但如果在蝌蚪时被吃掉，四条腿将永远长不出。孟子小心地
> 挑选出植物的比喻，用之于解释人性。他说，"恻隐之心"（见孺子将入
> 井时呈现）是"仁之端"（the sprout of benevolence），"羞恶之心"（乞
> 人拒受呼与之食）是"义之端"（2A6，6A10）。正如刺柏的萌芽（the

sprout of a Chinese Juniper）还不是一棵树，但有长成一棵成熟的树的积极潜力；同理，"仁之端"与"义之端"是仁义充分（实现）的潜力。为了充分地有道德（fully virtuous），我们必须发展这些潜力。孟子在被要求解释其立场时说："乃若其情，则可以为善矣，乃所谓善也。若夫为不善，非才之罪也。"（6A6）只有我们的道德潜能得到了充分的发展，这些端才不是偶然和不连贯的。这正是人在一种情形下呈现出巨大的善意甚至自我牺牲，但是在稍有不同的另一情形下却又表现出令人震惊的冷漠的原因。（pp. 89 – 90）

作者强调，孟子的学说与人们在实际生活中不能为善的现实完全相符（方按：关键是四端完全可能未发展出来，就像桃树在萌芽时被砍）。他说，"孟子承认有些人似乎没有四端，但这不'若其情'"（p. 90）。他把"乃若其情"翻译为 what a human genuinely is。正如牛山之木的例子所表明的，坏的物理环境导致树之萌芽被毁，坏的成长环境导致人之四端被毁（pp. 90 – 91）。

方按：将孟子的性看成是事物充分、正常成长过程中自然会发展出来的特征——与杨朱一样，那么孟子的人性就包括仁义等道德内容。之所以这样说，是因为人内在具有的四端代表一种成长趋势，趋势不代表结果，但说明其有道德的潜力。换言之，如果人没有充分地发展出仁义或道德，那是因为他的道德潜力没有得到充分发展。在其他地方（2007：203 – 204，etc.），作者强调了两种人性概念：一是内在概念（innate view），二是发展概念（developmental view）。他认为荀子的人性概念是前者，杨朱、孟子是后者。这种解读与向善说有相近处，不过侧重点有别。二说均强调孟子四端只是萌芽，不是现实。但萌芽代表一种方向、一种趋势。区别在于：万百安之说倾向认为，为善才是生命潜力充分开发的体现。而向善说者并无此意。向善说者并没有说，如果人为不善，这是人的道德潜能没有充分开发，就像桃树应长成大树却夭折了一样。换言之，万说暗示，为善，或者说充分地开发道德潜力，乃是人类生命充分、健康成长的自然结果。不过作者没有明确这样说，他本应该从这个角度来解读。作者本应说，正如树的充分、健全成长会结果，人的充分、健全成长会为善。作者数次举的青蛙、刺柏、桃树之例，皆就其总体成长而言，而对于人性，则仅从道德属性的成长而言，没有把人作为一总体来看（因为他以仁义之端对应于树之芽、未成长青蛙之蝌蚪等，应该进一步将生命之端而不仅仅是仁义之端对应于后者）。没有认识到，为善乃是生命总体健全成长的需要，这才是性善之要义。性之善不是指道德是生命正常、充分成长的自然产物（这近乎是万百安之说），而是指为善才合乎生命健全成长的需要或法则。借用作者自己的观点，"对于孟子来说，性包括某物在良好环境下成熟过程中将会发展出来的特征"（For Mengzi, this comprises the traits something will develop if allowed to mature in a healthy environment.），则仁义或道德应当理解为"人在良好环境中成熟过程中将会发展出来的特征"，所谓良好环境，其含义可由其反面来理解，据作者介绍可包括"生理（营养）欠缺、道德引导缺乏、父母虐待"（p. 91）。但如果按照作者的另一个说法，不像荀子主张性是与生俱来的（that which is so by birth），"孟子认为，某物之性就是其与其各类相应的良好环境中生存、成长和发展的方式"（the nature of something as the manner in which it will live, grow, and develop if given a healthy environment for the kind of thing it is. 2009：xxiv），于是，发展道德是孟子认为生命成长的方式，这就更接近于以成长法则来释性善，但作者在本书并没有这样做。

万百安这样解读的原因在于，他在接受了葛瑞汉的"发展的"人性观（developmental view of xing. 2007：201－203，etc.）的同时，机械地套用植物来比喻人性。于是乎，植物之性可以说成是在不受伤害，且营养充足条件下的自然的成长方式，但对于人来说，人性就应被界定为在良好环境下的成长方式（2009：xxiv），或者"在良好环境中借由生命历程发展出来的特征"（the characteristics a thing will develop over the course of its life. p. 75），这两种定义至少就中文来读是有区别的，遗憾的是作者似乎未重视此区别。前者涉及生命总体的成长过程，后者可能只涉及某些特征（如道德端倪）的成长过程。事实上作者在本书中主要集中于后者，而不是前者。原因可能是，以植物来比喻，必然从事物自然而然的成长过程理解性。然而对于人来说，什么是自然而然的成长过程其实是说不清楚的。按照作者的说法，人的不良成长环境大致包括营养不良、道德教育和父母虐待等因素（p. 91）。不过，作者并没有认真讨论"什么是人的良好成长环境"这个问题，只是在括弧中偶尔补充了这些因素，其所谓道德教育（ethical guidance）本身就是后天人为努力；如果道德是人为努力开发的产物，那就违背了孟子性善论宗旨。然而，正如我们在《孟子》中读到的，人的健全成长并不完全是良好环境下的问题，而是如何存心养性的问题，这一点作者也非常熟悉。相反，孟子认为逆境可以磨炼人，甚至可以使人发展得更好（6B15："天将降大任于是人也……"）。作者可能认识到这个问题，所以在 2011 年出版的这本书中，将性从生命（人、植物）的总体成长特征窄化到道德萌芽（四端）的自然成长特征上来。因为至少就四端（作者主要讨论了仁义之端）而言，它们确实代表某种自然而然的成长趋势，就像食、色代表某种自然而然的成长趋势一样。如果严格按照植物的比喻，就应当说，人的生命在不受伤害、营养充足的情况下会自然而然地发展出道德来 ［也即会自然而然地为善，作者称其为"自然性"（natural quality，2007：202）］，这就是所谓性善。但通观全书，这是不是孟子的本意呢？孟子确实认为人有四端，四端代表某种自然的道德趋势，但这并不等于说，孟子性善主要以此为基础。我认为，性善主要是针对生命总体健全成长的特征而言。存心、养性、事天（〈尽心上〉7A1）是让人们去体会、领悟生命成长的真谛，其真谛之一是——为善方可使生命辉煌灿烂。这里道德的崇高境界不是自然而然地生长出来的，而是人为努力的产物。（7B25："可欲之谓善，有诸己之谓信，充实之谓美，充实而有光辉之谓大，大而化之之谓圣，圣而不可知之之谓神。"）因此，孟子讲"操存"（6A8），存养、养心、求放心、养气、推扩……并不是如作者所理解的，纯粹为了将固有的道德萌芽（四端）开发出来，而是为了生命总体的健全成长。如果单纯为了开发人的道德潜能，那么修身的意义就要大打折扣了，人们会问活着究竟是为了什么？为了一个外在的道德目标吗？

补充一点：万百安的解读与可善说也有不同。万说将善与性更积极地关联起来。可善说只是说人有为善的可能性，实将为善的可能与为恶的可能相并列，平等视为人性的内容。

综上所述，作者的看法更接近于潜能说，或可看成成长说的一种。不过不是把性解读为生命成长的法则，而是解读为待开发的潜能；是潜能的发展，而不是从总体讨论生命的成长法则问题。

◇ **术语**

恻隐之心：heart of compassion（pp. 88 – 89）；

羞恶之心：heart of disdain（p. 89）；

乃若其情：what a human genuinely is（p. 90）。

Virtue Ethics and Consequentialism in Early Chinese Philosophy（2007）

本书是作者分别从德性伦理学与功利主义（又译效果论，consequential-ism）对先秦儒、墨思想进行研究的专著。儒家部分重点讨论了孔子、孟子两人，也提到儒家的其他观点［"多元儒学"（pluralistic Ruism），pp. 315 – 359］。本书附录"一些不同观点"（some alternative views）（pp. 361 – 380），从陈汉生、郝大维和安乐哲开始，讨论中西方真理、信仰、存在的区别，极有意思，也讨论了兼爱（impartial care, pp. 377 – 380）。

本书有较多篇幅论述孟子人性论，代表作者全面、系统地论述孟子思想，开始花了好多篇幅讨论杨朱的人性论。第 4 章标题为"孟子"，共计 115 页（pp. 199 – 314），内容包括 I. 杨朱人性论（背景）（pp. 200 – 211），II. 文本问题（pp. 211 – 213），III. 孟子人性论（pp. 214 – 227），IV. 道德修养（pp. 227 – 246），V. 孟子论德：仁、义、礼（propriety）、智（pp. 246 – 277），VI. 孟子的论辩：告子和墨家（pp. 277 – 312），VII. 结论（pp. 312 – 314）。

◇ **两种人性观，孟荀人性观之异（pp. 201 – 204）**

一是发展观，即 the developmental view of *xing*。（pp. 201 – 202）作者主要基于葛瑞汉的观点论述，葛认为先秦时期这种人性概念一直到荀子之前均占主导地位（但作者也说此说在《郭店简》中可能受到了挑战）。大意是认为，所谓"性"，就是一个生命"在不受伤害、营养充足的条件下从生到死成长和衰落的方式"（the way in which it develops and declines from birth to death when uninjured and adequately nourished. p. 201. 此葛氏原文），并说此种发展观也有一些大同小异的其他表述，比如说成"事物在恰当的成长历程中正在或已经发展出来的、构成其特征的性质或活动"（the properties and activities that characterize a thing when it is developing or has developed along its proper course. p. 202），"事物在不受伤害或营养充足条件下的典型趋势"（the characteristic tendencies of things. p. 202）。

二是内在观（或称内在论），即 the innate view of *xing*（pp. 202 – 203），认为所谓性指"我们内在的倾向，先于成长或修养"（our innate tendencies, prior to any development or cultivation. p. 202）。荀子持此种人性观，这表现为他举"目能视、耳能听"的例子来说明性为生而然者，非学而有。

作者说，孟子、荀子的人性概念虽不同，但不等于说他们之间就没有有意义的争论。孟子主张人性善，他的意思是人的内在道德倾向（innate tendencies）在良好的环境和道德修养中可以发展壮大；荀子主张人性恶（human nature is bad），人先天具有的内在属性是自利的，顺之将导致人们相互伤害。荀子反对孟子所说的人有天生的道德属性（we are born with virtuous inclinations. p. 203），至少在这一点上他们还是发生了交集。（p. 203）

方按：葛瑞汉的说法值得商榷。这种性概念，针对植物而言非常有效，但对动物，特别是人未必有效。对人而言，所谓"不受伤害、营养充足"就不好定义，万百安在其他地方定义为增加了"道德引导或修养"（ethical guidance or ethical cultivation. Cf. 2011：91；2009：xxv；2007：203），就使其含义更加复杂化，使得这种人性概念仿佛依赖于环境，有环境决定论色彩，走向孟子的反面。在 *Introduction to Classical Chinese Philosophy*（2011）中，作者说，"孟子主张，坏的环境（如生理摧残、缺乏道德引导或父母虐待）会毁掉他们的［道德］萌芽"（pp. 90 - 91），作者的括弧注以生理因素、道德教育（ethical guidance）和家庭因素为人的良好成长环境。据此，人只要这些外在环境条件好，就会为善，这就是性善论。孟子确实认为，四端只要不受人为压抑，可以自然成长起来。于是，性善论变成指人有为善的潜能，不等于说人现实中可以为善。

◇ **杨朱人性论**（pp. 204 - 211）

主要辩明杨朱的人性论，即所谓"为我主义"（egoism）是道德（ethical）意义上的而不是心理（psychological）意义上的。所谓心理意义上的为我主义，是误以为所有人的动机都出于"为我"，然而这会遇到两种反驳：有利他主义者，也有明明想戒烟却戒不掉者（他们并不是真的做到"为我"）。所谓道德意义上的是指，杨朱认为人应当为我。或者说，为我是唯一正确的活法。故"人只应当做合乎自身利益的事情"（humans *should* do only what is in their own interest. p. 204）。关键是究竟什么是为我？如何才真正为我？他举《庄子·盗跖》的例子，盗跖认为人们耽溺于名利而丧我，"天与地无穷，人死者有时以……不能说其志意，养其寿命者，皆非通道者也"，此以健康、长寿为"为我"。（方按：同篇又谓"尧舜为帝而推，非仁天下也，不以美害生也；善卷、许由得帝而不受，非以虚辞让也，不以事害己也。此皆就其利，辞其害，而天下称贤焉，则可以有之，彼非以兴名誉也"，所谓"不以美害生""不以事害己"，皆体现了对"为我"的理解。）

那么杨子的人性概念究竟基于发展观（the developmental conception of *xing*）还是内在论（*the innate conception of xing*）呢？如果从"发展观"看，为我是指在健康、适宜的环境中，每个人都将会只是为我（each one will act only for our own self-interest. p. 210）。换言之，如果人不能适应环境以自养，就不能为我。但如果从"内在论"看，为我是指人"生来具有为我而不是为他的禀赋"（born with a disposition to act for their own self-interest，but no disposition to act for the well-being of others. p. 210）。换言之，如果人不能为我，是由于受环境误导（如儒墨之类）。不能为我，乃是对人性的压抑（warp one's innate nature. p. 211. 作者常有此用法）。作者认为，从实践角度看，这两种人性观在杨朱那儿区别不大，所以他也将不作区别（p. 211）。这是否说明他在对杨朱的讨论中无法得出杨朱的人性概念究竟是基于发展观还是内在论？（pp. 210 – 211）

◇ **性善论**

作者大意是，孟子通过思想实验（孺子入井、乞人拒食等例）来说明，每个人都有与生俱来的道德萌芽（sprouts），也即道德倾向，强调这说明人有实现道德的潜力，所以人能够，也应当充分实现这一潜力（p. 225）。他认为四端之"端"当指萌芽，而不是"绪"（tip or endpoint，末梢或末端）。他把"才"翻译成 potential，意在强调所谓性善指的是人有实现道德的"潜能"。由此他特别重视 6A6，并将"乃若其情，则可以为善矣，乃所谓善也。若人为不善，非才之罪也"翻译如下：

> Mengzi said，"As for what they genuinely are（*qing*），they can become good. This is what I mean by calling it good. As for their becoming not good，this is not the fault of their potential."（p. 225）

他把"情"理解为实情（what they genuinely are），认为这章证明孟子所谓性善是指人有为善的潜能（potential）。他这样总结自己的观点：

> 综而言之，（至少有些）事物有代表其实际情况或其"真实存在"（what they "genuinely are"）——而不是其表面现象——的特征。对于生命来说，这包括事物在良好环境中发展自身的潜力（potential，才）。通

过实现这一潜力（即性，或某类事物的 nature）而展现的生命过程和特征，提供了何谓"善"的标准，或评价一类事物的"规范"。因此，当孟子说"仁者，人也"时，他提示，作为人之为人的一部分内容，人具有实现完满德性的潜力，他能够且应当实现这一德性。（p. 225）

据此，性善就是指人有实现完满德性的潜力，这就是人之"情"（"乃若其情"）。善的标准不在于最初的道德萌芽（四端），而在于这一萌芽所代表的道德潜力，拥有这一潜力就是人之实情，人能够且应当实现它。"孟子主张……每个人（除了牛山之外）都有变得有德性的积极潜力，不管是幽厉这样的暴君在位还是尧舜这样的圣王在位，都是如此。"（pp. 225 - 226）但是，要注意，"当孟子谈到人有为善或'若其情'的潜力时，他指的是［道德］萌芽，它们是走向德性的内在而积极的倾向（innate and active tendencies）"（p. 226）。据此可知，作者主要是从人有道德潜力的角度理解性善论。从作者在"潜力"后面以括弧注曰，"性，或某类事物的'本质'（nature）"（p. 225），可知作者把性解读为为善的潜力。由于作者讲善端，关注的是最终成就德性的潜力，故与把性善解释成善端说有别。

方按：作者的解读可能遇到的矛盾就是，既然性就是事物在良好环境中所能实现的潜力，那么对于人来说，孟子反复强调修身、存心、推扩干什么呢？只要强调给人提供外部的良好环境不就行了吗？再说，人有这样的潜力，不一定非要把它实现出来，看这样做对生命整体来说是不是有意义，比如为了实现道德而活得很累在很多人看来就不划算（他们会说我不想做圣人，别用雷锋来要求我）。何况，孟子不也是说"天将降大任于是人也"（6B15）吗？再说，孟子不是说，"舜发于畎亩之中，傅说举于版筑之间，胶鬲举于鱼盐之中，管夷吾举于士，孙叔敖举于海，百里奚举于市"（6B15），"舜之居深山之中，与木石居，与鹿豕游，其所以异于深山之野人者几希"（7A16）吗？这提示，孟子之所以强调修身，讨论存心、操存，是因为他认为道德的实现主要靠人为的努力，而不是像植物那样，只要环境适宜就会自然而然地实现其性。无论如何，对于人来说，把性理解为良好环境中自然而然地发展出来的特性，恐怕不是最好的解读。

◇ **术语**

心：heart（cf. p. 216）。"Mengzi's use of this term is complex but systematic. In its 'focal meaning,' *xin* refers to the psychological faculty that thinks and that feels emotions" (p. 216)，作者说在孟子的心概念中"看不到认知与情感的区分"(sharp distinction between the cognitive and affective aspects of mind. p. 217)，在西方此种区分是笛卡尔哲学以后发生的。作者推荐参阅 Learley, *Mencius and Aquinas*, pp. 188 – 196。

恻隐之心：feeling of compassion (p. 206)，the heart's (sense of) sympathy (p. 216)。

羞恶之心：the heart's (sense of) shame (p. 216，讨论见 pp. 218 – 220)。

辞让之心：the heart's (sense of) deference (p. 216)。

是非之心：the heart's approving or disapproving (p. 216)。

人性善：human nature is good (p. 203)。

人性恶：human nature is bad (p. 203)。

仁：humaneness or benevolence。humaneness 是作为众德之总 (summation of human virtuousness)，如谓"仁者人也"(7B16)；benevolence 是作为一种特定的美德 (a particular virtue) 即与义、礼、智并列。(p. 214)

性：nature。通篇如此。作者的表述 "realizes that thing's specific nature"(p. 215) 的可译成"成其性"。

才：potential (pp. 214 – 215)。"尽其才"译成"exhaust their potential"(p. 215)，当指潜能的充分实现 (the full realization of the potential of a kind of thing. p. 214)。此译表面上看不对，作者大概认为才质代表事物的潜能。在西方语言中若译成 material，就没有精神含义了，从而无法与性善挂钩。

端：sprout（萌芽），而不是 tip（末梢）或 endpoint（末端）(pp. 217 – 218)。

乃若其情 (6A6)：As for what they genuinely are (p. 225)。

The Essential Mengzi：Selected Passages with Traditional Commentary (**2009**)

本书是孟子原文的节译本以及朱熹的注 (p. 93 以下)（所以称为 "essential"），在 Introduction 部分对孟子的思想作了相当全面的介绍，其中涉及孟子性善论的部分在 pp. xxiii-xxviii。附录 Glossary 中将孟子中的一系列概念的英译、拼音、中文及解释以图表示之 (p. 134 以下)。

◇ **性之义**

"对于孟子来说，性包括某物在良好环境下成熟过程中将要发展出来的特征。"［For Mengzi, this comprises the traits something will develop if allowed to mature in a healthy environment. p. 138（Glossary）］这是末尾 Glossary 部分的界定。在 Introduction 中，作者又说，不像荀子主张性是与生俱来的（that which is so by birth），"孟子认为，某物之性就是在与其种类相应的良好环境中生存、成长和发展的方式（the nature of something as the manner in which it will live, grow, and develop if given a healthy environment for the kind of thing it is. p. xxiv）"。

◇ **反对杨朱**

杨朱认为，行仁义就像将植物变成盆景一样，是对生命成长的压抑，"孟子以下述学说回应杨朱和墨家：人具有向善的内在趋势（humans have innate tendencies toward virtue），这些趋势证明了杨朱人性完全为我的观点是错的"（p. xxiv）。

◇ **性善论**

"孟子以一句口号来表达自己的立场，即'人之性善'。他的意思是，人具有内在和最初的道德倾向，此倾向在良好的环境和道德引导下可以发展起来。"（p. xxv）后面其他内容亦见于 2011 年书（上面已介绍）。

143. Chong Kim-Chong（庄锦章）

【文献】Chong Kim-Chong, "Xunzi's Systematic Critique of Mencius," *Philosophy East & West*, April 2003, 53（2）: 215 – 233.

"Xunzi's Systematic Critique of Mencius"（2003）

◇ 从两个方面批评性善论

认为荀子至少从两个方面（有力地）批评了孟子的性善论。

第一，所谓人生而具有道德或善的资质过于浪漫或理想，因为人从生来就已经在变动之中，任何资质也无法确定。（方按：针对孟子性善说，荀子认为人"不离其朴而美之，不离其资而利之"，〈性恶〉说："今人之性，生而离其朴、离其资，必失而丧之。"）

第二，从可以/能的区别看，一个人有某种资质，与他是否能做到是两码事。孟子显然似乎混同了二者。荀子显然认为文理隆盛的伪，绝不是靠扩充人之善端即可以做到的，二者有本质区别。

144. Chad Hansen（陈汉生，1942—　　）

【文献】（1）Chad Hansen，"Mencius：The Establishment Strikes Back，" in *A Daoist Theory of Chinese Thought*：*A Philosophical Interpretation*，Oxford：Oxford University Press，1992，pp. 153 – 195.［本书中译本可参考陈汉生《中国思想的道家之论：一种哲学解释》，周景松、谢尔逊等译，张丰乾校译，南京：江苏人民出版社，2020，页287—362。］

（2）Chad Hansen，"Duty and Virtue"，Philip John Ivanhoe（艾文贺），ed.，*Chinese Language*，*Thought*，*and Culture*：*Nivison and His Critics*，Chicago，La Salle，Ill.：Open Court，1996，pp. 173 – 192.

（3）Chad Hansen，"Dào as a Naturalistic Focus，" in Chris Fraser（方克涛），Dan Robins（丹若宾），Timothy O'Leary，eds.，*Ethics in Early China*：*An Anthology*，Hong Kong：Hong Kong University Press，2011，pp. 267 – 301.

（4）Chad Hansen，"Principle of Humanity VS. Principle of Charity"，Yang Xiao（萧阳），Yong Huang（黄勇），eds.，*Moral Relativism and Chinese Philosophy*：*David Wong and His Critics*，Albany，N. Y.：SUNY Press，2014，pp. 71 – 102.

"Mencius：The Establishment Strikes Back"（1992）

陈汉生曾为香港大学中国哲学名誉讲座教授。他关注中国的语言与逻辑理论，并将这些观念运用于解读传统中国伦理学说中的概念。本书是汉学研究史上的最重要的比较哲学研究成果之一，从分析哲学和语言哲学的角度出发，重现了先秦诸子百家围绕"道"这一主题的论辩。陈汉生将各家视为一个融会贯通的整体，而非相互割裂和独立的学派，"道"即为维系各家论点的核心与纽带。他先介绍了研究的方法论与问题意识，接着解读了中国哲学的语境，对早期中国的地理环境、历史和学术背景都进行了描画。从第三章起，他开始分章介绍各位先秦思想家的思想体系。他将孔子和墨子归入"积极之道"时期，将孟子与老子归入"逆语言"时期，将名家与庄子归入"分析"时期，将荀子与韩非子归为"专制者的回应"。其中，第五章〈孟子：创发反击〉讲了儒学在战国时期面临的挑战、孟子哲学的主要思想体系、孟子的道德心理学及其反思、孟子对语言和心智的态度、孟子学说对后世的影响等内容。

◇ **孟子打开了儒家的先验与直觉进路**

孔子、孟子和墨子都认为"心"是指导行为的器官。其中，孔子和墨子认为，这一功能的发挥，需要通过文化和语言的教化以及模仿长辈、榜样的天然动机。而孟子认为心这个器官已然具备完足的道德禀赋与道德动机，后天外力要么助长它，要么阻碍它。孔子和墨子将道德反应解释为内心情感的发用，而孟子直接解释为内在禀赋和本能倾向。（pp. 164 - 165）由此，孟子打开了儒学的先验世界，将注意力转移到道德心学与人性论上来，彻底改变了孔子那种儒家传统派的路径，后来成了正统。（pp. 153 - 154）

孟子许多观点都具有这种神秘主义色彩，后世经学（scholasticism）凭借信念感来厘清孟子古奥的见解（p. 154），将孟子通过直觉把握的道德原则解释为宇宙的道德结构，掩盖了孟子违反了孔子思路的事实。（p. 172）"我承认，孟子的思想体系是对儒家直觉派一翼的理论发展。荀子代表了与之相应的传统派一翼。"（I do agree that Mencius' system is a theoretical development of the intuitive wing of Confucianism. Xun-zi represents the parallel development of the traditional wing. p. 157）法家政治改革与墨家道德改革都注重清晰的、理性的、非直觉的成文标准，而孟子注重经过教化的直觉。（p. 159）

◇ **孟子的论辩逻辑和立场有问题**

孟子是个诡辩家，其论证过程充斥着不合适的类比，推理也常常不合逻辑，还总是扭曲论辩对方的见解，正如他对墨子的观点存在误读那样。（p. 154）关于这一点，陈汉生在"《孟子》中的逻辑、语言与类比"一节中进行了详细说明。（pp. 188 - 193）然而，后世儒家总是孜孜不倦地论证孟子的观点而蔑视墨子。（p. 154）这是因为孟子参与论辩的目的并不在于哲学与逻辑推理本身，而是通过语言对论辩对方进行行为劝导。墨家强调在论证过程中要清楚地界定概念，而儒家强调能在君王面前颂《诗》明理。（p. 155）

儒家主张爱有差等，认为墨子所言的爱无差等是不符合人性自然倾向的。然而，孟子的"孺子将入于井"似乎又印证了爱无差等。（p. 168）"不论他人与我们的关系如何，我们对他人都存在一种内在关怀，这是自然的。"（An in-nate concern for other humans regardless of their connection to us is natural. p. 168）根据孟子的说法，这种对人类的普遍关怀，即"恻隐之心"，仁是由此而生的。但儒家的爱有差等又主张仁首先是以亲人为对象的，然后才逐步推及全人类。显然，这是自相矛盾的。（p. 169）

◇ 孟子的道德功利主义

既然孟子与墨子都具备对人类普遍关怀的最终行动目标，那么孟子的"仁"也具备普遍功利主义的特点。但孟子更强调积累社会经验与培养遵循传统与直觉的过程和态度，而墨子更强调道德规范指导下的行为与目标。（p. 170）孟子的这种道德功利主义思想是一种技术，它可以成就秩序和谐，但无法实现快乐。（p. 178）

◇ 孟子对墨子的误解

"事实上，在《孟子》对墨子的传统批评中，很难找到不存在误读的内容。"（It is, in fact, hard to find an unmistakable statement of the traditional criti-cism of Mozi in *The Mencius*. p. 169）

◇ 孟子对杨朱的误解

正如葛瑞汉所说，杨朱的"拔一毛以利天下，不为也"的"利天下"应该解释为"以天下利之"。杨朱认为，参政便要受他人生杀予夺，会使自己陷入危险，天所赋予的生命之"气"有可能随时被人为切断，为了避免违背天命，就应远离政治。（pp. 156 – 157）因此，"利己主义是一种道德责任"（Egoism is a moral duty. p. 157）。然而，孟子将杨朱的"拔一毛以利天下，不为也"的"利天下"误读为"对天下有利"，并由此将其利己主义曲解为只关心自己。（pp. 155 – 156）

◇ 杨朱与墨家对孟子的影响

杨朱一派不主张参政，不会成为孟子在朝堂上的竞争对手。孟子面临的最大威胁是墨子，杨朱的理论成了孟子的论辩资源。（p. 162）杨朱主张顺应天命，并认识到人的先天禀赋中灌注着天的规定性权威。（p. 157）"自然的药方就体现在我们与生俱来的身体结构中。"（Yang Zhu had argued that the natural prescriptions are embodied in our inborn physical structure. p. 162）由此，孟子获得了一种内在主义的、原始的建构策略，以及逆语言视角的觉醒。（p. 157）他发展出了自己的思想体系，并补充说，天赋之物不仅限于杨朱所

说的生命与身体，还有道德，因为心便是有道德能力的器官。（p. 162）

而墨子也对孟子思想的形成产生了重大影响，这是儒家主流观点未曾承认的。"墨子将孟子从他对礼的教条式迷恋与理论被动性中拉了出来。"（Mozi pulls Mencius out of his dogmatic ritual trance and theoretical passivity. p. 154）这使孟子放弃了听天由命的纯化角色的隔绝状态，参与到关于"道"的哲学论辩中来。（pp. 154 – 155）墨子认为，道德最优者为天选统治者，这体现了一种宇宙关怀。受此启发，孟子提出了更具体的关于天命的自然主义学说，将天命、民意、政权归属紧密联系起来。（p. 161）孟子还发挥了墨子的"天意"结构，认为人的道德判断与道德行动能力也源于天的灌注，这种天然的道德本性塑造了礼的传统。（pp. 162 – 163）

孟子对杨朱与墨子理论框架的沿袭，背后都隐含了一个前提，即承认原初道家所主张的自然的东西都是正确的，这导致后来儒者中有极端者以自然与非自然来判定是非。（p. 163）

◇ 羞恶之心与义德的关系

关于羞耻、尊敬、道德、习俗这四个词，康德主义者会将羞耻与习俗配对、尊敬与道德配对，而孟子却认为，义德由羞耻而生，礼的习俗由尊敬而生。（p. 165）

关于羞恶之心是否能生成道德的问题，西方先验论者可能会说，羞耻源于外界的公共舆论压力，不会产生道德，道德应该源于纯粹的良心内疚与个人自身的承诺，这涉及宗教洗礼与理性道德（p. 165），而"超越性的宗教观念与抽象的理性道德观念使我们不信任习俗"（Our transcendent religious ideas and abstract conception of a rational morality lead us to distrust conventions. p. 165），故道德应该源于尊敬，源于上帝制定的、实践理性的完美法典，是否付诸实践纯粹是个人尊敬与否的立场问题，与公众和社会风俗无关。（p. 165）

相反，儒家与墨家认为，道德就是在羞恶之心的驱使下，去实践社会风俗习惯所认可的、公众关系中的统一行为规范。（p. 165）这就承认了道德养成在一定程度上要依赖社会风俗，这显然与孟子的"仁义皆内"的观点相矛盾。陈汉生提出了一种化解这一矛盾的做法，即将羞恶之心替换为内疚，内疚是内心良知的道德指引，与社会习俗无关。（p. 170）

◇ 孟子思想中礼的地位

孔子常谈仁与礼，孟子则很少触及礼，更多地讲仁与义。（p. 166）礼在

"四端"中排第三，且对于孟子整体的思想理论体系无实质作用。（p. 155）
然而，要想抵御墨子的攻击，孟子必须论证礼出于自然才行。（p. 166）孟子
的态度一直摇摆于某种弱版理论与强版理论之间：弱版理论认为，礼与义都
是需要通过教化来实现的，将礼解释为一种儒家的社群道德行为规范，是羞
恶之心驱使人遵循社群道德，而强版理论则认定有一种先验禀赋促使人遵循
礼。（p. 171）弱版理论符合孔子与墨子的主张，经验性较强，而强版理论体
现了孟子的自然主义的内在先验论，具有理想化特征。孟子依托传统的弱版
理论建立了自己的道德心学，却反过来转向强版理论来攻击墨子。（p. 172）
如果用强版理论和弱版理论分别解释圣人与常人之成德，那便与孟子"人皆
可以为尧舜"的平等主义不符。（p. 171）

◇ **是非之心**

如果用强版理论与弱版理论的框架来看是非之心，则在弱版理论下，人
要经过学习和训练才能获得区分判认的能力，且是非价值是相对的；在强版
理论下，每个人生来就具有区分判认的能力，且在特定条件下只有一种绝对
的正确的行为方式，只要成了四端充分发展的圣人，就能对不同情境产生完
美的、唯一正确的直觉判断。（pp. 172–173）正如王阳明所说的知行合一，
高度敏感的意识直觉清晰地知道在何种情况下应做出何种行动。（p. 176）为
了驳倒墨子，孟子将判别是非的能力纳入了先验论范围。墨子定义的"是"
是符合利益原则的道，而孟子定义的"是"是特定情境下人自身根据自然倾
向作出的区别、分类与判认，与公共常道无关。是非之心能长成智，这就暗
示了知识的先验论，这类似于莱布尼茨的先验知识理论，知识的增长不是由
外而内的，而是一颗种子由内而外地不断展露自己。（p. 166）

◇ **四端的扩充：植物生长的类比**

孟子认为，人生来具有强版的潜能，但对潜能的细节描述模糊不清。而
对四端进行发展与扩充的说法，则模糊了强版与弱版两个理论之间的界限。
（p. 174）孟子以植物种子发芽长成大树作类比，大树的最终形态早已暗含在
种子里，"橡子不会长成松树，松果也不会长成草莓树"（An acorn does not
grow into a pine tree nor a pine nut into a strawberry plant. p. 174），外力作用只
会毁伤或扭曲之，而无法改变其长大后的形态。因此，人的潜能也不会发展
成儒家道德之外的东西，人的道德形态早已暗含在四端里，没必要通过外力
干预其发展。（p. 174）孔子强调礼与教师的作用，但以孟子的观点来看，礼

与其他道德是人本身具足的，所以礼与教师最多只能起到督促自修的作用。即便是语言、理论这样的技巧，只要它不是道德种子本身具备的，就会阻碍道德生长，造成拔苗助长的悲剧。这是在原初道家的基础上注入了逆语言立场（pp. 176－177），但种子成长需要一定的土壤，这就需要仁政来保障基本的生存条件，由此，普通人才能培养道德。所以，仁政是道德生长的前提。人在道德成长过程中进行认知与反思，就像给发芽的种子施以水和养料。而那些耳目感官的欲望就如同与道德成长抢夺养料的杂草，此强则彼弱。（p. 174）

在摒除与道德相违背的私立欲望的过程中，个性之树会长出越来越多复杂的分叉，人要通过不动心来集中精神和自我控制，从而培养成熟的是非判断能力。成长为圣人后，仅凭自然直觉就能毫不犹豫地作出正确的决策，其自利欲望也不再与道德相矛盾。（p. 175）于是，圣人创制了成文的礼，但这仍不能作为终极道德标准，因为成文法典不具备圣人那样的情境敏感度，孟子的道德学说是一种情境伦理学。（pp. 178－179）

◇ 浩然之气

人的四端之心是宇宙道德结构的一部分，人能自发地与宇宙的力量保持动态和谐。（p. 173）气，即这种道德境界的形上学基础，圣人以气为自己的行动注入生命，拥有宇宙道德力量的自我精神与气相互控制和融合，圣人的道与行动和宇宙之道都以流动之气充斥于天地之间。（p. 175）

◇ 人非要顺应本性吗

孟子的思路是，既然人性是这样的，那就应该顺应它。但人为何不能超脱它呢？（p. 180）

◇ 道德是人区别于动物的属性

人心中的四端是天赋的，耳目感官的一些被视为杂草的欲望也是天赋的，二者此消彼长，那为何选择取前者而舍后者，而不是相反？第一个原因是，前者是人区别于动物的地方，是人之所以为人的特征。但陈汉生指出，除了道德之外，人还有许多其他的独有特征，比如人能用手指抠鼻孔、能笑、能弹响指，难道因此我们就应该频繁地抠鼻孔、笑和弹响指并将这些行为视为义务吗？第二个原因是，心作为道德器官，可以引导身体的其他器官避开有害处境。第三个原因是，天命即心之命令，因此要顺从心。孟子诉诸天的权威来论证，增添了义务论色彩，这与杨朱、墨子类似。（pp. 180－181）

◇ **孟子的仁政悖论**

"仁是一种相当于功利主义责任的美德。"（Benevolence is the virtue counterpart of utilitarian duty. p. 155）孟子修正了"王"的定义，将其与统治者的卓越道德紧密相连（p. 159），决定统治效果的关键在于公共道德而非客观实力（p. 160）。这就形成了一个悖论："只有当统治世界的野心不是你的基本动力时，你才能实现这一野心。"（You can achieve your ambition to rule the world only if that ambition is not your basic motivation. p. 159）

◇ **孟子的道德形象塑造理论**

四端成长为四德，四德共同塑造出成熟的道德形象。（p. 164）

◇ **孟子把握了人性之社会属性**

古典时代的思想家常常批评孟子对道德问题太乐观和理想化，夸大了性善；传统犬儒主义思想家指出孟子缺乏经验支持。但陈汉生指出，其实，西方传统民间心理学过于理想化和悲观，夸大了人性的自私，再加上基督教原罪观与柏拉图对身体的贬低，使得他们贬低利己主义的自然本性而高扬后天的知识训练与道德理性的价值。这种心理利己主义甚至将人的社会性也视为人性自利的产物，将人的利他行为的原因解释为他希望自己被当成好人。后来，西方哲学家反驳说，人要先有了接受道德理性训练和利他的愿望，才能接受道德知识并做出利他的行为，这些社会愿望都是人心理上已然具备的东西，这些先验的愿望同时包含了自利、利他与纯自然生物本能的与利益无关的成分。（p. 167）

陈汉生认为，孟子的论证虽然不足以证明人性善，但充分说明了人性具有自然的社会属性，即人都会对他人的评价与情绪变化作出反应，这促使人积累社会实践并将礼仪规则内化。（pp. 167 – 168）

"Duty and Virtue"（1996）

本文关注"道"与"德"的内涵诠释与意义演变，以及二者与儒家道德哲学中其他关键概念之间的联系。

◇ **西方道德义务论与传统道德学说的分歧**

道德义务论建立在道德天性及人们对此的理性认知的基础之上，而传统的道德学说认为这种说法过于肤浅。人不是按某些道德公式行事的，而是作为一个完整的人有能力对事件产生道德反应并作出决策。因此，传统道德学说更注重自我修养的作用，但义务论者认为这种观点过于简单地将人的道德进行了归因。但这两种观点是可以相互融合的，即人们可以在认识到道德天性的基础上去修养道德。

◇ 中国哲学中的"道"与"德"

西方的上述论争与中国哲学的一些议题相似，但也存在许多差别。中国没有义务论，类似的只有"道"的学说，但二者存在本质区别。"道"是"德"的基础，"德"是"道"的具体体现，中国早期思想家一般将"道"与"德"分开使用，后来《道德经》、庄子、荀子开始把它们合用。孟子是中国道德理论的典范，而后来宋明理学的道德论也以孟子为根源。作者探究了"道"的理论发展及其历史影响，认为"仁"是其核心，而儒家主张"仁"是"德"的一种。另外，作者认为，道家学说本质上也是一种道德学说，更具体地讲，它是一种元伦理学，是对孟子学说在内的道德学说的批评与注解。基于此，作者用多种模型解释了"道"与"德"的概念及其与"学""是非""习""礼""义""心""仁"等概念之间的关系，包括计算机语言模型。此外，本文还涉及孟子与墨家、道家诸家道德学说的比较分析。

"Dào as a Naturalistic Focus"（2011）

本文关注孟子思想中的"道"与自然主义的关系，并引入规范伦理解释框架进行了分析。

◇ "道"的自然主义属性

"道"是实现自然世界规范性的关键，但"道"不需要任何规则限制，自然主义也是"道"的必要成分。"道"支撑起了整个中国传统自然主义，特别是道家思想。"道"从来都不是强制性的，但世界不自觉地围绕其运转。

◇ 孟子道德学说中的理想观察者理论

作者引入了 Shelly Kagan 的规范伦理理论三大要素，即因素、焦点与基础。Shelly Kagan 认为，道德因素的相互作用决定了一种行为的对错，而这些道德因素背后的解释性理论就是其基础，包括契约主义、规则功利主义和理想观察者理论。作者认为，《孟子》中的行动基础就属于理想观察者理论，因为孟子认为行动的道德因素源于圣人的心智判断。而庄子批评了孟子从自然遗传中贸然提取道德的做法，认为这种依赖想象力的拟人化手法过于理想主义，道德的背后有利益和目的，利益背后还有社会性因素，更多的是对那些促进了人类利益的创新与实践的坚持。

"Principle of Humanity VS. Principle of Charity"（2014）

本文的开头由黄百锐（David B. Wong）的 *Natural Moralities：A Defense of Pluralistic Relativism*（《自然主义道德论者：为多元相对主义辩护》）一书引出。黄百锐认为，多数伦理学家对"相对主义"怀有偏见。然而，作者作为自然主义和相对主义论者，认为相对主义实际上代表着主流，因为它能与现实主义的多种路径兼容。黄百锐详细研究了其中一种现实主义路径，即自然主义的道德多元论。相比之下，作者的伦理相对主义更倾向于存疑的态度，而黄百锐的则偏向于肯定的态度。黄百锐运用对社会科学和比较哲学的洞察，生动展现了他独特的相对主义分析。

（简佳星整理）

145. Sarah Allan（艾兰，1945—　）

【文献】Sarah Allan，*The Way of Water and Sprouts of Virtue*，Albany：State University of New York Press，1997.［本书中译本可参考艾兰《水之道与德之端：中国早期哲学思想的本喻》，张海晏译，上海：上海人民出版社，2002；艾兰《水之道与德之端：中国早期哲学思想的本喻》（增订版），张海晏译，北京：商务印书馆，2010。]

艾兰，美国汉学家，曾任教于英国伦敦大学（University of London）亚非学院、美国达特默思学院（Dartmouth College）亚洲与中东语言文学系，现供职于美国加州大学伯克利分校（University of California at Berkeley）。她关注中国古文书，曾提出研究中国早期文化中神话与哲学体系的跨学科方法。

The Way of Water and Sprouts of Virtue（1997）

本书介绍了中国早期哲学家的思想，包括各哲学学派所假设的自然与人类世界的一般原理，人们可以通过探究支配自然的原则来理解人性。由此，为早期中国思想提供本喻的，是自然世界，而非宗教传统。艾兰特别聚焦了孔孟与老庄，尤其是《孟子》与《老子》，考察了中国早期思想中的具体意象，认为其中最重要的是水和植物。因为中国早期哲学中最基础的概念就包括道、德、心、性、气，而水与植物就是这些重要概念的自然模型。

◇ **中国哲学传统与古希腊和犹太教—基督教传统的区别**

中国隐喻基于自然，而非宗教神话或超验形上学；印欧语系明确区分了植物、动物、人类的概念，而中国的"万物"一词直接囊括了这些概念；中国的祭祀连接了生与死两个世界；古代中国对祖先、神、上帝的崇拜是与自然崇拜并重的，尤其是对山水和土地精神的崇拜；相对于自然与人，天拥有客观的至上权力，而在西方是由上帝持有这种超越性；中国艺术借助山来描绘水，这反映了阴阳关系，而欧洲中世纪艺术是围绕《圣经》展开的。"事实上，我在本作品中的论点是，由于缺乏超验观念，古典中国直接转向了自然世界——水与其滋养的植物生命——作为其哲学概念的本喻。"（Indeed，my thesis in this work is that in the absence of a transcendental concept，the ancient Chinese turned directly to the natural world—to water and the plant life that it nourishes—for the root metaphors of their philosophical concepts. p. xii）

◇ **中国古典文化强调自然与人性的互通**

早期中国哲学家认为，自然与人类世界拥有共通的宇宙原则，探究自然便可理解人性。（p. 4）

◇ **水与植物的意象是中国早期哲学概念的本喻**

水作为生命之源，具有极强的产生意象的能力，提供了定义人类行为与自然力量所共享的一般宇宙原理的基本模型。水有多种形态：水朝着一个方向持续流动，就对应着道的概念；水之就下，裹挟着沙砾，柔弱不争，这对应着无为的概念，但水也承载着所有生命；一池安静的水就对应着心的概念；水灵活柔韧，能适应一切形状；水能分层并澄清，这也为处理人和事提供了标准；澄清后的水如镜，可以折射现实；水的广大透明被用于比喻圣人的智慧；水失控时可能泛滥成灾，殃及生命。中国早期哲学中有许多概念都是以水这一意象为本喻而建立起来的，艾兰在第三章中详细论述了其中的道、无为、心、气。植物依赖水的滋养，不间断地生发、生长、繁衍、死亡的一般次序为生物之性尤其是人性提供了宗教与哲学基础。以植物意象为本喻建立起来的中国早期哲学概念，艾兰在第四章中也择其要进行了分析，包括万物、德、性、才、端、仁、自然、伪。

从水与植物的本喻这一视角来看待中国古典哲学概念，颇有新意，是从中国文化自身内部提取解释架构，而不是用外在的解释架构来强加于其上，有利于重构翻译过程中由于语言差异而被掩盖的一些概念内涵。然而，这样做也不免将问题简单化了。艾兰倾向于强调不同时代、不同思想家之间思想的相似性，她将这些概念视为一种前后连贯的文化单元，并认为它们是恒久成立的。显然，她忽视了中国古典文化中的许多复杂的矛盾与争论，以及各种概念的内涵在不同历史语境下与不同文本中的复杂性和多变性。

◇ 术语

本喻：root metaphor，这是艾兰借用了乔治·莱考夫（George Philip Lakoff）与马克·约翰逊（Mark L. Johnson）的《我们赖以生存的隐喻》（*Metaphor We Live By*）一书中的观点所构建的新概念。该书认为，隐喻结构为一切文化思想提供了基础与根源，它让人们可以从抽象与形象两个角度来思考问题。

（简佳星整理）

146. Joanne Davison Birdwhistell（1944—　）

【文献】Joanne Davison Birdwhistell，*Mencius and Masculinities*：*Dynamics of Power*，*Morality*，*and Maternal Thinking*，Albany：State University of New York Press，2007.

Joanne Davison Birdwhistell 是新泽西州理查德斯多克顿学院（Richard Stockton College of New Jersey）的哲学与亚洲文明名誉教授。

Mencius and Masculinities：*Dynamics of Power*，*Morality*，*and Maternal Thinking*（2007）

本书对《孟子》进行了性别分析，这是第一次从女性主义的角度认真解读孟子，开辟了孟子研究的新维度。作者详细研究了塑造孟子哲学和政治观点的各种女性元素，对孟子观点中固有的、潜藏的女权主义进行了最彻底、最深入的处理。她指出，孟子哲学，尤其是关于人如何修养为君子的思想，对中国的传统社会秩序的政治思想具有重要意义。她重新诠释了孟子的核心思想，强调社会关系与实践的视角，尤其关注心圣人的自我修养问题。

◇《孟子》中现实世界里的男子气概形象的两种形式

关于现实世界里的男子气概形象的形式，《孟子》中提及了两种。

一种是神农的拥护者所主张的农业背景下的形象，涉及将男性地位向下拉平至与女性等同，代表了更为普遍意义上社会结构中等级制度的消失。它要求男性要承担女性的职责，如下厨与编织，但同时，男性通过统治与耕种来表现自己高于女性的地位。而孟子主张每个人在社会中都应该有自己的特定位置，如女性就应该下厨和编织，农夫就应该耕作，统治者就应该管理好国家。因此，这第一种男子气概形象的形式是孟子难以接受的。（pp. 39 - 50）

另一种是梁惠王所展示出来的政治统治形象，这样的男性完全是以自我为中心的，其统治的唯一目的是其个人私利，不遵从他与下属之间的社会关系，其领土扩张及未能满足民众需求导致民不聊生。（pp. 51 - 62）

尽管母性的实践和思维在孟子思想中是一个无形的维度，但它通过农业与统治这两个领域的思维和实践，被转码且呈现于文本中。（pp. 27 - 28）

◇ **孟子理想中的男子气概形象源于母性**

而关于孟子理想的男子气概形式，就是其理想统治者的形象。作者认为，这是通过挪用、倒置和转化女性特质来构思的，因为孟子要求这个男性应该像一个理想的母亲那样养育、关怀、怜悯他人。（p. 111）对于平民阶层，应以对待家人的态度与民同乐，以仁政使民众吃饱穿暖；对于精英阶层，应充分听取他们的观点，并任用能臣、贤臣。

作者指出，孟子的这一构思很可能源于他从孟母那里得到的关爱与呵护，他是从对母性的实践和思考出发，从而对理想的男子气概进行描绘的。

◇ **仁政需要母爱也需要孝爱**

女性对孩子的关怀反过来就表现为孩子对年迈父母的孝爱，而这种孝爱会转变为王道的仁，从而又变为对民众的母性之爱。例如，统治者就像一个儿子，或许也是一个年幼的小弟弟，他首先需要学会尊重、顺从长者，并对长者有责任感。统治者将成为天下的表率，故其行事方式对民众的行事方式有重大影响。同时，他要让民众有能力担起赡养与关怀长者的责任。作者从母性的分娩、养育、照料、教育等多个层面的角度解读了王道与仁政。由此，王者的仁政既需要母爱也需要孝爱。（pp. 75 - 110）

◇ **人的道德性源于母性**

根据孟子的养气说，"对于人的浩然之气，应该滋养、持续关照，不能使之挨饿，也不能用不恰当的方式来影响它，这是必要的，这种必要性指示了道德行为与女性特质的基本关联，尤其是母性实践，同时它与农业实践相关联"（The necessity to nourish, constantly take care of, not let starve, and not use inappropriate methods with one's overflowing *qi* indicates a fundamental association of moral behavior with female, especially maternal, practices, as well as with farming practices. p. 121）。作者认为，孟子提出的"四端"都属于女性特质，虽然它为男性共享。"与女性特质的行为的清晰关联性是难以接受的，所以要坚持将女性失控的方面与她们滋养与生育的方面容纳进来。广大的、漫溢的洪流常常与无序、无边界、危险、羞耻与女性联系起来，因此，浩然之气的说法有利于让人能意识到道德的源头与四端被广泛地视为与女性相关的，并忘记自己曾经意识到了这一关联。"（Clear recognition of this association with female gendered behavior is not acceptable, and so it is resisted by the inclusion of the uncontrollable dimensions of women along with their nourishing and life-giving dimensions. Vast, overflowing, flooding waters are associated with disorder, the lack of boundaries, danger, shame, and females. Thus the very designation of this kind of *qi* as floodlike serves both to enable one to recognize that the origins of morality and moral sprouts are widely regarded as female related and then to forget that one has ever recognized this association. p. 121）

此外，因"时"而"权"的思想其实也与女性有关。"这种在特定情况下知道和批准去做正确的事的感觉，在一个更大的利益竞争语境下发生。这类似于'权'的概念，它也是以母性与农业实践为中心的，它在孔孟道德与政治思想中非常重要。"［This feeling of knowing and approving of the right thing to do in a particular situation takes place within a larger context of competing interests. It is similar to the concept of situational weighing or adaptive behavior（*quan* 權），which is central to both maternal and farming practices and is important in Confucian-Mencian moral and political thinking. p. 114］

（简佳星整理）

147. Franklin Perkins（方岚生）

【文献】（1）Franklin Perkins, *Doing What You Really Want: An Introduction to the Philosophy of Mengzi*, New York, NY: Oxford University Press, 2021.

（2）Franklin Perkins, "Reproaching Heaven and Serving Heaven in the

Mengzi," in *Heaven and Earth are not Humane: The Problem of Evil in Classical Chinese Philosophy*, Bloomington & Indianapolis, Indiana: Indiana University Press, 2014, pp. 116 – 150.

（3）Franklin Perkins, "Wisdom in Mengzi: Between Self and Nature," in Albert A. Anderson, Steven V. Hicks, Lech Witkowski, eds., *Mythos and Logos: How to Regain the Love of Wisdom*, Amsterdam, New York: Rodopi, 2004, pp. 205 – 219.

（4）Franklin Perkins, "Following Nature with Mengzi or Zhuangzi," *International Philosophical Quarterly*, Sep. 2005, Vol. 45, Issue 3, pp. 327 – 340.

（5）Franklin Perkins, "Reproaching Heaven: The Problem of Evil in Mengzi," *Dao: A Journal of Comparative Philosophy*, Summer, 2006, Vol. 5, Issue 2, pp. 293 – 312.

（6）Franklin Perkins, "No Need for Hemlock: Mencius's Defense of Tradition," in Chris Fraser, Dan Robins, Timothy O'Leary, eds., in *Ethics in Early China: An Anthology*, Hong Kong: Hong Kong University Press, 2011, pp. 65 – 81.

（7）Franklin Perkins, "Five Conducts（Wu Xing 五行）and the Grounding of Virtue," *Journal of Chinese Philosophy*, Sep. – Dec. 2014, Vol. 41 Issue 3 – 4, pp. 233 – 534.

方岚生，美国汉学家，任教于新加坡南洋理工大学（Nanyang Technological University）、美国芝加哥德保罗大学（DePaul University）。其研究方向包括中国古典哲学、近代早期欧洲哲学、比较哲学等。

Doing What You Really Want: An Introduction to the Philosophy of Mengzi（2021）

本书对孟子哲学进行了连贯系统的解释，并通过征引儒家其他经典著作来进行分析与说明。本书所涉孟子思想的内容十分全面，从人在自然中的位置到人的情感哲学与心理学，再到自我修养的多种方式，等等。作者指出，《孟子》一书不仅是理论性的，还是实践性的，对个体如何能通过自我修身与归属感（Sense of Belonging）来改善世界的问题给出了儒家的解释，并为理解当代相关问题提供了新的方法。

◇ **孟子致力于以调和方式改变现实世界**

孟子儒学最首要的是一种生活方式，以及一种通过自我修养而成为有德之人并优化现实世界的品质。儒学之所以能成为中国传统的主流，就是因为它关注解决实际问题。（p. 4）但孟子也强调，改变现实世界应该通过调和的方式，"一个人很难在拥抱世界的同时挑战并改变它。孟子的哲学致力于改变世界但也保持了一种调和原理"（It is hard to embrace the world at the same time that one fights to change it. Mengzi's philosophy is dedicated to changing the world and yet it maintains an element of reconciliation. p. 7）。这种抵抗与和谐之间的张力，是本书的主题。要想在改变世界的同时仍然保持人与自然的和谐，需要心做到足够的宁静与满足，此处涉及大量的心理学、道德发展与自然哲学的内容，体现了一种人类与世界的照应视角。（p. 9）

◇ **人及其改进世界的倾向的自然属性**

每个人都是自然世界的一部分，我们的一切都不是超自然的。（p. 49）"在自然周期循环中，生与死都有其位置，这就是为什么把自然视作一个整体会驱使我们的心顺从、和谐、安宁，或者用庄子的术语来说，就是实现'逍遥游'。"（Life and death both have a place in the cycles of nature. That is why looking at nature as a whole inclines us toward acceptance, harmony, and peace of mind, or in Zhuangzi's terms, free and easy wandering. p. 32）自然是神圣的，中国哲学家追求的终极目标就是人与自然的和谐。（p. 26）

不仅人是自然的，人试图改进世界的欲望与努力也是一种自然倾向。"孟子用'性'来将人的价值与行动定位在自然范围内。最终，这让他将人改变世界的努力理论化为一种人与自然相和谐的方式，因为这一努力表达了我们人类的自然倾向。"（Mengzi uses *xing* to place human values and actions within nature. Ultimately, it allows him to theorize a struggle to change the world as a way of harmonizing with nature, because that struggle expresses the tendencies we human beings naturally have. p. 40）

◇ **孟子的形上学整体论**

孟子乃至整个中国早期哲学都具有一种人与自然相互关联并动态互动的观念，认为世界就是动态互联的过程。"我们总是被嵌入一种复杂的影响网络之中。因为身体是一个有机整体，一个部分发生的事会自然地传播到其他部分。"（We are always embedded in a complex web of influences. Since the body is an organic whole, what happens in one part naturally spreads to the others. p. 165）而心就是身体的一部分，"心的反应与行动会扩展到四肢、眼睛和皮肤" [The reactions and movements of the heart extend to the limbs, to the eyes, to the skin (and vice versa). p. 165]。所以，孟子拒绝任何心体二元论。(p. 36 – 37)

具体到人的行为，作者认为，外在的道德行为与内在的情感动机也是一个有机互动整体。"对于孟子而言，我们总是存在于引导行动的情感关系中。如果我们从情感中解脱出来，就会失去动机，因为我们自身没有纯粹的、独立的动机来源，没有与外界隔离的自由意志。"（For Mengzi, we always exist in emotive relationships that guide and move us. To free ourselves from emotions leaves us without motivation, because we have no pure, independent source of motivation within ourselves, no disconnected free will. p. 91）

"Reproaching Heaven and Serving Heaven in the Mengzi" (2014)

本文考察了孟子的"天人相分"观念。尽管《墨子》与《道德经》都以"天人合一"为目标，但当时的思想家更多地强调"天人之分"。孟子的思想就对这一倾向进行了深化发展，主要增加了两部分内容：一是从对"性"的分析出发详细描述了人类的动机；二是试图转变天人关系的位置，使之不再是外在于"性"的形式，而是向这些天所赋予人的自然倾向转变。这两点使孟子对待恶的问题的态度比其他战国时期的哲学家都更严谨，使其思想更接近悲剧性世界观。

"Wisdom in Mengzi: Between Self and Nature" (2004)

每个人都置身于特定的历史语境中，从而获得了独特的经验认知（Mythos），那么，普遍性的知识（logos）对于每个人来说都会是正确的吗？一种观点认为，如果真的存在这种 logos，那我们就没必要向其他文化学习了。但这种结论具有政治危险性，所以有无数的人为了捍卫他们心目中的真理而殒命。因此，一味追求普遍真理、把某一认知强加于人是一种误区。同样，如果我们不追求普遍真理，每个人都坚持自己的想法，那每个人也都可以不用向别人学习了。不同的认知可以互补，但无法相互改变，所以演化出了政治上的施压。笛卡尔的哲学就试图解决这一哲学问题，而孟子的哲学关注情感、智慧、自我与人性，也可以从中找到关于这一问题的答案，并超越文本寻求其对当代的启示。第一视角和第三视角之间的张力就是主观事实与客观事实之间的张力，这种张力有助于促进跨文化交流。

"Following Nature with Mengzi or Zhuangzi"（2005）

本文考察了孟子与庄子的"顺性"观念，从而使亚洲思想中"顺性"的追求具体化，并阐明了"性"的概念被强加给庄子与孟子的问题。在本文的第一部分中，作者在孟子与庄子之间建构了一些普遍性基础，即二者都将天人合一视为好的生活的基础，且都认为要想达成这种和谐状态需要一个自我转换的过程。在本文的第二部分，作者论述了孟子与庄子对天人合一的意义问题给出的不同答案。而在结论部分，作者思考了将庄子与孟子的"顺性"观念应用于环境伦理学的可能性。

"Reproaching Heaven：The Problem of Evil in Mengzi"（2006）

本文的中心问题是《孟子》中的"天"之仁，这个问题似乎是孟子自己不曾关注的，作者分析了这个问题显得外在于孟子思想的原因。为了让"天"的目的与每一个独立个体的目的脱钩，孟子转变了人类从"天"到"性"的这一目标的相关基础，其实，"天"也为墨子与庄子的学说提供了铺垫。孟子提升了"性"的地位，这是对一种以"天"的伦理自然为中心的恶的问题的回应。尽管斯宾诺莎和休谟都不同意孟子所说的人性被某种东西所决定的观点，他们将伦理学的基础从博爱的上帝转移至人性本身，但从更广阔的比较语境来讲，孟子的这种转变是不寻常的。孟子将从"天"到"性"的转变作为人文价值的基础，但并没有使"天"变得与"性"完全不相关。孟子将天人合一视为基本的必要之事，其主张从未质疑这一点，并表明人并不是通过直接模仿天的伦理立场来实现与天合一的，而是通过发展天给予我们的特定趋势来实现与天合一的。由此，考虑到我们的角色在整个自然中的位置，鉴于对整个"天"的敬畏，"性"的发展就被概念化了。文章共分为四部分：第一部分是"The Problem of Evil"（恶的问题）；第二部分是"The Benevolence of Heaven（*Tian*）in the *Mengzi*"（《孟子》中的天之仁）；第三部分是"'What Proceeds from You Will Return to You Again'—Maybe?"（"出乎尔者，反乎尔者也"：可能吧?）；第四部分是"*Xin*, *Xing*, and *Tian*"

（心、性与天）。

"No Need for Hemlock: Mencius's Defense of Tradition"（2011）

人们常常用"传统主义"来概括儒家的本质，而墨子、庄子和韩非子则将此描述为固守传统，这种指责无可厚非，从孔子"述而不作"的观点中便有迹可循。本文考察了儒家对传统的依赖与辩护之间的张力及其哲学影响，围绕孟子对传统的捍卫及其与墨家的论辩展开。作者沿用了陈汉生（Chad Hansen）对孟子人性观的两种解释：一是人性决定了儒家道德与礼的强势立场，二是人性仅仅助推了道德与礼的形成的弱势立场。陈汉生认为，前者突出了儒家的道的正当性，但可信度不高；后者较为合理，但弱化了儒家大道的正当性。本文从这一困境出发，指出孟子试图捍卫传统，逃避"墨家挑战"。

"Five Conducts（Wu Xing 五行）and the Grounding of Virtue"（2014）

一般认为，马王堆汉墓出土的帛书《五行篇》解释了荀子对思孟学派五行说的批评，但其实五行在《孟子》中并没有起到多重要的作用。本文准确概括了孟子思想与五行说之间的相同点与不同点，第一部分分析了善与德的区分，第二部分考察了正确行为的各种形式是如何与内在关联的。

（简佳星整理）

第五编　现代中国学者论人性善恶

148. 唐文治（1865—1954）

【文献】（1）唐文治：《四书大义》（上、下册），上海：上海交通大学出版社，2016。是书据旧版影印，繁体竖排大字。（2）唐文治：《茹经堂文集第四编》，载林庆彰主编《民国文集丛刊》第一编第64册，台中：文听阁图书有限公司，2008。其中卷二《杂著类·宗孟子法述录》，页1523—1530；卷四《经学类·卷四经学类·孟子通周易学论》，页1619以下。该书第一编卷一《经说类》中有〈孟子滕文公篇大义〉〈孟子离娄篇大义〉〈孟子大孝终身慕父母论三篇〉〈孟子善战者服上刑论〉数篇，集中论孟子，未及性善说。

文献方面，亦可参周谷城主编《民国丛书》第五编第94、95册《茹经堂文集》（一—六），上海：上海书店，1996。另有北大馆藏：林庆彰主编《民国时期哲学思想丛书上》第一编第98册《性理学大义》；第99册《性理救世书》《学一斋性理书》《性理说》；第91册《阳明学术发微》《陆王哲学》；第88册《紫阳学术发微》《朱子学派》。

唐文治对孟子性善论的解释大抵不出程朱理学范畴，但反对理气之分。首先，他强调良心呈露为性善之验，应该说比后来的徐复观、牟宗三更接近日常经验，也更接近孟子本义。他认为性无分于理气，心兼理气（见《孟子大义》自序），前者与清儒通，后者则不然。其次，他似乎并不明确地强调，人心虽也有恶，但认为善的成分来自心的更根本的位置。因为尤其在人静极复动之时，良心便可呈露，即使极恶之人，若闭门静思，也有良心发现。也就是说，善心与恶欲在人心中居于不同层次，不可等同看待（不过唐对此表述不明确）。性善似乎以心善为基础，不过心善似乎当指理善，因为他是明确地主张性善即理善。

唐对孟子性善论的解释其实很零散、不完备，但是有些说法值得注意。他反对义理与气质二性之分，主张心兼理、气；从其多次引用陆桴亭、陈澧"性善指有善，不排除恶"之语可知，他承认人性、人心中有善也有恶。但他同时强调了这两者呈现方式的不同。良心、良知所代表的善性与人欲所代表的恶性呈现方式不同。良心往往在静极而动时"偶一呈露"。［方按：我进一步认为，孟子称不善之念来源于"物交物"，即来源于人心、人性受外界影响而产生的私欲。王阳明称为"习气"（习 + 气。气指气质，习指习染，兼 custom 和 habit 之义）。良心是摆脱了习气，而不是来源于受环境外诱而产生的私欲。任何人只要屏除私欲，良心皆可呈现。这个良心，在孟子那里其实是平常的，人人可见的，并非如牟宗三等人所抬高的那样超验、形上的本体（性体或心体）。然而，良心并不总是私欲的敌对方，私欲合理即是良心。］所以唐强调性必发为情，无情不可验性，情之发于理、合于节即是良心。这样可纠正程朱之理气割裂，亦可纠正陆王之纯靠良知。

唐文治论证自己观点的理由很简单，即日常生活中人们不管做过什么坏事，夜晚回家后想想，都会有愧疚之心，或自知自己错了，只要他真诚地面对自己的良心。（方按：当人们做坏事时，真正的原因总是他对感官需要或个人生存的追求。我引申其义认为，人心的逻辑，一方面在有外诱的时候能变坏，另一方面只要不受外诱，便随时能回到道义。来自外诱或感官欲求的坏心，正如孟子所说，是"物交物则引之""不思则不得，思则得之""操则存、舍则亡"，因此不能"失其本心"。孟子所谓"本心"，正是指不受外诱或感官欲求的心。因此，"学问之道"无非是"求其放心"。并非孟子不知人心会变坏，而是他认识到人心的两个层次有根本区别。）

唐所说的本心，并没有像牟宗三或朱子那样上升到形上学或超验的高度，只是一种经验的直观判断而已。这样反而更接近于孟子的本意。而当代新儒家如牟宗三及其弟子，包括李明辉、傅伟勋乃至刘述先那样曲为解释，或者人为复杂化。牟的做法是上升到超验的、形上的高度，这样离孟子本意远；唐的做法是回到经验的、形上的地面，这样离孟子本意近，也更容易得到经验证实。

《四书大义》（1915 年）

是书据旧版影印，上、下册，上海：上海交通大学出版社，2016。繁体竖排大字。《孟子大义》在下册（占满下册，共 1050 页），前有虞万里"唐文治《孟子》研究管窥"。据虞序，是书初版于 1915 年。《孟子大义》是影印本自施肇曾刻本（未交代此本初版何时）。

◇ 性善由良心呈露验之

"性，理也。心，兼理气者也。若专以心之灵气为主，期于一超顿悟，则与释氏之光明寂照，所谓心之精神是谓之圣者，殆无所异，恐非孟氏立教之本意。或且屏绝之，以为不得与于儒家之列。不知世有乞墦之齐人，垄断之世侩，鸡鸣而起，孳孳为利，心纵极卑鄙龌龊，然苟阖户而诏以良心所在，则未有不面赤汗下悚然憬悟者，然则本心之呈露，良知之发见，其有功于世道固非细也。然则陆氏、王氏之学，不得谓非孟子之支与流裔。"（《孟子大义·序》，页 10—11）〔方：后面主要讲心兼理气（即心中兼有义理与人欲），从而与释氏有别。〕

论孟子"夜气不足以存"章曰："盖子丑之交，微阳发动之会，天地生物之机即萌于是。人虽至愚极恶，当此之时，良心亦一呈露，此性善之明验也。《复》之《象传》曰：'复其见天地之心乎？'《程传》云：'一阳复于下，乃天地生物之心也。先儒皆以静为见天地之心，不知动之端乃天地之心也。'此义尤精。盖人虽至愚极恶，不能无静时。静极而将动，其中本有生生之机，故良心亦偶一呈露，此尤性善之明验也。"（《孟子大义》"虽存乎人者，岂无仁义之心哉"章注文，页 725）

◇ 理气不分

"自程子之说出，而人知性有义理、气质之分。于是纷纷持论，群相推极于天命之初，几至不可究诘。不知义理实不离乎气质之中。古圣贤言性，盖指气质而言，不必推到人生而静以前，转致堕于玄虚也。"（《孟子大义》3A1"孟子道性善言必称尧舜"章注，页 262）引用陆桴亭大段文字颇有力。

◇ 以情验性

"盖性必发为情，而后有实用。许叔重《说文》云：'性，人之阳气，性善者也。情，人之阴气，有欲者也。'后儒遂以性为至善，情为有欲。多尊言性而讳言情。不知孟子释性善，不过曰：'乃若其情，则可以为善矣。'可见性必发于情，而后为至善。圣人自喜怒哀乐发皆中节，推而至于位天地、育万物，情而已矣。文王之发政施仁，孔子之老安少怀，情而已矣。无情岂可以为人？性是虚，情是实，性之发即为情，故吾人既尊言性，又当言情。"（《孟子大义》"虽存乎人者，岂无仁义之心哉"章注文，页726—727）

《茹经堂文集第四编》卷二、卷四

唐文治在这里的观点，（1）大抵继承宋儒观点，认为性善指理善（性命之理善）。他承清儒反对区分义理之性与气质之性，认为所谓义理，即气质之义理，"理即在气之中"（《茹经堂文集第四编·卷二杂著类·宗孟子法述录》）。但在解释不善时，认为是"气之昏而杂"所致。原文称：

> 或谓性有义理、气质之分，善者义理之性也。实则不然。天以阴阳五行化生万物，气以成形，而理赋焉。仁义礼智属于理者也，知觉动静属于气者也。理即在气之中，理善气亦善，其流而为恶及善恶混者，气之昏而杂，又有私欲以坏之，非恒性也。性善之说，所以救人心之陷溺，而反本于本原。尧舜之道，孝弟而已矣。[1]（页1524）

此一观点，就其反对义理气质二分而言，与王夫之、颜元无别。但与此同时，颜元将恶完全解释为外来，而唐文治虽未明言恶是来源于内，但从他认为恶是气质本身昏杂所致，亦可认为恶亦来源于内。

（2）他赞赏陈淳（北溪）对于《易传》"继善成性"的解释，即"就造化源头处"言性之成因，谓性之善源于造化源头之善。（方：将"继之者善、成之者性"解释为"善之所成者性"，与王夫之解释为"性使善成"有别。）这一解释显然是程朱理学的解释方式。原文云：

> 宋陈氏淳谓继之者善，乃造化继续流行处有至善之理，是先天之善；人得之以成性，是后天之善。……陈氏虽就造化原头处言，而现在生人

---

[1] 《茹经堂文集第四编·卷二杂著类·宗孟子法述录》，载林庆彰主编《民国文集丛刊》第一编第64册，台中：文听阁图书有限公司，2008。

生物亦不外此，故未尝沦于空虚也。① （页 1619—1620）

这进一步证明他的理解不出程朱理学范围。

另：《四书大义》（见下）引用朱子、张栻文字最多，罗泽南、陆世仪（桴亭）、程氏、尹氏、杨氏之说亦引，亦见其学宗程朱。虽亦引顾炎武、阎若璩等人，但于戴震、焦循等清儒之见少引。

（3）唐有时亦将性善解释为"有善"，并使用"象之性诚不善矣"（象指舜之弟）这一表述，称其性"仍有善，是乃所谓性善也"。（方按："象之性诚不善"的"性"，乃指性格或个人之天性，与"性善"之"性"非同指。）原文云：

> 彼性虽不善而仍有善，即如象之性诚不善矣，乃若见舜而怵惕，则其情可以为善，可见象之性仍有善，是乃所谓性善也。② （页 1526）（方按：此段当引自陈澧《东塾读书记》释〈公都子曰或曰有性不善以尧舜为君而有象〉章。唐于《孟子大义》"孟子曰乃若其情则可以为善矣乃所谓善也"后引此段，称"陈氏兰甫云"。）

（4）唐文治一再强调，"论性必以孝为先"（《茹经堂文集第四编·卷四经学类·孟子通周易学论》，页 1620），又称"性善之说，所以救人心之陷溺，而反本于本原。尧舜之道，孝弟而已矣。"（《茹经堂文集第四编·卷二杂著类·宗孟子法述录》，页 1524）总之，他似乎比较强调性善与尧舜的关系，特别是与孝弟的关系（此邓国光论文所强调）。大概认为孟子在讲性善时一再以尧舜特别是舜为例，是为了拯救世道人心，欲其迷途知返。邓国光谓唐先生"道性善必称尧、舜"实在是洞见。孟子"道性善，言必称尧、舜"，实在是以《书》为教，树立君德的榜样。只有理顺这道义理与经学之间的内在气脉，才能理解孟子道性善的具体意义。③

---

① 《茹经堂文集第四编·卷四经学类·孟子通周易学论》，载林庆彰主编《民国文集丛刊》第一编第 64 册，台中：文听阁图书有限公司，2008。

② 唐文治，《茹经堂文集第四编·卷二杂著类·宗孟子法述录》，载林庆彰主编《民国文集丛刊》第一编第 64 册，台中：文听阁图书有限公司，2008。

③ 所据唐文治《孟子大义·告子篇大义》卷六，无锡：无锡国专《茹经堂丛书》本，1925，页 35。参邓国光《孟子"性善"原论》，《国学学刊》2014 年第 3 期。

149. 陈大齐（1886—1983）

【文献】（1）陈大齐：《孟子性善说与荀子性恶说之比较研究》，台北："中央"文物供应社，1953。（2）陈大齐：《研讨人性善恶问题的几个先决条件》，《孔孟月刊》第 8 卷第 8 期，1970 年 4 月 28 日出版，页1—4（亦收入《陈百年先生文集·第一辑孔孟荀学说》）。（3）陈大齐（遗著）。《陈百年先生文集·第一辑孔孟荀学说》，台北：台湾商务印书馆，1987。此书第二部分为"孟子学说"（页 230 以下），论述其尚志、浩然之气、仁义、义利、四种言、名理、人性善、食色等问题。①

《孟子性善说与荀子性恶说之比较研究》（1953 年）

本书对于孟子与荀子的人性论都力图持客观中立、不作预设价值立场的态度，而实际上认为二者仍在人性善恶的理解上皆有片面、偏颇，其理论论证的逻辑皆有漏洞，而他本人倾向于认为告子性无善无恶论更合理。"作者浅见，既不赞同孟子的性善说，亦不赞同荀子的性恶说，无宁对于告子的性无善无不善说较有同感。"（页 2）他认为，孟子的性善论其实是性有善端、性向善，不能称为性善论，因为孟子只说明了性有恻隐之心等四端，但不能证明由四端必然导致仁义礼智之实。

该书的结构是"序说"之后，分别以专章论述"性的意义""善恶的意义"，然后有两章分别讨论"孟子性善说的论述""孟子恶的由来说"，接着有两章分别讨论"荀子性恶说的论证""荀子善的由来说"，最后一章是"结论"。全书篇幅很短，总共只有 40 页。

◇ **性之义及其与情、欲、知关系**

其一，在性的含义上，孟荀二人都把性当作人生来固有的。"在性之为生来所固有的一点上，孟荀二人的见解亦可说是互相一致。"（页 7）孟子反

---

① 陈大齐亦对孟子的推理或逻辑思想有所研究，主要代表作是《孟子的名理思想及其辩说实况》（台北：台湾商务印书馆，1968）。较简要的论文有《孟子在名理思想上的两大贡献》（原发于《政大学报》第 15 期），载陈大齐（遗著）《陈百年先生文集·第一辑孔孟荀学说》，台北：台湾商务印书馆，1987，页 309—330。此文为上书中的两章，但此部分与性善论无关。

驳告子"生之谓性"，反驳的只是告子把性的含义泛化指一切"天生成的"。（页6—7）"孟子所说的性亦当是天生而未受环境影响的"（页7），因为孟子有"我固有之"一些说法。

其二，"孟荀二子同样承认，性是大家所同的，不因人而异"，圣人与众人、君子与小人"具有同样的性"。（页8）

其三，孟荀同样把感情当作性的内容。荀子经常将"情性""性情"合用，孟子"恻隐之心"之类也是感情。

其四，就性与欲的关系看，荀子把欲当作性的一部分，而孟子"口之于味也"一章等表明他不把五种感官欲望当作性的一部分。"殆因为五者之欲虽为生来所固有，以其与禽兽所共，故不应将其归属于性。"（页9）相反，孟子"寡欲"之说表明他认为欲与性是相反相对的。但孟子同时谈爱亲之欲之类。所以他把欲分为两类，一为"性之所发"，二为"与性对性外之欲"。（页10）

其五，就性与知、能的关系看，荀子认为这三者独立，"并不相互涵摄"（〈正名〉"情然而心为之择，谓之虑"一章）。但"孟子似乎视良知为性了"。

◇ **善恶之义**

他认为，孟荀二人区分善恶的标准"显有不同"，"孟子以可欲与不可欲区分善恶，所用的标准是主观的认识。荀子以国家治乱社会安危来区分善恶，所用的标准是客观的事实"（页12）。《荀子·性恶》称："凡古今之所谓善者，正理平治也；所谓恶也，偏险悖乱也。是善恶之分也已。"

◇ **孟子性善说**

他对孟子的性善论从多方面进行了逻辑上的反驳，并说"作者浅见，既不赞同孟子的性善说，亦不赞同荀子的性恶说，无宁对于告子的性无善无不善说较有同感"（页2）。他认为孟子性善论在立论基础上的漏洞有以下几点。

（1）对性之义的片面解读。他认为孟子限定了人性的定义，把耳目口腹之欲"摈诸性外"，只把恻隐之心等善端称为性，这是他得出人性善的另一重要原因。他认为孟子与荀子对人性的理解都是片面的。荀子把善由从出的思虑摈诸性外，只以"无厌的欲"称为性，所以自然会得出性有恶端，但荀子同时由恶端得出性恶，也是混淆了端与实之别，所以荀子其实只能称为"性向恶论者"。

（2）只证明了人性有善端，并没有证明人性即是善的，"亦即孟子所证明的只是善的可能性，不是善的现实性"（页19）。须知善之端与善之实是有区别的。这与董仲舒禾与米之喻非常类似。

（3）循环论证。他据〈公孙丑上〉"人皆有不忍人之心"、〈告子上〉"恻隐之心人皆有之"两段得出，孟子的依据是"人性中包藏着善或蕴蓄着善端，所以人性是善的"（页16）。他由此认为孟子犯有"循环论证"的错误，即：

> 孟子预存有人性是善的结论，乃把足以支持此结论的心情归属于性，而把一切不足以支持此结论的心情，如耳目口腹之欲，一律摈诸性外。又回过头来，依据那些归属于性的心情，以证明人性之善。在这一点上说他犯有循环论证的过失，确亦不无循环论证的嫌疑。（页17）

他倾向于认为告子之立论比孟荀都妥当，孟子只证明了人有善端，由于善端与善是两码事，故不能由善端来证明性善。由于善端代表一种趋向，所以孟子的人性论严格来说只能称为"性向善说"，称为性善论"言过其实"了。孟子认为人性有善端而无恶端，是因为他不把耳目口腹之欲称为性（据7B24"君子不谓性"一段）。所以，他倾向于接受告子性无善无恶之说，这与苏轼、梁启超、王国维等人一致。

他指出，孟子一会儿说"恻隐之心"等只是仁义礼智之"端"，一会儿又说"恻隐之心"即是"仁义礼智"本身，这表明他可能混淆了"端"与"实"之差距，其实由这些端不一定能导致仁义礼智之结果。这种混淆表明他若由善端推出性善是不可能成立的。孟子从四端存在而推出仁义礼智四者，并得出性善，"不免推断过当"（页19）。他以是非之心为例说明，是非之心扩充的结果未必就合乎是非。比如孟子说"孩提之童……及其长也，无不知敬其兄也"，可见其"赤子之心"未必知道敬兄，"亦可见赤子之心所是所非不定是真是真非了"（页18）。

他进而得出，"故孟子的言论只能证明人性具有善端，犹未能证明人性是善，亦即孟子所证明的只是善的可能性，不是善的现实性"（页19）。从孟子"乃若其情"一段也可看出，孟子"本来只想证明人性之可以为善，非欲证明人性之固善，不过将'可以为善'称之为'善'而已"（页19）。由此他进一步得出：

> 孟子所说的性善，只是人性可以为善的意思，非谓人性在事实上已
> 经是善的。孟子以为人性之中只具有善端，未尝兼具恶端，且将耳目口
> 腹之欲摈诸性外，把一切恶事归罪于放心，则孟子虽只以人性为可以为
> 善而非必固善，即决不承认人性之亦可以为恶。在孟子看来，人性的本
> 然只趋向于善，绝不趋向于恶。综上所述，孟子的学说实应正名为人性
> 向善说，以见其真相，不应称为性善说，以启人误解。（页 19）
>
> 孟子与告子的论辩，亦只证明了人性之可以为善与人性之向善不向
> 恶。（页 19）
>
> 孟子所证明的只是人性之可以为善，不是人性之固善。（页 20）（方
> 按：陈大齐的意思是，人性可以为善，是向善而不是向恶。因此，"可
> 以为善"不可以说成"可以为善、可以为不善"。后者是公都子所言。）
>
> 正唯人性只具有善端，只是可以为善，只是不趋向于恶，故有培养
> 诱导的必要……使其善端发展以成善。（页 21）

陈大齐认为孟子只证明了善端，未证明性善的观点，实与董仲舒批评孟
子思路一致。董氏认为人性犹禾苗，善犹粟米。禾虽出米，不等于米；性可
致善，不等于善。

◇ 荀子性恶说

他强调荀子既然主张人性可化，也就使其性恶说"不免不打折扣"，因
为"性并非固着于恶而不可移易"（页 20）。"性并不固着于恶，若用性外的
力量加以化导，则亦可更易其趋向。荀子只主张性本趋向于恶，并不否认其
有为善的可能。故如实言之，荀子的性恶说只是人性向恶说而已，称之为性
恶说，不免有些言过其实。"（页 33）

◇ 孟、荀差异

他讲了孟荀之间的许多共同处，比如人性人人皆同、教化的重要、王道
的意义等。从性善说只是向善说、性恶说只是向恶说来看，二者之间的对立
远不如人们想象的那样大，因为"若把性的问题搁置不谈，专就人之可否为
善与否与可为恶而论，则两家所说虽有不同，但相去甚近，决不会达于可以
称之为相反的程度"（页 38）。最后，得出结论说：孟荀学说之别来源于对人

性概念定义的不同，孟子把耳目口腹之欲逐出性外，把导人向善的是非之心归属于性，自然得出性善来；"荀子则把善所从出的思虑摈诸性外"，"以无厌的欲视为性的中坚"，自然得出性恶的结论来；"孟子所说的性中，充满着善端"，"荀子所说的性中，充满着恶端"，他们分别只是"性向善说"或"性向恶说"者，而不能被称为"性善论者"或"性恶论者"。（页38）

〈研讨人性善恶问题的几个先决条件〉，《孔孟月刊》（1970年）

陈大齐在此文中认为，孟子"性善说"当称为"人性可善说"。

本文虽不长，但从四个方面对孟子的性善说提出了比较严厉的质疑，基本上体现了作者对于性善说不能接受的基本态度或立场。文章开头就称，有些人认为坚持性善论有助于捍卫人的尊严，这是不能成立的。因为相信人性善可能导致放任自流，还不如相信人性恶，加以诊治从而维护人的尊严为尚。文章提出，要确定讨论人性善恶，需要明确如下四个条件，然后才好对孟子性善说加以判断。

第一，须明确人性概念的含义范围。可惜孟子、告子、荀子三人的人性概念含义范围皆不同。告子以"生之谓性"，孟子则以"人之所异于禽兽者"为人性。孟子认为智力（是非之心）为性之内容，荀子也承认智力是生来具有，但〈正名〉中明确区分性与知二者。孟子以恻隐之心、辞让之心、是非之心为性之内容，而在荀子看来这些不能算性之内容，为后天形成，这也是告子的观点。"三家人性善恶见解之所以不同，其主要关键在于所用性字取义的不同。"（页2）

第二，"所举的人性项目、必须确切证明其为生来所固有，未尝受有社会影响的感染。"（页2）他认为孟子、荀子等人的人性概念有一共同含义，即指"生来固具"的特征，因此"不妨把人性形容为未受人为影响的自然状态"（页2）。但是问题在于，告子、荀子均已指出，孟子可能"误认人为的为自然的"。"故欲拥护孟子的性善说，必须证明仁义确为'非由外铄我也'。"（页2）但是问题在于，孟子唯一举出的例子即孺子入井之例，其实是很难证明人性中有恻隐之心的。因为无法判断有此心之人是否受到了社会影响。最好的证明恻隐之心为人性内容的办法就是，把若干幼童置于深山中养大，不受社会任何影响，然而观其是否有恻隐之心。然这是不可能办到的。还有就是观察动物，然动物毕竟与人不同。（页3）（方按：孟子之逆推法强调了人在见孺子将入于井时，并非出于任何功利之心而生恻隐，还是可以说明先天性的。若严格用陈大齐的方法来证明，请问人性的哪个项目内容不是后天社会中出现的，包括食、色之类。）

第三，必须"分别善恶的标准"（页3），即界定善还是恶的标准。孟子的自相矛盾处似乎在于，一方面主张"寡欲"，另一方面以"可欲之谓善"。既然欲须"寡"，何以为善的标准？而后者又是孟子所给出的善的唯一标准。荀子则以国家的治乱分别善恶（正理平治），与孟子偏重主观不同，但是也可以说可欲的不会违背平治。当然，从这里可以看出，孟子与荀子对于善恶的标准不同。

第四，"所须先认清的是现实与可能的分别。"（页3）可能性指尚未成为现实；认为性善说必须着眼于人性的现实，必须证明人性"已经是善的了，已经固着于善，不会改颜易色"，这不如"人性可善说"，"为犹预性的论断，谓人性只是 趋向于善 ，尚未到达于善，更未固着于善，且不能保证其中途之必不转向以趋于恶"，"故性善说与人性可善说两相比较，前者成立较难，后者的成立较易"（页4）。

〈孟子认食色为性否〉（1968年）

这是一篇短论（演讲），大意认为食色是否为性，有三种看法，各有其理由。一是孟子以食色为性，理由是〈告子下〉第1章说"取食之重者与礼之轻者而比之，奚翅食重？取色之重者与礼之轻者而比之，奚翅色重？"，即食、色相对于礼为轻，但其重者并不亚于礼之轻者。二是反对以食色为性，将性定义为人与禽兽不同的独特之处（"虽有人人所固具而不是人所独具的，都不得归属人性"，页343）。引了〈尽心下〉第24章（7B24）"口之于味也……性也，有命焉；……有性焉，君子不谓命也"（方按：此段牟宗三《圆善论》、王夫之等人皆作别解，陈大齐解释盖有误）。三是作者自己的看法，孟子以是否合乎仁为标准，合乎这一标准的食色属于性，否则不属于性的范围。此一说法值得商榷，不如改为孟子的人性概念有多义性。

作者所引有参考价值的文献包括以下几方面。

〈告子下〉第1章说"取食之重者与礼之轻者而比之，奚翅食重？取色之重者与礼之轻者而比之，奚翅色重？"

〈滕文公上〉第4章"男女居室，人之大伦"；〈离娄上〉第26章"不孝有三，无后为大"。肯定色。

〈梁惠王上〉第 3 章"养生丧死无憾，王道之始也。"第 7 章"制民之产，仰足以事父母，俯足以畜妻子。"（补：〈离娄上〉"所欲，与之聚之"）肯定食。

孟子对"欲"的态度，主张"寡欲"（〈尽心下〉第 35 章），但不否定"欲"。"可欲之谓善"（〈尽心下〉第 25 章），还有"义亦我所欲也"，〈离娄上〉"所欲，与之聚之"。（补：〈告子上〉"鱼，我所欲也；熊掌，亦我所欲也。二者不可得兼，舍鱼而取熊掌者也。生，亦我所欲也；义，亦我所欲也。二者不可得兼，舍生而取义者也。生亦我所欲，所欲有甚于生者，故不为苟得也。死亦我所恶，所恶有甚于死者，故患有所不辟也。如使人之所欲莫甚于生，则凡可以得生者，何不用也？使人之所恶莫甚于死者，则凡可以辟患者，何不为也？由是则生而有不用也，由是则可以辟患而有不为也。是故所欲有甚于生者，所恶有甚于死者，非独贤者有是心也，人皆有之，贤者能勿丧耳。"这些讨论的所欲，作者并不否定人们对于生、鱼、熊掌之欲，只是要权衡轻重。）

150. 胡适（1891—1962）

【文献】胡适：《中国哲学史大纲卷上》（原名《中国哲学史大纲》卷上），载欧阳哲生编《胡适文集》卷六，北京：北京大学出版社，1998。

是书最初版为胡适在北京大学讲授"中国哲学史大纲"一课的讲稿，1917年 9 月在校内作为讲义油印。1919 年 2 月由商务印书馆出版，迄 1930 年已印15 版，并于是年收入"万有文库"，书名改作《中国古代哲学史》（三册）。

该书试图说明孟子性善论逻辑不通。他认为，孟子性善论的要点是（1）人同具官能，（2）人同具"善端"，（3）人同具良知良能。"孟子以为这三种都有善的可能性，所以说性是善的。"（页 350—351）这显然还是与古人一样，以为孟子以善端为性善论立论基础。

《中国哲学史大纲卷上》（1998 年）

由于胡适写作《中国哲学史》采取"名学"的方法（关注逻辑、知识问题），故对后期墨家、名家与荀子思想较为重视，而对于孟子的思想却着墨不多，将其与《大学》《中庸》放在一起，分为两章讨论，总名之曰《荀子以前的儒家》。

◇ **孟子时代几种论性学说**

胡适认为〈滕文公〉所说"孟子道性善，言必称尧舜"，即表明"性善论在孟子哲学中可算得中心问题"。（页349）与此同时，他将孟子同时代论性的几种学说列举出来：

> 告子曰："性无善无不善也。"或曰："性可以为善，可以为不善。是故文武兴则民好善，幽厉兴则民好暴。"或曰："有性善，有性不善。是故以尧为君而有象，以瞽瞍为父而有舜。"……今曰性善，然则彼皆非欤？（页349）

此为公都子所提及的孟子时代所流行的三种人性主张，但由于这三种人性论说都是着眼于外在经验描述，无法凸显人的内在价值和道德主体，故遭到孟子的批判。

> 乃若其情（崔灏《四书考异》引《四书辨疑》云："下文二才字与此情字上下相应，情乃才字之误。"适按：孟子用情字与才字同意。《告子篇》"牛山之木"一章云："人见其濯濯也，以为未尝有材焉，此岂山之性也哉。"又云："人见其禽兽也，而以为未尝有才焉，此岂人之情也哉。"又云："人见其禽兽也，而以为未尝有才焉，此岂人之情也哉。"可以为证），则可以为善矣。乃所谓善也。若夫为不善，非才之罪也。恻隐之心，人皆有之。羞恶之心，人皆有之。恭敬之心，人皆有之。是非之心，人皆有之。恻隐之心，仁也。羞恶之心，义也。恭敬之心，礼也。是非之心，智也。仁义礼智非由外铄我也，我固有之也，弗思耳矣。故曰求则得之，舍则失之。或相倍蓰而无算者，不能尽其才者也。（页349）

胡适将此看作孟子对上述三种人性论述的回答，也是其性善的总论，并将其性善论的具体理论作了细致分析。

◇ **人的本质同是善的**

胡适将情释读为"才"，也即材料之材，并将"性"解释为人本来的质料，认为《孟子》一书中的"性""情""才"可以互相通用。"孟子的大旨只是说这天生的本质，含有善的'可能性'。"（页350）

（甲）人同具官能

孟子认为人天生的官能，具有根本相同的可能性。

> 故凡同类者，举相似也，何独至于人而疑之？圣人与我同类者。故龙子曰：'不知足而为屦我知其不为蒉也。'屦之相似，天下之足同也。口之于味，有同耆也。易牙先得我口之所耆者也。如使口之于味也，其性与人殊，若犬马之与我不同类也，则天下何耆皆从易牙之于味也？至于味，天下期于易牙，是天下之口相似也。惟耳亦然。至于声，天下期于师旷，是天下之耳相似也。惟目亦然。……故曰口之于味也，有同耆焉；耳之于声也，有同听焉；目之于色也，有同美焉。至于心，独无所同然乎？心之所同然者何也？谓理也，义也。圣人先得我心之所同然耳。故理义之悦我心，犹刍豢之悦我口。（〈告子〉，页350）

针对此段论述，胡适仅将其看作人同具官能，从而推出人有根本相同性的一个例证。对于其中义理内涵，则缺乏分析。[闫按：劳思光说："胡先生在这本书中，大部分的工作都是用于考订史实，对于先秦诸子的年代及子书中的伪造部分，都用了很大力气去考证，但对这些哲学思想或理论的内容，却未能做任何有深度的阐释。"（《新编中国哲学史·序言》）或许这样的指责过于激烈，但胡氏的确对于义理内涵少有分析。]孟子的确是从人所同具的官能出发立论的，从口有"同耆"、耳有"同听"、目有"同美"，推出心亦有"同然"。而心之同然便是理义，正如口之同耆、耳之同听以易牙、师旷为标准，同理，心之同然也应当以圣人为标准。何谓圣人？即充分将其"才"、善性实现和扩充出来的人。

（乙）人同具善端

胡适引董仲舒语（"性有善端，动之爱父母。善于禽兽，则谓之善。此孟子之善。"）以说明孟子所讲的"善端"是有触即发的，不待教育的。

人皆有不忍人之心。……今人乍见孺子将入于井，皆有怵惕恻隐之心；非所以内交于孺子之父母也，非所以要誉于乡党朋友也，非恶其声而然也。由是观之，无恻隐之心，非人也；无羞恶之心，非人也；无辞让之心，非人也；无是非之心，非人也。恻隐之心，仁之端也；羞恶之心，义之端也；辞让之心，礼之端也；是非之心，智之端也。人之有是四端也，犹其有四体也。（〈公孙丑〉。参看上文所引〈告子〉语。那段中，辞让之心作恭敬之心，余皆同。）（页350）

本章出现于〈公孙丑〉，与〈告子〉所论"四端"略有不同。此章主旨是在讨论仁政，孟子认为仁政的基础在于每个人都具有的"不忍人之心"，将性善论与仁政学说结合在一起讲。至于仁政，姑且不论，这里单讲性善的问题。为了证明人天生具有善端，孟子设置了这样一种伦理处境：当一个小孩子掉到井里时，排除我们种种外在的目的（如讨好孩子父母、博得乡人的赞誉），我们依然会不计利害得失去对这一孩子施以援手，如此则必有内在原因，通过当人们面对这一危险情境的种种心理刻画，孟子认为这纯粹是我们内在的"不忍人之心"命令推动我们去行动。由此，孟子认为具备恻隐、羞恶、辞让、是非这四端之心，才算真正意义上的人（一种对人的价值规定）。进而，孟子又讨论了四端和四德的关系，认为恻隐之心是仁的开端，羞恶之心是义的开端，辞让之心是礼的开端，是非之心是智的开端。也就是说："'端'表明恻隐、羞恶、辞让、是非不是一种既定、完成的东西，从恻隐、羞恶、辞让、是非之心到仁义礼智有一个成长、发展的过程，正如树苗到树木有一个成长、发展的过程一样。"[1] 然而，我们虽然具备四端，但并不必然导向善，还需要后天的扩充和培养，这也是孟子屡屡所强调的。

（丙）人同具良知良能

胡适认为孟子将四端视为人的"生知"（Knowledge *a priori*），并对四端之心作出分类，认为恻隐、羞恶、恭敬，"都近于感情的方面。至于是非之心，便近于知识的方面了"（页351）。其实这种划分是没有必有的，反而会遮蔽孟子所要表达的含义，在这里，无论是恻隐、羞恶、辞让，还是是非，我们都可以从道德情感的角度加以分析。

---

[1]　梁涛：《孟子解读》，北京：中国人民大学出版社，2010，页104。

> 人之所不学而能，其良能也。所不虑而知，其良知也。孩提之童，无不知爱其亲也。及其长也，无不知敬其兄也。亲亲，仁也。敬长，义也。（〈尽心〉，页351）
>
> 大人者，不失其赤子之心也。（〈离娄〉，页351）

胡适将良释读为善，并认为孟子所讲的性包含官能、善端及一切良知良能三种。由于这三种都具有善的可能性，所以说性是善的。

◇ **人的不善，都由于"不能尽其才"**

胡适认为既然孟子所讲的人性是善的，那么一切不善就并非性的本质，并强调孟子虽认为人有种种善的可能性，但是大多数人并不能使这些可能性充分发展。在现实中，大多数人后来逐渐将善性湮没了，最后变为恶人，并非性本身有善恶，只是由于人不能充分发展自己本来的善性。"若夫为不善，非其才之罪也。……或相倍蓰而无算者，不能尽其才者也。"（页351）对于人之所以不能尽其才的缘故，胡适将其归因为三种。

（甲）由于外力的影响

> 人性之善也，犹水之就下也。人无有不善，水无有不下。今夫水，搏而跃之，可使过颡；激而行之，可使在山。是岂水之性哉？其势则然也。人之可使为不善，其性亦犹是也。（〈告子〉，页352）
>
> 富岁，子弟多赖；凶岁，子弟多暴，非天之降才尔殊也，其所以陷溺其心者然也。今夫麰麦，播种而耰之，其地同，树之时又同，浡然而生，至于日至之时，皆熟矣。虽有不同，则地有肥硗，雨露之养、人事之不齐也。（〈告子〉，页352）

胡适援引孟子对人性种种不善的说明，认为孟子所强调外界环境对个人的影响，与当时的生物进化论相似。[闫按：其实，生物进化论多强调的是生物被环境决定和选择，而个人受环境境遇的影响则与此不同。对于个人来说，作为有理性的存在者，并非完全为环境所决定，而是有自己的能动性的。对于那些被环境影响或改变的人来说，首先是放弃了自己的能动性（屈于压力、诱惑或惰性等），最后只能被动地跟随环境变化。]

（乙）由于自暴自弃

　　舜之居深山之中，与木石居，与鹿豕游，其所以异于深山之野人者，几希。及其闻一善言，见一善行，若决江河，沛然莫之能御也。（〈尽心〉，页352）

　　自暴者，不可与有言也。自弃者，不可与有为也。言非礼义，谓之自暴也。吾身不能居仁由义，谓之自弃也。（〈离娄〉，页352）

　　虽存乎人者，岂无仁义之心哉？虽存乎人者，岂无仁义之心哉？其所以放其良心者，亦犹斧斤之于木也，旦旦而伐之，可以为美乎？其日夜之所息，平旦之气，其好恶与人相近也者几希，则其旦昼之所为，有梏亡之矣。梏之反覆，则其夜气不足以存；夜气不足以存，则其违禽兽不远矣。人见其禽兽也，而以为未尝有才焉者，是岂人之情也哉？（〈告子〉，页352）

　　胡适认为，人不善的其中一个原因就是自暴自弃，外界的势力并不能完全决定、影响人的本性，舜的所作所为便是最好的例子。但是人如果自己放弃了向善的可能性，就变得无可救药。[闫按：尽管胡适将人在现实性上所表现出的种种恶归因为三种，但在这三个原因中，孟子最强调的还是个人的意志选择问题，尽管环境会对人的行为产生一定的影响，但人终归是有理性的、自由的，是可以自己选择并决定自己的行为的，只有从这点上讲起，人的道德选择与责任承担才具有可能性。]

（丙）由于"以小害大以贱害贵"

　　体有贵贱，有小大。无以小害大，无以贱害贵。养其小者为小人，养其大者为大人。（〈告子〉，页352）

　　耳目之官不思，而蔽于物。物交物，则引之而已矣。心之官则思，思则得之，不思则不得也，此天之所与我者。先立乎其大者，则其小者弗能夺也。此为大人而已矣。（〈告子〉，页352）

　　胡适认为孟子的这种议论大有流弊。人的心思与耳目五官并非是独立的，如果耳目五官不灵，还有什么心思可说？并进一步认为中国古代读书人的病根在专用记忆力，而忽视了其他官能，最后变成"一班四肢不灵、五官不灵的废物！"（闫按：胡适此说误会了孟子的意思，在反传统的文化氛围中，批判的情绪掩盖了平情的理解。孟子想要表达的是作为耳目之官的感性能力与作为心之官的理性能力相比，不具有自主性，只能被动地接受外物的影响，故在与外物接触的过程中，容易为欲望所引诱，从而遮蔽其认识能力。而心之官则思，这种思是指反思能力，用牟宗三的话来说，是一种逆觉体证。这种思的能力可以反求诸己，体证到自己内在所具有的仁义礼智等善性，只有将这一本心挺立起来，才不会为感性欲望所扰乱。）

（闫林伟整理）

151. 蒙文通（1894—1968）

【文献】（1）蒙文通：《儒学五论》，载蒙默编《蒙文通文集》第一卷，成都：巴蜀书社，2015；（2）蒙文通：《性理学言》，载蒙默编《蒙文通文集》第一卷，成都：巴蜀书社，2015。

《蒙文通文集》第一卷由《儒学五论》《经学抉原》《性理学言》三书组成，其中《儒学五论》和《性理学言》二书涉及孟子的人性论，本卷皆为蒙文通先生对儒学的阐发，集中体现了他的儒学思想。蒙文通先生在经学、史学、理学、诸子学乃至释道二藏方面成就斐然，是 20 世纪以来公认的国学大师之一。

〈致张表方书〉（1952 年）

此文自注写于 1952 年，原载《中国哲学》第五辑（1981 年 1 月北京出版），见《蒙文通文集》第一卷《性理学言》，成都：巴蜀书社，2015，页371—372。此文中，蒙文通批评了宋儒从先天（预成）论来理解孟子人性论的缺陷，将孟子的性善义与扩充义结合起来，提出从"发展论"的角度来理解孟子的人性论。

◇ 先天论的缺陷

蒙文通认为宋明诸儒受佛教影响，以先天（预成）论来理解孟子的人性论，将孟子的性善论理解为本自圆满具足的"善性"，因此认为工夫修养只在于反本、复性，这无疑是违背了孟子的本意，从而导致了工夫的"颠倒窒碍"。其言曰：

　　惟宋儒阐明性善之说，诚不免有张皇过甚而反违孔、孟之旨者。《大学》以好恶言诚意，舍此无以言性善，性善之意原无失。宋人以人之初生，性原为善，复原反本，即为圣人。斯马列之义所决不许，亦误解孔孟立言之过也。……而致性近之说于不顾，谓圣人为复其原初之性，而未晓然于孟子扩充之说，不知圣人为发展其本然之性，于孔孟之义不可通，而工夫亦不免颠倒窒碍。清初学者了然于王学末流之弊，究未达于宋明立论之非，此真印度之论、禅宗只可说误之耳。（〈致张表方书〉，页371—372）

　　尽管宋明儒者持论有差异，但都陷入了先天论的迷障，清初学者看到了这一点，因此对之进行了深人的反思，来纠正这一弊端，"宋明儒者虽持论各别，然其囿于先天论则一耳；则清初之学，实有鉴于前世之弊，不得不起而挽之。"（〈致郦衡叔书〉，页373）那么，宋儒先天论的弊端具体指什么呢？蒙文通在提及自己的理学思想的数次变化时强调：

　　文通少年时，服膺宋明人学，三十始大有所疑，不得解则走而之四方，求之师友，无所得也，遂复弃去，唯于经史之学究心；然于宋明人之得者，终未释于怀。年四十时，乃知朱子、阳明之所弊端在论理气之有所不澈：曰格物穷理，曰满街尧舜，实即同于一义之未澈而各走一端。既知其病之所在也，而究不知所以易之。年五十始于象山之言有所省，而稍知所以救其失，于是作《儒学五论》，于《儒家哲学思想发展》一文篇末《后论》中略言之。自尔以来，又十年矣，于宋明之确然未是者，积思之久，于陈乾初之说得之，于马列之说证之，尝拟勒为一篇，存汉宋明清义理之合者，而辨其不合者，于中国文化一部分之扬弃工作稍致力焉，俾后之或有志于斯者有所榷。（〈致张表方书〉，页372）

　　朱子"即物穷理"之言，王氏"满街尧舜"之旨，其流弊诚不可讳……（〈儒家哲学思想之发展〉，页51—52）

　　宋明儒非不知此，但其整个思想体系中未予以应有之地位，于是一则曰即物求理，一则曰满街尧舜，皆因一弊以走两端耳。……宋明儒皆辟禅，但其弊处（如强调先天论）亦正自禅来。（〈致郦衡叔书〉，页373）

盖以朱子言理先气后，阳明言良知现成，皆不免强调一偏，皆蹈先天论之失……惟复性有还原之意，不免有先天、预成之见。（〈理学札记补遗〉，页406）

蒙文通对于理学的认识经历了多次变化，所谓"少年时服膺"是指初入学接触理学时，因缺乏学养，故对此只有单纯的肯定。"三十岁始大有所疑"，则是在研习理学的过程中，对于宋明诸儒不再盲信，看到了其中的问题，但具体是什么则并不明了。直到四十岁时，方才明白朱子、阳明的问题在于理气关系上。朱子学的弊端在于"格物穷理"，即通过心去认识外在事物之理，进而认识心中之理，造成了"物理与吾心歧而为二"（阳明语）的困局；阳明学的弊端则在于"满街尧舜"，即强调良知本自具足，其后学将"致良知"等同于"良知现成"，从而导致了"工夫"无从下手的问题。

这两个问题是晚明诸儒所面临的困境，从而在一定程度上塑造晚明思想史的走向。

◇ **发展论的人性观——善种说**

既然朱熹、阳明的人性论存在重大缺陷，那么如何能弥补这一缺陷呢？蒙文通认为，"惟王夫之、陈乾初诸家始以日生日成言性，不废宋明之精到处，又能有所发展，以补宋明所未至"（〈致张表方书〉，页371—372）。"弟于五十以后，始深有所觉，乃独有契于陈乾初，明清之交，必以此公为巨擘。盖当程朱与陆王皆有弊，惟斯人能烛其微隐而矫之。"（〈致郦衡叔书〉，页373）并强调"陈是以发展论来补救宋明人的先天论来讲性善论的，也是宋明学新的进步（发展）"（〈答洪廷彦〉，页377）。对于先天（预成）论缺陷的解决，蒙文通认为只有通过陈确，再证之以马列的辩证唯物论方能有所突破，即以发展论来理解孟子的性善论。所谓的发展论，是将孟子的性善义与扩充义结合起来，以统合孟子的性善论与孔子的性近论。这一统合的关键在于汉代新儒学，尤其是董仲舒和韩婴的人性论。其言曰：

文通于四五年前，于良知本自具足、本自圆成之说，始有所疑。人之有赖于修养，由晦而明，由弱而强，犹姜桂之性老而愈辣，非易其性，特益长而益完，何可诬也。愚夫愚妇与知与能，犹良金之在矿；圣人之不思不勉，则精金百炼、扩而充之之功也。董仲舒云："禾虽出米，而禾未可谓为米；性虽出善，而性未可谓善。"以此否认性善，则杞柳杯棬之说，于孔孟之旨为远，韩婴救之曰：茧之性为丝，卵之性为雏，弗得女工汤沸、良鸡孚育，则不成为丝、成为雏；夫人性善，不内之以道，则不成为君子。以韩氏之义补董生之说，然后可以孟子性善之论通于孔子性近之说。（〈致张表方书〉，页371）

　　孟子言"火之始然、泉之始达，苟不充之"，以知扩而充之言性；谓"苟为不熟，不如荑稗"，以孰言仁；曰"养吾浩然之气"，曰"苟得其养，无物不长"，以养言气：皆以发展言之。（〈致郦衡叔书〉，页373）

　　知皆扩而充之；性虽善，要在扩充，始能尽性。（〈理学札记补遗〉，页411）

　　为解决朱、王先天论的缺陷，蒙文通援引董仲舒和韩婴的人性论思想，将孟子的性善论理解为"善种"[①]，而非"善性"。所谓的"善种"即善的种子，即强调善的潜在性，作为种子之善，需要后天工夫的培养，使之由晦而明、由弱而强，不是去改变其性，而是辅助它使它成熟完整。这种"善种"，无论是圣人还是愚夫愚妇，都是本自具足的，好比"良金在矿"，唯一的区别就在于能否"精金百炼"，通过扩而充之的后天修养工夫达到成熟完满的境界。"善性"与"善种"的区别在于，"善性"强调良知本自具足、本自圆成，因此只需要唤醒它、觉悟它、恢复它就能够反本、复性，回到人性的完满状态，是一种静态的过程，强调善的先天义；"善种"则强调仅具备善的潜能，关键在于后天的培育，通过培养、扩充使得善的种子能够成长、发育乃至成熟，是一种动态的过程，强调善的发展义。正如张志强所言："用'发展其本然之性'来掉换'复其原初之性'，实际上便把工夫修养的方向加以翻转，由反本向内，变为扩充向前。同时，由于这种翻转，工夫的必要性也进一步得到加强。"[②]

（闫林伟整理）

[①] 用"善种"一词来概括蒙文通以发展论来理解孟子人性论，来自张志强。见张志强《经、史、儒关系的重构与"批判儒学"之建立——以〈儒学五论〉为中心试论蒙文通"儒学"观念的特质》，《中国哲学史》2009年第1期。

[②] 张志强：《经、史、儒关系的重构与"批判儒学"之建立——以〈儒学五论〉为中心试论蒙文通"儒学"观念的特质》，《中国哲学史》2009年第1期。

152. 冯友兰（1895—1990）

【文献】（1）冯友兰：《中国哲学史》（上册），北京：中华书局，1961（此书当以1944年上海商务印书馆版为底本再版）。（2）冯友兰：《中国哲学史新编》（上卷），北京：人民出版社，1998年第一版，2001年再版。（是书分上中下三卷七册，写作与出版前后经历整整30年，其中第七册于1990年写成，尚未在内地出版。）

《中国哲学史》（1961年）

上册，北京：中华书局，1961，页153—162。冯氏论孟子，实以为孟子性善论之旨，在于以人异于禽兽者为人性，故有性善之论。他先引清人陈澧之说，谓孟子之"性善"指"人性有善"，即有善端。而人之所以要扩充善端，乃是成就人之所以为人，故人禽之别为性善论之核心，他引亚里士多德区分人禽之观点以证之。此一说已与余纪元、梁涛观点甚近（余亦引亚里士多德为证）。

他说，"人皆有不忍人之心，即所谓人性皆善也"（页154），"孟子所谓性善，只谓人皆有仁义礼智之四'端'；此四'端'若能扩而充之，则为圣人。人之不善，皆不能即此四'端'扩而充之，非其性本与善人殊也"（页155）。又曰：

> 人何以必须扩充此善端？……依孟子之意，则人之必须扩充此善端者，因此乃人之所以为人也。（页155—156）

他引用亚里士多德《伦理学》中"谓饮食及情欲乃人与禽兽所共有，人之所以别于禽兽者，惟在其有理性耳"（页156）。他据孟子大体、小体之别说明，小体为人禽无别者，大体为人所特有。"从其大体，乃得保人之所以为人，乃合乎人之定义。否则人即失其所以为人，而与禽兽同。"（页157）

他引用〈告子上〉反驳告子"牛之性犹人之性"，以及孟子"人心、人路"之言，称：

孟子言性善时，亦特别使人注意于其所说之性为"人之性"。（页158）

人之性包涵"人之所以为人者"。失其性则与禽兽相同矣。（页158）

若人之性专指人之所以为人，人之所以异于禽兽者而言，则谓人性全然是善亦无不可。盖普通所谓人性中与禽兽相同之部分，如《孟子》所言小体者，严格言之，乃人之兽性耳。若只就人性言，则固未有不善也。（页159）

冯先生又称，孟子之所以重视四端，是因为由四端可扩充而组织社会，即形成人伦，此亦亚里士多德"人为政治动物"之义。"若杨墨之道，废弃人伦，则失其'所以为人者'，不合人之定义，故为禽兽也。亚里士多德以为人为政治动物。人性若能充分发展，即须有国家社会。否则不成其为人。"（页159）

《中国哲学史新编》（上卷）（2001 年）

有关孟子人性论见页366—370。《中国哲学史新编》为冯友兰在新中国成立后运用马克思主义的立场、观点和方法，重新写成的《中国哲学史》。与20世纪30年代写就的、以新实在论为指导思想的上下两卷本《中国哲学史》相比，具有以下显著特色：（1）不以人物为纲，而以时代思潮为纲，是"以哲学史为中心而又对中国文化史有所阐述的历史"；（2）以共相与殊相、一般与特殊问题为基本线索，贯穿哲学史始终；（3）着重突出中国哲学中关于人生境界的学说，以贡献于中国与世界。（页567）就有关孟子的人性论来说，具有如下特点。

◇ 性善之"性"

在该章，冯氏首先通过孟告论辩来阐明孟子对性的定义以及关于其性善论的论证。冯氏认为孟子所讲的"性善"不是生物学所讲的"性"，即本能、饮食男女之类，这些都是各种生物皆具备的。孟子认为要讲人之性，就应该注意和动物的不同处。（页366）又引用亚里士多德以理性界定人禽之别的观点，认为理性就是人之所以异于禽兽者。其言曰：

所以孟轲所说的"性善"那个"性"，并不仅只有生物学的意义，而且有逻辑和道德的意义。但也不完全排斥生物学的意义。他说："仁也者人也，合而言之道也。"因"人"既然是个人，他必然也是一个动物。所以这个"人"，不能完全排斥生物学的意义。它和其他动物共有的规定性，必须和人所特有的规定性二者结合起来，那就是"道"了。（页 366—367）

◇"四端"与"四德"的关系

接着，冯氏又对孟子的性善论作了细致的阐释，认为孟子所讲的性善是指在人的本性中含有善的因素和原则，是导向四德的苗头，也即四德得以实现的先天依据。圣人与凡人的区别就在于，圣人能够完全将四端发展到极致，其典型形态便是尧舜。其言曰：

> 孟轲所谓性善，也还不是说，每一个人生下来都是道德完全的人。他是说，每个人生下来，在其本性里面，都自然有善的因素，或者说原则。这些因素或原则，他称为"端"，就是苗头的意思。据他说：每个人生下来都有"恻隐之心""羞恶之心""辞让之心""是非之心"，这些他称为"四端"。"四端"能够发展起来，就成为"仁""义""礼""智"的"四德"。他认为"四德"是"四端"的发展，所以这"四德"都是"我固有之"。他认为所谓"圣人"，也就是能把"四端"发展到最完全的程度。人人既都有"四端"，要是能把"四端""扩而充之"，都可以成为"圣人"。所以他认为，"人皆可以为尧舜"（〈告子下〉）。孟轲认为，在这一点上，所有的人都是一样的。（页 367）

◇ 孟子的人性论忽视了阶级性

冯氏受马克思主义道德观及当时社会思潮的影响，对孟子人性论作了阶级观分析。其认为人是一种社会性动物，不能脱离具体的社会环境、社会关系而讲人性，孟子的错误就在于脱离了人的阶级性，是一种抽象的人性。其言曰：

> 人是社会的动物，他不能离开社会而生活，也不能离开社会而存在。他既然在社会中，总要有社会关系。这些关系，孟轲称为"人伦"："君

臣"父子""兄弟""夫妇""朋友"。这五种主要的社会关系，称为五伦。（页367—368）

告子的基本论点是认为，道德是社会的产物；人类生理基本欲望是自然的产物；自然是没有道德属性的。人的道德品质是后天的，从教育得来的，并不是天赋的，或生来就有的。他的这个主张基本上是唯物主义的。孟轲的性善论把道德作为自然（自然界）的属性，这个主张是唯心主义的。告子与孟轲关于人性的辩论，也是当时唯物主义与唯心主义的斗争的一部分。（页369）

冯氏对孟子人性论的批评是不符合实际的，尤其是以唯物主义与唯心主义的斗争来看告子与孟子的人性辩论。首先，以阶级性来阐释人性或道德问题，是强调道德的特殊性而不承认其普遍有效性；将道德看作社会的产物，也是强调道德的历史性与特殊性，而忽略了其普遍性。儒家所讲伦理既有高扬道德主体的德性伦理（仁），也有符合社会关系的规范伦理（礼）。但理解儒家，尤其是孟子的道德学说，主要还是从道德主体来讲的德性伦理，而非冯氏所认为的规范伦理，即道德是社会的产物。其次，孟子与告子的论辩仅仅是两个学派、两种观点的交锋，并不涉及唯物主义与唯心主义的斗争。

（方朝晖、闫林伟整理）

153. 傅斯年（1896—1950）

【文献】傅斯年：《性命古训辨证》，上海：上海古籍出版社，2012。

《孟子》一书所言"性"当作"生"字，荀子〈性恶〉〈正名〉篇中之"性"当作"生"字，《吕氏春秋》中之"性"当作"生"字。（方按：此说葛瑞汉已在其论孟子人性论文章中批驳。）又有论"孟子之性善论及其性命一贯之见解"。

《性命古训辨证》（2012年）

◇ **先秦之"性"皆读作"生"**

该书似为批驳阮元《性命古训》（载《揅经室集》）而作，通过广泛收罗周代金文中的"生""令""命"三字，分析其含义。周代金文中无"性"字。金文中的"生"字可分六类：（1）人名，（2）生霸，（3）生妣，（4）孑（亻＋生），（5）百生，（6）弥厥生。其中前三类"与后人用生字同"，（4）（6）"后人以姓字书之"，（6）"《诗》以性字书之，后人所改写也。此即后人所谓'生命'。"（页15），他总结道：

> 金文中"生"字之用，虽非一类，要皆不离"生"字之本义。阮芸台以《诗经》之"弥尔性"为西周人论性说，乃由后世传本《诗经》之文字误之，可谓"无中生有"者矣。（页15）

又分别分析《周诰》《诗经》《左传》《国语》乃至《告子》中之性，皆当指"生"，并得出，《孟子》一书之"性"字在原本当作"生"字，荀子〈性恶〉〈正名〉诸篇中之"性"字在原本当作"生"字。其中谬误颇多。大体来说，作者先入为主地将"性"理解为"生"，硬将先秦典籍中的"性"皆读作"生"，问题颇多。其中矛盾之一是，他将《孟子》《荀子》中的"性"换作"生"来读，又将"生"读作"生来就有的"，还是与人们已有的"性"之义一致。可见换"性"为"生"不可从。又《孟子》中"生之谓性"被他读作"生之谓生"，《荀子·性恶》中的"生之所以然者谓之性"读作"生之所以然者谓之生"，显得莫名其妙，而傅却认为换作"生"来读更好。其读《左传》中的"性"为"生"，除"莫保其性"一句可通外，其他皆不可通。（方按：傅氏此书，徐复观《中国人性论史 先秦篇》开篇进行了全面驳斥，尤其是驳斥其治思想史的方法论错误甚力，特别是驳其将〈召诰〉中的"节性"与《吕氏春秋·重己篇》中的"节性"读为"节生"，认为不通，颇有道理。另外指出，"性"从"生"孳生，但不能尽读为"生"，先秦时二者有时确实互用，但含义仍有重要区别。生指生命，性则指禀赋，特别是生理欲望。另外，葛瑞汉也在其关于孟子的论文中指出《吕氏春秋》《淮南子》《庄子》等书中的"性"不可能尽解为"生"。）

下面分论傅氏考证之问题：

- 〈周语〉中"性"字仅一见，见于〈召诰〉"节性，惟日其迈。王敬作所，不可不敬德"一句。节性之说，又见于《吕氏春秋·

重己篇》"是故先王不处大室，不为高台，味不众珍，衣不燀热"，"所以养性也，非好俭而恶费也，节乎性也"。傅认为此处"节性"从上下看应当作"节生"，故〈召诰〉亦当作"节生"。[方按：理解为"节性"比"节生"更好，因为"性"本有"生来就有的本能欲望"之义（如《孟子》《荀子》所谓食色之类）。页38—40]

- 《诗经》中"性"字仅出现于《大雅·卷阿》，"岂弟君子，俾尔弥尔性"。前面讲到"优游尔休""土宇昄章""受命长，茀禄尔康"。"弥尔性"，弥当指益。作者引用金文"弥厥生"，称此处"性"当作"生"。可通。然若将"性"读作"本能属性"，或者"成长法则"，亦可通。他宣称"《诗经》中本无'性'字"。（页47—48）

- 《左传》中"性"字九见，襄十四年二处"勿使失性""弃天地之性"，襄二十六年"小人之性，衅于勇，嗇于祸，以足其性而求名焉"，昭八年"莫保其性"，昭十九年"民乐其性而无寇仇"，昭二十五年"则天之明，因地之性……淫则昏乱，民失其性。……哀乐不失，乃能协于天地之性。"《国语·周语上》"先王之于民，懋正其德，而厚其性"。（页58—60）

方按：作者认为这几处皆当作"生"，似有问题。"生"，按今日说法可理解为"生活"或"生命"（作名词时）；性，则可读作"与生俱来的特性"，类似于今日所谓"特征"（信广来译为 characteristic tendencies），包括食色之类生理的需要，进一步包括生命健康、完整成长的根本需要，即我所谓的"成长法则"。那么，从这个角度看，可以看到：

——"小人之性""天地之性""地之性"显然符合"性"的本义。这非常类似于古人所谓"水之性清""玉之性坚"之类表述中的"性"之义。如果硬将此处的"性"改为"生"，反而不妥，特别是"天地之性""地之性"。

——"足其性"，此"性"类似荀子意义上的食色意义上的生理需要，故为反面义；若读作"足其生"，则不能从反面解读，而这不符合上文"衅于勇，嗇于祸"之义。

——"莫保其性""民失其性""民乐其性""厚其性"，"性"若读作"生"确实文从字顺。然读"性"为生理需要或健康成长需要，亦可通。

综上可知，傅氏有片面之嫌矣。

- 《论语》中"性"（性相近、性与天道共二处），页66—67。作者说"性相近"指"生来相近"，故当读作"生"。此说似不可。因为"性"本来指"生来具有的特性"，故文从字顺；若读作"生"，就变成"生相近"，语句不通矣。类似地，将"性"强解为"生"，又不得不继续用"性"的本义（即生有的特性）来解读此字，普遍存在于其对《孟子》（页68—73）、《荀子》（页74—78）、《吕氏春秋》（页79—81）的解释中。

- 《孟子》：他说，"《告子》所谓'性'，即所谓天生"（页69）。"'性之谓性'之'性'字，原本必作'生'"，"寻告子之意，食色生而具者也"（页70—71）。又说，"《孟子》一书，言'性'者多处，其中有可作'生'字解者，又有必释作'生'字然后可解者"（页71）。他的理由是，"性可以为善，可以为不善"，其中"性"当指"生"，即"生来可以为善可以为恶"（页71）；"所谓山之性，乃山之生来之状，其原文必作'山之生'"（页72）；"尧舜性之也"，指"尧舜生来便善"，故"性"也当读作"生"（页72）；"形色天性也"，"亦谓形色天生而有也"（页72）。显然，他将"性"读作"生"，却又用"性"之本义（生来具有的特性）来读原句。若将"尧舜性之"改为"尧舜生之"，成何句子？故此说实不可信。

- 方按：有些地方，傅的说法有道理，但更多地方强读"性"为"生"实为不可，学界今亦普遍未从也。徐复观《中国人性论史先秦篇》对傅说批评甚力，可参看。

对傅氏的批评，可参徐复观《中国人性论史 先秦篇》。

154. 钱穆（1895—1990）

【文献】（1）钱穆：《孟子要略》（《钱穆先生全集》，新校本），北京：

九州出版社，2011，页145—272。（2）钱穆：《中国学术思想史论丛》（二），台北：东大图书公司印行，1977 年初版，1980 年再版，页241—255。（3）钱穆：《中国学术思想史论丛》（五），台北：东大图书公司印行，1978 年初版，1984 年再版，页211—256。

另有《中国学术思想史论丛》八册（北京：生活·读书·新知三联书店，2021）可参考；《中国学术思想史论丛》（全十册），载《钱穆先生全集》（北京：九州出版社，2011）可参考；联经出版社 1998 年版钱穆著《中国学术思想史论丛》第二册和第五册并未收录此两篇。

《孟子要略》（2011 年）

《孟子要略》成书于1925 年，1978 年作者删订再版。此书"第五章孟子之性善论"（页229—242）专门讨论孟子的性善论，应代表钱穆早年思想，而晚年未变。钱穆谓：

> 性善者，孟子学说精神之所在。不明性善，即为不知孟子。故凡研究孟子者，于其性善之说，不可不深注意也。（页229）

此言甚是。然而，钱穆解孟子性善论，几从陈澧，强调孟子之本意在于激励人向上而发明此说。钱穆引用陈澧论"人虽不善而仍有善、仍能为善故曰性善"之言，称：

> 孟子之意，仅主人间之善皆由人性来，非谓人之天性一切尽是善。（页231）

此句似乎表明，钱穆先生自己并不真相信人性善。果然，他先引陈澧有关孟子并不否认人性有恶之论于前，复录孟子教导人向上之言，以为之证。然后说：

> 陈氏之说，甚为明晰。孟子之意，仅主人间之善皆由人性来，非谓人之天性一切尽是善。吾所谓启迪吾人向上之自信，与鞭策吾人向上之努力者，必自深信人性皆有善与人皆可以为善如始。否则自暴自弃，不

相敬而相贼，而人类乌有向上之望哉？（页 231）

复论性善之旨，引朱子"教人如此发愤，勇猛向前"之言以称之，曰：

> 盖孟子道性善，其实不外二义：启迪吾人向上之自信，一也。鞭促吾人向上之努力，二也。故凡无向上之自信与向上之努力者，皆不足以与知孟子性善论之真意。（页 229—230）

这种说法，等于间接承认性善论在逻辑上未必成立，只是为了教化而人为设计耳。然而，钱先生却对性善论给予极高的肯定，称："若从别一端论之，则孟子性善论，为人类最高之平等义，亦人类最高之自由义也。"（页330）据此，他显然对性善论持认同的态度。

〈儒家之性善论与其尽性主义〉（1933 年）

此文自注草于 1933 年，原载上海《新中华月刊》一卷七期，见钱穆，《中国学术思想史论丛》（二），页 241—255。此文以性善为"儒家的正论"，认为荀子主性恶，无法解释善的终极来源，只好将圣人与常人分作两等人。

◇ **性论与性善论**

钱穆针对孟荀二人的人性论判分，沿袭了宋儒的路径，预设了孟子是儒家正论，引"盖上世尝有不葬其亲者，……则孝子仁人之掩其亲，亦必有道矣"一段作为孟子性善论"一个最亲切的明证"（页243），认为儒家的性善论着眼于历史的进化。接着，钱氏从"尧舜性之也，汤武反之也"展开分析：

> "性之""反之"是怎样说的呢？譬如上举其颡有泚的人，他非为人泚，中心达于面目，正是他天性的流露，所以叫"性之"。旁人见其如此，恍然大悟，想到从前父死不葬，定为狐狸所食，蝇蚋所嘬，他以后再逢母丧，定必效仿那人虆梩而掩。这所谓"反之"。反之者，谓反之吾心而见其诚然。……至于行为的全体，自然也应有标准。那个标准，并不是别人创立了，来强迫我去服从。舍了我的天真，而虚伪的去模仿。那种标准，正为其是我内心潜藏着的标准，一旦如梦方醒地给人叫醒，

所以才觉可贵，所以才得为人类公认的标准。（页243—244）

圣人得此标准到手，也只是天性自然的流露。（页244）

针对"性之""反之"，钱氏作了文化历史进化的阐释。其认为尧舜之所以性之就在于他们之前，并未有文明的开启，他们是创作之人，自然在天性流露的分数上多了些。而到了汤武，文化已有积淀，但由于身处桀纣乱世，他们对文化的标准产生迷惘，故能反之于己，重将先圣创立的标准提供出来。尧舜虽处于深山为野人，但闻一善言、听一善行，便能够自觉走上性善的道路。为了进一步说明本有的天性流露，钱氏举狮居鹿群，虽一时遮蔽其本自潜藏的狮子的赋性，但在狮子的刺激下最终能够认识到自己的本性为例。他强调，"儒家的性善论绝不是现成的，而是不断作为的。他要天性的自然与人道的当然打成一气，调和起来，这是儒学的见解"（页252），"总之儒家只要处在感的地位上，去造成一个最高可能的善的世界"（页253）。

◇ **尽性论与止于善论**

钱穆认为，儒家对所有事物爱立一个标准，性的标准就是善。达到至善，才算尽性；未达到至善，便是未尽性。他举"口之于味，……君子不谓命也"一段而言：

明明是性，君子何以不谓之性？正因为儒家论性，有一个最高可能的标准，那个标准便是善，便是仁义礼知。性分所有，不一定全是仁义礼知，全是善。但是仁义礼知之善，终是在性分以内。儒家便在人性中抉择出仁义礼知的善来作为尽性的最高可能的标准。（页247）

钱穆认为耳目口鼻追求最高可能的标准虽然是人的天性，儒家却不鼓励如此做。其理由是人们普遍在饮食上追求易牙般的烹调，择配要子都、西施般的美丽，这是不可能的，故而儒家不以此为标准来劝人追求。而尧舜般的善言善行，虽然也有困难，但经过一番努力仍可战胜。

尽物之性，也只是一个恕。电可以为人拉车，为人点灯。为人通话，为人传信。也只是尽了电的性。要利用自然，还须先为自然服务。稻喜水，麦喜旱，农夫的耕稼，全得依顺着五谷的好恶性向。农人对五谷的勤劳，也正如子孝其父，臣敬其君一样，才得有丰收的希望。这也是忠恕一贯之理，还须尽己之性打通到尽物之性。惰农楛耕，己性不尽，物性也便不尽。己物还是一贯。（页 253）

钱氏认为儒家所讲的人物交互利用，并不是从功利上估量，而是从性分上阐发，认为《中庸》所讲的"道并行而不相悖，万物并育而不相害"是儒家理想中的一个善意的世界，是需要人类用止至善的功夫去努力追求的，并进一步阐发"可欲之谓善"（《孟子·尽心下》7B25）一段，认为人神的合一，是儒家实践伦理的最高境界。而善只是人们自己内有的性向。从《大学》讲，是从明德到修齐治平这一连续体；从《中庸》讲，是从尽己之性一直推扩出去，到尽人之性与尽物之性，直到赞天地之化育；从《孟子》讲，是从内心可欲之善，一连串向前而为变化不可知之圣与神。"从近代语言说之，只要把握你自己性分内的一种真诚之情感，用恰当的智慧表达出来。也因智慧恰当的表达，而完成了你自己的性分……达到天物人己一贯的地位，才是尽性，才是止至善。这里是儒家思想最基本的源泉，也是儒家思想最大的规模。"（页 255）

〈辨性〉（1944 年）

此文自注 1944 年发表于《思想与时代》第 36 期，载钱穆《中国学术思想史论丛》（五），页 211—256。此文可以说系统地论述了钱穆对传统人性观的看法。

钱穆认为儒家思想是德性一元论，或可称为性能一元论。因为其思想皆以德性观念为中心，由此出发，亦由此为归宿。故而要想掌握儒家思想的精义，则需要明白儒家的人性论。为了将儒家性论思想的复杂内涵揭示出来，钱氏将其按时间分为孔孟、易庸、程朱、陆王四个时段，一一展开论说。（闫按：德性观念确实是儒家思想的一个重要组成部分，对于把握儒家思想具有重要意义。但要说一切皆以德性为中心，则明显带有宋儒道统论的色彩。就其论性所划分的四个时段来说，明显是宋儒道统论剪裁下的儒学史，不仅将荀子排除在外，亦置汉儒与清儒于不顾，对之缺乏平情的理解。）

◇ 孔孟论性

钱穆认为孔子对于性论阐发较少，只有"性相近也，习相远也"一语。

但《论语》虽少言性，却屡言心；认为孔子思想的中心观念是仁，但对于仁的阐发，则并未着眼于《论语》文本的内在系统，而是以孟解孔；认为孟子的"仁，人心也""仁者爱人"两句解读仁字最为胜义，后来朱熹将仁解读为"心之德、爱之理"便是承此而来，进而断言"论语论仁，便是论心，而论语言心，实亦即是其言性处"（页212）。而《论语》言及人心，最重要的是一个仁字，其次是孝悌，也是讲人心。

> 仁者人心，而已涉及情与性的地界。宋儒说心统性情，论语虽只言心，其实即已包括性，不能说心性乃不相关之两物。故孔子虽少言性，而后代儒家言性，其大本源，则全出于《论语》也。（页214）

提到孟子，钱穆认为孟子论性只是指点人心之发露呈现处。其援引孟子论说良能、良知一句，断言孟子所谓性只是孝悌爱敬之心，进而又依"恻隐之心，人皆有之"一段，断定"孟子所谓性，即指人心之无不然与皆有而言。换言之，即指人心之同然处而言也"（页214）。

对于孟告论辩，钱穆认为孟子所谓性，乃专指人性而言；所谓性善，也是特指人之性善而已。告子论性，以生之谓性言人与生物之共同处，未说到人与生物之独特处。孟子以善为性，始见人性之独特处。若如告子说生命是性，就好比说知觉运动者是性，如此则人禽无别。钱穆对于孟子性论的阐发，首先严锁人禽之辨，对于告子的贬斥，明显承袭了朱子的理路，断言其将性贬低为生物的一般知觉运动。接着，又对孟子的性命之辨展开论说。"孟子此处提出性命之辨，实也可说是天人之辨，或人禽之辨。"将孟子的性释读为人性，具于内的成分多；将命释读为天命，具于外的成分多。禽兽的生活，生命成分多于德性；人类的生活，则是德性进于生命。孔孟"杀身成仁""舍身取义"，即表明"人类可有亦应有为完成其德行，而舍弃其生命之自觉"（页216）。

最后，钱穆对于孟子的论性大旨进行了概括："第一，孔孟论性，专就人性言，并不兼及物性。第二，孔孟论性，乃即就人心之流露呈现处指点陈说。"（页218）

◇《易》《庸》论性

对于《中庸》"天命之谓性"一句，钱穆认为其与孟子讲法不同。孟子将性命分说，所说性重在心；《中庸》将性命混为一谈，所说性重在天。心在内，演出为人文；天在外，本之于自然；认为《中庸》以天命为性，由于人禽同受天命，则与告子生之谓性之说相似，着眼于人禽之同处。对于"能尽己之性，则能尽人之性……则可与天地参"一段，钱穆认为其将己性、人性、物性连成一串，并未分说。而孟子则在同类之间举相似，仅着眼于尧舜与我这一同类，人己之间并无太多差异，严判人物之别。

《中庸》讲孝也与《孟子》不同，《孟子》言孝，只就孩童之爱亲敬长之良知良能而言；《中庸》言孝，则从尧舜禹汤文武周公之尊为天子、富有四海为大孝。《孟子》侧重人事，从内立论；《中庸》侧重天道，向外面说。其中最大的不同则在于，"孟子论性乃专指人心言，《中庸》言性则必兼包物性。……孟子即心见性，《中庸》则必本乎天以见性，其实则为即物而见性"（页220）。

对于《易传》，钱穆则认为其与《中庸》代表同一时代之思想，因此意趣颇多相似。针对"一阴一阳之谓道，继之者善也，成之者性也"一句，论述道：

> 善正在此一阴一阳之继续不断处。故善即是道，即是天地万物之发生化育。性则是天地万物在发生化育中到达了一个完成的阶段。……但此处所谓性，显不限于人性，道亦显不限于人道，因此其所谓善，亦决不限于人事中之善恶。……大体上易系之所谓性与道，乃与中庸同其性质。若用近代语说之，孔孟言性属于心理的，而易庸言性则推极于生理的与物理的。孔孟言性，只在人生范围中，而易庸言性，则专属于宇宙范围。（页221）

钱穆此论可谓知言。在古典儒家孔孟那里，孔子罕言性与天道，孟子言性而未及天道，只有《中庸》《易传》则从天道角度言性。到了宋儒那里则进一步将《中庸》《易传》提升为本体宇宙论的高度，用来阐述道德的形上依据与创造能力。

◇ **程朱论性**

钱穆强调《易》《庸》与孔孟之间的差别，从而形成了古代儒家思想的两大系统。汉儒乃至魏晋隋唐思想都是沿着《易》《庸》而展开，到了宋儒，则回归论孟，但对于《易》《庸》一系列的理论感染较深，不自觉地将此两大系统搅在一起讲。因此，宋儒的思想便充满了冲突与矛盾，尤以程朱最为显著。

钱穆认为二程虽然极尊孟子，但论性颇近《易》《庸》。对于孟子"生之谓性"的解读看似偏向孟子，而实则不然。原因在于二程虽然讲犬牛之性与人性不同，但论其本源，则属同一。在禀受上，固然人禽有别，但在天之与之者言，则本原无二，同是一性。其言曰：

> 孟子只就人心见性，中庸始从天命见性。今二程谓天命之谓性，此言性之理，则无不善。则性如另是一物，其物至善，落在人身上，则如日光照圆器而为圆，落在犬牛身上，则如日光照方器而为方。如此说来，却成为是性本至善，限于器物之禀受而有不善。若论本源处，则岂非人性物性同一天命，同无不善乎？……中庸谓天地化育万物，故物性尽属天命。如此则把人与物的大分别，似乎漫灭了，此是中庸之近于道家老庄处。（页223）

> 既要如孟子般主张性善，又说气禀理有善恶，故不得不说成恶亦不可不谓之性，又说成才说性时便已不是性，因此性已落禀受，已有恶的夹杂，故已不是本原至善之性。于是又说孟子说性，只说了一个继之者善，亦未说道本原的性上。如是则二程所谓本原之性，乃是一悬虚的，不着实际的。落入实际，则陷入了气的拘限中。如此则就本源言，人禽皆属善，就气质言，人亦不能无恶。其所以与孟子相异，则因兼采了易传与中庸。惟因二程要迁就孟子，因此把恶的部分诿罪于气质，如此则不仅异于孟子，亦又异于易传与中庸矣。（页226）

◇ 陆王论性

钱穆总结道，《易》《庸》相较孔孟走远了一步，程朱想绾合《易》《庸》与孔孟，则又相较于孔孟与《易》《庸》，更走远了一步。我们不能将《易》《庸》与程朱看作两条线，而应看作一条线上的不同地位。正因如此，陆象山自谓本于孟子，而与程朱对垒。

钱氏认为象山和孟子虽然同讲本心，但孟子论性只就人心之同然者为言，象山则说只此同然之心乃是一大心。孟子言心可诉诸常识，而象山言心则成为哲学的、形而上的。因此，象山说心就不需再说性，故只说心即理，不说性善。

> 象山只从孟子，直从人心入。然既有了道家，儒家中便又产生了易庸。既有佛教东来，儒家中又产生了程朱，此是思想史上一条向前道路，有不知其然而然者。今象山要专一归之于孟子，其实孟子已多讲了性与天道，与孔子已不同。若依象山意，只应直归之孔子才是。更畅快言之，应直归之己心才是。象山意，天地间有善有恶，人心中亦同样有善有恶，天理是人心，人欲亦是人心。（页246）

阳明则继承象山心即理之说，相较象山只言一心，则又将性与天缩合到心上，力求简易，但失之单薄。"阳明从心的能动能前有倾向的方面来看性，则是其真接象山孟子处。"钱穆认为阳明论性未曾认为程朱分本源之性与气质之性是错误，可证阳明心中不自觉接受了程朱的见解，并由此过渡到人心已发未发的问题上。（页249）而阳明对良知情顺万事而无情的描述，无所住而生其心，显然承袭明道与佛教而来。

> 阳明此处谓性之本体，原是无善无恶，则明与孟子性善论相背。盖阳明此说实自濂溪无极而太极。……其四无教，则大为后起儒者所反对，亦可谓从来儒者皆无此理论。阳明之说，则显从道释两家来。（页251）

对于阳明"仁者浑然与物同体"的阐发，则认为"与孔孟古义不同"。

> 阳明倡为良知之学，力求简易直捷，然于万物一体的理论，则未能自外。惟阳明不说性即理，而说心即理。此理字若指人事方面而言，固无不可。若指天地万物之理，谓皆具于吾心，则其说颇费周张。（页252）

最后，钱穆对于以上四系性论思想作了一扼要总结："大抵孟子重在即心见性，一切从人心人事上推扩。中庸则重在因物见性，一切从天行物理上来和会。孟子切实简易，中庸阔大恢宏。孟子由内以及外，中庸举物而包人。这是显相殊异的两条路。晦翁偏近中庸，阳明偏近孟子。"（页255）

（方朝晖、闫林伟整理）

155. 方东美（1899—1977）

【文献】（1）方东美：《中国先哲人生哲学概要》，上海：商务印书馆，1937（此书有多个台湾版本，包括黎明文化出版公司 1980/1982 年版及 2005 年全集校订版）。（2）方东美：《中国人的人生观》［此书原版为 1957 年英文版，Dongmei Fang, *The Chinese View of Life*：*The Philosophy of Comprehensive Harmony*, Hong Kong：Union Press，1957；台北幼狮文化事业公司 1980 年出版中译本（冯沪祥译）］，载方东美《中国人生哲学》，北京：中华书局，2012，页 77—232。

《中国先哲人生哲学概要》（1937 年）

其中第三章"中国先哲的人性论"（页 19—27）对中国古代人性论作了深入系统的探究，并与西方人性论进行比较，提出了非常有趣的对中国古代人性论的看法，大抵来说有以下重要观点。

◇ **比较中西方人性善恶观**

认为西方人从古希腊以来就有根深蒂固的先天的性恶论，然而"中国思想上殊找不着纯粹的先天性恶论"（页 19）。古希腊奥菲派宗教（Orphic religion）相信人类的初祖是由酒神大安理索斯（Dionysus，今译狄奥尼索斯）的良心与躯壳（代表罪恶）构成的一体，后来基督教更强调人有原罪。由于不以此岸世界为归宿，西方人对人性在此岸为善的能力不够乐观，而中国人则相反，没有先天的性恶论，荀子的性恶论其实是情恶论。（页 19—21）

另外，他主张"中国的人性论纯以哲学的思辨为根据，毫不挟带宗教的色彩"（页 19），由此可以看出"它和西洋学说大不相同"（页 19）。

他提到中西方人性论的另一重要特点就是，西方非现世论，而中国是现世论的。他论欧洲哲学家的人性论不免受宗教影响，而中国则不然：

> 他们（引者注：指欧洲哲学家）讨论人性到穷极根底的时候，便自不能不舍弃积极的入世的生命热忱，而回向天国，归依上帝了。虽然近代欧洲人对人间世不必一定把它看作罪恶的渊薮，而要求脱离它，但是

至善的根源和生命的归宿总是不在此生，不在现世，而另有所属。

　　纯正的中国人从来便没有此种想法。……普遍生命在宇宙中流行贯注，处处可以起善，处处可以改过。我们生在宇宙中，做人的起点是体验宝贵的生命精神，做人的目的就是实现崇高的生命价值。……真正中国人是此生此世的人。我们的理想境界仍然是现实世界上空灵的化境，我们的德业依旧是现实世界上伟大的努力。这一点不肯定，中国先哲的人性论即无从研究。（页21）

◇ **将中国的人性概念区分为六个维度**

他在理解中国古代人性概念时，把人性分为心、性、意、知、情、欲六个维度，其间关系如图5－1所示（页22）：

心	→	性	→ 意 → 知	>	惪（德）	{	慈惠忠恕爱利
			→ 情 → 欲				

图 5－1　中国古代人性概念的六个维度及其关系

紧接着他就从这六个维度来考察中国古代哲人的人性善恶观。

◇ **从六个维度区分中国古代人性善恶论**

认为不同学者的人性论全貌要从这六个维度来理解，认为中国人有五种不同的人性论：（1）心性意知情欲俱善论；（2）心善性恶意善知善论；（3）心善性善情善欲恶论；（4）心善性善情恶欲恶论；（5）心善性恶情恶欲恶论。（页23—24）

他进一步分析了中国人性论的主要方面。

（1）心：心善较为流行；基本上都主张心善。（页24—25）

（2）性：性善性恶有多种，比如性善、性恶、性无善无恶、性有善有恶、性三品论。其中他比较倾向于性善论，认为："性恶论其实并无确实证据"，荀子乃是"牵性就情"，他所谓人性常恶"只是从情恶中推想出来"；"性有善有恶论与性三品都不曾看透性之本原，只就才质与习染着想，强为分别罢了"，而"性无善无恶论"虽然从科学上说"确有理据"，"但用在人生哲学上，颇觉不便"。（页25）

（3）意与知：他认为中国人以为它们是"理之昭明灵觉处"，"从来没有

人把它们当作恶看"，似乎它们"无有不善"。（页 25—26）

（4）情：他认为中国人或主情善，或主情恶，或主情有善有恶，或主情无善无恶，分为四类。（页 26—27）

（5）欲："欲恶论在中国哲学上，几乎是普遍流行的学说。"（页 27）

方东美并论述性之义曰：

> 性字在中国哲学上，大都作生字解。……人类受命以生，或依天志，或本天命，或法自然，成就在人，形于一体，都可叫作性。后来宋儒虽有"性即理"的主张，也和此义并无冲突。（页 23）

《中国人的人生观》（2012 年）

本书论人性基本上与《中国先哲人生哲学概要》如出一辙，观点相同而论据或论述有所增加，文字上也有不少重复。

◇ **中国哲学人性论的独特性**

他再次强调了中国哲学中人性论未受宗教思考影响，是纯从哲学思考出发的：

> 中国哲学在人性论上有一个特点，这个特点在全世界都找不到第二个例子，那就是，中国的人性论纯以哲学思考为根据，既未挟有任何宗教痕迹，也未沾有任何遁世思想。相反，在西洋和印度思想，却有许多哲学家基于宗教观点，而执意认为人性有先天的原罪。（页 133）

此外，他进一步论证了中国的人性论没有先天性恶论和遁世思想，而古希腊人、犹太人及印度人皆有先天性恶论（原罪）思想和遁世思想。（页 133—139）除了重点对基督教原罪思想的分析外，他还提到小乘佛学在《楞伽经》中提到"阿赖耶识是既纯洁又杂染"，在《无上本续》上提到"绝对之源（阿赖耶识）为纯净，但却与杂染的藏识接触"，这样一种原罪的思想。（页 136）此外，他还提到了 Srī-mālāsimhanāda-sūtra 中的类似思想。（页 137）

◇ 再次强调中国人的生命观是现世导向的

他说，在中国人看来：

> 宇宙全体，也正如前述，就是一个精神与物质的合体，两者浑然同体、浩然同流，共同迈向更完美的境界，而普遍生命弥漫宇宙，贯注万物，更是日新又新、精益求精，不断地提高价值，不断地充实价值。我们生命的目的，就是脚踏实地在此世实现至善理想，而不是虚妄蹈空，转求他世，所以从一开始我们就必需了解生命在此世中的宝贵精神。（页 139—140）

> 所以就哲学立场来说，真正的中国人认为，生命之美就因根植于此，所以能万物含生、劲气充沛，进而荣茂条畅、芳洁灿溢，蔚成雄浑壮阔的生命气象，令人满心赞叹，生意盎然。我们的理想世界就是将此现实世界提升、点化成为绝妙胜境，我们的理想德业就是在此现实世界脚踏实地奋发努力。（页 140）

◇ 为何中国人从性善论看人性

现世导向的宇宙观导致中国人对人性持积极、乐观、进取的态度，因而他认为中国人的人性论是以性善论为主导的：

> 一直到目前为止，中国民族，只要是真正的中国人，旷观整个世界和人性，都是纯真无邪，一如小孩。中国人对宇宙是入世的，不是出世的，因为我们把宇宙看成是一个价值领域。同样，人性是足以仰恃的，不是可以舍弃的。正如前面所说，人性绝不是有罪的，而是无邪的。（页 139）

正是基于这种入世的现世的宇宙观，中国人的人性论的"胜义"也在于让人们投入到这世间，实现与宇宙生命同流的生生不息：

> 所谓："复，其见天地之心乎！"正是一语中的，因为天地之心，即是生生之原，我们一旦能将生命投入这大化流衍，便能与大道浩然同流、自强不息，进而乐观奋斗，止于至善，这就是中国人性论的最胜义！（页 146）

◇ **提倡对人性持积极态度的人性论，即性善论**

他说：

> 如果我们在评价心性的善恶前，能先将心理的全部历程作一种纵贯观
> 察，便可得到很重要的结果，那就是由天地生物之仁心来推测人心之纯
> 善，更从人心之纯善，我们可进一步欣赏、赞叹人性之完美。（页146）

他批评荀子的性恶论，由于他将高级的性归结为低级的情，混淆性与情
所致：

> 荀子之所以谓性为恶，实由于他将"性"与"情"混为一谈。
> "情"从逻辑上来说，本应比"性"低一层，只因他颠倒前后，牵性就
> 情，所以就"情恶"中推出"性恶"。归根究底，荀子的主张原只是一
> 种"情恶论"，而在此处犯了逻辑上混淆的错误。（页144）

他又批评性无善无恶说或性法自然说（估计指道家），称：

> 有关性无善无恶说（中立论），或性法自然论，若依近代科学看来
> 不无理由，但若落实到人生哲学则缺点极大，因为我们对于人生，必须
> 从价值方面肯定其意义，而不能将价值漂白了变成中立。（页144）

他进一步批评了性有善有恶论和性三品说，称二者均是"从后天习气"
看人性，"都不曾直透人性之本源"（页144）。

从方东美的批评可以看出，他之所以反对性无善无恶说，还是着眼于一
种预设的人生态度，即"我们对于人生，必须从价值方面肯定其意义"（页
144），这很难说是客观地看人性善恶。

156. 徐复观（1903—1982）

【文献】徐复观：《中国人性论史 先秦篇》，台中：私立东海大学出版
社，1963，第1版。此书复有台湾商务印书馆1969年版、1978年版等，大陆

有上海三联书店 2001 年版、九州出版社 2014/2020 年版、湖北人民出版社 2002/2009 年版、华东师范大学出版社 2005 年版等多个版本。这里仍用 1963 年初版。

《中国人性论史》（1963 年）

◇ 性之本义，批驳傅斯年

傅氏以生训性，认为先秦所有的"性"字均可作"生"解。徐复观认为大谬，徐有以下观点。

其一，许慎以阳气训性，乃以阴阳释性，此为汉代思想，后起之义。（页 6）

其二，认为性之原义为人生来具有的欲望、能力，类似于今日所谓本能。"由现在可以看到的有关性字早期的典籍加以归纳，性之原义，应指人生而即有之欲望、能力等而言，有如今日所说之'本能'。其所以从心者，心字出现甚早，古人多从知觉感觉来说心；人的欲望、能力，多通过知觉感觉而始见，亦即须通过心而始见，所以性字便从心。其所以从生者，既系标声，同时亦即标义；此种欲望等等作用，乃生而即有，且具备于人的生命之中；在生命之中，人自觉有此种作用，非由后起，于是即称此生而即有的作用为性；所以性字应为形声兼会意字。此当为性字之本义。"（页 6）方按：所谓欲望、能力，似应指感官属性，才比较准确。

其三，认为春秋时期性之义有所变化，有的应作本性、本质解，有的应作生字解。对于金文及《诗经》《毛传》《左传》《尚书》《论语》中的性字含义，亦作了专门考察。"春秋时代，开始出现了不少的性字。统计这些性字，有的应作欲望解释，有的则应作本性本质解释。亦间有应作生字解释的。"（页 57）认为《商书·西伯戡黎》"不虞天性"之性当作本质、本性解（页 58）；《左传》襄公二十六年"小人之性"中性是本性，"足其性"之性是欲望；襄公十四年"弗使失性"之性是人民应有的欲望；"民乐其性"（昭公十九年）之性作生解；"天地之性""地之性"（昭公二十五年）之性是"爱民"和礼，故人之性也不能不如此。（页 58—59）

◇ 孟子性善论思想承子思而来

他专门在第五章讨论了《中庸》中的天命人性思想，强调"天命之谓性"是指人性分享了天道，由此每个人的人性皆可从自身出发自作主宰；天之性，即人之性，所以人性是善的。所以他说"天命之谓性"是子思以前根本不曾出现过的"惊天动地的一句话"（页 117）。由《中庸》到性善论是顺理成章的事。"天命之谓性的性，自然是善的，所以可以直承上句而说'率性之谓道'"（页 163）。他又称：

> "天命之谓性"……使人感觉到，自己的性，是由天所命，与天有内在的关连；因而人与天，乃至万物与天，是同质的，因而也是平等的。天的无限价值，即具备于自己的性之中，而成为自己生命的根源，所以在生命之自身，在生命活动所关涉到的现世，即可以实现人生崇高的价值。这便可以启发人们对其现实生活的责任感，鼓励并保证其在现实生活中的各种向上努力的意义。（页 117—118）
>
> "天命之谓性"的另一重大意义，是确定每个人都是来自最高价值实体——天——的共同根源；每个人都秉赋了同质的价值；因而人与人之间，彻底是平等的，可以共喻共信，因而可建立为大家所共同要求的生活常轨，以走向共同的目标。（页 118）

◇ 孟子是从人禽之别言性善

他认为"孟子并不是认为人性应当是善的，而是认为人性实在是善的"（页 164）。而人性之所以实在是善的，是因为：

> 孟子不是从人身的一切本能而言性善，而只是从异于禽兽的几希处言性善。几希是生而即有的，所以可称之为性；几希即是仁义之端，本来是善的，所以可称之为性善。因此，孟子所说的性善之性的范围，比一般所说的性的范围要小。（页 165）

方按：这一说法影响甚大，其实牟宗三就不同意此说法。张岱年后来的说法与此同。

他又进一步论证说：

> 异于禽兽之几希，既可以表示人之所以为人之特性，其实现又可以由人自身作主，所以孟子只以此为性。（页 165）

古来对孟子性善说的辩难，多由不明孟子对性之内容赋予了一种新的限定，与一般人之所谓性，有所不同而来；所以这类的辩难，对孟子的原意而言，多是无意义的辩论。（页168）

他同时引用了《孟子·尽心下》"口之于味也……君子不谓性"（7B24）一段，以及《孟子·尽心上》"求在我者"与"求在外者"之别以明之。强调性与命之别，一在内在我，一在外在天，孟子之所以把仁义礼智天道称为性（7B24），是由于其表现了"求在内"，"其主宰性在人之自身；故孟子宁谓之性而不谓之命。……人对道德的主宰性、责任性，亦因之确立"（页168）。

◇ **性善说确立人的尊严与价值**

确立人的尊严与价值：

"率性之谓道"……这意味着道即含摄于人性之中；人性以外无所谓道。人性不离生命而独存，也不离生活而独存；……顺着性发出来的即是道，则性必须为特殊性与普遍性之统一体；而其根据则为"天命之谓性"的天。天即为一超越而普遍性的存在；天进入于各人生命之中，以成就各个体之特殊性。（页119）

孟子性善之说，是人对于自身惊天动地的伟大发现。有了此一伟大发现后，每一个人的自身，即是一个宇宙，即是一个普遍，即是一个永恒。可以透过一个人的性，一个人的心，以看出人类的命运，掌握人类的运命，解决人类的运命。每一个人即在他的性、心的自觉中，得到无待于外的、圆满自足的安顿，更用不上夸父追日似的在物质生活中，在精神陶醉中去求安顿。（页182）

因为人的性善、心善，所以才能表现而为人格的尊严。（页177）

◇ **孟子以心善说性善**

他说，"孟子所说的性善，实际便是心善"（页163），"心善是性善的根据"（页170）。

因心善是"天之所与我者"，所以心善即是性善；而孟子便专从心

的作用来指证性善。（页171）

　　孟子所说的性善之性，指的不是生而即有的全部内容，仅指的是在生而即有的内容中的一部分。而这一部分，不是出自思辨的分析，乃指的是人的心的作用。（页170）

　　孟子所说的性善即是心善，而心之善，其见端甚微。（页178）

他强调心之自身直接呈露，即仁义礼智之端。"四端为人心之所固有，随机而发，由此而可证明'心善'。"（页172）

◇ **性、心、情、才关系**

心之发（即四端）为情，"从心向上推一步即是性；从心向下落一步即是情；情中涵有向外实现的冲动、能力，即是'才'。性、心、情、才，都是环绕着心的不同的层次"（页174）。张载说"心统性情"，"应当是'心统性、情、才'"。（页174）

◇ **恶的来源**

他认为归纳起来讲，孟子认为恶的来源有二："一是来自耳目之欲；一是来自不良的环境"，它们"使心失掉自身的作用"。（页175）

◇ **"形色天性也"一段**

认为这一段践形思想充分说明，一个人扩充、存养的功夫做到家，其身体各个官能也充分地体现出自身的价值，此时耳目四体乃至一毛一孔，"何一而不含至理？何一而不表现无限的价值？"（页184）当然这些价值是通过"心的自觉而彰著"的，"心当不自觉时，这些官能的能力与价值固然是潜伏着，心之德也是潜伏着"。（页185）

157. 唐君毅（1909—1978）

【文献】唐君毅：《中国哲学原论 原性篇——中国哲学中人性思想之发展》，载《唐君毅先生全集》卷十五，台北：台湾学生书局，1984。

　　〈自序〉中概述佛教、诸子及宋儒人性之思想，极为精辟，特别是论述佛学部分。

《中国哲学原论》（1984 年）

◇ 论性之义

唐氏论性之义见于此书〈自序〉及第一章第二小节（页35—41），大义有五。

其一，他强调，"中国古代之言性乃就一具体之存在之有生，而即言其有性"（页36）。"因在中国之语言中，吾人可说一物有生即有性。……是即见中国之所谓性字，乃直就一具体之存在之有生，而言其有性。"（页36）此种说法，是为了引出下面作者所强调的对于"性"之义的基本理解，而与很多人不同之处，即性乃生命成长之特征之义。

但是，他在〈自序〉中又表达了另一种说法，说中国思想家乃"即心灵与生命之一整体以言性"（〈自序〉页21）。因为"性"乃合"生"与"心"而言，其中"'生'以创造不息、自无出有为义，心以虚灵不昧，恒寂恒感为义"，心与生相辅相成、不可分离，此非普通的生物学意义上的性，而是"通于宇宙人生之全者"（〈自序〉页21）。（方按：此即戴震依《礼记》合血气、心知以言性。）

其二，正是由于"性"由"生"来，他强调中国古代人所理解的"性"就是针对生命生长过程之特征，特别是其方向而言，而不把"性"理解为性质、性相——如圆物有圆性、方物有方性之类——后者乃是后起之义。唐云：

> 一具体之生命在生长变化发展中，而其生长变化发展，必有所向。此所向之所在，即其生命之性之所在。此盖即中国古代之生字所以能涵具性之义，而进一步更有单独之性字之原始。（页35①）

> 然生之谓性之涵义中，同时包涵生之为一有所向之一历程义。此有所向之一历程，即其现在之存在，向于其继起之存在，而欲引生此继起之存在之一历程。（页43）

> 然就一具体存在之有生，而即言其有性，则重要者不在说此存在之

---

① 梁涛：《"以生言性"的传统与孟子性善论》，《哲学研究》2007 年第 7 期。该文中说，"当草木开花结果时，则可说其实现了性"，"性是一生命物之所以如此生长的内在规定"，又谓荀子"生之所以然者谓之性"之句当译为"（一生命物）之所以生长为这样的原因就是性"。此即荀子"性之所以然谓之性"，此非"本始材朴"之义。

性质性相之为何，而是其生命存在之所向之为何。（页36）

克就人或事物之本质，而观其有一趋向于表现之几，或观一潜隐之本质之原有一化为现实、或现实化之理，乃以"现在之人或事物之由其体性、与现在之如此然"，而正趋向于一将如彼"然"之"几"或"理"，而谓之性。此可称为一始终内外之交之中性，贯乎人或事物之已生者与未生者之当前的"生生之性"。（页540）

他举例说，草木生长的特性之一就是能开花结果，但我们不可能从草木初生时直接发现此特性，而可能说开花、结果是其生长发展的可能性。纵使我们事先不知道有此可能性，也不能说其没有此性。"一物生，则生自有所向，即有性。然吾人却尽可不知其向者为何。"（页36）

他还说，性质、性相是以此物与他物相比较而为同类事物共有或不同的特征（页35—36。方：作者后来又称其为"种类性"，见页509，性相指特征），"而非只就物之呈显于人前之直接性相，而谓之为性。此直接呈显之性相，在中国古人或称之为其形其色，而罕称之为其性"（页37）。这种理解性之方式，是"几何与科学之思路"（页36），在中国思想中是后起的，且较少。

唐氏更于书末总结归纳"性"之五义，而进一步强调了其作为生长方向、特征或潜能之义，"中国先哲之言人性，并非只徒视人性为一客观所对，以言其种类性；而是兼本种种不同之观点，以言人之面对天地万物与其理想，而与天地万物亦相感应，所表现之种种心灵生命生活之路向，以言人性"（页535）。

其三，总而言之，中国古代思想家论人物之性，常涵二义："一为就人物之当前之存在，引生其自身之继起之存在，以言其性；一为就一物之自身之存在，以言其引生其他事物之存在之性。"（页37）"在中国后人之论物性，亦大率自其能引生其自身之继起之存在，或其他事物存在之功用而言。"（页37）其中第一义，所谓"引生其自身之继起之存在"，指的正是前面所谓生长方向之义，包括其潜能；第二义，所谓"引生其他事物之存在"，如药物之性寒性热，是指其能导致人身体变化。（页37）

诸如食色之性，反映的是人作为自然生命的正常要求，从根本上似可归入"引生其自身之继起之存在"之性质，如《左传》《国语》《诗经》《尚书》中"莫保其性""足其性""正其性""弥其性""节性"之类，似亦这类含义。

其四，唐氏于书末总结性之五义，言辞晦涩，大意指人向外、向内、向前、向后、向生等角度观察或反省之所得，故分中国古代先哲所论之性之义为五。由于原文可读性差，试据其文义总结如下（页536—544）。

（1）外性（外在特征）。从外表观察一物所得之性，如形状、颜色、大小之类。

（2）内性（内在特征）。向内观察一物所得之性，如本质、潜能、可能之类。

（3）初性（原因）。事物产生之原因或终极原因，亦可称为实体或物之体。

（4）终性（结果）。事物所致之果、所呈之用，或终止归宿。

（5）生性（生长特征）。事物由此及彼变化生长之趋向、之几、之理。

其中"生性"非作者原语，作者称之为"生生之性"（页537）。［方按：其中前四类，与亚里士多德哲学中现象（现实）、本质（潜能）、动力因、目的因之说类似，而最后一条最显中国人看性之特点。］作者总结中国先贤论性之方法如下：

> 古今论性之言之所会聚之地，与所自出发之观点之大者。此则不外或为由向外观看思省，以知人与万物在自然或社会所表现之共性、种类性及个性、关系性；或为向外思省而知之人与万物，所同本或同归之形上的最初最始之一因、或最终果之体性、或形上的实体性；或为由向内观看思省而知之吾人之当前有欲有求之自然生命之性，与有情有识而念虑纷如之情识心之性，更求知其实际结果及原因之体性；或为向内思省而知之吾人之心灵生命所向往，而欲实现、欲归止之人生理想性；而即此理想性，以言人之生命与心之最初或最终之体性与价值性。分别由此四方面出发之言性之论，则恒须通过一内外先后之交之性，即吾人前所谓"趋向"或"几"之性，以为转向其他之观点之中枢。此五性，即吾人今可凭之以观中国先哲言性之思想之流变者也。（页540—541）

上述文言含义，可参前面五性之说理解。

其五，中国人性论的四基型（"自序·本书之内容"）。性字由心与生构成，其中"生"指生命，有感觉有形；"心"指心灵，有灵性。中国古代先哲论性，大体均不外如何看待生与心之关系而来：一是告子即生言性，"识得性字之右一面"；二是孟子即心言性，"兼识性字之左一面"；三是庄子"复心以还于生"，"心知之外驰，而离于常心，亦与生命相分裂，使人失其性"，"此是见到性字之左面右面，虽合在一整体中，而未尝不可分裂"，故须复于一整体；四是荀子由生返回到心，"以生治性、以心主性，亦即以心主生"。这是由于荀子"见到人之自然生命之情欲，为不善之源，而此生之欲即性，故言性恶"。告子庄子皆主心，孟子荀子皆主心。"告庄孟荀之性，吾书最后章尝称之为中国先哲言性之四基型。"后世论性之思想，皆不外乎在此四型之上，杂而合之；言心必及生，言生必及心；或作贯通之说（《中庸》《易传》《礼记》），或将其客观化为政教之依据（秦汉），或解释其与阴阳五行之关系（汉代），或重个性独性、将其空灵化（玄学）。其言曰：

> "吾意中国文字中之有此一合'生'与'心'所成之'性'之一字，即象征中国思想之自始把稳一'即心灵与生命之整体以言性'之一大方向。……'生'以创造不息、自无出有为义，心以虚灵不昧、恒寂恒感为义。"这种性，既不是生物学意义上的生命，也不是心理学意义上的心灵。"此乃一普遍究极义之生与心"。（"自序·本书之内容"）

◇ 论孟子性善论

集中体现于第一章四、五两小节（页46—49）。

唐君毅论孟子性善论，立足于认为孟子"即心言性"，而以"即心言性"涵盖"自生言性"。唐氏在批评傅斯年将先秦之"性"皆读为"生"时，言及徐复观《中国人性论史 先秦篇》一书，可见读过是书。然谓其发现孟子"即心言性"，得自自家玩味。他认为当时流行的观点是"自生言性"，而孟子"即心言性"并不是排斥"自生言性"之流行传统，孟子不当是自创"性"之一新定义，他的创新之处在于以即心言性说涵盖了生之谓性说，此即孟子大小体之说真义（大体谓心之性，小体谓自然生命之性）。可惜的是，唐先生在讨论孟子性善论时，并未严格按照他在第一章第二小节中提到的从"生长方向、特征、潜能"的角度来理解孟子所用"性"字之义。

首先，唐氏谓："孟子言性，乃即心言性善……所谓即心言性善，乃就心之直接感应，以指证此心之性之善。"（页46）"孟子之言性、乃即心言性。"（页48）又云："孟子乃即心之生，以言心之性之善。"（页56）所谓"心之生"，他是指类似于植物之生长一样，人心见孺子入井即生恻隐之心之类，故又谓之"心之直接感应"。他强调，孟子所即之心乃是"性情心、德性心之义"，故而"不同彼自然的生物本能、或今所谓生理上之需要冲动之反应者"（页46）。这与牟宗三将孟子之心解读为心体有所不同。他并批评戴震，以血气心知一体为性，不分心与气，乃是从《礼记》解读孟子。（页48）

即心言性，故有即心言性善。为什么孟子是即心言性呢？他认为这是因为孟子区分了"求诸己"和"求在外"。如若"求诸己"，则"求则得之，舍则失之"；如若"求在外"，则"求之有道，得之有命"。前者"纯属于自己，而为人之真性所存"；而求诸外，"非人所得而自尽"，"故亦非全属于自己者，而非人之真性所存之地"。（页46—47）

唐还认为，仁义礼智之心（即心言性）与自然生命之欲（自生言性）之关系可这样来看：一方面，前者为人与禽兽相异处，后者为人与禽兽相同处；另一方面，<u>前者可统摄后者</u>，因为仁义礼智之心与自然生命之欲同行，则能理解他人也有食色之欲，而生起不忍他人饥寒，故望内无怨女外无旷夫之心。这两个方面加在一起，可证前者高于后者一个层次。（页47）

他还认为理由见于孟子"口之于味也……君子不谓性也"一段。他批评赵岐、戴震、焦循皆误解此段"不谓性"之义。他认为孟子的真正意思是，虽然自然生命之性与仁义礼智之性皆人之性，然孟子认为仁义礼智之心（性）可涵盖后者。

其次，唐君毅重点从四个方面说明了"即心言性"可统摄"自生言性"（页50—54）。这四个方面分别是，"自心之对自然生命之涵盖义"（有了仁心则自己推人，同情理解甚至成全他人之食色安佚之欲），"自心对自然生命之顺承义"（有了仁义则对前人特别是祖先之自然生命持肯定态度，此非孟子义但可推想），"自心对自然生命之践履义"（自然生命之体乃仁义得以实现之具、之载体），"自心对自然生命之超越义"（可以杀身以成仁，不可以丧仁以求身，可见仁心高于自然生命）。

因此，他强调，这两种"性"之义体现了孟子所谓"大体小体之分"，"此中大可统小，而涵摄小，小则不能统大而涵摄大"（页50）。

最后，唐君毅又说明，孟子"即心言性"乃是"即心之生言性"。"心之生"指心之生长过程，如见孺子入井而生恻隐，此反映此心能自生自长。（页55—59）。（方按：此条尤其不成立。何以人心必如此生长？而不按其他方式生长？荀子必认为按其他方式生长也。）

158. 牟宗三（1909—1995）

【文献】（1）牟宗三：《圆善论》，载《牟宗三先生全集22》，台北：联经出版事业股份有限公司，2003。（2）牟宗三：《从陆象山到刘蕺山》，载《牟宗三先生全集8》，台北：联经出版事业股份有限公司，2003。（3）牟宗三：《心体与性体》（二），载《牟宗三先生全集6》，台北：联经出版事业股份有限公司，2003。

《圆善论》（2003年）

本书第一章"基本的义理〈告子篇上疏解〉"对孟子的性善论思想进行了集中的阐发。其基本思路，与宋明新儒家程朱等人多有相同，大体特征是认为：

- 区分义理之性与气质之性（或称"实然的自然之质"）。孟子心目中的"性"有二义，一是指生来就有的"性"（即"生之谓性"），也即所谓"气质之性"，其特征是食色之类感官欲望等；二是指义理之性，即孟子所谓四端所在的性。但当孟子确立性善时，他所谓"性"乃是指义理之性。
- 区分良心/本心与习心。孟子所谓"心"作为良心和本心，就是仁义礼智之心，是大体，与习染之心有所不同。由此确立性体＝心体（本心/良心）。此心能"体证"天创生宇宙的道德秩序，故能知天、知天地之化。
- 孟子的性善论是从人禽之别立论的。义理之性代表了人之异于禽兽者的价值所在，故以此为据确立性善。牟在这一点上与历来多家无分别。
- 他明确地依据"命也，君子不谓性"一段称孟子是知道这两种性的含义的，且气质之性为流俗之人性概念，但孟子对人性概念作了很大的突破，建立了义理之性的概念。

- 明确地批评朱子、批评康德。认为朱子不如明道、象山、阳明那样理解心体的涵义（页132等）；认为康德虽认为道德源于自律，但认识不到自律的自由意志即是此心、即是此性（页29—31）。

以上说法，严格来说，实与宋明理学无异。王夫之、戴震已指出，孟子所谓"性"无天命/气质之分，只是一个性；朱子"性即理也"之说剔除了性中情欲部分，甚不合孟子形色天性、浩然之气说，王夫之明辨之。

以下摘录部分原文：可分为论性与论心两方面，前五条论性，后面论心、论天，还有批评康德不足处。

◇ 区分"生之谓性"与"义理之性"

"生之谓性"即气质之性、自然之质，是实然的。告、荀、董、杨皆从"生之谓性"即气质之性立论，而孟子是从义理之性立论（性善论）。

"'生之谓性'所抒发之性之实皆属于动物性，上升为气质之性，再上升为才性；综括之，皆属于气也。"（页20）这是性论的老传统，也是一般人所易接触到的性。告子、荀子、董仲舒、扬雄皆在"生之谓性"原则下说性（页20）。又曰：

> "性"就是本有之性能，但性善之性却不是"生之谓性"之性，故其为本有或固有亦不是以"生而有"来规定，乃是就人之为人之实而纯义理地或超越地来规定。性善之性既如此，故落实了就是仁义礼智之心，这是超越的，普遍的道德意义之心，以此意义之心说性，故性是纯义理之性，决不是"生之谓性"之自然之质之实然层上的性，故此性之善是定然的善，决不是实然层上的自然之质有诸般颜色也。（页22）

> 依孟子，性有两层意义的性。一是感性方面的动物性之性，此属于"生之谓性"，孟子不于此言"性善"之性，但亦不否认人们于此言"食色性也"之动物性之性。另一是仁义礼智之真性——人之价值上异于禽兽者，孟子只于此确立"性善"。（页147）

◇ **孟子之所以不从自然之质上讲性，是因为这不足以说明人的独特价值**

由"生之谓性"一原则所了解之性决不能建立起道德原则，亦决不能确立人之道德性以于价值上有别于犬牛。……故知孟子定说性善决不与"性者生也"为同一层次。若真想了解人之价值上异于犬牛，而不只是事实上类不同之异，则决不能由"性者生也"来说性。……而孟子言性之层面，则就人之内在的道德性而言，因此，"性善"这一断定乃为定是。（页20—21）

孟子理解人之性，其着眼点必是由人之所以异于犬牛的价值上的差别来理解之。这决不能由"生之谓性"来理解。（页10）

孟子所说的"性"是人之所以异于禽兽之价值意义的性，不是"生之谓性"下划类的性——类概念，知识概念的实然的自然之质。（页11）

◇ **性善成立的根据在于不从实然状态说性，而是从义理上说性**

如果从"生之谓性"出发说性，则自然可得出人性可善可恶，或有善有恶，但这"只是气性"，"不能表示性是定善，定善的性纯自理性言"。（页25）

由于人之为人之实普遍而定然地有此良能之才，是故人人既皆有仁义之心，故亦即人人皆有能为仁义之行之良能。这是人之为人之实，理性存有之为理性存有之实，否则不得为人，不得为理性的存有。（页23）

孟子主性善是由仁义礼智之心以说性，此性即是人之性异于犬马之真性，亦即道德的创造性之性也。（页130）

另参《从陆象山到刘蕺山》中类似观点（见后）。

◇ **孟子之性是超越的真实**

他认为"生之谓性"代表的"自然之质"（董仲舒语），也即"性之名非生与？如其生之自然之质谓之性"（页5）。但是对孟子来说，"其所以反对'生之谓性'是只因为若这样说人之性并不足以把人之价值上异于牛马者标举出来，这明表示孟子另有说人之超越的真实之立场"（页6）。（方按："超越的真实"是一种价值形态上的性，也是理想状态的人性。类似于佛教所谓"真如"？李明辉辩护牟宗三时有类似说法。）

"人性问题至孟子而起突变，可说是一种创辟性的突变，此真可说是'别开生面'也。此别开生面不是平面地另开一端，而是由感性层、实然层，进至超越的当然层也。"（页21）

从孟子之性代表"超越的真实"出发，牟宗三强调："孟子所说之'固有'是固有于本心，是超越意义的固有，非生物学的固有，亦非以'生而有'定，盖孟子正反对'生之谓性'故。"（页5）

◇ **孟子并非否认此自然之质意义上的性是"性"**

"孟子反对'生之谓性'并不一定反对食色等是性，因为明说'耳之于声也等等性也，有命焉，君子不谓性也'。虽'有命焉，君子不谓性'，却亦不否认其是性，亦并非直说它是'命'。'有命焉'并不等于名之曰命。"（页6）

伊川、朱子之失：仁义内在之说，古今来常不明，一如西方论道德，至康德始主自律；在中国，"唯象山、阳明能继之而不违，并能明白而中肯地道出其所以然。其余如伊川与朱子便已迷失而歧出，其余虽不违，亦未能如象山阳明之深切著明乎此也"（页19）。

◇ **区分义理之心与经验的习心**

牟认为，心即理，此心是"超越的义理之心"，不是"经验的习心"。此心既自律，又自由。此心悦理义，理义为其所发因此，它服从其所发之理义，却"无服从相"；其法则是命令，却"无命令相"；"吾人之立法自由之意志即是神圣的意志"（页30—31）。

方按：牟区分"超越的义理之心"与"经验的习心"，说"若是经验的习心（意念）当然不能所同然，亦不必能悦理义"（页30）。此种说法是宋明理学误导的结果，类似于宋儒义理之性与气质之性之别。若按戴震等清儒，则孟子之心只有一个，无义理之心与经验的习心之别，至少从文献中找不到孟子作过这种区分的任何痕迹；相反，正因为只是一个心，才有所谓"尽心"。如果是两个心，只要从一个跳到另一个就行了；恻隐之心的萌动，不是从习心跳到良心，而是人心的自然反应，伴随心里的感受在内。更重要的是，恻隐之心的萌动，体现的是人心活动的规律。孟子一再强调人与禽兽相差几希，其心当亦有几希之别。孟子在"牛山之木"一章讨论"放其良心"的原因时，着重从操存舍亡的角度看人心活动的规律，由于人心出入无时、莫知其向，如何正确引导其活动的方向甚为重要。所谓恻隐之心，并不是原来的人心变换成了另一个人心。如果从人心活动规律的角度，就比较好理解恻隐之心的萌动；如果把恻隐之心理解为另一个独立的心的形态，则不好理解为何它会在特定条件下萌动起来。

"义理之心"与"经验的习心"区分的严重后果是，把某种道德之善如仁义礼智绝对化、本质化，而所谓人性为道德之基础也变成类似于强加，忽略了孟子将道德立基于人性的真正根据。此根据在于，孟子发现，人性不为善则不能自我实现，或无法圆满。

◇ **"超越的义理之心"，即本心，亦即本性**

牟认为孟子虽以感官知觉比喻心觉之普遍性（圣人先得我心之所同然），但感觉的普遍性不是严格的普遍性，而心之所同然的普遍性则是"严格的普遍性"，肯定其活动之普遍性，这种"心觉"是超越的义理之心——纯理性的心。此心绝非康德的良心，"乃是能自立法、自定方向之实体性的'本心'"（页34）。牟又认为，义理之心即是人性。"此一既主观又客观的'心即理'之心即是吾人之性。"（页30）"此实体性的本心即是吾人之实性——义理之性。"（页34）

正因为牟宗三把孟子所讲的良心、本心与习心相区别，所以他对"尽心"的解释就是"充分体现自己的仁义礼智之心"，并说"尽就是充分体现之意"（页130）。

◇ **批评康德**

理义是此心所发，是此心的活动，"此即是康德所说的意志之自律性，立法性，亦即是象山所说的'心即理'，王阳明所说的'良知之天理'"。（页29）但他同时指出，"康德并不以此'意志之自律'为吾人之性"（页29），康德虽进而由自律肯定"意志之自由"，但也"不以此自由为吾人之性"（页29—30）。康德所说的良心是"感受性的良心"，非道德基础。这与孟子迥异。依孟子，自律即是"心之本质的作用"，"心之自律即心之自由"。因为心之明觉即"自证其为自由"，"这即是把康德所说的'良心'提上来而与理性融于一"（页30）。

在牟看来，康德不把人的为自己立法的自由意志等同于人性，而只是将自由当成一设准，即有一个有实践必然性的主观假定，于是自由不能得到客观地落实（牟称为"不能客观地被肯断"），不能从智的直觉上得到证明，人无智的直觉，结果导致"自由，自律，道德法则以及实践理性之动力，皆被弄成虚悬的"，而在孟子那里，这一切都是实的，是"实践地必然的"。原因是什么呢？因为"孔孟立教皆是认为此本心之实有是可以当机指点的；其所以可当机指点乃因其可当下呈现也"（页35）。

方按：康德所倡导的意志自由及自律，从普遍规律着眼，而不从心着眼。在康德看来，心是不确定的，不能作为道德的绝对基础。这是从心的实然状态出发。从这个角度看，道德的真正基础不是人性。孟子何以能将道德的基础立于人性之上？因为孟子着眼于修身，或者说着眼于道德的发生过程，不是着眼于道德自在的基础。也即是说，孟子只是发现了，从道德形成的过程来看，它在人性中有坚实的基础。但这不等于说，道德自身的基础在于人性。所以我们不要随意批评康德错了。康德的着眼点与儒家差别在于，他是从纯粹知识论的立场来立论的。而牟批评康德"把'自由'弄成虚的，则自律亦挂空"，并说实践理性之动力亦虚（页30），此说可能是误解。康德纯从知识论立足，无须从发生动力学说立足。从康德的立场出发，则牟宗三从心出发寻找道德之基础是南辕北辙的、毫无意义的。

◇ 尽心之心为纯义理之心

牟宗三将尽心的"心"理解为纯义理之心（仁义礼智之心），所以也将知天的"天"理解为纯义理之天，而不是自然之天。

"天是一超越的实体，此则纯以义理言者。"（页133）并说事天不同于事父母，完全听其吩咐，而是"自道德实践上体证天之所以为天，而即其所体证，而自绝对价值上尊奉之"（页134）。据此，存心、养性、事天就是"体证天之所以为天"，也即是领悟宇宙的道德秩序，因为"天之创生过程亦是一道德秩序"，"宇宙秩序即是道德秩序，道德秩序即是宇宙秩序"（页135）。由于"心性之道德创造性"体证着宇宙的"道德秩序"，所以"心性之道德创造性即是天道之创造性"，故可即心知天、知天地之化（程明道）。（页135）

由此出发，他批评基督教让人顺从于有人格意志的神，导致"主体不立，而完全以顺从为主，故价值标准保不住"。因为"无自律的道德即无挺立的绝对价值之标准"。而在康德和儒家看来，无论是天还是上帝，均"完全靠自律道德来贞定"（页134）。

《从陆象山到刘蕺山》（2003 年）

牟宗三强调朱子终身未会孟子意，强调陆象山是"孟子后真了解孟子"之

"第一人"（页68），认为象山"全幅生命几全是一孟子生命"，又说"王学是孟子学"。此种说法，说明牟认为孟子思想之精髓在于心学。据此似可认为，牟也与徐复观类似，认为孟子性善论建立在心学基础上，孟子是心言性。

◇ **将本心无限拔高，贬朱子，赞象山**

牟云："讲内圣之学，自觉地作道德实践之工夫，首应辨此本心。"而当下"本心之呈现""正是孟子之矩矱"。象山所追随者，乃"人之千古不磨之永恒而相同之本心"。明道所谓先圣后圣共有之心，象山所谓东海西海圣人共有之心，"乃人人俱有之永恒而普遍，超越而一同之本心"，"此超越之本心即仁心也"。（页69）所谓性善，正是就人有此本心而言。（方按：此本心只是潜在存在的，待人追求努力而后现。）

牟在对象山之评价中强调，内圣之学"讲学入路之真伪"，"只在是否能当下肯认此道德的创造之源之本心"（页70）。此"本心"被他称为"生命之源""道德的创造之源"，一旦悟出即"沛然莫之能御"，"与天地生命为一"。他认为孟子所谓扩充、充尽、沛然莫之能御，以及"源泉混混，不舍昼夜，盈科而后进，有本者若是"等语，以及《中庸》之由至诚以尽性、参天地赞化育、为物不贰生物不测，以及"溥博源泉而时出之"等语，皆表示此本心的道德创造力。

对于道德创造力本源即"本心"的理解，牟提出了"本体论的直贯"（或"动态的立体直贯"）与"认识论的横列"（或"静态的横列"）这两种方式之异，前者为孟子、象山之形态，后者为朱子之形态。这里有本体论/认识论、动态直贯/静态横列之区别。牟对于此类词语之义未作定义，但据上下文，前一种当是生命全身心投入地彻悟出本体（即宇宙生命之源，亦一切道德创造力之源和一切价值之源）之存在，后者是外在地循序渐进地去寻求和认识本体之存在，故前者为"扩充的尽"，后者为"认知的尽"。朱子因为停留于"认知的尽"上，所做的只能是"预备工夫"、"助缘工夫"或"积习工夫"，虽不能说是"无真实意义的""虚说虚见"，但仍然是"歧出"，"亦不免于支离"。（页72—75）"朱子却终生不能正视此本心之道德实践上之直贯义，故其道问学常于道德践履并无多大助益"，"盖此种外在知解、文字理会之明理本与道德践履并无本质的相干者"。（页76）

◇ **对于王学之理解**

"王学是孟子学。"（页177）"孟子之犖犖大才确定了内圣之学之弘规，

然自孟子后，除陆象山与王阳明外，很少有能接得上者。"（页178）

孟子讲性善的关键在于"仁义内在"，他强调："'内在于心'者不是把那外在的仁义吸纳于心，心与之合而为一，乃是此心即是仁义之心。"（页178）因此，仁义是从本心中自然发出来的，不是作为道德规范被接受的，"此即象山阳明所说之'心即理'"（页178）。"此心就是孟子所谓'本心'。"（页178）这个"本心"不是心理学意义上的"心"，"乃是超越的本然的道德心"。"孟子说性善，是就此道德心说吾人之性，那就是说，是以每人皆有的那能自发仁义之理的道德本心为吾人之本性，此本性亦可以说就是人所本有的'内在的道德性'。"（页178）

阳明所说之良知就是孟子所说的不虑而知之良知，虽然孟子有所谓从幼到长的指点，但本质上它正是人所共有的"仁义之本心"。此本心有自发地知仁知义，所以是良知，因此良知之知不是知识、道德、规范上的知，"阳明即依此义而把良知提升上来以之代表本心"（页179）。阳明云："良知只是一个天理自然明觉发见处，只是一个真诚恻怛，便是他本体。"正因如此，"天理不是良知底对象，乃即在良知本身之真诚恻怛处。天理就是良知之自然明觉之所呈现，明觉之即呈现之"（页180）。"凡阳明说'明觉'皆是就本心之虚灵不昧而说。其直指当然就是良知本身，惟良知才可以说'明觉'。"（页180）"天理不是外在的抽象之理，而是即内在于本心之真诚恻怛，而即由此真诚恻怛之本心而昭明地具体地而且自然地呈现出来。"（页180）所以王阳明言明觉，讲的正是前述所谓"动态的直贯"，是"贯彻地言其存有论的意义"，而非外在指其认知的意义。因此，王阳明之良知，"乃是超越的道德本心"（页182）。良知明觉既是"吾实践德行之根据"，也是"天地万物之存有论的根据"，"故主观地说，是由仁心之感通而为一体，而客观地说，则此一体之仁心顿时即是天地万物之生化之理"。（页198）

本心：本心虽有种种性质，但从根本上说又是"心无体"。这是指它没有一个分离的实体摆在那里。（页183）"良知感应无外，必与天地万物全体相感应。此即函着良知之绝对普遍性。心外无理，心外无物。"（页184）"一切存在皆在灵明中存在。离却我的灵明，一切皆归于无。"（页187）不过这里"存在依于心"，不是认知意义上的（如贝克莱），而是存有论的、纵贯的（如贝克莱最后依于神心之层次）。（页188）阳明说："至善者心之本体也。心之本体那有不善？如今要正心，本体上何处用得功？必就心之发动处才可着力也。"（阳明原话，页 194）牟强调，"无善无恶心之体""是就'至善者心之本体'而说"。无善无恶就是至善，"善恶相对的谓词俱用不上，只是一自然之灵昭明觉停停当当地自持自己，此即为心之自体实相"（页 195）。心之自体实相，也就是心之本体，也被牟称为"超越之本心"。同时，"至善是心之本体实即等于说良知明觉是其本体"（页 196）。

◇ 刘蕺山：心宗与性宗之别

蕺山为救王学虚玄之弊，提出性宗以区别于心宗。《大学》是心宗，《中庸》是性宗。由此有心体与性体之分。心体与性体无二，然有如下之别（见表 5 – 1）

表 5 – 1　心体与性体的区别

心体	性体
主观性	客观性
显	密
自觉	超自觉
形著原则	自性原则
《大学》	《中庸》

刘蕺山归显于密，以言形著关系，而心、性总归是一。（其中"形著原则""自性原则"是我根据《心体与性体》中论胡五峰言论所加。）

《心体与性体》（二）（2003 年）

牟宗三在论胡五峰时提出，"性为超越的绝对，无相对的善恶相"，同时是"'超越的绝对体'之至善"，"绝对体至善之善，非与恶相对之善"。此是对胡五峰之总结。此即王阳明"无善无恶心之体"，以牟看来，此绝对体是生化之机，虚灵不昧，万物之源，亦宇宙本体也。此体需要自我用心体验而知，不可客观认知、逻辑推理而知也。牟云：

> 孟子由"本心即性"所说的人之"内在道德性"之性体自己亦是绝对的至善，无条件的定然的善，是"体"善，并非"事"善，因而亦不是价值判断上的指谓谓词。它是价值判断的标准，而不接受判断。如此，亦可以说是超善恶相的绝对体之至善。（页 480）

牟又云：

> 观天地万物之生化无尽，即可体悟到全宇宙总起来只是一生机之洋溢。由此生机之洋溢即可体悟到只是一"生之真几"在流行，在不已地起作用……此真几即是易，此易即是体，故曰"易体"，亦如言"性体"或"心体"，性即是体、心即是体，非言性底体、心底体也。（页147）

牟复言"一阴一阳之谓道"不能如朱子那样，完全理解为阴阳气化流行，而当由"'生生之谓易'而见之生道来会通"其义，即认识到"生道、生理、神体、易体是一"。什么意思？牟宗三认为"一阴一阳之谓道"描述的不是太极之后气化流行的过程，而是易体（道体）本身的特征。

性体：牟宗三认为，性体（＝道体、心体）乃是寂感真几，宇宙之本源，生化之理，也是天命流行。它是即存有即活动的，不是如朱子所谓客观而被动的"理"，朱子所认识到的性体是静态的，没有内在动力的，主智主义的。可参该书上册论明道部分。傅伟勋称此性为"超越的真实"（transcendent authenticity）（《从西方哲学到禅佛教》）。李明辉有类似说法，称其为"超越之性"[①]。据此，则此性非实在的事实意义上的性，而是需要努力来体验的性。

159. 张岱年（1909—2004）

【文献】（1）宇同（张岱年）：《中国哲学大纲》（上下册），北京：商务印书馆，1958，第1版。（2）张岱年：《中国哲学大纲》，载《张岱年全集》（第二卷），石家庄：河北人民出版社，1996，页1—645。（3）张岱年：《中国伦理思想研究》，载《张岱年全集》（第三卷），石家庄：河北人民出版社，1996，页497—686。（3）张岱年：《谈中国伦理学史的研究方法》，原载《伦理学与精神文明》1983年第1、2期，载《张岱年全集》（第三卷）。

《中国哲学大纲》谓孟子性善论的真义是以人之异于禽兽者为人性，盖人同于禽兽者非人之性，而人异于禽兽者几希正是人之所以为人者。《中国伦理思想研究》进一步阐发了此一思想。张的这一观点，在戴震、冯友兰处

---

① 李明辉：《康德伦理学与孟子道德思考之重建》，台北："中研院"中国文哲研究所，1994。

亦见之，今亦为余纪元、梁涛等人所阐发。

《中国哲学大纲》（1958 年／1982 年／1996 年）

宇同《中国哲学大纲》（1958 年）论人性见页 199—263；论王夫之"性日生日成"说见页 238—239。张岱年《中国哲学大纲：中国哲学问题史》（1982 年）论人性见页 183—253；论王夫之"性日生日成"说见页 224—225。《张岱年全集》第二卷《中国哲学大纲》论人性见页 211—281；论王夫之"性日生日成"说见页 252—254。以下引文页码以此为《全集》本。

张岱年在 1982 年"再版序言"中说："这部以哲学问题为纲叙述中国古代思想发展过程的拙作《中国哲学大纲》，是 1935 年开始撰写的，1937年完成初稿，1943 年曾在北平私立中国大学印为讲义，1958 年由商务印书馆正式出版。"再版时"将此书旧本加了一些'补录'和补充性的'附注'，对原文进行了一些文字上的修改"。称"本应重写"，但年老力衰而未能。

◇ 孟子所谓"性"，是据"善端"而言

在《中国哲学大纲》中，张明确提出，"性中不过有仁义礼智之端而已，性有善端，岂得即谓性善？而且性有善端，未必无恶端。今不否证性有恶端，仅言性有善端，何故竟断为性善？"（页 212），他认为，秘密在于：

> 孟子所谓性者，实有其特殊意谓。孟子所谓性者，正指人之所以异于禽兽之特殊性征。人之所同于禽兽者，不可谓为人之性；所谓人之性，乃专指人之所以为人者，实即是人之"特性"。而任何一物之性，亦即该物所以为该物者。（页 213）

他引用的证据包括孟子回答告子时"牛之性犹人之性与？"、"故凡同类者举相似也"，以及"无某某之心者，非人也"（〈公孙丑〉）、大体与小体之说（"大体是人之所以为人者，小体即与禽兽相同者"）。他说：

> 至于口好味，耳好声，目好色，虽是人生来的本能，但非人之所以为人者，故不得谓为人之性。（页 214）

另一条证据是"君子不谓性"（此条梁涛亦引之，然吾以为误读）：

> 味色声臭之欲，亦皆生而有，然君子不谓之性；君子所认为性者，乃是仁义礼智诸德。于此孟子更彰明较著的讲他所谓性不是指生来的本能，而是专指人之所以为人者之特殊了。（页214）

张又云：

> 所谓善者，乃谓人生来即有为善之可能。（页215）
>
> 孟子所谓性，指人之所以为人的特性，而非指人生来即有的一切本能。孟子不赞成以生而完具的行动为性。（页215）
>
> 要之，孟子所谓性善，并非谓人生来的都是善的，乃是说人之所以为人的特殊要素即人之特性是善的。孟子认为人之所以异于禽兽者，在于生来即有仁义礼智之端，故人性是善。（页216）

他强调，孟子所谓的"性"，因为是据"善端"而说，是未发的萌芽状态。由此可知，孟子与荀子的重要区别。荀子所谓的"性"，则是指已成的现实状态。所以二者所指不是一回事。二者并不矛盾。他说："荀子所谓性，乃指生而完成的性质或行为，所以说是'天之就'。'生之所以然'，'不事而自然'。生来即完具、完全无待于练习的，方谓之性，性不是仅仅一点可能倾向；只有一点萌芽，尚须扩充而后完成的，便不当名为性。"（页217）生而有待完成者，称为"伪"。他又说：

> 孟子言性善，乃谓人之所以为人的特质是仁义礼智四端。荀子言性恶，是说人生而完具的本能行为中并无礼义；道德的行为皆必待训练方能成功。孟子所谓性，与荀子所谓怀，实非一事。孟子所注重的，是性须扩充；荀子所注重的，是性须改造。虽然一主性善，一主性恶，其实亦非完全相反。究竟言之，两说未始不可相容；不过两说其实有其很大的不同。（页220）

《中国伦理思想研究》（1989 年）

1989 年初版，1996 年收入《全集》第三卷，下引据《全集》本。张先生对于中国古代人性论较系统的阐述见第五章"如何分析人性学说"（页550—576），其中论"性"之义见页550—557。

《中国伦理思想研究》再次引用孟子"圣人与我同类者"，"若犬马之与我不同类也"，说明"孟子主要是从'类'来论'性'。孟子认为圣人为人类的最高典型"（页551）。他说：

> 感性的满足主要依赖于客观的条件，所以不谓之性；道德的提高警惕主要依靠主观的努力，这才是性的内涵。可以说，孟子以人伦道德的自觉能动性为人性。（页552）

他说，孟子讲"人之所以异于禽兽者"，荀子则讲"人之所以为人者"。二者含义相近，"但孟子认为这是性，而荀子认为这不是性"。荀子认为人之所以为人者在于"辨"（〈非相〉）。（页553）

所以，他认为：

> 孟子关于性善的论证，只是证明性可以为善。……以"性可以为善"论证"性善"，在逻辑上是不严密的。（页567）

◇ 从马克思决定论论性

张岱年另一有名的观点是从马克思出发，总结得出："人性本来就是在历史过程中形成的。马克思说：'不管是人们的内在本性，或者是人们的对这种本性的意识即他们的理性，向来都是历史的产物。'① 人类是通过劳动而诞生的，人性在形成之后也是随时代的改变而改变的。人性随生产方式的改变而改变。"② 正是基于这观点，他提出："人性应当是一个具体的共相。以

---

① 《德意志意识形态》，载《马克思恩格斯全集》（第3卷），北京：人民出版社，1960，页567。
② 张岱年：《中国伦理思想研究》，《张岱年全集》（第三卷），石家庄：河北人民出版社，1996，页564。

往的哲学家大多把人性看作一个抽象的共相，因而提出了许多片面的见解……具体的共相包含许多规定，是许多规定的给定。人性概念之中，包含人类共性，不同民族的民族性，不同时代不同阶级的阶级性，要之包含人类的共性以及各种类型的特殊性。"① 正是基于此，他认为孟子的性善论有一种道德先验论倾向，"道德先验论是错误的"②。但他同时肯定孟子认识到了人的类意识，以及思维能力（心之官则思），是有贡献的。

按照这一观点，人性虽然有人类共性，但可能具体的共相还更多，是否后者也更重要？若按马克思的观点，人性主要都应该从环境来理解；按张岱年本人的意思，孟子人性论的道德先验论是错误的。而道德先验论是孟子人性论的立论基石，且是说明人性普遍性的主要依据。舍此，则人性的普遍性，特别是善性也无从谈起。这是不是说孟子人性论的主体内容都没有价值呢？也许正因为如此，他认为孟子人性论的主要贡献在于明确认识到了人类的类意识，以及人有思维能力，这些其实并非孟子性善论的核心内容。可见，他对孟子性善论的总体评估是怎样的了。

◇ **论性字之义**

张岱年早期在《中国哲学大纲》中曾概括中国古代的"性"概念最少有三项不同的意谓："性之第一意谓，是'生而自然'"，即告子生之谓性，荀子"性者天之就"、韩愈"与生俱生"及宋儒"气质之性"皆此类；"性之第二意谓，是人之所以为人者"，孟子之性即此义，强调"人之所以异于禽兽者"；"性之第三意谓，是人生之究竟根据"。他认为就是程朱所谓"极本穷源之性"，"此性即整个宇宙之究竟根本，或全宇宙之本性，乃人所禀受以为生命之根本的"。他认为这是"玄想的性"，"与前两意谓大不同"，"意图在于给予所宣扬的道德原则以宇宙论的根据"③。

但后来，张又据王夫之增加了"性"字第四个含义，即所谓"生之理"。张岱年的《如何分析中国哲学的人性学说》④ 一文提出中国历史上人性概念

---

① 张岱年：《中国伦理思想研究》，《张岱年全集》（第三卷），石家庄：河北人民出版社，1996，页565。

② 同上《中国伦理思想研究》，页567。

③ 张岱年：《中国哲学大纲》，《张岱年全集》（第三卷），石家庄：河北人民出版社，1996，页279—281。

④ 张岱年：《如何分析中国哲学的人性学说》，《北京大学学报》（哲学社会科学版）1986年第1期，页1—10。

有四义，"（1）'生之谓性'，以生而具有、不学而为的为性。这是告子、荀子所谓性。（2）以'以之异于禽兽者'为性，虽也讲'不学而能'，但主要注意于人与禽兽不同的特点，这是孟子、戴震所谓性。（3）以作为世界本原的理为性，即所谓'极本穷源之性'，这是程朱学派所谓性。（4）王夫之提出'性者生之理'，以人类生活必须遵循的规律为性，这规律既包含道德的准则，也包含物质生活的规律。"（页3）其中的（4），即"生之理"之说颇近于"生长或成长特性"。

〈谈中国伦理学史的研究方法〉（1983年）

张先生的一个重要观点是，孟子与荀子所论之性不是一个意义：

> 孟子讲性善，荀子讲性恶，事实上他们讲的"性"不是一个意义，而是两个意义。他们所辩论的事实上不是同一个问题。（页675）

（方朝晖、闫林伟整理）

160. 殷海光（1919—1969）

【文献】殷海光：《中国文化的展望》（下），载林正弘主编《殷海光全集》（捌），台北：桂冠图书股份有限公司，1990年再版。①

《中国文化的展望》（1990年）

殷海光在《中国文化的展望》中否认性善论，谓其为"戴起道德有色眼镜来看'人性'所得到的说法"。对"性善论"的批评见于此书"第十三章 道德的重建"之第二节"传统德目的今观"，页669—684。

◇ **儒家所谓性善是基于理想而言**

殷海光大抵认为，儒家所谓人性善，并不是基于事实说话，而是基于理想说话，即他们先认为人性"应该是善的"，然后再去论证人性"事实是善的"。

---

① 此书较早的版本有香港文星书店的1966年版，大陆方面有中国和平出版社的1988年版、上海三联书店的2002年版、商务印书馆的2011年版。

因为他们惟恐人性不善，所以说人性是善的。因为他们认为必须人性是善的道德才在人性上有根源，所以说性善。这完全是从需要出发而作的一种一厢情愿的说法。如果这种说法能够成立，那末性恶说完完全全同样能够成立。（页682）

所以他的结论是"儒家所谓'性善'之说，根本是戴起有色眼镜来看'人性'所得到的说法"（页682）。不过，这里他并没有举出任何例子来证明自己的观点。

从逻辑上讲，要证明人性有善根，与证明人性有恶根，同样可以找到有力的证据。因此，证明人性有善根与证明人性有恶根，"这两个论证的论证力完全相等"（页683—684）。因此：

无论主张性善说的人士怎样彆彆扭扭说了多少话以求有利于性善说，我们找不到特别有利于性善说的证据。我们充其量只能说"我们希望人性是善的"。主张性善说者也许说，这句话所代表的就是证据。非也！希望不是证据。因为，希望可能成为事实，也可能不成为事实。我们所要的是：拿事实来！（页684）

殷海光进一步说，性善或性恶，都是"文化涵化的结果"（页683）。他主张人性善恶如果存在的话，一定是后天的、脱离社会环境因素的，人性无所谓善恶：

就我们所知，所谓"性善"，如其有之，是文化涵化的结果。正如同所谓"性恶"，如其有之，也是文化涵化的结果。……假定任何社会文化对于一个人的涵化作用等于零，那末，我们不难想象，他既说不上什么"性善"，又说不上什么"性恶"。一个尚未进入文化的自然人或纯生物人，是根本说不上"性善"或"性恶"的。（页683）

这一观点倒是接近于历史上的无善无恶说，告子、苏轼、胡宏、王阳明、王夫之乃至梁启超等人皆主人性无所谓善恶，尽管理由可能各不相同。殷的说法倒是比较接近马克思或历史唯物主义。

殷海光还认为，儒家在论证方面不在乎事实，所以失败。"自来儒家对于事实层界没有兴趣。他们没有将认知这个经验世界当作用力的重点。"（页684）不过，他们把人间看得太简单。他们试图包治百病的药方失败的原因"就是他们把道德建立于空中楼阁式的性善观上面"（页684），在变动复杂的现代社会里，"迟钝而空悬的儒学性善观很难和他们交切。儒教和现代人更陌生了！"（页684）

161. 黄彰健（1919—2009）

【文献】黄彰健：《孟子性论研究》，载《历史语言研究所集刊》第26本，台北："中央研究院"，1955，页227—308。[①]

《孟子性论研究》（1955年）

黄文的总体倾向是，继承了宋明理学的路径，以严谨翔实的材料来说明，孟子的性善论是从人性的天命之性，即所谓人性的"特殊义"来立论的。这个特殊义，就是仁义礼智之性，就是天命之性，亦即朱子所谓"理"，亦即"天"。他认为孟子的"性"同时有另一含义，即所谓"通俗义"，也就是告子所谓食色之性，或称食色安佚之性。此二性，有大体小体之分，有贵与贱之别。孟子所谓性善，是针对大体之性，即与天、与理相通，就包含仁义礼智的性而言。

黄氏之见，实际上是把宋明理学家所说的本然之性或天地之性与气质之性二分方式换了一种说法，分别称为特殊义与通俗义。他所谓通俗义，实际上是指当时社会上流行的人性概念，《孟子》中提到的食色之性或生之谓性及其他感官生理属性，均是此类的。他所谓特殊义，类似于我所说的道德属性，这种含义，我认为建立在人禽之分的基础上，有时被称为人性的本质，具有价值判断的特点。

◇ 孟子之性有二义

作者一开始就区分人性的两种不同含义（页227—229），认为孟子"养

---

① 黄彰健论孟子思想，包括这里讨论的一些内容，后收入《经学理学文存》。参黄彰健《经学理学文存》（台湾：商务印书馆，1976）"孟子与告子论性诸章疏释"（页195—213）、"释孟子'天下之言性也则故而已矣'章"（页214—226）、"释孟子'公都子问性'章"的"才"字"情"字（页227—240）。

性""知性""性善"之"性"当为仁义礼智之性，而"动心忍性"之"性"当为世俗所谓性，指食色安佚之性。下面摘录其部分观点。

（1）"动心""忍性"分别对应于上文中的"苦其心志"和"饿其体肤……"，故"忍性"之性不当为仁义礼智之性。

（2）引〈尽心下〉"口之于味也，目之于色……性也，君子不谓性"一章，以证明孟子性之二义，即孟子之"性"不能等同于食色安佚之性（然后面也引用朱注、焦循"君子不谓性"指君子"不藉口于人性"之解，仍倾向于"君子不称其为性"之解，页257）。仁义礼智之性为孟子所谓大体，食色安佚为孟子所谓小体。朱子"孟子道性善""知性养性"之性注为"人所禀于天以生之理也"，"心之所具之理"；对"动心忍性"之性注为"气禀食色"。可见朱子正认为孟子之性有二义。

（3）所谓"形色天性也"，此性当释为气质。朱子释此性为理，阳明《传习录》则曰："形色天性也，这也是指气说。"陆稼书《问学录》（光绪刊平湖全书本卷三页十）云："孟子言形色天性也，未尝不言气质。"（页当在第268页之后）

仁义礼智是性之特殊义，食色安佚是性之世俗义。

"生之谓性"：性与生不分，本来就指"所受禀赋"义。作者似认为上述性之二义可涵于此义中。性的这二义均是指"人生而禀赋"（人所受禀赋）的某一部分，也就是说"生之禀赋"是性之此二义之共同点。告子"生之谓性"之性，可统指性的这二义，而不分。（页229）"生之谓性"之性，《集注》云"性者人生所禀之天理"，黄彰健"训性为所禀受"，亦即朱子"生来底之谓性"。（页238）朱子分性、生，对而言之，不妥。又云："孟子的性字自然亦含有'性之谓性'此之含义。"（页238）

"命"：亦有特殊义与世俗义。世俗义多指吉凶祸福之类（命运），而特殊义则指仁义礼智之命。合而言之，"凡天所与或天所令，都可以叫作'命'的"（页241）。在《孟子》中，特殊义之例为立命、配命、性也有命焉、正命、知命、俟命；世俗义之例为仁之于父子命也、智之于贤者命也、圣人之于天道命也、莫非命也、得之有命。（页257）

告子论性，不知使然与自然之分（页231）。自然，如看电影时非矫揉造作而流泪；使然，如食色之心需要矫揉。（页228—229）

◇ **孟子性之特殊义与世俗义**

孟子之性指"禀赋的什么，则有特殊义与世俗义之分"。现以表 5 – 2 示之（页 305—306）。

表 5 – 2　禀赋的特殊义与世俗义

特殊义	世俗义
君子所性 指仁义礼智	性也，君子不谓性也 指口之于味也，目之于色也……
根于心	根于耳目口鼻四肢
心系大体	（耳目口鼻四肢系小体）
贵（毋以贱妨贵）	贱
养其大体为大人	养其小体为小人
孟子道性善	
养心莫善于寡欲	食色性也（杞柳说、湍水说……）（又动心忍性之性指食色）
非天之降才尔殊也	尧舜性之也，汤武反之也（性指资质之有差， 有性善有性不善，此性也指资质）
存心养性事天	形色天性也
知性则知天	
（性即天生之所以然者 谓之性）	生之谓性

◇ **孟子人性概念的形而上意义**

理学家论气质之性与天命之性：程朱"论气不论性不明"；张载"形而后有气质之性，善反之，则天地之性存焉，故气质之性，君子有弗性焉者"；朱子《或问》"天地之所以生物者，理也。其生物者气与质也。……其本然之理，则纯粹至善而已，所谓天地之性者也。孟子所谓性善程子所谓性之本，所谓极本穷源之性，皆谓此者也"；《语类》卷四"孟子性善，是极本穷源之性……挑出天之所命说与人，要见得本原皆善"。

孟子知性则知天之性，此性字只指仁义礼智，天即理。此说可由《易文言》乾之四德，《易系辞》"继之者善也成之者性也"以证之；《中庸》"天命之谓性，率性之谓道"亦为证。又《中庸》"聪明睿智"对应天（以临下），"宽裕温柔""发强刚毅""齐庄中正""文理密察"分别对应于仁义礼智四德。（页 258—259）

孟子知性则知天，诚者天之道之言，与形而上学有关。性即天，所以生

斯民也。（性、理、天同义，为宇宙生命之源。）（页259）

荀子〈正名〉"生之所以然者谓之性"，与下文"性之所和生"之性，合起来其义为"生之所以然者之和所生"，亦即〈天论〉"万物各得其和以生"，〈礼论〉"天地合而万物生"，《易传》"二气感应……天地感而万物化生"，《淮南子·天文训》"阴阳和合而万物生"，由此得出"则此生之所以然者"是指"道"，亦即"太极"而已。（页261）

由上，作者得出，穷理、尽性、至命同义，且与天合一，亦即太极，即天理，即道。（率性谓道，万物得一以生）〈天下篇〉"皆原于一"，一即道。故生之所以然之理＝性＝道，为万物所以生者。（页262）杨倞注："人生善恶，固有必然之理，是受于天之性也。"

又云：然荀子通常所谓性，与荀子"生之所以然者谓之性"之性有不同，而是指"不事而自然谓之性"之性。二者不是同一个"性"。二性之义不同。前者为天命之性，有形而上含义；后者为食色之性，告子之性也。（页264）荀子较多论及后者，即食色之性（页264—265）。此感应不事而自然之性，即食色之性，为荀卿所恒言，亦即孟子"口之于味也……性也"之性。然，孟子道性善，系指仁义礼智之性，非食色之性也。（页265）"此孟荀论性之大不同处。"（页265）

熊十力《十力语要·答邓子琴书》亦谓"孟子所谓性者……以其为吾人所以生之理，则谓之性"。此性与董仲舒之性，含义不同也。（页266）

◇ **对清儒的批判**

戴震区别性与天道，以为性之实体为血气心知，道之实体为阴阳五行，黄以为不妥。

阮元《揅经室再续集》卷一《节性斋主人小像跋》谓色声臭安佚之性，与仁义礼智之性无二。（页266—267）并称此性，与〈召诰〉节性、〈卷阿〉弥性、〈西伯戡黎〉不虞天性，《周易》尽性、《中庸》率性皆相合（盖谓这些性字含义一致）。（页267）显然，戴、阮不同意天命之性、知性知天之性不包含食色安佚。

黄云："孟子性善之性字当有'性之所以然者'此一含义。"（页268）此固然，但黄彰健似乎认为"性之所以然者"就是仁义礼智，就是天理。

后面结论部分（页305—308）论汉宋学者对孟子性论之误解，谓戴震驳天命/气质之性之分，"正是忽略掉孟子'知性则知天''动心忍性'此二性字之别的"（页306）。汉学派不欲牵涉形而上学，故忽略掉"知性则知天"
"诚者天之道"这与《中庸》有关。（页307）

◇ 朱子解《论语》依孟子

朱子一派释《论语》根据孟子。"程朱说，'性即理也'，其分气质之性
与义理之性，对性字予以不同之解释，系根据孟子的。其言理气，此系根据
《易传》。"（页307）"孟学明，则《论语》明。"（页307）"由孟子之'知性
则知天'以进窥《论语》'性与天道'之性字，则可以了解《论语》之深遂
处。"（页307—308）

◇ 对"天下之言性也则故而已矣"章之解释（页268—305）

黄文解释甚长，大意认为此段赵岐、朱子注皆以二故字为同义，且为褒
义，"天下言性"是指天下人当如此言性。黄氏不同意此说，先引陆象山之
批评谓"天下言性"当指时人言性，为孟子批评对象；又"以利为本"当指
"何必曰利"之利，为贬义。黄氏大意是认为此段是针对同时代杨朱、道家
全生、重生之说而来。"天下"正是指他们这些人，还针对了墨子。他说
"故"当释为"事"（郭庆藩《庄子集释·刻意》释为"诈"），"则故"即
"有其事"（方按：犹多事，与后面"行其所无事"对）。故与智并用，正是
《庄子》"去智与故"之义。此段大意当释为：天下言性者不识仁义为性，以
利为本，都是有所事的人（故），其智可恶，不若禹之循天理而无事。若禹
之智研求其事，则千岁之日也可算出。（页298）

162. 韦政通（1927—2018）

【文献】（1）韦政通：《儒家与现代化》，台北：水牛图书出版事业有限
公司，1986（该书自序作于1968年）。（2）韦政通：《伦理思想的突破》，台
北：水牛出版社，1987。

〈儒家道德思想的根本缺陷〉（1986年）

载韦政通《儒家与现代化》，页1—23。本文当初为发表于《文星》第
89、90期上的文章。殷海光《中国文化的展望》中"第十三章道德的重建"
之第二节"传统德目的今观"有转引。

◇ 儒家不及基督教认识人类罪恶的真相

称儒家思想对人性的罪恶认识不足，"儒家和其他宗教比较起来，对生命的体会毋宁说是肤浅的"（页3）。儒家的道德思想"对生活比较安适，痛苦较少的人来说，比较适合而有效；对生活变动幅度大，且有深刻痛苦经验的人，就显得无力"（页3）。因此，韦认为，在过去静态的农业社会和对理想单纯的士大夫来说，这种人性观或许可行，但对于生活变动幅度大、心灵破碎的现代人来说，这种人性观就显得苍白无力了。（页3）他又比较倾向于基督教，认为后者对人性之恶认识较深。如果说儒家从人性中看到的是仁义智信，基督教从人性中看到的则是"邪恶、贪婪、狠毒、凶杀、奸淫、偷窃、诡诈、仇恨、谗谤、犯尤、侮慢、狂傲、背约、妄证、说谎"（页4），这证明"儒家对生命大海探测的肤浅"（页4），因为"基督教是一刀砍入人类罪恶的渊源，使我们可以认识人类罪恶的真相"（页4）。相比之下：

> 儒家在道德思想中所表现的，对现实人生的种种罪恶，始终未能一刀切入，有较深刻的剖析。根本的原因就是因儒家观察人生，自始所发现者在性善，而后就顺着性善说一条鞭地讲下来。（页3）

该书"儒家思想影响下的个人"一章（页43以下）称："先秦儒家最重要的贡献在人性论，人性论中最根本的一点见解在性善说。"（页44）

《伦理思想的突破》（1987年）

◇ 人性乃文化的产物

此书讲"人性乃文化的产物"，"人性既是文化产物，人性是可变的"（页39）。大抵认为正确的人性观应该是开放的，赞赏沙特（萨特）"他所创造的他自己是什么，他就是什么"（页38）这一名言，也欣赏孟德斯鸠"人性实是人类造成的自己的儿女"（页38）之言。韦氏认为人性是"一种'反应模式'"（页39），即人与环境互动的结果。故人性乃文化产物。这一观点与前述殷海光观点非常一致。

主张"把人性神化的传统予以改变，重新还原到自然人性的基础上来"（页166）。他所谓自然人性是指什么？该书第二章"人性与伦理"（页27以下）有所讨论，他说："自然人性是人类平等的唯一立脚点，也是促使人性神化幻灭的唯一依据。"（页41）这个自然人性，似乎与前面文化的人性或开放的人性概念有矛盾。自然人性让我们想到人的生物属性，这与作者所主张的人性完全是文化的产物的开放人性观不一致。

163. 蔡仁厚（1930—2019）

【文献】蔡仁厚：《中国哲学史》（上下二册），台北：台湾学生书局，2009，初版。

〈孟子的心性之学〉（2009 年）

〈孟子的心性之学〉论及孟子心性思想，页119—176。蔡仁厚认为孟子一生的贡献，可概括为三点：（1）建立心性之学的义理规模；（2）弘扬仁政王道的政治理想；（3）提揭人禽、义利、夷夏三辨，并认为："心性是道德之根，价值之源。儒家的心性之学，由孔子的'仁'开端，到孟子发明性善，建立'尽心知性以知天'的义理规模，而完成了儒家内圣成德之学的基本形态。"（页119）

◇ 即心言性——性善

蔡仁厚认为孔子以"不安"指点仁，正是就心而言仁，孟子承此而言"仁，人心也"，将心开为四面，而说四端之心，并认为"恻隐之心（仁），是道德本心的直接流露；羞恶之心（义），是憎恶罪恶而生起；辞让之心（礼），是价值意识之充于内而形于外；是非之心（智），是道德价值上的是非判断"（页120）。蔡氏进一步认为孟子的四端之心具有三义：内具义（我固有之）；普遍义（人人皆有）；超越义（天所与我）。"据此三义，可知在孟子系统里，本心即性，心性是一。"（页121）

孟子以心善言性善：

> 性不可见，由心而见。四端皆善，先天本有。善出于性，性根于心。性之具体义，须在心处见。（页121）

孟子以心善言性善，可用两句话来概括：其一，由不忍之心见性善；其二，由四端之心见性善。

蔡氏认为孟子的性善说是对孔子"仁"的进一步阐释和印证。性善是生命中之事，不是知识命题，所以孟子对性善的论证并非采取纯外延的逻辑论证，而是一种内容意义的义理论证。在性质上，是反求诸己的生命反省；在方法上，是不离人伦日用的亲切指点。每个人都可以当下反省亲证，向内体悟。（页124）

关于性善论的论证，蔡氏认为可分为三步。第一步论证是"人禽之辨"，先指出人与动物的区别，在人、物之间划出界限。唯有如此，方能确立人之为人的本根和真性。第二步论证是"善性本具"，以点出人性之本然，印证人性之善乃天生本具，为人所固有。第三步论证是"人人皆可以为尧舜"，这是肯定圣人与我同类，以肯定人如果能够扩充其本然之善，则可以成就圣贤人格。（页124—126）

◇ **仁义内在——由仁义行**

对于孟子所言"仁，人心也；义，人路也"一句，蔡氏解读"人心"是人皆有的恻隐之心、不安不忍之心。所谓"人路"是人所当行、人所共由的道路，也就是身心活动的轨道。"仁之实，事亲是也；义之实，从兄是也。"事亲以爱，从兄以敬，爱敬皆由内发，非由外铄。（页129）告子主张仁内义外，"不知事虽在外，而'行事之宜'的'义'则由内发，是由内心对应事宜而发出的价值判断。外在的事只是一个实然的存在，认知它也只是认知一个对象，并无所谓义不义的问题。对实然的存在加以价值性的判断，而作出相对应的准则，这才是'义'。所以，义不是实然的问题，而是应然的问题。义不义的应然判断，是从行为者之心而发出的，故'义在内，不在外'"（页130—131）。

蔡氏认为，要辨明义内义外的问题，总的来说，要把握三点原则。（1）爱敬内发——爱（仁）敬（义）皆发自内心，并非由于外铄。（2）能所之判——所敬之人在外，能敬之心在内。仁与义（爱与敬）皆是能而不是所，故仁义内在。（3）实然与应然——实然是"是什么"的问题，应然是"应当如何"的问题。"义"是事理之宜，属于道德上的应然判断（决定行为之是否合理合宜）；故义不在事物本身，而在人对事物处置之合理合宜上。（页131—132）

◇ **性命对扬**

对于孟子的性命之别，蔡氏认为耳目口鼻四肢都是感觉器官，都指向生理欲望，是先天的自然之性。但是，自然之性虽生而即有，但此种性的表现却不能反求诸己，而必须求之于外。命是限制义，即上述五者得与不得，皆有客观之限制。"既求之于外，而又不可必得，表示它并非我性分之所固有，亦不足作为人之所为人的本，因此'君子不谓性也'：不认为自然之性是人的真性、正性。"（页 135）

除了局限于形躯生命的"自然之性"，还有超越感性欲求的"道德理性"（内在的道德性），此即仁义礼智与天道。孟子借性命之对扬，指出人的真性正性不在自然性一面，而在仁义礼智天道一面。自然之性为形躯生命所局限，不能自足自主，只有超越感性欲求而不受形躯生命所局限的内在道德性，才是人性本具的真性、正性（页 135—136）。

闫按：蔡仁厚《中国哲学史》秉承了当代新儒家的基本学术方向，依循牟宗三所开显的思想架构与义理规路来书写"中国哲学史"。对于孟子的研究，则仅仅抓住牟宗三倡导的"仁义内在，即心见性"这一核心观点，认为能了解仁义内在就能了解道德之为道德，儒家之为儒家。对孟子的研究始终未曾脱离牟宗三的架构，从这一点来说，也为我们了解牟宗三思想提供了一个津梁。但这并不意味着是完全"述牟"，其中也包含了作者对牟宗三思想的细化、深化，以及进一步发展。

（闫林伟整理）

164. 李泽厚（1930—2021）

【文献】（1）李泽厚：《中国古代思想史论》，北京：人民出版社，1985。（2）李泽厚：《伦理学纲要》，载《人类历史学本体论》（上卷），北京：人民文学出版社，2019（2021 年 11 月重印）。此书收录有〈谈"恻隐之心"〉一文。

〈孔子再评价〉（1985 年）

原载于《中国社会科学》1980 年第 2 期，据李泽厚《中国古代思想史论》，页 40—51。其中"附论孟子"部分系 1985 年增补，论及孟子的人性论思想。

李泽厚认为孟子继承并发展了孔子推己及人的忠恕之道，将其作为治国平天下的基础。不但突出了"不忍人之心"的情感心理，发展成一种道德深层心理的"四端论"，还赋予其形而上学的先验性质，从而在中国哲学—伦理学史上产生了重大影响（页44—45）。进而，李泽厚又对伦理学史上的两种伦理学说类型，即道德相对主义和道德绝对主义进行了划分。他认为孟子属于道德绝对主义，即认为"道德独立于人的利害、环境、教育种种，它是普遍的、客观的，不可抗拒的律则，人只有绝对地遵循、服从于它"（页45）。又对孟子的绝对伦理主义分析道：

> 以孟子为代表的中国绝对伦理主义特点却又在于，一方面它强调道德的先验的普遍性、绝对性，所以要求无条件地履行伦理义务，在这里颇有类于康德的"绝对命令"；而另一方面，它又把这种"绝对命令"的先验普遍性与经验世界的人的情感（主要是所谓"恻隐之心"即同情心）直接联系起来，并以它（心理情感）为基础。从而人性善的先验道德本体便是通过现实人世的心理情感被确认和证实的。超感性的先验本体混同在感性心理之中。从而普遍的道德理性不离开感性而又超越于感性，它既是先验本体同时又是先验现象。（页45—46）
>
> 人作为道德本体的存在与作为社会心理的存在还是浑然一体，没有分化的。孟子强调的只是这种先验的善作为伦理心理的统一体，乃人区别于物之所在。（页46）

李泽厚对于孟子，或者以孟子为代表的儒家伦理思想的分析可谓客观、全面。人们通常总是习惯地将道德视为一种社会规范，制约于现实的环境、利害等，甚或认为其是一种必要的恶（压抑人的欲望以规范社会秩序）。这无疑是将道德讲低了，是一种典型的伦理相对主义，完全忽视了道德的内在性与普遍性。以孟子为代表的儒家学者坚持仁义内在的原则，认为"仁义礼智根于心"，是人性的一种本质倾向，因此顺其规律进行扩充、发展，便可成就美德。这恰恰是遵循了人性的发展倾向，并非是对人性的逆反或压抑。只有按着这一理路来致思，方能理解儒者对于成就道德境界的强烈向往，与实现道德境界后的怡然自乐之感，如此，孔颜乐处才得以被理解。

李泽厚认为，孟子虽然强调道德的内在性、先验性与普遍性根植于每个人的内心，但又认为如果忽视了后天经验的学习、培育，便会掩埋失去。孟子与荀子都强调学习，荀子的学习是为了改造人性（恶），孟子的学习是为了扩展人性。"对孟子来说，一切后天的经验和学习，都是为了去发现和发扬亦即自觉意识和保存，扩充自己内在的先验的善性，也就是所谓'存善'。"（页47）孟子将孔子、曾子等人提出的个体人格沿着"仁政→不忍人之心→四端→人格本体"这样一条向内归缩路线，赋予伦理心理以空前的哲学深度（页47）。

李泽厚认为孟子所提倡的理性人格并非宗教性精神，而是具有审美性的感性现实品格，并非上帝"忠诚的仆人"，而是道德意志的独立自足的主体。并援引孟子性命之辨来说明仁义礼智这些道德原则并不是外在的命令，而是内在的性。孟子表现了从神意天命的他律道德向"四端""良知"的自律道德的转换。因此，极大地突出了个体的人格价值及其所肩负的道德责任和历史使命（页48—49）。其对孟子"浩然之气"的分析颇具启发性，将"集义"解释为"理性的凝聚"（页51）。

〈谈"恻隐之心"〉（2007 年）

载《人类历史学本体论》（上卷），页123—144。李泽厚认为，对于恻隐之心，人们讲得五花八门，却并未讲清楚。他认为孟子提出恻隐之心，说它是"仁之端"，是人先验地存有而"活泼泼"地呈现出来的良知良能，并将其看作道德的根源和动力（页123）。李泽厚将孟子的恻隐之心与休谟的"同情心"作了对比。休谟以"同情心"作为道德根源和动力，但休谟不认为"同情"或区别善恶的情绪是某种先验或神赐的良知良能，而认为他们来自人的自然苦乐感受（页124）。

对于孟子所讲的"是非之心"，则曰：

> 如孟子所讲的"是非之心"，既是理性判断（对错），又是情感好恶。所以，两种道德的分裂和矛盾会造成个体情感上极大的冲突和痛苦。从而，将三者（善恶观念、人性能力、人性情感）区分而又重视如何统一，即培育肯定性的人性情感（如同情心、"恻隐之心"）、坚强的人性能力（自觉意志）和对各种善恶、对错观念、主张的识别判断，便是非常重要的课题。（页136—137）

〈自由意志和孟子的伟大贡献〉（2021 年）

载李泽厚《人类历史学本体论》（上卷），页276—285。李泽厚将孟子的性善论与基督教的"原罪"思想作了对比。认为"中国讨论的性善性恶与基督教讲的原罪实际上是根本不同的问题，是完全不同的概念"。他具体说道：

> "生下来就有罪"来自"两个世界"，人必须下罚人间经历劳苦而死亡。"人生下来性善性恶"，实际上是指"一个世界"中人有动物本能的两个不同方面，这是我所理解的"生之谓性"，若硬要把它们说成先验或超验，便等于认同有另一个世界而接近或类似基督教、伊斯兰教或佛家的"彼岸"了。以人类生存延续为"至善"而推论出个体的"性善"，是一种情感的信仰设定，即我生下来是好事，在这不可知晓而足可敬畏的苍茫宇宙中，我这偶然性的渺小生命应该是善良的。这一设定可以让人对此世生存和生活有一种非常积极的、乐观的情感，展示出中国传统无人格神却有以"天地国亲师（历史以至圣为先师）"为依归对象而具备深刻宗教性的信仰特色，这也是情本体的"有情宇宙观"的意义所在。它可以与上帝—基督情感—信仰的设定并驾齐驱。（页284—285）

李泽厚对中国思想与西方思想根源的区别是以"一个世界"与"两个世界"世界观的区分为基础的，这一点是颇有道理的。但将"性善"理解为以人类生存延续为目的而提出的一种情感设定是颇可质疑的，将内在的道德根源理解为历史化、经验化的"理性凝聚"，无疑削弱和否定了人的道德主体性与道德意识的内在性。

（闫林伟整理）

165. 傅伟勋（1933—1996）

【文献】傅伟勋：《从西方哲学到禅佛教》，台北：东大图书股份有限公司，1986。

《从西方哲学到禅佛教》（1986 年）

◇ 儒家心性论的现代化课题

此文为作者于 1984 年在香港中文大学哲学系的演讲。

评价牟宗三："去年我在《哲学探讨的荆棘之路》下篇（《中国论坛》第十六卷第六期）说过，'我个人觉得，牟（宗三）先生是王阳明以后继承熊十力理路而足以代表近代到现代的中国哲学真正水平的第一人'。"（页 225）

接下来，他在整个论文中强调儒家过去关于心性的论述多半是个人体悟，儒家注重的是道理，而不是真理，要把它们转化成确定不移的真理，是一件艰难的事。他自己发展出"创造的阐释学"，试图从这方面做点什么，比如问古人说的是什么、今天能说什么之类的问题，然而小心翼翼地加以考证分析。（方按：关键不在于要提出什么阐释学，而在于自己如何进行考证和分析，比如陈荣捷、杜维明、余英时、芬格莱特、葛瑞汉、信广来、安乐哲等人各有千秋、各有发现，其考证方法互有不同，未必都符合傅氏所谓的创造的阐释学的标准，但并不妨碍其在英语世界发挥巨大作用。也许不需要这么一套客观的阐释学，只需要具体去做。这里，慧识最重要，分析哲学的方法也很重要。）

◇ 如何用认知主义传统重构儒家心性论

傅氏同意牟宗三发挥孟子一系的"无限心性论"，开展"道德主体性进路"。但是，"道德的形上学顶多可与其他形上学思想（如老庄或大乘佛学）争长竞短，并驾齐驱，却很难突出，成为最具有哲理强制性（philosophical incontestability）或普遍接受性（universal acceptability）的形上学主张。……我们今天的哲学课题是，我们如何现代化地重新建构（reconstruct）与重新建立（reestablish）孟子一系为主的儒家心性论，一方面向西方哲学家们展示它在哲理上的强制性与普遍性，另一方面证立（justify）它为伦理道德所由成立的根本哲理奠基理论"（页 226）。

"我就良知的真实与呈现这一根本关键，完全接受。但是，从后设哲学的观点来看，我们不得不设法证立良知的真实与呈现；这是儒家哲学继往开来的必要课题。"（页 227）

"我深深觉得，以'批判地继承并创造地发展（critically inherit and creatively develop）传统儒家思想为己任的现代中国学人，必须藉诸相当严格的哲理性论辩（philosophical and metaphilosophical arguments），以理服人，而绝不'以理杀人'。"（页227）

西方哲学家注重真理，中国哲学家注重道理（the principle of the way or human reason），"真理具有普遍妥当性或客观精确性，在思维方法上藉助于清晰明了的概念分析与层层严密的逻辑思考，在实际检证上有赖经验事实的符合。……道理则建立在开创性思想家的洞见慧识，当然脱离不了主体性的肯认或体认。道理不像真理，毋需经验事实的充分检证或反检证（sufficient confirmation or disconfirmation），但绝不能违反、抹杀或歪曲经验事实"（页228）。

◇ **证立孟子性善论的十大论辩**

曾在成中英主编的《中国哲学》（1984）上发表。这些论辩可在孟子书中找到直接或间接的线索，主要是为了"系统化建构"，"有助于我们了解，以心性论为例的儒家哲学基本上是讲求道理，而非追求真理的"，是其创造的阐释学的一种运用（页230）。

第一是"道德感（moral sense）的论辩"，即孟子的心有所同然。孟子用口、耳、目作比喻来说明，但只是一类比（analogy），不足以证明，亦不能证明人何以无私心恶意存在于人心中，可同时证明人性善恶（页230）。

第二是"四端自发（the spontaneous 'four beginnings'）的论辩"（页231），有孺子入井、上世不葬其亲、乞人不屑等例。"它能诉诸经验层上足以发人深省的道德现象证立人性本善之说"，颇有道理。但是这种"对于经验层次的道德现象所作的高层次价值判断或超验解释"，"仍有混淆（低层次的）经验事实与（高层次的）价值判断之嫌，不可能具有充分的道理强制性或普遍性"（页231—232）。

第三是"仁恕论辩"（argument from human-kindness and moral reciprocity）。"爱人者人恒爱之"之类的相互性原理。

第四是"教导效率性的论辩"。指性善论倡导的道德教育方式让人自我觉醒，勿失本性，这比荀子性恶论的教育方式更有效。

第五是"道德平等性及可圆善性的论辩"，人皆可以为尧舜，人皆具有成为完善人格的同样潜能。

第六是"道德自足的论辩"，即"所性存焉，分定故也"一段。道德生命自然流露出自得自足、乐天知命的境界。"君子的道德生命与永恒净福"能够终极一致。

第七是"生死关头心性醒悟的论辩",即孟子舍生取义等之论。

第八是"后设伦理学的必要性之论辩"（argument from metaethical necessity），即如果追问我为什么要有道德？为什么要有道德到牺牲自我性命的地步？后设伦理学（元伦理学）的回答在孟子处，是因为人有高于动物的道德心性，唤醒它、依靠它才是每个生命得以存续的根本保证。

第九是"人的终极关怀之论辩"，所以有忧患意识，有终身之忧，无穷地自反。

第十是"宗教超越性的论辩"，"孟子基本上紧随孔子，把天命看成又是超越的天帝之命，又是内在的道德正命"。所谓知性则知天。

傅氏认为，上述十个论辩中，只有第七、八、九三个论辩"较有哲学道理的强制性与普遍性"（页245）。

◇ 孟子从本源心性、真实存在来确证人性本善

作者多次强调孟子主张"人性本善"，而这个"本"不是经验意义上的或发生学的，而是指一种"本源真实"的人性，包含形而上学的终极关怀在内。是非常典型的以心善论性善，同时又特别强调超越层面（形而上）的意义。其不同于多人之处在于从存在主义等西方哲学家以及田立克等宗教家处得到灵感，强调"真实存在"是人的本性，终极关怀是性的特点，并认为孟子正是由于人性的这个特点而说性善。

页239等："人性的'实然'有高低两个层次：'真实本然'（real and authentic）的'实然'与'现实自然'（actual and natural）的'实然'。告子、荀子以及一般经验主义或自然主义的西方伦理学主张后者，不取前者。孟子的性善论外表上看来似乎主张前者，排除后者；然就深层结构言，它并不排除后者，而是包容后者在人性的低层次罢了。我们这样重新解释性善论，大有助于儒家心性论进一步的扩充与发展。"（页239）"人的存在（方式），兼摄'现实存在'（actual existence）与'真实存在'（real existence）双层意涵；譬如人心、气命（自然之命）、'生之谓性'（告子）等等指涉现实存在层面，道心、正命（道德之命）、'天命之谓性'（中庸）等等则指真实存在层面。"（页250）并引用存在哲学家沙特（萨特）区分"实存的存在"与"实存的自由"，后者"点出了人的真实存在层面"（页250），王阳明所代表的儒家"存在主义"，"则于人的现实存在发现道德主体之实存的自我醒悟，就此点出真实本然的人存在高层次面，进而肯认现实存在（人心、气命等

等）与真实存在（道心、正命等等）原是实存的一体两面"（页250—251）。

页240—241：为何人要有道德？根源在于人有善种，此乃人区别于动物之处。这就是人性本善之理，它让人把自己的善心推广到其他人中，形成仁恕之心。否则人类生命无法保证。观此处论证，似作者是从人禽之别来理解孟子的性善论的。"你问一个人为何要有道德到牺牲自我生命的程度。终极的哲学道理是，因为人性本有善种，此乃所以异于禽兽者几希之处。这一点人的自我了解可以当作道德的直觉，也可以当作实存的道德心性醒悟。人性既然本善，人自然能够推广他自己的本心到他人同样的本心。……这不是逻辑推理或纯粹知性的问题；这是人本身是否醒觉于人性高层次的仁心善性的问题。"（页241）

页242—243：孟子的终极关怀（终身之忧）。傅朗克（Viktor Frankl）说："没有自我责任意识的人只把人生当作自然赋与（a given fact），实在分析却要教导人们把人生当作一种任务（life as an assignment）。但是，我们还得加上一句：有些人更进一步，在高层次体验人生（的意义）。他们体验到（人生）使命源头的权威；他们体验到赋与他们使命的主人（task-master）。"这与孟子的看法相通。"孟子对于'命'字的双重了解（气命与正命）类似傅朗克上面所提的'自然赋与'与'人生任务'，而他对'天'与'天命'的观念亦极接近傅朗克对于'赋与使命的主人'与'使命源头'的信念。"

页243："孟子的性善论不但构成儒家伦理学与解脱论（安身立命、乐天知命之说）的终极奠基，也可以看成意义治疗法的哲学基础。孟子当然要主张，人之所以会有终极关怀，所以了解人生之为一种任务的根本道理，就在人性本善。""……正因人性本善，作为万物之灵的人才会在生命尽头格外醒悟到生命（气命）即是正命（天命）的终极道理，才会在最后关头实存地觉醒于自我本然的道德心性。"

页245：第七、第八与第九"这三个论辩的共同理据是：人的实存在生命尽头或极限境况所呈现出来的道德心性之醒悟。这里良知或本心本性的醒悟，已逾越了一般科学（如社会学、心理学等）所能应付的自然经验领域，而是属于万物之灵的终极关怀之事。人因终极关怀而去探求生命的终极意义与终极存在，或依宗教信仰获得救济或解脱"。

页246："……孟子性善论的深层结构……首先只能肯定生死交关之际本心的终极觉醒或良知的真实呈现，然后才能据此标榜人性本善的。换言之，孟子心性论的证立关键，是在人心自醒之为道心的本心（用）上面，而不在只具先天超越性意义的本性（体）上面。因此，我上面所提到的'心性醒悟'，严格地说，应该改为'人心即道心'的自我觉醒。这就充分说明了为什么孟子的真正继承者是主张'心即理'的陆王而不是倡导'性即理'的程朱。"

166. 刘述先（1934—2016）

【文献】（1）Liu Shu-hsien, "Some Refections on Mencius's Views of Mind-heart and Human Nature," translated by kwong-loi Shun, *Philosophy East & West* Vol. 46, No. 2, Apr. 1996, pp. 143 – 164. 中文版见下。（2）刘述先：〈孟子心性论的再反思〉，载李明辉主编《孟子思想的哲学探讨》，台北："中研院"中国文哲研究所，1995，页75—95；（3）刘述先撰，景海峰编《理一分殊》，上海：上海文艺出版社，2000。此书类似于文章分类汇编，其中第23章为"孟子的心性论"，页61—63；第24章为"孟子心性论的创造性阐释"，页63—64。

《理一分殊》（2000 年）

◇"孟子的心性论"（1991 年）

载《理一分殊》页61—63。

刘述先大抵同意牟宗三的思路，认为孟子的四端和良心均不能理解为经验的同情心之类，四端的背后有"良心""本心"存在，四端是"良知的呈现"（即本心的呈现），本心来自天。"这样的心是'本心'，而心的来源在于，故尽心，知性，知天。所知的乃是吾人的'本性'，这才可以道性善。"（页61）他也强调了，如果从日常经验特别是材质来看，无法证明人性是善还是恶。"纯粹从材质的观点看，实在很难说人一定性善或性恶，或者说人善恶混、无善无恶还更近乎事实些。"（页61）

根据上述观点可知，刘述先认为主张性善是因为预设了一个超验的、来源于天的"本心"（或良心、良知）存在。这个预设不能用经验来证明。"孟子也从不否认人在现实上为恶，他只认定人为善是有心性的根据，而根据的超越根源则在天；我们能够知天，也正因为我们发挥了心性禀赋的良知和良能。"（页61）（方按：如此看来，从告子等人，一直到荀子、董仲舒、王充、韩愈、王安石、司马光、苏轼、苏辙，以及清儒戴震、焦循、程瑶田、阮元等皆没有理解孟子的作为超验本体存在的良心、本心。既然告子、公都子等人从经验立场质问过孟子，孟子为何没有说清楚他所说的本心是超验的本心，后者只是一预设而非一事实呢？如果只是预设，则只有应该不应该，而不问事实与否。这似乎不符合孟子本意。刘的论述，显然来源于牟宗三所阐述出来的宋明理学特别是心学的看法，而牟宗三的观点又源于熊十力。而李明辉也强调这一观点。这就是有名的"良知是呈现"说。）

方按：刘述先早年因其父而求教于牟宗三，在本文开头即说牟宗三曾概括孟子思想为"仁义内在，性由心显"（页 61）。他后来在《东西方哲学》1996 年那篇文章中将此话译为"humanity and righteousness being internal, and nature being made manifest in the mind-heart"（Liu Shu-hsien, "Some Refections on Mencius's Views of Mind-heart and Human Nature," translated by Kwong-loi Shun, *Philosophy East & West* Vol. 46, No. 2, Apr. 1996, p. 162）。英文翻译（当由信广来做）不够理想。

◇ "孟子性善论的创造性阐释"（1995 年）

载《理一分殊》页 63—64。

刘先生在此章进一步申述道，孟子虽然从日常经验出发做了一些指点，但其关于性善之说，不能理解为经验归纳的结果，而只能诉诸"体证"。孟子与告子的立场是不同层次的，不是平等层次上的立场选择问题。如果从经验举证的角度来证明人性善恶，则各种不同的立场均可找到自己的证据。关键是要明白，孟子是从超越的层面出发来证明人性善的。这一超越的基础是天，与康德作为设准的自由意志相呼应。"以道德心（本心）为首出……直下肯定良知良能……在这一方面似较康德尤占胜场。"（页 64）

他可能也意识到这一解释与孟子本人表述不尽合，称之为"创造性的阐释"，并说"我个人认为，通过创造性的阐释，当代新儒家似乎比孟子本人更能把握到他的性善论的微意"（页 63）。所以，性善论"是不能通过外在的归纳来证明的，只能通过内在的相应来体证。人之所以向善，正是因为他在性分禀赋中有超越的根源。只有在这里才可以说性善，现实上的人欲横流、善恶混杂并不足以驳倒性善论的理据。由这一线索看，儒家伦理的确与康德的实践理性有相通处"（页 64）。

Liu Shu-hsien，"Some Refections on Mencius's Views of Mind-heart and Human Nature，" translated by Kwong-loi Shun，*Philosophy East & West* Vol. 46，No. 2，Apr. 1996，pp. 143 – 164.

中文版见刘述先〈孟子心性论的再反思〉，载李明辉主编《孟子思想的哲学探讨》（台北："中研院"中国文哲研究所，1995，页75—95）。中文版下面有讨论，考虑表述有异，这里分作两篇。

这篇文章系统、全面地论述了作者对于孟子性善论的基本看法。认为孟子性善论的基础在于一个超越的天，而不能从经验出发来反驳性善的论断。他说，"Mencius' view that human nature is good affirms that a transcendental endowment immanent in the life of human beings provides the basis for our doing good or our inclination to do good（孟子的性善论主张，人性中内在地包含着超验的禀赋为其行善或向善而行提供了基础）"（p. 155）。这一观点的典型特点，还是强调超验性为性善论之基础，并提及与前述几乎一样的对康德的评述。后面讨论了朱熹和王阳明如何通过内省方式让"本心"（original heart-mind）呈现出来。"The original mind-heart is thoroughly manifested though reverence in and out，and it is in a state of ease and transformation（通过敬于内与敬于外，本心完整地呈现出来，这是一种自在和转化的状态）"（p. 157）。他又认为，在宋明时期，人们认识到了性善的基础在于一切共有的超越禀赋（the goodness of nature concerns the transcendental endowment common to all human beings. p. 160），从《中庸》"天命之谓性"出发来理解人性的超越层面（the transcendental aspect of nature），只是到了清朝的陈确和戴震，这一方向才发生了改变，人们只关心考据而不关心人性的哲学含义（p. 161）。

方按：刘述先所反复强调的超越性的"天"，在先秦时期并没有那么神秘，只是指一种超越于人世的主宰力量，同时也指事物不受人为意志干预的自然形成过程。因此，理解先秦时期的"天"的含义并不复杂，阮元等清儒当然也讲得很清楚。这种"天"，并不是不可用经验来检验的神性力量，而是相反，实实在在地存在于我们的日常生活的感性经验中。把"天"与西方的"超验"等同起来，强调它是一种哲学范畴，代表本体预设，有了它的保障，性善不需要通过经验来证明或反驳。这种说法，完全是牟宗三之流糅合西方先验哲学概念来解释孟子的结果，甚至与宋明儒的思想也不完全契合。

〈孟子心性论的再反思〉（1995 年）

载李明辉主编《孟子思想的哲学探讨》，页 75—95。

刘氏认为孟子对儒家最大的贡献，就在于提出一整套心性论的看法。针对汉学家芬格莱特强调孔孟之间的差异和转变，刘从文献依据上，例举孔孟都强调礼的重要性不在于外在的仪节，而在于内在情感的真诚表达，从而力证《论语》与《孟子》之间的连贯性（页 77）。孔子少谈性，直到孟子才进一步发挥，发展出一套性善论，但在精神上却无背于孔子的精神。孔子相信人有内在的资源，通过教育可以将本有的潜能发挥出来，成为有道德、有才能的君子，进而等待时机成熟，达到淑世的目的。

◇ **孟子性善论的含义**

首先，刘氏对于葛瑞汉、安乐哲与卜爱莲三人对孟子人性论的解读作出评析。葛瑞汉从普遍性的角度讨论孟子的性善思想，安乐哲则对葛瑞汉提出了异议，认为英语世界的人性（human nature）有本质主义的倾向，把人性看作与生俱来的所与。但孟子的性是一个力动的、关系的成就概念，指一种创造性的活动（页 80）。卜爱莲比较接近葛瑞汉的观点，认为安乐哲的推论太过，她认为孟子思想虽不能作本质主义的解读，但孟子有一种"共同人性"（common humanity）的讲法。刘氏认为西方学者诚然能够推陈出新，给我们提供一种新的视角，但也因为过分注意现代人的视域，从而对古人的说法造成某种折曲。傅佩荣将孟子的人性论解释为"向善论"便是一例，固然避开了本质主义的干扰，却又落入杜威实用主义的窠臼。"就孟子来说，他强调的是人禽之别，杜威则强调人的人物的根源。"（页 82）"杜威说向善，只是人面对环境必须做出的适应罢了，缺乏一个超越的层面。孟子不但肯定人有内在的资源，而且相信天的真实性，只是通过心性在天人之间建立了一道桥梁而已。"（页 82）

谈起孟子的良知良能，就不得不提禀赋。"人不仅有四体，而且有心，心有四端，扩而充之，足以保四海，不扩而充之无以保妻子。无疑孟子的中国传统是强调力动义。这样的心并不是官能心理学（faculty psychology）的对象。"（页 82）从禀赋上来讲，凡圣无别，但并非如安乐哲所讲的"共同的禀赋"不重要，因为性善乃是向善的根据，根源于超越的天。

刘认为，当代新儒家通过创造性的诠释，比孟子本人更能把握其性善论的微意。对于孟告论辩，曰：

> 孟子与告子的辩论给人的印象，好像他所主张的性善论与告子"性
> 无善无不善"的说法是同一个层次的不同抉择，其实不然。孟子举证虽
> 不脱具体常识的例子，但基本上却是指向一超越的层面。如果单由经验
> 层面进行入手进行归纳的话，觉得不到任何确定的结果。不只性善，性
> 无善无不善的说法各自可以找到支持的论据，也可以找到相反的论据，
> 而且性恶（荀子）、性善恶混（杨雄）、性三品（韩愈）各种各样的说
> 法都可以言之成理，持之有故，形成一个"公说公有理，婆说婆有理"
> 的局面。一直到现代，情况并没有多大改变。（页83）

刘认为孟子既举"牛山濯濯"为例，就表明孟子无疑否认现实层面之
恶，故不会根据经验归纳的结果来立论。孟子只是在经验层面指点出一些常
见的端倪，由此做进一步的扩充，自然就能在我们的性分中找到其根源。孟
子说"仁义礼智根于心"才是其最重要的断定，但不能通过外在的归纳来证
明，只能通过内在的相应来体证。人之所以能向善，是由于在其性分禀赋中
有超越的根源，如此才可说性善，现实的人欲横流、善恶混杂都不足以驳倒
性善论的理据（页84）。由此，可以找到儒家伦理与康德实践理性的相通处。
"不同处在于，康德顺着西方重智的传统立论，先建立纯粹理性批判，排斥
智的直觉，实践理性乃不得不以意志自由为基设（postulate）；儒家却以道德
心（本心）为首出，是非之心与之应和，并没有在知识、德性之间划下一道
鸿沟，思想是欠分晓，知性未得独立开展，但直下肯定良知良能，情意也不
乖离，在这一方面似较康德尤占胜场。"（页84）

刘氏进一步指出，从传统走向现代，相对主义流行，道德价值领域出现
真空状态，因此必须进行价值重建。"我为什么要道德"（Why should I be
moral）这一问题在当今流行的道德学说中根本得不到妥善解决。"在实践上
我们其实预设了许多价值，在理论上却未能加以安立，这就是我们在当前所
面临的困境。"（页85）

◇ **孟子有关性善的论辩**

刘氏采纳卜爱莲之说，认为孟子之所以爱辩，是因为当时有深刻的危机
感。孟告论辩前后四折，都是采取类比的方式。告子"生之谓性"可能最接

近传统立场，上古生性互训，生下来便有的就是性的内容，但孟子并不把生下来就有的当作性的内容，如此则根本无法讲人禽之别。孟子的"性"实指向一新观念，仅由生物生命来看，绝无法把握犬牛不同的特殊人性。

仁义内在的真正症结在于，仁义指不同于禽兽的特殊人性，绝非外铄（页86）。如果照着人性的特殊情状去做，自可以为善。至于人在事实上为不善，不能归咎于所禀赋的"才"上面。孟子讲情、才，就表明善不只存在于彼岸，实在于我们的生命中。"性善乃专就禀赋说，与人在现实上行为的善恶并不相干。"（页87）

关于人禽之辨的问题，到了现代，与时代潮流是否有所背驰？刘认为禽兽的行为一本之于自然，人之为恶，千百倍于禽兽。"我承认把意识提升到自觉层面的人来的确可以行更大的善，也可以为更大的恶。所以人应该有更大的责任感，自律自治，不可胡作非为，造成巨大的破坏性的结果。"（页87）说孟子贬低禽兽，是一种误解。孟子的思想是爱有差等，理一分殊。

（方朝晖、闫林伟整理）

167. 张灏 （1937—2022）

【文献】张灏：《幽暗意识与民主传统》，台北：联经出版事业股份有限公司，1990。

除了着重梳理西方自由主义与幽暗意识的关系外，还对儒家的人性论与政治思想作了一些厘清与反省。作者系统分析了"中国传统文化为何不能开出民主宪政"的这一世纪之问。作者认为，渊源于希伯来宗教文明的现代西方文明由于对人性的幽暗意识（堕落与罪恶）始终保有一种警惕，从而孕育了其民主传统；而中国的儒家传统虽然也有幽暗意识，但始终未居主流，其对人性充满了乐观，因此主张由美德通向善政的"圣王"理想。正是因为儒家对于幽暗意识的认识不足，导致其没有发展出民主宪政。

与乃师殷海光激烈的反传统态度相比，张灏对传统的批判可谓温和了许多，对于儒家和西方的认识也较第二代自由主义者深刻了许多。即便如此，其对儒家和西方的认识仍然充满了偏见与谬误。

除了上书外，还有〈超越意识与幽暗意识——儒家内圣外王思想之再认与反省〉（载张灏《转型时代与幽暗意识：张灏自选集》，上海：上海人民出

版社，2018，页64—86）。由于后文与前文相比，观点并无二致，只是扩充
了内容与例证，因此笔者只依前文分析其思想。

《幽暗意识与民主传统》（1990年）

◇ 幽暗意识与西方民主传统

在是文中，张灏认为自由主义除了珍视个体的尊严，坚信自由与人权是
人类社会不可或缺的价值外，还有另外一个面向，即正视人的罪恶性和堕落
性，因而对人性的了解蕴含着极深的幽暗意识。因此，这种自由主义对人类
的未来抱有希望，但并不流于盲目的乐观和自信，充满了"戒慎恐惧"的希
望，能够经得起历史的考验。在作者看来，所谓幽暗意识"是发自对人性中
或宇宙中与始俱来的种种黑暗势力的正视和省悟：因为这些黑暗势力根深蒂
固，这个世界才有缺陷，才不能圆满，而人的生命才有种种的丑恶，种种的
遗憾"（页4）。张灏一再强调幽暗意识虽然认识到人性中的种种阴暗、堕落
的维度，但并不代表在价值上认可，而是从强烈的道德感出发对人性的反省，
将其视为人性的"缺陷"。因此，它与中国的法家、西方的马基雅维利、霍
布斯和功利主义在精神上是迥异其趣的。其区别就在于幽暗意识虽认识到人
性的种种现实和缺陷，但"在价值上否定人的私利和私欲，然后在这个前提
上求其防堵，求其疏导，求其化弥"（页4—5）。

作者认为希腊罗马的古典文明和希伯来的宗教文明构成西方传统文化的
两个源头。西方文化中的幽暗意识主要源自古希伯来的宗教，上帝按照自己
的形象造人，因此每一个人的天性中都含有一点"灵明"，但由于人对上帝
的背叛，造成了人性与人世的堕落。后来的基督教继承了"旧约"思想，认
识到人的"双面性"。作者援引美国政治思想史家弗里德里希（Carl J.
Friedrich）的观点，认为西方的自由宪政以基督教思想为背景。作者进一步
认为，正是这种幽暗意识造成了基督教传统重视客观法律制度的倾向。而后
又用了大量篇幅讨论基督教的这种幽暗意识在宗教改革和启蒙思想家那里促
成了民主宪政制度的建立和完善。

◇ 幽暗意识与儒家传统

作者认为中国思想传统中虽然也有幽暗意识，如孟子、荀子、朱熹、王
阳明、刘宗周、王夫之、曾国藩等人在个人修身过程中所认识到的人欲之强
大和根深蒂固（如"君子禽兽，只争一线""不为圣贤，便为禽兽"等），

但同时又认为儒家对幽暗意识缺乏正面认识和有效制约，而是将解决政治问题的途径归结到追求一个完美的人作为统治者，从而追求"圣王"。

作者认为幽暗意识在原始儒家有非常重要的发展，发源于周初的"忧患意识"到了孔子时代转化为"幽暗意识"，从而成为成德与人性之间的关联。这虽然在荀子那里最为突出，但由于其并不构成儒家的主流，因此荀子对人性阴暗面的抉发没有受到重视。以孟子为代表的儒家主流思想对成德采取"正面进路"，认为人具有天生的"善端"，本此善端，加以扩充，便可成德。

作者认为，与孟子乐观人性论相伴随的是一种幽暗意识，尽管只是一个侧面的影射，但也足以表明孟子对人性是有警觉、有戒惧的。其援引孟子关于"大体""小体"之辨的论述，用来揭示孟子成德思想中所蕴含的幽暗意识。其言曰：

> 孟子认为人之自我有两个层面，一层是他所谓的"大体"，一层是"贱体"。孟子有时又称这两层为"贵体"和"贱体"。从《孟子》一书的整个义理结构来看："大体"和"贵体"是代表天命之所赐，因此是神圣的、高贵的。"小体"和"贱体"是代表兽性这一面，因此是低贱的，倾向堕落的。这显然是一种"生命二元论"，是孟子人性论所表现的另一义理形态。（页21—22）

张灏对于孟子人性论中这种"生命二元论"进行抉发，认为宋明儒学就是本着孟子的"生命二元论"，再受到大乘佛教和道家思想的激荡，从而演化成"复性"思想。"复性"论认为生命存在两个层面：生命的本质和生命的现实。在这样的思想背景下，形成了复性观的主题：本性之失落与本性之复原，生命之沉沦与生命之提升（页22—23）。张灏认为复性思想中含有相当浓厚的幽暗意识，在程朱一派中极为突出；即便在对成德充满乐观与自信的王学中也有所表现，如王阳明、王畿、罗洪先等人。作者认为，幽暗意识在刘宗周那里达到登峰造极的地步，"《人谱》里面所表现的罪恶感，简直可以和其同时代西方清教徒的罪恶意识相提并论"（页27）。儒家虽然有幽暗意识，但与基督教将其作为正面的透视和直接的彰显相比，儒家主流只是间接的映衬和侧面的影射，这也导致了儒家始终对人性抱有乐观精神，这一乐观精神进而影响到其政治方向。

（闫林伟整理）

168. 蒙培元（1938—2023）

【文献】（1）蒙培元：《蒙培元讲孟子》，载黄玉顺等主编《蒙培元全集》（第十五卷），成都：四川人民出版社，2021，页208—234；（2）蒙培元：《情感与理性》，载黄玉顺等主编《蒙培元全集》（第十一卷），成都：四川人民出版社，2021，页32—48。

《蒙培元讲孟子》（2021 年）

◇ "四端"之情

蒙氏认为孟子所讲的"四端之心"（即恻隐之心、羞恶之心、辞让之心、是非之心）就是四种道德情感，人人都具有这四种道德情感（页208）。所谓不忍人之心就是同情、爱怜心，怵惕是恐惧之义，恻隐是伤痛之义，恐惧、伤痛之心也就是同情、爱怜之心。

> 这四种情感都有道德意义、价值意义，不是一般心理学所说情绪情感，或纯粹"自然情感"，但它又是出于自然，不能说只是社会经验中形成的。我们可以说，这四种情感是心理的，但又是先天的或先验的，是在经验中表现出来的，却不完全是经验的、实然的。（页208—209）
>
> 所谓"先天的"，是说与生俱来的，不是后天形成的；所谓"先验的"，是说先于经验的，但又是行之于经验的。"四端"之情虽是先验的，却又是在经验中存在的，是有经验内容的，不是毫无内容的"纯粹形式"。这是"四端之心"的一个根本特点。我们说，"四端"不能脱离经验而存在，但是不能说，它是在后天经验中产生的，事实上它是先天的情感意识而见之于经验的东西。当它未与经验事实接触的时候，只是某种隐而不现的内部的存在状态，或一种潜在能力；当它与经验事实接触时，就表现为现实的情感活动。不过，这不是认识论的，而是存在论、目的论的，即不是指向一个对象从而形成意向性认识，而是自我实现式的目的性活动，与对象构成一种"我"与"你"的整体性的生命联系，

725

而不是"我"与"他者"之间的排斥性关系。（页209）

闫按：蒙氏从"先天"与"先验"两方面来界定"情感"，强调情感虽是先验的，却又存在于经验中，具有经验内容。如此似乎可以理解为，情感的形式是先验的，内容是经验的（这似乎是受到康德影响）。但问题是情感的形式和内容，即先验和经验是如何统合起来的，在经验中形成的内容，或者借用李泽厚所言在历史中积淀的东西会不会变为先验的东西。

对于孟子的四端和扩充说，蒙氏亦有独特理解。他认为端就是萌芽，意味着生长。

> 道德情感虽然只是萌芽，但却是人之所以为人的内在根据，因此，需要人去"扩充"，这却是人自身的事情。所谓"扩充"，就是使其完全地实现出来，成为普遍适用的道德理性，这就是仁、义、礼、智之性。这说明，性与情是完全统一的，从发生学上说，性是由情"扩充"而成的。就像火苗开始燃烧一样，终将形成燎原之势；就像泉水开始奔流一样，终将汇入江河。（页210）

蒙氏从情感哲学的角度出发，对于孟子的四端之心以道德情感加以阐释，并认为孟子将道德情感作为人性论的基础，"从而开启了中国哲学与文化以情感而不是以知性为主要特征的发展道路"（页210）。蒙氏认为孟子所讲的道德情感是一种生命创造的潜能，是"目的性的情感意识"，与心理学所讲的以生理欲望为内容的潜意识不同，既非认识的意向活动，也非意志活动，而是一种"情感意向活动"。并得出"这就是孟子和儒家学说为什么是'情感型'的，而不是'认知型'或'意志型'的理由所在"（页211）。[闫按：蒙氏将四端之心理解为道德情感没有太大问题，但将道德情感界定为人之为人的内在依据，确实存在问题。我们知道，在孟子那里，关于四端之心有两种表述，即"恻隐之心，仁之端也……"（〈公孙丑上〉）、"恻隐之心，仁也……"（〈告子上〉）。这两种表述略有差异，按照前者，恻隐之心是仁的萌芽（发端），后者则表明恻隐之心即是仁也。我们似乎可以这么理解，前者是从发端处讲，后者是就结果处讲，孟子将人性看作一个动态的成长过程，从成长过程的发端处讲，人的恻隐之心是实现仁的萌芽，从成长过程的结果处讲，仁是对恻隐之心的实现。因此，蒙氏仅仅将道德情感看作人的内在依据是不合适的，仅从发端处讲，没有顾及结果处。]

◇ **性善说**

蒙氏列举并分析了孟子时代存在的四种人性学说（包括孟子的人性论），认为孟子对"性善论"有一种强烈的信念，唯有此才能支撑起真的价值，而这种信念是孟子在生命体验中获得的，因此有着深厚的生命根基。

> 所谓"性善"，就是讲人的行为目的，这目的指向一个标准，这个标准就是完美即"善"。由于目的本身就是完美的，不是由外部环境决定的，因此，它是"内在的"。但这所谓"内在的"，绝不是与外在的"他者"对立的，而是一体的，其根源就在于这一切都是"天之所与我者"，即自然界的目的性的生命创造所赋予的，因此，人的主体性并不是由所谓纯粹的"自我意识"决定的，也不是由人的理性"预设"的，人既是生命主体，也是目的的实现者。（页217）

◇ **性、情、才的关系**

蒙氏认为孟子之所以认为人性是善的，是由情决定的，性和情、情和才是合一的。对于"乃若其情，则可以为善矣"中的"情"字，蒙氏以《郭店简》的〈性自命出〉和〈唐虞之道〉出现的"情"即"情感"义为佐证，明确认为孟子所讲的情即情感义（闫按：此处之"情"是情实义，非情感义。综观整个先秦思想，论情处也多讲情实）。并将此句释读为："按照孟子所说，则是若从情上看，则性可以为善，这就是他所说的性善。这样看来，性是由情而生的。"（页218）接着又说道：

> 孟子更重视情感的作用，认为情感是人的生命的最原初、最本真的存在方式。道德情感之所以是道德理性之"端"即端绪、萌芽，就因为只有情感才是人性的出发点，因此，顺着道德情感"扩充"、发展，就是仁义礼智之性，也就是善。（页218）

孟子认为，"恻隐之心"等等"四端"，"人皆有之"，这实际上就肯定了道德情感的先天性和普遍性，这正是"天命之谓性"的实现方式，即通过具体的生命情感而实现"善端"，也就是说，情感本身即包涵善性于其中；因此，从"情"上就能够看出性之为善，而不是从比较抽象的"性"上说明其善。正因为性在情中，由情而能发展出性善，所以，他直接称"四端"之情为仁义礼智之性。"恻隐之心，仁也；羞恶之心，义也。……"云云，与"恻隐之心，仁之端也；羞恶之心，义之端也"等说法并无实质上的区别，前者是从情上说性，后者是从性上说情，其实，情与性是完全统一的。其区别，就在于情是具体的、丰富的、活生生的，而性是抽象的、形式的或"形而上"的。但问题恰恰在于，二者不是对立的，更不是二分的，而是一体相涵的。"恻隐之心，仁之端也"云云，是从发生、发展的意义上说；"恻隐之心，仁也"云云，则是从内容上说，离了情，决无所谓性。（页218—219）

或者还有另外的解释，这就是天所命之性，是形而上的精神本体即实体，性的实现则有待于情，性情关系就是本体与现实的关系。按照这种解释，所谓"恻隐之心，仁之端也"的"端"字，就是讲实现的萌芽状态，"扩充"便是讲实现的过程，背后都有一个"性"字。这就是所谓"本体论"的论证，即情由性出，而不是性由情出。性是形而上者，情是形而下者，性是超时空的，当性落到形而下的情之中时，就有时间性了。但是，孟子是不是有所谓本体论学说，则是大可怀疑的。按照孟子所说，所谓"乃若其情，则可以为善矣"，并不是说，按照情感的实际表现，推断性是善的；而是从情的本性上说，它是可以为善的。情的完全实现就是性，不是在情的背后有一个性，由情来显现。因此，孟子是以情为善的根源，而不是以情为善的显现。这是"顺推"的，不是"逆推"的，就是说，顺着情感的自然发展而不加阻挠、陷溺和破坏，它就能够成为善。这也就是"心勿忘，勿助长也"的意思，即既不能忘记，又不能"揠苗助长"式地摧其生长，因为情不是别的，就是自然界生命目的在人的实现。（页219）

至于情与才的关系，孟子认为二者是完全统一的。蒙氏认为情可以为善也就是才可以为善。"夫为不善，非才之罪也。"即人的所为若有不善，不是才的原因，而是外部环境陷溺其心的结果，就好比富岁子弟多赖、凶岁子弟多暴一样。蒙氏将才释读为天生的才质（或才料），即为善的能力，是一种内在的具有价值意义的潜在能力。按照蒙氏的分析，既然孟子所讲的情、才是一回事，那么，为何又对二者作出区分呢？其言曰：

> "才"即才质也就是善质，这是从生理结构上说的，是一种潜质，属于生物层面；才质的作用表现为情，情是心理活动，属于心理层面；情的全部实现就是性，但这需要人的自觉努力和实践，从这个意义上说，性属于哲学层面。但这只是从概念上所做的分析，实际上，三者是连贯而不可分的。孟子之所以将三者贯通起来，就是说明人性不仅有其心理基础，也有其生理基础。如果要讲进化，这才是真正完整的道德进化。人是完整的人，也是进化中的人。如果单从概念分析的角度讲孟子学说，是很难讲通的。但是，这绝不意味着，孟子的学说只是一种生理学和心理学。（页 220）

闫按：孟子所讲的"才"有二义：一是才能，如"其为人也小有才，未闻君子之大道也"（〈尽心下〉）、"中也养不中，才也养不才"（〈离娄下〉）；二是才质，指人的先天道德禀赋，如"非天之降才尔殊也，其所以陷溺其心者然也"（〈告子上〉）。

◇ **心与性的关系**

蒙氏认为"心"在孟子的思想中，代表了人的生命意义。孟子所讲的"操存"不是别的，而是情，也即性。孟子之所以讲四端之心，而不讲四端之情，是因为在孟子看来，心与情是一回事，是在同一个意义上使用的。对于其分殊，蒙氏表明："心标志其主体性，情表明其存在性，说明情感是人的主体存在，也是人的最基本的存在方式，或者，人首先是情感的存在。"接着说道：

> 既然心、情是合一的，那么，心、性也应是合一的。仁义礼智之性，"非由外铄我也，我固有之也"，即不是由外边给我的，是我自己固有的。我所"固有"，就是心所固有，因为我之成为我，是由心来说明的。性作为心之所"有"，一方面说明它是先天具有的，不是后天获得的；另一方面说明，它又是情感这一"存在"的本质。如果说情感是"存在"的话，性便是它的本质。在这里，不存在"本质先于存在"，还是"存在先于本质"的问题，性就"存"于情感之中，以情感为其存在方

式，而情感则是具体的，是在经验中存在的。所谓情感具有先验性，实际上是说情中之性具有先验性。这就是心、性、情的关系。（页221—222）

蒙氏认为："仁义礼智根于心"即表明心是道德人性的根基。君子所性不是别的，正是仁义礼智，其植根于人心之中。"心是道德价值的载体，也是主体。"（页222）仁义礼智之性即表明是自我作主、不受外界影响的，且其作用无所不在。唯有此，方能挺立君子人格。援引并高度肯定徐复观"心善是性善的根据"的观点：

> "仁义礼智根于心"之说，把心性关系说得很清楚了。但是如前面所说，心和情是在同一意义上使用的，从这个意义上说，"根于心"也就是"根于情"。再回到"四端"之说，根据许慎《说文解字》的解释，"端"（即"耑"）字"上象生形，下象其根"，这个"根"字正是指心而言的，也是指情而言的。"根于心"就是以心为根，以情为根。但这个"根"字是从生长的意义上说的，即根本的意思，如同树之有根，木之有本。这就是说，"心"字本身就意味着生长，就人心而言，能从中生长出道德义理，这就意味着道德的创造。由于心本身具有内在的创造潜能，其最初的表现形式则是道德情感。情感是有血有肉的，活生生的，其中便蕴涵着仁义礼智之性，其完全的实现，则需要"扩充"。"扩充"既是"尽心"之事，也是"存心"之事；既有"思"的作用，又有"行"的作用。"尽心""存心"之"心"，就是"本心""良心"，即道德心。"虽存乎人者，岂无仁义之心哉？其所以放其良心者，亦犹斧斤之于木也。""仁义之心"就是仁义之性，心性是合一的。仁义之心存乎人，就是以仁义为人的存在本质，存在和本质也是合一的。仁义之心就是"良心""本心"，但这是需要人自己努力去"存"的，不是靠别人或外在力量所能完成的。从这个意义上说，"仁义之心"就是道德自律，但是，必须伴之以自我修养。（页222—223）

◇ 人性与环境

蒙氏认为孟子提出了道德自律学说，即人的行为善恶完全是自己决定的，但也未曾否定环境的影响。他认为孟子所讲的"心"是"主体的标志"，含有"自我"之意，但不同于个体化的自我，即西方所讲的"自我意识"，"这里所说的'自我'，是自我做主自我决定的意思，我的一切行动都是由我自己决定的，在这个意义上，'我'是个体的；但是，就人性而言，它又是普遍的，人人具有的，从这个意义上说，心也具有普遍性，即人人有同心，这就是道德心"（页231）。在论及人性与环境的具体问题时，他说：

> 人生活在现实中，生活在与他人、他物的关系之中，人心、人性也是在同万物的关系中表现出来的。人不仅作用于外部环境，外部环境对于人性也是有作用的。孟子不仅肯定了外部环境对于人性的作用，而且具体说明了这种作用有积极和消极、有益和有害两方面。从积极的方面说，好的环境能促进人性的健康成长和发展，可说是人性发展的促进因素；从消极的方面说，不好的环境能阻止甚至破坏人性的健康成长和发展，可说是人性发展的破坏因素。（页231）

按照蒙氏的理解，孟子认为人的行为都是由人性决定的，而人性是可变的。人性之所以发生变化，与环境密切相关，"环境能够促进善性的实现而做好事，也能够使善性沉沦而做恶事"（页232）。对于人性的可变性，蒙氏有一较为精彩的论述："所谓人性发生改变，实际上是说，使本有的善性丧失了。而所谓的'丧失'，也不是真的从自己的身上彻底消失了，而是因外部环境的作用而被摧残了。这就是孟子所说的'放其良心'。"（页232）此处的"良心"也即"仁义之心""善心"。这些之所以会丧失，孟子有一极好的譬喻，即认为人丧失良心就好比用斧斤去砍伐树木一样，每天去砍伐它，是不可能存在茂密的森林的；人的善性也是如此，人所积累的"夜气""平旦之气"在每天的欲望追逐中被一点点破坏，最后以至于无。正如树木需要阳光雨露滋养一样，人的善性也需要滋养，而这一滋养的过程就需要一个良好的环境。蒙氏总结道：

> 正因为不同的环境对于人性有不同的作用，因此，要创造一个良好的社会环境，使人性得到全面发展，这是孟子的一个重要思想。他的许多社会政治主张和经济主张，在某种意义上可以看作是实现这一理想的

重要途径，因为一切社会政治问题，归根结底是人的问题。（页 234）

《情感与理性》（2021 年）

人究竟有没有良知，这是儒学的一个重要问题。就此问题，熊十力和冯友兰曾有过一段公案。冯氏认为良知是假设，熊氏不同意这一说法，认为良知是呈现。牟宗三则在熊十力的基础上，肯定良知的存在，并以此为道德主体，建立起其道德形上学体系。

◇ 良心即道德情感

蒙培元认为孟子所讲的良心（即本心）就是道德心，亦即善良之心，是以道德情感为基础的。他说：

> 儒家肯定"良心"是存在的，"良心"的存在就如同人的存在一样真实。"良心"具有"先天特殊设定"（胡塞尔语）的性质，是生而具有的，是自然界对人的"赐予"。儒家肯定人的尊严，就是从这里开始的；儒家肯定人的生命意义和价值，也是从这里开始的。这丝毫不意味着否定后天的社会经验和获得性。在"良心"这个问题上，儒家确实没有将人视为社会的公民，而是视为自然界的一个成员，视为一个生命的存在。它没有建立起社会正义理论，却伸张了人类道德的正义。（页 35）

> 因此，在儒家看来，问题不在于有没有"良心"，而在于能不能"存"其"良心"以及如何"存"其"良心"。"存"其"良心"的"存"，是实践意义上的"存"，即存养之义，实际上是培养和陶冶自己的情感。……"良心"就是人的存在，内在于人而存在，"存其良心"就是"存其所存"，即保持自己的存在。……（页 35）

> 至于为什么会丧失，照儒家看来，有多方面的原因。其中一个重要原因就是受到伤害，既有外部原因造成的伤害，也有自身原因造成的伤害。……情感和"良心"既然是人的基本的存在方式，因而也是人的价值的内在基础，那就要好好保存并培养自己的情感，这是实现人的价值的重要方法。（页 36）

◇ 良知是道德情感的自我直觉

蒙氏区分了良心和良知的用法，认为二者有时在同一个意义上使用，但又有区别。"良心"更多地是指道德心，即道德情感基础上的正义感，而"良知"则与认识有关。"孟子所说的'良知'，好像是一种先天的认识能力，不需要专门学习和思考，生而具有；他所说的'良能'，好像是一种原始本能，更不需要学习和锻炼。……'良知'，但真正说来仍然是一种情感的反应，或者说是一种情感意识。"（页38）蒙氏将良知看作一种情感意识。孟子的良知与康德不同（康德所讲的良知是一种普通理智，与思辨理性相对立），但康德有时又将"良知"和"信仰"联系起来，强调一种"合理的信仰"。

> 良知固然是说"知"，而且不是通常所说的知，就应该称之为本体之知或本体直觉；但本体既然不是实体，更不是绝对实体，而是指人的生命根源、本根，那么，作为完整的生命而言，知与情当然不是分离的，而是统一的，就"知"作为人的生命意义的自觉而不是作为知识而言，它是以"真诚恻怛"即仁为其根本内容的，换句话说，是"真诚恻怛"即仁的自我直觉。而"真诚恻怛"说到底是一个"情"的问题，称之为"本情"（牟宗三语）亦无不可，但它不是实体，不可以实体化。因此，如前所说，良知不只是"智"的问题，更重要的是"情"的问题，所谓"生生不息之根"（同上），就是从生命的情感意义上说的。因此，良知不仅有"直觉"的问题，而且有"体验"的问题。……"直觉"之所以能"觉"，与人生的情感体验不可分，是体验中的直觉，不是纯粹"智"的直觉。……如果离"情"而言"智"，离"体"（体会、体验之体）而言"觉"，就会丧失"良知"的本来意义。良知是人的生命"真机"，所谓"真机活泼"，只有在生命体验中才能领悟到，自觉到，也只有在"感应"中才能实现，而"感应"是包含了情感活动的。用康德意义上的"智的直觉"解释阳明的良知说，为免太"超绝"了。（页44）

闫按：蒙氏对于孟子的良心、良知和良能所作出的区分颇为重要。孟子说："人之所不学而能者，其良能也；所不虑而知者，其良知也。"（〈尽心上〉）良心是就心之本体，也就是本心来讲的；良知是就人的先天的道德认识、道德判断能力来讲的；良能是就人的道德能力上来讲的，偏重于行动。

◇ 良知与自然

蒙氏认为从情感的意义上说良知，并非将良知归为单纯的感性情感，而是不滞著于情感（页45）。

> 儒家所说的"自然"，是和"天"联系在一起的。"天"是儒家宇宙论的最高范畴，就其实际意义而言，是指宇宙自然界发育流行、生生不息的过程，其中含有目的性意义。……天道流行，发育万物，其"明觉发现处"，就是自然目的性的实现，王阳明称之为良知。……良知体现了人的生命意义和价值，同时也体现了自然界的目的性。所谓"自然之流行""明觉之自然"，正是讲人与自然、良知与自然的关系问题，其核心则是生生之仁。它从宇宙论上肯定了人的道德情感及良知的真实性，与其说是自然进化论，不如说是道德进化论，其根据就是自然目的论思想。（页45—46）

> 良知不是无内容的纯形式，不是纯形式的"理性法则"。所谓"天理""天则"虽是宋明儒家的最高范畴，但其根本意义是"生"，是"生生不息"的过程，这一过程是有方向性、目的性的，其实现则为良知，而良知本身也在不断实现自己，所谓"天然自足"之理，也正是就其目的性而言的。（页46）

> 良知不是凝固不变的、僵死的原则，更不是某种具体的知识，良知作为人的内在的无限潜能和创造之源，具有很大的灵活性和自由度，可以随感而应。……同样我们也可以说良知是"无情"，正因为如此，良知可以说是"真情"，只要"不滞""不著"而顺其自然流行，可以表现为一切情，这才是良知之用。（页47）

闫按：将"良知"与"自然"结合在一起讲，强调情感的不滞、不著，明显受到心学的影响，虽未必符合孟子的原义，但有利于丰富和深化我们对于良知的认识。

（闫林伟整理）

169. 张祥龙（1949—2022）

【文献】张祥龙：《先秦儒家哲学九讲：从〈春秋〉到荀子》，桂林：广西师范大学出版社，2010，页239—272。

《先秦儒家哲学九讲》（2010 年）

◇ "性" 代表天然趋向

张认为，在中国古代，性字本身就有天然趋向的意思。

> "性"是中国古人首先用来表达有生命的存在者，特别是人的天生禀赋、天然倾向的这么一个字。后来泛化了，可以用来指无生命之物的天然倾向。（页 237）

> 性是一种天然趋向，就是说，如果让这个生命自然地生存，这个趋向就能实现，这就叫自然趋向。比如人有饮食的自然趋向，人长大了要求偶，还有自身意识，还要抚育子女，赡养父母，甚至活到五十，起码四十岁，这都是人的自然趋向。如果让一个人自然地生活，它们都可能实现（古代不少人活不到四十岁，贾谊、王勃就没活到，那是因为他的生活里面有不自然的东西干涉了）。（页 238）

◇ 孟子性善论建立在四个理据上

第七、八讲以孟子为主题，其中第八章（页 235—272）论述孟子性善论，认为孟子性善论是针对他以前的三种流行人性论（第一种是无善无恶论，第二种是可善可恶论，第三种是有善有恶论，其中第三种观点有分离版和非分离版，分离版指有性善者也有性恶者，非分离版指所有人都既有善也有恶）而来，然后指明孟子提出论证性善的理由有四个，而这四个其实都各有自身的问题，有的有说服力，有的没有。他似乎暗含这样的意思，不要抽象地来讨论孟子性善论是否成立，关键看它是针对什么观点提出来的，它提出来的论据是否可以驳倒它想驳倒的那三种观点。这确实是理解孟子性善论的一个独特角度。他的意见是，孟子所提出论证人性善的理由，"反对第一种、第三种——尤其是孟子表述的第三种（不是世硕版）——还可以，但是反对第二种，就一再受挫"（页 242）。他暗示第二种观点（可善可恶论）就是孔子的性近习远之义。

方按：张著所说的三种观点，第二种观点似乎不能作为一种独立的观点来对待，因为严格说来，"可善可恶论"并没有提及性本身是善还是恶。正如赵岐所言，它正是告子的无善无恶论。因为性本身无所谓善恶，善恶是后天的，才有可善可恶的问题。倒是应该把第三种观点分为两种独立的观点。如果按张著暗示（据称来自焦循），可善可恶论就是孔子的性近习远之说，似乎也可以追问：诚然"习远"意味着可善可恶，但是"性近"是什么意思呢？是不是指原来都是善的呢，还是恶的？而且，从孟子的行文看，他似乎并没有反驳过"可善可恶说"，因为他本人就主张人性既可为善也可为恶。说人性可善可恶，并不是指性本身可善可恶，而是指可以为善，也可以为恶。《孟子》的行文也只是说"性可以为善，可以为不善"，没有用过"性可善可恶"这样的表述方式（6A6）。所以张著说，孟子反驳第二种观点"一再受挫"（页242）就显得有点奇怪。

一是人的共通特性。孟子认为"一类存在者总有它特殊的类别通性"（页243），"也就是我们人都有独特的类性"（页245）。这个"人独有的类性"会把人与动物区别开来，所以不能用人与动物共有的特性来说明人性善恶与否。他认为这一条理由能反对告子的无善无恶论，也能反对第三种观点的分离版，但不能反对第三种观点的非分离版。

二是天然趋向的论证。他大概认为这个论证什么也不能反驳。孟子"主张性善是一种天然的趋向，如果让人得到正常的生存和发展，善就会体现出来"（页243），即"苟得其养，无物不长；苟失其养，无物不消"（〈告子上〉）。所谓"天然趋向"，张著的解释是"让它处于适宜的天然匹配的条件和环境中，那么这些趋向就会自然地实现出来"（页247）。即所谓"无人为干涉、自然发展"（页250）。但他认为这是孟子性善论理据中最弱的一个，因为究竟什么才是生命天然趋向，其实没有标准可言，也就是说不清的。张氏举出孟子从自然趋向论证性善的证据，一是"乃若其情"，他认为顺着天生的四端之情往下走即可为善；二是孟子关于牛山之木的讨论（页246—251）。不过，"四端之情"在孟子这里应当是指天生就有的、根于心的良心本心，它是天生就存在的，即使没有在适宜环境中实现出来，也是存在的。因此把它说成"天然趋向"，是否符合孟子本意恐成问题。另外，孟子在讲牛山之木时，并没有强调自然生长趋向的问题，而是强调人的良心并未泯灭，不管如何砍伐，还是会生长出来。由于张著所谓"自然趋向"主要指"得其养"，即在没有受到不应有的虐待的情况下自然出现的生长状况，因而主要依赖于适宜的外在环境，这种"自然趋向"似乎与孟子"仁义礼智根于心"

"我固有之、非由外铄"的思想并不一致。而孟子"得其养、失其养"之说，针对的主要是心之养，和"操存舍亡"之说相应，严格说来并不涉及"适宜环境条件下的自然趋向"问题。从张著对孟子将"性"作为"天然趋向"的界定方式，也确实容易得出它作为性善论的理据很弱的结论来。但是我在有关地方论证的是，实际上孟子所发现的天然趋向，作为在动态环境下呈现出来的生长趋势，并非指在"得其养"时会自然而然地往什么方向发展，而是指天然决定的恰当生存方式或成长法则，这个法则就是：为善可以让生命变得灿烂而辉煌。生命既然遵循此法则，故可作为性善的一个积极理由（但是否充足则是另一回事）。

三是"本心天良"的论证。这就是恻隐之心说、小体大体说。这个论证的成功之处在于其证明了人性有善，但不能证明人性无恶；虽然驳倒了告子无善无恶说，但显然不能驳倒人性有善有恶的观点。作者并未明言其未驳倒前述哪种观点。

四是情和气的论证（原情择善、元气向善）。情指人天然具有的情感冲动，气指人的元气，孟子想说明它们都是向善的，从而证明性善。"孟子的言论中还隐藏着深层的论证：人的原发情感会择善拒恶。原本的情感，或者叫好善而恶恶。"（页268）他举了舜大孝而有怨慕之情的例子。元气方面，他以孟子的浩然之气为例。他说气和情在思孟学派那里相通，又提到后世讲阴阳之气。从阴阳说气，气是无所谓善恶的（页272）。他的结论似乎是：诉诸情的论证有一定道理，诉诸气的论证则难说。他说，"在不经意间触发的状态，最能看出心的本态、原本倾向"，"要比情欲得到满足的那种感受状态""更加深浓"，"所以它能够在一定程度上辩护人的性善，好像人心最根本处，最不可控制处，有一种向善的驱动。我不敢说这个辩护是决定性的，但它毕竟深了一层，让性这个问题笼罩在更直接、更原发的情感气氛之中"（页270）。

方按：孟子讲亲情时，究竟是从原发情感角度为性善论证呢，还是只是证明良心本心的存在呢？张著所举的文献证据，如中心悦而诚服、理义之悦我心、舜大孝及窃负而逃等，和张著所讲的"原发情感"［包括"感情、情的趋向、心和心情、心情的欢悦和忧伤"（页270）］有何关系？所谓原发情感，难道就是前面所讲的四端吗？它究竟如何来界定？如果不诉诸四端或良心本心的话，如何来说明它？如果说是自然的情感，就涉及"自然的"如何论证的问题，而张著前面也在"天然趋向的论证"中把"自然的"说法给否定了（页247—251）。

另外，孟子所谓"浩然之气"，他并没有说是元气，更没有涉及阴阳二气（阴阳家以阳气为善，阴气为恶）。因为此气完全是"养"出来的，这就不能称为"元气"了吧？既然如此，岂能说孟子此故事是从元气角度论证性善？在养气方法上，孟子强调"不慊于心"，否则会"气馁"。可见决定善气产生的力量来自"心"，还是一个本心的问题，与元气无干。

作者最后的结论似乎是孟子的性善论在这四个论证中并没有真正得到证明。他说，"孟子的这些论证是不是证明了人性本善？我觉得还有含糊之处。……很难说这是一种严格意义上的论证，而更多的是一种显示"（页272）。作者认为孟子诉诸情和气，比诉诸理"更切中问题要害，并且将论辩的天平移向了自己的一方"（页272）。

方按：首先，三个论证大体成立，第二个及最后一个论证问题较大（第四个论证中的"情"即良心本心，"气"是集义所生，所以要归于心，亦即良心问题，"行有不慊于心则馁"），第一个论证作者似乎也有曲解，孟子固然要证明人与禽兽有异，但并不否认人与禽兽相同之处就不属于人性。因此所谓人类共通特性，未必一定是指人与禽兽不同的特性。

另一个值得重视的论证角度是：君子不吃嗟来之食，即乞丐也有尊严。可见人的自尊心是天生的，不是后天造就的。当然，也只证明道德意识内在于人性。

170. 傅佩荣（1950—　　）

【文献】（1）傅佩荣：《儒家哲学新论》，北京：中华书局，2010；（2）傅佩荣：《向善的孟子：傅佩荣〈孟子〉心得》，北京：华文出版社，2011；（3）傅佩荣：《人性向善：傅佩荣谈孟子》，北京：东方出版社，2012；（4）袁保新：《孟子三辨之学的历史省察与现代诠释》，台北：文津出版社，1992；（5）李明辉：《康德伦理学与孟子道德思考之重建》，台北："中研院"中国文哲研究所，1994；（6）Kwong-loi Shun, *Mencius and Early Chinese Thoughts*, California：Standford University，1997。

傅氏其他论著包括：〈从人性向善论重新诠释儒家之正当性〉（《中国

论坛》卷313，1988 年 10 月 10 日，页24—26）；〈存在与价值之关系问题〉，"存在与价值"研讨会论文集（台北：台湾大学哲学系，1991）；等等。此处忽略。

傅佩荣以论证孟子性善论为人心（人性）向善说而知名，其说有较深的基督教背景。袁保新认为，傅氏向善之说，唐君毅早已论及。唐云：

> 孟子之言人之性不同于禽兽之性，虽初亦似为从自然中看人之种类性之观点，然其言性之善，则直自人心之恻隐羞恶之情中之趋向于、或向往于仁义等之实现处、或此心之生处，以言之。此即一自人心之趋向与向往其道德理想，以看此心之性之善之态度。此性之善在孟子即人之终能成尧舜之圣贤之根据。故孟子之言性，乃由吾人上所谓趋向之性，以通于有成始成终之道德生活之圣贤之性者。[①]

《儒家哲学新论》（2010 年）

◇ 从心善及人禽之别来理解孟子性善论

一方面，强调孟子中"人之性善在于人之心善"（页57），"我们将设法指出：孟子的'性善论'其实是一种'心善论'"（页55）。另一方面，又从人禽之别来理解孟子的性善论。他从亚里士多德种加属差（傅称为类加种差）的角度来理解孟子的人性概念，认为孟子的人性不是指人与动物相同之处，而是人与动物相差之处，即所谓人与禽兽"几希"之异；而告子"生之谓性"则"充其量表现了同一'类'（genus）中各物之所'同'"（页55）。他举孟子"凡同类者举相似也"，"人所以异于禽兽者几希"，"君子所性仁义礼智根于心"为证，说"人的本质或独特性必须就人与禽兽之间的'几希'差异来探求"，"仁义属于这种'几希'差异"，"可知人的本质在于仁、义、礼之类的品目"（页56）。

◇ 对人性向善论的说明

傅氏引用《论语》"君子之德风小人之德草""为政以德居其所众星拱之""恭己正南面而已"等句子，说明"孔子对政治与道德的一些论断必须

---

① 唐君毅：《中国哲学原论·原性篇》，香港：新亚书院研究所，1968，页515。

以人性向善论为前提"，"假使共同人性不存在，并且假使此一共同人性不是'倾向于善'，那么上述三句重要的论断就成为无的放矢与毫无意义了"（页54），又引孔子"我欲仁斯仁至矣""为仁由己而由人乎哉""有能一日用其力于仁矣乎"三句，说明"仁是人的内在倾向，以及行仁是人的能力范围之内的事。……我们确实可以宣称孔子是主张人性向善的"（页55）。

傅氏在其他地方还指出人性向善论是儒家的基本主张，"以儒家为例，其基本主张是'人性向善'"（页86）。

《向善的孟子：傅佩荣〈孟子〉心得》（2011年）

该书第三章"人之初性向善"（页29）对人性向善论有所论述。他说"人之初，性本善"是错的，孟子从未说过"性本善"。再说，人之初，如白璧，就像白板一样，"染于苍则苍，染于黄则黄"，本无所谓善恶。"好的教育策略，是让人性内在本来就有的一种力量或倾向，顺利正常地表达出来。"（页30）

他说明人性向善的最重要的例子是"水之就下"一段，"人性之善也，犹水之就下，人无有不善，水无有不下"这句话中，"人无有不善"应该改为"人无有不向善"，才能与"水无有不下"相配，因为"下"是指"向下"（即就下）：

> 要整体看这几句话，将"下"与"善"放同一个位置，不要看到"人无有不善"为断章取义，说人是没有不善的。为什么我要加一个"向"字？因为"下"不是水的"性"，是水的"向"，水的"性"是H_2O，二氢化氧。"下"是水的"向"，那么"善"也是人的"向"。所以孟子的意思是，人性向善。（页31）

方按：牟宗三《圆善论》（吴兴文主编，大陆版，2010，页5）对于"人性之善也，犹水之就下"是这样解释的：

> 人性之向善（人性之善，也由其向善也断其是善）就好像水之自然就下一样。

这里，牟宗三也承认"人性之善"有"人性向善"之义，但强调孟子由

"人性向善"得出了"人性之善"，所以孟子所主是性善论，而非性向善论。人性善包含人性向善，但人性善不等于人性向善。是否也可以说，孟子的意思是生命成长的趋势是"善"的（而不是"向善"的）。

傅氏认为"向善说"可以解释性善与现实恶并存的问题，而性本善不能解释此问题，因为向善说承认人性有主观的自由，所以会有恶。

此外傅氏说，孟子的"性善论"与荀子的"性恶论"，"它们的潜在观念都是'人性向善念'"（页55），并认为人性向善是儒家的基本主张（页86）。

《人性向善：傅佩荣谈孟子》（2012 年）

"自序"中说："本书名为'人性向善'，可谓一语道破我对儒家哲学数十年的研究心得。"在"绪论"中称："有人认为'性善'就是'性本善'……这种说法并不符合实际的生活经验。""善不是生来就有的，一个人只有善的萌芽或开始，有了内在的向善力量作为基础，然后将它实现出来，才叫作真正的善。"问题是，如果人性有善端，当然可以说善是生来就有了，因为善端也是善。傅又称：

> 历代对于《孟子》"性善"一词有很多注解，像宋明朱熹就说是"性本善"，但也有很多学者认为孟子没有谈"本善"，他谈的是人能够行善。但是光谈"能够"行善的话，就表示人可以做也可以不做，这样说就不够精确。
>
> 所以我要强调孟子的意思是"向善"，人能够行善，并且应该行善。向善是说行善的力量由内而发，人如果不行善，就觉得没办法向这个力量交代，这是我的解释。（绪论页 13）

在正文中又说："孟子认为，如果让水自然发展，一定是向下流的，而让人自然发展，一定是向善走的。所以说'人无有不善，水无有不下'，'下'是指水的流向，而不是水的性。"（页291）

又称"如果'人性本善'的话，那么人与人应该相等或相同，但实际上人与人之间的差别很大。这又怎么解释呢？说'人性向善'就可以回答这个问题，因为有些人没有注意到内在的要求，只是做着外在的行为，做久了之后，离自己的本性就越来越远。很多人之所以会做坏事，就是因为他没有顺应人性，等于是忘记了自己的内在要求"（页299）。他并引用孟子引孔子"民之秉彝好是懿德""乃若其情"之"若"是"顺"之义来说明，人性向善是指顺应人性之自然，顺其常性。在页372解释"尧舜性之也"时，傅认为"性之"就是"照本性的要求去行善"，"行善才是人性的正常发展"。（方按：既如此，何必还要"扩充"呢？）

"那些坚持人性本善，甚至至善、纯善的学者，其理由是：因为天生了人，而天是善的，所以人也是善的。"（页300）他说这是对天的幼稚看法，天有春暖花开，也有萧条肃杀；"古人是希望提倡善的一面，想借此改善社会风气，但我们今天则认为，光有好的愿望是不够的，而是要在把握人性真实状况的基础上，勇敢实践"（页300）。傅氏之说包含了对宋明理学家从性之本体、心之本体来解释性善说的严厉批判，尽管他对"天"的不信任似乎并非孟子本意。另外，他强调"把握人性真实"固佳，只是人性真实是不是向善的，似乎还是个问题。

他以牛山之木为例说："山的本性在于'能够'长出花草树木，而不在于有没有花草树木，重点就在于'能够'这两个字。所以我反复强调人性就是：只要给他机会，一个人就能够变得真诚，并且真诚地去行善，这不就是'向善'吗？"这里强调向善说的一个含义就是"潜能"（页304）。

论本心道："'本心'是指本然的心，或者心的本来状态。"它不是固定不移的属性，而是"充满敏锐感应，随时在要求人主动行善的力量"，所以作者主张："本心是指一种敏感的向善的力量，若不是如此，试问：本心又怎能失去呢？"（页308）

还说，如果人性本善的话，孟子怎么又会说"求其放心"，因为本善之心怎么可能丢失？（页308）

他的主张是："心的四端是向善的力量。"（页36）并说："内心也有这四种开端。值得注意的是：有四端犹如有四肢，而不是有四善（仁、义、礼、智）。所以不可依此而说人性本善，而只能说人性向善。"（页97）正因为是"端"，而不是"果"，所以不能说就是善，而只能说有向善的潜力。这应该是作者非常重要的论据之一。

论向善/择善/至善道："心就是'不断发出要求的动力状态'，也就是显示为人性向善的'向'字……依此了解的本性是什么呢？是向善。如果追问这种向善的本性之根源，则答案是'天'。换言之，是天给了人向善之本性，然后人生之道自然是'择善固执'，并且最后的目的是'止于至善'，亦即天人合德。天给人向善的本性，而'止于至善'就是一个人的努力与天的要求符合，由此形成系统，亦即由向善、择善到至善。"（页346）

解释《孟子》7A16"舜闻一善言若决江河"时称，这段不能证明舜性本善，恰好证明"他是被'向善'的力量所驱使的"。但是这种向善的力量需要外部因素感召，若无这些外部引诱，"也就无法引发'向善'的力量了。这说明'向善'需要引发，需要老师或善人来引领"（页359）。

各家对傅佩荣的批评

◇ **袁保新《孟子三辨之学的历史省察与现代诠释》（1992年）**

袁保新《孟子三辨之学的历史省察与现代诠释》（页33—37，下引为此书页码）介绍并分析了傅佩荣"人性向善论"，主要依据傅佩荣论文〈存在与价值之关系问题〉（"存在与价值"研讨会，台北：台湾大学哲学系，1991）。据袁氏总结，傅认为"性本善"的说法把"人性"这种"事实"与"善"这种"价值"等同，"'事实'是与生所具，'价值'则须个人自觉及自由选择之后，才可呈现"；再说，天地之间生化本身应无所谓善恶的；复次，如果性本善是人对于道德内在的自觉心，那么这种自觉能力既可以为善，也可以为恶。袁氏总结傅氏论点有三（页34）：

1. 性本善涉嫌混淆"事实"与"价值"，它的人性概念是有问题的。

2. "良知"作为自觉心所生的价值意识本身，只是知善知恶而已，并不就是善。

3. 如果人性本善，为何可能不表现出来？或者，人为何会为不善呢？

袁氏还说，傅认为不能把人性的事实轻易地论断为"善"（这是由事实上升为价值），傅云："不能以'是什么'来界说人，而只能以'能够成为什么'为之。'能够成为'一词就兼顾了'自由'与'潜能'而言。……对一切具有知、情、意的主体而言，都应该以'能够成为什么'一词来界说其本性。这也就是'以向说性'。"（页34—35）［方按：这一说法表面上摆脱了事实与价值的分裂，其实不然，因为当你说"向善"时，还是在把某种方向的目标（事实）说成"善"，仍然是以事实为价值。]

◇ 李明辉《康德伦理学与孟子道德思考之重建》（1994 年）

李明辉《康德伦理学与孟子道德思考之重建》（页 108—116，下引为此书页码）批评傅氏向善说限于经验的层面，而不能上升到超越的层面来理解孟子人性论。

李氏云，陈大齐、傅佩荣皆以为孟子性善论当属性向善或性可善说，实与告子一样依"生之谓性"传统论性，违背了孟子本意（页 108—109）。

良知才是善恶的真正判准，而非一般外在标准。"但就一切事相之'善'均出于良知，我们亦可说'性善'。但这种意义的'善'是绝对的'善'，即不与'恶'相对的'善'，故谓之'至善'。……在这个意义下说'性无善恶'亦可，说'性善'亦可，两者并不冲突。"（页 110）此非告子之无善恶也。告子是以气性之中性义论性的，此时自然要求于外以定善恶。

傅佩荣既限于经验之自然说性，如其所言，何不可主张人性向恶论？（页 111）此说非新见，"因为对孟子心性论的这类误解由来久矣"（页 115）。其误解之错误假定是"如果我们承认良知本身为具足，将使道德之修证、学习及教化成为无意义之事"（页 115）。但通过隐默之知之概念可以否认此说（页 115）。"因为在一般人，良知之'知'仅是一种未经反省的'隐默之知'，有待于自我修证或学习。"（页 115）李氏由此强调隐默之知的概念（即良知）大有助于我们摆脱陈大齐、傅佩荣等人的误解，因为良知是隐默之知，所以虽有良知，仍有人作恶；道德教育不过是提撕此良知，此乃孟子扩充之义（页 116）。

◇ Kwong-loi Shun, *Mencius and Early Chinese Thoughts*（1997 年）

信广来对于傅佩荣的观点也有批评（p. 212）。信广来指出，刘述先、杨祖汉、袁保新皆同意孟子确实认为性本善，而傅佩荣反对性本善，代之以性向善。他大抵认为，傅氏对于性本善与性向善之别过于较真，强调孟子不可能认为人性已经足够善（fully good）。孟子确实不认为人性已经足够善，他本来就说人性包含善端，这个善端之中包含着向善的倾向。也就是说，性本善与性向善在孟子处本来就是一致的。或者说是一件事情的两个方面。因此他认为过分强调性本善与性向善的区别，乃是名词之争（terminological issue）。（方按：傅所谓的向善是建立在心有善端的基础上，傅同时也强调性善就是心善，而历史上主张心善的学者如徐复观、唐君毅等人也都是从心有善端出发的。）

◇ 其他学者对傅佩荣的批评

其他学者包括刘述先、杨祖汉等人亦有对傅的批评讨论，参见（1）韦政通主编《中国思想史方法论文选集》（台北：大林出版社，1981），其中包括刘述先〈研究中国史学与哲学的方法与态度〉（页217—228）一文；（2）杨祖汉：《儒家的心学传统》（台北：文津出版社，1992）；等等。

171. 袁保新（1952—　　）

【文献】袁保新：《孟子三辨之学的历史省察与现代诠释》，台北：文津出版社，1992。鹅湖学术丛刊之一。

本书是比较典型的从人禽之别来解释孟子性善论的著作，同时又强调牟宗三主张的形上学意义，后者在李明辉处也明显存在。

《孟子三辨之学的历史省察与现代诠释》（1992 年）

作者强调孟子不局限于时人从自然本能欲望来理解人性，而是从人禽之别来理解人之性，从而发现人的尊严与高贵。"当告子顺'生之谓性'这一言性的传统，主张人性即是个体生命所本具的'自然之质'时，这种中性的、材质义的人性观，必然将仁义这些价值视为后天加诸人的教养，不但不足以彰显人性存在的尊严，反而构成了人性的伤害。"（页42）"在他看来，'生之谓性'的观点根本无法彰显人之所以为人的意义。"（页44）"如果我们不能内在于人的生命中辨识出人与禽兽的基本差异，则仅凭借'生之谓性'的判准，就会迫使我们接受'食色性也'的看法，如此一来，人之所以为人的价值与尊严又从何建立呢？"（页45）"他的人性概念指的是那贯穿于人的价值实践生活中的动力或本源。"（页47）

"孟子就是洞见到告子这种材质义的人性观，势必导致否定仁义的结论……要在人性概念的理解上，修正'生之谓性'的传统，力持'性善'的立场。"（页42）。他强调，孟子的性/心是先天的、超越经验的概念，只有这样才能让道德价值找到基础。因为"生之谓性"代表一种经验的传统，"人性的内容将只剩下生物学意义的本能、欲望，而善恶的问题将只能交给后天的经验环境来解释"（页50）。"如果孟子关于心性内涵的揭露，是属于一种

'超越真理'，那么经验事实的举证，其实是无关闳旨的。"（页55）

他又从"即心言性"与"即生言性"来比较孟子与告子。孟子之心乃是仁义之心（道德心），"孟子的人性论主要建立在'仁义礼智根于心'的肯断之上，而他之所以要进一步肯定'性善'，则是在指出每一个人都具有实现善的'本心真性'，亦即吾人的心性乃一切道德善行的实现根源"（页54）。此"道德心"是先验的、超越的。后面，作者又指出孟子之心并非都是指"道德心"，有时是指"实存心"，即"不免受到形躯及外在世界的诱动，每每彷徨于真正自我"（页83）（如孟子"生于其心，害于其政""我欲正人心""陷溺其心"）。

他多次援引牟宗三，认为孟子的性善论"也为儒家'天道性命相贯通'的形上信仰，建立了一套'即内在而超越'的理解形态"（页67）。而道德心是按照先验原则体现作用的（页83）。他把"尽心知性知天"一段称为"儒家形上学最关键的一段文字"（页86）。

作者认为，孟子证成（justify）"性善"的主要论证，就是"孟子曰：人皆有不忍人之心……无恻隐之心，非人也……不足以事父母"一段（页54—55）。

作者总结道：

> 孟子人性论最大的突破，在于挣脱"生之谓性"的传统，以及其附带的旨在说明人与禽兽有别的道德经验、价值生活，因此"心""性"作为孟子人性论中的核心概念，一直被理解为人的道德实践的动力、根源。而孟子主张"性善"，亦即就人性原具有足以为善的能力，来肯定"性善"。（页93）

方按：所谓对于"生之谓性"传统的摒弃是没有道理的。这是"性"之本义，指生来就有的，其中包含天生的意思，与所谓"超越"面是不可分的。只是由于牟宗三等人要把此"超越"当作独立的价值本体，从一切经验中剥离，才要大肆批判"即生言性"。事实上，如果完全抛弃"即生言性"，就意味着建立一个全新的人性概念，相当于自创一个同时代无人知晓的人性概念，还怎么与人对话？这显然不可能。作者说："以'天生本有'做为说性的判准，不但流于空洞、形式，而且一旦纳入不同的义理系统，虽然得以实质内容的充实，如告子之'食色，性也'，但每每只见到人在生物学上的生理本能、欲望，而无法真正彰显人之所以为人的尊严。"（页74）这一说法有问题，生之谓性，并不等于将人性降到生物本能，以成长法则论性，同样可以理解为生有之性。

黄俊杰这样总结袁氏观点，认为在袁保新看来，"孟子主张性善，亦即就人性中原具有足以为善的能力，来肯定'性善'，并非将'善'推出去，外在于人性，成为'人性所向'，而非'人性所是'。……孟子虽然主张性善，但是在他'身—心—性'的理解架构中，'道德本心之善'与'实存心具有选择之自由'并行不悖，足以说明人何以为不善。现代人常常以人之为不善的事实，怀疑孟子性善论是否过于简化，或过于天真，其实多半是忽略了他所揭举的性善论，主要是用于阐明人类道德生活的超越真理，而非一种经验理论"①。袁氏由此批评了解释性善论为"人性向善论"。（方按：若如黄介绍，则袁氏试图为孟子圆其说，而提出性善论本欲为道德确立一形上学的基础而立论。不过孟子所说的"心/良心/本心"未必是所谓"超越的、形而上学的本体"，认为孟子的道德学说并非一种经验理论，也只是宋明以后流行的说法。另外，"道德本心之善"本身恰恰是现代人常常攻击的，理由是：何以人的道德本心一定是善的而不包含恶？岂能仅因一句"超越真理""非经验理论"而能回避性恶论的攻击？另外，根据黄俊杰总结，袁氏似乎要通过"道德本心之善"与"实存心具有选择之自由"两者的并立，来化解"既然人性善，何以有人为恶"的难题。）

172. 李明辉（1953—　）

【文献】李明辉独撰或主编的有关孟子的专著有多本：（1）李明辉：《儒家与康德》，台北：联经出版事业股份有限公司，1990；（2）李明辉：《康德伦理学与孟子道德思考之重建》，台北："中研院"中国文哲研究所，1994；（3）李明辉：《孟子重探》，台北：联经出版事业股份有限公司，2001；（4）李明辉主编《孟子思想的哲学探讨》，台北："中研院"中国文哲研究所，1995。

---

① 黄俊杰：《中国孟学诠释史论》，北京：社会科学文献出版社，2004，页15。

《康德伦理学与孟子道德思考之重建》（1994 年）

李通过引入"隐默之知"来化解性善何以仍然有人为恶的难题，并反驳人心向善论。

本书的主要观点，其实还是基本上沿着宋明理学，特别是其师牟宗三的路数，将人性分为超越之性与自然之性（所用术语有异），类似于宋明理学天命之性与气质之性之分，然后强调孟子性善之性，不是自然之性，而是超越之性。正因为此超越之性是善的，所以性善也就成立。作者从康德哲学出发，强调真正的善是超越一切经验的普遍的、绝对的善，甚至可以说是超越善恶的"至善"，这种善从某种意义上说不能用经验来验证。而这个善，正是孟子性善论所说的"善"的意指。也正因为如此，历史上绝大多数批评孟子的观点之所以不能成立，就是因为他们均是从自然之性出发来理解孟子的人性概念。

他认为，在理解人性问题上有两条线路，其中影响最大的就是从告子、荀子、扬雄、韩愈以来的传统，从自然、实然面向（亦谓之气质）理解的"人性"，此即告子所谓"生之谓性"，荀子"生之所以然者谓之性"，董仲舒"如其生之自然之资，谓之性"，韩愈"性者，生也"，甚至宋儒"气质之性"，皆是从自然、实然层面论性。清儒孙星衍、俞樾或主张"性待教而善"，或反对性善，皆是从此经验的自然层面论性所然，不构成对孟子的批评。近人陈大齐谓孟子性善论是人性向善论或人性可善论，傅佩荣先生所主人性向善论，其思路相近，亦皆是从经验的、自然的层面论性，不理解孟子从超越层面论性旨。

李著在开头不仅重点讨论了康德所谓"理性底事实"（指呈现于经验而超越于经验的道德原则。方按：即先验而普遍的道德原则），然后用大量篇幅介绍了英国哲学家波蓝尼（Michael Polanyi）所谓的"隐默之知"（tacit knowing），指一种未经反省而实际上自己知道的判断或见识，"我所知道的，多于我们所能说出的"，并强调康德的"理性底事实"就是一种隐默之知，又用苏格拉底知识即回忆、笛卡尔和莱布尼茨的先验主义等说明此传统在西方哲学中存在。李著认为，孟子的良知/良能即是一种隐默之知。由于隐默之知是"百姓日用而不知"的，所以需要人来提醒、发掘，才能被人认识和重视，从而稳住其存在。从这个角度说，孟子的性善论讲的就是人在道德上的隐默之知，其隐默之知的性质决定了道德教育的必要，即需要有人来"先觉觉后觉"；同时正是多数人对它浑然不知，所以可能做坏事。李著认为，隐默之知的解释破解了"人性善为何还有人为恶"的难题。而傅佩荣之所以质疑"人性本善，何以有人为恶"，正是由于不了解良知是一种隐默之知所致。

方按：李氏的这一解释诚然新颖，不过将孟子之性理解为"超越之性"，似乎是受到宋明理学特别是牟宗三等人从形上角度阐释人性传统的影响。如清儒戴震等人所指出的，孟子之性只有一个，没有天命与气质之分。孟子本人"形色天性也，唯大人可以践形"，"君子所性……其生色也，睟然见于面，盎于背，施于四体，四体不言而喻"，"如使口之于味也，其性与人殊"（〈告子上〉6A7），"口之于味也……性也"（〈尽心下〉），以及牛之性、犬之性、山之性、水之性等表述，均表明孟子并没有把感官属性与道德上的性分开，宋明理学传统对于天命/气质之性的人为分割，是不成立的。作者通过引用证明孟子是从超越层面来使用"性"的证据也不一定成立。他引用最多的是"尽性知性……知天"（〈尽心上〉），以及"口之于味也……君子不谓性"（〈尽心下〉）两段。"天命"古人有时指天生，即人之性是生来就有的。

另外，作者以隐默之知解释孟子的良知、本心和良心，诚然有新意，但也有疑问。比如波蓝尼所说的隐默之知是经验的，不是先验的和普遍的，用来描述作者所强调的康德的超越普遍的道德原则是否完全合适？因为如果单就波蓝尼所说的隐默之知而言，并不必然只包括善的内容，也可能包含恶的内容。为什么人性只有善的隐默之知，而没有恶的隐默之知呢？其实他的先验道德原则说与隐默之知说之间不是完全没有鸿沟的。说孟子之良知是隐默之知固可，但说是先验道德原则，则似有商榷余地。

作者说，康德哲学所持为道德普遍主义的立场，视真正的道德为超越阶级、时代、功利，反对一切道德相对主义。

《孟子重探》（2001 年）

本书为 1994 孟子专著后五篇论文之汇集：（1）〈《孟子》知言养气章的义理结构〉；（2）〈孟子王霸之辨重探〉；（3）〈焦循对孟子心性论的诠释及其方法问题〉；（4）〈再论牟宗三先生对孟子心性论的诠释〉；（5）〈性善说与民主政治〉。除第（2）篇外，其他各篇皆以孟子心性论为基础。

黄俊杰总结此书中作者对性善论的观点如下：①

（一）此说肯定人有一个超越自然本能的道德主体，及本心（或良知），而本心是道德法则（仁、义、礼、智）之根源与依据，故是纯善。孟子即由此提出"仁义内在"之说。

（二）此说并不否认自然之性（小体）的存在，但同时肯定本心具有超脱于自然本能（耳目之官）之制约而自我实现的力量，这种力量是道德实践之最后依据。

（三）本心可以在人的意识中直接呈现，表现为恻隐、羞恶、辞让、是非等心。

（四）此说并不否定"道德之恶"的现实存在，它将"道德之恶"的产生归诸本心因自我放失而为外物所牵引。但是"道德之恶"的存在并不足以否定本心之善，因为即使人陷溺于恶，其本心仍保有超脱此恶的力量。

（五）此说固然肯定道德教育与道德修养之必要，但是道德教育与道德修养之目的不在于学习外在的规范，而在于护持或扩充本心之力量，使它不致放失。

173. 杨泽波（1953—　）

【文献】（1）杨泽波：《孟子性善论研究（再修订版）》，上海：上海人民出版社，2016；（2）杨泽波：《孟子评传》，南京：南京大学出版社，1998。

《孟子性善论研究》（2016 年）

杨主要是从良心、本心的角度来说性善论，大体认为孟子所谓人性指善性，即"人之为人的道德特质"；孟子之所以认为人性善，是因为此良心、本心之存在。不过，他后来将良心、本心说成由社会生活和智性思维在心灵中结晶出来的"伦理心境"，这就不是先天的了，这和孟子本人先天论说法有相当大的区别。尽管他用"后天而先在"来处理这个问题，但毕竟不是孟

---

① 黄俊杰：《评李明辉〈孟子重探〉》，《台大历史学报》2001 年第 27 期，页 217—218。

子本人的思想。他说孟子囿于时代局限，找不到道德根源的合理解答，只好归之于"天"这个神秘的东西，其实真正的解答在于"伦理心境"。他引用皮亚杰认识论中提到的"图式"来解释这个问题时，我认为有一个局限，就是皮氏是针对认识而言，而杨是针对道德而言。

但如果完全将性善归之于后天的伦理心境，就面临它凭什么是"向善的"问题。于是杨又归之于"人性中的自然生长倾向"，这岂不是等于承认伦理心境解释不了性之善，只好回到原点，即孟子本人所谓"我固有之"的先天的善性了吗？即四端根于心之事上。他的说法是：人性的自然生长倾向→良心本心的伦理心境→性善论。

再修订版序称"以伦理心境解释性善论固然重要，但伦理心境的结晶过程不能是凭空而为的……伦理心境无疑是后天的（尽管它同时又是'先在的'），既然如此，它就不是向善的最初的动因"，这个最初的动因他只能归结为"人性中有一种自然生长的倾向，原本就有善端"。他指出这不是伦理心境问题，而是"将性善视为一个自然的过程"。

杨又说："我坚持主张，孟子的性善论并不是'性本善论'、'性善完成论'，而是'心有善端可以为善论'。"（页92）"孟子确实认为人天生就有一种善的能力，这种能力叫潜质也好，叫倾向也好，总之是一种自身能够向善发展的东西，顺着这个方面发展，人就可以达成善性了。"（页93）他倾向于认为这种向善的倾向是人性的主流，而向恶的倾向不是主流，所以才有性善论。他强调这只是哲学上的预设，不是生物学上的证明。换言之，生物学上得不到证明，甚至只能得到善恶倾向共存的结论。

他又说，"性善论有两个不同的要件构成，一是人性中的自然生长倾向，一是作为伦理心境的良心本心"（页97）。前者是自然属性，后者是社会属性，后者以前者为基础，两者二而一、一而二。

◇ **性善论的涵义**

"'性'字主要指原本即有的属性、资质，也包括趋向，可合称为性向。"（页29）但作者紧接着又说，"生来即有的属性"除了食、色之外，还包括"仁之于父子、义之于君臣"（孟子本人似乎没这么明确地说过）。他又说，孟子的伟大处在于在承认这两种共同的生而即有的属性的同时，"他道性善并不以前一种性为据，只以后一种性立论"（页30）。（方按：此从人禽之别立论。）后面多次说，"孟子主要是以良心本心论性善的"（页72）。

孟子所论之性，是属性，不是本质，属性与本质不同。批评将性理解为本质，上升为人性本质上是善的，是误解（页29）。

"孟子之性指人之所以为人的道德特质"，认为如果从人禽之别来理解孟子之性也不准确，因为人禽之别还有认知之别（页30—31）。

他认为，孟子论性善的基本进路是：（1）只以良心论性；（2）良心本心人人固有；（3）良心本心是性善的前提；（4）恶在于不能尽其才；（5）性善是事物的法则；（6）性善是一个过程（页35）。

关于"人心中的自然生长倾向"（第一部分第4章，页88—97），强调主要是为了回答伦理心境（即良心本心）的依托或基础问题，因为有些问题伦理心境无法回答。这一部分（即第4章）在1995年版中没有，是新加的。"任何事物都有自己的基础，不能凭空而为。伦理心境是社会生活和智性思维在内心的结晶，这个结晶的过程理当有自身的基础，只有有了这样一个基础，伦理心境才能附着在上面，才能得到发展。……我彻底排除了良心本心是天生的这种可能性，证明良心本心只能来自社会生活和智性思维对内心的影响，是一种伦理心境，是后天的（但同时又是'先在的'），那么这种后天形成的伦理心境当然就不能凭空产生，应该有自己的基础。……面对这种情况，我没有其他选择，只能承认人天生就有一种向善的潜能或倾向。为了便于表述，我把这种潜能或倾向称为'人性中的自然生长倾向'。"（页89—90）"此处的'自然生长倾向'是指一种不需要外力强迫，自己就能生长能发展的倾向。……人们后来成德成善，虽然主要源自社会生活和智性思维对内心的影响，但也是顺着这种自然生长倾向而趋的结果，没有任何违逆不顺畅的地方。"（页90）"从源头处说，这种伦理心境正是顺着人性中的自然生长倾向发展而来的，是人性中这种自然倾向的进一步发展。"（页91）

他进一步认为孟子关于"四端"和"才"的论述已经包括自然生长倾向方面的思想。"恻隐之心，仁之端也……人之有是四端也，犹其有四体也"，"端不是死物，自然会生长会发展，顺着这些端去生长去发展，人就可以成就道德，成为善人了"（页91）。又引孟子"乃若其情……非才之罪也"说："才是草木之初的意思，每个人一生下来，就如草木之初一样，具有初生之质，都能够生长。……至于有人后来不善，不能成为好人，并不是他的才的错，也不是他没有才，只是没有顺从这种才的方向去发展罢了。"（页91）"恻隐、羞恶、辞让、是非之心就是仁义礼智的端倪……这些端倪和才本身

就有生长发展的潜质与倾向，这些潜质和倾向是人向善的原始动因。"（页91—92）

究竟是四端之心作为自然生长倾向造就了伦理心境（良心本心）呢，还是伦理心境（良心本心）造就了四端之心？应该是四端之心造就了伦理心境，或者说为伦理心境的基础。可是根据作者在伦理心境部分（第3章良心本心与伦理心境）所说，则伦理心境（良心本心）是解释人有善的原因。作者说，伦理心境（良心本心）是"前结构"，它判别是非，是道德标准，且不排斥感情成分（页72—75）。它是后天形成的，即社会生活和智性思维在内心的结晶，但因为它"后天而先在"，所以有上述功能。"这种来自'后天的'伦理心境却早在人们处理伦理道德问题之前就已经存在了。这种来自后天却在时间上有在先性的情况，我称为'后天而先在的'。"（页84）

◇　**道德形上学建构**

后来杨又从形上学的角度来为孟子性善论张本，认为孟子的性善说以良心本心为基础而提出，而其终极基础是"天"这个超越的存在。他说："为什么人性是善的？孟子从自己的生命体验中认识到，这是因为人人都有良心本心。"（页191—192）他同时说："孟子确实是在有意以天作为性善的终极根据，由此建构道德形上学的。离开道德形上学，孟子相关的思想不可能得到合理的解释。"（页197）

但他同时又说孟子是没办法把"本心本体"的终极依据讲清楚才"借天为说"，即"迫于无奈"归结到"天"之上。具体来说，善性有两个源头，一是指自然生长倾向，二是指作为"伦理心境"的良心本心，由此导致"一是以天作为人性中自然生长倾向的源头，一是以天作为良心本心的源头"（页199）。"良心本心"又被作者称为"本心本体"，它不是自然形成的，而是"来自社会生活和智性思维"的"伦理心境"，因此会随着社会生活和思维而变化。这个非经验事实意义上的本心本体更像是人为的哲学建构，是为了给性善提供终极理论基础。他似乎认为孟子没把这两个源头区分开，是当时时代条件所限，而今天需要重新回答这个问题。

他认为孔子只是随宜指点仁，尚未提升到道德本体的高度，"孟子则明确以良心本心论仁，提出了相当完整的道德本体论"（页202）。

方按：杨泽波从早年博士论文起，提出从"伦理心境"解释孟子良心思想及性善论，其后有完善、发展。杨不否认良心/本心的先天来源，但强调伦理心境具有"后天而先在"的特点，其说受皮亚杰、李泽厚影响提出，站在现代人立场，试图为本心之善提供更合理的解释。虽别出心裁，但本意并非与孟子一致，亦不当理解为孟子性善论本义。

《孟子评传》（1998 年）

此书论性善部分，与前书同，见页 295—357。

杨称"孟子只以良心本心论性"，由于"良心本心人人固有"，所以"良心本心是性善的根据"。在论述"恶在于不能尽其才"时，作者说，在孟子看来，"恶并没有独立的来源，仅仅是良心本心的流失。良心本心存得住，就没有恶；良心本心存不住，就产生恶。所以，孟子论恶也可以看作是从另一侧面论证了良心本心的存在，论证了心善即性善"（页 315）。

又认为，"良心本心实际上是一种道德本体"，作者称之为"本心本体"，认为"创立'本心本体论'是孟子的一大贡献"（页 311）。

杨认为，孟子所谓"性"是指"原本即有的属性、资质，也包括趋向，可合称为性向"（页 297）。后面又说是"人生而具有的属性、资质"（页 297）。此性有两方面内容，一是口目等方面的属性，一是仁义等属性，"既然性是指生而即有的属性，这两种情况理所当然都应称为性"（页 298）。

他又认为，孟子所谓"性"有如下特点（页 297—299）：首先，孟子所谓性是属性，而不是本质。孟子"只讲人生来即有的某种属性，这里的属性不是指人的本质"（页 298）。因为"一个本质可以有多方面的属性，而本质是综合各种属性后的抽象概括"，孟子"没有也不可能全面探讨人的本质"（页 298）。其次，他认为，人们常说"孟子之性指人之所以为人的特质，也就是人与禽兽的不同特点"，这一说法不能说错，但也不准确。因为人与禽兽不同的地方有两个，一是人有道德，二是人能认知。最后，他说"孟子的伟大之处在于，他虽然承认有两种不同的性，但论性善并不以前一种性为据，只以后一种性立论"（页 298）。所据为 7B24"君子不谓性"一段。（方按：性是属性不是本质，这一点非常重要。）

174. 李景林（1954—　　）

【文献】（1）李景林：《教养的本原：哲学突破期的儒家心性论》第 2

版，北京：北京师范大学出版社，2009；（2）李景林：〈先天结构性缘境呈现——孟子性情论的思想特色〉，《船山学刊》2003 年第 2 期，页 16—27。

李景林复著有《教化的哲学——儒学思想的一种新诠释》（2006 年黑龙江人民出版社初版，2020 年社会科学出版社新版），其中亦多论及儒家心性之学，包括从《孟子》文本出发进一步阐发了孟子人性概念的整体结构和动态特点，见第六章第五节。李氏复有论文多篇阐述孟子人性论，其中〈论"可欲之谓善"〉（《人文杂志》2006 年第 1 期，页 43—47）借张轼之言，认为"可欲之谓善，充实之为美……"（《孟子·尽心下》7B25）一段主辞为"四端"，因为可欲即是指"四端是可欲的"，同时引用孟子性、命之别来说明何以四端可欲；论文〈从论才三章看孟子的性善论〉［《北京师范大学学报》（社会科学版）2018 年第 6 期，页 117—123］，主张性善论为"本善"而非"向善"。

《教养的本原：哲学突破期的儒家心性论》（2009 年）

◇ 大旨

该书主要讨论从孔子经曾子、子思至孟子的儒家心性论思想。认为从《易传》所代表的心性论至孟子的发展过程具有内在一致性，即孔孟心性论主天道与人道相贯，亦可说人性中包含天道，是天道之显现；同时，人性乃是其生物性、自然性与道德性、社会性的统一，统一在一个生生不息、万物化成且天人合一的动态过程中。因此，性不是静态的属性，而是动态的成性过程。这正是《易传》"一阴一阳之谓道，继之者善也，成之者性也"之义。作者一再强调，人的道德性的发展，正是要通过形色即自然属性体现出来的，因而反对把自然属性、生物属性和社会属性、道德属性截然分开；同时也反对把这些属性当作静止的属性，忽略它们都在人性自我实现的动态过程中（"各正性命"），并服务于这一过程而存在。正因为他特别强调"性"作为一个历时态的动态过程，所以虽然也承认仁义礼智是人性的道德属性，但又担心这一看法把道德属性当作某种静止的属性，其实这些属性只是在人性自我实现的动态过程中才体现出来的。

本书的另一新义在于强调和重视情，认为孔孟之"心"是知与情不分的总体，而知以情显；又主张孟子的性善是通过情体现出来的。他的主要理由是四端皆是情（页 15—20，223—240）。他说："性由心显；心的活动举体皆

情（知亦在情上表现）。"（页276）

◇ **对性之义的重新理解**

性的范围、内容、评价之别。范围指来源于先天；内容指生有属性，包括生物性、道德性、社会性；评价指性善恶论之类型。

中国古代哲学家言性有三个要点（页56—57）：

一是"规定性之范围"，大体"皆以性为先天或天生如此"，"即以性为先天、天生所禀"。

二是"规定性之内容"，"有以性为食色自然之性，有以性为血气心知之性，有以性为天德良知之性"，各家不同。

三是"性之善恶评价"，"如性善、性恶、性善恶混、性无善恶、性善情恶等"。

他认为第二点比较重要，但孔子未对其内容作出规定。

他又强调"中国古代哲学家讲性本自然，是说性天然如此，本来如此。这是就'性'所指的范围说，而不是就其内容说"（页57）。这里突出"性"的内容不同于性的范围，从而提出了搞清各家所言性字的词义内容问题。

◇ **性作为一个动态生成过程的概念（"绪论"）**

批评今人受西方哲学影响，对人性客观地加以分析，分出其社会、生物、心理、宗教等方面的特征，"这种共时性静态的考察方式，由于缺乏具有历时性或历史性的意味而丧失了心灵的诗意和个体生活的丰富性"（页6）。相比于西方：

> 儒学理解人或人性的方式与此（引者："此"指西方哲学）大为不同。从内容上讲，它不把人看作一个静态的、客观的、现成设定的分析对象；从表述形式上讲，它亦不取抽象定义的方式来表达人性的内涵。（页7）

他认为儒家对性的理解有三句概括性的话：一是"乾道变化，各正性命"，二是"性相近也，习相远也"，三是"成之者性"。第一句是落实在个体生命；第二句是讲"类"的共性，也非静态的说法；第三句：

> "成之者性"，即着眼于过程性、活动性以显性之本真意义。在动态

的、历时性的展开、生成中显现其整体性内涵，以确立人的存在的形上基础，这是孔、孟理解人、人性的方式。（页7）

孔孟凡论"性"，皆从"成性""生成"的过程上着眼。（页8）

他特别重视《易·辞辞》上"一阴一阳之谓道，继之者善也，成之者性也"，及"成性存在，道义之门"来论孔孟之性概念：

存存，就是生生不已的存在之展开。"成性"，也就是在生生不已的存在之展开过程中实现及其完成的过程性在其中。（页8）

他按照这一思路，把〈中庸〉中"自诚明谓之性"解释为活得真实才符合其性（诚者，实也）。诚之就是成性的过程，也是显现"性之德"的过程（页9）。

又谓，中国文化走人学而非神学，同时又不与传统"天命""上帝"相冲突的路径，所以"成德、成圣便必然是在人性自身中的完成"（页5）。由于善或超越的价值不像西方那样由神赋予，而是在自身中完成，这导致人性、心性论在中国思想系统中的地位大大不同。"成性或成德、成圣"，"乃在人的实存的精神活动和践履中获得内在的肯定"（页5）。

◇ **孟子性善论**

他认为"四端之情"代表人的自然生物属性，从其与道德伦理规定的联系出发，强调孟子思想中形色之性与道德之性二者是不分的，或者说道德属性是由形色之性内在地具有的，唯此才能理解仁义内在（此说可联系戴震、颜元等人反对理气二分，理乃气之理）。而且，性并不是一个既成的事实，而是通过生物本性体现其道德属性这一总体过程，唯此方能让性实现或呈现自身。从"形色天性"到"践形"，并不仅仅是生物属性的展示，同时也是道德属性的实现，是道德价值在生理过程中的展现，故有"仁义礼智根于心，其生色也，睟然见于面，盎于背，施于四体"之说，性正是在这一动态过程中完整地实现其自身、显现其自身的。所以他特别强调感官生物属性与道德属性的不可分，提示人们认识到，孟子是在生物属性和道德属性二者动态一体的关系中揭示人何以成为人的。他认为，认识到仁义礼智内在于人性还不够，还应该认识到"仁义、善之道德伦理成就，乃性之显现或完成"

（页209）。此说非常精彩，只可惜没有点明这一概念来源于性之本义即生存方式或成长法则，不点明这一点就无法将孟子性概念与先秦其他性概念联系在一起。而且不点明这一点，对于善（即仁义礼智）的基础在哪里，仍然得不到顺畅的说明。他的认识止于生物属性与道德属性二者完全一致，或达到完美统一，是孟子人性善的主要依据。即善的实现同时是生物属性的实现，生物属性的真正实现也就是仁义礼智的实现。可以追问，如果这是人性的法则的话，那么这里蕴含的"性"概念与先秦时期人们共同接受的性概念有何关系？

> 孟子于"形色天性也"一语下紧接着说"唯圣人然后可以践形"。这个"践形"，即于自然个体生命上实现形色之为形色之本真的人性意义。……孟子虽以仁义礼智内在于人心，却并不抽象地、现成地以仁或仁义礼智定义"性"，而总是在其形中发外的具体生命存在意义上展示"性"的整体内涵。以后宋儒以仁义礼智为性、为理，以情、欲为气，已与孔孟言"性"之义相去很远了。（页8）

> 孟子论性，非将人之自然生命之本能与普遍的道德规定对峙而言之；相反，这恰恰是孟子所批评的告子性论之关键所在。仅以仁义礼智之道德规定为性，那是宋儒的看法，而非孟子的看法。……孟子"形色天性"之说，乃就人之实存之本真意义上动态地显"性"之全体。（页232）

> 人的道德成就，非仅由认知内铄于心而来，而是由人的内在生命本原而生之原创性的力量而成。所以，孟子于德性人格成就，特别强调这种本原性的"力"。（页233）

他强调：

> 孟子人性论的最根本的观念是伦理道德的规定内在于人的形色实存之性（或一般所谓生物本性……）。孟子固然常以人有"仁义礼智根于心"而言性善，但决不可据此认为孟子所讲的是一个和所谓人的"生物本性"无关的道德性。……相反，正是因为孟子把"君子所性"的"仁义礼智"看作人的形色自然实存之内在、本有的规定，才导致了他的

"性善"的结论。（页221—222）

　　我想他的意思是，人性自身作为一完整总体，在性与天道相贯的动态过程中方能实现自身，这个过程会通过自然生命本能展现善，所以说性善。

　　他又认为，孟子通过归本自然，将知与情、智与仁统一，"其文化意蕴，乃在于强调文明与自然的本原一体性"（页238），这有助于避免自然与文明的分裂，并说："知情之本原一体性在人文中有其自然的显现，正是其言性善的文化价值和思维方式之根源。"（页239）"孟子以知情本原统一的自然显现表现性善之内容。"（页246）大意是强调知、情统一于自然，而呈现仁义礼智之端，这当然是性之善的表现。这是性善论的内涵。如果知与情的统一不是通过天道（自然）体现出来的，就缺乏形而上的基础，就不坚实。所以他强调，仁义礼智非但内铄于我，而且是天道之呈现，即所谓"尽性知天"。他说："一般谈孟子的性善说，往往认为它的含义仅在于揭示了一种人之向善的素质或可能。这种说法并不算错，但却未抓住孟子性善说的根本之点。"（页242）因为，如果不从先天基础出发，"就无法在人之主体性方面确立必然的道德责任……孟子从显现于先天内容的性善说出发，在'思'这一内省呈现的本原性抉择角度来展显现实行为善恶之几，其重要意义之一就是确立人内在的道德责任和心法之根据"（页244）。

　　◇ **情、性一体，即情显性**

　　作者从情的角度论证道德属性植根于形色之性（生物本性）之中。理由是，孟子所说的仁义礼智之性来源于四端，四端是一种情，以一种情感上的"悦"为特征；而情感上的"悦"，恰恰就是人的生理属性（页214—215）。"人之道德普遍性的规定乃内在于人的自然爱悦本能。"（页214）所以，道德并不是一个抽象形式的普遍性外在，而是在自然爱悦本能中体现出来的情感。因此，道德属性与人的生物本性之间并无分别，毋宁是人的生物属性的一种表现。所以他在第十一章专门讨论"即情显性"，认为"乃若其情"之"情"从上下文看就包含四端，所以是"性情"之"情"，而不是"实情"之"情"。（页224—226）他认为，只有认识到道德属性植根于生物本性之中，才能确保仁义礼智内在于性，而不是外在的。李氏此说，与清儒程瑶田如出一辙（参本书程瑶田章），亦与颜元、戴震等人以来批判程朱理气二分的清代思潮相应。他说：

假如人在其实存状态中与禽兽无异，而"善"要靠一个抽象的道德性导入于人的存在，那就恰与"性善"的观念相矛盾。……在此前提下，孟子从两个层面上展示了"性"的整体内涵，从而肯定地将人的实存性包含于"性"这一总体概念中：第一，普遍性道德规定内在于形色而使之表现为异于禽兽之类性的实存表现；第二，"命"作为一个标志福祉结果的概念，乃在成就人之类性中被赋予道德价值的意义上建立起来，从而一本于人的道德性。这样，孟子便在性命的动态合一中表达了"性"的整体内涵。（页222）

孟子的人性概念，则在人的道德规定内在于实存性的观念前提下，提出人本于道德性而"立命"的思想，从而以性、命的统一性肯定了人的现实福祉要求。（页222）

〈先天结构性缘境呈现——孟子性情论的思想特色〉（2023年）

本文代表作者对孟子人性论最新形成的较为成熟、完整的看法。作者大体认为，孟子的人性论以良知、良能共同构成一种他称为"能—知"一体的先天结构（即"性"），此先天结构存在于具体情境中，呈现为各种"情"。但不要把情理解为纯粹自然情感，而要理解为以好、恶为实质，有道德性的情感（页18—19，23—24）。他主张，孟子"实以人心本具'能—知'一体的先天性逻辑结构"，"在具体境域中"而有各种缘境呈现，表现为"不忍、恻隐、慈逊、亲亲等各种具有道德指向的情感内容"（页16）。本此，作者明确反对性向善论，主张性善论是一种"性本善论"（页19）。此一说法，实与历史上性情相应、情由性显的种种观点相近（刘向、程瑶田等），而与汉唐诸儒性善情恶之说对立（郑玄、许慎、李翱等）。不过历史上的性情相应说，少有明确以良知—良能构成为人性的一体结构，此是李氏新颖处。李氏此一看法，与其早期提出的人性为包含情的动态整体、且性由情显的观点一致，区别在于：他所谓"能—知"一体的先天结构及性本善说强化了人性的静态特征，虽一再强调人心之"先天结构""以情应物的当下情态显现"（页24），但毕竟以"能—知"结构的先天、独立存在为前提，有本质化嫌疑，与其早期主要从动态角度看人性有所不同。而且，这一说法似乎并没有解决恶与人性的关系这个由来已久的老问题。同时，此"能—知"先天结构为何必显示为包括"四端"的各种情而非其他，也有待说明。

175. 张奇伟（1959— ）

【文献】张奇伟：〈孟子'性善论'新探〉，《北京师范大学学报》（社会科学版）1993 年第 1 期，页 72—77。

〈孟子"性善论"新探〉（1993 年）

◇ 孟子对性的理解相较告子更深刻

首先，作者从"乃若其情"章出发，得出一个新观点，即认为孟子所理解的"性"概念含义比告子等从食色之欲出发要深入，孟子的出发点是寻找"性之情"，情即是实（据戴震）。"告子等人仅仅停留于'性'的静止的、现象的、片面的把握，而孟子则要从性之真、实、本、质等角度去把握'性'，从而发现'善'。在他看来，人性固然是'生之谓性'，但是'生之谓性'者并非仅仅是人们的食色等本能和自然欲望，它应该包括广大以极的内容：心理意识活动，情感活动、理性活动、种种行为倾向，等等，凡人所生而具备的一切。更重要的是，在他看来，在一个这样庞杂的系统中，并非所有的规定和因素平铺并列，而是有层次的。即有本质与现象、浅本质与深本质之别。因此需要透过现象找本质，而不是拘泥于外在行为和显著的现象之上。其次，在庞杂的人性系统中，不仅有逻辑深浅的区别，而且还有时间先后的不同。即有的规定是更始基、更自然、更原始的，有的则是在稍后的阶段上发生和发展起来的。在某种意义上，这两点是一致的。即一般来说，更自然、原始和始基的，同时也是更内在、更本质、更深刻的，反之亦然。……我认为，这正是孟子从性之'情'上立论的根本原因和性之'情'的实质。"（页 74）"孟子并没有局限在'食色'等人性上，而是把思路扩展到人性的所有规定之上；他并没有仅仅停留在对人的行为、活动的考察上，而是直接地把思维的触角伸向了行为背后的行为根源，即内在的心理情感活动，伸向了行为背后的动机以及动机的动机；他并不是一般地谈生而具有，而是突出地强调'不学而能'、'不虑而知'、'非由外铄我也，我固有之'、'本心'等等。"（页 74）他把孟子探讨人性的这一角度称为"从'性之情'思考和探讨"（页 74）。

◇ **孟子的性善论并非本善论，而是可善论**

其次，作者主张孟子的性善论不是本善论，而是可善论。理由主要是孟子"可欲之谓善"一段。他认为孟子对人性本质的探索导致"他所得到的不是我们望文生义的'人性是善的'，而是'性是可以善的'，他所寻找到的仅仅是潜在的善、可能的善或者说善的因素、善的可能"（页74—75）。理由是孟子说"乃若其情，则可以为善矣，乃所谓善也"。他认为："性善"和"性可善"两者虽一字之差，但有重要区别。因为，"性善"说人性是善的，所以很容易被定性为"唯心主义的人性论和道德观"；但是"'性可善'是说人性是可以善的，人们与生俱来的仅仅是善的因素、潜能和从善的可能性。至于这种可能性、潜能能否转化为现实性，这是另外一个问题，它取决于'与生俱来'意义之外的主客观因素"（页75）。他又说："'性可善'是'性之情'的必然结论。"（页75）他后面进一步阐发了"人性是可善的"这一判断的重要意义，还包括承认人人皆可以为尧舜，承认外部环境等后天因素的重要性等。

176. 梁涛（1965—　）

【文献】（1）梁涛：《郭店竹简与思孟学派（修订本）》，北京：北京师范大学出版社，2021；（2）梁涛：〈"以生言性"的传统与孟子性善论〉，《哲学研究》2007年第7期；（3）梁涛：〈孟子"道性善"的内在理路及其思想意义〉，《哲学研究》2009年第7期。

《郭店竹简与思孟学派（修订本）》（2021年）

◇ **性有二义：生之然者与生之所以然者**

梁根据《荀子·正名》中"生之所以然者谓之性。……不事而自然谓之性"得出，先秦时期即生言性的传统赋予了"性"两个含义，一是把性理解为"生之所以然者"，二是把性理解为"生之然者"。这两者的区别在于，前者是把生之所以为生，"指生命物之所以如此生长的根据、原因或生而所具的自然本质"（页428—429），认为"这是对性的实质规定"（页429）；后者是"指生而所具的生理欲望或生理现象为性"，它是"前一种性的作用、表现"（页429）。他因此认为前者比后者"更为根本、重要"，后者"相对次要”（页429）。告子所理解的性即是后者，而荀子则更全面。对于前一种“性”，他又称之为“一生命物之所以如此生长的内在规定”，“是一生命物之所以生长为该生命物的内在倾向、趋势、活动和规定”（页425）。

方按：黄彰健曾明确把荀子“生之所以然者”之性释为天命，即属于形上层面的性。他虽亦认为此性与“生之然者”之性不同，但依他之意，则此性当即宋儒天命之性。[①]　而梁涛从下文看则将此“所以然”之性释为仁义礼智等性之大体。相比之下，黄说基于宋儒传统，而梁说则试图回归文本提出新解。

梁又认为牟、徐对孟子人性概念的解读不如唐君毅先生，牟、徐认为孟子自德或理言性，是超越之性、义理之性，代表与告子“即生言性”完全不同的新传统；而唐则认为孟子言性与告子“即生言性”传统未必有此巨大的断裂，而是有其连续性的。他认为唐“立论更为公允”（页420）。

梁的意思是，孟子的性善论继承了“即生言性”之传统，但把性理解为“生之所以然者”。由此进一步发展，得出人之所以为人者即在于仁义礼智“四德”，因为唯后者能挺立人的主体性以及人的价值与尊严，故又有孟子以善性为人性之说。

方按：梁在说性之另一含义是“生之所以然者”时，除了引用《荀子·正名篇》中的一句话外，并无其他的例证。虽然他肯定荀子比告子全面，但却没有在《荀子》中找到更多的例证。其实荀子基本上还是从他所说的第二个含义出发的。然而，梁从荀子处得到灵感，以荀说孟，似可以孟子人禽之辨为证，此亦戴震、冯友兰、张岱年、刘殿爵、徐复观等人以人禽说性善之意。

◇ 孟子性善论是以善为性论

他又说：

> 孟子性善论实际是以善为性论，孟子性善论的核心并不在于性为什么是善的——因为“把善看作性”与“性是善的”，二者是同义反复，实际是一致的，而在于为什么要把善看作是性，以及人是否有善性存在。

[①]　黄彰健：《孟子性论研究》，《历史语言研究所集刊》第26本，台北："中央研究院"，1955，页227—308。

（页 450）

人皆有善性是说人性中皆有善的品质和禀赋，皆有为善的能力，但不排除人性中还有其他的内容。（页 452）

方按：陈大齐先生也曾认为孟子只把人性中合乎善的成分当作性，从而陷入循环论证（参本书陈大齐章）。这涉及孟子是否对性作了不同于同时代的重新界定。梁说的一个重要依据是《孟子·尽心下》7B24 "口之于味也，目之于色也，耳之于声也，鼻之于臭也，四肢之于安佚也；性也，有命焉，君子不谓性也。仁之于父子也，义之于君臣也，礼之于宾主也，知之于贤者也，圣人之于天道也；命也，有性焉，君子不谓命也" 一章，但此章 "不谓性也" 一句，梁的解读与古人（包括赵岐、程子、朱熹、王夫之、焦循等在内）均不同，能否作为主要依据似可商榷。关于孟子性概念的含义是不是排除了感官属性，包括牟宗三、黄彰健等人皆认为不能排除，笔者亦认为不能排除。

〈 "以生言性" 的传统与孟子性善论〉（2007 年）

谓孟子的 "性" 一方面继承了以生言性的传统，另一方面又超越了此传统，强调了人性之高于动物的地方，从道德的角度来确立人性之不同于动物。

方按：应该承认孟子确实强调了人性之高于动物的地方，但不等于说孟子就将人性等同于这些人高于动物的地方。孟子之 "性" 也应包括自然属性。孟子 "践形"（7A38）、"尽其才"（6A6）、"戕贼杞柳"（6A1）、"睟面盎背"（7A21）、"乐莫大焉"（7A4）、"悦我心"（6A7）等说法，说明其内心深处之人性，并未排除感官自然属性。

〈孟子 "道性善" 的内在理路及其思想意义〉（2009 年）

该文主张 "孟子实际是以内在道德品质、道德禀赋为善"（页 30），"孟子性善论实际是以善为性论；其核心并不在于说明性为什么是善的，而在于说明为什么要把善看作性，以及人是否有善性存在"（页 30）；他认为孟子思想有双重逻辑，先是肯定人有善性存在，此善性有形上根源及形下表现，进一步以善性为人之所以为人之性。"孟子继承了前人的天人之分思想，并做了进一步发展，从外在限定与内在自由的角度论证了人当以善性为性，而不应以生理欲望及对宝贵显达的欲求为性。"（页33）这是因为，"人还有不同于、高于禽兽的特性，这些特性才能真正显示出人之不同于禽兽之所在，显现出人之为人的价值与尊严。所以，如果不是把'性'看作是对生命活动、生理现象的客观描述，而是看作一个凸显人的主体性、能动性，确立人的价值与尊严的概念，那么，当然就应该以人之不同于禽兽的特性，也就是仁义礼智为性，而不应以人与禽兽都具有的自然本能、生理欲望为性"（页33）。（方按：人性是什么，应当首先是事实判断，不能从价值判断出发来说什么是性。这样做不符合性之本义。梁说在这一点上与徐复观之见最为类似。牟宗三、葛瑞汉均反驳了孟子以善为性说。）

"人确实有善性存在。……形上的预设保证了善性的普遍性，经验世界的呈现则证明了善性的真实性；二者相结合，说明了'人皆有善性'之说的合理性与有效性。"（页31）（方按：此一说法等于把善性定义为人性。）他认为"性也，君子不谓之性……"前一个"性也"是事实判断，后一句"不谓之性"为价值判断（方按：这一说法为焦循所驳，赵岐、朱子、孙奭、王夫之注解可参照。）他认为，"孺子将入于井"一段只能说明人有善性存在，但不能证明人性善，后者是一个全称判断，不能用一孤证来证明。

他批评性有善端论者："主张孟子是心有善端论者……固然有其合理的一面，但自觉不自觉地却忽略了孟子的恻隐、羞恶、是非、恭敬之心虽是情感，但却具有理性的形式，具有发展为仁、义、礼、智的全部可能，正如树林的幼苗蕴涵着树之理、具有成长为参天大树的可能一样。"（页32）

他批评了"性本善论"和"性向善论"（傅佩荣）这两种不同的观点。性本善是片面执着于心的形式、理则，性向善是片面执着于心的善端、情感。这两者都是片面的，须知二者可以统一为一个整体，使人性表现为一个动态的过程。这无疑是精辟之见。

他进一步指出，孟子在肯定人有善性后，"进一步说明了人为什么应把善性看作是真正的性"（页32），说孟子分别从人禽之辨、性命之分及大体小体之别三方面作了论证。（方按：这是指人异于禽兽者"几希"，正是人之为人所在。）他说：

　　　在现实生活中，谁都不愿被骂为畜牲，不愿意与禽兽为伍，这最清楚不过地说明，人还有不同于、高于禽兽的特性，这些特性才能真正显示出人之不同于禽兽之所在，显现出人之为人的价值与尊严。所以，如果不是把"性"看作是对生命活动、生理现象的客观描述，而是看作一个凸显人的主体性、能动性，确立人的价值与尊严的概念，那么，当然就应该以人之不同于禽兽的特性，也就是仁义礼智为性，而不应以人与禽兽都具有的自然本能、生理欲望为性。（页33）

人当以善性为性，而不应以生理欲望及对富贵显达的欲求为性。（页33）

孟子以善性为性，虽然是一种价值选择、价值判断，但并非没有事实为依据，并非没有充分的理由与根据。（页33）

他还提到了天爵/人爵、人格平等、行善最乐等，来说明自己的观点。

附录一　前人论性之义

1. 性字来源

阮元《性命古训》考证"性"字最早出现于《尚书·西伯戡黎》"不虞天性",次见于〈召诰〉"节性,惟日其迈"、《诗·大雅·卷阿》"俾尔弥尔性"。《周易》卦爻辞未见"性"字,"明是'性'包于'命'字之内也"①。又谓宋王应麟"以为言性始于〈汤诰〉,此由不知'降衷恒性'乃《古文尚书》"②。又谓《诗》三百中,惟〈卷阿〉中三见"性"字,与"命"字相连为文。且《周易》卦爻辞全无"性"字,"可见周初古人亦不必定于多说'性'字"③。

傅斯年《性命古训辨证》考证甲骨文与金文中的"性"字,发现金文"弥尔性"写作"弥尔生",遂以为《左传》《孟子》等先秦典籍中"性"字皆当作"生"解。④ 徐复观《中国人性论史·先秦篇》开篇驳之甚烈,其第一章专论"生""性"关系。徐氏认为许慎以阳气训"性",即是以阴阳释性,此为汉代思想,乃后起之义;⑤"性"之原义为人生来具有的欲望、能力等,类似于今日所谓本能。认为春秋时期性之义有所变化,有的应作本性、本质解,有的应作生字解。对于"金文"、《诗经》、《毛传》、《左传》、《尚书》、《论语》等文献中的"性"字含义,亦作了专门考察。"春秋时代,开始出现

---

① 阮元:《性命古训》,《揅经室集》,邓经元点校,北京:中华书局,1993,页211—213。

② 同上《性命古训》,页214。

③ 同上《性命古训》,页215。

④ 傅斯年:《性命古训辨证》,《傅斯年全集》第二卷,欧阳哲生编,长沙:湖南教育出版社,2003,页531—532。

⑤ 徐复观:《中国人性论史·先秦篇》,台中:东海大学出版社,1963,页6。

了不少的性字。统计这些性字，有的应作欲望解释，有的则应作本性、本质解释。亦间有应作生字解释的。"① 认为《尚书·西伯戡黎》"不虞天性"之性当作本质、本性解；② 《左传》襄公二十六年"小人之性"中性是本性，"足其性"之性是欲望；襄公十四年"弗使失性"之性是人民应有的欲望；"民乐其性"（昭公十九年）之性当作生解；"天地之性""地之性"（昭公二十五年）之性是"爱民"和礼，故人之性也不能不如此。③

牟宗三《圆善论》对孟、告人性论作了细致的疏解，虽有较强的宋明理学立场，但不妨洞见深刻，对于我们理解先秦人性论具有较大启发意义。④ 唐君毅《中国哲学原论·原性篇》中专门有一章节〈中国哲学中人性思想之发展〉，对先秦人性论的基本内容和"生""性"关系作了详细的梳理与研究。他强调："中国古代之言性乃就一具体之存在之有生，而即言其有性。"⑤ "因在中国之语言中，吾人可说一物有生即有性。……是即见中国之所谓性字，乃直就一具体之存在之有生，而言其有性。"⑥ 即认为中国古人所理解的"性"就是针对生命生长过程之特征，尤其是就其方向而言，而不把"性"理解为性质、性相等。

此外，海外汉学家的研究著作亦值得关注。如葛瑞汉（A. C. Graham）在《中国哲学与哲学文献研究》一书中专门论及先秦人性论与孟子人性学说，其认为"性"在先秦指生命恰当的成长过程，以及生命成长的趋势、方向或潜能。⑦ 史华兹（Benjamin I. Schwartz）在《古代中国的思想世界》中除立场与葛瑞汉不同外，其论性与葛瑞汉大同小异，都是从生命的成长过程来理解"性"，不过其认为性是指"在一个给定的、预先确定的方向的成长或发

---

① 徐复观：《中国人性论史·先秦篇》，台中：东海大学出版社，1963，页57。
② 同上《中国人性论史·先秦篇》，页58。
③ 同上《中国人性论史·先秦篇》，页58—59。
④ 牟宗三：《圆善论》，《牟宗三先生全集22》，台北：联经出版事业股份有限公司，2003。
⑤ 唐君毅：《中国哲学原论·原性篇》，《唐君毅先生全集》卷十五，台北：台湾学生书局，1984，页36。
⑥ 同上《中国哲学原论·原性篇》，页36。
⑦ 葛瑞汉：《孟子人性论的背景》，《中国哲学与哲学文献研究》，新加坡：东亚哲学研究所，1986，页9—26。（A. C. Graham, "The Background of the Mencian Theory of Human Nature," in *Studies in Chinese Philosophy and Philosophical Literature*, Singapore：Institute of East Asian Philosophies, 1986, pp. 9－26）

展的内在趋势"。① 江文思、安乐哲所编的《孟子心性之学》亦可参考，其中收录了安乐哲、华霭云、刘述先、信广来、M. 斯卡帕里、M. E. 刘易斯、江文思等海外学者的论性文章，通过比较哲学的视野，为我们理解"性"及人性论提供了较为丰富、多元的解读视角。②

出土文献研究表明，从心从生的"性"字，出现可能甚晚，迄今为止，从先秦到汉初的出土文献中未发现从心从生的"性"字。在《马王堆帛书》等出土文献中，"性"字普遍写作"生"。在先秦至汉初的文献，比如《吕氏春秋》《淮南子》等书中，我们常常发现"生"字读作"性"或"性"字读作"生"的例子。"生""性"二字彻底分开当属西汉以后之事。然而，在《郭店简》《上博简》等可能系战国中期写定的出土文献中，"性"字常写作"眚"，可见战国时期人们已经自觉地区分"生""性"二字（《上博简》中"眚"字亦常有他用）。明确区分二字、赋予二字不同的含义，与这两个字写法上的明确区分，是两回事。

张岱年和张立文两位老先生是老一代学者中研究"性""人性"概念及其相关问题的主要代表。张岱年在其《中国哲学大纲》中专门有一章节讲中国古代的人性论，对"性""人性"概念作了系统梳理，但却是直接从孔孟人性论讲起，对"性"字字义或"性"概念的起源并未作过多探讨。张立文则系统梳理了"性"概念及其历史演变，并将其分为九个时期。③

当代学者张法认为，甲骨文、金文并无"性"字。"性"的观念最初主要蕴含在"生""命""德"三字中，在远古时代，"性"字的演进与血缘之"姓"、地域之"氏"及军事之"族"密切相关。而经过先秦理性化后，"性"作为个体之性主要体现在三方面：（1）来源于天之性，天之性对个体之性具有主导作用；（2）性、心、情、欲是一个整体，决定了具体之性在与外界的互动中演进；（3）在个体之性的演进中，由性而生的情和感物而动所

---

① 〔美〕史华兹：《古代中国的思想世界》，剑桥、麻省与伦敦，英格兰：哈佛大学出版社贝尔纳普分社，1985，页173—185。（Benjamin I. Schwartz：*The World of Thought in Ancient China*，Cambridge，Mass. & London，England：The Belknap Press of Harvard University Press，1985，pp. 173–185）

② 〔美〕江文思、安乐哲编《孟子心性之学》，梁溪译，北京：社会科学文献出版社，2005。

③ 岑安贤等：《性》，北京：中国人民大学出版社，1996，页1—12。其中"绪论"是张立文所作，系张氏主编"中国哲学范畴精粹丛书"之一种。

生的欲具有可变性，由天而来的性具有决定的方向性。①

丁四新认为，"性"字是后于"生"字产生的，从心从生的"性"字很可能是由刘向、刘歆父子校书时才最终确定下来的。"从发生学来看，'性'是后于'生'产生的，'性'字是由'生'字孳乳而来的。"他进一步分析道，"性"字是在上古宇宙论和天命论的双重思想背景下产生出来的，是人、物向自身追问其"'生'之所以然潜在的本原和质体"。"所以然的'性'是因，已然的'生'是果；而从'性'到'生'是一个生成或生现的过程，是一个从潜在变为现实的过程；相反，从生到性，则是复归其本原和追问其所以然的过程。"② 除了对"性"字字义的分析，丁氏又对"性"作为一个哲学概念的形成和内涵作了仔细阐发。在其看来，西周时期是"性"概念的酝酿期和萌芽期，当时古人已具有"命""德"观念，与"命—性"结构有几分相似，但问题意识不同。人们试图从自身追问生命现象的本原，于是朦胧地产生"性"之意识，而这种意识又笼罩在宇宙论和天命论之下。"性"概念的正式形成则是在春秋后期。战国时期是"性"概念的成熟和分化期，主要表现在先秦诸子对"性"概念内涵及其善恶问题的探讨上。

（方朝晖、闫林伟整理）

2. 古人定义"性"

"性"作为一术语之多义性，本书在第一编各文献整理中已作全面、系统研究。总而言之，"性"在先秦之古义最显著者有四：

一是指与生俱来的属性、特征（如食色之类），进一步引申为出生后在社会生活中所表现出来的通性（比如商务印书馆 2013 年第四版《新华词典》说"不通人性"中的人性，指正常人所具有的情感和理性；又比如孟子所说的"四端"，其实是指性之引申义，不管孟子本人有无意识到这一点）。但是对这两种含义之别，古人似乎多未意识到，而是将后者混同于前者。

二是指成长或行为的法则。这一含义，本书在有关《庄子》《吕氏春秋》

---

① 张法：《作为中国哲学关键词的"性"：起源、演进、内容、特色》，《社会科学辑刊》2019年第5期，页21—29。

② 丁四新：《作为中国哲学关键词的"性"概念的生成及其早期论域的开展》，《中央民族大学学报》（哲学社会科学版）2021年第3期，页28。

《淮南子》等书的研究中得到了证实。

三是指特定人群特有的特征或属性（比如民之性、小人之性之类）。

四是指生命，通"生"（古人亦称为材、质）。

清儒释性，多取接近于荀子的角度，把它说成"血气心知之性"，认为以礼化性、节性乃属必不可免；同时他们虽在名义上接受性善论，却多倾向于从《孝经》"天地之性人为贵"、《易传》"继之者善也"等角度来理解性善之义。从"人为贵"看，性善就是一个比较判断；从"继之者善"看，性善不是指本然之性为善，而只是指发动之后方善。当以阮元《性命古训》及戴震有关论著为典型。王夫之亦近。宋儒程朱等人以理释性，又称理即仁义礼智之类，此乃后起之规定，不合性作为一词语之本义。

以性为生而有者

牛生而长，雁生而伸，其性使然。（《郭店简·性自命出》）

告子曰：生之谓性。（《孟子·告子》）

告子曰：食、色，性也。（《孟子·告子》）

口之于味也，目之于色也，耳之于声也，鼻之于臭也，四肢之于安佚也，性也；有命焉，君子不谓性也。（《孟子·尽心下》）

不可学不可事而在人者，谓之性。（《荀子·性恶》）

生之所以然者谓之性。（《荀子·正名》，张岱年《中国哲学大纲》谓此处"以"与"已"同义。①）

精合感应，不事而自然谓之性。（《荀子·正名》）

性者，万物之本也，不可长，不可短，因其固然而然之，此天地之数也。（《吕氏春秋·贵当》）

性之名，非生欤？如其生之自然之资谓之性，性者，质也。（《春秋繁露·深察名号》）

性者，宜知名矣，无所待而起，生而所自有也。（《春秋繁露·实性》）

---

① 张岱年：《中国哲学大纲》，《张岱年全集》第二卷，石家庄：河北人民出版社，1996，页217。

凡物生同类者皆同性。（赵岐注《孟子》"生之谓性"）

性，生而然者也。（《论衡·本性/初禀》引刘向等人语）

或问性命。曰："生之谓性也，形神是也。"（荀悦《申鉴·杂言下》）

民有五性：喜、怒、欲、惧、忧也。（《大戴礼记·文王官人》）

性也者，与生俱生也。……其所以为性者五：曰仁，曰礼，曰信，曰义，曰智。（韩愈〈原性〉）①

性者，天生之质，有刚柔迟速之别也。命者，人所禀受，有贵贱夭寿之等也。（胡瑗《周易口义》卷一〈乾·彖〉。方按：此以气质解性，接近董仲舒"性者，质也"。）

性者，与身俱生而人之所皆有也。（欧阳修〈答李诩第二书〉）②

以性为得于天者

天命之谓性。（《中庸》）

性自命出。（《郭店简·性自命出》）

性者，天之就也。（《荀子·正名/性恶》）

性者，所受于天也。（《淮南子·缪称》）

性者，所受于天也，非人之所能为。（《吕氏春秋·荡兵》）

《孝经说》曰："性者，生之质命，人所禀受度也。"（郑玄〈中庸〉"天命之谓性"句引）

天命谓天所命生人者也，是谓性命。（郑玄《礼记·中庸》注）

性，谓天性。（《礼记·少仪》"性之直者"孔疏）

性者，成于天之自然。（《荀子·正名》"性者天之就也"杨倞注）

天之所命谓之性。（《后汉书·朱穆传》"得其天性谓之性"李贤注）

---

① 韩愈撰，刘真伦、岳珍校注《韩愈文集汇校笺注》卷一《原性》，北京：中华书局，2010，页47。

② 欧阳修：《欧阳修全集·居士集》卷四十七《答李诩第二书》，李逸安点校，北京：中华书局，2009，页669。

天地之所生，谓之性情。(《春秋繁露》)

本乎天谓之命，在乎人谓之性。(李觏〈删定易图序论〉)①

所谓性之者，天与之也。(余允文《尊孟辨》引司马光语)②

夫性者，人之所受于天以生者也。(司马光〈议辨策问·善恶混辨〉)③

性者，得全于天，无所污坏。(朱熹《孟子集注》卷十四《尽心章句下》第三十三章)④

告子云"生之谓性"则可。凡天地所生之物，须是谓之性。皆谓之性则可，于中却须分别牛之性、马之性。(《河南程氏遗书》卷二上)⑤

以材质释性

不能尽其才者也。(《孟子·告子上》)

性者，本始材朴也；伪者，文理隆盛也。(《荀子·礼论》)

性者，生之质也。(《庄子·庚桑楚》)

如其生之自然之资谓之性，性者，质也。(《春秋繁露·深察名号》)

性者，天质之朴也。(《春秋繁露·实性》)

质朴之谓性。(《汉书·董仲舒传》)

性者，天生之质，若刚柔迟速之别。(《易·乾·象传》"各正性命"孔疏)

性，质也。(《广雅·释诂》)

性者，本质也。(《文选·赋癸》)

禀生之质谓之性。(《列子·黄帝》)

性者，受生之质。(《庄子·骈拇》"而侈于性"陆德明引王叔之云)

① 李觏：《李觏集·删定易图序论》，王国轩校点，北京：中华书局，1981，页66。
② 余允文：《尊孟辨》，北京：中华书局，1985，页9。(此句系《尊孟辨》引司马光语。)
③ 司马光：《司马光集》卷七十二《议辨策问·善恶混辨》，李文泽、霞绍晖校点整理，成都：四川大学出版社，2010，页1460—1461。
④ 朱熹：《四书章句集注·孟子集注》卷十四《尽心章句下》第三十三章，北京：中华书局，2012，页381。
⑤ 程颢、程颐：《河南程氏遗书》卷二上，《二程集》，王孝鱼点校，北京：中华书局，2016，页29。(按：此卷标注为"二先生语"，不知大小程子谁作，故将二人同列为作者。)

以性、生通假或义近

"民乐其性"孔疏（《左传·昭公十九年》）

"缮性于俗"成玄英疏（《庄子·缮性》）

"天下之所养性也"高诱注（《淮南子·精神》）

"近者安其性"高诱注（《淮南子·主术》）

天地者，性之本也。（王聘珍解诂《大戴礼记·礼三本》）

"天地之性人为贵"颜师古注（《史记·董仲舒传》）

"夫子言性与天道"皇疏："性，生也。"（《论语义疏》）

"则性命不同矣"郑注："性之言生也。"（《礼记·乐记》）

"节性，惟日其迈"孔疏："制其性命。"（《尚书·召诰》）

"修六礼以节民性"孔疏："禀性自然。"（《礼记·王制》）

"莫保其性"杜预注："命也。"（《左传·昭公八年》）

"性，即生字也。"（《读书杂志·淮南子内篇第二十·泰族》"天地之性也"王念孙按）[1]

性与生，古通用。（《群经平议·礼记三》"性之直者则有之矣"俞樾按）[2]

性，古文以为生字。（《说文·人部》"人，天地之性最贵者也"段玉裁按）[3]

性，作生。（《墨子·所染》"行理性于染当"孙诒让《间诂》引毕沅）[4]

以性近于孟子性善之义（陆贾、董仲舒、韩愈之义）

一阴一阳之谓道，继之者善也，成之者性也。（《周易·系辞》）

---

[1] 王念孙：《读书杂志》，南京：江苏古籍出版社，1985，页955。

[2] 俞樾：《群经平议》，《春在堂全书》第一册，南京：凤凰出版社，2010，页340。

[3] 段玉裁：《说文解字注》，上海：上海古籍出版社，1981，页364。

[4] 孙怡让：《墨子间诂》，孙启治点校，上海：上海书店出版社，1992，页10。

人之阳气。性，善者也，从心生声。（《说文解字》"性，善者也"
断句依段玉裁）

率性之谓道。……自诚明，谓之性。（《中庸》）

仁之于父子也，义之于君臣也，礼之于宾主也，知之于贤者也，圣
人之于天道也，命也；有性焉，君子不谓命也。（《孟子·尽心下》）

存其心，养其性，所以事天也。（《孟子·尽心下》）

五性者何？仁义礼智信。（《白虎通》）

其所以为性者五：曰仁，曰礼，曰信，曰义，曰智。　（韩愈〈原
性〉）①

以"性"为后天的特性或性格（"民性"之词在诸子中常见）

小人之性。（《左传·襄公二十六年》）

彼民有常性。（《庄子·马蹄》）

其性过人。（《庄子·天地》）

性刚悍。（《列子·周穆王》）

孟夏之月……其性礼。（《吕氏春秋·孟夏》）

人主之性，莫于过乎疑。（《吕氏春秋·谨听》）

性为暴人……而性犹在，不可正而正之。（《墨子·大取》）

以性近于"理"

性者，有生之大本也。……夫太极者，五行之所由生，而五行非太
极也。性者，五常之太极也，而五常不可以谓之性，此吾所以异于韩子。
（王安石《临川集·原性》。方按：性为五常之本源。）②

---

① 韩愈撰，刘真伦、岳珍校注《韩愈文集汇校笺注》卷一《原性》，北京：中华书局，2010，
　　页47。
② 王安石：《临川先生文集·原性》，上海：中华书局，1959，页726。

若乃孟子之言善者，乃极本穷源之性。（《河南程氏遗书》卷三）①

孟子所以独出诸儒者，以能明性也。……性即是理，理则自尧舜至于涂人，一也。（《河南程氏遗书》卷十八）②

性也者，天地之所以立也。……性也者，天地鬼神之奥也。（胡宏《知言疑义》）③

性者，人所禀于天以生之理也。浑然至善，未尝有恶。（朱熹《孟子集注》卷五《滕文公章句上》第一章）④

性者，人生所禀之天理也。（朱熹《孟子集注》卷十一《告子章句上》第一章）⑤

性，即理也。天以阴阳五行化生成物，气以成形，而理亦赋焉，犹命令也。于是人物之生，因各得其所赋之理，以为健顺五常之德，所谓性也。（朱熹《中庸章句》）⑥

性者，人之所得于天之理也；生者，人之所得于天之气也。性，形而上者也；气，形而下者也。人物之生，莫不有是性，亦莫不有是气。然以气言之，则知觉运动，人与物若不异也。以理言之，则仁义礼智之禀，岂物之所得而全哉？此人之性所以无不善，而为万物之灵也。（朱熹《孟子集注》卷十一《告子章句上》第三章）⑦

盖性者生之理也。均是人也，则此与生俱有之理，未尝或异；故仁义礼智之理，下愚所不能灭，而声色臭味之欲，上智所不能废，俱可谓之为性。（王夫之《张子正蒙注》卷三）⑧

---

① 程颢、程颐：《河南程氏遗书》卷三，《二程集》，王孝鱼点校，北京：中华书局，2016，页63。（按：此卷标注为"二先生语"，不知大小程子谁作，故将二人同列为作者。）

② 程颐：《河南程氏遗书》卷十八，《二程集》，王孝鱼点校，北京：中华书局，2016，页204。（按：此卷明确标注为"伊川先生语"，故将作者列为程颐。）

③ 胡宏：《知言疑义》，《胡宏集》，吴仁华点校，北京：中华书局，1987，页333。

④ 朱熹：《孟子集注》卷五《滕文公上》3A1，《四书章句集注》，北京：中华书局，2012，页254。

⑤ 朱熹：《孟子集注》卷十一《告子章句上》第一章，《四书章句集注》，北京：中华书局，2012，页331。

⑥ 朱熹：《中庸章句》，《四书章句集注》，北京：中华书局，2012，页17。

⑦ 朱熹：《孟子集注》卷十一《告子章句上》第三章，《四书章句集注》，北京：中华书局，2012，页332。

⑧ 王夫之：《张子正蒙注》卷三，《船山全书》第十二册，船山全书编辑委员会校编，长沙：岳麓书社，1992，页128。

天以其阴阳五行之气生人，理即寓焉而凝之为性。故有声色臭味以厚其生，有仁义礼智以正其德，莫非理之所宜。（王夫之《张子正蒙注》卷三）[1]

以性为理气不分

此说中的"性"类似于"生"，戴氏、王夫之、焦循等清儒实际上是以生释性，故称其为"血气心知之性"：

> 德有六理，何谓六理？曰道、德、性、神、明、命。此六者，德之理也。诸生者皆生于德之所生，而能象人德者，独玉也。写德体，六理尽见于玉也，各有状，是故以玉效德之六理。泽者鉴也，谓之道；腻如窃膏，谓之德；湛而润，厚而胶，谓之性；康若泺流，谓之神；光辉谓之明；矕乎坚哉，谓之命。此之谓六理。鉴生空窍而通之以道，德生理通之以六德之华离状。六德者，德之有六理，理离状也。性生气而通之以晓，神生变而通之以化，明生识而通之以知，命生形而通之以定。（贾谊《新书·道德说》）

> 性者，道德造物，物有形而道德之神专而为一气，明其润益厚矣。浊而胶相连在物之中，为物莫生，气皆集焉，故谓之性。性，神气之所会也，性立则神气晓晓然发而通行于外矣。与外物之感相应，故曰润厚而胶谓之性。性生气，通之以晓。神者，道德神气发于性也。康若泺流，不可物效也，变化无所不为，物理及诸变之起，皆神之所化也，故曰康若泺流谓之神。理生变，通之以化。（贾谊《新书·道德说》）

> 性者，分于阴阳五行以为血气、心知、品物，区以别焉，举凡既生以后所有之事，所具之能，所全之德，咸以是为其本，故《易》曰"成之者性也"。气化生人生物以后，各以类滋生久矣；然类之区别，千古如是也，循其故而已矣。（戴震《孟子字义疏证》卷中）[2]

颜元、王夫之、焦循类此。

---

[1] 王夫之：《张子正蒙注》卷三，《船山全书》第十二册，船山全书编辑委员会编校，长沙：岳麓书社，1992，页121。

[2] 戴震：《孟子字义疏证·性》卷中，《戴震集》，上海：上海古籍出版社，2009，页291。

3. 当代学者论性之义

胡 适

胡适将孟子的性善说理解为"人的本质都是善的"，对于人性之恶在现实性上的表现，他解释为人的不善都是由于"不能尽其才"。

《滕文公篇》说："孟子道性善，言必称尧舜。"此可见性善论在孟子哲学中可算得中心问题。如今且仔细把他说性善的理论分条陈说如下：

（1）人的本质是善的

上文引孟子一段中的"才"便是材料的材。孟子叫作"性"的，只是人本来的质料，所以孟子书中"性"字、"才"字、"情"字可以互相通用（参看上节"情"字下的按语。汉儒董仲舒《春秋繁露·深察名号篇》曰："如其生之自然之资，谓之性。性者，质也。"又曰："天地之所生，谓之性情。……情亦性也。"可供参证）。孟子的大旨只是说这天生的本质，含有善的"可能性"（可能性说见八篇末章）。如今先看这本质所含是哪几项善的可能性。

（甲）人同具官能 第一项便是天生的官能。孟子以为无论何人的官能，都有根本相同的可能性。他说：故凡同类者，举相似也。何独至于人而疑之？圣人与我同类者。故龙子曰："不知足而为屦，我知其不为蒉也。"屦之相似，天下之足同也。口之于味，有同耆也。易牙先得我口之所耆者也。如使口之于味也，其性与人殊，若犬马之与我不同类也，则天下何耆皆从易牙之于味也？至于味，天下期于易牙，是天下之口相似也。惟耳亦然，至于声，天下期于师旷，是天下之耳相似也。惟目亦然。……故曰口之于味也，有同耆焉。耳之于声也，有同听焉。目之于色也，有同美焉。至于心，独无所同然乎？心之所同然者，何也？谓理也，义也。圣人先得我心之所同然耳。故礼义之悦我心，犹刍豢之悦我口。（《告子》）

（乙）人同具"善端" 董仲舒说（引书同上）："性有善端，动之爱父母。善于禽兽，则谓之善。此孟子之善。"这话说孟子的大旨很切当。孟子说人性本有种种"善端"，有触即发，不待教育。他说：人皆有不忍人之心。……今人乍见孺子将入于井，皆有怵惕恻隐之心：非所以内交于孺子之父母也；非所以要誉于乡党朋友也；非恶其声而然也。由是观之，无恻隐之心，非人也；无羞恶之心，非人也；无辞让之心，非人也；无是非之心，非人也。恻隐之心，仁之端也；羞恶之心，义之端也；辞让之心，礼之端也；是非之心，智之端也。人之有是四端也，犹其有四体也。（《公孙丑》。参看上文所引《告子篇》语。那段中，辞让之心，作恭敬之心，余皆同。）

（丙）人同具良知良能　孟子的知识论全是"生知"（Knowledge a priori）一派。所以他说四端都是"我固有之也，非由外铄我也"。四端之中，恻隐之心、羞恶之心和恭敬之心，都近于感情的方面。至于是非之心，便近于知识的方面了。

孟子自己却不曾有这种分别。他似乎把四端包在"良知良能"之中；而"良知良能"却不止这四端。他说：人之所不学而能者，其良能也。所不虑而知者，其良知也。孩提之童，无不知爱其亲也。及其长也，无不知敬其兄也。亲亲，仁也。敬长，义也。（《尽心》）良字有善义。孟子既然把一切不学而能不虑而知的都认为"良"，所以他说：大人者，不失其赤子之心者也。（《离娄》）

以上所说三种（官能、善端及一切良知良能），都包含在孟子叫作"性"的里面。孟子以为这三种都有善的可能性，所以说性是善的。

（2）人的不善都由于"不能尽其才"

人性既然是善的，一切不善的，自然都不是性的本质。孟子以为人性虽有种种善的可能性，但是人多不能使这些可能性充分发达。正如中庸所说："惟天下至诚为能尽其性。"天下人有几个这样"至诚"的圣人？因此便有许多人渐渐的把本来的善性湮没了，渐渐的变成恶人。并非性有善恶，只是因为人不能充分发达本来的善性，以致如此。所以他说：若夫为不善，非其才之罪也。……或相倍蓰而无算者，不能尽其才者也。推原人所以"不能尽其才"的缘故，约有三种：

（甲）由于外力的影响　孟子说：人性之善也，犹水之就下也。人无有不善，水无有不下。今夫水搏而跃之，可使过颡；激而行之，可使在山。是岂水之性哉？其势则然也。人之可使为不善，其性亦犹是也。（《告子》）

富岁子弟多赖，凶岁子弟多暴。非天之降才尔殊也。其所以陷溺其心者然也。今夫麰麦，播种而耰之，其地同，树之时又同，浡然而生，至于日至之时皆熟矣。虽有不同，则地有肥硗，雨露之养，人事之不齐也。（同上）

这种议论，认定外界境遇对于个人的影响，和当时的生物进化论（见第九篇）颇相符合。

（乙）由于自暴自弃　外界的势力，还有时可以无害于本性。即举舜的一生为例：舜之居深山之中，与木石居，与鹿豕游，其所以异于深山之野人者，几希。及其闻一善言，见一善行，若决江河，沛然莫之能御也。（《尽心》）但是人若自己暴弃自己的可能性，不肯向善，那就不可救了。所以他说：自暴者，不可与有言也。自弃者，不可与有为也。言非礼义，谓之自暴也。吾身不能居仁由义，谓之自弃也。（《离娄》）

又说：虽存乎人者，岂无仁义之心哉？其所以放其良心者，亦犹斧斤之于木也。旦旦而伐之，可以为美乎？其日夜之所息，平旦之气，其好恶与人相近也者，几希。则其旦昼之所为，有梏亡之矣。梏之反覆，则其夜气不足以存。夜气不足以存，则其违禽兽不远矣。人见其禽兽也，而以为未尝有才焉者，是岂人之情也哉？（《告子》）

（丙）由于"以小害大以贱害贵"　还有一个"不得尽其才"的原因，是由于"养"得错了。孟子说：体有贵贱，有大小。无以小害大，无以贱害贵。养其小者为小人，养其大者为大人。（《告子》）

哪一体是大的贵的？哪一体是小的贱的呢？孟子说：耳目之官不思，而蔽于物。物交物，则引之而已矣。心之官则思，思则得之，不思则不得也，此天之所与我者。先立乎其大者，则其小者不能夺也。此为大人而已矣。（《告子》）

其实这种议论，大有流弊。人的心思并不是独立于耳目五官之外的。耳目五官不灵的，还有什么心思可说？中国古来的读书人的大病根正在专用记忆力，却不管别的官能。到后来只变成一班四肢不灵、五官不灵的废物！[1]

（闫林伟整理）

---

[1]　胡适：《中国哲学史大纲》，上海：上海古籍出版社，1997，页208—213。

郭沫若

郭沫若认为性善性恶之说，都是臆说，但孟子尚能自圆其说，而荀子则充满矛盾。

> 《大学》在我看来实是孟学，它是以性善说为出发点的，正心诚意都原于性善，如性不善，则心意本质不善，何以素心反为"正"？不自欺反为"诚"？又看它说，"好人之所恶，恶人之所好，是谓拂人之性，菑必逮夫身！"如性为不善，则"拂人之性"正是好事，何以反有灾害？性善性恶，本来都是臆说，但孟派尚能自圆其说，而荀派则常常自相矛盾，如既言性恶矣，而复主张心之"虚壹而静"，如何可以圆通？"虚壹而静"之说采自《管子》的《心术》《内业》诸篇，这些都是宋荣子的遗著（余别有说），荀子只是在玩接木术而已。[①]

> （闫林伟整理）

唐君毅

唐君毅曾将"性"字右侧之"生"作动词解，因而"性"就是指生长过程之特性。这种动态含义，李景林称为"生生不已的存在之展开"，张祥龙称为"自然趋势"，这是对"性"字比较特别的一种解释。

> 中国思想之论人性，几于大体上共许之一义，即为直就此人性之能变化无方处，而指为人之特性之所在，此即人之灵性，而异于万物之性之为一定而不灵者。缘此义以言人性或性者，西方哲学中亦非无之。此即如西方斯多噶派及近世如斯宾诺萨之言 Nature。此 Nature 之一字，与中国之性之一字，恒可互译。Nature 之一字，可专指一定之 Nature，如中国所谓"性相""性质"之亦可指一定之性质性相。然在斯多噶派与斯宾诺萨所谓 Nature，则特涵具一能自然生长变化之义。在彼等所谓顺

[①]　郭沫若：《十批判书·儒家八派批判》，《郭沫若全集·历史编》（第二卷），北京：人民出版社，1982，页139。

从自然或顺性之教中，亦涵教人安于一切所遇而无所怨尤之意。谓人能安于一切所遇而无怨尤，即涵人性能自然的或自由的变化生长，以"恶乎往而不存"，而对其自身之欲望，能加以转移、节制、化除之意。此即大异于其他万物之欲望之有定，而有定性者。至于人之所以能如是，而其他万物不能者，则以其他之万物，皆各依其定性而生，以合为一自然之全。人则能反观此自然之全中，一切事物之有定，以及其自身在一时一地，其存在于此自然之状态之亦有定；而其能知此一一之有定之心，则又超乎此一一之有定，而契合于此自然之全，以不为此诸有定之所定，而非此有定之定。由此而人乃亦能任顺此诸有定之定，以所遇而皆适，而不失其自己，乃有其自在与自由。此自己即为一有契合于自然之全德者，亦即自然之全之德，表现于人之自己者。自然之全之德，即自然之自性。自然与自性，在斯多噶派，皆称为 Nature。斯宾诺萨则分 Nature 为 Naturans 与 Naturata。前者义同自然之自性，亦可译为自性。后者义同自性之表现，略同于中国之'自然'，而不宜译为自性。此斯多噶派与斯宾诺萨，所谓自然之自性，原能作无定限之可能之表现，以成此变化无方之自然。故能契合于此自然之全之贤哲，其德性或人性，即不同于由自然所生之其他万物之性之有定。若谓之为有定，只能谓为定于此自然之能生长变化之性，而以定于"生长变化中之无定"为性矣。①

溯中国文字中性之一字之原始，乃原为生字。近人傅斯年《性命古训辩证》，尝遍举西周之金文，以为之证。昔贤亦素多以生释性之言。生字初指草木之生，继指万物之生，而于人或物之具体生命，亦可径指为生，如学生、先生、众生是也。一具体之生命在生长变化发展中，而其生长变化发展，必有所向。此所向之所在，即其生命之性之所在。此盖即中国古代之生字所以能涵具性之义，而进一步更有单独之性字之原始。既有性字，而中国后之学者，乃多喜即生以言性。以生言性之涵义，包括有生即有性，性由生见之义。生乃一具体生命之存在，而人之生乃人之主观所能体验其存在者，而非只为一所对之客观存在之性质性相。以所对之存在之性质性相为性，则圆有圆性、方有方性，就其方圆之性

① 唐君毅：《中国哲学原论·原性篇》，《唐君毅先生全集》卷十五，台北：台湾学生书局，1984，页6—7。

相，而思其方圆诸物所共有，以及种种方圆等之性相之所以不同，此即一几何学与科学之思路。然就一具体存在之有生，而即言其有性，则重要者不在说此存在之性质性相之为何，而是其生命存在之所向之为何。如草木之生长向于开花结实，即说其有开花结实之生性。然草木未开花结实时，而谓其有开花结实之性，此性即非一直接所对之草木之性相。吾人于此诚可谓某草木有开何色何形之花、结何色何形之果之性，此何色何形之花果之开结，即此草木之可能性。此何色何形，亦可为吾人思想之所对之一性相，而此性相，即此所谓草木之可能性之内涵。通常说一事物之可能性，亦必指出其内涵而说。然吾人今试问：若吾人于一事物不知其可能性之内涵，是否即不能说一事物之有性？若吾人不知草木之将开何花结何果，是否吾人即不能说其有性？此在中国之语言中，明为可说者。因在中国之语言中，吾人可说一物有生即有性。一物生，则生自有所向，即有性。然吾人却尽可不知其所向者之为何。缘是而吾人于一物之生长变化之无定向，或时时转易其所向，使吾人穷于一一加以了解时，亦仍可称之有生之性者。是即见中国之所谓性字，乃直就一具体之存在之有生，而言其有性，而初不重在说其存在、其生之为一如何之存在、如何之生也。今吾人谓圆物有圆性，圆自身又有可纳方于中之性，此乃更纯由以性相为性以后之说。依中国古所谓性之原于生，则圆物之性，应自其生长变化处说，尽可变非圆；而圆之自身实不宜说更有性，因圆自身不能有生长变化也。①

因中国古代之言性乃就一具体之存在之有生，而即言其有性，故中国古代之泛论人物之性，通常涵二义：一为就一人物之当前之存在，引生其自身之继起之存在，以言其性；一为就一物之自身之存在，以言其引生其他事物之存在之性。在中国之《诗经》中，有"俾尔弥尔性"之言，此性字或即生字。所谓弥尔性，即使人自遂其生，而自继其生，以使其自身得引生其自身之继起之存在之谓。又《左传》昭公二十五年"因地之性"，此所谓地之性，乃指地之宜于种植何类之物，是否宜于人之居住等而言，亦即指地之存在可引生其他之物之存在之功用，而言为地之性。②

---

① 唐君毅：《中国哲学原论·原性篇》，《唐君毅先生全集》卷十五，台北：台湾学生书局，1984，页9—10。

② 同上《中国哲学原论·原性篇》，页10—11。

一、性指吾人直对一人或事物而观看之或反省之时，所知所见之性相或性质；此性相性质，初乃人或事物之现在所实表现，而为我所知所见者。此可称为"现实性""外表性"或"外性"。

二、由吾人所见所知之人或事物之性相、性质，为人或事物所表现，吾人遂思及此人或事物在不为吾人所知时，亦当有此性质性相。进而思及此性质性相，乃附属于人或事物之自身，为人或事物之所以为人或事物之内容或内在的规定，或内在的潜能，或可能、本质（Essence），或所蕴，以至虽不表现而仍在者。此可称为"本质性""可能性"或"内性"。

三、吾人既知人或事物之内性本质，再还观其表现之性相，即以后者之所以有，乃依于前者；而人或事物之本质，遂可视为因、为体；其表现之性相，可视为果、为用。由此而凡一人或一事物之所以然之性之所在。凡此向人或事物之后面的因去观看思虑，而发现之体性，亦可称为"后性"；或吾人追溯事物之所以然，至于其初所发现之"初性"。

四、就人或事物之体及人或事物本身，而观其所致之果，或所呈之用，或其活动后所终止归宿之处之所然，而以之为人或事物之性之所在。此可称为"由此人或事物之体之前面之果之用"，以视为此体之性之所在，故仍可称为体性。但此仍向前面、向后来终止处之所然，加以观看思虑之所得，可径名之"前性"或"终性"。

五、克就人或事物之本质，而观其有一趋向于表现之几，或观一潜隐之本质之原有一化为现实化之理，乃以"现在之人或事物之由其体性与现在之如此然"，而正趋向于一将如彼"然"之"几"或"理"，而谓之性。此可称为一始终内外之交之中性，贯乎人或事物之已生者与未生者之当前的"生生之性"。[①]

冯友兰

冯友兰认为人性善并非指人天生是善的，而是说人性内有种种善的成分，但也承认，还有其他本身无所谓恶的成分，若不加以节制，就会通向恶。人

① 唐君毅：《中国哲学原论·原性篇》，《唐君毅先生全集》卷十五，台北：台湾学生书局，1984，页510—511。

只有扩充"四端"，才能区别于禽兽，真正成为人。

孟子说人性善，他的意思并不是说，每个人生下来就是孔子，就是圣人。他的学说，与上述第二种学说的一个方面有某些相似之处，也就是说，认为人性内有种种善的成分。他的确承认，也还有些其他成分，本身无所谓善恶，若不适当控制，就会通向恶。这些成分，他认为就是人与其他动物共有的成分。这些成分代表着人的生命的"动物"方面，严格地说，不应当认为是"人"性部分。

孟子提出大量论证，来支持性善说，有段论证是："人皆有不忍人之心。……今人乍见孺子将入于井，皆有怵惕恻隐之心。……由是观之，无恻隐之心，非人也；无羞恶之心，非人也；无辞让之心，非人也；无是非之心，非人也。恻隐之心，仁之端也；羞恶之心，义之端也；辞让之心，礼之端也；是非之心，智之端也。人之有是四端也，犹其有四体也。……凡有四端于我者，知皆扩而充之矣。若火之始然，泉之始达。苟能充之，足以保四海；苟不充之，不足以事父母。"（《孟子·公孙丑上》）

一切人的本性中都有此"四端"，若充分扩充，就变成四种"常德"，即儒家极其强调的仁、义、礼、智。这些"德"，若不受外部环境的阻碍，就会从内部自然发展（即扩充），有如种子自己长成树，蓓蕾自己长成花。这也就是孟子同告子争论的根本之点，告子认为人性本身无善无不善，因此道德是从外面人为地加上的东西，即所谓"义，外也"。

这里就有一个问题：为什么人应当让他的"四端"，而不是让他的低级本能，自由发展？孟子的回答是，人之所以异于禽兽，就在于有此"四端"。所以应当发展"四端"，因为只有通过发展"四端"，人才真正成为"人"。孟子说："人之所以异于禽兽者几希，庶民去之，君子存之。"（《孟子·离娄下》）他这样回答了孔子没有想到的这个问题。[1]

（闫林伟整理）

---

[1]　冯友兰：《中国哲学简史》，北京：北京大学出版社，1985，页84—86。

劳思光

劳思光认为，"性"指自觉心之特质，孟子之"性善"是指价值意识内在于自觉心。

> 所谓"性"，在孟子原讲自觉心之特质讲，意义略相当于亚里斯多德所谓之"Essence"。但性字在字源上本出自"生"字，故学者苟不悟孟子所说之意，则即易于将"性"看作自然意义之实然始点。依孟子之说，"性善"即指价值意识内在于自觉心。质言之，即价值根源出于自觉之主体。严格讲，应说善恶问题皆以自觉主体为根源，而不必说"性善"。但孟子以为所谓"恶"，乃善之缺乏（此与柏拉图学说有相似处），故只点出"性善"，以明价值根源在于自觉心（即主体）。观此亦可知古人语法常欠严格。学者但能不以辞害意，即可不误解旧说而横生枝节矣。①

（闫林伟整理）

牟宗三

牟宗三认为"生之谓性"所表明的"性"是气性，最低层是生物本能的动物性，再高一层是气质或才能，由此而明的性是一个事实概念。

> "生之谓性"一原则所表说的个体存在后生而有的"性之实"必只是种种自然之质，即总属于气性或才性的，这是属于自然事实的：最低层的是生物本能（饮食男女）的动物性，稍高一点的是气质或才能：这都属于生就的实然，朱子常概括之以"知觉运动"。即使其中不只是躯壳感性之作用，知性与理性都可包括在内，而知性亦必只是自然的知解活动，随物而转的识别活动，理性亦必只是自然的推比计较活动，诸心理学的作用亦可俱含在内。这些都是"生之谓性"一原则所呈现的"自然之质"。因此，由此而明的性是个事实概念，因而所表示的犬之性不同于牛之性，而犬、牛之性亦不同于人之性，这不同只是划类的不同。

---

① 劳思光：《新编中国哲学史》，桂林：广西师范大学出版社，2005，页121—122。

这类不同既是个事实概念，亦是个类概念，总之是个知识概念。①

"生之谓性"所抒发之性之实皆属于动物性，上升为气质之性，再上升为才性；综括之，皆属于气也。②

徐复观

徐复观曾指出先秦的"性"字包括三个不同的含义：一是生来就有的欲望、能力；二是本质、本性；三是"生"。

◇ 生来就有的欲望、能力

按由现在可以看到的有关性字早期的典籍加以归纳，性之原义，应指人生而即有之欲望、能力等而言，有如今日所说之"本能"。其所以从心者，心字出现甚早，古人多从知觉感觉来说心；人的欲望、能力，多通过知觉感觉而始见，亦即须通过心而始见，所以性字便从心。其所以从生者，既系标声，同时亦即标义；此种欲望等等作用，乃生而即有，且具备于人的生命之中；在生命之中，人自觉有此种作用，非由后起，于是即称此生而即有的作用为性；所以性字应为形声兼会意字。此当为性字之本义。③

◇ 本质、本性

按在道家支派中，有的是以生命为性，《吕览》中亦间用此义。但作为《吕览》有关这一部分思想的特性的，却是"人之性寿"（《本生》）一语；所谓人之性寿者，即是说人由天所禀的本性，本是可以活大年纪的。活大年纪（寿）本来即是生命的延长，但此活大年纪乃出于人之本性，亦即系由先天所决定，故不曰长生而曰性寿。长生乃是完成了性所固有的寿。可以说，就具体的生命而言，便谓之生；就此具体生

---

① 牟宗三：《圆善论》，台北：台湾学生书局，1985，页9—10。
② 同上《圆善论》，页21。
③ 徐复观：《中国人性论史·先秦篇》，台中：东海大学出版社，1963，页6。

命之先天禀赋而言，便谓之性。①

在以上的性字字义中，最可注意的，是作本性、本质解的性字之出现；这是性字的新义。《商书·西伯戡黎》中有"不虞天性"的话，此一性字，也是作本性、本质解。但就当时一般的观念情形来说，作本性本质的性字的出现，似乎为时尚早。因此，我以为这是春秋时代，从事校录的人，把"天命"偶然写成了当时流行的"天性"。春秋时代，性字新义之出现，乃说明此一新义的后面，隐藏着当时的人们，开始不能满意于平列的各种现象间的关系，而要进一步去追寻现象里面的性质；所谓现象里面的性质，一面为现象所以成立之根据，一面是某物生而即有的特质。从生而即有的这一点说，所以把这种现象里面的东西，也可称之为"性"。②

◇ 性与生

性字之含义，若与生字无密切之关联，则性字不会以生字为母字。但性字之含义，若与生字之本义没有区别，则生字亦不会孳乳出性字。并且必先有生字用作性字，然后乃渐渐孳乳出性字。……按照我国文字在演进情况中之通例，有时生字可用作性字，有时性字亦可用作生字，此须视其上下文之关连而始能决定其意义。并且诸子百家中，也有把性字作生字解释的。但这是来自某家思想上的规定，而决不是来自性字字原的规定。③

昭公一九年楚沈尹戌所说的"吾闻抚民者节用于内，而树德于外，民乐其性"的性字，应作生字解。生性是否互用，只能由上下文的意义来加以决定。④

张岱年

张岱年认为"性"在先秦主要或指生有属性，或指人区别于禽兽的特性。

---

① 徐复观：《中国人性论史·先秦篇》，台中：东海大学出版社，1963，页8。
② 同上《中国人性论史·先秦篇》，页58。
③ 同上《中国人性论史·先秦篇》，页5—6。
④ 同上《中国人性论史·先秦篇》，页58。

◇ 生有属性

关于性论，最应注意者，是各家虽同在论性，而其所说之性，意义实不相同。性最少有三项不同的意谓，是应该分别的。性之第一意谓，是"生而自然"。告子"生之谓性"之性、荀子"性者天之就也"之性、韩退之所谓"与生俱生"之性，及宋儒所谓气质之性，都是此意谓的性。生而自然的标准，是"不学而能，非由于习"。但所谓"不学而能，非由于习"，意义亦甚笼统。"不学而能"，有生来的不学而能，也有成长后的不学而能；"非由于习"，有"非由习而生"与"非由习而成"之不同，非由习而成固必非由习而生，而非由习而生却可以是由习而成。所以"生而自然"，可说有三种意谓。一，"生而完具"的，即生下来即完全具备，婴儿时即有；既非由习而生，亦非由习而成。二，虽非生而完具，而确实是自发的，幼时虽无，长大则自然发生；固非由习而生，亦非由习而成。告子谓"食色性也"，所谓"色"便非生而完具，但确实是自发自成的，故亦谓之性。三，生而有其可能或倾向，但须经学习方能发展完成，虽是由习而成，却非由习而生，此亦可说是生而自然。此第三意谓，乃荀子所不承认。荀子很注重"非由习而成"，凡只有萌芽，虽非由习而生，但是由习而成者，在荀子都不谓之性。告子所谓性，似乎也不含此第三意谓。宋儒所谓气质之性，则兼含三项意谓。①

◇ 人区别于禽兽的特性

性之第二意谓，是人之所以为人者。孟子所谓性即此意谓。所谓人之所以为人者，即人之所以异于禽兽者，也可说是人之共相。所谓人之所以异于禽兽者，在表面上是说人与禽兽不同之点：在实际上则含有一特殊意谓，即专指人之所以贵于禽兽或优于禽兽者。而较禽兽为尤卑劣者，则不含于一般所谓人之所以异于禽兽者之内。故确切言之，所谓人

---

① 张岱年：《中国哲学大纲》，北京：商务印书馆，2015，页390—391。

之所以为人者，乃指人之所以贵于禽兽者。这种人之所以贵于禽兽的要素，亦必生来即有其萌芽；但非必生而完具，乃待学习而后完成的。此种要素，也可以说是生而自然，在上述生而自然的第三意谓上。人之所以为人者，必在生来即有其可能倾向，但生来即有的可能倾向，不全是人之所以为人者，如与禽兽相同及劣于禽兽者，便都不是。在性的第一意谓，注重分别生而自然与非生而自然；凡生而自然者，不论与禽兽相同与否，都是性。在性的第二意谓，则注重分别人与禽兽之不同，如与禽兽相同，虽是生而自然，亦不谓之性，所以在第一意谓认为性者，在第二意谓可不认为性，反之亦然。王船山所讲日生之性，亦是此意谓之性，日生之性显然不是与生俱生的，而是随习而变而成的。王船山性日生说之要义，实即在于反对以生而自然为性之标准。①

◇ 人生究竟根据之性

性之第三意谓，是人生之究竟根据。宋代张子、程子、朱子等所谓"天地之性"或"本然之性"，即此意谓。此即所谓"极本穷原之性"。此性即整个宇宙之究竟根本，或全宇宙之本性，乃人所禀受以为生命之根本等。如无此性，即无宇宙，即无人生。不止人禀受以为生命之根本，他物之生亦是禀受此性以为根据。此第三意谓之性，是玄想的性，与前两意谓都大不同。程朱强调所谓极本穷源之性，其意图在于给予所宣扬的道德原则以宇宙论的根据。②

张立文

张立文认为"性"字有生、性命及本性、自然之性等义。

《左传》中，性、命两个范畴都已提出，但却是单一范畴，而非对偶范畴，性指本性或自然之性，"天生民而立之君，使司牧之，勿使失

---

① 张岱年：《中国哲学大纲》，北京：商务印书馆，2015，页391。

② 同上。

性。……天之爱民甚矣，岂其使一人肆于民上，以从其淫，而弃天地之性？必不然矣"（《左传》襄公十四年）。性是天神已规定的道德本性和行为规范，譬如国君的天性是祭神的主持者和抚养百姓如子女，对国君来说，这便是应然的天地自然之性。性和命一样，也有生命或生的涵义。"今宫室崇侈，民力凋尽，怨谤并作，莫保其性。"（《左传》昭公八年）"吾闻抚民者，节用于内，而树德于外，民乐其性，而无寇仇。"（《左传》昭公十九年）两段话构成了性的显明对照：一是莫保，是因为统治者的奢侈，民财力用尽；一是民乐，是因为统治者能爱抚人民，节用树德而不奢侈。一正一负，构成性的不同价值和意义。[①]

曾昭旭

曾昭旭认为古人"性"字有形性、质性、体性和个性等含义。

首先，我们须对"性"之一名，作一个最宽泛的定义。即："性，是 X 之所以为 X 者。"X 是一变数，可代入任一种类或个体，如牛之所以为牛者是牛性，人之所以为人者是人性。这一定义可以包涵诸如形性（物之形色相状）、质性（物之本质结构）、体性（物之形上依据）、个性（物之独一无二的特殊存在性）等等。[②]

韩　强

韩强讨论了先秦人性概念的自然属性和道德属性等含义。

"性"这个范畴，在中国哲学史上是指事物和人的"本性"，本性是先天固有的，非后天人力创造出来的。"性"又包括事物的自然性和人性。"人性"是表示人的本质和自我价值的范畴。人性又分为人的自然属性——生命、情欲、知觉和社会属性——伦理关系和道德意

---

① 张立文：《中国哲学范畴发展史（人道篇）》，北京：中国人民大学出版社，1995，页6。

② 曾昭旭：《呈显光明·蕴藏奥秘——中国思想中的人性论》，《中国文化新论·思想篇（一）理想与现实》，刘岱主编，台北：联经出版事业股份有限公司，1982，页11。

识。人的自然属性和伦理道德的关系是中国古代哲学家长期争论的问题，由此又引出人的本性如何由先天性转化为现实性，由普遍的人性到具体的人性的问题。①

丁四新

丁四新认为先秦"性"有道德、心理及生理等内容。

> "性"是一个普遍性的概念，然而在内容上是比较丰富和复杂的。关于"性"的内涵问题，竹简有许多说明，例如《性自命出》说"喜怒哀悲之气，性也""好恶，性也""善不善，性也""仁，性之方也，性或生之""信，情之方也，情出于性""道始于情，情出于性"，《语丛二》云"情生于性""爱生于性""恶生于性""慈生于性""愠生于性""惧生于性""欲生于性""智生于性""强生于性""弱生于性"，《唐虞之道》说"节乎脂肤血气之情，养性命之正"，可以看出在郭店竹简写作的时代，人们正在努力而细致地从道德、心理及生理等方面来认识"人性"的具体内容，为人的现实生命及其活动的复杂性提供人性论上的根源。②

姜国柱、朱葵菊

姜国柱等认为"性"有本能欲望、道德属性、理性能力、主观意识或思想、后天品格和能力等诸多含义。

> "人性"这个概念，在中国古代哲学家、思想家、教育家的观念中，其涵义是多种的，其范围是深广的，有的是指人的自然资质、属性，生而具有，不学而知，不虑而能的本能欲望，得于天而具于心的先天本性，即"生之谓性"，饮食男女之性；有的是指人异于禽兽、优于禽兽的意

---

① 韩强：《儒家心性论》，北京：经济科学出版社，1998，页3。
② 丁四新：《先秦哲学探索》，北京：商务印书馆，2015，页34—35。

识活动，道德属性，理性能力，人之所以为人的本质规定性，"天地之性人为贵"，"人为万物之灵"，"人峻极于天"的崇高、伟大的质性，即"性善"或"性恶"之性；有的是指人赖以形成生命，体现天命、天理的根本属性和成圣、成佛的根本依据，即"性即气也"、"性即理也"和"性各自有，不待因缘"之性；有的是指人的主观精神、主体意识、思想活动，即"性即心也"和"心性一也"之性；有的是指人的后天环境习染、学习求知、道德教化而形成的思想品格、知识能力，即"性日生日成"、"心知即性"之性，等等。①

傅云龙

傅云龙认为"性"在中国古代有自然属性、社会属性、物质属性、心理活动和知觉过程、自由意志等多种涵义。

> 具体的来讲，中国哲学史上关于人性问题的界说，也可以归纳为如下几种：
>
> 人性是指人的自然属性或者自然资质。例如告不害的"生之谓性"，"食色性也"；世硕的"性各有阴阳善德"，等等。
>
> 人性是指人的自然属性和人的社会属性的统一。例如，荀况虽然认为从人的自然属性方面来讲，谓性为恶，但是，他毕竟通过对"性""伪"不同概念的分析，并从中提出了"无性则伪之无所加，无伪则性不能自美，性伪合然后圣人之名一，天下之功于是就也"的思想。
>
> 人性是指人先天具有的伦理道德观念，即先验道德论的人性说。孟轲、董仲舒、王弼、郭象、韩愈、李翱、二程、朱熹、王守仁，包括佛性说在内，尽管他们在具体阐述或说法上各有差别，但是，就其思想实质而言，无不是持这种观点。
>
> 人性是指构成人的形体的物质性的"气"之根本属性或者作用。例如，王充、张载和康有为（前期），就是持的这种观点。
>
> 人性问题属于人的认识范畴，是指人的认识、心理活动或知觉运动

---

① 姜国柱、朱葵菊：《中国人性论史》，郑州：河南人民出版社，1997，页7。

的过程。例如，扬雄曾提出所谓人性的内容包括有视、听、言、貌、思等五个方面；王安石曾明确指出，人性是指人的心理活动能力；而王廷相则认为，人性是指在人的生理基础之上，通过认识活动而获得的道德情操；至于戴震则更加明确地提出，所谓人性的具体内容包括有欲、情、知三个不可分割的方面。

人性是不断变化和发展的，并没有什么固定不可更改的性善说或者性恶说，这就是王夫之从进化论的观点出发，而提出的"命日受，性日生"的思想。

人性是指人的绝对的自由意志。其代表者，例如，龚自珍提出的自尊其心的个性说，梁启超提出的个性中心说。

人性是属于社会存在的范畴。例如，颜元以"生"释"性"，并从中引申出所谓人性就是人生的命题，就包含有或者说是猜测到了这个意思。①

李沈阳

李沈阳从生命、本来面目、性格、天赋素质、气等角度总结了汉代"性"字之义。

在汉代，性的涵义主要有以下几种：性指性命、生命，这样的例子比较多：司马迁说："天尊地卑，君臣定矣。高卑已陈，贵贱位矣。动静有常，小大殊矣。方以类聚，物以群分，则性命不同矣。"《集解》引郑玄曰："方谓行虫。物谓殖生者。性之言生也。命，生之长短。"《正义》曰："性，生也。万物各有嗜好谓之性。命者，长短天寿也。所祖之物既禀大小之殊，故性命天寿不同也。"《淮南子》说："五色乱目，使目不明；五声譁耳，使耳不聪；五味乱口，使口爽伤；趣舍滑心，使行飞扬。此四者，天下之所养性也，然皆人累也。"性，高诱注曰："性，生也。"元帝的诏书中提到："乃者火灾降于孝武园馆，朕战栗恐惧。……百姓仍遭凶院，无以相振，加以烦扰苛吏，拘牵乎微文，不

---

① 傅云龙：《中国哲学史上的人性问题》，北京：求实出版社，1982，页82—83。

得永终性命，朕甚闵焉。其赦天下。""不得永终性命"，也就是"不得永终生命"，性指生命、性命。王莽专政时提到："夫赦令者，将与天下更始，诚欲令百姓改行洁己，全其性命也。""全其性命"亦即"全其生命"，性指生命、性命。成帝时，梅"福居家，常以读书养性为事"。"养性"也就是养生，性指生、生命。

性指事物的本来面目。哀帝时贾让上疏中提到："昔大禹治水，山陵当路者毁之，故凿龙门，辟伊阙，析底柱，破碣石，堕断天地之性。此乃人功所造，何足言也。""天地之性"与"人功所造"对用，性指天地的本来面目。西汉后期，谷永批评成帝说："今陛下轻夺民财，不爱民力，听邪臣之计，去高敞初陵，捐十年功绪，改作昌陵，反天地之性，因下为高，积土为山，发徒起邑，并治宫馆，大兴徭役，重增赋敛，征发如雨，役百乾溪，费疑骊山，糜敝天下，五年不成而后反故。""天地之性"，联系下文内容来看，也是指天地的本来面目，具体指地势的本来面貌。

性指性格。《汉书》记载，公孙"弘身食一肉，脱粟饭，故人宾客仰衣食，俸禄皆以给之，家无所余。然其性意忌，外宽内深"。"意忌"，师古曰："多所忌害也。"因此"性意忌"中的"性"是指性格。这段话同时体现出人的行为与性格之间的一定脱离，公孙弘在个人饮食方面的节俭、对宾客的照顾与其性格上的深沉，暗含着通过人的行为有时探查不到其内心世界的意思，也为认识人性增加难度。又，"成帝性宽而好文辞，又久无继嗣，数为微行，多近幸小臣，赵、李从微贱专宠，皆皇太后与诸舅宿夜所常忧"。"性宽"，意思是性格宽和，"性"指性情、性格。《昌言》记载："人之性，有山峙渊停者，患在不通；严刚贬绝者，患在伤士；广大阔荡者，患在无检；和顺恭慎者，患在少断；端悫清洁者，患在拘狭；辩通有辞者，患在多言；安舒沉重者，患在后时；好古守经者，患在不变。"其中的"山峙渊停""严刚贬绝"等词语，是形容人的性格，"人之性"的"性"当是指性格。

性指天赋素质，文帝时晁错上书中认为："夫胡貉之地，积阴之处也，木皮三寸，冰厚六尺，食肉而饮酪，其人密理，鸟兽毳毛，其性能寒。杨粤之地少阴多阳，其人疏理，鸟兽希毛，其性能暑。秦之戍卒不能其水土，戍者死于边，输者偾于道。""其性能寒""其性能暑"，是说生活于北方的人耐寒，生活于南方的人耐热，这里的"性"不可言说，只能归之于天赋。元帝时，刘宇多行不法，受到斥责，"（刘）宇惭惧，因使者顿首谢死罪，愿洒心自改"。诏书又敕傅相曰："夫人之性皆有五常，及其少长，耳目牵于耆欲，故五常销而邪心作，情乱其性，利胜其义，而不失厥家者，未之有也。"性，张晏注曰："性者，所受而生也。情者，见物而动者也。"董仲舒说，"性者，天质之朴也；善者，王教之化也"，"性者，所受于天也；命者，所遭于时也"，两段话中提到的"性"都视为天的赋予。从这个角度说，性的涵义如蒙罗说的那样，"性是一个事物的先天素质，是出生时由天所赋予的；它部分是由一连串惯常重复的行为类型构成的"。

性指气，或气在事物身上的落实。贾谊说，"性者，道德造物。物有形，而道德之神专而为一气，明其润益厚矣"，又说，"性，神气之所会也"，其中的"性"都是指气的凝聚。《白虎通》："情者，静也。性者，生也。此人所禀六气以生者也"，是说性、情是由"六气"形成的。又："性者阳之施，情者阴之化也。人禀阴阳气而生，故内怀五性六情"，"阳之施""阴之化"，是说阳气、阴气分别形成性、情。《说文解字》曰："性，人之阳气，性善者也，从心，生声"，性也是指气。性指气实际上是探讨人性的来源问题，把性视为气赋予的，因此这个涵义与上述性指天赋素质是相通的。[①]

李景林

李景林对"生""性"二字作了辨析，认为孔孟论性是从生成的过程着眼，宋儒以理气二分的架构论性，离孔孟已较远了。

从文字的角度看，性的本字是"生"。"生"就人说，乃即人具体的自然生命而言。孔孟言人性，亦保留了此种意义。孔孟以为在此具体性的个体生命存在中，乃包含着人性的全部内容。《孟子·告子上》篇孟子与告子的争论，很清楚地表现了这一点。告子讲"生之谓性"，又讲

---

① 李沈阳：《汉代人性论史》，济南：齐鲁书社，2010，页11—15。

"食色性也"，孟子并不反对告子的这种说法，因为孟子同样也说"形色天性"，"口之于味，目之于色，耳之于声，鼻之于臭，四肢之于安佚"为"性"。孟子所反对告子者，在于他以仁义为外在于食色自然本性从而失却了此"食色"之性的人性意义。孟子于"形色天性也"一语下紧接着说"唯圣人然后可以践形"。这个"践形"，即于自然个体生命上实现形色之为形色之本真的人性意义。所以，孔子虽以"仁"为人之最本己的可能和天职，孟子虽以仁义礼智内在于人心，却并不抽象地、现成地以仁或仁义礼智定义"性"，而总是在其形中发外的具体生命存在意义上展示"性"的整体内涵。以后宋儒以仁义礼智为性、为理，以情、欲为气，已与孔孟言"性"之义相去很远了。

因此，孔孟凡论"性"，皆从"成性""生成"的过程上着眼。孔子说："一阴一阳之谓道，继之者善也，成之者性也"，又，"成性存存，道义之门。""存"即在。存存，就是生生不已的存在之展开。"成性"，也就是在生生不已的存在之展开历程中实现性，显现性的全体。同时，这里谈"性"，本身即包含了人之存在及其完成的过程性在其中，在这个意义上，可以说是"诚之者性也"。这样看来，"性"在这里，不是一个预成性的分析对象。孔子言性，强调的是对人、对性的动态的、历时性的具体把握，而不是静态的共时性的分析。①

张祥龙

张祥龙认为，中国人所讲的"性"最初指有生命者的禀赋，不同于西方传统概念化、本质化的那个"硬心"。

总之，"性"是中国古人首先用来表达有生命的存在者，特别是人的天生禀赋、天然倾向的这么一个字。后来泛化了，可以用来指无生命之物的天然倾向。但我觉得它一开始确实是指有生命者的禀赋，一看这个字就是有生命的，而且首先是人的性。它和西方传统中的概念化、范

---

① 李景林：《教养的本原：哲学突破期的儒家心性论》，北京：北京师范大学出版社，2009，页7—8。

畴化的哲学中讲的那个"本质"就很不同了。那地方讲人的本质，或者一个东西的本质，通过种加属差来定义，是分层级的。我们中国人讲的，尤其是儒家讲的这个性没有一个观念化、属性化的硬心，只意味着一种天然的趋向。①

杨泽波

孟子创立性善论，只是说人在道德方面有生而即有的善的属性，没有也不可能全面探讨人的本质问题。

在《孟子》中，"性"字主要指原本即有的属性、资质，也包括趋向，可合称为性向。"性"字由"生"字而来，《孟子》中"性"字仍可以看到生的意思。如"形色，天性也。"这个"性"字，只能作"生"字解，意为形色是天生的，否则无法说通。由于性有生的含义，所以"性"字一般指生来即有的属性和资质。如"人见其濯濯也，以为未尝有材焉，此岂山之性也哉"，就是指山的本来的属性和资质。孟子认为，人生下来就有仁义礼智四端，这是人生而具有的属性、资质，所以才"道性善，言必称尧舜"。

生来即有的属性，细细分来又有两种，所以也有两种不同的性，即口之于味，目之于色的性，以及仁之于父子，义之于君臣的性。因为在孟子看来，口之于味，目之于色固然是生而即有的，而仁之于父子，义之于君臣也是生而即有的。既然性是指生而即有的属性，这两种情况理所当然都应称为性。

关于"性"字有两个问题应该注意。

首先，孟子论性，只是指人生来即有的属性，这里的属性并非指人的本质。属性与本质不同。一个本质可以有多方面的属性，而本质是综合各种属性后的抽象概括。孟子创立性善论，只是说人在道德方面有生而即有的善的属性，没有也不可能全面探讨人的本质问题。一

---

① 张祥龙：《先秦儒家哲学九讲：从〈春秋〉到荀子》，桂林：广西师范大学出版社，2010，页 236—239。

些论者由性善论的"性"字联系到性质，又由性质联系到本质，认为性善论是说人的本质是善的，由此多生评议，结果只能是方枘圆凿，互不相接。对性善论的"性"字不甚了了，自然是发生这种遗憾的主要原因。

再有，现在有一种很普遍的说法，认为"孟子之性指人之所以为人的特质，也就是人与禽兽的不同特点"。这种说法不能算错，但并不准确。因为人与禽兽不同的地方至少有两个，一是人有道德，二是人能认知，而孟子的性善论只以道德立论，并不涉及认知。所以上述说法必须再进行具体界定。如果说"孟子之性指人之所以为人的道德特质"，就比较好了。①

（闫林伟整理）

梁　涛

梁涛认为孟子的性善论实际上是以善为性论，其核心并不在于性为什么是善的，而在于为什么要把善看作性。

孟子之前，人们往往是把性看作一客观的对象与事实，孟子则不然。前引孟子曰："口之于味也，目之于色也，耳之于声也，鼻之于臭也，四肢之于安佚也，性也，有命焉，君子不谓性也。"表明孟子亦承认"口之于味""目之于色""耳之于声""鼻之于臭""四肢之于安佚"事实上也是一种性，但又认为君子并不将其看作性。这里前一个"性也"，是一个事实判断；后面的"不谓性也"，则是一个价值判断。孟子又认为，仁义礼智的实现，虽然一定程度上也要受到命的限制，但"有性焉，君子不谓命也"。这里的"不谓命也"，同样是一个价值判断，所以如学者所指出的，孟子论性"最大的特色即在于摆脱经验、实然的观点，不再顺自然生活种种机能、欲望来识取'人性'。他从人具体、真实的生命活动着眼，指出贯穿这一切生命活动背后的，实际上存在着一种不为生理本能限制的道德意识——'心'，并就'心'之自觉自主的

---

① 　杨泽波：《孟子性善论研究》（再修订版），上海：上海人民出版社，2016，页29—30。

践仁行义，来肯定人之所以为人的'真性'所在"。在孟子看来，人生而具有恻隐、羞恶、辞让、是非之心，此四心作为一种内在的道德禀赋与品质，"求则得之，舍则失之"，是"可欲""可求"的，同时可以由内而外表现为具体的善行，因而是善的。恻隐、羞恶、辞让、是非之心虽非人性之全部，但它们是人之异于禽兽者，是人之"真性"所在，人当以此为性，人之为人就在于充分扩充、实现此善性。所以孟子性善论实际是以善为性论，孟子性善论的核心并不在于性为什么是善的——因为"把善看作是性"与"性是善的"，二者是同义反复，实际是一致的，而在于为什么要把善看作是性，以及人是否有善性存在。①

（闫林伟整理）

4. 西方汉学家论性之义

Arthur Waley（韦利）

"性"在日常用语中指"事物最初具有的特性"（qualities that a thing has to start with），孟子的"性"则是指"对是非的感受"（feelings of right and wrong）。葛瑞汉对此观点进行了批驳。②

Donald J. Munro（孟旦）

孟旦将"性"广义地定义为"与生俱来、不能人为改变的"东西（方按：此与《荀子》〈正名〉〈性恶〉中的定义颇近），这是从西方的 human nature 传统出发的遗传学概念。③

---

① 梁涛：《郭店竹简与思孟学派》，北京：中国人民大学出版社，2008，页342—343。

② Arthur Waley, *Three Ways of Thought in Ancient China*, *Garden City*, N. Y: Doubleday & Company Inc., 1956, pp. 155 – 156. 其中葛瑞汉的批评见 A. C. Graham, "The Background of the Mencian Theory of Human Nature", in *Studies in Chinese Philosophy and Philosophical Literature*, Singapore: Institute of East Asian Philosophies, 1986, p. 27.

③ Donald J. Munro, *Concept of Man in Contemporary China*, Ann Arbor: University of Michigan Press, 1979, p. 144.

Benjamin I. Schwartz（史华兹）

史华兹主张"性"在希腊文、拉丁文中有对应物，即 phuo（希），nasco（拉），指生而具有的倾向、方向或成长潜能。此一观点与孟旦的有关观点相似。[①]

Angus C. Graham（葛瑞汉）

葛瑞汉明确强调，中国哲学所讲的"性"与西方 nature 的性不对应，后者不能反映"性"之动态、成长的含义，性并非某种在初生时就具有，而后一成不变的东西。[②]

Roger T. Ames（安乐哲）

安乐哲继承葛瑞汉，反对使用西方 human nature/human being 中所包含的本质主义的含义，认为它来源于希腊人的宇宙论；进一步说明"性"是在特定的历史—文化环境中的创造，而非静态不变的。西方人的 human nature 指某种固定不变的本质，且是先天具有的，由造物者从外部强加于现象之中，非现象本身所能支配（故希腊人不讲修身）。Physis 或指 the Nature（世界总体），或指具体事物之本质。本质，即 essence。西方人探究 arche、eidos、principle 或 deity，它们代表某种永恒的外在原理，一切现实工作只是去实现或探索它们而已。而孟子所谓性乃是可变的，依赖于环境和关系，需要个人修炼，代表文化成就，不由先天决定。孟子人性论不是探究或实现天命，天命只是生命的基本条件（basic conditions），而不是目标。孟子之性要实现的只是真正地"成为人"，圣人也只是"充分地成为了人"。[③]

Ivor A. Richards（瑞恰慈）

在第二章中，瑞恰慈详细讨论了性（Nature/*Hsing*）、心（Mind/*Hsin*）、志

① Benjamin I. Schwartz, *The World of Thought in Ancient China*, Cambridge, M. A.: Harvard University Press, 1985, pp. 175 – 179.

② Angus C. Graham, "The Background of the Mencian Theory of Human Nature", in *Studies in Chinese Philosophical Literature*, Singapore: Institute of East Asian Philosophies, 1986.

③ Roger T. Ames, "The Mencian Conception of Ren Xing: Does It Mean 'Human Nature'?" in *Chinese Texts and Philosophical Contexts: Essays Dedicated to Angus C. Graham*, edited by Henry Rosemont, Jr., La Salle, Illinois: Open Court, 1991, pp. 143 – 175.

（Will/*Chi*）、仁义礼智、气（*ch'i*, vital energy）、欲（desires）等概念。认为孟子的"性"是指人区别于动物而为所有人共有的一种属性。并认为"性"含有各种冲动（impulsion），四端就是指这种最原始的冲动，故而性与心同义，性即是四端之心。作者进而断言，孟子所讲的"性"关心的是人的社会属性，是自发生长和发展着的心灵倾向，所谓人性善正是指自发向善的倾向。①

（闫林伟整理）

Irene Bloom（华霭云，又译卜爱莲）

华霭云批评安乐哲从特殊主义视角将孟子的"性"解读为每个人在具体的历史文化情境中的创造行为。与安乐哲不同，其特别强调孟子的人性是指所有人共有的普遍属性，既包括感性的欲望，也包括道德的冲动；来自天命，而又实现于动态的过程。②

（闫林伟整理）

Kwong-loi Shun（信广来）

信广来综合前人研究成果，将"性"之义归纳为三点：（1）性源于"生"，其含义与"生"有关，指"一物生命的过程"，或"某物成长发展的方向"；（2）性与普通人的生活状况（livelihood）有关，包括他们的需要和欲望，以及物质生活（the material well-being of the common people）；（3）性指某物特有的趋势（tendencies characteristic of a thing），有时这种趋势是特定环境下养成的、未必合乎道德，有时这种趋势是合道德的（inherent moral tendencies, inborn moral propensities）。③

（闫林伟整理）

Robert Eno（罗伯特·伊若泊）

伊若泊专门讨论了孟子的人性论。其认为孟子区分了两种"性"：常人

---

① Ivor A. Richards, "Mencius's View of the Mind", in *Mencius on the Mind: Experiments in Multiple Definition*, edited by John Constable, London: Routledge, 2001, pp. 68 – 72.

② Irene Bloom, "Mencian Arguments on Human Nature（Jen-hsing），" in *Philosophy East & West*, Vol. 44, No. 1, January 1994, pp. 19 – 53.

③ Kwong-loi Shun, "Mencius on Jen-Hsing" in *Philosophy East & West*, Vol. 47, No. 1, January 1997, p. 3.

的性是在描述意义（descriptive notions）上使用的，而孟子的性是在规定意义（prescriptive term）上使用的。所谓规定意义上，即孟子的"人性"是指人需要通过努力追求才能实现的理想生命状态，性指人热切追求的理想（a particular type of being to which man can aspire）。[①]

（闫林伟整理）

Philip J. Ivanhoe（艾文贺）

艾文贺认为，孟子的人性论并非是指人天生就是善的，而是生而向善（not we are inborn good，but we are born for goodness）。为善的过程也就是人性不断走向成熟的过程，或者说，人性按照恰当的过程发展将会趋向善。"孟子并不主张我们生而即善，而是主张我们生而向善。我们的道德萌芽需要成长和成熟，就像谷物需要成熟一样，从而充分展现我们的天性（nature）。孟子对其性善论的解释清楚地表明，他指的是人的恰当成长过程（proper course of human development）会导致善。"[②]

（闫林伟整理）

Heiner Roetz（罗哲海）

罗哲海在 *Confucian Ethics of the Axial Age：A Reconstruction under the Aspect of the Breakthrough toward Postconventional Thinking* 的第 13 章讨论道德的基础时，有一小节专门讨论孟子的人性论，标题为"Mengzi's Navitism"，认为孟子的人性论是"先天主义"（navitism），而荀子的人性论为理性主义（rationalism）。"心"既指"思想"（thinking），也指"感受"（feeling）。尽管这二者有时矛盾，但孟子还是将它们作为一个总体。可以推想孟子认为道德不可能没有情感基础。仅有情感是不够的，还需要思维，但是仅有思维也是不够的。孟子未将道德的终极基础放在"思"或"感"之上，而是放在某种"自发的倾

---

① Robert Eno，"The Meaning of 'Hsing' in the *Mencius*"，in *The Confucian Creation of Heaven：Philosophy and the Defense of Ritual Mastery.*，Albany，N. Y.：State University of New York Press，1990，p. 119.

② Philip J. Ivanhoe，*Ethics in the Confucian Tradition：the Thought of Mengzi and Wang Yangming*，second edition，Indianapolis/Cambridge：Hackket Publishing Company Inc.，2002，p. 34.

向"（spontaneous indication）上。①

（闫林伟整理）

Lee H. Yearley（李耶理）

人性是指一组通常情况下被遮蔽、有待触及或发现的恒常特征（a permanent set of dispositions）。人性并非培养出来的，而是潜存的某种隐蔽的"存在现实"（a hidden ontological reality）。对于所谓"存在现实"，他强调这并不是生物学意义上的，因为生物学意义上的特点并不能反映人的恰当处境；所谓"存在现实"是指"真实自我"（the true self），它是对于所有人来说共同存在的现实，是"一种基本的、不变的和'非个人'的现实"（a fundamental, unchangeable, and 'apersonal' reality.），它常常被错误的情绪和感觉所遮蔽。因此，它并不是指植物通过缓慢生长实现繁荣，而是指"获得一种让人触及——通常以即刻的方式——某种控制人们行为的根本的本质（the fundamental nature）"。②

（闫林伟整理）

James Behuniak Jr. （江文思）

江文思认为人性没有先天预设的固定本质，反对从本质主义（essentialist）或目的论（teleological, end-driven）视角解读孟子人性论，强调孟子及其同时代中国思想家的人性论（以《郭店简》为例）都是"过程取向的"（process-oriented），主要是指在特定的环境条件下与各种外在因素相互作用的结果，被作者称为开放的动态过程。孟子的基本议题应是指在现有环境中"如何成为人"（becoming human）。③

（闫林伟整理）

---

① Heiner Roetz, "Groundings of Morals", in *Confucian Ethics of the Axial Age: A Reconstruction under the Aspect of the Breakthrough toward Postconventional Thinking*, Albany: State University of New York Press, 1993, pp. 197 – 213.

② Lee H. Yearley, *Mencius and Aquinas: Theories of Virtue and Conceptions of Courage*, Albany, N. Y.: State University of New York Press, 1990, p. 60.

③ James Behuniak Jr, *Mencius on Becoming Human*, Albany: State University of New York Press, 2005, p. 21.

Yu Jiyuan（余纪元）

余纪元对孟子人性论的理解是非常典型的从人禽之别出发的。他认为孟子虽然知道人性是多种因素的复合体（the human nature complex），有善也有不善，但是当他提出人性善时，他所指的是人性中善的成分，即人高于动物之处，指人的道德性。换言之，孟子所谓"性善"并不是针对人性的复合总体而言，而是针对其中人高于动物的部分而言，即四端。他认为，孟子之所以这样做，是因为正是这一部分才真正代表人高于禽兽的地方。他说："当孟子宣称人'性'（xing）善时，他指的仅仅是人性复合体中的一部分，即由四端所构成的那部分。""孟子从人性复合体中选出这一部分（来说人性善），是因为它决定了人之所以为人（a human being qua a human being），从而把人与其他动物区别开来。""因此，当孟子说人性善时，他是指人独有的特征，不包括人与其他动物共有的特征。"①

（闫林伟整理）

---

① Yu Jiyuan，"Humannature and Virtue in Mencius and Xunzi：An Aristotelian interpretation"，in *Dao：A Journal of Comparative Philosophy*，Vol. 5，No. 1，Winter 2005，pp. 13 – 14.

附录二　其他人性概念

生、命、性命、心、情、性情、才、质、故、理、气、欲等皆与性含义相近或相关。

南宋程端蒙《性理字训》对命、性、心、情、才、志、德、善、仁、义等范畴有详细的阐发。

南宋陈淳《北溪字义》对命、性、心、情、才、志、意、理、德、仁义礼智信等范畴有详细阐发。

明王夫之《读四书大全说》论性、情、才三者关系甚有趣，称"理以纪乎善者也，气则有其善者也，情以应乎善者也，才则成乎善者也"①。

清戴震《孟子字义疏证》从理、天道、性、才等重要范畴着手，试图廓清理学对于孟子思想的"曲解"，由训诂通义理，阐明这些范畴的本义及内涵。

江恒源《中国先哲人性论》认为性、情、欲、心、气、命、才皆与性"密切相关"。②

张岱年〈中国古典哲学概念范畴要论〉对气、理、命、德、性、心、情、才等概念阐发甚详。③ 张岱年影响下的大陆研究还有张立文《中国哲学范畴发展史（人道篇）》对于性、命等范畴讨论甚详；④ 葛荣晋《中国哲学范畴通论》对气、理气、性情、心物、力命、仁等概念和范畴的历史演变和具体内涵作了细致分析和探讨。⑤

唐君毅《中国哲学原论·原性篇》认为心与生所成一性字，即象征中国

---

① 王夫之：《读四书大全说》，北京：中华书局，2019，页662。
② 江恒源：《中国先哲人性论》，太原：山西人民出版社，2014，页12—29。
③ 《张岱年全集》（第四卷），石家庄：河北人民出版社，1996，页482—654。
④ 张立文：《中国哲学范畴发展史（人道篇）》，北京：中国人民大学出版社，1995。
⑤ 葛荣晋：《中国哲学范畴通论》，北京：首都师范大学出版社，2001。

思想自始即把稳"即心灵与生命之一整体以言性"这一大方向。心、性、理是中国哲学的核心问题，也是中国文化的精神命脉所在。其中，第十六章对"王船山以降之即'气质''才''习''情''欲'以言性义"讨论甚详。蔡仁厚《中国哲学史》对于《孟子》"心、性、才、情"等意涵分析甚精。①

安乐哲《经典儒学核心概念》（*A Conceptual Lexicon for Classical Confucian Philosophy*）对心、性、情、生、德、理、气、命、善、圣、四端等儒学核心概念用英文进行了翻译、阐发与评注。在阐发"心"时，将其与性、四端和内外等概念联系起来，阐发"性"时亦如此。这一做法，对于中西哲学的对话和中国哲学的国际化具有重要意义，同时为我们理解儒学的这些核心概念提供了一个广阔的汉学视角。②

王月清等编著的《中国哲学关键词》，对德、命、心、性、情、理、气等范畴的历史演变及具体内涵阐发较为系统、全面。③ 韩先虎《先秦儒家思想八讲》，论性与天、情、心、诚几个概念的关系甚详。④

方朝晖《先秦秦汉"性"字的多义性及其解释框架》从原初特性和生长特性等角度对"性"进行了阐发与归纳，将其分为来源义、基本义与引申义三层。⑤

张法《作为中国哲学关键词的"性"：起源、演进、内容、特色》认为性的最初演进与血缘之姓、地域之氏、军事之族紧密关联，从生、命、德三字的角度对性的最初内涵进行了界说，并将性、心、情、欲看作一个整体。⑥

丁四新《作为中国哲学关键词的"性"概念的生成及早期论域的开展》将"性"放在天命论与宇宙论的双重背景下进行考察，由此联系着天命与生命体双方，并从八个方面进行了具体阐发。⑦

---

① 蔡仁厚：《中国哲学史》，台北：台湾学生书局，2009，页127—129。
② 〔美〕安乐哲：《经典儒学核心概念》，北京：商务印书馆，2021。
③ 王月清等编著《中国哲学关键词》，南京：南京大学出版社，2011，页12—118。
④ 韩先虎：《先秦儒家思想八讲》，上海：上海交通大学出版社，2015，页101—150。
⑤ 方朝晖：《先秦秦汉"性"字的多义性及其解释框架》，《中国人民大学学报》2016年第5期，页38—47。
⑥ 张法：《作为中国哲学关键词的"性"：起源、演进、内容、特色》，《社会科学辑刊》2019年第5期，页21—29。
⑦ 丁四新：《作为中国哲学关键词的"性"概念的生成及早期论域的开展》，《中央民族大学学报》（哲学社会科学版）2021年第3期，页24—38。

赵法生《从性情论到性理论——程朱理学对原始儒家性情关系的诠释与重构》一文对于儒家的性情论进行了正本清源，旨在走出宋明理学性理论的成见而恢复儒家性情论的真面目，以此来揭橥情在先秦儒学中的重要性。[①]

（方朝晖、闫林伟整理）

1. 情

情作为一个重要的人性论范畴，一般与性相对，指人的情绪、情感，如喜、怒、哀、乐、爱、恶、欲等；也指人的自然欲望，如《汉书·董仲舒传》"人欲之谓情"，《说文》"情，人之阴气，有欲者"，欲主要针对饮食男女而言。在中国古代思想中，情往往是与性、心、欲等概念联系在一起的，因此对情的认识离不开对性、心、欲等概念的分析。

情之义历来有情实与情感之说。然从《尚书》《左传》《国语》《诗经》等早期文献看，似乎在孟子以前，或者说战国中期以前，情主要指情实，而非情感。《易经》不见情字。《尚书·康诰》情1见"民情大可见"。《诗经》情1见，〈陈风〉"子之汤兮，宛丘之上兮，洵有情兮"（参郑笺）。《公羊传》情3见，其中闵公元年"不探其情而诛焉"，宣公十五年"使肥者应客，是何子之情也"，宣公十五年"是以告情于子"。《左传》情14见，皆难释读为情感，如庄公十年"小大之狱，虽不能察，必以情"，僖公二十八年"民之情伪尽知之矣"，襄公十八年"吾知子敢匿情乎"，襄公二十七年"言于晋国无隐情"，文公十五年"救乏、贺善、吊灾、祭敬、丧哀，情虽不同"，成公十六年"侨如之情，子必闻之矣"，昭公十三年"敢不尽情"，"情"皆不指情感，指实情。《论语》情2见，〈子路〉"上好信，则民莫敢不用情"，〈子张〉"上失其道，民散久矣，如得其情，则哀矜而勿喜"，其中"情"均指情实。《孟子》情4见，似均可读为情实，"声闻过情""夫物之不齐，物之情也"，尤其明显（"乃若其情""是岂人之情也哉"之情，朱子读为情感，即四端，戴震、陈大齐已驳之）。《易传》情14见，"天地之情""万物之情""鬼神之情状""设卦以尽情伪""圣人之情见乎辞""爻象以情言""吉

---

① 赵法生：《从性情论到性理论——程朱理学对原始儒家性情关系的诠释与重构》，《广西师范大学学报》（哲学社会科学版）2021年第5期，页139—148。

凶以情迁""情伪相感而利害生""凡《易》之情"，其中"情"当指情实。《庄子》《淮南子》中"情"亦多指实情、情状。

情字获得情感之义，较明显地见于《礼记》诸篇，其中情 67 见，"人情"连用 16 见，如〈檀弓〉"哭泣之哀、齐斩之情"，"使人疑夫不以情居瘠者乎哉"（〈檀弓〉年代似较早）；〈曾子问〉"礼以饰情，三年之丧而吊哭"；〈乐记〉"情动于衷""合情饰貌"，皆是较典型的以情感为情。另外，《荀子》《淮南子》以情感为情似甚多。然而细考可知，无论是《礼记·礼运》的"七情"（喜、怒、哀、惧、爱、恶、欲），还是《荀子·正名》的"六情"（好、恶、喜、怒、哀、乐），皆包含欲。《庄子·德充符》论"情"甚多，称"吾所谓无情者，言人之不以好恶内伤其身，常因自然，而不益生也"，此"情"与《荀子》〈礼运〉一样包含好恶，不限于后世所谓情感。故早期的情，不限于后世所谓情感。由于《尚书》《左传》《国语》《诗经》《易传》《论语》甚至《孟子》中，情均不指情感，可知情指情感当晚出，晚于指实情。

因此我认为，用后世情感之情来理解早期的"情"恐有问题。我初步认为，情之初义或本义是指事物在与他物关系或环境中的反应或状况（情状）。因此，"情"可指：（1）事物之实情；（2）针对人而言可指其好、恶、喜、怒、哀、乐、欲、惧、爱，等等，因为这些正是人在关系或环境中的反应或状况（据此今人哭笑之类亦当属于情）。故第（2）义当属后起引申义。《易·咸·彖》"观其所感，而天地万物之情可见矣"，以"感"说明"情"，似透露此字本义。《淮南子·俶真训》"人之情，耳目应感动，心志知忧乐，手足之拂疾蛘，辟寒暑，所以与物接也"，也典型地反映出情/人情之本义。又〈乐记〉"人生而静，天之性也；感于物而动，性之欲也"，联系许慎以情为"有欲者"，作者分明亦是以感于物来理解情。

欲之所以为情的一部分（〈乐记〉《荀子·正名》等），正是因为情是关系中之反应，故古人没有后人狭义的情感概念。〈礼运〉云：

> 何谓人情？喜怒哀惧爱恶欲七者，弗学而能。……故圣人之所以治人七情……舍礼何以治之？

此处人情并不限于人的情感，其中好恶就不是情感，而与意愿有关。后面"礼义以为器，人情以为田"，"人情者，圣王之田也"，"达天道顺人情"，其中人情均可理解为实情。显然在〈礼运〉看来，七情反映人之实情；七情之情虽包含情感，但不限情感，因为情感表现人之实情。〈礼器〉"礼之近人情者"，〈乐记〉"夫乐者乐也，人情之所不能免也"，〈问丧〉"哭泣无时，服勤三年，思慕之心，孝子之志也，人情之实"，〈丧服四制〉"礼之大体，体天地，法四时，则阴阳，顺人情"，其中人情均既包含情感，亦指实情。人情就是人之实情或典型情状，礼、乐针对人之实情而言。人之实情包括情感，也包括其他状况。比如《庄子·齐物论》"遁天倍情"，联系前文"不蕲言而言，不蕲哭而哭者"，则情包含言、哭等在内。① 可以说，情之二义，实情或七情，在这里合而不分，不过只有在针对人时才这样，均是对情之本义——事物在外部关系中的反应或表现——展开。

又《荀子·性恶》：

> 尧问于舜曰："人情何如？"舜对曰："人情甚不美，又何问焉！妻子具而孝衰于亲，嗜欲得而信衰于友，爵禄盈而忠衰于君。人之情乎！人之情乎！甚不美，又何问焉！唯贤者为不然。"

此处"人情"表面看来指实情，但荀子从孝、忠、信等方面出发，实际上是在讲人在孝、信、忠等方面的情状，因而也是二义兼具的。

理解了情之本义，特别是其本不限于后世情感这一狭义，即可理解为何古人讲情由性生，以及古人性情二分的思路。情由性生，原因很简单，因为性好比是原型，情是原型之动、原型之展开。关于性情二分，《郭店简·性自命出》"道始于情，情生于性"（另参《上博简·性情论》），其中情与性已二分。性情二分在先秦有许多例证。《郭店简》〈性自命出〉〈语丛〉、《礼记·乐记》、《周易·乾·文言》、《庄子》、《荀子》多篇皆有"性情"或"情性"连用。然性情关系如何理解，各家似有别。〈乐记〉以动与静、物与不及物区分性情，对后世影响甚大，此说极符合情之本义——情是交感而起者，则性是未感已有者；性代表接物之前，情代表接物之后。这是朱子从形

---

① 此处"情"若释为狭义的情感亦可通，下文亦有"安时而处顺，哀乐不能入"。不过，从上文看，此处讲秦失吊老聃，见有人"不蕲言而言，不蕲哭而哭"而发"倍情"之论。《庄子》论情参〈德充符〉。

上形下理解性情的源头。汉以来，一方面继承了〈乐记〉思路，但又发展出以性代表阳、情代表阴的思路，典型地见于董仲舒、《白虎通》及《说文》。不过以阴阳说性情亦见于刘向、王充、韩愈、苏轼、苏辙、王夫之、孙星衍、康有为等大批学者的作品中，虽然刘向、王充等对阴阳与性情关系的理解与多数人不同。大体上，汉代学者多数人以性为阳，为未接物，情为阴，为已接物；阳主善，阴主恶（董仲舒、《白虎通》、许慎、郑玄等）。故汉人多认为人性有善也有恶，杨雄"人性善恶混"之说乃汉代之典型说法。王充可能是汉代少有的批评以阴阳分属情性，且明确反对以接物与否区分情性的学者，王充认为性、情皆有阴阳，而性必然是接物的，他甚至举例说恻隐、辞让之类莫不是在接物中（《论衡·本性篇》）。

情、性区分还是不分？情是否为性的一部分？从《郭店简·性自命出》"情生于性"，《礼记·乐记》"人生而静，天之性也；感于物而动，性之欲也"，哀乐喜怒爱敬"六者，非性也，感于物而后动"看，先秦学者以情为性之所生，而情未必就是性。《中庸》称"天命之谓性"，"喜怒哀乐之未发谓之中，发而皆中节谓之和"，似以未发、已发区分性情。后世学者如朱熹分开性情二者，认为性代表理，情代表欲。朱子等人以性为天理，当然不承认情为性的一部分。但从孟子以"乃若其情"说明性善看，他似乎以人之实情（包括情感和欲望）来说明性。情由性生，情正好说明性，或者说是性的展开。故王安石谓"七情之未发于外而存于心者"为性，"七情之发于外者"为情，从体用立场主张"性、情一也"。事实上，主张情为性之一部分的观点先秦就有。从《荀子·正名》"性之好恶喜怒哀乐谓之情"看，性、情一体，情当为性之一部分。类似的看法亦见于《庄子》《荀子》《易传》中性情或情性连用。汉人似皆以情为性之一部分。

江恒源谓荀子之前，如孟子等皆以情、性为同物，至荀子始区分性、情二者。[①] 此说可能有误，〈乐记〉已区分二者。先秦秦汉学者有的区分二者，有的不分。〈乐记〉《淮南子》采取了区分情、性的做法，《孟子》《庄子》则似视情为性之一部分或与性相统一，故《庄子》等书常有"性情""情性"等词，《荀子》亦然。王安石"性情"一文强调"性、情一也"，性就

---

① 江恒源：《中国先哲人性论》，太原：山西人民出版社，2014，页14。以下采集原始材料，论述尤其清楚。

是喜、怒、哀、乐、好、恶、欲藏于心，情就是这七者发于外，"性者情之本，情者性之用"。①

争论的焦点在于情是否是性的一部分或一方面。如果情是性在感物而动时的表现形式，则情不是性吗？这要看是否能把性绝对地定义为完全未接物状态。事实上，从先秦对性的使用方式看，人们并不都认为性是完全未接物状态，因此，情也是性的一部分。韩国儒者"四端七情"之争也涉及这个问题。

"情"的多义问题，即情感之情与实情之情，在西方学界也有讨论，可参葛瑞汉（A. C. Graham）、陈汉生（Chad Hasen）的相关讨论。②

还有一个争论就是孟子所说的情究竟是情感之情，还是实情之情？韩国"四端七情"之争似乎以四端为情感之情。但陈大齐研究了《孟子》中各处出现的"情"，如"声闻过情""夫物之不齐物之情也"等，说明《孟子》"情"当指实情，而非情感之情。而在《荀子》中，我们明显发现，情包括好、恶、喜、怒、哀、乐等，内含与〈礼运〉相近。

《易·系辞》："利贞者，性情也。"荀悦《申鉴·杂言下》："《易》称乾道变化，各正性命，是言万物各有性也。观其所感，而天地万物之情可见矣，是言情者。"

〈性自命出〉："凡人虽有性，心亡奠志，待物而后作，待悦而后行，待习而后定。喜怒哀悲之气，性也。及其现于外，则物取之也。性自命出，命自天降。道始于情，情生于性。始者近情，终者近义。知【情者能】出之，知义者能纳之。好恶，性也。所好所恶，物也。善【不善，性也】。所善所不善，势也。凡性为主，物取之也。金石之有声【也，弗扣不鸣；人】虽有性，心弗取不出。"此段意思表明情亦是性，即喜、怒、哀、悲、好、恶均是性。但同时又认为"情生于性"，情是心待物而后作，如金石因扣而后鸣。

《郭店简》"情"字25见，含义往往包含情感，但不限于情感。〈唐虞之道〉"脂肤血气之情"；〈语丛二〉"情生于性，礼生于情"；〈性自命出〉

---

① 王安石：《临川先生文集》卷六十七"论议"，上海：中华书局，1959，页715。

② A. C. Graham, "The Background of the Mencian Theory of Human Nature," in *Studies in Chinese Philosophy and Philosophical Literature*, Singapore：Institute of East Asian Philosophies, 1986, pp. 7 - 66; Chad Hansen, "Qing：Reality or Feeling," in *Encyclopedia of Chiense Philosophy*, ed. Antonio S. Cua, New York and London：Routledge, 2003.

"信，情之方也"，"凡人情为可悦也。苟以其情，虽过不恶；不以其情，虽难不贵。苟有其情，虽未之为，斯人信之矣。未言而信，有美情者也"，此处"情"或不限于情感。同篇"凡声其出于情也信""凡至乐必悲，哭亦悲，皆至其情也""用情之至者，哀乐为甚"，皆以哀乐为情。

〈乐记〉谓"人心之动，物使之然也。感于物而动，故形于声。……乐者，音之所由生也；其本在人心之感于物也。是故其哀心感者，其声噍以杀。其乐心感者，其声啴以缓。其喜心感者，其声发以散。其怒心感者，其声粗以厉。其敬心感者，其声直以廉。其爱心感者，其声和以柔。<u>六者，非性也，感于物而后动</u>"，"凡音者，生人心者也。<u>情动于中</u>，故形于声。声成文，谓之音"，"人生而静，天之性也；感于物而动，性之欲也"，"夫民有血气心知之性，而无哀乐喜怒之常，<u>应感起物而动，然后心术形焉</u>"。

《荀子》中"情性"连用 19 次，"性情"连用 1 次。〈正名〉称"生之所以然者谓之性；性之和所生，精合感应，不事而自然谓之性。性之好、恶、喜、怒、哀、乐谓之情"，此区分性、情二者。〈天论〉"好恶喜怒哀乐臧焉，夫是之谓天情"，其情之内容与〈正名〉相近，而与《礼记·礼运》七情说略别。〈正名〉又谓："性者、天之就也；情者、性之质也；欲者、情之应也。"此论性、情、欲三者关系，似乎区分了性、情、欲三者。但总体来说，从荀子情性连用看，荀子实以性情之别为主，以欲为情之内容。故称"欲为可得而求之"，为"情之所必不免"（〈正名〉）。

董仲舒、《白虎通》、许慎等皆以阴阳说性情，从此一直到康有为，性情二分之说在阴阳说基础上定型，尽管汉儒如刘向、王充等未必完全赞同董氏之说。董仲舒谓"身之有性情也，若天之有阴阳也""性情相与为一瞑，情亦性也，谓性已善，奈其情何"（《春秋繁露·深察名号》），此说有二要点：其一，情性一代表阳一代表阴，二者一体；其二，情也是性的一部分。《白虎通》引《钩命诀》意思相近。〈礼运〉郑注："情以阴阳通也。"

董氏又谓"性者，生之质也；情者，人之欲也""性者，天之就也；情者，性之质也；欲者，情之应也"（《汉书·董仲舒传》）。"天令之谓命，命非圣人不行；质朴之谓性，性非教化不成；人欲之谓情，情非度制不节。是故王者上谨于承天意，以顺命也；下务明教化民，以成性也；正法度之宜，别上下之序，以防欲也：修此三者，而大本举矣。"（《汉书·董仲舒传》）

《春秋繁露·深察名号》："天之禁阴如此，安得不损其欲而辍其情以应天？"同时称"**情亦性也**"。王充《论衡·本性篇》评论董仲舒论性有性情两面，性为阳、情为阴：

> 董仲舒览孙孟之书，作情性之说曰："天之大经，一阴一阳；人之大经，一情一性。性生于阳，情生于阴。阴气鄙，阳气仁。曰性善者，是见其阳也；谓性恶者，是见其阴者也。"若仲舒之言，谓孟子见其阳，孙卿见其阴也。处二家各有见，可也，不处人情性有善有恶，未也。夫人情性，同生于阴阳。其生于阴阳，有渥有泊；玉生于石，有纯有驳。情性于阴阳，安能纯善？[①]

依上，则董仲舒分性为性、情，性为阳，情为阴。阳为善（仁），阴为恶。此乃后世许慎之典型说法（《说文》"性，人之阳气。性，善者也""情，人之阴气""酒，就也，所以就人性之善恶也"）。

《白虎通·情性篇》："情性者，何谓也？性者阳之施，情者阴之化也。人禀阴阳气而生，故内怀五性、六情。情者，静也；性者，生也。"又引《钩命诀》说："情生于阴，欲以时念也；性生于阳，以理也。阳气者仁，阴气者贪，故情有利欲，性有仁也。"

赵岐《孟子章句》之〈告子章〉："性与情相为表里，性善胜情，情则从之。"许慎《说文》论性与情（阮元称为古训）："性，人之阳气。性，善者也""情，人之阴气，有欲者也""酒，就也，所以就人性之善恶也"。据此，则性为善而情可恶，且性与情可合称为人性。故《诗·蒸民》郑笺云："情法性，阴承阳也。"此说以性、情对应阳、阴，阳善阴恶，故性善情恶。似乎许氏之说在先秦并无代表性。

荀悦《申鉴·杂言下》曰："好恶者，性之取舍也。实见于外，故谓之情尔。必本乎性矣。"据此说，情是性之动，性情一体。荀悦反对性善情恶，引用刘向曰："性善情恶，是桀纣无性而尧舜无情也。"

《易·象辞》："乾元者，始而亨者也；利贞者，性情也。"《正义》释曰："以性制情。"

---

① 王充：《论衡》，《诸子集成》第七册，上海：上海书店出版社，1986，页30。

刘向之言性情曰："刘子政曰：'性，生而然者也，在于身而不发；情，接于物而然者也，出形于外。形外则谓之阳；不发者则谓之阴。'夫子政之言，谓性在身而不发。情接于物，形出于外，故谓之阳；性不发，不与物接，故谓之阴。夫如子政之言，乃谓情为阳、性为阴也。不据本所生起，苟以形出与不发见定阴阳也。必以形出为阳，性亦与物接，造次必于是，颠沛必于是。恻隐不忍，仁之气也；卑谦辞让，性之发也。有与接会，故恻隐卑谦，形出于外。谓性在内，不与物接，恐非其实。不论性之善恶，徒议外内阴阳，理难以知。且从子政之言，以性为阴，情为阳，夫人禀情，竟有善恶不也？"（王充《论衡·本性篇》引而评之）

王充《论衡·本性篇》："情，接于物而然者，出形于外"，"情性者，人治之本，礼乐所由生也。故原情性之极，礼为之防，乐为之节。性有卑谦辞让，故制礼以适其宜；情有好恶喜怒哀乐，故作乐以通其敬"。据此，情指好、恶、喜、怒、哀、乐，性指伦理道德。

《列子·说符篇》："发于此而应于外者，唯情。"

《礼记·问丧》郑注："人情之中外相应。"

以性情定义还包括《礼记·乐记》，董仲舒，赵岐《孟子》注，郑玄注〈中庸〉《白虎通》等。

> 性，人之阳气。性，善者也。（许慎《说文解字》）
>
> 情，人之阴气，有欲者。从心，青声。（许慎《说文解字》）
>
> 酒，就也，所以就人性之善恶也。（许慎《说文解字》）

又，徐锴《说文解字系传》"性"条有：

> 臣锴曰："五性仁义礼知信属阳，所以五五阳数。情属阴，所以六六阴数。"[1]

同书"情"条有：

---

[1]　徐锴：《说文解字系传》，北京：中华书局，1987，页208。

臣锴按："《白虎通》：人之六情，所以扶成五性，喜怒哀乐爱恶也。"①

据此，许慎虽在"性"字条上称其为善，然后又似乎承认性有阴阳，故而善恶共存。许的解释另一特点是以性、情之分释性。这一点在〈乐记〉中比较明显。此一说法孙星衍《问字堂集》卷一〈原性篇〉极力赞同，称"许君以酒观人性，据其动而言，则性兼情，故有善恶；其善者性也，恶者情之欲也"。②

韩愈〈原性〉："性也者，与生俱生也。情也者，接于物而生也。……情之品有上中下三，其所以为情者七。曰喜，曰怒，曰哀，曰惧，曰恶，曰欲。上焉者之于七也，动而处其中；中焉者之于七也，有所甚，有所亡，然而求合其中者也；下焉者之于七也，亡与甚，直情而行者也。情之于性视其品。"③ 韩子认为性有三品，情亦有三品。

王安石〈性情〉："性、情一也。七情之未发于外而存于心者，性也。七情之发于外者，情也。性者情之本，情者性之用。故性、情一也。"④

苏轼、苏辙、王阳明、王夫之、梁启超皆以为性为原始的、未接物前状态，而情为"性之动"（苏轼），为接物后而生。故他们数人认为性本身无所谓善恶，而善恶生于情。

朱子《中庸章句》强调"四端"亦是情，情不是性，而是性之发。（"情之中节者，合乎性"）先秦时期就有喜、怒、哀、惧、爱、欲、恶为七情之说（《礼记》），亦有以喜怒哀乐之未发与已发区分中和者（《中庸》），李延平谓中指性、和是情。后来朝鲜儒者李退溪、奇高峰讨论"四端"与"七情"关系，亦由此而来。

王夫之《读四书大全说》论性、情、才三者关系甚有趣。"理以纪乎善者也，气则有其善者也，情以应夫善者也，才则成乎善者也。"⑤ "情元是变合之几，性只是一阴一阳之实"，"情便是人心，性便是道心"⑥。"孟子以体天地之诚而存太极之实。"⑦ 王谓性为本体，而情、才皆为发用。他举例说

---

① 徐锴：《说文解字系传》，北京：中华书局，1987，页208。

② 孙星衍：《问字堂集》卷一〈原性篇〉，骈宇骞点校，北京：中华书局，1996，页15。

③ 《韩愈文集汇校笺注》（全七册），刘真伦、岳珍校注，北京：中华书局，2010，页47—48。

④ 王安石：《临川先生文集》卷六十七，上海：中华书局，1959，页715。

⑤ 王夫之：《读四书大全说》，北京：中华书局，2019，页662。

⑥ 同上《读四书大全说》，页674。

⑦ 同上《读四书大全说》，页663。

"自布衣而卿相，以位殊而作用殊"①，却同是一"故吾"。此一同者，即是性。故性不离于情，在情中有性，如布衣、卿相皆是此一人。王夫之以为，性超越善恶，而情、才有善有恶，"不可竟予情才以无有不善之名"。② 所以他将孟子"乃若其情，则可以为善矣；若夫为不善，非才之罪也"解释为："可以为善，则可以为不善矣；'犹湍水'者此也；'若夫为不善，非才之罪也。'为不善非才之罪，则为善非才之功矣。"③ 他也意识到这样解释可能会遇到质疑，即为什么孟子不说乃若其情可以为不善、若夫为善非才之功？"若以情知性，则性纯乎天也，情纯乎人也，时位异而撰不合矣。"④

　　孙星衍《问字堂集》卷一〈原性篇〉从许慎《说文》出发，系统地从阴阳论性情，性为阳、情为阴，欲来源于情，情、欲皆有善有恶。他综述了多家言论。原文如下：

　　　　许叔重之言性曰：人之阳气，性善者也。其言情曰：一人之阴气，有欲者。其言酒曰：所以就人性之善恶。夫言性阳曰善，论其质也。言情不曰有恶，而曰有欲者，欲有善有恶也。酒属欲，欲有善恶。……许君之说，本《孝经钩命诀》，曰："情生于阴，性生于阳。阳气者仁，阴气者贪。故情有利欲，性有仁也。"纬书多出于汉末，多本孔子之言。《文子》书曰："人生而静，天之性也。感物而动，性之欲也。"《管子》曰："凡民之生也，必以正平。所以失之也，必以喜怒哀乐。"汉《诏》曰："夫人之性，皆有五常。及其少长，耳目牵于嗜欲，故五常销而邪心作，情乱其性，利乱其义。"张晏曰："性者，所受而生也。情者，见物而动者也。"董仲舒曰："命者天之令也，性者生之质也，情者人之欲也。"又曰："谓性已善，奈其情何？"此言性与情，皆得之矣，何以言情亦有善也？《礼记》之言喜怒哀乐曰："未发谓之中，发而中节谓之和。"……人不能有性而无情，天不能有阳而无阴。天之时若，即人之中节也。⑤

---

①　王夫之：《读四书大全说》，北京：中华书局，2019，页673。
②　同上《读四书大全说》，页662。
③　同上《读四书大全说》，页661。
④　同上《读四书大全说》，页574。
⑤　孙星衍：《问字堂集》卷一〈原性篇〉，骈宇骞点校，北京：中华书局，1996，页14—15。

孙氏还详细论述了性、情、欲三者关系。大体性情一体，性为阳、情为阴，然情亦可视为性之一部分。欲则是情之所有。情、欲皆有善有恶。正如从广义上讲，性也有善恶一样。故不能说情、欲直接就是恶。他还举孔子"饮食男女，人之大欲存焉"证明欲不单纯是恶。他认为许慎称"情有欲"，而不谓"情是恶"，也是认为情不一定就是恶。而〈中庸〉"发而皆中节谓之和"就是情可善的明证，发而中节是指情。

凌廷堪在其〈复礼〉一文中的说法较有代表性：

> 夫人之所受于天者，性也；性之所固有者，善也；所以复其善者，学也；所以贯其学者，礼也。是故圣人之道，一礼而已矣。……夫性具于生初，而情则缘性而有者也。性本至中，而情则不能无过不及之偏，非礼以节之，则何以复其性焉？父子当亲也，君臣当义也，夫妇当别也，长幼当序也，朋友当信也，五者根于性者也，所谓人伦也。而其所以亲之、义之、别之、序之、信之，则必由情以达焉者也。非礼以节之，则过者或溢于情，而不及者则漠焉遇之。故曰："喜怒哀乐之未发谓之中，发而皆中节谓之和"，其中节也，非自能中节也，必有礼以节之。故曰：非礼何以复其性焉？①

宋翔凤《论语说义》注孔子论性曰："儒者以五常为性，以六欲为情，然《中庸》言：'喜怒哀乐之未发谓之中，发而皆中节谓之和。'是情之未发者即性，性之已发者即情，故《中庸》言性不言情。情性一理，情自性出。观其既发，则性已有恶；发皆中节，则能性其情。"② 此亦以未发、已发区分性情，而谓情出于性，情性一也。

在先秦、秦汉，如《庄子》《荀子》《淮南子》等处，"情性""性情"常常作为一个术语，"人之情性"与"人之情"含义常一致，可见其混淆性与情（情亦常被理解为"实"，《孟子》"乃若其情"之情即然）。荀子对性、情、欲三者有明确的区分和定义，但同时常常混用二者。清人孙星衍亦分辨性、情、欲三者。

---

① 凌廷堪：《校礼堂文集》，王文锦点校，北京，中华书局，2016，页27—28。
② 宋翔凤：《论语说义》，杨希校注，北京：华夏出版社，2018，页207。

　　朱子等人对性、情、欲的区分，基本上是以性为本然之理，而情为性之发，欲是情之欲。奇高峰在与李退溪的辩论中也接受这一观点，反对李退溪性主于理、情主于气之二分说，强调情兼理气，情之中节者为四端，为合于性。朱子、奇高峰典型地以未发与已发来区分性与情。

　　王夫之认为情、才皆可以为善，也可以为不善（与孙星衍同）。

　　程瑶田《通艺录·论学小记·诚意义述》曰："情，其善之自然而发者也；才，其能求本然之善而无不得者也。性善故情善，而才亦善也。"[1] 他在释"乃若其情，则可以为善也，乃所谓善也"一句时，认为"情"包括恻隐、羞恶、辞让、是非之情，也包括真好真恶之情。这与戴震释"情"为"实"不同（牟宗三、陈大齐皆释此段"情"为"实"）。

　　程瑶田《通艺录·论学小记·述情》三篇，论情与性关系甚明。然皆本于古人。其情与〈礼运〉"七情"无别。然以七情中节，即为善。程氏更以孟子四端为"情之体"，以"喜怒哀乐好恶"为情之用。同时主张情为性之动，心统性、情。程氏另以情无不善，情发而不中节，"意主张之，而岂情之不善哉！"[2]

　　阮元《性命古训》根据《易·文言》"利者，义之和"，称"《文言》以利属情，以贞属性"。即乾之元、亨、利、贞四德中，利为情之需，贞为性之德。[3]

　　中国人对于"情"的肯定态度，体现了中国文化中对于此生的肯定，也是身心一体、阴阳共存观的体现。这与佛教"灭情见性"之说迥然不同，亦与基督教"原罪"思想颇不一致。韩愈之所以反对"灭情见性"，正是此故。近年来《郭店简》让更多的人认识到先秦时期中国人对于"情"的肯定。而与此同时，李泽厚等人提倡所谓"情本体论"。

　　邓国光谓："人性中的共同元素，称之为'才'。不见善，只是困于'习'而未能尽展才具，并非本性之不善。本性显示于生活，是称为'情'。孟子指出异议者受蔽外在的'习'与因之所动之'情'，未能见本，云：'乃

---

[1]　程瑶田：《通艺录·论学小记·诚意义述》，《程瑶田全集》第一册，陈冠明等校点，合肥：黄山书社，2008，页 36。

[2]　程瑶田：《通艺录·论学小记·述情三》，《程瑶田全集》第一册，陈冠明等校点，合肥：黄山书社，2008，页 50。

[3]　阮元：《性命古训》，《揅经室集》，邓经元点校，北京：中华书局，1993，页 221。

若其情，则可以为善矣，乃所谓善也。若夫为不善，非才之罪也。'"①

2. 欲

"欲"在中国古代人性论思想中是一个重要概念，主要有三层含义：（1）欲望（作为名词出现，由此引申出贪欲、情欲、嗜欲、嗜好等；欲望本身涵盖范围较广，通常为中性义，但当涉及贪欲、情欲和嗜欲等概念时往往指对道德、秩序和人的身心健康等方面造成破坏，偏重于负面义）；（2）欲求、希望（作为动词出现，后面接欲求的对象）；（3）将要（此义较少见）。本文所论"欲"仅涉及名词性用法，即欲望及其相近含义，以及其与"性""情""心"等相关概念之间的关系。

在中国古代思想中，心、性、情、欲、德等概念是一个整体的、相互关联的"概念群"。② 先秦秦汉学人以阴阳配属天地，心性属阳属天，情欲属阴属地。人禀受于天而有性，性在具体环境中与之互动而有心，在接物时而有情、欲，情是人接物时的反应，欲则是人在接物时所产生的欲望、欲求。正如有学者所言："在性、心、情、欲这一中国主体的心理结构中，性，处于核心和主导地位，心、情、欲都因与性的关系并在性的标准下方能获得文化高位。"③ 许慎《说文》曰"情，人之阴气，有欲者"，谓欲则曰"欲，贪欲也"，表明情、欲二者之间具有密切关联。

古人所谓"欲"，常包含在"情"之中，此在《荀子》中较为常见。〈荣辱〉曰："天子富有天下，是人情之所同欲也。"〈王霸篇〉多处涉及"……人情之所欲也"的用法。〈正论〉曰："……以人之情为欲。"〈正名〉曰："以所欲为可得而求之，情之所必不免也；以为可而道之，知所必出也。"又"欲之多寡，异类也，情之数也""故治乱在于心之所可，亡于情之所欲"，又"性者，天之就也；情者，性之质也；欲者，情之应也。以所欲为可得求之，情之所必不免也"，又"故欲养其欲而纵其情"。在此数处情和

---

① 邓国光：《孟子"性善"原论》，《国学学刊》2014年第3期，页33—40。
② 心、性、情、慾（欲）、惪（德）字等皆从心，与人的思想、情感、精神和内心状态有关，从字源上表明是一个相互关联的整体。
③ 张法：《作为中国哲学关键词的"性"：起源、演进、内容、特色》，《社会科学辑刊》2019年第5期，页21—29。

欲的用法中可以看出，荀子明显是将情与欲联系在一起的，欲包含于情之中。提到情时，往往"人情"连用，表达为"……人情之所必不免也"的句法结构，即强调这种情是人之常情，即普遍性的情感。情和欲本身并不构成恶，甚至礼的目的就是"养人之欲，给人之求"，但过度的情和欲，即纵情、纵欲会妨碍他人对于情感和欲望的满足，会破坏社会秩序，这时情和欲才是恶的，需要用礼义法度来加以规范。

〈正名〉所谓"性者，天之就也；情者，性之质也；欲者，情之应也"。此处似乎有性、情、欲三分。但同时又说"以所欲为可得而求之，情之所必不免也"，"欲之多寡……情之数也"，"情之所欲"等，似以欲为情之内容。〈荣辱〉曰："人之情，食欲有刍豢，衣欲有文绣，行欲有舆马，又欲夫余财蓄积之富也；然而穷年累世不知不足，是人之情也"，"人之情"后面紧接 4 个"欲"字。〈性恶〉称"今人之性，饥而欲饱，寒而欲暖，劳而欲休，此人之情性也"，此处 3 个"欲"，似亦属于"情性"中的"情"。联系〈性恶〉篇开头：

> 今人之性，生而有好利焉，顺是，故争夺生而辞让亡焉；生而有疾恶焉，顺是，故残贼生而忠信亡焉；生而有耳目之欲，有好声色焉，顺是，故淫乱生而礼义文理亡焉。然则从人之性，顺人之情，必出于争夺，合于犯分乱理，而归于暴。

上文"好利""疾恶""耳目之欲""好声色"皆属于"人之性"范畴，但联系下文"从人之性，顺人之情"看，此四者似乎又属于"人之情"。〈正名〉篇称"性之好、恶、喜、怒、哀、乐谓之情"，更可见前四者属于情，因为"好利""疾恶""耳目之欲""好声色"皆体现了人之好恶。由于荀子大量使用"情性"（连用达 18 次），所以总的来说，荀子采纳的是情性二分，欲则属于情之一种。但由于欲的特殊性，特别是在证明性恶方面，荀子似乎对之异常重视（见〈不苟〉〈荣辱〉〈正名〉〈性恶〉诸篇）。

《礼记》中提及情，也是将欲包含在内。〈礼运〉所言"七情"为"喜、怒、哀、惧、爱、恶、欲"七者，包括欲在内；又"饮食男女，人之大欲存焉"，此处虽未涉及"情"字，但实已暗含其中，饮食、男女是人之常情，因此可以说是人之情，也可以说是人之欲，之所以用大欲就是点明这是所有人最基本、最普遍的两种欲望。〈乐记〉则强调人禀受天之命以生，具有性，性在接物时触发欲，即"人生而静，天之性也，感于物而动，性之欲也"。实已含以欲为情的思想，因后面讨论"哀心""乐心""喜心""怒心""敬心""爱心"六者，内容当属当时"人情"的范畴。

《吕氏春秋》论"欲"亦与情联系起来。〈重己篇〉曰："凡生长也，顺之也。使生不顺者，欲也。"高诱注："欲，情欲也"，表明此欲是指情之欲。〈情欲篇〉曰："天生人而使有贪有欲。欲有情，情有节。圣人修节以止欲，故不过行其情也。"此中论述"情""欲"关系，以过度之"情"为"欲"，即明显为"情"包"欲"之说。

《淮南子》"欲"凡345见，其中多以"嗜欲"连用，凡27见。《淮南子》对于"嗜欲"基本呈负面评价，认为嗜欲是对人之本性的戕害，尊重并顺应本性的生活才是健康的生活，因此主张禁止嗜欲。例如，〈原道训〉曰"故圣人不以仁滑天，不以欲乱情"，又"去其诱慕，除其嗜欲"，又"嗜欲者，性之累也"。〈俶真训〉曰："嗜欲达于物，聪明诱于外，而性命失其得。"〈时则训〉曰："君子斋戒，处必掩，去声色，禁嗜欲。"〈齐俗训〉曰："……夫纵欲而失性。"〈说林训〉曰："嗜欲在外，则明所蔽矣。"

董仲舒《春秋繁露》"欲"凡97见，动词性"欲"较多，但也有部分为名词性"欲"，其中"嗜欲"连用凡2见。〈度制〉曰："嗜欲之物，无限其数，不能相足，故苦贫也。"〈保位权〉曰："有欲不得过……"〈深察名号〉曰："……安得不损其欲而辍其情以应天。"〈循天之道〉曰："故君子闲欲止恶。"〈立元神〉曰："……三者皆亡则民如麋鹿，各纵其欲。"苏舆注曰："《说苑·修文篇》传曰：触情纵欲谓之禽兽。"董仲舒虽然未曾像道家那样完全将欲望看作对本性的戕害，但是认为欲望如果过度则会导致恶，故主张在道德的引导下来规范、节制欲望。尤其是董仲舒亦明确用"欲"定义"情"，"人欲之谓情""情者，人之欲也"（《汉书·董仲舒传》）。

《礼记·坊记》郑注引《钩命诀》："情，主利欲也。"这些可以说是欲属于情的典型说法。江恒源将先秦秦汉学者论"欲"归纳为三点：（1）情是喜、怒、哀、乐、好、恶的感情，往往随欲以俱发；（2）情就是欲；（3）情欲是人生所同具，但不纯粹是善的。其将情与欲的关系定义为："情是感情的表现，欲是本能活动的倾向。"①

---

① 江恒源：《中国先哲人性论》，太原：山西人民出版社，2014，页18。

儒家并不主张禁欲，而是主张适当的节欲；并不认为欲望完全是恶的，而是认为脱离了道德规范的欲望则会形成不受约束的力量，会使人的心灵秩序与社会秩序纷乱。由于受到佛道二教的影响，唐代以后逐渐形成以欲为恶的思潮，逐渐影响到宋明理学。在韩愈那里，尚未有"性善情恶"的表达。韩愈只是将人之性情分别划分为三品：上品之性对应上品之情，七情之发皆中节，故皆善；中品之性对应中品之情，七情中有的过度，有的缺乏，但通过人为努力可使之合于中道；下品之性对应下品之情，七情或过度或缺乏，由于过度放纵这些情感，导致无法合于中道。值得注意的是，其中品之情与下品之情，反映了情的适度与放纵，主张合于道德规范的情（中品之情），而一旦过于放纵则流于欲（下品之情），导致恶。就这一点来说，还是儒家的传统。

李翱则明确主张"性善情恶"，其在〈复性书〉中说："人之所以为圣人者，性也。人之所以惑其性者，情也。喜、怒、哀、惧、爱、恶、欲七者，皆情之所为也。情既昏，性斯匿矣。"[①] 依照李翱的说法，人性本善，之所以出现不善，是因为情的扰乱。其所谓"情"主要是就欲而言，因此在李翱这里，情与欲基本上是等同的。

周敦颐受到唐代以来视欲为恶的传统，强调无欲。《太极图说》云："圣人定之以中正仁义，而主静（自注：无欲故静），立人极焉。"周敦颐认为要想达到"静"的状态，就要做到无欲。而"无欲"也是成圣的工夫，《通书·圣学》曰："圣可学乎？……一为要。一者无欲也。无欲则静虚动直。"

周敦颐这种对欲的看法影响到二程，进而影响到朱熹乃至整个宋明理学对于欲的看法。在二程那里，明确提出"人欲"概念，与"天理"对立起来。《二程集》"人欲"凡11见。其中〈外书〉2见、〈遗书〉4见和〈伊川易传〉5见。〈外书第二〉曰："人心，人欲；道心，天理。"[②] 〈遗书卷十一〉曰："'人心惟危'，人欲也。"[③] 程颐以"人心"为人欲，道心为天理，天理纯善而人欲纯恶，故主张"损人欲以复天理"。

朱熹受到二程及其后学的明显影响，将人欲与天理的对立强调到极致。

---

① 李翱：《复性书》，《李文公集》卷二，上海：上海古籍出版社，1993，页6。

② 程颢、程颐：《河南程氏外书》卷二，《二程集》，王孝鱼点校，北京：中华书局，2016，页364。

③ 程颐：《河南程氏遗书》卷十一，《二程集》，王孝鱼点校，北京：中华书局，2016，页126。

《语类》"人欲"凡295见，《晦庵集》"人欲"凡188见，《四书章句集注》"人欲"凡34见。《语类》〈卷十二〉曰："……明天理，灭人欲。"① 〈卷十三〉曰"有个天理，便有个人欲"，又"人欲胜，则天理灭"，又"饮食者，天理也；要求美味，人欲也"②。〈卷一百一十六〉曰："……此便是天理人欲交战之机。"③《晦庵集》〈卷五〉曰："世路无如人欲险，几人到此误平生。"④〈卷五十三〉曰："省察者，所以遏人欲也。"⑤〈卷七十三〉曰："人欲肆而天理灭矣。"⑥《四书章句集注》〈论语卷第三〉曰："……皆出于天理而无人欲之私也。"⑦〈孟子卷第二〉曰："……皆所以遏人欲而存天理。"⑧〈大学〉曰："盖必其有以尽夫天理之极，而无一毫人欲之私也。"⑨〈中庸〉曰："……所以遏人欲于将萌。"⑩ 朱熹认为人欲存则天理灭，所以主张"去人欲，存天理"，从这来看天理与人欲似乎是对立的，水火不容。不过，他又认为饮食是天理，追求美味是人欲，即强调欲望是否适度与合乎道德规范，认为适当的欲望是天理，过度的欲望是人欲。然而，欲望的过度与否往往难以把握，沿着程朱的理路，即理欲势同水火，往往会过分强调欲望的危害性。

王夫之将"人欲"进一步划分为"公欲"和"私欲"，认为天理与人欲可以并行存在，并非彼此对立，视同水火。《读四书大全说》"人欲"凡130见。〈卷二〉曰："喜、怒、哀、乐，只是人心，不是人欲。"⑪〈卷四〉曰：

---

① 朱熹：《语类》卷十二，《朱子全书》第14册，朱杰人、严佐之、刘永翔主编，上海、合肥：上海古籍出版社、安徽教育出版社，2002，页367。

② 朱熹：《语类》卷十三，《朱子全书》第14册，朱杰人、严佐之、刘永翔主编，上海、合肥：上海古籍出版社、安徽教育出版社，2002，页388、389。

③ 朱熹：《语类》卷一百一十八，《朱子全书》第18册，朱杰人、严佐之、刘永翔主编，上海、合肥：上海古籍出版社、安徽教育出版社，2002，页3667。

④ 朱熹：《晦庵先生朱文公文集》卷五，《朱子全书》第21册，朱杰人、严佐之、刘永翔主编，上海、合肥：上海古籍出版社、安徽教育出版社，2002，页389。

⑤ 朱熹：《晦庵先生朱文公文集》卷五十三，《朱子全书》第22册，朱杰人、严佐之、刘永翔主编，上海、合肥：上海古籍出版社、安徽教育出版社，2002，页3509。

⑥ 朱熹：《晦庵先生朱文公文集》卷七十三，《朱子全书》第24册，朱杰人、严佐之、刘永翔主编，上海、合肥：上海古籍出版社、安徽教育出版社，2002，页3532。

⑦ 朱熹：《论语集注》卷三，《四书章句集注》，北京：中华书局，2012，页80。

⑧ 朱熹：《孟子集注》卷二，《四书章句集注》，北京：中华书局，2012，页230。

⑨ 朱熹：《大学章句》，《四书章句集注》，北京：中华书局，2012，页3。

⑩ 朱熹：《中庸章句》，《四书章句集注》，北京：中华书局，2012，页18。

⑪ 王夫之：《读四书大全说》卷二《中庸》，北京：中华书局，2019，页83。

"人欲之各得，即天理之大同；天理之大同，无人欲之或异。"①〈卷五〉曰："天理人欲同行异情？……天理与人欲同行……人欲与天理异情。"②〈卷六〉曰"……行天理于人欲之内"，又"天理、人欲，只争公私诚伪。如兵农礼乐，亦可天理，亦可人欲。春风沂水，亦可天理，亦可人欲。才落机处即伪。夫人何乐乎为伪，则亦为己私计而已矣"③。王夫之试图调和朱熹天理人欲相互对立的观点，认为人欲与人心不同，从而在一定程度上承认了情欲的重要性。尤其是"天理人欲，同行异情"显然是承袭了胡宏之说，即认为天理与人欲共同构成了人性的组成部分。此外，他认为，灭欲是不可能的，也是不必要的，欲望的存在自有其合理性。因此进一步区分私欲与公欲，所谓公欲是指普遍性的欲望，这是人情所必不能免的；所谓私欲是指超出人性合理需求的过度欲望，这会导向自私自利。所以既不能禁欲，也不能放纵欲望；前者会戕害生命健康，后者会导致自私自利，扰乱秩序。故其主张"人欲之大公，即天理之至正"。

戴震批评理学的道德形上学将理欲对立，主张情、欲、知皆为性的心性论。其以"血气心知"言性，"人生而后有欲、有情、有知，三者血气心知之自然也"④。即人性主要表现在情、欲、知三方面。人生而有人性，自然会有欲望，人的欲望"根于性而源于天"，是人性之自然表现，不可遏绝。欲指声色嗅味的生理欲望，情指喜怒哀乐的心理情绪，心指人的知觉认识能力。此外，戴震认为，理学家之所以会否定欲望，在于混淆了欲和私的区别。戴氏以"私"来划分君子、小人，将"仁"定义为有欲而不私。在〈原善〉卷下中说："遂己之欲，亦思遂人之欲，而仁不可胜用矣；快己之欲，忘人之欲，则私而不仁。"⑤ 在戴震看来，欲望并非是恶的，只有当欲望为了一己私而不顾他人之欲时，才是恶的，"欲之失为私，私则贪邪随之矣"。这就是说一个人在满足自己欲望的同时，还须推己及人，满足他人的欲望，这样就是仁；而当一个人只顾满足自己欲望而忽视或侵犯了他人的欲望时，便是私，此为不仁。因此君子修身的目标不在于灭欲，而在于去私。戴氏的心性论带

---

① 王夫之：《读四书大全说》卷四《论语》，北京：中华书局，2019，页248。
② 王夫之：《读四书大全说》卷五《论语》，北京：中华书局，2019，页296。
③ 王夫之：《读四书大全说》卷六《论语》，北京：中华书局，2019，页372。
④ 戴震：《孟子字义疏证》，北京：中华书局，2020，页40。
⑤ 戴震：《原善》卷下，《戴震集》，上海：上海古籍出版社，2009，页347。

有浓厚的情感性，一改理学家以理言性的窠臼，而以情欲论性。刘述先称之为"以欲首出的哲学"。

另阮氏《性命古训》采纳荀子之说，以情、欲为性之内容。然如孟子、庄子、《中庸》未将情、欲视同于性，〈乐记〉更是明确区分了性与情、欲。〈乐记〉云："人生而静，天之性也；感于物而动，性之欲也。……夫物之感人无穷，而人之好恶无节，则是物至而人化物也。""夫民有血气心知之性，而无哀乐喜怒之常，应感起物而动，然后心术形焉。"这里从未及物与及物之别区分性与欲。荀子混淆未及物与及物、先天与后天，是为了强调人性恶。

清儒除了阮元之外，焦循、程瑶田亦皆以欲、情为性。焦氏谓赵注以"欲"释性，颇为精彩，其中赵氏"然则犬之性犹牛之性，牛之性犹人之性与"一段注曰："孟子言犬之性岂与牛同所欲，牛之性岂与人同所欲乎？"焦氏《正义》这段引《礼记·乐记》"人生而静……感于物而动，性之欲也"，称："人欲即人情，与世相通，全是此情。'己所不欲，勿施于人'，'己欲立而立人，己欲达而达人'，正以所欲所不欲为仁恕之本。……感于物而有好恶，此欲也，即出于性。欲即好恶。""故人之欲异于禽兽之欲，即人之性异于禽兽之性。""赵氏以欲明性，深能知性者矣。"①

程瑶田批评戴震"未识性善之精意"，其以血气心知为性，使得性之本体的善无法完满自存。程氏以情之好恶言性善，虽承认性中有欲，但认为仁义礼智在发为恻隐、羞恶、辞让、是非之心时，便已是中节之至善。

> 或曰：恒舞酣歌，湎酒渔色，兹非其乐之情欤？侮圣逆忠，远德比顽，兹非其好恶之情欤？而曰"情无不善"者欤？曰：此所谓纵淫泆于非彝，拂人之性，而不近人之情者也。然其蔽皆由于不诚其意始，"独"之不"慎"，而自欺其本心，至于违禽兽不远矣。②

程瑶田承认人性中有耳目口鼻之欲，但此欲在性中能自然中节，故为善。至于沉湎酒色等拂逆人性、人情的行为，并非如戴震所言趋利避害为性之自然。

---

① 焦循：《孟子正义》，沈文倬点校，北京：中华书局，2017，页793。
② 程瑶田：《通艺录·论学小记·述情三》，《程瑶田全集》第一册，陈冠明等校点，合肥：黄山书社，2008，页50。

孙星衍在〈原性篇〉中细分性、情、欲，认为性分性情（即性有阴阳），而同时情有欲。[①] 他强调情、欲有恶，但也有善。故不可统称情、欲为恶。佛家绝情欲而复性，则是除阴独存阳，纯阳无阴亦可为恶。故统言之，性含情，情有欲；分而言之，则性情如阴阳。"人不能有性而无情，天不能有阳而无阴。天之时若，即人之中节也。浮屠之言曰：断欲去爱。又曰：爱欲交错心中，兴浊清净无垢，即自见性。夫不断不善，而断爱欲，则独阳不生，亢而有悔，反可以至于不善。"[②] 孙星衍反对绝情去欲，认为当性之阳动之极时，产生情。情中有六欲，即喜、怒、哀、乐、好、恶，情之阴动之极时，产生欲，欲包含贪利。性动则生情，情变则之欲。

> 善乎许叔重之言性曰："人之阳气，性善者也"；其言情曰："一人之阴气，有欲者也"；其言酒曰："所以就人性之善恶"。夫言性阳曰善，论其质也。言情不曰有恶，而曰有欲者，欲有善有恶也。言酒则言性有善恶者，酒属欲，欲有善恶。……人之性得酒而动，许君以酒观人性。据其动而言，则性兼情，故有善恶，其善者性也，恶者情之欲也。谓欲有恶而不可谓情有恶，谓情有恶尤不可谓性有恶。譬如夏至阴生，而夏不得谓之冬；冬至阳生，而冬不得谓之夏也。[③]
>
> 古者性与天道通，不明于阴阳五行，不可以言性。……天为阳，主性；地为阴，主情。天先成而地后定，故情欲后于性命。五六天地之中合，性有五常，情有六欲。五常者，仁、义、礼、智、性；六欲者，喜、怒、哀、乐、好、恶也。阳者善，故性善；阴有欲，故情有不善。阳极生阴，故性之动为情；阴极胜阳，故情之动为欲。性动而之情，变而之欲。变者情也，情动而有欲，变而之不善，化而复迁于善。善者性也……[④]

以阴阳五行释性情，天为阳主性，地为阴主情，性有五常故善，情有六欲故不善。但性之动而后生情，情之动而后生欲。而欲之所以会不善，是因

---

① 孙星衍：《问字堂集》卷一〈原性篇〉，骈宇骞点校，北京：中华书局，1996，页15—19。
② 同上《问字堂集》卷一《原性篇》，页17—18。
③ 同上《问字堂集》卷一《原性篇》，页16—17。
④ 同上《问字堂集》卷一《原性篇》，页15。

为性情之变化所导致，所以复善的关键在于变化欲情，使阳胜阴。孙氏论性不循宋明旧说，而尊崇汉代许慎，又引《孝经钩命诀》董仲舒和《礼记》中论性内容，以此阐明情欲与人性的必然联系："《孝经纬》以性属阳，情属阴。汉儒皆宗其说。宋人言性不言情，毋乃非欤？"① 孙氏认为性善只是本质之善，并不意味着结果一定善；情欲因性而生，虽有不善却不可谓之恶；只有在变化情欲处下功夫，才能促成结果之善。

清儒凌廷堪据本《大学》并参证古籍，以好恶论性，好恶即欲也。人性受之于天，有视听味嗅等本能，遂有好恶：

> 好恶者，先王制礼之大原也。人之性受于天，目能视则为色，耳能听则为声，口能食则为味，而好恶实基于此，节其太过不及，则复于性矣。《大学》言好恶，《中庸》申之以喜怒哀乐。盖好极则生喜，又极则为乐；恶极则生怒，又极则为哀。过则佚于情，反则失其性矣。先王制礼以节之，惧民之失其性也。然则性者，好恶二端而已。②

凌氏又举《大学》纲目为例，说明修齐治平之工夫，皆本于人心之好恶。而修齐治平之关键不过在于"所恶于上，毋以使下；所恶于下，毋以事上"，"民之所好好之，民之所恶恶之"。如此，方能勿拂人性。"然则人性初不外乎好恶也。爱亦好也。故正心之忿懥、恐惧、好乐、忧患，齐家之亲爱、贱恶、畏敬、哀矜、敖惰，皆不离乎人情也。《大学》性字只一见，即好恶也。"③

（闫林伟整理）

3. 气

"气"在古代典籍中，约有三义：（1）云气（此为气之原义，由此引申为空气、气息、气象、气味等较为朴素的含义）；（2）本体之气（构成世界的基本元素或实体，在汉唐的气化宇宙论和宋明气本论中较为常见；亦包含

---

① 孙星衍：《岱南阁集》卷一《观风试士策问五条》，骈宇骞点校，北京：中华书局，1996，页164。
② 凌廷堪：《校礼堂文集》卷十六《好恶说上》，王文锦点校，北京：中华书局，1998，页140。
③ 同上《校礼堂文集》卷十六《好恶说上》，页141。

有生命之原和道德修养的基础）；（3）精神状况（用于描述人的元气、生命力、气质等）。

气的范围极其广泛，从性质上主要可分为物质之气和精神之气。从物质之气来说，对一些难以解释的自然现象进行祛魅，赋予理性色彩；从精神之气来说，一些哲学家又赋予其道德属性，构成道德修养的基础和用以解释道德现象的原因。"气论"的形成对于中国哲学具有较大影响。

张岱年认为，气是中国古代哲学中表示物质存在的基本观念。其原义是指有别于液体、固体的流动而细微的存在；在古代思想的发展中，气亦指一切独立于人的意识之外的客观现象。[①] 古人认为一切生物，包括人均依靠呼吸而存在，故而认为气是生命之源，但气非生命本身。张岱年以《国语·周语》中所载西周太史伯阳父以"天地之气"与"阴阳"观念论地震为例，认为这是上古时代关于气最早的学说。春秋时代有"六气"之说，即指阴、阳、风、雨、晦、明，并认为"风雨晦明都称为气，这是现代汉语中气象一词的来源"[②]。

李存山对先秦气论起源及其内涵作了详细的考察，其通过《周礼·考工记》《尔雅》《说文》《马王堆帛书》《左传》《管子》《庄子》《吕氏春秋》《礼记》等文献中有关"气"的讨论归纳出气最早指烟气和蒸汽，后来又衍生出云气、雾气、风气和寒暖之气、气息等意涵。[③] 在"饮食—血气—道德"一节，李存山认为："春秋时期，人们认识到血气是人与禽兽所共有的生命基础和本质。"[④] 他以周定王向随会讲"礼"为例："夫戎、狄冒没轻儳，贪而不让，其血气不治，若禽兽焉。"分析道："这句话说明了血气是决定生理物质欲望的因素，人与禽兽的区别就在于治血气、讲道德。"又，周定王曰："五味实气，五色精心，五声昭德，五义纪宜，饮食可享，和同可观，财用可嘉，则顺而建德。"（《国语·周语中》）韦昭注"五味实气"为"味以实气，气以行志"，即认为符合礼的饮食不但可以充实人的体气，而且能够通过向体气的转化而提高人的道德修养。[⑤] 这应当是将气与道德首次联系起来

---

① 《张岱年全集》（第四卷），石家庄：河北人民出版社，1996，页482。
② 同上《张岱年全集》（第四卷），页483。
③ 李存山：《中国气论探源与发展》，北京：中国社会科学出版社，1990，页21—30。
④ 同上《中国气论探源与发展》，页48。
⑤ 同上《中国气论探源与发展》，页49。

的例子。

李存山认为孟子与告子之间的气志之辨上承孔墨，又可溯源于周定王的"治血气"思想。在孔子那里，强调"君子有三戒：少之时，血气未定，戒之在色；及其壮也，血气方刚，戒之在斗；及其老也，血气既衰，戒之在得"。在这里，血气充满了盲目性与危险性，因此成为道德治理的对象。到了孟子不再局限于血气，"而是指构成生命肉体的物质材料，或称物质元素"①。（闫按：在孟子那里不仅讲血气，而是在此基础上进一步赋予气以道德属性，如"浩然之气""平旦之气""夜气"等皆是道德之气，具有明显的道德倾向。）

曾振宇对"气"的哲学化历程作了细致考察，首先从语源学角度，利用于省吾对甲骨文、金文等文献的考释，认为在甲骨文中，"气"主要有三方面含义，即乞求、迄至与终止。"通而论之，甲骨、金文中的'气'字，只是一普通的字词，尚未蕴含哲学意义。"②他认为，"气"由一普通名词上升为哲学概念，是以《国语·周语》伯阳父以阴阳二气的交感互动、相互作用解释地震为标志。《易传》最早将气概念抽绎为"精气"，以之为天地万物细微的、原初的基元。《管子》进而发展，构筑了一幅宇宙图示，认为人的生命、精神意识，以及道德观念都源于精气。尤其是《管子·内业》篇中曰："全心在中，不可蔽匿，和于形容，见于肤色。善气迎人，亲于弟兄；恶气迎人，害于戎兵。不言之声，疾于雷鼓。心气之形，明于日月，察于父母。"曾认为，善气恶气是指"伦理道德观念，是精气范畴在社会人伦关系中外化的证明"③。并认为"这是中国古代颇具特色、从而也是颇具代表性的'道德起源论'……基于此，'黄老四篇'作者进而认为，在社会行为中，'善气'容易放失，因而人们必须返身向内追求先验的道德原理……人体是'精舍'，'舍'恬静淡泊，'善气'就得以在此驻守与护养。……从这一意义上说，人的社会化过程，也就是如何护守与光大先在性的'善气'的伦理化进程"④。

结合张岱年、李存山，以及曾振宇等人的论述，我们知道，"气"是中国古代思想中的重要范畴之一，贯穿于哲学史始终。"气"字最早见于甲骨

---

① 李存山：《中国气论探源与发展》，北京：中国社会科学出版社，1990，页109。

② 曾振宇：《中国气论哲学研究》，济南：山东大学出版社，2001，页27。

③ 同上《中国气论探源与发展》，页30—31。

④ 同上《中国气论探源与发展》，页31。

文，其本义指云气，许慎《说文解字》曰："气，云气也，象形。"① 在发展中演变为一个哲学概念，指构成天地万物的精微物质元素，并由此产生精气、阴气、阳气、元气等与之相关的一系列哲学概念，自然现象、社会现象、精神现象等往往从气的角度进行说明。将气与性联系起来，以气论性，到了宋儒，尤其是张载那里才真正蔚为大观。不过汉唐元气论较为发达，也有以气论性的表述，但这一传统似乎又可以追溯到孟子那里。

先秦儒家都讲气，但真正将气与人的德性联系起来，赋予气以道德内涵的当属孟子。孔子仅在一般意义上讲气，即指人的血气、言语辞气，未有哲学含义。孟子提出"志气""浩然之气""夜气""平旦之气"等概念。关于志、气关系，孟子认为："志，气之帅也；气，体之充也。"（〈公孙丑上〉）即认为志是气之统帅，气是生命之基础。孟子之"志"是心之"志"，赵岐释为"心所念虑也"，是人的理性思维能力。"气"是中国思想史的一个重要概念，内涵丰富而复杂，大致可以划分为构成世界的物质基础（物质之气）和人类的精神基础（精神之气）；精神之气又可分为血气、情气和德气。血气主要是指人的自然欲望，以及维持生命活动的基本要素，如《礼记·三年问》曰："凡生天地之间者，有血气之属，必有知；有知之属，莫不知爱其类"，"节乎肌肤血气之情"（《郭店简·唐虞之道》）。情气是针对人的自然情感，如"喜怒哀悲之气"（《郭店简·性自命出》）。德气是指人的道德情感，如马王堆帛书《五行篇》有"仁气"、"义气"和"礼气"之说。② 此处"志气"之气是指血气、情气，处于一种无序的状态，容易扰乱人的心志，故需要通过"志"来调配，使之秩序化。至于"浩然之气"，则用"至大至

---

① 闫按：只有厘清汉字的本义及其演变源流，才能准确理解这个字在古籍中的用法，此即古人"读书先从识字始"之意，故不避赘述，在此罗列一番。"气"的本义是指云气，说文曰："气，云气也。"段玉裁注："气、氣古今字。自以'氣'为云气字，乃又作'餼'为廪气字矣。"（故意给出繁体字，以作区别。）"气"在甲骨文中作"三"，即象云气层叠流动之形；金文以"三"（气）字容易与"三"（三）字相混淆，因而发展为"⊻"（春秋时期），因其表意功能不佳，故又发展为"气"（春秋时期）。其后"气"字因为同音而假借为"乞"，所以从甲骨文到东汉的"乞"字往往写作"气"（气讨、气借），为了与"云气"相区别，又省为"乞"（直到东汉武梁祠画像题字才看到"乞"字）。"氣"本义是馈赠给客人的米粮，自假借为"云气"之用，又造出从食、气声的"餼"字以表示米粮。"氣"字代表"云气"后，"气"字便废置不用。直到推行简化字以后，才将"气"字重新拿出来代表"云气"之"气"。

② 梁涛：《孟子解读》，北京：中国人民大学出版社，2010，页96。

刚""配义与道"等来描述，可见其具有道德属性，这种"浩然之气"是"集义"所生，也就是通过理性的凝聚，使之秩序化、道德化。浩然之气流布于人体之中，通过适当的培养可以使之充塞于天地之间。浩然之气的培养必须与义和道相配，否则就会"馁矣"，它是长期向内用功，即通过对义的体认而积累起来的，行为若不中节，就会萎缩。是故孟子所言浩然之气，并非具体的物质元素，实指一种道德气质和道德精神。《上博简·民之父母》曰"德气塞于天地"，《礼记·孔子闲居》则曰"志气塞于天地"，亦可佐证先秦时期的确有"德气"的用法。

孟子又提到"平旦之气""夜气"，如〈公孙丑上〉曰："其日夜之所息，平旦之气……梏之反覆，则其夜气不足以存；夜气不足以存，则其违禽兽不远矣。"此处的"平旦之气"，赵岐注曰："平旦之志气，其好恶，凡人皆有与贤人相近之心。"孙奭注曰："人之平旦之气，尚未有利欲汩之，则气犹静，莫不欲为之善也，而恶为之恶也。"朱熹则曰："平旦之气，谓未与物接之时，清明之气也。"结合前人之注，可知"平旦之气"是清晨未受外物扰乱时的精神、心理状态；"夜气"则是指夜里生发的清明之气。徐复观对于"夜气"和"平旦之气"有极精彩的论述，"是人的善端最易显露的时候，也是当一个人的生理处于完全休息状态，欲望尚未与物相接而未被引起的时候；此时的心，也是摆脱了欲望的裹挟而成为心的直接独立的活动，这才是心自己的活动；这在孟子便谓之本心"①。由此，可知"平旦之气""夜气"当与德气相关，是指人的仁义之心、本心、良心等在没有受到物欲干扰时在清晨和夜晚完满的呈现、活动。

荀子将"气"与水火、草木、禽兽以及人这四种生命存在形态联系起来论述，〈王制篇〉曰："水火有气而无生，草木有生而无知，禽兽有知而无义，人有气有生有知，亦且有义，故最为天下贵。"张岱年先生说："气是无生无知的，而有生有知之物亦皆有气。气应是生命与意识的基础。荀子所谓气指一般的物质存在。"② 此处的"气"，若以精神与物质两分来看，当属物质之气，因为它除了是禽兽、人类等有情识生命存在的构成基础，也是水火、草木等无情识生命的构成基础。

---

① 徐复观：《中国人性论史·先秦篇》，台北：商务印书馆，1973，页173。
② 《张岱年全集》（第四卷），石家庄：河北人民出版社，1996，页484。

荀子所讲的气主要是自然（物质）之气，认为阴阳二气交互作用而产生万物，并引起万物的各种变化，"天地合而万物生，阴阳接而变化起"（〈礼论〉）。一些异常的自然现象如星坠、木鸣等，也都是阴阳之气相作用感应的结果，"星之坠，木之鸣，是天地之变，阴阳之化，物之罕至者也"（〈天论〉）。孟子以气言道德人格之培养，荀子以气言自然万物之变化，反映了他们思想上的差异。

作为集中反映管仲学派思想的《管子》一书首倡"精气"说，也称作"精"，"精也者，气之精者也"（〈内业〉）。精气能够运动变化，"一气能变曰精"（〈心术下〉）。精气是构成天地万物的精微物质元素，"凡物之精，此则为生，下生五谷，上为列星。流于天地之间，谓之鬼神。藏于胸中，谓之圣人"（〈内业〉）。精气无形、无相，却流布于天地之间，万物均禀精气而生，精气是所有生命存在的根本，"有气则生，无气则死，生者以其气"（〈枢言〉）。精气本身也分阴阳，四季之变化与万物之生长收藏都是阴阳之气变化的结果，"春者，阳气始上，故万物生；夏者，阳气毕上，故万物长；秋者，由阴气始下，故万物收；冬者，阴气毕下，故万物藏"（〈形势解〉）。《管子》虽然未以气言性，赋予气以道德内涵，但其开创了中国古代思想中的"精气"说，第一次从气的角度论述人与天地万物的产生与活动。《易传》"精气为物"（〈系辞上〉）的观点就是在《管子》精气说的基础上提出的。

汉代的气论则在此基础上展开，主要形成气化宇宙论和人性论。《淮南子》继承并发展了道家的宇宙生成论，以气解释天地万物的产生，其中提到"元气"、"生气"、"和气"、"形气"、"志气"和"正气"等概念。如〈原道训〉曰："夫形者，生之舍也；气者，生之充也；神者，生之制也。……气不当其所充而用之则泄。"据刘文典释，此"充"当作"元"，即"本"之义，也就是说"气"是生之本。〈天文训〉曰："天地未形……故曰太昭。道始生虚霩，虚霩生宇宙，宇宙生气。气有涯垠，清阳者薄靡而为天，重浊者凝滞而为地。"这里"道"是虚说，"气"是实说，相对于"道"的理想性，更突出"气"的实在性，这也是对道家思想的一大发展。〈精神训〉曰："夫孔窍者，精神之户牖也；而气志者，五藏之使候也。耳目淫于声色之乐，则五藏摇动而不定……则血气滔荡而不休矣。血气滔荡而不休，则精神驰骋于外而不守……气志虚静恬愉而省嗜欲……嗜欲者使人之气越，而好憎者使人之心劳，弗疾去，则志气日耗。"根据王念孙校释，第一个"气志"为"血气"

之误。沉溺于感官欲望的"孔窍"，导致人之五脏中的"血气"得不到休息，进而影响到"精神"的内在安宁。由于"气"的本性在于和与静，遵守"气"的本性就要爱护生命，不能消耗"血气"而应依"正气"行事。故〈诠言训〉曰："君子行正气，小人行邪气。内便于性，外合于义，循理而动，不系于物者，正气也。重于滋味，淫于声色，发于喜怒，不顾后患者，邪气也。邪与正相伤，欲与性相害，不可两立。"此处将"正气"与"邪气"对举，明显具有价值取向。所谓的"正气"就是内在思虑符合本性，外在行为符合义理，遵循事理而行动，不受外物牵扰。

董仲舒兼取名、法、道、阴阳各家，将阴阳、四时、五行、气等概念纳入其宇宙论中。其于《春秋繁露·五行相生》中说："天地之气，合而为一，分为阴阳，判为四时，列为五行。行者行也，其行不同，故谓之五行。五行者，五官也，比相生而间相胜也。"所谓天地之气，具体指阴阳二气，阳胜阴为夏天，主长；阴胜阳为冬，主藏；阴阳交会则为春秋，主生与收。与此同时，又赋予"气"以道德属性，于〈阳尊阴卑〉中云"阳为德，阴为刑"，认为春夏秋冬四时的更替变化是"气"之喜怒哀乐的表现。又言"阳气仁而阴气戾"。其于〈五行之义〉中则言："天有五行：一曰木，二曰火，三曰土，四曰金，五曰水。木，五行之始也；水，五行之终也；土，五行之中也。此其天次之序也。"又说："木居东方而主春气，火居南方而主夏气，金居西方而主秋气，水居北方而主冬气。是故木主生而金主杀，火主暑而水主寒。使人必以其序，官人必以其能，天之数也。"董仲舒所构造的这一宇宙观对汉代产生了重大影响，之后几乎所有的儒者都是在这一价值世界和秩序观念中展开其宇宙论、人性论以及政治观论说的。

这种"气论"思想构成汉代宇宙论和人性论的基础，甚至影响到经学。如孟喜、京房就发展出所谓"卦气"说。所谓的"卦气"就是将《易经》的卦爻与节候依照一定的规则搭配起来，以预测天道阴阳在时空中的消息。刘向受到气化宇宙论的影响，将气引入性情中，以阐释自己的人性观。刘向的人性观见于《论衡》，〈本性篇〉曰："孙卿有（又）反孟子，作《性恶》之篇，以为'人性恶，其善者伪也'。……刘子政非之，曰：'如此，则天无气也。阴阳善恶不相当，则人之为善，安从生？'"刘向批评了荀子的人性论，如果按照荀子所言，将会导致"天无气"的后果。因为汉人的气化宇宙论，其具体内容为阴阳的配合、对待，以善为阳、恶为阴，如果真如荀子所言，人性只有恶，则人性只有阴而无阳，则善无从所生。

《白虎通》将气论发挥到极致，代表了汉代官方哲学的看法。〈情性篇〉曰："性者，阳之施；情者，阴之化也。人禀阴阳气而生，故内怀五性六情。情者，静也。性者，生也。此人所禀六气以生者也。"即以阴阳之气解释人的性情。所谓"性"属阳，是人之本性，是动态的；而人之本性的具体内容是仁义礼智信，并认为情静性生。正如有学者指出，"《白虎通》以情静性生的意义在于，它把具有外在强制倾向的礼对'欲'的规制，转化成人内在的主动的自理，即人之去恶为善，应该遵循'阳'动'阴'随之理。故它引《钩命决》说，情是由当下的欲望牵念而动的，而性是内在的主导之理，具有'仁'的内涵。其潜台词是，情之动应随性之理，以至于善。在这个意义上，《白虎通》实际上是倾向于'性善'论的"[①]。

又"人本含六律五行之气而生，故内有五藏六府，此情性之所由出入也"（〈性情篇〉）。仁义礼智信"五性"、喜怒哀乐爱恶"六情"出入于五脏六腑。由于五脏六腑在人体中是一个有机整体，相互关联，故五性六情也是一个相互关联的有机整体。又"天地之性人为贵，人皆天所生也，托父母气而生耳"（〈诛伐篇〉）。这即是说，从本原意义上，人与万物皆是天地所生；从现实意义上，人是由父母所生。天地是虚生，不能亲自生人，故借父母之气，即天地阴阳五行之气，间接生人。〈礼乐篇〉则曰："人无不含天地之气，有五常之性者。"汉儒论气，往往包含性，认为人之性为禀受天地之气而来。董仲舒则赋予"气"以喜怒等情感，建立了天人感应说。其提倡"天人感应"，将人性论纳入其天人二分的哲学体系中，从而提出性情二元的观点。因为"身之有性情也，若天之有阴阳也"，而阳善阴恶，故性善而情恶。这便是典型的以阴阳论性情，也即以气论性的人性论模式。

王充对汉代流行的"元气论"进行了批判，从而形成其"自然观"的哲学思想。王充认为天之本性是自然无为，自然界的各种运动变化皆是气所为，"夫天无为，故不言。灾变时至，气自为之"（《论衡·自然》）。王充认为天地万物皆禀元气而生，"万物之生，皆禀元气"（《论衡·言毒》）。就其精微而言，也称精气；就其性质而言，内含阴阳，故又称阴阳之气。人也是禀受元气而生，"人之所以生者，精气也"（《论衡·论死》）。元气中的阴气形成

---

① 许抗生、聂保平、聂清：《中国儒学史·两汉卷》，北京：北京大学出版社，2011，页420。

人之骨肉，阳气则形成人之精神，"人之所以生者，阴阳气也。阴气主为骨肉，阳气主为精神"（《论衡·订鬼》）。人与人之间的贵贱贫富、寿夭圣凡之别则源于禀受元气的精粗多少，如"至德纯渥之人，禀天气多故能则天，自然无为；禀气薄少，不遵道德，不似天地，故曰不肖"（《论衡·自然》）。这是以禀气多少言人的贤与不肖，即赋予"气"以道德内涵。

魏晋时期，玄学盛行，哲学家关注的是抽象的玄学思辨，但仍可以看到有关气的论述。如刘劭认为，人"禀阴阳以立性，体五行而著形"（《人物志·九征》），人性由阴阳之气所决定，所禀阴阳之气精纯清和的不同决定了人质性的差异。嵇康继承了王充气化生成的思路，认为人乃禀元气而生，并以所禀元气的多少论人性的不同，"夫元气陶铄，众生禀焉。赋受有多少，故才性有昏明。惟至人特钟纯美，兼周外内，无不毕备，降此已往，盖阙如也。或明于见物，或勇于决断，人情贪廉，各有所止"（《嵇康集·明胆论》）。所禀元气的多少决定了人才性的昏明，圣人不仅禀受元气多，而且所禀者皆为纯美之气，故为圣人。圣人之外的凡人所禀元气皆有所欠缺，故不能"兼周内外"，而表现为或明、或勇、或贪、或廉的一偏之性。郭象也认为气分清浊、正邪、神妙等，圣凡之分即是由于气禀的不同，"特受自然之正气者至希也，下首则唯有松柏，上首则唯有圣人"（《庄子注·德充符》）。又"具食五谷而独为神人，明神人者非五谷所为，而特禀自然之妙气"（《庄子注·逍遥游》），这也是坚持了气化生成、以气言性的思路。

宋代理学家以气言性，无论在广度上还是深度上都远迈前代。其中，气论思想发展最为充分的是张载，其建构了一套气本论的哲学体系。张载曰："太虚无形，气之本体，其聚其散，变化之客形尔。"[1] 又"太虚不能无气，气不能不聚而为万物，万物不能不散而为太虚"，"气之聚散于太虚，犹冰凝释于水，知太虚即气，则无无"[2]。依据张载的阐述，太虚也是气，其和气的区别仅在于太虚之气代表气的无形、消散状态，气代表太虚的有形、凝聚状态。太虚之气，聚集而成气，气聚集而成万物，万物由消散而为气，气又消散而为太虚，如此循环往复。张载又在〈参两篇〉中说："一物两体，气也；一故神，两故化，此天之所以参也。"[3] 即强调每一事物皆有其相对的两个方

---

① 张载：《正蒙·太和》，《张载集》，章锡琛点校，北京：中华书局，1985，页7。
② 同上《正蒙·太和》，《张载集》，页7—8。
③ 张载：《正蒙·参两》，《张载集》，章锡琛点校，北京：中华书局，1985，页10。

面，如虚实、动静、聚散、清浊等，正是由这些相对之处构成了万物的统一。张载又将这种气的概念引入人性论中，其言曰："由太虚，有天之名；由气化，有道之名。合虚与气，有性之名；合性与知觉，有心之名。"① 其强调由太虚而产生天，由气化而产生道。虚与气共同构成"性"，性与知觉共同构成"心"，这里所强调的构成"性"的虚与气是指太虚之气的本性与气。又于《正蒙·诚明》言："天所性者通极于道，气之昏明不足以蔽之。"② 即强调人所禀受的本性不会因为气的昏明而有所遮蔽。张载首次提出"天地之性"与"气质之性"对举，其言曰："形而后有气质之性，善反之则天地之性存焉。故气质之性，君子有弗性者焉。"③ 所谓的天地之性是指太虚湛一之性，气质之性是指气聚集成形质而后具有的性质，对于人而言，主要是指刚柔、缓急等。故张载又曰："刚柔缓速，人之气也，亦可谓性。"④ "性犹有气之恶者为病，气又有习以害之，此所以要鞭辟至于齐，强学以胜其气习。其间则更有缓急精粗，则是人之性虽同，气则有异。"⑤ 人虽同具天地之性，但又有气质之性和善恶之习，就导致每个人无法完全实现自己的"性"，所以要强调学以胜气，即通过道德理性对欲望的规范和引导来"成性"，这一点开启了宋明理学理欲之辨的先河。

二程亦将"气"概念引入其人性论中。程颢认为："'生之谓性'，性即气，气即性，生之谓也。人生气禀，理有善恶，然不是性中元有此两物相对而生也。有自幼而善，有自幼而恶，是气禀有然也。善固性也，然恶亦不可不谓之性也"⑥。孟子肯定人具有先天的善性，恶是后天受到环境影响而产生的。程颢则颠覆了这种看法，认为人性是由气禀决定的，气禀有善有恶，故人生而有善有恶，恶并非后天而产生。如此，程颢认为，气禀善则人性善，气禀恶则人性恶，承认恶也是性。程颐认为人所禀之气有清浊之分，进而影响到人的贤愚。其言曰："性即是理，理则自尧舜至于涂人，一也。才禀于

① 张载：《正蒙·太和》，《张载集》，章锡琛点校，北京：中华书局，1985，页9。
② 张载：《正蒙·诚明》，《张载集》，章锡琛点校，北京：中华书局，1985，页21。
③ 同上《正蒙·太和》，《张载集》，页23。
④ 张载：《张子语录中》，《张载集》，章锡琛点校，北京：中华书局，1985，页324。（冝按："亦可谓性"为张载自注小字。）
⑤ 张载：《张子语录下》，《张载集》，章锡琛点校，北京：中华书局，1985，页329—330。
⑥ 程颢、程颐：《河南程氏遗书》卷一，《二程集》，王孝鱼点校，北京：中华书局，2016，页10。（冝按：此处标为"二先生语"，故将作者列为程颢、程颐。）

气，气有清浊，禀其清者为贤，禀其浊者为愚。"① 气有清浊之别，人因禀气清浊的不同而表现出善恶的差异，"气清则才善，气浊则才恶。禀得至清之气生者为圣人，禀得至浊之气生者为愚人"②，又强调孔子"此只是言气质之性。如俗言性急性缓之类，性安有缓急？此言性者，生之谓性也"，"且如言人性善，性之本也。生之谓性，论其所禀也"③。程颐区分性、才之别，认为"性"只是指性之本，故纯善。至于"生之谓性"之性则只能称为"才"，有善有不善。而"性出于天，才出于气"，告子虽然看到才有不善，但并未看到性无不善，故"论性，不论气，不备；论气，不论性，不明"④。

朱熹论气与理、性联系在一起。论及理和气时，涉及理气先后、理气动静、理一分殊等不同层面；论及性和气时，区分所谓天命之性和气质之性。在心与性的关系上，由于性即理，因此也可以说是心与理的关系。在心和理的关系问题上，朱熹的基本看法是"心具众理"，即心中包含万理。关于"心具众理"这一命题，朱熹有不同表达，如"心之全体湛然虚明，万理具足"⑤ "以前看得心只是虚荡荡地，而今看得来湛然虚明，万理便在里面"⑥。又"心包万理，万理具于一心"⑦。需要注意的是，此处性之所以能与理画上等号，是因为这个理不是万事万物之理，而是人性之理、人伦日用之理。朱熹的"心具众理"说蕴含着心与理的区别与联系。朱熹曰："性只是理，情是流出运用处，心之知觉，即所以具此理而行此情者也。"⑧ 需要注意的是，所谓的理在心中，不是说理机械地置于心脏中，而是说理体现在心（知觉念虑）的作

---

① 程颐：《河南程氏遗书》卷十八，《二程集》，王孝鱼点校，北京：中华书局，2016，页 204。（訚按：此处明确标为"伊川先生语"，故将作者列为程颐。）

② 程颐：《河南程氏遗书》卷二十二上，《二程集》，王孝鱼点校，北京：中华书局，2016，页 291—292。（訚按：此处明确标为"伊川先生语"，故将作者列为程颐。）

③ 程颐：《河南程氏遗书》卷十八，《二程集》，王孝鱼点校，北京：中华书局，2016，页 207。（訚按：此处明确标为"伊川先生语"，故将作者列为程颐。）

④ 程颢、程颐：《河南程氏遗书》卷六，《二程集》，王孝鱼点校，北京：中华书局，2016，页 81。（訚按：此处标为"二先生语"，故将作者列为程颢、程颐。）

⑤ 朱熹：《语类》卷五，《朱子全书》第 14 册，朱杰人、严佐之、刘永翔主编，上海、合肥：上海古籍出版社、安徽教育出版社，2002，页 230。

⑥ 朱熹：《语类》卷一百一十三，《朱子全书》第 18 册，朱杰人、严佐之、刘永翔主编，上海、合肥：上海古籍出版社、安徽教育出版社，2002，页 594。

⑦ 朱熹：《语类》卷九，《朱子全书》第 14 册，朱杰人、严佐之、刘永翔主编，上海、合肥：上海古籍出版社、安徽教育出版社，2002，页 306。

⑧ 朱熹：《文集》卷五十五《答潘谦之》，《朱子全书》第 23 册，朱杰人、严佐之、刘永翔主编，上海、合肥：上海古籍出版社、安徽教育出版社，2002，页 2590。

用中，作为支配、指导思虑活动的内在道德根据，正如朱熹所言"所知觉者是理。理不离知觉，知觉不离理"①，"道理固本有，用知，方发得出来。若无知，道理何从而见"②。由此可见心与性具有重要联系，性（理）支配知觉（心）并通过知觉活动表现出来，二者是不可分割的，"此两个说着一个，则一个随到，元不可相离，亦自难与分别。舍心则无以见性，舍性又无以见心"③。

张载以来，儒者普遍将性分为天命之性（亦称本然之性）与气质之性，牟宗三亦承之。气质与材质义近，然气无形，而材有形，孟子所谓"浩然之气"即是无形。朱熹则在张载和二程的基础上，进一步将人性分为本然之性和气质之性，认为本然之性为理，故纯善，气质之性杂有理气，故有善有恶。王夫之、戴震、颜元以来，皆反对区分气质与天命，而以颜元之说最力。

王夫之认为："理即是气之理，气当得如此便是理，理不先而气不后。理善则气无不善；气之不善，理之未善也。人之性只是理之善，是以气之善；天之道惟其气之善，是以理之善。……天以二气成五行，人以二殊成五性。温气为仁，肃气为义，昌气为礼，晶气为智，人之气亦无不善矣。"④ 王夫之一反理学所强调的理无不善、气有不善的观点，反对将理实体化的做法，认为理只是气之理，理气一体，理善则气善，气不善则理不善，反对将理气割裂、对立。王夫之论性、气、情、才之关系，大体以为性为本体，情才为用；而才为气之凝。其言曰：

> 理以纪乎善者也，气则有其善者也，情以应夫善者也，才则成乎善者也。⑤

人有其气，斯有其性；犬牛既有其气，亦有其性。人之凝气也善，故其成性也善；犬牛之凝气也不善，故其成性也不善。气充满于天地之间，即仁义充满于天地之间；充满待用，而为变为合，因于造物之无心，

---

① 朱熹：《语类》卷五，《朱子全书》第14册，朱杰人、严佐之、刘永翔主编，上海、合肥：上海古籍出版社、安徽教育出版社，2002，页219。
② 朱熹：《语类》卷十七，《朱子全书》第14册，朱杰人、严佐之、刘永翔主编，上海、合肥：上海古籍出版社、安徽教育出版社，2002，页584。
③ 朱熹：《语类》卷五，《朱子全书》第14册，朱杰人、严佐之、刘永翔主编，上海、合肥：上海古籍出版社、安徽教育出版社，2002，页222。
④ 王夫之：《读四书大全说》，北京：中华书局，2019，页660。
⑤ 同上《读四书大全说》，页662。

故犬牛之性不善，无伤于天地之诚。……故心、气交养，斯孟子以体天地之诚而存太极之实。（闫按：王后面说有"在天之气""在人之气"。）①

气之诚，则是阴阳，则是仁义；气之几，则是变合，则是情才。（原注：情者阳之变，才者阴之合。）若论气本然之体，则未有几时，固有诚也。②

程朱理学一般认为理无不善，有不善者为情、才，情才由气构成，气又不善，故情才不善，如此将理、气（情、才）割裂为形上形下。王夫之反对这一观点，其曰："然情才之不善，亦何与于气之本体哉！气皆有理，偶尔发动，不均不浃，乃有非理，非气之罪也。人不能与天同其大，而可与天同其善，只缘者气一向是纯善无恶，配道义而塞乎天地之间故也。"③

戴震认为气是人与万物产生的根源，"阴阳五行之运而不已，天地之气化也，人物之生生本乎是，由其分而有之不齐，是以成性各殊"④。"气化生人生物"，而"人物分于气化，各成其性"，此即将气看作宇宙万物、社会人生的唯一实体和本原。人物禀天地之气而成，形成各自不同的本性，认为宋儒在气禀之性上加一个理义之性是多此一举。戴震以血气心知言性，即充分肯定了人的自然情感与欲望，"性者，血气心知本乎阴阳五行，人物莫不区以别焉是也"⑤。

颜元认为，所谓理本来就是材质之理，就是气之理；性也是材质或气质所有之性。岂有二分哉？

非情、才无以见性，非气质无所为情、才，即无所为性。是情非他，即性之见也；才非他，即性之能也；气质非他，即性、情、才之气质也；一理而异其名也。⑥

将天地予人至尊至贵有用之气质，反似为性之累者然。不知若无气

---

① 王夫之：《读四书大全说》，北京：中华书局，2019，页662—663。
② 同上《读四书大全说》，页663。
③ 同上《读四书大全说》，页667。
④ 戴震：《孟子字义疏证》，北京：中华书局，2020，页28。
⑤ 同上《孟子字义疏论》，页28。
⑥ 《颜元集》（全二册），王星贤、张芥尘、郭征点校，北京：中华书局，1987，页27。

质，理将安附？且去此气质，则性反为两间无作用之虚理矣。①

总之，从王夫之、戴震至颜元，皆反对理的实体化、纯善化，而认为理只是气之理，将性、情、才联系在一起，反对将情、才归于不善，造成理欲之间的对立，充分肯定了人的正当情欲。

（闫林伟整理）

4. 才

"才"最初的含义是指草木初生，甲骨文、金文均含此义。《说文》曰："才，草木之初也，以声近，借为哉始之哉。"可见其与草木有密切关系，最初指草木初生时的情状，后又演化为木料或木材之性质。清徐灏《说文解字注笺》引用李阳冰之说，认为木材之质可引申为人之才质，后进一步衍生为人之才能或人才。《礼记·文王世子》曰："凡语于郊者，必取贤敛才焉，或以德进，或以事举，或以言扬。"此处之才当指"人才"。

后来，随着文字的发展，增加了表义符号"木"，由"才"孳乳出"材"，指木材。在先秦古文字中，才常借为"在"或"哉"。《尔雅·释诂》："哉，始也。"邢昺疏："哉者，古文作才。"由此我们可知，才之本义是指草木初生，后孳乳出"材"，指木材，引申为材质。材出现后，人才、才能之才仍用"才"字。"才"在古代典籍中约有三义：（1）开始（本义为草木初生，引申为开始；在先秦典籍中常假借为"哉""在"等字，皆为开始之义）；（2）材质（指人所具天赋之禀受，含本性、资质等义）；（3）才能（即指一个人具有从事某方面事物的能力，包括才力、人才等）。

《尚书·伊训》曰"朕哉自亳"，〈康诰〉曰"惟三月哉生魄"，又〈武成〉曰"厥四月，哉生明"。此处"哉"即"才"之借，释为"始"。《周易·系辞》曰"立天之道曰阴与阳……兼三才而两之"，此处以天地人为才。又〈系辞下〉曰："象者，材也。"王弼注："材，才德也。"此未必符合《周易》中"材"之本义，当是魏晋时人之看法。《尚书·咸有一德》曰："任官，惟贤材；左右，惟其人。"王弼注："官贤才而任之。"

---

① 《颜元集》（全二册），王星贤、张芥尘、郭征点校，北京：中华书局，1987，页3。

先哲论才时，往往与性情紧密相连。早在孔子时已提到才。"先有司，赦有过，举贤才"（〈子路〉），又"颜渊死，颜路请子之车以为之椁。子曰：'才不才，亦各言其子也。'"（〈先进〉）颜回为孔门贤者，孔子谓之有才，可见孔子实以才与贤同义。孟子所讲的"才"有二义：一是才能，如"其为人也小有才，未闻君子之大道也"（〈尽心下〉）、"中也养不中，才也养不才"（〈离娄下〉）；二是材质，指人的先天道德禀赋，如"非天之降才尔殊也，其所以陷溺其心者然也"（〈告子上〉）。孟子以仁义礼智之心为才，"仁义礼智，非由外铄我也，我固有之也，弗思耳矣。故曰：求则得之，舍则失之。或相倍蓰而无算者，不能尽其才者也"（〈告子上〉）。此处之才，即指道德觉悟之可能性（张岱年）。又"乃若其情，则可以为善矣，乃所谓善也。若夫为不善，非才之罪也"（〈告子上〉），又"虽存乎人者，岂无仁义之心哉？……人见其禽兽也，而以为未尝有才焉者，是岂人之情也哉"。孟子论性，以心、情、才并提，正如陆九渊所言："今之学者读书，只是解字，更不求学脉。且如情、性、心、才，都只是一般物事，言偶不同耳。"[1] 但是，不同之处何在？杨泽波认为："心是本心，是根据；性是本性，是生而即有的属性，是心的表现；情是实情，是生而即有的实际情况；才是草木之初，指人的初生之质，发展的能力。"之所以"言偶不同耳"，则表明这种差异是非本质性的，只是侧重点不同，为了增强性善论的丰富性。"若将用才的地方都用心，用情的地方都用性，固无不可，但色彩无疑会单调得多。"[2]

王充认为人性有善、中、恶之分，由于人性之不同决定了才质之不同。其言曰："人性有善有恶，犹人才有高有下也，高不可下，下不可高。"（《论衡·本性篇》）以才性合论以言人性，其在〈名禄篇〉曰："夫临事智愚，操行清浊，性与才也。"其言才，是在一般意义上说的，即指人的才能。所谓"临事智愚"是判断人才之大小的标准，"操行清浊"是判断性之美恶的标准，才即人的实践能力，性则为人的本质。尽管才与性具有密切关系，但两者尚未统合为一个概念。

魏晋时期，才性连用，形成丰富而深刻的才性论学说。刘劭《人物志》开品评人物之先声，对人性的讨论跳出单纯从道德善恶评价人物的藩篱，开

---

① 陆九渊：《语录下》卷三十五，《陆九渊集》，钟哲点校，北京：中华书局，2008，页444。
② 杨泽波：《孟子性善论研究》（再修订版），上海：上海人民出版社，2016，页32—33。

始以美学的观念，对人的才性或情性的种种姿态进行品鉴。刘劭言："凡有血气者，莫不含元一以为质，禀阴阳以立性，体五行而着形。"（《人物志》）在刘劭看来，人的才性以中和为贵，"凡人之品质，以中和为贵"。除刘劭所论才性外，最为典型的当属《世说新语》所提出的"才性四本论"。"会论才性同异，传于世。四本者，言才性同，才性异，才性合，才性离也。"按照陈寅恪先生的看法，"夫仁孝道德所谓性也，治国用兵之术所谓才也"。此后学界多沿用此说。

张载认为"才"属于气质之性，故有善与不善之区别。其言曰："人之刚柔、缓急，有才与不才，气之偏也。"① 又说："刚柔缓速，人之气也，亦可谓性。"② 刚柔缓速虽然可以称为"性"，却是气质之性。

二程吸收了张载"气质之性"的观点。尤其是程颐划分理气两个层面，性即理，故纯善；情、才属气，故有不善。其言曰："性无不善，而有不善者，才也。性即是理，理则自尧舜至于涂人，一也。才禀于气，气有清浊。禀其清者为贤，禀其浊者为愚。"③ 伊川以理气之别来讲性与才，已与孟子不同。对于孟告之间的争论，他认为二者所定义的人性概念不同，孟子所讲的是"极本穷源之性"，告子所讲的是"生之谓性"，不能说告子所言不是"性"，只是所言并非根本之性，可称之为"气质之性"。虽然伊川将"生之谓性"也看作"性"，但从严格意义上，他所讲之"性"是指性之本，是根本之性，无有不善。至于"生之谓性"，他又称之为"才"，有善有不善。其言曰"性出于天，才出于气"，"才则有善与不善，性则无不善"④。也就是说，告子只看到了"才"有不善，而未曾看到性无不善；孟子也是只看到了性无不善，而未曾看到"才"有不善。故"论性，不论气，不备；论气，不论性，不明"⑤。伊川这里所言之"才"非才能之才，而是才（材）质之才，

---

① 张载：《正蒙·诚明》，《张载集》，章锡琛点校，北京：中华书局，1985，页23。
② 张载：《张子语录中》，《张载集》，章锡琛点校，北京：中华书局，1985，页324。（闫按："亦可谓性"为作者小字自注。）
③ 程颐：《河南程氏遗书》卷十八，《二程集》，王孝鱼点校，北京：中华书局，2016，页204。（闫按：此处明确标为"伊川先生语"，故将作者列为程颐。）
④ 程颐：《河南程氏遗书》卷十九，《二程集》，王孝鱼点校，北京：中华书局，2016，页252。（闫按：此处明确标为"伊川先生语"，故将作者列为程颐。）
⑤ 程颢、程颐：《河南程氏遗书》卷六，《二程集》，王孝鱼点校，北京：中华书局，2016，页81。（闫按：此处标为"二先生语"，故将作者列为程颢、程颐。）

属于气的层面，故有时又称为"气质"，这在伊川那里有时可以交替使用。

朱熹从"才能"与"才性"两方面来讨论"才"。讨论才能之"才"时，他认为"才"是一种作为能力，其言曰"才是会恁地去做底"，"才是心之力，是有气力去做底。心是管摄主宰者，此心之所以为大也"①。又论情与才的关系，"性者，心之理；情者，心之动。才便是那情之会恁地者"②"情与才绝相近，但情是遇物而发"。朱熹认为"情"是指受到外界刺激而表现出来的情感，而"才"则是应对事物的能力。朱熹所言才，实指能力。其注《论语·子路》"举贤才"章云："贤，有德者；才，有能者。"亦是以能力言才，已与孔子大不相同。此外，他又将性、情、才置于一起讨论，认为性、情、才之间是一种不离不杂的关系：

> 问："情与才何别？"曰："情只是所发之路陌，才是会恁地去做底。且如恻隐，有恳切者，有不恳切者，是则才之有不同。"又问："如此，则才与心之用相类？"曰："才是心之力，是有气力去做底。心是管摄主宰者，此心之所以为大也。心譬水也。性，水之理也。性所以立乎水之静，情所以行乎水之动，欲则水之流而至于滥也。才者，水之气力所以能流者，然其流有急有缓，则是才之不同。伊川谓'性禀于天，才禀于气'，是也。只有性是一定。情与心与才，便合着气了。心本未尝不同，随人生得来便别了。"
>
> "性者，心之理；情者，心之动。才便是那情之会恁地者。情与才绝相近。但情是遇物而发，路陌曲折恁地去底；才是那会如此底。要之，千头万绪，皆是从心上来。"③

朱熹批评了"才出于气，德出于性"的观点，这与张载、程颐有所区别。强调"才"出于性中，德出于气之后。当讨论到"才"之善恶时，朱熹在两个层面上作了分析，从天命之性上来讲，才无不善；从气质之性上来讲，才有善有恶。其言曰：

---

① 朱熹：《语类》卷五，《朱子全书》第 14 册，朱杰人、严佐之、刘永翔主编，上海、合肥：上海古籍出版社、安徽教育出版社，2002，页 233。
② 同上《语类》卷五，页 233。
③ 同上《语类》卷五，页 233。

孟子言才，不以为不善。盖其意谓善，性也，只发出来者是才。若夫就气质上言，才如何无善恶。

问："孟子论才专言善，何也？"曰："才本是善，但为气所染，故有善、不善，亦是人不能尽其才。人皆有许多才，圣人却做许多事，我不能做得些子出，故孟子谓：'或相倍蓰而无算者，不能尽其才者也。'"①

朱熹认为，孟子言性、才皆就本然之性而言，未曾如伊川那样划分理气来言性、才。朱熹不同意伊川"性出于天，才出于气"的观点，认为情、才同出于天，情、才可以表现性。其于《孟子集注》中论及性、才关系时，则曰："人有是性，则有是才，性既善则才亦善。"这里肯定性善，才亦善，与伊川才有不善之说略有差异。

陈淳《北溪字义》释"才"曰："才是才质，才能。才质，犹言才料质干，是以体言。才能，是会做事底。同这件事，有人会发挥得，有人全发挥不去，便是才不同，是以用言。孟子所谓'非才之罪'及'天之降才非尔殊'等语，皆把才做善底物，他只是以其从性善大本处发来，便见都一般。要说得全备，须如伊川'气清则才情，气浊则才恶'之论方尽。"② 陈氏从才质、才能两方面论才，并将二者分体用，才质为体，才能为用，这是典型的理学体用论思维，基本上还是沿袭了理学以性属理、才属气的论说方式。

王夫之认为性、情、才是一个有机整体。"其在人也，性不能无动，动则必效于情才，情才而无必善之势矣。在天为阴阳者，在人为仁义，皆二气之实也。在天之气以变合生，在人之气于情才用，皆二气之动也。"③ 此处"效"有呈现之义，即人性之发动通过情、才呈现。又曰："在天之变合，不知天者疑其不善，其实则无不善。惟在人之情才动而之于不善，斯不善矣。然情才之不善，亦何与于气之本体哉！"④ 其在《周易外传》中曰："情以御才，才以给情，情才同原于性，性原于道，道则一而已矣。一者，保合和同而秩然相节者也。始于道，成于性，动于情，变于才。才以就功，功以致效，

---

① 朱熹：《语类》卷五十九，《朱子全书》第 16 册，朱杰人、严佐之、刘永翔主编，上海、合肥：上海古籍出版社、安徽教育出版社，2002，页 1882。
② 陈淳：《北溪字义》，熊国桢、高流水点校，北京：中华书局，1983，页 15。
③ 王夫之：《读四书大全说》，北京：中华书局，2019，页 661。
④ 同上《读四书大全说》，页 667。

功效散著于多而协于一，则又终合于道而以始。是故始于一，中于万，终于一。"① 此处王夫之对于情、才、性之间的关系进行了详细阐发，即认为情感统驭才质，才质供应情感，情才之本原同为性。性静而才动，性以节情，才以显性，情正则尽才，进而尽性；反之，情不正则屈才，进而不能尽性。唐君毅对于船山性、情、才关系之分析，颇为精辟，其言曰："由情才显性，而见气之载理。气之载理为心，理为性，故情才皆原于性，皆统于心，皆出于气也。"

戴震对"才"亦有专门论述，其言曰"各如其性以有形质，而秀发于心，征于貌色声曰才"②，即将才视为性的外在表现。又"才者，人与百物各如其性以为形质，而知能遂区以别焉，孟子所谓'天之降才'是也。……据其体质而言谓之才。由成性各殊，故才质亦殊。才质者，性之所呈也。舍才质安睹所谓性哉！"③ 戴震将"才质"连在一起，强烈反对将才质与性相区分，认为才质是性的呈现，舍去才质则无法认识"性"。又说：

> 孟子所谓性，所谓才，皆言乎气禀而已矣。其禀受之全，则性也；其体质之全，则才也。禀受之全，无可据以为言；如桃杏之性，全于核中之白，形色臭味，无一弗具，而无可见，乃萌芽甲坼，根干枝叶，桃与杏各殊；由是为华为实，形色臭味无不区以别者，虽性则然，皆据才见之耳。成是性，斯为是才。别而言之，曰命，曰性，曰才；合而言之，是谓天性。故孟子曰："形色，天性也，惟圣人然后可以践形。"人物成性不同，故形色各殊。人之形，官器利用大远乎物，然而于人之道不能无失，是不践此形也；犹言之而形不逮，是不践此言也。践形之与尽性，尽其才，其义一也。④

戴震认为孟子所讲的"性"和"才"均就气禀而言，所不同的是，性就人的"禀受"而言，才就人的"体质"而言。也就是说，"性"是人的本

---

① 王夫之：《船山全书》（第一册），船山全书编辑委员会编校，长沙：岳麓出版社，1996，页154。

② 戴震：《原善》卷上，《戴震集》，上海：上海古籍出版社，2009，页330。

③ 戴震：《孟子字义疏证》，北京：中华书局，2020，页39。

④ 同上《孟子字义疏证》，页39—40。

质，"才"是人的外形。又说：

> 言才则性见，言性则才见，才于性无所增损故也。人之性善，故才
> 亦美，其往往不美，未有非陷溺其心使然，故曰"非天之降才尔殊"。
> 才可以始美而终于不美，由才失其才也，不可谓性始善而终于不善。性
> 以本始言，才以体质言也。……倘如宋儒言"性即理"，言"人生以后，
> 此理已堕在形气之中"，不全是性之本体矣。以孟子言性于陷溺梏亡
> 之后，人见其不善，犹曰"非才之罪"者，宋儒于"天之降才"即罪
> 才也。①

此处，戴氏才性合论，反对宋儒将性归于理、才归于气的理论（正如程
子所云："性无不善，而有不善者才也。性即理，理则自尧舜至于涂人，一
也。才禀于气，气有清浊，禀其清者为贤，禀其浊者为愚。"②）由于性即理，
故性是善的；才属于气，故依气之清浊而有善有不善。

颜元认为："才非他，即性之能也；气质非他，即性情才之气质也。"颜
元认为才是性之能，即本性之能力，并不存在才有不善，而是"性情才之皆
善"③。又曰："人之性，即天之道也。以性为有恶，则必以天道为有恶矣；
以情为有恶，则必以元、亨、利、贞为有恶矣；以才为有恶，则必以天道流
行乾乾不息者亦有恶矣；其势不尽取三才而毁灭之不已也。"④

焦循根据〈易系辞〉"立天之道曰阴与阳，立地之道曰柔与刚，立人之
道曰仁与义"所谓"三才"释才。称"乃性之神明，能运旋其情欲，使之可
以为善者，才也""有此才，乃能迭用柔刚，旁通情以立一阴一阳之道。才
以用言，旁通者情，所以能旁通而穷理尽性以至于命者，才也。通其情可以
为善者，才也。不通情而为不善者，无才也"⑤。焦氏释"情"为"人之阴

① 戴震：《孟子字义疏证》，北京：中华书局，2020，页41—42。
② 程颐：《河南程氏遗书》卷十八，《二程集》，王孝鱼点校，北京：中华书局，2016，页204。
（按：此处明确标为"伊川先生语"，故将作者列为程颐。）
③ 颜元：《存性编》卷一《明明德》，《颜元集》，王星贤、张芥尘、郭征点校，北京：中华书
局，1987，页2。
④ 颜元：《存性编》卷二《性图》，《颜元集》，王星贤、张芥尘、郭征点校，北京：中华书局，
1987，页22。
⑤ 焦循：《孟子正义》，沈文倬点校，北京：中华书局，2017，页811—812。

气，有欲者"，"情阴而有欲，故贪淫争夺，端由此起"①。而性则是"阳气"（引《说文》）。据焦氏，性为神明之德，本善者也；情为阴气、有欲者，可致贪恶；才为旁通其情、穷理尽性者。才以用言。"才不才则智愚之别也。智则才，愚则不才……不能以性之神明运旋情欲也。"②

（闫林伟整理）

5. 命

"命"是中国思想史上的一个重要概念，往往与"性"或"天"连用，故有"天命""性命"之义。"命"在中国古代典籍中约有四义：（1）命令（命之本义为动词，意思是"令"，由此孳乳出名词性的命令、使令；由命令的强制性性质而引申出天命、命运等支配人类社会与个体的必然性力量）；（2）本性、本质（约至战国时期，命之含义发生了内转，表示天所赋予人的内在本性、本质，成为人之成德或成长的根据；在道家那里，命指人的天性）；（3）自然规律（此义在王船山那里较常见，强调"天者理也，其命，理之流行者也"；此义在道家那里亦常见）；（4）寿命（在此义上，"命"为"性命"之省称，含义较为朴素）。

"命"最初作为动词使用，意思是"令"，即在命令的意义上使用。据傅斯年考证，"'命'字作始于西周中叶，盛用于西周晚期，与'令'字仅为一文之异形"③。《说文》训"令"为"发号也"，训"命"为"使也"。④阮元《经籍纂诂》也以"令也""制令也""使也""教也""政令也"等来说明"命"字，可见"命"由"令"字衍生而来，古人多以令言命。如《尚书·尧典》曰："乃命羲和，钦若昊天。"《左传·隐公元年》曰："命子封帅车二百乘以伐京。"此处命即令也。后逐渐衍生为命令、使令之义，由动词变为名词。如《周易·姤卦》曰"后以施命诰四方"，《左传·桓公二年》曰"十年十一战，民不堪命"，《孟子·滕文公上》曰"然友反命"，此处出现

---

① 焦循：《孟子正义》，沈文倬点校，北京：中华书局，2017，页811。
② 同上书，页812（方按：焦氏论情、性、才关系见页810—812。）
③ 傅斯年：《性命古训辨证》，石家庄：河北教育出版社，1996，页10。
④ 根据王力的说法，"令是指示别人做某事或不做某事，命是差使别人做某事或不做某事，意义稍有不同。"见王力《王力古汉语字典》，北京：中华书局，2021，页112。

之"命"皆是名词，指命令、使命。

夏商二代，出现的"命"或"天命"等观念，并无德性内涵，学者多认为殷人的上帝虽有令风、令雨、降祸、降莫的能力，但喜怒无常，人只有战战兢兢地去每日祭祀，谄媚讨好，以求其福祐。《尚书·西伯勘黎》曰："西伯既勘黎，祖伊恐，奔告于王。……王曰：呜呼！我生不有命在天。"商纣认为天命之所以在自身，就是因为自己每天兢兢业业地祭祀上帝。但是武王克殷后，周公看到夏商周政权更替的现实，感叹道"天命靡常"，故告诫卫康叔说："呜呼！肆汝小子封！惟命不于常，汝念哉！"（《周书·康诰》）《诗经·大雅·文王》则曰："穆穆文王，于缉熙敬止，假哉天命，有商孙子。商之孙子，其丽不亿，上帝既命，侯于周服。侯服于周，天命靡常。"又"殷之未丧师，克配上帝。宜鉴于殷，骏命不易"，认为天命是可以改变的，但人在天命面前并非无所作为，任之摆布，而是"皇天无亲，惟德是辅。民心无常，惟惠之怀"（《尚书·蔡仲之命》）。从而形成了"以德配天"的敬德保民意识，这为儒家的产生奠定了思想沃土。《诗经·周颂》曰："昊天有成命，二后受之。"成命即天命，指文王、武王禀受天命。

孔子言"命"与"天命"处不多，"子罕言利，与命，与仁"（〈子罕〉）。但面对无奈的境遇时，他又发出深沉而复杂的感叹，如"颜渊死。子曰：噫！天丧予！天丧予！"（〈先进〉）"伯牛有疾，子问之，自牖执其手，曰：亡之，命矣夫！斯人也而有斯疾也！斯人也而有斯疾也！"（〈雍也〉）"子曰：道之将行也与，命也；道之将废也与，命也。公伯寮其如命何？"（〈宪问〉）对于伯牛染恶疾将丧、道之兴废的问题，孔子除了发出无奈的感叹外，只能将其归结为一种不受人掌控，而对人造成根本限制的外部力量。面对这种无奈，孔子主张以积极的态度去应对，"不怨天，不尤人"（〈宪问〉），"发愤忘食，乐以忘忧，不知老之将至"（〈述而〉），认为"不知命，无以为君子也"（〈尧曰〉）。此处之"天"无疑是指人间的最高主宰，这也从侧面反映了孔子继承了殷周以来的传统天命观，以及天命在孔子信仰中的重要地位。

《中庸》曰"天命之谓性"，首次将"天命"与人的德性联系起来。这样，天命不再是外在于人的权威，而是内在于人的本性，规定着人之为人的本质。《郭店简·性自命出》："性自命出，命自天降。"此外，还有《孟子·尽心下》"君子不谓性"一段，这些都将命、性之别阐述得极为清楚，此为儒家论述命、性最清楚者。

孟子曰："莫之为而为者，天也；莫之致而至者，命也。"（〈万章上〉）此先秦儒家论天、命之分极清楚者。孟子进一步打通了内在心性与外在天命的关系。其曰："存其心，养其性，所以事天也。夭寿不贰，修身以俟之，所以立命也。"（〈尽心上〉）这里的天和命不再是凌驾于人之上的至高权威，而是可以通过存养功夫为人所认识、把握。天可"事"，命可"立"，而主体在人，人可以凭借自己的努力沟通天人。人虽然能够知天、事天，但是"天"与"命"仍然是世间的最高主宰，并构成了人生的根本限制。"莫之为而为者，天也。莫之致而致者，命也。"（〈万章上〉）虽然如此，但在天命面前，人应积极争取应该争取的东西，对于不应该争取的东西则听任天命。"求则得之，舍则失之，是求有益于得也，求在我者也。求之有道，得之有命，是求无益于得也，求在外者也。"（〈尽心上〉）"在我者"主要是指天爵，此为人之本有和应有的东西，得与不得主要在于求或不求；所谓"在外者"主要是指人爵，虽"求之有道"，但得与不得只能听从于"命"了。

《易传·系辞上》曰："乐天知命，故不忧。"孔疏曰："顺天道之常数，知性命之始终，任自然之理，故不忧也。"〈说卦〉曰："穷理尽性，以至于命。"又曰："将以顺性命之理。"在《易传》中，"命"或单独出现，或"性""命"对举，或"性命"连用，但基本上淡化了"命运"之义，更多强调"性命"之义，义理内涵更为突出。以〈乾文言〉中的"乾道变化，各正性命"为例，孔疏曰："性者，天生之质，若刚柔迟速之别；命者，人所禀受，若贵贱夭寿之属也。"朱熹《周易本义》释之为："物所受为性，天所赋为命。"由此，我们可以将"性命"理解为万物得自于天的禀赋和特性。

闫按：至此我们可以理出一条较为清晰的线索，"命"在先秦经历了由"天命"到"命运"，再到"性命"的发展历程。尽管这三者后来依然交替使用，并不存在后者取代前者的关系，但这一演变线索却是有章可循的。从周代的"天命"观，到后来衍生出对于国家和个人存亡祸福的"命运"观，这在孔子那里依然可以窥见。《郭店简》《中庸》开启了以性释命的传统。孟子继承这一传统，进一步区分了性、命，所谓"君子不谓命也"，开始了重性轻命，即重性命、轻命运的传统，这一传统在《中庸》、《孟子》和《易传》中较为明显，后来宋明理学发明道统，对古典儒学进行了重构，对于经典中开辟的这一方向颇为重视。

　　道家，尤其是《庄子》主张养性、安命。〈人间世〉曰："知其不可奈何而安之若命。"〈秋水〉则曰"无以人灭天，无以故灭命"，此处之"命"指天性，指不要用人为活动来毁灭天性。〈达生〉曰："吾始乎故，长乎性，成乎命。……长于水而安于水，性也；不知吾所以然而然，命也。"此处两个"命"皆是指自然之理。

　　《淮南子》所提出的"性命"多指人的生命、天性。〈原道训〉曰"夫性命者，与形俱出其宗，形备而性命成，性命成而好憎生矣"，此处性命当指生命。〈俶真训〉曰"古之真人，立于天地之本，中至优游，抱德炀和，而万物杂累焉，孰肯解构人间之事，以物烦其性命乎！"此处之"性命"为自然义，指人的天性，强调不要让外物扰乱自己的天性。又曰"故古之治天下，必达乎性命之情"，"诚达于性命之情，而仁义固附矣，趋舍何足以滑心"，此处所提及的"性命之情"，是指性命之情理，也就是生命之情理，强调不要因为外在的人为干预损伤人的生命或天性。又曰："古之圣人，其和愉宁静，性也；其志得道行，命也。是故性遭命而后能行，命得性而后能明。"此处，性和命分开来说，性指天性，命指命运、际遇，认为人的志向和天性只有在好的命运或际遇下才能充分实现，探讨了本性和外在限制之间的关系。〈本经训〉曰"性命之情，淫而相胁，以不得已则不和，是以贵乐"，此处之"性命"亦指天性，强调天性的表达、宣泄不能过度，否则就会威胁到生命的健康。

　　韩愈继承了孔孟的思想，认为"贤不肖存乎己，贵与贱、祸与福存乎天，名声之善恶存乎人。存乎己者，吾将勉之；存乎天、存乎人者，吾将任彼而不用吾力焉。"[1] 认为人的品质、才能由自己决定，而祸福、贵贱则由天命决定。自己能够决定的，就应该勉力去做；自己无法决定的，则束手听任自然。柳宗元则更为彻底，认为"功者自功，祸者自祸，欲望其赏罚者大谬矣"[2]。即一切贫富贵贱和吉凶祸福都是由自己决定的，与天命无关。"予今变祸为福，易曲成直，宁关天命，在我人力。"[3]

---

[1]　韩愈：《韩昌黎集·与卫中行书》，马其昶校注、马茂元整理，上海：上海古籍出版社，1986，页194。

[2]　柳宗元：《天说》，《柳宗元集校注》，尹占华、韩文奇校注，北京：中华书局，2013，页1090。

[3]　柳宗元：《愈膏肓疾赋》，《柳宗元集校注》，尹占华、韩文奇校注，北京：中华书局，2013，页178。

张载明确将"命"与"遇"区别为二，将命等同于性，"命禀同于性，遇乃适然焉。……行同报异，犹难语命，可以言遇"①。朱熹则将命一分为二，有理之命和气之命。"然命有两般：有以气言者，厚薄清浊之禀不同也，如所谓'道之将行、将废，命也''得之不得曰有命'是也；有以理言者，天道流行，付而在人，则为仁义礼智之性，如所谓'五十而知天命''天命之谓性'是也。二者皆天所付与，故皆曰命。"②朱熹认为，理之在人曰性，故理之命即性之命，如仁义礼智等即属于性命；气有厚薄清浊之不同，人所禀之气既有不同，故人有贫富、寿夭、贤与不肖的差别，这就是气命。无论是人的德性，还是人的气质，都是天所赋予的，即"天令"，在这个意义上才把两者都称为命。

王夫之在《读四书大全说》中谓"此性原于命，而命统性，不得域命于性中矣"③。盖以为性出自命，而命不限于性。王夫之一反宋儒高谈性命，而将其落实到世间万事上。其言曰：

> 天命大而性小。率性虚而道实，修道方为而教已然。命外无性，性外无道，道外无教，故曰"之谓"，彼固然而我授之名也。④
>
> 尽性以至于命。至于命，而后知性之善也。命日降，性日受。性者生之理，未死以前皆生也，皆降命受性之日也。初生而受性之量，日生而受性之真。为胎元之说者，其人如陶器乎！⑤

"天命大而性小"则兼顾个体，揭示出天命之于个体的实际意义。此一"降命受性"显示出天之形上义的下降趋势，从而体现为对人间万事、世俗个体的关怀。

戴震《孟子字义疏证》论命、性、才之分甚精。戴氏曰："别而言之，

---

① 张载：《正蒙·乾称》，《张载集》，章锡琛点校，北京：中华书局，1985，页64。

② 朱熹：《语类》卷六十一，《朱子全书》第16册，朱杰人、严佐之、刘永翔主编，上海、合肥：上海古籍出版社、安徽教育出版社，2002，页1982。

③ 王夫之：《读四书大全说》，北京：中华书局，2019，页747。

④ 王夫之：《船山全书》（第六册），船山全书编辑委员会编校，长沙：岳麓书社，2011，页538。

⑤ 王夫之：《船山全书》（第十二册），船山全书编辑委员会编校，长沙：岳麓书社，2011，页413。

曰命，曰性，曰才；合而言之，是谓天性。"① "性，言乎本天地之化，分而为品物者也。限于所分曰命；成其气类曰性；各如其性以有形质，而秀发于心，征于貌色声曰才。"② 命指人的自然规定和限制，性指人的本质，才则指人所表现出来的形体气质。戴震论命，异于程朱，亦不同于孔孟，而是将命理解为人得于天者，亦将其训为"分"。"譬天地于大树，有华、有实、有叶之不同，而华、实、叶皆分于树。形之巨细，色臭之浓淡，味之厚薄，又华与华不同，实与实不同，叶与叶不同。一言乎分，则各限于所分。"③ 戴震反对理学以理言性，而以血气心知言性，肯定人的自然欲望，"性者，血气心知本乎阴阳五行，人物莫不区以别焉是也"④。关于才，戴震则将之归结为性之表现的完成形态，"由成性各殊，故才质亦殊。才质者，性之所呈也；舍才质安睹所谓性哉？"⑤ 性指气质之性，为性之所呈，即指人的特性，通过才质表现出来。

　　阮元《性命古训》论之最详。其义以为，命为"受于天者"，性为"受于人者"。命者天之力，性者人之有。修此性，方可不失其命。修此性，即所谓"乾道变化，各正性命"。此乃《尚书》《诗经》《左传》《周易》《礼记》中共见之性命义。阮氏所谓"性"，指血气心知之总体（性即生命存在），既有气禀亦有心知，与戴震同。又谓此性之哲愚、历数、吉凶等皆由天所命（即"天命之谓性"），而性则是人各努力的地方，如不修德则失其命（"慎厥身修思永""修道之谓教"）。因此，此性之所以称为善，乃指其为天所命也，即"继之者善也"。据此，则阮氏将孟子"性善"理解为一比较判断也，所谓"性善"即〈乐记〉"天地之性人为贵"之义。⑥

　　阮氏以为《孟子》"口之于味也……性也，有命焉……仁之于父子也……命也，有性焉"一段，最能说明上述性、命之义。其解释一依赵岐之注。认为孟子已明言口、耳、目、鼻、四肢之欲为性，故需要节性、弥性、度性、虞性，后者正是《尚书》《诗经·卷阿》之义。《易》卦爻辞皆未见"性"字，可见周初人少用"性"。

---

①　戴震：《孟子字义疏证·才》，《戴震集》，上海：上海古籍出版社，2009，页307—308。
②　戴震：《原善》卷上，《戴震集》，上海：上海古籍出版社，2009，页330。
③　戴震：《答彭进士允初书》，《戴震集》，上海：上海古籍出版社，2009，页170。
④　戴震：《孟子字义疏证·性》，《戴震集》，上海：上海古籍出版社，2009，页295。
⑤　戴震：《孟子字义疏证·才》，《戴震集》，上海：上海古籍出版社，2009，页307。
⑥　阮元：《性命古训》，《揅经室集》，邓经元点校，北京：中华书局，1993，页211—236。

程瑶田《通艺录·论学小记》论道、性、命甚有新意。一反宋儒于形气之上，另有一物为天道、为性，认为道、性都应当在实体、实有中见。

> 此天地之性，乃天道也。天道亦有于其形、其气，主实有者而言之。有天之形与气，然后有天之道，主于其气之流行不息者而言之，故曰"一阴一阳之谓道"也。道在于天，生生不穷，因物付物，乃谓之"命"，故曰"维天之命，于穆不已"也。
>
> 若夫天人赋禀之际，赋乃谓之命，禀乃谓之性，所赋所禀，并据气质而言。性具气质中，故曰"天命之谓性"，岂块然赋之以气质，而必先谆然命之以性乎？若以赋禀之前而言性，则是人物同之，犬之性犹牛之性，牛之性犹人之性，何独至于人而始善也？故以禀赋之前而言性。释氏之言性也，所谓"如何是父母未生前本来面目"也。是故性善断然以气质言，主实有者而言之。①

程氏认为，谈天地之性不能舍天地之质形气而言，有天地之质形气方有天地之性，有人之质形气方有人之性。天地之性即天地之道，道与性为一。天地之性只是生生不穷，按照事物之自然而成就之，就是命。又"天分以与人而限之于天者，谓之命。人受天之所命而成之于己者，谓之性"②。程瑶田以性命一源，其中的不同仅在于以天而言谓之命，以人而言谓之性。

牟宗三对于性、命关系论述甚精，其于《才性与玄理》曰："性者，气下委于个体，就个体之初禀，总持而言之之谓也。命者就此总持之性之'发展之度'而言之之谓也。一言之于其初，一言之于其终。性成即命定，命定即性定。然则性命者乃自然生命强度之终始之谓也。"③ 此说详细阐发了性、命各自的内涵，并揭示了二者背后的天人关系。

（闫林伟整理）

---

① 程瑶田：《通艺录·论学小记·论性二》，《程瑶田全集》第一册，陈冠明等校点，合肥：黄山书社，2008，页40。
② 程瑶田：《通艺录·论学小记·诚意义述》，《程瑶田全集》第一册，陈冠明等校点，合肥：黄山书社，2008，页36。
③ 牟宗三：《牟宗三先生全集2》，台北：联经出版事业股份有限公司，2004，页6。

6. 心

"心"是中国思想中的一个重要概念，约有四义：（1）心脏（心之本义，亦是心之最基本、最朴素的含义）；（2）中心、主宰（古人认为心居于五官、人体的中心，因此心有中心、核心义；后又由此引申出主宰义）；（3）人的内在世界（包括思维、想法、情感、精神、意志、知觉、品质、注意力等，总体而言，心具有认知、道德、审美等能力）；（4）本体之心（在宋明理学中，尤其是陆王心学一系，将"心"提升至本体的地位，主要指道德本体）。对于"心"的其他含义，我们在此姑且不论，但就其最具哲学意味的"内在世界"含义而论，心、性、情、欲是一个相互关联的、动态的有机整体。

就"心"与"性"来说，二者皆从心；"性"字从心从生，其本字为"生"，表明二者具有密切关联，谈性离不开心，徐复观等人就认为孟子论性是"即心言性"。在甲骨文中已有"心"字，其本义为纤细尖锐之物，为象形字。《诗·凯风》："吹彼棘心。"《易传·说卦》："坎，……其于木也，为坚多心。"《礼记·礼器》："如竹箭之有筠也，如松柏之有心也。"这些用法，即以心为纤细尖锐之物。[1] 与此不同，心也是中国古代思想中的一个特殊概念，包含人的思维器官、思想、情感、认识、心理、品质等义。职是之故，历代思想家均对"心"给予了特别的重视，使之成为中国古代思想中广涉认识、道德、修养甚至天道等领域的一个重要范畴。

在早期典籍，如《易经》《尚书》《诗经》《左传》等书中，心多指人的物质器官和思维器官，但尚未成为一个独立的哲学范畴。真正从哲学意义上对心进行系统阐发的，始于孟子、荀子和庄子等人。

《论语》中"心"凡6见。〈为政〉曰"从心所欲不逾矩"，此处之"心"指心意、意向、意愿等。〈雍也〉曰"回也，其心三月不违仁"，这里的"心"指决心、注意力，强调心的专注能力。〈宪问〉曰"……有心哉"，此处之"心"指有心意、想法投入其中。〈阳货〉曰"饱食终日，无所用心"，此处之"心"指人的认识能力，不用心就是不能充分发挥人的认识能力去做某事。〈尧曰〉曰"简在帝心"，此处之"心"指认知之心，即人的认识能

---

① 韩先虎：《先秦儒家思想八讲》，上海：上海交通大学出版社，2015，页120。

力；又"天下之民归心焉"，此处之"心"指意向、意愿。故综合《论语》中所言之心，主要是指人的内在世界，包括认识能力、心意（想法）、意向、意愿、注意力（意志）等。

《郭店简》对于"心"的使用颇有意味，其必须与性、情关联到一起才有具体含义。〈性自命出〉中的"仁"即写作"忎"，为形声字，心代表了这个字的义符，暗示了其与"心"之间的关系。其中论心曰"耳目鼻口手足六者，心之役也"，即强调心为感官的中心和主宰。"凡人虽有性，心无定志，待物而后作，待悦而后行，待习而后定"，又"四海之内，其性一也；用心各异，教使然也"。即强调性是天平等地赋予每一个人的禀受，具有普遍性，但这种"性"却是潜存的，必须通过外物的触动才能显现出来；但性自身不活动，心具有活动性，因此性必须通过心表现出来。那么性的具体内容是什么呢？"喜怒哀悲之气，性也"，所谓喜怒哀悲是情，喜怒哀悲之气则是情的潜存状态，表现于外才是喜怒哀乐之情，而这个中介就是"心"，即性（喜怒哀悲之气）通过心（知虑活动）而表现为情（喜怒哀悲）。

《孟子》中"心"凡 121 见。[①] 在孟子这里，"心"进一步抽象化。从指代官能的朴素含义充分演变为指代主体的认知之心、道德之心。孟子也讲情感之心，如"人皆有不忍人之心……皆有怵惕恻隐之心"（〈公孙丑上〉），此处之"心"实际上指情感，是人人皆有的本能、自发的情感。将仁义礼智等道德原则的根源归结到心（实际上指情，通过心显现出来，不过这种情不是一般的自然情感，而是道德情感），赋予心以道德属性，"仁义礼智根于心。"（〈尽心上〉）孟子认为人天生具有恻隐之心、羞恶之心、辞让之心和是非之心，这四心是仁义礼智的发端处，"恻隐之心，仁之端也；羞恶之心，义之端也；辞让之心，礼之端也；是非之心，智之端也。"（〈尽心上〉）又"仁义礼智，非由外铄我也，我固有之也"（〈告子上〉）。孟子将仁义礼智视为人区别于动物的本性，故产生仁义礼智的四心也就成为人之为人的根本，"无恻隐之心，非人也；无羞恶之心，非人也；无辞让之心，非人也；无是非之心，非人也。"（〈公孙丑上〉）此外，孟子的心、性、天之间具有密切联系。〈尽心上〉曰："尽其心者，知其性也。知其性，则知天矣。存其心，养其性，所以事天也。"

---

① 杨泽波：《孟子评传》，南京：南京大学出版社，1998，页 296—303。杨泽波谓孟子论性使用了许多概念，详细分析其中所用"心""性""情""才""思""诚""约"之义。其中"心"字出现 121 次，"性"字出现 37 次。

此外，在孟子的思想中，心还是上达天道的基础。孟子认为，心与耳目口鼻都是人的物质器官，但心与其他器官相比还具有思维和认识功能，他说："耳目之官不思，而蔽于物。物交物，则引之而已矣。心之官则思，思则得之，不思则不得也。此天之所与我者。"（〈告子上〉）因为耳目口鼻等器官不具有思维和认识的功能，所以往往会被物质欲望所诱惑。而心可以通过其思维功能对事物及其道理有所认识，发挥心的这种认识能力，也会对自身的善性有所认识，进而上达天命与天道，"尽其心者，知其性也。知其性，则知天矣。存其心，养其性，所以事天也。"（〈尽心上〉）此处所言之心实际上就是前面所说的"四端之心"，这是天赋予的善端。只要我们"尽其心"，即充分扩充我们的善端，便可认识性，这便是"即心言性"，而认识了"性"也就认识了"天"。

荀子论心与孟子不同，一般来说，孟子论心强调心的道德内涵，荀子则凸显出心的认知功能。《荀子》中"心"凡 107 见。荀子认为心具有思维和认识的功能，"心生而有知"（〈解蔽〉）。这种认识功能使心"自禁也，自使也，自夺也，自取也，自行也，自止也"（〈解蔽〉）。〈修身〉曰"治气养心之术"，此处之"心"作为养的对象，涉及情感、精神、品质、意志等内容。〈不苟〉曰"君子大心则天而道，小心则畏义而节"，此处之"心"指认识能力，即扩充认识能力，才能认识自然规律；"君子养心莫善于诚"，此处之"心"指人的精神、品质等内容。〈君道〉曰"……尊法敬分而无倾侧之心"，此处之"心"指思想、想法。〈天论〉曰"若夫心意修，德行厚，知虑明……"此处之"心"亦指内心的思想、想法。〈乐论〉曰"足以感动人之善心"，此处之"心"指心意、品质、意志等。〈解蔽〉曰"故心不可以不知道"，此处之心指人的认识、思维器官；又"心者，形之君也，而神明之主也"，此处之心强调主宰义；又"……无邑怜之心"，此处之"心"实际上是指情感。〈正名〉曰"心也者，道之工宰也"，此处之"心"强调主宰义。荀子对心、性、情论述最为精彩的当属〈正名〉所言："生之所以然者谓之性……不事而自然谓之性。性之好、恶、喜、怒、哀、乐谓之情。情然而心为之择谓之虑，心虑而能为之动谓之伪。"相对于孟子的"即心言性"，可以将荀子概括为"以心治性"[①]，心具有判断是非善恶的能力，因此，《荀

---

① 此说法借鉴自韩先虎，未审谁先提出。见韩氏著《先秦儒家思想八讲》，上海：上海交通大学出版社，2015，页128。

子》中的"心"，含义颇为丰富，除了指人的思维器官、认识能力外，还包括主宰义，以及情感、意志、品质、心意等属于内在世界的诸含义。

值得注意的是，荀子在〈解蔽〉和〈不苟〉中对"心"的论述，前者强调"治心之道"，后者强调"养心莫善于诚"。〈解蔽〉曰：

> 空石之中有人焉，其名曰觙，其为人也，善射以好思。耳目之欲接则败其思，蚊虻之声闻则挫其精，是以辟耳目之欲，而远蚊虻之声，闲居静思则通。思仁若是，可谓微乎？孟子恶败而出妻，可谓能自强矣，[未及思也；]有子恶卧而焠掌，可谓能自忍矣，未及好也。辟耳目之欲，而远蚊虻之声，可谓危矣，未可谓微也。夫微者，至人也。至人也，何强，何忍，何危？故浊明外景，清明内景。圣人纵其欲，兼其情，而制焉者理矣，夫何强，何忍，何危？故仁者之行道也，无为也；圣人之行道也，无强也。仁者之思也恭，圣人之思也乐。此治心之道也。

荀子在此提出"思仁"的主张，认为真正达到这一理想的是"至人"，不需要假借外在手段，只是通过向内用心，就可达到从容中道的境界。此处强调向内用心，显然不是简单地指发挥心的理智功能，而是类似于一种内在体验，需要与本篇前面所讲的"虚壹而静"联系起来，这明显是受到了道家的影响。①

在〈不苟〉中，荀子又提到了"养心莫善于诚"的思想，这也是让学者颇为困惑的一段文字，因为言"诚"显然是思孟的理路，荀子既然批判思孟，何以又言"诚"呢？其实这显然是将荀子思想静态化、凝固化了，未看到荀子思想的历时性发展。诚然，荀子在早期可能批判过思孟，但后来又可能看到思孟的长处，自觉予以吸收、发展。其言曰：

---

① 闫按：看待《荀子》诸篇章，不能采取一种静态的眼光，因为这些篇章的内容充满了复杂性，具有明显的差异，甚至偶有相互对立之处，这显然不是写于一时的。综观荀子的一生，约分三个阶段：五十岁之前居赵（三晋法家文化浓厚，有些作品具有明显的法家倾向），一些看起来不太成熟的作品写于此时；五十岁之后游齐，三为稷下祭酒，思想受到各家影响，尤其是（黄老）道家的影响；晚年退居兰陵（历史上为鲁地，后被楚国所兼并），受到鲁、楚两种文化的影响。我们在分析一个思想家时，其本身的思想结构当然是最重要的，但我们还需看到其思想演变的历程。

君子养心莫善于诚，致诚则无它事矣。惟仁之为守，惟义之为行。诚心守仁则形，形则神，神则能化矣；诚心行义则理，理则明，明则能变矣。变化代兴，谓之天德。天不言而人推高焉，地不言而人推厚焉，四时不言而百姓期焉。夫此有常，以至其诚者也。君子至德，嘿然而喻，未施而亲，不怒而威。夫此顺命，以慎其独者也。善之为道者，不诚则不独，不独则不形，不形则虽作于心，见于色，出于言，民犹若未从也，虽从必疑。天地为大矣，不诚则不能化万物；圣人为知矣，不诚则不能化万民；父子为亲矣，不诚则疏；君上为尊矣，不诚则卑。夫诚者，君子之所守也，而政事之本也。唯所居以其类至，操之则得之，舍之则失之。操而得之则轻，轻则独行，独行而不舍则济矣。济而材尽，长迁而不反其初则化矣。

此段文字确实颇为特殊，牟宗三言："此段言诚，颇类《中庸》《孟子》。此为荀子书中最特别之一段。"[1]　其实，这段文字说特殊也特殊，说不特殊也不特殊，说特殊是因为"诚"明显是思孟讲的，看起来与荀子的思想不合。其实这不过是皮相之谈，一没有看到荀子思想内在的联系线索，二没有看到荀子思想的历时性演变。就第一点来说，〈不苟〉的"以诚养心"是沿着〈修身〉的"治气养心之术"和〈解蔽〉的"治心之道"逐渐深入发展的产物；就第二点来说，〈不苟〉的"以诚养心"反映的是荀子的晚期思想，明显受到思孟之学的影响（闫按：我们过于将孟荀对立或者将荀子思想静态化，既看不到孟荀之间的相合之处，也看不到荀子思想的开放与发展）。〈不苟〉的"养心"主要体现在意志对仁义的坚守和践履上，"诚心守仁则形""诚心行义则理"。与思孟不同，荀子的"诚"只是养心的功夫，并非像《中庸》那样居于本体地位，具有道德创造能力；故荀子在其中加入仁、义概念，强调通过"惟仁之为守，惟义之为行"的"守仁""行义"环节，才能达到"诚心守仁则形""诚心行义则理"的状态。

闫按：在先秦儒家人性论思想中，心、性具有重要关联。在孔子那里，其间的联系与张力未曾显现出来，发展到《郭店简》演化出以心显性、以情

---

[1]　牟宗三：《荀学大略》，《牟宗三先生全集2》，台北：联经出版事业股份有限公司，2003，页169。

论性的思想理路，这分别为孟荀所发展。孟子心性一体，即心言性；荀子心性二分，以心治性，从而发展出各自独特的人性论模式。

《老子》中"心"凡 10 见。〈第三章〉曰"使民心不乱……虚其心"，此处之"心"指想法、念头，强调不要生起争斗、盗窃的想法、念头。〈第十二章〉曰"驰骋田猎，令人心发狂"，此处之"心"指人的心灵世界，具体来说就是人的思想、情感、心态等。〈第四十九章〉曰"圣人无常心，以百姓心为心"，第一个"心"和"常"连用指成见，强调思想的开放性和包容性；第二个"心"指想法、意愿等，强调尊重百姓的想法、意愿，以百姓的意愿为意愿。

《庄子》中"心"凡 188 见。〈齐物论〉曰"形固可使如槁木，而心固可使如死灰乎"，此处"心"与"形"相对，强调心灵世界中的思想、情感等。〈人间世〉曰"……是祭祀之斋，非心斋也"，所谓的"心斋"就是排除主观成见和知虑的束缚，达到空明的心灵境界；又"乘物以游心"，"游心"也是强调顺应事物的自然本性而优游自适。〈应帝王〉曰"至人之用心若镜"，强调不应以主观成见阻碍对事物客观情状的认识，此处之"心"指人的认识、思维能力。〈在宥〉曰"……无撄人心"，此处的"人心"指内心的思想、情感、情志等，强调不要因为过度的人为而扰乱了心灵的宁静。〈天地篇〉曰"有机事者必有机心，机心存于胸中则纯白不备"，此处的"机心"指机巧的思想、想法。〈刻意〉曰"……故心不忧乐，德之至也"，此处的"心"与忧乐相联系，显然是指内心的情感、情志等活动。〈缮性〉曰"然后去性而从于心"，此处"性"与"心"相对，性代表人的天性，心代表巧伪、机心，恰恰是对天性的破坏。庄子提出"常心"的概念，以区别于"机心""成心"，〈德充符〉曰："以其知，得其心；以其心，得其常心。"在此，庄子将心划分为双层结构，即表层结构之心和深层结构之心：表层结构之心指思维知虑、语言思辨等，指向的对象为物，发挥的是心的理性功能；深层结构是指虚静恬和、精神内守等，指向的对象是道，发挥的是心的超理性功能。

《管子》四篇（黄老道家思想）明确提出了"心"的双层结构。〈心术上〉曰："心之中又有心，意以先言。意然后形，形然后思，思然后知。"〈内业〉曰："我心治，官乃治，我心安，官乃安。治之者心也，安之者心也。心以藏心，心之中又有心焉。彼心之心，音以言先。音然后行，形然后言，言然后使，使然后治。"〈白心〉曰："故曰有中有中，孰能得夫中之衷夫？"（闫按：王念孙《读书杂志·管子第七》读为"有中又有中"，认为是"心之中又有心"之意①。）黄老道家（或道法家）提出这样一种"心中之心""心中藏心"的概念，究竟意味着什么呢？这就让我们不得不诉诸道家独特的思维方式。道家将这种"心"视为"神明""道"等居住的"馆舍"，即旨在表明"道"既不在"心"又不外在于"心"，而在"心中之心"。只有使"心"澄明、虚静，才能够"体道""得道"。正如〈心术上〉所言："虚其欲，神降入舍；扫除不洁，神乃留处。"此中所谓的"神"是虚指，并非真的神，而是"道"的形况语，强调"道"的神秘性、超越性特点，其实道家所讲的"道"就是一种内在精神境界，通过诉诸内在体验而获得。

《淮南子》中"心"凡302见。〈原道训〉曰"狡心""机械之心"，又"好憎者，心之过也""心不忧乐，德之至也"。〈俶真训〉曰"夫圣人用心，杖性依神，相扶而得终始"，又"故圣人之学也，欲以反性于初而游心于虚也"，又"夫忧患之来撄人心也"。〈精神训〉曰："故心者，形之主也；而神者，心之宝也。"〈本经训〉曰"……机械巧故之心而性失矣"，又"凡人之性，心和欲得则乐……人之性，心有忧丧则悲，悲则哀"。〈缪称训〉曰"……原心反性则贵矣"，此处所出现的"心"指人的思虑活动，包括人的思想、想法、情感等心灵活动，这些活动会导致巧伪的产生，扰乱人内心的宁静，所以主张"反性之初"，即返回至未受到人为扰乱的淳朴的天性状态。

闫按：在道家思想中，心与性存在一定的紧张关系。心即人为的思虑活动，包括成见、机巧、情感、情绪等；性即人的天性、本性，这是事物的自然性状，未受到人为干扰。道家认为事物的自然性状（天性、本性）是最合于事物本身存在、成长乃至发展的法则，因此称为"德之至"，即以符合、顺应天性作为最高的"德"。而以心为代表的人为思虑活动会导致成见、巧诈，扰乱心灵（思想、情感）的宁静，不仅妨碍对事物客观性状的认识，而且会造成对事物天性的戕害，从而造成对事物的扭曲和异化。此外，道家又划分出心的双层结构，在《庄子》那里体现为"常心"与"成心""机心"

---

① 王念孙：《读书杂志·管子第七》，南京：江苏古籍出版社，1985，页470。（按：江苏古籍出版社于2002年更名为凤凰出版社。）

的相对关系，前者指一般的理性思维，指向对象为物；后者指内在体验，指向对象为"道"。在《管子》四篇则体现为"心中之心""心中藏心"的双层结构，强调"道"不在"心"，亦不离于"心"。所谓"心"的双层结构并非指存在两个"心"，而是同一个"心"的两个层面，表层之心发挥一般的理性功能，深层之心发挥超理性功能以把握"道"。因此，在道家看来，儒家只把握了"心"的第一个层次，是"明乎礼义而陋于知人心"。这一点非常重要，荀子应该是受到道家的影响，故有"虚壹而静"之说。〈解蔽〉曰："人何以知道？曰：心。心何以知？曰虚壹而静。"

董仲舒将气论与阴阳五行引进儒学，建立起一套人副天数、天人相感应的哲学体系。董氏将心分为天心与人心，认为人心与天心相副。认为天是产生万物的人格神，具有喜怒哀乐的情感与赏善罚恶的意志，这就是天心，天心通过阴阳之气的休伏变化而表现出来。阳气长养万物，故主生主德；阴气肃杀万物，故主杀主刑。阴阳的变化是"阳之出，常悬于前而任岁事；阴之出，常悬于后而守空虚。阳之休也，功已成于上，而伏于下；阴之伏也，不得近义而远其处也"（《春秋繁露·天道无二》）。又〈循天之道〉曰："凡气从心。心，气之君也。"即强调"心"为气的主宰。

魏晋玄学对心的探讨，丰富和深化了心的内涵。刘劭《人物志》中即有以心论人的内容，其所谓"心"指人的心理素质，称为心质，"心质亮直，其仪劲固。心质休决，其仪进猛。心质平理，其仪安闲"（〈九征〉），即心理素质直接决定人的精神仪表，相应地，精神仪表也直接反映人的心理素质。

张载认为天地万物之性由无形的太虚与有形的气共同决定，心具有对天地万物之性进行知觉的功能，"合虚与气，有性之名；合性与知觉，有心之名"[①]。人的认识可以分为闻见之知与德性所知两种，闻见之知是人的耳目等感官与认识对象直接接触所获得的认识，"今盈天地之间者皆物也，如只据己之闻见，所接几何，安能尽天下之物？"[②] 德性所知是通过发挥心的知觉功能，"所以欲尽其心也"而实现的。

二程论心分人心与道心，就人心言，心指人的物质器官，"心要在腔子

---

① 张载：《正蒙·太和》，《张载集》，章锡琛点校，北京：中华书局，1985，页9。
② 张载：《张子语录下》，《张载集》，章锡琛点校，北京：中华书局，1985，页333。

里"①。作为物质器官的心具有知觉和认识的功能，是认识的主体，"人心莫不有知"②。就道心言，心与命、理、性等属于同一层次，名异实同，而具有宇宙本体的意义，所以程颐说"在天为命，在义为理，在人为性，主于身为心，其实一也"③。命、理、性、心"其实只是一个道"。作为道心的心具备天德，"心具天德，心有不尽处，便是天德处未能尽，何缘知性知天？"④ 天德的内容便是仁义礼智等人伦道德，"人伦者，天理也"⑤。

朱熹从心为主宰、心有知觉、心与性，以及人心道心等四方面论说心。论及心作为人身体的主宰时，朱熹云："心是神明之舍，为一身之主宰。"（《朱子语类》卷九十八）又"夫心者，人之所以主乎身者也，一而不二者也，为主而不为客者也，命物而不命于物者也"⑥。这里的"心"不仅主宰人的身体，还主宰人的意识活动。又"然人之一身，知觉运用，莫非心之所为，则心者，固所以主于身，而无动静语默之间者也"⑦。此处的知觉包括人的感官活动和思维活动，心主宰着人的思维活动及其现实运用能力。值得注意的是，朱熹还提到"心主性情"的观点，其曰："性者，心之理也；情者，心之用也；心者，性情之主也。"⑧ 朱熹所讲"情"是广义上的情，不限于心理学意义上的情感、情绪，还包括人的"智识念虑"等细微的思想活动，所以心对情的主宰涉及一般理智对情感情绪的主导和道德理性对于情欲的宰制。朱熹以情之未发状态为性，须时时提撕此心，使心处于平静状态，不要散乱，从而干扰到性。

---

① 程颢、程颐：《河南程氏遗书》卷七，《二程集》，北京：中华书局，2016，页96。（按：由于该卷标为"二先生语"，未知大小程子谁作，故将作者列为程颢、程颐。）

② 程颢：《河南程氏遗书》卷十一，《二程集》，北京：中华书局，2016，页123。（按：此卷明确标为"明道先生语"，故将作者列为程颢。）

③ 程颐：《河南程氏遗书》卷十八，《二程集》，北京：中华书局，2016，页204。（按：此卷明确标为"伊川先生语"，故将作者列为程颐。）

④ 程颢、程颐：《河南程氏遗书》卷七，《二程集》，北京：中华书局，2016，页78。（按：由于该卷标为"二先生语"，未知大小程子谁作，故将作者列为程颢、程颐。）

⑤ 同上，页394。

⑥ 朱熹：《文集》卷六十七《观心说》，《朱子全书》第23册，朱杰人、严佐之、刘永翔主编，上海、合肥：上海古籍出版社、安徽教育出版社，2002，页3278。

⑦ 朱熹：《文集》卷三十二《答张敬夫四十九》，《朱子全书》第21册，朱杰人、严佐之、刘永翔主编，上海、合肥：上海古籍出版社、安徽教育出版社，2002，页1419。

⑧ 朱熹：《文集》六十七《元亨利贞说》，《朱子全书》第23册，朱杰人、严佐之、刘永翔主编，上海、合肥：上海古籍出版社、安徽教育出版社，2002，页3254。

论及心有知觉，所谓知觉，有广狭二义，正如陈来所言，"狭义的知觉指人的知觉能力，即精神，也就是能知能觉。……广义的知觉则不仅指人的知觉能力，而且包括人的具体知觉，即知觉能力的具体运用"①。论及狭义的知觉能力，朱熹曰："有知觉之谓心。"又"所谓心者，乃夫虚灵知觉之性，犹耳目之有见闻耳"②。又"心者，人之神明，所以具众理而应万事者也"③。即将这种心的知觉能力称为"神明"。又"性只是理，情是流出运用处，心之知觉，即所以具此理而行此情者也"④。论及广义的知觉能力，则曰："人心是知觉……"⑤"心者，人之知觉主于身而应事者也。"⑥

论及道心人心说，朱熹显然继承了伪古文《尚书·大禹谟》道心、人心之分的观点，认为心只是一个心，道心与人心之分从根源上讲，源于人所禀受的天地之性与气质之性，天地之性表现为性命之正，气质之性表现为形气之私，源于形气之私便为人心，源于性命之正便为道心。朱熹曰："心之虚灵知觉，一而已矣，而以为有人心、道心之异者，则以其或生于形气之私，或原于性命之正。"⑦ 在性情关系上，朱熹认为性为未发、为体、为静，而情为已发、为用、为动，性对情言，而心则对性情言，心统性情。故未发已发、体用及动静，皆是心之未发已发、心之体用及动静。心统性情包括两个方面，一是心兼性情，"'心统性情'，统，犹兼也"⑧，"兼"指心包含性情。就未发已发言，"心则通贯乎已发未发之间"；就体用言，"性，其理；情，其用。心者，兼性情而言。兼性情而言者，包括乎性情也"⑨，"性是体，情是用。

---

① 陈来：《朱子哲学研究》，上海：华东师范大学出版社，2000，页213。

② 朱熹：《文集》卷七十三《胡子知言疑义》，《朱子全书》第24册，朱杰人、严佐之、刘永翔主编，上海、合肥：上海古籍出版社、安徽教育出版社，2002，页3559。

③ 朱熹：《孟子集注·尽心上》，《四书章句集注》，北京：中华书局，2012，页356。

④ 朱熹：《文集》卷五十五《答潘谦之一》，《朱子全书》第23册，朱杰人、严佐之、刘永翔主编，上海、合肥：上海古籍出版社、安徽教育出版社，2002，页2590。

⑤ 朱熹：《语类》卷七十八，《朱子全书》第16册，朱杰人、严佐之、刘永翔主编，上海、合肥：上海古籍出版社、安徽教育出版社，2002，页2668。

⑥ 朱熹：《文集》卷六十五《大禹谟》，《朱子全书》第23册，朱杰人、严佐之、刘永翔主编，上海、合肥：上海古籍出版社、安徽教育出版社，2002，页3180。

⑦ 朱熹：《中庸章句序》，《四书章句集注》，北京：中华书局，2012，页14。

⑧ 朱熹：《语类》卷九十八，《朱子全书》第17册，朱杰人、严佐之、刘永翔主编，上海、合肥：上海古籍出版社、安徽教育出版社，2002，页3304。

⑨ 朱熹：《语类》卷二十，《朱子全书》第14册，朱杰人、严佐之、刘永翔主编，上海、合肥：上海古籍出版社、安徽教育出版社，2002，页704。

性情皆出于心，故心能统之"①。二是心主宰性情，"统是主宰，如统百万军"②，"但以吾心观之，未发而知觉不昧者，岂非心之主乎性者乎？已发而品节不差者，岂非心之主乎情者乎？"③ 在此意义上，心统性情即是心统摄、管制性情，使情不陷溺其性，从而使性不为物欲所蔽。所以"心宰则情得正，率乎性之常而不可以欲言矣；心不宰则情流而陷溺其性，专为人欲矣"④。

张载、朱子主心统性情。孟子之心主要指道德仁义之心，与张、朱强调心的主宰功能不同。胡宏、陈淳对心的理解各有特色。胡宏深入讨论了心与性在修养实践中的关系，其言"气主乎性，性主乎心。心纯，则性定而气正。气正，则动而不差"⑤。此处的两个"主"字含义不同，气主乎性指性是气运动的根源和法则，性主乎心的性指的是一种心境、意识状态，如明道所言"定性"之性，心则特指意识结构中的理性、意志。在胡宏的思想中，心有着重要的地位，心的作用决定着能否定性、尽性、成性：

> 性，天下之大本也，尧、舜、禹、汤、文王、仲尼六君子先后相诏，必曰心而不曰性，何也？曰：心也者，知天地、宰万物，以成性者也。六君子，尽心者也，故能立天下之大本。⑥

既然性为天下大本，为何古圣先贤要突出心的作用？胡宏认为，性和心是在不同层面而言的，性在本体论上最为重要，心在道德实践中最为重要。心的功用能够"知天地"（认识自然），"宰万物"（主导实践），完成自己的本性。在孟子那里强调尽心知性，张载也有尽心成性的观念，但在胡宏这里更加凸显心的作用，即只有充分将心的先验功能实现出来，才能完成性。

陈淳在《北溪字义》中从心是主宰、心是容器、心有体用三方面论"心"。

---

① 朱熹：《语类》卷九十八，《朱子全书》第 17 册，朱杰人、严佐之、刘永翔主编，上海、合肥：上海古籍出版社、安徽教育出版社，页 3304。
② 朱熹：《语类》卷九十八，《朱子全书》第 17 册，朱杰人、严佐之、刘永翔主编，上海、合肥：上海古籍出版社、安徽教育出版社，页 3304。
③ 朱熹：《朱文公文集》卷四十二《答胡广仲》，《朱子全书》第 22 册，朱杰人、严佐之、刘永翔主编，上海、合肥：上海古籍出版社、安徽教育出版社，页 1902。
④ 朱熹：《朱文公文集》卷六十四《答何悴》，《朱子全书》第 22 册，朱杰人、严佐之、刘永翔主编，上海、合肥：上海古籍出版社、安徽教育出版社，页 3115—3116。
⑤ 胡宏：《知言·仲尼》，《胡宏集》，吴仁华点校，北京：中华书局，1987，页 16。
⑥ 胡宏：《胡宏集》，吴仁华点校，北京：中华书局，1987，页 328。

"心者，一身之主宰也。人之四肢运动，手持足履，与夫饥思食，渴思饮，夏思葛，冬思裘，皆是此心为之主宰。……大抵人得天地之理为性，得天地之气为体，理与气合方成个心，有个虚灵知觉，便是身之所以为主宰处。"① 此为以"主宰"论心。"心只似个器一般，里面贮底物便是性。康节谓'心者，性之郛郭，说虽粗而意极切'。盖郛郭者，心也。郛郭中许多人烟，便是心中所具之理相似，所具之理便是性。"② 此处论及心和性，将心比作容器，性比作容器（心）中所藏之物，也就是理。"心有体有用。具众理者其体，应万事者其用。寂然不动者其体，感而遂通者其用。体即所谓性，以其静者言也；用即所谓情，以其动者言也。"③ 这也是沿着朱熹之说（朱熹曰："性者，心之理。情者，心之用。心者，性情之主。"）发挥而来。

罗钦顺也分心为道心与人心，但不同于程朱的是，罗钦顺以道体神用言道心人心，认为"道之在人，则道心是也；神之在人，则人心是也"④。人心是神，是道之用；道心是性，是道之体。以道、神言道心、人心，是对传统道心人心论的发展。

王夫之认为，"心为性之统，性为心之地；性是体，心是用"。如此说来，性与心有别。然而孟子似乎未如此明确区分（孟子主张心性一体，以心善言性善）。颜元、戴震等仍然在传统的意义上对心进行了论述，如颜元以身心合一论心，认为心即恻隐、羞恶、辞让、是非之心，是人所本有，心所生之仁义礼智是为性，心对自身起主宰的作用。戴震则认为心是人的思维器官，耳目百体之灵皆会归于心，并提出了"血气心知"的观点，认为欲乃人血气之自然，同时是心知的基础，强调了人的欲望的合理性。

徐复观、牟宗三、信广来等皆谓孟子以心言性。正如徐复观所言："孟子所说的性善，实际便是心善。……由人心之善，以言性善。"⑤ 牟宗三也说："孟子以心说性。""性、情、才是虚位字，心才是落实的具体字。"⑥

（闫林伟整理）

① 陈淳：《北溪字义》，熊国桢、高流水点校，北京：中华书局，2011，页11。
② 同上《北溪字义》，页11。
③ 同上《北溪字义》，页11—12。
④ 罗钦顺：《困知记·续录》卷下，阎韬点校，北京：中华书局，1990，页82。
⑤ 徐复观：《中国人性论史·先秦篇》，台中：东海大学出版社，1963，页163。
⑥ 牟宗三：《圆善论》，《牟宗三全集22》，台北：联经出版事业股份有限公司，2003，页351—353。

7. 德

"德"在中国思想中是一个重要概念，其含义丰富而复杂，作为名词化的"德"主要有五义：（1）本性（德亦含有本性、特性、特长等义，此在道家典籍中较为常见，但在儒家那里亦有使用；与古希腊语"arete"的含义相近）；（2）德性（包含美德、德行、品德等义，具有较强的道德色彩）；（3）好、善（"德政"之"德"即含好、善之义，指好的政治、善的政治，属于规范性概念）；（4）心意（同心同德，即强调思想和信念的统一）；（5）福气（百姓之德，多用于强调国君行仁政，是百姓的福气）。由于本书关注的主要是德性论视域下的"德"与"性"或与善恶之间的关系，故只关注其在典籍中的第一、第二、第三种含义，其余不再赘论。

"德"的起源及本义今难考且尚未确定，仍有待进一步研究。许慎《说文解字》曰："德，升也。"认为德的本义是升高、登高（此义尚不明确，姑备一说）。又解释"悳"（德之古字）字为"悳，外得于人，内得于己也"，即蕴含着如何对待人我关系之义。尽管一些古文字学家和思想史、哲学史研究者利用文字学知识对甲骨文、金文中的"德"字进行了研究，甚至作出了推测，但终究难以取得最终定论。

王国维在其经典著作《殷周制度论》中对于殷周之变进行过经典表述。其认为"殷周之兴亡，乃有德无德之兴亡"，而"周之制度典礼，乃道德之器械，而亲亲、尊尊、贤贤、男女有别四者之结合体也。此之谓民彝"①。郭沫若认为"卜辞和殷人的彝铭中没有德字"②，在《金文丛考·周彝中之传统思想考》中又言"德字始见于周文"，进一步分判"德"有"得之于内者"和"得之于外者"，前者为道德之酝酿，后者在于"崇祀鬼神，帅型祖德。……有德者得其寿，得其禄，得延其福泽于子孙。德以齐家，德以治国，德以平天下。德大者配天，所谓大德者必在位也"，即表明周代"宗教、政治、道德三者实

---

① 王国维：《殷周制度论》，《观堂集林》，北京：中华书局，1961，页477。所谓"道德之器械"即道德原则的客观化、制度化，也就是指礼，此中已然暗含了德、礼之间的关系。以有德无德判分殷周之区别，成为后人理解殷周思想文化的重要观点。

② 郭沫若：《先秦天道观之进展》，《郭沫若全集·历史编》第一卷，北京：人民出版社，1982，页336。

三位一体"①。

李玄伯则认为"德为图腾"，"最初的德与性的意义相类"②，值得注意的是，他尤为强调姓即生、生即性的观点，认为"姓实即原始社会之图腾，而古字实只作生"③。李玄伯此说得到斯维至的响应，其先后撰写两篇《说德》（1982年、1997年）对"德"进行了深入探讨。斯氏训"德"之本义为"生""姓""性"。④ 后何新作《辨"德"》以驳之，何新认为，欲求"德"之本义非从音、形、义之文字训诂入手不可。其从许慎、段玉裁关于"德"字之训释入手，又结合甲骨文，考释出"德"字的本字为"值"或"衙"。由"衙"得出"德"字本义为直视而行，所以一切正直的品行皆可称作"德行"。⑤ 经过何新反驳后，斯维至又作《关于德字的形义问题——答何新同志》反驳之并进一步论证己说，认为"德"的本义含生、姓、性义，"古人所谓德行与今人的观念也不同。他们从生殖出发，懂得'同姓则同德，异姓则异于德'，姓（血缘）不同，性也不同。因此认为秉承或效法祖先之性行

① 郭沫若：《周彝中之传统思想考》，《郭沫若全集·考古编》第五卷，北京：科学出版社，2002，页75—80。郭氏在《先秦天道观之进展》中将"德"的起源置于先秦天道观发展演变的历史脉络中去考察，认为"德"是西周以来的新思想，并提出"敬德"的观念（页332—337）。王、郭二氏将"德"字或"敬德"观念追溯至殷周之际，成为后来思想史研究"德论"的起点。

② 李玄伯说："最初的德与性的意义相类，如贾谊《新书·道德》篇说'所得以生谓之德'，《晋语》：'异姓则异德，异德则异类，……'这团名为性异团名为德，其实代表的仍系同物，皆代表图腾的生、性。最初说同德即等于说同姓（性）。较后各团交往渐繁，各团的字亦混合，有发生分歧的需要，性与德的意义逐渐划分，性只表示性，德就表示似性而非性的事物。但在研究图腾社会时，我们仍需不忘德的初义。"（李玄伯：《中国古代社会新研》，上海：开明书店，1949，页37。）

③ 李玄伯：《中国古代社会新研》，上海：开明书店，1949，页129、184。

④ 斯维至说："如果强调德的生、性这一意义，那么德是先天的、内在的，而强调人为的努力和行为表现，德就表现为后天的、外在的。这对于战国、秦汉时期的思想家影响很大。"又说："周初人由于着重在人事的努力和行为表现，所以已有个人道德、德行的意义。"约在春秋时期，"德"概念由氏族转向个人，由此演变为一个用于描述个人品德和修养的词。（斯维至：《说德》，《人文杂志》1982年第6期，页73—84。）

⑤ 何新又举《周礼·地官·师氏》曰"敏德以行本"，郑玄注"德、行，内外之称。在心为德，施之为行"，《易传·文言》曰"君子进德修业"，认为此处之"德"均指"德行"，为"德"字本义之拓广。后至战国时期，演化为"惪"。其援引章太炎"实、德、业三，各不相离"，断言"德"所指正是"物性"。并进一步总结："尤当指出，'德'之所以衍生出'性'的意义，仍是由其本义可训为'直行'及'行'而来的。"最后又考释"生""性"二字，认为甲骨文、金文均无"性"字，认为"性"晚出，最早不早于春秋，并说"由于'性'字晚出，在东周以前，常假借'德''行'二字以代言'性'耳"。（何新：《辨"德"》，《人文杂志》1983年第4期，页97—98。）

就是人生的最高准则"①。

李泽厚对于"德"的本义也颇为关注，他认为德的"原义显然并非道德，而可能是各氏族的习惯法规"②。后来，他又从"由巫至史"的历史演进来说明"德与礼"是"巫史传统"理性化的产物，并推测"德"最早与献身祭祀祖先的巫术活动有关，是巫师所具有的神奇品质，继而转化为"各氏族的习惯法规"。后又由巫史的神奇魔力与"巫术礼仪"等规范，逐渐转化为君王行为、品格的含义，最终才有个体心性道德的含义。③

陈来则以"德感文化"概括所谓的"前轴心时代"（闫按：所谓的"前轴心时代"是建立在承认"轴心时代"这一说法基础上的，就"轴心时代"这一理论假说而言，本身有待检验）。陈来认为就像西方以"正义"涵盖其他美德一样，中国以"德"来涵盖其他美德，④ 这一点确属洞见。吴龙辉认为，西周的"德"与"天命"有直接的联系，是沟通天人的桥梁，春秋以后"德的观念发生了较大的变化。德这个笼统的概念被具体化为仁、义、忠、孝、容、贞、信等不同方面的内容"⑤。张岱年在其《中国古典哲学概念范畴要论》中认为西周初年的"德"已相当于现代汉语中的道德；春秋时期的"德"亦是德行、品德之义（闫按：此说有待检验）。值得注意的是，张氏对于儒道两家关于"德"之观点的揭示极为精彩，他认为，儒家之德主要指道德；而道家则赋予"德"以"万物生长的内在基础"之义，在这种意义上训德为得，即"物所得以生"的内在根据，"这种内在根据，儒家谓之性，道家谓之德"⑥。（闫按：张氏以"性""德"作为儒道二家认为万物得以生长的内在根据，将"德"与"性"的内在关联揭示出来，允为卓识。但需要注意的是，这是从生命成长的内在根据来言"德"与"性"之同，即是从自然

---

① 斯维至：《关于德字的形义问题——答何新同志》，《人文杂志》1983 年第 5 期，页 86—88。

② 李泽厚：《中国古代思想史论》，北京：人民出版社，1986，页 86。李泽厚后来又指出："'帝'（殷商）在意识形态中的地位在周初已被结合天意与人事的'德'所取代。……'德'在周初被提到极高位置，恐怕也与周公当时全面建立规范化的氏族制度有关。……'德'似乎首先是一套行为，但不是一般的行为，主要是以氏族部落的祖先祭祀活动的巫术礼仪紧密结合在一起，逐渐演变而成为维系氏族部落生存发展的一整套的社会规范、秩序、要求、习惯等非成文规定。"（页 86—87）

③ 李泽厚：《历史本体论·乙卯五说》，北京：生活·读书·新知三联书店，2003，页 172—173。

④ 陈来：《古代宗教与伦理》，北京：生活·读书·新知三联书店，1996，页 297。

⑤ 吴龙辉：《原始儒家考述》，北京：中国社会科学出版社，1996，页 65。

⑥ 《张岱年全集》（第四卷），石家庄：河北人民出版社，1996，页 613。

义来说"性"与"德"；事实上儒家之"性"亦含有道德义，这是道家所没有的，这种道德义是在自然义的基础上将生命看作一德性化、精神化的存在，而"性"正是道德实现或精神提升的内在依据和潜在动力。）

张法深入探讨了性与德之间的起源及演进关系，认为其与血缘氏族尤其是与巫王有关，并认为性与德同义。① 巴新生在《试论先秦"德"的起源与流变》中对"德"观念的源流作了详细考释，认为"德的含义在先秦大体上经历了原始社会的图腾观念，殷周商时的祖先崇拜、上帝崇拜，西周时周王的政行懿德，春秋时的伦理道德这样几个阶段"②。其中强调"德"在周之前和周之后的含义有较大变化，之前与宗教有关，之后才真正具有道德含义，并由强调君主之德进一步演进为强调一般的道德品质和道德行为的评价。

海外汉学家倪德卫（David S. Nivison）对"德"字及德论作了极为精湛的辨析与研究，其结合甲骨文所记载的商和武丁的献祭文字，认为"德"是神灵能够看到并且喜欢看到的国王身上的一种品质或心灵能量。③ 安靖如（Stephen C. Angle）通过对早期之德的探讨，认为"德"的演变可分殊为三个层面：由天及人、由君主到普通人、由外到内。④

---

① 张法说："徝（德）因与最初的血缘姓族相关，继而与地域氏族相关，主要与一族一氏的以巫王为首的管理集团相关，有一种神圣性；性则由具有普遍性的生而来，而有一种普遍性。在性产生以来的观念整合中，徝（德）等同于性，又具有性中的高级地位。特别是在西周把天命王权与以王为首的管理集团的'徝'（德）相连，而使'徝'加上了'心'成为'德'之后，德成为王族应有之性，德一方面是性，另一方面成为性中的褒义词；德，在讲一般之性的意义上可以与性互换，但在讲性的优越上，性不能代表德。"又"从性来源于天、具体之物秉承了天的赋予来讲，性即是德。当道成了与天同义之词以后，与道一样强调彳（道）运行的德，性与德同义。性强调的是生，德彰显的是行"。（张法：《作为中国哲学关键词的"性"：起源、演进、内容、特色》，《社会科学辑刊》2019 年第 5 期。）
② 巴新生：《试论先秦"德"的起源与流变》，《中国史研究》1997 年第 3 期。
③ 倪德卫对"德"的论述无疑值得我们重视，他在"甲骨文和金文中的'德'"（中译页 21）一章中，得出结论说："它看来是神灵能够看到并且喜欢看到的国王身上的一种品质或心灵能量；它看来是他习得的东西，或者是当他为别者（在我们看过的治疗的例子中是为别的人，在献祭中是神灵）否定自己或使自己遭受危险时变得明显的东西。"（〔美〕倪德卫：《儒家之道：中国哲学之探讨》，周炽成译，南京：江苏人民出版社，2006，页 29。）
④ 在对早期之德的探讨中，我认为作者对"德"的探讨可分殊为三个层面：（1）由天及人，即最初的"德"是和"上帝""天"等宗教崇拜有关的。"最初与宗教崇拜和天的紧密联系开始松弛，德越来越多地被理解为内在的、个人的成就。"［中译页 68；This evolution is one in which an initial tight connection to religious worship and *tian* （"Heaven"）is loosened；over time, *de* increasingly is understood as an internal, individual accomplishment. pp. 3 – 13］（2）由君主到普通人，对于其中的演变过程，作者没有给出详细论证，但对君主之德的强调是倪德卫的一个观点，作者应当是受到倪氏的启发。"演化的另一个趋势是关注的焦点从（转下页注）

　　闫按：以上学者对于"德"的起源及其本义都做出了自己的考释，但仍缺乏坚实的证据使之成为定论，足见这一问题的复杂性。以上学者的探讨充分揭示了"德"字含义的丰富性与复杂性，对于我们理解先秦时代典籍中的"德"具有重要的启发意义。

　　根据以上学者的考释及对于西周时期经典文本中"德"的使用情况，我们不难发现，至西周时，德已具有德行、品德之义。但西周时期"德"的含义极为复杂，远非道德之义所能涵盖。《尚书》对于"德"极为重视，在较为可靠的16篇西周文献中"德"字凡98见。① 周克殷后，统治者总结了殷商易代的教训和经验，认识到"天命靡常"，只有修德才能承受天命并得到上天的保佑，因此提出了"敬德保民"的思想。〈康诰〉曰"惟乃丕显考文王。克明德慎罚，不敢侮鳏寡……"此处"德"字均含德行、品德之义。〈召诰〉曰："肆惟王其疾敬德。王其德之，用祈天永命。"前一个"德"指天命、政治等，后一个"德"指"得"，是从得到天命的角度而言的。

　　值得注意的是，《尚书》中出现的"德"并非全是善的品质或善行，如〈立政〉所言"桀德""暴德""逸德"，〈多方〉所言"凶德"，〈无逸〉所言"酒德"皆包含"丑"和"恶"的含义。事实上，类似的例子在《国语》中亦曾出现，如《国语·楚语下》曰"其后三苗复九黎之德"，《尚书·吕刑》郑注"复九黎之恶"。故徐元诰认为"德"是"善恶通称"，而不能简

（接上页注④）最初集中在君主之德转向值得钦佩的普通人之德，虽然君主之德的范式从来没有消失。无论是君主还是普通人，有德之人都对他人产生魅力和影响力。"（中译页68；An individual with *de*，whether a ruler or common person，manifests a kind of charisma or power to influence others. pp. 2 – 3）（3）由外到内，作者引用了《郭店简·五行篇》（战国前半期）的内容，强调"德"的内在转向。"德的最初意思和后来意思都和同源词'得'（意思是获得或得到）密切相关。……后来，重点集中在人们从内心获得德：也就是个人心理变化，……'仁行于内谓之德之行；不行于内谓之行'。换句话说，如果这个行为是受到外来威胁或出于别有用心的动机，即使看起来令人钦佩，也是平常行为，只有产生于内心的行为才能成为德。"（中译页68；Only behavior that springs from one's inner heart counts as *de*. pp. 2 – 4）参见 Stephen C. Angle, *Sagehood：The Contemporary Significance of Neo-Confucian Philosophy*, New-York：Oxford University Press, 2009.（本书中译本为〔美〕安靖如：《圣境：宋明理学的当代意义》，吴万伟译，北京：中国社会科学出版社，2017。文中凡引中译本皆注明。）

① 本文检索以《今文尚书》28篇为本，其中划分入"周书"的有19篇，但真正为西周史料的有16篇，分别为：〈牧誓〉0见、〈鸿范〉6见、〈金縢〉1见、〈大诰〉0见、〈康诰〉8见、〈酒诰〉7见、〈梓材〉3见、〈召诰〉9见、〈洛诰〉4见、〈多士〉4见、〈无逸〉2见、〈君奭〉12见、〈多方〉4见、〈立政〉13见、〈顾命〉1见、〈吕刑〉9见。其中〈费誓〉〈文侯之命〉〈秦誓〉反映的是春秋时期的史料，故不计算在内。

单地统称为"好"。① 由此，亦可见"德"的复杂含义。

《诗经》中亦多次出现"德"字，并以"德音"这一特殊的表达形式出现，凡12见。如〈邶风·日月〉曰："……乃如之人兮，德音无良。"〈邶风·谷风〉曰："德音莫违，及尔同死。"〈郑风·有女同车〉曰："彼美孟姜，德音不忘。"〈小雅·隰桑〉曰："既见君子，德音孔胶。"〈大雅·皇矣〉曰："维此王季，帝度其心。貊其德音，其德克明。"等等。诸如"德音"用法，为"成词"，这里的"德"无法解释为好消息、好的声音、有德之音等。郑开认为从制度与习俗（礼乐）方面阐释"德音"，才能正确理解"德音"的含义和意义；并认为"'德音'乃是行于庙堂之上的礼乐"，"一切诉诸语言、声音的制度化表达，都属于'德音'的范畴，既包括言语、政令，也包括所有涉及礼俗的格式化语言（即套话）……'德音'乃是礼仪过程中折射社会结构、表达制度语境和意识形态内容的话语"②。

《论语》"德"字凡39见。可以进一步分为政治之德（德政）和道德之德（美德）。政治之德，即强调政治的道德化，所谓德政是也。对于德政之德，我们可以释为好的、善的等含义，所以德政即指好的政治、善的政治，蕴含着对可欲的政治模式的诉求，是一个规范性概念。如〈为政〉曰"为政以德，譬如北辰……"〈颜渊〉曰"君子之德风……"〈季氏〉曰"……修文德以来之"等。道德之德，如〈述而〉曰"天生德于予"，又"德之不修，学之不讲，闻义不能徙，不善不能改，是吾忧也"。孔子认为人的德性有天赋的成分，但人可以通过修养获得德性。孔门教授，有所谓"四科十哲"，其中一科就是"德行科"，〈先进〉曰："德行：颜渊、闵子骞、冉伯牛、仲弓。"孔子将外在的、集体性的德落实到个体身上，认为所有个体通过修养都可以成就德性。但孔子在最高的成德意义上强调个人修养与政治成就的统一性，如〈宪问〉曰"修己以敬"，在此基础上进一步"修己以安人""修己以安百姓"，由此开创了由个人修身推扩到实现天下安平的思想。此外，除了在道德意义上使用"德"外，亦有本性的含义。如〈宪问〉曰

---

① 徐元诰：《国语集解》，王树民、沈长云点校，北京：中华书局，2002，页515—516。

② 郑开认为，从《诗经》的创作时代背景，尤其是语言背景和制度背景来看，"'德'是自西周到春秋时期的集体思想和意识形态的核心词。它的最主要的意义表现于政治方面，而不是道德方面，与后来的情形刚好相反，这就是以'道德'解释'德音'总觉得似是而非的部分原因"。（郑开：《德礼之间——前诸子时期的思想史》，北京：生活·读书·新知三联书店，2009，页114、118。）

"骥不称其力，称其德也"，这里的"德"肯定不能释为"道德"，而是指"性"，含本性、特性、特长等义，与《庄子》里出现的"鸡德""狸德"类似。

《大学》"德"字凡8见。开篇便提出"明德"概念，此处"明德"指光明的德性，指人禀受于天的善良品质，在意义上相当于"性"。《郭店简》有〈尊德义〉和〈六德〉两篇，此虽系后人命名，但亦可窥这两篇的中心思想。〈六德〉曰："何谓六德？圣、智也，仁、义也，忠、信也……"即以圣、智、仁、义、忠、信为六德。〈尊德义〉曰"尊德义……"更是明确突出"德"的重要地位。

《孟子》"德"字凡37见。孟子继承了孔子"为政以德"的思想，提出了王道、仁政等主张。〈公孙丑上〉曰："……以德行仁者王，王不待大……以德服人者，中心悦而诚服也，如七十子之服孔子也。"在孟子看来，王道政治实际上就是"以德行仁"，即推行"仁政"，它和打着仁的名义而实质上以暴力称霸的"霸道"是相对立的。〈公孙丑下〉曰"天下有达尊三：爵一、齿一、德一"，以此突出"德"的重要性。此外，在孔子那里最为重要的概念是"仁"，孟子由此发展出"仁义"，并由此提出以仁义礼智为内涵的"四德"。孟子认为"仁义礼智根于心"，这是人生而具有的内在德性，体现为恻隐、羞恶、辞让、是非这四端，由这四端进而扩充为仁义礼智"四德"。此外，在《孟子》中，"德"亦含"性"之义，如〈离娄上〉曰："求也为季世宰，无能改于其德。"这里的"德"就不能仅仅作道德讲，而是包含了多重义项，既有"美德""道德"之义，亦有"行为""本性"之义。

《荀子》"德"字凡111见。〈劝学篇〉曰"……积善成德"，又"夫是之谓德操"。〈荣辱篇〉曰："仁义德行……"〈儒效篇〉曰："……积德于身。"〈富国篇〉曰："……以养其德。"〈强兵篇〉曰："……以德养人。"与《孟子》《大学》的内在主义理路强调道德自觉不同，荀子重视外在主义的成德理路，即以礼成德，故多强调积德、养德等。

《老子》"德"字凡41见。与儒家"明德"概念不同，老子提出"玄德"（〈第十章〉），所谓"玄"即玄远、深远之义，引申为难以把捉、认识之义，旨在强调"玄德"深远、幽邃的特点。除"玄德"外，老子又讲"常德""上德""广德""建德"等（〈第二十八/三十八/四十一章〉）。值得注意的是，《老子》区分了两种德性，即"上德"和"下德"，所谓的"上德"

与"玄德"类似，指最高的德性，所谓"上德不德，是以有德"（〈第三十八章〉）；所谓的"下德"指一般的道德、德性等，具体来说就是仁义礼智孝慈之类，所谓"下德不失德，是以无德"（〈第三十八章〉）。与一般的德性、品德不同，道家赋予"德"以全新含义。"道生之，德畜之，物形之，势成之。是以万物莫不尊道而贵德。道之尊，德之贵，夫莫之命而常自然。"（〈第五十一章〉）王弼注："（生之）不塞其原也。（畜之）不禁其性也。"即以性释德，《庄子·天地》所言"物得以生谓之德"可看作对此的诠释，故此"德"字并非指人的德行，而是指万物成长的内在基础，相当于儒家的"性"（张岱年）。①

《庄子》"德"字凡 204 见。庄子继承了老子的道论和德论思想，尤其是通过对"德"字的多次使用，亦可窥见其对"德"的重视。〈天地〉曰"故形非道不生，生非德不明"，又"物得以生谓之德"，此可与《老子》"德畜之"互诠；《淮南子·齐俗》亦云"得其天性谓之德"。对于这一点，郭沂认为："这种作为人性的内在之德，可称为人性之德。就思想史意义而论，人性之德是最重要的内在之德。"②《管子·心术上》云："虚无无形谓之道，化育万物谓之德。"又"德者道之舍，物得以生。……故德者得也。得也者其谓所得以然也"。这些"德"，均表示一物之所以存在的内在根据。而这种内在根据，儒家谓之性，道家谓之德。〈骈拇〉将性与德并举，认为"且夫待钩绳规矩而正者，是削其性者也；待绳约胶漆而固者，是侵其德者也"。〈马蹄〉云："同乎无知，其德不离；同乎无欲，是谓素朴。素朴而民性得矣。"其所谓德，似指素朴的本性。〈天地〉："物得以生谓之德。"即强调"德"是事物存在、生长的内在依据。因此，道指万物共有之普遍性，德指每一物所具有之特殊性。从这个意义上来说，进一步佐证了道家之德与儒家之性同义。

春秋以前，德和道都是分开讲，并未成为一个专有名词，道是比德更高层级的存在，德主要是从道的践履和实现层面上来讲的。如《管子》云"德者，得也"，《礼记·乐记》云"礼乐皆得，谓之有德。德者得也"。即是说，道是原则，德是道的践履。据张岱年先生考证，德和道字连用成为"道德"

---

① 高亨、徐复观等亦持此说。高亨认为老子所谓"德"就是后来所说的"性"。徐复观认为，"《老子》虽然没有'性'字，更没有性善的观念；但他所说的德，即等于后来所说的性"。

② 郭沂：《从西周德论系统看殷周之变》，《中国社会科学》2020 年第 12 期。

一词，始于战国后期，"故学至乎礼而止矣，夫是之谓道德之极"（《荀子·劝学》）。汉代以后，"道德"成为常用词。

《吕氏春秋》"德"字凡107见。〈第一卷〉曰"……此之谓全德之人"，此处所谓"全德"即全其"性"之人。〈第六卷〉曰："观其志而知其德盛衰。"〈第八卷〉曰："德也者，万民之宰也。"〈第十卷〉曰："知德忘知，乃大得知也。"〈第二十五卷〉曰"……去德之累"，又"恶、欲、喜、怒、哀、乐六者，累德者也"，这里所讲"德"的内涵实际上是指事物的天性、本性，这是一种事物得以存在、生长、发展的内在依据，过度的人为活动（念虑、情感等）会损害人之德（天性），进而影响到事物的健康成长。

《淮南子》"德"字凡288见。〈原道训〉曰："故机械之心藏于胸中，则纯白不粹，神德不全。"此处所谓"德"与"机械之心"相对，指淳朴的天性、真性。又〈原道训〉曰："夫喜怒者，道之邪也；忧悲者，德之失也。"高诱注曰"德尚恬和，以忧悲为失"，所谓的"恬和"即强调保持内心的宁静，不因喜怒哀乐等情绪而扰乱人内心的平静。又〈原道训〉曰"清静者，德之至也"，故《淮南子》强调的"德"多指一种内心宁静的状态，也就是道家所强调的淳朴的天性。〈齐俗训〉曰"得其天性谓之德"，则更直接强调了德的具体内涵就是所谓的天性。

闫按：在先秦典籍中，德含有本性与美德两层含义，德的本性含义在道家那里极为广泛，在儒家那里亦存在此种用法。德的这两层含义并非彼此孤立，这也说明了美德与本性，更确切地说是善与性之间存在密切关联。葛瑞汉（A. C. Graham）曾就"性"这个词与古希腊的"*physis*"和拉丁文的"*natura*"做过对比，认为二者在词源上具有相似性。[①] 在古希腊语中，"*arete*"一词常用来表示事物固有的特性、功能和优点等含义。就这一点来说，汉语中"德"的本性义有相近用法，如"骥德""鸡德""狸德"之"德"含本性、特性、特长等义。李约瑟从词源学的角度对"德"字进行了分析，认为"德"字除德行之外，还包括权力、性能和神性（mana）等含义，[②] 并推测其可能与"神性"和美德（virtues）的意义相似；"德"字后来演变为药石

---

① 〔英〕葛瑞汉：《论道者：中国古代哲学论辩》，张海晏译，北京：中国社会科学出版社，2003，页145—148。

② 〔英〕李约瑟：《中国科学技术史》（第二卷），北京：科学出版社，上海：上海古籍出版社，1990，页251—252。

的"德性"或"道"的德性（页 251—252）。就人性论模式来说，道家具有自然主义人性论的取向，有"超道德论"①的特点，故强调仁义等道德的持守不能毁灭人的天性、真性；儒家具有道德主义人性论的取向，更偏重于人的社会性，故强调对仁义等道德的持守能够超越人的动物性，突出人格与理性的光辉。

《春秋繁露》"德"字凡 155 见。董仲舒所强调的"德"主要有劝勉君主的意味，继承儒家的王道理想而来，故主张君王"任德不任刑"（〈执贽〉），效仿"文王之德""圣王之德"（〈俞序〉）。〈为人者天〉曰"人之德行，化天理而义"，即强调人之德行因禀受天理之变化而成为义。〈王道通三〉曰"阴，刑气也；阳，德气也"，〈人副天数〉曰"天德施，地德化，人德义"。此处是董仲舒不同于先秦儒家的地方，将阴阳、气等概念纳入对德的解释中，以德为阳，阳气代表着宇宙秩序中善的秩序，因而人禀此善的秩序而有德，并要依此作为人的价值规范。就这种思路来说，与宋儒的宇宙秩序即是道德秩序颇有类似之处，只不过董仲舒所强调的宇宙秩序及道德秩序是建立在以"阳"或"阳气"所代表的同类性质的事物之上。

韩愈在〈原道〉中有"博爱之谓仁，行而宜之之谓义，由是而之焉之谓道，足乎己无待于外之谓德。仁与义为定名，道与德为虚位。……其所谓德，德其所德，非吾所谓德也"。韩愈所讲的"道与德为虚位"即表明这是两个虚概念，因为儒家和道家皆言道德，但对道德的定义却是彼此不同的，儒家以仁义为道德，道家以自然为道德。

张载《张子语录》"德"字凡 30 见，其中"德性"连用凡 4 见。〈张子语录上〉曰"……充其德性，则为上智"，又"舜之时又好，德性又备"，又"……德性充实……"张载从认识论的角度区分了"德性之知"与"见闻之知"，使儒家的德论有了新的突破。德性之知指先验的道德知识，见闻之知指日常的经验知识。张载认为："见闻之知，乃物交而知，非德性所知；德性所知，不萌于见闻。"②张载的这一思想对宋儒影响很大，朱熹就沿用了张载的这种观点。朱熹曰："德之为言得也，行道而有得于心也。"他将"德"

---

① 此说法借鉴自徐梵澄，徐氏认为老子是"超道德论"（super-moralism），因为其认为"道常无名"，如赫拉克利特所言上帝"双超善恶"。徐梵澄：《玄理参同》，《徐梵澄文集》（第一卷），上海：上海三联书店、华东师范大学出版社，2006，页 147—148。

② 张载：《正蒙·大心篇》，《张载集》，章锡琛点校，北京：中华书局，1985，页 24。

视为践履"道"的体会，同时又说"德，又礼之本也"①，认为德是礼的根本。

二程兄弟在《二程集》论"德"处甚多强调，其中"德性"连用（主要见于〈遗书〉和〈外书〉）凡9见。〈遗书卷二上〉曰："德性谓天赋天资，才之美者也。"②〈遗书卷十一〉曰："'德性'者，言性之可贵，与言性善，其实一也。'性之德'者，言性之所有；如卦之德，乃卦之韫也。"③又"闻见之知，非德性之知。……德性之知，不假闻见。"④

王夫之对"德"的含义作了新的界定，他认为"德"有两重意思，一是从本体论上讲，可称之为"达德"："达德者，人之所得于天也，以本体言，以功用言，而不以成德言。"⑤二是从认识论上讲，德是"行道而有得于心之谓德"⑥。所谓德，即对于道的认识。

（闫林伟整理）

8. 理

"理"是中国古代思想中最为重要、含义最为丰富的概念之一，一般指天地万物的运行规律、宇宙本体，以及普遍的道德法则。"理"在中国古代典籍中约有三义：（1）纹理（理之本义为依据玉石的纹理而治玉，本为动词，由此引申出治理之义）；（2）法则、规律（如条理、事理、物理等；有时与"则"同义，含规范、标准、规律、法则等义；亦含秩序之义，在王夫之关于理气关系的思想中较为常见）；（3）本体之理（此在宋明理学中最为普遍，含所以然与所当然之义，作为万物的本原、本体，如义理、性理、道理之义）。

---

① 朱熹：《论语集注·为政》，《四书章句集注》，北京：中华书局，2012，页54。
② 程颢、程颐：《河南程氏遗书》卷二，《二程集》，王孝鱼点校，北京：中华书局，2016，页20。（按：此卷明确标为"二先生语"，未知大小程子谁作，故将作者列为程颢、程颐。）
③ 程颢：《河南程氏遗书》卷十一，《二程集》，王孝鱼点校，北京：中华书局，2016，页125。（按：此卷明确标为"明道先生语"，故将作者列为程颢。）
④ 程颐：《河南程氏遗书》卷二十五，《二程集》，王孝鱼点校，北京：中华书局，2016，页316。（按：此卷明确标为"伊川先生语"，故将作者列为程颐。）
⑤ 王夫之：《读四书大全说·中庸》，北京：中华书局，2019，页130。
⑥ 王夫之：《读四书大全说·论语·述而》，北京：中华书局，2019，页306。

《说文》云："理，治玉也。"即依据玉石自身的纹理而治。段玉裁在《说文解字注》中进一步解释为："玉之未理者为璞，是理为剖析也。玉虽至坚，而治之得其鰓理以成器不难，谓之理。"故理之本义为依据玉石的纹理治玉（对玉璞进行加工）。如，《尹文子·大道下》曰："郑人谓玉未理者为璞。"又《韩非子·和氏》曰："王乃使玉人理其璞而得宝焉。"后来又引申为治理之意。[①] 在早期儒家经典中，理是作为原初意义使用的。如，《诗经·公刘》曰："止基乃理，爱众爱有。"《诗经·江汉》曰："于疆于理，至于南海。"又《左传·成公二年》曰："先王疆理天下，物土之宜，而布其利。"此处提到的"理"均为治理之意，即"理"在本义上是作为动词使用的。作为玉之纹理、条理的理为事物自身的属性，后又衍生为事物的规律、法则之意，至此，理衍生出名词之义，也逐渐有了义理内涵。

《易传》《孟子》《荀子》已有将"理"抽象化、理论化，乃至哲学化的倾向。《易传·系辞上》云"易与天地准，故能弥纶天地之道。仰以观于天文，俯以察于地理，是以知幽明之故。原始反终，故知死生之说。"此处"地理"与"天文"相对，指地之理，也即万物所遵循的规律和法则。又〈说卦〉云"将以顺性命之理"，"性命之理"是包含有天、地、人在内的三才之道，具体而言就是"立天之道曰阴与阳，立地之道曰柔与刚，立人之道曰仁与义"，阴阳、柔刚和仁义即是天、地、人所遵循的内在规律和法则。

孔子未论及理，孟子则用"理"来指称人先天所具有的道德本性，"心之所同然者何也？谓理也，义也。圣人先得我心之所同然耳"（〈告子上〉）。理义的具体内容即是仁、义、礼、智等道德原则。孟子认为人皆先天具有恻隐之心、羞恶之心、辞让之心和是非之心，这"四端"是仁、义、礼、智四种道德原则的萌芽，所以说"仁义礼智，非由外铄我也，我固有之也"（〈告子上〉）。也正是在此意义上，孟子说："故理义之悦我心，犹刍豢之悦我口。"（〈告子上〉）是故孟子所说的理，是对人类社会道德原则的统称，人性善则是人之道德得以改善和提升的内在基础。

值得注意的是，"天理"二字在战国时期已见于《礼记》《庄子》等书。〈乐记〉曰："人生而静，天之性也。感于物而动，性之欲也。物至知知，然后好恶形焉。好恶无节于内，知诱于外，不能反躬，天理灭矣……灭天理而

---

① 王力：《王力古汉语字典》，北京：中华书局，2012，页716。

穷人欲者也。"郑玄注曰："理，性也。"孔颖达疏则在此基础上进一步解释为："理，性也，是天之所生本性灭绝矣。"由此可知，至战国时期"理"又引申出"性"之意。①《庄子·天运》曰："夫至乐者……顺之以天理，行之以五德，应之以自然。"此二处，"天理"皆为自然法则之意，而〈乐记〉所言"天理"当属儒家独特用法。又《庄子·养生主》在谈及庖丁解牛时，有"依乎天理"一语，成玄英疏曰："依天然之腠理。"所谓"腠理"，《韩非子·喻老》曰"君有疾在腠理，不治将恐深"，即指皮下肌肉之间的空隙和皮肤、肌肉之纹理。《吕氏春秋·先己》则曰"用其新，弃其陈，腠理遂通"，此处"腠理"当指"条理"，当为肌肉纹理之引申义。由此可知，〈养生主〉"天理"是指牛的皮肤、肌肉纹理。

《庄子》中屡言"理"字，如〈秋水〉云"盖师是而无非，师治而无乱乎？是未明天地之理、万物之情者也"，又云"知道者必达于理"，此处所谓"天地之理"当时指天地万物之规律。〈则阳〉曰"万物殊理，道不私"，此处将道与理对举，道是指万物普遍之法则、规律，"理"则是指事物具体之法则、规律。此外，《庄子》又提出"人理"，即指以自然真性为内容的慈孝、忠贞、欢乐、悲哀等，"真在内者，神动于外，是所以贵真也。其用于人理也，事亲则慈孝，事君则忠贞，饮酒则欢乐，处丧则悲哀"（〈渔父〉）。虽然《庄子》以自然真性为原则反对儒家的仁义道德，批评儒家"不顺于理，不监于道"（〈盗跖〉），但他只反对被异化的仁义道德，对那些反映人自然性情的仁义忠贞却是赞成的，所以庄子强调人的行为要"去知与故，循天之理"（〈刻意〉）。

荀子从自然与社会双重视角言理，将理规定为宇宙万物的规律。就前者而言，天地万物都是人的认识对象，"凡以知，人之性也；可以知，物之理也"（〈解蔽〉）。人们通过认识宇宙万物之理，即可以达到认识天地、治理社会的目的。就后者而言，荀子以理释礼，"礼也者，理之不可易者也"（〈乐论〉）。将理的内容规定为君臣、父子、兄弟、夫妇、长幼尊卑之序的礼仪节文，"礼义以为文，伦类以为理"（〈臣道〉）。理与礼是内容与形式的统一。又"礼者，人道之极也"（〈礼论〉）。《荀子》和《庄子》均提到"大理"，

---

① 闫按：《礼记·乐记》一般认为是孔子弟子公孙尼子所作，或至少可以归入公孙尼子学派。其中首次提到"天理"，此处"理"字训为"性"（郑玄注、孔颖达疏），因此"天理"即是"天性"之意。由此可知，战国时期，"理"又引申为"性"之意。

〈解蔽〉曰："凡人之患，蔽于一曲，而暗于大理。"〈秋水〉则曰："尔将可以语大理矣。"此处的"大理"是指事物的全面道理。

韩非子对于"理"也有所阐发。如〈解老〉云"理者，成物之文"，又"凡理者，方圆、短长、粗糜、坚脆之分也"，又"短长、大小、方圆、坚脆、轻重、白黑之谓理"。这是从物理角度展开对"理"的讨论，与《庄子》所讲"天理"（自然之理）与"万物之理"类似。张岱年认为此处之理即是"物类的外表形式的区别"①。又《韩非子·大体》曰："寄治乱于法术……不逆天理，不伤情性。"此处之"天理"当指天地万物的法则。值得注意的是，其在〈解老〉中对于"道"和"理"作了区分："道者，万物之所然也，万理之所稽也。理者，成物之文也；道者，万物之所以成也。故曰：'道，理之者也。'物有理，不可以相薄；物有理不可以相薄，故理之为物之制。万物各异理，万物各异理而道尽。稽万物之理，故不得不化；不得不化，故无常操。"韩非子明确在道、物之间加入"理"这个概念，将老子的"道"转化为"理"，其中，"理是万物固定的特性。道是对万物之理的总会，通过它能沟通万物"②。也就是说，"理"是一物区别于另一物的性质，代表了事物的特殊性，而"道"则代表了万物的普遍原则。韩非子以理释道，"理"包含有条理、规律、法则诸含义，更接近于古希腊的"逻格斯"（logos），这一转化，其实是刊落了"道"的内在体验维度，而将其理性化、客观化，使之更接近于"法"的精神，从而为阐明社会政治秩序奠定价值基础。《庄子·则阳》对"道"和"理"同样作了区分，亦是从普遍性和特殊性来界说"道"和"理"，韩非子此说似乎继承了《庄子》的观点。

闫按：综合《礼记》《庄子》《韩非子》，其中皆出现过"天理"一词，除了〈乐记〉中之"天理"指"性"外，其余皆指天地万物之法则（除〈养生主〉之"天理"之"腠理"外）。故程子只是说天理二字是自家体贴出来，其拈出的"天理"二字继承自〈乐记〉的理路。但需要注意的是，此处"体贴"并非发明之意，而是指自己切身体会、体证之意，故无法借此反驳程子"天理二字是自家体贴出来"之语。

---

① 张岱年：《中国古典哲学概念范畴要论》，《张岱年全集》第四卷，石家庄：河北人民出版社，1996，页493。

② 林光华：《由"道"而"理"：从〈解老〉看韩非子与老子之异同》，《人文杂志》2014年第4期。

秦汉时期言"理"较少。至三国时，刘劭将"理"分为四类。其曰："若夫天地气化、盈虚损益，道之理也。法制正事，事之理也。礼教宜适，义之理也。人情枢机，情之理也。四理不同。"（《人物志·材理》）牟宗三对此分析极透，在其《心体与性体》首章开篇即言此"四理"。其认为道理即天道之理；事理是指政治制度与政治措施两方面；义理是指礼乐教化，即道德；情理可包括于事理之中，但偏于社会性。①

魏晋玄学对"理"亦有进一步讨论。王弼哲学虽以"无"为本，但认为万物皆有"理"，其曰："物无妄然，必由其理。"（《易略例》）又曰："夫识物之动，则其所以然之理，皆可知也。"（《周易注·乾·文言》）即"理"是事物运动之所以然。以所以然来讲"理"，实已含本体之意，对宋明理学，尤其是朱熹具有重要影响。郭象则认为："物物有理，事事有宜。"（〈齐物论注〉）又曰："物无妄然，皆天地之会，至理所趣。"（〈德充符注〉）又曰"不得已者理之必然者也"，"任理之必然者，中庸之符全矣，斯接物之至也"（〈人间世注〉），此处以"必然"来解释"理"，对后来思想史发展具有重要意义。

到宋代，"理"成为时代主题和思想的重要概念。如宋太祖和赵普曾讨论过"何谓天下最大"的问题。"太祖皇帝尝问赵普曰：'天下何物最大？'普熟思未答问，再问如前。普对曰：'道理最大。'上屡称善。"这一事例虽被历史学者用来说明北宋士大夫对于政治权威的超越意识，但我们亦可从思想史的角度予以解读，这未尝不是宋代士大夫的共识，实已隐含着"理"是天地间最普遍、最崇高的法则，从一定程度上为理学导夫先路。周敦颐作为道学奠基，对"理"也非常重视。其在《通书·理性命》中曰："厥彰厥微，匪灵匪莹。"朱熹注："此言理也。"依此可知，周敦颐的意思是理之显隐，只有通过灵明之心才能认识。此章是紧贴《易传》"穷理尽性以至于命"而发，虽是对"理"的描述，但未曾提到理这一概念。

张载认为气的运行变化表现为"理"，其曰："天地之气，虽聚散、攻取百涂，然其为理也顺而不妄。"② 又"若阴阳之气，则循环迭至，聚散相荡，升降相求，絪缊相揉，盖相兼相制，欲一之而不能，此其所以屈伸无方，运

---

① 牟宗三：《心体与性体》（一），《牟宗三先生全集5》，台北：联经出版事业股份有限公司，2004，页4。

② 张载：《正蒙·太和》，《张载集》，章锡琛点校，北京：中华书局，1985，页7。

行不息，莫或使之，不曰性命之理，谓之何哉？"① 此处之"理"是指阴阳的相互作用关系。张载认为万物皆有"理"，并强调理的客观性，"理不在人皆在物，人但物中之一物耳"②。又云："万物皆有理，若不知穷理，如梦过一生。"③ 张载虽没有对理气关系展开论述，但更突出"气"的作用，理体现在气化中。在论及穷理时，他强调，"穷理亦当有渐，见物多，穷理多，从此就约，尽人之性，尽物之性"④。

在程朱理学中，理与气、理与性、理与欲、理与心等关系得到充分探讨。二程哲学的最高范畴便是理，"天者理也，神者妙万物而为言者也"⑤。程颢曰："吾学虽有所受，天理二字却是自家体贴出来。"⑥ "理"可划分为四个层面，即天道、物理、性理和义理。天道即自然法则，如"'生生之谓易'，是天之所以为道也。天只是以生为道，继此生理者，即是善也"⑦。物理则指事物之法则、规律，如"万物皆有理，顺之则易，逆之则难，各循其理，何劳于己力哉？"⑧ 性理则用于说明人的道德本质，如程颐明确提出"性即理"这一命题。义理则指所有人需要普遍遵循的社会伦理法则或道德原则，如程颢所言"以至为夫妇、为长幼、为朋友，无所为而非道，此道所以不可须臾离也"⑨。在程颢这里，对于古典儒学所说的"天"进行了重构，将其理性化、道德化，其言曰："天者理也，神者妙万物而为言者也。"⑩ 又"天道如何？曰：只是理，理便是天道也。且如说皇天震怒，终不是有人在上震怒？只是

① 张载：《正蒙·参两》，《张载集》，章锡琛点校，北京：中华书局，1985，页12。
② 张载：《语录上》，《张载集》，章锡琛点校，北京：中华书局，1985，页313。
③ 张载：《语录中》，《张载集》，章锡琛点校，北京：中华书局，1985，页321。
④ 张载：《横渠易说·说卦》，《张载集》，章锡琛点校，北京：中华书局，1985，页235。
⑤ 程颢：《河南程氏遗书》卷十一，《二程集》，北京：中华书局，2016，页132。（按：此卷明确标为"明道先生语"，故将作者列为程颢。）
⑥ 程颢、程颐：《河南程氏外书》卷十二，《二程集》，北京：中华书局，2016，页424。（按：此句为程颢所言。）
⑦ 程颢、程颐：《河南程氏遗书》卷二上，《二程集》，北京：中华书局，2016，页29。（按：此卷明确标为"二先生语"，未知大小程子谁作，故将作者列为程颢、程颐。）
⑧ 程颢：《河南程氏遗书》卷十一，《二程集》，北京：中华书局，2016，页123。（按：此卷明确标为"明道先生语"，故将作者列为程颢。）
⑨ 程颢、程颐：《河南程氏遗书》卷四，《二程集》，北京：中华书局，2016，页74。（按：此卷明确标为"二先生语"，未知大小程子谁作，故将作者列为程颢、程颐。）
⑩ 程颢：《河南程氏遗书》卷十一，《二程集》，北京：中华书局，2016，页132。（按：此卷明确标为"明道先生语"，故将作者列为程颢。）

理如此"①。

程颐作为程朱理学的真正开创者，用理来释性，发展与重构了孟子的性善论思想，为理学独特的人性论思想奠定了基础。程颐曰："性即理也，所谓理，性是也。"② 理虽然可以划分为四个层面，但此处的理主要指义理，即人类社会的道德法则，只有在这个层面上限定理，其与性才是同一的。程颐强调理的至善性，但吸收了张载的气质之性，认为人之所以有不善，是由于气的影响，其言曰："性即是理，理则自尧舜至于涂人，一也。才禀于气，气有清浊，禀其清者为贤，禀其浊者为愚。"③ 引入"气"这一概念，为其人性论划分出结构依据。他区分了两种"性"，即"极本穷源之性"和"生之谓性"，后者是指受生以后之性，又称为气质之性，告子所讲的"生之谓性"就是在"气质之性"的意义上说的。孔子所讲的"性相近，习相远"，因为"只是言气质之性。如俗言性急性缓之类，性安有缓急？此言性者，生之谓性也"，又"且如言人性善，性之本也。生之谓性，论其所禀也"④。程颐又将"生之谓性"或"气质之性"看作"才"，"性"指性之本，无有不善；"才"出于气，有善有不善。其言曰："性出于天，才出于气。""才则有善与不善，性则无不善。"⑤ 程颐从才和性两方面来探讨人性善恶，认为孟子只认识到"性"，告子只认识到"才"，二者皆有所偏颇，"论性，不论气，不备；论气，不论性，不明"⑥。

在理与欲的关系上，二程认为天理纯善，而人欲则为恶，天理人欲相对立，"人心莫不有知，惟蔽于人欲，则亡天理也"⑦，所以要存天理灭人欲。

朱熹继承了二程的理本论，并吸收了张载的气论思想，将气纳入自己的

① 程颐：《河南程氏遗书》卷二十二上，《二程集》，北京：中华书局，2016，页 290。（按：此卷明确标为"伊川先生语"，故将作者列为程颐。）
② 同上，页 292。（按：此卷明确标为"伊川先生语"，故将作者列为程颐。）
③ 程颐：《河南程氏遗书》卷十八，《二程集》，北京：中华书局，2016，页 204。（按：此卷明确标为"伊川先生语"，故将作者列为程颐。）
④ 同上，页 207。（按：此卷明确标为"伊川先生语"，故将作者列为程颐。）
⑤ 程颐：《河南程氏遗书》卷十九，《二程集》，北京：中华书局，2016，页 251。（按：此卷明确标为"伊川先生语"，故将作者列为程颐。）
⑥ 程颢、程颐：《河南程氏遗书》卷六，《二程集》，北京：中华书局，2016，页 81。（按：此卷明确标为"二先生语"，未知大小程子谁作，故将作者列为程颢、程颐。）
⑦ 程颢：《河南程氏遗书》卷十一，《二程集》，北京：中华书局，2016，页 123。（按：此卷明确标为"明道先生语"，故将作者列为程颢。）

思想体系之中，将气从属于理，进而以理气为框架建立起庞大的哲学体系。"理"在朱熹哲学中往往与气和心、性联系在一起，理和气合论时，称为理气论；理和心、性合论时，称为心性论。在理气论中，可以分为理气先后、理气动静、理一分殊等论域；在心性论中，性即理，因此亦可说是心与理之关系。此处只就其性理关系而论，余不赘述。

论及理气先后关系时，朱熹主张理在气先、理能生气。朱熹曰："太极只是天地万物之理。在天地言，则天地中有太极；在万物言，则万物中各有太极。未有天地之先，毕竟是先有此理。"① 太极即理，其与万物的关系可以从两个层面来分论。就本原上说，太极在天地之先；就实存世界而言，太极在万物之中。又"未有此气，便有此理；既有此理，必有此气"②，"有是理后生是气"③。朱熹虽主张理能生气，但气生出来后，就具有相对独立性，"气虽是理之所生，然既生出，则理管他不得"④。又"'动而生阳，静而生阴'，动即太极之动，静即太极之静。动而后生阳，静而后生阴，生此阴阳之气"⑤。"'动而生阳，静而生阴'，说一'生'字便是见其自太极而来。……'无极而太极'，言无能生有也。"⑥ 对于理气关系，又涉及本原和构成两方面，其言曰："若论本原，即有理然后有气，故理不可以偏全论。若论禀赋，则有是气而后理随以具，故有是气则有是理，无是气则无是理，是气多则是理多，是气少则是理少，又岂不可以偏全论耶？"⑦ 从本原上说，理在气先；从构成上说，理气无先后，理随气以具。在构成上，朱熹又曰："天地之间，有理有气。理也者，形而上之道也，生物之本也；气也者，形而下之器也，生物

① 朱熹：《语录》卷一，《朱子全书》第 14 册，朱杰人、严佐之、刘永翔主编，上海、合肥：上海古籍出版社、安徽教育出版社，2002，页 113。
② 朱熹：《语类》卷六十三，《朱子全书》第 16 册，朱杰人、严佐之、刘永翔主编，上海、合肥：上海古籍出版社、安徽教育出版社，2002，页 2087。
③ 朱熹：《语类》卷一，《朱子全书》第 14 册，朱杰人、严佐之、刘永翔主编，上海、合肥：上海古籍出版社、安徽教育出版社，2002，页 114。
④ 朱熹：《语类》卷四，《朱子全书》第 14 册，朱杰人、严佐之、刘永翔主编，上海、合肥：上海古籍出版社、安徽教育出版社，2002，页 200。
⑤ 朱熹：《语类》九十四，《朱子全书》第 17 册，朱杰人、严佐之、刘永翔主编，上海、合肥：上海古籍出版社、安徽教育出版社，2002，页 3118。
⑥ 同上《语类》九十四，《朱子全书》第 17 册，页 3119。
⑦ 朱熹：《文集》卷五十九《答赵致道》，《朱子全书》第 23 册，朱杰人、严佐之、刘永翔主编，上海、合肥：上海古籍出版社、安徽教育出版社，2002，页 2863。

之具也。是以人物之生，必禀此理然后有性，必禀此气然后有形。"① 朱熹认为，在构成上，理构成万物之性，气构成万物之形，一种事物之所以获得现实性就在于兼具理气。

论及理气动静关系时，朱熹在〈太极图说解〉中曰：

> 太极之有动静，是天命之流行也，所谓"一阴一阳之谓道"。……盖太极者，本然之妙也；动静者，所乘之机也。太极，形而上之道也；阴阳，形而下之器也。是以自其著者而视之，则动静不同时、阴阳不同位，而太极无不在焉。自其微者而观之，则冲漠无朕，而动静阴阳之理已悉具于其中矣。②

朱熹从著和微，即本体和现象两方面来论说理气，从其本体，即著者来看，"则动静不同时，阴阳不同位"；从其现象，即微者来看，动静体现于现象世界，是阴阳二气之动静，而非太极本身之动静。太极作为本体之理，存在于阴阳二气之动静中。有时，朱熹也说理有动静，但这并不是说理本身有动静，而是说理是气之动静的依据，借用物理学概念，理是相对运动，气是绝对运动。朱熹曰："理有动静，故气有动静；若理无动静，则气何自而有动静乎？"③ 又"有这动之理，便能动而生阳；有这静之理，便能静而生阴。既动，则理又在动之中；既静，则理又在静之中"④。朱熹所说的太极并非纯粹的宇宙论概念，而是指人物之性，性即是太极，是心之动静的本体。其言曰：

> 夫易，变易也，兼指一动一静、已发未发而言之也。太极者，性情

① 朱熹：《文集》卷五十八《答黄道夫》，《朱子全书》第 23 册，朱杰人、严佐之、刘永翔主编，上海、合肥：上海古籍出版社、安徽教育出版社，2002，页 2755。
② 朱熹：《太极图说解》，《朱子全书》第 13 册，朱杰人、严佐之、刘永翔主编，上海、合肥：上海古籍出版社、安徽教育出版社，2002，页 72—73。
③ 朱熹：《文集》五十六《答郑子上十四》，《朱子全书》第 23 册，朱杰人、严佐之、刘永翔主编，上海、合肥：上海古籍出版社、安徽教育出版社，2002，页 2687。
④ 朱熹：《语类》九十四，《朱子全书》第 17 册，朱杰人、严佐之、刘永翔主编，上海、合肥：上海古籍出版社、安徽教育出版社，2002，页 3125。

之妙也，乃一动一静、未发已发之理也。①

　　未发之前，太极之静而阴也；已发之后，太极之动而阳也。其未发也，敬为之主而义已具；其已发也，必主于义而敬行焉。则何间断之有哉！②

　　心静时情未发，则为阴为静；心动时情已发，则为阳为动。性为未发，情为已发，性发为情，情根于性。在朱熹思想中，论及人性时，"太极"、"理"和"性"是可以交替使用的。

　　在论及理一分殊问题时，朱熹有两个比喻，即"月映万川"和"一实万分"。在我看来，后一比喻相较前者更为贴切，因为前者天上之月与水中之月的对应中还存在虚实关系；后者以种子作为发端，其果实又可作为种子，含有生生不已、循环无端的生发之义，且都是现实世界实实在在之物，亦可很好地说明理是实理而非虚理这一问题。朱熹曰："'一实万分，万一各正'，便是'理一分殊'处。"③又"二气五行，天之所以赋授万物而生之者也。自其末以缘本，则五行之异，本二气之实，二气之实，又本一理之极。是合万物而言之，为一太极而已也。自其本而之末，则一理之实，而万物分之以为体。故万物之中，各有一太极。而小大之物，莫不各有一定之分也"④。此处"太极"可以从宇宙本体和万物构成两方面来说，从宇宙本体来说，太极是宇宙万物的存在根据、普遍法则；从万物构成来说，都是分（禀受）自太极而来，但并非部分分有，每一物的性理（太极）与作为宇宙本体的太极是同一的，所以说"万物之中各有一太极"。为了将这种理一与分殊的关系阐发得更为明白，朱熹用"月映万川"的比喻来加以说明：

　　郑问："'理性命'章何以下'分'字？"曰："不是割成片去，只

① 朱熹：《文集》卷四十二《答吴晦叔》，《朱子全书》第22册，朱杰人、严佐之、刘永翔主编，上海、合肥：上海古籍出版社、安徽教育出版社，2002，页1909。
② 朱熹：《文集》卷四十《答何叔京》，《朱子全书》第22册，朱杰人、严佐之、刘永翔主编，上海、合肥：上海古籍出版社、安徽教育出版社，2002，页1838。
③ 朱熹：《语类》九十四，《朱子全书》第23册，朱杰人、严佐之、刘永翔主编，上海、合肥：上海古籍出版社、安徽教育出版社，页3167。
④ 朱熹：《通书注·理性命章》，《朱子全书》第13册，朱杰人、严佐之、刘永翔主编，上海、合肥：上海古籍出版社、安徽教育出版社，2002，页117。

如月映万川相似。"

　　问："'理性命'章，注云：'自其本而之末，则一理之实而万物分之以为体，故万物各有一太极。'如此，则是太极有分裂乎？"曰："本只是一太极，而万物各有禀受，又自各全具一太极尔。如月在天，只一而已；及散在江湖，则随处而见，不可谓月已分也。"①

　　朱熹"月映万川"的比喻借自华严宗，但华严宗强调"一多相摄""一即是多，多即是一"，这与朱熹不同。朱熹所说的"一"指普遍之理，"万"则指分殊的个别之性理。"月映万川"虽然可以说明普遍之理与个别之理之间的关系，但有两个缺点，一即水中之月是虚的，天上之月是实的，无法说明这是实理；二即天上之月与水中之月是一种映射关系，而非生物关系，理容易被误解为静态的死理，无法说明理的生生之义。为了弥补这一缺憾，朱熹又用种子与果实的比喻来说明这一点：

　　　　太极如一木生，上分而为枝干，又分而生花生叶，生生不穷。到得成果子，里面又有生生不穷之理，生将出去，又是无限个太极，更无停息。②

　　　　此理处处皆浑沦，如一粒粟生为苗，苗便生花，花便结实，又成粟，还复本形。一穗有百粒，每粒个个完全；又将这百粒去种，又各成百粒，生生只管不已，初间只是这一粒分去。物物各有理，总只是一个理。③

　　在心与性的关系上，由于性即理，因此也可以说是心与理的关系。在心和理的关系问题上，朱熹的基本看法是"心具众理"，即心中包含万理。关于"心具众理"这一命题，朱熹有不同表达，如"心之全体湛然虚明，万理

①　朱熹：《语类》卷九十四，《朱子全书》第 17 册，朱杰人、严佐之、刘永翔主编，上海、合肥：上海古籍出版社、安徽教育出版社，2002，页 3167—3168。
②　朱熹：《语类》七十五，《朱子全书》第 16 册，朱杰人、严佐之、刘永翔主编，上海、合肥：上海古籍出版社、安徽教育出版社，2002，页 2567。
③　朱熹：《语类》九十四，《朱子全书》第 17 册，朱杰人、严佐之、刘永翔主编，上海、合肥：上海古籍出版社、安徽教育出版社，2002，页 3126。

具足"①，"以前看得心只是虚荡荡地，而今看得来，湛然虚明，万理便在里面"②。又"心包万理，万理具于一心"③。需要注意的是，此处性之所以能与理画上等号，是因为这个理不是万事万物之理，而是人性之理，人伦日用之理。朱熹的"心具众理"说蕴含着心与理的区别与联系。朱熹曰："性只是理，情是流出运用处，心之知觉，即所以具此理而行此情者也。"④ 需要注意的是，所谓的理在心中，不是说理在心脏里盛放着，而是说理体现在知觉思虑（心）的作用中，作为支配、指导思虑活动的内在道德根据，正如朱熹所言"理不离知觉，知觉不离理"⑤，"道理固本有，用知，方发得出来。若无知，道理何从而见"⑥。由此可见心与性具有重要联系，性（理）支配知觉（心）并通过知觉活动表现出来，二者是不可分割的，"此两个说着一个，则一个随到，元不可相离，亦自与难分别。舍心则无以见性，舍性又无以见心"⑦。

在朱熹哲学中，具有理与心割裂为二，道问学与尊德性分为两橛的倾向。针对于此，陆九渊提出了"心即理"的观点。其言曰："人皆有是心，心皆具是理，心即理也。……所贵乎学者，为其欲穷此理，尽此心也。"⑧ 强调心与理的固有性，"此心此理，我固有之，所谓万物皆备于我，昔之圣贤先得我心之所同然者耳"⑨。陆九渊虽承认外在之理的客观性与永恒性，"此理在宇宙间，未尝有所隐遁，天地之所以为天地者，顺此理而无私焉耳。人与天地并立而为三极，安得自私而不顺此理哉！"⑩ 但他同时又强调人的道德本心

---

① 朱熹：《语类》卷五，《朱子全书》第 14 册，朱杰人、严佐之、刘永翔主编，上海、合肥：上海古籍出版社、安徽教育出版社，2002，页 230。

② 朱熹：《语类》一百一十三，《朱子全书》第 18 册，朱杰人、严佐之、刘永翔主编，上海、合肥：上海古籍出版社、安徽教育出版社，2002，页 3594。

③ 朱熹：《语类》卷九，《朱子全书》第 14 册，朱杰人、严佐之、刘永翔主编，上海、合肥：上海古籍出版社、安徽教育出版社，2002，页 306。

④ 朱熹：《文集》五十五《答潘谦之》，《朱子全书》第 23 册，朱杰人、严佐之、刘永翔主编，上海、合肥：上海古籍出版社、安徽教育出版社，2002，页 2590。

⑤ 朱熹：《语类》卷五，《朱子全书》第 24 册，朱杰人、严佐之、刘永翔主编，上海、合肥：上海古籍出版社、安徽教育出版社，2002，页 219。

⑥ 朱熹：《语类》十七，《朱子全书》第 24 册，朱杰人、严佐之、刘永翔主编，上海、合肥：上海古籍出版社、安徽教育出版社，2002，页 584。

⑦ 朱熹：《语类》卷五，《朱子全书》第 24 册，朱杰人、严佐之、刘永翔主编，上海、合肥：上海古籍出版社、安徽教育出版社，2002，页 222。

⑧ 陆九渊：《陆九渊集》卷十一《与李宰》，钟哲点校，北京：中华书局，2008，页 149。

⑨ 陆九渊：《陆九渊集》卷一《与侄孙濬》，钟哲点校，北京：中华书局，2008，页 13。

⑩ 陆九渊：《陆九渊集》卷十一《与朱济道》，钟哲点校，北京：中华书局，2008，页 142。

与客观之理的同一性，"天之所以与我者，即此心也。人皆有是心，心皆具是理，心即理也"①。"心即理"指的是人根据自己的本心自然即可体认到理，故理具于心，心理不二。"盖心，一心也；理，一理也。至当归一，精义无二，此心此理实不容有二。"② 因心与理一，故识得本心也就体认了天理，"万物森然于方寸之间，满心而发，充塞宇宙，无非此理"③。如此就将天理所代表的伦理道德根植于人心，使人的道德行为获得了一种内在自觉的依据和动力。

宋代理学与明代理学最大的不同在于，宋代理学突出对于理气论的重视；而明代理学则明显地转向心性论，这反映了宋明之际儒学进一步内转的趋势。宋代儒者除了理论兴趣外，更强调实践维度，还有较大的经世抱负；而明代儒学则多强调心性的修养，将实践维度进一步收缩，强调内心的修炼和神秘体验。这在明初儒者曹端、薛瑄那里较为明显，后在陈献章、湛若水那里进一步发展。如《明儒学案》强调曹端"立基于敬，体验于无欲"，曹端自己也说："吾辈做事，件件不离一敬字，自无大差失。"④ 强调"事心之学"。薛瑄在心性功夫上强调"以理制气"，认为"性纯是理，故有善而无恶。心杂乎气，故有不能无善恶"，"千古圣贤之学，惟欲人存天理遏人欲而已"。陈献章更是强调："……为学当求诸心必得……"⑤ 湛若水则将这种心性功夫发展到极致，从而主张"随处体认天理"，其言曰："仆之所以训格者，至其理也。至其理云者，体认天理也。"又"体认天理，而云随处，则动静心事，皆尽之矣"。

王阳明强调"心外无物""心外无理"，认为"吾心之良知，即所谓'天理'也"⑥。王阳明所说的天理主要指伦理道德原则，"夫礼也者，天理也。……天理之条理谓之礼。是理也，其发见于外，则有五常百行"。而他所说的良知是心先天固有的道德意识，"知是心之本体，心自然会知。见父

---

① 陆九渊：《陆九渊集》卷十一《与李宰》，钟哲点校，北京：中华书局，2008，页149。
② 陆九渊：《陆九渊集》卷一《与曾宅之》，钟哲点校，北京：中华书局，2008，页4—5。
③ 陆九渊：《陆九渊集》卷三十四《语录上》，钟哲点校，北京：中华书局，2008，页423。
④ 黄宗羲：《明儒学案》卷四十四《诸儒学案二上》，《黄宗羲全集》第八册，杭州：浙江古籍出版社，1992，页357。
⑤ 陈献章：《陈献章集》卷一《书自题大塘书屋诗后》，孙通海点校，北京：中华书局，1987，页68。
⑥ 王阳明：《传习录》中，《传习录注疏》，邓艾民注，上海：上海古籍出版社，2012，页100。

自然知孝，见兄自然知悌，见孺子入井自然知恻隐，此便是良知"。因此，外在的道德原则并非外在于人心，而就是人所固有的道德意识，"心之本体，即天理也。天理之昭明灵觉，所谓良知也"。天理本具于人心，心之良知就是天理，"良知是天理之昭明灵觉处，故良知即是天理"①。

罗钦顺认为理虽可具于心，但理并非心，"夫心者，人之神明；性者人之生理。理之所在谓之心，心之所有谓之性，不可混而为一也"。王夫之言理有两层含义，"凡言理者有二：一则天地万物已然之条理，一则健顺五常，天以命人而人受为性之至理"。王氏所谓理，一是指天地万物的条理，主要表现为理气关系；二是指人性得以生之理，是人性的固有内容。

黄宗羲在修正心学弊端时，突出"气"的本体地位，深入探讨了理气、心气、心性、性情等理学范畴。论及"理"时，他强调"人禀是气以生，心即气之灵处，所谓知气在上也。心体流行，其流行而有条理者，即性"。② 此处，黄宗羲将"性"看作"心体流行"的"条理"，而所谓"心体流行"也就是气的流行，所以"性"即是气流行的"条理"。黄宗羲反对程朱理学视"理为一物"的本体论观点，也反对"理能生气""理先于气"的观点，而是坚持气本论的立场，认为理只是"气之理"，理不是实体而只是气的一个属性。其言曰：

> 夫所谓理者，气之流行而不失其则者也，太虚中无处非气，则亦无处非理。孟子言万物皆备于我，言我与天地万物一气流通，无有碍隔。故人心之理，即天地万物之理，非二也。若有我之私未去，堕落形骸，则不能备万物矣。不能备万物，而徒向万物求理，与我了无干涉，故曰理在心，不在天地万物，非谓天地万物竟无理也。③

这段话中，黄氏强调理是气之理，人心中之理并非是先天固有的，而是天地万物之理在人心中的表现，反对理独立于气而存在。在理气心性关系上，

---

① 王阳明：《传习录》中，《传习录注疏》，邓艾民注，上海：上海古籍出版社，2012，页146。
② 黄宗羲：《孟子师说》卷二，《黄宗羲全集》（增订版）第一册，杭州：浙江古籍出版社，2005，页60。
③ 黄宗羲：《宪使胡庐山先生直》，《黄宗羲全集》（增订版）第七册，杭州：浙江古籍出版社，2005，页592。

黄宗羲主张理气与心性的同一性。其言曰：

> 夫在天为气者，在人为心；在天为理者，在人为性。理气如是，则心性亦如是，决无异也。人受天之气以生，只有一心而已。而一动一静，喜怒哀乐，循环无已。当恻隐处自恻隐，当羞恶处自羞恶，当恭敬处自恭敬，当是非处自是非。千头万绪，輵轇纷纭，历然不能昧者，是即所谓性也。初非别有一物立于心之先，附于心之中也。①

按照黄氏的说法，天地之气体现在人身上就是人心，天地之理体现在人身上就是人性。人心能够将道德原则在不同的情境下恰当地运用，体现出恻隐、羞恶、恭敬、是非的道德情感，这就是人性。②

与程朱等人以理释性的静态人性观不同，王夫之主张一种日生日成的动态人性观，其言曰："性者，生理也，日生则日成也。"同时，王夫之也反对宋明理学将理欲对立起来的做法，他认为人欲构成天理的基础，天理则是对人欲的规范和引导。王夫之曰"礼虽纯为天理之节文，而必寓于人欲以见"，又"故终不离人而别有天，终不离欲而别有理也。离欲而别为理，其惟释氏为然，盖厌弃物则而废人之大伦矣"。王夫之强调天理与人欲并非对立的，离开了人与人欲，天理孤悬在那里是没有意义的。甚至提出"天下之公欲即理"的主张，并非像程朱那样笼统地讲人欲，而是将公私概念引入人欲，强调公欲是理，这恐怕更符合先秦儒家尤其是孟子的思想。在孟子那里，面对梁惠王、齐宣王的好货、好色、好乐之欲，并不是简单地批判、否定，而是强调将这种欲望与天下共之，将这种欲望与老百姓分享，在享受、满足自己欲望的同时能考虑到天下人的欲望，并努力去满足他们的欲望。孟子在这里所说的与天下共之，其实就是一种"公欲"，也就是王夫之所说的"理"。

程朱认为"性即理也"，然又定义理为仁义礼智。王夫之《笺解》等强调性含理，然不即是理，谓孟子不曾离气言理。③ 批评程子、朱子气质之说

---

① 黄宗羲：《文庄罗整庵先生钦顺》，《黄宗羲全集》（增订版）第八册，杭州：浙江古籍出版社，2005，页408—409。

② 王夫之：《读四书大全说》，《船山全书》第六册，船山全书编辑委员会编校，长沙：岳麓书社，2011，页911。

③ 同上《读四书大全说》，《船山全书》第六册，页1139—1141。

非孟子之旨。王夫之曰："盖以性知天者，性即理也，天一理也，本无不可合而知也。"① 此倾向当开后世戴震、焦循之先河。

方按：理当谓人性成长之理，即成长法则。直接以此理等同于仁义礼智，则犹如以善性定义人性，过于简单矣。朱子〈尽心说〉谓："'尽其心者，知其性也；知其性，则知天矣'。言人能尽其心，则是知其性；能知其性，则知天也。盖天者，理之自然，而人之所由以生者也；性者，理之全体，而人之所得以生者也。心则人之所以主于身而具是理者也。天大无外而性禀其全，故人之本心，其体廓然，亦无限量，惟其梏于形器之私，滞于闻见之小，是以有所蔽而不尽。人能即事即物，穷究其理，至于一日会贯通彻而无所遗焉，则有以全其本心廓然之体，而吾之所以为性与天之所以为天者，皆不外乎此，而一以贯之矣。"②

颜元对于理学"义理之性"与"气质之性"的人性二元论思想有所批评，认为气质之性并非是恶的，其言曰："若谓气恶，则理亦恶；若谓理善，则气亦善。盖气即理之气，理即气之理，乌得谓理纯一善而气质偏有恶哉！"③

戴震明确反对理学将"理"实体化的做法，对于程朱理学的"天理"概念进行了解构，以"分理"取代之。戴震曰："理者，察之而几微、必区以别之名也。是故谓之分理。在物之质，曰肌理，曰腠理，曰文理。得其分，则有条而不紊，谓之条理。"戴震反对将理视为万物的实体或本体，而是将其还原为具体事物的属性。他剥落了"天理"的道德色彩，而将其还原为自然意义的"分理"，即每一物得之于天的内在规定与秩序，不再强调"天理"的普遍性，具有尊重个性的含义。此外，他还讨论了理与情及欲的关系，其认为人的情感欲望乃人"血气心知之自然"。就情与理而言，理为人之情理，"理也者，情之不爽失也；未有情不得而理得者也。"④ 戴震认为欲是人的自然本能，也是人赖以生存的必要条件，故欲不可灭。但欲也不可纵，理正是

---

① 王夫之：《读四书大全说》，《船山全书》第六册，船山全书编辑委员会编校，长沙：岳麓书社，2011，页965。

② 朱熹：《尽心说》，《朱子全书》第23册，上海、合肥：上海古籍出版社、安徽教育出版社，2010，页3273。

③ 颜元：《驳气质性恶》，《颜元集》，王星贤、张芥尘、郭征点校，北京：中华书局，1987，页1。

④ 戴震：《孟子字义疏证·才》，《戴震集》，汤志钧校点，上海：上海古籍出版社，1980，页265。

节制人的欲望的标准，"天理者，节其欲而不穷人欲也。是故欲不可穷，非不可有；有而节之，使无过情，无不及情，可谓之非天理乎！"[①] 在批评宋儒"存天理，灭人欲"的禁欲主义倾向的同时，也使理与欲得到了和谐的统一。

焦循的思想中则呈现"以礼代理"的倾向，其言曰："九流之原，名家出于礼官，法家出于理官，齐之以刑则民无耻，齐之以礼则民且格，礼与刑相去远矣。惟先王恐刑罚之不中，务于罪辟之中，求其轻重，析及豪芒，无有差谬，故谓之理，其官即谓之理官，而所以治天下则以礼，不以理也。"[②] 此处焦循和戴震一样，反对理学的"天理"观，与戴震的"分理"不同，焦循主张"以礼代理"，以纠正"理"所带来的争执和主观性。

段玉裁强调"小学"功夫的重要性，并以此来展开对经典文本的考释活动，带有"语言哲学"的特色。他不仅仅是纯粹地为考据而考据，在考据背后依然隐含着义理关怀。如此对"理"的考释，便是继承戴震的"分理"观而来。其言曰："郑人谓玉之未理者为璞。是理为剖析也。玉虽至坚，而治之得其鰓理以成器不难，谓之理。凡天下一事一物，必推其情至于无憾而后即安，是之谓天理，是之谓善治。此引伸之义也。戴氏《孟子字义疏证》曰：'理者，察之而几微必区以别之名也，是故谓之分理；……天理云者，言乎自然之分理也；自然之分理，以我之情絜人之情，而无不得其平。'"[③]

（方朝晖、闫林伟整理）

9. 性命、性情、情性、形性

四者义近，围绕"性"字构成一个相互重叠、相互关联的"概念群"。在中国哲学史、思想史中，谈及"性命"时，多指万物之禀受、性命之学（义理之学）与性命之理（万物之性质和规律）；谈及"性情"时，多指本性、思想情感；谈及"情性"时，多指天性（就此义而言与"性情"用法近似）、自然欲望；谈及"形性"时，多指身心（强调身心一体）、形体与本性（强调二者相互对待）。

---

① 戴震：《孟子字义疏证·理》，《戴震集》，汤志钧校点，上海：上海古籍出版社，1980，页276。
② 焦循：《说理》，《焦循诗文集》，扬州：广陵书社，2009，页182。
③ 段玉裁：《说文解字注》，许惟贤整理，南京：凤凰出版社，2007，页25。

《庄子》屡用性命、性情、情性，三者义近，皆指"性"，指人、物之天性，侧重自然义。《荀子》亦常用性情、情性、性命，其义与性近，指人之本性，侧重于自然欲望，偏重负面义。《淮南子》以性命、性情、情性并用，亦多指人、物之天性、本性，似继承了《庄子》的思想理路。笔者使用"中国基本古籍库"对这些概念进行了一一检索，统计出其在典籍中出现的次数，并对其用法进行了一一辨析与归纳，以总结出其在中国思想史、中国哲学史中的主要含义。[①]

性命

"性命"一词，在中国古代思想中约有四义：（1）万物之禀受、特性（此强调天之赋予，天所赋、物所受，故就物而言为禀受。天所赋以成万物之性，故由禀受亦可引申出特性）；（2）性命之学（与义理之学、性理之学、理学同义，宋明儒常用此义；性命之学是探究事物之性质和规律的学问，故义理之学的具体内涵即是指事物的性质和规律）；（3）生命（此义较为朴素，亦是常见义）；（4）本性（侧重于事物之性质，强调不因外界或人为之活动去改变自身本有的性质，这是维系一事物得以健康成长，乃至和谐发展的基础）。

《周易》"性命"连用凡3见。其中〈乾·彖〉曰："乾道变化，各正性命。"孔颖达〈疏〉云："性者，天生之质，若刚柔迟速之别；命者，人所禀受，若贵贱夭寿之属也。"朱熹《周易本义》云："物所受为性，天所赋为命。"此处之"性命"当指人之禀受而言。又〈说卦〉曰"圣人之作《易》也，将以顺性命之理"，此处"性命之理"指事物之性质和规律。〈系辞〉："方以类聚，物以群分，则性命不同矣。"此处之"性命"指事物之本性、特性。

《礼记》"性命"连用凡1见。〈乐记〉曰"方以类聚，物以群分，则性命之不同矣"，此处之"性命"用法与〈系辞〉类似，当指事物之本性、特性。

《荀子》中"性命"连用凡1见。〈哀公篇〉曰："故知既已知之矣……则若性命肌肤之不可易也。"此处之"性命"与肌肤并用，侧重于人的生理

---

① 检索范围主要是子类文献，包含部分重要经类和集类文献，所涉及文献均为对中国思想史、哲学史有重大影响者。

属性，当指人之生命而言。

《韩非子》中"性命"连用凡1见。〈显学篇〉曰："夫智，性也；寿，命也。性命者，非所学于人也。""非所学"即强调这并非后天人为努力可以获得，故此处之"性命"指天赋、禀受。

《庄子》中"性命"连用凡12见。〈骈拇〉曰"彼至正者，不失其性命之情"，指事物之天性、自然真性；又"不仁之人，决性命之情而饕富贵"，指天性、自然真性；又"任其性命之情而已矣"，指天性、自然真性。〈在宥〉曰"彼何暇安其性命之情哉"，指天性、自然真性；又"天下将安其性命之情，……天下将不安其性命之情，……而后安其性命之情"，指天性、自然真性；又"大德不同，而性命烂漫矣"，此处"烂漫"即强调坦率自然，故"性命"指自然真性、天性。〈天运〉曰"莫得安其性命之情者"，指天性、自然真性。〈缮性〉曰"轩冕在身，非性命也"，指天性、自然真性。〈知北游〉曰："性命非汝有，是天地之委顺也。"此处之"性命"指生命。〈徐无鬼〉曰："君将盈嗜欲，长好恶，则性命之情病矣。"此处"性命之情"指天性、自然真性。

《列子》中"性命"连用凡4见。〈天瑞篇〉曰"性命非汝有，是天地之委顺"，与《庄子》用法类似，指生命；又〈扬朱〉曰"喻以性命之重，诱以礼义之尊乎？……耽于嗜欲，则性命危矣。……肆情于色，不遑忧名声之丑，性命之危也"，此处之"性命"指"生命"。

《文子》中"性命"连用凡12见。〈守易〉曰："岂为贫富贵贱失其性命哉？""性命"指天性、本性，指不因外在的境遇而改易自己的天性。〈守清〉曰："故治天下者必达性命之情而后可也。"指自然真性。〈守真〉曰："诚达性命之情，仁义因附也。"指自然真性。〈下德〉曰："性命之情，淫而相迫，于不得已则不和。"指自然真性。又"直性命之情，而知故不得害"，指天性、自然真性。〈上仁〉曰："故人主畜兹无用之物，而天下不安其性命矣。"此处略为难解，有争议，但根据高诱注"不得安其正性，诈伪生也"可知，此处强调统治者穷奢极欲，未做好垂范作用，导致世风浇薄，百姓失其淳朴，变得诈伪。

《吕氏春秋》"性命"连用凡11见。〈重己〉曰："有慎之而反害之者，不达乎性命之情也。不达乎性命之情者，慎之何益？"此处之"性命之情"指生命的真性、天性。〈谨听〉曰："反性命之情也……今夫惑者，非知反性命之情。"此处之"性命之情"指生命的真性、天性。〈观世〉曰："远乎性命之情也。"此处之"性命之情"指生命的真性、天性。〈勿躬〉曰："君者，矜服性命之情，而百官已治矣。"此处之"性命之情"指生命的真性、天性。〈知度〉曰"君服性命之情，去爱恶之心"，又"上服性命之情，则理义之士至矣"，又"治道之要，存乎知性命"，此处之"性命之情""性命"指生命的真性、天性。〈有度〉曰"通乎性命之情者，当无私矣"，又"唯通乎性命之情，则仁义之术自行矣"，此处之"性命之情"指生命的真性、天性。

《大戴礼记》"性命"连用凡1见。〈哀公问五义〉曰："若夫性命肌肤之不可易也。"此处"性命"与"肌肤"连在一起讲，强调人的生理属性，故此处"性命"指生命。

《韩诗外传》"性命"连用凡1见。〈诗外传卷第一〉曰："若肌肤性命之不可易也。"此处用法与《大戴礼记》类似，指生命。

贾谊《新书》"性命"连用凡1见。〈过秦论下〉曰："……即元元之民冀得安其性命，莫不虚心而仰上。"此处"性命"指生命。

陆贾《新语》"性命"连用凡2见，〈本行〉曰："追治去事，以正来世；按纪图录，以知性命。"此处"性命"指生命之理，即事物之性质和规律。〈思务〉曰："弛张性命之短长。"此处"性命"指生命。

《春秋繁露》"性命"连用凡4见。〈竹林〉曰"正于天之为人性命也……天之为人性命，使行仁义而羞可耻"，此处之"性命"当指人之禀受，这一禀受类似于良心，能够知羞耻行道德。〈三代改制质文〉曰"则性命形乎先祖"，此处"性命"指生命。〈如天之为〉曰"此天之所为人性命者"，此处之"性命"当指人之禀受。

《淮南子》"性命"连用凡17见。〈原道训〉曰"吾所谓得者，性命之情。……夫性命者，与形俱出其宗"，指天性、真性；又"形备而性命成，性命成而好憎生矣"，指真性、天性。〈俶真训〉曰"孰肯解构人间之事，以物烦其性命乎"，指真性、天性；又"嗜欲连于物，聪明诱于外，而性命失其得"，指真性、天性；又"夫世之所以丧性命"，指真性、天性；又"古之治天下也，必达乎性命之情"，指真性、天性；又"诚达于性命之情，而仁义固附矣"，指真性、天性。〈精神训〉曰"钳阴阳之和，而迫性命之情"，指真性、天性。〈本经训〉曰"性命之情，淫而相胁"，又"冥性命之性，而智故不得杂焉"，此处皆指真性、天性。〈齐俗训〉曰"滑乱万民以清为浊，性命飞扬",指真性、天性。〈诠言训〉曰"方以类别，物以群分，性命不同，皆形于有"，指事物之本性。〈修务训〉曰"性命可说，不待学问而合于道者，尧、舜、文王也"，指本性，强调尧舜之本性善良不待后天学习就可合于道。〈泰族训〉曰"直行性命之情，而制度可以为万民仪"，指真性、天性。〈要略训〉曰"以反其性命之宗"，指天性、真性。

《白虎通》中"性命"连用凡2见。〈礼乐〉曰："亦犹乐所以顺气，变化万民，成其性命也。"乐以抒发情感，调适身心，防止人的本性被"礼"所过度压抑，此处"性命"似指本性。〈嫁娶〉曰："男子六十闭房何？所以辅衰也，故重性命也。"这涉及生理问题，故此处"性命"指生命。

扬雄《扬子云集》，其中〈太玄〉"性命"连用凡5见。分别为："……因大受性命""一生一死，性命莹矣""瘃虚无因，大受性命，否何谓也""故大受性命，而无辞辟也""考终性命，存乎成"。此处几个"性命"似乎指生命。

《论衡》"性命"连用凡14见。〈命禄篇〉曰"性命有贵贱，才不能进退"，此处"性命"指生命。〈命义篇〉曰"性命在本，故礼有胎教之法"，此处"性命"指生命；又"故人之在世，有吉凶之性命"，此处"性命"指生命；又"夫人有不善，则乃性命之疾也"，此处"性命"指本性。〈骨相篇〉曰"察皮肤之理，以审人之性命"，指生命，又"由此言之，性命系于形体明矣"，指生命。〈初禀篇〉曰"人生性命当富贵者，初禀自然之气"，指生命。〈道虚篇〉曰"行恬淡之道，偶其性命亦自寿长"，指生命。〈问孔篇〉曰"本禀性命之时，不使之王邪"，指生命。〈刺孟篇〉曰"人禀性命，或当厌溺"指生命。〈自然篇〉曰"放鱼于川，纵兽于山，从其性命之欲也"，指本性、天性。〈恢国篇〉曰"生禀天命，性命难审"，此处"性命"指本性。〈自纪篇〉曰"服药引导，庶冀性命可延"，指生命；又"惟人性命长短有期"，指人之生命。

陈淳《北溪字义》"性命"连用凡7见，用作"性命之理"4见，"生命"1见，"万物之禀受、特性"2见。〈性〉曰"性命只是一个道理，不分看则不分晓"[1]，〈佛老〉曰"一般是高谈性命道德……性命道德之说又较玄妙"[2]，此处"性命"皆指义理之学，与理学同义。〈忠恕〉曰"维天之命，

---

[1] 陈淳：《北溪字义》，熊国桢、高流水点校，北京：中华书局，1983，页6。
[2] 同上《北溪字义》，页68。

于穆不已，忠也；乾道变化，各正性命，恕也"，又"各正其所赋受之性命"①，此处之"性命"指万物的禀受和特性。〈鬼神〉曰"……卧中甚悔其枉害性命"②，此处"性命"指生命。

《二程集》（只计〈外书〉和〈遗书〉）"性命"连用凡15见，其中〈外书〉4见，〈遗书〉11见。〈外书第七〉曰："维天之命，于穆不已，忠也；乾道变化，各正性命，恕也。"③ 此处"性命"指万物之禀受，万物承其禀受，各成其性（特性）。〈外书第十〉曰："佛毕竟不知性命，世之人相诋曰尔安知性命，是果报知之。"④ 此处"性命"指性命之理，指事物的性质和规律。〈遗书卷二上〉曰"若实穷得理，即性命亦可了明"，又"先言性命道德"，此处"性命"指性命之理，即事物的性质和规律；又曰"万物流形，各正性命者，是所谓性也"⑤，此处"性命"亦就其禀受而言。

《语类》"性命"连用凡138见（不完全统计，有些性、命一起出现，是指性和命单字而言，非有"性命"连用之义，故不计算在内。下面不一一罗列，今举有代表性的句例进行胪列）。〈卷四〉曰"德不胜气，性命于气；德胜其气，性命于德"⑥，此处"性命"指禀受。〈卷二十七〉曰"……今人以性命言太极也"⑦，指义理（性理）之学。〈卷三十七〉曰"……全性命之理"，指事物的性质和规律。〈卷六十二〉曰"以人心出于形气，道心本于性命"⑧，此处"性命"指禀受。〈卷七十四〉曰"及至结实成熟后，一实又自成一个性命"⑨，此处"性命"指生命。〈卷一百一十八〉曰"学以圣贤为

---

① 陈淳：《北溪字义》，熊国桢、高流水点校，北京：中华书局，1983，页29。

② 同上《北溪字义》，页66。

③ 程颢、程颐：《河南程氏外书》卷七，《二程集》，王孝鱼点校，北京：中华书局，2016，页392。

④ 程颢、程颐：《河南程氏外书》卷十，《二程集》，王孝鱼点校，北京：中华书局，2016，页408。

⑤ 程颢、程颐：《河南程氏遗书》卷二上，《二程集》，王孝鱼点校，北京：中华书局，2016，页30。

⑥ 朱熹：《语类》卷四，《朱子全书》第14册，朱杰人、严佐之、刘永翔主编，上海、合肥：上海古籍出版社、安徽教育出版社，2002，页201。

⑦ 朱熹：《语类》卷二十七，《朱子全书》第15册，朱杰人、严佐之、刘永翔主编，上海、合肥：上海古籍出版社、安徽教育出版社，2002，页967。

⑧ 朱熹：《语类》卷六十二，《朱子全书》第16册，朱杰人、严佐之、刘永翔主编，上海、合肥：上海古籍出版社、安徽教育出版社，2002，页2013。

⑨ 朱熹：《语类》卷七十四，《朱子全书》第16册，朱杰人、严佐之、刘永翔主编，上海、合肥：上海古籍出版社、安徽教育出版社，2002，页2526。

准，故问学须是复性命之本然……"①，此处"性命"指禀受。

胡宏《知言》"性命"连用凡 5 见。〈卷一〉"……论性命之理"即义理之学。②〈卷二〉曰"有贪爵禄而昧功名之臣，是人也，必忘其性命矣"，指人之生命。又"中和变化，万物各正性命而纯备者，人也，性之极也"③，指禀受。〈卷三〉曰"若伯夷，可谓全其性命之情者矣"④，此处"性命之情"似指本性，即伯夷不食周粟，未违背自己的本性去仕周。

罗钦顺《困知记》"性命"连用凡 26 见。〈卷上〉曰"窃以性命之妙，无出'理一分殊'四字"⑤，此处"性命"指义理之学，即事物的性质和规律。〈卷上〉曰"性命之理，一言而尽之，何其见之卓也！"⑥ 指义理之学，即事物的性质和规律。〈续录卷上〉曰"性命之理，视近时道学诸君子，较有说得亲切处"⑦，指义理之学，即事物的性质和规律。〈续录卷上〉曰"富贵贫贱死生寿夭之命，与性命之命，只是一个命，皆定理也"⑧，此处"性命"显然不指生命，而是具有义理内涵，指义理之学，即事物的性质和规律。〈续录卷下〉曰"性命之理实未尝有见也……"⑨ 此处指义理之学，即事物的性质和规律。

焦循《孟子正义》"性命"连用凡 10 见。〈卷一〉曰"仁义道德，性命祸福"⑩，此处"性命"与祸福连用，指生命。〈卷二十二〉曰"……不能纯彻性命之理"，又"……谓性命之难言也"⑪，此处"性命"指性命之理、义理之学，即事物的性质和规律。

性情

"性情"一词，在中国古代思想中约有四义：（1）天性、本性（道家

---

① 朱熹：《语类》卷一百一十八，《朱子全书》第 18 册，朱杰人、严佐之、刘永翔主编，上海、合肥：上海古籍出版社、安徽教育出版社，2002，页 3723。
② 胡宏：《知言·天命》，《胡宏集》，吴仁华点校，北京：中华书局，1987，页 2。
③ 胡宏：《知言·往来》，《胡宏集》，吴仁华点校，北京：中华书局，1987，页 13、14。
④ 胡宏：《知言·纷华》，《胡宏集》，吴仁华点校，北京：中华书局，1987，页 25。
⑤ 罗钦顺：《困知记》卷上，阎韬点校，北京：中华书局，1990，页 7。
⑥ 同上《困知记》卷上，页 13。
⑦ 罗钦顺：《困知记·续录卷上》，阎韬点校，北京：中华书局，1990，页 76。
⑧ 同上《困知记·续录卷上》，页 77。
⑨ 同上《困知记·续录卷上》，页 81。
⑩ 焦循：《孟子正义》卷一，沈文倬点校，北京：中华书局，2017，页 14。
⑪ 焦循：《孟子正义》卷二十二，沈文倬点校，北京：中华书局，2017，页 785。

典籍中使用"性情"多指人、物之天性、本性，在这一点上与情性用法相似）；（2）人之秉性、品质（偏重个体之独特性，多含褒义）；（3）思想情感（通过诗文吟咏人之性情，当指通过诗文来表达人之思想情感或志向）；（4）性格、气质〔偏重个体之独特性，用于客观描述个体之特性，多含中性义。有时，（2）和（4）可归为一类，放在一起使用，对于秉性、品质、性格不作区分〕。

《周易》"性情"连用凡 1 见。〈乾·文言〉曰："利贞者，性情也。"孔颖达〈疏〉云："性者，天生之质，正而不邪；情者，性之欲也。"此处，性情当作本性讲。

《文子》"性情"连用凡 1 见。〈下德〉曰："人之性情，皆愿贤己而疾不及。"此处"性情"指普遍性的"性情"，故指具有普遍性的人之本性。

《毛诗》"性情"连用凡 3 见。〈诗序〉曰："吟咏性情以风其上"，"诗者，得其性情之正"，"而使人得其性情之正耳"。此处"性情"指人之思想情感，所谓"在心为志，发言为诗"，即人之思想情感产生于人心之中，通过情感表达出来。

《庄子》"性情"连用凡 2 见。〈马蹄〉曰："道德不废，安取仁义！性情不离，安用礼乐！"〈缮性〉曰："然后民始惑乱，无以反其性情而复其初。"此 2 处"性情"指人之天性而言，强调不要因为外在的礼乐而扭曲人的天性。

《荀子》"性情"连用凡 2 见。〈儒效〉曰："纵性情而不足问学，则为小人矣。"〈性恶〉曰："纵性情，安恣睢，而违礼义者为小人。"所谓纵性情，即放纵人之本性。

伏生《尚书大传》"性情"连用凡 2 见。〈卷一下〉曰："观其风俗，习其性情。"〈卷三〉曰："王象天，以性情覆成五事，为中和之政也。"此处"性情"当作本性讲。

《春秋繁露》"性情"连用凡 4 见。〈保位权〉曰："因天地之性情，孔窍之所利，以立尊卑。"此处之"性情"指本性，即天地之本性。〈深察名号〉曰："天地之所生，谓之性情，性情相与为一瞑，情亦性也，……身之有性情也，若天之有阴阳也。……"此处"性情"皆就人之本性而言。

王充《论衡》"性情"连用凡 1 见。〈问孔篇〉曰"……性情恩，不可雕琢"，此处之"性情"指人之本性。王符《潜夫论》"性情"连用凡 1 见。

〈梦列〉曰"此谓性情之梦也",指人之思想情感,古人云"日有所思,夜有所梦",将梦看作人之思想情感的流露。

徐干《中论》"性情"连用凡 1 见。〈贵言〉曰"虑之所至,事足以合其性情之所安",此处"性情"指人之本性。

《二程集》"性情"连用凡 13 见,其中〈遗书〉凡 10 见,〈伊川易传〉凡 3 见。〈遗书卷三〉曰"舞蹈本要长袖,欲以舒其性情",又"礼乐只在进反之间,便得性情之正"[1],此处"性情"指人之思想情感。〈遗书卷十一〉曰"'利贞者,性情也。'性情犹言资质体段"[2],此处"性情"指天性。〈遗书卷十九〉曰"'利贞者性情也',言利贞便是《乾》之性情"[3],此处"性情"指人之本性。〈遗书卷二十二上〉曰"以妙用言之谓之神,以性情言之谓之乾"[4],此处"性情"指人之本性。〈伊川易传〉卷之一曰"乾者天之性情",又"以性情谓之乾"[5],此处"性情"指人之本性。〈伊川易传〉卷之一注〈乾文言〉"利贞者,性情也"曰"乾之性情也"[6],此处"性情"亦指人之本性。

《语类》"性情"连用凡 63 见(闫按:《语类》中虽有"性情"一起出现,但大多是指单字性、情,如"心统性情"类)。〈卷十八〉曰"前既说当察物理,不可专在性情",此处"性情"指本性。〈卷二十五〉曰"诗人得性情之正也",此处之"性情"指思想情感。〈卷六十三〉曰"以性情言之谓之中和,以礼义言之谓之中庸",此处"性情"与"礼义"相对,指人之本性。"有功效便有性情,……所谓性情者……是性情体物而不可遗",又"问性情功效?性情乃鬼神之情状",此处"性情"指本性。〈卷六十八〉曰"如此,火之性情则是个热,水之性情则是个寒,天之性情则是一个健",又"乾者,天之性情,指理而言也。谓之性情,该体用动静而言也",又"乾坤是性情,天地是皮壳",此处之"性情"指本性。"凡人为学,须于性情上著

---

① 程颢、程颐:《河南程氏遗书》卷三,《二程集》,王孝鱼点校,北京:中华书局,2016,页 60、68。
② 程颐:《河南程氏遗书》卷十一,《二程集》,王孝鱼点校,北京:中华书局,2016,页 129。
③ 程颐:《河南程氏遗书》卷十九,《二程集》,王孝鱼点校,北京:中华书局,2016,页 249。
④ 程颐:《河南程氏遗书》卷二十二上,《二程集》,王孝鱼点校,北京:中华书局,2016,页 288。
⑤ 程颐:《周易程氏传》卷一,《二程集》,王孝鱼点校,北京:中华书局,2016,页 695。
⑥ 同上《周易程氏传》卷一,《二程集》,页 703—704。

功夫"，此处"性情"当指人之性格，指在性格上做修养功夫。〈卷一百二十〉曰"须理会得其性情之德"，此处之"性情"指人之品质。〈卷一百二十六〉曰"故能知其性情，能制驭得他"，此处指人之性格。

胡宏《知言》"性情"连用凡6见。〈事物〉曰"情效天下之动，心妙性情之德。性情之德，庸人与圣人同"，此处"性情"指人之品质。〈义理〉曰"感应鬼神之性情也"，此处之"性情"指本性。〈复义〉曰"识心之道，必先识心之性情。欲识心之性情，察诸乾行而已矣"，此处之"性情"指本性。〈汉文〉曰"乾者，天之性情也"，此处之"性情"亦指本性。

陈献章《白沙子》"性情"连用凡9见。〈卷一〉曰"……皆本于性情之真"，此处之"性情"指本性。〈卷三〉曰"诗当论性情，论性情先论风韵。……性情不真，亦难强说"，此处"性情"侧重于个人的思想情感。〈卷四〉曰："欲学古人诗，先理会古人性情是如何。由此性情方有此声口。只看程明道、邵康节诗，真天生温厚和乐，一种好性情也。"前面两个"性情"指人之思想情感，后面一个"性情"指人之品质。又〈卷四〉曰"须将道理就自己性情上发出……"此处之"性情"指人之秉性。〈卷五〉曰"……习气移性情……"此处之"移性情"指改变气质、修养性格。

黄宗羲《孟子师说》"性情"连用凡1见。〈卷五〉曰"向使其性情不关于世变，浮沉蝣蟭……"[1] 此处"性情"指人之秉性、品质不应因外界的变化而有所改变，强调这种秉性、品质的正面含义。

焦循《孟子正义》"性情"连用凡3见。〈卷六〉曰"性情神志，皆不离乎气……"[2]，指人的思想情感。〈卷十六〉曰"……所以尽水之性情……"又"知禽兽之性情，不可教之使知仁义也"[3]，此处"性情"指本性。

情性

"情性"一词，在中国古代思想中约有四义：（1）本性、天性（道家典籍所言"情性"多指天性，侧重于人性之自然义；但道家尚自然，以保守天性为贵，故在一定程度上代表了道家的正面价值取向）；（2）自然欲望（尤

---

[1] 黄宗羲：《孟子师说》卷五，《黄宗羲全集》第一册，杭州：浙江古籍出版社，1985，页131。

[2] 焦循：《孟子正义》卷六，沈文倬点校，北京：中华书局，2017，页212。

[3] 焦循：《孟子正义》卷十六，沈文倬点校，北京：中华书局，2017，页611、613。

其在荀子那里与道德仁义相对，成为治的对象，偏向于负面义）；（3）性格、秉性、品格（侧重于个体之间的独特性，指品格时含褒义）；（4）情意、情趣（指个人的心意、意愿和思想）。

《庄子》"情性"连用凡 2 见。〈庚桑楚〉曰："汝欲反汝情性而无由入，可怜哉！"〈盗跖〉曰："皆以利惑其真而强反其情性，其行乃甚可羞也。"此2 处"情性"皆指人之天性。

《列子》"情性"连用凡 2 见。〈仲尼〉曰："仁义益衰，情性益薄。"〈扬朱〉曰："欲尊礼义以夸人，矫情性以招名。"此 2 处"情性"指人之自然天性。

《文子》"情性"连用凡 6 见。〈守易〉曰："古之为道者，理情性，治心术。"〈守弱〉曰："人之情性皆好高而恶下。"〈符言〉曰"适情性即治道通矣"，又"理好憎即不贪无用，适情性即欲不过"。〈上德〉曰："故不失物之情性。"〈下德〉曰："故圣王执一以理物之情性。"此 6 处"情性"皆指天性、本性。

闫按：道家所讲"情性"偏重于自然义，道家尚自然，故以保守天性为贵。因此，在某种程度上，天性对于道家来说具有较高的价值含义，认为不应该通过后天的人为活动而改变、扭曲人或物的本性。

《管子》"情性"连用凡 1 见。"是以明君顺人心、安情性，而发于众心之所聚"，此处"情性"指的本性。

《韩非子》"情性"连用凡 3 见。〈大体〉曰"不逆天理，不伤情性"，指本性。〈难势〉曰"……则天下乱人之情性"，指本性。〈五蠹〉曰"人之情性，莫先于父母，父母皆见爱而未必治也"，指本性，偏重于自然欲望。韩非子以自爱为人之情性，当指人之自然欲望。《慎子》"情性"连用凡 1 见。〈外篇〉曰"不逆天理，不伤情性"，此与《韩非子》用法一致，指人之自然天性。

闫按：法家所讲"情性"在某种程度上与道家自然人性观相似，指人之自然天性；但与道家相比，法家认为人性生而具有自私自利的欲望，这是人的自然天性，故法家所讲本性偏重于自然欲望。

《礼记》"情性"连用凡 1 见。〈乐记〉曰："是故先王本之情性，稽之度数。"此处之"情性"指人之本性，侧重于人之情感义，无道德义。先王作乐旨在规范、疏导人之内心秩序，以防过于压抑人之本性，从而影响人之心灵健康，进而影响个人成德，乃至社会秩序。

《荀子》"情性"连用凡18见。〈非十二子〉曰"纵情性，安恣睢，禽兽行"，又"忍情性，綦谿利跂"。〈儒效〉曰"修正其所闻，以矫饰其情性"，又"忍情性，然后能修"。〈王制〉曰："若灼黥，若仇雠，彼人之情性也。"〈礼论〉曰："一之于情性，则两丧之矣。"〈性恶〉曰"制法度，以矫饰人之情性而正之，以扰化人之情性"，又"劳而欲休，此人之情性也"，又"故顺情性则不辞让矣，辞让则悖于情性矣"，又"口好味，心好利，骨体肤理好愉佚，是皆生于人之情性也"，又"好利而欲得者，此人之情性也"，又"且顺情性，好利而欲得"，又"故顺情性则弟兄争矣"，又"以秦人之从情性，安恣睢"。〈哀公〉曰"辨乎万物之情性者也"，又"情性者，所以理然不取舍也"。荀子以人饥而欲饱、寒而欲暖、劳而欲休，作为人之情性，即人之本性，也就是人类普遍的自然欲望。这些自然欲望过度则会导致争乱，故荀子强调应当对情性予以节制。因此，"情性"在荀子这里指人的自然欲望，偏重于负面，具有较为显著的道德含义。

《吕氏春秋》"情性"连用凡2见。〈侈乐〉曰："若肌肤形体之有情性也。有情性则必有性养矣。"此处之"情性"亦指人之本性。

陆贾《新语》"情性"连用凡1见。〈道基〉曰"……治情性，显仁义"，此处"情性"与"仁义"相对，成为治的对象，说明偏重于负面，只有通过节制情性，才能显现仁义。这与荀子的情性观类似，以偏向于负面的自然欲望来界定"情性"，明显受到荀子的影响。

董仲舒《春秋繁露》"情性"连用凡3见。〈符瑞〉曰："尽情性之宜则天容遂矣。"〈实性〉曰："此皆圣人所继天而进也，非情性质朴之能至也。"〈为人者天〉曰："天之副在乎人，人之情性有由天者矣。"此处从禀受讲人之情性，当作本性而言。

《韩诗外传》"情性"连用凡4见。〈卷二〉曰"治心术、理好恶、适情性而治道毕矣"，又"适情性则欲不过节"。〈卷三〉曰："直行情性之所安，而制度可以为天下法矣。"〈卷七〉曰："善为政者，循情性之宜。"此4处"情性"指人之天性。

《淮南子》"情性"连用凡7见。〈原道训〉曰："使心怵然失其情性。"〈览冥训〉曰："……安其情性，而乐其习俗。"《精神训》曰："达至道者则不然，理情性，治心术。"〈齐俗训〉曰"夫耳目之可以断也，反情性也"，又"失其情性"。〈诠言训〉曰:"适情性,则治道通矣。……适情性,则欲不过节。"这里的"情性"指天性而言。

刘向《说苑》"情性"连用凡 2 见。〈辨物〉曰:"……达乎情性之理。"〈修文〉曰:"故先王本之情性,稽之度数。"此 2 处"情性"皆指人之本性。

扬雄《法言》"情性"连用凡 1 见。〈孝至〉曰:"……恣乎情性……"此处情性指人之本性,即自然欲望。

王充《论衡》"情性"连用凡 9 见。〈本性〉曰"情性者,人治之本……原情性之极,礼为之防",又"公孙尼子之徒亦论情性……"又"孟子之言情性,未为实也",又"作情性之说",又"不处人情性,有善有恶",又"夫人情性同生于阴阳",又"情性于阴阳安能纯善?",又"然而论情性竟无定是",此处"情性"有善恶,当偏重于自然欲望,欲望在于过与适度,适度则善,过则流为恶,故需礼以防治。

王符《潜夫论》"情性"连用凡 2 见。〈赞学〉曰:"人之情性未能相百。"〈德化〉曰:"情性者,心也,本也。"此 2 处"情性"当指人之本性。

徐干《中论》"情性"连用凡 3 见。〈治学〉曰:"是以情性合人而德音相继也。"〈法象〉曰:"符表正,故情性治。情性治,故仁义存。"此处"情性"亦与"仁义"对举,与陆贾用法相似,故"情性"偏向于负面义,指人之自然欲望。

《二程集》"情性"连用凡 3 见。〈遗书卷六〉曰"《中庸》首先言本人之情性"[1],指本性。〈遗书卷十五〉曰"若使今人衣古冠冕,情性自不相称"[2],此处"情性"显然不能指人之天性,不能说古人与今人天性不同。因为一时代有一时代之审美情趣,故一时代有一时代之服饰。故这里的"情性"偏重于情趣。〈遗书卷十八〉曰:"荀子虽能如此说,却以礼义为伪,性为不善,佗自情性尚理会不得,怎生到得圣人?"[3] 指人之本性。

《语类》"情性"连用凡 40 见,不一一列举,仅选取有代表性的胪列如下。〈卷五〉曰:"今先说一个心,便教人识得个情性底总脑。"[4] 〈卷二十

---

① 程颢、程颐:《河南程氏遗书》卷六,《二程集》,王孝鱼点校,北京:中华书局,2016,页94。

② 程颐:《河南程氏遗书》卷十五,《二程集》,王孝鱼点校,北京:中华书局,2016,页146。

③ 程颐:《河南程氏遗书》卷十八,《二程集》,王孝鱼点校,北京:中华书局,2016,页191。

④ 朱熹:《语类》卷五,《朱子全书》第 14 册,朱杰人、严佐之、刘永翔主编,上海、合肥:上海古籍出版社、安徽教育出版社,2002,页227。

三〉曰"诗人之思，皆情性也"①，指本性，侧重于人的情感。〈卷三十四〉曰"能识圣人之情性，然后可以学道"，又"圣人情性便是理"②，因为圣人作为效仿的对象，故此处"情性"偏向于个体的秉性、性格，当指圣人的秉性、性格。〈卷一百三十八〉曰"……情性是个轻清底，易得走作"③，指本性。

陆九渊《象山集》"情性"连用凡1见。〈卷十七〉曰"……故其模写物态，陶冶情性……"④，指教育、培养人的品格。

魏了翁《鹤山全集》"情性"连用凡9见。〈文集卷十五〉曰"……顺天地而理情性也"，指本性。〈文集卷十九〉曰"古人以德行为才，本乎情性之正"，指秉性、品格。〈文集卷五十一〉曰"……考其情性……"指秉性、品格。〈文集卷五十二〉曰"吟咏情性而不累于情"，又"诗以吟咏情性为主"，指秉性、品格。〈文集卷五十四〉曰"……言则本乎情性"，指秉性、品格。〈文集卷五十五〉曰"……诗文陶写情性"，指秉性、品格。〈文集卷六十三〉曰"……可以吟咏情性"，指秉性、品格；又"……束其情性……"，指本性。

陈献章《白沙子》"情性"连用凡3见。〈卷二〉曰"但不知较于古人情性气象又何如也？"又"此情性所发，正在平日致养……"⑤又〈卷二〉曰："情性好，风韵自好；性情不真，亦难强说。"⑥此3处"情性"皆指人之秉性、品格。

焦循《孟子正义》"情性"连用，曰："比方天所与人情性，先立乎其大者，谓生而有善性也。"⑦此处之"性情"指人之本性，强调个体时，亦可说是人之本性。

① 朱熹：《语类》卷二十三，《朱子全书》第14册，朱杰人、严佐之、刘永翔主编，上海、合肥：上海古籍出版社、安徽教育出版社，2002，页801。
② 朱熹：《语类》卷五，《朱子全书》第15册，朱杰人、严佐之、刘永翔主编，上海、合肥：上海古籍出版社、安徽教育出版社，2002，页1224。
③ 同上《语类》卷五，《朱子全书》第15册，页4268。
④ 陆九渊：《陆九渊集》卷十七《书》，钟哲点校，北京：中华书局，2008，页320。
⑤ 陈献章：《陈献章集》卷二，孙通海点校，北京：中华书局，1987，页167、173。
⑥ 同上《陈献章集》，页203。
⑦ 焦循：《孟子正义》卷二十三，沈文倬点校，北京：中华书局，2017，页852。

形性

"形性"一词，在中国古代思想中约有三义：（1）身心（侧重于身心相互关联、相互影响，多指身心一体）；（2）形体和本性、心性（侧重于形、性相对，有时作为一事物区别于另一事物的特性）；（3）本性、天性（偏正短语，侧重于"性"，指本性、天性）。（1）和（2）的区别在于：当指身心时，侧重于身心一体，相互关联、相互影响；当指形体和本性、心性时，侧重于形、心相对。

《礼记》"形性"连用凡 1 见。〈月令〉曰："君子齐戒，处必掩身，身欲宁，去声色，禁耆欲，安形性。"其中所提到的斋戒包含，遮掩身体、使身体安宁，以及撤去音乐与女色、禁止个人嗜欲，这既包括使形体安宁，也要使心灵安宁，身心一体，相互影响。故此处形性当指身心。

《管子》"形性"连用凡 1 见。〈白心〉曰"和以反中，形性相葆"，此处"形性"指形体和心性。

《文子》"形性"连用凡 1 见。〈上礼〉曰："……形性饥渴……"指人之形体与本性。

《庄子》"形性"连用凡 1 见。〈徐无鬼〉曰："驰其形性，潜之万物，终身不反。悲夫！"成玄英〈疏〉曰："驰骛身心，潜伏前境，至乎没命，不知反归。顽愚若此，深可悲叹也已矣！"可见此处之形性作身心讲。

《吕氏春秋》"形性"连用凡 4 见。〈论威〉曰："……形性相离……"〈仲冬纪〉曰："禁嗜欲，安形性。"〈审分〉曰"……形性得安乎"，〈勿躬〉曰"此则形性弥羸"，此处"形性"当指身心。

《淮南子》"形性"连用凡 5 见。〈原道训〉曰"形性不可易，势居不可移也"，形性不可易即形、性相对，故此处"形性"当指形体与天性（心性）。〈时则训〉曰"身欲静，去声色，禁嗜欲，宁身体，安形性"，此处用法与《礼记·月令》略有不同，前面既有"宁身体"，后面再出现"形性"当侧重于性，故此处"形性"当指心性。〈精神训〉曰"虽情心郁殪，形性屈竭，犹不得已自强也"，此处"形性"侧重于性，指天性，强调不要后天人为扭曲人的天性。〈主术训〉曰"……不能见丘山形性"，此处"形性"侧重于性，指丘山之本性。〈说林训〉曰"……巧工不能斫金者，形性然也"，此处"形性"侧重于"性"，指本性。

扬雄《法言》"形性"连用凡 1 见。〈问明〉曰："群鸟之于凤也，群兽之于麟也，形性。岂群人之于圣乎？"李轨注："鸟兽大小，形性各异；人之于圣，肺脏正同。"此处所谓"形性"显然是形、性相对而言，指形体与本性。

王充《论衡》"形性"连用凡 1 见。〈本性篇〉曰"……皆如水土物器，形性不同"，水土物器之所以为水土物器者，其性使然，也就是其本性规定其存在形态，故此处之"形性"指本性。

朱熹《论孟精义》"形性"连用凡 1 见。〈为政〉曰："……亦莫知所谓无者无何物也。今且以形性之近论之……"①"无"不可状，因无形无象也，只能就其性而论之，故此处之"形性"侧重于性，指本性。

许衡《鲁斋遗书》"形性"连用凡 1 见。〈卷五〉曰："……飞禽走兽，形性虽异，都于此居止。"② 飞禽和走兽不仅形体各异，本性更不同，此处"形性"与扬雄《法言》用法相似，指形体与本性。

黄宗羲《明儒学案》"形性"连用凡 5 见。〈卷五十〉曰"……是形性不相待而立"，又"……形性二本，不相待而立"③，此处形性相对而言，指形体与本性。〈卷五十五〉曰"道器一也，形性一也"④，此处强调形性为一体，故指身心。〈卷五十八〉曰"……乾坤合德，则形性浑融"⑤，此处亦指身心。

（闫林伟整理）

10. 其他

宋代以来发展的心之本体、性之本体，又称心体或性体，将本心、本性上升到至高无上的地位，发展到熊十力、牟宗三，则具有了明显的宇宙本体

---

① 朱熹：《论孟精义·为政》，《朱子全书》第 7 册，朱杰人、严佐之、刘永翔主编，上海、合肥：上海古籍出版社、安徽教育出版社，2002，页 92。

② 许衡：《许文正公遗书》卷五，《许衡集》，许红霞点校，北京：中华书局，2019，页 221。

③ 黄宗羲：《明儒学案》卷五十《诸儒学案中四》，《黄宗羲全集》第八册，杭州：浙江古籍出版社，1992，页 493。

④ 黄宗羲：《明儒学案》卷五十五《诸儒学案下三》，《黄宗羲全集》第八册，杭州：浙江古籍出版社，1992，页 662。

⑤ 黄宗羲：《明儒学案》卷五十八《东林学案一》，《黄宗羲全集》第八册，杭州：浙江古籍出版社，1992，页 786。

含义。这种人性概念，其实已经与古典的人性概念含义迥然不同。按照牟宗三、傅伟勋、刘述先等人所阐释的，这些性体不能与告子、荀子的食色之类的人性概念相混同，乃是宇宙之本原。这种人性概念，确实与西方思想史上的作为灵魂或作为精神实体（spiritual substance）的存在有相近之处，但后者是作为事实上的存在，并非精神修炼的神性体验，而在宋明理学中则是精神修炼时通过神秘体验被认知的；另外，西方哲学或宗教中的灵魂/精神实体，并不是什么宇宙的本原，最多只是一切观念、思想的背后支撑者（贝克莱、笛卡尔、洛克等人类似）。

宋明理学及现代新儒家皆讲所谓心之体，仿佛在常心之外还有一独立的心之体。宋明理学家将"良心""本心"本体化，视之为"心体"（牟宗三）。并将孟子那里的同一个心分为人心和道心，牟宗三亦区分本心与习心，这种人为的划分最大的问题是无法通过研究心的规律来理解良心的发现。

其实孟子所说的心，特别是诸如"无欲害人之心""生于其心，害于其政""欲贵者，人之同心也""失其民者，失其心也……得其心，斯得民矣""孤臣孽子，其操心也危""出入无时，莫知其乡，其心之谓软""行有不慊于心""反动其心"……这些心就是每一个正常人（包括圣人）都可能有的心，不能说它有什么不好，将其视为与道心对立的人心，就有可能在道德教育中扼杀人性。

须知：孟子本心之"本"，当作"初"解，并无特殊意义。本心即良心，良心即与生俱来之善心，与孟子恻隐之心之说相应。此初心是人心内容之一种，何以能借此证明人性善？

傅伟勋（《从西方哲学到禅佛教》）将本心与本性视为一非实然意义上的"本然真实"（real authenticity, vs. actual existence），类似存在主义哲学主张，此说待考。孟子确实有"行有不慊于心，馁矣"之说，但是否可以上升到存在主义哲学所说的本然真实高度？此说似与李明辉主张相近（李氏称性为超越存在）。

此外，孟子亦谓"心之官则思""心勿忘""操存舍亡，莫知其乡"，此心更是圣人与常人同具、人心与道心皆有的。

另外，他们皆有以心代性特征，牟宗三、徐复观、杨泽波、信广来均认为孟子以心善论性善，此说待考。

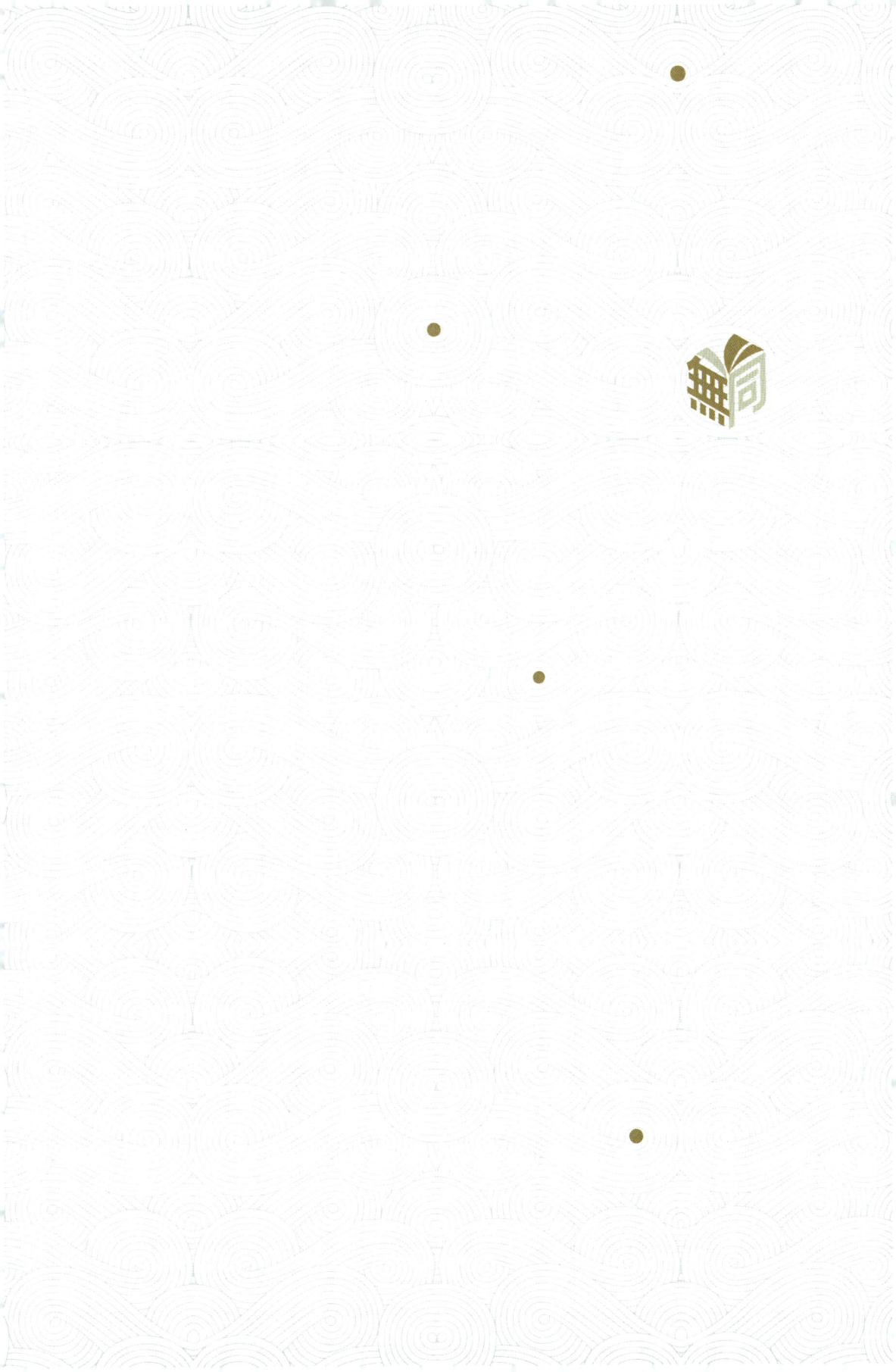

泰山学者工程专项经费资助
山东省社科理论重点研究基地
孔子研究院中外文明交流互鉴研究基地成果

MENCIUS'S

THEORY OF

HUMAN NATURE

Interpretations and

Commentaries from

China and Abroad

方朝晖 简佳星 闫林伟 / 著

古今中外
论人性
及其 善恶

以孟子为中心

第三卷

社会科学文献出版社
SOCIAL SCIENCES ACADEMIC PRESS (CHINA)

目　录

第一卷

第二卷

第三卷

附录三　孟子性论（附评注）

方按：本部分所列《孟子》性论原文共分三部分，"论性善""论心""论人禽"，章节可能有重复，因为有些章同时讲到了不同的话题。比如《告子上》6A6既讲性，又讲心，故在"论性善"和"论心"部分均列入。另外，有些章没有明确使用性字，但笔者认为实际上讨论了性善问题，故亦列入"论性善"部分，他仿此。本书引用《孟子》原文所加章号（如6A6指《孟子·告子上》第6章）为哈佛—燕京标号。

1. 论性善

滕文公为世子，将之楚，过宋而见孟子。孟子道性善，言必称尧舜。（滕文公上）3A1【方按：始见性善之说。注意只说到性善，没说性本善，也没说本性善。】

孟子曰："自暴者，不可与有言也。自弃者，不可与有为也。言非礼义，谓之自暴也。'吾身不能居仁由义'，谓之自弃也。仁，人之安宅也。义，人之正路也。旷安宅而弗居，舍正路而不由，哀哉！"（离娄上）4A10【方按："安宅""正路"，讲的正是生命健全成长的法则，为善可使人心安，故仁为"安宅"；为善可使行远，故为"正路"。它们是合乎人性的道路。参6B2"夫道若大路然"。】

孟子曰："君子深造之以道，欲其自得之也。自得之，则居之安。居之安，则资之深。资之深，则取之左右逢其原。故君子欲其自得之也。"（离娄下）4B14【方按：左右逢原即孔子"从心所欲而不逾矩"（《论语·为政》）之义，也即适应了生命健全成长的法则。】

孟子曰："天下之言性也，则故而已矣。故者，以利为本。所恶于智者，为其凿也。如智者，若禹之行水也，则无恶于智矣。禹之行水也，行其所无事也。如智者亦行其所无事，则智亦大矣。天之高也，星辰之远也，苟求其故，千岁之日至，可坐而致也。"（离娄下）4B26【方按：求其故即依据其过去之迹而知其变化规律、法则。所谓"利"，犹顺势利导之"利"，指所以为利。合其故则利，不合则害。因此，这里是比较明显地从成长法则或规律角度来理解性。】

孟子曰："乐则生矣，生则恶可已也？恶可已，则不知足之蹈之、手之舞之。"（离娄上）4A27【方按：此章与"反身而诚乐莫大焉"章（7A4）、"舜闻善而行若决江河"章（7A16）、"睟面盎背四体不言而喻"章（7A21）同义。这几章皆生动地说明，为善可使生命变得灿烂，生命的潜能充分发挥出来，让生命得到自身最圆满的实现。因为性善之本义，是针对生命具有此无穷的潜力而言，指人只有为善才能让生命充分发挥自身的潜能、达到灿烂辉煌和最圆满的实现。这才是性作为生命健全成长的法则义。】

告子曰："性，犹杞柳也；义，犹桮棬也。以人性为仁义，犹以杞柳为桮棬。"孟子曰："子能顺杞柳之性而以为桮棬乎？将戕贼杞柳而后以为桮棬也？如将戕贼杞柳而以为桮棬，则亦将戕贼人以为仁义与？率天下之人而祸仁义者，必子之言夫！"（告子上）6A1【方按：这里亦是从成长过程来理解性。这里认为，戕贼杞柳为桮棬，乃是逆性而动。如局限于物理属性来理解性，则"为桮棬"只要按杞柳之物理属性制作即可，谈不上逆性，亦不存在毁其性的问题。故这里的"性"应该指成长过程，以杞柳这一完整生命为目的，"为桮棬"是对杞柳生命的毁坏，故有戕贼之说。因此，性是针对事物自身健全成长的过程而言。

日本学者流行一种观点，就是认为杞柳能做成桮棬，是因为顺了其柔性；故杞柳能做成桮棬，而其他植物未必能。换言之，人性之所以达到仁义，必有所本，必是因为人性已含有仁义的种子。此说由日本学者如中井履轩、伊藤仁斋、佐藤一斋主张，似亦可通。不过，从后文看，显然孟子提醒人们以杞柳为桮棬乃是"戕贼杞柳"，故针对所提的问题"子能顺杞柳之性……乎"，他的答案是认为以杞柳为桮棬是"逆杞柳之性"。孟子的观点是，人们不得不戕贼杞柳以为桮棬，但能说他们不得不戕贼人以为仁义吗？显然不能。这是说明仁义顺乎人性。故朱子注"率天下之人……必子之言夫"句曰："言如此，则天下之人皆以仁义为害性而不肯为，是因子之言而为仁义之祸也。"又赵岐注曰："戕犹残也，《春秋传》曰：'戕舟发梁。'所能顺完杞柳，不伤其性，而成栝楼乎？将以斤斧残贼之，乃可以为栝楼乎？言必残贼也。""孟子言：以人身为仁义，岂可复残伤其形体，乃成仁义邪？明不可比栝楼也。""以告子转性以为仁义，若转木以成器，必残贼之，故言率人以祸仁义者，必子之言。"

伊藤仁斋《孟子古义》卷之六《告子章句上》"杞柳章"注称："杞柳之性柔韧，故有顺之，而可以为栝楼。若使如楩楠之刚坚，则亦不堪用。子之意，必谓戕贼杞柳以成栝楼，而不知本顺其性。若致戕贼，则必生衅隙，材不中用，何可以戕贼而言哉？"[1]

佐藤一斋注《孟子·告子上》称孟子"意谓杞柳有柔曲之性，故能为环曲之器。他木不可以为栝楼，必杞柳而以为栝楼，则栝即楼杞柳，非杞柳外别有栝楼。犹人有粹善之性，故能为美善之行。他物不可以为仁义，则仁义即人性，非人性外别有仁义也。"（《孟子栏外书》共二卷，佐藤一斋著）[2]

中井履轩《告子上》杞柳章注曰："杞柳柔而易矫，故有顺性之说。"（《孟子逢原》共七卷，中井履轩著）[3]

又：原文不说"戕贼性"而说"戕贼人"，正因为性若只是法则，无所谓戕贼，正如前面只说"戕贼杞柳"而不说"戕贼杞柳之性"。至于孟子为何未说"戕贼性"，朝鲜学者多有讨论。崔左海《孟子窃意·告子第六》称："不曰戕贼性而曰戕贼人者，窃意性不过指人所以为人底，是则戕贼人便是戕贼性，固可通用。然《退录》曰：'著人字然后语意更分明，以为戕贼性则所戕贼者无形而所谓祸仁义者难见，以为戕贼人则所戕贼者形而所谓祸仁义者易见。'"[4] 其所谓《退录》可能是李退溪之《自省录》。】

告子曰："性，犹湍水也，决诸东方则东流，决诸西方则西流。人性之无分于善不善也，犹水之无分于东西也。"孟子曰："水信无分于东西，无分于上下乎？人性之善也，犹水之就下也。人无有不善，水无有不下。今夫水，搏而跃之，可使过颡，激而行之，可使在山，是岂水之性哉？其势则然也。人之可使为不善，其性亦犹是也。"（告子上）6A2【方按：此处"水之就

---

① 关仪一郎编纂《日本名家四书注释全书·孟子部》，东京：东洋图书刊行会，1924，页231—232。
② 关仪一郎编纂《日本名家四书注释全书·论语部》，东京：东洋图书刊行会，1922，页80。
③ 关仪一郎编纂《日本名家四书注释全书·论语部》，东京：东洋图书刊行会，1928，页316。
④ 《韩国经学资料集成42·孟子八》，首尔：成均馆大学大东文化研究院，1991，页350。

下"，是从运动过程言性。以"人无有不善"与"水无有不下"相对，故傅佩荣谓此处"人无有不善"之"善"是指向善。由水就下，知水之性以向下为则；由人向善，知人之性以向善为则。孟子虽只讲"人无有不善"，未讲"人性无有不善"，揆诸语境，"人无有不善"当即"人性无不善"。水向下与人向善，均指在各种活动中会自然表现出某种普遍规律或特征来，因而本章亦涉及人的生命生存方式或成长法则。】

告子曰："生之谓性。"孟子曰："生之谓性也，犹白之谓白与？"曰："然。""白羽之白也，犹白雪之白，白雪之白，犹白玉之白欤？"曰："然。""然则犬之性犹牛之性，牛之性犹人之性欤？"（告子上）6A3【方按："生之谓性"，即《中庸》"天命之谓性"，与先秦多数学者看法一样，此乃当时流行的理解方式。孟子反对此一人性定义了吗？从孟子的回答看，他并没有反驳"生之谓性"，但只是引导告子思考。从"生之谓性"出发，如何理解人禽之性有别？从下章（6A4）告子"食色性也"来看，他是从"生之谓性"得出"食色性也"。食色固是性，然不足以理解人之性。如此一来，告子就无法区别人性与犬性、牛性了。本章辨析参牟宗三《圆善论》（1985）。人固有食色之性，但亦有仁义之性。】

告子曰："食、色，性也。仁，内也，非外也。义，外也，非内也。"孟子曰："何以谓仁内义外也？"曰："彼长而我长之，非有长于我也。犹彼白而我白之，从其白于外也，故谓之外也。"曰："异于白马之白也，无以异于白人之白也！不识长马之长也，无以异于长人之长欤？且谓长者义乎？长之者义乎？"曰："吾弟则爱之，秦人之弟则不爱也，是以我为悦者也，故谓之内。长楚人之长，亦长吾之长，是以长为悦者也，故谓之外也。"曰："嗜秦人之炙，无以异于嗜吾炙。夫物则亦有然者也。然则嗜炙亦有外欤？"（告子上）6A4【方按：仁、义皆出于内心真实的感情，人心能自然地出此真情，故仁义皆内在于人性。此说可以有两种解读：一种解读为人心天然地具有仁义之情，另一种解读为行仁义合乎生命健全成长的法则。第一种解读容易被指责：凭什么说人生来就有仁义之性？梁启超（1983）曾批评说，他更接受告子人性无善无不善说，正是基于此一解读方式。第一种解读，若与2A6孺子入井、"仁义礼智非由外铄我固有之"合读，并非无据。然而如果注意到，孟子在讲仁义内在时，落脚点在于人心能够"以仁义为悦"，即所谓"长之者义""以我为悦""嗜吾炙"中的"长""悦""嗜"等行为。因为人能够自然而然、并非被迫地长之、悦之，此即6A7"理义之悦我心"。人心能够悦于理义，当然代表生命成长的一种规律、一个特征，也是生命正常生存的方式，就如草儿喜欢阳光、雨露一样自然。如果违背它，就会伤害它的健全成长。】

孟季子问公都子曰："何以谓义内也？"曰："行吾敬，故谓之内也。""乡人长于伯兄一岁，则谁敬？"曰："敬兄。""酌则谁先？"曰："先酌乡人。""所敬在此，所长在彼，果在外，非由内也。"公都子不能答，以告孟子。孟子曰："敬叔父乎？敬弟乎？彼将曰：'敬叔父。'曰：'弟为尸，则谁敬？'彼将曰：'敬弟。'子曰：'恶在其敬叔父也？'彼将曰：'在位故也。'子亦曰：'在位故也。'庸敬在兄，斯须之敬在乡人。"季子闻之曰："敬叔父则敬，敬弟则敬，果在外，非由内也。"公都子曰："冬日则饮汤，夏日则饮水，然则饮食亦在外也？"（告子上）6A5

公都子曰："告子曰：'性无善无不善也。'或曰：'性可以为善，可以为不善，是故文武兴则民好善，幽厉兴则民好暴。'或曰：'有性善，有性不善，是故以尧为君而有象，以瞽瞍为父而有舜，以纣为兄之子且以为君，而有微子启、王子比干。'今曰'性善'，然则彼皆非欤？"孟子曰："乃若其情则可以为善矣，乃所谓善也。若夫为不善，非才之罪也。恻隐之心，人皆有之；羞恶之心，人皆有之；恭敬之心，人皆有之；是非之心，人皆有之。恻隐之心，仁也；羞恶之心，义也；恭敬之心，礼也；是非之心，智也。仁义礼智，非由外铄我也，我固有之也，弗思耳矣。故曰：求则得之，舍则失之。或相倍蓰而无算者，不能尽其才者也。《诗》曰：'天生蒸民，有物有则。民之秉彝，好是懿德。'孔子曰：'为此诗者，其知道乎！故有物必有则，民之秉彝也，故好是懿德。'"（告子上）6A6【方按："仁义礼智，非由外铄我也，我固有之也"，强调了人天生内在地具有善性，而为不善只是弗思、不求之故。然而，"乃若其情，则可以为善矣，乃所谓善也"，容易理解为"可善说"。什么叫"若其情"？下隔一章6A8亦提"是岂人之情"。山有才谓山之性，人有才谓人之情。情、性对等义近。山有才谓山有萌蘖、时时可生，人有才当谓人有四端、时时可生。故情若指四端可，指四端时时可生（动态过程）亦可。若情指四端，则类似朱子所谓情感之情；若情指四端时时可生，为动态过程，则类似实情之情。"非才之罪也"，与6A8"以为未尝有才焉者"相扣；"乃若其情"与6A8"是岂人之情也哉"相扣。戴震以"材质良"解"人性善"，源乎此。又：下文"有物有则"之"则"，是指天之则，天之则即民有秉彝。故读"若其情"为顺天之则，则情可指民有秉彝这一实情，此解亦利于将情读为实情。】

孟子曰："牛山之木尝美矣。以其郊于大国也，斧斤伐之，可以为美乎？是其日夜之所息，雨露之所润，非无萌蘖之生焉，牛羊又从而牧之，是以若彼濯濯也。人见其濯濯也，以为未尝有材焉，此岂山之性也哉？虽存乎人者，岂无仁义之心哉？其所以放其良心者，亦犹斧斤之于木也，旦旦而伐之，可以为美乎？其日夜之所息，平旦之气，其好恶与人相近也者几希，则其旦昼之所为，有梏亡之矣。梏之反覆，则其夜气不足以存。夜气不足以存，则其违禽兽不远矣。人见其禽兽也，而以为未尝有才焉者，是岂人之情也哉？故苟得其养，无物不长；苟失其养，无物不消。孔子曰：'操则存，舍则亡。出入无时，莫知其乡。'惟心之谓与！"（告子上）6A8【方按：此段论性，但落脚点是心，历来以此作为以心善说性善的例证之一。但若换个角度，我们可以问：为什么人的良心在未被人为砍伐的情况下，总是会像萌蘖一样自然地生长？所谓"操则存，舍则亡"，是生命成长的一条法则吧？所谓"苟得其养，无物不长"，也是生命成长的一条法则吧？所谓"山之性"，并不只是指山上有什么，而是指山是如何生长的，因此指向成长法则。安乐哲（A-mes，1991）正有此意（虽然有夸大之嫌）。山之性不在于有萌蘖，而在于能生出萌蘖；人之性不在于有良心，而在于能生出良心。这就是唐君毅强调"心之生"[①]的重要原因。从这里出发，会倾向于认为孟子"四端"（2A6）只是萌芽，而不是朱子所谓"物在中而绪见于外"（《孟子集注》）的"绪"。因此，本章生命成长法则绝不限于指良心存在，也不限于指良心不会消亡，更在于良心与存养的关系所反映的生命成长法则。】

孟子曰："有天爵者，有人爵者。仁义忠信，乐善不倦，此天爵也。公卿大夫，此人爵也。古之人，修其天爵而人爵从之。今之人，修其天爵以要人爵。既得人爵而弃其天爵，则惑之甚者也，终亦必亡而已矣。"（告子上）6A16

曹交问曰："人皆可以为尧舜，有诸？"孟子曰："然。……夫道，若大路然，岂难知哉？人病不求耳。子归而求之，有余师。"（告子下）6B2【方

---

① 唐君毅：《中国哲学原论原性篇——中国哲学中人性思想之发展》，香港：新亚书院研究所，1968，页29—33。

按：道即生命过程，是生命成长的法则。】

孟子曰："舜发于畎亩之中，傅说举于版筑之间，胶鬲举于鱼盐之中，管夷吾举于士，孙叔敖举于海，百里奚举于市。故天将降大任于是人也，必先苦其心志，劳其筋骨，饿其体肤，空乏其身，行拂乱其所为；所以动心忍性，曾益其所不能。人恒过，然后能改。困于心，衡于虑，而后作。征于色，发于声，而后喻。入则无法家拂士、出则无敌国外患者，国恒亡。然后知生于忧患，而死于安乐也。"（告子下）6B15【方按："动心忍性"，此处"性"当接近食色之性等感官属性或生理特性，"忍性"与《中庸》"率性""尽性"相反，亦似与孟子"性善"之"性"相反。若然，孟子同时在不同意义上使用"性"字。那么是不是他所谓性善之性，不包含感官生理属性呢？从7A38"形、色，天性也，惟圣人然后可以践形"看不然，但似乎是以为感官生理属性需要"践"，而不是弃绝。】

孟子曰："尽其心者，知其性也。知其性，则知天矣。存其心，养其性，所以事天也。夭寿不贰，修身以俟之，所以立命也。"（尽心上）7A1【方按：这段是讲"思""求"的方式，7A21有"仁义礼智根于心"，2A6、6A6皆讲道德如何根于心；另外，6A8、7A15皆讲"良心"。徐复观称性善实为心善，殆据于此。"养其性"当指令其天性中原有之仁义礼智之端发扬光大。"知其性"通常理解为知其天性中所有之四端，但未尝不可解释为理解、认识生命成长的法则。】

孟子曰："求则得之，舍则失之，是求有益于得也，求在我者也。求之有道，得之有命，是求无益于得也，求在外者也。"（尽心上）7A3【方按：求有益于得与求无益于得，联系7A1，寿命不可求，而德性可求。孟子反对求于外，其所谓"求在我者"即指求于内。相关论述参梁涛（2009）。】

孟子曰："万物皆备于我矣。反身而诚，乐莫大焉。强恕而行，求仁莫近焉。"（尽心上）7A4【方按：主要是道德意义上的"万物皆备于我"，不应当是其他意义上。即一切真正的道德，都是内在于自性，非外在于天性。因此后面紧接着讲"求仁"。"乐莫大焉"说明了生命成长的法则。】

孟子谓宋句践曰："……人知之，亦嚣嚣；人不知，亦嚣嚣。"曰："何如斯可以嚣嚣矣？"曰："尊德乐义，则可以嚣嚣矣。故士穷不失义，达不离道。"（尽心上）7A9【方按：此段与论分定故也，及论大丈夫、论浩然之气一致尊德乐义，为何可以嚣嚣？成长法则决定之矣。此处论及成长法则，但

未用"性"字。】

孟子曰："夫君子所过者化，所存者神，上下与天地同流，岂曰小补之哉！"（尽心上）7A13【方按：何以能上下与天地同流，这是成长法则。"与天地同流"当即 2A2"浩然之气"。】

孟子曰："人之所不学而能者，其良能也。所不虑而知者，其良知也。孩提之童，无不知爱其亲者；及其长也，无不知敬其兄也。亲亲，仁也；敬长，义也。无他，达之天下也。"（尽心上）7A15【方按：不学而能、不虑而知，正是说明仁义为天生而有。】

孟子曰："舜之居深山之中，与木石居，与鹿豕游，其所以异于深山之野人者几希。及其闻一善言，见一善行，若决江河，沛然莫之能御也。"（尽心上）7A16【方按：此段可解读为舜善思求其天性。"若决江河，沛然莫之能御"是因为善合乎本性，固然有无比强大的力量；"无比强大的力量"，只能从内在具有的天性来理解。此天性是什么？还是读为健全成长的法则比较好吧。联系 7B33"尧舜性之也"，为何其行善力量"若决江河，沛然莫之能御"？如此巨大的内在力量，若解释为由于其天性中的仁义礼智之端被挖掘，合乎天性因而是最有力量的，可通。但为什么仁义礼智有如此巨大的力量？若解释为行善由于合乎健全成长的法则，所以有如此巨大的力量，这样是否更妥？】

孟子曰："广土众民，君子欲之，所乐不存焉。中天下而立，定四海之民，君子乐之，所性不存焉。君子所性，虽大行不加焉，虽穷居不损焉，分定故也。君子所性，仁义礼智根于心；其生色也，睟然见于面、盎于背；施于四体，四体不言而喻。"（尽心上）7A21【方按："所乐"，可读为"其乐""所以为乐"；则"所性"即"其性""所以为性"。"君子所性，仁义礼智……"一段，当以"不言而喻"为句，前面"根于心""盎于背"后面皆分号。"其生色也""施于四体"两句均形容"君子所性"。我这样断句，是想说明，性善不等于心善，即不限于心善。后面"其生色也……施于四体……"证明了性善绝非心善那么简单，而意味着生命成长的法则。"分定"确实容易理解为仁义礼智为性之成分，不过"性分"可理解为"天之所分"，即"天命""秉彝"。】

孟子曰："杨子'为我'，拔一毛而利天下，不为也。墨子'兼爱'，摩顶放踵利天下，为之。子莫'执中'，执中为近之。执中无权，犹执一也。

所恶执一者，为其贼道也，举一而废百也。"（尽心上）7A26【方按：此段"执权"，权之标准盖在于尽性乎？杨子保性已过，而墨子伤性太过，修身的目的在于尽性，不是一味保性，也非有所伤性。盖杨子、墨子皆未能真正理解性乎？】

孟子曰："尧、舜，性之也，汤、武身之也。五霸，假之也。"（尽心上）7A30【方按："性之"，指从其天性出发。】

孟子曰："形、色，天性也，惟圣人然后可以践形。"（尽心上）7A38【方按：这段表明孟子并不反对感官属性为性，不过比告子所说的"食色"更进了一步。如果联系7A21"睟面盎背""施于四体"，后面同样是讲形和色，则"践形"即"睟于面、盎于背，施于四体，四体不言而喻"。如果我们把孟子的"善性"理解为就是心善，即有仁义礼智之心，就无法与这里的形、色之性相统一。显然不如理解为动态过程为佳。】

孟子曰："口之于味也，目之于色也，耳之于声也，鼻之于臭也，四肢之于安佚也，性也；有命焉，君子不谓性也。仁之于父子也，义之于君臣也，礼之于宾主也，知之于贤者也，圣人之于天道也，命也；有性焉，君子不谓命也。"（尽心下）7B24【方按：口目耳鼻四肢的属性为人之天性，"有命焉，君子不谓性"，不是说这些东西不是性，而只是说能否得到满足取决于命运，不取决于性；仁义礼知圣实现与否受制于命运，"有性焉，君子不谓命"是说这些东西合乎天性，不取决于命运。这里主要是区分"求有益于得"与"求无益于得"、"求在我"与"求在外"之别（7A3）。】

孟子曰："尧、舜，性者也；汤、武，反之也。动容周旋中礼者，盛德之至也。哭死而哀，非为生者也。经德不回，非以干禄也。言语必信，非以正行也。君子行法，以俟命而已矣。"（尽心下）7B33【方按：强调出自天性的行为，不因外在影响而动。"俟命"与7A1"夭寿不贰，修身以俟之"相对应。】

孟子曰："人之于身也，兼所爱；兼所爱，则兼所养也。无尺寸之肤不爱焉，则无尺寸之肤不养也。所以考其善不善者，岂有他哉？于己取之而已矣。体有贵贱，有小大。无以小害大，无以贱害贵。养其小者为小人。养其大者为大人。今有场师，舍其梧槚，养其樲棘，则为贱场师焉。养其一指，而失其肩背，而不知也，则为狼疾人也。饮食之人，则人贱之矣，为其养小以失大也。饮食之人，无有失也，则口腹岂适为尺寸之肤哉？"（告子上）

6A14【方按：本章未出现性字，但涉及从先天属性理解人性。在人的先天属性中，有生理属性，也有道德属性，道德属性比生理属性高，葛瑞汉解释是也。葛瑞汉以此段解释性善，认为人性内在的内容有的大，有的小。大的是仁义礼智，小的是感官欲望。二者发生冲突，则当舍小取大。但这种解释显然没有认识到人性成长的法则。】

2. 论心

昔者曾子谓子襄曰："子好勇乎？吾尝闻大勇于夫子矣：自反而不缩，虽褐宽博，吾不惴焉；自反而缩，虽千万人，吾往矣。"孟施舍之守气，又不如曾子之守约也。

曰："敢问夫子之不动心与告子之不动心，可得闻与？"

告子曰："不得于言，勿求于心；不得于心，勿求于气。"不得于心，勿求于气，可；不得于言，勿求于心，不可。夫志，气之帅也；气，体之充也。夫志至焉，气次焉。故曰：持其志，无暴其气。

既曰"志至焉，气次焉"，又曰"持其志，无暴其气"者，何也？

曰："志壹则动气；气壹则动志也。今夫蹶者趋者是气也而反动其心。"

"敢问夫子恶乎长？"

曰："我知言，我善养吾浩然之气。"

"敢问何谓浩然之气？"

曰："难言也。其为气也至大至刚，以直养而无害，则塞于天地之间。其为气也配义与道，无是馁也。是集义所生者，非义袭而取之也。行有不慊于心则馁矣。我故曰：告子未尝知义。以其外之也。必有事焉而勿正，心勿忘，勿助长也。无若宋人然。宋人有闵其苗之不长而揠之者，芒芒然归，谓其人曰：'今日病矣，予助苗长矣。'其子趋而往视之，苗则槁矣。天下之不助苗长者寡矣。以为无益而舍之者，不耘苗者也。助之长者，揠苗者也，非徒无益，而又害之。"（公孙丑上）2A2【方按：此章虽可作为孟子以心善释性善之间接材料，但亦包含从成长法则理解性。浩然之气何以能产生？难道不正说明了生命成长的法则吗？浩然之气，是生命灿烂的标志，这不是回到恻隐之心、也即回到道德正确那么简单的事，而是说明人心的修为符合生命健全成长的法则。所谓"自反而不缩，虽千万人，吾往矣"，正是鲜明地反

映了生命健全成长的法则。浩然正气可以培养出来，这一成长法则也可从侧面证明人性之善。但这里同样未用"性"字。】

孟子曰："人皆有不忍人之心。先王有不忍人之心，斯有不忍人之政矣。以不忍人之心，行不忍人之政，治天下可运之掌上。所以谓人皆有不忍人之心者，今人乍见孺子将入于井，皆有怵惕恻隐之心；非所以内交于孺子之父母也，非所以要誉于乡党朋友也，非恶其声而然也。由是观之，无恻隐之心非人也，无羞恶之心非人也，无辞让之心非人也，无是非之心非人也。恻隐之心，仁之端也；羞恶之心，义之端也；辞让之心，礼之端也；是非之心，智之端也。人之有是四端也，犹其有四体也。有是四端而自谓不能者，自贼者也；谓其君不能者，贼其君者也。凡有四端于我者，知皆扩而充之矣，若火之始然、泉之始达。苟能充之，足以保四海；苟不充之，不足以事父母。"（公孙丑上）2A6【方按：本段未谈性善，然可与后文合读，实强调了四端内在于人性。"非人也"，主要是事实判断，非价值判断。】

孟子曰："大人者，不失其赤子之心者也。"（离娄下）4B12【方按："不失赤子之心"，即7A1所谓"存其心"，亦即6A8"操则存"，亦即6A11"求其放心"，与6A8"放其良心"、6A10"失其本心"相反。求其放心、不失本心表面上看与2A6"扩而充之"相反，一是求于内，二是推之外，其实是同一过程。盖推扩发生于内心，推扩的过程即内求的过程。所谓内求，不是指良心、本心先验地存在于内心，等待人挖掘。最大限度地回到良心，实际上正是推扩其善端的过程。由于这一回归发生于内心，故让人感受到生命真实、有力——说明这一过程符合健全成长法则，也可以说由于符合成长法则而让人感受到真实、有力，结果就是：人们很容易误以为此良心、本心早就先验地存在于那儿。】

孟子曰："君子所以异于人者，以其存心也。君子以仁存心，以礼存心。仁者爱人，有礼者敬人。爱人者，人恒爱之；敬人者，人恒敬之。有人于此，其待我以横逆，则君子必自反也：'我必不仁也，必无礼也，此物奚宜至哉？'其自反而仁矣，自反而有礼矣。其横逆由是也，君子必自反也：'我必不忠。'自反而忠矣。其横逆由是也，君子曰：'此亦妄人也已矣。如此则与禽兽奚择哉？于禽兽又何难焉！'是故君子有终身之忧，无一朝之患也。乃若所忧则有之。舜人也，我亦人也；舜为法于天下，可传于后世，我由未免为乡人也，是则可忧也。忧之如何？如舜而已矣。若夫君子所患则亡矣。非

仁无为也，非礼无行也。如有一朝之患，则君子不患矣。"（离娄下）4B28

孟子曰："乃若其情则可以为善矣，乃所谓善也。若夫为不善，非才之罪也。恻隐之心，人皆有之；羞恶之心，人皆有之；恭敬之心，人皆有之；是非之心，人皆有之。恻隐之心，仁也；羞恶之心，义也；恭敬之心，礼也；是非之心，智也。仁义礼智，非由外铄我也，我固有之也，弗思耳矣。故曰：求则得之，舍则失之。或相倍蓰而无算者，不能尽其才者也。《诗》曰：'天生蒸民，有物有则。民之秉彝，好是懿德。'孔子曰：'为此诗者，其知道乎！故有物必有则，民之秉彝也，故好是懿德。'"（告子上）6A6

孟子曰："富岁，子弟多赖；凶岁，子弟多暴。非天之降才尔殊也，其所以陷溺其心者然也。今夫麰麦，播种而耰之，其地同，树之时又同，浡然而生，至于日至之时，皆熟矣。虽有不同，则地有肥硗，雨露之养、人事之不齐也。故凡同类者，举相似也，何独至于人而疑之？圣人与我同类者。故龙子曰：'不知足而为屦，我知其不为蒉也。'屦之相似，天下之足同也。口之于味，有同嗜也，易牙先得我口之所嗜者也。如使口之于味也，其性与人殊，若犬马之与我不同类也，则天下何嗜皆从易牙之于味也？至于味，天下期于易牙，是天下之口相似也。惟耳亦然，至于声，天下期于师旷，是天下之耳相似也。惟目亦然，至于子都，天下莫不知其姣也；不知子都之姣者，无目者也。故曰：口之于味也，有同嗜焉；耳之于声也，有同听焉；目之于色也，有同美焉。至于心，独无所同然乎？心之所同然者，何也？谓理也，义也。圣人先得我心之所同然耳。故理义之悦我心，犹刍豢之悦我口。"（告子上）6A7【方按：既可解释为善性先天而有，也可解释为为善符合健全成长法则。"悦"字关乎心，心悦是因为符合法则。为何礼义能使我心愉悦？显然这反映了生命成长的一条法则。当然，解释为因为我有先天的四端之心，也可通，且与他处呼应。如果仅仅说"心好礼义"，则是先天属性；但说到"心悦"，则上升到了成长法则。】

孟子曰："牛山之木尝美矣。以其郊于大国也，斧斤伐之，可以为美乎？是其日夜之所息，雨露之所润，非无萌蘖之生焉，牛羊又从而牧之，是以若彼濯濯也。人见其濯濯也，以为未尝有材焉，此岂山之性也哉？虽存乎人者，岂无仁义之心哉？其所以放其良心者，亦犹斧斤之于木也。旦旦而伐之，可以为美乎？其日夜之所息，平旦之气，其好恶与人相近也者几希，则其旦昼之所为，有梏亡之矣。梏之反覆，则其夜气不足以存。夜气不足以存，则其违禽兽不远矣。人见其禽兽也，而以为未尝有才焉者，是岂人之情也哉？故苟得其养，无物不长；苟失其养，无物不消。孔子曰：'操则存，舍则亡。出入无时，莫知其乡。'惟心之谓与！"（告子上）6A8

孟子曰："鱼，我所欲也；熊掌，亦我所欲也。二者不可得兼，舍鱼而取熊掌者也。生，亦我所欲也；义，亦我所欲也。二者不可得兼，舍生而取义者也。生亦我所欲，所欲有甚于生者，故不为苟得也。死亦我所恶，所恶有甚于死者，故患有所不辟也。如使人之所欲莫甚于生，则凡可以得生者，何不用也？使人之所恶莫甚于死者，则凡可以辟患者，何不为也？由是则生而有不用也，由是则可以辟患而有不为也。是故所欲有甚于生者，所恶有甚于死者，非独贤者有是心也，人皆有之，贤者能勿丧耳。一箪食，一豆羹，得之则生，弗得则死。呼尔而与之，行道之人弗受；蹴尔而与之，乞人不屑也。万钟则不辨礼义而受之。万钟于我何加焉？为宫室之美、妻妾之奉、所识穷乏者得我与？乡为身死而不受，今为宫室之美为之；乡为身死而不受，今为妻妾之奉为之；乡为身死而不受，今为所识穷乏者得我而为之，是亦不可以已乎？此之谓失其本心。"（告子上）6A10【方按：为何不能失本心？本心即良心。为何良心能使人舍生取义？皆因生命尊严之故。而尊严是一种感觉，此感觉之来源只能说是天，说明了生命成长的一种法则：人是有尊严的。对于人而言，特定情况下尊严感能自然生起，而动物却不行。骂人是畜生，正因为其失却本心或良心，此种人其实体验不到生命的崇尚，故无尊严可言，即不值得尊重。不在于强调先天地具有良心本心，而在于强调任何人都有捍卫尊严的本能欲望。人们在某些情况下会感到自己"受到了侮辱"，这倒不能解释为他的四端在起作用，而只能解释为先天决定的、生命健全成长的一种法则。】

孟子曰："仁，人心也。义，人路也。舍其路而弗由，放其心而不知求，哀哉！人有鸡犬放，则知求之，有放心，而不知求。学问之道无他，求其放心而已矣。"（告子上）6A11【方按："求其放心"是为了遵从生命健全成长的法则。如果把性善解释为心善，那么求其放心是为了什么？对于那些不相信道德的人，求放心意义就不大。】

公都子问曰："钧是人也，或为大人，或为小人，何也？"孟子曰："从其大体为大人，从其小体为小人。"曰："钧是人也，或从其大体，或从其小体，何也？"曰："耳目之官不思，而蔽于物。物交物，则引之而已矣。心之官则思；思则得之，不思则不得也。此天之所与我者，先立乎其大者，则其小者不能夺也。此为大人而已矣。"（告子上）6A15【方按：大体与小体之别的关键在于，大体诉诸心之思，小体蔽于物之诱。】

孟子曰："欲贵者，人之同心也。人人有贵于己者，弗思耳矣。人之所贵者，非良贵也。赵孟之所贵，赵孟能贱之。《诗》云：'既醉以酒，既饱以德。'言饱乎仁义也，所以不愿人之膏粱之味也。令闻广誉施于身，所以不愿人之文绣也。"（告子上）6A17

孟子曰："尽其心者，知其性也。知其性，则知天矣。存其心，养其性，所以事天也。夭寿不贰，修身以俟之，所以立命也。"（尽心上）7A1

孟子曰："人之所不学而能者，其良能也。所不虑而知者，其良知也。孩提之童，无不知爱其亲者；及其长也，无不知敬其兄也。亲亲，仁也；敬长，义也。无他，达之天下也。"（尽心上）7A15【方按：论良知、良能，与孟子6A8"良心"、6A10"本心"、4B12"赤子之心"义近。后世陆象山、王阳明发挥此概念甚多。】

孟子曰："广土众民，君子欲之，所乐不存焉。中天下而立，定四海之民，君子乐之，所性不存焉。君子所性，虽大行不加焉，虽穷居不损焉，分定故也。君子所性，仁义礼智根于心；其生色也，睟然见于面、盎于背。施于四体，四体不言而喻。"（尽心上）7A21

孟子曰："饥者甘食，渴者甘饮，是未得饮食之正也，饥渴害之也。岂惟口腹有饥渴之害？人心亦皆有害。人能无以饥渴之害为心害，则不及人不为忧矣。"（尽心上）7A27

孟子曰："人皆有所不忍，达之于其所忍，仁也；人皆有所不为，达之于其所为，义也。人能充'无欲害人'之心，而仁不可胜用也。人能充'无穿窬'之心，而义不可胜用也。人能充无受'尔''汝'之实，无所往而不为义也。士未可以言而言，是以言餂之也；可以言而不言，是以不言餂之也。是皆穿逾之类也。"（尽心下）7B31【方按：本段可证明，《告子上》6A6"恻隐之心，仁也；羞恶之心，义也；恭敬之心，礼也；是非之心，智也。仁义礼智，非由外铄我也，我固有之也，弗思耳矣"，不当理解为仁义礼智本身内在于我，而当理解为仁义礼智之"端"内在于我。】

孟子曰："养心莫善于寡欲。其为人也寡欲，虽有不存焉者，寡矣。其为人也多欲，虽有存焉者，寡矣。"（尽心下）7B35

3. 论人禽

孟子曰："人皆有不忍人之心。先王有不忍人之心，斯有不忍人之政矣。以不忍人之心，行不忍人之政，治天下可运之掌上。所以谓人皆有不忍人之心者，今人乍见孺子将入于井，皆有怵惕恻隐之心；非所以内交于孺子之父母也，非所以要誉于乡党朋友也，非恶其声而然也。由是观之，无恻隐之心非人也，无羞恶之心非人也，无辞让之心非人也，无是非之心非人也。恻隐之心，仁之端也；羞恶之心，义之端也；辞让之心，礼之端也；是非之心，智之端也。人之有是四端也，犹其有四体也。有是四端而自谓不能者，自贼者也；谓其君不能者，贼其君者也。凡有四端于我者，知皆扩而充之矣，若火之始然、泉之始达。苟能充之，足以保四海；苟不充之，不足以事父母。"（公孙丑上）2A6

天下之言，不归杨则归墨。杨氏为我，是无君也。墨氏兼爱，是无父也。无父无君，是禽兽也。（滕文公下）3B9

孟子曰："人之所以异于禽兽者几希，庶民去之，君子存之。舜明于庶物，察于人伦；由仁义行，非行仁义也。"（离娄下）4B19

居天下之广居，立天下之正位，行天下之大道；得志与民由之，不得志，独行其道；富贵不能淫，贫贱不能移，威武不能屈，此之谓大丈夫。（滕文公下）3B2

孟子曰："富岁，子弟多赖；凶岁，子弟多暴。非天之降才尔殊也，其所以陷溺其心者然也。今夫麰麦，播种而耰之，其地同，树之时又同，浡然而生，至于日至之时，皆熟矣。虽有不同，则地有肥硗，雨露之养、人事之不齐也。故凡同类者，举相似也，何独至于人而疑之？圣人与我同类者。故龙子曰：'不知足而为屦，我知其不为蒉也。'屦之相似，天下之足同也。口之于味，有同嗜也，易牙先得我口之所嗜者也。如使口之于味也，其性与人殊，若犬马之与我不同类也，则天下何嗜皆从易牙之于味也？至于味，天下期于易牙，是天下之口相似也。惟耳亦然，至于声，天下期于师旷，是天下之耳相似也。惟目亦然，至于子都，天下莫不知其姣也；不知子都之姣者，无目者也。故曰：口之于味也，有同嗜焉；耳之于声也，有同听焉；目之于色也，有同美焉。至于心，独无所同然乎？心之所同然者，何也？谓理也，

义也。圣人先得我心之所同然耳。故理义之悦我心，犹刍豢之悦我口。"（告子上）6A7

孟子曰："牛山之木尝美矣。以其郊于大国也，斧斤伐之，可以为美乎？是其日夜之所息，雨露之所润，非无萌蘖之生焉，牛羊又从而牧之，是以若彼濯濯也。人见其濯濯也，以为未尝有材焉，此岂山之性也哉？虽存乎人者，岂无仁义之心哉？其所以放其良心者，亦犹斧斤之于木也。旦旦而伐之，可以为美乎？其日夜之所息，平旦之气，其好恶与人相近也者几希，则其旦昼之所为，有梏亡之矣。梏之反覆，则其夜气不足以存。夜气不足以存，则其违禽兽不远矣。人见其禽兽也，而以为未尝有才焉者，是岂人之情也哉？故苟得其养，无物不长；苟失其养，无物不消。孔子曰：'操则存，舍则亡。出入无时，莫知其乡。'惟心之谓与！"（告子上）6A8

孟子曰："人之于身也，兼所爱；兼所爱，则兼所养也。无尺寸之肤不爱焉，则无尺寸之肤不养也。所以考其善不善者，岂有他哉？于己取之而已矣。体有贵贱，有小大。无以小害大，无以贱害贵。养其小者为小人。养其大者为大人。今有场师，舍其梧槚，养其樲棘，则为贱场师焉。养其一指，而失其肩背，而不知也，则为狼疾人也。饮食之人，则人贱之矣，为其养小以失大也。饮食之人，无有失也，则口腹岂适为尺寸之肤哉？"（告子上）6A14

孟子曰："舜之居深山之中，与木石居，与鹿豕游，其所以异于深山之野人者几希。及其闻一善言，见一善行，若决江河，沛然莫之能御也。"（尽心上）7A16

附录四 英语世界孟子研究资料

简佳星整理

说　明

1. 本目录汇集了2023年6月之前英语世界孟子研究的文献资料，所运用的数据库包括"WorldCat""Bibliography of Asian Studies""Academic Search Complete""ProQuest""Google Scholar""JSTOR""Internet Archive""Research Gate""PhilArchive"等，所运用的图书馆资源平台包括"UC Berkeley Library""University Libraries | Washington University in St. Louis""清华大学图书馆"等。由于笔者的信息获取渠道有限，本目录不可避免地遗漏了一些作品及信息，有待后来者补充。

2. 本目录共分为"论文集""专著""专著中的章节""专题论文""博士学位论文""译介"六大部分，分别罗列了相应类型的英语世界孟子研究文献，并基本概括了每一篇文献的主要内容。从数量上来看，目前已收集相关的"论文集"5个、"专著"40个、"专著中的章节"33个、"专题论文"346个、"博士学位论文"40个、"译介"40个。

3. 本目录对每篇文献的介绍将按如下格式展开：

［阿拉伯数字］……（本部分为作品信息，一般格式为"作者姓名 + 文献名 + 出版信息"。）

【其他版本】

……（如有，则同样按照"作者姓名 + 文献名 + 出版信息"的一般格式进行罗列；如无，则略去本项。）

【作品简介】

……（对于"论文集""专著""专著中的章节""专题论文""博士学

929

位论文"五大部分，此处专门用于概括该篇文献的主要内容，多包括两方面：一是对文章摘要的翻译，二是对文章结构的大概说明。关于对文章摘要的翻译，有三种情况：一是对于少数本来就有中文版摘要的作品，一般直接照搬中文版摘要，但笔者有时会对句式、标点等进行改动，以适应本目录的整体文风；二是对于大多数无中文版摘要而只有英文版摘要的作品，一般直接翻译英文版摘要；三是对于无摘要的作品，则先摘其要，后翻译之。而对于"译介"部分，由于作品之间的差异多表现于翻译学、语言学层面，与思想史、哲学史关涉不大，且有些作品囿于笔者的文献获取权限而未能获取全文，故"作品简介"部分仅简单提及其特色，或直接略去。）

【相关评论】

……（如有，则同样按照"作者姓名＋文献名＋出版信息"的一般格式进行罗列；如无，则略去本项。）

4. 本目录涉及大量学者的英文名与中文名，只有当该学者有固定中文名时，笔者才会标注其中文名。若该学者无中文名，只有按照英语发音翻译的不统一的中文名字，则仅取其英文原名，且尽量查找并展现其具体的英文全名，以示尊重。

5. 由于笔者获取文献的渠道有限，部分文献仅获取到作者、标题和出版信息，而未能获取到文献全文，故而无法进行内容介绍。对于此类文献，笔者仅列已获取到的作者、标题和出版信息，而不列作品简介。

6. 在英语世界的孟子研究领域，也有不少国内学者的作品，其中有一部分作品是先以中文写作并发表于国内、译为英文后又发表于国外的。此类作品的中文原版，对于国内学者而言是比较容易获取的，故于此略去。

（一）论文集

[1] Xiusheng Liu（刘秀生），Philip John Ivanhoe（艾文贺），eds.，*Essays on the Moral Philosophy of Mengzi*，Indianapolis：Hackett Publishing Company，2002

【作品简介】

本书收集了 11 篇孟子研究的论文，包括两篇探讨人性论的文章及六篇探讨孟子道德推理（moral reasoning）的文章。

（1）Angus Charles Graham（葛瑞汉），"The Background of the Mencian

[Mengzian] Theory of Human Nature", pp. 1 – 63

本文系作者于 1967 年发表的论文,具体内容请参见后文"专题论文"部分的"Angus Charles Graham(葛瑞汉),'The Background of the Mencian Theory of Human Nature', *The Tsing Hua Journal of Chinese Studies*(新竹:《清华学报》),Dec. 1967,Vol. 6,Issue 1 – 2,pp. 215 – 274"一条。

(2)Irene T. Bloom(卜爱莲/华霭仁),"Mengzian Arguments on Human Nature(Ren Xing)",pp. 64 – 100

本文系作者于 1994 年发表的论文,具体内容请参见后文"专题论文"部分的"Irene T. Bloom(卜爱莲/华霭仁),'Mencian Arguments on Human Nature(Jen-hsing)', *Philosophy East and West*,Jan. 1994,Vol. 44,Issue 1,pp. 19 – 53"一条。

(3)Xiusheng Liu(刘秀生),"Mengzian Internalism",pp. 101 – 131

本文改写自作者于 1999 年发表的博士毕业论文的第六章"Moral Motivation,Human Nature,and Mencian Internalism(道德动机、人性与孟子的内在主义)",具体内容请参见后文"博士学位论文"部分的"Xiusheng Liu(刘秀生),David Braybrooke(Principal Adviser), *The Place of Humanity in Ethics: Combined Insights from Mencius and Hume*,For the Degree of Ph. D. in Philosophy,Department of Government(and Philosophy),University of Texas at Austin,Dec. 1999"一条。

(4)David Shepherd Nivison(倪德卫),"Mengzi:Just not Doing it(不为)",pp. 132 – 142

荀子对孟子最详尽的批评体现在《性恶》篇中,但事实上,二者存在许多相近甚至重合的观点,如荀子的"涂之人可以为禹"与孟子的"人皆可以为尧舜"、荀子的"积善"与孟子的"集义"都很类似,二人关于"勇"的主张也相近。在《性恶》篇中,荀子还试图纠正孟子关于"不为"与"不能"的观点。作者指出,大多数人误读了孟子与荀子在这一点上的分歧,而本文试图纠正这个问题,并提出一些新的问题。

(5)Xinyan Jiang(姜新艳),"Mencius on Human Nature and Courage",pp. 143 – 162

本文系作者于 1997 年发表的论文,具体内容请参见后文"专题论文"部分的"Xinyan Jiang(姜新艳),'Mencius on Human Nature and Courage', *Jour-*

nal of Chinese Philosophy，1997，Vol. 24，Issue 3，pp. 265 - 289" 一条。

（6）Eric L. Hutton（何艾克），"Moral Connoisseurship in Mengzi"，pp. 163 - 186

孟子在论证自己的哲学观点时非常依赖隐喻与类比，本文关注解读孟子所运用的意象及其类比。作者指出，《孟子·告子上》第七章的类比意义深刻，孟子将人的道德评判比作对美食、音乐、容貌等的鉴赏力，但当前学界对这一点的关注相对较少，因此，本文考察了《孟子·告子上》第七章的具体细节及其道德鉴赏观念。作者先从当代哲学的相关讨论入手，描述了两种可能的道德鉴赏模型；然后，作者论证了孟子的道德判断概念将他置于两种道德鉴赏模型之间，尽管他的直觉主义最终使他更偏向于其中一种观点；最后，作者主张，尽管这个定位可能不是完全让人满意，但反思孟子为何处于这一位置将有利于读者更好地把握其中的伦理学意义。

（7）David B. Wong（黄百锐），"Reasons and Analogical Reasoning in Mengzi"，pp. 187 - 220

本文论证了《孟子》中给予特定事物辩护优先性的伦理反思概念，这一概念关乎伦理推理形式，涉及各种特定事物之间的对比。文章共分为五部分：第一部分是"Not All Ethical Reasoning is Top-down Reasoning（并不是所有的伦理推理都是自上而下的推理）"；第二部分是"How does One 'Extend' One's Natural Compassion? The Role of Reasons in Aiming Qi（人应该如何扩充天生的同情心？理性在引导"气"时的作用）"；第三部分是"Recognizing Reasons through Analogy to the Sprouts Intuitions（通过萌芽直觉的类比来识别推理）"；第四部分是"Why Top-down Models aren't Needed and don't Work in Mengzian Analogies?（为什么自上而下的推理模式在孟子的类比中不被运用且不能起作用?）"；第五部分是"Why the Mengzian Model is Plausible，and not Just as an Interpretation（为什么孟子的模式是合理的且不仅是一个诠释）"。

（8）Philip John Ivanhoe（艾文贺），"Confucian Self Cultivation and Mengzi's Notion of Extension"，pp. 221 - 241

本文指出，当代伦理哲学很少关注修身，而中国儒家哲学传统非常关注个人道德修养，并将修身视为人生中的关键部分，思想家们常常将修身学说与相应的人性论结合起来，将此作为他们的伦理学关注重点。本文关注孟子的修身学说，简要描述了其修身过程的大体框架，并重点分析了道德情感的扩充过程的开端，用独创的方式重构了《孟子·梁惠王上》第七章中关于扩充的著名案例，认为早期中国的修身之道能为人类提供一个更精确和富足的伦理生活。文章共分为三部分：第一部分是 "The Mengzian View of Human Nature and Moral Self Cultivation（孟子的人性与道德修养观）"；第二部分是 "Mengzi's Notion of Extension in the Case of 1A7（《孟子·梁惠王上》第七章中关于扩充的观念）"；第三部分是结论。

【相关评论】

Ellen Ying Zhang（张颖），"Book Reviews"，*Journal of Chinese Philosophy*，Sep. 2003，Vol. 30，Issue 3/4，pp. 555 – 558

T. C. Kline Ⅲ，"Mengzi and Recent Scholarship"，*Religious Studies Review*，Apr. – Jul. 2004，Vol. 30，Issue 2/3，pp. 137 – 140

Yang Xiao（萧阳），"Essays on the Moral Philosophy of Mengzi"，*Journal of the American Academy of Religion*，Jun. 2007，Vol. 75，Issue 2，pp. 493 – 497

［2］Alan Kam-leung Chan（陈金樑），ed.，*Mencius：Contexts and Interpretations*，Honolulu：University of Hawai'i Press，2002

【作品简介】

本书共收集了 13 篇西方孟子研究的专题论文，其中有四篇讨论了人性问题，涉及安乐哲与华霭仁之间的争论；两篇涉及孟子的 "论辩方式" 问题；还有几篇讲了孟子、荀子、戴震的关系问题、孟子伦理学问题；等等。

（1）Ning Chen（陈宁），"The Ideological Background of the Mencian Discussion of Human Nature：A Reexamination"，pp. 17 – 41

作者指出，尽管葛瑞汉（Angus Charles Graham）、华霭仁（Irene T. Bloom）等人对孟子人性论研究已经作出了很大的贡献，探究了孟子之前的对 "性" 的多种理解，并解释了这些观点与孟子人性论的异同，分析了其中对孟子构成挑战的观点，但他们忽视了理解墨子的 "性" 对孟子人性论研究的重要意义。另外，华霭仁将孟子的人性论解释为狭义的生物主义，吴毓江则将此理解为一种中立主义，但他们也都误解了墨子的观点。郭店楚简出土以来，相关讨论更激烈了，因为其中有三篇关于人性的文章：《性自命出》《成之闻之》《语丛二》。这三篇文章是否出于同一作者之笔尚不得而知，虽然他们的文法不同，但三者相互连贯照应，都从 "情" 的角度来言 "性"，把 "性"

视为人类普遍本有的道德上矛盾的东西，它可以兼具好与坏、应然与实然、生疏与熟练，这些观点都为孟子人性论提供了注脚。文章共分为六部分：第一部分是 "Inegalitarian Conceptions of *Xing*（'性'的不平等观）"，第二部分是 "Egalitarian Conceptions of *Xing*（'性'的平等观）"，第三部分是 "*Xing* as Morally Ambivalent（道德上矛盾的'性'）"，第四部分是 "*Xing* as the Emotions（作为感情的'性'）"，第五部分是 "*Xing* as Incipient and as Full-fledged Moral Nature（作为初期的与成熟期的德性的'性'）"，第六部分是结论。

（2）Alan Kam-leung Chan（陈金樑），"A Matter of Taste：*Qi*（Vital Energy）and the Tending of the Heart（*Xin*）in *Mencius* 2A2"，pp. 42 - 71

本文参考了刘殿爵（Dim Cheuk Lau）、倪德卫（David Shepherd Nivison）、王安国（Jeffrey K. Riegel）、信广来（Kwong-loi Shun）等学者的研究，并运用了新出土的郭店楚简文本，重新考察了《孟子·公孙丑上》的第二章，关注"心""气"关系问题以及"心"与"气"在修身中的角色问题。作者认为，理论上，"心"构成并塑造了"气"，"心"会命令"气"遵循礼义之道，这是达成道德生命的基本路径；但在实践上，"气"作为难以规制的、有害的影响因素，常常将"心"引向不道德的方向，可能会扰乱"心"。孟子把"气"视为人的构成部分和道德完足之源，指出养"勇"的关键在于养"气"。因此，必须严格控制"气"并使之致力于道德目的。"浩然之气"体现的是伦理道德上完足的人，表明了圣人所特有的道德活力，它与大多数人所拥有的一般的"气"存在区别，"气"代表了对德性基础的偏离。由此，作者解释了人应该如何获得"浩然之气"，并分析了"心"的道德坚定性是否能将"气"养成"浩然之气"。通过对比其他的中国早期文献，作者建立了一个大体框架，从而解析了孟子的修身方法。告子向外求知，从而向内修心和去气；而孟子将自己的观点与告子的作了区分，他强调人自身内在的道德伦理资源，虽然人生来就喜好五色五味而不去衡量其内在价值，但人心生来就能辨别义。文章共分为五部分：第一部分是 "The Heart that cannot be Moved（不动心）"；第二部分是 "*Qi*, *Zhi*, and *Yan*（气、志与言）"；第三部分是 "The Heart that Commands *Qi*（控制'气'的心）"；第四部分是 "The 'Floodlike *Qi*'（Haoranzhiqi）（浩然之气）"；第五部分是结论。

（3）Roger Thomas Ames（安乐哲），"Mencius and a Process Notion of Human Nature"，pp. 72 - 90

沈岱尔（Michael Joseph Sandel）[①] 的《自由主义与正义的局限》探究了人类表达自我理解的各种名目，其中一个词就是"人性"，认为人性是一个关于普适性的、不随时空变化而变化的人类本质的目的论概念，强调了人性的本质性、不变性与超越性。于是，许多西方学者也习惯于用这种本质主义与不变性来理解传统中国的人性论。作者批评了这种用西方定式思维来理解中国传统的方式，并对此进行了论证与纠正。文章共分为四部分：第一部分是"Against an 'Essentialist' Reading of Mencius（批判对孟子的本质主义理解）"；第二部分是"*Renxing* as Process（作为过程的人性）"；第三部分是"The Dynamics of Self-realization：Gleaning from Dewey（自我实现的动力：对杜威的借鉴）"；第四部分是结论。

（4）Irene T. Bloom（卜爱莲/华霭仁），"Biology and Culture in the Mencian View of Human Nature"，pp. 91 - 102

作者在此前曾发文指出，将《孟子》中的人性翻译和理解为"human nature"是完全合理的，孟子的人性同时体现了人类的普遍性与特殊性，人性从根本上来说就是一个生物学概念。但将人性作为生物学概念的做法引起了争议，尤其是安乐哲（Roger Thomas Ames）、孟旦（Donald J. Munro）（其批评作者的"Mencius and an Ethics of the New Century"一文也收录于本卷中）等人对此提出了激烈的批评，所以，本文专门围绕这一点进行进一步论证。作者认为，安乐哲忽略了孟子思想的生物学层面，只强调其文化层面；而孟旦则忽略了孟子思想的文化层面，试图铲除孟子思想中不符合生物社会学与进化心理学视角的内容。作者指出，这两种观点都是对孟子思想的戕害，因为孟子的思想明确包含了生物学与文化双重层面上的内容。文章共分为四部分：第一部分是"'Innate' versus 'Acquired'？（'先天'对抗'后天'？）"；第二部分是"Biology and Culture（生理与文化）"；第三部分是"Biology and Human Nature（生理与人性）"；第四部分是"Biology and Ethics：'Filtering the Heaven out of Mencius'？（生理与伦理：'从孟子思想中滤除天'？）"。

---

① 美国政治哲学家 Michael Joseph Sandel 的中文固定翻译有两种，即"沈岱尔"和"桑德尔"，本附录取前者。

（5） Kim-Chong Chong（庄锦章）, "Mengzi and Gaozi on *Nei* and *Wai*", pp. 103 – 125

孟子与告子之间的争论是具有争议性的。例如，陈汉生（Chad Hansen）指出，孟子的罪过在于持续沉溺于空洞的论证，而其反对者总是被他毫无逻辑的推论所打败。而刘殿爵（Dim Cheuk Lau）则反对这种观点，为孟子辩护。Arthur David Waley 认为，孟子是一个失败的论辩者，《告子》篇中关于善与责任究竟属于内在还是外在的讨论所运用到的类比对象毫不相关，其辩驳是失败的。而葛瑞汉（Angus Charles Graham）则通过赞扬刘殿爵的观点来试图说服 Arthur David Waley。在长期的争议中，孟子与告子所运用的类比是很关键的。因此，文章描画了关于这些类比的具体假定与暗示，这在此前是未被充分阐明的。作者指出，孟子在《告子上》的第一、二、三章都未能驳倒告子，到了第四、五章才点出了关于内与外的实质性问题，要注意的是，关于内外的问题是由告子引入的，却受到了孟子的质疑。通过炙与酌的类比，孟子揭露了告子观点背后的感知与食欲的假定，由此质疑告子所说的内外是否可以用来论证仁内义外，并认为告子的观点会导致荒谬的后果。这一点是目前学界未曾注意到的，此前多数学者只是简单地假定孟子认同告子的仁内义外。作者分析了告子与孟子的论点，从而展现了他们的哲学基础。作者先分析了孟子的道德心性之学，孟子的"心"描述了一种基于欲望之外之反应的关系与态度的可能性。接着，作者通过孟子对告子的反驳来探究了孟子对于内外的观点。而告子强调了"生"的生物学过程，这就把他局限在欲的心学范畴中。由此，作者指出，是孟子对人的特殊认识催生了他的人性论。文章共分为八部分：第一部分是"The Willow Analogy（6A1）［杞柳的类比（《告子上》第一章）］"；第二部分是"The Water Analogy（6A2）［水的类比（《告子上》第二章）］"；第三部分是"*Xing* as *Sheng*：Mengzi's Attempted Reductio（6A3）［作为'生'的'性'：孟子试图运用的归谬法（《告子上》第三章）］"；第四部分是"Gaozi on Internal and External（6A4，6A5）［告子的内与外（《告子上》第四、五章）］"；第五部分是"The Roast and Drink Analogies（炙与酌的类比）"；第六部分是"*Xin*：The Heart-Mind（心：情心与思心）"；第七部分是"Mengzi on Internal and External（孟子的内与外）"；第八部分是结论。

（6） Antonio S. Cua（柯雄文）, "*Xin* and Moral Failure：Notes on an Aspect of Mencius' Moral Psychology", pp. 126 – 150

本文系作者于 2001 年发表的一篇论文,对标题有所改动,具体内容参见后文 "Antonio S. Cua(柯雄文),'*Xin* and Moral Failure: Reflections on Mencius' Moral Psychology',*Dao: A Journal of Comparative Philosophy*, Winter 2001, Vol. 1, Issue 1, pp. 31 – 53" 一条。

（7）Jiuan Heng, "Understanding Words and Knowing Men", pp. 151 – 168

本文在政治学的语境中重新定位了《孟子·公孙丑上》第二章中对 "知言养气" 的赞颂,指出 "知言" 应该被译为 "understanding words" 或 "understanding speech",而非倪德卫(David Shepherd Nivison)和王安国(Jeffrey K. Riegel)所翻译的 "understanding doctrines",用人与反抗的关键在于通过破译文字来知人论世。正如陈素芬(Sor-Hoon Tan)所言,把政治与个人的因素纳入相互影响与增强的辩证法,是修身的一个层面。作者对 "understanding speech" 进行了溯源,认为它建基于一切内在的外向展现之假设,并由此展现了它是如何与孟子关于内外关系的概念相关联的。文章共分为八部分:第一部分是 "Zhiyan: Setting the Context(知言:设置语境)";第二部分是 "Background to the Debate on 'Understanding Words'(关于'知言'的讨论背景)";第三部分是 "Mencius and the Master: Knowing Words and Judging Men(孟子与孔子:知言与知人)";第四部分是 "Internal and External: Gaozi and Mencius(内在与外在:告子与孟子)";第五部分是 "Inner and Outer: What the Debate is not about(内与外:讨论所不关涉的内容)";第六部分是 "The Inner and Self-cultivation(内在与修身)";第七部分是 "From Hermeneutic to Self-cultivation: An Organic Conception of Inner and Outer(从诠释到修身:内与外的有机构思)";第八部分是 "What is at Stake in the Interpretation of *Zhiyan*?('知言'诠释中的风险)"。

（8）Sor-Hoon Tan(陈素芬), "Between Family and State: Relational Tensions in Confucian Ethics", pp. 169 – 188

在《孟子·尽心上》第三十五章中,孟子认为,如果舜父杀人,舜会弃国而背起父亲逃走,毫不留恋。这与《论语》中孔子所说的 "父为子隐,子为父隐,直在其中矣" 相似,都象征着中国的家庭主义。罗素(Bertrand Russell)探究了家庭主义在直接人际关系的过量投资方面给社会与陌生人带来了什么,而中国学者梁漱溟和林语堂也考虑了限制人对家庭的关注,认为家庭主义并非一种可欲的特征。儒家对家庭的态度很复杂，而且在长期发展中，《论语》与《孟子》的家庭观念也有所区别。在涉及家庭关系的有限性问题时，孟子的观点显得更僵硬，而在一些情况下他也强调实践灵活性。本文通过考察《孟子》文本并将其与其他历史时期的文本做对比，探究了儒家对家庭伦理的强调是否以及在多大程度上在国家范围内，从而分析儒家传统资源对家国矛盾的态度变化。文章共分为五部分：第一部分是"Relational Ethics in the Confucian Tradition（儒家传统中的关系伦理）"；第二部分是"Compatibility between Familism and Concern for Society（家庭主义与社会关注的一致性）"；第三部分是"Tension between Family and State：Confucian Responses（家与国之间的张力：儒家的应对）"；第四部分是"The Authoritarian Appropriation of Confucian Familism（专制统治者对儒家家庭主义的挪用）"；第五部分是结论。

（9）Robert Eno（伊若泊），"Casuistry and Character in the *Mencius*"，pp. 189 – 215

孟子在其人性本善的内在原则、普适性架构与四心善端的定义中，给出了关于道德认知的区分理论。就这些理论及其暗示的改良直觉论而言，孟子的论述方式极具说服力，展现了其道德学说的核心。尽管我们有权根据《孟子》文本构建一个复杂的、代表了其所暗示的理论基础的道德观念架构，试图覆盖其学说的全部层面，但还是会有遗漏，甚至会产生误读。尽管理论构建是孟子的重要工作之一，但《孟子》文本的作者与读者都不够关注理论前后连贯的表达，因此，本文探究了《孟子》中道德学说的无序性与混乱性。孟子强调杰出人物尤其是他本人的道德权威，因此，本文运用文学方法论引导读者从诠释学的层面来想象和理解圣者的权威。由于《孟子》文本从情况特殊性的角度处理道德价值，因此，作者总结了其中诡辩成分的三方面：通过道德规则的祈祷来为孟子传统中的历史典范的合理性辩护；通过考察权威模范的特殊行为来探究智慧中难以捉摸的方面；主张所有的道德智慧都有各自的特殊情况。作者认为，尽管孟子致力于美德与统治的细节讨论，但孟子基本上并不是在反思亚里士多德意义上的政治统治伦理与美德伦理。相反，他通过经验与文学再创造来理解圣人品格。《孟子》通过这种方式承担了伦理品格，也就是说，伦理美德建立在对历史讲述的诠释探索所培养出的移情理解的方法论之上。作者认为，从伦理学说与竞争学派当中区分早期儒学是一大使命。文章共分为十一部分：第一部分是 "Modes of Casuistry in the *Mencius*（《孟子》中的诡辩论模式）"；第二部分是 "*The Rule-Free Character of Moral Perfection*（道德完备的无规则特征）"；第三部分是 "*Inscrutability*（难以预料性）"；第四部分是 "*The Thematic Coherence of Character—Zhi*（'志'字的主题前后连贯性）"；第五部分是 "The Subversiveness of Rationalizing Casuistry（为诡辩作合理化辩护的破坏性）"；第六部分是 "Understanding the Sage through Literary Imagination—Discourses on Shun（从文学想象来理解圣人：关于舜的论述）"；第七部分是 "The Character of Mencius（孟子的品格）"；第八部分是 "Casuistry Concerning Mencius' Policy of 'Not Visiting the Feudal Lords'（孟子'不见诸侯'的诡辩）"；第九部分是 "Theoretical Casuistry as a Theme of Mencius' Biography（作为孟子传记主题的理论的诡辩）"；第十部分是 "The Priority of the Search for Character（寻找品格的优先性）"；第十一部分是 "Gratuitous Casuistry and Mencius' Personality（孟子人格中不必要的诡辩）"。

（10）Kwong-loi Shun（信广来），"Mencius, Xunzi, and Dai Zhen: A Study of the *Mengzi ziyi shuzheng*"，pp. 216 – 241

孟子在争辩中反对告子的"无善无恶"说与"义外"说，为自己的性善说与"义内"说辩护，这两点被后来儒者视为孟学的关键要素。及至戴震，"理"成为当时的关键哲学术语，于是，他在《孟子字义疏证》中试图在"理"的框架内为孟子的这两点学说辩护，并由此批评了荀子对孟子"性"的观念的反对。本文考察了戴震对孟荀二人论述的诠释，并指出，虽然戴震批评荀子、维护孟子，但戴震在诠释时的两种基础观念反而更接近于荀子而不是孟子。其中，第一种基础观念关涉儒家的道在情欲关系中充当的角色；第二种基础观念关涉对"知"的认识。作者声明，本文并不是要批评戴震对孟子的误读，而是要解读戴震将荀子思想与孟子框架结合起来探究儒家思想的独特模式。文章共分为四部分：第一部分是 "*Qing*（What is Genuinely So, Feelings），*Yu*（Desires），and *Li*（Pattern）（情、欲与理）"；第二部分是 "*Xinzhi* and Understanding（'心知'与理解）"；第三部分是 "*Xing* is Good and *Liyi* is Internal（性善与理义是内在的）"；第四部分是 "Mencius, Xunzi, and Dai Zhen: A Comparative Discussion（孟子、荀子与戴震：一个比较讨论）"。

（11）E. Bruce Brooks（白牧之），A. Taeko Brooks（白妙子），"The Nature

and Historical Context of the *Mencius*", pp. 242 – 281

虽然后世普遍将《孟子》中的学说与孟子本人的思想等同，但《孟子》文本中的确存在许多立场不同的论述，把它们视为《孟子》文本在长期发展过程中不同时期的产物似乎更合理。因此，本文认为，不应该把《孟子》视为对各种不同观点进行连贯的最终统一，而应该将其视为在持续的环境压力下长期发展的思想中的一系列观点。本文从语言学和文献学的角度出发来诠释孟子及其后学的思想，认为《孟子》文本框架包括以下几个部分：一是《梁惠王》上下两篇所保存的一系列孟子的真实会谈与后期想象的会谈；二是《公孙丑上》第二章中孟子混合但原始的个人学说与《梁惠王》上下两篇共同构成的孟子的思想遗产，并在孟子去世后被编入文本；三是孟子后学留下了两个系列的文本记录，一个包含了从《梁惠王》至《滕文公》的剩余内容，另一个包含了从《离娄》至《尽心》的所有内容，这两个系列在历史发展过程中相互补充，并不断加入外部的文本与事件，这两个系列各自的结尾部分《滕文公》与《尽心》被认为出自公元前 249 年鲁国灭亡前的同一个时代。作者认为，这一假设与外在证据一起，不仅论证了文本的连贯性，还阐明了令人困惑的个别章节问题与孟学中的一些长期争议。正文共分为十一部分：第一部分是 "Against the Consistency Hypothesis（反对一贯假设）"；第二部分是 "The Alternate Hypothesis：Separation within MC 1（替代假说：《梁惠王》中的分离）"；第三部分是 "The Core Text and Its Physical Form as of c0303（公元前 303 年的《孟子》核心文本及其实质形态）"；第四部分是 "The Alternate Hypothesis：The Division between MC 1 – 3 and MC 4 – 7（替代假说：从《梁惠王》至《滕文公》部分与从《离娄》至《尽心》部分的分离）"；第五部分是 "The Division into Two Schools（两个学派的分歧）"；第六部分是 "The Alternate Hypothesis：Synchronicity of MC 3 and MC 7（替代假说：《滕文公》与《尽心》的同步性）"；第七部分是 "The Alternate Hypothesis：Developments in the Proposed Text Strand MC 1 – 3（替代假说：从《梁惠王》至《滕文公》的文本链的发展）"；第八部分是 "The Alternate Hypothesis：Developments in the Proposed Text Strand MC 4 – 7（替代假说：从《离娄》至《尽心》的文本链的发展）"；第九部分是 "The Common Developmental Tendency（一般发展趋势）"；第十部分是 "A Return to the Inconsistency Problem（回到不连贯的问题）"；第十一部分是 "Examples of the Practical Application

of the Alternate Hypothesis（替代性假说的实践应用案例）"。第十二部分是
"Envoi（跋）"。第一部分解释了怀疑标准观点的原因，第二到第九部分论述
了作者关于文本问题的假设所用到的主要术语，第十部分论证了这一假设如
何消除了此前的著名矛盾问题，第十一部分主张这些假设可能帮助阐明问题
或解释一些过去学者们发现的异常现象。

（12）David Shepherd Nivison（倪德卫），"Mengzi as Philosopher of Histo-
ry"，pp. 282 – 304

本文首先区分了批判的与思考的历史哲学，并简要考察了孟子的批判性
思想，指出其批判性思想远不如其思考性哲学来得突出。因此，作者又考察
了孟子关于文明起源的观念，例如，孟子认为"五百年必有王者兴"，而孟
子距离上一个王者已经过去 700 年了。此外，作者还探究了孟子这些观念的
来源。由于孟子关于过去的首要观念是"三代"概念，因此，文章探究了孟
子如何聚焦尧、舜、伊尹、武王，从而参与凝练并改变了"三代"概念的同
时代话语。首先，作者分析了今本《竹书纪年》来重构一个尽可能早的事实
描述；其次，作者展示了这些描述是如何发生变化的，以及孟子是如何在这
些变化中发挥作用的；然后，作者探究了孟子所处时代的大事对其这一思想
动向的推动作用，尤其是"燕王哙让子之"等历史事件的影响；再次，作者
探究了孟子对历史的描绘在多大程度上出于他自身的发明，并特别关注了
"三年之丧"的问题；最后，作者展现了孟子的想象和描绘是如何在现实中
奏效的。文章共分为五部分：第一部分是"'Speculative'and'Critical'Phi-
losophy of History in Mengzi（《孟子》中的思考的与批判的历史哲学）"；第二
部分是"Mengzi on Yao and Shun, Yi Yin, and Wu Wang（孟子关于尧、舜、
伊尹、武王的学说）"；第三部分是"Chinese History in Mengzi's Times and Its
Impact on Mengzi's Thought（孟子时代的中国历史及其对孟子思想的影响）"；
第四部分是"Mengzi's Inventiveness：The Three-Year Mourning Problem（孟子的
独创性：关于三年之丧的问题）"；第五部分是"Charity versus Wishful Think-
ing（慈善与痴心妄想的对抗）"。

（13）Donald J. Munro（孟旦），"Mencius and an Ethics of the New Centu-
ry"，pp. 305 – 315

柏拉图的"理想国"与卢克莱修的《物性论》中所反映的伊壁鸠鲁学派
的快乐主义是两种不同的伦理学传统，同时运用这两种伦理学来指导生活的

做法是前所未有的。因此，作者并不关注二者的兼容性这种严肃的西方伦理学问题。作者发现，一些中国人是以《孟子》为生活向导的。Arthur Coleman Danto 在评价非西方文献时说，理解非西方文献的方法的困难之处在于它常常不能充分表达文本的异同，更看重价值而非事实、更看重表达方式而非内容分析，形式鲜活并致力于成为读者生活中的一部分，但这并不是相对主义。作者希望从这个角度出发来理解《孟子》。每个时代都会有选择性地抽取历史文献中符合自己利益的部分，即便人类已经进入 21 世纪，《孟子》中仍然存在符合新时代需要的伦理理论，尤其是其中与生物进化论兼容的部分。达尔文主义在当代人类生物学与心理学中占支配地位，出现了生物社会学与进化心理学，二者都认同人类行为反映了基因与文化之间的互惠影响。心理学家把基因根源解释为大脑中本能的（hard-wired）东西，认为这是心理发育的遗传规则，并从这一角度出发来解决问题。Edward Osborne Wilson 接受了人性的前提概念，将它定义为使文化发展存在偏见的心理发育的遗传规则。当今许多人文学科、人类学、社会学的学者都很关注人与人之间的区别以及个体文化的独特性，以至于他们把对人性的信仰谴责为"本质主义"。有些人认为这种反本质主义的视角是后现代的，甚至有一位反后现代主义者、美国哲学家 Richard McKay Rorty 指出，我们要停止追问人性是什么，而应该追问我们能为自己做些什么。他甚至反对我们用"人性"的表达，既反对建基于人性伦理的基础主义哲学，又反对达尔文主义。作者指出，对普遍人性的信仰并不要求所有人的思想都是一样的。文章共分为六部分：第一部分是"A Common Human Nature（一种普遍的人性）"；第二部分是"The Empirical Basis of a Common Human Nature（普遍人性的经验主义基础）"；第三部分是"Emotions and Deliberation（情感与深思）"；第四部分是"Infant Bonding and Sympathy（婴儿联系与同情心）"；第五部分是"The Evaluating Mind（评估的思想）"；第六部分是"Empathy and the Out-group：The Mencian Gap（同情与团体外：孟子的矛盾）"。

【相关评论】

Philip John Ivanhoe（艾文贺），"Interpreting the Mengzi"，*Philosophy East and West*，Apr. 2004，Vol. 54，Issue 2，pp. 249 – 263

T. C. Kline Ⅲ，"Mengzi and Recent Scholarship"，*Religious Studies Review*，Apr. – Jul. 2004，Vol. 30，Issue 2/3，pp. 137 – 140

Michael LaFargue，"More 'Mencius-on-Human-Nature' Discussions：What Are They About?"，*China Review International*，Spring 2003，Vol. 10，Issue 1，pp. 1 – 28

Jeffrey L. Richey（利杰智），"Mencius：Contexts and Interpretations"，*The Journal of Asian Studies*，May 2003，Vol. 62，Issue 2，pp. 580 – 581

Bryan William Van Norden（万百安），"Mencius：Contexts and Interpretations. Edited by Alan K. L. Chan.（Honolulu：University of Hawai'i Press，2002. p. 328）"，*Journal of Chinese Philosophy*，Jun. 2003，Vol. 30，Issue 2，pp. 275 – 280

［3］安乐哲（Roger Thomas Ames）、江文思（James P. Behuniak Jr.）编，梁溪译：《孟子心性之学》，北京：社会科学文献出版社，2005 年。

【作品简介】

本书收录了 10 篇与孟子心性论相关的论文，大体按发表的时间顺序排列，体现了关于孟子人性问题的漫长争论过程，并围绕"human nature"这一英文翻译能否准确对应《孟子》中的"人性"、如何诠释孟子人性论等问题展开。

（1）葛瑞汉（Angus Charles Graham）：《孟子人性论的背景》，第 12—85 页。

本文系作者于 1967 年发表的论文的中文译本，具体内容请参见后文"专题论文"部分的"Angus Charles Graham（葛瑞汉），'The Background of the Mencian Theory of Human Nature'，*The Tsing Hua Journal of Chinese Studies*（新竹：《清华学报》），Dec. 1967，Vol. 6，Issue 1 – 2，pp. 215 – 274"一条。

（2）安乐哲（Roger Thomas Ames）：《孟子的人性概念：它意味着人的本性吗?》，第 86—124 页。

本文系作者于 1991 年发表的论文的中文译本，具体内容请参见后文"专题论文"部分的"Roger Thomas Ames（安乐哲），'The Mencian Conception of Ren Xing：Does It Mean "Human Nature"?'，Henry Rosemont Jr.（罗思文），ed.，*Chinese Texts and Philosophical Contexts*：*Essays Dedicated to Angus C. Graham*，La Salle，Ill.：Open Court，1991，pp. 143 – 175"一条。

（3）华霭仁（Irene T. Bloom）：《孟子的人性论》，第 125—173 页。

本文系作者于 1994 年发表的论文的中文译本，具体内容请参见后文"专题论文"部分的"Irene T. Bloom（卜爱莲/华霭仁），'Mencian Arguments on Human Nature（Jen-hsing）', *Philosophy East and West*，Jan. 1994，Vol. 44，Issue 1，pp. 19 – 53"一条。

（4）刘述先（Shu-Hsien Liu）：《孟子心性论的再反思》，第 174—195 页。

本文系作者于 1994 年 5 月 20 日在"孟子学国际研讨会"上发表的主题演讲稿，后于 1996 年被信广来（Kwong-loi Shun）翻译成英文，具体内容请参见后文"专题论文"部分的"Shuxian Liu（刘述先），Kwong-loi Shun（信广来）（trans.），'Some Reflections on Mencius' Views of Mind-Heart and Human Nature', *Philosophy East and West*，Apr. 1996，Vol. 46，Issue 2，pp. 143 – 164"一条。

（5）信广来（Kwong-loi Shun）：《孟子论人性》，第 196—224 页。

本文系作者于 1997 年发表的论文的中文译本，具体内容请参见后文"专题论文"部分的"Kwong-loi Shun（信广来），'Mencius on Jen-hsing', *Philosophy East and West*，Jan. 1997，Vol. 47，Issue 1，pp. 1 – 20"一条。

（6）华霭仁（Irene T. Bloom）：《在〈孟子〉中人的本性与生物学的本性》，第 225—242 页。

本文系作者于 1997 年发表的论文的中文译本，具体内容请参见后文"专题论文"部分的"Irene T. Bloom（卜爱莲/华霭仁），'Human Nature and Biological Nature in Mencius', *Philosophy East and West*，Jan. 1997，Vol. 47，Issue 1，pp. 21 – 32"一条。

（7）司马儒（Maurizio Scarpari）：《在早期中国文献中有关人的本性之争》，第 243—266 页。

本文系作者于 2003 年发表的论文的中文译本，具体内容请参见后文"专题论文"部分的"Maurizio Scarpari（司马儒），'The Debate on Human Nature in Early Confucian Literature', *Philosophy East and West*，Jul. 2003，Vol. 53，Isseu 3，pp. 323 – 339"一条。

（8）陆威仪（Mark Edward Lewis）：《早期中国的习俗与人的本性》，第 267—286 页。

本文系作者于 2003 年发表的论文的中文译本，具体内容请参见后文"专题论文"部分的"Mark Edward Lewis（陆威仪），'Custom and Human Nature in Early China', *Philosophy East and West*，Jul. 2003，Vol. 53，Issue 3，pp. 308 –

322"一条。

（9）江文思（James P. Behuniak Jr.）：《在〈孟子〉中人是如何相似的?》，第287—304页。

本文系作者对2002年发表的博士毕业论文进行改写而成，具体内容请参见后文"博士学位论文"部分的"James P. Behuniak Jr.（江文思），Roger Thomas Ames（安乐哲）（Principal Adviser），*Mencius on Becoming Human*，For the Degree of Ph. D. in Philosophy，Center for Chinese Studies，University of Hawaii at Manoa，Dec. 2002"一条。本文摘取了其中的"The Four Sprouts and the Family（'四端'与家庭感情）"和"The Satisfaction of Becoming Human（成人之乐）"两章，并在此基础上进行了扩写，在"'四端'与家庭感情"一章之后插入了"实赋予人什么"一章，又在"成人之乐"一章之后加入了"成为独特的重要性"一章。

（10）安乐哲（Roger Thomas Ames）：《孟子与一个经过特殊加工的有关"人的本性"的概念》，第305—331页。

本文系作者于2002年发表的论文的中文译本，具体内容请参见前文"Alan Kam-leung Chan（陈金樑），ed.，*Mencius：Contexts and Interpretations*，Honolulu：University of Hawai'i Press，2002"一条中的"Roger Thomas Ames（安乐哲），'Mencius and a Process Notion of Human Nature'，pp. 72 – 90"一条。

［4］Chun-chieh Huang（黄俊杰），Gregor S. Paul，Heiner Roetz（罗哲海），eds.，*The Book of Mencius and Its Reception in China and Beyond*，Wiesbaden：Harrassowitz Verlag，2008

【作品简介】

本作品系2005年6月在德国卡尔斯鲁厄大学召开的"《孟子》及其接受"会议的论文集，共13篇论文。作者来自日本、欧洲、中国台湾等地，他们的研究领域也呈现多样化特征，包括历史学、文学、哲学、政治学等。本书所收录的论文话题包括朱熹、贝原益轩等人对《孟子》的诠释，跨文化视角下的伦理学，胡适笔下的孟子，中国台湾的当代孟子研究等。编者认为，《孟子》对当今的人权、民主和普适伦理问题仍具有极高的借鉴意义。

（1）Chen-feng Tsai（蔡振丰），"An Interpretation of 'Knowing Words' in the *Mencius*"，pp. 1 – 20 ［**【其他版本】**蔡振丰：《〈孟子·公孙丑〉"知言"问题试诠》，《中国文学研究》1997年5月第11期，第57—76页。（中文原版）］

本文从检讨朱熹的说解入手，探究了《孟子·公孙丑》"知言养气"章中的"知言"问题。朱熹认为"知言"之"言"指他人之言，故将"知言"解为"知人言之病"。作者指出，朱熹将"知言"理解为已然成德后的现成结果，但他在《朱子语类》中又强调"知言"如格物致知的工夫修养。把这一理解放到《孟子》中，那就是要从"知他人之言"来行自我存养之道，这种向外的思维与孟子"求其放心"的本意似乎是有所违背的。本文聚焦这一问题，论述了告子的义理系统，检讨了朱熹可能存在的误解，并由告子之说对照出孟子所要表达的重点及其对"言"的态度。接着，作者用《论语》对"直"的解释重新诠释了孟子"以直养"的意义，并由此讨论"知言养气"章整体的文字意涵。作者从孟学的基本立场出发，认为孟子的"知言"应该被视为存养工夫，"言"应该被理解为自己之言。

（2）Wolfgang Ommerborn（欧阳博），"Mencius's Theory of Renzheng（Humane Politics）and its Reception in the Song Dynasty: The Argument of Yu Yunwen in His *Zun Meng bian*"，pp. 21 – 36［【其他版本】Wolfgang Ommerborn（欧阳博），"Verteidigung des *Mengzi* in der Song-Zeit（960 – 1279）: Das *Zun Meng bian* des Yu Yunwen（12. Jh.）"，Wolfgang Ommerborn（欧阳博），Gregor S. Paul，Heiner Roetz（罗哲海），*Das Buch Mengzi im Kontext der Menschenrechtsfrage*，Berlin: Lit，2011，pp. 305 – 349（继 2008 年会议论文集之后又以德文版本发表）］

本文从余允文的《尊孟辨》出发，分析了孟子的政治论，展现了宋代学者对孟子的辩护。文章共分为七部分：第一部分是"Menzius und Daotong（孟子与道统）"；第二部分是"Die Diskussion um die Natur des Menschen（Xing）（关于人性的讨论）"；第三部分是"Yu Yunwen's Verteidigung der Politischen Theorie Menzius（余允文为孟子政治论的辩护）"；第四部分是"Wangdao vs. Badao: Die richtige Methode des Regierens（王道与霸道：正确的治国之道）"；第五部分是"Die Haltung Gegenüber den Zhou-Königen（对周王的态度）"；第六部分是"Absetzung oder Sturz Unfähiger Herrscher（废黜或推翻无能的统治者）"；第七部分是结论。

（3）Wei-chieh Lin（林维杰），"A Hermeneutic Interpretation of the *Mencius* by Zhu Xi"，pp. 37 – 53［【其他版本】林维杰：《知人论世与以意逆志——朱熹对〈孟子·万章〉篇两项原则的诠释学解释》，《中国文哲研究集刊》2008 年 3 月 1 日第 32 期，第 109—130 页。（中文原版）］

本文解释了朱熹对《孟子·万章》上、下两篇中"知人论世"与"以意逆志"两项原则的诠释。在"知人论世"方面，《万章下》认为尚友于古人的途径除了颂诗、读书之外，还得论古人之"世"。朱熹把"世"解释为作者在作品之外的行迹，解读作者的心志必须考虑作品之外的个人的、历史的因素。在"以意逆志"方面，《万章上》借着孟子与咸丘蒙的一段对话（该对话涉及的问题是，舜以有德者而任国君，尧及瞽瞍是否皆应视为舜的臣子），提出解读作品应照顾上下文脉络（不以文害辞，不以辞害志），并以文章的意旨探求作者的心志（以意逆志）。朱熹则解释为"以读者之意逆则诗人之志"，凸显了读者与作者之间的关系。但由于受到"不以文害辞，不以辞害志"的前提所节制，读者与作者志意的探求最终都回到文本。本文最后说明了朱熹并未建立上述两项原则之间的诠释学联系。文章共分为五部分：第一部分是前言；第二部分是"'知人论世'的两种解释立场"；第三部分是"关于'以意逆志'的初步说明"；第四部分是"朱子对'以意逆志'一段的解释"；第五部分是"两项原则的内在关联"。

（4）Ming-huei Lee（李明辉），"The Four-Seven Debate between Yi Toegye and Gi Gobong and Its Philosophical Purport"，pp.54 – 78［【其他版本】1. 李明辉：《第六章 李退溪与奇高峰关于四端七情之辩论》，《四端与七情：关于道德情感的比较哲学探讨》，台北：台湾大学出版中心，2005 年，第 213—262 页（于 2008 年重印）（中文原版）；2. 李明辉：《第六章 李退溪与奇高峰关于四端七情之辩论》，《四端与七情：关于道德情感的比较哲学探讨》，上海：华东师范大学出版社，2008 年，第 159—196 页；3. Ming-huei Lee（李明辉），"The Four-Seven Debate between Yi Toegye and Gi Gobong and Its Philosophical Purport"，Ming-huei Lee（李明辉），David Jones（ed.），*Confucianism：Its Roots and Global Significance*，Honolulu：University of Hawai'i Press，2017，pp.54 – 75］

本文关注朝鲜儒学史中最重要的一场辩论，即主要发生在 16 世纪的李退溪与奇高峰、李栗谷、成牛溪之间的"四端七情"之辩。其中，"四端"出自《孟子·公孙丑上》第六章，而"七情"出自《礼记·礼运》。其中，"四端"属于道德情感，"七情"属于自然情感，而"四七之辩"就围绕这两种情感之间的异同与关系展开。文章共分为四部分：第一部分是"'四七之辩'的思想史背景"；第二部分是"退溪、高峰'四七之辩'的缘起与经过"；第三部分是"退溪与高峰的理论预设与诠释角度"；第四部分是"退溪、高峰'四七之辩'的哲学意义"。

（5）Gregor S. Paul，"The Human Rights Question in Context. Establishing Universal Ethics in the Context of Urban Culture：The Notions of Human Dignity and Moral Autonomy in Itô Jinsai's *Gomô Jigi*"，pp. 79 – 95［【其他版本】Gregor S. Paul， "Die Etablierung Allgemeingültiger Ethik im Kontext Städtischer Kultur：Die Begriffe der Menschenwürde und Moralischer Autonomie in Itô Jinsai's（1627 – 1705）*Gomô jigi*"，Wolfgang Ommerborn（欧阳博），Gregor S. Paul，Heiner Roetz（罗哲海），*Das Buch Mengzi im Kontext der Menschenrechtsfrage*，Berlin：Lit，2011，pp. 685 – 703（继 2008 年会议论文集之后又以德文版本发表）]

本文从伊藤仁斋《语孟字义》中的人类尊严与道德自治观念出发，重构了城市文化中的普适性伦理学，探究了经典文本中的人权问题。文章共分为四部分：第一部分提出了本文的问题意识；第二部分是 "Philosophie in Städten，an Höfen und in Urbanen Kulturen（城市、法院与都市文化中的哲学）"；第三部分是 "Itô Jinsai's Rekonstruktion Menzianischer Konzepte im Gomô jigi：Allgemeingültige Ideen der Menschenwürde und Moralischen Autonomie im Kontext der Urbanen Kultur der Tokugawa-Zeit（伊藤仁斋《语孟字义》对孟子的概念重构：德川时代城市文化背景下的人类尊严与道德自治的普适性观念）"，对伊藤仁斋的方法论进行了分析，论述了他如何重构了孟子关于尊严与自治的概念，从而发展出一个普适性的概念，并介绍了他如何在町人的文本中重构了作为普适性标准的孟子伦理学；第四部分是结论。

（6）Guido Pappe， "Mengzi and Kaibara Ekiken：Ethics from a Cross-Cultural Perspective"，pp. 96 – 116

（7）Chun-chieh Huang（黄俊杰）， "Nakai Riken's Interpretation of the *Mencius*：'Goodness of Human Nature' and the 'Way' Redefined"，pp. 117 – 145 ［【其他版本】1. 黄俊杰：《中井履轩的孟子学：善性的 "扩充" 与 "道" 之人间性的重建》，《东亚儒学史的新视野》，台北：台湾大学出版中心，2004 年，第 171—208 页（中文原版）；2. 黄俊杰：《中井履轩的孟子学：善性的 "扩充" 与 "道" 之人间性的重建》，《东亚儒学史的新视野》，上海：华东师范大学出版社，2008 年，第 130—158 页。]

本文探讨了 18 世纪大阪怀德堂儒者中井履轩对孟子的解释，重点关注他如何在朱子学解释传统的笼罩之下对孟子学提出新的诠释，并对其透过经典诠释而诤朱反朱的问题稍有涉及。文章共分为六部分：第一部分是引言；第二部分是 "Naikai's Method of Interpreting the *Mencius*：The Historical Approach（中井履轩释孟的方法：历史的解读方法）"；第三部分是 "Naikai's Reinterpreting of the *Mencius* on the Goodness of Human Nature：'Extending,' not 'Mastering and Ordering'（中井履轩对孟子性善论的再解释：'扩充'而不是'克治'）"，指出中井履轩认为孟子人性论的主旨在于本善之心性由内向外的"扩充"，而不需如朱子所说的由外向内之克治功夫；第四部分是 "Naikai Riken's Interpretation of Mencius's Way（Dao）：Reconstruction of the Way as Interpersonal Relations（中井履轩对孟子的'道'的解释：'道'的人间性的重建）"，指出中井履轩将孟子的"道"定义为"人道"，切断了"道"的超越性根据，以此反朱子及宋儒所建构的超绝之"道"或"理"，显示了18世纪东亚儒学思潮的新动向；第五部分是 "Naikai's Position in Mencius Studies in Intellectual History（中井履轩孟子学的思想史定位）"，从孟子学立场探讨中井履轩孟子学的短长得失；第六部分是结论。

（8）Tadashi Ogawa（小川侃），"Mencius and Fujita Tōko：A Confrontation with Mencius on the *qi/ki* and the *dao/dō*"，pp. 146 – 158

本文重点探讨了孟子是如何影响日本水户学派及其代表藤田东湖的。水户学派由日本东部水户的封建贵族水户光圀建立，他还供养了明朝朱子学派的朱舜水。1868年明治维新的前夜，水户学派深深影响着政治爱国者，这也让水户学派逐渐由理学学派转向伊藤仁斋创立的古义学派，批判理学，强调回归孔孟经典。在父亲藤田幽谷的指导下，藤田东湖研习了儒家经典尤其是孟子中的伦理与政治思想，并深受伊藤仁斋古学的影响。在孟子"浩然之气"与文天祥《正气歌》的基础上，他写作了《和文天祥正气歌》，由此激励了明治维新中的一大批爱国志士。但藤田东湖所理解的"气"与文天祥有所不同，文天祥对孟子的"气"有所更改，而藤田东湖坚持了孟子最初的"气"观念，这与二者所处的政治历史背景的不同有关。文章详细探讨了藤田东湖与孟子的"气"的异同，指出水户学派和孟子的"气"都与"道"紧密相连，都贯彻着天人合一的思想。

（9）Martina Eglauer，"The *Mencius* in the Writtings of Hu Shi"，pp. 159 – 173

（10）Hans Lenk，"Mencius pro Humanitate Concreta：Mengzi and Schweizer on Practical Ethics of Humanity", pp. 174 – 188

本文系作者于 2005 年发表的一篇论文，具体内容参见后文 "专题论文" 中的 "Hans Lenk，'Mencius pro Humanitate Concreta：Mengzi and Schweizer on Practical Ethics of Humanity'，*Taiwan Journal of East Asian Studies*，Dec. 2005，Vol. 2 Issue 2，pp. 77 – 98" 一条。

（11）Ole Döring（林麟鸥），"Exploring the Meaning of 'Good' in Chinese Bioethics through Mengzi's Concept of 'Shan'"，pp. 189 – 201

（12）Heiner Roetz（罗哲海），"Mengzi's Political Ethics and the Question of Its Modern Relevance"，pp. 202 – 214 ［【其他版本】Heiner Roetz（罗哲海），"Zur Frage der modernen Bedeutung der Ethik Mengzis"，Wolfgang Ommerborn（欧阳博），Gregor S. Paul，Heiner Roetz（罗哲海），*Das Buch Mengzi im Kontext der Menschenrechtsfrage*，Berlin：Lit，2011，pp. 75 – 86（继 2008 年会议论文集之后又以德文版本发表）］

在讨论中国传统与现代之间的可能联系时，《孟子》总是被视为一个关键角色。对于一些诠释者而言，尤其是对于新中国的那些批评家或反儒学运动者而言，《孟子》文本一直都建基于旧的封建制社会背景之中，这也是百家争鸣时别家学者对儒者的诟病。然而，也有一部分人看到了《孟子》中的政治哲学远远地超越了君主制原则，尽管孟子受制于时代的局限而没能直接表达出对君主制的质疑。史怀哲（Albert Schweitzer）认为，孟子是所有古代思想家中最现代的一个，因为他基于个人伦理而非权力，从而构建了文化国家的理想。

（13）Chun-chieh Huang（黄俊杰），"Contemporary Chinese Studies of Mencius in Taiwan"，pp. 215 – 234

本文系作者于 1985 年发表的论文《孟子学研究的回顾与展望》的英文版之一，具体内容参见后文 "专题论文" 部分的 "Chun-chieh Huang（黄俊杰），'Contemporary Chinese Studies of Mencius in Taiwan'，*Dao：A Journal of Comparative Philosophy*，Winter 2004，Vol. 4，Issue 1，pp. 217 – 236" 一条。

［5］Yang Xiao（萧阳），Kim-Chong Chong（庄锦章），eds.，*Dao Companion to the Philosophy of Mencius*，Geneva：Springer Nature Switzerland AG，2023

【作品简介】

本书涉及关于孟子的哲学、历史和解释层面的内容，探究了孟子从公元前三世纪至今在中国的影响、接受与关切，并呈现了关于孟子与中西方哲学代表人物的比较研究。本书包含了学界领军哲学家与学者的 34 篇文章，提供了关于孟子的宽阔视野与深入讨论，话题包括孟子的规范伦理学、形而上学、政治哲学、认识论与道德心学。本卷最后一节是 "Mencius and Western Philosophers：Comparative Perspectives（孟子与西方哲学家：比较视角）"，明确地让孟子与代表性的西方哲学家对话。

在本书的开头，庄锦章写了一篇介绍性文章，对孟子的背景进行了整体回顾，包括孟子的生平、《孟子》的成书与作者问题等，并对该论文集收录的文章都进行了介绍与评价，可谓透辟精当，故本部分对该论文集的介绍也主要是对庄锦章介绍内容的翻译。

全书共分为六部分，第一部分是 "Mencius in the Classical Context（Pre-Qin to the Han Period）［经典文献中的孟子（先秦至汉代）］"，共包括以下六篇论文：

（1）Carine Defoort（戴卡琳），"Unravelling the Connections Between the Mozi and the Mencius"，pp. 25–47

作者质疑了 "标准叙事"（standard narrative）的基础，即《孟子》强烈批评墨子的兼爱、节用和利益学说这一命题。除了历史和文献知识方面的考虑之外，作者还关注了孟子与墨家的哲学观点是如何被合理描述为对立的。她认为，《孟子》中的指责在本质上更夸张，例如，他并没有明确说出来什么是兼爱。墨子真的会希望每个人都无差别地、不区分亲与非亲地去爱他人吗？（根据孟子对墨子的理解，是这样的。）这将如何导致无父、缺失人道、率兽食人？在现存的西汉末年之前的早期资料中，并没有重复这种说法的论述，也没有反对这种说法的论述。在其他早期资料中，"兼爱" 并没有被当作完全负面的或墨家独有的术语。也许它在不同的语境下有不同的意义，且各种各样的主体对此都有不同的理解？不论人们是否认同作者关于 "标准叙事" 的观点，她关于 "诠释知情的无知" 的倡导是悠久的怀疑论哲学传统中非常重要的一部分，它可以引出创新性视角。（如果想从另一个角度来讨论孟子与墨子的关系，可以参考 "社会与政治思想" 部分刘乐恒的论文。）

（2）Paul Rakita Goldin（金鹏程），"Mencius in the Han Dynasty"，pp. 49–61

这篇论文补充了戴卡琳（Carine Defoort）在上文中关于标准叙事的警示。作者认为，许多现代讨论都是理学影响下的产物。一些被捧至核心地位的文章，在汉代既被忽视，又未被赋予重要地位。在汉代，关于人性中天生固有的善的推动力的观念，汉代学者并没有像后来的理学家那样，将它推至孟子哲学中那么基础性的地位。作者指出，对于那个被很多人特别与《孟子》相联系的关于"孺子将入于井"的文段，汉代资料从未引用过。类似地，汉代文献也没有提到过人性的"四端"。

（3）Franklin Perkins（方岚生），"The Mencius in the Context of Recently Excavated Texts"，pp. 63 – 78

作者通过从近来的出土文献中收集的信息，展现了《孟子》中的一些观点将可能受到什么样的质疑。一般认为，孟子的一些哲学主张主要从对墨子与杨朱等人的反驳中引出。然而，近来的出土文献认为，它们更有可能是为了回应早前的儒家争论而发展出来的。这些文献帮助深化了对孟子主张的理解，比如人性本善。《性自命出》一篇表明，"性"是作为一种哲学概念被儒家使用的，所以孟子不可能从杨朱那里借用这一概念。尽管告子的定位一直都是一个存在争论的问题，但在许多近来的儒家出土文献中出现了他提倡的观点，《性自命出》的主张中也暗示了一些他的观点，即我们天性中的一些层面需要被滋养和支持，而另一些层面需要被打磨和克制。在这一语境下，孟子很可能主张以礼义为基础的情感是自然的，而非通过实践而被内化的。由此，美德是在与"性"的连贯性中发展的。这一观点抬高了滋养与成长的方法的地位，而没有抬高打磨与克制的方法的地位。郭店出土的《五行》篇展现了孟子思想的优先权，即认为所有美德都发源于内在固有的东西；而马王堆出土的对《五行》篇的评论性资料则关注"气"在孟子对"浩然之气"的描述中的作用。

（4）Bo Xu（徐波），"Mengzi's Theory of Human Nature and Its Role in the Confucian Tradition"，pp. 79 – 98

作者展现了孟子的性善论如何在儒家传统中获得主流角色，其地位甚至超出了孔子在《论语》中关于人性论的论述。然而，孟子的理论中也存在某些歧义，这让后人用不同的方式来发展了他的学说，使它在传统中被给予了不同程度的强调。这可以归因于某些隐喻是如何被运用的，例如关于水的隐喻。

（5）Siufu Tang（邓小虎），"Two Visions of Confucianism：Mencius and Xunzi"，pp. 99 – 118

作者主张，孟荀之间人性论的真正区别在于伦理修养的自然基础。孟子坚定地认为，人天生就具有道德品质；而荀子否定这一点，强调人自身的自然天赋与能力不能帮助人成为君子。我们的自然品质，尤其是自然情感与欲望，都是天然混沌的，会导致恶行。正是在这个意义上，荀子主张人性是恶的。作者的结论是，"孟子与荀子之间的分歧可以被描述为某些在儒家观点范围内来为儒家伦理学辩护的人（即孟子）与某些试图从独立于儒家观点之外的立场来辩护的人之间的不同点"。儒学是以人性论为基础的，并帮助人们活出人道的全部潜能。作者的主张也许可以帮助解释为什么荀子会被逐出孔庙。

（6）Kim-Chong Chong（庄锦章），"Mencius, Zhuangzi and 'Daoism'"，pp. 119 – 135

庄子与孟子是同时代的人，但《孟子》并没有提到庄子，《庄子》中也没有提到孟子。本文将庄子视为道家的代表人物，分析了孟子与道家在战国思想交汇中分别身处何种立场，由此讨论了孟子与道家之间的关系。在战国时代，从未有人提到《孟子》中有任何道家人物，也从未有将庄子归入道家门类的说法。然而，观点各有其命，作者关注的是详细阐明它们是如何相互对立的。这可以帮助我们领会，在当时的思想交锋中，对于孟子而言，什么观念是面临危险的。作者没有使用"道家的"或"道家"这样的术语，因为他认为，《孟子》中提到的一些人物，如告子、杨朱、许行，他们的观点都在《庄子》中得到了延伸。一些在《庄子》中聚集的观点是与孟子对立甚至相反的，作者引述了这些观点作为思想的"道家倾向"。例如：自我保护（self-preservation）与个人生命的滋养、作为一种人为建构的道德、道德怀疑论、作为非规范的"天"、免于等级制的理想的原始生命、不存在必要的道德的人性的观点。

第二部分是"Mencius and Neo-Confucianism（孟子与理学）"，共包括以下五篇论文：

（7）Yong Huang（黄勇），"Cheng Hao and Cheng Yi's Appropriations of the Mencius"，pp. 139 – 158

作者展现了二程对《孟子》的运用在理学中如何扮演了一种必不可少的角色。为了对抗佛教在当时的盛行，二程兄弟通过发展孟子的观点来捍卫儒学，就像孟子当初发展孔子的观念来对抗杨、墨一样。他们抬高了孟子其人其书的地位。作者考察了他们借用《孟子》的三个例子，包括"性""推""自得"。作者认为，尽管他们的这种借用在哲学上是创新的，但它们与孟子本身的诠释是非常一致的。

（8）Wing-cheuk Chan（陈荣灼），"Zhu Xi's Appropriation of Mencius's Thought：From a Hermeneutic to a Developmental Approach"，pp. 159 – 178

在二程之后，朱熹通过将《孟子》纳入四书之一，进一步提高了其地位。朱熹对孟子思想的借用构成了他自己的理学。本文作者展现了朱熹是如何用理性主义的方式，通过将"理"视为至高的统一原则，从而将儒学发展为一种哲学系统的。"理"的原则在本质上是"伦理形上学"（ethical-metaphysical）的。朱熹从"心性论"的角度来探究伦理学，从"理气论"的角度来探究形而上学。他也通过一种互文方式来解释《孟子》的观点，即从四书中其他文本的角度，特别是从《大学》和《中庸》的角度来进行阐述。

（9）Zemian Zheng（郑泽绵），"Mencius and Wang Yangming"，pp. 179 – 199

作者讨论了王阳明对孟子"义内"思想的借用及其"良知"观念。王阳明认为，"良知"是完美自足的，这与孟子的观点相反，孟子认为它是初期的向善倾向但需要深入发展。根据王阳明的说法，自我修养的合适方法是从内在开始的。这是因为人卓越的性具有自足性。人可以通过修养性来成圣，而不必学习外在资源。王阳明论述了"心即理"，他主张朱熹的"格物"学说与告子的"义外"学说是等同的，告子的"义外"学说是孟子所强烈反对的。然而，作者比较了朱熹与王阳明的修身步骤，认为朱熹并不像人们所评价的那样具有唯智主义偏见（intellectualist）。

（10）Liangjian Liu（刘梁剑），"Mencius and Wang Fuzhi"，pp. 201 – 217

王夫之提出了关于《孟子》中关键概念的批评性见解。作者根据王夫之的观点，阐述了告子是如何将"情"误解为"性"的。二程兄弟和朱熹等儒家学者相信"气"是恶的根源，而"情"是善的，因为人性是善的，他们也存在和告子一样的误解。对于王夫之而言，"气"总是善的，与"情"相反，"情"可能是恶的。他认同人性善并强调人与其他生物之间的区别。然而，他不同意朱熹关于"性"与"气"的关系的看法。他强烈反对朱熹在"理"与"气"之间所潜在暗示的二元对立。从"理在气中"的格言开始，王夫之主张人的"气"是善的，因为"性"是善的。

（11）Philip John Ivanhoe（艾文贺），"Jeong Dasan's Interpretation of Mencius：Heaven，Way，Human Nature，and the Human Heart"，pp. 219 – 232

丁若镛因其在哲学、科学和政治学方面的成就以及其治理活动与诗歌创作而闻名，本文作者关注其伦理哲学。茶山寻求将孟子哲学从宋明理学家过度的形而上学中解救出来，在朝鲜时代，宋明理学家的解释已经成为正统。茶山主张一种更自然化的伦理学描述，来对抗正统理学高度抽象的形而上学体系。例如，宋明理学家认为，人性本身就是最初绝对精纯的、善的、统一的"理"，而茶山批评了这种观点。他主张，在任何文本意义上，万物都不是"皆备于我"的。相反，一个人的伦理关系与其对世界的义务可以通过同情与怜悯的能力来理解。过度的形而上学会倾向于使人们忽视他们的自然道德敏感性，让他们失去道德修养所需要的资源。

第三部分是"Social and Political Thought（社会与政治思想）"，共包括以下七篇论文：

（12）Leheng Liu（刘乐恒），"Mengzi's View on the Public and the Private"，pp. 235 – 258

作者描述了中国古代思想是如何看待公私关系的，战国时代的社会与政治危机是如何迫使人们反思这一问题的，以及墨子与孟子关于这一问题的不同看法。作者展现了孟子如何发展了他与墨家相反的观点。尽管孟子思想中有一些允许在公共领域中进行合适制度化的元素，但仍存在张力，这主要与他对伦理的主观化和绝对君主制观念有关，这阻碍了公共领域的合适制度化的观念。

（13）Yuri Pines（尤锐），"Mencius and Early Chinese Political Thought"，pp. 259 – 280

作者列出了孟子政治思想的三个要素。第一，"定于一"的观点，这构成了中国世界中政治意识形态的主线。第二，"天下太平"只有通过大众支持的单独一位仁君才能达到。第三，如果一个统治者违背了仁义观念，那么下层的反叛是可以被正当化的。尽管孟子认为"民为贵"，但他也表达了一些对平民的蔑视，并拒绝他们的政治参与。他认为只有士人可以存养其内在道德，并且因此也只有他们值得有权参与政策制定。这些可能会引发质疑，例如，孟子是否将政治权力限制于知识阶层内部？然而，作者主张从孟子个人品质遗产的角度来评价他。他的勇敢无畏、道德完足、用他所见的事实来说服掌权者的决心、将自己定位为下位民众的代言人和上位统治者的顾问的能力——所有的这些都深刻影响了帝国知识分子的思想形式。

（14）Larry Lai（赖卓彬），"Mencius and the New Confucianism's Pursuit of Democracy"，pp. 281 – 303

作者描述了孟子的政治哲学如何被徐复观、唐君毅和牟宗三这三个新儒家人物重新解释和重构的，他们让儒学重新焕发生命力的努力吸纳了他们对《孟子》解读中与民主相关的基本观念，如"民本政治"，并抨击为统治者的个人利益而开展的统治。借助孟子的思想，他们认为，传统伦理政治方法未能达到儒家政治理想即德治。

（15）Sung-moon Kim（金圣文），"Mencius's Political Philosophy of Ren Government：Human Dignity and Distributive Justice"，pp. 305 – 328

作者主张，对于孟子而言，仁政并不仅是君心的问题，相反，更综合来看，这是一个分配正义的系统，它涉及一种特殊意义上的对人类物质与精神福祉所担负的政治责任，以及一种对规章制度的恒常可靠的维护，这种维护可以推进物质充足与道德提升。对分配正义的关注来自孟子对人类尊严的基本的、规范的信念。由此，孟子的民本政治思想受到一种道德要求的指引，即政治是为了提升所有人有尊严的生活而存在的。

（16）Douglas Robinson，"Mencius and Political Rhetoric"，pp. 329 – 342

作者指出，《孟子》中一半以上的章节是围绕向统治政策制定者提议而展开的。儒家将民众置于政治的中心，在支持这一观念的有影响力的思想家中，孟子是最为激进的。因此，《孟子》有时会遭受政治审查。他本质上是平民主义者，但被推动着向政治实用主义的统治者展现儒家之道，他试着说服统治者同情是领导民众的唯一方式。通过实用的方式让人们被迫服从于法律，只会得到表面上的服从。仁君可以蔓延性地传播自己的美德。但另一方面，在中国的战国时代，如果人无能于或拒绝同情他者，就会以恶的方式来塑造人的天性，而这种恶的气质也会被传播，导致一种情感瘟疫，可以这样打比方说。不仁的天性与同情心的缺乏会导致灾难性后果。

（17）Chun-chieh Huang（黄俊杰），"Hermeneutics in the Mencius：Methods，Context，Divergence"，pp. 343 – 357

作者展现了孟子如何运用《诗》《书》等儒家经典，认为孟子并没有阐述哲学文献本身，相反，他作为权威来发展了这些观点。从这一角度来看，孟子是评注与解释传统的一部分，在这一传统中，他通过对语言的隐喻性运用来让人们通过特定的方式去感受并被说服，同时也表达了强烈的抱负，作出了对事件的社会性与政治性论述的批评，驳斥了异端。这篇论文与上文中介绍的 Douglas Robinson 的论文都展现了孟子如何运用修辞的而非逻辑的论述，来作为社会和政治领域的动机工具。

（18）John Allen Tucker，"Mencius and Japanese Confucian Philosophy"，pp. 359 – 376

作者展现了在对暴君的制裁性反抗中，孟子的思想是如何激起文化与政治问题的，这些问题在日本历史语境中提供了一种整体上成问题的立场。特别是在考虑忠诚与反叛的问题时，即使已经到了 21 世纪，《孟子》在日本哲学史上仍然是在一定程度上成问题的文本。

第四部分是"Ethics and Epistemology（伦理学与认识论）"，共包括以下六篇论文：

（19）Kwong-loi Shun（信广来），"Ming 命 and Acceptance"，pp. 379 – 398

"命"这个术语一般出现在中国哲学和中国通俗文化的文献中，往往被译为"fate"、"destiny"、"mandate"或"decree"。本文作者通过探究《论语》与《孟子》，将"命"描述为对"生命姿态"（posture in life）的一种概括。总体上，这是一种接受态度，它关涉"对于不利后果与事件，不沉溺其中也不受其扰乱；不参与试图改变事物的不合适的行为，相反，应该将注意力转移到其他有意义的追求上"。尽管接受与顺从是不同的。在一定意义上，它可以被理解为关涉一种更大程度的基于伦理观念的反思。作者指出，在这种态度与情形中可能会出现张力。对于在道德上深刻自我约束并深受使命感驱动的一些人来说，这种接受态度是一种通俗易懂的和有吸引力的姿态，当他们面临逆境或失败时就可以运用这种姿态。但这可能也与追求公共利益的失败不兼容，比如一种政治秩序的道德转变的失败。作者也将他对孟子伦理生命姿态的理解同当代的关切与经验进行了联系。

（20）Ming-huei Lee（李明辉），"Mou Zongsan's Interpretation of Mencius's Moral Philosophy"，pp. 399 – 408

牟宗三也许是新儒家中最具影响力的代表人物。本文作者展现了牟宗三是如何利用康德哲学中的概念与框架的。例如，"自律"（autonomy）被用于将孟子伦理学解释为一种"自律伦理学"（ethics of autonomy）。对于孟子的性善论与"仁义皆内"的理论，牟宗三也从康德伦理学的立场来进行了解释。对于康德来说，尽管道德情感是将道德法则强加于意志的一种主观结果，但它仍然属于意识或经验层面。然而，牟宗三主张我们可以将道德情感提升至超越层面，将它视为普适的和先验的。跟随康德道德哲学的内在逻辑，我们来到孟子的"本心"观念。这就将道德情感与实践推理结合了起来。作者认为，牟宗三可以说是更深入地扩展了康德的道德自律观念。

（21）Benjamin I. Huff, "Eudaimonism in the Mencius: Fulfilling Human Nature", pp. 409 – 439

作者认为，孟子是一个幸福主义者（eudaimonist）。对于孟子而言，最令人满意的生活由仁、义、智、礼构成，这种生活满足了人心的基本欲望与能力。传统希腊幸福主义者也有类似的主张，美德的生活在客观上是好的、在主观上是可欲的。他们呼吁追求幸福（eudaimonia）或快乐从而激发对美德的献身。孟子提供了一种周密精巧的对人性的目的论描述，它被设计为部分地支持了他的幸福主义。作者认为，孟子类似于希腊幸福论（eudaimonia）的幸福观念，是通过对"尽性"或其在某种意义上的等价物"尽心"的建构表达出来的。

（22）Herbert Xiangnong Hu, "Is Mencius a Consequentialist? Rethinking the Relationship Between Yi（Righteousness）and Li（Benefit）in the Mencius", pp. 441 – 467

从一开始，《孟子》就给出了"义"与"利"的关系。根据传统解释，孟子相信，尽管有时一个"义"的活动可以产出"利"，但后者绝不能被当作"义"的行为的原因。然而，根据一些更近期的解释，孟子主张我们应该准确地从"义"出发来行动，因为这样行动可以更有效地产出"利"。本文作者驳斥了这种后果主义的解释，并强化了传统的解释方法。孟子相信"义"有其内在固有的道德价值，这对于"利"来说是不可减少的。

（23）Peimin Ni（倪培民），"Mencius's Theory as a System of the Gongfu to Be Human and to Live a Good Human Life", pp. 469 – 490

作者研究了多种被归于文献中的孟子的伦理立场，并主张描述孟子伦理观念的最好的方式是从工夫伦理学的角度出发来解读，大概可以被翻译为"生命之道"。这是一种关于如何过好的生活的实践性立场，而非一种以实用主义或后果主义、义务论（康德式）伦理学或美德伦理学为代表的伦理学理论。作者主张，这种工夫视角也有助于澄清孟子论点中的一些明显的逻辑矛盾。

（24）Waldemar Brys, "Epistemology in the Mencius", pp. 419 – 514

作者讨论了孟子关于知识的观点何以贡献了当代关于认识论的争论。他关注孟子认识论中的三个品质特征：知晓事物；智慧或理智德性在获取知识过程的作用；将"知晓要做某事"（knowing-to）与"知晓某事是什么"（knowingthat)、"知晓如何做某事"（knowing-how）在概念上区分开来。作者认为，这些与当代哲学的论争相关，这些论争关涉客观知识的性质、知晓过程中理智德性的作用、知晓如何做某事和智慧行为（intelligent action）之间的关系。

第五部分是"Moral Psychology and Moral Development（道德心学与道德发展）"，共包括以下四篇论文：

（25）David B. Wong（黄百锐），"Feeling, Reflection, and Reasoning in the Mencius", pp. 517 – 538

作者讨论了情感、反思与推理如何一同有助于成善。对于孟子四端理论的发用，其中一定包括认知成分。在某些阶段，同情的发展将不得不关涉对他人痛苦的感知与判断，这是做出行为的原因。作者主张，我们可以借用《孟子》中的"道德发展模型，在这个模型中，人们需要反思并关注他们的端、扩充他们的道德情感、滋养自我的'大体'和权衡矛盾的考虑"。作者称之为道德发展的"端"的观念。它"主张一种积极反思的、自觉把握自我、一种在与恰当环境的互动中进行有意自我塑造的过程，而非简单展现现成直觉感受的替代性写照"。例如，作者关注了关于小婴儿的当代哲学研究，从而主张"'端'的情感的认知成分包括了一种必要因素，即辨识原因和推理出它们的能力，这优先于明确的语言表达"。如果存在这种先于语言的基础，一个后果是，在我们的反思、推理、语言能力，同帮助我们操纵世界的更原始的先于反思、潜意识、无意识的步骤之间，会有更多的连续性。《孟子》是思考这一过程如何运作的一个丰富资源。

（26）Myeong-seok Kim（金明锡），"Mencius on Moral Psychology", pp. 539 – 555

本文可以算是对上一篇黄百锐（David B. Wong）的文章的补充，尽管二者之间存在一些分歧。作者主张将孟子的道德情感解释为"基于关爱的说明"（concern-based construals）是最贴切的。这些在概念上区别于欲望与行为天性。孟子的四端之一是是非之心，作者认为这关涉道德判断。另外三端是道德情感，作为情感与原因而与是非之心相关。一种情感是事物向某人表现自我的一种特别方式，也是事物如何在一种特定情形中被特定关切定义时被解析的一种特别方式。这种情感观念与对恻隐之心、羞恶之心、辞让之心这三个属于"高级认知情感"的端的最优解释一致。它们包括某些类型的命题思想。由此，对将入于井的孺子的恻隐之心关涉对无辜存在陷入危险的关切。这种关切反过来基于同情关切，它对所关注的对象有一种痛苦的感情。从这个角度来说，孟子恻隐之心的端是基于关爱的说明，这与情感程序或基本情感形成对照。在特定情境下，如果相关的客体没有出现问题或看起来其问题还不够重大，那人对这个客体是无法具备一种情感的。因此，除非他有任何原因来让他关切这个客体，否则他无法实行他本应感受到的情感。

（27）Jing Iris Hu，"The Mencian Triplet of Ceyin Zhi Xin：Perceptive，Affective，and Motivational"，pp. 557 - 575

作者讨论了对孟子伦理学的自然主义解释是如何构成其规范性基础的，她认为这种规范性是与孟子伦理学中的生物和心理层面捆绑在一起的。本文讨论的焦点在于孟子的恻隐之心观念，作者利用心理学与神经系统科学领域中实证研究的近期发现，提出一种"孟子式的感知—情感—动机三元组"（Mencian Perceptive-Affective-Motive Triplet）的模型，由此阐明了恻隐之心的认知、动机和情感层面之间的关系，展现了这种自发的、天然的反应是如何与高级认知能力互动的。

（28）Bongrae Seok（石奉来），"Mencius's Moral Psychology and Contemporary Cognitive Science"，pp. 577 - 612

作者展现了对孟子道德心学的一种跨学科的比较性解释和分析。许多心理学家认为，道德主体的认知、情感、发展、表现等特质之间进行了互动整合的统一，道德心就是从中出现的。最重要的是，道德心在本质上是情感的、互动地关切他者的、充分体现的。从这种实证角度来看，孟子的道德心学是一种表现的和伤感主义的美德理论的独特形式，它将道德心作为情感共鸣、表现道德情感与反思的自我修养这三种活动的联合。由于孟子用孺子将入于井的例子来解释，所以道德心是心，是情感共鸣与对他者表现道德情感的心。这种认知、情感和表现的复合体是"仁"（儒学的核心美德）的道德心学基础。孟子哲学提供了一种关于道德心的心理学上的现实主义理论，它为关于情感的道德认知与对他者的同情关切的实证研究提供了灵感。

第六部分是"Mencius and Western Philosophers：Comparative Studies（孟子与西方哲学家：比较研究）"，共包括以下五篇论文：

（29）Ann A. Pang-White（庞安安），"Mencius and Augustine：A Feminine Face in the Personal，the Social，and the Political"，pp. 615 - 634

作者描述了孟子与奥古斯丁的教育发展理论大多归功于母亲的影响。他们关于女性特征的积极评价是进步的。他们都强调道德的情感方面，都基于爱与家庭模式提出了一种政治哲学，并反对社会契约主义和政治理想主义。不同于接受文化规范，孟子和奥古斯丁对于人的身体与性别都持一种含义清晰的相反的观点。他们拒绝将女性身体与性别视为达到目的的手段的社会观点，他们都支持一种基于对人生命的发展与关系性描述的社会政治理论，把各种传统中潜藏的女性成分带入前景，形成一种根植于仁与义、爱与正义的互补的合作、关爱、治理模式。

（30）May Sim（沈美华），"Self-determination and the Metaphysics of Human Nature in Aristotle and Mencius", pp. 635 – 649

作者比较了两位哲学家的自决观念，二者都认同普遍人性与有利于人的东西是密切联系的，也都认同人性使我们能够了解现实和善的性质。这反过来使道德人生或自决的某一层面成为可能。一个更细致的考察展现了二者的不同，包括他们的自我观念、如何获得真理知识、终极真理自身的性、自决的或道德的人对他者与世界上其他一切的影响。

（31）Lee Howard Yearley（李耶理），"Mencius and Aquinas", pp. 651 – 665

本文关注孟子与阿奎那关于人的完整实现以及与此密切联系的主题的描述，这些主题如美德、选择与失败的特性。更具体地说，作者重新探究了他自己早期关于这两位哲学家的作品，讨论了二者完整实现最理想的人的不同方法、对这种完整实现的理论的和文学的描述之间的关系，以及未能达到完美人格的问题。孟子更文学式的描述意味着说服力强的表达可能与一种好的论述同样重要，有时甚至比它更重要。更进一步地说，它意味着平凡语言的清晰含义与形式常常会被滥用，这反过来会导向获得意味深长的含糊歧义，以及随之而来的读者对文本或表达的重视。因此，在表达上难以捉摸、强烈的歧义和有意的不完整的特征，在孟子思想中是很明显的，但在阿奎那思想中其实是缺乏的。这些特征可能比任何逻辑论证都能在更深的程度上增强受众的参与感。

（32）Dobin Choi（崔多斌），"Mencius and Hume", pp. 667 – 683

作者比较了孟子与休谟关于情感与美德的思想。作者认为，结构比较方法可以让我们理解二者基于情感的美德理论的对举，并深化我们对孟子关于美德与修养论观念的理解。孟子接续了孔子，鼓励他人通过意识到他们的道德情感来修养美德。另外，休谟的目标是通过一种对心和情感的实证观察，最重要的是对情感的实证观察，从而对美德和道德教育进行科学研究。作者主张，情感的基本特性，特别是作为一种精神因素的影响，它提供了一种指令，即在尊重两位哲学家不同的理论目标的前提下对二者进行比较。

（33）James P. Behuniak Jr.（江文思），"Mencius, Dewey, and 'Developmental' Human Nature", pp. 685 – 703

作者认为，孟子与杜威都明显提供了关于人性运作的微妙而准确的见解，以及关于其在更广泛意义上的器官发展的见解。作者重新探究了杜威的描述，有助于纠正一种认为孟子从目的论角度来理解人性的推论：尤其是在"儒家美德伦理学"流派中，认为孟子容纳了一种关于器官发展的目的论观念，这种现象并不罕有。但这种阐述几乎没有文本证据支撑。相反，早期中国关于器官现象的讨论认为，器官形态自然进化成了其现状，生物与环境之间的关系同它们必然产生的行为或轨迹之间存在互动，这种互动保持末端开放性和动态性。仔细理解杜威对孟子的看法，我们可以看到，关于孟子对人性的"发展的"描述，杜威让一种更有细微差别的研究方法成为可能，这让它与早期中国自然哲学中明确实施的原则更为一致。

（二）专著

[1] Paul David Bergen（柏尔根），*The Sages of Shantung：Confucius and Mencius*, Shanghai, T. Leslie：C. L. S. Book depot, 1913

【作品简介】

作者在前言中声称，本书深受理雅各（James Legge）作品的影响。本书回顾了孔孟生活和游学的地理范围，指出孔孟是创始者与追随者的关系。作者从孔子的父母开始讲起，联系春秋时列国兼并的背景，生动地追溯了孔子的成长历程，包括他所经历的苦难、担任的官职、教育的学生、游历的旅程、取得的成就，同时穿插了其思想的形成过程，并广泛引用《论语》《孔子家语》等著作进行说明。最后，作者引用了理雅各、花之安（Ernst Faber）等人对孔子的批评，并谈了孔子对宗教的看法。接着，作者同样根据时间推移的顺序介绍了孟子的生平，从孟母说到齐宣王，再到他离开齐国之后的旅程，一面穿插了对其政治主张的评介，并指出了孟子对孔子思想的继承与发展。最后，作者介绍了孟子晚年的思想著述，并总结了孔孟的思想与教育的重大意义。

［2］Zhuomin Wei（韦卓民），*The Political Principles of Mencius*，Shanghai：Presbyterian Mission Press，1916

【其他版本】

Francis C. M. Wei（韦卓民），*The Political Principles of Mencius*，Washington：University Publications of America，1916（于 1977 年重印）

【作品简介】

作者在前言中声明，本书是由自己在武昌文华大学攻读文科硕士学位时所作毕业论文改写而来，其中所引用的英文版《孟子》都取自理雅各（James Legge）的译著。本书共分为八章：第一章是"Introduction（引言）"，简要介绍了孟子在中国思想史上的地位及其对当时中国革命的影响；第二章是"Life of Mencius（孟子的生平）"，先讨论了其出生地、出生日期及相关争议，接着分三个时段介绍了其生平，包括早期师从子思、中期周游列国的政治生涯、晚期返乡著述；第三章是"The Writings of Mencius（孟子的著述）"，介绍了《汉书·艺文志》所言"《孟子》十一篇"，这比现存《孟子》多出了四篇，故作者对此四篇进行了溯源，分析了其真实性，也对另外七篇的作者进行了考证；第四章是"Mencius' Teaching in General（孟子学说概略）"，围绕孟子人性论展开，介绍了其主张的道德的社会层面内容、伦理与政治的关系、"不忍人之心"等；第五章是"Mencius' Conception of the State（孟子的治国理念）"，指出孟子认为国家是人类社会自然形成的，经济是其基础，还介绍了孟子所认为的国家三要素，即国家起源、天根据民意赋予统治者政权、暴君可诛等观点，认为孟子的政治论与民主、神权有别，它更像是柏拉图式的君主国统治；第六章是"Form and Organization of Government（政府的建立）"，指出政府的建立是出于经济需要，并对比了孟子与柏拉图的理论，认为孟子的理想王国是以尧舜和上古三代的黄金时代为模板的，是一种封建君主国，分九州而治，治国的关键不在于疆域大小，而在于圣君贤相的善治；第七章是"The Function of the State（国家的功能）"，强调人民福祉的重要性，要为穷人供应充足的粮食，并分析了教育与国家的关系、国家外交、防御与和平政策等；第八章是"Conclusion（结论）"，总结了孟子的逻辑方法论，认为其保守主义并不教条化，还总结了儒家的道德与律法、孟子学说中的小部分宗教内容，指出孟学最终落脚于实践，分析了其政治论的源头及历史影响，最后从传教士的立场出发分析了基督教对中国的必要性。

［3］Ivor Armstrong Richards（瑞恰慈）, *Mencius on the Mind*: *Experiments in Multiple Definition*, London: K. Paul, Trench, Trubner & Co. , 1932

【其他版本】

Ivor Armstrong Richards（瑞恰慈）, *Mencius on the Mind*: *Experiments in Multiple Definition*, Richmond, Surrey: Curzon, 1932（于 1997 年重印）

Ivor Armstrong Richards（瑞恰慈）, *Mencius on the Mind*: *Experiments in Multiple Definition*, London, New York: Routledge, 1932（于 2001 年重印）

Ivor Armstrong Richards（瑞恰慈）, *Mencius on the Mind*: *Experiments in Multiple Definition*, Whitefish, Mont. : Kessinger Publishing, 1932（于 2005 年重印）

Ivor Armstrong Richards（瑞恰慈）, *Mencius on the Mind*: *Experiments in Multiple Definition*, London: Routledge & K. Paul, 1964

Ivor Armstrong Richards（瑞恰慈）, *Mencius on the Mind*: *Experiments in Multiple Definition*, Westport, CT: Hyperion Press, 1964（于 1983、1989 年重印）

Ivor Armstrong Richards（瑞恰慈）, *Mencius on the Mind*: *Experiments in Multiple Definition*, London: Routledge, 1996（于 2015 年重印）

Ivor Armstrong Richards（瑞恰慈）, *Mencius on the Mind*: *Experiments in Multiple Definition*, Hoboken: Taylor and Francis, 2013

【作品简介】

本书从孟子"心学"的角度出发，节选了《孟子》中的重要章节进行了逐字逐句的翻译。作者对"心""性""志""仁""义"等儒学术语进行了详细的概念分析，注重诠释其中的修辞表达技巧。本书共分为五章：第一章是"Some Problems of Translation（一些翻译问题）"；第二章是"Types of Utterance in *Mencius*（《孟子》中的几种表达方式）"；第三章是"Mencius' View of the Mind（孟子关于'心'的见解）"；第四章是"Towards a Technique for Comparative Studies（关于比较研究的技巧）"；第五章是"Appendix: Passages of Psychology from *Mencius*（附录：《孟子》中关于'心'的段落）"。

【相关评论】

Ananda Kentish Muthu Coomaraswamy, "The Meaning of Meaning by C. K. Ogden and Mencius on the Mind by I. A. Richards", *Journal of the American Orien-*

tal Society，Sep. 1933，Vol. 53，Issue 3，pp. 298 – 303

William Edward Soothill（苏慧廉），"Mencius on the Mind：Experiments in Multiple Definition by J. A. Richards"，*Journal of the Royal Asiatic Society of Great Britain and Ireland*，Jan. 1935，No. 1，pp. 155 – 157

Ann E. Berthoff，"From *Mencius on the Mind* to *Coleridge on Imagination*"，*Rhetoric Society Quarterly*，Spring 1998，Vol. 18，Issue 2，pp. 163 – 166

Peter Yih Jiun Wong（黄奕君），"Mencius on the Mind：Experiments in Multiple Definition by I. A. Richards"，*China Review International*，Fall 1998，Vol. 5，Issue 2，pp. 333 – 343

Joseph C. Sample，"Mencius on the Mind：Experiments in Multiple Definition by I. A. Richards and John Constable"，*Rhetoric Review*，2004，Vol. 23，Issue 1，pp. 94 – 98

Xie Ming，"Trying to Be on Both Sides of the Mirror at Once：I. A. Richards，Multiple Definition，and Comparative Method"，*Comparative Literature Studies*，2007，Vol. 44，Issue 3，pp. 279 – 297

［4］ Harold Henry Rowley（罗理），*Prophecy and Religion in Ancient China and Israel*，New York：Harper & Brothers，1956

【其他版本】

Harold Henry Rowley（罗理），*Prophecy and Religion in Ancient China and Israel*，London：Athlone Press，1956

Harold Henry Rowley（罗理），*Prophecy and Religion in Ancient China and Israel*，London：University of London，1956

罗理（Harold Henry Rowley）著，胡簪云译：《中国及以色列古先知的训言与宗教》，香港：基督教文艺出版社，1968 年。（中文译本）

【作品简介】

罗理曾以浸信会传教士的身份在中国停留了八年，后来，他于伦敦大学亚非研究院自 1951 年起举办的比较宗教学讲习会上作了六次演讲，其讲稿汇集为本书。本书包括六章：第一章是"先知训言的性质"，作者从年代和文化背景出发，对比了中国与以色列先知的区别，如前者重视会谈施教，后者重视演讲施教；第二章是"先知的政治家身份"，指出中国和以色列的先知都心系民众，积极参与政治，但直率真诚的个性使他们难以在官场立足；第三章是"先知的改革家身份"，中国与以色列先贤都反对暴政与剥削，孟子甚至提出了暴君可诛；第四章是"先知与黄金时代"，以色列和墨子都认为，理想社会将在神的赋权下实现，而孔孟则寄希望于君子道德之力以恢复三代秩序；第五章是"先知与崇拜"，儒家不信鬼神却重祭祀，墨家信鬼神而反对祭礼的铺张，王充亦以祭祀为无意义的浪费，而以色列先知则将对神的信仰与公平、正义、法律结合起来；第六章是"先知与上帝"，中国先贤或如孔孟那样不信鬼神，或如墨子那样信鬼神但未曾主张让人爱鬼神，而以色列先知则认为天主是可亲近的。

【相关评论】

Edwin Oliver James，"Prophecy and Religion in Ancient China and Israel by H. H. Rowley"，*Bulletin of the School of Oriental and African Studies*，*University of London*，1957，Vol. 19，Issue 3，pp. 584 – 585

Jean Bottéro（蒲德侯），"Prophecy and Religion in Ancient China and Israel by H. H. Rowley"，*Revue de l'histoire des religions*，1957，Vol. 151，Issue 2，pp. 257 – 258

Josef Andreas Jungmann，"Prophecy and Religion in Ancient China and Israel by H. H. Rowley"，*Archives de sociologie des religions*，Jan. – Jun. 1957，2e Année，Issue 3，p. 199

George Alexander Kennedy（金守拙），"Prophecy and Religion in Ancient China and Israel by H. H. Rowley"，*Journal of Biblical Literature*，Mar. 1957，Vol. 76，Issue 1，p. 81

Roland Potter，"Prophecy and Religion in Ancient China and Israel by H. H. Rowley"，*Blackfriars*，Jun. 1957，Vol. 38，Issue 447，pp. 271 – 272

Henri Cazelles，"Prophecy and Religion in Ancient China and Israel by H. H. Rowley"，*Vetus Testamentum*，Jul. 1957，Vol. 7，Fasc. 3，p. 332

Rolland E. Wolfe，"Prophecy and Religion in Ancient China and Israel by H. H. Rowley"，*Journal of Bible and Religion*，Jul. 1957，Vol. 25，Issue 3，pp. 237 – 238

Michael Loewe（鲁惟一），"Prophecy and Religion in Ancient China and Israel by H. H. Rowley"，*The Journal of Asian Studies*，Nov. 1957，Vol. 17，Issue 1，pp. 140 – 142

William Lambert Moran，"Prophecy and Religion in Ancient China and Israel by H. H. Rowley"，*Biblica*，1959，Vol. 40，Issue 4，pp. 1028 – 1029

Simon Szyszman，"Prophecy and Religion in Ancient China and Israel by H. H. Rowley"，*Zeitschrift der Deutschen Morgenländischen Gesellschaft*，1959，Vol. 109（n. F. 34），Issue 1，pp. 206 – 207

Homer Hasenpflug Dubs（德效骞），"Prophecy and Religion in Ancient China and Israel by H. H. Rowley"，*The Journal of Theological Studies*，*New Series*，Apr. 1959，Vol. 10，Issue 1，pp. 108 – 113

［5］George Alexander Kennedy（金守拙），*A Grammar of Mencius*，New Haven：Yale University，1956

【其他版本】

George Alexander Kennedy（金守拙），"Word Classes in Classical Chinese"（as an introduction to "A grammar of Mencius"），Tien – yi Li（李田意）（ed.），*Selected Works of George A. Kennedy*，New Haven，Connecticut：Far Eastern Publications，Yale University，1964

【作品简介】

作者运用了描述性与统计性相结合的方法，从文言词类的独特视角出发，对《孟子》的词频、语意等文法现象进行了详细的分类与计算，并通过大量的统计图表进行了严密分析。其关注的重点在于《孟子》中的语言学、语义学现象。

［6］Han-ts'ao Liang（梁寒操），*The Confucius-Mencius Theory and the Three Principles of the People*，East & West Monthly，1965（于 1970、1971、1972、1975 年重印）

【其他版本】

梁寒操：《孔孟学说与三民主义》，《梁寒操先生文集》（中册），台北：文物供应社，1983 年。（中文译本）

【作品简介】

本书先以英文版由 East & West Monthly 出版，述说了作者对三民主义与儒学精义的理解。后来梁寒操修改并丰富了该作品的内容，并改为中文版，作为其 1971 年参加孔孟学会的演讲稿。本书认为，三民主义根据人类心理所同然的自由、平等、博爱之原则，来处理人类生活所必然的民族、民权、民生，从而构成一种政治信仰，实现国际地位、人民政治地位和经济地位等的平等自由。其中，平等、博爱与"仁义"相通。儒家思想是中华传统文化的主流，除了孔子这位创立者外，孔庙的四配十哲中最有功的便是辩才超群的孟子。孔孟学说讲的就是"修己安人，内圣外王"的道理，"敬天"是其中很重要的内容，与犹太传统思想有些许相通之处。作者引用了《孟子》中的许多关涉玄学与哲学的段落，又引"十六字心传"的传续，来说明孟子的心性论如何继承了孔子的思想。接着，从天道过渡到人伦，"天人合一"也成了儒学的重要观念，又进一步衍生了中庸、忠恕、仁义、大同、王道等概念。最后，作者分析了三民主义与孔孟学说之间的关联。孙中山曾说三民主义因袭了"吾国固有之思想"，以道统为基础，并在民族主义中推崇了《大学》的三纲八目。民族主义据孔孟的夷夏思想而来；民权主义则体现了"王霸之辨"，王道为民权主义，霸道为帝国主义；民生主义体现了"义利之辨"，个人资本主义图私利，而民生主义是共享之义。

[7] Albert Felix Verwilghen（范立汉），*Mencius: The Man and His Ideas*, New York: St. John's University Press，1967（于 1973 年重印）

【作品简介】

本书较深刻地重塑了孟子的学说，共分为八章。第一章为"The Character of Mencius（孟子的人物形象）"，并不拘泥于对孟子生平的介绍，而是注重重现孟子所处的时代氛围和文化背景，引用了古今学者的评价来总结孟子的历史地位。第二章为"Prejudice Against a Great Philosophical Tradition（对伟大哲学传统的偏见）"，分析了中西文化冲突及其对中国传统文化的负面影响，以及西方背景下的人们如何理解孟子的问题。接下来的几章都围绕孟子的学说展开，包括心性论、政治论、修养工夫等，并穿插了孟子的经历和故事：第三章为"The Pedagogical Arts of Master Meng（孟子的教学技巧）"；第四章为"The Bright Eyes and Pure Heart of a Child（瞭眸与赤子之心）"；第五章为"Square and Compass or the Standard Measures for the Human Heart（人心的规尺）"；第六章为"'I Teach the Only and Unmistakable Way to Save China from Complete Collapse'（'我传授唯一的清晰易懂的方式来拯救中国免于完全颠覆'）"；第七章为"The Shaping of a New Knighthood: An Honest Officialdom for China（塑造新君子：赤诚的中国官僚）"；第八章为"'There is Something That I Hate More Than Death'（'所恶有甚于死者'）"。值得注意的是，作者将孟子的"君子"观念翻译为"knight"或"chivalry"，即欧洲中世纪意义上的"骑士"，认为孟子希望这批具有骑士精神的人接管传统贵族军事。

【相关评论】

Michel Cartier（贾永吉），"Mencius：The Man and His Ideas（Asian Philo-sophical Studies，3）by Albert Felix Verwilghen"，*Revue Bibliographique de Sinol-ogie*，1966－1967，Vol. 12/13，p. 453

[8] Ai-yen Chen（陈蔼彦），*Mencius's Young Years*，Singapore：Books As-sociated International，1972

【作品简介】

本书系中华传统文化普及类绘本，是关于孟子孩童时代的传记，以图画的形式生动展现了孟子的成长历程。本书的开头对孟子的思想与地位进行了概述，接着介绍了其幼年丧父、孟母靠织布艰难养育儿子、孟母三迁、断机教子等故事，并在最后专门以"Mencius's Key Thoughts"简要概括了孟子的思想要点，涉及环境对人的关键性影响、苦难促进知识与道德、性善论与存心养性、仁政等。

[9] Philip John Ivanhoe（艾文贺），David Shepherd Nivison（倪德卫），Margaret Waters（programmer），*A Concordance to Tai Chen*，"*Meng-tzu Tzu I Shu Cheng*"，San Francisco：Chinese Materials Center，1978（于 1979 年重印）

【作品简介】

该作品是倪德卫（David Shepherd Nivison）所编"The Stanford Chinese Concordance Series（斯坦福中国索引系列丛书）"第四卷中的第二部，亦是全系列的第六部，是关于戴震的《孟子字义疏证》的索引，包括"Concordance""Search of Phrases""Search of Words Occurring Within the Same Line""Search of Words Occurring Within a Line of Each Other"。

[10] Wei-hsiung Li（李威熊），Kuei-hui Kao（高桂惠），K'un-jung Hu（胡坤荣）（illustrate），*Stories from Mencius*，Taibei：Liking Publishing（台北：联经出版事业公司），1987

【其他版本】

李威熊（Wei-hsiung Li）、高桂惠（Kuei-hui Kao）撰，胡坤荣（K'un-jung Hu）绘：《孟子的故事》，台北：侨务委员会，1985 年。（此为中文原版，于

1989 年、2003 年重印）

【作品简介】

本书节选了许多与孟子有关或从《孟子》中摘取的故事进行白话改写，包括孟母三迁择邻，孟母断机教子，五谷不熟、不如稊稗，以及揠苗助长、与民同乐、徐子论水、牛山之木尝美矣、冯妇搏虎、五十步笑百步、大牛换小羊等二十几个流传甚广、影响深远的著名故事。

[11] Philip John Ivanhoe（艾文贺），*Ethics in the Confucian Tradition：The Thought of Mencius and Wang Yang-ming*，Atlanta，Georgia：Scholars Press，1990

【其他版本】

Philip JohnIvanhoe（艾文贺），David Shepherd Nivison（倪德卫）（Principal Adviser），*Mencius in the Ming Dynasty：The Moral Philosophy of Wang Yang-ming*，for the Degree of Ph. D. in Philosophy，The Religious Studies Department，Stanford University，Mar. 1987

Philip John Ivanhoe（艾文贺），*Ethics in the Confucian Tradition：The Thought of Mencius and Wang Yang-ming*，Indianapolis：Hackett Publishing，2002

【作品简介】

本作品为艾文贺在斯坦福大学宗教学系攻读博士学位期间于 1987 年提交的毕业论文，后作为图书出版。主要内容和相关评论参见后文的 "Philip John Ivanhoe（艾文贺），David Shepherd Nivison（倪德卫）（Principal Adviser），*Mencius in the Ming Dynasty：The Moral Philosophy of Wang Yang-ming*，For the Degree of Ph. D. in Philosophy，The Religious Studies Department，Stanford University，Mar. 1987" 一条。

[12] Lee Howard Yearley（李耶理），*Mencius and Aquinas：Theories of Virtue and Conceptions of Courage*，Albany，N. Y. ：State University of New York Press，1990

【其他版本】

Lee Howard Yearley（李耶理），*Mencius and Aquinas：Theories of Virtue and Conceptions of Courage*，Boulder，Colorado：Net Library，Inc. ，1990（于 1999 年重印）

李耶理（Lee Howard Yearley）著，施忠连译：《孟子与阿奎那：美德理论与勇敢概念》，北京：中国社会科学出版社，2011 年。（中文译本）

【作品简介】

本书从比较哲学的视角出发，探究了《孟子》与托马斯·阿奎那（Thomas Aquinas）的《神学大全》（*Summa Theologiae*）中的道德观念。全书共分为五章：第一章是"The Comparative Philosophy of Religions and the Study of Virtue（比较宗教哲学与美德研究）"，通过解释比较哲学中的宗教、伦理、美德等范畴来说明本书的主题与研究方法；第二章是"The Context for Mencius and Aquinas's Ideas of Virtue（孟子与阿奎那美德观念的语境）"，考察了阿奎那与孟子这两个思想体系下的美德系列（List of Virtues）及其预设，以及两位思想家在规诫（Injunctions）与生活方式之间构建的联系；第三章是"Mencius and Aquinas's Theories of Virtue（孟子与阿奎那的美德理论）"，考察了二者对道德的不同刻画方式，以及他们对理性与天性的关系、道德与私心的关系、人性能否发展出道德等问题的看法；第四章是"Mencius and Aquinas's Concept of Courage（孟子与阿奎那的勇敢概念）"，"勇敢"的概念是指面对危险事物时自控畏惧情绪的令人敬佩的能力；第五章是"Conclusion（结论）"，继续通过比较哲学的研究方法，给出了两位思想家的其他异同点及其影响。

【相关评论】

Zbigniew Wesolowski（魏思齐），"Mencius and Aquinas：Theories of Virtues and Conceptions of Courage. SUNY Series，toward a Comparative Philosophy of Religions by Lee H. Yearley"，*Monumenta Serica*，1990 - 1991，Vol. 39，pp. 409 - 414

John W. Witek（魏若望），"Mencius and Aquinas：Theories of Virtue and Conceptions of Courage，by Lee H. Yearley"，*Theological Studies*，Dec. 1991，Vol. 52，Issue 4，pp. 761 - 762

Philip Novak，"Mencius and Aquinas：Theories of Virtue and Conceptions of Courage by Lee H. Yearley"，*Journal of the American Academy of Religion*，Summer 1992，Vol. 60，No. 2，pp. 365 - 367

Leo J. Elders，"Mencius and Aquinas：Theories of Virtue and Conceptions of Courage by Lee H. Yearly"，*The Review of Metaphysics*，Sep. 1992，Vol. 46，No. 1，pp. 186 - 187

Stephen C. Angle（安靖如），"Yearley, Lee H. *Mencius and Aquinas*：*Theories of Virtue and Conceptions of Courage*"，*Ethics*，Oct. 1992，Vol. 103，Issue 1，

p. 195

Heiner Roetz（罗哲海），"Mencius and Aquinas: Theories of Virtue and Conceptions of Courage by Lee H. Yearley", *Bulletin of the School of Oriental and African Studies*, University of London, 1993, Vol. 56, No. 1, pp. 174 – 176

Anthony Christopher Yu（余国藩），"Of Apples and Oranges…", *Journal of Religion*, Jan. 1993, Vol. 73, Issue 1, pp. 69 – 74

Francis Xavier Clooney, "Mencius and Aquinas: Theories of Virtue and Conceptions of Courage by Lee Yearley", *History of Religions*, Feb. 1993, Vol. 32, No. 3, pp. 309 – 312

Martha Craven Nussbaum, "Comparing Virtues", *Journal of Religious Ethics*, Fall 1993, Vol. 21, Issue 2, pp. 345 – 367

Bryan William Van Norden（万百安），"Yearley on Mencius", *Journal of Religious Ethics*, Fall 1993, Vol. 21, Issue 2, pp. 369 – 376

John Ignatius Jenkins, "Yearley, Aquinas, and Comparative Method", *Journal of Religious Ethics*, Fall 1993, Vol. 21, Issue 2, pp. 377 – 383

Lee Howard Yearley（李耶理），"The Author Replies [to Nussbaum, Van Norden, and Jenkins]", *Journal of Religious Ethics*, Fall 1993, Vol. 21, Issue 2, pp. 385 – 395

George Allan, "Mencius and Aquinas: Theories of Virtue and Conceptions of Courage, by Lee H. Yearley", *Philosophy East and West*, Jan. 1994, Vol. 44, Issue 1, pp. 169 – 175

Lee Howard Yearley（李耶理），"Theories, Virtues, and the Comparative Philosophy of Human Flourishings: A Response to Professor Allan", *Philosophy East & West*, Oct. 1994, Vol. 44, Issue 4, pp. 711 – 720

Terence Kennedy, "Mencius and Aquinas. Theories of Virtue and Conceptions of Courage（SUNY Series）by Lee H. Yearley", *Gregorianum*, 1995, Vol. 76, No. 4, p. 783

[13] Joseph Palumbo, *Wang Mang, Confucian Success or Failure?: A Unit of Study for Grades* 7 – 10, Los Angeles, CA: National Center for History in the Schools, University of California, 1992

【作品简介】

本作品是一份教学资料汇总，主题关涉王莽改制与儒家理想。开头以戏剧的方式详细地重现了王莽之死，接着列出本课程的目标，引导学生主动阅读材料，并自主分析两汉之交的现实状况与儒家理想之间的差距、王莽改制与儒家理想之间的差距、王莽的成败及其对后世的影响等问题。然后，作品开始介绍王莽改制的要点，尤其是一些具有儒家理想主义色彩的政策，并描述了新朝被推翻的过程，以及后世学者对王莽改制的评价。在这之后，是"The Ruler's Handbook（统治者手册）"，这部分引用了大量孔孟言论，尤其是《孟子》原文，来说明理想统治者应该具备的德性、何谓善政、如何赢得民心、如何让民众免于饥饿、解决温饱问题后如何教化民众、天如何赋予圣君治权等问题，以此描绘儒家政治理想的概貌，从而与王莽的政治实践作对照。作者还设计了几个供学生填写的表格，让学生自主评价王莽的个人品质、改制政策等，并引导学生思考一个好的政策为何会失败等深层次的历史问题。

［14］Edward J. Machle，*Nature and Heaven in the Xunzi：A Study of the Tian Lun*，Albany：State University of New York Press，1993

【作品简介】

本书深入研究了《荀子》的《天论》一章，详细诠释了荀子的"天"的多层含义，追溯了荀子写作《天论》篇的背景，还拓展分析了一些哲学概念和术语、文献和翻译问题。其中特别关注了孟、荀思想的分歧问题，这种比较哲学的视角贯穿了全书：孟、荀都强调要与天和谐共处方能成德，但关于人类文化在实现天人和谐共处中发挥的作用，荀子不认同孟子的观点，孟子主张"存心养性"，荀子主张"化性起伪"。二者对于调和自然、文化、伦理之间关系的争论，至今依然活跃。

【相关评论】

Bryan William Van Norden（万百安），"Nature and Heaven in the Xunzi：A Study of the Tian Lun. by Edward J. Machle"，*The Journal of Asian Studies*，Aug. 1994，Vol. 53，Issue 3，pp. 921 – 922

Jeffrey K. Riegel（王安国），"Nature and Heaven in the Xunzi：A Study of the Tian Lun by Edward J. Machle"，*China Review International*，Fall 1994，Vol. 1，Issue 2，pp. 201 – 202

[15] David Shepherd Nivison（倪德卫），Bryan William Van Norden（万百安）（ed.），*The Ways of Confucianism*：*Investigation in Chinese Philosophy*，Chicago and Ls Salle，Illinois：Open Court，1996

【其他版本】

倪德卫（David Shepherd Nivison）著，万百安（Bryan William Van Norden）编，周炽成译：《儒家之道：中国哲学之探讨》，南京：江苏人民出版社，2006 年。（中文译本）

【作品简介】

本书对中国哲学史上儒家道德学说中的关键问题进行了重构，回顾了多位重要思想家的相关论述，并进行了深刻的比较研究。本书开头是万百安（Bryan William Van Norden）为老师写的介绍性前言，介绍了老师倪德卫（David Shepherd Nivison）的写作特点，并对全书正文的三大部分进行了概述与评析，还介绍了一些编辑方面的问题。正文的第一部分是 "Investigations in Chinese Philosophy（中国哲学研究）"，讲了出土的甲骨文、金文中的 "德"；分析了 "德" 的悖论；介绍了孟子、荀子、王阳明、章学诚、戴震等人关于人自我成德的观点并进行对比；总结了中国道德哲学的黄金准则，对《论语》与冯友兰的忠恕观念进行了解析。第二部分是 "Ancient Philosophy（古代哲学）"，讲了孔子、墨子、孟子、荀子的意志无力，并介绍了他们的心欲模型；聚焦了孟子的道德动机与道德行为理论，解释了道德行为与德性 "扩充" 的可能性，分析了道德的 "一本" 与 "二本"，评价了孟子辩护的局限性，涉及义务论与后果主义之辨、直接行为的问题、对情绪负责的问题、退化问题等，并将孟子与庄子、荀子以及西方都进行了对比；介绍了公元前 4 世纪的哲学唯意志论，涉及的问题包括言外之意、历史假说、孟子与公孙丑的对话、与庄子的对比、墨家的唯意志论与告子等；对《孟子·告子上》第一章至第五章、《孟子·尽心上》第十七章中的关键问题进行了详细解析，并分析了《孟子》的翻译问题；对荀子的人性论进行了重构。第三部分是 "Recent Centuries（近几个世纪）"，关注王阳明、章学诚与戴震的道德哲学，并将他们的思想与孟子、荀子进行了比照。

[16] Sarah Allan（艾兰），*The Way of Water and Sprouts of Virtue*，Albany：State University of New York Press，1997

【其他版本】

艾兰（Sarah Allan）著，张海晏译：《水之道与德之端：中国早期哲学思

想的本喻》，上海：上海人民出版社，2002 年。（中文译本）

艾兰（Sarah Allan）著，张海晏译：《水之道与德之端：中国早期哲学思想的本喻》（增订版），北京：商务印书馆，2010 年。（中文译本）

【作品简介】

本书介绍了中国早期哲学家的思想，包括各哲学学派所假设的自然与人类世界的一般原理，人们可以通过探究支配自然的原则来理解人性。由此，为早期中国思想提供本喻的，是自然世界，而非宗教传统。艾兰考察了中国早期思想中的具体意象，并特别聚焦了孟子与老子，认为其中最重要的是水和植物。因为中国早期哲学中最基础的概念包括道、德、心、性、气，而水与植物就是这些重要概念的自然模型。水具有极度丰富的产生意象的能力，从而提供了定义一般宇宙原理的基本模型；而植物为不间断的生发、生长、繁衍、死亡的一般次序提供了模型，是中国式人性论的宗教与哲学基础。

【相关评论】

Anne Anlin Cheng（程艾兰），"The Way of Water and Sprouts of Virtue by Sarah Allan"，*Revue Bibliographique de Sinologie*，*Nouvelle série*，1998，Vol. 16，pp. 420 – 421

Lionello Lanciotti，"The Way of Water and Sprouts of Virtue by Sarah Allan"，*East and West*，Dec. 1998，Vol. 48，Issue 3/4，p. 497

Isabelle Robinet（贺碧来），"The Way of Water and Sprouts of Virtue by Sarah Allan"，*T'oung Pao*，*Second Series*，1999，Vol. 85，Fasc. 4/5，pp. 431 – 435

John Dye，"The Way of Water and Sprouts of Virtue by Sarah Allan"，*China Review International*，Spring 1999，Vol. 6，Issue 1，pp. 47 – 49

Aihe Wang（王爱和），"The Way of Water and Sprouts of Virtue by Sarah Allan"，*The Journal of Asian Studies*，Feb. 1999，Vol. 58，Issue 1，pp. 153 – 154

Benjamin David Penny（裴凝），"The Way of Water and Sprouts of Virtue by Sarah Allan"，*The Journal of the Royal Anthropological Institute*，Mar. 1999，Vol. 5，Issue 1，p. 111

James D. Sellmann，"The Way of Water and Sprouts of Virtue by Sarah Allan"，*Philosophy East and West*，Oct. 1999，Vol. 49，Issue 4，pp. 527 – 529

Jane M. Geaney（金格倪），"The Way of Water and Sprouts of Virtue by Sarah

Allan", *Journal of the American Oriental Society*, Apr. – Jun. 2000, Vol. 120, Issue 2, pp. 304 – 305

[17] Kwong-loi Shun（信广来）, *Mencius and Early Chinese Thought*, Stanford, California: Stanford University Press; Cambridge: Cambridge University Press, 1997（于 2000 年重印）

【其他版本】

信广来（Kwong-loi Shun）著，吴宁译：《孟子与中国早期思想》，上海：东方出版中心，2023 年。（中文译本）

【作品简介】

孟子是孔子之后最伟大的儒家思想代表，尤其是在宋朝将《孟子》列入四书之后，孟学的地位更是大大提升。本书立足于孟子所处的时代背景，注重分析早期儒学中对后来中国哲学产生深远影响的几个关键伦理概念及其在不同语境下的用法，诠释了孟子对人性、伦理、修身等问题的看法，并将孟子的学说与百家中其他流派的思想作对比。此外，作者讨论并评价了学者们对《孟子》中的一些重要段落的翻译与解释。本书共分为六部分：第一部分是 "Introduction（引言）"，介绍了本书的主题与研究方法；第二部分是 "Background（背景）"，包括 "From Pre-Confucian Thought to Confucius（从儒家以前的思想到儒家）" "The Mohist Challenge（墨家的挑战）" "*Hsing*（Nature, Characteristic Tendencies）and Yangist Thought（性与杨朱思想）"；第三部分是 "The Ethical Ideal（伦理道德理想）"，包括 "*Jen*（Benevolence, Humaneness）and *Li*（Rites, Observance of Rites）（仁与礼）" "*Yi*（Propriety, Righteousness）（义）" "*Chih*（Wisdom）（智）" "The Unmoved Heart/Mind（*Pu tung Hsin*）（不动心）" "Attitude Toward *Ming*（Decree, Destiny）（对命的态度）"；第四部分是 "*Yi*（Propriety）and *Hsin*（Heart/Mind）（义与心）"，包括 "General（概述）" "The Debate with Kao Tzu about *Hsing*（Nature, Characteristic Tendencies）in 6A：1 – 3（在 6A：1 – 3 中与告子关于'性'的辩论）" "The Debate with Kao Tzu about *Yi*（Propriety）in 6A：4 – 5（在 6A：4 – 5 中与告子关于'义'的辩论）" "Mencius's Rejection of Kao Tzu's Maxim in 2A：2（在 2A：2 中孟子对告子言论的反驳）" "Mencius's Criticism of the Mohist Yi Chih in 3A：5（在 3A：5 中孟子对墨者夷之的批评）"；第五部分是 "Self-Cultivation（修身）"，包括 "Ethical Predispositions of the Heart/Mind（心的道德倾

向）""Self-Reflection and Self-Cultivation（自省与修身）""Self-Cultivation and the Political Order（修身与政治秩序）""Ethical Failure（道德失败）"; 第六部分是 "*Hsing*（Nature, Characteristic Tendencies）（性）", 包括 "*Jen*（Human）*Hsing*（人性）""*Hsin*（Heart/Mind）, *Hsing*, and *T'ien*（Heaven）（心、性与天）""*Hsing* is Good（性善）""Mencius and Hsün Tzu on*Hsing*（孟子与荀子论性）"

【相关评论】

Anne Anlin Cheng（程艾兰）, "Mencius and Early Chinese Thought by Kwong-loi Shun", *Revue Bibliographique de Sinologie*, *Nouvelle série*, 1998, Vol. 16, pp. 424 – 425

Tan Sor Hoon（陈素芬）, "Mencius and Early Chinese Thought by Kwong-loi Shun", *China Review International*, Fall 1998, Vol. 5, Issue 2, pp. 545 – 549

Philip John Ivanhoe（艾文贺）, "Mencius and Early Chinese Thought by Kwong-loi Shun", *The Journal of Asian Studies*, Aug. 1998, Vol. 57, Issue 3, pp. 838 – 839

Heiner Roetz（罗哲海）, "Mencius and Early Chinese Thought by Kwong-Loi Shun", *Bulletin of the School of Oriental and African Studies*, *University of London*, 1999, Vol. 62, Issue 2, pp. 385 – 387

Chad Hansen（陈汉生）, "Mencius and Early Chinese Thought by Kwong-Loi Shun", *Philosophy East and West*, "*Subjectality*"（主体性）: *Li Zehou and His Critical Analysis of Chinese Thought*, Apr. 1999, Vol. 49, Issue 2, pp. 207 – 209

Jane M. Geaney（金格倪）, "Mencius and Early Chinese Thought by Kwong-loi Shun", *Journal of the American Oriental Society*, Apr. – Jun. 1999, Vol. 119, Issue 2, pp. 366 – 368

Lionello Lanciotti, "Mencius and Early Chinese Thought by Kwong-loi Shun", *East and West*, Dec. 2000, Vol. 50, Issue 1/4, p. 604

André Lévy（雷威安）, "Mencius and Early Chinese Thought by Kwong-loi Shun", *Revue Bibliographique de Sinologie*, *Nouvelle série*, 2001, Vol. 19, p. 456

[18] Itô Jinsai（伊藤仁斋）, John Allen Tucker（trans.）, *Itô Jinsai's Gomô Jigi and the Philosophical Definition of Early Modern Japan*, Harold Bolitho, Kurt Werner Radtke, eds., *Brill's Japanese Studies Library*, Vol. 7, Leiden, Boston: Brill, 1998

【作品简介】

本书首次将 1705 年伊藤仁斋的《语孟字义》（*Gomô jigi*）完整翻译为西方语言，是西方读者所接触到的最早的德川哲学译本之一。译者在开头为伊藤仁斋的思想体系作了小传，并对《语孟字义》进行了简要的介绍。作者认为，虽然《语孟字义》写于武士权力上升的时代，但其所依据的是一套系统的适用于京都町人（chônin）阶层的哲学世界观。伊藤仁斋的《语孟字义》对孔孟哲学的许多关键术语进行了深度剖析：卷之上包括"天道"（The Way of Heaven）、"天命"（The Decree of Heaven）、"道"（The Way）、"理"（Principle）、"德"（Virtue）、"仁义礼智"（Humaneness, Rightness, Propriety, Wisdom）、"心"（The Mind）、"性"（Human Nature）、"四端之心"（The Mind's Four Beginnings）、"情"（Human Feelings）、"才"（Abilities）、"志"（Purpose）、"意"（Ideas）、"良知良能"（Moral Intuition and Abilities）；卷之下包括"忠信"（Loyalty and Trustworthiness）、"忠恕"（Loyalty and Empathy）、"诚"（Sincerity）、"敬"（Reverence）、"和"（Honesty and Harmony）、"学"（Learning）、"权"（Expediency）、"圣贤"（Sages and Worthies）、"君子小人"（Refined People and Commoners）、"王霸"（True Kings and Hegemons）、"鬼神"（Ghosts and Spirits）、《诗》（The *Book of Poetry*）、《书》（The *Book of History*）、《易》（The *Book of Changes*）、《春秋》（The *Spring and Autumn Annals*），以及最后的《总论四经》（On the *Four Classics*）。附录部分包括"《大学》非孔氏之遗书辨"（The *Great Learning* is Not a Confucian Text）和"论尧舜既没邪说暴行又作"（The Revival of Heterodoxies）。

【相关评论】

I. James McMullen，"Itô Jinsai's *Gomô Jigi* and the Philosophical Definition of Early Modern Japan by John Allen Tucker"，*Monumenta Nipponica*，Winter，1999，Vol. 54，Issue 4，pp. 509 – 520

A. G. R. Smith，"Itô Jinsai's *Gomô Jigi* & the Philosophical Definition of Early Modern Japan by John A. Tucker"，*Journal of the Royal Asiatic Society*，*Third Series*，Nov. 1999，Vol. 9，No. 3，p. 464

Tetsuo Najita（奈地田哲夫），"Itô Jinsai's *Gomô Jigi* and the Philosophical Definition of Early Modern Japan by John Allen Tucker"，*Journal of Japanese Studies*，Summer，2000，Vol. 26，Issue 2，pp. 443 – 447

Samuel Hideo Yamashita（山下秀雄），"Itô Jinsai's *Gomô Jigi* and the Philo-sophical Definition of Early Modern Japan by John Allen Tucker"，*Philosophy East and West*，Jul. 2002，Vol. 52，Issue 3，pp. 392 – 395

［19］Chun-chieh Huang（黄俊杰），*Mencian Hermeneutics：A History of In-terpretations in China*，New Brunswick，N. J. ：Transaction Publishers，2001

【其他版本】

黄俊杰（Chun-chieh Huang）：《孟子》，台北：东大图书公司，1993 年。（于 2006 年重印，其中的第七、八、九章与本书的第二部分近乎重合。）

黄俊杰（Chun-chieh Huang）：《孟学思想史论》（卷二），台北："中研院"文哲研究所，1997 年。（其中的第三、四、五、六、八、十章与本书的第二部分近乎重合。）

黄俊杰（Chun-chieh Huang）：《中国孟学诠释史论》，北京：社会科学文献出版社，2004 年。［为台湾繁体本《孟学思想史论》（卷二）的大陆简体本，其中的第三、四、五、六、八、十章与本书的第二部分近乎重合］

Chun-chieh Huang（黄俊杰），*Mencian Hermeneutics：A History of Interpreta-tions in China*，London：Routledge，2017（于 2018、2019 年重印）

【作品简介】

本书是对作者于 1980 年提交的博士学位论文的改编版本，但二者又存在许多不同，本书蕴含了作者的许多更深入的思考。具体参见后文"博士学位论文"部分的"Chun-chieh Huang（黄俊杰），Jack L. Dull（杜敬轲）（Princi-pal Adviser），*The Rise of the Mencius：Historical Interpretations of Mencian Morali-ty，ca. A. D. 200 – 1200*，History Department，University of Washington，Jul. 3，1980"一条。

作者指出，中国思想史传统在本质上是一种深刻的实用主义思维传统，孟子的学说务实地植根于当时的政治社会条件，同时又超越了这个情境以追根溯源，获得了更高层次的意义，从而丰富了中国乃至世界哲学的传统。以往对孟子的研究局限于文献学和考古学的层面，并将其文本定位于中国历史来进行分析，而本书在此基础上引入了西方解释学传统，研究了中国历代学者对孟子的解读与批判性评价，尤其是他们的注疏。涉及的思想家包括荀子、赵岐、韩愈、王安石、朱熹、陆九渊、王阳明、焦循、戴震，以及新儒家的唐君毅、徐复观、牟宗三等人。他们从孟子所处的时代背景来解读孟子，而孟子的思想也影响着他们的人生。作者很注重宋代思想家对孟子的解释，因为他认为宋代的历史背景与孟子所处的时代最为相似。同时，作者指出，过多的解释可能会让孟学变得支离破碎。

全书共分为两部分。

第一部分为"The Text，the Man，the Ideas（其书、其人、其思想）"，包括四章。第一章为"Mencius：The Man and the Thinker（孟子：其人与思想家）"，从礼崩乐坏和诸侯争霸与兼并的背景出发，介绍了孟子的生平与思想。第二章为"Harmonia Mundiin Homo-Mundane，Anthropo-Ecological，and Hsin-ch'i-hsing Unity（'人—宇宙''人—生态'与'心—气—性'统一体中的和谐境界）"，指出孟子虽然没有使用"cosmic（宇宙）""homo-mundane continuum（人与世间的连续体）""anthropo-ecological interdependence（人类与生态的相互依存）"等术语，但其思想已经包含了关怀理念，它们既是个人的，又是社会的、宇宙的。第三章为"Social Dimension：'Rightness'（yi）Versus 'Profit'（li）（社会领域：义与利）"，孟子的礼义观念中包含了利益分享与权宜的概念，这是他在孔子之后的独特贡献。个人修养与宇宙论中的气与道相关，反对在自私或苦读中迷失自我，王阳明的思想便十分强调这种"义"。在这里，作者还对比了孟子的义与西方思想中的义。第四章为"Political Dimension：Populist Government of Familiar Empathy（政治领域：仁政的民本统治）"，回顾了孟子的政治论在各个时代受到的推崇与批评，及其所激起的广泛论争。

第二部分为"Mencius in Context（语境中的孟子）"，包括七章。第五章为"Hermeneutics as Apologetics（Ⅰ）：Hsün Tzu Contra Mencius（守护正统的解释学之一：孟荀对比）"，指出孟荀的分歧一直是历代学者解释的重点。第六章为"Hermeneutics as Apologetics（Ⅱ）：Mind-Body Unity in On Five Activities（守护正统的解释学之二：五行中的身心统一）"，提到了1973年马王堆汉墓出土的一幅帛书，它是《老子》的遗失卷，据说由孟子的追随者撰写。第七章为"Hermeneutics as Politics：The Sung Debates over the Mencius（政治的诠释学：宋代关于孟子的论争）"，通过宋代儒者对孟子的不同解释，论证了儒学的实用主义特征。第八章为"Hermeneutics as Pilgrimage（Ⅰ）：Impacts on Chu Hsi（朝圣之旅的诠释学之一：对朱熹的影响）"，提到了孟子与公孙丑关于"知言"与"浩然之气"的讨论。第九章为"Hermeneutics as Pilgrimage（Ⅱ）：Impacts on Wang Yang-ming（朝圣之旅的诠释学之二：对王阳明的影响）"，介绍了王阳明对孟子的解读，以及阳明学对中国学术乃至日本思想史的影响。第十章为 "Hermeneutics as Apologetics（Ⅲ）：Tai Chen's Mencian Normativity Within Desire（守护正统的诠释学之三：戴震对欲的孟学规范性解释）"，认为戴震开启了儒学的现代性时代，他反驳了朱熹将理与气、道德与欲望分裂开的"二本"论。第十一章为 "Mencius' Encounter with Modernity：T'ang Chün-i，Hsü Fu-kuan，Mou Tsung-san（孟子遇上现代性：唐君毅、徐复观、牟宗三）"，介绍了这三位新儒家思想家对孟子的理解，由此反映了现代中国的时代思想。

在本书附录的 "A Chronology of Mencian Hermeneutics（孟子解释学发展年表）" 中，最后三条分别是 "A. D. 1905 Abolishment of the civil-service examination system（1905 年科举制的废除）" "A. D. 1985 Mou Tsung-san published his *On the Perfect Good*（*Yuan shan lun*）（1985 年牟宗三发表了《圆善论》）" "A. D. 2000 Huang Chun-chieh published his *Mencian Hermeneutics*：*A History of Interpretations in China*（2000 年黄俊杰出版了《关于孟子的解释学：中国思想家对孟子的解释史》）"。可见作者对本书是非常满意的。

【相关评论】

Paul Rakita Goldin（金鹏程），"Mencian Hermeneutics：A History of Interpretations in China by Chun-chieh Huang"，Dec. 2004，*Chinese Literature*：*Essays*，*Articles*，*Reviews*（*CLEAR*），Vol. 26，pp. 192 – 196

[20] Xiusheng Liu（刘秀生），*Mencius*，*Hume and the Foundations of Ethics*，Hampshire，Aldershot，Hampshire，Burlington：Ashgate，2002（于 2003 年重印）

【作品简介】

本书系作者于 1999 年发表的博士学位论文，具体内容与相关评论参见后文"博士学位论文"部分的 "Xiusheng Liu（刘秀生），David Braybrooke（Principal Adviser），*The Place of Humanity in Ethics*：*Combined Insights from Mencius and Hume*，For the Degree of Ph. D. in Philosophy，Department of Government（and Philosophy），University of Texas at Austin，Dec. 1999" 一条。

[21] Xiqin Cai（蔡希勤），Ling Yu（郁苓）（trans. ），Shiji Li（李士伋）（illustrate），*The Life and Wisdom of Mencius*（孟子的故事），Beijing（北京）：Sinolingua（华语教学出版社），2002

【作品简介】

本书为英汉对照读物，以科普式的旁白叙述性口吻展开，并配有生动的插图。作者以一百个小节对孟子的一生进行了回顾，每个小节的内容，或是一个小故事，如孟子出世、孟母三迁教子、孟子师徒游峄山等，又或是《孟子》中的语录节选与其思想体系中某个要点的内涵，如天下国家、人本性善、舍生取义等。大多数小节的篇幅只有两三百字，每小节的后面都附上了英文翻译。

［22］James P. Behuniak Jr. （江文思），*Mencius on Becoming Human*，Albany：State University of New York Press，2004（于 2005 年重印）

【作品简介】

本作品系作者在夏威夷大学马诺阿分校攻读哲学博士学位期间于 2002 年提交的毕业论文，后作为书籍出版。其他版本、主要内容和相关评论详见"博士学位论文"部分的"James P. Behuniak Jr.（江文思），Roger Thomas Ames（安乐哲）（Principal Adviser），*Mencius on Becoming Human*，for the Degree of Ph. D. in Philosophy，Center for Chinese Studies，University of Hawaii at Manoa，Dec. 2002"一条。

［23］Mark Csikszentmihalyi（齐思敏），*Material Virtue：Ethics and the Body in Early China*，Leiden，Boston：Brill，2004

【作品简介】

本书共五章：第一章为"Background of the Ru Virtue Discourse（儒家道德学说的背景）"，介绍了儒家语境下的道德学说，还介绍了孔子的支持者与其面对的批判者和竞争者的观点；第二章为"Moral Psychology of the Wuxing（《五行》的道德心性之学）"，介绍了《五行》篇的出土，以及其中关于道德动机和道德理论的内容、《五行》篇与子思的关系等；第三章为"Moral Psychology and Human（道德心性之学与人）"，主要围绕《孟子》展开，介绍了《孟子》中的心学、《孟子》与《五行》的关系、其中的一些重合与矛盾的问题、道德的相貌学与生理学、修身的隐喻等问题；第四章为"The Sage's Transcendent Body（圣人卓越的身体）"，认为圣人卓越的道德与其璞玉一般的先天条件有关，并讲了《孟子》中关于圣人出现的周期性问题；第五章为"Material Virtue in the Early Empire（早期帝国的物化德性）"，讲了《五行》篇的评论与道德的气、贾谊对《五行》篇与《孟子》传统的发展、早期帝国时代中国的圣人与国家。

【相关评论】

Jonathan Wyn Schofer，"Embodiment and Virtue in a Comparative Perspective"，*The Journal of Religious Ethics*，Dec. 2007，Vol. 35，Issue 4，pp. 713 – 728

Edward Gilman Slingerland（森舸澜），"Material Virtue：Ethics and the Body in Early China by Mark Csikszentmihalyi"，*Philosophy East and West*，Oct. 2006，Vol. 56，Issue 4，pp. 694 – 699

Roel Sterckx（胡司德），"Material Virtue：Ethics and the Body in Early China by Mark Csikszentmihalyi"，*The Journal of Asian Studies*，Aug. 2006，Vol. 65，Issue 3，pp. 606 – 607

Scott Bradley Cook（顾史考），"Material Virtue：Ethics and the Body in Early China. Sinica Leidensia volume LXVI by Mark Csikszentmihalyi"，*Early China*，2005 – 2006，Vol. 30，pp. 189 – 203

James P. Behuniak Jr.（江文思），"Material Virtue：Ethics and the Body in Early China. Sinica Leidensia，vol. 66 by Mark Csikszentmihalyi"，*China Review International*，Fall 2006，Vol. 13，Issue 2，pp. 394 – 397

［24］Boon Tee Tan，*The Anti-war Stance of Lao-Tzu，Mo-Tzu and Mencius：Ancient Chinese Philosophy Revisited*，Sandy：Authors OnLine，2006

【作品简介】

战国时期，无止境的战争致使生灵涂炭、民不聊生、社会秩序崩坏，于是，老子、墨子和孟子等思想家不懈地为和平与同情辩护。本书介绍了这三位思想家的反战思想。

［25］Yuanxiang Xu（徐远翔），Bing Zhang（张兵）；Yichen Wang（王壹晨），Guozhen Wang（王国振），trans.，*Mencius：A Benevolent Saint for the Ages*，Beijing：China Intercontinental Press（北京：五洲传播出版社），2006（于2007、2008、2014 年重印）

【其他版本】

Yuanxiang Xu（徐远翔），Bing Zhang（张兵），*Mencio：Un Santo Para La Eternidad*，Beijing：China Intercontinental Press，2010（西班牙语译本）

【作品简介】

本书共分为八部分：第一部分是引言，介绍了孟子所处的诸侯纷争的时代背景、四处游说的经历、仁政思想等，还对比了与孔孟同时代的柏拉图和亚里士多德；第二部分介绍了孟子的童年生活，孟母教子的故事也穿插其中；第三部分讲述了孟子四处游学的经历，并以孔子为榜样，周游列国，其中还涉及了孟子的性善论；第四部分论述了王霸之辨，以及孟子的仁政思想；第五部分讲了孟子与梁惠王的故事；第六部分则讲了他与齐宣王的故事；第七部分概述了孟子的精神品质；第八部分是从《孟子》中摘录的经典片段集锦。

[26] Joanne Davison Birdwhistell, *Mencius and Masculinities：Dynamics of Power, Morality, and Maternal Thinking*, Albany：State University of New York Press, 2007

【作品简介】

本书对《孟子》进行了性别分析，这是第一次从女性主义的角度认真解读孟子，开辟了孟子研究的新维度。孟子哲学，尤其是关于人如何修养为君子的思想，对古代中国长期帝国秩序的政治思想具有重要意义。作者重新诠释了孟子的核心思想，尤其关注了心与圣人的自我修养问题。她认为，孟子从对母性的实践和思考出发，通过挪用、倒置和转化等过程，才提出了大丈夫的概念，也就是说，大丈夫的概念源自母性。她指出，尽管母性的实践和思维在孟子思想中是一个无形的维度，但它通过与农业实践和思维的转码，不断地呈现在文本中。她详细研究了塑造孟子哲学和政治观点的各种女性元素，对孟子观点中固有的、潜藏的女性主义进行了最彻底、最深入的处理。

【相关评论】

J. Russell Kirkland（柯克兰），"Mencius and Masculinities：Dynamics of Power, Morality, and Maternal Thinking：By Joanne D. Birdwhistell", *Religious Studies Review*, Jul. 2007, Vol. 33 Issue 3, p. 266

Sarah A. Mattice（麦晓溪），"'Mencius' and Masculinities：Dynamics of Power, Morality, and Maternal Thinking. SUNY Series in Chinese Philosophy and Culture by Joanne D. Birdwhistell", *China Review International*, 2008, Vol. 15, Issue 2, pp. 195 – 197

Li-Hsiang Lisa Rosenlee（罗莎莉），"Mencius and Masculinities：Dynamics of Power, Morality, and Maternal Thinking by Joanne D. Birdwhistell", *Journal of Chinese Religious*, 2008, Vol. 36, pp. 127 – 129

Paul Rakita Goldin（金鹏程），"Mencius and Masculinities：Dynamics of

Power, Morality, and Maternal Thinking", *Nan Nü*: *Men*, *Women and Gender in China*, Jun. 2009, Vol. 11, Issue 1, pp. 124 – 127

Cecilia Wee, "Birdwhistell, Joanne D., Mencius and Masculinities: Dynamics of Power, Morality and Maternal Thinking", *Dao*, Sep. 2009, Vol. 8, pp. 457 – 460

Vivian-Lee Nyitray（南薇莉）, "Confusion, Elision, and Erasure: Feminism, Religion, and Chinese Confucian Traditions", *Journal of Feminist Studies in Religion*, Spring 2010, Vol. 26, Issue 1, pp. 143 – 160

［27］Darren M. Iammarino, *The Two Questions*: *An Integration of the Philosophies of Alfred Whitehead and Mencius*, Charleston, S. C.: BookSurge, 2007

【作品简介】

有两个问题长期困扰着东西方哲学：什么是终极实在？什么是生命的目的或意义？本书将这两个长期存在的问题进行了梳理，并试图通过整合 20 世纪哲学家怀特海（Alfred North Whitehead）和孟子的学说来提供新的答案。作者将怀特海和孟子的哲学在许多方面进行了比较，比较的层面包括形而上学和伦理学、认识论和修养工夫论等。

［28］Shelwin G. Fernandez, *The Ruler in Meng Zi's Political Philosophy*, Manila: UST Faculty of Philosophy, 2007

【作品简介】

孟子认为，在国家社会中，人是政治的动物；国家是一个道德机构，统治者也应该具备良好的道德，施行民本和仁政，服务于人民，仁是政权合法性的体现。只有仁君才能统一天下，并胜任统治天下的职责。本作品从孟子的道德理论这一根基出发，考察了孟子政治哲学中仁君必要的资质条件。首先，人的善性源自天赋，它是一切善的来源。其次，四心善端是生而有之的内在因素，人只需要顺应其发展扩充即可成为道德的人。在政治层面上，君主的修养工夫也应如此，统治者必须是一个仁爱之人，不自私而关切民众的群体利益。统治者的必备素质应包括天命、道德、智慧和能力这四种品质。

［29］Shirong Luo（罗世荣）, *Classical Confucianism and Moral Sentimentalism*: *A New Perspective on Confucian Ethics*, Saarbrücken: VDM Verlag Dr. Müller, 2008

【其他版本】

Shirong Luo（罗世荣）, Michael A. Slote（Principal Adviser）, *Early Confu-*

cian *Ethics and Moral Sentimentalism*，For the Degree of Ph. D. in Philosophy，U-niversity of Miami，May 2004

【作品简介】

本作品为罗世荣在迈阿密大学哲学系攻读博士学位期间于 2004 年提交的毕业论文，后作为图书出版。主要内容参见后文"博士学位论文"部分的"Shirong Luo（罗世荣），Michael A. Slote（Principal Adviser），*Early Confucian Ethics and Moral Sentimentalism*，for the Degree of Ph. D. in Philosophy，University of Miami，May 2004"一条。

［30］Qing Jiang（蒋庆），Daniel A. Bell（贝淡宁），Ruiping Fan（樊瑞平），eds. ；Edmund Ryden（雷敦龢）（trans. ），*A Confucian Constitutional Order：How China's Ancient Past can Shape Its Political Future*，Princeton，NJ：Princeton University Press，2012

【作品简介】

尽管中国处于政治体制民主转型的背景下，但作者认为，中国独特的传统将发展出一种独特的政府形式，因此，他提出了儒家政治秩序的愿景，为东西方的自由民主提供了一个令人信服的替代方案。在本书的后半部分，陈祖为（Joseph Cho Wai Chan）、白彤东、李晨阳、王绍光等四位学者对蒋庆的理论进行了评价，蒋庆则对这些观点进行了详细的回应。

【相关评论】

Ronald C. Keith，"A Confucian Constitutional Order：How China's Ancient Past Can Shape Its Political Future by Jiang Qing"，*The China Journal*，Jan. 2015，Issue 73，pp. 259 –263

Stephen C. Angle（安靖如），"A Confucian Constitutional Order：How China's Ancient Past Can Shape Its Political Future by Jiang Qing，Edmund Ryden，Daniel A. Bell，Ruiping Fan"，*Philosophy East and West*，Apr. 2014，Vol. 64，Issue 2，pp. 502 –506

Yuri Pines（尤锐），"A Confucian Constitutional Order：How China's Ancient Past Can Shape Its Political Future by Jiang Qing，Daniel A. Bell，Ruiping Fan，Edmund Ryden"，*China Review International*，2012，Vol. 19，Issue 4，pp. 608 –614

Carl F. Minzner（明克胜），"A Confucian Constitutional Order：How China's

Ancient Past Can Shape Its Political Future by Jiang Qing，Edmund Ryden，Daniel Bell，Ruiping Fan"，*The China Quarterly*，Sep. 2013，Issue 215，pp. 767 – 769

［31］ Joseph Cho Wai Chan（陈祖为），*Confucian Perfectionism：A Political Philosophy for Modern Times*，Princeton，New Jersey：Princeton University Press，2014

【其他版本】

陈祖为著，周昭德、韩锐、陈永政译：《儒家致善主义：现代政治哲学重构》，香港：商务印书馆，2016 年。（中文译本）

【作品简介】

儒家政治理想与社会现实之间总是存在严重的差距，作者指出，当代儒家必须发展出一种可行的治理方法，既能保留儒家理想的精神，又能解决非理想的现代情况所产生的问题。为了应对这一挑战，最好的办法就是采用一种自由民主制度，它应该由儒家的"善"的观念发展而来，而非由西方的自由权利观念塑造而成。作者让自由民主制度与人民主权、政治平等和个人主权等基本道德权利脱钩，将其建立在儒家原则的基础上，用儒家致善主义重新定义它的角色和功能，审视和重构了儒家政治思想和自由民主制度，让二者相互取长补短并将它们融合在一起，形成了一种新的儒家政治哲学。接着，作者探讨了这种新的传统政治哲学对现代政治中基本问题的影响，包括权威、民主、人权、公民自由和社会正义等方面，论证了儒家致善主义是如何批判性地改造了古典儒家政治哲学，并使之适应当代政治问题的。本书共分为以下几个部分：首先是引言 "Interplay between the Political Ideal and Reality（政治理想与现实之交错）"；其次是第一部分 "Political Authority and Institution（政治权威和制度）"，包括 "What is Political Authority？（何谓政治权威？）" "Monism or Limited Government？（一元权威或限权政府？）" "The Role of Institution（制度之角色）" "Mixing Confucianism and Democracy（糅合儒家思想与民主）"；第二部分是 "Rights，Liberties，and Justice（权利、自由与公义）"，包括 "Human Rights as a Fallback Apparatus（人权作为备用机制）" "Individual Autonomy and Civil Liberties（个体自主与公民自由）" "Social Justice as Sufficiency for All（社会公义在民皆足够）" "Social Welfare and Care（社会福利与关爱）"；然后是结论："Confucian Political Perfectionism（儒家政治致善主义）"；结论之后还有附录，附录部分包括 "Notes on Scope and Methods（关于本书的研究方法和范畴）"和 "Against the Ownership Conception of Authority（反对拥有权概念之权威观）"。

【相关评论】

David Joseph Lorenzo（如大维），"The East Asian Challenge for Democracy: Political Meritocracy in Comparative Perspective by Daniel A. Bell, Chenyang Li; Confucian Perfectionism: A Political Philosophy for Modern Times by Joseph Chan", *Perspectives on Politics*, Mar. 2015, Vol. 13, Issue 1, pp. 175 – 177

［32］Douglas Robinson, *The Deep Ecology of Rhetoric in Mencius and Aristotle: A Somatic Guide*, Albany: State University of New York Press, 2016

【作品简介】

孟子与亚里士多德处于相同的时代，但通常被理解为哲学光谱两端的代表：孟子的思想与生态、涌现、流动、相连等特征相关；而亚里士多德哲学具有理性、静态、抽象和二元的特点。作者认为，至少二者在修辞概念上存在较多相似之处：两者都是强有力的社会生态学，都支持关于能量循环与社会价值的集体主义思想，并通过群体对之进行探索。亚里士多德哲学推崇"说服与被说服"的"Pistis"，而孟子哲学推崇"治理和被治理"的"治"，实践"Pistis"和"治"的道德主体，并不是作为个体的修辞者，而是作为一个整群出现的。作者运用从 Arne Naess 的生态学中汲取的理论、从情感生态学所催生的修辞学研究中汲取的营养，以及从孟子和亚里士多德的思想中抽取的细节，通过一系列的比较思考追溯了这种集体主义思维。本书共分为五部分：第一部分是"Mencius and Aristotle as 'Deep-Ecological' Theorists of Rhetoric（作为'深度生态学'的修辞理论者的孟子与亚里士多德）"；第二部分是"TheGroup Subject of Persuasion（说服的群体主语）"；第三部分是"Energy Channeled through Body Language（通过肢体语言传达的能量）"；第四部分是"The Circulation of Social Value（社会价值的循环）"；第五部分是"Conclusion: Aristotle and Mencius on Ecosis（结论：亚里士多德与孟子关于 Ecosis 的学说）"。

［33］Philip John Ivanhoe（艾文贺），*Three Streams: Confucian Reflections on Learning and the Moral Heart-mind in China, Korea, and Japan*, New York: Oxford University Press, 2016

【作品简介】

本书关注整个东亚对宋代儒学的接受和反应，其中，东亚学者对其接受说明了程朱理学的深远影响；对其反应则体现了对宋代形而上学思辨的批判和转变，从而表示对孟子一脉的真正儒学的忠诚。作者指出，如果说所有的西方哲学都在为柏拉图作注脚，那我们也可以将儒家传统描述为对孟子的注脚。本书即追溯了18世纪下半叶之前，以孟子为中心的儒学在东亚的发展和传播。全书共分为三大部分，分别关于中国、朝鲜和日本。每个部分都从该区域对程朱正统的接受开始讲起，然后讨论相关的代表人物是如何反对程朱理学的思辨创新、如何主张回归儒学的实践和道德核心的。中国部分关注二程和戴震，前言讲了理学的两大流派，总结部分区分了哲学、心理学与人类学；朝鲜部分关注"四七之辩""湖洛之辩"和丁若镛，前言介绍了朝鲜儒学的重大论争，总结部分区分了经验、证据与动机；日本部分关注中江藤树、山崎暗斋与伊藤仁斋，前言区分了儒学、神道教与武士道，总结部分区分了责任、爱与天。

【相关评论】

Catherine Hudak Klancer，"Three Streams：Confucian Reflections on Learning and The Moral Heart-Mind in China，Korea and Japan. by Philip J. Ivanhoe"，*Journal of the American Academy of Religion*，Sep. 2017，Vol. 85，Issue 4，pp. 1178 – 1180

Ya Zuo（左娅），"Three Streams：Confucian Reflections on Learning and the Moral Heart-Mind in China，Korea，and Japan，written by Philip J. Ivanhoe（2016）"，*China and Asia*，2019，Vol. 1，Issue 2，pp. 265 – 270

Lehel Balogh，"Three Streams：Confucian Reflections on Learning and the Moral Heart-Mind in China，Korea and Japan by Philip J. Ivanhoe"，*Religious Studies Review*，2019，Vol. 45，Issue 4，pp. 527 – 528

Leah Kalmanson，"Three Streams：Confucian Reflections on Learning and the Moral Heart-Mind in China，Korea and Japan by Philip J. Ivanhoe"，*Philosophy East and West*，Apr. 2020，Vol. 70，Issue 2，pp. 1 – 4

[34] Roel Sterckx（胡司德），*Chinese Thought：From Confucius to Cook Ding*，London：Pelican，and Imprint of Penguin Books，2019

【作品简介】

作者回顾了儒家、道家和法家思想，指出中国人关注的并非西方哲学所关注的我们是谁的问题，而更注重解答我们应如何生活、如何组织社会、如何保障民生福祉、如何承担责任。儒学强调治理国家如做菜一般要注重五味调和，而道家主张治大国若烹小鲜。中国思想常常用屠夫、厨师、美食等比喻来阐明哲学的"道"，因为中国人重视吃和餐桌礼仪，吃塑造了中国人，正如《孟子·尽心上》所说的"居移气，养移体"。全书共分为九章：第一章是"China in Time and Space（中国的历史与地理）"；第二章是"The Way（Dao）and Its Way（道及其路径）"；第三章是"The Art of Government（治理的艺术）"；第四章是"The Individual and the Collective（个人与集体）"；第五章是"Behaving Ritually（行礼）"；第六章是"Spirits and Ancestors（鬼魂与祖先）"；第七章是"The World of Nature（自然世界）"；第八章是"Work and Wealth（工作与财富）"；第九章是"Food for Thought（引人深思之食物）"。

[35] Sung-moon Kim（金圣文），*Theorizing Confucian Virtue Politics：The Political Philosophy of Mencius and Xunzi*，Cambridge，New York：Cambridge University Press，2020

【作品简介】

本书关注儒家思想家在他们的社会政治语境中的挣扎与努力，以及这些努力如何帮助建立并促进了经典儒学政治理论的发展。作者从比较政治理论的角度出发，对孟子与荀子的政治理论进行了系统化的哲学描述，并详细考察了二者的异同。孟荀二者通过捍卫儒家的"道"来对抗战国后期政治现实，对政治秩序和稳定、道德提升等问题提出了杰出见解，对儒家道德政治的形成作出了巨大贡献。作者通过论述二者在立宪上的政治哲学，展现了他们分别是如何从各自的人性论引申出统治者在国内和国际政治中行使权力的合法性论证的。本书共分为三部分：第一部分是"Confucian Constitutionalism（儒家立宪）"，包括"Interest，Morality，and Positive Confucianism（利益、道德与积极儒学）""Virtue，Ritual，and Constitutionalism（道德、礼仪与立宪）""Before and after Ritual：Moral Virtue and Civic Virtue（礼之前后：德性与公德）"；第二部分是"Wang，Ba，and Interstate Relations（王、霸与国际关系）"，包括"The Psychology of Negative Confucianism（消极儒学的心理学）""Hegemonic Rule：Between Good and Evil（霸权统治：善恶之间）""Responsibility for

All under Heaven（天下大任）"；第三部分是"Conclusion：Between Old and New（新旧之间）"。

［36］Jun-soo Park（朴俊秀），*Confucian Questions to Augustine：Is My Cultivation of Self Your Care of the Soul?* Eugene，Oregon：Wipf and Stock，2020

【作品简介】

作者将孔子与孟子的思想同奥古斯丁的思想进行了比较研究。作者分析了孔孟与奥古斯丁对道德自我的形式、获得道德的方式，以及这在多大程度上促进了人们的幸福等问题的不同见解，从而在"儒家—基督教"伦理与奥古斯丁教义之上，建立了"儒家的奥古斯丁主义"（Confucian Augustinianism）这种新的神学视角。作者运用了文本间推理（inter-textual reasoning）的方法，假定奥古斯丁的早期和晚期思想之间的连贯性，并将孔孟的学、思、礼、乐与奥古斯丁的道德学习（moral learning）、冥想（contemplation）、圣礼（sacrament）与音乐分别进行了对比，从而指出"儒家的奥古斯丁主义"能指明如何享受上帝并接收耶稣的指点，从而活在圣灵的精神中。本书共分为六部分：第一部分是"How to Acquire Virtues for Happiness（如何获取快乐的道德）"；第二部分是"Xue and Moral Learning（学与道德学习）"；第三部分是"Si and Contemplation（思与冥想）"；第四部分是"Li and Sacrament（礼与圣礼）"；第五部分是"Yue and Music（乐与音乐）"；第六部分是"Confucian Augustinianism（儒家的奥古斯丁主义）"。

［37］Kemal Yildirim，*Ethics in the Mengzi and the Tao Te Ching：Ethics in the Mengzi and the Tao Te Ching and Tao and the Doctrine of Opposites*，Saarbrücken：LAP Lambert Academic Publishing，2020

【作品简介】

本书对中国哲学的两大派作了综述，对比了孟子与《道德经》的伦理洞见。它还讨论了"道"的概念以及它是如何兼容矛盾的。

［38］Kurtis G. Hagen，*Lead Them with Virtue：A Confucian Alternative to War*，Lanham，Boulder，New York，London：Lexington Books，2021

【作品简介】

本书探究了儒学的反战思想，尤其关注孟子与荀子的反战观念。作者指出，早期儒学为正义战争提供了极其难以满足的条件，从而论证了其反战思想。但儒学鼓励一种长期的策略，即通过持续实行仁政来改善不公的环境状况。本书的引言部分主题为 "Confucianism and Noncoercive Moral Leadership（儒学与非强制性道德引导）"。正文部分共分为八章：第一章是 "A Brief Overview of Confucianism（儒学概述）"；第二章是 "Western and Chinese Attitudes Regarding Warfare（中西方关于战争的态度）"；第三章是 "Anticipating Confucian Just War Theory（期待儒家正义战争理论）"；第四章是 "Mencius on War and Humanitarian Intervention（孟子关于战争与人道主义干涉的思想）"；第五章是 "Xunzi on War and Humanitarian Intervention（荀子关于战争与人道主义干涉的思想）"；第六章是 "Mencius and Xunzi on Tyranny and Humanitarian Intervention：A Response to Twiss and Chan（孟子与荀子关于暴政与人道主义干涉的思想：对 Sumner B. Twiss 与陈强立的回应）"；第七章是 "From Human Nature to the Clash of Civilizations（从人性到文明冲突）"；第八章是 "Two Visions of Confucian World Order（儒家世界秩序的两个视野）"。

[39] Franklin Perkins（方岚生），*Doing What You Really Want：An Introduction to the Philosophy of Mengzi*，New York，NY：Oxford University Press，2021（于 2022 年重印）

【作品简介】

本书对孟子哲学进行了连贯的、系统的、合理的解释，并通过征引儒家其他经典著作来进行分析与说明。本书所涉孟子思想的内容十分全面，从人在自然中的位置，到人的情感哲学与心理学，到自我修养的多种方式，等等。作者指出，《孟子》一书不仅是理论性的，更是实践性的，对个体如何能通过自我修身与归属感（Sense of Belonging）来改善世界的问题给出了儒家的解释，并为理解当代相关问题提供了新的方法。本书的引言部分主题为 "Why Confucianism?（为什么是儒学?）"。正文包括八个部分：一是 "Harmony with Nature（性之和）"；二是 "What People Really Want（人之所欲）"；三是 "Emotions and Enjoying Life（情感与享受生活）"；四是 "Cultivating Feelings（培养情感）"；五是 "Learning（学习）"；六是 "Ritual，Music，and Embodied Emotions（礼、乐与体现的情感）"；七是 "Temptations，Excuses，and Putting Ideas into Practice（诱惑、理由与实践想法）"；八是 "Power，Politics，and Action（权力、政治与行为）"。

[40] Yinghua Lu（卢盈华），*Confucianism and Phenomenology：An Exploration of Feeling，Value and Virtue*，Leiden：Boston Brill，2022

【其他版本】

卢盈华：《道德情感现象学——透过儒家哲学的阐明》，南京：江苏人民出版社，2021年。（中文版，与英文版几乎同时发布）

【作品简介】

本书批判地发展了当代新儒家的思想，通过会通现象学（尤其是舍勒现象学）与儒学（尤其是孟子与王阳明的思想），打开了关于心与性的情感与哲学的新视野。这种文化会通使伦理学建基于事实经验成为可能，并展现了儒学关于心的原初精神与全新意义。在阐明关键的情感和道德时，作者也详细描述了心的具体活动，包括符合秩序的和非逻辑的，从而证明了舍勒的"心有其理"。本书导言的主题是"The Philosophical Approach to Confucian Learning of the Heart and Moral Experience（儒家心学与道德体验的哲学进路）"。本书正文部分共十一章：第一章是"A Comparative Springboard：The Reexamination of Kantian Interpretation of Confucian Ethics（重新检视对儒家伦理学的康德式诠释）"，包括"Hume and Kant：Who is Closer to Mencius?（休谟与康德：谁更接近孟子?）""Heart-Mind：Intention as Feeling（心：作为情感的意向）""Individual Dignity and Autonomy（个体尊严与自律）"；第二章是"The *A Priori* Value and Feeling in Max Scheler and Wang Yangming（马克斯·舍勒与王阳明思想中先天的价值与感受）"，包括"The Feature of Moral Emotions in Confucian Learning of the Heart（儒家心学中道德情感的特征）""Max Scheler's Idea of *A Priori* Value and Feeling（马克斯·舍勒的先天价值与感受观念）""The Phenomena of Value and Feeling in Confucianism：Also an Interpretation of Wang Yangming's Four Verses Teaching in Light of Schelerian Phenomenology（儒家思想中的价值与感受现象——兼及对王阳明四句教的诠释）"；第三章是"The Phenomenology of Sympathy and Love（同情与爱的现象学）"，包括引言、"The Phenomenology of Sympathy and Fellow-Feeling（同情与共感现象学）"、"The Phenomenology of Love（爱的现象学）"、"The Reexamination of Love（爱的再探讨）"、"Partial Love and Abstract Love：An Examination with Confucian Discourse（偏爱与抽象之爱：对儒学的考察）"（本节只存在于英文版中，中文原版没有此节）、结语；第四章是"Sympathy，Love and the Confucian Notion of *Ren*（Humaneness）（同情、爱与儒家'仁'的观念）"，包括引言、"Sympathy and Love in Mencius's Description of *Ren*（孟子对仁的描述中的

同情与爱）"、"Commiseration，Love and One-Body Humaneness（同情、一体之仁与爱）"（中文原版为"一体之仁与爱"）、"Humane Love's Universality and Pure（Moral）Knowing（仁爱的普遍性与良知）"、"同一感、一体感与个体性"（本节只存在于中文原版中，英文版没有此节）、结语；第五章是"The Phenomenology of Shame（羞耻现象学）"，包括引言、"The Conflict between Spirit，Life and Pleasure in the Experience of Shame（羞耻体验中精神、生命与快乐的冲突）"、"Destructive Shame and Humiliation（破坏性羞耻和羞辱）"、结语；第六章是"Shame and the Confucian Idea of *Yi*（Righteousness）（羞耻与儒家'义'的观念）"，包括引言、"*Yi*：Obligation and Internal Feeling（义：责任与内在情感）"、"Shame and Righteousness in the Confucian Context（儒家语境中的羞耻与义）"、"Ritual Propriety，Humaneness，and Righteousness（礼、仁与义）"；第七章是"The Phenomenology of Respect（*Jing*）（敬之现象学）"，包括"Two Basic Meaning of *Jing* in the Confucian Classics（儒家经典中'敬'的两种含义）""Respect as a Moral Feeling：Three Kinds of Respect（作为道德感受的尊敬之三类）""Respect as a Religious Feeling：Humility，Reverence，and Related Feelings（作为宗教感受的尊敬：谦卑、崇敬以及相关感受）""Respect as a Religious Feeling in the Confucian Context（儒家语境中作为宗教感受的尊敬）"；第八章是"Respect and the Confucian Concept of *Li*（Ritual Propriety）（敬与儒家'礼'的观念）"，包括"The Source and Basis of *Li*（礼的来源和基础）"、"The Connection between *Li* and Respect：How Ritual（Music）Express Moral and Religious Respect Properly［礼与尊敬的关联：礼（乐）如何恰当地表达道德和宗教尊敬］"、结语；第九章是"Pure Moral Knowing（*Liangzhi*）as Moral Feeling and Moral Cognition：Wang Yangming's Phenomenology of Approval and Disapproval（作为道德情感与道德认识的良知：王阳明的接受与不接受的现象学）"（本章只存在于英文版中，中文原版没有此章），包括引言、"Pure Moral Knowing as the Capacity of Making Moral Judgment（作为道德判断能力的良知）"、"Pure Moral Knowing（of Heavenly Pattern）as Moral Knowledge and Standard（作为道德认知与标准的良知）"、结语；第十章是"Wang Yangming's Theory of the Unity of Knowledge and Action Revisited：An Investigation from the Perspective of Moral Emotion（再论王阳明的'知行合一'说：一个道德情感角度的研究）"（本章只存在于英文版中，中文原版没有此章），

包括 "Pure Moral Knowing as Moral Motivation（作为道德动机的良知）"、
"Pure Moral Knowing as Enriched by Practice（被实践充实的良知）"、结论；第
十一章是 "Trust, Truthfulness and Distrust: The Phenomenology of *Xin*（信任、
守信与不信任）"，包括引言、"The Expression and Correlation of Trust and
Trustfulness（信任与守信的表现与关联）"、"Issues about Distrust: Trust-dama-
ging Forces, Deceit, and Avoiding Suspicion（不信任相关问题：破坏信任的力
量、欺诈与避嫌）"、总结。全书的结语主题为 "'The Heart Has Its Own Or-
der' and 'The Human Heart is Pernicious'（'心有其理' 与 '人心惟危'）"。

（三）专著中的章节

[1] James Legge（理雅各）, "Book Ⅱ. Mencius", *The Prologomena to the
Chinese Classics of Confucius and Mencius*, Oxford: Oxford University Press, 1907

【作品简介】

理雅各的《中国孔孟经典之序曲》分孔孟两部介绍了先秦经典。其中，
孟子一部包含四章。第一章是 "Of the Works of Mencius（关于孟子的研究）"，
包括四节：一是 "Their Recognition under the Han Dynasty and before it（汉朝
及此前学界对孟子的认识）"，二是 "Chao Ch'i and his Labours upon Mencius
（赵岐及其孟子研究）"，三是 "Other Commentators（其他注者）"，四是 "In-
tegrity, Authorship, and Reception among the Classical Books（经典的完整性、
著者考证和接受度问题）"。第二章是 "Mencius and his Disciples（孟子及其弟
子）"，包括三节：一是 "Life of Mencius（孟子的生平）"，二是 "His Influence
and Opinions（他的影响与主张）"，三是 "His Immediate Disciples（孟子的弟
子）"。第二章结束后是一篇附录，翻译了《荀子·性恶》与韩愈的《原
性》，以供读者将孟子思想与之进行对比。第三章是 "Of Yang Chu and Mo Ti
（关于杨朱与墨翟）"，以两小节分别介绍了二者的思想，意在与孟子思想作
对比。第四章是参考文献。

[2] Arthur David Waley, "Mencius", *Three Ways of Thought in Ancient
China*, Garden City, London: George Allen & Unwin Ltd., 1939（于 1963 年重
印）, pp. 115 – 198

【其他版本】

Arthur David Waley, "Mencius", *Three Ways of Thought in Ancient China*, Garden City, Stanford：Stanford University Press, 1939（于 1991 年重印）

Arthur David Waley, "Mencius", *Three Ways of Thought in Ancient China*, *Garden City*, London, New York：Routledge, 1939（于 2005、2011 年重印）

Arthur David Waley, "Mencius", *Three Ways of Thought in Ancient China*, Garden City, New York：Doubleday, 1956

Arthur David Waley, G. Deniker（trans.）, "Mencius", *Trois courants de la pensée chinoise antique*, Paris：Payot, 1949（法语译本）

【作品简介】

本书分三部分介绍了庄子、孟子、韩非这三位先秦思想家的理论，结合三者所处的历史背景来分析古代中国的三种典型思维方式，并有意将三者进行对比。其中，在孟子这一部分，作者深入探究了许多问题，包括性善、仁政、三年之丧、圣人之道、大丈夫等问题，还回顾了孟子与齐威王、滕文公、宋国君主、齐国其他君主之间的故事，并对比了墨子、农家等学派的思想，最后介绍了孟子后学及孟子的论辩方法。

【相关评论】

Kenneth Perry Landon, "Three Ways of Thought in Ancient China by Arthur Waley", *The Journal of Philosophy*, Aug. 1, 1940, Vol. 37, Issue 16, pp. 444 – 445

Wing-tsit Chan（陈荣捷）, "Three Ways of Thought in Ancient China by Arthur Waley", *Journal of the American Oriental Society*, Mar. 1941, Vol. 61, Issue 1, pp. 67 – 68

Edward Butts Howell, "Three Ways of Thought in Ancient China by Arthur Waley", *The Journal of the Royal Asiatic Society of Great Britain and Ireland*, Oct. 1941, No. 4, pp. 364 – 365

［3］Herrlee Glessner Creel（顾立雅）, "Chapter V Mencius and the Emphasis on Human Nature", *Chinese Thought：From Confucius to Mao Tse-tung*, Chicago：University Of Chicago Press, 1953, pp. 68 – 93

【作品简介】

在引言部分，作者从孟子所处的时代背景说起，介绍了孔门弟子及再传弟子承师道周游列国和各诸侯的礼贤下士，还讲到了杨朱、墨子、农家等学派对儒学的挑战与孟子的反击。接着，作者开始了正式论述，内容涉及瑞恰慈（Ivor Armstrong Richards）、胡适等学者对其人其书的评价，孟子的生卒年与家族背景、求学经历、政治经历，并在其间穿插了《孟子》原文，援引了许多学者的诠释和评价以阐明其思想，指出了其在孔子之后的转变，强调了孟子的民主性，也表现了孟子舍我其谁的人格魅力。

【相关评论】

Joseph Richmond Levenson（列文森），"Chinese Thought from Confucius to Mao Tse-Tung by H. G. Creel"，*The American Historical Review*，Oct. 1953，Vol. 59，Issue 1，pp. 125 – 126

Lionello Lanciotti，"Chinese Thought from Confucius to Mao Tsê-tung by H. G. Creel"，*East and West*，Oct. 1953，Vol. 4，Issue 3，pp. 207 – 208

Paul Demiéville（戴密微），"Chinese Thought. From Confucius to Mao Tse-tung. by H. G. Creel"，*Pacific Affairs*，Dec. 1953，Vol. 26，Issue 4，pp. 366 – 367

Joseph Richmond Levenson（列文森），"Chinese Thought from Confucius to Mao Tse-Tung by H. G. Creel"，*American Anthropologist*，*New Series*，Apr. 1954，Vol. 56，Issue 2，Part 1，p. 330

Wing-tsit Chan（陈荣捷），"Chinese Thought：From Confucius to Mao Tse-Tung by H. G. Creel"，*Philosophy East and West*，Jul. 1954，Vol. 4，Issue 2，pp. 181 – 183

Joseph Needham（李约瑟），"Chinese Thought from Confucius to Mao Tsê-Tung by H. G. Creel"，*Science & Society*，Fall 1954，Vol. 18，Issue 4，pp. 373 – 375

John Clayton Feaver，"Chinese Thought from Confucius to Mao Tsê-Tung by H. G. Creel"，*Books Abroad*，Winter 1954，Vol. 28，Issue 1，p. 88

Bede Griffiths（吉利佛），"Chinese Thought from Confucius to Mao Tse-tung by H. G. Creel"，*Blackfriars*，Dec. 1954，Vol. 35，Issue 417，pp. 542 – 543

James Robert Hightower（海陶玮），"Chinese Thought from Confucius to Mao Tse-tung by H. G. Creel"，*Artibus Asiae*，1955，Vol. 18，Issue 3/4，pp. 321 – 322

Lionello Lanciotti，"Chinese Thought from Confucíus to Mao Tse-tung by H. G. Creel"，*East and West*，Apr. 1955，Vol. 6，Issue 1，p. 62

David Shepherd Nivison（倪德卫），"Chinese Thought: From Confucius to Mao Tse-tung. by H. G. Creel"，*The Far Eastern Quarterly*，Aug. 1955，Vol. 14，Issue 4，pp. 574 – 575

B. L.，"Chinese Thought from Confucius to Mao Tse-tung by H. G. Creel"，*Il Politico*，Dec. 1955，Vol. 20，Issue 3，pp. 483 – 485

Corrado Gini，"Chinese Thought from Confucius to Mao Tse-tung by H. G. Creel and A Short History of Confucian Philosophy by Liu Wu-Chi"，*Genus*，1956，Vol. 12，Issue 1/4，pp. 289 – 290

Edward Hetsel Schafer（薛爱华），"Chinese Thought: From Confucius to Mao Tsê-tung by H. G. Creel"，*Journal of the American Oriental Society*，Apr. – Jun. 1960，Vol. 80，Issue 2，p. 189

［4］Hsiang-kuang Chou（周祥光），"Mencius"，*Political Thought of China*，Delhi: S. Chand &Co.，1954，pp. 21 – 26

【作品简介】

本书分为四部分：第一部分为引言，介绍了中国政治思想的特点与研究方法；第二部分为"Political Thought of Ancient China（中国古代政治思想）"，包括孔子、孟子、荀子、老子、庄子、墨子、韩非子，每个思想家各成一节，最后一小节进行总结；第三部分为"Political Thought of Modern China（中国近现代政治思想）"；第四部分为附录。其中，"Mencius（孟子）"一节先简要介绍了孟子的生平，再通过引用《孟子》原文来串联起孟子的思想体系，全文短小精悍。本书对其他思想家的介绍也多不出此风格。

［5］Wu-Chi Liu（柳无忌），"A Stalwart Champion of the K'ung School" and "The Mind of a Democratic Thinker"，*A Short History of Confucian Philosophy*，Harmondsworth，Middlesex: Penguin Books，1955（于 1964 年重印）

【其他版本】

Wu-Chi Liu（柳无忌），"A Stalwart Champion of the K'ung School" and "The Mind of a Democratic Thinker"，*A Short History of Confucian Philosophy*，New York: Delta，1955

Wu-Chi Liu（柳无忌），"A Stalwart Champion of the K'ung School" and "The Mind of a Democratic Thinker"，*A Short History of Confucian Philosophy*，Westport，Ct.: Hyperion Press，1955（于 1979 年重印）

Wu-Chi Liu（柳无忌），Raoul Baude（trans.），*La Philosophie de Confucius*，Paris：Payot（Saint-Amand，impr. Bussière），1963（法语译本）

Wu-Chi Liu（柳无忌），"A Stalwart Champion of the K'ung School" and "The Mind of a Democratic Thinker"，*A Short History of Confucian Philosophy*，New York：Dell Publishing Company，Inc.，1964

Wu-Chi Liu（柳无忌），"A Stalwart Champion of the K'ung School" and "The Mind of a Democratic Thinker"，*A Short History of Confucian Philosophy*，New York：Springer eBooks，2013

柳无忌（Wu-Chi Liu）著，杨明辉译："第4章·儒家的中流砥柱"与"第5章·一个民主思想家的思想"，《儒学简史》，南京：江苏人民出版社，2016年。（中文译本）

【作品简介】

本书简要介绍了儒学的创立与发展，并穿插了各个历史时期其他学派与儒学的竞争及其对儒学的影响。其中，第四章和第五章围绕孟子学说集中展开论述。第四章为"A Stalwart Champion of the K'ung School（孔子学说最忠实的拥护者）"，包括"Meng K'o, the Second Sage（亚圣孟子）""'Be Strong to do Good'（'强为善而已矣'）""Profit versus Virtue（义利之辨）""Below the Gate of Grain（稷下）""Master Meng is not Fond of Arguing（孟子并非好辩）""The Hermit and the Goose（隐士与鹅）""Master Hsu has his Troubles（许行的困惑）""The Hand that Rescues a Drowning Sister-in-law（嫂溺，援之以手）"；第五章为"The Mind of a Democratic Thinker（一个民主思想家的学说）"，包括"The Innate Goodness of Human Nature（人性本善）""An Allegory of the Virgin Forest（原始森林的寓言）""Four Limbs of a Man（人之四端）""The Disgraceful Man of Ch'i（齐国的无耻者）""The Heart of a Naked Child（赤子之心）""Three Treasures of a Prince（诸侯三宝）""The Mandate of Heaven（天命）"。

【相关评论】

John Henry Walgrave，"A Short History of Confucian Philosophy，（Pelican Books，A 333）by Liu Wu-Chi"，Sept. 1955，*Tijdschrift voor Philosophie*，17de Jaarg.，Nr. 3，pp. 560 – 561

Aelred Squire，"A Short History of Confucian Philosophy by Liu Wu-Chi"，*Blackfriars*，Sept. 1955，Vol. 36，Issue 426，pp. 356 – 357

B. L. , "A Short History of Confucian Philosophy by Liu Wu-Chi", *Il Politico*, Dec. 1955, Vol. 20, Issue 3, p. 481

Corrado Gini, "Chinese Thought from Confucius to Mao Tse-tung by H. G. Creel and A Short History of Confucian Philosophy by Liu Wu-Chi", *Genus* 1956, Vol. 12, Issue 1/4, pp. 289 – 290

John Clayton Feaver, "A Short History of Confucian Philosophy by Liu Wu-Chi", *Books Abroad*, Spring 1956, Vol. 30, Issue 2, p. 227

Yi-pao Mei（梅贻宝）, "A Short History of Confucian Philosophy by Liu Wu-Chi", *Philosophy East and West*, Apr. 1956, Vol. 6, Issue 1, pp. 83 – 85

David Shepherd Nivison（倪德卫）, "A Short History of Confucian Philosophy by Liu Wu-Chi", *The Far Eastern Quarterly*, Aug. 1956, Vol. 15, Issue 4, pp. 581 – 582

[6] Noah Edward Fehl（范挪亚）, "Li in the Shih Ching, Lun Yü, Mo Tzu and Meng Tzu", *Li: Rites and Propriety in Literature and Life: A Perspective for a Cultural History of Ancient China*, Hongkong: Chinese University of Hongkong, 1971

【作品简介】

本书介绍了"礼"的观念从先秦至汉朝的发展演变。商周时，"礼"极富图腾和宗教色彩，而发展至荀子，"礼"获得了与伦理道德紧密相关的尊贵地位。全书分为三部分。第一部分为"From pre-Chou to China（从周以前到中国）"，沿袭了梁启超的说法，认为商周统治者汲取了华夏文明之外的因素来构建了以"礼"为核心的封建王朝。第二部分为"Contribution and Criticism（贡献与批判）"，考察了先秦经典文献中的"礼"，包括《诗经》《论语》《墨子》《孟子》《尚书》《国语》《左传》。其中，在"Li in the Meng Tzu（《孟子》中的礼）"一节，作者指出，孟子认为只有构建秩序才能解决社会动乱，这种秩序应该规定了责任与义务，统治者与被统治者、社会各阶层、国与家的地位和角色。这种区别性规定只能通过"礼"来实现，以"礼"作为判别是非的标准。他对人类意识的看法深入到了与苏格拉底同样的程度，认为人类的内在心智与本然善性源于天赋，"非由外铄"，并提出了"四心善端"，将长期以来超自然的德性和品质普遍化。其中，"仁"与"智"是潜在特质，"礼"与"义"是外化表现。"礼"最基本的含义就是"敬"（respect），而对他物的"敬"出于自尊（self-respect）。孟子将"礼"由一种外在约束力变成了一种内化于人类灵魂的必需品。"礼"不再只包含祭祀等典礼的内容，开始包括衣食住行、男女差别和婚配等范畴，它深入了国人生活的方方面面。作者还将孟子对"礼"的讨论与耶稣对"法"的讨论作类比，认为二者极为相似。墨家和道家对"礼"的看法也被作者用来与孟子的思想作对比分析。另外，作者尤其注重解读《左传》中的文本与历史问题，认为其中关于"礼"的讨论与荀子及其后学的观点密切相关，又以《尚书》《礼记》《韩诗外传》等为佐证，从而推断现在通行的《左传》很可能成书于公元前 2 世纪。第三部分为 "Synthesis and Conclusion（整合与结论）"，从学说、法律与生活三方面诠释了荀子的"礼"，认为荀子洗去了"礼"的宗教神秘色彩，重塑了先秦思想和信仰。本书注重比较研究，如比较了荀子的"礼"与荷马的正义（dike）、作为终极原则的"礼"与斯多葛学派的自然法概念、孟子对早期"礼"的批判与耶稣对文字法的否定等。

【相关评论】

David C. Yu（俞检身），"Li：Rites and Propriety in Literature and Life：A Perspective for a Cultural History of Ancient Csina by Noah Edward Fehl"，*Journal of the American Oriental Society*，Oct. – Dec. 1974，Vol. 94，Issue 4，pp. 516 – 517

[7] Angus Charles Graham（葛瑞汉），"From Confucius to Mencius：Morality Grounded in Man's Nature as Generated by Heaven"，*Disputers of the Tao：Philosophical Argument in Ancient China*，La Salle，Illinois：Open Court，1989，pp. 111 – 136

【其他版本】

葛瑞汉（Angus Charles Graham）著，张海晏译：《从孔子到孟子：道德根植于天赋的人性》，《论道者：中国古代哲学论辩》，北京：中国社会科学出版社，2003 年，第 131—160 页。

【作品简介】

本章引言部分介绍了孟子的著作与历史地位、时代背景与政治经历、对孔子的继承与发展等。正文部分共分为四小节：第一小节为 "Government（政府）"，讲了孟子的仁政思想；第二小节为 "The Controversy with Kao-tzu over Human Nature（与告子辩论人性）"，阐述了关于人性的三种观点，并结合中西方学者的观点进行分析；第三小节为 "The Goodness of Human Nature（人性善）"，强调了性善的天赋和内在属性；第四小节为 "Two Confucian Essays：

The 'Great Learning' and the 'Doctrine of the Mean' （两部儒家文献:《大学》与《中庸》)"，介绍了从孔子到孟子之间的儒学发展动向。

【相关评论】

Heiner Roetz（罗哲海），"Disputers of the Tao: Philosophical Argument in Ancient China by A. C. Graham"，*Bulletin of the School of Oriental and African Studies*，University of London，1991，Vol. 54，Issue 2，pp. 410 – 414

John Knoblock（王志民），"Disputers of the Tao: Philosophical Argument in Ancient China. by A. C. Graham"，*The Journal of Asian Studies*，May，1991，Vol. 50，Issue 2，pp. 385 – 387

Chad Hansen（陈汉生），"Disputers of the Tao: Philosophical Arguments in Ancient China by A. C. Graham"，*The Journal of Religion*，Jul. 1991，Vol. 71，Issue 3，pp. 468 – 469

Joseph Mitsuo Kitagawa（北川三夫），"Dimensions of the East Asian Religious Universe"，*History of Religions*，Nov. 1991，Vol. 31，Issue 2，pp. 181 – 209

Benjamin Isadore Schwartz（史华兹），"A Review of 'Disputers of the Tao': Philosophic Argument in Ancient China by A. C. Graham"，*Philosophy East and West*，Jan. 1992，Vol. 42，Issue 1，pp. 3 – 15

Kwong-Loi Shun（信广来），"Disputers of the Tao: Philosophical Argument in Ancient China. by A. C. Graham"，*The Philosophical Review*，Vol. 101，Issue 3，Jul. 1992，pp. 717 – 719

Mary M. Garrett（葛莉），"Disputers of the Tao: Philosophical Argument in Ancient China by Angus C. Graham"，*Philosophy & Rhetoric*，1993，Vol. 26，Issue 2，pp. 163 – 167

Nicolas Zufferey（左飞），"Disputers of the Tao: Philosophical Argument in Ancient China by A. C. Graham"，*T'oung Pao*，*Second Series*，1996，Vol. 82，Fasc. 1/3，pp. 158 – 166

"Disputers of the Tao: Philosophical Argumentation in Ancient China by A. C. Graham"，*DCIDOB*，*pensament i religió a l'Àsia*，tardor 2006，Issue 99，p. 42

[8] Robert Eno（伊若泊），"Chapter V Tactics of Metaphysics: The Role of T'ien in the *Mencius*"，*The Confucian Creation of Heaven: Philosophy and the De-*

fense of Ritual Mastery，Albany，New York：State University of New York Press，1990，pp. 99 – 130

【作品简介】

全书共分为两部分。第一部分是"Setting the Ritual Stage（设立礼的舞台）"，为本书"天"的主题搭建一个关于"礼"的理论背景。本部分包括三章：第一章是"Pre-Confucian Heaven（儒家之前的'天'）"，介绍了西周时的"天"的概念的演变，"天"作为周王的至上神，后来被周公的"以德配天"赋予了新的含义；第二章是"Masters of the Dance（舞蹈的主角）"，以此比喻儒家在"礼"的发展过程中的重要地位，讲了春秋战国时礼崩乐坏的局面与儒家捍卫礼的使命；第三章是"The Sage and the Self（圣人与自我）"，讲了圣人所遵循的儒家之"仁"的极权主义政治原则，而实现善治的必由之路就是"礼"，此外，作者还辨析了"自我"一词在不同情境下的定义。第二部分是"The Confucian Creation of Heaven（儒家创造的'天'）"，详细分析了"天"经由孔、孟、荀三家的源流与演变，认为"天"是一个无法被明确定义的，被孔、孟、荀以不同方式灵活运用的哲学修辞。本部分也包括三章：第四章是"Two Levels of Meaning：The Role of T'ien in the *Analects*（两层含义：《论语》中'天'的角色）"，第五章是"Tactics of Metaphysics：The Role of T'ien in the *Mencius*（形而上学的策略：《孟子》中'天'的角色）"，第六章是"Ritual as a Natural Art：The Role of T'ien in the *Hsün Tzu*（作为自然艺术的礼：《荀子》中'天'的角色）"，随着孔、孟、荀的发展路径，"天"的含义愈后愈详，荀子一章的篇幅尤长。今聚焦于孟子一章，其主要内容如下：儒学发展至孟子，开始面对墨家的挑战。墨家的功利主义认为，"礼"是特殊阶级自利的产物。而孟子作为儒家忠实的捍卫者，继续强调"礼治"。虽然《孟子》文本中看似减少了"礼"的出现频率，但其中的重要概念"义"其实是作为"礼"的同义词而存在的，"义"的提出，直接把"礼"上升到一种人先天道德潜能所发展而来的普遍品格的高度，于是，通过"礼治"就可以让统治者顺应天性而成圣成贤，进而实现"仁政"。然而，孟子的政治主张未被当时的君王采信，故而他将自己的失败归因于"天"的计划和安排："夫天，未欲平治天下也；如欲平治天下，当今之世，舍我其谁也？"

【相关评论】

Lionello Lanciotti，"The Confucian Creation of Heaven，Philosophy and the

Defence of Ritual Mastery by Robert Eno", *East and West*, Dec. 1990, Vol. 40, Issue 1/4, pp. 368 – 369

Anne Anlin Cheng（程艾兰）, "The Confucian Creation of Heaven: Philosophy and the Defense of Ritual Mastery by Robert ENO", *Revue Bibliographique de Sinologie*, *Nouvelle Série*, 1991, Vol. 9, p. 306

Anne Anlin Cheng（程艾兰）, "The Confucian Creation of Heaven: Philosophy and the Defense of Ritual Mastery by Robert Eno", *Bulletin of the School of Oriental and African Studies*, *University of London*, 1992, Vol. 55, No. 1, pp. 167 – 169

Win J. Boot, "The Confucian Creation of Heaven: Philosophy and the Defense of Ritual Mastery by Robert Eno", *T'oung Pao*, *Second Series*, 1992, Vol. 78, Livr. 1/3, pp. 202 – 207

Henry Rosemont Jr.（罗思文）, "The Dancing Ru/Li Masters", *Early China*, 1992, Vol. 17, pp. 187 – 194

Karen L. Turner（高道蕴）, "The Confucian Creation of Heaven: Philosophy and the Defense of Ritual Mastery by Robert Eno", *Philosophy East and West*, *Moscow Regional East-West Philosophers' Conference on Feminist Issues East and West*, Apr. 1992, Vol. 42, Issue 2, pp. 365 – 368

Mark Csikszentmihalyi（齐思敏）, "The Confucian Creation of Heaven: Philosophy and the Defense of Ritual Mastery by Robert Eno", *Journal of the American Oriental Society*, Oct. – Dec. 1992, Vol. 112, Issue 4, pp. 681 – 682

Kwong-loi Shun（信广来）, "The Confucian Creation of Heaven: Philosophy and The Defense of Ritual Mastery by Robert Eno", *Harvard Journal of Asiatic Studies*, Dec. 1992, Vol. 52, Issue 2, pp. 739 – 756

Kidder Smith（苏德恺）, "The Confucian Creation of Heaven: Philosophy and the Defense of Ritual Mastery. SUNY Series in Chinese Philosophy and Culture by Robert Eno", *Journal of Ritual Studies*, *Special Issue: Ritual and Sport*, Winter 1993, Vol. 7, Issue 1, pp. 192 – 193

[9] Chad Hansen（陈汉生）, "Mencius: The Establishment Strikes Back", *A Daoist Theory of Chinese Thought: A Philosophical Interpretation*, Oxford: Oxford University Press, 1992（于 2000 年重印）, pp. 153 – 195

【其他版本】

陈汉生（Chad Hansen）著，周景松、谢尔逊等译，张丰乾校译：《孟子：创发反击》，《中国思想的道家之论：一种哲学解释》，南京：江苏人民出版社，2020 年，第 287—362 页。（中文译本）

【作品简介】

本书从分析哲学和语言哲学的角度出发，重现了先秦诸子百家围绕"道"这一主题的论辩。作者将各家视为一个融会贯通的整体，而非相互割裂和独立的学派，"道"即为维系各家论点的核心与纽带。第一章为"An Introduction with Work to Do（导论与蓝图）"，对本书的方法论和要解决的问题进行了介绍；第二章为"The Context of Chinese Philosophy：Language and Theory of Language（中国哲学的语境：语言及语言理论）"，介绍了地理环境、历史和学术背景；第三章为"Confucius：The Baseline（作为基准线的孔子）"，第四章为"Mozi：Setting the Philosophical Agenda（墨子：提出哲学议题）"，二者同属第一编"The Positive Dao Period（积极之道的时期）"；第五章为"Mencius：The Establishment Strikes Back（孟子：创发反击）"，第六章为"Laozi：Language and Society（老子：语言和社会）"，二者同属第二编"The Antilanguage Period（逆语言时期）"；第七章为"The School of Names：Linguistic Analysis in China（名家：中国的语言分析）"，第八章为"Zhuangzi：Discriminating about Discriminating（庄子：辩之辩）"，二者同属第三编"The Analytic Period（分析时期）"；第九章为"Xunzi：Pragmatic Confucianism（荀子：实用主义儒学）"，第十章为"Han Feizi：The Ruler's Interpretation（韩非子：统治者的解释）"，二者同属第四编"The Authoritarian Response（专制者的回应）"。其中，第五章《孟子：创发反击》讲了儒学在战国时期面临的挑战、孟子哲学的主要思想体系、孟子的道德心性之学、孟子学说对后世的影响等内容。

【相关评论】

David L. Hall（郝大维），"A Daoist Theory of Chinese Thought by Chad Hansen"，*China Review International*，Fall 1994，Vol. 1，Issue 2，pp. 122 – 134

Roger Thomas Ames（安乐哲），"A Daoist Theory of Chinese Thought：A Philosophical Interpretation by Chad Hansen"，*Harvard Journal of Asiatic Studies*，Dec. 1994，Vol. 54，Issue 2，pp. 553 – 561

Lisa Ann Raphals（瑞丽），"A Language Theory of Chinese Thought"，*The*

Journal of Religion，Jan. 1995，Vol. 75，Issue 1，pp. 80 – 89

Bryan William Van Norden（万百安），"A Daoist Theory of Chinese Thought：A Philosophical Interpretation. by Chad Hansen"，*Ethics*，Jan. 1995，Vol. 105，Issue 2，pp. 433 – 435

David B. Wong（黄百锐），"A Daoist Theory of Chinese Thought：A Philosophical Interpretation by Chad Hansen"，*The Journal of Asian Studies*，Aug. 1998，Vol. 57，Issue 3，pp. 824 – 825

［10］Dim Cheuk Lau（刘殿爵），"Meng tzu 孟子（Mencius）"，Michael Loewe（鲁惟一），ed.，*Early Chinese Texts：A Bibliographical Guide*，1993，pp. 331 – 335

【作品简介】

本章对孟子进行了简要介绍，共分为七部分：第一部分是"The Date of Meng K'o（孟子的年代）"，介绍了孟子所处的时代背景及其生卒年和师从关系；第二部分是"Authenticity and Extent of the Work（作品的真伪与长短）"，介绍了《孟子》的版本变迁及其可靠性问题；第三部分是"Commentaries（注疏）"，列举了历史上研究《孟子》的注疏作品，介绍了孟学研究的变迁；第四部分是"Translations（翻译）"，列举了《孟子》的西文译作；第五部分是"Versions in Modern Chinese（现代汉语译注）"，列举了《孟子》的现代本；第六部分是"Japanese Editions（日文版本）"，列举了日文版《孟子》；第七部分是"Indexes（索引）"，列举了对《孟子》进行索引的作品。

［11］Michael LaFargue，"Mencius on the Role of the *Shih*-Idealist" and "Mencius on Virtue"，*Tao and Method：AReasoned Approach to the Tao De Ching*，Albany，New York：State University of New York Press，1994，pp. 69 – 122

【作品简介】

本书主要分为四部分。第一部分是"Hermeneutics（诠释学）"，从方法论的角度出发，指出要找到跨文化的解释方式。作者指出，《老子》是一定时代背景下周文化发展的产物。要用汉学家的诠释学方法，而不能将西方哲学的范畴、二分法和问题强加于中国古代文本。第二部分是"Sociohistorical Background（社会历史学背景）"，聚焦于"士"阶层的崛起及其在当时社会中所充当的角色，本部分包含三章。第一章"The Self Understanding of Warring States *Shih*（战国'士'的自我意识）"，讲了战国的时代背景，并联系许倬云关于"士"的崛起的学说进行了分析，接着介绍了"士"阶层中的理想主义者，以及他们是如何获取认同的。在第二章"Mencius on the Role of the *Shih*-Idealist（作为'士'阶层中理想主义者的孟子）"和第三章"Menciuson Virtue（孟子的道德）"中，作者梳理了孟子的王道思想与工夫论，并对比了《孟子》和《老子》，认为这两个文本体裁类似，反映了同一种政治文化。一些西方学者认为它们像西方哲学文献一样包含了明确的学说，作者反驳了这种观点。作者以欧洲为中心定义了哲学，指出哲学的终极目标是阐明"笛卡尔的梦想"，即系统和一致的教义世界观。《孟子》等文献在形式上明显与这种哲学体系不同，因此在研究中西比较哲学时，应避免将西方的二元论与绝对主义强加于亚洲文本。作者认为，以《孟子》和《老子》为代表的中国经典只能算是思想，但不属于哲学。第三部分是"Verbal Form and the Structure of Laoist Thought（动词形式与老子思想的结构）"，是对《老子》一书的语言学分析。第四部分是作者自己对《老子》一书的翻译与评注。

【相关评论】

Livia Köhn（孔丽维），"Michael，Tao and Method：A Reasoned Approach to the Tao Te Ching by Fargue La"，*Revue Bibliographique de Sinologie*，*Nouvelle Série*，1995，Vol. 13，p. 456

Edmund Ryden（雷敦龢），"Tao and Method：A Reasoned Approach to the Tao Te Ching by Michael LaFargue"，*Bulletin of the School of Oriental and African Studies*，University of London，1995，Vol. 58，Issue 3，pp. 595 – 596

John Allen Tucker，"Tao and Method：A Reasoned Approach to the Tao Te Ching by Michael LaFargue"，*China Review International*，Spring 1996，Vol. 3，Issue 1，pp. 172 – 180

Hans-Georg Möller，"Tao and Method：A Reasoned Approach to the Tao Te Ching. SUNY Series in Chinese Philosophy and Culture by Michael LaFargue"，1997，*Monumenta Serica*，Vol. 45，pp. 468 – 472

John H. Berthrong（白诗朗），"Laughing at the Tao：Debates among Buddists and Taoists in Medievil China by Livia Kohn Tao and Method：A Reasoned Approach to the Tao Te Ching by Michael LaFargue"，*Journal of the American Academy of Religion*，Summer，1997，Vol. 65，Issue 2，pp. 494 – 496

Isabelle Robinet（贺碧来），"Tao and Method：A Reasoned Approach to the

Tao Te Ching by Michael LaFargue", *T'oung Pao*, *Second Series*, 1998, Vol. 84, Fasc. 1/3, pp. 143 – 153

［12］Deborah A. Sommer（司马黛兰），ed.，"Mencius", *Chinese Religion*: *An Anthology of Sources*, New York: Oxford University Press, 1995, pp. 55 – 61

【作品简介】

本书是对中国历代与宗教相关的原始文献的综合性选集，其译本大多出自陈荣捷（Wing-tsit Chan），其摘取标准在注重哲学性、思想性的同时，也分外注重文学性。其具体内容包括了反映周代宇宙论的《易》《书》，以及春秋战国百家作品、汉代各学派的代表作、中古时期的佛教与道教文献，甚至清代的鬼神传说和中国当代的宗教状况，还以中国历史朝代年表、关于中国的视频资料的指南、英文参考书目表、重要术语词汇表等作为补充。其中，"Mencius（《孟子》）"一章先介绍了孟子的生平与其思想体系概要，并对孔孟二人的思想进行了对比分析。接着，作者节选了《孟子》中的几个经典选段，包含了以下几节："The nature of water（水之性）"（6A. 2）、"Ox mountain（牛山）"（6A. 8）、"The four minds（四心）"（6A. 6 – 7）、"The child in the well and the four beginnings（孺子将入于井与四端）"（2A. 6）、"Great people and sages（大人与圣者）"（4B. 12）（6A. 7. 1 – 3）、"Humanity and righteousness（人性与义）"（7A. 4）（4A. 27）（6A. 11）（7A. 15）、"Fish and bear's paw（鱼与熊掌）"（6A. 10. 1 – 5）、"The way（道）"（7B. 16）、"Governance（治道）"（4A. 20）（2A. 3）、"The mandate and heaven（天命）"（7A. 2）（7A. 1）、"Ritual（礼）"（3B. 2. 2）、"Sacrifice（祭祀）"（4B. 25）（8B. 14）、"Spirits（心）"（7B. 25. 7 – 8）、"The shaman's profession（医者的职业）"（2A. 7）、"The unmoving mind and vital force（不动心与生命力）"（2A. 9 – 16）。

【相关评论】

Timothy Hugh Barrett, "Chinese Religion: An Anthology of Sources by Deborah Sommer", *Bulletin of the School of Oriental and African Studies*, University of London, 1997, Vol. 60, Issue 1, p. 214

Livia Köhn（孔丽维），"Chinese Religion. An Anthology of Sources by Deborah Sommer", *Revue Bibliographique de Sinologie*, *Nouvelle Série*, 1996, Vol. 14, p. 365

　　[13] Joseph S. Wu（吴森）,"Mencius（Mengzi / Meng Tzu）", Ian Philip McGreal, ed., *Great Thinkers of the Eastern World: The Major Thinkers and the Philosophical and Religious Classics of China, India, Japan, Korea, and the World of Islam*, New York: Harper Collins, 1995（于1996年重印）, pp. 27 – 30

【其他版本】

Ian Philip McGreal（ed.）, Zofia Łomnicka, Irena Kałuzyńska,（trans.）, *Wielcy myśliciele Wschodu*, Warszawa: Al fine, 1997（波兰语译本）

Ian Philip McGreal, ed., *Velikie mysliteli Vostoka: vydaiushchiesia mysliteli, filosofskie i religioznye proizvedeniia Kitaia, Indii, Iaponii, Korei, islamskogo mira*, Moskva: Kron-Press, 1998（俄语译本）（于1999年重印）

Ian Philip McGreal, ed., *Những tư tưởng gia vĩ đại phương đông*, Hà nội: Nhà xuất bản Lao động, 2005（越南语译本）

【作品简介】

　　本书简要介绍了从公元前7世纪至20世纪东方世界历史上100多位著名思想家的学说, 包括中国、印度、日本、朝鲜和伊斯兰世界的主要思想流派的代表人物。在中国部分, 编者选取的思想家或流派包括: 孔子、老子、墨子、庄子、孟子、公孙龙、荀子、《春秋》、韩非子、《大学》、《中庸》、《易》、董仲舒、王充、列子、郭象、吉藏、玄奘、慧能、法藏、周敦颐、张载、二程、朱熹、王阳明、戴震、康有为、谭嗣同、孙中山、毛泽东、冯友兰。其中, "Mencius（Mengzi/Meng Tzu）" 即孟子一节先简要介绍了孟子的生卒年、思想体系、其在中国思想史上的地位、生平等内容, 接着对其思想体系进行了详细展开, 包括 "Theory of Human Nature（人性论）" "A Theory of Moral Virtues（道德论）" "The Metaphysical Journey（形而上学历程）" "Political and Economic Thought（政治与经济思想）" "Mencius's Criticism of Other Philosophers（孟子对其他思想家的批评）"。在文章的最后, 作者还推荐了一些相关书目供读者参考, 包括翟楚（Ch'u Chai）、翟文伯（Winberg Chai）合编的 *The Humanist Way in Ancient China: Essential Works of Confucianism*, 陈荣捷（Wing-tsit Chan）编译的 *A Source Book in Chinese Philosophy*, 顾立雅（Herrlee Glessner Creel）的 *Chinese Thought: From Confucius to Mao Tse-tung*, 冯友兰（Yu-lan Fung）著、卜德（Derk Bodde）译的 *A History of Chinese Philosophy*, 理雅各（James Legge）编译的 *The Life and Work of Mencius*, 瑞恰慈

（Ivor Armstrong Richards）的 *Mencius on the Mind*，Arthur David Waley 的 *Three Ways of Thought in Ancient China*，魏鲁男（James Roland Ware）翻译的 *The Sayings of Mencius*。

［14］Paul Rakita Goldin（金鹏程），"Chapter 1 Self-Cultivation and the Mind"，*Rituals of the Way：The Philosophy of Xunzi*，Chicago and La Salle：Open Court，1999，pp. 1 – 38

【作品简介】

本书从荀子所处的历史背景出发，从思想史的角度探究了荀子学说的一些关键问题，包括四章：第一章为"Self-Cultivation and the Mind（修身与心）"，第二章为"Heaven（天）"，第三章为"Ritual and Music（礼与乐）"，第四章为"Language and the Way（语言与道）"。在论述过程中，作者注重孟荀思想的对比，这在第一章中尤为明显。第一章概述了学界孟荀比较研究的情况，并总结认为，二者道德修养论的区别在于是由内而外还是由外而内。作者指出，荀子对孟子的批评并非真正意义上的那种颠覆内容本质的批评，荀子只是想借此拉开读者与孟子思维模式之间的距离，从而理解荀子的这种完全不同的世界观。孟子主张人要意识到自己拥有本然善性才能逐渐任其扩充；而荀子主张德性首先要依靠人为才能培养起来，然后才能逐渐改良本恶人性。

【相关评论】

John Allen Tucker，"Rituals of the Way：The Philosophy of Xunzi by Paul Rakita Goldin Virtue，Nature，and Moral Agency in the Xunzi by T. C. Kline，Ⅲ，Philip J. Ivanhoe"，*China Review International*，Fall 2001，Vol. 8，Issue 2，pp. 380 – 387

Dan Robins（丹若宾），"Rituals of the Way：The Philosophy of Xunzi by Paul Rakita Goldin"，*The Journal of Asian Studies*，Nov. 2001，Vol. 60，Issue 4，pp. 1152 – 1155

Joanne Davison Birdwhistell，"Rituals of the Way：The Philosophy of Xunzi by Paul Rakita Goldin"，*Philosophy East and West*，Oct. 2002，Vol. 52，Issue 4，pp. 498 – 500

Paul Rakita Goldin（金鹏程），"Response to Joanne D. Birdwhistell's Review of 'Rituals of the Way：The Philosophy of Xunzi'"，*Philosophy East and West*，

Oct. 2003，Vol. 53，Issue 4，pp. 591 – 592

Hans-Georg Moeller，"Rituals of the Way. The Philosophy of Xunzi by Paul Rakita Goldin"，*Monumenta Serica*，2005，Vol. 53，pp. 486 – 487

[15] Kwong-loi Shun（信广来），"Mencius"，Robert L. Arrington，ed.，*A Companion to the Philosophers*，Malden，Mass.：Blackwell，1999（于 2001 年重印），pp. 86 – 91

【作品简介】

本书对世界史上的杰出哲学家进行了简要介绍，包括非洲、中国、欧美、印度、日本、伊斯兰与犹太部分。其中，中国部分共十八位思想家，以其英文名或韦氏拼音名的首字母为依据排序。《孟子》一章由信广来执笔，介绍了孟子的生平及其所处的百家争鸣时代背景，《孟子》一书的主要内容，孟子的思想贡献，"仁""礼""义"等概念的意涵，以及孟子对孔子学说的坚守与对墨子、杨朱的批判，仁政的政治理想，人性论等，并在结尾略论了荀子后来对孟子人性论的反驳，由此说明孟子的人性论深刻激发了后世学者的探讨。

[16] Yunhuan Luo（罗运环），Jianjun Ma（马建军），"Mother Meng，Mother of Mencius，Warring States Period"，Barbara Bennett Peterson（Chief），Hongfei He（何鸿飞），Jiyu Wang（王继宇），Tie Han（韩铁），Guangyu Zhang（张光裕），eds.，*Notable Women of China：Shang Dynasty to the Early Twentieth Century*，Armonk，N. Y.；London：M. E. Sharpe，1999（于 2000 年重印），pp. 27 – 30

【其他版本】

Yunhuan Luo（罗运环），Jianjun Ma（马建军），"Mother Meng，mother of Mencius，Warring States period"，Barbara Bennett Peterson，et al.，eds.，*Notable Women of China：Shang Dynasty to the Early Twentieth Century*，Armonk，London，New York：Routledge，2000（于 2015 年重印）

Yunhuan Luo（罗运环），Jianjun Ma（马建军），"Mother Meng，Mother of Mencius，Warring States Period"，Barbara Bennett Peterson，et al.，eds.，*Notable Women of China：Shang Dynasty to the Early Twentieth Century*，Abingdon，Oxon：Taylor and Francis，2000

【作品简介】

孟母即孟子的母亲，其姓为仉或李尚存争议。其丈夫为孟激，字公宜。孟家为鲁国宗室后裔，家道中衰而迁至邹国。孟母生孟子三年，孟激卒。孟母非常重视孩子的教育，于是有了孟母三迁、断机教子、杀豚不欺子、不允许孟子出妇等故事。在孟母的培养下，孟子成了继孔子之后最伟大的儒者，周游列国宣扬自己的政治主张，对抗墨子、杨朱。孟子带着家人与追随者在齐国定居后，又打算搬往其他国家，但他担心孟母的身体无法承受长途奔波，但孟母坚定地要陪伴和支持孩子完成抱负，于是有了孟母出齐的故事。孟母死于齐国，但孟子将她运回鲁国安葬。在孟庙，有一尊孟母像，相传为孟子亲手雕刻，但后来证明是后人的仿制品。孟庙还有孟母殿和启圣殿，纪念孟子的双亲。元朝时，孟激被追封为邾国公，孟母被追封为邾国宣献夫人，孟母殿西侧有一块石碑上刻着"母教一人"四个字，为 1925 年毕庶澄所立。孟母对孟子道德的养成有重要作用，并对后世教育观念产生了很大的影响。

【相关评论】

Susan Louise Mann（曼素恩），"Notable Women of China：Shang Dynasty to the Early Twentieth Century by Barbara Bennett Peterson Dangerous Women：Warriors，Grannies and Geishas of the Ming by Victoria Cass"，*Pacific Affairs*，Spring 2001，Vol. 74，Issue 1，pp. 108 – 109

Pei-yi Wu（吴百益），"Notable Women of China：Shang Dynasty to the Early Twentieth Century by Barbara Bennett Peterson"，*China Review International*，Fall 2002，Vol. 9，Issue 2，pp. 514 – 516

Danielle Elisseeff，"Notable Women of China：Shang Dynasty to the Early Twentieth Century by Barbara Bennett Peterson，Hong Fei He，Tie Han，Jiyu Wang，Guangyu Zhang"，*Revue Bibliographique de Sinologie*，*Nouvelle série*，2000，Vol. 18，p. 57

[17] Xinzhong Yao（姚新中），"Mengzi and His Development of Idealistic Confucianism"，*An Introduction to Confucianism*，Cambridge，New York，Melbourne，Madrid，Cape Town，Singapore，São Paulo：Cambridge University Press，2000，pp. 71 – 76

【作品简介】

本书从宗教学和哲学的视角，系统回顾了儒学思想从古至今在东西方的历史发展，在这一过程中，东西方的不同思想家对儒学进行了不同的诠释，使儒学呈现了多样性和生命力，并对世界产生了深远影响。全书共六部分。首先是"Introduction：Confucian Studies East and West（引言：东西方儒学研究）"，对儒学的历史发展进行了阶段划分，并概述了儒学研究方法论、框架和内容的演变，以及儒学经典译作的发展。接着是第一章，"Confucianism，Confucius and Confucian Classics（儒学、孔子与儒家经典）"，介绍了"儒"的来历与孔子的关系，儒学在家、教和学这三个层面上的意义，儒学传统中的伦理、政治正统与宗教意义，儒家经典。第二章"Evolution and Transformation：A Historical Perspective（发展与转变——一个历史的视角）"按时间顺序介绍了中国历史上多位著名儒者的思想，以及多个儒学的盛衰转折点，并在结尾以两小节将视野拓展至整个东亚文化圈，简要介绍了朝鲜与日本的儒学发展状况。其中，"Mengzi and His Development of Idealistic Confucianism（孟子与其对理想主义儒学的发展）"的开头就涉及了孟荀对比，将孟子视为儒学理想主义的代表，并相应地将荀子视为儒学理性主义的代表。作者认为，孟子是从宗教伦理的意义上发展了儒学，而荀子注重自然主义与礼的约束。荀子对汉代儒学有重大影响，孟子则更多地影响了宋代以后的儒学。作者对战国时各家学说纷纷提出救世主张的背景作了交代，并介绍了孟子的生平，讲述了他的政治和学术经历，在涉及哲学和思想问题时也会展开阐述其思想要点，对孟子学说中的"仁""义""礼""智""天"等重要概念都作了简要介绍。第三章为"The Way of Confucianism（儒家的道）"，包括天道、人道与和之道。第四章为"Ritual and Religious Practice（礼与宗教实践）"，介绍了礼的传统与道德修养论，并从宗教角度对比了儒家与道家、儒家与佛家、儒家与基督教。第五章为"Confucianism and its Modern Relevance（儒学及其现代关切）"，讲了儒学在现代社会的发展与创新，介绍了现代儒学的主要内容。

【相关评论】

Yuli Liu（刘余莉），"An Introduction to Confucianism by Xinzhong Yao"，*Journal of Applied Philosophy*，Vol. 18，Issue 2，2001，pp. 210–212

[18] Dim Cheuk Lau（刘殿爵）（trans.），Peter Kees Bol（包弼德），Stephen Owen（宇文所安），Willard James Peterson（裴德生），"Chapter 2. Mencius 2A. 2"，Pauline Yu（余宝琳），Peter Kees Bol（包弼德），Stephen Owen（宇文所安），Wil-

lard James Peterson（裴德生），eds.，*Ways with Words：Writing about Reading Texts from Early China*，Berkeley，Los Angeles，London：University of California Press，2000，pp. 41 – 57

【作品简介】

第一节：刘殿爵对《孟子·公孙丑上》的第二章的翻译。

第二节：Willard James Peterson（裴德生），"'Are You a Sage？'"，pp. 45 – 48

该节标题取自《孟子·公孙丑上》的第二章之"夫子既圣矣乎"。文章指出，《公孙丑上》的第二章篇幅较长，且主线不明，结尾关于"自有生民以来，未有孔子也"的讨论更是之前从未出现过的，这个讨论似乎也得不出什么结论。读者一般把注意力集中在"不动心"与"浩然之气"，而忽略了其他内容。因此，作者非常细致地将该章从头至尾回顾了一遍，把看似突兀的公孙丑的提问和孟子的回答都进行了合理解释，从而呈现了该章隐含的连贯性。由此，对于"夫子既圣矣乎"的讨论就显得顺理成章了。

第三节：Peter Kees Bol（包弼德），"'There Has Never Been One Greater than Confucius'"，pp. 49 – 54

该节标题取自《孟子·公孙丑上》的第二章之"自有生民以来，未有孔子也"。本文关注《公孙丑上》的第二章首尾是否呼应的问题，试图证明其行文的逻辑内在连贯性。作者将原文中提到的几个关键问题，依次纳入"The Unstirred Heart（不动心）""The Mediating Heart［在（外在表现与气）中间的心］""Sensing One's Own Heart［（在养浩然之气的过程中）感知自己的心］""Knowing the Hearts of Others（了解他人之心）"这几个在逻辑排序上自然连贯的范畴。由于孔子具备以上诸多能力，所以该章很自然地在结尾进入了关于"自有生民以来，未有孔子也"的讨论。

第四节：Stephen Owen（宇文所安），"Perspective on Readings of Mencius 2A. 2"，pp. 54 – 57

该节作者对裴德生（Willard James Peterson）与包弼德（Peter Kees Bol）关于《公孙丑上》第二章的连贯性问题的讨论进行了评价，认为二者的切入视角不同，但这两种不同的方法各具启发性。

【相关评论】

Barbara Hendrischke（杭智科），"Ways With Words：Writing About Reading

Texts From Early China by Pauline Yu, Peter Bol, Stephen Owen, Williard Peterson", *Revue Bibliographique de Sinologie*, *Nouvelle série*, 2001, Vol. 19, pp. 379 – 380

Deirdre Sabina Knight（桑禀华）, "Ways with Words: Writing about Reading Texts from Early China by Pauline Yu, Peter Bol, Stephen Owen, Willard Peterson", *The Journal of Asian Studies*, Aug. 2001, Vol. 60, Issue 3, pp. 856 – 858

Timothy Hugh Barrett, "Chinese Literature, Ancient and Classical by André Lévy, William H. Nienhauser, Jr., Ways with Words: Writing about Reading Texts from Early China by Pauline Yu, Peter Bol, Stephen Owen, Willard Peterson", *Bulletin of the School of Oriental and African Studies*, *University of London*, 2002, Vol. 65, Issue 2, pp. 448 – 450

Huanwen Cheng（程焕文）, "Ways with Words: Writing about Reading Texts from Early China by Pauline Yu, Peter Bol, Stephen Owen, Willard Peterson", *Libraries & Culture*, Fall 2002, Vol. 37, Issue 4, pp. 402 – 403

Jui-lung Su（苏瑞隆）, "Ways with Words: Writing about Reading Texts from Early China by Pauline Yu, Peter Bol, Stephen Owen, Willard Peterson", *China Review International*, Spring 2003, Vol. 10, Issue 1, pp. 293 – 297

David C. Schaberg（史嘉柏）, "Ways with Words: Writing about Reading Texts from Early China by Pauline Yu, Peter Bol, Stephen Owen, Willard Peterson", *Journal of the Royal Asiatic Society*, *Third Series*, Jul. 2003, Vol. 13, Issue 2, pp. 264 – 266

［19］Thaddeus T'ui-chieh Hang（项退结）, "Chapter One: Understanding Evil in the Philosophies of Mencius, Hsün Tzu, and Lao Tzu", Sandra Ann Wawrytko（华珊嘉）, *The Problem of Evil: An Intercultural Exploration*, Amsterdam; Kenilworth; Atlanta, GA: Rodopi, 2000

【其他版本】

Thaddeus T'ui-chieh Hang（项退结）, "Chapter One: Understanding Evil in the Philosophies of Mencius, Hsün Tzu, and Lao Tzu", Sandra Ann Wawrytko（华珊嘉）, *The Problem of Evil: An Intercultural Exploration*, Leiden, Boston: Brill, 2000

【作品简介】

本章着眼于孟荀以及老子的人性论哲学，共包含四个部分。一是"Mencius's Doctrine of the Innate Four Good Initial Phases（孟子的四心善端说）"，从《孟子·公孙丑上》的第六章"人皆有不忍人之心"一段、《告子上》的第八章"牛山之木尝美矣"一段出发，讲解了孟子的性善论。二是"Hsün Tzu's Doctrine of Innate Evil Human Nature（荀子的性恶论）"，从《荀子》的《性恶》篇和《天论》篇出发，讲了荀子的"化性起伪"和"礼"的观念。三是"Hsün Tzu's and Mencius's Techniques of Self-Cultivation（荀子与孟子的道德修养论）"，对比了孟荀的心性论和修养论。四是"Contributions of Eastern and Western Thought to Combating Evil and to Increasing Philosophical Understanding（关于如何从哲学上理解和打击恶的东西方思想成果）"，它指出，面对世界上各种自然和人为的灾害（如奴役女性等问题），面对应该如何理解和处理恶的问题，人们往往更重视以基督教思想为代表的西方思想所作的贡献，而忽略了印度、中国的思想成果。作者从孟荀思想延伸至老子思想，以论证中国哲学对人类的贡献。

［20］Philip John Ivanhoe（艾文贺），"Mengzi（'Mencius'）"，*Confucian Moral Self Cultivation*，Indianapolis：Hackett Publishing Company，2000，pp. 15 – 28

【作品简介】

本书对儒家的工夫论进行了系统研究，按时间顺序介绍了孔子、孟子、荀子、朱熹、王阳明、颜元和戴震的修养工夫论。其中，孟子一章即"Mengzi（'Mencius'）"，先从儒学在孟子的时代所面临的困境讲起：孔子去世后，思想界出现了激烈的争论，儒学遭到了墨子与杨朱的多方面攻击。文章的前半部分重点介绍了孟子所描述的人们在理解与拥护他人时的一种自然推及（"Natural" Progression）现象，孟子以精妙的论辩能力，从人性论出发，推导出"存心养性"的修养工夫论，接着又一步步推导出了这种推及的差等性，作者对这一推导过程进行了详细分析。由此，孟子对杨墨两家进行了有力的反驳，进而捍卫了儒家学说。文章的后半部分则进一步介绍了孟子后学对儒家学说的拥护。

【相关评论】

Richard T. Garner，"Confucian Moral Self Cultivation by Philip J. Ivanhoe"，*Philosophy East and West*，Oct. 1999，Vol. 49，Issue 4，pp. 533 – 535

Bryan William Van Norden（万百安），"Confucian Moral Self Cultivation by Philip J. Ivanhoe"，*The Journal of Asian Studies*，Nov. 1996，Vol. 55，Issue 4，pp. 983 – 984

[21] Oliver Leaman，ed.，*Encyclopedia of Asian Philosophy*，London，New York：Routledge，2001

【作品简介】

本著作为亚洲哲学术语的百科全书，内容涉及亚洲各地区与各类宗教的哲学思想史。全书词条按英文首字母排序，每个词条包括名词解释与具体内容、本书中的相关哲学术语、参考书目与深度阅读这三部分。其中，与孟子有关的哲学术语大致有 9 个：

（1）Correlative Thinking（关联性思维），见 Whalen Wai-lun Lai（黎惠伦），"Correlative Thinking"，pp. 147 – 148。介绍了世界思想史上的相关思想的创建，指出中国的关联性思维体现出一种有机、动态的流动合成的一元论。文中以较大篇幅举例说明了孟子的关联性思维，并引申了五行学说、墨子和荀子的学说。参考书目包括吴光明（Kuang-ming Wu）的 *On Chinese Body Thinking*、李耶理（Lee Howard Yearley）的 *Mencius and Aquinas：Theories of Virtue and Conceptions of Courage*。

（2）Courage（勇），见 Whalen Wai-lun Lai（黎惠伦），"Courage"，pp. 152 – 154。提到勇气是英雄主义的气质，后来被"道德勇气"所取代，涉及了唐宋文人与武将的地位问题、士阶层的崛起与地位抬升问题，还讲到了孔子评价子路好勇并预言其死于战争、孟子赞扬曾子的道德勇气、《水浒传》中塑造的忠勇形象等。下设题为"The Immovable Mind in *Mencius*（《孟子》中的'不动心'）"的小节，篇幅较长，详细地讲解了《孟子·公孙丑上》对勇气的三个分类：北宫黝之勇为血气（passion）之勇、孟施舍之勇为意志（will）之勇、曾子之勇为理性（reason）之勇。参考书目为夏志清（Chih-tsing Hsia）的 *The Classic Chinese Novel：A Critical Introduction*、陆威仪（Mark Edward Lewis）的 *Sanctioned Violence in Early China*、刘若愚（James Jo-yu Liu）的 *The Chinese Knight Errant*、Alasdair MacIntyre 的 *A Short History of*

Ethics。

（3）Ether（气），见 Whalen Wai-lun Lai（黎惠伦），"Ether"，p. 184。孟子首先发现了这个概念，并有了"浩然之气"的一段论述，这是孟子道德学说中最伟大的发明之一，却被汉朝儒者忽略，后来才被朱熹等一批宋代理学家发扬光大。参考书目为刘殿爵（Dim Cheuk Lau）翻译的《孟子》（Mencius）中的引言（Introduction）。

（4）Funerals（葬礼），见 Whalen Wai-lun Lai（黎惠伦），"Funerals"，pp. 212 - 213。提到了《孟子·滕文公上》第五章墨者夷之求见孟子的段落，对比了墨家与儒家对待丧葬的不同观点，延伸到了庄子的思想，以及儒家关于"天"的观念。参考文献中列有黎惠伦（Whalen Wai-lun Lai）的 Of One Mind or Two? Query on the Innate Good in Mencius、倪德卫（David Shepherd Nivison）的 The Ways of Confucianism 中的 "Two Roots or One?"、信广来（Kwong-loi Shun）的 Mencius and Early Chinese Thought 中的 "Mencius' Criticism of Mohism：An Analysis of Meng Tzu 3A. 5"。

（5）Meaning（义），见 Whalen Wai-lun Lai（黎惠伦），"Meaning"，pp. 344 - 347。涉及了孔子、墨子、法家、庄子、老子、孟子、公孙龙等人对"义"的解读，其中重点在孟子对义的理解及其创立的内在道德机制，并下设 "Hermeneutics and Mencius（诠释学与孟子）" 一节，讲述了孟子对文本的怀疑、反语等诠释方法，并与别家思想的诠释学作对比。

（6）Mencius（孟子），见 Whalen Wai-lun Lai（黎惠伦），Oliver Leaman，"Mencius"，pp. 356 - 357。介绍了孟子的思想史地位、对孔子的捍卫、哲学体系、学术创见以及与墨家、杨朱的论辩。深度阅读部分推荐了安乐哲（Roger Thomas Ames）的 The Mencian Conception of Ren Xing：Does it Mean "Human Nature"?、葛瑞汉（Angus Charles Graham）的 Disputers of the Tao：Philosophical Argument in Ancient China 和 Studies in Chinese Philosophy and Philosophical Literature 中的 "The Background of the Mencian Theory of Human Nature"、倪德卫（David Shepherd Nivison）的 The Ways of Confucianism：Investigations in Chinese Philosophy、刘殿爵（Dim Cheuk Lau）翻译的《孟子》（Mencius）。

（7）Mencius's Mother（孟母），见 Whalen Wai-lun Lai（黎惠伦），"Mencius's Mother"，pp. 357 - 358。介绍了孟母三迁等教子故事，及其对孟子学术成就的推动作用。参考书目与深度阅读部分列举了 George Alphonse De

Vos 的 *Japanese Sense of Self*、Kaji Nobuyuki（加地伸行）的 *Fukyo Wa Nani Ka?*（*What is Confucianism?*）、Whalen Wai-lun Lai（黎惠伦）的 *The Family as the Axis of Religion：Notes on the Dream of the Red Chambers*、刘殿爵（Dim Cheuk Lau）翻译的《孟子》（*Mencius*）、Rolland E. Wolfe 的 *Child Training and the Chinese Family*。

（8）Moral Failure（道德失败），见 Whalen Wai-lun Lai（黎惠伦），"Moral Failure"，pp. 361 – 362。讲了一些道德的矛盾，如忠孝难两全、家国利益冲突等，孟子是最早发现这一矛盾可能存在的哲学家。提到了《孟子》中的"今人乍见孺子将入于井""嫂溺，援之以手乎"等段落，来说明用中庸之道解决道德矛盾的路径。同时，还提到了"性何以为不善"的问题，也对比了墨家、道家等学派的思想。参考书目推荐了 Herbert Fingarette 的 *Confucius：The Secular as Sacred* 和 Whalen Wai-lun Lai（黎惠伦）的 *Kao-tzu and Mencius on Mind：Analyzing a Platonic Shift in Classical China*。

（9）Motivation（端），见 Whalen Wai-lun Lai（黎惠伦），"Motivation"，pp. 362 – 363。介绍了《孟子·公孙丑上》的第六章中的"今人乍见孺子将入于井"一段，讲解了关于四心善端的内容，并对比了墨子、告子和杨朱对人行善动机的不同解释。参考书目推荐了倪德卫（David Shepherd Nivison）的 *The Ways of Confucianism* 中的"Motivation and Moral Action in Mencius"。

［22］Edward Gilman Slingerland（森舸澜），"Cultivating the Sprouts：Wu-wei in the *Mencius*"，*Effortless Action：Wu-wei as Conceptual Metaphor and Spiritual Ideal in Early China*，Oxford，New York：Oxford University Press，2003（于 2007 年重印），pp. 131 – 173

【其他版本】

Edward Gilman Slingerland（森舸澜），"Effortless Action：The Chinese Spiritual Ideal of Wu-wei"，*Journal of the American Academy of Religion*，Jun. 2000，Vol. 68，Issue 2，pp. 293 – 327

森舸澜（Edward Gilman Slingerland）著，史国强译：《养端：孟子的无为》，《无为：早期中国的概念隐喻与精神理想》，上海：东方出版中心，2020年，第 183—237 页。（中文译本）

【作品简介】

作者于 2000 年在 *Journal of the American Academy of Religion* 上发表了 *Ef-*

fortless Action：*The Chinese Spiritual Ideal of Wu-wei* 一文，该文经拓展后即成本书。运用现代的概念隐喻理论和"涉身现实主义"的原理，系统论述了"无为"的概念，指出其为道家与儒家的共同理想，并再现其在春秋战国时代的历史发展。全书共七章：第一章为"Wu-wei as Conceptual Metaphor（作为概念隐喻的无为）"；第二章为"At Ease in Virtue：Wu-wei in the *Analects*（以德为安：《论语》的无为）"；第三章为"So-of-Itself：Wu-wei in the *Laozi*（自然：《老子》的无为）"；第四章为"New Technologies of the Self：Wu-wei in the 'Inner Training' and the Mohist Rejection of Wu-wei（方术：《内业》的无为及墨家对无为的拒绝）"；第五章为"Cultivating the Sprouts：Wu-wei in the *Mencius*（养端：《孟子》的无为）"；第六章为"The Tenuous Self：Wu-wei in the *Zhuangzi*（虚：《庄子》的无为）"；第七章为"Straightening the Warped Wood：Wu-wei in the *Xunzi*（直枸木：《荀子》的无为）"。其中，第五章讲的是《孟子》中关于存心养性的理论，指的是要意识到四心善端内在于心，并不加阻碍和揠苗助长，任其自然生发，从而成善成德。这一章包含了以下几个小节："Barriers to Self-Cultivation（自我修养的障碍）""Human Nature is Good（人性善）""Mencian Extension（孟子的延伸）""One Source，One Root（一源一本）""The Physiological Aspects of Mencian Wu-wei：The 'Flood-like *Qi*'（孟子无为的物理层面：浩然之气）""Mencian Wu-wei：Essential Self as Irrepressible Force（孟子的无为：本质的自我是不可抵御的力量）""The Paradox of Wu-wei（无为的矛盾）"。

【相关评论】

Erin McGinnis Cline，"Effortless Action：Wu-wei as Conceptual Metaphor and Spiritual Ideal in Early China by Edward Slingerland"，*China Review International*，Fall 2003，Vol. 10，Issue 2，pp. 452 – 457

Alan David Fox（狐安南），"Effortless Action：Wu-wei as Conceptual Metaphor and Spiritual Ideal in Early China by Edward Slingerland"，*The Journal of Asian Studies*，Feb. 2004，Vol. 63，Issue 1，pp. 172 – 173

Kwong-loi Shun（信广来），"Effortless Action：Wu-wei as Conceptual Metaphor and Spiritual Ideal in Early China by Edward Slingerland"，*Harvard Journal of Asiatic Studies*，Dec. 2004，Vol. 64，Issue 2，pp. 511 – 516

Robert Ford Campany（康若柏），"Effortless Action：Wu-wei as Conceptual

Metaphor and Spiritual Ideal in Early China by Edward Slingerland", *History of Religions*, *November* 2005, Vol. 45, Issue 2, pp. 181 – 182

Chris Fraser（方克涛）, "On Wu-Wei as a Unifying Metaphor", *Philosophy East and West*, Jan. 2007, Vol. 57, Issue 1, pp. 97 – 106

Jonathan Wyn Schofer, "Embodiment and Virtue in a Comparative Perspective", *The Journal of Religious Ethics*, Dec. 2007, Vol. 35, Issue 4, pp. 713 – 728

［23］Robin Rongrong Wang（王蓉蓉）, "Mencius（*Mengzi*）孟子", *Images of Women in Chinese Thought and Culture*: *Writings from the Pre-Qin Period to the Song Dynasty*, Indianapolis, Ind: Hackett, 2003, pp. 102 – 108

【作品简介】

本书摘取了从先秦到宋代的中国思想著作中反映女性形象的重要段落，以经典著作的标题为每章标题，并将其按朝代分期（商与西周、东周、汉、魏晋南北朝、唐宋）排序。其中，"Part Two：Eastern Zhou 东周（770 – 221 B. C. E. ）"包含了"Mencius（*Mengzi*）孟子"一章，介绍了《孟子》中的女性形象。该章序言出自万百安（Bryan William Van Norden），讲了孟子的学术地位、对孔子思想的捍卫、性善论等思想主张，以及后世儒者对孟子心性论的误读。同时，万百安总结了孟子对女性的看法。孟子认为，女性富于阴谋诡计，在政治与教育上的能力比男性差，但有时具备优于男性的道德洞察力。孟子的这些思想深受孟母的影响，"孟母三迁""孟母不恕出妇"等故事给孟子对女性的看法打上了烙印。本章摘取的《孟子》章节分别出自《滕文公上》第四章、《滕文公下》第二章和第三章、《离娄上》第五章、《离娄下》第三十三章、《万章上》第一章和第二章、《告子下》第一章和第六章、《尽心下》第九章。

【相关评论】

Lily Xiao Hong Lee（萧虹）, "Images of Women in Chinese Thought and Culture: Writings from the Pre-Qin Period through the Song Dynasty by Robin R. Wang", *China Review International*, Spring 2004, Vol. 11, Issue 1, pp. 15 – 21

Xiufen Lu（卢秀芬）, "Images of Women in Chinese Thought and Culture: Writings from the Pre-Qin Period through the Song Dynasty by Robin R. Wang", Jul. 2005, *Philosophy East and West*, Vol. 55, Issue 3 pp. 496 – 502

Ding-hwa Evelyn Hsieh（谢定华），"Images of Women in Chinese Thought and Culture：Writings from the Pre-Qin Period through the Song Dynasty by Robin R. Wang"，*Feminist Teacher*，2006，Vol. 17，Issue 1，pp. 81 – 84

William Gordon Crowell（孔为廉），"Images of Women in Chinese Thought and Culture：Writings from the Pre-Qin Period through the Song Dynasty by Robin Wang"，*Journal of the Economic and Social History of the Orient*，2005，Vol. 48，Issue 1，pp. 131 – 134

［24］Xinzhong Yao（姚新中），ed.，*Encyclopedia of Confucianism*，London，New York：Routledge Curzon，2003（于 2012、2013 年重印）

【作品简介】

本书以世界儒学发展历程为背景，包罗了对儒学中的关键概念、重要学者、重要作品、流派分支等各类名词和术语的具体诠释和分析，其中，与孟子相关的术语包括以下 7 个：

（1）*Gomô jigi*《论孟字义》（*Philosophical Lexicography of the Analects and Mencius*），见 John Allen Tucker，"*Gomô jigi*（Philosophical Lexicography of the Analects and Mencius）"，p. 227。介绍了伊藤仁斋的《语孟字义》（在本词条中被翻译为《论孟字义》）一书，认为它是德川时代儒学最重要的著作之一。尽管伊藤仁斋批评了朱熹并声称要还原最初的儒学术语意义，但该书在类型、方法和内容上都很明显地与陈淳的《北溪字义》雷同。同时，其中带有许多微妙的政治因子，如对儒家的平等主义伦理并不认同，从而迎合武士利益。

（2）*Mengzi* 孟子（孟轲，372？ – 289？ BCE），见 Anne Anlin Cheng（程艾兰），"Mengzi 孟子（孟轲，372？ – 289？ BCE）"，pp. 420 – 423。提到了百家争鸣的思想背景是旧秩序的解体，它促成了思想家多种多样的提问与回答。引用了司马迁的论述，指出孔门弟子散布于各诸侯国，儒学在齐鲁被孟荀持续发扬，并直接引《史记》讲述孟子生平，包括其求学经历、其周游列国而未被采信的经历、法家主导政坛的时代背景、其著述状况等。此外，还介绍了关于孟子生卒年、其与子思的师承关系等问题的争议。汉朝通过独尊儒术以论证自身政权合法性，孟母三迁等传奇故事流传，这些都大大提升了孟子在思想史上的地位。孟子模仿孔子怀着天命周游列国，认为"五百年必有王者兴"。此外，该词条还介绍了孟子的仁、王霸之辨、人性论等内容。

（3）*Mengzi* 孟子（*The Book of Mengzi*），见 Anne Anlin Cheng（程艾兰），

"Mengzi 孟子（*The Book of Mengzi*）", pp. 423 – 425。对比了《孟子》与《论语》，指出《孟子》不像《荀子》那样每个小标题都与正文相对应，其体裁是类似于《论语》的语录体，但多数段落比《论语》的篇幅更长，内容更精密且更具有论辩性。孟子模仿孔子，抱着"知其不可为而为之"的精神，周游列国，在面对其他学派思潮的冲击时，坚决捍卫并论证孔子的学说，还吸纳了庄子的一些逻辑技巧，这些因素成就了《孟子》的哲学性。该词条还涉及了关于《孟子》著者的争议，由于书中提到诸侯国君时多用谥号，这些谥号是孟子生前尚不得而知的，且除了万章和公孙丑之外，书中对孟子其他门人的称呼都用了"子"，因此《孟子》极有可能由万章和公孙丑合作，某些段落的相似内容的反复出现，也说明该书并非独作。刘殿爵认为，《孟子》是能充分反映孟子本人思想的著作；但《史记》记载《孟子》有 7 篇，《汉书》记载《孟子》有 11 篇。历史上，赵岐、马融、郑玄等一大批学者都曾评注过《孟子》，也都对这一争议提出过不同意见。此外，作者还介绍了学者对《孟子》的注疏情况，以及西方学者的翻译情况。

（4）Qin 亲（To love, intimacy, one's beloved），见 Keith Nathaniel Knapp（南恺时），"Qin 亲（To love, intimacy, one's beloved）", pp. 490 – 491。介绍了儒家对"亲"的诸多解释，如与"疏"相对、如父母等。孟子指出，君子"于民也，仁之而弗亲"，"亲亲而仁民"。孔子指出，统治者亲亲可以为百姓亲亲提供榜样。在儒学中，"亲"与"尊"常常同时出现，"亲"是对父母，"尊"是对君上。

（5）Si-Meng xuepai 思孟学派（The Zisi-Mengzi school），见 Anne Anlin Cheng（程艾兰），"Si-Meng xuepai 思孟学派（The Zisi-Mengzi school）", pp. 572 – 573。指出荀子在《非十二子》中首次提出了"思孟学派"这一说法，荀子在其中对儒家思想的批评比对道家和法家的批评都更猛烈，他特别针对子思和孟子，批评思孟学派五行说，这也使荀子在唐代之后被主流儒学边缘化。词条的最后介绍了子思与孟子的师承关系，从而推断《孟子》与《中庸》之间的关联性。

（6）Tianjue renjue 天爵人爵（The dignities of heaven and the dignities of man），见 Gary Arbuckle，"Tianjue renjue 天爵人爵（The dignities of heaven and the dignities of man）", p. 616。该词出自《孟子·告子上》第十六节："有天爵者，有人爵者。仁义忠信，乐善不倦，此天爵也；公卿大夫，此人爵也。

古之人修其天爵，而人爵从之。今之人修其天爵，以要人爵；既得人爵，而弃其天爵，则惑之甚者也，终亦必亡而已矣。"该词条对这一段进行了解释。

（7）Xing shan lun 性善论（Human nature is good），见 Michael Nylan（戴梅可），"Xing shan lun 性善论（Human nature is good）"，pp. 703 - 704。在孟子之前，儒家一般认为，要成就道德，必须付出巨大的努力。而孟子的观点与之相反，认为只要不加阻挠地任四心善端发展，就能成善成德。该词条举了"牛山之木尝美矣"等例子说明了孟子的这一观点。孟子还提出了一套仁政学说，以适应人性善的被统治者。此外，孟子的性善论对宋明理学产生了巨大影响。

[25] Bryan William Van Norden（万百安），"Mengzi"，*Virtue Ethics and Consequentialism in Early Chinese Philosophy*，New York：Cambridge University Press，2007，pp. 199 - 314

【作品简介】

本书考察了早期儒家的道德伦理学与后果主义的墨家的反儒学运动。作者充分利用了当下中国的历史学、考古学与哲学研究的最新成果，运用分析哲学方法，详细而清晰地对两派学说的相关经典文献进行了批判性的哲学解释。作者认为，儒学与亚里士多德的道德伦理学相似，提供了与好的人类生活、道德、人性、伦理修养等相关的不同哲学概念；墨学则与西方功利主义的后果主义相似，但在相关后果等概念上又存在区别。全书共分为五部分：第一部分是引言，第二部分是"Kongziand Ruism（孔子与儒家）"，第三部分是"Mozi and Early Mohism（墨子与早期墨学）"，第四部分是"Mengzi（孟子）"，第五部分是"Pluralistic Ruism（多元的儒家）"。其中，第四部分聚焦于孟子学说，分析了杨朱的人性论与孟子的反驳；《孟子》的版本学问题；孟子的人性论、修养论，并对比了积极修养论和消极修养论；孟子的道德理论与仁的思想，并与理性主义的基督教、阿奎纳、王阳明进行对比；孟子关于四心善端的学说；孟子善辩；孟子对儒学的捍卫与对墨学的批评；等等。

【相关评论】

Alexus McLeod，"Virtue Ethics and Consequentialism in Early Chinese Philosophy by Bryan W. Van Norden"，*Philosophy East and West*，Oct. 2010，Vol. 60，Issue 4，pp. 554 - 557

Michael A. Slote，"Comments on Bryan Van Norden's Virtue Ethics and Consequentialism in Early Chinese Philosophy", *Dao*: *A Journal of Comparative Philosophy*, *Sep*. 2009, Vol. 8, Issue 3, pp. 289 – 295

Aaron Stalnaker（史大海）, "Virtue Ethics and Consequentialism in Early Chinese Philosophy by Bryan W. Van Norden", *The Journal of Religion*, Apr. 2009, Vol. 89, Issue 2, pp. 280 – 282

Manyul Im（任满悦）, "Virtue Ethics and Consequentialism in Early Chinese Philosophy by Bryan W. Van Norden", *The Journal of Asian Studies*, Nov. 2008, Vol. 67, Issue 4, pp. 1444 – 1446

［26］Xin-hui Yang（杨鑫辉）, Yan-qin Peng（彭彦琴）, Yueh-ting Lee（黎岳庭）, "1 The Confucian and Mencian Philosophy of Benevolent Leadership", Chao-chuan Chen（陈昭全）, Yueh-Ting Lee（黎岳庭）, eds. , *Leadership and Management in China*: *Philosophies*, *Theories*, *and Practices*, Cambridge, England; New York: Cambridge University Press, 2008, pp. 31 – 50

【作品简介】

孔孟思想对中国、亚洲乃至世界都产生了深远影响，其内容极具深度与广度，涉及政治学、哲学、教育学、心理学、道德伦理学，而本章关注孔孟思想中的治道思想相关部分，尤其是仁政思想。作者先介绍了孔孟的生平与所处的时代背景，接着讲了仁学。仁学的基础是人性善的假说与仁、义、礼、智、信、孝等儒学药方。然后，作者深入探讨了仁政的理想模型，包括内圣与外王两方面。结论部分讨论了儒家仁政思想对现代商业组织的借鉴意义。

［27］Linsun Cheng（程麟苏）, et al. , eds. , *Berkshire Encyclopedia of China*: *Modern and Historic Views of the World's Newest and Oldest Global Power*, Great Barrington, Mass: Berkshire, 2009

【作品简介】

本作品是一部中华百科全书，共五卷，所涉及的名词术语包罗万象，横跨政治学、社会学、经济学、人类学、地理学、考古学、历史学、教育学、文学艺术等诸多领域，包括了近 1000 篇 500—3000 字的学术文章，并配有摘要和插图，通俗易懂，对中国历史和文化进行了深刻的洞察。本作品中与孟子有较大关联的内容包括以下篇目：

（1）Confucian Ethics 儒家道德，见 James D. Sellmann, "Confucian Ethics 儒家道德", pp. 467 – 469。在 "Mencius and Later Philosophers（孟子与后来的

哲学家）"一节中，提到了孟子的四心善端学说、孟荀的人性异见及二者的相似之处。直到周敦颐和张载，儒学才开始纳入宇宙论与社会道德角色，并对东亚文化圈产生深远影响。

（2）Confucianism 儒教，见 James D. Sellmann，"Confucianism 儒教"，pp. 477 – 481。本文将"Confucianism"翻译为"儒教"，但笔者认为翻译为"儒学"更为妥当。本文分时段和代表人物介绍了儒学发展史。文章的概述部分提到孔孟荀虽然都强调道德的意义，但也都不否认法的重要作用。在正文部分"Xunzi and Mencius（荀子与孟子）"一节中，作者提到了孟子对孔子之学的捍卫，但他主张更精深的哲学，强调性善论与存心养性说。他虽然有整合各家思想的倾向，但他也批判杨朱、墨子与许行。在介绍荀子时，又对孟荀思想进行了对比。在"Ming and Qing Dynasties（明清两代）"中，作者提到了戴震对孟子的研究。

（3）Confucianism-Revival 儒学复兴，见 Daniel A. Bell（贝淡宁），"Confucianism-Revival 儒学复兴"，pp. 482 – 492。本文介绍了儒学在 21 世纪的复兴，面对西方文明的冲击，许多学者还在坚守中国传统。在"Diverse Traditions（多元传统）"一节中，提及了新左派儒学对孟子的解读。在"Concern for the Disadvantaged（关注弱者）"中，也提及了孟子的相关主张。

（4）Confucius 孔子，见 James D. Sellmann，"Confucius 孔子"，pp. 493 – 494。本文提到了孔子被神圣化的过程，首先就是在孟子的时代已经被称为圣人。

（5）Eight-Legged Essay 八股文，见 Benjamin A. Elman，"Eight-Legged Essay 八股文"，pp. 695 – 698。讲了八股文的创建史，在最后提到王鏊在 1475 年参加会试时写的《民既富于下，君自富于上》一文，后来成为八股文的典范。王鏊此文即对孟子的"周公兼夷狄，驱猛兽而百姓宁"的评论。

（6）Environment History—Ancient 古代环境史，见 Cho-yun Hsu（许倬云），"Environment History—Ancient 古代环境史"，pp. 731 – 735。本文提到，孟子曾讲过一个植物丰茂的地方变成光秃秃的荒地的故事，即"牛山之木尝美矣"一段。

（7）Four Books and Five Classics of Confucianism 四书五经，见 James D. Sellmann，"Four Books and Five Classics of Confucianism 四书五经"，pp. 872 – 873。讲了朱熹对四书五经的整合，并大体介绍了这些著作的内容。

（8）Geography 地理，见 Boyang Gao（高菠阳），Unryu Suganuma（菅沼云龙），"Geography 地理"，pp. 893 - 898。在 "Geography Develops as a Study（地理学发展为一门学科）"一节中，作者提到孟子在地理、人与自然的关系等方面的见解与老子十分相似。

（9）Hundred Schools of Thought 百家争鸣，见 James D. Sellmann，"Hundred Schools of Thought 百家争鸣"，pp. 1126 - 1131。在 "Confucius and Disciples（孔子及其追随者）"中介绍了孟子对孔学的继承与发展。

（10）Legalist School 法家，见 Qiyu Yu，Bill Siever，"Legalist School 法家"，pp. 1300 - 1303。在 "Legalism versus Confucianism，Daoism，and Mohism（法家与儒家、道家、墨家的对抗）"中提到了孟子思想与法家思想的对比问题。

（11）Mencius 孟子，见 James D. Sellmann，"Mencius 孟子"，pp. 1442 - 1444。本文介绍了《孟子》一书的主要思想，并重点阐述了孟子的人性论。

（12）Neo-Confucianism 理学，见 William Theodore de Bery（狄百瑞），"Neo-Confucianism 理学"，pp. 1576 - 1580。在 "Great Peace and Order（太平）"一节中，作者提到了范仲淹在庆历新政时运用的是孟子的政治主张，还提到了朱熹的《四书章句集注》。在 "Korea and Japan"一节中，提到了伊藤仁斋对孟子的研究。

（13）Proverbs and Sayings 谚语和格言，见 John G. Blair，Jerusha Hull McCormack，"Proverbs and Sayings 谚语和格言"，pp. 1803 - 1805。在 "Origins in China（在中国的起源）"一节中，提到中国的谚语和格言最早出现于《左传》《论语》《孟子》的时代。

（14）Three Fundamental Bonds and Five Constant Virtues 三纲五常，见 Keith Nathaniel Knapp（南恺时），"Three Fundamental Bonds and Five Constant Virtues 三纲五常"，pp. 2252 - 2255。在 "Three Fundamental Bonds（三纲）"一节中，作者指出，《论语》只用 "君君，臣臣，父父，子子"说明了君臣和父子这两种关系，而《孟子》提出了 "五伦"："父子有亲，君臣有义，夫妇有别，长幼有序，朋友有信。" 在 "Five Constant Virtues（五常）"一节中，作者指出，《孟子》已经指出了五常中的四常，即仁、义、礼、智。

（15）Wang Yangming School 王阳明学校，见 Nirmal Dass，"Wang Yangming School 王阳明学校"，pp. 2411 - 2414。本文将 "Wang Yangming School"

翻译为"王阳明学校"，但笔者认为翻译为"王阳明学派"更为合理。文章提到了王阳明对孟学的继承与发展。

（16）Xunzi 荀子，见 Nirmal Dass，"Xunzi 荀子"，pp. 2537 - 2539。文章分析了荀子对孟子的批评，并对比了孟荀思想。

（17）Yang Zhu 杨朱，见 James D. Sellmann，"Yang Zhu 杨朱"，pp. 2548 - 2549。文章提到了孟子对杨朱的批评，并指出孟子对杨朱的理解是存在误区的，在很大程度上曲解了杨朱的主张。

［28］Chiyun Chang（张其昀），Orient Lee（黎东方）（trans.），"13. 11 The *Mencius*"，*Confucianism：A Modern Interpretation*，Singapore：World Scientific；Hangzhou：Zhejiang University Press，2012（于 2013 年重印），pp. 386 - 387

【其他版本】

张其昀：《四书》，《孔学今义》，北京：北京大学出版社，2009 年，第 304—306 页。

张其昀：《四书》，《中华五千年史·第 5 册·春秋史（后编）·孔学今义》，台北：台湾文化大学出版部，1979 年，第 191 页。（于 1982 年重印）（中文原版）

【作品简介】

英文版的章节安排对中文原版有所调整，从"四书"合谈变为将"四书"分开各自叙述。"13. 11 The *Mencius*（《孟子》）"一节介绍了《孟子》一书的语录体性质，以及全书的大体架构。作者指出，孟子很好地继承和发展了孔子的学说，孟子之于孔子，相当于保罗之于耶稣。孟子的思想比孔子更进一步，将孔子的"知天命"发展为"事天"，将孔子的"亲亲"内化为人性本善，并发展了孔子的权宜思想，并对"中"进行了深入解析，以免使之被误解为"一半"，等等。

［29］Qiang Zha（查强），ed.，*Education in China：Educational History*，*Models*，*and Initiatives*，Great Barrington Mass.：Berkshire Publishing Group，2013

【作品简介】

本书收录了 74 位国际中国教育专家的文章，分类介绍了与中国教育相关的术语进行详细剖析。这些术语被分为四个部分，包括"History and Tradition（历史传统）""Figures，Events and Institutions（人物、事件与学院）""Contemporary Chinese Education（当代中国教育）""Globalization and Internationalization of Chinese Education（中国教育的全球化与国际化）"。其中，与孟子相关的内容包括如下篇目：

（1）Confucianism 儒学，见 James D. Sellmann，"Confucianism"，pp. 7 - 11。儒学即基于孔子教义的思想体系，汉代时，相关著作被归类为文学。许多人认为，传统中国是一个儒家社会，儒学是中国的官方"国教"和哲学。作者反驳了这种观点，指出了其误导性。

（2）Confucian Ethics 孟子，见 James D. Sellmann，"Confucian Ethics"，pp. 12 - 14。作者指出，儒家伦理道德的基础是努力表达对他人的仁慈与爱，这种理念在中国、日本和朝鲜文化发展中留下了不可磨灭的印记。文章认为，道德体系一般可以分为绝对主义、相对主义和语境主义，其中，语境主义主张没有绝对的道德规则、文化习俗或情感，不能盲目遵循。而与亚里士多德和女性主义的美德伦理相比，儒家伦理更偏向于一种基于自我修养的情境主义的美德伦理。

（3）Mencius 孟子，见 James D. Sellmann，"Mencius"，pp. 74 - 76。指出孟子是孔子的第三代追随者，影响力仅次于孔子，主张性善论和仁政，并介绍了孟子的教育思想。

［30］Andrew Colvin，"Mencius"，Kerry Brown，ed.，*Berkshire Dictionary of Chinese Biography*，Great Barrington，Mass.：Berkshire Publishing Group，2014，pp. 93 - 105

【作品简介】

本章是一篇关于孟子的传记文章，介绍了孟子的生平及其所处的历史语境，讲了孟子对孔子学说的继承与捍卫，并介绍了《孟子》一书，对其思想体系进行了深入分析，包括仁政、修养工夫、性善论等，尤其深入剖析了孟子的人性论。最后，作者还对孟子的历史地位与影响进行了评价。

［31］Franklin Perkins（方岚生），"Reproaching Heaven and Serving Heaven in the Mengzi"，*Heaven and Earth are not Humane：The Problem of Evil in Classical Chinese Philosophy*，Bloomington & Indianapolis，Indiana：Indiana University Press，2014，pp. 116 - 150

【作品简介】

尽管《墨子》与《道德经》都以"天人合一"为目标，但当时的思想家更多地强调"天人之分"。孟子的思想就对这一倾向进行了深化发展，主要增加了两部分内容：一是从对"性"的分析出发详细描述了人类的动机；二是试图转变天人关系的位置，使之不再是外在于"性"的形式，而是向这些天所赋予人的自然倾向转变。这两点使孟子对待恶的问题的态度比战国时期的其他哲学家都更严谨，使其思想更接近悲剧性世界观。文章共分为五部分：第一部分是"Heaven and the Efficacy of Virtue（天与道德的效能）"；第二部分是"Heaven's Role in the World（天在世界中的角色）"；第三部分是"From Heaven to Human（从天到人）"；第四部分是"The Division between Heaven and Human（天人之分）"；第五部分是"Reconciling with Heaven（与天调和）"。

［32］Zhuran You（游柱然），Anthony Gordon Rud，Yingzi Hu（胡英姿），"The Philosophies of Moral Education of Mencius and Hsun Tzu"，*The Philosophy of Chinese Moral Education：A History*，New York：Palgrave Macmillan，2018，pp. 50 – 64

【作品简介】

本书梳理了中国德育哲学的发展史，并根据大体的时间顺序和主要学术流派进行分类叙述。其中，"The Philosophies of Moral Education of Mencius and Hsun Tzu"一章聚焦孟子与荀子，共分为四大部分：第一部分是"Mencius' Philosophy of Moral Education（孟子的德育哲学）"，包括"Human Nature for Moral Education（德育背后的人性）""Benevolence and Righteousness（仁与义）""Approaches to Cultivating the Superior Man（修养为大丈夫的方法）"；第二部分是"Hsun Tzu's Philosophy of Moral Education（荀子的德育哲学）"，包括"On Heaven's Role in Moral Education（关于天在德育中的角色）""On Human Nature（关于人性）""On Rites（关于礼）""Perspectives on Righteousness Versus Personal Gain（关于义与个人获利的看法）"；第三部分是"The Impacts of Mencius and Hsun Tzu's Philosophies（孟子与荀子哲学的影响）"；第四部分是"Conclusion and Discussion（结论与讨论）"。

［33］Paul Rakita Goldin（金鹏程），"Chapter Four *Mencius*"，*The Art of Chinese Philosophy：Eight Classical Texts and How to Read Them*，Princeton，NJ：Princeton University Press，2020，pp. 79 – 105

【作品简介】

本章聚焦《孟子》，从孟子的生平和赵岐编《孟子》开始说起，详细论述了其思想体系，并大量引用《孟子》原文进行例证说明。涉及的内容包括："嫂溺，援之以手乎"、"浩然之气"、对杨朱墨子的批判、四端说、齐宣王"以羊易牛"、"良知良能"、与告子关于人性的论辩、"牛山之木尝美矣"、"大人小人"与"大体小体"、存心养性、"寡人有疾"、"王何必曰利"、恒产恒心、"天子不能以天下与人"、王霸之辨、"得道多助，失道寡助"，等等。

（四）专题论文

[1] William Edward Macklin（马林），"Mencius and Some Other Reformers of China"，*Journal of the China Branch of the Royal Asiatic Society for the Year 1900 - 1901*，Shanghai：Kelly & Walsh, Ltd. ，Vol. 33，1901，pp. 236 - 260

【作品简介】

本文介绍了孟子、管仲、商鞅、秦始皇、桑弘羊、王安石等人的改革理念与政治经历，其中以孟子最为详尽。作者指出，孟子重视道德与天命，道德是政治的起点，天命则控制了人类生活和政权予夺，不敬畏天命者都会受罚。作者分九个小节介绍了孟子的政治思想。一是"Social Relationships（社会关系）"，包括父子、君臣、夫妇、老幼，家庭关系是国家关系的基础。二是"Mencius as a Democrat（作为民主主义者的孟子）"，认为柏拉图是社会主义者，推崇哲学王统治，不反对奴隶制；而孟子是个人主义的立法者，是一个类似托马斯·杰斐逊（Thomas Jefferson）的民主主义者，不支持奴隶制，推崇符合民众利益的有限君主制，强调君主德性，主张国家独立、人民自由、民众与君主共享国家福利，其民主学说是20世纪初中国民主理论的源泉。三是"Education（教育）"，孟子主张仁义政府的学校系统分层级教授孝悌仁义。四是"Free Trade（自由贸易）"，孟子主张减免关税，促进商业发展："关，讥而不征，则天下之旅皆悦，而愿出于其路矣。"五是"War（战争）"，引用了孟子的"域民不以封疆之界，固国不以山溪之险，威天下不以兵革之利""得道多助，失道寡助"等言论来说明其反战思想，并将孟子的理想君主武王归牛放马的故事与华盛顿对战士的非拿破仑式处理相类比。六是"Mencius' System of Benevolent Government（孟子的仁政系统）"，孟子认为，作为合理的土地分配方式，井田制和男耕女织是仁政的起点。城市区域也按井字进行划分。七是"Mencius and the Politicians（孟子与政治家）"，将春秋战国支离破碎的政治形势与当时的欧洲作类比，指出孟子推崇管仲与晏子。如果当时的中国也推行文王之治，那将成为一个强国。八是"Mencius' Courage and Manhood（孟子的气概）"，讲了孟子作为大丈夫的自信、勇气与道义。九是"Menciusasa Level-headed Reformer（头脑冷静的改革家孟子）"，指出孟子并不古怪、冲动和固执，他是个理智的改革者。

［2］Rufus Orlando Suter，"The Nature of Courage According to Plato and Mencius"，*T'ien Hsia Monthly*，Sep. 1939，Vol. 4，Issue 2，pp. 169 – 175

【其他版本】

Rufus Orlando Suter，"The Nature of Courage According to Plato and Mencius"，*Sino-American Relations*，Fall 1999，Vol. 25，Issue 3，pp. 92 – 99

【作品简介】

柏拉图与孟子生活在公元前4世纪后半叶的亚欧大陆的两端，二者的学说也有一些模糊的相似性。柏拉图的《拉凯斯篇》与《孟子》在方法论上截然不同：前者具有辩证的过渡性，从一种勇气的定义过渡到另一种，一个定义一旦被通过，它显然也已经堕落了；而后者是累积的，因为孟子作为完美勇气的体现，他容纳了所有他夸赞过的坚韧的样本。在柏拉图的辩证法中，对原有观点的抛弃至少在一定程度上可能只是表面的，其实，每一个新的观点在一定程度上都是对早期所有观点的保留与整合。即便如此，其辩证的连续性中多个层级之间的逻辑关系也根本不同于孟子思想中各层级之间添加的关系，这是二者兴趣点不同的体现。柏拉图总是一个逻辑学家，在一定程度上是一个半喜剧性的杂耍概念者，孟子则是一个给出了道德引导的圣人。

［3］Vincent Yu-chung Shih（施友忠），"Metaphysical Tendencies in Mencius"，*Philosophy East and West*，Jan. 1963，Vol. 12，Issue 4，pp. 319 – 341

【其他版本】

Vincent Yu-chung Shih（施友忠），*Metaphysical Tendencies in Mencius*，Seattle，Wash.：University of Washington，Far Easter and Russian Institute，1963

【作品简介】

与孔子和墨子相比，孟子具有较强的形而上学倾向，尤其体现在其"天"的观念与其人性论思想上。他将社会堕落归咎于人"心"之腐化，为正君心，他大展辩才，构想了经由神秘体验而来的理想王国，由此，庄子思想中的宇宙论在孟子学说中已见雏形。他继承了孔子学说，吸纳了道家的自然原则，发展了一套四心善端的性善论，很好地融合了儒道两家，但他强调人在成善过程中的努力的价值，反对教条，主张因时而中，故不至于陷入道家。

［4］Angus Charles Graham（葛瑞汉），"The Background of the Mencian Theory of Human Nature"，*The Tsing Hua Journal of Chinese Studies*（新竹：《清华学报》），Dec. 1967，Vol. 6，Issue 1 - 2，pp. 215 - 274

【其他版本】

Angus Charles Graham（葛瑞汉），"The Background of the Mencian Theory of Human Nature"，*Studies in Chinese Philosophy and Philosophical Literature*，Singapore：Institute of East Asian Philosophies，1986

Angus Charles Graham（葛瑞汉），"The Background of the Mencian Theory of Human Nature"，*Studies in Chinese Philosophy and Philosophical Literature*，Albany：State University of New York Press，1990

Angus Charles Graham（葛瑞汉），"The Background of the Mencian（Mengzian）Theory of Human Nature"，Xiusheng Liu（刘秀生），Philip John Ivanhoe（艾文贺），eds.，*Essays on the Moral Philosophy of Mengzi*，Indianapolis：Hackett Publishing Company，2002，pp. 1 - 63

葛瑞汉（Angus Charles Graham）：《孟子人性论的背景》，安乐哲（Roger Thomas Ames）、江文思（James P. Behuniak Jr.）编，梁溪译：《孟子心性之学》，北京：社会科学文献出版社，2005 年，第12—85 页。（中文译本）

【作品简介】

作者通过探究先秦"性"与"情"二字的含义、分析与孟子有分歧的各派论点，来介绍孟子人性论的学术背景。古今学者一般认为，先秦的"性"可与"生"通用，但作者指出，"性"更多地指适合生命健康和长生的法则程序，而儒家人性论便是从养生问题衍化而来的。杨朱的"全生"说认为应顺应人性欲望与长生，不管仁义。这引出了儒家的一个悖论：人应顺应天赋的本性，但本性中有善有恶，养性要养善而弃恶，这就违背了顺应天赋本性的要求。告子与管子认为人性本无方向，是修身给人性强加了方向，他们认为"仁内义外"，主张"不动心"。孟子对"性"的理解接近养生派，如"存心养性""苟得其养，无物不长"。孟子说："天下之言性也，则故而已矣。故者以利为本。所恶于智者，为其凿也。"作者分析认为，"故者"代表养生派，只承认人性中的私欲，否认人性可以向善发展；而"智者"代表告子派，他们也否认人性可以向善，若要发展仁义，则必然要毁伤人性。接着，作者解释了先秦文献中"情"字的含义，它不指情感，而是代指某种特征或特定状态，以此解释孟子的"乃若其情，则可以为善"。

［5］Lee Howard Yearley（李耶理），"Mencius on Human Nature：The Forms of His Religious Thought"，*Journal of the American Academy of Religion*，Jun. 1975，Vol. 43，Issue 2，pp. 185 – 198

【作品简介】

宗教思想的不同形式问题是很重要的，但长期以来都不受重视，尤其是在传统儒家思想的语境中讨论这一问题时。本文在对约阿希姆·瓦赫（Joachim Wach）的观点进行简明而概述性的展示之后，对瓦赫的宗教思想类型学中较为有趣的部分进行了本质修改，并将其运用至孟子对人性的反思中去，有助于更好地理解宗教思想的类型与孟子学说中的宗教层面内容。

［6］Chung-ying Cheng（成中英），Elma E. Kopetsky（trans.），"Warring States Confucianism and the Thoughts of Mencius"，*Chinese Studies in Philosophy*，Spring 1977，Vol. 8，Issue 3，pp. 4 – 66

【其他版本】

成中英：《战国儒家与孟子思想体系》，李翔海、邓克武编：《成中英文集（二卷）：儒学与新儒学》，武汉：湖北人民出版社，2006 年，第 30—55 页。（中文译本）

【作品简介】

本文先介绍了孟子思想形成的背景，包括战国儒家的历史渊源和特质。从孔子去世到孟荀崛起，儒分为八，孟子则师从子思之弟子，为孔子第四代弟子。孟子学说注重"辩说"式表达，儒学概念逐渐明晰，开始正面讨论天道、性命、理气等哲学概念，并以此为形而上学基础构建了理想国家的模式。接着，作者介绍了孟子的生平，指出其论辩主题包括王道、仁政、性善、知言养气、圣贤史实、驳斥杨墨许行等，论辩方法包括"直接体察"和"充情知类""正名、定义"。然后，作者介绍了其性命说与性善论，强调孟子主张善源于心、成德即自我实现。在此哲学基础上，作者又介绍了孟子的仁政思想及其对同时代诸子的批评。

［7］Derk Bodde（卜德），"Marshes in Mencius and Elsewhere：A Lexico-graphical Note"，David Tod Roy（芮效卫），Tsuen-hsuin Tsien（钱存训），Her-rlee Glessner Creel（顾立雅），eds. ，*Ancient China*：*Studies in Early Civilization*，Hong Kong：The Chinese University Press，1978，pp. 157 – 166

【其他版本】

Derk Bodde（卜德），"Marshes in Mencius and Elsewhere：A Lexicographical Note（1978）"，Derk Bodde（卜德），Dorothy Borei（包蕾），Charles Yvon Le Blanc（白光华），eds. ，*Essays on Chinese Civilization*，Princeton，N. J. ：Prin-ceton University Press，1982（于2014年重印），pp. 416 – 425

【作品简介】

作者在文章开头声称，本文深受顾立雅（Herrlee Glessner Creel）、Chang Tsung-Ch'ien、鲁道夫（Rudolf G. Wagner）所编 *Chinese Culture by the Inductive Method*（《文言导读》）一书的影响。作者认为该书只截取了《孟子》的部分进行译释，对一些论题有遗漏，但也已经涉及了许多儒学重要内容，又联系了当时的社会文化、自然生态等背景进行解读，是很不错的儒学入门书。例如，孟子与许行的论争就充分体现了儒家的社会经济理论，其中关于耒耜的内容能启发学生了解中国铁器时代的农业技术。而本文受此启发，从"舜使益掌火，益烈山泽而焚之，禽兽逃匿"一句出发，指出包括理雅各（James Legge）等名家在内的译者多将其中的"泽"字翻成"marshes（湿地、沼泽）""bogs（沼泽、泥塘）""fens（沼泽地带）"，只有刘殿爵（Dim Cheuk Lau）将其翻译为"Valley（山谷）"。但几乎没有学者注意到这个问题。顾立雅在《孟子》的词汇解释中列出了对"泽"的所有解释："A marsh, a pool, moisture. Favor, kindness, beneficial influence. To moisten, to enrich, to bene-fit, to anoint. Smooth, glossy, slippery.（一个沼泽、池塘、湿地；宠爱、善意、有益的影响；使潮湿、使肥沃、使获益、使有油水；平稳的、光洁的、光滑的。）"接着，作者引经据典地对"泽"字进行了各层面的严密诠释，并结合《孟子》原文及语境，对该句中的其他字词也进行了细致考证；同时，作者还引了西方原始文献对"marsh"等词进行了溯源和解释，发现其含义也并非仅限于"沼泽"。最终，作者逐步证明了《孟子》中该句的"泽"并非湿地、沼泽之意。

［8］David Shepherd Nivison（倪德卫），"Mencius and Motivation"，Henry

Rosemont Jr. （罗思文）, Benjamin Isadore Schwartz（史华兹）, eds., *Studies in Classical Chinese Thought*：*Papers Presented at the Workshop on Classical Chinese Thought Held at Harvard University*, August 1976, Chico, California：American Academy of Religion, 1979, pp. 417–432

【作品简介】

本文关注孟子关于道德无力的思想。人们常常能认同某种特定进程或生活方式是最符合道德的，但也常常会认为自己未必具备特定的能力（内在的情感耐力或天性）去实现它，于是也不主动努力寻求道德。孟子将这种现象称为"自弃"或"自贼"，是一种应受谴责的自欺行为。孟子的性善论主张人有"四端"，人的道德动机是先天就具备了的，且人有责任去反思自己的本然善性、接受自己的道德角色设定。孟子认为，人首先要对行为的正确形式具备积极的看法，才有可能变得道德。在这里，孟子更像一个亚里士多德主义者而非康德主义者。人对道德行为具备积极看法之后，就应该且能够发展、指导和运用这种自身本有的创造道德的情感。在这里，孟子更像是一个非亚里士多德主义者，因为亚里士多德的自我修养仅限于防止放纵和品格恶化，而孟子的修养论绝不仅限于控制行恶的诱惑，还在于要助长行善的能量。文章还涉及孟子与墨家的论争，墨家认为人性是道德中立的、道德行为出自人们对行为结果的利益和效用的考量，而孟子反驳了这一观点。

［9］Jeffrey K. Riegel（王安国）, "Reflections on an Unmoved Mind：An Analysis of Mencius 2A2", Henry Rosemont Jr. （罗思文）, Benjamin Isadore Schwartz（史华兹）, eds., *Studies in Classical Chinese Thought*：*Papers Presented at the Workshop on Classical Chinese Thought Held at Harvard University*, August 1976, Chico, California：American Academy of Religion, 1979, pp. 433–458

【作品简介】

在《孟子·公孙丑上》第二章，公孙丑提出了一个问题，即"霸王不异"是否会让孟子"动心"。孟子在回答时，构想了一个道德社会责任的理论，这远比他在此前与告子讨论人性时所说的更为复杂和丰富。作者认为，《孟子·公孙丑上》的第二章与第一章组成了一个连贯的、独立的理论，这是以往学者未曾重视的，导致该段落未能被充分地翻译和解释。作者给出了新的翻译和诠释，并对具体词语和概念作了注解，从而使其结构和意蕴都更加明确，从而更好地反映孟子伦理学的精义。

［10］Philip Ho Hwang（黄弼昊），"What is Mencius' Theory of Human Nature"，*Philosophy East and West*，Apr. 1979，Vol. 29，Issue 2，pp. 201 – 209

【作品简介】

《孟子》被学者们用不同的方式进行了翻译与诠释，讨论了孟子的人性论是否可靠、孟子是如何对其人性论进行推理和辩护的，但对孟子人性论的解释仍不甚明晰。关于孟子对人性的观点，学者们有四种理解：或解释为人生来就是善的，或人性是善的，或人性天生是善的，或所有人都有善的天性。作者试图揭开孟子人性论的清晰面貌，他先回顾了两种广为人知的解释，包括顾立雅（Herrlee Glessner Creel）的和理雅各（James Legge）的，并指出它们有各自的优点，但都忽略了首要的关键点，即孟子考虑人性问题的哲学的与个人的需求问题和孟子的人性与人的行为之间的关系问题。作者认为，对孟子人性论的正确理解应该是，人生而具有内在的善端（Seeds），四端会被发展和培养为完足的效果，这意味着要为这一目标而有所行动，同时又不能揠苗助长。

［11］Willard James Peterson（裴德生），"The Grounds of Mencius' Argument"，*Philosophy East and West*，Jul. 1979，Vol. 29，Issue 3，pp. 307 – 321

【作品简介】

作者借用并重新界说了《庄子·大宗师》关于"方内"与"方外"的定义，将"方内"定义为人为改变的环境，而"方外"是神秘的、深不可测的天地与万物，尽管人会深受"方外"之物的影响，但"方外"并非人为创生的。20 世纪晚期，对《孟子》的诠释常常与空想、直觉、宗教、神秘色彩等术语绑定在一起，这是从"方外"的角度去理解和追溯孟子的思想基础。本文则试图从"方内"的角度去理解《孟子》的基础。

［12］David Shepherd Nivison（倪德卫），"On Translating Mencius"，*Philosophy East and West*，Vol. 30，Issue 1，Jan. 1980，pp. 93 – 122

【作品简介】

本文重点对《孟子》的九名译者的作品进行了品析，包括理雅各（James Legge）、杜百胜（William Arthur Charles Harvey Dobson）、翟楚（Ch'u Chai）与翟文伯（Winberg Chai）父子、刘殿爵（Dim Cheuk Lau）、赖发洛（Leonard Arthur Lyall）、翟林奈（Lionel Giles）、魏鲁男（James Roland Ware）、顾赛芬（Séraphin Couvreur）、卫希圣（礼贤）（Richard Wilhelm），同时穿插了

一些对日文译者与现代汉语译者的评论，如内野熊一郎（Uchino Kumaichiro）、杨勇（Yung Yang）等。作者先介绍了各位翻译家，再介绍了他们对《孟子》的翻译情况，最后详细而深入地评议了对《孟子》中一些关键段落和议题的翻译与理解的准确性问题。

［13］Conrad Schirokauer（谢康伦），"Hu Hung's Rebuttal of Ssu-ma Kuang's Critique of Mencius"，*Proceedings of the International Conference on Sinology: section on thought and philosophy*，Taipei: Chung Yen Yuan（台北："中研院"），1981，pp. 437 – 458

【作品简介】

本文介绍并分析了胡宏的《释〈疑孟〉》一文。北宋的司马光曾作《疑孟》批判孟子，南宋的胡宏则作《释〈疑孟〉》予以反驳。例如，司马光注重礼法约束等外在力量在成圣成贤过程中的重要性，主张遵守君臣等级秩序，认为孟子的以德抗位"非忠厚之道"；胡宏则辨析了人性与物性之别，肯定了孟子的尽心说，认为君臣关系应符合天地之理，君臣之间是感与应的关系。

［14］Wei-ming Tu（杜维明），"The Idea of the Human in Mencian Thought: An Approach to Chinese Aesthetics"，Susan Bush，Christian Murck，eds.，*Theories of the Arts in China*，Princeton，N. J.: Princeton University Press，1983，pp. 57 – 73

【其他版本】

杜维明：《孟子思想中的人的观念：中国美学探讨》，郭齐勇、郑文龙编：《杜维明文集》（第三卷），武汉：武汉出版社，2002 年，第 280—299 页。（中文译本）

【作品简介】

作者引述了徐复观的几个观点：一是儒家和道家都认为修身是艺术创作的起点，这与艺术以提升道德修养为目的的旧观念相反，使人们的视野不再局限于艺术的功能，进而了解艺术的内涵包括道德；二是中国美学中的主客体、自我与社会、人与自然是可以相互转化的，每个个体都得以与他者一同参与"天地之化育"；三是《庄子》标志着中国审美主体性的诞生，儒家的道德主体性也蕴含着美学内容，尤其是孔子对乐与"六艺"的推崇。但作者也指出，学者们往往忽视了孟子在中国美学史上的地位。本文先探讨了孟子关于人的思想，再论证了其与美学的关系，从而说明中国哲学对艺术发展提供了丰厚资源，并指出了在中国哲学中研究美学的方法和取向。

[15] Koon-ki Tommy Ho（何冠骥），"Several Thousand Years in Search of Happiness：The Utopian Tradition in China"，*Oriens Extremus*，1983 – 1986，Vol. 30，pp. 19 – 35

【作品简介】

本文试图追溯 20 世纪之前中国多种多样的乌托邦传统。虽然乌托邦的概念是源于西方的，但如果将乌托邦理解为通过打破旧习来寻求社会改善，那中国就是存在乌托邦传统的。其中，孟子的政治思想被视为中国乌托邦传统的一部分。因为孟子首次倡导救世主将要降临的信仰（Messianism），认为圣王的出现是有周期性的；他崇尚井田制，以及由此形成的八户人家相互照应的理想机制。

[16] Whalen Wai-lun Lai（黎惠伦），"Kao-Tzu and Mencius on Mind：Analyzing a Paradigm Shift in Classical China"，*Philosophy East and West*，Apr. 1984，Vol. 34，Issue 2，pp. 147 – 160

【作品简介】

孟子在论述人性、道德勇气、养浩然之气等议题时，告子都处于被击败的陪衬地位，因而告子的学说罕有人知。本文从柏拉图理论的视角出发，重新审视告子的心性学说，从而展现一个对范式转移的更为公正的分析。作者指出，告子是在区分"心"与"性"的基础上来达到"不动心"的。文章共分为四部分：第一部分是"Kao Tzu on Human Nature（告子的人性论）"；第二部分是"Kao Tzu on the Immovable Mind（告子的'不动心'）"；第三部分是"The Defeat of Kao Tzu over Ch'i（告子在'气'上的失败）"；第四部分是"Concluding Characterization（总结描述）"。

[17] Jig Chuan Lee（李植全），"Wang Yang-ming，Mencius，and Internalism"，*Journal of Chinese Philosophy*，Mar. 1985，Vol. 12，Issue1，pp. 63 – 74

【作品简介】

倪德卫（David Shepherd Nivison）的"Two Roots or One？（两个根源还是一个？）"的演讲对孟子、王阳明与戴震的观点进行了有趣的对照。但作者指出，王阳明的地位要比倪德卫所认为的更重要，甚至可以与孟子同高。此外，并非如倪德卫所说的那样，王阳明其实算不上是一个严格的内在主义者。严格的内在主义者应该能意识到道德义务并有足够的道德动机去指导行动。

［18］ Stephen F. Teiser（太史文），"Engulfing the Bounds of Order：The Myth of the Great Flood in Mencius", *Journal of Chinese Religions*，Fall 1985 - 1986，Issue 13 - 14，pp. 15 - 43

【作品简介】

大禹治水的神话散落在早期中国文献的各个角落，作者从尧舜与鲧开始讲起，介绍了大禹治水的过程，由此，禹继承了王位并开创了夏朝。相关故事从春秋发展至汉代中期，越来越多的人和动物被关联进去，其神秘性不减，但其叙述越发具有儒家色彩。本文依照 Clifford Geertz 与 Mary Douglas 等人类学家的见解，包括一些构造法，来分析了《孟子》中的大水之象征符号。作者认为，大水的传说与相关符号都描述了以有序与失序为中心的象征性结构。作者通过关于大水的多种声音的讨论，从而展现了不同文本的附加意义。由此展开，作者又讨论了大水神话的传统诠释，特别是那些用"神话即历史论"（Euhemerization）作为核心解释概念的诠释。作者认为，这种分析是没必要的，因为它不过就是要描述儒家的理性与神话之间的对立，而作者对《孟子》中大水的象征手法的诠释已经可以描述这种对立了，而且这种分析本身是存在谬误的。本文还讨论了一些战国时代的社会史问题。

［19］ Keith Weller Taylor，"Phùng Hưng：Mencian King or Austric Paramount?"，*Vietnam Forum*，Summer-Fall 1986，Issue 8，pp. 10 - 25

【作品简介】

冯兴（Phùng Hưng）是一位 8 世纪的越南英雄，他的形象很符合孟子所说的圣王。冯兴死后被称为"布盖大王"。越南有文献解释认为，"布"与越南语的"父"同音，而"盖"与越南语的"母"同音，所以"布盖大王"即"大父母王"之意，这就与孟子的圣王概念极为相似了。

［20］ Alain Peyraube，"The Double-Object Construction in *Lunyu* and *Mengzi*"，Chinese Language Society of Hong Kong，ed. ，*Wang Li Memorial Volumes：English Volume*，Hong Kong：Joint Publishing Company，1987，pp. 331 - 358

【作品简介】

作者指出，《论语》与《孟子》的文本在语言上很接近，属于鲁国方言的范畴，都频繁运用了一种包括直接宾语（Direct Object，缩写为 DO）与间接宾语（Indirect Object，缩写为 IO）的双宾语结构。这种结构包括三类模式：一是"V. + IO + DO"；二是"V. + DO（可省略） + 于 + IO"；三是

"以 + DO + V. + IO" 或 "V. + IO + 以 + DO"。要注意的是，当句子里的动词并不包含严格意义上的交换（exchange）的概念时，这个句子便不属于上述三类模式，如"薄责于人"，这里的间接宾语"人"只是参与了"薄责"这个动词的发生过程，但这个过程并未发生严格意义上的交换。在这三种结构中，"V. + DO（可省略）+ 于 + IO"是最具代表性的一种，另外两种形式都可以转换为这种形式，因此，这也是《论语》与《孟子》文本中出现最频繁的一种与格结构。接着，作者分析了《论语》与《孟子》中与格结构的宾语类型，它们的分布并不均匀。最后，作者考察了与"说"同类的动词，尤其是"告"和"问"。

【相关评论】

Viviane Alleton（艾乐桐），" 'The Double-Object Construction in *Lunyu* and *Mengzi*'. Wang li Memorial Volume by Alain Peyraube"，*Revue Bibliographique de Sinologie*, *Nouvelle Sérle*，1988，Vol. 6，p. 162

[21] Richard Nelson Bosley，"Do Mencius and Hume Make the Same Ethical Mistake?"，*Philosophy East and West*，Jan. 1988，Vol. 38，Issue 1，pp. 3 – 18

【作品简介】

美德与恶习之间有三重区别，瓦解这种区别就可能陷入某种极端的伦理观念。但有一些著名哲学家或明或暗地拒绝了这种三重区别，其中就有孟子和休谟。作者先讨论了三重区别是否真实存在，并回答了决定它的因素，接着对孟子和休谟的思想进行了批判性探究，从而确认了他们对三重区别是否真的持否定态度。文章共分为八部分：第一部分是"A Threefold Distinction（三重区别）"；第二部分是"Mencius：Against Confusing a Virtue and a Natural Property（孟子：反对混淆道德与天性）"；第三部分是："Hume：Against Confusing a Virtue and a Natural Property（休谟：反对混淆道德与天性）"；第四部分是"A Critique of Hume's Positive View（对休谟积极观念的批判）"；第五部分是"A Critique of Mencius' Position（对孟子立场的批判）"；第六部分是"The Faculties of Head and Heart（脑与心的能力）"；第七部分是"The Role of Feeling（情感的角色）"；第八部分是结论。

[22] Kuo-shuen Bao（鲍国顺），"Analysis of Hsün Tzu's Critique of Mencius"，*International Symposium on Confucianism and the Modern World*：*Proceedings*，Taipei：International Symposium on Confucianism and the Modern World，1988，

pp. 85 - 86

【作品简介】

本文关注孟荀二人思想的不同面貌，荀子对孟子的批评成为研究二者异同的重要的第一手资料，但学者对此存在许多误解，而本文就是为消除这些误解而作。本文分为两部分，第一部分说明写作动机并考辨荀子批评孟子的资料；第二部分详细分析了荀子对孟子的批评，并诠释了孟荀人性论的异同、人性论的论证分析、儒学发展史上的首次道统之争。

［23］Harald Holz（何浩然），"Confucius, Mencius and the Stoic Panaitios on the Goodness of Human Nature: Can Their Ideas Serve as Pattern for a New Philosophic Anthropology of Mankind?", *International Symposium on Confucianism and the Modern World: Proceedings*, Taipei: International Symposium on Confucianism and the Modern World, 1988, pp. 205 - 207

【作品简介】

孔子主张人性本善，但强调后天教化的作用。两百年后，孟荀二人对孔子学说作了不同的发挥，以适应新的时局。孟子将性善深化到不分阶级的人类普遍特质的层面，指出人心与人身的和谐统一，并提出人与社群的关系，以此为哲学基础，毫不刻意地引出了道德与法政的融合。西方著名斯多葛学派哲学家罗道斯（Rhodos）的伯尼西亚斯（Panaitios）的思想与孟子思想有着令人震惊的高相似度，但也有一些小分歧。在当时新旧对立的文化背景下，作者主张孟、伯二氏思想的融合，以组合出更完整的人性观，避免二元性概念。

［24］Su Wang（王甦），"Mencius' 'Chung Dao'", *International Symposium on Confucianism and the Modern World: Proceedings*, Taipei: International Symposium on Confucianism and the Modern World, 1988, pp. 265 - 266

【作品简介】

中道即"时中"，是中华文化历久弥新的基本精神，以"中"为体、"诚"为用、"义"为最高准则。它是尧、舜、禹、汤、文、武、周公一脉相传的道统，至孔子集大成，由孟子"执中须权"的重要概念发扬光大。此外，作者引申了心术、学术与政术的关系，中道旨在求三者之平衡与一贯，心术存诚去伪，学术守正辟邪，政术贵王贱霸。

［25］Kai Lu（吕凯），"The Relationship between the Doctrine of the Means and the Mencius", *International Symposium on Confucianism and the Modern World*：*Proceedings*，Taipei：International Symposium on Confucianism and the Modern World，1988，pp. 267 – 269

【作品简介】

本文聚焦《中庸》与《孟子》思想一脉相承的问题。孟子出于子思之门，二者思想相通，故荀子非十二子以子思、孟轲连类。《中庸》作者为子思，孟子经子思门人而习得。孟子尤其重视其中的天道与人道问题，认为天道为自然表现之善，人道为人为实践之善。孟子亦论述了《中庸》经尧、舜、禹、汤、文、武、周公代代相传，以及居易俟命等问题。

［26］Joel Jay Kupperman，"Confucius, Mencius, Hume and Kant on Reason and Choice"，Shlomo Biderman，Ben-Ami Scharfstein，eds.，*Rationality in Question*：*On Eastern and Western Views of Rationality*，Leiden，New York：E. J. Brill，1989，pp. 119 – 139

【作品简介】

本文由 Herbert Fingarette 的一个观点引发，他认为，孔子与西方思想家完全不同，因为孔子完全忽略了"选择"（choice）与"责任"（responsibility）之间的复杂概念。关于这个挑衅的说法，可以有两种解释：第一种是比较偏激的理解，主张孔子认为其语境下的人不会作出西方哲学语境下的"选择"；第二种是比较中立的观点，认为孔子虽然同意人能作出"选择"，但那并非真正的西方语境下的"选择"。作者讨论了"choice"的概念，从而解释了上述两种理解的区别，并表示更赞同中立观点。接着，作者由此拓展到孟子、休谟与康德是如何对待"choice"的，在将此三者进行对比的同时，也将它们置于孔子对"选择"态度的反面进行分析。最后，作者对比了四位思想家关于"选择"的概念中理性所充当的角色。

［27］Kwong-loi Shun（信广来），"Mencius：The Mind-Inherence of Morality"，*Synthesis Philosophica*，1989，Vol. 4，Fasc. 1，pp. 307 – 311

【其他版本】

Kwong-loi Shun（信广来），"Mencius and the Mind-Inherence of Morality：Mencius' Rejection of Kao Tzu's Maxim in Meng Tzu 2A：2"，*Journal of Chinese Philosophy*，Dec. 1991，Vol. 18，Issue 4，pp. 371 – 386

【作品简介】

本文将告子与孟子的道德学说进行了对比分析，考察了《孟子·公孙丑上》第二章中关于二人"不动心"的内容，以及《孟子》中就其他议题将告子击败的案例。根据孟子的说法，告子认为道德不依赖心，心虽然可以理解事物，但它没有内在的道德指向，也无法为行为主体提供道德指导，它只能通过理解和掌握事物来获得道德方向，从而引导行为动机的关键动力源头，这个源头本身也是道德中立的。相反，孟子认为道德事实依赖于且源于心，心会预先提供道德方向，而道德知识由此生发而来。作者认为，孟子的心有自发的反应模式，这就是"端"，人皆有之，所以人们在面对类似情境时会作出相似的道德行为，从而丰富了自身的道德知识。孟子的这种道德内化传统持续影响了后世儒者，如朱熹和王阳明，但他们的道德理论又各有不同。例如，孟子主张先有"端"而后产生道德知识，而朱熹则主张要先有完足的道德知识与意识，并将道德失败归因于扭曲的私欲。王阳明继承了朱熹的观念，但又更重视具体的道德情境下对道德原则的不同运用。

［28］Whalen Wai-lun Lai（黎惠伦），"Of One Mind or Two? Query on the Innate Good in Mencius"，*Religious Studies*，Jun. 1990，Vol. 26，Issue 2，pp. 247 - 255

【作品简介】

孟子认为，每个人都有内化于心的"不忍人之心"或恻隐之心，并举了"乍见孺子将入于井"的例子来说明。同样，"礼之端"也是内化于心的，但在关于"嫂溺，则援之以手乎"的讨论中，孟子则主张"权"，在此情境下不能再受制于"礼"。那么，在这里，心是否被违背了呢？心是否被一分为二了呢？本文即考察了这一困境。文章共分为四部分：第一部分是"The Case for the Existence of an Innate Good（内在善之存在的案例）"；第二部分是"The Limitations of the Case（案例的局限）"；第三部分是"A Problematical Case：The Drowning Sister-in-law（一个问题案例：嫂溺）"；第四部分是"Is There a Rational Sequence to the Virtues?（道德是否有合理次序?）"。

［29］David B. Wong（黄百锐），"Is There a Distinction between Reason and Emotion in Mencius?"，*Philosophy East and West*，Jan. 1991，Vol. 41，Issue 1，pp. 31 - 44

【作品简介】

本文探究了西方伦理传统中道德心理学的理性与情感的对立，将人类对他人的内在敏感度进行了分类，并解释了同情如何谓人类提供了行动的理性，以及从本能反应中发展出情感的问题，从而进一步探讨了孟子的道德动机学说。

【相关评论】

Craig K. Ihara，"David Wong on Emotions in Mencius"，*Philosophy East and West*，Jan. 1991，Vol. 41，Issue 1，pp. 45 – 53

［30］Whalen Wai-lun Lai（黎惠伦），"In Defence of Graded Love Three Parables from Mencius"，*Asian Philosophy*，Mar. 1991，Vol. 1，Issue 1，pp. 51 – 60

【作品简介】

本文探究了孟子是如何运用人类日常生活中的三个比喻来为他的道德形而上学做案例的，由此，孟子论证了人都有内化的善性，即仁；有一种基于亲亲的内在的顺从情感，即礼；仁的普遍主义与礼的特殊主义之间并不矛盾。作者重构了孟子的论述，并解释了隐藏在字里行间的意义，并得出了礼即仁的结论。仁性是人们获得道德知识之前就本有的，道德哲学与道德教育只是让人们能意识到并习惯于自己的本然善性。文章共分为四部分：第一部分是"The Parable Showing the Existence of an Innate Good（说明内在善性存在的比喻）"；第二部分是"The Parabolic Conflict between Jen and Li（Rites）（仁礼之间的比喻的矛盾）"；第三部分是"The Metaphors of the Child and One Root of Heaven（天的一个根源与孩子的隐喻）"；第四部分是"The Parable of Filial Concern for the Mauled Corpse（子女对被害尸体的关心的比喻）"。

［31］Kwong-loiShun（信广来），"Mencius' Criticism of Mohism：An Analysis of Meng Tzu 3A：5"，*Philosophy East and West*，Apr. 1991，Vol. 41，Issue 2，pp. 203 – 214

【作品简介】

本文关注《孟子·滕文公上》第五章中孟子与墨者夷之的辩论，诠释了孟子对墨学的批判。文章共分为四部分：第一部分是"The Text（原文）"；第二部分是"Traditional Commentaries（传统注释）"；第三部分是"Proposed Interpretation（推荐的解释）"；第四部分是结论。

［32］Kwong-loi Shun（信广来），"Mencius and the Mind-Dependence of

Morality: An Analysis of Meng Tzu 6A: 4 – 5", *Journal of Chinese Philosophy*, Jun. 1991, Vol. 18, Issue 2, pp. 169 – 193

【作品简介】

本文关注《孟子·告子上》的第四章和第五章，认为孟子相信道德是依赖心而存在的。文章共分为五部分：第一部分是 "The Mind-Inherence and Mind-Dependence of Morality（道德的'内化于心'与'依赖于心'）"；第二部分是 "The Text（原文）"；第三部分是 "Two Major Alternative Interpretations Rejected（两种被驳回的替代解释）"；第四部分是 "The Mind-Dependence of Morality（道德的'依赖于心'）"；第五部分是结论。

[33] Roger Thomas Ames（安乐哲），"The Mencian Conception of Ren Xing: Does It Mean 'Human Nature'?", Henry Rosemont Jr.（罗思文），ed., *Chinese Texts and Philosophical Contexts: Essays Dedicated to Angus C. Graham*, La Salle, Ill.: Open Court, 1991, pp. 143 – 175

【其他版本】

安乐哲（Roger Thomas Ames）：《孟子的人性概念：它意味着人的本性吗?》，安乐哲（Roger Thomas Ames）、江文思（James P. Behuniak Jr.）编，梁溪译：《孟子心性之学》，北京：社会科学文献出版社，2005 年，第86—124 页。（中文译本）

【作品简介】

作者认为，当前普遍倾向于将"性"描述为一种连续、普遍、持久的东西，却忽视了其新颖、特殊和创造的特性。作者指出了"性"与"Nature"的不同，尤其是"人性"与"Human Nature"的差别。"Human Nature"是人在精神生物学意义上的起点，是一种内在化的、一般的、客观存在的东西；而"性"是一种在历史、文化和社会层面上涌现出来的概念。对于传统儒学而言，一个人的"性"并不是先于文化环境而客观确定的，其作用也不是既定的，相反，它是文化建构的卓越产物，是需要被解释的。

[34] Bryan William Van Norden（万百安），"Kwong-loi Shun on Moral Reasons in Mencius", *Journal of Chinese Philosophy*, Dec. 1991, Vol. 18, Issue 4, pp. 353 – 370

【其他版本】

Bryan William Van Norden（万百安），David Shepherd Nivison（倪德卫）

（Principal Adviser）, *Mencian Philosophic Psychology*, for the Degree of Ph. D. in Philosophy, The Department of Philosophy, Stanford University, Jul. 1991

【作品简介】

本作品为万百安在斯坦福大学哲学系攻读博士学位期间于 1991 年提交的毕业论文 *Mencian Philosophic Psychology* 中的第三章："Mengzi and Practical Reasoning（孟子与实践推理）"，后被改编为论文发表。本文讨论了实践推理在《孟子》中的作用，批评了信广来（Kwon-loi Shun）对此问题的一个具有重大影响的解释。信广来对倪德卫著作中隐含的一些思想进行了发挥，认为孟子在伦理思考中强调类比推理和事物之间的一致性，作者通过论证对此进行了反驳。相关评论参见后文的"Bryan William Van Norden（万百安）, David Shepherd Nivison（倪德卫）（Principal Adviser）, *Mencian Philosophic Psychology*, for the Degree of Ph. D. in Philosophy, The Department of Philosophy, Stanford University, Jul. 1991"一条。

［35］Bryan William Van Norden（万百安）, "Mengzi and Xunzi: Two Views of Human Agency", *International Philosophical Quarterly*, Jun. 1992, Vol. 32, Issue 2, pp. 161 – 184

【其他版本】

Bryan William Van Norden（万百安）, David Shepherd Nivison（倪德卫）（Principal Adviser）, *Mencian Philosophic Psychology*, for the Degree of Ph. D. in Philosophy, The Department of Philosophy, Stanford University, Jul. 1991

Bryan William Van Norden（万百安）, "Mengzi and Xunzi: Two Views of Human Agency", T. C. Ⅲ Kline, Philip John Ivanhoe（艾文贺）, eds., *Virtue, Nature, and Moral Agency in the Xunzi*, Indianapolis, Ind.: Hackett Publishing Company, 2000, pp. 103 – 132

万百安（Bryan William Van Norden）:《孟子和荀子：人性主体的两种见解》, 克莱恩（T. C. Ⅲ Kline）、艾文贺（Philip John Ivanhoe）编, 陈光连译:《荀子思想中的德性、人性与道德主体》, 南京：东南大学出版社, 2016 年, 第 95—122 页。（中文译本）

【作品简介】

本作品为万百安在斯坦福大学哲学系攻读博士学位期间于 1991 年提交的毕业论文 *Mencian Philosophic Psychology* 中的第二章："Mengzi and Xunzi: Two

Views of Human Agency（孟子与荀子：关于道德主体的两种观点）"，后被作为论文发表。本文考察了孟子对欲望的看法及其对成德的影响，并对比了孟子、荀子和告子对此问题的态度。相关评论参见后文的"Bryan William Van Norden（万百安），David Shepherd Nivison（倪德卫）（Principal Adviser），*Mencian Philosophic Psychology*，for the Degree of Ph. D. in Philosophy，The Department of Philosophy，Stanford University，Jul. 1991"一条。

［36］Deborah E. Kerman，"Mencius and Kant on Moral Failure"，*Journal of Chinese Philosophy*，Sep. 1992，Vol. 19，Issue 3，pp. 309 - 328

【作品简介】

本文考察了孟子与康德关于道德失败的学说。尽管孟子主张性善，而康德主张性恶，但二者在实质上非常相似，从而推导出了相似的道德失败学说，即认为人之所以拒绝做正确的事情，是因为人们主动选择去做错误的事情，并非因为人们没有能力进行道德行为。但如果人性本身就兼有善恶两面，那道德选择似乎就无法估测了。作者给出了这一悖论的解决办法。

［37］Irene T. Bloom（卜爱莲/华霭仁），"Mencian Arguments on Human Nature（Jen-hsing）"，*Philosophy East and West*，Jan. 1994，Vol. 44，Issue 1，pp. 19 - 53

【其他版本】

Irene T. Bloom（卜爱莲/华霭仁），"Mengzian Arguments on Human Nature（Ren Xing）"，Xiusheng Liu（刘秀生），Philip John Ivanhoe（艾文贺），eds.，*Essays on the Moral Philosophy of Mengzi*，Indianapolis：Hackett Publishing Company，2002，pp. 64 - 100

华霭仁（Irene T. Bloom）：《孟子的人性论》，安乐哲（Roger Thomas Ames）、江文思（James P. Behuniak Jr.）编，梁溪译：《孟子心性之学》，北京：社会科学文献出版社，2005 年，第 125—173 页。（中文译本）

【作品简介】

作者指出，人性的普遍性是孔子的洞察之一，孟子对此进行了确认与发展。文章分析了《孟子》中与人性论议题相关的对话，指出普遍的仁可以解释普遍的人类经历，普遍的仁源于普遍的包括生物性在内的人性。孟子的人性论构成了儒学传统的主流，儒学所说的人性与西方意义上的人性是有区别的。文章共分为六部分：第一部分是"The Nature of the Mencian Dialogues

（孟子会话中的性）"；第二部分是 "Interpretative Issues in the Discussion of Jen-hsing（人性讨论中的解释问题）"；第三部分是 "The Well Revisited（关于'孺子将入于井'问题的再考察）"；第四部分是 "Kao-tzu et al. Refuted（对告子等人的驳斥）"；第五部分是 "The Mind Recovered（恢复心）"；第六部分是 "Reprise（回到最初）"。

[38] Itô Jinsai（伊藤仁斋），Trevor Anderson（trans.），"The Way of Heaven, On the Meaning of Terms in the *Analects* and the *Mencius*"，*Readings in Tokugawa Thought*，Select Papers，Volume No. 9，Chicago：The Center for East Asian Studies，The University of Chicago，1994，pp. 55 – 64

【作品简介】

本文力图诠释《论语》与《孟子》中"天道"观念的内涵。根据《易》，"一阴一阳之谓道"，"天道"即无止境地变换着的阴与阳，它促成了自然化育；《系辞》认为，太极是世间万物的终极原则，而阴阳是太极的状态，"天道"则是阴阳变化的深层原因。作者则提出了不一样的观点，认为"道"是阴阳变化的过程与方式。《易》对阴阳的描述在强调永恒变化的同时，还体现了一种对抗与平衡，它们与变化是一体的。《易》将生死视为一体，祖先的肉体虽死，但其精神可以代代相传而永存，这是"生生"而不死的无穷状态。宋代儒家认为，是先有了太极的原则，在此基础上才产生了阴阳的创生力量。作者不认同这种说法，他通过桶中装空气的隐喻来解释了只有天地阴阳才能产生"生生"的基础力量，而"天道"应该是包含于这个过程中的原则，它不能先于这种力量和过程而产生。关于阴阳与太极的观念，都只是假说，没有人真正经历过阴阳未分、天地未开的状态。作者列举了孔子、汉代和宋代儒者对"天道"的看法，引出了天人感应的观念，指出只有极具智慧、赤诚与仁爱的人才能真正理解"天道"。

[39] Timothy Brook（卜正民），"Weber, Mencius, and the History of Chinese Capitalism"，*Asian Perspective*，Spring-Summer 1995，Vol. 19，Issue 1，pp. 79 – 97

【作品简介】

本文的写作背景是中国由计划经济转向社会主义市场经济。作者要讲的并非一种特定经济体系的发展史，而是对中国 20 世纪资本主义逐渐发展成熟的一种特定解释。马克斯·韦伯（Max Weber）在《新教伦理与资本主义精神》中为资本主义史提供了内在逻辑，认为资本主义精神的发展源于基督教苦行主义传统，这一传统拒绝消耗，主张节俭、努力工作、利益再投资，从而使资本扩张。而作者借用了韦伯的方法来解释中国的经济体制改革，先梳理了中国历史上追寻资本主义利益与再投资精神的先辈及事迹。但中国历史上并没有完全符合现代西方意义上资本主义概念的东西，儒学一般也被认为是主张自给自足的自然经济、恒定商品价格、否定财富交易再分配的。《管子》和《史记·食货志》等作品证明了贸易、工业生产与经济发展的益处，但这种观点由于比纯粹的儒家哲学更边缘化，所以始终不占主流。因此，作者对先辈历史的梳理并不是为了盲目称颂，而是要从儒学主流中去证明，儒学不仅是资本主义的支持者，更为资本主义的发展提供了经济动机逻辑，并在伦理学层面上分析了追求利益的道德意义。文章共分为四部分：第一部分是 "The Problem of 'Profit'（利益问题）"；第二部分是 "Moralizing Profit in the 16th Century（16 世纪对利益的道德驯化）"；第三部分是 "Virtuous Profit，Profitable Virtue（美德的利益与有利可图的美德）"；第四部分是 "Capitalism and Compulsion（资本主义与欲望冲动）"。其中，第一部分特别对《孟子·梁惠王上》的 "王何必曰利" 一章进行了详细的解析，引出了孟子 "义利之辨" 的问题，这一问题持续影响着后人对待资本主义和利益的态度。

［40］Rodney Leon Taylor, Gary Arbuckle, "Confucianism", "Chinese Religions—The State of the Field Part II Living Religious Traditions：Taoism, Confucianism, Buddhism, Islam and Popular Religion", *Journal of Asian Studies*, May 1995, Vol. 54, Issue 2, pp. 347 – 354

【作品简介】

本文侧重从宗教学与精神灵性的角度来分析儒家思想。儒学相关作品被长期定性为思想的、伦理的、哲学的、历史的，很少有学者从宗教和精神的角度去研究儒学。除了 19 世纪时理雅各（James Legge）评论了《礼记》等一些儒家宗教文献，几乎就很少再有相关作品了。然而，孔子及其后学被视为不可知论者，如果其宗教性未被明确，则无法真正理解其思想。尤其是孟子，他作为孔子之后最重要的儒者，其思想明确地包含了形而上学的因素。近来开始有学者意识到这一问题，开始尝试将儒学作为一种信仰而非哲学和伦理学来研究。本文概述了这些儒家思想的宗教学研究成果，也介绍了一些较早的、至今仍有价值的相关研究。

［41］ Irene T. Bloom（卜爱莲/华霭仁），"Fundamental Intuitions and Consensus Statements：Mencian Confucianism and Human Rights"，*Conference on Confucianism and Human Rights*，Honolulu：East-West Center，Aug. 14 – 17，1995

【其他版本】

Irene T. Bloom（卜爱莲/华霭仁），"Fundamental Intuitions and Consensus Statements：Mencian Confucianism and Human Rights"，William Theodore de Bary（狄百瑞），Wei-ming Tu（杜维明），eds.，*Confucianism and Human Rights*，New York：Columbia University Press，1998，pp. 94 – 116

【作品简介】

本文试图探究孟子学说与人权问题有哪些共通之处，以及从孟子思想的角度出发，应如何看待当今中国乃至世界的人权等问题。孟子所处的时代不同于今世，其语言体系中也并不存在权利、人权、平等、尊严等词语，然而，其共同人性（common humanity）、人类普遍具有道德潜能、天命、统治者应对民众负责、权力有限等观念，与人权等现代性问题有共通之处，其思想对于解决当下中西思想观念的分歧也有一定的帮助。一般认为，"人权"是一个源于西方的概念，这个问题的背后是复杂的国际政治和文化的冲突。如果想弥合这一矛盾，就要先从中国儒家传统文化入手去寻找中西文化可以相互理解和融合的地方。因此，从孟子的人性论、仁政等思想的角度出发来探讨人权问题，不失为一个好办法。

［42］ Shu-Hsien Liu（刘述先），Shun Kwong-loi（信广来）（trans.），"Some Reflections on Mencius' Views of Mind-Heart and Human Nature"，*Philosophy East and West*，Apr. 1996，Vol. 46，Issue 2，pp. 143 – 164

【其他版本】

刘述先（Shu-Hsien Liu）：《孟子心性论的再反思》，《中国文哲研究通讯》1994 年第 2 期，第 1—14 页。（中文原版）

刘述先（Shu-Hsien Liu）：《孟子心性论的再反思》，安乐哲（Roger Thomas Ames）、江文思（James P. Behuniak Jr.）编，梁溪译：《孟子心性之学》，北京：社会科学文献出版社，2005 年，第 174—195 页。

刘述先（Shu-Hsien Liu）：《孟子心性论的再反思》，李明辉主编：《孟子思想的哲学探讨》，台北："中研院"文哲研究所筹备处，1995 年，第 75—95 页。

【作品简介】

作者认为，孟子对儒家思想最有意义的贡献就在于心性论。本文在中西对比的视角下，讨论了孟子心学与人性论思想的起源、内容、论辩基础、实践意义与影响等五方面内容，并探究了孔子与孟子的思想差异，分析了孟子的性善论与孔子思想的一致性及其对孔子思想的发展。

［43］Yu-Tang Daniel Lew（刘毓棠），"Proceedings of the Lincoln Society: The Meaningfulness of Mencius", Lincoln Financial Foundation Collection, ed., *Abraham Lincoln and Religion: Eastern*, Autumn1996, pp. 96－105

【作品简介】

作者指出，如果我们把孔子视为中华文化中的华盛顿（George Washington），那么亚圣孟子就相当于中华文化中的林肯（Abraham Lincoln）。《孟子》是语录体著作，他与各国国君的谈话直指时弊，充分体现了其思想的革命性、智慧与魅力，他在战国乱世中捍卫并壮大了孔子的学说，为儒学注入形而上学的基础成分，并探索了人际和谐的要素，使儒学在此后很长一段时间里经受住了历史的考验，作者甚至认为，孟学也许可以补救工业革命给世界带来的创伤。孟子的政治论与哲学都以其心性论与性善论为基础，将人的善性与古圣先贤的受命都归因于神的指引。孔子更多的是在贵族群体中推行圣人学说，而孟子则通过天赋的性善论将此学说推广至平民大众。同时，孟子也解释了人不善的原因，并提出了存心养性的工夫论。孟学有助于完善现代社会的教育体系，并促进推行道德教育。

［44］Paula M. Varsano（方葆珍），"Getting There from Here: Locating the Subject in Early Chinese Poetics", *Harvard Journal of Asiatic Studies*, Dec. 1996, Vol. 56, Issue 2, pp. 375－403

【作品简介】

文章从杜甫的《旅夜书怀》说起，指出诗人虽然没有点明自己所处的具体地点，但其描绘的种种意象已经搭建起了这个具体地点的情境，实现了直觉性与普适性的微妙平衡。诗人描绘的景象同时反映了他们的瞬间意向与内在天性，世界、诗人与诗歌这三元素组成了和音，而后世学者也着重通过解释这三者之间的相互关系来理解诗歌，尤其是诗人与世界之间的关系。但在探究三者之间关系之前，作者探究了关于诗歌这一最关键因素的特别假设如何影响了诗学的实践与发展。中国传统中并没有对诗歌主体的明确定义，为了超越诗歌主体关于回应世界的重复定义，本文考察的是塑造了"直觉性"等关系性观念的主体概念，论证了主体作为一个空间实体，其良好而一贯的表达促进了中国诗学的发展。文章从《孟子》与《庄子》讲起，接着又以《毛诗序》、陆机的《文赋》和刘勰的《文心雕龙》为例进行了说明，最后用关于屈原《离骚》的讨论作为结语。文章共分为七部分：第一部分是"Filling the Space：Locating the Subject of Mencius（填充空间：孟子对主体的定位）"；第二部分是"Drawing the Taoist Map：The Example of the Zhuangzi（描绘道家地图：庄子的例子）"；第三部分是"Mapping the Subject in the 'Treatise on Music' and the 'Great Preface'（描绘《礼记·乐记》与《毛诗序》中的主体）"；第四部分是"Relocating the Subject：Lu Ji's 'Wenfu'（重新定位主体：陆机的《文赋》）"；第五部分是"Embracing the World in Liu Xie's *Wenxin diaolong*（《文心雕龙》中的包罗世界）"；第六部分是"Locating the Poetic Subject in the 'Li sao'（《离骚》中的定位诗歌主体）"；第七部分是结语。

[45] Chad Hansen（陈汉生），"Duty and Virtue"，Philip John Ivanhoe（艾文贺），ed.，*Chinese Language*，*Thought*，*and Culture*：*Nivison and His Critics*，Chicago，La Salle，Ill.：Open Court，1996，pp. 173 - 192

【作品简介】

本文关注"道"与"德"的内涵诠释与意义演变，以及二者与儒家道德哲学中其他关键概念之间的联系。作者先介绍了西方道德学说中的一个分歧：道德义务论建立在道德天性及人们对此的理性认知的基础之上，而传统的道德学说认为这种说法过于肤浅。人不是按某些道德公式行事的，而是作为一个完整的人有能力对事件产生道德反应并作出决策。因此，传统道德学说更注重自我修养的作用，但义务论者认为这种观点过于简单地将人的道德进行了归因。但这两种观点是可以相互融合的，即人们可以在认识到道德天性的基础上去修养道德。作者指出，西方的这一论争与中国哲学的一些议题相似，但也存在许多差别。中国没有义务论，类似的只有"道"的学说，但二者存在本质区别。"道"是"德"的基础，"德"是"道"的具体体现，中国早期思想家一般将"道"与"德"分开使用，后来《道德经》、庄子、荀子开始把它们合用。孟子是中国道德理论的典范，后来宋明理学的道德论以孟子为根源。本文关注"道"的理论发展及其历史影响，而"仁"是其核心，而儒家主张"仁"是"德"的一种。另外，作者认为，道家学说本质上也是一种道德学说，更具体地讲，它是一种元伦理学，是对孟子学说在内的道德学说的批评与注解。基于此，作者用多种模型解释了"道"与"德"的概念及其与"学""是非""习""礼""义""心""仁"等概念之间的关系，包括计算机语言模型。此外，本文还涉及孟子与墨家、道家诸家道德学说的比较分析。

[46] Donna H. Kerr, Margret Buchmann, "On Avoiding Domination in Philosophical Counseling", *Journal of Chinese Philosophy*, 1996, Vol. 23, Issue 3, pp. 341 – 351

【作品简介】

关于我们应该如何与他人相处的核心道德问题，在一些不对称的关系中表现得很明显，例如父子、医患、牧师与教区居民、律师与委托人的关系等。在这些具有假定的掌权者与无权弱者之间的关系中，一方支配另一方与二者互利的可能性都是经常存在的，其中，支配的黑暗往往披着帮助与关怀的外衣。哲学家都在劝告他人如何生活，试图滋养本有的善性并使之萌芽，就像孟子所说的那样。也许，这并不是要对人强加以哲学家的理性与逻辑思维观念，也并不是要对人强加以美好生活的观念或经历痛苦后的渣滓。否则，我们就会被视为企图在道德上支配他人的小丑而被嘲笑。所以，作者主张避免这种道德上的支配，尽管它是出于劝告他人向善。本文借用了《孟子》中的案例进行说明，并指出这其中的案例是哲学规劝的完美典范，但它提供的框架也有可能会退化为道德支配。文章共分为三部分：第一部分是"Mencius Counsels the King（孟子规劝君王）"；第二部分是"Analysis of the Counseling Session（对规劝会面的分析）"；第三部分是"Pitfalls of Philosophical Counseling（道德规劝的陷阱）"。

[47] Irene T. Bloom（卜爱莲/华霭仁），"Confucian Perspectives on the Individual and the Collectivity", Irene T. Bloom（卜爱莲/华霭仁），J. Paul Martin, Wayne Lee Proudfoot, eds., *Religious Diversity and Human Rights*, New York；Chichester, West Sussex, England：Columbia University Press, 1996, pp. 114 – 151

【作品简介】

在轴心时代，世界上最古老的两个连续文化——印度和中国，开始演化出关于人的不同观点，但它们都基于一个既定的宗教核心。这个核心决定了人的形式和实质，影响了人类对人性、人类尊严、人权的理解。本文关注中国古典儒家思想中的个人观念，通过引用中国儒家古典文献来论证自己的观点，最主要的依据就是"四书"，故多次援引《孟子》中的言论。本文共分为三部分。第一部分是"The Individual（个人）"，包括"The Nature of the Individual（个人的人性）""The Duties and 'Rights' of the Individual（个人的义务和权利）"这两小节，而其中第二小节又包括了"*Filial Devotion*（*hsiao*）（孝）""Humaneness（Jen）and Rightness（i）（仁与义）""*Rites*，*Ritual*，*or Propriety*（*li*）（礼）"这几个小部分，作者将儒家的这些观点与 Joseph Elder 关于印度教的一些观点进行了比较。第二部分是"The Collectivity（集体主义）"，包括"The Nature of the Collectivity（集体的性质）""Duties and Rights of the Collectivity（集体的义务和权利）"这两个小节。第三部分是"Coda（结尾）"，进行了中西比较。

[48] Kwong-loi Shun（信广来），"Mencius on Jen-hsing"，*Philosophy East and West*，Jan. 1997，Vol. 47，Issue 1，pp. 1 – 20

【其他版本】

信广来（Kwong-loi Shun）：《孟子论人性》，安乐哲（Roger Thomas Ames）、江文思（James P. Behuniak Jr. ）编，梁溪译：《孟子心性之学》，北京：社会科学文献出版社，2005 年，第 196—224 页。（中文译本）

【作品简介】

安乐哲（Roger Thomas Ames）在《孟子的人性概念：它意味着人的本性吗？》（*The Mencian Conception of Ren Xing*：*Does It Mean*"*Human Nature*"？）一文中指出，孟子的人性观念强调了人性的特殊性与创造获得性，而不是人性的普遍性与天赋性。也就是说，即便孟子可能相信所有人都共同拥有某种不明确的东西，但他更倾向于把这种东西视作人类共同拥有的背景，而把"人性"看作一种人类在此背景下达成的文化成就。但华霭仁（Irene T. Bloom）反对这种观点，她主张人性所强调的就是一种普遍的人的本性。争议的焦点不仅在于对孟子之"人性"的英文翻译，还在于《孟子》如何运用了"性"这个字、孟子如何看待"人性"等实质性问题。本文即详细探讨了这两大问题，共分为五部分：第一部分是"The Use of 'Hsing' in Early Texts（在早期文献中 '性' 的用法）"；第二部分是"The Verbal Use of 'Hsing' in the *Meng-tzu*（《孟子》中 '性' 的动词性用法）"；第三部分是"'Hsing' and

'Ch'ing' in the *Meng-tzu*（《孟子》中的性与情）"；第四部分是"Mencius' Views on Jen-hsing（孟子关于人性的观点）"；第五部分是"Neng and K'oi（能与可以）"。

[49] Irene T. Bloom（卜爱莲/华霭仁），"Human Nature and Biological Nature in Mencius"，*Philosophy East and West*，Jan. 1997，Vol. 47，Issue 1，pp. 21 – 32

【其他版本】

华霭仁（Irene T. Bloom）：《在〈孟子〉中人的本性与生物学的本性》，安乐哲（Roger Thomas Ames）、江文思（James P. Behuniak Jr.）编，梁溪译：《孟子心性之学》，北京：社会科学文献出版社，2005 年，第 225—242 页。（中文译本）

【作品简介】

作者论证了"人性"被哲学地翻译为"Human Nature"的合理性，认为人性代表了孟子对人类共同的同情心与本性的确信，反驳了安乐哲（Roger Thomas Ames）所主张的不能将"人性"理解为"Human Nature"的观点。文章反思了孟子关于人类本性异同的看法，关注孟子哲学的跨时代与跨文化的翻译问题。

[50] James A. Ryan（赖安），"A Defence of Mencius' Ethical Naturalism"，*Asian Philosophy*，Mar. 1997，Vol. 7，Issue 1，pp. 23 – 36

【作品简介】

本文主张孟子提出了一种伦理自然主义的形式，由此，道德性质、道德动机、道德研究可以归因于自然主义世界观的参数。德性是行为所具备的主观真实的属性，因为它们与最连贯的共同欲望相符合。作者根据孟子哲学的暗示，提出了一个"正义"的自然主义定义。对于那些用当代观念来看待孟子思想的做法，作者表达了异议，认为这种做法对于古代思想家而言是很奇怪的。作者认为自己选取的《孟子》版本既忠于孟子，又体现了一种元伦理学理论。文章共分为七部分：第一部分是前言；第二部分是"Subjective Realism and Naturalism（主观的真实性与自然主义）"；第三部分是"Naturalism about Moral Properties（关于道德性质的自然主义）"；第四部分是"Motivation Naturalism（动机的自然主义）"；第五部分是"Altruism, Deontological Constraints and Utility（利他主义、道义论的限制与功用）"；第六部分是"Coherentism and Moral Rules（融贯主义与道德规则）"；第七部分是结论。

　　[51] John Allen Tucker, "Two Mencian Political Notions in Tokugawa Japan", *Philosophy East and West*, Apr. 1997, Vol. 47, Issue 2, pp. 233 – 253

【作品简介】

　　德川时代的儒学经常被描述为一种反对政治变革的封建意识形态，但这忽略了孟子的观点。孟子坚决反对暴力战争与暴政，是否顺从权力取决于具体情况，顺从于仁政是值得的，但违背了道德与人道的暴政则会被替天行道的民众颠覆。孟子阐明，个人可能会为了理解甚至捍卫那些他们认为正确的理想而自我牺牲。甚至有相关研究指出，相比于以单一的意识形态角色为政权服务，德川时代的这些根源性概念更多地遭遇了学者们多变的支持与批判，因为他们对武士统治的态度千差万别。文章共分为八部分：第一部分是前言；第二部分是 "Mencius on Rebellion and Martyrdom（孟子的叛逆与殉道）"；第三部分是 "Neo-Confucian Modifications of Mencius（理学对孟子的改变）"；第四部分是 "Endorsing Mencius and the Tokugawa Regime（支持孟子与德川统治）"；第五部分是 "Challenging Mencius and the Tokugawa *Bakufu*（改变孟子与德川幕府）"；第六部分是 "Opposing Mencian Rebellion and Supporting the Tokugawa *Bakufu*（反对孟子的叛逆与支持德川幕府）"；第七部分是 "Endorsing Mencius and Opposing the Tokugawa *Bakufu*（支持孟子与反对德川幕府）"；第八部分是 "Mencian Political Thought in Early Meiji（1868 – 1912）Japan（明治早期的孟子政治思想）"。

　　[52] Chun-chieh Huang（黄俊杰）, "Chinese Hermeneutics as Politics：The Sung Debates over the Mencius", *Journal of Humanities East/West*, Jun. 1997, Vol. 15, pp. 239 – 266

【其他版本】

　　黄俊杰：《第八章　历代孟子学诠释的流变（二）——宋代》，《孟子》，台北：东大图书公司，1993 年，第 199—236 页。（中文原版）（于 2006 年重印）

　　Chun-chieh Huang（黄俊杰）, "Chinese Hermeneutics as Politics：The Sung Debates over the Mencius", Ching-i Tu（涂经诒）, ed., *Classics and Interpretations：The Hermeneutic Traditions in Chinese Culture*, London：Eurospan, 1999

　　Chun-chieh Huang（黄俊杰）, "Chinese Hermeneutics as Politics：The Sung Debates over the Mencius", Ching-i Tu（涂经诒）, ed., *Classics and Interpreta-*

tions：*The Hermeneutic Traditions in Chinese Culture*，New Brunswick：Transaction Publishers，1999（于 2000 年重印）

Chun-chieh Huang（黄俊杰），"Chinese Hermeneutics as Politics：The Sung Debates over the Mencius"，Ching-i Tu（涂经诒），ed.，*Classics and Interpretations：The Hermeneutic Traditions in Chinese Culture*，London，New York：Routledge，2000（于 2017、2018 年重印）

Chun-chieh Huang（黄俊杰），"Hermeneutics as Politics：The Sung Debates over the Mencius"，*Mencian Hermeneutics：A History of Interpretations in China*，New Brunswick，N. J.：Transaction Publishers，2001

【作品简介】

本文回顾了宋代儒者在诠释学意义上关于孟子的论争。文章共分为三部分。第一部分是 "Why the Mencius-Controversies（孟子之争的原因）"，探究了孟子成为宋代学术争论风暴中心的原因，并从支持孟子与反对孟子的两派儒家士大夫的不同论点出发，介绍了孟子之争的内容和过程及其对宋代政治的影响。第二部分是 "What in the Mencius-Controversies（孟子之争的内容）"，指出争论的焦点在于孟子对以君主为中心的君主制的反叛。人民的苦难激发了孟子心中的民本主义政府理想，他将统治者区分为王与霸，并将二者分别定性为仁与不仁，这一问题涉及政权、决策与执行的合法性。第三部分是 "Chinese Hermeneutics as Politics（作为政治的中国诠释学）"，作为总结，分析了儒家学术深远的政治实用价值。

［53］Lee Howard Yearley（李耶理），"Selves，Virtues，Odd Genres，and Alien Guides：An Approach to Religious Ethics"，*Journal of Religious Ethics*，Sep. 1997，Vol. 25，Issue 3，25th Anniversary Supplement，pp. 127－155

【作品简介】

各种复杂的压力定义了我们，使得那些合理的分析以及有意将原则放到案例中的应用，都最好地阐明了伦理话语罗盘中的一些有限部分的成因。对《孟子》与但丁《地狱》文本的密切分析，揭露了这两部作品中有一条伦理反思的途径，它试图通过读者的情感参与来扩展他们的道德的能力，即在应答与教育中锻炼出来的伦理技巧。这种途径是一种反思的比喻，可能会让读者陷入邯郸学步的困境。然而，如果自我的道德典范是相互联系的，那么正确的自我理解就会存在于道德基础之上。由于宗教方向可能会导致错误的定势问题，它们可能会揭露普通的行为与典范，所以区分品德的正确与错误是很关键的。文章共分为三部分：第一部分是"Models of the Self and Virtue and the Significance of Religion and Genre（自我与道德的典范以及宗教与流派的意义）"；第二部分是"The Examples of Dante and Mencius（但丁与孟子的例子）"，包括"The Men and Their Work（其人其书）""Dante and Mencius as Religious Ethicists（作为伦理学家的但丁与孟子）"*Mencius* 2A7（《孟子·公孙丑上》第七章）""Canto 5 of Dante's Inferno（但丁《地狱篇》第五章）""The Presentation of Religious Ethics in Dante and Mencius（但丁与孟子对宗教伦理的展现）"；第三部分是"A Schematic Presentation of My Approach（我的研究进路的纲要展示）"。

［54］Ning Chen（陈宁），"The Concept of Fate in Mencius"，*Philosophy East and West*，Oct. 1997，Vol. 47，Issue 4，pp. 495 – 520

【作品简介】

许多学者都讨论过孟子的"命"的概念，但它仍然混沌不明，尤其是在孟子是否同意"命"的不可预测性与不可改变性的问题上。"命"这一超自然概念不仅是孟子学说的重要部分，也是儒家学说的关键。本文阐明了"命"的两种不同概念，即道德决定论的"命"与盲目的"命"。作者分拣了《孟子》中的三种不同的"命"的含义，包括生命、道德决定与命运，还区分了集体的与个人的"命"。作者指出，孟子常常在同一场合提到不同意义的"命"，他承认道德决定论意义上的"命"，并更倾向于在集体概念中运用它；同时，他也承认"命"是盲目的、不可改变的，并更倾向于在个人概念下运用它。孟子的这种理解不同于墨家和道家把两种概念等同，对后世儒家产生了深远的影响。文章共分为四部分：第一部分是"Moral Determinism and Blind Fate（道德决定论与盲目的'命'）"；第二部分是"The Question of Fate Being Alterable or Unalterable（关于'命'能否被改变的问题）"；第三部分是"A Possible Interpretation（可能的解释）"；第四部分是"Fate at Two Levels（两个层面上的'命'）"。

［55］Irene T. Bloom（卜爱莲/华霭仁），"Three Visions of Jen"，Irene T. Bloom（卜爱莲/华霭仁），Joshua Andrew Fogel（傅佛果），eds.，*Meeting of Minds：Intellectual and Religious Interaction in East Asian Traditions of Thought：Essays in Honor of Wing-tsit Chan and William Theodore de Bary*，New York：Columbia University Press，1997，pp. 8 – 42

【作品简介】

仁与礼是儒家伦理意识最典型的表现。礼同时包含了审美与实践、神圣与世俗，仁的复杂程度也不亚于礼，仁同时涉及了人类的道德理想与对现世的洞察，而理想总是随着时间的推移而与现实相互关联。由此，儒学非常注重反思人类的道德理想与心理之间的联系，这是一种永恒而深刻的人类情感层面。此外，仁还涉及人类的情绪自控问题。作者通过对比《论语》《孟子》以及朱熹的《仁说》，分析了三位思想家对仁的三种截然不同的视角，探究了仁与人类情感的关系以及仁的意涵的剧烈变迁。孔子的仁偏重坚韧而刚毅的不屈和勇气，以及顽强的自我约束、自律和自我修养，这就包括了心理上极困难的情绪自控能力；孟子的仁偏重恻隐之心、成熟稳重、浩然正气、乐于助人的同情心；而朱熹虽然认为自己继承了孔孟二人的儒学传统，但其对仁的观念事实上已经在哲学上发生了巨大的改变，孟子的仁具有心理学上的自然主义意味，而朱熹的仁具有形而上学基础，并与宋明理学的"理"的概念相关。作者着重对比了孔孟，以及孟子、朱熹对仁的观念差异，并结合三人的时代背景进行了详细分析。

［56］Peng Yoke Ho（何丙郁），"Did Confucianism Hinder the Development of Science in China?"，*Wu Teh Yao memorial lectures*，Singapore：UniPress，The Centre for the Arts，National University of Singapore，1997

【其他版本】

Peng Yoke Ho（何丙郁），"Did Confucianism Hinder the Development of Science in China?"，Sin Kiong Wong（黄贤强），ed.，*Confucianism*，*Chinese History and Society*，Singapore；Hackensack，N. J.：World Scientific，2012，pp. 49 – 66

【作品简介】

本文共分为五部分：第一部分是引言，界定了"儒家""科学"的概念和文章所涉及研究对象的时间背景问题，对中西方是否出现了科技革命进行了比较；第二部分是"Confucius Versus Science（孔子与科学）"，举例论证了孔子对农业技术等科学范畴的重视；第三部分是"From Mencius to Zhu Xi（从孟子到朱熹）"，从人性论引出，认为孔子之后的儒家代表人物也很好地继承了孔子对科学的尊重，作者举例说明了孟子对天文学的重视，还对比了古代中国与古希腊的文化传统，接着又回顾了汉代和宋代儒家对待科学的态度；第四部分是"Concept of Science in Traditional China（传统中国的科学概念）"，较为精确地界定了传统中国的科学概念，是包含了历史、哲学与语文学的综合体，并举例说明了中国古人对科学的独特理解；第五部分是"Chinese Medicine and Conclusion（中医与结论）"，论证了儒学对中医发展的促进作用、将"仁"注入了中医精神，还指出虽然儒学不是科学，但它从不反科学。

［57］Robert Elliott Allinson（爱莲心），"The Moral Realm of Truth and Mencius' Phenomenology of Compassion"，*Space*，*Time and the Ethical Foundations*，London，New York：Routledge，1997（于 2019 年重印），pp. 163 – 181

【其他版本】

Robert Elliott Allinson（爱莲心），"The Moral Realm of Truth and Mencius' Phenomenology of Compassion"，*Asian Culture Quarterly*，1997，Vol. 25，Issue 3，pp. 27 – 38

【作品简介】

侧隐之心是道德自我感知的基础，孟子通过"孺子将入于井"的情境假设对恻隐之心的存在进行了现象学检验。恻隐之心的存在证明了人内心道德领域的真实性，道德自我感知是可以被任何个体所把握的，人的德性从来不是外在因素起作用的结果。认识到这一点，就能将对人的认识上升到新的层面。从认识论的角度来看，道德学说在某些方面与数学知识完全相似。

［58］Xinyan Jiang（姜新艳），"Mencius on Human Nature and Courage"，*Journal of Chinese Philosophy*，1997，Vol. 24，Issue 3，pp. 265 – 289

【其他版本】

Xinyan Jiang（姜新艳），"Mencius on Human Nature and Courage"，Xiusheng Liu（刘秀生），Philip John Ivanhoe（艾文贺），eds.，*Essays on the Moral Philosophy of Mengzi*，Indianapolis：Hackett Publishing Company，2002，pp. 143 – 162

【作品简介】

道德是否需要行为与情感之间的和谐？这是德性领域的一个重要问题。与亚里士多德相似，孟子也相信真正的道德需要正确的行为以及与之相应的积极的情感，并认为一个真正道德的人会享受这种道德的感觉，他们执行道德并不是出于某种自我控制。关于这一点，《孟子·离娄上》第二十七章有相关论述。然而，并不是所有的儒家道德都能构成一个正确行为与情感的统一体。例如，勇气就是一种纯粹的儒家道德，但它与严格的道德品格概念似乎并不适应。"勇"常常被视为战胜恐惧、在危险面前保持稳重、抵抗逃避倾向的行为，因此，一个勇敢的人似乎应该是一个意志坚强的人，"勇"似乎是一种自我控制。那么，孟子是如何让"勇"与其道德版图相适应的呢？本文从道德层面上的"勇"出发，论证了"勇"的问题对于孟子而言并不是一个真正的困难，孟子很容易地调和了"道德需要正确的行为与情感"的观点与"勇"属于一种道德的观点。

[59] John E. Schrecker（石约翰），"Filial Piety as a Basis for Human Rights in Confucius and Mencius"，*Journal of Chinese Philosophy*，1997，Vol. 24，Issue 3，pp. 401 – 412

【作品简介】

孔子和孟子给孝道以极高的道德价值，一般认为，儒家对孝的强调为统治者的政治独裁提供了支持。虽然孔孟没有穷尽中国的孝道问题，但他们的观念是最重要的，并为其他人对孝道的解释提供了基准。本文试图说明，在增强政府权力之外，孔孟还运用孝道来实现一个相反的目的，即限制政治权威，并赋予统治者责任。作者指出，事实上，对于儒学来说，孝道对于人道来说是很基础的，一个人完善自身义务的能力，可以直接被称作西方思想意义上的自然权利。文章共分为三部分：第一部分是"Filial Piety is Qualitatively Different from Loyalty to Government and Takes Precedence（'孝'在质量上不同且优先于'忠'）"；第二部分是"Filial Piety is Innate and its Practice Must not be Hindered（'孝'是内在的且其实践不应该被妨碍）"；第三部分是结论："The Right to be Filial（孝的权利）"。

[60] Carine Defoort（戴卡琳），"The Rhetorical Power of Naming：The Case of Regicide"，*Asian Philosophy*，Jul. 1998，Vol. 8，Issue 2，pp. 111 – 118

【作品简介】

对中国古代文献的传统解读往往更关注内容而非其表达形式，其中所反映的事实被视为一种既定的东西，而思想家只是通过语言将这种既定的真理表达出来罢了。这种进路忽略了中国文本中的主流路径，即通过冠名或重新冠名的方式来评估某种情势。本文分析了公元前 2 世纪之前的四个文本片段，它们从不同类型的程度上对"弑君"进行了论述。这些哲学家在讨论中对"弑君""统治"等术语进行了微妙的发挥，而不是通过诉诸更高的原则来直接为"弑君"进行明确的辩护。文章共分为四部分：第一部分是"First Stage：The Implicit Force of Words in the Spring and Autumn Annals（第一阶段：《春秋》微言大义）"；第二部分是"Second Stage：The Execution of a 'Solitary Fellow' in the *Book of Document*（第二阶段：《尚书》中'独夫'的处决）"；第三部分是"Third Stage：An Explicit Specification of 'Regicide' in the *Mencius*（第三阶段：《孟子》中对'弑君'的明确论述）"；第四部分是"Forth Stage：Xunzi's Analysis of 'What One Calls Regicide'（第四阶段：荀子对'何谓弑君'的分析）"。

［61］James A. Ryan（赖安），"Moral Philosophy and Moral Psychology in Mencius"，*Asian Philosophy*，1998，Vol. 8，Issue 1，pp. 47 – 64

【作品简介】

本文为孟子道德学说及相关解释辩护，反驳了潜在的其他诠释。作者论证认为，从"道德伦理"的层面来理解孟子是片面的，因为这样就忽视了对道德哲学与道德心理学的区分。道德伦理是有缺陷的，因为它否认这种区分。孟子的兴趣明显是在道德心理学，其道德学说就不存在这个缺陷。但作者认为他并非理性主义者，并展现了孟子赞成前后连贯的道德学说，其中，理性与心学各发挥着重要作用。作者还对比了自己与其他学者对孟子的解读，指出道德哲学与道德心理学的区别问题在当代西方道德理论中非常重要。本文共分为四部分：第一部分是"Mencius' Ethical Theory（孟子的伦理理论）"；第二部分是"Mencius' Moral Psychology（孟子的道德心理学）"；第三部分是"Virtue Ethics，Rationalism and Coherentism（美德伦理、理性主义与贯融主义）"；第四部分是结论。

［62］James Andrew Stroble，"Justification of War in Ancient China"，*Asian Philosophy*，1998，Vol. 8，Issue 3，pp. 165 – 190

【作品简介】

在欧洲思想传统中，如果要为战争辩护，那关键点就在于，战争对和平与秩序的维护有一定的帮助和必要性。至于古代中国哲学对战争的态度，法家思想中有不少说明战争有益的类比，但中国的历史经验大多抗拒战争。儒家思想尤其是孟子和荀子坚持认为，战争对于社会秩序是无益的，还会对自然产生破坏性影响。他们坚持，战争并不是用来构建社会秩序的，相反，战争是源于先前的文化与政治权威的。多数中国古代思想家认为，战争往往不是出于创建公共秩序的必要性，而是出于寻求优良秩序的失败，这与西方思想家对战争的主流见解形成了尖锐的对比。例如，Michael Walzer 坚持军事力量具备有益的必要性，甚至是在一种很荒谬的意义上；古代中国却主张这种所谓的必要性是无根据的。文章共分为七部分：第一部分是"Assumption of Efficacy of Force（武力有效的假定）"；第二部分是"Arts Contextualis（人文语境）"；第三部分是"The Paradox of Power（权力的悖论）"；第四部分是"Punitve Expeditions（*Zheng*）and *Luan*（征与乱）"；第五部分是"The Problem of Bloody Hands（血腥之手的问题）"；第六部分是"Facing South（南面）"；第七部分是结论。

[63] Lee Rainey（雷明萱），"Mencius and His Vast, Overflowing Qi"，*Monumenta Serica*，1998，Vol. 46，pp. 91 – 104

【作品简介】

本文诠释了孟子的"浩然之气"概念，这是孟子看待"心"与善性的角度。作者探究了中国哲学中的"心""志""气"等概念，指出它们之间是密切关联的，不同的思想家对此三者的排序也不同。有时"气"听命于"志"，而有时"浩然之气"能培养出一种特定的"心"。此外，"气"是让人类存活且成其自身的关键，它实现了人与宇宙的统一，它将生物的所有部分关联起来。"气"用合适的修身方式来培养"心"与"志"，使之适应"气"并促使"气"生长完满。

【相关评论】

Livia Köhn（孔丽维），"Mencius and His Vast, Overflowing Qi, Monumenta Serica 46，1998 by Lee Rainey"，*Revue Bibliographique de Sinologie*，*Nouvelle Série*，1999，Vol. 17，p. 393

[64] Lloyd A. Sciban（史罗一），"Essential Characteristics of Moral Decision in Wang Yangming's Philosophy"，*Journal of Chinese Philosophy*，1998，Vol. 25，Issue 1，pp. 51 – 73

【作品简介】

本文认为，王阳明的"知行合一"说明，道德决策的过程就包含了对道德目标的理解，这打破了大多数同时代人的认识。作者对王阳明哲学中道德决策的九大关键特征进行了详细的分析、诠释和总结，并对其相互关系进行了解读。这些特征包括：天生内在性、普遍性、区分天理与人欲的能力、绝对规则的缺乏、经验知识对于道德自然意识的下属关系、不断表现的要求、自我修复的过程、行动的自然、知行合一。

［65］Mark Csikszentmihalyia（齐思敏），"Fivefold Virtue：Reformulating Mencian Moral Psychology in Han Dynasty China"，*Religion*，Jan. 1998，Vol. 28，Issue 1，pp. 77 – 89

【作品简介】

本文从新出土的帛书《五行篇》入手，考察了汉代的儒家伦理学。帛书《五行篇》体现了早期中国伦理学与自然哲学的关系变得越来越重要，它与其他汉代文献都试图调和儒家修身典范中的矛盾，而它代表了对孟子后学所发展的人性论的采纳，体现了对黄老学说中关于身体与宇宙关系的理解。作者认为，《五行篇》不仅提供了对汉代儒学发展的洞察，还提供了试图以与掌控自然世界相同的关联模式来整合人类世界统治模式的早期证据。文章共分为六部分：第一部分是前言；第二部分是"The 'Essay on the Five Phases'（《五行篇》）"；第三部分是"The 'Essay on the Five Phases' and Mencian Moral Theory（《五行篇》与孟子的道德学说）"；第四部分是"Xunzi and the Transition to Sagehood（荀子及其向圣人的过渡）"；第五部分是"The 'Essay on the Five Phases' and the HuangLao Tradition（《五行篇》与黄老传统）"；第六部分是"Sharing a Scroll（分享卷轴）"。

［66］Maurizio Scarpari（司马儒），"Mencius and Xunzi on Human Nature：The Concept of Moral Autonomy in the Early Confucian Tradition"，*Annali di Ca' Foscari：Rivista della Facoltà di Lingue e Letterature straniere dell'Università Ca' Foscari di Venezia*，1998，Vol. 37，Issue 3，pp. 467 – 500

【作品简介】

孟子与荀子的原则代表了孔子思想的两种不同解释，二者之间的论争在此后历代的长期发展中逐渐表现出来。在善恶的定义上，孔子的追随者可能会认同荀子的观点："凡古今天下之所谓善者，正理平治也；所谓恶者，偏险悖乱也。"尽管孟荀之间存在许多细节上的差异，对于恶的产生原因也有不同的理解，但他们不过是分别强调了孔子思想框架中的不同方面，二者都从未脱离这一框架。二者都保留了人天然地爱自己家人的假定，都强调道德原则、社会习俗与教育的重要性。孟子强调人心中积极的天生潜能以及修身以避免恶的增长；相比于"礼"，孟子更强调"仁""义"，有时也连用为

"仁义"；他给"思"极高的地位，认为它是可靠与独立的良心的根基。而荀子则强调人在情感层面上与生俱来的危险性倾向；强调"礼""义"，有时也连用为"礼义"作为道德原则；如告子一般坚持"学"的文化价值，认为它是人成道的必由之路。在中国传统中，大多数思想家都主张要从本质上对善恶进行积极补足。董仲舒把人性视为阴阳的结合，善的可能性为阳，而欲望与激情为阴，避开了善恶对立的说法。此后，历代思想家都在此框架下以不同的方式发展了人性论。例如，扬雄试图在孟荀之间寻求一个折中方案，将人性视为一个模糊的、混合了善恶的整体。相反，西方文化是无法接受善恶不对立的观点的，基督教定义了最高的善与恶。恶的来源、善恶共存、恶魔对恶的拟人化等问题，都是神学研究的困难与神秘所在。但是，善恶之间的缝隙在礼拜仪式的悖论中被废除了。圣保罗与圣奥古斯丁的传统与莱布尼茨的理论都表明，他们认为，上帝允许恶为了实现更好的善而存在。他们还认为，原罪会发展成恶，使人在苦难中堕落，但同时它也延续了上帝降临的必要前提，上帝降临将实现人类的救赎。在前言之后，文章的正文共分为四部分：第一部分是"Confucius（孔子）"；第二部分是"Mencius（孟子）"；第三部分是"Xunzi（荀子）"；第四部分是结论。

［67］Robert Elliott Allinson（爱莲心），"The Debate between Mencius and Hsün-Tzu：Contemporary Applications"，*Journal of Chinese Philosophy*，1998，Vol. 25，Issue 1，pp. 31 – 49

【作品简介】

本文旨在提供一些生物社会进化论的推理，特别是解释了由生物心理学引发的情感，从而主张人的本性是缺乏恶意的，人性是倾向于社会和谐的。人生来就不是反社会的，这一中国哲学的洞见在当今变得越来越重要。对于物种的幸存而言，社会和谐是首要的。如果所有国家都可以汲取中国哲学中关于人性本善的丰富而连续的洞见，就可以实现社会合作。文章共分为两大部分：第一部分是"Methodological Considerations（方法论思考）"，包括问题的提出与研究进路这两节；第二部分是"Subjective Consideration（主题思考）"，内容关涉形而上学、生物学、社会学、生物心理学、从生物心理来推理出情感、社会进化等。

［68］Wei-ming Tu（杜维明），"Confucius and Confucianism"，Walter Harold Slote，George Alphonse De Vos，eds. ，*Confucianism and the Family*，Albany：

State University of New York Press，1998，pp. 3 - 36

【作品简介】

本文回顾了儒学在中国乃至整个东亚文化圈的发展历程，共包含五部分。第一部分是 "The Confucian Ethos（儒家思潮）"，介绍了儒学的历史地位，"儒学" 这个词最初是指某种学派谱系和学术传统，孔子并非儒学的创立者，他也并非儒学理想的圣王（只有尧舜才能被视为内圣外王的典范）。儒学不局限于勾勒圣贤，它更重视普罗大众的精神世界。在百家争鸣的过程中，儒学选择将自我修养的教化作为长远的救世方式，即使在成为官学主流之后，也并不排挤其他学派。鉴于儒学深远的影响力，它时而被视为一种哲学，时而被视为一种宗教，其对天的信念成为东亚的独特生活方式，但它从未成为宗教，也从未让人们成为自己的教徒，不具备有组织的传教活动，却在 2000 多年的时间里作为文化主流对整个东亚都产生了深远影响。第二部分是 "The Life and Thought of Confucius（孔子的生平与思想）"，介绍了孔子对尧、舜、周公的崇敬，以及其成长历程、政治经历、学术成就、思想体系、"述而不作" 的观念等，他更倾向于在旧的礼乐制度的基础上注入新元素。第三部分是 "Formation of the Classical Confucian Tradition（经典儒家传统的形成）"，介绍了孔子的后继传承者孟子和荀子等人对儒学的发展，汉朝儒学被尊为官学之后对政治的影响、五经博士的确立、董仲舒的改造，以及后来魏晋之后儒道佛三家的碰撞和儒学的衰微。第四部分是 "The Confucian Revival（儒学的复兴）"，讲了宋元明儒学复兴状况，包括以周敦颐、邵雍、张载、二程、朱熹为代表的宋代理学家，金朝赵秉文、王若虚和元朝许衡、刘因、吴澄，明朝的薛瑄、吴与弼、陈献章、王阳明、王畿、李贽、刘宗周、黄宗羲、顾炎武、王夫之等思想家的成就。此外，还专门以 "The Age of the Confucian Persuasion：Chosön Dynasty Korea, Tokugawa Japan, and Ch'ing China（儒家时代：朝鲜王朝、日本德川和中国清朝）" 分析了儒学在清朝时对整个东亚文化圈的影响。第五部分是 "Modern Transformation（现代转型）"，介绍了鸦片战争之后儒学在东亚文化圈的发展。

［69］Manyul Im（任满悦），"Emotional Control and Virtue in the Mencius"，*Philosophy East and West*，Jan. 1999，Vol. 49，Issue 1，pp. 1 - 27

【作品简介】

孟子将 "心" 与 "体" 关联，"心" 的能力就是 "天" 所赋予的 "才"，它对特定的对象和情境会自然而然地作出反应；"心"中天生就有成善的根源，包括同情、孝爱、尊敬、顺从、义愤、羞耻、认可与否等本能情感，它们也是决定道德行为的关键因素。而西方伦理学说史的研究者认为，人的情感能力会促成想要作出值得称赞的行为的道德动机，但一个有抱负的道德主体不会完全听任自然反应；道德同时关切人的情感与行为，情感通过实践与"适应"才能获得完整性；情感天性的力量通过"适应"来自我调节，这需要道德动机也通过"适应"来获取新的源泉。例如，在战争中，一个勇敢的人会在"适应"中意识到勇敢是可欲的，于是他通过"适应"改变恐惧，并享受勇敢。由此，他们在解释《孟子》时认为，孟子也主张对情感进行积极培养才能促进道德完足。倪德卫（David Shepherd Nivison）指出，孟子主张掌控天性并做与之相符的事情，形成修养道德判断力的方法与计划，这处于道德责任的中心地位，有利于通过行正义之事来提高道德敏感度与道德行为的意愿，进而享受其带来的满足感，这种"回馈"会加强人道德天性的发展，行善将成为一种自我意愿而非命令要求，并促进道德主体去达成在修身之前未能达成的善。这就是倪德卫所说的"长期策略"（long-term strategy），这种"回馈机制"（feed-back mechanism）建立在人天然具备的品味满足感等情感能力的基础之上，但这些情感能力只是开端，后续要经历长期的调和与精炼的适应，最终才能获得对行善的欲求。与此类似，亚里士多德认为，道德关注快乐与痛苦，人天然会因为快乐而作恶、因为痛苦而舍弃做高贵之事，因此，如柏拉图所言，好的道德教育经过对人们情感能力的调和与精炼，从而教会人们应该为何事快乐和痛苦。倪德卫的"回馈机制"与亚里士多德的"适应"，都对道德主体的行为动机做了有意义的改变。作者指出，用这种看法来理解孟子是错误的，误读了孟子的道德典范之情感生活与人性善的理论，因为孟子从不认为人的自然情感需要被完善。由此，作者引出了另外两个有趣的哲学问题：一是分析孟子的道德品质与道德发展理论为何与亚里士多德的学说如此不同；二是由孟子的成德路径引出了积极的、受人控制的情感参与问题，例如人在特定环境下会感到同情，如果统治者没能表达对民众的同情，那就像"一羽之不举，为不用力焉"。儒家这个类哲学的流派强调道德教化，《孟子》常常用植物与农业意象来类比道德发展与修身，如用植物的长成来比喻道德完足，这一点让许多学者误将亚里士多德的伦理观点与此混淆。作者指出，儒家只是通过道德教化与礼来规定一个君子应该具备何种美德，特别是要培养优秀的政治统治者，但并没有说要完善学生的自然情感反应。作者论证认为，在孟子看来，学生在接受道德教育之前就已经具备了完足的情感能力。但是，植物生长与农业耕种的意象似乎又证明了将亚里士多德完美主义归于孟子思想的合理性。对此，作者指出，这些意象并非决定性的，它们虽然暗示了某种发展的意味，但这种暗示是含混不清的。孟子主张的是天生能力的自然发展，这并不依赖于以精炼为目标的训练或实践，并非对"心"的完善。作者先介绍了孟子复杂的心理学意义上的道德典范的现实情感生活，从而解释了植物生长与农业耕种的意象，以及孟子的道德发展与亚里士多德的道德完善的区别，论证了孟子认为通过外在努力来完善道德是损人不利己的。文章共分为五部分：第一部分是前言；第二部分是"Moral Exemplars and Virtue in the *Mencius*（道德典范与《孟子》中的美德）"；第三部分是"Vegetative Growth Imagery and Ruist Moral Education（植物生长的意象与儒家道德教化）"；第四部分是"The Intellectual Context：Reconciling the Natural with the Moral（思想的文本：调和自然之性与道德）"；第五部分是"Moral Failure and Responsibility for Emotional Engagement（道德失败与对情绪负责）"。

［70］Zhaolu Lu，"The Mencian Theory of Human Xing Reconsidered"，*Journal of Chinese Philosophy*，Jun. 1999，Vol. 26，Issue 2，pp. 147 – 164

【作品简介】

作者指出，孟子性善论中的一些原则性问题尚不明确，例如，孟子的人性是来自创造性的行为还是遗传的持续性质？它是文化产品还是自然天赋？它是个人的特殊属性还是全人类共有？安乐哲（Roger Thomas Ames）与华霭仁（Irene T. Bloom）的争论让这些问题显得更加尖锐，而本文考察并评估了这一论争，调和了两种观点之间的分歧，提供了一种孟子研究的新思路。

［71］David E. Soles，"The Nature and Grounds of Xunzi's Disagreement with Mencius"，*Asian Philosophy*，Jul. 1999，Vol. 9，Issue 2，pp. 123 – 133

【作品简介】

作者认为，孟荀之间关于人性本善还是本恶的分歧，与其说是在人性经验事实层面上的分歧，不如说是在道德本质层面上的分歧。尤其是，孟子持有一种美德理论的道德概念，而荀子认同基于规则的道德概念。这使二者对人性的评估截然不同，尽管他们对经验事实层面上的人性观点是大体一致的。

[72] Jane M. Geaney（金格倪），"Mencius's Hermeneutics"，*Journal of Chinese Philosophy*，Mar. 2000，Vol. 27，Issue 1，pp. 93 – 100

【作品简介】

学界普遍认为，孟子使中国文学批评引向了意向主义诠释学的方向。但作者指出，孟子的意向主义与西方的意向主义存在本质不同。本文通过分析《孟子》中与诠释学相关的选段，探究了孟子文学批评中的诠释学运用，分析了中西方意向论的不同，以及孟子在评判文学作品时所重视的因素。

[73] Edward Gilman Slingerland（森舸澜），"Effortless Action：The Chinese Spiritual Ideal of Wu-wei"，*Journal of the American Academy of Religion*，Jun. 2000，Vol. 68，Issue 2，pp. 293 – 327

【其他版本】

Edward Gilman Slingerland（森舸澜），"Cultivating the Sprouts：Wu-wei in the *Mencius*"，*Effortless Action：Wu-wei as Conceptual Metaphor and Spiritual Ideal in Early China*，Oxford，New York：Oxford University Press，2003（于 2007 年重印），pp. 131 – 173

森舸澜（Edward Gilman Slingerland）著，史国强译：《养端：孟子的无为》，《无为：早期中国的概念隐喻与精神理想》，上海：东方出版中心，2020 年，第 183—237 页。（中文译本）

【作品简介】

详见上文"专著中的章节"部分中对森舸澜的 *Effortless Action：Wu-wei as Conceptual Metaphor and Spiritual Ideal in Early China* 的相关介绍。

[74] Eva Kit Wah Man（文洁华），"Contemporary Feminist Body Theories and Mencius's Ideas of Body and Mind"，*Journal of Chinese Philosophy*，Jun. 2000，Vol. 27，Issue 2，pp. 155 – 169

【作品简介】

本文考察了当代女性身体理论与孟子的心体观念，关注对生理性别的概念解读。文章共分为六部分：第一部分是"Contemporary Feminist Reading of the 'Ontological' Body（对本体论意义上的身体的当代女性主义解读）"；第二部分是"Cultural Construction of Female Bodily Existence（女性身体存在的文化建构）"；第三部分是"Traditional Western Philosophies Reexamined（重新考察传统西方哲学）"；第四部分是"Toward an Open-Ended Ontology（面对一种开放的本体论）"；第五部分是 "Mencius's Ideas of Body and Mind Revisited（重探孟子的心体观念）"；第六部分是 "Feminist Reflections on Mencius's Ideas of Body and Mind（对孟子心体观念的女性主义反思）"。

[75] Sin Yee Chan（陈倩仪），"Gender and Relationship Roles in the Analects and the Mencius"，*Asian Philosophy*，Jul. 2000，Vol. 10，Issue 2，pp. 115 – 132

【作品简介】

作者认为，《论语》与《孟子》中性别概念的基本效果就在于赋予女性处理家庭内务的角色。文章说明了这一概念如何将女性排除在君子的道德理想之外，从而导致在儒家角色系统的语境中，体现出了深层次的作为妻子的女性对作为丈夫的男性的依附地位。另外，文章还解释了儒家角色系统是如何通过互惠与尊重来对女性地位产生积极影响的。但在文末，作者指出这一性别概念本身是不正当的。文章共分为七部分：第一部分是 "The Confucian Conception of Gender（儒家的性别概念）"；第二部分是 "Implications（暗示）"；第三部分是 "Gender and the Forms of Subordination of Women（性别与女性依附地位的形式）"；第四部分是 "Gender and the Context of the Confucian Role System（性别与儒家角色系统的语境）"；第五部分是 "Critique（批评）"；第六部分是 "Gender and the Forms of Subordination of Women Revisited（重探性别与女性依附地位的形式）"；第七部分是结论。

[76] Shu-Hsien Liu（刘述先），"On Huang Tsung-hsi's Understanding of the Mencius"，*Journal of Chinese Philosophy*，Sep. 2000，Vol. 27，Issue 3，pp. 251 – 268

【作品简介】

《孟子》给后人以极大的解释空间，从赵岐、韩愈，到二程、王安石，再到朱熹、陆九渊、王阳明，都对《孟子》作出了丰富多样的解释。明末清初，一个新的范式颠覆了宋明理学模式。刘宗周不满于阳明后学尤其是王畿的学说，改造了阳明心学，把"致良知"视为一种权宜之计，而提出自己的"诚意"与"慎独"学说，但程朱一系与王刘一系主要关注的还是《大学》，在一定程度上也关注《中庸》与《易经》。直至刘宗周的学生黄宗羲，才将论辩的注意力放到《孟子》上来，尤其体现在《孟子师说》中，其解释也与此前朱熹等人的观点大不相同。作者讨论了黄宗羲晚年是否改变了自己的想法，以及其观点是否大不同于老师；他在多大程度上受到了好友陈确的影响，从而在晚年改变了自己的思想；他对《孟子》的诠释是否比朱熹更能得孟子哲学的要领。

［77］Burchard Jan Mansvelt Beck，"'IK' Zei De Gek 'I' Mencius，'I' Laozi，'Zhuang Zhou' Zhuangzi"，Jan A. M. de Meyer，Peter Mark Engelfriet（安国风），eds.，*Linked Faiths*：*Essays on Chinese Religions and Traditional Culture in Honor of Kristofer Schipper*，2000，pp. 7 – 17

【作品简介】

文章从语言学的角度出发，关注《孟子》《老子》《庄子》中的第一人称表达和无人称复数表达，如《孟子》的"鱼我所欲也"和"万钟于我何加焉"中的"我"，《老子》的"吾言甚易知"中的"吾"和后文的"我"，《庄子》中"昔者庄周梦为胡蝶"中的"庄周"自称，等等。由此，作者联系这些先贤的思想要旨，在充分理解语义的情况下，指出当前学界的英文翻译存在的问题，并提出可能的更合适的翻译。

［78］Dim Cheuk Lau（刘殿爵），"Theories of Human Nature in Mencius and Xunzi"，T. C. Kline Ⅲ，Philip John Ivanhoe（艾文贺），eds.，*Virtue*，*Nature*，*and Moral Agency in the Xunzi*，Indianapolis，Ind.：Hackett Publishing Company，2000，pp. 188 – 219

【其他版本】

刘殿爵（Dim Cheuk Lau）：《浅析孟子和荀子的人性论》，克莱恩（T. C. Kline Ⅲ）、艾文贺（Philip John Ivanhoe）编，陈光连译：《荀子思想中的德性、人性与道德主体》，南京：东南大学出版社，2016 年，第 172—198 页。（中文译本）

【作品简介】

孟荀有着截然相反的人性论，作者列举了后人关于缓和此矛盾的解读，如性三品论、性善情恶的性情二元论。但作者认为同一个个体不可能既对又错，更深层的解释应该是，孟荀二者都只意识到了"善"与"情"中的一个，尤其是荀子只考虑了"气"的最下品。二者只看到了一小部分人的人性，孟子只看到圣贤，荀子只看到小人，他们都忽略了大多数的可上可下的普通人。但二者都坚信各自理论的普遍性：孟子说"人皆可以为尧舜"，荀子说"涂之人可以为禹"，他们都无法接受人性和个体的多样性。孟子从未把"情"视为与"性"有关的东西，而荀子则把"情"完全定义为"性"

的内容。接着，作者论证了将孟荀人性论视为相互对立的两种理论是没有意义的，二者与人类实际表现也不能共存。作者主张以一种审视的方法去看待人性的道德，从而改变道德教化的方法。

【相关评论】

Paul Rakita Goldin（金鹏程），"Virtue，Nature，and Moral Agency in the 'Xunzi' by T. C. Kline，Ⅲ，Philip J. Ivanhoe"，*Journal of the American Academy of Religion*，Jun. 2001，Vol. 69，Issue 2，pp. 495 – 498

Kurtis Hagen，"Virtue，Nature，and Moral Agency in the Xunzi by T. C. Kline Ⅲ，Philip J. Ivanhoe"，*Philosophy East and West*，Jul. 2001，Vol. 51，Issue 3，pp. 434 – 440

John Allen Tucker，"Rituals of the Way：The Philosophy of Xunzi by Paul Rakita Goldin，Virtue，Nature，and Moral Agency in the Xunzi by T. C. Kline，Ⅲ，Philip J. Ivanhoe"，*China Review International*，Fall 2001，Vol. 8，Issue 2，pp. 380 – 387

Paul Joseph D'Ambrosio（德安博），"Virtue，Nature，and Moral Agency in the Xunzi by T. C. Kline Ⅲ，Philip J. Ivanhoe"，*Monumenta Serica*，2008，Vol. 56，pp. 521 – 523

［79］Wai-ming Ng（吴伟明），"Mencius and the Meiji Restoration：A Study of Yoshida's Shôin's *Kô-Mô yowa*（Additional Notes in Explanation of the *Mencius*）"，*Sino-Japanese Studies*，Mar. 2001，Vol. 13，Issue 2，pp. 45 – 63

【其他版本】

Wai-ming Ng（吴伟明），"Mencius and the Meiji Restoration：A Study of Yoshida Shōin's（吉田松阴）*Kō-Mō yowa*（《讲孟余话》）（additional notes in explanation of the Mencius）"，Joshua Andrew Fogel（傅佛果），ed.，*Crossing the Yellow Sea：Sino-Japanese Cultural Contacts* 1600 – 1950，Norwalk，Conn.：East-Bridge，2007，pp. 53 – 72

【作品简介】

吉田松阴是德川时代后期著名的儒学思想家与顶尖志士，他培养了许多杰出的武士，其中有一些人后来成为明治维新与明治政府的领导者。吉田松阴的《讲孟余话》具有特别大的影响力，其对《孟子》的解析并无新意，吉田松阴只是想借此表达自己的保皇主义政治思想，用"尊王攘夷"、帝国的意识形态、国体、武士道等学说为明治维新提供理论基础，这些思想后来也被战前的日本用来宣传保守主义政治主张。这与《孟子》所代表的政治价值恰恰相反，因为《孟子》其实更偏向于自由与人文主义，所以《孟子》思想在晚清时被借以宣传西方的民主、自由、平等、自由意志、君主立宪、社会达尔文主义、商业主义、司法独立等思想。因此，孟学在日本的反向发展是一个非常有趣的问题，这是在中国和朝鲜都未曾出现过的孟学研究视角。本文通过对孟学研究的历史回顾与对《讲孟余话》的文本分析，考察了《孟子》在德川时代的政治与思想及吉田松阴的志士观念中发挥的作用，解释了吉田松阴的注解是否忠于孟子的政治思想，并阐释了《孟子》及吉田松阴的注解对明治维新与战前保守主义产生的影响。文章共分为三部分：第一部分是 "The *Kô-Mô yowa* in Tokugawa Scholarship on the *Mencius*（德川时代《孟子》研究背景下的《讲孟余话》）"，论述了《讲孟余话》在德川时代孟子研究中的地位；第二部分是 "The *Kô-Mô yowa* and Late Tokugawa Political Thought（《讲孟余话》与德川晚期的政治思想）"，概述了《讲孟余话》的主要思想，即绝对的保皇主义与武士道，并讨论了儒家自然主义、中日政治伦理的对比、国体的形式与保皇观念等问题。第三部分是 "The *Kô-Mô yowa* in the Meiji Restoration and Prewar Conservation（明治维新中的《讲孟余话》与战前保守主义）"，对比了《孟子》与《讲孟余话》，并评估了二者对日本战前政治与思想发展的影响。

［80］Qingping Liu（刘清平），"Is Mencius' Doctrine of 'Commiseration' Tenable?", *Asian Philosophy*，Jul. 2001，Vol. 11，Issue 2，pp. 73 – 84

【其他版本】

刘清平：《论孟子恻隐说的深度悖论》，《齐鲁学刊》2004 年第 2 期，第12—15 页。（中文译本）

【作品简介】

孟子说："恻隐之心，仁之端也。"由此，许多人认为，孟子在人的自然心性层面上建立了一个普遍的、充分的儒家仁爱理想的基础。然而，作者通过对《孟子》中特定章节的密切分析认为，依据儒家的血缘亲情精神，尤其是孟子在批评墨家时所倡导的"一本"与"爱有差等"的原则，其"恻隐"不仅会像夷子的"爱无差等，施由亲始"那样变成违反天理的"二本"，而且会像墨子的"兼爱"那样沦为"无父"的"禽兽"，从而陷入深度悖论。

这反映了那种认为儒学体系内存在普遍仁爱原则的观点并不可靠，这种仁爱理想在儒学中是无根据的。

[81] Youde Fu（傅有德），"Revelations and Prophets：The Comparison of Judaism and Confucianism"，*Ching Feng New Series*，Fall 2001，Vol. 2，Issue 1 – 2，pp. 175 – 192

【其他版本】

傅有德：《希伯来先知与儒家圣人比较研究》，《中国社会科学》2009 年第 6 期，第 20—30 页。（中文译本）

【作品简介】

在犹太教的《圣经》中，先知被说成是上帝在尘世的代言人；就儒家推崇的圣人是得天道并代天宣化者而言，圣人也是先知式的人物。圣人得天道不是通过神启，而是依靠"闻道""悟道"的认知。因此，圣人不只类似于先知，还是睿智的哲学家。先知是代表社会良心的无畏的批评家，而儒家的圣人则是德化的倡导者。与先知的批判功能相对照，圣人更多地起道德楷模作用。圣人是儒家心目中的理想人格，先知则不是。对于先知，首要的价值是"公正"，而在儒家圣人那里则是"仁爱"优先。圣人与先知分别体现的特征、价值和精神，对于中国社会和中国人民以及犹太民族和犹太文化，至今仍具有重要的现实价值和意义。

[82] James A. Ryan（赖安），"Conservatism and Coherentism in Aristotle，Confucius，and Mencius"，*Journal of Chinese Philosophy*，Sep. 2001，Vol. 28，Issue 3，pp. 275 – 283

【作品简介】

本文考察了亚里士多德、孔子与孟子哲学中的保守性与融贯性特征，指出融贯性所具备的保守性与伦理立场所具备的保守性是相当的。首先，亚里士多德信奉美德伦理，其对推理的偏好及其第一原则都不能证明他不是一个融贯主义者，因此，Barnes 的融贯主义理解才能战胜 Van Alstyne 的批评；其次，儒学看似是保守主义的，孔子将道德生活解释为体现传统文化中个体的"仁"以及"礼"的高雅性的范本，但作者发现，《论语》中的融贯主义内容矫正了保守主义倾向；最后，《孟子》对道德的研究思考也是富于融贯性的，其融贯主义特征已经发展至完全膨胀，并用于驯化不灵活的观点。

[83] Jiyuan Yu（余纪元），"The Moral Self and the Perfect Self in Aristotle

and Mencius"，*Journal of Chinese Philosophy*，Sep. 2001，Vol. 28，Issue 3，pp. 235 – 256

【作品简介】

Susan Rose Wolf 在《道德圣者》（Moral Saints）一文中批评了现代道德理论，因为这些理论以道德完美主义为人类发展的典范，并要求人尽可能行善。Wolf 认为这具有误导性，指出人在道德上的不完美并不妨碍他成为一个完美的人。对于人应该过何种生活的问题，她认为，人应该追求关于何谓完美自我的前道德（meta-moral），而不是盲目追求完美道德自我。作者认同 Wolf 对道德完美与个人完美的区分，认为这改变了道德哲学概念化的进路，促进了道德伦理学的发展。文章指出，亚里士多德与孟子恰好分属这两种路线，并对二者进行了比较研究。本文共分为四部分：第一部分比较了亚里士多德的功能（ergon）与孟子的性善，这是二者伦理学的自然基础。两位思想家都从对人的特征的定义出发，认为人具有内在的本然善性，从而主张人终极的善性是这种特征的完满发展。第二部分和第三部分分析了功能论与性善论分别在亚里士多德与孟子的伦理学说中的作用，二者都认为道德自我与完美自我之间是存在距离的，这体现在道德自我的修养过程中，而道德本身也并非终点。第二部分处理了道德自我的问题，第三部分则处理了完美自我的问题。完美自我是对人类特性的完满实现，如孟子的完美自我是天人合一之境，亚里士多德的则是通过思索而与上帝合一；然而，道德自我会受到社会价值的束缚。由此，作者指出，天人合一的观念并非东方哲学所独有。第四部分认为，这两种学说表达了对道德自我与完美自我关系的不同观念。孟子认为，道德自我是追求完美自我过程中的一个阶段；而亚里士多德认为，完美自我与道德自我之间存在张力，这体现在其"人的自我发展"（eudaimonia）的两重观念中。

［84］Antonio S. Cua（柯雄文），"*Xin* and Moral Failure：Reflections on Mencius' Moral Psychology"，*Dao*：*A Journal of Comparative Philosophy*，Winter 2001，Vol. 1，Issue 1，pp. 31 – 53

【其他版本】

Antonio S. Cua（柯雄文），"*Xin* and Moral Failure：Notes on an Aspect of Mencius' Moral Psychology"，Alan Kam-leung Chan（陈金樑），ed.，*Mencius*：*Contexts and Interpretations*，Honolulu：University of Hawai'i Press，2002，pp. 126 – 150

【作品简介】

本文关注孟子的道德心理学，认为孟子对儒家道德伦理学说作出了巨大贡献。文章共分为三部分：第一部分是"*Xin* as the Seat of Virtues（心为德之位）"，在儒家"天人合一"的伦理道德理想"道"的预设下，处理了心作为儒家四大美德仁、义、礼、智的四端的问题；第二部分是"Moral Achievement and Failure（道德成就与失败）"，考察了孟子对道德失败的描述，并以荀学进行补充；第三部分是结论。

［85］Chun-chieh Huang（黄俊杰），"Mencius' Hermeneutics of Classics"，*Dao*：*A Journal of Comparative Philosophy*，Winter 2001，Vol. 1，Issue 1，pp. 15 – 29

【其他版本】

黄俊杰：《孟子运用经典的脉络及其解经方法》，《台大历史学报》2001年第28期，第193—205页。（中文原版）

黄俊杰：《孟子运用经典的脉络及其解经方法》，《东亚儒学：经典与诠释的辩证》，台北：台大出版中心，2007年，第345—362页。

黄俊杰：《孟子运用经典的脉络及其解经方法》，《东亚儒学：经典与诠释的辩证》，上海：华东师范大学出版社，2012年，第237—248页。

【作品简介】

本文指出，在先秦儒家中，孟子对经典的态度与解释方法是独具代表性的。孟子最熟悉且使用得最频繁的经典是《诗》，故作者分析了孟子对《诗》的运用，认为孟子常常在"确认性的"（affirmative）与"指示性的"（demonstrative）这两种脉络中运用经典。尽管儒学崇尚古圣先贤，但他们在运用古代经典时常常不受经典本身的拘束而返古开新。例如，孟子对经典的态度是相当自由的，他的思想自如地在古今之间来回穿梭，用古人的思想来为当下的论述服务，并由此构建了自己的前后连贯的思想体系。然而，孟子常常过度解读以至于误解甚至扭曲了经典原作的初衷与本意，他事实上并没有坚持自己提出的两种经典诠释方法；而从思想史的角度来说，儒学可以持续自我更新的原因，恰恰在于解释经典时推陈出新的方法。因此，其中的得失就难以评判了。

［86］Xiusheng Liu（刘秀生），"Mencius，Hume，and Sensibility Theory"，*Philosophy East and West*，Jan. 2002，Vol. 52，Issue 1，pp. 75 – 97

【作品简介】

本文改写自作者于 1999 年发表的博士毕业论文的第四章 "Experience, Sensibility, and Moral Objectivity（经验、感性与道德客观性）"，具体内容请参见后文 "博士学位论文" 部分的 "Xiusheng Liu（刘秀生），David Bray-brooke（Principal Adviser），*The Place of Humanity in Ethics：Combined Insights from Mencius and Hume*，for the Degree of Ph. D. in Philosophy，Department of Government（and Philosophy），University of Texas at Austin，Dec. 1999" 一条。

［87］James P. Behuniak Jr.（江文思），"Disposition and Aspiration in the Mencius and Zhuangzi"，*Journal of Chinese Philosophy*，Mar. 2002，Vol. 29，Issue 1，pp. 65 – 79

【作品简介】

孟子与庄子几乎是同时代的人，他们有一些共同的假定，理解这些假定可以更好地明确二者的区别。如二者都用 "气" 赋予事物活力，但在 "气" 宇宙论的基础上，二者对 "性" 的天性（"性"）、形态（"形"）等含义的使用体现了明显的哲学区别，对人的发展抱负的主张也不同。二者在术语使用上的区别体现了宗教意识的不同阶段，因为二者分属儒家的 "道" 与道家的 "道"。文章共分为五部分：第一部分是 "Phases of ' Religious Consciousness'（宗教意识的阶段）"；第二部分是 "*Qi* Cosmology，' Form，' and ' Disposition'（'气' 宇宙论、'形' 与 '性'）"；第三部分是 "Mencius and the Adventure of Civilization（孟子与文明冒险）"；第四部分是 "Zhuangzi and the Peace of Solitariness（庄子与孤独之静）"；第五部分是结论。

［88］Cecilia Wee，"Descartes and Mencius on Self and Community"，*Journal of Chinese Philosophy*，Jun. 2002，Vol. 29，Issue 2，pp. 193 – 205

【作品简介】

Vance G. Morgan 在 *Foundations of Cartesian Ethics*（《笛卡尔伦理学的基础》）一书中将笛卡尔（René Déscartes）的伦理学视为哲学的矛盾修饰法（philosophical oxymoron），认为在哲学史上最重要的一批哲学家中，笛卡尔也许是唯一一位未能对道德问题提供任何方法论处理的系统哲学家。但后来有越来越多哲学评论者认为，笛卡尔伦理学中有许多值得探索之处。本文讨论了笛卡尔哲学中的一个方面，即一个人是如何与其所在的群体发生联系的。一些观点认为笛卡尔是个人主义者与孤独沉思的思想家（solitary thinker of

Meditations），但作者主张，笛卡尔其实坚持人应该将集体利益放在个人利益之上，本文简要考察了笛卡尔这一观点的基础，并深入探究了笛卡尔的道德动机问题。人应该将集体利益放在个人利益之上，并不意味着人在实际操作过程中就一定会将集体利益放在个人利益之上，所以问题在于什么东西能让人想要将集体利益放在个人利益之上。令人惊奇的是，笛卡尔关于这些问题的论述与孟子极为相似，尽管二者来自两种截然不同的哲学传统。作者主张用孟子的思想来对笛卡尔的思想进行补充，从而弥合巨大的解释鸿沟。统合二者的主张，则人可以通过存养性情的方式来实现想要将集体利益放在个人利益之上的自主意愿。

[89] Franklin Perkins（方岚生），"Mencius, Emotion, and Autonomy", *Journal of Chinese Philosophy*，Jun. 2002，Vol. 29，Issue 2，pp. 207 - 226

【作品简介】

本文讨论了《孟子》中的情感与自律问题，指出孟子思想的核心是情感与修身的关系，孟子美德理论中突出了情感问题的两个层面，认为孟子的描述缺乏康德意义上的那种情感与自律。文章共分为四部分：第一部分是 "Emotion and Autonomy（情感与自律）"，第二部分是 "Developing Virtue（发展美德）"，第三部分是 "Directing Experience（直接经验）"，第四部分是 "Wisdom, Feeling, and Self-cultivation（智慧、情感与修身）"。

[90] Manyul Im（任满悦），"Action, Emotion, and Inference in Mencius", *Journal of Chinese Philosophy*，Jun. 2002，Vol. 29，Issue 2，pp. 227 - 249

【作品简介】

本文分析了孟子对 "推" 这个概念的用法，纠正了一些学者对这一问题的理解，并探究了如何使这个概念去适应孟子更大的道德版图，以寻求更合适的情感介入。孟子在道德研究中运用了墨学中的一些修辞术语，如 "推" 与 "类"。与其他对孟子的诠释不同，作者认为孟子与墨子对这些术语的运用方式相同，例如，二者都将 "推" 视为用来引导某种注意力的重要实用步骤，这也说明了孟子并未将情绪、情感视为消极概念，而是当成积极控制下的一种关注模式。但孟子和墨子在运用 "推" 时的逻辑都不够清晰。作者引述了倪德卫（David Shepherd Nivison）的论述，指出孟子采纳了墨子创立的 "推"，说明了道德研究首先涉及的问题就是类比推理，这关系到如何更广泛地 "推" 那些符合道德的情感。但作者指出，倪德卫的说法只是部分符合孟子的本意，因为对于孟子来说，更重要的是"主观刻意感知"（deliberately feeling）对他人正义的方式，而倪德卫对此存在困惑与误解。其 1979 年的 "Mencius and Motivation" 一文指出：西方哲学认为人对应该做的事是具备动机的，关注人无法控制被作恶诱惑的道德意志薄弱问题；而儒家伦理着重讨论人已然具备善性与道德动机，才能接受道德教化，关注人无法掌控行善的积极能量的问题，所以儒家没有将道德薄弱问题变成一种悖论。作者认同倪德卫的观点，但仍不满于其对孟子如何试图接受道德冷漠问题的分析，并通过概述倪德卫所关注的文本材料来解释原因。《梁惠王上》第七章中讲了关于孟子借以羊易牛来劝谏齐宣王行仁政的故事，倪德卫分析了孟子的类比推理，认为孟子用牛来类比人民，从而思考了孟子对道德信念、道德动机和道德行为的假定。作者认为，这其中的推理过程是值得关注的。文章共分为五部分：第一部分是 "Mencius 1A：7—King Xuan and the Ox（《梁惠王上》第七章——齐宣王与牛）"；第二部分是 "The Inferential View（推论的观点）"；第三部分是 "The Mohist's Discussion of Extending and Analogy（墨子对'推'与'类'的讨论）"；第四部分是 "Why *Tui*1 is not Method of Inference in the Mencius（'推'为何不是孟子中的推论方法）"；第五部分是 "The Common Meaning of *Tui*1 in Mencius and the Mohists（孟子与墨子思想中'推'的共同含义）"。

[91] Mark Setton, "Is There a Post-Neo-Confucianism？Jeong Yagyong, Itô Jinsai, and the Unraveling of Li-Qi Metaphysics", *Sungkyun Journal of East Asian Studies*, Aug. 2002, Vol. 2, Issue 2, pp. 156 – 171

【作品简介】

本文探究了德川时代思想流派的发展限度及变化方式，尤其是以伊藤仁斋和丁若镛的作品为代表的时代，他们对同样作为中国多个朝代意识形态正统的程朱理学提出了挑战和超越，这一挑战既是政治的，又是哲学的。作者指出，伊藤仁斋挑战了理气形上学体系（principle/material force metaphysical system）的基本前提，比中国思想家发起类似挑战的时间更早，其比较批判借用了考据学的力量，这或许并不是由于受到了中国的影响；在伊藤仁斋的鼓舞下，朝鲜学者开始运用来自清朝的考据学中更具宗教性的方法论，丁若镛在前人研究的基础上对理气形上学提出了更加根本性的批判，不仅质疑了理的创生力，还揭示了人性的本体论概念，他基于对人性的动态的、哲学的解释，提出了一个替代的哲学体系。文章共分为三部分：第一部分是 "Itô

Jinsai's Challenge（伊藤仁斋的挑战）"；第二部分是"Chinese Reactions to Chu Hsi（中国思想家对朱熹的反响）"；第三部分是"Jeong Yagyong's Critique（丁若镛的批判）"。

［92］Bryan William Van Norden（万百安），"The Emotion of Shame and the Virtue of Righteousness in Mencius"，*Dao：A Journal of Comparative Philosophy*，Dec. 2002，Vol. 2，Issue 1，pp. 45 – 77

【其他版本】

Bryan William Van Norden（万百安），"The Virtue of Righteousness in Mencius"，Kwong-loi Shun（信广来），David B. Wong（黄百锐），eds.，*Confucian Ethics：A Comparative Study of Self，Autonomy，and Community*，Cambridge，New York：Cambridge University Press，2004，pp. 148 – 182

【作品简介】

"柏拉图—托马斯"传统中的四大美德包括智慧、公正、勇敢、节制，而孟子的四大美德包括仁、义、礼、智，二者之间只有"智慧"是大体近似的。因此，许多研究美德的西方哲学家将孟子视为一个丰富的资源，但尚未有人详细研究过孟子的美德。本文考察了孟子对"义"的理解，共分为四部分：第一部分是"Outline of Mencian Virtues and Self-cultivation（孟子道德与修养论概要）"，通过讨论孟子的四心善端扩充成德的修身和道德学说来概述"义"的研究背景；第二部分是"Righteousness and Extension（义与扩充）"，考察了"义"是如何与孟子的"扩充"概念发生关系的，解释了面对不同的情况应如何运用道德，从而达到义；第三部分是"Righteousness and Shame（义与羞恶之心）"，本部分篇幅最长，讨论了义与羞恶的关系，对羞恶之心这一概念及相关的西方研究进行了详细论述，并拆解了羞与恶及一些相关的儒学术语；第四部分是"Problems and Prospects（问题与前景）"，简要讨论了与孟子的"义"相关的哲学问题，包括孟子思想中的自然主义、中国文化是不是一种羞恶文化、孟子思想中的实践理性等。

［93］Heiner Roetz（罗哲海），"Rights and Duties：East/West"，Karl-Heinz Pohl（卜松山），Anselm Winfried Müller，eds.，*Chinese Ethics in a Global Context：Moral Bases of Contemporary Societies*，Leiden，Boston：Brill，2002，pp. 301 – 317

【作品简介】

作者从中西方关于人权问题的分歧出发，引出了中西方哲学在个人主义与集体主义、抽象的人与具体的人、权利与义务等问题上的分歧。由于权利与义务问题同时是个人与集体、抽象与具体中的关键点，因此，本文专门分析了东西方的权利与义务问题。普遍认为，西方偏重权利而东方偏重义务，但作者指出，这是一种误解，事实上东西方都并重权利与义务。由于西方政治革命的发展，权利的理念加强了，但事实上这一趋势遍布东西方。作者引用了新加坡儒家吴德耀（Teh-Yao Wu）的观点，指出儒家思想总是强调人对于家庭、社会、国家、祖先的各种义务以及自我修养的义务。此外，作者还引用了梁启超、梁漱溟等思想家的观点来分析东西方权利与义务问题，其中涉及了孟子的学说。

［94］Xinyan Jiang（姜新艳），"Mencius on Moral Responsibility"，Xinyan Jiang（姜新艳），ed.，*The Examined Life*：*Chinese Perspectives*：*Essays on Chinese Ethical Traditions*，Binghamton，N. Y.：Global Publications，Binghamton University，2002，pp. 142 - 159

【作品简介】

一些学者认为，儒家伦理并未对"道德责任"作出解释。因为道德责任基于行为，"道德失败"即未能按道德规则行事，但总有例外，故要定义一种"开脱条件"来避免这些例外受到道德指责，"道德责任"理论即对"开脱条件"进行系统化和合理化；而儒家伦理基于美德，不强调道德规则的运用，就不需要定义"开脱条件"，也就不需要解释"道德责任"。但作者指出，这一论点是有问题的。作者认为，广义的"道德责任"与自我修养相关，而儒家伦理对此提供了丰富的解释。如果在基于行为的"道德责任"理论中，"道德失败"与未能遵守规则有关，那么在基于美德的儒家伦理理论中，"道德失败"与未能培养美德有关，且二者都有说明"开脱条件"的必要。本文探究了孟子的"道德责任"观，认为孟子伦理解决了关于"开脱条件"的问题，同时注重社会背景下的道德义务。孟子提出，美德的形成需要合适的环境和自我修养，美德可以克服不利的环境影响并对环境加以改造。缺乏合适环境的人，其"道德失败"可以获得开脱；而那些能够进行社会变革并为道德发展提供必要环境的人，则肩负着更大的道德责任，不仅要对自己的修养负责，还要对他人性格的形成负责。所以，孟子提倡统治阶级实行仁政，教导知识分子对世界负责。

［95］Bryan William Van Norden（万百安），"Mengzi and Virtue Ethics"，*Journal of Ecumenical Studies*，Winter-Spring 2003，Vol.40，Issue 1 – 2，pp. 120 – 136

【作品简介】

本文描绘了一种与一般理学传统有别的对孟子人性论与修身论的诠释。理学家将孟子的修身论诠释为除去蒙蔽了完足道德之性的私欲的过程，而作者认为，孟子倡导的是要像培育家养植物那样去修养最初的道德倾向。当代学界存在一些反对孟子人性论的观点：如果人性是善的，那修养就没有意义了；孟子的人性论违背了"区别"的事实价值；孟子的观点在逻辑上陷入了循环，因为它从生命自然的角度定义合适的修身方式，又从合适修身的角度去定义生命自然的方式；孟子人性论在一定程度上是目的论的，它无法与现代科学相调和；孟子未能意识到人类自由的重要性；孟子的观点已经被文化多样性的人类学研究所歪曲。作者运用孟子的思想，对上述观点一一进行了反驳，从而对孟子思想进行了特别的诠释。文章共分为两部分：第一部分是"Mengzi's Virtue Ethics（孟子的道德伦理学）"，包括"Mengzi's View of Human Nature（孟子的人性论）""Mengzi's View of Ethical Cultivation and Self-Cultivation（孟子的道德修养与自我修养观念）""A Partial Defense of Mengzi（对孟子的辩护）"；第二部分是"Responses to Some Common Objectives to Mengzi's View（对一些孟子反对意见的回应）"。

［96］Jung In Kang，"The Rule of Law and the Rule of Virtue：On the Necessity for Their Mutual Integration"，*Korea Journal*，Spring 2003，Vol.43，Issue 1，pp. 233 – 260

【作品简介】

本文考察了西方与东亚政治思想中法律规则与道德规则的发展全过程，指出在当代民主制度中，道德规则是对法律规则的必要补充。文章共分为五部分：第一部分是前言；第二部分是"Preliminary Examination（初步考察）"，总结了现代西方思想家的观点，他们认为法律规则在非西方世界中是缺失的，作者由此简要定义了本文使用的一些关键概念，包括道德规则、"礼"的规则、法律规则、立宪等；第三部分是"The Evolution of the Rule of Law and Its Integration with the Rule of Virtue in the History of Western Political Thought（西方政治思想史中法律规则的发展及其与道德规则的整合）”，第四部分是“The Evolution of the Idea of the Rule of Law and the Integration of the Rule of Virtue and Rule of Law in the History of East Asian Political Thought（法律规则观念的发展及其与道德规则的整合与东亚政治思想史上的法律规则）”，这两部分考察了法律规则观念的发展，关注西方与东亚古代的主要政治理论，并说明了所有的文明社会其实都持续了这两个理论系统的整合发展，并特别关注了孔子与孟子的学说，还解读了当代立宪与东亚儒家的以“礼”立宪；第五部分是结论，指出对法律的尊重其实是道德规则的成果而不是法律规则的成果，由此强调现代法律规则应该由道德规则来补充。

[97] Cecilia Wee, "Mencius, the Feminine Perspective and Impartiality", *Asian Philosophy*, *Basingstoke*, Mar. 2003, Vol. 13, Issue 1, pp. 3 – 13

【作品简介】

Carol Gilligan 有一本著名的作品——《不同的声音：心理学理论与妇女发展》（In a Different Voice：Psychological Theory and Women's Development），指出男性与女性实现道德的方式有根本不同：男性进路强调公正、不偏私与对等级规则的运用；而女性进路基于对他人的关爱，强调根据环境背景来进行具有灵活性的道德决策。本文基于对孟子思想的探究，批判了 Carol Gilligan 的观点。孟子将对女性的见解置于其基于关爱与责任的道德理论中，而他从中发展出的一套政治哲学却寻求在民众中实现不偏私的公正。由此可见，与 Carol Gilligan 所论述的相反，在女性的关爱与男性的公正之间并不存在内在的不兼容性，孟子的观点就说明了后者可以建基于前者之上。文章共分为五部分：第一部分是"Gilligan on Male vs Female Moral Perspectives（Carol Gilligan 关于男性与女性道德的见解）"；第二部分是"Mencius and the Feminine Perspective（孟子与女性见解）"；第三部分是"Mencius and the Impartial Perspective（孟子与公正见解）"；第四部分是"Contextual Moral Judgments and the Impartial Perspective（根据环境背景进行道德判断与公正见解）"；第五部分是结论。

[98] Antonio S. Cua（柯雄文），"The Ethical Significance of Shame：Insights of Aristotle and Xunzi", *Philosophy East and West*, Apr. 2003, Vol. 53, Issue 2, pp. 147 – 202

【作品简介】

荀子在《荣辱》篇中对"辱"的论述被视为儒家关于"辱"这一概念的代表性章节，本文对其进行了解读，由此对儒家"辱"的概念提供了建设性的诠释，并指出荀子的观点是对更早的孔孟思想的表达与发展。亚里士多德的"羞耻"概念是赞同荀子的补充性洞见的开端与催化剂，作者对比了二者关于"辱"或"羞耻"的思想。文章对"耻辱"关注点在伦理意义层面，而非现象学、社会学、心理学层面。"荣辱"的关键都在于内在性而非外在性特征，荀子真正在意的并非"荣辱"本身，而是其中暗含的道德完足。作者解读了"shame"的意义，并将其作为对希腊语与中文中"羞耻"与"辱"的英文翻译。文章共分为三部分：第一部分是前言；第二部分是"Aristotle and Early Greek Tradition（亚里士多德与早期希腊传统）"；第三部分是"Xunzi and His Predecessors（荀子及其前辈）"。

［99］Kim-Chong Chong（庄锦章），"Xunzi's Systematic Critique of Mencius"，*Philosophy East and West*，Apr. 2003，Vol. 53，Issue 2，pp. 215 –233

【作品简介】

有人认为荀子对孟子性善论的批评更多的是出于其对"性"的定义而非实质性论据，也有人认为荀子在批判过程中已经接受了孟子的性善论。荀子在《性恶篇》中对"可以"与"能"作出了区分，尽管有学者注意到了这一点，但尚未有人重视这一区分在荀子批判孟子时发挥的重要作用。作者基于这一区别，对于荀子对孟子的批判给出了更精确、更系统性和实质性的描述。文章共分为六部分：第一部分是"Capacity versus Ability（'可以'与'能'）"；第二部分是"Explaining the Distinction（解释区别）"；第三部分是"Denying the Organic Construal of Morality（拒绝对道德的有机解释）"；第四部分是"The Constitutive Rationale of the Rites（礼的构成理据）"；第五部分是"The 'Primitive Responses' Argument（原始回应的论点）"；第六部分是结论。

［100］Donald N. Blakeley，"Listening to the Animals：The Confucian View of Animal Welfare"，*Journal of Chinese Philosophy*，Jun. 2003，Vol. 30，Issue 2，pp. 137 – 157

【作品简介】

儒家传统在家庭生活与初期教育中强调"仁"的伦理价值与道德敏感性，修身与孝道拓展至社会政治事务中又容纳了"礼"的标准，同时被纳入更广阔的自然宇宙的语境，伦理边界拓展至"天地万物"，修身之道也必须适应更大范围的"天道"。动物是自然的重要部分，许多早期经典文献中有关于动物的状态与待遇的信息，尽管动物不是思想家的主要关注对象，但这些信息可以反映不同的文化视角。文章认为，虽然《论语》、《孟子》、以朱熹为代表的宋代理学家、王阳明等对动物的论述在概念内容与推理模式上越发精细，但其基础要素在两千多年里具有相当的统一性与连续性。作者考察了儒家传统看待动物福祉的"标准立场"，认为其实践会受到儒家自身倡导的自然规范原则的挑战，儒家的天、修身、德、仁政等核心观念都提供了批判与修正的基础。当"仁""恕""孝"等观念扩展到人类社群之外，根据"标准立场"，对动物进行折磨、剥削、杀戮，都是违背道德原则的。文章共分为八个部分：第一部分是前言，第二至第三部分以《论语》为中心，第四至第五部分以《孟子》为中心，第六至第七部分以朱熹为中心，第八部分以王阳明为中心。

[101] Mark Edward Lewis（陆威仪），"Custom and Human Nature in Early China"，*Philosophy East and West*，Jul. 2003，Vol. 53，Issue 3，pp. 308 – 322

【其他版本】

陆威仪（Mark Edward Lewis）：《早期中国的习俗与人的本性》，安乐哲（Roger Thomas Ames）、江文思（James P. Behuniak Jr.）编，梁溪译：《孟子心性之学》，北京：社会科学文献出版社，2005 年，第 267—286 页。（中文译本）

【作品简介】

本文指出，孟荀虽然在人性论与修养论上存在分歧，但二者都认为人人都可成圣，都认为要通过"心"这个关键因素来影响先天的"性"，通过礼乐教化来使之成长为后天的"第二性"（Second Nature）。而社会对人会产生另一种教化性影响，这就是"俗"的作用，孟子认为它毁伤了人的本然善性，而荀子认为它加强了人性的无秩序性。因此，"俗"也被视为修身和教化过程中的重要因素。早期儒学的人性之争不仅是内在倾向与教化之争，还是道德礼乐教化与社会传统实践所缩略为的"俗"之争。本文概述了自然性与教化通过"俗"的合一以实现教化人类原初本性的观念，从《荀子》开始讲起，指出荀子认为人性与"俗"都会导向一个坏结果；接着，作者追溯了《荀子》与《孟子》中人性与"俗"相关联的内容；然后，作者分析了《吕氏春秋》融合性的哲学摘要中对这些与"俗"相关内容的习语性运用；最后，作者又分析了人性与"俗"的相关讨论是如何流行于汉代文化中的。

［102］Marthe Atwater Chandler（千孟思），"Meno and Mencius: Two Philosophical Dramas"，*Philosophy East and West*，Jul. 2003，Vol. 53，Issue 3，pp. 367 – 398

【作品简介】

柏拉图《美诺篇》中美诺与苏格拉底的对话，以及《孟子》的《梁惠王》上下两篇中孟子同齐宣王的对话，都是在不同层面产生影响的哲学戏剧，体现了特定时代的历史特征，其中的"情节"首先是思想上的论证，有许多观点被提出和辩护。苏格拉底通过几何学建构来展现"轮回说"（Theory of Reincarnation），并声明学习只是为了记住已知的知识；而齐宣王的"寡人好色"也是令人印象深刻的片段。苏格拉底和孟子作为哲学导师，都试图帮助愿意成善者成善，但都失败了：美诺离开雅典后变得怯懦而不忠，齐宣王也残忍而贪婪地操纵孟子并使之看似认同无端侵略邻国的行为。两位哲学家的门徒在记录这些事时，都尽量为老师的失败辩护，并试图说明老师要表达的重要哲学道理。本文共分为四部分。第一部分回顾了这两个哲学戏剧的情节。第二部分描述了二者背后蕴含的道德哲学。苏格拉底主张理性灵魂要与物质欲望抗争，孟子主张四心善端需要修养、教化与培育，作者将这两种观点进行了比较分析。第三部分指出了不同人性论背后所运用的不同的逻辑与修辞技巧。苏格拉底将理性视为人类灵魂最重要的部分，并用演绎逻辑与反诘法（elenchus）来教育美诺，未曾依赖于任何对话语境，要先了解美诺其人才能知晓苏格拉底失败的原因，但其失败只是暂时性的，因为其思想会有益于其他追随者；孟子的诱导性类比推理则需要密切关注对话语境，故而孟子必须对其学生的品性与环境作出回应，这是苏格拉底可以忽视的。第四部分总结了两个哲学戏剧的失败，尤其是孟子与齐宣王的对话背后蕴含着深刻的悲剧性暗示。

［103］Maurizio Scarpari（司马儒），"The Debate on Human Nature in Early Confucian Literature"，*Philosophy East and West*，Jul. 2003，Vol. 53，Isseu 3，pp. 323 – 339

【其他版本】

司马儒（Maurizio Scarpari）：《在早期中国文献中有关人的本性之争》，

安乐哲（Roger Thomas Ames）、江文思（James P. Behuniak Jr.）编，梁溪译：《孟子心性之学》，北京：社会科学文献出版社，2005 年，第 243—266 页。（中文译本）

【作品简介】

本文指出，春秋战国时期的社会剧变催生了思想的激荡，利己主义的杨朱首先提出了与天志相关的人性问题，从而引发了儒家的强烈反响，带来了一场形而上学危机。墨子的功利主义与杨朱的利己主义同时困扰着儒家，并促成了儒家内部关于人性的论争。文章对孔子、告子、孟子、荀子的人性论观点进行了介绍，并展开了详细的评析与比较。

[104] Jung In Kang, Kwanyong Eom, "Comparative Analysis of Eastern and Western Tyranny: Focusing on Aristotle and Mencius", *Korea Journal*, Winter 2003, Vol. 43, Issue 4, pp. 113 – 136

【作品简介】

儒家传统中有强烈的政治思想偏向性，儒者们批判并反抗暴政，并为反对暴政的运动辩护，这与西方长期以来所持有的暴政适合于亚洲的观念相反。本文先考察了亚里士多德的暴政观念，从而探究亚里士多德是如何在其政治东方主义的最初形态中将暴政与亚洲耦合到一起的。接着，作者对比了亚里士多德对暴政的分析与孟子的政治思想，从而证明了东亚对暴政的检视与控制已经有很长的历史了。最后，文章总结认为，这里的比较研究说明了西方中心观念下的东方专制主义可能无法适用于描述东亚儒家传统。文章共分为五部分：第一部分是前言；第二部分是 "Hellenocentric Orientalism in Aristotle's Concept of Tyranny（亚里士多德暴政概念中的希腊中心论的东方主义）"；第三部分是 "Aristotle's Analysis of Tyranny（亚里士多德对暴政的分析）"；第四部分是 "The Theory of the Overthrow and Punishment of Tyrants in Classical Confucianism: The Political Thought of Mencius（传统儒家中推翻与惩罚暴政者的理论：孟子的政治思想）"；第五部分是结论。

[105] Daniel A. Bell（贝淡宁），"Confucian Constraints on Property Rights", Daniel A. Bell（贝淡宁），Chaibong Hahm（韩在凤），eds., *Confucianism for the Modern World*, Cambridge, New York: Cambridge University Press, 2003, pp. 218 – 235

【作品简介】

孔子强调以德治国，反对政府强权控制。孟子将这种反对国家干预的观点扩展到经济领域。他认为，任何超出十分之一的税收水平都是不道德的，最小的税收也能产生理想的经济效果；政府应避免固定交易商品的价格，商品的价格应该主要由人们对商品价值的判断来决定；国家也不应征收进口关税，限制贸易和高税收会导致士气低落和贫困。孟子未能将自己的政治主张推销出去，但其观点在汉朝发挥了实际作用，汉代统治者注意到了儒家关于国家干预经济的负面影响的警告。《盐铁论》就记载了一场儒法经济政策之争：儒家主张废除政府对铁、盐、酒和铸币等重要行业的垄断，理由是这种制度迫使人民使用次品，并扩大贫富差距；法家则主张政府对重要产业的控制是有必要的，可以保护人民免受商人剥削。儒家最终赢得了辩论，大多数政府垄断被废除。显然，儒家会反对苏联式的计划经济，但这并不意味着儒家需要私有财产经济，儒家寻求的是国家全面控制与自由主义产权制度之间的平衡点。

［106］James A. Ryan（赖安），"Moral Reasoning in Mencius（Mengzi zhong de lunli tuili）"，Keli Fang（方克立），ed.，*Chinese Philosophy and the Trends of the 21st Century Civilization*（中国哲学和21世纪文明走向），Beijing：The Commercial Press，2003，pp. 151 – 167

【作品简介】

在规范伦理学中，有些学者主张寻求一种普遍道德规则，关注何种伦理推理形式能得出正确的伦理判断并为之提供正当性理据；而另一些学者不承认能为所有案例提供正确的公式化原则的伦理道德规则是存在的，他们只寻求在特定案例中进行推理的最佳方式。所以，伦理推理问题也关涉规范伦理学的合法性。规范伦理学有两个主要的规范理论，即功利主义与康德主义，但此二者都已经被割裂了：功利主义将无辜者作为最大化群体净幸福的手段，但这么做有时是错误的，而功利主义者没能解决这一问题；康德主义提出了绝对命令以过滤掉错误意向，要求人在面对特定事件时应作出在道德应然层面上不偏私的行动反应，但这只是一种琐碎而空洞的事实，并没有具体阐明在特定情况下要做的不偏私的事，故而这一理论也逐渐被时代抛弃了。因此，规范伦理学只能寻求伦理推理来构建合法性，孟子的思想是有力的武器。本文探究了孟子思想中的伦理推理理论，认为孟子是道德推理的融贯主义者，尽管孟子从未提及融贯主义理论，但它连贯地解释了如何进行伦理推理。这里的融贯主义是指，正确的道德判断应该与人们能接受的其他判断或其最连贯的最大集合最具类比连续性。文章共分为四部分：第一部分是"Coherentism and Argument by Analogy in Ethics（伦理学中的融贯主义与类比论证）"，深入解释了融贯主义的概念；第二部分是"Instances of Moral Reasoning in the *Mencius*（《孟子》中的伦理推理案例）"，讨论了孟子对特定道德判断的论证，它们几乎都是基于类比连贯性的论证，由此支撑起了孟子诠释学的融贯性；第三部分是"Normative Theory in the *Mencius*（《孟子》中的规范理论）"，讨论了《孟子》中的一些涉及了更广义的规范理论的章节，它们都体现了融贯主义；第四部分是"Conclusion：Mencius and the 21st Century（结论：孟子与二十一世纪）"，简要地估量、评鉴了将孟子解释为融贯主义者的做法。

［107］Joseph Cho Wai Chan（陈祖为），"Giving Priority to the Worst off：A Confucian Perspective on Social Welfare"，Daniel A. Bell（贝淡宁），Chaibong Hahm（韩在凤），eds.，*Confucianism for the Modern World*，Cambridge，New York：Cambridge University Press，2003，pp. 236 – 256

【作品简介】

本文从"仁"的角度出发，探究了儒家对社会福利和社会资源分配问题的看法，体现了儒学对当代社会政治的意义。尽管包括孔、孟、荀在内的古典儒学思想家在社会福利问题上都持有相似观点，但对此给予更多思考的是孟子，因此，作者尤其重视解读孟子的看法。此外，孟子的社会福利思想还深刻影响了后世的儒学和政府政策。本文共分为三部分：第一部分重构了孟子关于人有责任为穷人和有需要的人提供福利援助的观点，作者认为，孟子的观点中隐含着一个多层福利援助体系的想法，家庭、社会网络和政府在这一体系中都发挥着特定的作用；第二部分试图用儒家的道德伦理去论证这种多层次的系统，并特别强调了这种方法对社会福利问题的局限性和吸引力；第三部分从儒家原则出发，讨论了改进现代福利机制的可能方法。

［108］Wai-ying Wong（黄慧英），"The Concept of Morality in Confucian Ethics"，Keli Fang（方克立），ed.，*Chinese Philosophy and the Trends of the 21st Century Civilization*（中国哲学和21世纪文明走向），Beijing：The Commercial Press，2003，pp. 168 – 190

【作品简介】

本文指出，在荀子与《礼记》的思想中，"礼"作为对行为与欲望的限制手段，对于保持社会秩序而言是必不可少的。孟子哲学中也有类似的观点，尽管孟子强调人性本善。然而，在孔子与孟子的哲学中还有另一种意义上的"礼"，它包含更多的道德意义，它无法与构成了广义与狭义的道德自主基础的道德心性分离。作者以"礼"为例说明了在孔孟哲学中，道德概念的狭义依赖于其广义，但孔子依旧十分重视其狭义。文章共分为四部分：第一部分是 "The Condition of Morality：Mackie's Account and Luke's Criticism（道德的条件——John Leslie Mackie 的描绘与 Steven Michael Lukes 的批评）"；第二部分是 "Morality in Confucian Ethics（儒家伦理中的道德）"，介绍了荀子与《礼记》，以及孟子的道德思想；第三部分是 "Another Sense of *Li*：Confucius and Mencius（'礼'的另一种含义：孔子与孟子）"；第四部分是结论。

［109］Manyul Im（任满悦），"Moral Knowledge and Self Control in Mengzi：Rectitude，Courage，and Qi"，*Asian Philosophy*，Mar. 2004，Vol. 14，Issue 1，pp. 59－77

【作品简介】

本文展现了孟子的道德认识论的系统性层面，他认为道德知识是人类内在自足的，因为它能通过在人心中构建道德指令而获得。这些道德指令都是有能力和资格来推动道德主体行动并为之进行规范性辩护的，这与孟子的性善论有关。作者通过对《孟子·公孙丑上》第二章中关于"勇"与"气"的复杂对话的诠释，分析了孟子关于"勇"的认识论，由此说明道德"内在"观念的合理性。作者在文章的结尾指出，孟子与告子关于道德认识论的争论让他们分别与荀子与庄子为敌。文章共分为四部分：第一部分是前言；第二部分是 "Mengzi and Gaozi on Human Nature and the Internal/External Distinction（孟子与告子的人性论与内在/外在之别）"；第三部分是 "Courage，Qi，Will，the Heart-Mind，and Words（勇、气、意、心、言）"；第四部分是 "Language and Justification of Norms：Broad Outlines（规范的语言与正当性——概述）"。

［110］Qingping Liu（刘清平），"Is Mencius' Doctrine of 'Extending Affection' Tenable？"，*Asian Philosophy*，Mar. 2004，Vol. 14，Issue 1，pp. 79－90

【其他版本】

刘清平：《论孟子推恩说的深度悖论》，《齐鲁学刊》2005 年第 4 期，第

15—19 页。（中文译本）

【作品简介】

孟子的"推恩"原则试图从特殊性的血缘亲情出发，实现普遍性的仁者爱人。通过对孟子文本的批判性分析，作者指出，尽管这一原则能够把儒家理论架构的两大支柱——"孝"与"仁"，内在地统一起来，但由于孟子同时又提出了"爱有差等"的原则，明确赋予血缘亲情以至高无上的地位，结果就导致他的推恩说陷入深度悖论，在传统儒家的理论架构内无法成立。

[111] Chun-chieh Huang（黄俊杰），"Contemporary Chinese Studies of Mencius in Taiwan"，*Dao*：*A Journal of Comparative Philosophy*，Winter 2004，Vol. 4，Issue 1，pp. 217 – 236

【其他版本】

黄俊杰：《孟子学研究的回顾与展望》，《台大历史学报》1985 年第 19 期，第 53—87 页。（中文原版）

黄俊杰：《第一章绪论》，《中国孟学诠释史论》，北京：社会科学文献出版社，2004 年，第 1—55 页。

黄俊杰：《第一章绪论》，《孟学思想史论》（卷二），台北："中研院"文哲研究所，1997 年。

Chun-chieh Huang（黄俊杰），"Contemporary Chinese Studies of Mencius in Taiwan"，Chun-chieh Huang（黄俊杰），Gregor S. Paul，Heiner Roetz（罗哲海），eds.，*The Book of Mencius and Its Reception in China and Beyond*，Wiesbaden：Harrassowitz Verlag，2008，pp. 215 – 234

【作品简介】

本文以问题为导向，检讨了 20 世纪中外学术界关于孟子学研究的成果，包括"哲学/观念史研究进路"和"历史/思想史研究进路"这两大阵营的问题意识及其主要创见。文章的第一部分是前言；第二部分是"Philosophical Approaches（孟子学研究成果的回顾（一）：哲学/观念史的进路）"，包括"Goodness of Human Nature（性善论）""Relationship between Heart/Mind and Body（心身关系论）""Philosophy of Body（'体'的哲学）"（中文原版的小标题为"知言养气"）；第三部分是"Historical Approach（孟子学研究成果的回顾（二）：历史/思想史的进路）"，包括"The Historical Context of Mencius and His Thought（孟子思想的历史脉络）""Studies of the Mencian Scholarship in the Song Dynasty（宋代孟子学）" "Studies of Mencian Scholarship in the Qing Dynasty（清代孟子学）"。英文版的内容仅止于此，而中文原版还有第四部分"孟子学研究的新展望"，包括"儒学诠释学的建立""东亚儒学史上孟子学的比较研究""从'身心合一'的立场重探孟子心学的内涵及其发展"。中文版的第五部分即最后一部分，是结论。

［112］Franklin Perkins（方岚生），"Wisdom in Mengzi: Between Self and Nature"，Albert A. Anderson，Steven V. Hicks，Lech Witkowski，eds.，*Mythos and Logos: How to Regain the Love of Wisdom*，Amsterdam，New York: Rodopi，2004，pp. 205 – 219

【作品简介】

本文先提出了一个哲学问题：每个人都置身于特定的历史语境中，从而获得了独特的经验认知（Mythos），那么普遍性的知识（logos）对于每个人来说都会是正确的吗？一种观点认为，如果真的存在这种知识，那我们就没必要向其他文化学习了。但这种结论具有政治危险性，所以有无数人为了捍卫他们心目中的真理而殒命。因此，一味追求普遍真理、把某一认知强加于人是一种误区。同样，如果我们不追求普遍真理，每个人都坚持自己的想法，那每个人也都可以不用向别人学习了。不同的认知可以互补，但无法相互改变，所以演化出了政治上的施压。笛卡尔的哲学就试图解决这一哲学问题，而孟子的哲学关注情感、智慧、自我与人性，也可以从中找到关于这一问题的答案，并超越文本寻求其对当代的启示。第一视角和第三视角之间的张力就是主观事实与客观事实之间的张力，这种张力有助于促进跨文化交流。

［113］Xinyan Jiang（姜新艳），"Why was Mengzi not a Vegetarianist?"，*Journal of Chinese Philosophy*，Mar. 2005，Vol. 32，Issue 1，pp. 59 – 73

【作品简介】

作者指出，孟子对待动物的态度可以代表儒家。《孟子》中的种种描述表明，孟子并不是一个素食主义者，他从不认为吃肉有违道德。然而，他对动物的恻隐之心是很明显的，他认为君子不忍让动物受苦。这种恻隐之心为何没能让他成为一个素食主义者？这是本文探讨的中心问题。首先，作者指出，孟子对人的恻隐之心超过了对动物的恻隐之心，因为当时人类与动物所遭受的苦难无法同时缓解，而牺牲动物的性命来为人类提供食物有助于缓解人类的饥荒与营养不良。其次，孟子将人类的利益置于动物之上，这是符合儒家"爱有差等"原则的，由于我们与其他人类的关系一般比我们与动物的关系更近，所以我们对待其他人应该比对待动物更好。再次，孟子对待动物的态度是由当时的社会经济条件决定的，当时有很大比重的人都难以满足生活需要，所以那些保护动物利益的动物权利运动与世俗的素食主义是无法在古代社会与当今一些第三世界的国家中出现的。最后，作者总结认为，孟子对吃肉的准许与其对动物的怜悯并不矛盾，出于对其所处时代与环境的考虑，孟子适当对待动物的观点，已经是人力所及范围内对待动物的最仁慈的态度了。

[114] Yunping Wang（王云萍），"Are Early Confucians Consequentialist?", *Asian Philosophy*，Mar. 2005，Vol. 15，Issue 1，pp. 19 – 34

【作品简介】

学者们已经多次尝试在后果主义伦理学的框架下诠释儒家伦理，这就将孟子的道德选择学说视为一种行动功利主义（act-utilitarianism），或将一种老练的后果主义道德观念纳入孟子的思想。本文挑战了这种诠释方式，阐明了儒家"善"的观念的本质。作者讨论了伦理理论分类的不同方式，尤其是罗尔斯（John Bordley Rawls）与麦金泰尔（Alasdair Chalmers MacIntyre）的做法，由此论证了儒家的"善"是目的论而非结果论。作者讨论了一些对早期儒家的后果主义（功利主义）的理解，并指出缺乏对儒家伦理学整体及其基本关切的适当理解，就无法充分阐释儒家"善"的观念。文章共分为四部分：第一部分是"The Diverse Distinctions among Ethical Theories（伦理理论之间的多样区别）"；第二部分是"Is a Consequentialist Account of the Good Plausible in the Confucian Context?（对'善'的后果主义论述在儒家语境中是否合理?）"；第三部分是"A Further Clarification of the Nature of the Confucian Good（一种对儒家的'善'的本质的更深刻的阐明）"；第四部分是结论。

[115] Aaron Stalnaker（史大海），"Comparative Religious Ethics and the Problem of 'Human Nature'"，*Journal of Religious Ethics*，Jun. 2005，Vol. 33，Issue 2，pp. 187 – 224

【作品简介】

比较宗教伦理学是一种复杂的学术努力方向，致力于使那些被构思得另类而本质上对立的思维目标和谐化。与对比较研究一般表现出的怀疑不同，本文认为，从那些已被讨论的比较研究及其展开来看，解释的、比较的、规范的兴趣之间是相互支撑而非相互抵触的。本文比较了早期基督教的希波的奥古斯丁与早期儒家的孟荀二子关于"人性"的观念，呼吁对比较宗教伦理学的更详尽的描述，并论证了"人性"观念的复杂性。这一系列关注的不同要素大体上是宗教伦理学的核心所在，特别是对于道德发展与个人形成的理论与实践方面。文章共分为三部分。第一部分是"Comparative Religious Ethics（比较宗教伦理学）"，界定了比较伦理学的概念，探究了一些相关内涵。第二部分是"Human Nature（人性）"，将"人性"作为比较主题，来提供比较研究运用的尺度案例，探究了公元4—5世纪希波的奥古斯丁以及孟子、荀子的人性论。第三部分是"Comparisons（比较）"，对上述思想家论述的不同层面进行了对比，并回过头来，从比较宗教伦理学的角度讨论了关于历史的、比较的、规范的、目标的普遍难题。

［116］Franklin Perkins（方岚生），"Following Nature with Mengzi or Zhuangzi", *International Philosophical Quarterly*, Sep. 2005, Vol. 45, Issue 3, pp. 327 – 340

【作品简介】

本文考察了孟子与庄子的"顺性"观念，从而使亚洲思想中"顺性"的追求具体化，并阐明了"性"的概念被强加给庄子与孟子的问题。在本文的第一部分中，作者在孟子与庄子之间建构了一些普遍性基础，即二者都将"天人合一"视为好的生活的基础，且都认为要想达成这种和谐状态需要一个自我转换的过程。在本文的第二部分，作者论述了孟子与庄子对"天人合一"的意义问题给出的不同答案。而在结论部分，作者思考了将庄子与孟子的"顺性"观念应用于环境伦理学的可能性。

［117］Jiyuan Yu（余纪元），"Human Nature and Virtue in Mencius and Xunzi：An Aristotelian Interpretation", *Dao：A Journal of Comparative Philosophy*, Winter 2005, Vol. 5, Issue 1, pp. 11 – 30

【作品简介】

学界对孔、孟、荀的人性论讨论已经颇为丰富，但作者仍存在三个困惑。首先，人性善恶的问题是中国哲学的支配性主题，而相比之下，这个问题并未激起亚里士多德等雅典哲学家的兴趣，这一对比表明了什么？其次，荀子对孟子的挑战失败了，这也是他在汉代之后被排除出主流儒家的原因之一，而孟子定义了儒家正统观念。然而，到了当代，局势发生了反转，孟子的观点常常被评价为天真乐观而缺乏经验支撑，荀子的观点则被评价为现实的且更符合西方的普遍人性观念，即人性天生便以自我为中心。那么，孟子思想的哲学价值在当代伦理学中的地位如何？最后，在战国时代，不同学派的哲学家相互争辩是很正常的，而荀子与孟子同属儒家，荀子却在《性恶》篇中通过反驳孟子来论述自己的观点，这个现象如何解释？孟荀之争与孔子自己的展望之间的关系是什么？文章共分为四部分。第一部分是"The Concept of *Xing*（‘性’的观念）"，介绍了孟子与荀子对人性的看法，展现了荀子哲学的内在矛盾，这也让他与孟子的关系变得模糊起来。后来的评注者常常寻求化解这一矛盾的办法，而作者关注荀子这一矛盾的成因。第二部分是"Mencius and Confucius' *Dao*（孟子与孔子的‘道’）"，对比了荀子对孟子的批评与孟子对儒家"道"的实际辩护观点，从而说明了荀子对孟子的攻击并不公正。中国早期哲学存在一种一般假定，即人道由天道赋予，并体现着天道。而作者指出，孟荀异见可以追溯到荀子对这种一般假定的批评。第三部分是"Xunzi and Confucius' *Dao*（荀子与孔子的‘道’）"，作者认为，荀子提出性恶论，是为了发展一种可替代性的儒家之道，而并非仅是为了建立一个可替代性的人性论。孟荀的人性善恶之争，应该被理解为对儒家"道"的两种辩护。第四部分是"Thinking from Aristotle（从亚里士多德的角度思考）"，介绍了亚里士多德关于人性与伦理学的关系的看法，并以此为鉴来评价孟荀之争的哲学意义。人们之所以用天真来评价孟子而用现实来评价荀子，是由于他们以基督教的原罪理论或霍布斯的自然状态理论为参考框架。

[118] Hans Lenk, "Mencius pro Humanitate Concreta: Mengzi and Schweizer on Practical Ethics of Humanity", *Taiwan Journal of East Asian Studies*, Dec. 2005, Vol. 2 Issue 2, pp. 77 – 98

【其他版本】

Hans Lenk, "Mencius pro Humanitate Concreta: Mengzi and Schweizer on Practical Ethics of Humanity", Chun-chieh Huang（黄俊杰）, Gregor S. Paul, Heiner Roetz（罗哲海）, eds., *The Book of Mencius and Its Reception in China and Beyond*, Wiesbaden: Harrassowitz Verlag, 2008, pp. 174 – 188

【作品简介】

中国古代哲学很早就发展为一种普遍意义上的人道主义哲学，或称为人道哲学。"仁"是儒学的中心主旨。作者认为，孟子是第一个最清楚地表达出"仁"的概念的哲学家，本文探究了史怀哲对孟子人道主义哲学的讨论，以及史怀哲崇敬生活与人道哲学的一些现代观念。此外，文章还讨论了实行人道的具体方法及其特点，分析了道德伦理对人性尊严的特殊意义。作者指出，中国古代哲学家已经发展出了一种人权道德理论，这是一个被学者们长期遗忘的事实。

[119] Andrew R. Murphy, Joseph Harroff, "The Rhetoric of War and Decline: Thucydides and Mencius", *Conference Papers: American Political Science Association*, 2005 Annual Meeting, Washington DC, pp. 1 – 41

【作品简介】

本文围绕内外战争时期的人类行为问题，探究了修昔底德与孟子的思想，分析了战争与道德政治衰退的相互关系，并将这种衰退视为政治修辞史中的一种周期性的比喻，还讨论了战争既恶化又反映了这种衰退修辞的方式。

[120] Michael James Puett（普鸣），"Following the Commands of Heaven: The Notion of *Ming* in Early China", Christopher Lupke（陆敬思），ed., *The Magnitude of Ming: Command, Allotment, and Fate in Chinese Culture*, Honolulu: University of Hawai'i Press, 2005, pp. 49 – 69

【作品简介】

文章从董仲舒的"天命之谓命，命非圣人不行"开始说起，指出圣人是天与人之间的联结，圣人要实践天命来安置百姓。这也是董仲舒要求设置五经博士的原因，由此，汉朝才能实践学者们所被赋予的天命。天并非要强制人做事，而是如果人按天命行事，则更容易达成天人秩序的稳定和谐。一般认为，在董仲舒之前，除了《尚书》之外，便不曾有早期思想家提及天命了。但作者认为，董仲舒宇宙论中的天命元素并非原创，它来源于早期儒家的相关讨论。其实，早期儒学已经表达了天人之间的强烈相关性，天人关系也是中国早期儒学思想的重要成分，尤其体现在《论语》和《孟子》中。本文共分为四部分：第一部分是"Debates about the Role of *Ming* in Early Confucianism（早期儒学关于'命'的角色的讨论）"，第二部分是"Heaven and Man in the *Lunyu*（《论语》中的天与人）"，第三部分是"The Resignation of the Sage to the Order of Heaven: The *Mencius*（圣人对天命的服从：《孟子》）"，第四部分是"The Practice of the Sage: Dong Zhongshu（圣人的实践：董仲舒）"。

[121] Griet Vankeerberghen（方丽特），"Choosing Balance: Weighing

（Quan）as a Metaphor for Action in Early Chinese Texts", *Early China*, 2005 –
2006, Vol. 30, pp. 47 – 89

【作品简介】

作者指出，早期中国历史和哲学文献提供了大量的关于"权"的隐喻性
运用案例，"权"最常被隐喻性地用作名词来表示统治者或国家的力量，偶
尔也会被用作动词来表示一种权衡的行为，并被隐喻性地转化为多种层面的
人类行为，而后者在非中国文字与图像传统中更为普遍。关于中国早期文本
中的"权"，本文主要有三点主张：首先，当它被用于人类行为的语境中作
为权衡来讲时，它可能包含了三种含义中的一种；其次，这三种含义从三种
不同层面的权衡的文字表达发展而来；最后，尽管这三种含义之间关联紧密，
但作者试图区分它们，以厘清这一术语的历史并阐明中国传统中的一些基本
哲学转变。作者简要介绍了早期中国的度量器材及其历史，并讨论了"权"
的整个语义场，印象主义地描绘了权衡的一些隐喻在非中国传统中的运用方
式。文章共分为八部分：第一部分是"Some Notes on Early Chinese Scales and
Weights（关于早期中国的权与衡的一些说明）"；第二部分是"The Semantic
Field of *Quan*（'权'的语义场）"；第三部分是"Some Non-Chinese Examples
of Metaphoric Weighing（一些隐喻性权衡的非中国案例）"；第四部分是"The
First Metaphor：*Quan* as Making a True Assessment（*Quan* A）［第一种隐喻：
'权'当作出正确评估来讲（第一种'权'）］"；第五部分是"The Second
Metaphor：Deciding by Comparative Weighing（*Quan* B）［第二种隐喻：通过比
较权衡来决定（第二种'权'）］"；第六部分是"The Third Metaphor：Achie-
ving Balance（*Quan* C）［第三种隐喻：达到平衡（第三种'权'）］"；第七部
分是"Han Hermeneutics（汉代的诠释）"；第八部分是结论。

［122］Yang Xiao（萧阳），"When Political Philosophy Meets Moral Psychol-
ogy：Expressivism in the Mencius", *Dao：A Journal of Comparative Philosophy*,
Sumner 2006, Vol. 5, Issue 2, pp. 257 – 271

【作品简介】

本文是一个威廉姆斯（Bernard Arthur Owen Williams）式的作品，作者认
为，孟子的道德心理学对人类思想的描述并不公正客观，相反，孟子的思想
具有很强的道德与政治目的，这一点对于理解其道德心理学与政治哲学都非
常关键。文章共分为四部分。第一部分是前言。第二部分是"An Idea is Al-

ways an Answer to a Question（一种思想总是一个问题的一个答案）"，作者讨论了倪德卫（David Shepherd Nivison）对《离娄上》第十五章的解读，并指出孟子关于内在关爱行为的思想要回答的究竟是何种问题是很重要的。第二部分是"A Question of Political Philosophy（一个政治哲学问题）"，指出孟子的道德心理学所回应的是政治问题，例如，商鞅作为孟子的评论者之一，其政治哲学与孟子的道德心理学之间存在密切联系。第四部分是"Mencius' Expressivist Moral Psychology and Benevolent Government（孟子的表现主义道德心理学与仁政）"，先描绘了孟子的仁政思想及其表现主义的道德心理学之间的联系，接着，通过分析《滕文公上》的第二章，展现了孟子的表现主义的道德心理学是如何发挥作用的。

[123] Franklin Perkins（方岚生），"Reproaching Heaven：The Problem of Evil in Mengzi"，*Dao：A Journal of Comparative Philosophy*，Summer 2006，Vol. 5，Issue 2，pp. 293 – 312

【作品简介】

本文的中心问题是《孟子》中的"天"之仁，这个问题似乎是孟子自己不曾关注的，作者分析了这个问题之所以显得外在于孟子思想的原因。为了让"天"的目的与每一个独立个体的目的脱钩，孟子转变了人类从"天"到"性"的这一目标的相关基础，其实，"天"也为墨子与庄子的学说提供了铺垫。孟子提升了"性"的地位，这是对一种以"天"的伦理自然为中心的恶的问题的回应。尽管斯宾诺莎和休谟都不会同意孟子的人性被某种东西所决定的观点，他们将伦理学的基础从博爱的上帝转移至人性本身，但从更广阔的比较语境来讲，孟子的这种转变是不寻常的。孟子将从"天"到"性"的转变作为人文价值的基础，但并没有使"天"变得与"性"完全不相关。孟子将天人合一视为基本的必要之事，其主张从未质疑这一点，并表明人并不是通过直接模仿天的伦理立场来实现与天合一的，而是通过发展天给予我们的特定趋势来实现与天合一的。由此，考虑到我们的角色在整个自然中的位置，鉴于对整个"天"的敬畏，"性"的发展就被概念化了。文章共分为四部分：第一部分是"The Problem of Evil（恶的问题）"；第二部分是"The Benevolence of Heaven（*Tian*）in the *Mengzi*（《孟子》中的天的仁）"；第三部分是"'What Proceeds from You Will Return to You Again'—Maybe?（'出乎尔者，反乎尔者也'：可能吧?）"；第四部分是"*Xin*，*Xing*，and *Tian*（心、性与天）"。

[124] Deborah Bird Rose, "'Moral Friends' in the Zone of Disaster", *Tamkang Review*, Autumn 2006, Vol. 37, Issue 1, pp. 77 – 97

【作品简介】

在遭遇了自然和生态灾难的地区，人们的日常生活结构被撕裂。人类的日常生活往往凌驾于生态之上，但其实面对自然，人类还可以有其他的更优选择。本文从澳大利亚堪培拉的丛林大火切入，对被新儒家学者和西方主流的主体间性（Intersubjectivity）哲学所概念化的伦理学进行了比较分析，其中涉及了《孟子》中的生态主义思想。

[125] Kidder Smith（苏德恺），"Mencius: Action Sublating Fate", *Journal of Chinese Philosophy*, Dec. 2006, Vol. 33, Issue 4, pp. 571 – 580

【作品简介】

《万章上》第六章说："莫之为而为者，天也；莫之致而至者，命也。"《尽心上》第二章说："莫非命也，顺受其正。是故知命者，不立乎岩墙之下。"孟子提出的问题是，当"命"与"天"完全控制了人并未曾尊重过人的意见时，人何以为人？"天"与"命"为人留下了何种未完之事？天命无所不包，而人只能屈从于其中的合理性。孟子将能带来正义的行为界定为道德行为，他强调人未完成的事业，并重新定义了人性，与维柯（Giambattista Vico）、马克斯（Max Rudolf Frisch）一样，他也将人创造为能控制命运、跳脱出命运的 homo faber、造物主与实干家，他高扬了人的努力、意志与控制等主体性价值。本文评论了孟子对道德与社会行为的贡献。作者建构了一个关于孟子对"命"的看法的模型，并指出《孟子》中有三段文本体现了与众不同的哲学现象，包括鉴别人类行为的要求与阶级成员的反常现象。

[126] Kim-Chong Chong（庄锦章），"Virtue and Rightness: A Comparative Account", Kim-Chong Chong（庄锦章），Yuli Liu（刘余莉），eds., *Conceptions of Virtue: East and West*, Singapore: Marshall Cavendish International, 2006, pp. 62 – 81

【作品简介】

道德与正义的关系是西方道德伦理学的重要问题。正义性是对某种行动进行是非判别的标准，它似乎不属于道德品质的领域，但它与道德都会导向某种好的结果，因此，不妨把它视为道德的一种。但正义性是否要以结果好坏为标准也存在争议：结果论者认为导向好结果的行为才是正义的；而康德主义的义务论者则重视行为本身的气质、动机与品质是不是好的，这一观点使正义更贴近道德伦理。相比之下，在东方伦理学中不存在关于这一问题的争议。对于不具备哲学知识的普通人来说，行动的原则很重要，但行动的方式是否合理是最重要的。本文聚焦于东方伦理学中的道德与正义的关系问题，从孔孟思想出发进行分析，尤其重视讨论"义"这一概念。儒家的"义"重视道德品质和行为动机，可以给西方道德伦理提供启示。西方道德伦理与结果论者、道义论者相区分，但孔孟无意撕裂和区分此三者，所以，孔孟的道德伦理学与严格的西方意义上的道德伦理学是不一样的。孔子强调人生的道德目标和行为的道德倾向，怀抱重建礼治的保守主义倾向。而孟子强调内在的"义"，将其与感知欲望相区分，他反对"食色性也"的人性论；但他同时指出了用外在标准进行道德判断的重要性，荀子随后发展了这种观点。本文共分为三部分：第一部分是"Characterizing Virtue Ethics（道德伦理的特征）"；第二部分是"Confucius and Mencius on *Yi* or 'Rightness'（孔孟的'义'）"；第三部分是"External Standards（外在标准）"。

［127］Xiaoming Wu（伍晓明），"'The Heart that Cannot Bear…the Other'：Reading Mengzi on the Goodness of Human Nature"，Paolo Santangelo（史华罗），Ulrike Middendorf（梅道芬），eds.，*From Skin to Heart：Perceptions of Emotions and Bodily Sensations in Traditional Chinese Culture*，Wiesbaden：Harrassowitz Verlag，2006，pp. 1 – 15

【作品简介】

本文探讨了孟子的性善论，关注"不忍人之心"，对与之相关的"忍"等概念进行了深入详细的分析，并引法国哲学家列维纳斯（Emmanuel Levinas）的"他者"哲学，试图沟通中国与欧洲的哲学传统，从而赋予孟子人性论以普遍性意义。

［128］Yang Xiao（萧阳），"How Confucius does Things with Words：Two Hermeneutic Paradigms in the Analects and its Exegeses"，*Journal of Asian Studies*，May 2007，Vol. 66，Issue 2，pp. 497 – 532

【作品简介】

本文发现了《论语》及其经学注释传统中的交流与诠释实践模式。《论语》中包含至少两种独特的对言论的不同诠释方式的范式：一种是孔子的典范性方法，强调言说者的目的；另一种是公西华的方法，关注言论中的文字意义。这两种方法在《论语》诠释史中都能找到踪迹，文章讨论了两组使用了不同方法的学者，其中，司马迁、郑玄、黄侃、程颐、朱熹所运用的方法更接近孔子，咸丘蒙、韩非、陈荣捷（Wing-tsit Chan）、牙含章、王友三所运用的方法则更接近公西华。文章共分为四部分。第一部分是前言。第二部分是"The Confucius and Gongxi Hua Paradigms in the *Analects*（《论语》中的孔子与公西华的范式）"，包括"The Necessity of Sinological and Interpretative Inquiry（汉学与诠释研究的必要性）""Gongxi Hua's Reasoning Reconstructed（重构公西华的推理）""Confucius's Pragmatic Paradigm：Treating Utterances as Speech Acts（孔子的实践范式：将言论当作言语行为来对待）""Confucius's Pragmatic Paradigm：Articulating the Purpose of an Utterance（孔子的实践范式：清晰表达言论的目的）""Traditions of Hermeneutic Practice Transmitted through Paradigms（通过范式流传的诠释实践传统）""Mencius's Hermeneutic Theory（孟子的诠释理论）""The Gongxi Hua Paradigm in the Exegeses of the *Analects*（《论语》注疏中的公西华范式）""The Confucius Pragmatic Paradigm in the Exegeses of the *Analects*（《论语》注疏中的孔子的实践范式）"。第三部分是"The Hermeneutic Implications of the Two Paradigms（两种范式的诠释暗示）"，包括"The Unity of Virtues Debate：Two Readings of Analects 17.23（道德争论的统一：对《论语·阳货》第二十三章的两种解读）""Reconciling Confucianism and Buddhism：Two Readings of Analects 11.12（调和儒学与佛学：对《论语·先进》第十二章的两种解读）"；第四部分是结论。

[129] Jee-Loo Liu（刘纪璐），"Confucian Moral Realism"，*Asian Philosophy*，Jul. 2007，Vol. 17，Issue 2，pp. 167 – 184

【作品简介】

本文用解释性和建构性的语言，重构了儒家的道德实在论，指出其源自传统儒学并与之兼容。作者分析认为，儒者们可以建立关于德性的实在论，因为他们容纳了道德领域的观念。儒家伦理学中的德性不仅表现为客观的自然主义特性，还被视为具有因果效力（casually efficacious）。作者指出，在孔子、孟子的思想中，在《易经》《大学》《中庸》中，存在一些对道德实在论者所普遍认可的若干主题的默认。作者还从儒家道德实在论的角度分析了这些主题，并为之辩护。文章共分为六部分：第一部分是"Major Theses of Confucian Moral Realism（儒家道德实在论的主要主题）"；第二部分是"Pre-scientific Ethical Naturalism（前科学的伦理自然主义）"；第三部分是"The

Causal Efficacy of Moral Properties（德性的因果效力）"；第四部分是"Moral Cognitivism（道德认知主义）"；第五部分是"Moral Objectivism（道德客观主义）"；第六部分是"A Defense of Confucian Moral Realism（对儒家道德实在论的辩护）"。

［130］Philip John Ivanhoe（艾文贺），"Heaven as a Source for Ethical War-rant in Early Confucianism"，*Dao*：*A Journal of Comparative Philosophy*，Vol. 6，Issue 3，Sep. 2007，pp. 211 – 220

【作品简介】

与一些主流学者的看法相反，许多重要的早期儒者将自己的伦理学说建基于"天"的权威，坚持认为"天"赋予人以独特的道德性，这种道德性有时会在世间发用。本文在一个始于中国最早的至上神概念的更大的叙事中，描述了《论语》与《孟子》中的这种道德性，指出早期儒家各派主张之间的异同，以及被一神论者普遍接受的更常见的观点。文章共分为四部分：第一部分是前言；第二部分是"Kongzi's Conception of Heaven（孔子的'天'的概念）"；第三部分是"Mengzi's Conception of Heaven（孟子的'天'的概念）"；第四部分是结论。

［131］Julia Tao Lai Po Wah（陶黎宝华），"Dignity in Long-Term Care for Older Persons：A Confucian Perspective"，*Journal of Medicine & Philosophy*，Sep. – Oct. 2007，Vol. 32，Issue 5，pp. 465 – 481

【作品简介】

本文围绕长期关怀（long-term care）的关注点，展现了中国儒学道德传统中孟子的人的尊严的概念，其中的"双性"（the double nature）被视为人之为人的内在性。而主流西方思想则认为，人的尊严以个人人格为基础。作者将二者进行了对比分析。此外，作者从对一位香港长者的面谈中汲取了启发力量，指出在个人人格缩小化与自治权萎缩化的语境下，孟子关于人的尊严的理论为对长者的长期关怀提供了道德基础。文章共分为五部分：第一部分是前言；第二部分是"Complexity of the Concept of Dignity（尊严概念的复杂性）"；第三部分是"The Story of Mr. K（K先生的故事）"；第四部分是"Why Dignity in the Mencian Account cannot be Reduced to Autonomy（为什么在自律中不能削减孟子的尊严论）"；第五部分是"Dignity in Long-term Care for Elder Persons（对长者的长期关怀中的尊严）"。

[132] Chih-yu Shih（石之瑜），"Does Death Matter in IR? The Possibilities of Counter Methodology", I. Yuan（袁易），ed. *Is There a Greater China Identity? Security and Economic Dilemma*, Taipei：Institute of International Relations, 2007，pp. 227 – 256

【作品简介】

主流的国际关系学者并不关注人的死亡，因为这与国家体系无关。本文则构建了一种相对于意义体系的反向方法论（Counter-methodology），从本体论的角度分析人的死亡。反向方法论即假定人的身份、理论家人格及其所学是相互成就的，因此可以从自身所处的文化知识背景来反向思考本国的政治行为。国际关系学者一般不支持理论家干涉政策制定，也不赞同政治决策干扰理论工作。而本文运用孟子哲学的智慧，试图说明关于政策制定的社会科学理论会对决策者主体带来杀身之祸。对政治行为的科学解释可能会导出某些普遍性原则，从而否定决策者适时调整决策的可能性。反向方法论就是要关注客观语境和背景的变化，并在此基础上分析死亡的概念。作者还引出了"预感"（hunch）的概念，认为在无法判定决策环境时，人的预感有助于决策正确性的提升。若能接受反向方法论的指引，即便是那些不关注人的死亡（包括敌方人民和我方军队的死亡）的现实主义的实践者与理论者，也能从本体论的立场去理解人的死亡，从而走上人道主义之路。这一哲学实践并不会让他们抛弃现实主义，相反，还会给现实主义以合法性，并减轻目的论霸权所带来的压力。

[133] Liangyan Ge（葛良彦），"*Sanguo yanyi* and the Mencian View of Political Sovereignty", *Monumenta Serica*, 2007, Vol. 55, Issue 1, pp. 157 – 193

【作品简介】

明初皇权对孟子学说的压制，特别是《孟子节文》对孟子关于君民关系和君臣关系的大量论述的删节，为朱元璋和朱棣对文人的严厉控制提供了理论依据。《三国演义》通过对刘备这一"仁义之主"形象的塑造，在一定程度上成为对孟子君主观的"演义"。当皇权对士人所代表的"道统"进行全面清算之时，《三国演义》对不同的君民关系和君臣关系所表现的鲜明的褒贬，可以被视为士人阶层在文学创作中的反应。文章共分为六部分：第一部分是前言；第二部分是"*Sanguo yanyi* and the Early Ming Decades（《三国演义》与明朝前几十年）"；第三部分是"The Early Ming Imperial Censorship on *the Mengzi*（明朝早期对《孟子》的专制审查）"；第四部分是"The Mencian Idea of the Benevolent Ruler in *Sanguo yanyi*（《三国演义》中孟子的仁君观念）"；第五部分是"The *Mengzi* and the Ruler-Minister Relationship in *Sanguo yanyi*（《孟子》与《三国演义》中的君臣关系）"；第六部分是"The *Mengzi*, *Sanguo yanyi*, and the *Zhengtong-Daotong* Contention（《孟子》《三国演义》与'政统—道统'之争）"。

[134] Bongrae Seok（石奉来），"Mencius's Vertical Faculties and Moral Nativism"，*Asian Philosophy*，Mar. 2008，Vol. 18，Issue 1，pp. 51 – 68

【作品简介】

本文比较了孟子的道德哲学与研究人理解道德规则的精神能力的认知科学，许多认知科学家认为人的思想有内在的认知与情感的道德基础。本文从官能心理学（faculty psychology）与认知模块性（cognitive modularity）的角度来解释孟子的道德学说，这是一种认知科学的理论假设，它将思想理解为一种专门的精神成分的系统。作者将孟子的"四端"解释为一种垂直能力（vertical faculties），这是相对于苏格兰哲学家 Thomas Reid 的道德能力（moral faculties）而言的。文章共分为六部分：第一部分是引言，第二部分是"Faculty Psychology（官能心理学）"，第三部分是"Mencius's Moral Psychology（孟子的道德心学）"，第四部分是"Emotion and Moral Naticism（情感与道德先天主义）"，第五部分是"Reid's Theory of Mental Faculties（Thomas Reid 的精神能力理论）"，第六部分是"Nature and Operation of Moral Faculties（自然与道德能力的活动）"。

[135] Chenyang Li（李晨阳），"Does Confucian Ethics Integrate Care Ethics and Justice Ethics? The Case of Mencius"，*Asian Philosophy*，Mar. 2008，Vol. 18，Issue 1，pp. 69 – 82

【作品简介】

近来，学者们陷入了一场争论，关于儒家伦理学是否包含或是否应该包含普适价值与公正。一些人认为，儒家伦理兼容了关爱（care）与公正（justice），认为它既是特殊主义的，又是普适主义的。本文通过分析《孟子》中的一些文段，在价值配置（configuration of values）的基础上论证认为，关爱与公正之间的关系、关爱伦理与公正伦理之间的关系是无法兼容和调和的。

[136] Katrin Froese，"Organic Virtue：Reading Mencius with Rousseau"，

Asian Philosophy，Mar. 2008，Vol. 18，Issue 1，pp. 83 - 104

【作品简介】

卢梭与孟子都支持一种与自然相协调的过程导向（process-oriented）的道德。卢梭认为，人类一旦开始了文明，就走出了自然领域，使道德成为必需品。因为他将自然的人类视为一种前社会（pre-social）的独立原人（proto-human），所以想要恢复自然和谐状态的企图将总是落空，成德的过程也是一个无止境的任务。然而，孟子将自然视作一种动态过程，这种过程要求人们自觉参与自然节奏的扩充并由此成德。孟子并没有像卢梭那样严格地区分人为与自然，因为孟子认为，道德是人通过扩充与流通"气"的运动，从而将自我与宇宙整合在一起的独特方式。文章共分为四部分：第一部分是"Nature as Morally Neutral（自然是道德中立的）"，第二部分是"Roots of Virtue and Vice（善与恶之源）"，第三部分是"Artifice and Spontaneity（人为与自发）"，第四部分是结论。

［137］Kim-Chong Chong（庄锦章），"Xunzi and the Essentialist Mode of Thinking on Human Nature"，*Journal of Chinese Philosophy*，Mar. 2008，Vol. 35，Issue 1，pp. 63 - 78

【其他版本】

Kim-Chong Chong（庄锦章），"Xunzi and the Essentialist Mode of Thinking on Human Nature"，Vincent Tsing-song Shen（沈清松），Kwong-loi Shun（信广来），eds.，*Confucian Ethics in Retrospect and Prospect*，Washington，D. C.：Council for Research in Values and Philosophy，2008，pp. 93 - 112

【作品简介】

柯雄文（Antonio S. Cua）在"Philosophy of Human Nature（人性的哲学）"一文中认为，荀子的性恶论之"恶"应该放在后果主义的意义上讲。而本文则从本质主义思维模式的角度来看待荀子的性恶论之"恶"，同时分析了荀子的性恶论与孟子的性善论。根据荀子对孟子的批评，作者认为，荀子不仅针对了孟子的性善论，而且试图破坏孟子关于性的本质主义思维方式。此外，作者还指出，柯雄文所指出的孟子性善论的其他特点为荀子在非本质主义层面上的思想提供了有意义的解读。文章共分为八部分：第一部分是引言，第二部分是"The Essentialist Mode of Thinking（一种本质主义思维模式）"，第三部分是"Antonio Cua and Three Features of the *Xunzi*（柯雄文与《荀子》的三个特征)",第四部分是 "The Meaning of 'Xing is Bad'('性恶'的含义)",第五部分是 "Moral Neutrality of Xing('性'的道德中立)",第六部分是 "Xing, Qing and the Possibility of Transformation('性''情'与转化的可能性)",第七部分是 "A Non-Essentialist Definition of the Human(一种人的非本质主义的定义)",第八部分是结论。

[138] Yanming An(安延明),"Family Love in Confucius and Mencius", *Dao*: *A Journal of Comparative Philosophy*,Mar. 2008,Vol. 7,Issue 1,pp. 51 – 55

【作品简介】

本文关注孔孟的家庭之爱。文章共分为四部分。第一部分是 "The Source of Love(爱之源)",对比了基督教与儒学背景下的家庭模式,儒学的家庭模式展现了博爱与偏爱之间的张力,而这种张力导致了刘清平所描述的儒家悖论。第二部分是 "The Prescriptive Derivation(规定的发展)",讲了上述悖论可能导致对公利的损害,只有民主和法治可以解决这一问题,也讲了孟子将扩充本心视为修身的历程,统治者由此成为 "父母官",这里体现了 "爱有差等"。第三部分是 "The Predicament(窘境)",讲了自然感情基础上的家庭利益与社会规则基础上的公共利益之间发生冲突时,人应该如何做的问题,分析了孟子在孔子论述的基础上所描述的两个相关的案例。第四部分是 "A Challenge to 'Post-Confucianism'(后儒所面临的挑战)",作者评析了刘清平的观点,并对比了儒家与墨家的爱,讨论了如何调和家庭利益与公利之间的矛盾。

[139] Steven F. Geisz(葛世同),"Mengzi, Strategic Language, and the Shaping of Behavior", *Philosophy East and West*,Apr. 2008,Vol. 58,Issue 2,pp. 190 – 222

【作品简介】

本文讨论了孟子在推进儒道生活过程中的策略性语言运用,作者引入了一种 "战略—务实" 的解读《孟子》的方法,从而更好地理解哲学家与其文本内容之间的关系。作者借用了陈汉生(Chad Hansen)关于中国传统思想家的语言概念,探究了关于儒家正名的关键问题。这种新的解读方法能更好地认识到孟子在修辞学领域的贡献,而不是局限于其哲学成就。文章共分为五部分:第一部分是 "A Strategic-Pragmatic Reading of the *Mengzi*(一种 '战略—务实' 的《孟子》解读)",第二部分是 "Reading the *Mengzi* through a Strategic-Pragmatic Lens（以一种'战略—务实'的视角来解读《孟子》）"，第三部分是"Mengzi's Forthrightness（孟子的正直）"，第四部分是"Psychosocial versus Logical Implication（社会心理与逻辑暗示）"，第五部分是结论。

［140］John H. Berthrong（白诗朗），"The Hard Sayings：The Confucian Case of Xiao（孝）in Kongzi and Mengzi"，*Dao：A Journal of Comparative Philosophy*，Jun. 2008，Vol. 7，Issue 2，pp. 119 – 123

【作品简介】

《论语》与《孟子》中存在一些关于"孝"的矛盾。例如，刘清平认为，对"亲亲相隐"的提倡与公利相冲突，这是潜藏在儒家伦理教义中的不和谐。一些当代学者常常解释认为，由于后来的编辑者加入了新的内容，它们有可能不符合学派创始人的原意，导致了矛盾的出现。一些注疏者则深挖这些矛盾，认为其真正含义远非表面上那样简单。郭齐勇就试图通过这种方式来解释这一看似矛盾的问题其实不矛盾，从而论证了儒家伦理学是具有内在连续性的。但作者认为，郭齐勇的说法更像是刻意将黑的说成白的，不足以说服读者。作者指出，还有一种解释方式是承认古圣先贤确实说过那些自相矛盾的话，不过这种矛盾只是在现代语境下才成立，而在古时候的价值观之下，它并不矛盾。刘清平提出批评的目的是提倡变革儒道，使之更直接地关注"仁"的核心伦理价值，摒弃狭义的宗法亲亲关系大框架下的"孝"，将建立在"仁"之上的公利置于中心地位。当代儒者也不得不认同新时代需要新道德，尽管这种观念与孔子背道而驰。儒家确实需要为人类繁荣创造新的愿景，但首先要对儒家的原始主张作出可靠的解释。对此，作者不再拘泥于孔孟对"仁"与"孝"的解释，而是运用了荀子和陈淳的思想资源，因为荀子为 21 世纪的儒道提供了所有敏锐细微的方法与材料，陈淳则清楚阐释了宋代道学关于公共利益包含在"仁"之中的问题。

［141］Justin Tiwald（田史丹），"A Right of Rebellion in the Mengzi？" *Dao：A Journal of Comparative Philosophy*，Sep. 2008，Vol. 7，Issue 3，pp. 269 – 282

【作品简介】

孟子相信暴君可以被合理罢黜，许多当代学者将此视为大众叛乱的权利基础。作者认为，《孟子》体现的其实是一种更复杂的观点：首先，它主张人民有时被允许参加叛乱，但不允许他们在叛乱被授权时自行决策；其次，它其实并不是给反叛的正义性提供了道德分量，而是给人民生命的完满实现提供了道德分量。在这两个层面上，孟子其实并未给予民众合适的反叛权利。关于孟子的"正义反叛理论"（just revolt theory），作者提出了更具历史学特点的描述，它主张一种新奇的协商分工，此外，作者还总结了这种描述的优势。文章共分为四部分：第一部分是"The Basic Argument for the People's Right of Rebellion（民众反叛权利的基本论述）"；第二部分是"The People and Political Appointments（民众与政治任命）"；第三部分是"The People and Political Judgment（民众与政治判断）"；第四部分是结论。

［142］Qiyong Guo（郭齐勇），"More than 'For the Sake of Defense'"，*Dao：A Journal of Comparative Philosophy*，Sep. 2008，Vol. 7，Issue 3，pp. 317 – 324

【作品简介】

作者郭齐勇在 2007 年曾发表了一篇关于"亲亲相隐"的论文，引发了学界的广泛争论，本文是对这些争论的回应。文章共分为五部分：第一部分是"The Interpretation Tradition of Confucius，Mencius，Xunzi，and Song-Ming Neo-Confucians（孔子、孟子、荀子、宋明理学家的解释传统）"，第二部分是"'Root'：On the Issue of Extension（本：关于推扩的问题）"，第三部分是"Power and Corruption：On Some Realistic Issues（权力与腐败：关于一些现实问题）"，第四部分是"China and the West：On Interpreting Two Traditions（中西对比：关于解释两种传统）"，第五部分是结论。

［143］Sung-moon Kim（金圣文），"Filiality，Compassion，and Confucian Democracy"，*Asian Philosophy*，Nov. 2008，Vol. 18，Issue 3，pp. 279 – 298

【作品简介】

儒家道德中最出类拔萃的就是"仁"，学者们常常从两个不同方面来描述它：一方面是"孝"，这是一种独特的儒家社会关系道德；另一方面是人性内在的同情。相应的，在诠释仁的过程中就存在两个对立的观点：一个是通过孝爱的拓展来充分实现普遍的同情之爱；另一个是看到孝爱与普遍的同情之爱之间不可避免的张力，又由于孝爱似乎会对儒学现代化造成阻碍，故选择拥护普遍的同情之爱。然而，这两种观点都认同，鉴于同情所具有的普遍的人道主义的含义，它有利于实现"儒家民主"的现代目标。本文将反驳这种观点，作者认为，儒家民主要想具有文化意义和政治可行性，就必须容纳独特的儒家关系美德，尤其是"孝"。文章共分为五部分：第一部分是"Mencius' Doctrine of Extension and Its Discontents（孟子的扩充原则及其不满）"，第二部分是"Compassion and Democracy：A Tocquevillian Insight（同情与民主：一个托克维尔式的观念）"，第三部分是"Uncivil Compassion（不文明的同情）"，第四部分是"Taming Compassion：Reason or Filiality?（驯化同情：推理还是'孝'?）"，第五部分是结论。

［144］Xiaoming Wu（伍晓明），"Mengzi and Lévinas：The Heart and Sensibility"，*Journal of Chinese Philosophy*，Dec. 2008，Vol. 35，Issue 4，pp. 545 – 701

【作品简介】

本文反思并比较了理想主义思想家孟子与哲学家列维纳斯（Emmanuel Lévinas）的思想，尤其关注了孟子的"心"与列维纳斯的"感受性"，二者都体现了一种根本性的自我对他者的伤害或创痛的必然感应，会使自我因他者之创痛而创痛。此外，本文还探讨了当哲学思想被翻译为另一种语言时，思想家原意与译文表达意思之间的区别。本文还回应了不同语言、文化和宗教边界带来的不同观念。

［145］Aaron Stalnaker（史大海），"The Mencius-Xunzi Debate in Early Confucian Ethics"，Jeffrey L. Richey（利杰智），ed.，*Teaching Confucianism*，Oxford，England；New York：Oxford University Press，2008，pp. 85 – 105

【作品简介】

本文聚焦孟荀的思想差异，并揭示背后这两位思想家所面临的深层次伦理问题。孟子和荀子构建了两种经典的人性论形式，并解释了二者的思想如何对后世尤其是东亚文化圈的社会、宗教伦理、哲学伦理与道德伦理产生了深远影响。本文共分为四部分：第一部分是"The Ambiguities of 'Human Nature'（人性异见）"，第二部分是"Xing and Nature in Early Confucianism（早期儒学中的性）"，第三部分是"The Moral Psychology of Pursuing Virtue（追求德行的道德心性之学）"，第四部分是"Two Kinds of Confucian Religiosity（两种儒学信仰）"。

［146］Anh Tuan Nuyen，"Is Mencius a Motivational Internalist?"，Vincent Tsing-song Shen（沈清松），Kwong-loi Shun（信广来），eds.，*Confucian Ethics in Retrospect and Prospect*，Washington，D. C.：Council for Research in Values and Philosophy，2008，pp. 79 – 92

【作品简介】

许多学者认为，孟子是动机内在论者（Motivational Internalist），认为当一个人相信自己的行为应该是道德的、正当的时，他就必然会有动机去执行道德。刘秀生解释认为，这是在本善的人性、道德判断与行为动机之间构建联系。但作者认为这种观点是有问题的。本文关注《孟子·梁惠王上》的第七章，即齐宣王以羊易牛一章。在这一章中，齐宣王意识到了减轻民生疾苦是符合仁的，但他并没有产生行仁政的动机。很多学者试图将这一章的内容纳入动机内在论，但本文试图证明这种观点是错误的。作者分析认为，这一章恰恰证明了孟子不是动机内在论者，而道德判断与动机之间的联系也并不像外在论者所说的那样偶然。作者试图证明，孟子的道德动机思想处于内在论与外在论之间。本文分为三部分：第一部分是"The King and His Compassion（国君与其恻隐之心）"，第二部分是"Between Internalism and Externalism（内在论与外在论之间）"，第三部分是"King Xuan's Education（齐宣王的启示）"。

[147] Carine Defoort（戴卡琳），"The Profit that does not Profit：Paradoxes with *Li* in Early Chinese Texts"，*Asia Major*，3rd Series，2008，Vol. 21，Issue 1，pp. 153 – 181

【作品简介】

早期文献中，有"道""天"一类的积极概念，也有"弑""乱"等消极概念，但有一些概念或事物在不同的文献中被给予了不同的评价，比如"利"，墨家和杨朱崇尚"利"，而儒家的孔子、孟子、荀子则厌恶"利"。此外，在战国至汉代的文献中，"利"具有非常复杂的含义，有时，在同一段文字中，不同的"利"的用法截然不同甚至含义相反，比如"绝圣弃智，民利百倍……绝巧弃利，盗贼无有"。这种现象并不代表中国古代思想家的理性推理缺乏一致性，而是暗示了他们认识到"利"的不同含义以及对这些歧义的探索。本文探讨了许多先秦文献对"利"的不同运用，解释了其运用过程中的悖论式表达。全文共分为六部分：第一部分是"The Complexities of *Li*（'利'的复杂性）"，大体探究了战国至汉代的"利"的概念的复杂性；第二部分是"The Emotive Meaning of *Li*（'利'的情感性意义）"；第三部分是"The Descriptive Meaning of *Li*（'利'的描述性意义）"，这两部分分析了"利"的情感性与描述性意义；第四部分是"Paradoxes that Focus on the Content of *Li*（'利'的内容的悖论）"；第五部分是"Paradoxes that Focus on the Object of *Li*（'利'的客体的悖论）"，基于孟子的论述，讨论了"利"的悖论的起源；第六部分是结论。

[148] Roger Thomas Ames（安乐哲），"What Ever Happened to 'Wisdom'? Confucian Philosophy of Process and 'Human Becomings'", *Asia Major* 3rd Series, 2008, Vol. 21, Issue 1, pp. 45–68

【作品简介】

本文借鉴了席文（Nathan Siven）关于文化比较研究的观念，探究了古希腊哲学中的物质存在论与中国标准宇宙论的区别，从而推出了知识与智慧在这两种传统中的重要性的区别。席文认为，人与自然环境之间的互动关系的不同是理解文化差异的起点。作者将自己的中西比较研究运用至席文的这一见解中。文章共分为十三部分：第一部分是"Nathan Siven: Some Telling Insights（南森·席文：一些有效见解）"，第二部分是"Distinguishing Greek Elemental Theories from Chinese Phasal *Qi* 气 Cosmology（区别希腊元素理论与中国'气'化宇宙论）"，第三部分是"Setting the Problem: Human Beings and Human 'Becomings'（设定问题：人类与成人）"，第四部分是"Setting the Stage: Whatever Happened to 'Wisdom?'（设定背景：'智慧'发生了什么?）"，第五部分是"Chinese Cosmology: Is Wisdom Enough?（中国宇宙论：智慧足够了吗?）"，第六部分是"Our Uncommon Assumptions（我们的非常假设）"，第七部分是"An Interpretive Context: *Qi* Cosmology（一个解释的语境：'气'化宇宙论）"，第八部分是"The Collateral Nature of Relationality（关系的附带性质）"，第九部分是"Mencius and 'Human Becomings': Growth through Realizing Meaningful Relations（孟子与成人：通过理解有意义的关系来成长）"，第十部分是"Making Sense of 'potential': An Achieved Harmony among Relations（理解潜能：一种在关系中被成就的和谐）"，第十一部分是"'Family' as the Governing Metaphor（'家'作为统治隐喻）"，第十二部分是"Confucian 'Role Ethics'（儒家'角色伦理'）"，第十三部分是"The Search for Impartiality（寻找公正）"。

[149] Yuri Pines（尤锐），"To Rebel is Justified? The Image of Zhouxin and the Legitimacy of Rebellion in the Chinese Political Tradition", *Oriens Extremus*, 2008, Vol. 47, pp. 1–24

【作品简介】

在周颠覆商的故事中被证实的合法反叛（legitimate rebellion）观念，是中国前帝国时代最怪异的遗产之一。根据《尚书》所记载的文王和武王这两位典范的作为，这种合法反叛观念已经成为传统中国政治文化的一方面。相比之下，在西方，弑暴君者的这种观念会助长共和与反君主制观念，而在中国，合法反叛是在全体一致承认君主制的严格框架下出现的。已有的研究已经解释了这两种观念何以共存，以及君主制传统是如何成功容纳潜在的破坏性的反王朝起义。而本文关注商纣王辛被周王朝颠覆的故事，说明了思想家是如何用自己的主张来重述历史事实以充实自身的思想体系的，认为战国文献对纣辛过度妖魔化了，这是因为思想家想要让周的反叛合法化，同时让其对同时代政治风俗的可能的破坏性影响最小化。思想家们对反叛暴君问题的思考各有不同，这些思考共同促成了合法反叛观念的成熟，并使之被纳入传统中国政治文化。文章共分为五部分：第一部分是 "Claiming the Mandate：The Zhou Ideology（阐明天命：周的意识形态）"；第二部分是 "The Forgotten Tyrant？Zhouxin in the Aristocratic Age（被遗忘的暴君？贵族时代的纣辛）"；第三部分是 "The Ultimate Villain：Changes in Zhouxin's Image（终极反派：纣辛形象的变迁）"，比较分析了《尚书·牧誓》、墨子、《容成氏》等的观点；第四部分是 "Debates about Rebellion in the Late Warring States Period（战国晚期关于反叛的争论）"，比较分析了孟子、荀子、韩非子等思想家的观点；第五部分是 "Epilogue：Legitimate Rebellion in the Imperial Era（结语：帝国时代的反叛）"。

［150］Anh Tuan Nuyen，"Moral Obligation and Moral Motivation in Confucian Role-Based Ethics"，*Dao：A Journal of Comparative Philosophy*，Mar. 2009，Vol. 8，Issue 1，pp. 1 – 11

【作品简介】

本文关注的问题是，儒家的道德主体是如何形成动机去做他们所认为正确的事的。西方哲学给出的答案可能是，这取决于他是一个道德动机的内在主义者还是外在主义者。本文首先解释了儒家角色伦理学，接着论证了儒家的道德动机既不是内在主义也不是外在主义，而是二者兼而有之。作者通过解读《孟子·告子上》第四章来说明了这一点，反驳了那些将孟子视为内在主义者的说法。文章共分为三部分：第一部分是 "Roles and Obligations（角色与义务）"，第二部分是 "Obligations and Motivation（义务与动机）"，第三部分是 "Between Internalism and Externalism（内在主义与外在主义之间）"。

[151] Tongdong Bai（白彤东），"The Price of Serving Meat—On Confucius's and Mencius's Views of Human and Animal Rights"，*Asian Philosophy*，Mar. 2009，Vol. 19，Issue 1，pp. 85 – 99

【作品简介】

一些儒学与权利的基本观念之间存在明显的矛盾，使儒学看似与权利不兼容。本文基于罗尔斯后期的思想，阐明了一些大体策略以解决这一不兼容的问题。作者还解释了这些策略将如何展开儒家对动物权的描述，并以此为例证，阐明了儒家如何支持并发展出一套关于权利的独特且具有建设性的描述。文章共分为两部分：第一部分是"Confucian Rights?（儒家权利?）"，第二部分是"An Example：Animal Rights and the Right of Humane Treatment（一个案例：动物权与人道待遇权）"。

[152] Chan Lee，"Human Nature and Political Imagination：Two Interpretations of the Mencian Idea of *Xing*"，*Journal of Asiatic Studies*，Jun. 2009，Vol. 53，Issue 2，pp. 214 – 244

【作品简介】

本文从孟子回答的政治问题出发，考察了安乐哲（Roger Thomas Ames）与华霭仁（Irene T. Bloom）关于"性"的争论。作者认为，安乐哲与华霭仁对"性"的解释都是从存在论问题的角度来讲的，偏离了孟子原初的思想意图。从政治和权利观念的角度出发，作者认为，安乐哲通过"性"的观念所重构的解读接近道德价值权威，而华霭仁将"性"视为一种全人类共享的普适价值。作者认为，这种从政治的角度来理解"性"的思考，更符合孟子哲学中"性"的原意。文章共分为五部分：第一部分是前言，第二部分是"Ames and Bloom on *Xing*（安乐哲与华霭仁论'性'）"，第三部分是"What is the Question Mencius Wanted to Answer by His Idea of *Xing*?（孟子通过'性'的观念想回答什么问题?）"，第四部分是"The Political Contours of *Xing*（'性'的政治轮廓）"，第五部分是结论。

[153] David R. Morrow，"Moral Psychology and the 'Mencian Creature'"，*Philosophical Psychology*，Jun. 2009，Vol. 22，Issue 3，pp. 281 – 304

【作品简介】

近年来，哲学界复兴了关于道德判断背后的心理学的讨论。作者用 Marc D. Hauser 对"康德模型""休谟模型""罗尔斯模型"的分类来构建讨论框架，认为现有证据与"康德模型"不符，但与"休谟模型"和"罗尔斯模型"相符。作者指出，情感确实充当了道德判断的原因，正如"休谟模型"所主张的那样；但此外，还有其他非意识性的原则塑造了我们的道德判断，正如"罗尔斯模型"所预设的那样。因此，Hauser 对心理学可能模型的三部分划分是不充分的。作者借助认知神经科学、临床和行为心理学、精神病理学的观念，为道德心理学构建了一幅新的、发展的、感伤主义模型，并称之为"孟子模型"。在这一模型中，情感引发了道德判断。由于情感被映射至特定行为中，道德判断在无意中反映了某些原则性区别。

[154] Huaiyu Wang（王怀聿），"The Way of Heart：Mencius' Understanding of Justice"，*Philosophy East and West*，Jul. 2009，Vol. 59，Issue 3，pp. 317 – 363

【作品简介】

本文比较了两个代表了正义的词语——希腊语中的"Dikē"与"义"的含义与起源，对孟子学说中的正义提出了另一种解读，阐明了社会与政治正义起源于人心而非理性的可能性。作者将"义"的根本含义定义为"自尊"（the dignity of the self）与"友善与姻亲"（amity and affinity），并基于这种系谱性研究，重获了一种维持并增进个体尊严与政治团体凝聚力的公正方法，而无须屈从于西方传统形而上学的刻板与侵犯。由此，作者突出了早期儒家道德实践这个被长期忽视的领域，并构建了其与当代关于正义的争论的独特关联。文章共分为四部分：第一部分是"Introduction：*Dikē* versus *Yi*—Two Paths of Justice（前言：'Dikē'与'义'——两种正义）"，第二部分是"A Genealogical Account of the Meaning of *Yi*（对'义'的含义的系谱性描述）"，第三部分是"*Yi* and *Quan*：Prudence and Deliberation in the Decision of Justice（'义'与'权'：对公正决策的审慎思考）"，第四部分是"The Heart of Sky and Earth：Recovering the Sage's Way of Justice（天地之心：重获圣人正道）"。

[155] Jung-hwan Lee（李定桓），"The Moral Power of Jim：A Mencian Reading of Huckleberry Finn"，*Asian Philosophy*，Jul. 2009，Vol. 19，Issue 2，pp. 101 – 118

【作品简介】

本文认为，孟子的道德发展与修身学说有助于理解马克·吐温（Mark Twain）的小说《哈克贝利·费恩历险记》（*Adventure of Huckleberry Finn*）的道德意义。尽管已经有很多学者讨论过哈克贝利·费恩的伦理道德，但作者认为，在这些讨论中，不管是单独关注哈克贝利的道德弧度，还是把吉姆作为一个单向维度的人类尊严的象征，都未能很好地赏析吉姆的道德。作者运用孟子的"德"、性善、恻隐之心等观念，提出了多种方法，从而探究了吉姆作为一个道德典型是如何对哈克贝利的道德生活产生积极作用的。由此，作者重建了《哈克贝利·费恩历险记》的道德核心，探讨了道德教育的价值。

［156］Qingping Liu（刘清平），"To Become a Filial Son, a Loyal Subject, or a Humane Person? On the Confucian Ideas about Humanity", *Asian Philosophy*, Jul. 2009, Vol. 19, Issue 2, pp. 173 – 188

【作品简介】

孔子、孟子与荀子都把人视为情感动物，并特别将仁爱、孝、忠的道德情感视为仁的组成部分。一方面，他们试图将人身上各种相符的孝子、忠臣等多重角色整合至和谐状态，从而使人成为一个伦理道德意义上的真正的人；另一方面，当忠孝发生冲突时，他们又只给孝与忠中的一个分配了至上地位，因为他们分别将父母或统治者视为一个人生命的最大根基。这使得他们关于仁的观念陷入了深度的道德悖论，但后来儒家将传统儒学的框架由血亲主义转变为普遍仁爱，使这一悖论得到了解决。文章共分为四部分：第一部分是"The Human as an Emotional Being（作为情感存在的人类）"；第二部分是"Choices before Moral Dilemmas（道德两难之前的选择）"；第三部分是"The Root of One's Existence as a Human（人之所以为人的根基）"；第四部分是"A Post-Confucian Conception of Humanity（后来儒者的'仁'的概念）"。

［157］Chun-chieh Huang（黄俊杰），William Crawford（trans.），The Conservative Trend of Confucianism in Taiwan after World War Ⅱ, *Contemporary Chinese Thought*, Fall 2009, Vol. 41, Issue 1, pp. 49 – 69

【其他版本】

黄俊杰：《战后台湾儒学的保守思想倾向——以〈孔孟月刊〉为中心》，《台大历史学报》1997 年第 21 期，第 273—294 页。（中文原版）

黄俊杰：《战后台湾文化中儒学的保守思想倾向》，《台湾意识与台湾文化》，台北：台大出版中心，2006 年，第 235—266 页。（于 2007 年重印）

【作品简介】

本文以《孔孟月刊》为个案进行分析，探讨了战后台湾儒学意识的一个侧面。作者指出，代表《孔孟月刊》思想立场的社论呈现出强烈的保守观点、歌颂当权政治人物、肯定传统特殊性，并以此作为反抗西方文明的工具、拒斥政治体制改革，等等。这种保守思想虽然根源于中国传统思想中的一元论思维模式，但更直接的因素则是来自政治权威的干预和指导。总体而言，战后台湾儒学的发展，确实受到了"权力"的渗透与扭转，是一种保守主义的"儒学"。

［158］Melissa Lane，"Comparing Greek and Chinese Political Thought：The Case of Plato's Republic"，*Journal of Chinese Philosophy*，Dec. 2009，Vol. 36，Issue 4，pp. 585 – 601

【作品简介】

本文主要是对柏拉图《理想国》的文学批评。作者对比了孟子与柏拉图的政治思想，孟子相信，与民同乐才能获得称王的真正意义，而柏拉图将暴君的生活描述为一个主人或奴隶，他永远无法获得自由或真正的友谊，二者都描绘了理想君主的应然形象。文章共分为七部分：第一部分是"Modes of Argumentation in Comparative Philosophy（比较哲学中的论证模式）"，第二部分是"'Step 2' in Light of Methodological Debate within the History of Political Thought（政治思想史的方法论之争视角下的'第二步'）"，第三部分是"The Sequence of Steps in Comparative Philosophy（比较哲学步骤中的后果）"，第四部分是"The Goal of Comparative Philosophy（比较哲学的目的）"，第五部分是"Modes of Argumentation in Plato versus Aristotle（柏拉图与亚里士多德的论证模式对比）"，第六部分是"Plato on Desires，Emotions，and the Nature/Artifice Distinction（柏拉图论欲望、情感、自然与人为的区别）"，第七部分是"Conclusion：Reason，Feeling，and Human Nature（结论：理性、情感与人性）"。

［159］Torbjörn Lodén（罗多弼），"Reason，Feeling，and Ethics in Mencius and Xunzi"，*Journal of Chinese Philosophy*，Dec. 2009，Vol. 36，Issue 4，pp. 602 – 617

【作品简介】

在语言与文化差异之下，道德是人类的普遍特征，它反映了人类区分善恶对错的倾向与能力。在一切文化的所有时间里，道德评判的标准都是同一的。在人类文明产生之初，思想家们对一些问题产生了好奇，比如人性善恶、人及其行为的组成、这些成分是先天还是后天的、伦理道德的理性与情感，等等。近年来，一些生物进化学家认为，伦理道德源自同情苦难者的能力，而人之外的其他动物也可能具备这种能力，故而主张这种能力可以从进化要求的角度来解释。可见，在不同时代和文化背景下，思想家对理性、情感与道德伦理的关系有不同的理解。作者认为，赵岐的《孟子注》与刘向编订的《荀子》都以先秦文字将理性、情感与道德伦理联系在一起。虽然并没有与"reason""feeling""ethics"这三个英文词语直接对应的汉语词语，但可以姑且以理性、情感与道德伦理这样的词语与之对应。孟子论性善，而荀子论性恶，善行是通过运用认识才能获得的。文章共分为四部分：第一部分是"Did Mencius and Xunzi Deal with Reason, Feeling, and Ethics?（孟子与荀子处理过理性、情感与道德伦理的问题吗?）"，第二部分关注孟子的相关思想，第三部分关注荀子的相关理论，第四部分则对比了二者。

[160] Yang Xiao（萧阳），"Agency and Practical Reasoning in the Analects and the Mencius"，*Journal of Chinese Philosophy*，Dec. 2009，Vol. 36，Issue 4，pp. 629 – 641

【作品简介】

本文关注早期中国哲学中关于行为或主体（agency）的问题，认为探究此类问题有两个进路。一是实践性的推理，它有一个前提假定，即如果我们知道人如何对于应该做什么进行思考与推理，就可以理解一个人的行为或主体的概念。也就是说，行为主体与实践性推理之间似乎有一种密切联系。二是动机，它也基于一个前提假定，如果我们知道人如何思考道德行为的动机或来源，就可以理解一个人的行为或主体的概念。作者论证了三个命题：前两个命题基于上述的实践性推理进路，但作者只关注了实践性推理的一个层面，即孔孟在阐述道德行为与原则时是如何展开论证的。第一个命题是在《论语》与《孟子》的论证中可以找到推理论证的实践模型，第二个命题是《论语》与《孟子》中推理论证的实践模型中的理性是有效且严谨的。而第三个命题基于动机进路，即尽管孔孟在推理时具有一种工具主义的理性主体观念，但他们并不把这种理性主体定义为道德行为的来源，而是认为道德行为是深层天性的自发表达，如怜悯或同情，它们是从一个主体的更深层次的地方涌出的，而不是通过自我推理得出的。也就是说，道德主体不是理性主体，道德主体是道德行为的源头，而理性主体是推理规范的源头。作者将此称作孟子的"道德与理性的主体二元论"（dualism of moral and rational agency）。

[161] James P. Behuniak Jr. （江文思），"Rorty and Mencius on Family, Nature, and Morality", Yong Huang（黄勇），ed., *Rorty*, *Pragmatism*, *and Confucianism*: *With Responses by Richard Rorty*, Albany: State University of New York Press, 2009, pp. 101 – 116

【作品简介】

儒家学说与罗蒂（Richard McKay Rorty）的思想在许多层面都截然不同。例如，罗蒂的思想大多具有批判性，他企盼一个时代的结束；而儒学总是建设性的，主张复兴传统。罗蒂反对一切普遍性理论；而儒学总提"天下"。罗蒂重视个人自主性，公私界限分明；而儒学强调社会责任与家国一体。然而，作者指出，罗蒂与儒学事实上有许多相似之处。作者对比了罗蒂与孟子的人性论，发现二者有许多可以兼容之处，而二者体现出来的差异则更有趣。罗蒂的观念显得更加具有实践性，而孟子的思想也并不是那么偏向于形而上学。

[162] Kyu-taik Sung（圭泰成），"Roots of Elder Respect: Ideals and Practices in East Asia", Kyu-taik Sung（圭泰成），Bum-jung Kim, eds., *Respect for the Elderly*: *Implications for Human Service Providers*, Lanham, Md. ; Toronto: University Press of America, 2009, pp. 45 – 62

【作品简介】

本论文集关注在人性化服务背景下尊重长者的问题，还注重阐述老年人在健康、社会工作、宗教、文化和种族环境中的作用，从而使社会更好地理解敬老。本文关注东亚文化中的敬老问题。中国、日本、朝鲜有着悠久的敬老文化，然而，人口和社会的发展让年轻人的敬老热情有所减退。家庭规模比以前小得多，许多年轻人远离父母，接触了许多不同的文化；女性作为传统上照顾家庭的角色，也越来越多地在家庭之外工作。然而，深深植根于东亚家庭制度和社会结构中的敬老观念依然在发挥作用，只是换了一种表现形式继续存在。文章共分为六部分。第一部分是"Exploration of Forms of Respect: Approach（对尊敬形式的探究：进路与方法）"，谈到了儒家学说的"孝"，它包括对父母、祖先与长者的尊敬，这体现在《礼记》《孝经》《论语》《孟子》之中。第二部分是"Passages and Excerpts of Elder Respect in the Classics（经典中关于敬老的节选）"，文中讲解了《孟子》中提到的"孝子之至，莫大乎尊亲""恭敬之心，礼也""曾子不忍食羊枣""养生者不足以当大事，惟送死可以当大事""亲丧固所自尽也"，以及服丧期间的礼仪、对棺材功用的规定等。第三部分是"List of Traditional Forms（传统方式的列表）"，将敬老分为十六种形式，每个形式下还有一些详细的小分类。第四部分是"Communality of Forms Practiced in East Asia（东亚敬老实践的集体性）"。第五部分是"Modifying Expressions among the Young（改变年轻人的敬老表达方式）"。第六部分是结语与讨论。

［163］Lu Jiande（陆建德），"Confucian Politics and Its Redress：From Radicalism to Gradualism"，*Diogenes*，2009，Vol. 56，Issue 1，pp. 83 – 93

【其他版本】

陆建德著，杜鹃译：《儒家政治及其矫正：从激进主义到渐进主义》，《第欧根尼》2011 年第 1 期，第 80—94 页。（中文原版）

【作品简介】

本文涉及儒家思想在中国当前的复兴。文章分析了这一复兴的政治问题及结果，强调了儒家作为一种政治理论、作为治理的科学与艺术以及公共伦理的可能缺陷。它回溯了孔子与孟子的辩证关系，并展示了 20 世纪政治中的儒家思想成分如何塑造了当代中国的公共及政治氛围。革命与改革的方向之间的张力贯穿 20 世纪，仍在当前的社会活动中发挥作用并反映在政治辩论之中。

［164］S. R. Gilbert，"Mengzi's Art of War：The Kangxi Emperor Reforms the Qing Military Examination"，Nicola Di Cosmo（狄宇宙），ed.，*Military Culture in Imperial China*，Cambridge，Mass.；London：Harvard University Press，2009，pp. 243 – 256

【作品简介】

王阳明曾运用孙子与伍子胥的观点讨论衰退中的国家的军事需要问题，而在内圣领域则推崇孟子。这一文一武似乎是矛盾的，因为 16 世纪的人普遍认为，孟子反对暴力战争，例如，孟子曾嘲笑梁惠王、梁襄王、齐宣王好战，但他们忽视了孟子对"勇"的推崇，这或许能说明他并不反对战争。事实上，王阳明把孟子的主张融入了军事实践。由此，本文引入了康熙的军事改革，同样也运用了孟子的军事思想。

［165］Jeremy Paltiel（包天民），"Mencius and World Order Theories"，*Chinese Journal of International Politics*，Jan. 2010，Vol. 3，Issue 1，pp. 37 – 54

【作品简介】

本文关注国际关系理论，认为中国的先秦时期是国际关系专业知识及分析方法的丰富资源。作者指出，孟子的框架既是物质的又是意识的，它塑造了把物质利益组织起来的观念与诱因架构。文章共分为三部分：第一部分是"Introduction：Ancient Wisdom，Modern Frames（引言：古代智慧与现代框架）"，第二部分是"Hegemony（*Badao*）and the Kingly Way（*Wangdao*）in *Mencius*（《孟子》中的王道与霸道）"，第三部分是结论。

[166] Yong Huang（黄勇），"Confucius and Mencius on the Motivation to Be Moral"，*Philosophy East and West*，Jan. 2010，Vol. 60，Issue 1，pp. 65 – 87

【作品简介】

本文关注《论语》与《孟子》，为"为什么要成德"这个关于成德动机的问题提供了一个儒家的答案，一些哲学家指出，这个问题既不反复也不自相矛盾。儒家认为成德能让人愉悦，尽管人也可能从非道德甚至是不道德的事情中获得快乐，但人应该从成德中寻找快乐，至少应该因为自己没有成为不道德的人而快乐，因为成德的能力是人所特有的。儒家的道德动机是一种愉悦感，这显得很利己，但其实儒家的快乐在于实践四大美德，所以归根结底还是利他的。文章共分为五部分：第一部分是引言，第二部分是"The Question of'Why Be Moral'and Its Legitimacy（'为什么要成德'的问题及其合法性）"，第三部分是"Taking Delight in Being Moral（在成德中获得快乐）"，第四部分是"Being Moral as Being Distinctively Human（成德而成为区别于其他物种的人）"，第五部分是"Concluding Remarks：Altruistic Egoism/Egoistic Altruism（结论评析：利他的利己主义还是利己的利他主义）"。

[167] Kuang-hui Yeh（叶光辉），"Relationalism：The Essence and Evolving Process of Chinese Interactive Relationships"，*Chinese Journal of Communication*，Mar. 2010，Vol. 3，Issue 1，pp. 76 – 94

【作品简介】

中国社会生活关注关系，而西方社会生活关注个体。关系网络对于中国人的生活与行为来说是很重要的，许多学者用关系主义来描述中国人互动的行为模式，认为其依赖于关系的亲密度，亲密程度的不同决定了互动规则的不同。基于儒家的"仁""义""礼""欲"等观念，作者重新考察了近来学者探究中国人际交互时的关系主义视角，阐明了他们观点的区别、混淆与不足，并提出了一种新的框架，包括三个关键成分，即必要的、可靠的与自私的情感要素，以此来解释中国人际交互可能的发展过程。这一框架阐明了关系主义在现代中国的人际交互中是如何运行的，一种既定交互关系的发展的核心，取决于必要的、可靠的与自私的情感要素的多样组合，它们之间有明显的区别，但有一致的互动规则。它们是评判与调节后续互动关系的实质所在。

[168] Kurtis G. Hagen, "The Propriety of Confucius: A Sense-of-Ritual", *Asian Philosophy*, Mar. 2010, Vol. 20, Issue 1, pp. 1 – 25

【作品简介】

在儒家哲学中，"礼"的概念既重要又难以把握，它常常被翻译为"ritual"或"therites"。作者指出，"礼"一方面是外在的规则标准，另一方面也是个人的内在特质，"礼"在后者这一层面上的意义与前者同等重要。作者认为，"礼"是顺从、是不断培养而成长的气质、是外现的智慧，是个性化的典范行为。最后，作者反思了 Herbert Fingarette、安乐哲（Roger Thomas Ames）、郝大维（David L. Hall）、Edward Osborne Wilson 等人的分析观点，认为尽管从外在层面来将"礼"理解为"传统标准"的成规是合理的，但其含义也必不可少地包含内在的"礼"的意识，此二者是保持一致的。文章共分为十部分：第一部分是"Mencius and Xunzi（孟子与荀子）"，第二部分是"Conventions and Sensibilities（传统与情感）"，第三部分是"A Spectrum of Contemporary Interpretation（一个当代解释谱系）"，第四部分是"Confucius's Style in Book Ten（《论语·乡党》中的孔子模式）"，第五部分是"The Lessons of Yan Hui and Zizhuang（颜回与子张的教义）"，第六部分是"*Li* as Deference and Respect（顺从与尊重的'礼'）"，第七部分是"Stages of Development（发展的阶段）"，第八部分是"Embodied Intelligence（被体现的智慧）"，第九部分是"The Personalization of Propriety（礼的人格化）"，第十部分是"Innovation and Evolution（创新与发展）"。

[169] Sung-moon Kim（金圣文），"The Secret of Confucian Wuwei Statecraft: Mencius's Political Theory of Responsibility", *Asian Philosophy*, Mar. 2010, Vol. 20, Issue 1, pp. 27 – 42

【作品简介】

尽管孟子对"无为"的理想有强烈的信奉，但他提出了一种独特的密切相关的儒家"有为"治理理论，而它能够促成"无为"的理想。首先，它能在社会经济条件不利的情况下原则性地运用个人与社会责任感；其次，它提供了一种具体的公共政策也就是井田制，这有助于形成良好的社会经济状况，在此基础上，社会才能实现自治，个人与家庭才能完全发挥他们的个体道德与社会经济责任感。作者认为，儒家的"无为"治理有其实践和社会背景，即一种社会经济上和道德上自治的市民社会。文章共分为四部分：第一部分是引言，第二部分是"The Primacy of *Youwei* Statecraft in the Non-Ideal Situation（在非理想状态下'有为'治理的首要地位）"，第二部分是"The Principle of *Youwei* Statecraft：Expanding and Constricting Responsibility（'有为'治理的原则：扩充与压缩责任感）"，第三部分是"The Secret of *Wuwei* Statecraft（'无为'治理的秘密）"，第四部分是结论。

［170］Eske Janus Møllgaard，"Confucianism as Anthropological Machine"，*Asian Philosophy*，Jul. 2010，Vol. 20，Issue 2，pp. 127 – 140

【作品简介】

儒学是一种人文主义，然而，儒家的人文主义预设了一种分裂的行为，即将人与非人区分开。本文展现了这种分裂，指出它是孟子道德心理学的核心。如果用 Giorgio Agamben 的术语来讲，则儒学是一种"人类学机器"。作者探究了早期道家批评儒家人文主义的主要观点，通过与 Herman Melville 的小说《抄写员巴特比》的比较研究，展现了《孟子》中道德意愿的局限性。最后，作者提到了一个当时激起中国网民想象的事件，它显示了当代中国儒家人道主义的影响力。

［171］Owen Flanagan，Robert Anthony Williams，"What does the Modularity of Morals Have to Do With Ethics? Four Moral Sprouts Plus or Minus a Few"，*Topics in Cognitive Science*，Jul. 2010，Vol. 2，Issue 3，pp. 430 – 453

【作品简介】

Flanagan 是第一个主张以认知科学来考量道德模块性假设（modularity of morals hypothesis，i. e. MMH）的当代哲学家。有一个严肃的经验性提议，即人会对特定社会道德经历产生道德模块进化上的古老的、快速作用的、无意识的反应，从这一角度出发，道德能力才能得到最好的解释。这种道德模块性假设充实了亚里士多德、孟子与达尔文思想中的初期观念，作者讨论了这一假设的证据，尤其关注了一个古老的版本，即孟子的道德模块性（Mencian

Moral Modularity），孟子阐明了四个内在的模块。此外，作者还关注了社会直觉主义模块性（Social Intuitionist Modularity），它阐明了五个内在模块。接着，作者又对比了这两种道德模块性模型，讨论了这种假设模块是福多（Jerry Alan Fodor）式的知觉模块还是达尔文式的情感模块，探究了道德模块性假设的可能的伦理结果。关于道德模块性假设的讨论通过重申"实然—应然"（is-ought）问题，再次将认知科学与规范伦理学联系在一起。作者以新的方法解释了这个问题是什么以及其从未被定论的原因，这并非由于"应然"的逻辑，而是由于人性的可塑性，以及以各种合理方式助长（grow）人性和改变（do）人性的现实选择。

[172] Aaron Stalnaker（史大海），"Virtue as Mastery in Early Confucianism"，*Journal of Religious Ethics*，Sep. 2010，Vol. 38，Issue 3，pp. 404 – 428

【作品简介】

本文探究了技术与道德之间的相互关系。作者先回顾分析了从亚里士多德到麦金泰尔（Alasdair Chalmers MacIntyre）的发展历程，论证了技术与道德在目的与本质上的绝对区别。这一常见的区别在一些具体层面上是细微的，但仍具有重要的误导性。一般的道德或者礼、实践智慧等特定的道德，都不仅要在实践语境中练习，而且还需要部分地受到特定技术的掌控。这就为道德心理学问题提供了暗示，特别是解答了道德的获得过程及其性质。作者分析了早期儒学中的两个案例以说明这一点，一是荀子将礼视为基本道德，二是孟子对卓越道德洞察的不细致整合。文章共分为五部分：第一部分是引言，第二部分是"Skill, Virtue, and Practice According to Aristotle and MacIntyre（亚里士多德与麦金泰尔的技术、道德与实践）"，第三部分是"Xunzi on Mastering Ritual（荀子论掌控礼）"，第四部分是"Mencius on Developing Moral Discernment（孟子论发展道德洞察）"，第五部分是"Skills and Virtues Revisited（重谈技术与道德）"。

[173] Jiyuan Yu（余纪元），"The Practicality of Ancient Virtue Ethics：Greece and China"，*Dao：A Journal of Comparative Philosophy*，Sep. 2010，Vol. 9，Issue 3，pp. 289 – 302

【其他版本】

Jiyuan Yu（余纪元），"The Practicality of Ancient Virtue Ethics：Greece and China"，Stephen C. Angle（安靖如），Michael A. Slote，eds.，*Virtue Ethics and*

Confucianism，New York，London：Routledge，2013，pp. 127 – 140

【作品简介】

有人认为美德伦理学不能解决实际道德问题，难以对抗功利主义与义务论。但维护美德伦理学的一派指出，美德伦理学是可以产生大量实用性规则的，它教会人们要诚实、慷慨、公正，而不是反其道而行之。其实，这两种观点都主张美德伦理学应该具备指导人类行为的功能。本文关注美德伦理学的实用性，从古人的立场出发，解释了古希腊哲学家和古代中国儒者是如何将美德伦理学视为实用科学的，并将古今学者对美德伦理学的看法进行了比较。本文共分为四部分：第一部分是引言；第二部分是"Practicality in Ancient Greek and Chinese Virtue Ethics（古代希腊和中国的美德伦理学中的实用性）"，指出古代希腊和古代中国都存在明显的道德实用主义，主张用道德改变人们的生活，这与当代伦理学存在显著的差别；第三部分是"Ethics as Transformative of People's Lives（改变人类生活的伦理学）"，考察了几个代表性的古代思想家，由此说明他们如何利用伦理学改变了人们的生活，包括苏格拉底、亚里士多德、孔子、孟子；第四部分是"Practicality and Contemporary Ethics（实用性与当代伦理学）"，解释了古代美德伦理学的实用性被当今学者忽视的原因，并展望了这种实用性复兴的前景。

［174］Luke Glanville，"Retaining the Mandate of Heaven：Sovereign Accountability in Ancient China"，*Millennium*，Nov. 2010，Vol. 39，Issue 2，pp. 323 – 343

【作品简介】

近年来，"主权即责任"（sovereignty as responsibility）与"防卫责任"（the responsibility to protect）的观念越发被国际社会所接受，这些观念源于欧洲早期关于大众反抗与人道主义干涉的概念。然而，欧洲并非唯一的拥有主权述职或主权问责（sovereign accountability）传统的地域。在欧洲近代早期出现主权之前将近两千年，中国早期的哲学家就已经发展了一套成熟的关于合理统治责任的相似概念。儒家代表人物尤其是孟子，主张统治者应该由天选定，并以民利为重；相反，民众可以合法地问责他们的君主，他们有权放逐甚至诛杀暴君。此外，仁君如果发动战争以扳倒和惩罚其他国家的暴君、安抚他的民众，这被认为是正当的。一旦对这种非欧洲的主权述职或主权问责传统有所认知，那么，那些要增进当下"主权即责任"概念的人，就有可能同那些仅将这些概念视为西方外来原则与价值的人展开对话。文章共分为六部分：第一部分是引言，第二部分是"Historical Background and Context（历史背景与语境）"，第三部分是"Sovereign Accountability to Heaven and to the People（君主向天与民述职或接受其问责）"，第四部分是"The Right of Punitive War against Tyranny（反对暴君的惩罚性战争的正当性）"，第五部分是"The Limits of Benevolence and the Victory of Legalism（仁的局限与法的胜利）"，第六部分是余论。

[175] David Elstein（杜楷廷），"Why Early Confucianism Cannot Generate Democracy"，*Dao*：*A Journal of Comparative Philosophy*，Vol. 9，Issue 4，Dec. 2010，pp. 427 – 443

【作品简介】

当代中国哲学的一个核心问题是儒学与民主之间的关系。一些政治人物论证了儒家价值使政府的非民主形式公正化，许多学者也论述了儒学可以为民主提供正当性解释，尽管儒家式的民主与自由民主有本质区别。这些学者相信，用以孔孟为基础的儒家价值来发展自身的民主观念，对中国文化来说很重要。本文论述了这种儒家民主形式所面临的一些障碍，例如，孔孟关于修身的政治哲学反映了他们对民主核心假定的反对。他们并不相信公共机构能够作出好的决策，他们主张为民统治而非由民统治。因此，作者认为，这些哲学理论是无法产生民主的。文章共分为五部分：第一部分是引言，第二部分是"Problems with the Debate（争辩的问题）"，第三部分是"Defining Democracy and Confucianism（定义民主与儒家）"，第四部分是"My Reading of Confucian Thought（我对于儒家思想的理解）"，第五部分是结论。

[176] Eric C. Mullis，"Confucius and Aristotle on the Goods of Friendship"，*Dao*：*A Journal of Comparative Philosophy*，Dec. 2010，Vol. 9，Issue 4，pp. 391 – 405

【作品简介】

本文讨论了孔子、孟子、亚里士多德所讨论的友情之善。由于孔孟倾向于从等级的角度来思考个人关系，所以他们都不直接表达对等友情的好处。作者运用亚里士多德对友情的描述，论述了友情对于家庭之外的道德修养的必要性。作者讨论了家庭生活中培养出来的慷慨、诚信、智慧等美德，并在此基础上论述了这些美德如何被提炼至友情中。最后，由于孔孟和亚里士多德都认为好的友谊也必然是道德的友谊，作者还讨论了美学意义上的友情具有哪些价值。

［177］Michael C. Kalton，"The Original Nature of Contemporary Society：Three Diagrams on Social Transformation to Sustainability"，*Acta Koreana*，Dec. 2010，Vol. 13，Issue 2，pp. 9 – 29

【作品简介】

本文研究了社会的两个层级：第一个是当代的现实社会，特别表现在美国式的自由市场资本主义中；第二个是更深层次的结构条件，它既是真实的又是不真实的，说它真实是因为结构的本质就是真实，说它不真实是因为现实状态无法很好地将它反映出来。理学从气质之性（physical nature）和天命之性（original nature）的角度来处理事实条件与深层结构之间的系统性张力，受到理学的启发，作者提出了这种两层级的方法。作者发现，理学的这种模型是对生活系统乃至整个社会环境系统的任何层面进行实际思考的丰富思想资源，由此，作者探究了当代社会的天命之性。在文章的最后，作者阐明了那些被扭曲的关于天命之性的观点，以及它们被扭曲的根源，讨论了矫正策略。在当代术语中，这是一种对系统性张力及其矫正方向的理学反思，这一问题处于当代可持续性危机的核心。文章共分为五部分：第一部分是引言；第二部分是"Diagram of Dynamics of Human Social Co-Evolution（人类的社会性共同进化的动力学图解）"；第三部分是"Diagram of Contemporary Society（当代社会的图解）"；第四部分是"Original Nature：Neo-Confucian Alternatives（天命之性：理学的替代方案）"，本部分大篇幅分析了孟子的思想；第五部分是结论。

［178］Myeong-seok Kim（金明锡），"What *Cèyǐn zhī xīn*（Compassion/Familial Affection）Really Is"，*Dao：A Journal of Comparative Philosophy*，Dec. 2010，Vol. 9，Issue 4，pp. 407 – 425

【作品简介】

本文通过分析孟子的道德之端"恻隐之心"，探究了其情感观念。过去，学者们常将"恻隐之心"翻译为"compassion""sympathy""commiseration"，从而表达一个人为他人的不幸感到痛苦的意思。而本文阐明了这种痛苦的性质，论证了"恻隐之心"主要是用同情关切来解释他人的不幸，其痛苦来自这种对怜悯对象的基于关怀的解释。作者将"恻隐之心"理解为一种基于关怀的解释，由此试图建立一个重要的替代物，从而指向对孟子情感修养的新解释。文章共分为五部分：第一部分是 "Introduction：Competing Theories of Emotions and Mengzi's *Cèyǐn zhī xīn* （引言：比较情感理论与孟子的'恻隐之心'）"，第二部分是 "Compassion，Spontaneity，and Motivational Purity （怜悯、自发与动机纯粹）"，第三部分是 "Empathy，Sympathy，and the Nature of Compassion in *Mengzi* （《孟子》中移情、同情与怜悯的性质）"，第四部分是 "Compassion and Familial Affection as a Concern-Based Construal （怜悯与家庭情感作为一种基于关怀的解释）"，第五部分是 "Mengzian View of Emotion as a Concern-Based Construal and Its Implications （孟子的情感观念作为一种基于关怀的解释及其暗示）"。

[179] Stephen C. Angle （安靖如），"Translating （and Interpreting） the *Mengzi*：Virtue，Obligation，and Discretion"，*Journal of Chinese Philosophy*，Dec. 2010，Vol. 37，Issue 4，pp. 676 – 683

【作品简介】

本文关注万百安 （Bryan William Van Norden） 在翻译《孟子》时对孟子思想的分析，探究了美德伦理学的根本层面，这是孟子伦理理论的焦点。作者还提到了万百安关于仁与义的概念，其概念强调了一种对个人特定行为的禁止。作者还借用 Michael A. Slote 的说法指出，美德伦理学一般会使用诸如完美、钦佩等德性术语 （aretaic terms），而不使用诸如对错、允许、必要等义务术语 （deontic terms）。文章共分为三部分：第一部分是 "Virtue versus Obligation （道德与义务的对立）"，第二部分是 "How to Exercise Discretion （如何训练审慎决策）"，第三部分是结论。

[180] Cecilia Wee，"Mencius and the Natural Environment"，*Environmental Ethics*，Winter 2010，Vol. 31，Issue 4，pp. 359 – 374

【作品简介】

东亚哲学家探索了思考人与自然关系的丰富路径，环境伦理学家常常由此从道家与佛学中寻找灵感，但极少从儒学中寻找资源。即便有从儒学中汲取灵感的环境伦理学家，他们也几乎不会注意到早期儒学，这很可能是因为早期儒家的人文视角看起来更关注人际关系和人类社会繁荣。作者首先考察了孟子的思想，一般认为孟子仅仅将自然世界视为一种用来增进人类福祉的工具。但作者认为，这种描述并不公平，因为由孟子基本学说中讲的扩充可以推知一种有趣的对人与自然关系的描述，可以平衡人类关切与尊重自然。

［181］Seth Thomas Gurgel（高进仁），"Mencius：Plato with a Country on His Side—Looking to China for Help with Jurisprudential Problems"，*Vera Lex*，Winter 2010，Vol. 11，Issue 1 – 2，pp. 101 – 128

【作品简介】

本文认为，在解决法律问题方面，中国的政府体系可以成为其他政府体系的模板。作者强调了中国政府机构的有效性，尤其是在利用知识精英的能力方面。文章还讨论了中国政府体系为全世界的基本政治法律问题提供了哪些借鉴。

［182］Qianfan Zhang（张千帆），"Humanity or Benevolence？The Interpretation of Confucian *Ren* and its Modern Implications"，Kam-por Yu（余锦波），Julia Tao Lai Po Wah（陶黎宝华），Philip John Ivanhoe（艾文贺），eds.，*Taking Confucian Ethics Seriously：Contemporary Theories and Applications*，Albany：State Uniersity of New York Press，2010，pp. 53 – 72

【作品简介】

本文关注儒学中的"仁"与"仁政"，指出中国政治中有很深的儒家传统，尽管这一传统在不停地发展变化，但中国的政治与行政的性质长期保持着内在一致性，当今中国政治也经由儒学塑造，强调维护人民的利益。然而，如果不将儒学中"仁"的道德概念从其政治传统中区分出来，即便是良性的开端，也可能会导致家长式的专制。本文重新界定了"仁"的概念，并关注其在《论语》之后的风靡与发展，并衍生出了多层含义，包括 Humanity、Care、Love、Benevolence 等，而这些单个的英文单词都无法独自覆盖"仁"的全部含义。本文共分为三部分。第一部分为"Ren as Humanity（作为人道的仁）"，试图从《论语》与《孟子》中揭示"仁"的一贯性，并在"仁"与康德哲学之间建构概念联系。儒学与康德哲学同属人道伦理，重视以人为本与人的尊严。尽管儒学与康德的理性方法存在重要区别，但二者具有相似的道德预设。第二部分为"The Essence of 'Benevolent Government' and Its Limitations（'仁政'的关键及其局限）"，作者主张，作为道德概念，儒家的"仁"超出了唯物的 Benevolent 的限制，而且它与康德的绝对命令（categorical Imperative）构想相契合。《论语》中最初的"仁"体现了人与人之间的相互尊重，而孟子为之增加了本体论的含义，注入了人的天赋善性的学说，指出道德价值是内化于人的，"仁"与"君子"概念一起组成了中国人道的核心。此后，"仁政"概念逐步发展，但慢慢偏离了"仁"的本义，甚至被后人纳入了"忠君"等内容，民众也失去了反抗的能力。第三部分为"Beyond Benevolence（仁之外）"，指出了前述的那种所谓的"仁政"对孔孟学说的偏离，而且还消极看待了民众的性善。最后，作者探究了《孟子》中的一些段落，来说明儒学希望政府能做到超越"仁"，并实施真正与儒学相符的"仁政"。

[183] Chun-chieh Huang（黄俊杰），"East Asian Conceptions of the Public and Private Realms", Kam-por Yu（余锦波），Julia Tao Lai Po Wah（陶黎宝华），Philip John Ivanhoe（艾文贺），eds., *Taking Confucian Ethics Seriously：Contemporary Theories and Applications*，Albany：State Universty of New York Press，2010，pp. 73 – 97

【其他版本】

黄俊杰：《东亚近世儒者对"公""私"领域分际的思考：从孟子与桃应的对话出发》，《江海学刊》2005 年第 4 期，第 17—23 页。（中文原版）

黄俊杰：《东亚近世儒者对"公""私"领域分际的思考：从孟子与桃应的对话出发》，黄俊杰、江宜桦编：《公私领域新探：东亚与西方的观点之比较》，台北：台湾大学出版中心，2005 年 8 月。

黄俊杰：《东亚近世儒者对"公""私"领域分际的思考：从孟子与桃应的对话出发》，《东亚儒学：经典与诠释的辩证》，台北：台湾大学出版中心，2007 年，第 395—418 页。

黄俊杰：《东亚近世儒者对"公""私"领域分际的思考：从孟子与桃应的对话出发》，黄俊杰、江宜桦编：《公私领域新探：东亚与西方观点之比较》，上海：华东师范大学出版社，2008 年。

黄俊杰：《东亚近世儒者对"公""私"领域分际的思考：从孟子与桃应的对话出发》，《东亚儒学：经典与诠释的辩证》，上海：华东师范大学出版社，2012 年，第 271—286 页。

Chun-chieh Huang（黄俊杰），"East Asian Conceptions of the Public and Private Realms", *East Asian Confucianisms：Texts in Context*，Goettingen：V&R Unipress；Taibei：Taiwan University Press，2015，pp. 57 – 80

黄俊杰：《东亚近世儒者对"公""私"领域分际的思考：从孟子与桃应

的对话出发》,《东亚儒学探索》, 贵阳: 孔学堂书局, 2019 年。

【作品简介】

本文由《孟子·尽心上》的第三十五章引出, 该章讲的是桃应问孟了, 假设瞽叟杀人, 舜会如何处置。该章体现了忠孝难两全时的儒者态度, 反映了孟子对公私关系问题的理解。对此, 中国、日本和朝鲜的儒家学者们提出了不同的解释, 体现了东亚思想史中公私概念的转化关系。本文共分为三部分。第一部分是 "The Development of the Concept *Gong* and *Si* in Ancient Chinese Thought (早期中国思想中 '公' 与 '私' 的概念发展)", 作者分析了西周到战国的公私概念的发展变化, 以及它体现了什么才是人生的正确位置。第二部分是 "East Asian Confucian Perspective on the Relationship between the Public and Private Realms Based on Interpretations of *Mengzi* 7A35 (从《孟子·尽心上》第三十五章看东亚儒家视角中的公私关系)", 分析了东亚儒家对《孟子·尽心上》第三十五章的不同解释, 试图考察东亚思想中公私概念的转化。第三部分是结论。

[184] Scott Bradley Cook (顾史考), "What did Zēng Zǐ (曾子) 'Guard Over' in MC 2A2?", Alvin P. Cohen, Donald Edward Gjertson, E. Bruce Brooks (白牧之), eds., *Warring States Papers* (*Volume 1*): *Studies in Chinese and Comparative Philology*, University of Massachusetts: Warring States Project, 2010, pp. 46 – 51

【作品简介】

作者指出, 我们解读《孟子·公孙丑上》第二章中 "浩然之气" 的方式, 在很大程度上影响着我们对孟子心气关系的理解。这也会决定我们理解孟子同时代的其他思想家文本的方式。文章从《孟子·公孙丑上》第二章的曾子之勇出发进行评析, 共分为四部分: 第一部分是 "That Zēng Zǐ did not Preserve 'Something Essential' (曾子未 '得其要')", 第二部分是 "That Zēng Zǐ Too Guarded Over His 'Vital Energy' (曾子对于他的 '气' 过于谨慎)", 第三部分是 "On the Meanings of Shǒu and Yuē (关于 '守' 与 '约' 的意义)", 第四部分是结论。

[185] E. Bruce Brooks (白牧之), "The Interviews of Mencius", Alvin P. Cohen, Donald Edward Gjertson, E. Bruce Brooks (白牧之), eds., *Warring States Papers* (*Volume 1*): *Studies in Chinese and Comparative Philology*, Universi-

ty of Massachusetts：Warring States Project，2010，pp. 148 – 152

【作品简介】

作者接受了刘殿爵（Dim Cheuk Lau）的说法，即依据与魏国和齐国国君会面的确切日期，《梁惠王》篇的所有会话都是按时间顺序排列的，除了《梁惠王下》中的最后一章与鲁平公会见失败之外。鲁平公放弃会见孟子的事发生在公元前 317 年，也就是鲁平公即位的第一年，当时鲁平公很重视丧礼的规章，而孟子正好在鲁国为母亲办丧事。将这一章放在《梁惠王下》的末尾，是因为这一章最后孟子关于命运的评论可以作为孟子事业的总结。作者认为，《梁惠王》篇的所有会话基本上可以分为两部分，其中只有一部分是真实可信的孟子与君王的对话。文章共分为三部分：第一部分是 "Forming a Hypothesis（形成假设）"，第二部分是 "Arguments in Support of the Hypothesis（由假设得出论点）"，第三部分是 "Postscript（附录）"。

［186］Stephen C. Angle（安靖如），"Theoretical Terms in the Mencius"，Alvin P. Cohen，Donald Edward Gjertson，E. Bruce Brooks（白牧之），eds.，*Warring States Papers（Volume* 1）：*Studies in Chinese and Comparative Philology*，University of Massachusetts：Warring States Project，2010，pp. 153 – 157

【作品简介】

本文旨在通过分析《孟子》中的理论术语的运用来区分其文本层次。起初，作者论述了如何才能找到这些分散在哲学文本中的术语。接着，作者阐述了四点问题：一是《孟子》的《离娄》篇、《告子》篇、《尽心》篇的独特性；二是《梁惠王上》第七章、《公孙丑上》第二章、《公孙丑上》第六章与《离娄》篇、《告子》篇、《尽心》篇的联系；三是《梁惠王》篇、《公孙丑》篇、《滕文公》篇中的术语；四是整个《孟子》文本中的术语。

［187］Manyul Im（任满悦），"Tensions between Mencius 3 and 7"，Alvin P. Cohen，Donald Edward Gjertson，E. Bruce Brooks（白牧之），eds.，*Warring States Papers（Volume* 1）：*Studies in Chinese and Comparative Philology*，University of Massachusetts：Warring States Project，2010，pp. 158 – 159

【作品简介】

《孟子》的《滕文公》篇与《尽心》篇之间存在一个有趣的分裂，即孟子及其弟子与其哲学对手们之间的关系问题。《滕文公》篇里的章节体现了压制其他对手思想流派的紧迫性，也体现了孟子及其弟子对自身原则更严格的遵守；而《尽心》篇体现了对其他对手思想流派的容忍甚至是接受，还表现出对不灵活与限制性原则的明确拒斥。基于这种区别，作者指出，公孙丑在《尽心》篇中扮演了多面性的衬托角色，例如，他在《尽心上》第三十一章中代表了一种原始主义立场，而在《尽心上》第三十九章中则代表着墨家立场。由此，作者认为，这些现象反映了孟子的支持者与反对者所持观点之间存在密切相关的近似性，而这种近似性是《滕文公》篇中非常缺乏的。

[188] Dan Robins（丹若宾），"Inhuman Nature in Mencius"，Alvin P. Cohen, Donald Edward Gjertson, E. Bruce Brooks（白牧之）, eds., *Warring States Papers（Volume 1）: Studies in Chinese and Comparative Philology*, University of Massachusetts: Warring States Project, 2010, pp. 160 – 163

【作品简介】

本文讨论了《孟子》中的动物意象。白牧之（E. Bruce Brooks）与白妙子（A. Taeko Brooks）认为，《孟子》的《梁惠王》篇、《公孙丑》篇、《滕文公》篇，与《离娄》篇、《万章》篇、《告子》篇、《尽心》篇，这两部分分别代表了南方学派和北方学派。而作者对这一理论进行了重构，认为这两个学派都发展出了对动物的消极态度，但二者对动物意象的使用模式不同。这两种模式都不是在传统文献编排中体现出来的，这一点可以为白牧之与白妙子的观点提供支撑，但作者提出了质疑。文章共分为三部分：第一部分是"The Development of a Negative Attitude（消极态度的发展）"，第二部分是"The Two Schools（两个学派）"，第三部分是"Discussion（讨论）"。

[189] Donald L. Baker, "Koreanizing Confucianism: Tasan Chǒng Yagyong and His Commentaries on Mencius and the Doctrine of the Mean", *East Asian Confucianisms: Interactions and Innovations*, Proceedings of the Conference of May 1 – 2, 2009, Sponsored by Rutgers University, Taiwan University and Jilin University, New Brunswick, N. J.: Confucius Institute at Rutgers University, 2010, pp. 106 – 120

【作品简介】

本文关注朝鲜儒学，分析了著名哲学家丁若镛（1762—1836）对《孟子》与《中庸》的研究。丁若镛在年轻时因参加朝鲜天主教的创立而被流放，因住所附近有茶山，故号"茶山"。长达十八年的流放生活，使其有机会静心研究日本和中国的儒学。他注重对中日儒学前辈的研究，包括中国的赵岐、朱子、二程、孙奭、王应麟、胡炳文、顾炎武、毛奇龄、徐乾学、阎若璩、万斯同等人，以及日本的荻生徂徕、太宰春台、伊藤仁斋等人。其著作深受这些学者的影响，但他仍保有自己的创造性见解。此外，其哲学思想深受在中国的基督教传教士的著作的影响。例如，利玛窦让他不认同将"理"视作宇宙的基础。他还主张"性"即"欲"，人类相对于动物的优越性体现在精神层面，认为美德是天生的而不是遗传的。他信仰自由意志，并相信天主的存在。由于当时的朝鲜天主教徒备受压迫，他从不明言自己受到了天主教著作的影响，而是声称自己是在以儒家的方式解读儒学。文章共分为三部分：第一部分是"Three Assumptions behind Tasan's Approach to the Classics（茶山的儒学经典研究进路背后的预设）"；第二部分是"Tasan's Analytical Approach to Unearthing the Moral Message of Mencius and the Mean（茶山发掘《孟子》与《中庸》中道德信息时的分析进路）"；第三部分是"Tasan's Argument for the Existence of God（茶山对天主存在性的论证）"。

[190] Eirik Lang Harris（郝令喆），"The Nature of the Virtues in Light of the Early Confucian Tradition", Kam-por Yu（余锦波），Julia Tao Lai Po Wah（陶黎宝华），Philip John Ivanhoe（艾文贺），eds.，*Taking Confucian Ethics Seriously：Contemporary Theories and Applications*，Albany：State Universty of New York Press，2010，pp. 163 – 182

【作品简介】

作者先介绍了西方哲学传统意义上的比较著名且合理的道德概念，并将此运用于一些儒学经典文献的解读，试图探寻二者的兼容性与互补性。西方伦理学要寻求普适性价值，就必须面对来自其他文化传统的挑战，并汲取儒家文化的价值。作者在开头提到的道德的特殊概念是具有修正意义的，Philippa Ruth Foot 曾在其论文 *Virtues and Vices* 中强调过，说所有人都面对诱惑并缺乏行善动机；而 Robert Campbell Roberts 则在其 *Will Power and the Virtues* 中进一步发展了这一概念。然而，作者认为，用修正主义来解释道德是不合适的。此外，有一种道德被这些主张修正主义的学者忽视了，即嗜欲的道德（inclinational virtues）。文章还解释了为什么不能让修正的道德去适应嗜欲的道德，并分析了用早期儒家传统来解释当代道德哲学的方法。作者在论述过程中试图调和儒学理论与当代西方思想之间的关系，但并没有简单地将中国的"德"与英语的"Virtue"混同，"德"的内涵中存在"Virtue"之外的其他层面的价值。在这一矛盾中，作者更看重二者的调和。文章共分为五部分：第一部分是

"A Contribution from the *Lunyu*（《论语》的贡献）"，第二部分是 "Virtues as Correctives（修正的道德）"，第三部分是 "Self-Love as a Virtue？（作为道德的自爱？）"，第四部分是 "Inclinational Virtues—A Different Type？（嗜欲的道德——一种不同的类型？）"，第五部分是结论。

［191］Whalen Wai-lun Lai（黎惠伦），"On 'Trust and Being True'：Toward a Genealogy of Morals"，*Dao：A Journal of Comparative Philosophy*，2010，Vol. 9，pp. 257 – 274

【作品简介】

尼采的"道德谱系"展现了儒家的"信"的道德，它基于友情和社会平等人际关系的一种公德。在上下级之间，服从者要证明自己是可信的，反之则不然。"信"讲的是言出必行，在"言行"上讲信守诺言。农家将"信"视为其平等乌托邦中的一种基本道德，他们重视口头信任而不使用书面契约。在辩驳孟子的过程中，告子认为，早期政权允许与人的社会声誉相捆绑的公共言论。孟子转向内在，将心提升为内在的善的动机。在《中庸》中，内在的"信"会扩充并外化为终极事实，即天地之诚。在文章的结尾，作者还提到了克里特岛人的说谎者悖论（Cretan Liar）的案例。文章共分为七部分：第一部分是 "The Etymology of Xin：Homo Politicus et Symbolicus（信的词源：政治人与象征人）"，第二部分是 "The Syntax and Grammar of Zhongxin 忠信：Beyond Friends in High Places（忠信的句法与语法：超越高处的朋友）"，第三部分是 "The Semantics of Trust：The Paradigm Shifts of Speech，Name，and Mind（信任的语义学：言语、名称和思想的范式转变）"，第四部分是 "An Archaeology of Trust：Oral Oath and Written Covenant（信任的考古学：口头誓言与书面契约）"，第五部分是 "Friendship in an Unfriendly Age：Paragons and Parodies of *Xin*（一个不友善时代中的友谊：'信'的模范与模仿）"，第六部分是 "The Divide between Idealist and Realist：Stoicism in the Age of the Empire（理想主义者与现实主义者的分野：帝国时代的斯多葛主义）"，第七部分是 "The Extension of Trust and the Limit to Sociability：The Cretan Liar（信任的拓展与社交性的局限：克里特岛人的说谎者悖论）"。

［192］Edward Gilman Slingerland（森舸澜），"'Of What Use are the Odes?' Cognitive Science，Virtue Ethics，and Early Confucian Ethics"，*Philosophy East and West*，Jan. 2011，Vol. 61，Issue 1，pp. 80 – 109

【作品简介】

本文回顾了认知科学、认知语言学、行为神经系统科学与社会心理学等领域近来的研究成果，这些成果对自我修身的道德伦理模式提出了质疑，并指出了在道德判断与决策中情感、表达与隐喻扩充的决定性作用。作者还解释了这些道德哲学的结果，认为修身的道德伦理模型更准确地体现了人类多么真实地被纳入道德推理，它也更好地被用作一种教育技巧来发展人的认知架构，而不是被用作义务论或功利主义的方法。最后，关于早期儒学，作者认为，孟子的道德与伦理教育理论在一些方面领先于现代西方认知科学的成果，因此，在展望基于经验事实的现代道德伦理的发展时，像孟子这样的思想家可以作为重要的观念源泉。文章共分为三部分：第一部分是"Some Themes Emerging from Cognitive Science（认知科学中出现的一些议题）"，包括"Thought is Image-Based（思想是基于图像的）""Categories are Usually Radial and Based on Prototypes（分类总是辐射状的和基于原型的）""Judgment/Decision Making is Grounded in Somatic-Sensory Emotional Reactions（判断或决策基于肉体知觉的情感反应）""Judgment/Decision Making is Often Automatic and Unconscious（判断或决策常常是自发的和无意识的）""There is no Unitary Self in Charge（没有哪个自我是可控的）"；第二部分是"Spelling Out the Implications for Moral Philosophy（解读道德哲学的含义）"，包括"Moral Reasoning is Imaginative，Prototype-Based，and Non-Algorithmic（道德推理是富有想象力的、基于原型的、规则系统的）""Moral Evaluation are Based on Emotions（道德评价基于情感）""Rational Top-Down Control is Difficult，Time-and Resource-Consuming，and is not the Norm（理性的严密控制是困难的、耗费时间精力的、不规范的）""Moral Objectivity can be Based on Human Nature，Rather than A *Priori* Rational Principles（道德客观性可以基于人性而非先验的理性原则）"；第三部分是"Empirically Responsible Philosophy，Virtue Ethics，and Some Mencian Parallels（基于经验的哲学、道德伦理学与一些孟学比较研究）"。

［193］Jiaxiang Hu（胡家祥），"Mencius' Aesthetics and Its Position"，*Frontiers of Philosophy in China*，Mar. 2011，Vol. 6，Issue 1，pp. 41 – 56

【作品简介】

孟子的美学围绕他心中的理想人格展开，这种理想人格属于令人崇敬的、务实的君子，表现了一种壮丽的和男子气概的美感。孟子提出了许多观点，如"充实而有光辉之谓大"、养"浩然之气"、"惟圣人，然后可以践形"、"圣人先得我心之所同然耳"、要做到"自反而忠"、"上下与天地同流"。孟子通过描述这些思想的形成与心理经历过程，来描述理想人格。作为先秦显学，孟子的美学极大地发展了儒家的"内圣"思想。它与庄子的思想之间有许多相似之处，也存在分歧，但他们的两种美学模型都很卓越：孟子的思想如同气势磅礴、巍峨崇高、脊脉发达的大山；而庄子的思想如同优雅流动的水，有女性柔美的姿态。但在现实生活中，孟子的思想有更大的实践意义，它可以解决一种现代性疾病——生命中不能承受之轻。文章共分为四部分：第一部分是引言，第二部分是"The Core of Mencius' Aesthetics（孟子美学的核心）"，第三部分是"The Spread of Mencius' Aesthetics（孟子美学的展开）"，第四部分是"The Position of Mencius' Aesthetics（孟子美学的地位）"。

［194］Haiming Wen（温海明），"Mencius：Governing the State with Humane Love"，*China Today*，Apr. 2011，Vol. 60，Issue 4，pp. 74 – 75

【作品简介】

本文对孟子其人及其仁政治理思想进行了大体介绍，讨论了孟子解决儒家思想伦理两难困境的理想方式，尤其是其基于道德理想的政治哲学，还提到了孟子对实践仁政理念的贡献。文章共分为两部分：第一部分是"Political Philosophy Based on Idealism（基于理想主义的政治哲学）"，第二部分是"Mencius' Views on Human Nature（孟子的人性论）"。

［195］Thomas Radice（雷之朴），"Manufacturing Mohism in the Mencius"，*Asian Philosophy*，May 2011，Vol. 21，Issue 2，pp. 139 – 152

【作品简介】

《孟子》中有许多对墨家及其兼爱思想的批评，但几乎没有人关注孟子对墨家的描述是否准确的问题。幸运的是，我们还能通过《墨子》来了解墨子真实的思想。本文分析了《墨子》及其他中国早期文献中的墨子思想，最后，作者指出，认为墨家反对孝是不准确的，这掩盖了战国时期孝的概念的复杂性。文章共分为五部分：第一部分是"Confucianism：A Mean Between Two Extremes?（儒学：两个极端之间的中庸?）"，第二部分是"Without a Father?（无父?）"，第三部分是"Mencius and the 'Benefits' of Mohism（孟子与墨家的'利'）"，第四部分是"The Fiction of 'Love without Differing Grades'（'爱无差等'的构想）"，第五部分是结论。

［196］James P. Behuniak Jr.（江文思），"Naturalizing Mencius"，*Philosophy East and West*，Jul. 2011，Vol. 61，Issue 3，pp. 492 – 515

【作品简介】

本文探究了孟子的人性论哲学，指出孟子相信人性拥有包括仁、义、礼、智在内的"四心善端"的自然结构，并引述孟旦（Donald J. Munro）关于利他主义的生物基础与新生联系的进化科学理论，从而论证孟子关于具体道德观念源于天生的观点。文章共分为三部分：第一部分是"Naturalizing 'Human Nature' in the Mencius（使《孟子》中的'人性'自然化）"；第二部分是"Tian and the Human Experience（天与人类经验）"；第三部分是结语。

［197］Dennis Arjo，"Ren Xing and What It is to be Truly Human"，*Journal of Chinese Philosophy*，Sep. 2011，Vol. 38，Issue 3，pp. 455 – 473

【作品简介】

本文基于孟学传统中恻隐之心的观念，探究了杜维明（Wei-ming Tu）对儒家自我发展的解释，并考察了 Martha Craven Nussbaum 的相关观点。杜维明认为，道德与政治理论是典型的人类生活方式。此外，作者还大概描述了将亚里士多德与儒家的人类属性联系起来的基本方法。文章共分为六部分：第一部分是引言，第二部分是"Mencian Ethics（孟子伦理学）"，第三部分是"Nussbaum's Aristotelean Essentialism（Nussbaum 的亚里士多德实在论）"，第四部分是"What do We Need to be Human?（人之成人需要什么?）"，第五部分是"Some Worries（一些担忧）"，第六部分是"Humanity as a Cultural Achievement：A Danger and Possible Way to Avoid It（人道作为一种文化成就：一种危险与可能的避免方式）"。

［198］Koji Tanaka（田中孝治），"Inference in the Mengzi 1A：7"，*Journal of Chinese Philosophy*，Sep. 2011，Vol. 38，Issue 3，pp. 444 – 454

【作品简介】

本文关注倪德卫（David Shepherd Nivison）关于《孟子·梁惠王上》第七章的推理观点，根据"以羊易牛"的齐宣王的提问，探究了王者（true king）的品格特征，能做到不忍看见牛被处死而以羊易之，便是王者。文章共分为七部分：第一部分是"Mengzi 1A：7（《孟子·梁惠王上》第七章）"；第二部分是"The Inferential View（推理观点）"；第三部分是"Problems for the Inferential View（推理观点的问题）"；第四部分是"Replies（反驳）"，包

括 "Analogical Inference（类比推理）" "Emotions and Judgement（情感与判断）" "Actions and Emotions（行为与情感）"；第五部分是 "Mengzi 1A：7 Reviewed（《孟子·梁惠王上》第七章之评论）"；第六部分是 "Inference in Mengzi and Mozi（《孟子》与《墨子》中的推理）"；第七部分是结论。

[199] Philip John Ivanhoe（艾文贺）, "McDowell, Wang Yangming, and Mengzi's Contributions to Understanding Moral Perception", *Dao：A Journal of Comparative Philosophy*, Sep. 2011, Vol. 10, Issue 3, pp. 273 – 290

【作品简介】

本文探究了几个中国与西方思想家关于德性的形而上学立场与观点的异同，并探究了该如何认识与评价它们。作者通过比较分析，又提出了一些相关的问题。文章简要描绘了现代西方哲学中的德性与道德知觉问题研究的历史，并借鉴了 John Henry McDowell、王阳明、孟子的观点进行比较研究。本文寻求通过考察他们的隐喻与论点，来解读他们的思想。文章共分为五部分：第一部分是引言，第二部分是 "McDowell on Moral Questions（McDowell 的道德问题）"，第三部分是 "Three Difficulties with the Color Analogy（关于颜色类比的三个区别）"，第四部分是 "Wang Yangming and Mengzi（王阳明与孟子）"，第五部分是讨论与结论。

[200] Yaqing Qin（秦亚青）, "Rule, Rules, and Relations：Towards a Synthetic Approach to Governance", *Chinese Journal of International Politics*, Sep. 2011, Vol. 4, Issue 2, pp. 117 – 145

【作品简介】

本文关注国际关系中基于规则的治理模式与基于关系的治理模式。国际关系中基于规则的治理模式近似于国际治理，它提倡机构合作，从而维持秩序、让政府更高效；而基于关系的治理模式对于基于规则的治理模式来说是非正统的。同时，作者还提到了孔孟对社会关系意义的讨论。文章共分为六部分：第一部分是引言，第二部分是 "Rules and Rule：An IR Approach to Governance（规则与统治：治理的一种国际关系方法）"，第三部分是 "Relations and Rule（Ⅰ）：A TCE Approach to Governance ［关系与统治（一）：治理的一种交易成本经济方法］"，第四部分是 "Relations and Rule（Ⅱ）：A Chinese Approach to Governance ［关系与统治（二）：治理的一种中国方法］"，第五部分是 "Rules and Relations：Towards a Synthetic Approach to Governance

（规则与关系：关于治理的一种组合方法）"，第六部分是"Conclusion：Europe and East Asia as Empirical Cases in Comparison（结论：欧洲与东亚的实际案例比较）"。

[201] Emily McRae，"The Cultivation of Moral Feelings and Mengzi's Method of Extension"，*Philosophy East & West*，Oct. 2011，Vol. 61，Issue 4，pp. 587 – 608

【作品简介】

本文探究了孟子的道德情感修养方法，即"扩充"。作者认为，孟子所说的扩充道德情感并非一个逻辑连贯的、推理的、合乎情感直觉的过程，而是要对掌控着理性与情感能力的人心进行重组。文章表明，孟子对情感和道德的精确处理涉及道德发展和美德问题。文章共分为五部分：第一部分是"King Xuan and the Ox（宣王与牛）"，第二部分是"A Conversation with Yi Zhi（与夷之的对谈）"，第三部分是"Extension as a Rational Exercise（作为理性锻炼的扩充）"，第四部分是"Extension and Moral Psychology（扩充与道德心理学）"，第五部分是结论。

[202] Ryan Nichols，"A Genealogy of Early Confucian Moral Psychology"，*Philosophy East and West*，Oct. 2011，Vol. 61，Issue 4，pp. 609 – 629

【作品简介】

本文通过解析包括《孟子》与《论语》在内的早期儒家哲学文献，展现了对早期儒家道德心理学的谱系性解读，考察了儒家的孝、亲亲、道德情感、与非亲属者互动时的伦理原则、恻隐之心、互惠利他主义，强调了早期儒学中情感的高等与低等运用之间的区别，以及道德哲学中情感的重要性。文章共分为六部分：第一部分是"Goals，Methods，Context（目标、方法、语境）"，第二部分是"Fitness，Adaptive Social Instincts，and Origins of Moral Emotions（符合、适合的社会本能与道德情感的源泉）"，第三部分是"The Centrality of Emotion in the Analects and the Mencius（《论语》与《孟子》中的情感中心性）"，第四部分是"Moral Emotions for Kin（对亲属的道德情感）"，第五部分是"Moral Emotions for Non-kin：Empathy and Reciprocal Altruism（对非亲属的道德情感：恻隐之心与互惠利他主义）"，第六部分是"From Moral Emotions to Moral Virtues（从道德情感到美德）"。

[203] Chung-Ying Cheng（成中英），"A Transformative Conception of Confucian Ethics：The Yijing，Utility，and Rights"，*Journal of Chinese Philosophy*，

Dec. 2011，Supplement to Vol. 38，pp. 7 - 28

【作品简介】

本文解释了儒家伦理学如何基于"道"的孔孟与中庸学说而由《易经》发展而来，讨论了道教和中国佛教的元素如何衬托出儒家的"仁"的伦理，还探讨了与西方功利主义伦理学和道义论伦理学相关的伦理学发展的顶点。文章共分为三部分：第一部分是"The *Yijing* as Creative Source of Cosmological and Ethical Insight（《易经》是宇宙论与伦理观念的创造性源泉）"，第二部分是"Confucian Virtue Ethics as Embodiment of the Onto-Generative System of the *Yijing*（儒家美德伦理学是《易经》本体生成系统的体现）"，第三部分是"Enhancing Confucian Ethics through Integration with Daoism and Chanism（通过与道、禅的整合来提升儒家伦理）"。

［204］Alan Kam-leung Chan（陈金樑），"Harmony as a Contested Metaphor and Conceptions of Rightness（yi）in Early Confucian Ethics"，Richard Alfred Harmsworth King，Dennis Schilling（谢林德），eds.，*How should One Live? Comparing Ethics in Ancient China and Greco-Roman Antiquity*，Berlin；Boston，Mass. ：De Gruyter，2011，pp. 37 - 62

【作品简介】

"和"常常被视为中国哲学的中心和东亚价值系统中独具特色的部分，东亚国家也常常通过它来构建社会凝聚力和国家认同。"和"的意涵非常复杂，它包括许多分散的概念，如"天人合一""大同""太平""中庸"等。作者将"和"视为一种在"乐"的和谐与烹饪多种食材所达成的美味之间的一种隐喻，同时，作者也以郭店楚简中的《孟子》为基础，探究了儒家伦理中"义"的概念，以及"和"与"义"的关系，这些都是在以往的郭店楚简和《孟子》研究中被忽视的问题。文章共分为四部分：第一部分是"Musical and Culinary Harmony（乐与烹饪的和谐）"，第二部分是"Harmony as a Contested Metaphor（作为一种争议性隐喻的和）"，第三部分是"Harmony, Benefit, and Rightness（和、利与义）"，第四部分是"Rightness and the Workings of the Heart（义与心的活动）"。

［205］Manyul Im（任满悦），"Mencius as Consequentialist"，Chris Fraser（方克涛），Dan Robins（丹若宾），Timothy O'Leary，eds.，*Ethics in Early China：An Anthology*，Hong Kong：Hong Kong University Press，2011，pp. 41 - 63

【作品简介】

本文从后果主义的角度来理解孟子的道德理论，认为孟子往往从言行结果的好坏来判定言行的善恶，这在一定程度上驳斥了将孟子视为"美德伦理学家"的做法。但这与墨家功利主义立场有很大的不同。墨家看重人们从行动中获得的整体利益，而孟子强调内在道德价值和动机，符合道德动机的行为有助于提升行为的结果价值，不能总是从获利的角度来决定行为。

［206］Franklin Perkins（方岚生），"No Need for Hemlock：Mencius's Defense of Tradition"，Chris Fraser（方克涛），Dan Robins（丹若宾），Timothy O'Leary，eds.，*Ethics in Early China*：*An Anthology*，Hong Kong：Hong Kong University Press，2011，pp. 65 – 81

【作品简介】

人们常常用"传统主义"来概括儒家的本质，而墨子、庄子和韩非子则将此描述为固守传统，这种指责无可厚非，从孔子"述而不作"的观点中便有迹可循。本文考察了儒家对传统的依赖与辩护之间的张力及其哲学影响，围绕孟子对传统的捍卫及其与墨家的论辩展开。作者沿用了陈汉生（Chad Hansen）对孟子人性观的两种解释：一是人性决定了儒家道德与礼的强势立场，二是人性仅仅助推了道德与礼形成的弱势立场。陈汉生认为，前者突出了儒家之道的正当性，但可信度不足；后者较为合理，但弱化了儒家之道的正当性。本文从这一困境出发，指出孟子试图捍卫传统，逃避"墨家挑战"。

［207］Lisa Ann Raphals（瑞丽），"Embodied Virtue，Self-Cultivation，and Ethics"，Chris Fraser（方克涛），Dan Robins（丹若宾），Timothy O'Leary，eds.，*Ethics in Early China*：*An Anthology*，Hong Kong：Hong Kong University Press，2011，pp. 143 – 173

【作品简介】

本文的"A Ruist View（儒家视角）"一节将《论语》《孟子》《礼记》中关于"射"的内容进行了对比，并涉及了贵族的狩猎与牺牲祭祀问题。《论语》认为，贵族可以在竞技中通过"射"来体现德与礼，但孔子更推崇的是非竞技的君子之德；《孟子》认为，"射"是传统教育中用以帮助人们理解人际关系的重要渠道，这与《中庸》《礼记》的看法类似，也认为"射"体现了道德优越性；《礼记》明确地把竞技典礼中的"射"与道德品质相联系，竞技者不可为输赢而失礼。这种外化的道德与孟子的浩然之气有关，道德修养可以助长浩然之气，并由此改变身体的外化气质、眼神与样貌。但荀子反对这种观点，他不认为个人修养可以外化于身。王充也否定了孟子的这一说法，认为瞳孔的光亮是生来就决定了的，与道德修养无关。

［208］David B. Wong（黄百锐），"Agon and Hé：Contest and Harmony"，Chris Fraser（方克涛），Dan Robins（丹若宾），Timothy O'Leary，eds．，*Ethics in Early China：An Anthology*，Hong Kong：Hong Kong University Press，2011，pp. 197 – 216

【作品简介】

在本文的"Hé and Why It Must Presuppose Some Dimension of Agon（'和'及其必须以'争'的一些维度为前提的原因）"一节中，作者提及了孟子与杨朱、墨子之争。尽管古希腊和古代中国的文化对论争的态度不同，但儒家同样强调竞争的必要性。荀子批评了孟子的人性论，墨子批评了儒家的礼乐之仁，道家则或明或暗地批评了儒家价值。"和而不同"的观念，特别是平等融合各家学说的做法，暗示了一种争论与观念多样性之外的价值，即和谐需要多方利益的相互调节，《孟子》中提到的舜的婚姻就是一个典型的例子。

［209］William A. Haines，"Confucianism and Moral Intuition"，Chris Fraser（方克涛），Dan Robins（丹若宾），Timothy O'Leary，eds．，*Ethics in Early China：An Anthology*，Hong Kong：Hong Kong University Press，2011，217 – 232

【作品简介】

儒家以道德与礼为中心，发展了一套增进人对周遭世界敏感度的工夫论。在《论语》《礼记》《孟子》中，早期儒家思想大量地表明了良知（Moral Intuition）的机制是可能的，这种良知包含多种形式。其中，《孟子》中就包括非语言性的知识符号、指导行动的意象感知标志、关于洞察能力的礼仪、道德敏感度等。

［210］Jiwei Ci（慈继伟），"Chapter 38 of the Dùodéjīng as an Imaginary Genealogy of Morals"，Chris Fraser（方克涛），Dan Robins（丹若宾），Timothy O'Leary，eds．，*Ethics in Early China：An Anthology*，Hong Kong：Hong Kong University Press，2011，pp. 233 – 243

【作品简介】

《道德经》第三十八章有言："失道而后德，失德而后仁，失仁而后义，失义而后礼。夫礼者，忠信之薄而乱之首。"这体现了老子对道、德、仁、义、礼的先后次序的理解。作者由此对比了儒家对这五者的理解，指出孟子首先将这五者明确地纳入一个体系进行解读，关于"四心善端"的段落最为典型，认为其主张与老子的观点并不相悖。

[211] Chad Hansen（陈汉生），"Dào as a Naturalistic Focus"，Chris Fraser（方克涛），Dan Robins（丹若宾），Timothy O'Leary，eds.，*Ethics in Early China: An Anthology*，Hong Kong：Hong Kong University Press，2011，pp. 267 – 295

【作品简介】

"道"是实现自然世界规范性的关键，但"道"不需要任何规则限制，自然主义也是"道"的必要成分。"道"支撑起了整个中国传统自然主义，特别是道家思想。"道"从来都不是强制性的，但世界不自觉地围绕其运转。作者引入了 Shelly Kagan 的规范伦理理论三大要素，即因素、焦点与基础。Shelly Kagan 认为，道德因素的相互作用决定了一种行为的对错，而这些道德因素背后的解释性理论就是其基础，包括契约主义、规则功利主义和理想观察者理论。作者认为，《孟子》中的行动基础就属于理想观察者理论，因为孟子认为行动的道德因素源起于圣人的心智判断。而庄子批评了孟子从自然遗传中贸然提取道德的做法，认为这种依赖想象力的拟人化手法过于理想主义，道德的背后有利益和目的，利益背后还有社会性因素，更多的是对那些促进了人类利益的创新与实践的坚持。

[212] Xi Lin（林曦），"Adaptive Justice in the Chinese Context：Law versus Commonsense"，*Journal of Chinese Political Science*，2011，Vol. 16，Issue 4，pp. 349 – 372

【作品简介】

在特定的条件下，法律可能会与基于普适性是非观的常识发生矛盾。作者提出了一种变通型正义观（adaptive justice）来解决这一矛盾，面对即将到来的新情况，这一观念可以适应法律，同时平衡其他非积极但同样普适的规则。这一观念包括两点主要内容：一是当法律在其制定、适用与解释过程中遇到或产生困难时，特定的非积极但普适的规则将被引入以使严格的法律制定过程变得灵活；二是解决矛盾的办法是一种对法律规则的变通性运用，而不是取道于对法律文本照本宣科的解读。在自由主义与社群主义关于正义的争论下，这种变通型正义观的概念可以提供一种新的视角，因为这一观念有一种内置的对方法论关系主义（methodological relationalism）的关注，其概念将人际关系作为分析的基本单元来解读人类行为与价值。文章共分为六部分：第一部分是引言；第二部分是 "A Tale of Two Cases（两个案例的故事）"，这两个案例分别来自《孟子》与《论语》；第三部分是 "Law and Common-sense：The Context（法律与常识：语境背景）"；第四部分是 "Adaptive Justice：A Preliminary Conceptualisation（变通型正义观：一种初期的概念化）"；第五部分是 "Adaptive Justice in the Chinese Context：Behind and Beyond（中国文本中的变通型正义观：过去与超越）"；第六部分是结论。

[213] Haiming Wen（温海明），William Keli'i Akina，"A Naturalist Version of Confucian Morality for Human Rights"，*Prajñā Vihāra：Journal of Philosophy and Religion*，Jan. – Dec. 2012，Vol. 13，Issue 1 – 2，pp. 162 – 182

【其他版本】

Haiming Wen（温海明），William Keli'i Akina，"A Naturalist Version of Confucian Morality for Human Rights"，*Asian Philosophy*，Feb. 2012，Vol. 22，Issue 1，pp. 1 – 14

【作品简介】

本文从《易·系辞》的 "继之者善也，成之者性也" 即 "继善成性" 出发，分析了儒学的普适性道德与人的尊严。从经典儒学的角度看，人性是天道所赋予的，所以人的尊严与道德也源于天道。本文从中国传统解释出发，讨论了儒家天道与人权道德概念之间的关系。具体而言，作者重建了儒家道德的自然主义版本，即通过一种内在的道德动机来激发有益结果，这在一定程度上与现代西方的人权概念相关联。但西方的这种结构主张 "人性中包含了自然善性"，这与孟子的 "人性本善" 有着本质区别。这种中国哲学的内在区别有助于与西方人权理论对话。文章共分为三部分：第一部分是 "*Hermeneutical Source* on 'What Follows the *Dao* is Good，and What *Dao* Forms is Nature（*Jishan Chengxing*）' in the Great Commentary of the *Book of Changes*（关于《易·系辞》中 '继善成性' 的解释来源）"；第二部分是 "Naturalist Theoretical Reconstruction of 'Natural Goodness-Human Nature'（自然主义者对 '自然性善论' 的理论重建）"；第三部分是 "Confucian Natural Morality and Western Morality of Human Rights（儒家自然道德与西方人权道德）"。

[214] Howard J. Curzer，"An Aristotelian Doctrine of the Mean in the *Mencius*?"，*Dao：A Journal of Comparative Philosophy*，Mar. 2012，Vol. 11，Issue 1，

pp. 53 – 62

【作品简介】

孟子在描述伯夷、伊尹和柳下惠时，并没有采用亚里士多德式的中庸之道。虽然孔子的行为介于三位圣人的行为之间，但孔子的性格特征与这些圣人不同。那三位圣人的失败原因各有偏斜：伯夷不义，伊尹不仁，柳下惠不智。对圣人的比较标准集中于何时辞去官职的问题上，对此，孟子认为，当建议不被听从或者继续为官会犯错时，一个人才应该辞职。如果与犯错者往来，或从他人所犯错中受益，那么自己也成了犯错者。君主如果不具备仁德的动机，就可能会扭曲官员的建议，君主对官员的侮辱也会证明，即便官员继续任职也是徒劳无功的。但这些也并不是官员辞职的正当理由。文章共分为四部分：第一部分是前言，第二部分是"The Three Sages（三位圣人）"，第三部分是"Aristotelian Doctrine of the Mean?（亚里士多德式的中庸之道?)"，第四部分是结论。

[215] Qiyong Guo（郭齐勇），Tao Cui（崔涛），"The Value of Confucian Benevolence and the Universality of the Confucian Way of Extending Love"，*Frontiers of Philosophy in China*，Mar. 2012，Vol. 7，Issue 1，pp. 20 – 54

【作品简介】

儒家的仁爱价值观与基督教的慈善相似。儒家宽厚、反求诸己、将仁推己及人等思想，推进了人与自然、人与社会、自我与他者等的联系。儒家的"爱有差等"具体而实用，可以引申为"博爱"，它同时具备生态伦理价值：儒家肯定了宇宙的内在价值，呼吁对生态世界的普遍道德关怀，并承认了人与自然的区别，揭示出生态伦理等不同伦理领域的区别意识。儒家在提取生态资源的工具价值时，从不轻视动植物的内在价值。儒家特别强调道德主体性，而人与自我、自我与他者是主体之间的关系。儒学认为，宇宙是在完善自己、完善他人、完善世界的过程中存在和发展的。这有利于文明的对话，对于当今君子的人格成长和精神调节都具有现代意义。文中多次引述孟子的相关观念。文章共分为三部分：第一部分是"Dialogue between 'Confucian Benevolence,' the Confucian Way of Extending Love and 'Christian Charity'（儒家的仁及推己及人之道与基督的慈善）"；第二部分是"The Development of Eco-Ethical Thought in Pre-Qin Confucianism on the Basis of Confucian Teachings of the Heaven-Human Correlation and Benevolence（儒家天人关系与'仁'之基础上的先秦儒学的生态伦理思想的发展）"；第三部分是 "In Completing Oneself，Help Complete Other People or Things：Inter-Subjectivity，Communicative Theory and Personality Development（己欲立而立人：互为主体、交流理论与人格发展）"。

［216］Jee-loo Liu（刘纪璐），"Moral Reason，Moral Sentiments and the Realization of Altruism：A Motivational Theory of Altruism"，*Asian Philosophy*，May 2012，Vol. 22，Issue 2，pp. 93 – 119

【作品简介】

本文从 Thomas Nagel 于 1970 年进行的关于利他主义可能性的调查研究入手，进一步探究了如何激发利他主义。当人们对满足自身欲望的追求普遍具有即时的因果效能时，如何才能有动力去关照他人并为实现他人福祉而行动呢？一个成功的利他主义动机理论必然要解释，在所有这些动机的介入下，利他主义何以可能的问题。本文在对 Thomas Nagel 的利他主义动机理论进行补充的基础上，介绍了张载与王夫之的观点，并从利他主义动机理论的角度来评析了此二者中何者更优。这三个哲学家对于人类在道德动机方面的理性思考与情感提供了不同的视角，由此，本文最终提出了一个社会伦理学的道德规划，将道德理性与道德情感结合起来而形成道德动机。文章共分为五部分：第一部分是引言，第二部分是 "Nagel's Rational Altruism（Thomas Nagel 的理性利他主义）"，第三部分是 "Zhang Zai's Theory of Moral Motivation（张载的道德动机理论）"，第四部分是 "Wang Fuzhi's Theory of Moral Sentiments and Moral Motivation（王夫之的道德情感与道德动机理论）"，第五部分是 "A Socioethical Moral Program—From the Possibility of Altruism to the Realization of Altruism（一个社会伦理道德规划：从利他主义的可能性到利他主义的实现）"。

［217］Wai-ying Wong（黄慧英），"Ren，Empathy and the Agent-relative Approach in Confucian Ethics"，*Asian Philosophy*，May 2012，Vol. 22，Issue 2，pp. 133 – 141

【作品简介】

关于儒家伦理学是否属于美德伦理学的争论不可避免地触及了仁、义、礼等道德的含义问题。然而，如果仅凭儒学重视道德就把它定义为美德伦理学，可能过于简单化了。结论可能主要取决于我们如何理解仁、义等关键概念及其在伦理生活中的作用。一些学者将仁翻译为 "benevolence"，即仁慈、善意；也有一些学者将它译作 "empathy"，即同情。本文重新审视了这些概念及其内涵，从而领会儒家伦理学的特征，而不是刻意将它划分进当代哲学建立的某个类别。文章共分为四部分：第一部分是前言，第二部分是"Benevolence and Empathy（仁爱与同情）"，第三部分是"The Agent-Relative Characteristic of Virtue（美德的主题相关性特征）"，第四部分是结论。

[218] Amit Chaturvedi, "Mencius and Dewey on Moral Perception, Deliberation, and Imagination", *Dao: A Journal of Comparative Philosophy*, Jun. 2012, Vol. 11, Issue 2, pp. 163 – 185

【作品简介】

刘秀生（Xiusheng Liu）与何艾克（Eric L. Hutton）从 John Henry McDowell 的道德特殊主义（moral particularism）的角度来探讨了孟子对道德判断与思考的描述，认为孟子的思想依赖于道德认知能力，直接通过基本的先天道德倾向来对道德现实进行直觉感知，从而发展道德判断。而本文驳斥了这种看法，认为它将先天道德倾向误解为了道德判断与知识的基本来源。作者指出，孟子的人性论具有关系性要素，正是这种关系构成了每个个体的天性、衍生了道德判断的规范性。作者还详细说明了杜威（John Dewey）关于道德想象力的研究，它也将人性的关系特性作为起点。由此，作者进一步说明了孟子的道德思想中想象力的关键作用。文章共分为七部分：第一部分是"Introduction: Moral Particularism, Motivation, and Perception（前言：道德特殊主义、动机与感知）"，第二部分是"McDowell on Perception and Motivation（John Henry McDowell 对感知与动机的看法）"，第三部分是"Liu and Hutton on the Motivational Force of Innate Inclinations（刘秀生与何艾克对先天倾向的动机力量的看法）"，第四部分是"Mencius and the Relationality of Natural Disposition（孟子与性的关系性）"，第五部分是"Mencian Moral Deliberation as Analogical Extension（孟子类推扩充的道德思想）"，第六部分是"Mencius, Dewey, and Human Nature（孟子、杜威与人性）"，第七部分是"Moral Intelligence and Imagination（道德理解力与想象力）"。

[219] David Elstein（杜楷廷）, "Beyond the Five Relationships: Teachers and Worthies in Early Chinese Thought", *Philosophy East and West*, Jul. 2012, Vol. 62, Issue 3, pp. 375 – 391

【作品简介】

儒家思想中关于人的讨论注重五伦：君臣、父子、夫妇、兄弟、朋友。

这强调了人的社会性，个人无法从社会中抽离出来。尽管五伦在《论语》中不常出现，但它意义重大。杜维明（Wei-ming Tu）等学者主张，五伦是社会互动的基本形式，其他关系都由此衍生出来，因此也应该放在五伦中的一伦里理解。他们强调这些关系的互惠性，所以尽管它们可以是等级制的，但不一定是专制的。作者还指出，早期儒家思想家探求了一种新的君臣关系，刻画了一种独特的道德高尚的教师角色。这些教师的地位与统治者平等甚至高于统治者，理应受到尊重，道德品质应与特殊的政治地位相匹配。作者找到了这一观点在《孟子》与《荀子》中的最初发展，以及它在《礼记·学记》《吕氏春秋》中的进一步发展。这些作品认为道德品格可以授予相应的政治地位，一个统治者即便不合法，但如果他道德，就应该被承认。这是法家所反对的。《韩非子》拒绝这种观点，《管子》则对此模棱两可。一些学者主张，尽管道德可以带来相应的地位，但这里的地位未必是政治地位。孟子与荀子不认为自己是传统意义上的臣，因此正常的礼仪标准并不适用；而韩非子坚持君权高于一切。君臣关系成为儒法之争的一个重要议题。作者先考察了早期思想家如何主张师臣、贤臣不同于一般臣子及其原因。杜维明指出，典型的臣子会失去孟子等思想家所强调的自尊、自主、自立，但他没有指出的是，他们这样做就拒绝承认了自己服从于传统的君臣关系框架。此外，作者还讨论了早期中国的社会动力与五伦模型的局限性。文章共分为五部分：第一部分是"Mengzi and Xunzi（孟子与荀子）"，第二部分是"'Record of Study' and *the Annals of Lü Buwei*（《学记》与《吕氏春秋》）"，第三部分是"Han Feizi（韩非子）"，第四部分是"Guanzi（管子）"，第五部分是结论。

［220］Sumner B. Twiss, Jonathan Keung-lap Chan（陈强立），"Classical Confucianism, Punitive Expedition, and Humanitarian Intervention"，*Journal of Military Ethics*，Aug. 2012，Vol. 11，Issue 2，pp. 81 – 96

【作品简介】

关于孟子与荀子所展现的传统儒家在合法运用军事力量上的观点，作者在此前已有一些研究成果。在此基础上，作者探索了他们的惩罚性征伐思想，尤其是他们对暴君的反对，包括目标、辩护、前提与局限。同时，作者比较了当代西方的人道主义干预模式，认为儒家的刑罚性征伐与西方的"护卫责任"（responsibility to protect）模式最为匹配，尽管二者还是存在区别。例如，儒家明确以更替政权与惩罚暴君为合法目标，并拯救被虐待的民众、帮助重建正义社会。儒家为恶劣暴政的定义设置了一个较低的门槛，远远低于种族大屠杀。当这种暴政发生时，儒家明确将战争干预视为一种义务，而不仅仅是允许战争。对处罚暴君，文章还讨论了一些可能的传统儒家的当代解读。文章共分为五部分：第一部分是引言，第二部分是"Two Models of Humanitarian Intervention（人道主义干预的两种模式）"，第三部分是"Classical Confucian Punitive Expedition（传统儒家的惩罚性征伐）"，第四部分是"Comparison（比较）"，第五部分是"Possible Contemporary Implications（可能的当代内涵）"。

[221] Yoon-shik Ham（咸允植），"Relationship between Rituals and Consideration in Tasan's Classical Studies: Focusing on His Interpretation of *Analects* and *Mencius*"，*Journal of Confucian Philosophy and Culture*，Aug. 2012，Vol. 18，pp. 1 - 28

【作品简介】

丁若镛认为，如果被置于同样的条件下，所有人都会产生相同的情感与欲望。因此，当自我与他者在相同的情境下时，自我有可能根据自己的状态推知他者的情感与欲望。这些情感与欲望就是"人心道心说"中的"人心"。"恕"或换位思考就意味着自我将会通过"道心"来压制"人心"，并满足他者的欲望，这与自我的欲望是一致的。由此，"大体"就战胜了"小体"。孔子所说的"克己"则通过"恕"表现出来，由此才能实现"仁""恕""礼"。人如果能充分修身而成圣，单独一个"恕"就已经足够使他践行"礼"了；然而，对于普通人而言，仅仅通过"恕"来定义最合适的行为并执行它以实现"仁"是很难的。"礼"为普通人提供了作出最合适行为的指导方针，从而补充了"恕"的许多不足，因为"礼"是圣人预先提供的关于"恕"的规则。于是，"仁""恕""礼"相结合的过程是在一个互补关系中实现的。文章共分为五部分：第一部分是引言，第二部分是"The Principle of Practicing Consideration（恕），and Its Development through Overcoming Oneself（克己）（实践'恕'的原则及其通过'克己'的实现）"，第三部分是"The Union of Consideration and Rituals，in the Process of Fulfilling Benevolence（'恕'与'礼'在实现'仁'的过程中的联合）"，第四部分是"The Complementary Relations of Consideration and Rituals（'恕'与'礼'的互补关系）"，第五部分是结论。

[222] Sumner B. Twiss，Jonathan Keung-lap Chan（陈强立），"The Classi-

cal Confucian Position on the Legitimate Use of Military Force", *Journal of Religious Ethics*, Sep. 2012, Vol. 40, Issue 3, pp. 447 – 472

【作品简介】

本文重构并考察了孟子与荀子所展现的传统儒家在合法运用军事力量上的立场。作者先大概解读了一些具有重要历史意义的政治概念，如政治统治者的类型、王霸之辨、封建领主与领地保护者（lords-protector）的争议性作用。接着，作者探究了诉诸并运用武力的合法性的儒家标准，特别关注了承担惩罚性征伐以禁止并惩罚侵略与暴政。由此，文章讨论了儒家关于如何合理运用军事力量的道德限定条件，包括禁止攻击无防御的领地、不加分辨地屠杀敌军、毁坏平民基础设施、虐待俘虏、未经同意侵吞他国领土。作者还讨论了《孟子》中的案例进行解说，并对比了其他学者的观点。文章共分为五部分：第一部分是 "Background History and Normative Concepts（历史背景与道德概念）"，第二部分是 "Criteria for Legitimate Use of Force（合法运用武力的标准）"，第三部分是 "Limits on the Way Force is Legitimately Employed（合法运用武力的方式的限制）"，第四部分是对一个《孟子》中的案例进行分析，第五部分是总结与思考。

［223］Victoria Tin-bor Hui（许田波）, "History and Thought in China's Traditions", *Journal of Chinese Political Science*, 2012, Vol. 17, Issue 2, pp. 125 – 141

【作品简介】

近来学界向中国传统的转向可能会纠正政治科学理论的欧洲中心主义，然而，对政治思想尤其是儒学的过分强调可能会导致一些不良后果。本文主张，那些对建构理论与描绘政策内涵感兴趣的政治科学家应该进行实证性研究，即历史研究。政治科学家应该在实践中研究政治思想，而不是从历史中发现政治思想，除非他的研究是为了哲学而哲学。作者先讨论了考察思想之外的历史为何重要，接着分析了学者们为何不应该将政治思想与历史实践相合并。文章共分为三部分：第一部分是 "China's Traditions: Thought and History（中国的传统：思想与历史）"，第二部分是 "Conflation of Ancient Chinese Thought with Ancient Chinese History（古代中国思想与历史的合并）"，第三部分是结论。

［224］Chun-chieh Huang（黄俊杰）, "What's Ignored in Itô Jinsai's Interpretation of Mencius?", *Dao: A Journal of Comparative Philosophy*, Jan. 2013,

Vol. 12，Issue 1，pp. 1 - 10

【其他版本】

Chun-chieh Huang（黄俊杰），"What's Ignored in Itô Jinsai's Interpretation of Mencius?"，*East Asian Confucianisms：Texts in Context*，Goettingen：V&R Unipress；Taibei：Taiwan University Press，2015，pp. 187 - 198

【作品简介】

本文讨论了伊藤仁斋对《孟子》的诠释，认为伊藤仁斋用一把日本的"实学"斧头来打磨了《孟子》。17 世纪以来，实学传统逐步发展为日本文化的主流，包括了经验主义与理性主义因素，关注对日常生活有用的具体知识。尽管伊藤仁斋自己的哲学思想中存在清晰的精神性价值，但相比于孟子思想中的心性论的超验层面内容，他更强调孟子思想中的政治价值，指出孟子思想的核心是王道（The Government of "Kindly Way"）。这种"实学"和世俗化的研究倾向，导致他对孟子的诠释与孟子的原意存在出入，且颇有遗漏之处。本文共分为四部分：第一部分是引言，介绍了伊藤仁斋所处时代的"实学"背景及其本人在研究孟子时的"实学"倾向，并概括了本文要解决的问题；第二部分是"Itô Jinsai's Interpretation of Mencius' Political Thought（伊藤仁斋对孟子政治思想的解读）"，详细阐述了伊藤仁斋是如何将"仁政"视为孟子思想的中心的；第三部分是"Jinsai's Interpretation of Mencius' Theory of Human Nature（仁斋对孟子人性论的诠释）"，作者分析认为，伊藤仁斋仅从生理性质（Physical Nature）的角度对孟子人性论进行了诠释，而忽视了孟子心性论的先验哲学；第四部分是结论，作者再次强调了伊藤仁斋对孟子思想体系中超验层面的忽视。

［225］Kyung-sig Hwang（黄璟植），"Moral Luck，Self-cultivation，and Responsibility：The Confucian Conception of Free Will and Determinism"，*Philosophy East and West*，Vol. 63，Issue 1，Jan. 2013，pp. 4 - 16

【作品简介】

本文认为，孔孟思想中所反映的自由意志与决定论的观念具有温和决定论的兼容性。一方面，儒家很难接受自由主义的自由意志，儒家美德伦理学强调个人品质的形成过程，不可控的内在因素与外在环境的影响不可避免地塑造着人的品质；另一方面，儒家主张道德义务论与通过自由选择来实现自我修养。这种自我修养的态度与个人道德努力可能导向一种站不住脚的生硬的决定论。儒家的这种态度在两个极端之间摇摆不定，但他们总是将自由选择与自主行动置于其兼容性之前、天命之上。文章共分为六部分：第一部分是"Voluntary Action，Moral Luck，and Responsibility（义务行为、道德运气与责任）"，第二部分是"Problems of Free Will and Determinism（自由意志与决定论的问题）"，第三部分是"The Compatibilist Possibility of Confucius' Self-Cultivation Theory（修养论）and Heavenly Fate Theory（天命论）（儒家修养论与天命论之间兼容的可能）"，第四部分是"Mencius' Arguments on Nature（性）and Fate（命）and the Flood-like Ch'i（浩然之气）（孟子关于性、命与浩然之气的观点）"，第五部分是"Criticism of Confucian Compatibilism（对儒家兼容性的批评）"，第六部分是总结评价。

　　[226] Myeong-seok Kim（金明锡），"Choice，Freedom，and Responsibility in Ancient Chinese Confucianism"，*Philosophy East and West*，Jan. 2013，Vol. 63，Issue 1，pp. 17 – 38

　　【作品简介】

　　作者通过解读以孔、孟、荀为代表的中国古典儒家，并将其与西方视角进行比较，从而思考了自由、选择与责任的问题。文章共分为五部分：第一部分是"Fingarette and Graham on Choice and Responsibility in Confucius（芬格莱特与葛瑞汉关于孔子思想中选择与责任的看法）"，第二部分是"The Concept of Choice in Confucius，Mencius，and Han Chinese Literati（孔孟与汉代学人的选择观念）"，第三部分是"Freedom and Responsibility in Mencius and Xunzi（孟子与荀子的自由与责任）"，第四部分是"Strawson and Confucian Libertarianism on Freedom and Responsibility（史陶生与儒家关于自由与责任的自由主义）"，第五部分是总结与评价。

　　[227] Alejandra Mancilla，"The Bridge of Benevolence：Hutcheson and Mencius"，*Dao：A Journal of Comparative Philosophy*，Mar. 2013，Vol. 12，Issue 1，pp. 57 – 72

　　【作品简介】

　　苏格兰情感主义者 Francis Hutcheson 与孟子都将"仁"置于各自道德理论的关键位置，将"仁"视为首要的基本美德。尽管此二者在形态与方法上存在差异，但作者更强调二者的相似性，指出了他们的四个相似特征：第一，"仁"由同情之爱而生，这是天生内在的、所有人都具有的普遍情感；第二，同情之爱的目标不仅是人类，还包括所有动物；第三，同情之爱的敏感程度与关系的亲密程度相关；第四，要使同情之爱成长为一种品德特质，就要不断地修养它。作者还解释了为何"仁"是基于情感而非基于理性，为何它处于个人关系而不是处于非个人关系之中等问题。文章共分为四部分：第一部分是引言，第二部分是"Hutcheson's and Mencius's Moral Philosophies in a Nutshell（Francis Hutcheson 与孟子的道德哲学概述）"，第三部分是"Mencian and Hutchesonian Benevolence（孟子与 Francis Hutcheson 的'仁'）"，第四部分是总结与评价。

［228］John Allen Tucker，"Skepticism and the Neo-Confucian Canon：Itô Jinsai's Philosophical Critique of the Great Learning"，*Dao：A Journal of Comparative Philosophy*，Mar. 2013，Vol. 12，Issue 1，pp. 11 – 39

【作品简介】

本文基于 1668 年伊藤仁斋的《私拟策问》、1685 年的《大学定本》和 1705 年的《大学非孔氏之遗书辨》（《语孟字义》附录的一部分）这三个主要来源，考察了伊藤仁斋对《大学》的批评。作者认为，伊藤仁斋十分赞同朱熹对学习进步价值的怀疑观点，其对《大学》的批评也源于此。此外，文章还指出，伊藤仁斋在解读《大学》的过程中，通过分析字词含义来进行哲学推理，由此衍生了《大学》在许多层面上的政治内涵。文章共分为五部分：第一部分是引言，第二部分是"Zhu Xi and the *Great Learning*（朱熹与《大学》）"，第三部分是"The *Great Learning* in Early Tokugawa Japan（德川早期的《大学》）"，第四部分是"Itô Jinsai and the *Great Learning*（伊藤仁斋与《大学》）"，第五部分是"Concluding Observations：Empiricism，Positivism，Skepticism，and Political Implications（总结评论：经验主义、实证主义、怀疑论与政治内涵）"。

［229］Anh Tuan Nuyen，"The 'Mandate of Heaven'：Mencius and the Divine Command Theory of Political Legitimacy"，*Philosophy East and West*，Apr. 2013，Vol. 63，Issue 2，pp. 113 – 126

【作品简介】

本文展现了孔孟的政治主张以及政治合法性的天命论（the Divine Command Theory），认为这类似于一种道德天命论。作者特别关注了孟子的政治合法性观念，并将其与康德的思想进行了比较分析。文章共分为三部分：第一部分是"Liberal versus Conservative Readings of Mencius（对孟子的自由与保守的解读）"，第二部分是 "Kant on Moral Legitimacy（康德的道德合法性）"，第三部分是 "A Kantian Reading of Mencius（对孟子的康德式解读）"。

［230］Young-jin Choi（崔英辰），Jung-geun Hong（洪正根），"Dasan's Approach to the Ethical Function of Emotion as Revealed in His Annotations of Chinese Classics：With a Focus on His *Maengja youi*"，*Korea Journal*，Summer 2013，Vol. 53，Issue 2，pp. 54 – 79

【作品简介】

本文探究了丁若镛对儒家经典的注释中关于情感的伦理作用的问题。丁若镛将"性"解释为一种"嗜好"，即对善的嗜好与对恶的厌恶。他根据自己的心理体验与已有的文献标准证实了这一定义，由此来证实道德情感是普遍存在的，特别是在平凡的对话中，依赖于对特定事件与人性观念的心理反应。同样的情感可能会导致不同的行为，这取决于他们是否能通过自我节制以达到和谐境界，故而情感应该得到适度的调节。为此，丁若镛强调了"诚"的重要性，并提出人作为真诚的行为者应该通过努力侍奉上帝以实现宗教修养。丁若镛的情感理论为儒家伦理基本问题的经验主义解析提供了基础，其情感观念从哲学层面到形而上学层面再到世间日常生活等领域，都有深远意义。文章共分为五部分：第一部分是引言，第二部分是 "Intrinsic Ethical Sense of Good and Evil：The Problem of Ethical Foundation（善恶的内在伦理意义：伦理基础问题）"，第三部分是 "The Universality of Emotions：The Problem of Ethical Standards（情感的普遍性：伦理标准问题）"，第四部分是 "Emotions as Causes of or Obstacles to Ethical Deeds and the Unperturbed Mind：The Problem of Cultivation（情感作为道德行为与不动心的因素或障碍：修身问题）"，第五部分是结论。

［231］Moss Roberts（罗慕士），"Balancing Power：The Ascent of the Vassal (Chen)"，*Chinese Studies in History*，Summer 2013，Vol. 46，Issue 4，pp. 6 – 26

【作品简介】

本文展现了"臣"在哲学与历史这两个层面的内容，在这两个层面上都是进化发展中的词语，都扮演着发展的、历史的角色。此外，作者还提到了其他为统治者服务的基本角色与相关术语：官、君子、士、师、相。文章还讨论了战国中晚期的人性观念在臣的发展过程中的作用，以及出土文献与《论语》《孟子》《荀子》等已有文献之间在相关问题上的一致与分歧。

[232] Kail Marchal（马恺之），"Moral Emotions, Awareness, and Spiritual Freedom in the Thought of Zhu Xi（1130－1200）", *Asian Philosophy*, Aug. 2013, Vol. 23, Issue 3, pp. 199－220

【作品简介】

朱熹特别强调情感在人类生活中的作用，本文探究了处于朱熹思想核心地位的四种道德情感，如孟子所描述的恻隐与羞恶，只有当它们得到了精诚的实现，才能实现个体精神自由。此外，作者还探讨了"知觉"与"知"等关键观念，由此展现了道德情感在道德主体中被创造的复杂动态。此外，作者还分析了《孟子》中的两个重要文段，即《梁惠王上》的第七章和《公孙丑上》的第六章，考察了朱熹如何基于道德情感在他的注释中定义了道德主体的状况。最后，文章还解释了以朱熹为代表的宋明理学家为何有时被描述为康德主义思想家。文章共分为七部分：第一部分是前言，第二部分是"The Broader Outlines（更广的概要）"，第三部分是"Some Methodological Thought（一些方法论思想）"，第四部分是"Two Stories from the *Mencius* Reconsidered（重新思考《孟子》中的两个故事）"，第五部分是"A Brief Interlude：Is Zhu Xi Concerned with the Issues of Perception and Knowledge?（小插曲：朱熹关心知觉与知识的问题吗?）"，第六部分是"The Cognitive Content of Emotions, Control, and Spiritual Freedom（关于情感、控制与精神自由的认知内容）"，第七部分是"Appendix：Neo-Confucianism and Kant（附录：理学与康德）"。

[233] Nguyễn Tài Đông（阮才东），"The Concept of Social Responsibility as It Appears in Vietnamese Confucianism", *Journal of Confucian Philosophy and Culture*, Aug. 2013, Vol. 20, pp. 137－152

【作品简介】

传统儒教是如何理解社会义务的？第一，社会义务既是规范，又是伦理德目。从伦理的观点上看，儒教思想的核心包含五德（仁、义、礼、智、信）和五伦（父子、君臣、夫妇、兄弟、朋友）。第二，社会义务被理解为指向国家的责任意识，儒教修养的最终目的是社会生活的实践。透过孟子的生涯我们所看到的人生态度，一方面是内在修养和自我完足以及内在德性的提高，另一方面是外在领域，即帮助他人、安定国家的行为。"内圣外王"之道正是传统儒教中履行社会义务的模型。第三，还可以从自然法的层面考察社会义务。为了寻找合理解决社会变化的方法，儒学认为社会义务是赋予人的天命（见于《易经》）。因此，对于天命的儒教概念就是认识到"替天行道"的社会义务。越南儒家也特别关心儒教的社会义务，在阮廌（Nguyễn Trãi）的思想中，社会义务首先表现为爱国心。守护国家的精神、热爱国家和人民之心、与世界的连续性是越南儒学的理想，"先人之忧，后人之乐"的精神可以说是越南历代儒家所体现的特性和灵感。"天下兴亡，匹夫有责"与"为天地立心，为生民立命，为往圣继绝学，为万世开太平"，都是越南儒学推崇的仁爱精神和态度。

［234］Guanming Chen（陈冠铭），Yaqiong Lin（林亚琼），Liping Wang（汪李平），"Expansion and Application of Mencius Decision-making Thought in Industrial Decision"，*Asian Agricultural Research*，Sep. 2013，Vol. 5，Issue 9，pp. 18 – 20，28

【作品简介】

本文从孟子的"天时不如地利，地利不如人和"出发，运用了孟子的决策思想，还梳理了内在与外在的关系、首要与次要矛盾的关系、矛盾的首要与次要方面的关系等辩证理论，同时分析了基于行业观点的决策因素，由此，作者展现了孟子的决策环与对策分类图表。作者通过 SWOT 分析法（"S"即"strengths"，"W"即"weaknesses"，"O"即"opportunities"，"T"即"threats"），运用孟子的决策环，探究了海南省切花月季产业的发展策略。这一方法展现了更强、更清晰的层级制度，所以它将有利于决策分类。

［235］John Ramsey，"The Role Dilemma in Early Confucianism"，*Frontiers of Philosophy in China*，Sep. 2013，Vol. 8，Issue 3，pp. 376 – 387

【其他版本】

John Ramsey，"The Role Dilemma in Early Confucianism"，Xinzhong Yao（姚新中），ed.，*Reconceptualizing Confucian Philosophy in the 21st Century*，Singapore：Springer Singapore，2017，pp. 98 – 109

【作品简介】

作者认同儒学是一种角色伦理学的说法，并认为经典儒家（孔子、孟子、荀子）实际上意识到了一种角色两难带来的挑战，并在此后长期影响着后世儒者。儒家道德伦理学要求关注理论的和哲学的手段，特别是从其余的正确的人类行为的伦理理论中辨别出角色伦理，从而在哲学上更加完善。作者考察了两种自然的、直觉的策略并试图用它们来解析两难，但发现二者都无法持续性地回应这个问题。文章共分为三部分：第一部分是"The Role Dilemma（角色两难）"；第二部分是"The Role Dilemma in Confucius，Mencius，and Xunzi（孔子、孟子、荀子的角色两难）"；第三部分是"Some Programmatic Remarks about the Role Dilemma Project（一些关于角色两难问题的纲领性评论）"。

［236］John H. Berthrong（白诗朗），"Xunzi and Zhu Xi"，*Journal of Chinese Philosophy*，Sep. – Dec. 2013，Vol. 40，Issue 3 – 4，pp. 400 – 416

【作品简介】

牟宗三曾嘲讽朱熹是替荀子对孟子进行哲学报复。因为当我们从朱熹对孟子哲学忠诚而坚定的言辞辩护中跳脱出来，不难发现朱熹与荀子在哲学言辞上的极大相似性与深层结构上的雷同。更具讽刺意味的是，牟宗三这一未经证实的说法在荀子与朱熹的比较研究方面有很大的价值。文章共分为两部分：第一部分是"Philosophical Lexicography（哲学词典编纂）"，第二部分是"Xin（Mind-Heart）（心）"。

［237］Philip John Ivanhoe（艾文贺），"Virtue Ethics and the Chinese Confucian Tradition"，Stephen C. Angle（安靖如），Michael A. Slote，eds.，*Virtue Ethics and Confucianism*，New York，London：Routledge，2013，pp. 28 – 46

【作品简介】

本文介绍了中国儒学传统中不同时代美德伦理学的两种典型：孟子和王阳明。二者同为儒家哲学的著名代表，都发展了各自复杂精细又丰富有力的学说，但二者代表着儒学美德伦理学的两个重要方面。作者指出，孟子的学说与亚里士多德十分类似，其道德概念与人性论、人类繁荣的理想相联系，作者将这种理论称为"VEF"［Virtue Ethics of *Flourishing*（繁荣的美德伦理学）］。但另一方面，孟子的部分思想，尤其是对情感与同情心的强调，与休谟和其他情感主义者具有一定相似性，都先把道德视为一种被广泛解释的情感，特别是将它视为天性所展现出来的同情心，作者将这种理论成为"VES"［Virtue Ethics of Sentiments（情感的美德伦理学）］。王阳明则比孟子要更偏向于休谟与其他情感主义者，但其美德伦理学的形式更像亚里士多德，都依赖人性论与人类繁荣的理想。也就是说，孟子和王阳明都不能被简单地归入西方传统的"VEF"和"VES"中的某一类。本文共分为四部分：第一部分是"A Genus and Not a Species（是品种但不是物种）"，介绍了"VEF"和"VES"这两种理论；第二部分是"Mengzi（孟子）"；第三部分是"Wang Yangming（王阳明）"；第四部分是结论。

［238］Matthew D. Walker，"Structured Inclusivism about Human Flourishing：A Mengzian Formulation"，Stephen C. Angle（安靖如），Michael A. Slote，eds.，*Virtue Ethics and Confucianism*，New York，London：Routledge，2013，pp. 94 – 102

【作品简介】

在过去的几十年，学界一直在争论一个问题，即亚里士多德所主张的幸福与人类繁荣（Human Flourishing）（笔者将此理解为个人道德上的繁荣）究竟是排他的还是包容的。主张排他性的学者认为，亚里士多德的幸福是由唯一的内在的善构成的，这种善与带有智慧美德的思考练习有关；而主张包容性的学者认为，亚里士多德的幸福是由不止一个这种内在的善组成的，这种幸福是完全自足的。因此，主张包容性的一派认为，道德运动与内在的善是有助于实现幸福的。Richard Kraut 属于排他派，作者则更认同包容派。为了论证这一点，作者考察了孟子的人类繁荣观念，因为孟子与亚里士多德所处时代相近，且孟子在中国文化中的地位也与亚里士多德在西方思想中的地位相近。孟子的人类繁荣观念体现在其性善论中，反映了多种善的包容性综合体。人类繁荣是由不同部分组成的，就像身体是由不同部分组成的一样。本文共分为三部分：第一部分是 "Flourishing and Nature in *Mengzi*：Preliminaries（《孟子》中的繁荣与人性：前言）"；第二部分是 "Organizing Principles in Mengzian Flourishing（孟子繁荣的组织原则）"；第三部分是 "Structured Inclusivism and External Goods（结构的包容性与外在的善）"。

［239］Yang Xiao（萧阳），"Rationality and Virtue in the *Mencius*"，Stephen C. Angle（安靖如），Michael A. Slote，eds.，*Virtue ethics and Confucianism*，New York；London：Routledge，2013，pp. 152 – 161

【作品简介】

本文关注的问题是：孟子是如何赋予 "德政" 和 "仁政" 以合理性论证的？这个问题是早期中国实用哲学中的一部分。具体而言，作者探究了孟子在《梁惠王上》第七章中论证合法权威（Normative Authority）的不同层次时所使用的理性论证模式。本文共分为六部分：第一部分是引言；第二部分是 "The Idea of Rational Justification and Its Limits（理性论证的观念及局限）"；第三部分是 "The Structure of Rational Justification in the *Mencius*（《孟子》中的理性论证结构）"；第四部分是 "Rational Justification in 1A7（《孟子·梁惠王上》第七章中的理性论证）"；第五部分是 "The Paradigms of Rationality in *Mencius*（《孟子》中的理性典范）"；第六部分是结论。

[240] Stephen C. Angle（安靖如），"Is Conscientiousness a Virtue? Confucian Answers"，Stephen C. Angle（安靖如），Michael A. Slote，eds.，*Virtue Ethics and Confucianism*，New York，London：Routledge，2013，pp. 182 – 191

【作品简介】

当代哲学家大多赞同道德的理论中心价值，但大多不认同责任心（Conscientiousness）的地位，甚至对于责任心这个词的含义也存在争议。有些学者认为责任心属于道德的一种，有些学者则认为它只能算是一种 "准美德"（Quasi-virtue），还有些学者认为它不同于道德且地位低于道德。若进一步引入克制或节欲的概念，这个问题就变得更为复杂了。一些学者认为克制和节欲与道德问题是截然不同的，另一些学者认为道德本身就是一种克制和节欲。而亚里士多德和康德等先哲关于这些问题的复杂解释，使它们变得更加混乱了。本文将从中国早期儒家思想中汲取资源，来解决上述西方哲学的问题。作者指出，儒学是多种类型的道德伦理学的源泉，并在许多地方涉及了责任心与克制的问题。儒家认为，责任心并非道德的一种，它不具备道德的可靠性、灵活性等特征；但责任心对于学习伦理的人来说，是一种重要的价值，同时它也具有危险性。文章共分为五部分：第一部分是引言；第二部分是 "The *Analects*（《论语》）"；第三部分是 "The *Mencius*（《孟子》）"；第四部分是 "The *Xunzi*（《荀子》）"；第五部分是结论。

[241] Marion Hourdequin，"The Limits of Empathy"，Stephen C. Angle（安靖如），Michael A. Slote，eds.，Virtue Ethics and Confucianism，New York，London：Routledge，2013，pp. 209 – 218

【作品简介】

本文同时提出了一种规范的和一种元伦理的问题。元伦理的问题是：一个充分的道德理论是否可以仅仅基于同情与关爱？ Michael A. Slote（2007）基于关爱与同情发展了一种情感主义伦理学，确认了关爱与同情作为道德理论基础的必要性与充分性。与此相反，作者主张，虽然同情对于道德来说有一种重要的合理合法的作用，但同情无法作为唯一的道德向导。何谓同情关爱的合适范畴与焦点？任何基于关爱或同情的伦理学都要面临一个问题：我们可能关爱数不清的客体，如工作、单车和书，但同情关爱的对象似乎只局限于那些可以感到情绪的东西，而不像工作、单车和书那样。即便我们假设只有单独的个人能感受情绪且受到同情，但还是有数不清的主体可以受到我们的同情。此外，我们具备的资源是有限的：有限的时间、有限的能量、有限的帮助能力。我们应该如何运用这些资源？我们不能简单地将同情关爱作为不证自明的命令。同情关爱会面临许多问题，包括要关爱谁、要关爱多少以及如何表达关爱。Slote 也并不是没有意识到上述问题，但其作品并未充分体现这些问题有多深刻，以及回答这些问题多么需要同情本身之外的资源。作者先描述了 Slote 的关爱与同情的伦理学，接着运用《孟子》中的两个文段，来阐明同情与如何引导同情的相关问题。最后，作者在更宽广的早期儒家哲学语境中探究了第二个孟子案例的意义。

［242］Myeong-seok Kim（金明锡），"Is There No Distinction between Reason and Emotion in Mengzi?", *Philosophy East and West*, Vol. 64, Issue 1, Jan. 2014, pp. 49 – 81

【作品简介】

本文根据孟子的伦理思想探究了道德判断中情感的特点与作用，讨论的问题包括道德情感即孟子所说的辞让、羞恶、恻隐等的意义，古典伦理思想中道德的类别，以及黄百锐（David B. Wong）和倪德卫（David Shepherd Nivison）关于中国道德思想的视角。文章共分为五部分：第一部分是引言，第二部分是 "Is There No Distinction between Reason and Emotion in *Mengzi*?（《孟子》中的理性与情感之间是不是没有区别?）"，第三部分是 "*Shifei zhi xin* 是非之心 as Moral Judgement（作为道德判断的'是非之心'）"，第四部分是 "Emotions and Wisdom（*Zhi* 智）（情感与'智'）"，第五部分是总结评价。

［243］Xinyan Jiang（姜新艳），"Mengzi and the Archimedean Point for Moral Life", *Journal of Chinese Philosophy*, Mar. – Jun. 2014, Vol. 41, Issue 1 – 2, pp. 74 – 90

【作品简介】

本文所讨论的"道德的阿基米德点"指的是一个人道德推理的基点以及最终让道德生活成为可能之物。作者认为，孟子的"四端"学说可以指引我们找到这个阿基米德点。孟子的"四端"学说其实是将道德怜悯视为"道德的阿基米德点"的，孟子关于道德推理的基点与道德生活的终极基础的观点不仅可以在很大程度上提供经验实践的支持，而且在逻辑上也是合情合理的。

[244] Jae-ho Ahn（安载皓），"The Significance of Toegye's Theory on 'Manifestation of Principle'"，*Journal of Chinese Philosophy*，Mar. – Jun. 2014，Vol. 41，Issue 1 – 2，pp. 114 – 129

【作品简介】

近来，有学者批评了李退溪的"理发"理论，并"否定了理的活动"，本文对此观点进行了评价。作者指出，尽管"理发"观念并不是由朱熹明确提出的，甚至与其"理无造作"的观念相抵触，但它恢复了基本的儒家原则，并重申了"仁"的价值。李退溪的"理发"观念通过强调主体自发性与道德合理性活动，建立了人禽之辨的基础。作者先回顾了李退溪哲学中的"理""气""心""性""情"等概念及其相互关系，接着考察了"理发"观念的重要意义，并批评了无根据地否定理的活动的观点。文章共分为四部分：第一部分是引言，第二部分是"The Theoretical Background of the Notion of *Lifa*（'理发'观念的理论背景）"，第三部分是"The Content and Value of the Theory on *Lifa*（'理发'理论的内容与价值）"，第四部分是结论。

[245] Jung-hwan Lee（李定桓），"Zhang Jiucheng as an Eminent Advocate of the Cheng Learning（Chengxue）in the Early Southern Song"，*Journal of Confucian Philosophy and Culture*，Aug. 2014，Vol. 22，pp. 1 – 26

【作品简介】

本论文通过研究张九成（1092—1159）的思想，试图明确指出在理学历史研究领域还未被充分探讨的南宋初期"程学传统之性格"。张九成的学术有以下两个鲜明的特点：第一，当时大多数程学系学者未曾撰写过注释，但张九成却对《中庸》《孟子》《书经》等多部儒家经典进行了注释；第二，他自始至终都把解析经典的重点放在从经典推理出单一的道德修养之原理上。这个单一的道德修养之原理主要集中在怎样把握性或心的内在道德性并努力把它运用到实践的问题上。他认为这样的道德修养在实践层面上与佛教相应领域的性格十分相似，而这一点却引起朱子和后代理学家的批判。尽管如此，在南宋初期的学者中，张九成获得了相当高的地位，这也正为探究当时人们如何理解程学传统提供了重要线索。在哲学上，他把"心之自然发生的发现"领域和随之而生的"道德修养的有目的的行为"领域分开，并试图化解心或性中的自然性与道德修养中的人为性之间存在的所谓概念上的矛盾。然而这种方式又导致了新的哲学问题产生，即把作为追求对象的心和性与追求它们的主体之"心"一分为二的问题，后来朱子对此问题进行了全面的探究。

［246］Hektor King Tak Yan（甄景德），"Beyond a Theory of Human Nature：Towards an Alternative Interpretation of Mencius' Ethics", *Frontiers of Philosophy in China*, Sep. 2014, Vol. 9, Issue 3, pp. 396 – 416

【其他版本】

Hektor King Tak Yan（甄景德），"Beyond a Theory of Human Nature：Towards an Alternative Interpretation of Mencius' Ethics", Xinzhong Yao（姚新中），ed. , *Reconceptualizing Confucian Philosophy in the 21st Century*, Singapore：Springer Singapore, 2017, pp. 57 – 74

【作品简介】

根据维特根斯坦的观点，要理解"性"一类的伦理术语的意义，就要考察其作用与其实际哲学语境。本文从一种非正统的视角重新考察了《孟子》中"性"的观念，认为这里的"性"应该被理解为生物性术语。关于"性"的讨论关系到"为何要成德"的问题，作者从伦理意义的角度为孟子伦理学提供了一种替代性解读。不同于传统视角，作者认为孟子的人性论在其道德哲学中并不需要居于中心地位，孟子道德哲学的终极基础在于道德本身的意义。通过关注具体的伦理思想，人性才逐渐发展了其对道德与伦理意义的把握。文章共分为五部分：第一部分是前言，第二部分是"The Sense of Ethical Terms and Mencius' *Xing*（伦理术语的意义与孟子的'性'）"，第三部分是"The Question 'Why Be Moral?' and Mencius（'为何要成德'的问题与孟子）"，第四部分是"Reinterpreting Mencius：A Preliminary Sketch（重新考察孟子：一个初步素描）"，第五部分是结论。

［247］Jesse Andrew Ciccotti（司安杰），"The Mengzi and Moral Uncertainty：A Ruist Philosophical Treatment of Moral Luck", *International Philosophical Quarterly*, Sep. 2014, Vol. 54, Issue 3, pp. 297 – 315

【作品简介】

本文为儒家传统中的道德运气提供了合理解释。第一部分为道德运气提供了一个理论前提框架，从而建立了一个儒家美德伦理与其他传统中道德伦理之间的交叉之处。作者在儒家语境中解读道德运气的概念，尽管这一术语并没有在《孟子》及其他儒家早期文献中出现，但孟子显然了解这一概念，而且这一概念在儒家与外国伦理学的比较研究中很有用。第二部分由 Thomas Nagle 的"道德运气"（moral luck）学说的四种分类展开，从而解读了孟子的道德运气观。在结尾部分，作者强调了儒家为拓宽道德运气讨论的贡献。

［248］Franklin Perkins（方岚生），"Five Conducts（Wu Xing 五行）and the Grounding of Virtue"，*Journal of Chinese Philosophy*，Sep. - Dec. 2014，Vol. 41，Issue 3 - 4，pp. 503 - 520

【作品简介】

一般认为，马王堆汉墓出土的帛书《五行篇》解释了荀子对思孟学派五行说的批评，但其实五行在《孟子》中并没有起到多重要的作用。本文准确概括了孟子思想与五行说之间的相同点与不同点，第一部分分析了善与德的区分，第二部分考察了正确行为的各种形式是如何与内在关联的。

［249］Hans van Ess（叶翰），"Reflections on the Sequence of the First Three Books of the Mengzi"，*Journal of Chinese Philosophy*，Sep. - Dec. 2014，Vol. 41，Issue 3 - 4，pp. 287 - 306

【作品简介】

本文认为，汉代后期的孟子研究者对于《孟子》文本中的每一篇应该处于全书的什么位置有着清晰的认识。这些文段的顺序有时会受到年代顺序的影响，但比年代顺序更重要的是每一个文段所讲述的事件之间的逻辑关系。文章重新溯源了《孟子》的编辑者是如何编排文段顺序的，作者认为，这些文段在被编辑为一个完整文本之前，很可能是独自散落和传播的。

［250］Zong-Qi Cai（蔡宗齐），"The Richness of Ambiguity：A Mencian Statement and Interpretive Theory and Practice in Premodern China"，*Journal of Chinese Literature and Culture*，Nov. 2014，Vol. 1，Issue 1 - 2，pp. 262 - 288

【其他版本】

蔡宗齐著，陈婧译：《"以意逆志"说与中国古代解释论》，《岭南学报》2015 年第 Z1 期，第 145—167 页。（中文译本）

【作品简介】

"以意逆志"四字为孟子解《诗》时提出，近千年以来为各派批评家所推重。为何孟子"以意逆志"一语会被这么多批评家认同？本文提出，"以意逆志"之所以能"放之四海而皆准"，与古代汉语作为不带情态标记语言而具有丰富的模糊空间有着很大关系。历代以来，中国传统批评家不断地挖掘利用"以意逆志"中"意""逆""志"三字之语义以及四字之间句法的模糊性，以求重新阐发孟子的论断，进而为各自的解释找到理论根据。因此，通过讨论各家对孟子"以意逆志"一语的重新阐发，本文展示出从先秦到清代各种解释方法的独特特征，同时，本文亦发现这些理论潜在的互相联系，进而揭示中国整个解释传统作为整体的动态统一。

［251］Ann Sung-hi Lee，"Allegory and Language in Koryŏ Pseudo-biographies"，*Review of Korean Studies*，Dec. 2014，Vol. 17，Issue 2，pp. 213 – 245

【作品简介】

本文探究了高丽朝假传体文学，认为它是《孟子》中人性论的寓言式展现。金昌龙（Kim Ch'ang-nyong）通过比较研究认为，高丽朝作家在书写假传时查阅了《类书》选集。《类书》在"酒"等主题类别下转载了一些文献，作者通过参考理学，尤其是参考《孟子》中的人性论观点，从而讨论了《类书》与假传中"同类事物"主题的意义。另外，正如朴熙炳（Pak Hŭi-pyŏng）所说，李奎报（Yi Kyu-bo）整合了庄子"道通为一"的思想以及孟子所说的人心都有趋向善的能力。情节的层次可以通过诸如偏执狂之类的文字游戏来实现，其中隐喻被用于其字面和隐喻意义。在高丽朝作家的"原"类型作品与假传中，这种对隐喻来源的追踪及其对文献主题表达的追踪，体现了韩愈与李詹（Yi Ch'ŏm）所强调的"原"。文章共分为七部分：第一部分是"Yi Ch'ŏm，'Biography of Master Mulberry'and Moral Cultivation（李詹《楮生传》与道德修养）"，第二部分是"'Inquiry on Water'by Yi Ch'ŏm（李詹的《原水》）"，第三部分是"*Leishu* and Koryŏ Pseudo-biographies（《类书》与高丽假传文学）"，第四部分是"Yi Kyu-bo and the Pseudo-biographies（李奎报与假传文学）"，第五部分是"Language and the Pseudo-biographies（语言与假传文学）"，第六部分是结论，第七部分是"Appendix：The Author's Translation of 'Bibliography of Turtle，Emissary from the Clear Yangzi River'（附录：笔者对《清江使者玄夫传》的英文译本）"。

［252］Chun-chieh Huang（黄俊杰），"Mencius' Educational Philosophy and Its Contemporary Relevance"，*Educational Philosophy & Theory*，Dec. 2014，Vol. 46，Issue 13，pp. 1462 – 1473

【其他版本】

黄俊杰：《"教者必以正"——孟子的教育思想》，《孟子》，台北：东大

图书公司，1993 年，第 135—164 页。（中文原版）

黄俊杰：《孟子的教育思想》，《孟子思想的现代诠释》，台北：台湾大学出版社，2002 年。

黄俊杰：《"教者必以正"——孟子的教育思想》，《孟子》，北京：生活·读书·新知三联书店，2011 年，第 113—137 页。

【作品简介】

本文主张孟子的教育是一种"全人教育"（holistic education），其目的是实现人内在心性在社会、国家和世界层面的展开，达成一种"无声的革命"（silent revolution）。孟子的教育哲学以其人性论与修养论为基础，确认了整个人生，因为他坚持个人、社会政治、宇宙这三者是一个连续的统一体。在此基础上，孟子认为教育的过程就是唤醒求学者主观性，人心是价值的创造主体，人生来就被赋予了道德判断的内在资质和能力。孟子的教育方法论中最有效的是通过"反求诸己"来"养心"，他坚持"因材施教"的原则，并要求老师要做学生的典范。文章共分为五部分：第一部分是前言；第二部分是"The Character and Aim of Mencius's Educational Philosophy（孟子教育哲学的特点与目标）"，包括""Self" in Mencius' Thought（孟子思想中的'自我'）"等问题；第三部分是"The Theory of Human Nature as the Foundation of Mencius' Educational Philosophy（作为孟子教育哲学基础的人性论）"；第四部分是"Mencius' Educational Methodology（孟子的教育方法论）"；第五部分是结论。

［253］Xinzhong Yao（姚新中），"Spirituality of Nourishing Life in the Book of Mengzi"，*Journal of Chinese Philosophy*，Dec. 2014，Vol. 41，Issue S1，pp. 740 – 751

【作品简介】

作为一个向精神价值层面开放的道德体系，儒学强调修养生命，并认为它能导向精神的最高典范。在这个意义上，宗教与道德的相互联系是儒家的一切关于人类品质的学说的基础，儒家由此建立了它的道德宇宙。本文考察了孟子的"养"的多层含义，并解释了孟子如何让"养"成为实现天人合一的必由之路。文章共分为五部分：第一部分是"Thinking Mind and Yang（关于心与'养'的思考）"，第二部分是"Yang Sheng and Social Orders（'养生'与社会秩序）"，第三部分是"Yang Xin and Moral Growth（'养心'与道德生长）"，第四部分是"*Yang Xing* and Spiritual Nourishing（'养性'与精神滋养）"，第五部分是结论。

［254］Attilio Andreini（艾帝），"The Yang Mo（杨墨）Dualism and the Rhetorical Construction of Heterodoxy"，*Asiatische Studien*，2014，Vol. 68，Issue 4，pp. 1115 – 1174

【作品简介】

多个世纪以来，《孟子》一直被用作学说论点与风格的恒定范本，其中体现的一个独特之处在于，孟子一直在努力驳斥杨朱与墨子等影响力日益强大的学派的侵扰。这一点值得注意，因为连孟子自己都刻画了一种强烈情感冲击的、本质上很夸张的修辞技巧。与杨朱的"为我"和墨家的"爱无差等"相比，孟子的思想基于儒家传统的"中"。《孟子》似乎是第一个将杨墨并称的文本，它成为中国文献中人尽皆知的特定谚语，这两种伦理倾向的原型是从儒家衍生出来后发展为其他学派的传统。在孟子的思想体系中，这两派观点显得很重要。因为《孟子》是围绕着这两个人物来建构其高度复杂的修辞框架的，体现为或明或暗的立意（inventio）和布局（dispositio）。文章共分为两部分：第一部分是"Mencius versus Yang-Mo 杨墨（孟子与杨墨的比较）"，第二部分是"What are Yang and Mo Standing for?（杨墨代表了什么?）"。

［255］Baogang Guo（郭保钢），"Virtue，Law and Chinese Political Tradi-tion：Can the Past Predict the Future?"，*Journal of Chinese Political Science*，2014，Vol. 19，Issue 3，pp. 267 – 287

【作品简介】

本文提出了调和两种相反民主观点的第三种选项，即通过对中国政治统治传统理论的重新考察和重新建构来进行共识与敌对之间的比照。作者关注了道德与法律的作用及其对原始与功利领域政治合法性的获得与维护的重要性，联系了德治与共识政治（consensual politics），以及法治与敌对政治（adversary politics），提出了继续这种二元政治传统的混合民主模式并让必要的政治现代化成为可能。文章共分为七部分：第一部分是"The Dualist Tradition（二元传统）"，第二部分是"*Wang Dao* and Consensual Politics（王道与共识政治）"，第三部分是"*Ba Dao* and Adversary Politics（霸道与敌对政治）"，第四部分是"Virtue，Law and Political Legitimacy（道德、法律与政治合法性）"，

第五部分是"Virtue and Law in Contemporary Chinese Politics（当代中国政治的道德与法律）"，第六部分是"Legalism and American Democracy（守法主义与美国民主）"，第七部分是结论。

［256］Chad Hansen（陈汉生），"Principle of Humanity VS. Principle of Charity"，Yang Xiao（萧阳），Yong Huang（黄勇），eds.，*Moral Relativism and Chinese Philosophy：David Wong and His Critics*，Albany，N. Y.：SUNY Press，2014，pp. 71 – 102

【作品简介】

本文的开头由黄百锐（David B. Wong）的 *Natural Moralities：A Defense of Pluralistic Relativism*（《自然主义道德论者：为多元相对主义辩护》）一书引出。文章指出，黄百锐认为，多数伦理学家对"相对主义"怀有偏见。然而，作者作为自然主义和相对主义论者，认为相对主义实际上代表着主流，因为它能与现实主义的多种路径兼容。黄百锐详细研究了其中的一种现实主义路径，即自然主义的道德多元论。相比之下，作者的伦理相对主义更倾向于存疑的态度，而黄百锐则偏向于肯定的态度。黄百锐运用对社会科学和比较哲学的洞察，生动展现了他独特的相对主义分析。文章共分为七部分：第一部分是"The Argument（论点）"；第二部分是"The Rival Principles of Humanity and Charity in Radical Translation（在根本性翻译中的人道与悲悯这两种相互竞争的原则）"；第三部分是"The Role of Comparative Philosophy in the Argument（论点中比较哲学的角色）"；第四部分是"Xunzi and Sage Authority（荀子与圣人权威）"；第五部分是"Mencius and Ambivalence about Principles（孟子与关于原则的矛盾情绪）"；第六部分是"Zhuangzi：Detachment and Moral Engagement（庄子：超脱与道德约定）"；第七部分是结论："Tolerance，Accommodation，and Openness（忍耐、包容与开放）"。

［257］Chen-feng Tsai（蔡振丰），"Zisi and the Thought of Zisi and Mencius School"，Vincent Tsing-song Shen（沈清松），ed.，*Dao Companion to Classical Confucian Philosophy*，Dordrecht，New York：Springer，2014，pp. 119 – 138

【作品简介】

本文共分为四部分。第一部分是"The Zisi of Intellectual History（思想史中的子思）"，先介绍了子思的《中庸》《五行》等作品及其思想体系，并追溯了子思的学术流派属性，从而为后文中一些问题的深入讨论奠定基础。第

二部分是 "Philosophical Issues for the *Ru* Tradition Posed by the *Wuxing* Manuscript（《五行》篇所反映的儒家传统哲学问题）"，内容涉及仁、义、礼、智、圣这五者的内在构成，道德与 "善"，圣与智，隐性与显性知识。第三部分是 "From Zisi to Mencius（从子思到孟子）"，讲了孟子所主张的内化道德与道德自主性，他重视内在自省，但不强调智，他开辟了 "知天" 的新路径。第四部分是结论："Another Look at the Zisi/Mencius School of Thought（思孟学派思想新探）"，指出尽管孟子受到了子思的影响，但这远不及孔子和曾子对孟子的影响。

［258］ Wing-cheuk Chan（陈荣灼），"Philosophical Thought of Mencius"，Vincent Tsing-song Shen（沈清松），ed.，*Dao Companion to Classical Confucian Philosophy*，Dordrecht，New York：Springer，2014，pp. 153 – 178

【作品简介】

本文旨在说明孟子的心之本质是一种纯感知，主张孟子思想是非自然主义的。作者分析了信广来（Kwong-loi Shun）和刘秀生（Liusheng Liu）关于孟子的争论，试图超越牟宗三和倪德卫（David Shepherd Nivison）创立的根本理性主义的典范，转变为一种纯感知的新的典范现象学。作者还从孟子的恤民思想出发，从而为解决现代与后现代之间的争议提供启示，指出孟子的思想对当今仍具有借鉴意义。作者分析认为，真正虔诚地继承孟子学说的后世学者的代表，不是一般所认为的朱熹、陆九渊、王阳明，而是刘宗周。文章共分为四部分：第一部分是引言；第二部分是 "Mencius' View of Human Nature in Light of His Debate with Gaozi（从孟子与告子的争论看孟子的人性论）"；第三部分是 "Mencius' View of the Four Beginnings as Pure Feelings（孟子的作为纯感知的四端说）"；第四部分是 "Mencius' Political Philosophy and Its Implications（孟子的政治哲学及其暗示）"。

［259］ Ellen Johnston Laing（梁庄爱伦），"The Posthumous Careers of Wang Zhaojun, of Mencius' Mother, of Shi Chong and of His Concubine Lü zhu（Great Pearl）in the Painting and Popular Print Traditions"，Shane McCausland（马啸鸿），Yin Hwang（黄韵），eds.，*On Telling Images of China：Essays in Narrative Painting and Visual Culture*，Hong Kong：Hong Kong University Press，2014，pp. 239 – 264

【作品简介】

文章探究了王昭君、孟母、石崇与绿珠在中国历代绘画与通俗版画传统中的形象变迁。在涉及孟母的部分，文章指出，孟母的故事在历史变迁中不断流传，故事情节与人物形象趋于稳定。孟母因为孟子在中国思想史上的特殊地位而受到关注，其事迹记载于刘向的《列女传》等著作中。文章介绍了孟母三迁、断机教子等经典故事，并讲解了与这些故事相关的历代绘画作品，分析了孟母人物形象和气质特征的发展与变化。

［260］Lisa Ann Raphals（瑞丽），"Debates about Fate in Early China"，*Études Chinoises*，2014，Vol. 33，Issue 2，pp. 13 – 42

【作品简介】

古代中国有关自我的本性、行动能力及命运的辩论，乃中国哲思传统核心。在某些情况之下，关于命运的辩论与有关"占卜"的争论部分重叠。作者首先识别出五个辩论议题，特别注意它们与当代哲学关于决定论的争论之间的关系。然后细察孔子、墨家、孟子、庄子、荀子以及王充有关命运的论证。文章最后一部分把这些先人的观点与当代采取决定论和自由意志相容立场的哲学家们之观点进行了比较。文章共分为五部分：第一部分是引言，包括"Determinism and Fatalism（决定论与宿命论）""The Semantic Field of *Ming*（'命'的语义场）""Classification of Theories on *Ming*（关于'命'的分类理论）"；第二部分是"The First Debates on Fate（关于命运的第一场争辩）"，介绍了孔子、墨子、孟子等人对命的看法；第三部分是"Zhuangzi and Xunzi（庄子与荀子）"，包括"*Ming* as *Ling*（作为'令'的'命'）""Life Span（寿命）""Fate or Destiny（命运与天命）""Time，Chance，and Change（时间、机遇与变幻）""Understanding *Ming*（解读'命'）"；第四部分是"Wang Chong（王充）"；第五部分是结论，包括"Determinism and Causality（决定论与因果性）""Normative *Ming*（规范的'命'）""*Ming*，Determinism，and Compatibilism（'命'、决定论与兼容性）"。

［261］Michael Hunter（胡明晓），"Did Mencius Know the Analects?"，*T'oung Pao*，2014，Vol. 100，Issue 1 – 3，pp. 33 – 79

【作品简介】

本文探究的问题是，现存的《孟子》是由一个作者写就的还是像《论语》那样是由多个作者写就的？在回顾了孔孟结合与《论语》同《孟子》的结合的历史之后，作者总结了传统的《论语》年代考案例，从而重新评估了从《论语》到《孟子》的联系。文章分析了《论语》与《孟子》的相似之处，认为并不能得出《孟子》的作者熟知《论语》的结论。作者还考察了《孟子》的成书年代问题，《孟子》的早期文本中存在证据表明它直到西汉才成书，这种情况导致《孟子》中出现了与《论语》类同的内容，这体现了汉代背景。最后，作者探析了从《论语》到《孟子》的联系对中国早期思想来说意味着什么。文章共分为六部分：第一部分是引言，第二部分是"A *Kongzi→ Mengzi* Nexus（从孔子到孟子的联结）"，第二部分是"The Chronology of the *Lunyu* Revisited（重新思考《论语》年代）"，第三部分是"*Lunyu* Parallels in the Received *Mengzi*（现存《孟子》中与《论语》的相类之处）"，第四部分是"Did Mengzi Know the *Mengzi*？（孟子知道《孟子》一书的存在吗？）"，第五部分是结论，第六部分是"Epilogue：*Xing* from the *Mengzi* to the *Lunyu*（尾声：从《孟子》到《论语》中的'性'）"。

［262］Sung-moon Kim（金圣文），"Confucianism，Moral Equality，and Human Rights：A Mencian Perspective"，*The American Journal of Economics and Sociology*，Jan. 2015，Vol. 74，Issue 1，pp. 149 - 185

【作品简介】

本文重新审视了孟子的道德哲学，重构了孟子学说的人权观，从而展现了儒家思想与人权的相容性。孟子认为，所有人都具有普遍的个人道德和尊严的平等，基于此，他承认社会经济和公民政治层面上的核心人权；此外，他进一步主张生存权是儒家宪法权利的重要组成部分。一般认为，在孟子看来，相对于公民政治权利，生存权更具有压倒一切的价值；作者则持相反态度，他认为孟子从未规定不同类别权利之间的排名。文章的结论部分讨论了如何运用孟子在证明人权的道德价值时所使用的儒家伦理推理方式，来形成适合当今社会的儒家权利。

［263］Bongrae Seok（石奉来），"Moral Psychology of Shame in Early Confucian Philosophy"，*Frontiers of Philosophy in China*，Mar. 2015，Vol. 10，Issue 1，pp. 21 - 57

【其他版本】

Bongrae Seok（石奉来），"Moral Psychology of Shame in Early Confucian Philosophy"，Xinzhong Yao（姚新中），ed.，*Reconceptualizing Confucian Philos-*

ophy in the 21*st Century*，Singapore：Springer Singapore，2017，pp. 117 – 149

【作品简介】

本文探讨了作为一种道德情感的羞恶之心，并从儒家修身和自省的角度分析了它的道德意义。首先，作者辨析了哲学与心理学上的羞耻（Shame）与罪恶（Guilt）。二者有相似的心理学特征，都是思想上自我感知和自我批判的状态，但它们常常被视为两种不同的甚至是相反的情感。一些学者认为，从西方心理学、人类学和哲学的角度来看，羞耻是一种自卑的、消极的、有缺陷的情感，与带有健康的、成熟的自我评估情感的罪恶完全相反。但近来发展出了一种替代进路，它把羞耻视为一种自我认知的美德，是积极的、适应社会的、道德进步的，并在一些文化中，尤其是非个人主义或集体主义的文化中，对道德个体的发展与社会行为的规范起着重要作用。因为羞恶之心会关注关系网中的其他个体，能激起同理心。它可以被重新诠释和改造为一种独特的道德情感，不再是面对道德或社会失败时消极的、沮丧的、过度自我批判的反应。作者分析了羞耻的道德心理性，将其视为道德情感、道德品质和道德理想，并讨论了羞恶之心成为儒家哲学的主要道德品质的原因。在早期儒学中，羞恶之心并不是一种伴随着道德失败而生的痛苦的、沮丧的情感，而是一种利于自省与修身的理想道德气质。文章将对羞耻的实证研究与哲学分析相结合，从而解释了一个人具备羞耻的美德何以可能。文章共分为四部分：第一部分是"Meanings of Shame（羞耻的含义）"；第二部分是"Social and Cultural Psychology of Shame（社会心理学与文化心理学中的羞耻）"；第三部分是"Moral Psychology of Confucian Shame（儒家羞耻的道德心理学）"；第四部分是结论。

[264] John Ramsey，"Mengzi's Externalist Solution to the Role Dilemma"，*Asian Philosophy*，May 2015，Vol. 25，Issue 2，pp. 188 – 206

【作品简介】

角色两难为儒家角色伦理学的诠释提出了问题：两难是由仁的命令与义务之间的矛盾产生的，角色的命令与义务重合了。如果偏向仁的命令，也就是外在主义，则会暗中破坏角色伦理，因为角色与角色义务将不再是伦理的基础。但是，如果偏向社会角色义务，也就是内在主义，则会允许不道德、不公正的角色义务以及对儒学的不公解读。本文考察了孟子是如何解决两难问题的。孟子对人性的描述给予了仁的要求以优先性，在仁面前，即便是处于中心地位的社会角色也是可以废止的。作者讨论了著名的儒家角色伦理学及角色两难问题。在讨论完孟子中的技术性来源之后，作者指出孟子更倾向于角色的外在主义。最后，作者探究了孟子的外在主义与角色伦理学之间的关系。文章共分为三部分：第一部分是"Confucian Role Ethics and the Role Dilemma（儒家角色伦理学与角色两难）"；第二部分是"Reconstructing Mengzi's Solution（重构孟子的解决方案）"；第三部分是"Mengzi's Solution and Role Ethics（孟子的解决方案与角色伦理学）"。

［265］Ranie B. Villaver, "Does *Guiji* Mean Egoism？: Yang Zhu's Conception of Self", *Asian Philosophy*, May 2015, Vol. 25, Issue 2, pp. 216 – 223

【作品简介】

孟子将杨朱视为自我主义者，但似乎学者们的共识是杨朱并非一个自我主义者。然而，《吕氏春秋》中的一篇文章认可了孟子的说法，认为杨朱"贵己"。本文考察了"贵己"的含义，特别解释了"己"可能的内涵。作者认为，杨朱的自我观念与"贵己"并不必然意味着自我主义。文章共分为五部分：第一部分是"The Passage: Its Background and Aim（《吕氏春秋》的一个文段：其背景与目的）"，第二部分是"Meaning of *Ji*（'己'的意义）"，第三部分是"Lo's Analysis of *Ji*（劳悦强对'己'的解释）"，第四部分是"Dose *Guiji* Mean Egoism？（'贵己'意味着自我主义吗？）"，第五部分是结论。

［266］Eva Kit Wah Man（文洁华）, "A Cross-Cultural Reflection on Shusterman's Suggestion of the 'Transactional' Body", *Frontiers of Philosophy in China*, Jun. 2015, Vol. 10, Issue 2, pp. 181 – 191

【作品简介】

Richard Shusterman 认为，意志不是独立于生理形态的心理事务，而是与环境交互作用的结果。由此，他提出了"相互作用"的身体的概念，而本文探究了这一概念的含义。Richard Shusterman 赞成杜威的交互作用模型，并依托于此而发展了新的交互作用模型，认为它会将身心统一体（body-mind unity）拓展至社会文化条件的层面。Richard Shusterman 发现，在亚洲哲学传统中也有类似的结合，以及精神、心理哲学、身体层面的相互作用。作者比较了 Richard Shusterman 与孟子关于身体的学说，同时也分析了杜威与 Richard Shusterman 对美学体验的解释。文章共分为三部分：第一部分是"Shusterman's Reading of Dewey's 'Interactional' and 'Transactional' Body（Richard Shusterman 对杜威的相互作用与交互作用的身体的解读）"，第二部分是 "The Meaning of the 'Transactional' Body in Confucianism（儒学中'交互作用'的身体的含义）"，第三部分是 "The 'Transactional' Body: Dewey, Mencius and Shusterman（'交互作用'的身体：杜威、孟子与 Richard Shusterman）"。

[267] Yi Guo（郭沂）, "The Origin and Differentiation of the Theories of Human Nature in Pre-Qin China", *Frontiers of Philosophy in China*, Jun. 2015, Vol. 10, Issue 2, pp. 212 – 238

【作品简介】

在早期中国，关于人性论的观念经历了意义重大的发展历程，哲学家们从将"性"视为欲望或本能到将其视为道德或本质。在孔子之前，人类的"性"被解释为欲望或本能，即一种物质属性。那时候，人性理论面临的关键问题是如何用道德来处理"性"，也就是如何用道德控制和丰富"性"。后来，运用"气"来解释人性成为一种影响广泛的做法。老子开始将道德视为人性的内在本质，而孔子直接将德视为性或本性。由此，先秦人性论的主流就分成了两派：一派由孔子后学创建，由子思继承，并由孟子进一步发展，他们将道德作为人性，并坚持先天内在道德的优先性；而另一派则部分继承了子思的观点，并由《性自命出》的作者与荀子发扬光大，这是对将"欲"视为"性"的旧有传统的发展。文章共分为十部分：第一部分是前言，第二部分是 "Before Confucius (Part One): Managing Nature with *De* [孔子之前（第一部分）：用'德'来处理'性']"，第三部分是 "Before Confucius (Part Two): Explaining Nature with *Qi* [孔子之前（第二部分）：用'气'来解释'性']"，第四部分是 "Laozi: Putting *De* Inside（老子：将'德'内化）"，第五部分是 "The Earlier Confucius: Nature and Practice（孔子早期：'性'与实践）"，第六部分是 "The Later Confucius: Taking Virtue as Nature（孔子后期：将道德视作'性'）"，第七部分是 "Zisi: 'Nature' and 'the Inner'（子思：'性'与先天内在）"，第八部分是 "*Xing Zi Ming Chu*: 'Nature' and 'Dao'（《性自命出》：'性'与'道'）"，第九部分是 "Mencius: 'Nature' and 'Impartment'（孟子：'性'与'与我者'）"，第十部分是结论。

[268] John Ramsey, "Wisdom, Agency, and the Role of Reasons in Mengzi", *Journal of Chinese Philosophy*, Sep. – Dec. 2015, Vol. 42, Issue 3 – 4, pp. 263 – 432

【作品简介】

本文考察了《孟子》中道德理性的作用及其与智慧的相互关系。一些评论者认为，早期中国思想中的行动主体是基于表现的而非基于深思熟虑的。而作者认为，孟子的行动主体观念既是表现的又是审慎考虑的，因为他将智慧理解为一种老练的决策。由此，孟子相信道德理性有两种类型：第一，"端—理性"克服了先天内在的行为障碍，催促行为主体推进行为；第二，"仁义—理性"是行为的目标，催促行为主体实现道德成就。文章共分为五部分：第一部分是前言，第二部分是"Competing Accounts of（Moral）Agency［（道德）行为主体的竞争性描述］"，第三部分是"Is *Zhi* a Moral Skill？（'智'是一种道德技能吗?）"，第四部分是"Duan-Reasons and Renyi-Reasons（'端—理性'与'仁义—理性'）"，第五部分是结论。

［269］Bongrae Seok（石奉来），"Proto-empathy and Nociceptive Mirror E-motion：Mencius' Embodied Moral Psychology"，Brian Bruya（柏啸虎），ed.，*The Philosophical Challenge from China*，Cambridge，Mass.；London：MIT Press，2015，pp. 59 – 97

【作品简介】

近年关于道德判断的研究中，心理学家从康德推理、休谟的情感学说、罗尔斯原则等角度分析了道德心，并识别了各种不同过程的道德认知。但这些研究都忽略了道德主体的身体感官与行动，而作者认为，这恰恰是儒家道德哲学的重要特点。本文不是基于西方思想流派的基础发展一套关于儒家道德哲学的综合性全球化解释，也不是关注这一传统中的特别层面，而是要探讨儒家道德哲学的前述怪异特点，它在比较诠释中常常被忽视，但它将对当代哲学有重大启发。作者将《孟子》中的儒家道德哲学与当下流行的关于具身认知（Embodied Cognition）和大脑的反射功能联系在一起，发展了一套身体的道德心理学，也就是一种具身的和涉他的（Other-regarding）情感，并分析了身体是如何发起、影响和保持道德判断与道德决定的，以及它是如何引发同情的举动与涉他的行为的。作者认为，《孟子》式的儒家道德哲学为人类在面对他人的苦难时自发的、具身的和涉他的情感提供了极具洞察力的见解，故从儒家哲学的角度出发探究了具身的道德心理学的界限。作者列举了《孟子》中的多个段落，论证了它们是可以被具身的道德心理学所解释的，尤其关注孟子恻隐之心的情感回应与具身反应，从而为当今关于道德心理学和道德认知的功能特性的讨论提供了有洞察力的见解。文章共分为四部分：第一部分是"Interpretations of Confucian Moral Philosophy and Ceyin Zhi Xin（对儒家道德哲学与'恻隐之心'的解释）"；第二部分是"Embodied Confucian Moral Psychology（具身的儒家道德心理学）"；第三部分是"Potential Objections and Responses（可能的异议与回应）"；第四部分是结论。

[270] Carine Defoort（戴卡琳），"The Modern Formation of Early Mohism: Sun Yirang's Exposing and Correcting the Mozi", *T'oung Pao*, 2015, Vol. 101, Issue 1 – 3, pp. 208 – 238

【作品简介】

作者指出，清朝孙诒让的《墨子间诂》重构了墨子的十大核心主张，为早期墨学在 18、19 世纪的出场作出了重大贡献。在墨子思想遭到数个世纪的否定之后，孙诒让又使之获得了积极评价。本文展现了孙诒让接续墨家的这一历史偶然事件，称《墨子间诂》是墨子研究复兴的一个里程碑，证明了孙诒让的前辈们为了墨学当时的解释所作的主要贡献。文章共分为四部分：第一部分是引言，第二部分是"The Emergence of the Ten Core Ideas（十大主张的呈现）"，第三部分是"The Slow Emancipation from Mencius（从孟子的支配中缓慢解脱）"，第四部分是"Epilogue: The Interaction of History and Philosophy（尾声：历史与哲学的互动）"。

[271] Chun-chieh Huang（黄俊杰），"On the Relationship between Interpretations of the Confucian Classics and Political Power in East Asia: An Inquiry into the *Analects* and *Mencius*", *East Asian Confucianisms: Texts in Context*, Goettingen: V&R Unipress; Taibei: Taiwan University Press, 2015, pp. 25 – 40

【其他版本】

黄俊杰：《论东亚儒家经典诠释与政治权力之关系：以〈论语〉、〈孟子〉为例》，《台大历史学报》第 40 期，2007 年 12 月，第 1—18 页。（中文原版）

黄俊杰：《论东亚儒家经典诠释与政治权力之关系：以〈论语〉、〈孟子〉为例》，《东亚文化交流中的儒家经典与理念互动、转化与融合》，台北：台湾大学出版中心，2010 年，第 121—139 页。

黄俊杰：《论东亚儒家经典诠释与政治权力之关系：以〈论语〉、〈孟子〉为例》，《东亚文化交流中的儒家经典与理念互动、转化与融合》，上海：华东师范大学出版社，2011 年，第 86—98 页。

【作品简介】

东亚儒者在诠释传统时，往往从政治角度进入思想世界，与政治权力密切互动，通过赋经典以新意来驯化君主以救世，这体现了东亚儒者的经世精神。不同的政治观点往往导向对经典的不同解释，从而引发不同政治派别的激辩交锋。但在这一过程中，经典的本来面貌也容易被掌权者歪曲。本文共分为四部分：第一部分是引言，讨论了经典诠释与政治权力的关系；第二部分是 "Interpretations of Confucian Classics and the Domination of Political Power in East Asia（东亚儒家经典诠释与权力的支配）"，分析了权力是如何支配经典解释的，以《论语》为例说明了一些儒家术语因政治权力需要而获得了一些新的解释，并以《孟子》为例说明经典被权力有选择地删改和过滤了；第三部分是 "Political Interpretation of the Confucian Classics in East Asia（东亚儒家经典的政治性解读）"，探讨了一些实际案例，分析了经典解释者是如何运用第二部分中的两种方式来解释《论语》与《孟子》，从而向统治者进谏的；第四部分是结论，指出经典诠释与政治权力之间存在三种关系：不可分割、竞争与平衡。

［272］Chun-chieh Huang（黄俊杰），"Yamada Hōkoku on Mencius' Theory of Nurturing *Qi*：A Historical Perspective"，*East Asian Confucianisms*：*Texts in Context*，Goettingen：V&R Unipress；Taibei：Taiwan University Press，2015，pp. 199 – 214

【其他版本】

黄俊杰：《山田方谷对孟子养气说的解释》，台北：朱子学与东亚文明研讨会，2001 年 1 月。（中文原版）

黄俊杰：《山田方谷对孟子养气说的解释》，《人文学报》2001 年第 24 期，第 19—42 页。

黄俊杰：《山田方谷对孟子养气说的解释》，《东亚儒学史的新视野》，台北：台湾大学出版中心，2004 年，第 241—264 页。

黄俊杰：《山田方谷对孟子养气说的解释》，《东亚儒学史的新视野》，上海：华东师范大学出版社，2008 年，第 183—200 页。

【作品简介】

本文关注山田方谷对孟子的"气"的诠释。文章共分为五部分。第一部分是引言，作者从孟子的"我知言，我善养吾浩然之气"讲起，引出了孟子的"气"，并提到朱熹在《四书章句集注》中对"气"的解释激起了中国、日本和朝鲜儒者的热烈讨论。第二部分是"Yamada Hōkoku's Interpretation of Mencius' *Qi*（山田方谷对'气'的解释）"（中文原版的小标题为"山田方谷的孟子学解释：以孟子'知言养气'说为中心"），介绍了一百多年前日本阳明学儒者山田方谷对孟子的"气"的诠释，包括他将"气一元论"视为解释孟子的基础，以及他对"气"的两种特性、来源与普适性的创造性解释。第三部分是"Yamada Hōkoku's Interpretation in Light of the History of Discourses on the *Mencius*（从孟子学诠释史脉络看山田方谷的孟子学）"，从山田方谷所处的对孟子的诠释学历史大背景的语境下来对其研究进行分析和评价，与其他学者的观点进行对比，指出其观点是创造性的，并特别介绍了其对孟子的"义"与"道"、"以直养"等术语的解释，以及他对朱熹的批评。同时，作者也指出了山田方谷在方法论上存在的问题。第四部分是"Yamada Hōkoku's Interpretation in the Context of Japanese Confucianism（从日本儒学史脉络看山田方谷的孟子学）"，介绍了日本儒学发展的历史背景，认为山田方谷是 19 世纪日本儒学特别是阳明学的代表思想家，并评价了他在日本思想史上的地位。第五部分是结论。

［273］David B. Wong（黄百锐），"Growing Virtue：The Theory and Science of Developing Compassion from a Mencian Perspective"，Brian Bruya（柏啸虎），ed.，*The Philosophical Challenge from China*，Cambridge，Mass.；London：MIT Press，2015，pp. 23 – 57

【作品简介】

理性与情感欲望之间的关系，尤其是二者在道德人格的养成过程中的关系问题，一直是西方哲学传统中的重要问题。本文反思了孟子的恻隐之心的同情观念，从而为西方哲学提供解决问题的参考资源。作者运用当代科学研究成果，详细论述了西方哲学传统应该从《孟子》中汲取哪些营养，并指出《孟子》为当今哲学提供了多种思维方向。西方哲学家与心理学家越来越倾向于在分支繁多的、过度发育的术语中去解释理性、欲望和情感，作者主张要特别注意发掘这些复杂术语背后所掩盖的现象。最后，作者讨论了孟子的方式中存在哪些局限，并分析了《论语》与《荀子》如何超越了这些局限。文章共分为五部分。第一部分是"A Concrete Basis for a Relationship among Reflection，Deliberation，Emotion，and Desire（反思、深思、情感与欲望之间的关系背后的具体基础）"，属于引言。第二部分是"Components of the Sprout of Compassion（恻隐之心的端的组成）"，讲了三个层次："气"与心体系统、作为动机原动力的"气"、认知苦难的心。第三部分是"Growing Compassion（生长的同情心）"，讲了存心养性的修养工夫论，要滋养本有的德性、了解他人的欲望，还解释了权变观念的发展、类比推理等问题。第四部分是"How Moral Development Becomes Self-Cultivation in the *Mencius*（道德养成在《孟子》中是如何演变为自我修养的）"。第五部分是"Going beyond *Mencius*（《孟子》之外）"。

［274］Donald J. Munro（孟旦），"Unequal Human Worth"，Brian Bruya（柏啸虎），ed. ，*The Philosophical Challenge from China*，Cambridge，Mass. ；London：MIT Press，2015，pp. 121 – 158

【作品简介】

作者在承认"法律面前人人平等"这一观念的实用性与合法性的同时，却不认为所有人在私人伦理与道德选择面前拥有平等的价值。作者认为儒家的观点更具说服力，即价值的源泉在于人们情绪的量级。这种观点的结果是：亲密的家人、朋友和社团成员会拥有更大的价值。心具有一种长期倾向，即把关于上述关系的知识聚集在一起，包括等级现象，爱、怜悯、关怀、同情等社会情感，孝顺等行为动机。作者指出，任何伦理学系统都不可能忽视人的这种特质。作者考察了进化心理学与认知神经学同这一问题的关联性，分析了儒家恻隐之心的局限性，并提出了可能的补充性内容。

［275］Edward Gilman Slingerland（森舸澜），"The Situationist Critique and Early Confucian Virtue Ethics"，Nancy E. Snow，ed. ，*Cultivating Virtue*：*Perspectives from Philosophy*，*Theology*，*and Psychology*，Oxford，England；New York：Oxford University Press，2015，pp. 135 – 169

【作品简介】

作者分两个阶段论述了他对情境批判（Situationist Critique）的反对。首先，在第一部分"Personality Traits are Alive and Well（人格特征是活跃且完好的）"中，他质疑了所谓的强情境地位的经验实证与概念的基础，从而论证情境的重要性并没有那么高。作者指出，人格特征是活跃而完好的，那就意味着美德伦理的认知基础也是完好的。接着，在第二部分"Early Confucianism Virtue Ethics and the 'High Bar' Argument（早期儒家美德伦理学与'高门槛'观念）"中，作者指出，即便我们承认关于品格的传统观念给道德设置了一个极高的门槛，但早期儒家美德伦理学传统仍然具有实证合理的有效性，足以面对这些挑战。人们有自然的超脱资格，早期儒家的道德训练加强了这种自然资格，并通过情境控制来降低前述门槛。因此，儒家伦理学才能成为心理学上道德修养的现实主义样板，并有可能成为当代伦理理论与教育的价值源泉。

［276］Jeffrey K. Riegel（王安国），"A Root Split in Two：*Mengzi* 3A5 Reconsidered"，*Asia Major*，*3rd Series*，2015，Vol. 28，Issue 1，pp. 37 – 59

【作品简介】

儒墨之争是先秦哲学文献的主题。墨家认为儒家过分注重礼，且其对家庭的强调很自私；而儒家认为墨家的节用思想是毁灭性的，且其利他主义是对孝道的拒绝。作者认为，在所有反映两家冲突的文献中，《孟子·滕文公上》第五章中记录的孟子与墨者夷之的对话尤其值得重视，它是以孟子的门徒徐辟为中介发生的，本文对这部分内容进行了详细分析。文章共分为六部分：第一部分是引言，第二部分是"Mengzi's Opening Attack and Yi Zhi's Reply（孟子的开局攻击与夷之的回应）"，第三部分是"Mengzi's Rebuttal（孟子的反驳）"，第四部分是"'Root' and 'Heart' Compared（'本'与'心'的比照）"，第五部分是结论，第六部分是"Appendix：Zhu Xi's Interpretations of *Yi Ben* and *Er Ben*（附录：朱熹对'一本'与'二本'的解读）"。

［277］Benjamin I. Huff，"Putting the Way into Effect（*Xing Dao* 行道）：Inward and Outward Concerns in Classical Confucianism"，*Philosophy East & West*，Apr. 2016，Vol. 66，Issue 2，pp. 418 – 448

【作品简介】

本文关注了道德社会秩序的建立与自我修养、人的善性与修身的向内与向外的转变观念，以及儒家的君子与内圣外王观念。此外，作者还讨论了孟子的道德"四端"说与《论语》中孔子思想的相似之处。文章共分为九部分：第一部分是"Self-Cultivation as a Core Concern（作为核心关切的个人修养）"，第二部分是"Internal and External Goods—Interpreting the Categories（内在的与外在的善：解读类别）"，第三部分是"The Concern for Externals（外在关切）"，第四部分是"Reframing Inwardness：Self-Reliance，Looking to the Roots，and Moral Power（重塑内心：自力更生、追根溯源和道德力量）"，

第五部分是 "Uniting Internal and External Concerns: Putting the Way into Effect（内外关切的统一：行道）"，第六部分是 "Uniting Internal and External Concerns: Establishing Peace（内外关切的统一：建立和谐）"，第七部分是 "Peace, Order, and the Way（和谐、秩序与道）"，第八部分是 "Goods Internal to Virtue（美德内在的善）"，第九部分是结论。

［278］Gordon B. Mower, "Mengzi and Hume on Extending Virtue", *Philosophy East & West*, Apr. 2016, Vol. 66, Issue 2, pp. 475 – 487

【作品简介】

本文比较了孟子与休谟的人类道德理论。孟子的学说强调仁德，这是人类最原始的品质，它让人朝善的方向发展，这也能实现他人的利益。休谟认为，关爱他人是人的自然倾向，它来自同情与仁爱。此外，作者还探讨了休谟创立的间接情感理论。文章共分为五部分：第一部分是 "Falling into the Well（将入于井）"，第二部分是 "Mengzi and King Xuan（孟子与齐宣王）"，第三部分是 "Hume's Double Relation of Impression and Ideas（休谟的印象与观念双重关系的认识论）"，第四部分是 "Individualism, Ritual, and Filial Piety as the Whole of Benevolence（个人主义、礼与孝作为整体的仁）"，第五部分是结论。

［279］Xunwu Chen（陈勋武）, "The Problem of Mind in Confucianism", *Asian Philosophy*, May 2016, Vol. 26, Issue 2, pp. 166 – 181

【作品简介】

本文探究了儒家关于 "心" 的思想。作者先考察了早期儒家的人心观念，它是一种同时具有道德与认知功用的本体，而且它具有一种普适的性质；接着探讨了理学家关于人心、本心、人心与人性的关系、身心关系等问题的观念；最后讨论了养心的儒家观念。文章共分为四部分：第一部分是 "The Moral Mind and Humanity（道德心与仁）"，第二部分是 "Mind, Nature, and Substance（心、性与本体）"，第三部分是 "Mind, Space, and Horizon（心、空间与视野）"，第四部分是结论。

［280］John Ramsey, "Confucian Role Ethics and Relational Autonomy in the Mengzi", *Philosophy East & West*, Jul. 2016, Vol. 66, Issue 3, pp. 903 – 922

【作品简介】

关于识别与纠正性别不平等与性别压迫的问题，儒家角色伦理学看似并没有提供相应资源。但作者指出，儒家的自主理论既满足了角色伦理学的要求，又支持了女性主义的目标与实践。文章共分为五部分：第一部分是引言，第二部分是"Confucian Role Ethics and Criteria for a Confucian Conception of Autonomy（儒家角色伦理学与儒家自主观念的标准）"，第三部分是"*Zhi* Autonomy：A Confucian Conception（'智'的自主：一个儒家观念）"，第四部分是"*Zhi* Autonomy and the Content Problem（'智'的自主与内容问题）"，第五部分是结论。

[281] Sin Yee Chan（陈倩仪），"Evaluative Desire（*Yu* 欲）in the Mencius"，*Philosophy East and West*，Oct. 2016，Vol. 66，Issue 4，pp. 1168 – 1195

【作品简介】

本文讨论了孟子所区分的两种"欲"：其中一种是小体所产生的盲目的力量；另一种则来自心，与我们的价值构造相关，因为它从本质上包含一种关于欲望对象的标准判断。作者讨论了第二种欲望如何在道德指引中发挥了关键作用并构成了我们的道德行为主体。文章共分为九部分：第一部分是"*Yu*（Desire）and the Two Motivational Sources：Thinking and Unthinking（'欲'与两个动机来源：思与不思）"，第二部分是"*Si* 思（Thinking），Desiring，Attending to *Yi* 义（Moral Rightness），and Evaluation（思、欲、致力于义与评估）"，第三部分是"Evaluation and the Thinking Motivation（评估与思考动机）"，第四部分是"Thinking Motivations，Unthinking Motivations Revisited（再谈思与不思的动机）"，第五部分是"Evaluative *Yu* from the Heart-mind（从心的角度出发可评估的'欲'）"，第六部分是"Merits of the Account of Evaluative Desire（描述可评估的欲望的优点）"，第七部分是"Evaluative *Yu* and the Unmoved Heart-mind（*Budongxin* 不动心）（可评估的'欲'与'不动心'）"，第八部分是"A Defense of the Evaluative Conception of Desire in *Mencius*（对《孟子》中可评估的欲望观念的辩护）"，第九部分是结论。

[282] Hiu Chuk Winnie Sung（宋晓竹），"Mencius and Xunzi on Xing 性（Human Nature）"，*Philosophy Compass*，Nov. 2016，Vol. 11，Issue 11，pp. 632 – 641

【作品简介】

本文介绍并分析了孟子性善与荀子性恶的人性论之争，一个通常的解读方法是界定"性"的范围。一般认为，对于孟子来说，心是属于性的范畴之内的；而对于荀子来说，感官欲望是属于性的范畴之内的。本文运用了一种不同的方式来探究二者人性论的区别，即从二者对"心"的不同见解入手来进行分析。孟子认为心有向善的自然倾向，而荀子则认为人心有道德阴暗面。文章共分为五部分：第一部分是引言，第二部分是"State of Debate（争辩立场）"，第三部分是"Xing and the Heart/Mind in Mencius（孟子思想中的性与心）"，第四部分是"Xing and the Heart/Mind in Xunzi（荀子思想中的性与心）"，第五部分是"Mencius and Xunzi on Xing（孟子与荀子论性）"。

［283］David C. Schaberg（史嘉柏），"The Ruling Mind：Persuasion and the Origins of Chinese Psychology"，Paula M. Varsano（方葆珍），ed.，*The Rhetoric of Hiddenness in Traditional Chinese Culture*，Albany，N. Y.：SUNY Press，2016，pp. 33 – 51

【作品简介】

本文运用论辩方法的实践性，追溯了中国传统心理学理论的源泉。就像在其他文化里一样，战国时代的论辩术的目的更偏向于使听众信服，而非传递真理。职业的演说家会因心理学专业知识而受到追捧，这种知识包括他们能激起他人的愤怒或不安并引导他们展开行动。作者把"情"与心理常量（Psychological Constants）、潜在的社会与自然动力、个人对处境的反应等多个因素联系起来，这些因素的实际情况常常因为政治被统治阶级隐瞒。作者运用了一些汉代及之前的文献，从《孟子》中寻找有说服力的例子，由此推断认为，演说家强调自身要葆有真正的"情"的重要性。文章共分为三部分：第一部分是"Psychology in Anecdotes of Oratorical Expertise（论辩知识的趣闻中的心理学）"；第二部分是"Schemes of *Qing*（'情'的方案）"；第三部分是"The Ruling Mind：Legacies of *Qing*（处于支配地位的心：'情'的遗留）"。

［284］Heiner Roetz（罗哲海），"Closed or Open? On Chinese Axial Age Society"，*Bochumer Jahrbuch zur Ostasienforschung*，2016，Vol. 39，pp. 137 – 169

【作品简介】

学界一直保持着这样的观点："开放社会"的可能性是现代性的基石和民主制的必要因素，它依赖于不适用于非西方文化的自由主义信仰，也与儒家的"价值取向"相抵触。这一假设基于一系列有问题的预设：一方面，社会政治系统对被传播的文化价值的依赖性是模棱两可的，而且当代中国社会过于多样化以至于无法被儒学控制；另一方面，中国的文化历史和儒学与其他哲学流派除了作为禁止和限制开放社会的负面因素之外，还可以通过另一种方式被引入。文献证据表明，开放社会的形成在古典中国就已经出现，它促成了经典政治伦理。尽管有很多摇摆不定的观点认为，在中国文化中，开放社会是一个陌生的外来观念，但是，中国的思想遗产提供了足够的观点来反驳这种看法。

［285］Huarui Li（李华瑞），"Northern Song Reformist Thought and Its Sources：Wang Anshi and Mencius"，Patricia Buckley Ebrey（伊佩霞），Paul Jakov Smith（史乐民），eds.，*State Power in China*，900－1325，Seattle；London：University of Washington Press，2016，pp. 219－243

【其他版本】

李华瑞：《王安石与孟子》，《探寻宋型国家的历史——李华瑞学术论文集》，北京：人民出版社，2019 年，第 205—226 页。（中文译本）

【作品简介】

从汉唐尊五经到宋朝尊四书，经由中唐以来的"孟子升格运动"，儒术治国进入孔孟之道的阶段。对于两宋孟学的发展，学界在思想史和政治文化层面有许多共识，而至于孟学对士大夫阶层治国理念和秩序重建路径的影响等政治实践层面，尚存在探讨余地。作者从王安石确立孟子亚圣地位开始说起，探讨了孟学在王安石变法中发挥的关键作用。文章共分为四部分：第一部分是"Why did Wang Anshi Hold Mencius in Esteem?（王安石为什么推崇孟子）"；第二部分是"Mencius's Ideas on the Well-field System and Wang Anshi's Ideas on 'Suppressing the Engrossers'（孟子井田思想与王安石的'摧抑兼并'）"；第三部分是"The Relationship between Mencius's Commiserating Government and Wang Anshi's Reconstruction of the Social Order（孟子不忍人之政与王安石重建社会秩序的关系）"；第四部分是"Additional Remarks（赘言）"。

［286］Takahiro Nakajima（中岛隆博），"Grounding Normativity in Ritual：A Rereading of Confucian Texts"，Leigh Jenco（李蕾），ed.，*Chinese Thought as Global Theory：Diversifying Knowledge Production in the Social Sciences and Humanities*，Albany：State University of New York Press，2016，pp. 55－74

【作品简介】

长期以来，分析哲学试图将规范性的基础扎根于人类认知的结构中，但由于没有诉诸超验世界而失败。本文重新考察了儒家经典与中古时代中国学界中关于礼的讨论，说明了情感管控能力如何为规范性提供了一种替代基础。作者认为，儒家哲学家，尤其是荀子，详细描述了一种替代的、可能会成功的规范性形式，即"礼"，并认为"礼"是以人类的自然情感为基础的。作者指出，"礼"并不是来自圣人的规则，而是随着社会发展自然生成的一套习俗。"礼"将人的自然情感拓展至他者，从而避免提及善的普遍原则，并支持以他人为导向的情感。

［287］Yiming Yu（余一鸣），"Military Ethics of Xunzi：Confucianism Confronts War"，*Comparative Strategy*，2016，Vol. 35，Issue 4，pp. 260 – 273

【作品简介】

孔孟有意避免深度讨论战争活动，因为他们坚持道德的统治，故造成了理论鸿沟。本文通过分析荀子思想探究了儒家军事伦理，认为荀子转变了孔孟对战争的负面态度。荀子认为，战争同仁与正义的价值并不冲突，因为支持这些价值的人也会谴责损害这些价值的人，所以必须避免侵害并通过战争摧毁恶势力，发动战争不是为了个人动机，而是利用战争来保护社会的正常运转。荀子强调运用暂时性的军事行动来重建社会秩序的意义，从而改变了孔孟提出的"仁者无敌"的传统儒家的反战立场。文章共分为五部分：第一部分是引言，第二部分是"Characteristics of Xunzi's Teachings（荀子学说的特点）"，第三部分是"Xunzi's Military Ethics（荀子的军事伦理学）"，第四部分对一些相关问题进行了讨论，第五部分是结论。

［288］Xunwu Chen（陈勋武），"Mind and Space：A Confucian Perspective"，*Asian Philosophy*，Feb. 2017，Vol. 27，Issue 1，pp. 1 – 15

【作品简介】

本文探究了儒家关于心的空间及其修养的观念，认为作为精神本体的心与物质本体的身体之间的区别在于，心可以被无限扩充，而身体只能扩充至一个特定的界限。文章共分为四部分：第一部分是"The Spatial and the Spacious Mind：Early Confucianism（有限与无限的心：早期儒学）"，第二部分是"The Mind Whose Length，Width，and Height are Coextensive with the Universe：Neo-Confucian Reconstruction（长、宽、高与宇宙同延的心灵：理学家的重构）"，第三部分是"The Space of the Mind and Inner Sagehood：The Confucian Sentiment（心的空间与内圣：儒家见解）"，第四部分是结论。

［289］Tianhu Hao（郝田虎），"John Milton's Idea of Kingship and Its Comparison with Confucianism", *Comparative Literature Studies*, Mar. 2017, Vol. 54, Issue 1, pp. 161 – 176

【作品简介】

"王权"是弥尔顿（John Milton）的政治与文学实践中的核心观念，他认为，一个王首先应该是一个"智慧且道德的人"（《复乐园》），而圣子（the Son）的角色是王的完美模型。拥有美德与"内心的天堂"（《失乐园》）会让每个人都变得高贵。像查理一世那样的暴君可以被其服从者合法废黜甚至杀头。作者指出，弥尔顿的共和主义不仅植根于古典的《圣经》的大陆传统，它也与英国本国传统密不可分，包括 12 世纪的小约翰内斯（John of Salisbury）、16 世纪的重要人物博内特（John Ponet）。此外，文章还比较了弥尔顿的亚里士多德主义的"道德政治"与以孔孟为代表的儒家思想，并详细论述了弥尔顿思想的当代关切。文章共分为两部分：第一部分是"Milton's Idea of Kingship（弥尔顿的王权观）"，第二部分是"Miltonic and Confucian Kingship Compared（弥尔顿与儒家王权思想的比较）"。

[290] Philippe Brunozzi, "Normative Reasons and Moral Reasoning in the Mengzi and the Xunzi", *Journal of Chinese Philosophy*, Mar. – Jun. 2017, Vol. 44, Issue 1 – 2, pp. 33 – 52

【作品简介】

鉴于道德理性直接指向为道德问题提供良好支撑的答案，我们对规范理性的解读，不管是否从行为准则的角度来进行分析，都在很大程度上体现了我们的道德理性观念。本文关注道德理性与规范理性的关系，阐明了《孟子》与《荀子》中体现的早期儒家道德理性观念是如何受制于其潜在的规范理性的，这让我们可以更好地定位和整合关于儒家道德理性的评价。文章共分为五部分：第一部分是引言，第二部分是"What does it Mean to Have Normative Reasons?（拥有规范理性意味着什么?）"，第三部分是"Endorsement, Stability, and Coherence（赞成、稳定与连贯一致性）"，第四部分是"Moral Reasoning and the Creation of a Stable and Coherent Space of Reasons（道德理性与理性的稳定连贯空间的创立）"，第五部分是结论。

[291] Roger Thomas Ames（安乐哲）, "Recovering a Confucian Conception of Human Nature: A Challenge to the Ideology of Individualism", *Acta Koreana*, Jun. 2017, Vol. 20, Issue 1, pp. 9 – 27

【作品简介】

朝鲜哲学对人性的理解是源于传统中国人性论且以之为背景的，要想了解韩国哲学家对原始人性论作出了何种继承与改造，就要回到《孟子》这一开端来进行分析。尽管孟子在《告子上》第三章中拒绝同义反复的自然主义，即贫乏地解读认为人性是善的因为人是善的，然而，孟子确实认为人性是天然赋予的让人成善的东西，这一观点不仅被当代论者继承而且还十分盛行。"性善"是当代孟子解释学中的断言，事实上，这种盲目的假设是，对孟子来说，"性"涉及一种普遍的、天生的、确定的、自足的资质，它规定了所有人类并在我们的所作所为中天然地将我们规划为会成善的人类。葛瑞汉（Angus Charles Graham）试图将孟子从对"性"的实在论的误解中拯救出来，通过从第三方的立场来指示评论传统，构建了发现模型和发展模型。本文解读了葛瑞汉的观点，认为他提供了对"性"的叙事性理解，即人与世界在一个动态的、对位的关系中共同演变。人的一致性确定地以家庭、社区、环境关系的天然开端为基础，这种一致性应该受到滋养和保护以防被损失或伤害，只有当上述那些关系在修养、生长、完满的人生过程中达到最为坚决的状态时，这种一致性才会展现。其潜力远非天赋那么简单，事实上，它出现在恒久的交互事件中，这些事件总体上构成了世间生命。文章共分为六部分：第一部分是"Setting the Problem（提出问题）"，第二部分是"The Perfect Storm（完美风暴）"，第三部分是"Sandel's Challenge：Theorizing the Intrasubjective Person（沈岱尔的挑战：理论化主体内的人）"，第四部分是"A Prelude：A Confucian Conception of Human Culture（前奏：儒家的人类文化观）"，第五部分是"A Confucian Conception of Human Nature（儒家人性观）"，第六部分是"The Confucian 'Intrasubjective' Person（儒家的'主体内'的人）"。

［292］Young-sun Back（白英宣），"Reconstructing Mozi's *Jian'ai* 兼爱"，*Philosophy East & West*，Oct. 2017，Vol. 67，Issue 4，pp. 1092 – 1117

【作品简介】

本文探究了墨子"兼爱"原则的确切含义，作者认为，其内涵中有三个不同层次的"爱无差等"。文章还探究了孟子对墨家及其"兼爱"思想的批评，以及"兼爱"在中国思想发展中的伦理内涵。文章共分为四部分：第一部分是引言，第二部分是"Mozi's *Jian'ai* 兼爱（墨子的'兼爱'）"，第三部分

是 "Mozi's Jian'ai versus Mengzi's Criticism（墨子的'兼爱'与孟子的批评）"，第四部分是结论。

［293］Keqian Xu（徐克谦），"Zhong and the Language of Clustered Meanings：A Synthetic Exploration of the Way of Zhong in Early Confucian Philosophy"，Xinzhong Yao（姚新中），ed.，*Reconceptualizing Confucian Philosophy in the 21st Century*，Singapore：Springer Singapore，2017，pp. 177 – 189

【作品简介】

本文探究了早期儒家哲学的"中道"观念，重点从语义学的角度展开分析，多处涉及孟子关于"中"的观点。文章共分为五部分：第一部分是 "Early Chinese Uses of *Zhong*（'中'在早期中国的运用）"；第二部分是 "Deficiencies in 'Substance-Oriented Language' and the 'Language of Process'（缺乏'实体导向语言'与'过程语言'）"；第三部分是 "The Language of Clustered Meanings（聚义语言）"；第四部分是 "Semantic Ranges of the Meaning of *Zhongdao*（'中道'在语义学上的意义）"；第五部分是 "From the Early Confucian Way of Zhong to Contemporary China（从早期儒家的中道到当代中国）"。

［294］Qiyong Guo（郭齐勇），Tao Cui（崔涛），"The Value of Reconstructing Confucianism for the Contemporary World"，Xinzhong Yao（姚新中），ed.，*Reconceptualizing Confucian Philosophy in the 21st Century*，Singapore：Springer Singapore，2017，pp. 367 – 390

【作品简介】

本文为儒家传统中曾被提及与论述的许多不同观点提供了一个宽阔的视角，试图找到长期存在的中国传统与当代世界之间的互通路径，并引导读者思考重构儒学对当代世界的意义。文章共分为十部分：第一部分是 "Confucianism and Benevolence（儒学与仁）"；第二部分是 "Confucianism and Filial Piety（儒学与孝）"；第三部分是 "Confucian Benevolence and Christian Charity（儒学的仁与基督教的慈善）"；第四部分是 "Confucianism and Human Nature，Peace，and Inference by Analogy（儒学与人性、'和'与推及）"；第五部分是 "Confucianism and the Ecosystem，Part One（儒学与生态系统之一）"；第六部分是 "Confucianism and the Ecosystem，Part Two（儒学与生态系统之二）"；第七部分是 "Confucianism and Love with Distinctions（儒学与爱有差等）"；第八部分是 "Confucianism and Rituals（儒学与礼）"；第九部分是 "The Confucian

Dao of Sincerity（儒家的诚之道）"；第十部分是"On Reconstructing Confucian-ism（关于重构儒学）"。其中，第二、三、四、五、六、七部分都对孟子的相关学说有所阐发。

［295］Siufu Tang（邓小虎），"A Contemporary Interpretation of Confucian Ritual in the Writings of Xunzi"，Xinzhong Yao（姚新中），ed.，*Reconceptual-izing Confucian Philosophy in the 21st Century*，Singapore：Springer Singapore，2017，pp. 427 – 440

【作品简介】

本文解释并重构了荀子的自我与社群观念，从而为社群、实现、自我实现之间的关系提供了一种合理的儒学解释。作者认为，对于儒家来说，社群代表了人际关系、个人行为的标准构架，并体现了儒家的礼，也代表了关于人性的文化与集体的解释。社群与礼对于实现与自我实现都是有必要的，由此，一个人才能将自己整合进一个统一的自我，从而评估与控制自己一时的自发欲望。文中多次涉及孟荀比较。文章共分为五部分：第一部分是"Ritu-als and the Nourishing of Desire（礼与养欲）"；第二部分是"The Noble Person Versus the Petty Person（君子与小人）"；第三部分是"'Gratifications of the Moment' Verssus 'the Desires of a Hundred Years'（'一时之嫌'与'百年之欲'）"；第四部分是"Confucian Rituals and the Way of Humans（儒家的礼与人道）"；第五部分是"Moral Certainty in an Uncertain World（变动世界中的道德确信）"。

［296］Ming-huei Lee（李明辉），"The Four-Seven Debate between Yi Toegye and Gi Gobong and Its Philosophical Purport"，Ming-huei Lee（李明辉），David Jones（ed.），*Confucianism：Its Roots and Global Significance*，Honolulu：University of Hawai'i Press，2017，pp. 54 – 75

【作品简介】

本文系作者于 2005 年出版的中文图书《四端与七情：关于道德情感的比较哲学探讨》的第六章《李退溪与奇高峰关于四端七情之辩论》的英译版本，具体内容参见上文"论文集"部分的"Chun-chieh Huang（黄俊杰），Gregor S. Paul，Heiner Roetz（罗哲海），ed.，*The Book of Mencius and Its Re-ception in China and Beyond*，Wiesbaden：Harrassowitz Verlag，2008"中的"Ming-huei Lee（李明辉），"The Four-Seven Debate between I Toegye and Gi Gobong and Its Philosophical Purport", pp. 54 – 78" 一条。

[297] Uffe Bergeton（蓝悟非），"The Overlooked Neglect of 'Civility/Civilization'（Wén）in Mencius", *Southeast Review of Asian Studies*, 2017, Vol. 39, pp. 1 – 13

【作品简介】

在《论语》和《荀子》中，"文"是一个关键的哲学概念，但在《孟子》中，"文"从未在这个意义上被使用。令人惊奇的是，这一明显的缺席并未引起学界的重视。孟子与荀子都声称自己传承了孔子的思想，根据《论语》，孔子将"文"视作一个关键因素。在孟子思想中"文"的缺席肯定是有原因的，这需要解释。传统上，学者们认为《孟子》在哲学上更接近于《论语》而非《荀子》。许多学者仍然相信孟子的性善论源自《论语》，而本文主张"文"的分布支撑了森舸澜（Edward Gilman Slingerland）于 2003 年提出的假设，即《论语》中的人性论与自我修养论与《荀子》更为接近，而非与《孟子》更为接近。文章共分为四部分：第一部分是 "The Absence of 'Civility/Civilization'（Wén）in *Mencius*（《孟子》中'文'的缺席）"，第二部分是 "The Concept of 'Civility/Civilization'（Wén）in *Analects & Xúnzǐ*（《论语》与《荀子》中的'文'的观念）"，第三部分是 "Craft Metaphors of *Analects&Xúnzǐ* versus Agriculture Metaphors of *Mencius*（《论语》与《荀子》中的手工业比喻与《孟子》中的农业比喻）"，第四部分是结论。

[298] Shiwei Jiang, Baig Tasawar, "Educating the Chinese Sages of the Ages: Is Confucius the Only Soul of China?", *PUTAJ Humanities and Social Sciences*, Jan. – Jun. 2018, Vol. 25, Issue 1, pp. 17 – 27

【作品简介】

历代中国圣贤围绕孔子、孟子、老子这三位学者发展哲学基础，作为社会中理想君子的指导性解释。这三位圣人提供了中国传统的基本原则，并逐渐形成了文明。本文探究了这些思想传统之间的比较性争论，它们通过比较和文化内的交谈，编织了多样的思想传统。作者强调中国历史中的传统张力，如文与武。尽管中国思想传统中有各种不同的观点，但它们从不作为对立的流派出现，这很有吸引力。事实上，中国思想传统体现了和、仁、义、德、礼、智、忠、孝等文化价值，它们成为社会和平共处的指导性原则。文章共分为六部分：第一部分是引言，第二部分是背景，第三部分是 "Universal

Virtues for Confucius: Wisdom, Humanity, and Courage（孔子的普遍性道德：智、仁、勇）",第四部分是"Mencius Notion of Humane Benevolence（孟子的仁的观念）",第五部分是"Laozi's Conception of the Ideal Man（老子的理想人格观念）",第六部分是结论。

［299］Doil Kim（金渡镒），"Four Types of Moral Extension in Mencius",*Journal of Confucian Philosophy and Culture*, Vol. 29, Feb. 2018, pp. 1 – 19

【作品简介】

根据文献资料，孟子思想里有不同类型的道德扩充，它们之间存在较为模糊的差别性。本文聚焦于孟子的道德扩充模型，认为其至少有四个方面的特色。首先，扩充是指人应该扩充自己的道德态度或反应，包括对别人更广范围的恻隐之心，即对处于危难之中的人的纯粹道德态度或反应。第二种类型的扩充对儒家思想的发展产生了较大影响：从家庭到国家的道德延伸，这不是一种纯粹道德态度，而是一种最初应用于血缘关系的态度。第三种类型的道德扩充是道德态度或行为在不同人群中的扩散，它不同于前两种类型，它与分享某种道德态度或行为的人数的增加有关。第四，朱子对孟子的理解不那么注重第一类和第二类的区别，孟子的思想可以完全理解为第四种道德扩充模型，这与一种态度的扩张密切相关，不论是恻隐之心还是对一个家族的态度，他对此两者都同样以人心扩充来理解。文章共分为六部分：第一部分是引言，第二部分是"The Model of Diffusion（扩散模型）",第三部分是"The Model of Kuochong（'扩充'模型）",第四部分是"The Extension of Familial Attitude（家庭态度的延伸）",第五部分是"The Prespective of Zhu Xi: The Expansion of Xin 心（Mind）（朱熹的视角：心的扩张）",第六部分是结论。

［300］Ryan Nichols, "Modeling the Contested Relationship between Analects, Mencius, and Xunzi: Preliminary Evidence from a Machine-Learning Approach", *Journal of Asian Studies*, Feb. 2018, Vol. 77, Issue 1, pp. 19 – 57

【作品简介】

本文运用一部自宋代开始编纂的超过五百万字的中国古典文集，展现了一个跨年度、跨学科的文献分析的初步研究。作者描述了人文学科与该文集中"遥远的解读"的方法，讨论的话题包括：主题模型程序、回答作者资料的问题、讨论机械学习与人类专门技能之间的互补关系、解释《论语》《孟子》《荀子》中的话题的相互区别、解释这三个文本之间交叉的话题。作者认为许多学术观点来自细读，文章再评价了《荀子》的与《论语》相似的语义学内容，为传统学术研究提出了一些可操作的问题，为亚洲文献研究发起了一个关于机械学习内涵的新对话。文章共分为五部分：第一部分是"Mixed Methods：Machine Learning + Experimental Text Analysis + Close Reading（混合方法：机械学习＋实证文本分析＋细读）"，第二部分是"Topic Modeling（塑造话题）"，第三部分是"What Topics Make Analects，Mencius，and Xunzi Each Unique?（什么话题让《论语》《孟子》《荀子》各自独特?）"，第四部分是"Intersecting Topics in Analects，Mencius，and Xunzi（《论语》《孟子》《荀子》中的交叉）"，第五部分是结论。

［301］Richard T. Kim，"Human Nature and Moral Sprouts：Mencius on the Pollyanna Problem"，*Pacific Philosophical Quarterly*，Mar. 2018，Vol. 99，Issue 1，pp. 140 – 162

【作品简介】

本文回应了对亚里士多德自然主义的一般批评，即认为它可能导致盲目乐观主义的问题，当亚里士多德自然主义和近来的实证研究结合起来时，会产生道德上无法接受的结论。作者借助孟子的人性论建立了一个伦理自然主义的描述，回应了这一异议，并保留了亚里士多德自然主义学说中最具吸引力的部分。文章共分为六部分：第一部分是引言，第二部分是"Background：Philippa Foot's Ethical Naturalism（背景：Philippa Ruth Foot 的伦理自然主义）"，第三部分是"The Pollyanna Problem（盲目乐观的问题）"，第四部分是"Mencius's Account of Human Nature：Toward a Satisfying Ethical Naturalism（孟子的人性论：指向一个令人满意的伦理自然主义）"，第五部分是"Mencius's Naturalism and the Pollyanna Problem（孟子的自然主义与盲目乐观问题）"，第六部分是结论。

［302］Young-sun Back（白英宣），"Virtue and the Good Life in the Early Confucian Tradition"，*Journal of Religious Ethics*，Mar. 2018，Vol. 46，Issue 1，pp. 37 – 62

【作品简介】

本文通过探究孔孟的思想，考察了善的人类生活中道德的作用与非道德利益的地位。孔孟生活在相似的历史年代中，但他们对世界的定义截然不同，这导致二者对道德的作用和非道德利益的地位的看法也不同。孔子强调道德自足性，但他承认和重视非道德利益的内在固有的有用价值；而孟子强调道德的作用，认为它是实现至善目标的最优方式，并蔑视非道德利益的价值。作者指出，尽管他们对善的生活的观念都在本质上关乎道德，但他们对于人类生活中非道德利益的地位产生了分歧。文章共分为五部分：第一部分是引言，第二部分是"Virtue，Non-Moral Goods，and the Good Life（道德、非道德利益与美好生活）"，第三部分是"Confucius：Virtue and Non-Moral Goods（孔子：道德与非道德利益）"，第四部分是"Mencius：Virtue and Non-Moral Goods（孟子：道德与非道德利益）"，第五部分是"Conclusion：The Good Life（结论：善的生活）"。

［303］Xinzhong Yao（姚新中），"'Learning to Be Human' as Moral Development：A Reconstruction of Mengzi's Views on the Heart-mind"，*Frontiers of Philosophy in China*，Jun. 2018，Vol. 13，Issue 2，pp. 194 – 206

【作品简介】

"学以成人"是儒家哲学中非常重要的关切，本文提供了关于这一主题的特别视角，即将孟子的"心"重新解读为"学以成人"，并将这些观点重构为道德发展的多阶段过程。由此，我们发现孟子的"心"与道德观念可以被视为学习的过程，在先天的道德善端让一个人的品德真正完满之前，它们必须服从于一种微妙的发展。作者探究了孟子学习的三个方面，即知识的、实践的和精神的。作者指出，不论最初的善的意识与知识是先天的还是后天的，都需要道德与精神的学习过程来进行发展，根据孟子的观点，这对一个人成为一个真正的人是至关重要的。文章共分为六部分：第一部分是"Learning as Seeking（作为寻求的学习）"，第二部分是"From 'Nourishing the Body' to 'Nourishing the Will'（从'养身'到'养志'）"，第三部分是"From 'Retaining' the Heart-Mind to 'Fully Extending' It（从'存心'到'尽心'）"，第四部分是"From 'Knowing Nature' to 'Serving Heaven'（从'知性'到'事天'）"，第五部分是"Learning as Moral Development（作为道德发展的学习）"，第六部分是总结评价。

［304］John Robert Williams（黎江柏），"Christoph Harbsmeier Contra Karyn Lai and Kevin DeLapp on the Epistemological Characteristics of Early Confucianism"，*Journal of Confucian Philosophy and Culture*，Vol. 30，Aug. 2018，pp. 53 – 74

【作品简介】

赖蕴慧（Karyn L. Lai）与 Kevin DeLapp 主张儒家认识论与立场认识论是相同的。本文对此两者进行了批判性审察。作者回顾了何莫邪（Christoph Harbsmeier）在《中国科学技术史》第七卷第一分册的研究，借助其论点以分析早期中国的逻辑思考，包括《孟子》与《论语》中的认识论。作者指出，赖蕴慧与 Kevin DeLapp 所认为的儒家认识论论点与何莫邪背道而驰。基于此，作者得出了与赖蕴慧、Kevin DeLapp 相反的结论：儒家认识论与立场认识论并不相似。

［305］Jung-hwan Lee（李定桓），"Confucius' Golden Rule and Its Reformulations by Mencius and Xunzi: Shu 恕，the Commonality-Premise，and Human Nature in Pre-Qin Confucianism"，*Journal of Confucian Philosophy and Culture*，Aug. 2018，Vol. 30，pp. 1 – 27

【作品简介】

关于孔子的"恕"，孟子与荀子进行了重大的知识改造，而孟子与荀子之间也存在分歧。但在目前有关儒学黄金率和先秦儒学史的研究中，这一问题仍未被充分检验。对此，本文提供了一个哲学说明。孔子的"恕"是一种最高级的道德原则与"仁之方"。他对黄金率的最早形成给予了极大的重视。此外，这一道德原则在《论语》中高度一致地表达出来。尽管如此，原来的表达方式很快就消失了，且被各种形式的重新表述全面取代。作者认为，黄金率一般以人类共同性为前提。近代时期反对黄金率的问题出现，不是由于其道德原则的内在缺陷，而是由于近代早期从人类共同性到个人差异的前提转变。同样，根据人类共同观点的变化，孔子和他的继承人之间发生了剧烈的转变。孟子与荀子对"恕"的观念也有显著差异，因为关于孔子人性观，他们之间存在巨大分歧。文章共分为六部分：第一部分是引言，第二部分是"A Preliminary Analysis of GR in General（对黄金定律的大体初步分析）"，第三部分是"Modern Objections and the Premises of Interpersonal Differences and Human Commonalities（人际差异与人类共同性的现代反驳与前提）"，第四部分是"*Shu* and the Commonality-Premise in Confucius' Thought（孔子思想中的'恕'与共同前提）"，第五部分是"Post-Confucius Reformulation and Human Nature（孔子后人的改造与人性）"，第六部分是总结评价。

［306］Joshua R. Brown，"Royal Moral Influence: Configuring Christ's Kingship and Christian Morality through Mèngzǐ 孟子 and Aquinas", *Modern Theology*, Oct. 2018, Vol. 34, Issue 4, pp. 618 – 636

【作品简介】

本文发展了一种对基督教王权观念比较描述，从而展现了这一原则与当代语境的关联性。作者借助孟子的政治哲学与阿奎那对基督教权威的解读，分析认为基督教的王权思想可以从皇室道德影响的角度来理解，这意味着基督教观念下的王权是基督教道德生活的独特基础。文章共分为六部分：第一部分是引言，第二部分是 "The Justification for Turning to Mengzi（乞援于孟子思想的合理性）"，第三部分是 "The Ruler's Moral Influence According to Mengzi（孟子思想中统治者的道德影响）"，第四部分是 "Christ as Head According to St. Thomas Aquinas（阿奎那对基督教权威的解读）"，第五部分是 "The Moral Influence of Christ the King（基督教观念下王权的道德影响）"，第六部分是结论。

［307］Rina Marie F. Camus（甘海宁），"I am not a Sage but an Archer: Confucius on Agency and Freedom", *Philosophy East and West*, Oct. 2018, Vol. 68, Issue 4, pp. 1042 – 1061

【作品简介】

本文通过探究《论语》与《孟子》中关于弓箭手的隐喻，解析了儒学中的主体与自由。作者注重从上下文的语境中来分析隐喻，探究了周代社会关于"射"的实践与信仰，并参考了《论语》中关于礼射的文段。《论语》中礼射的弓箭手与儒家道德主体观念十分相关，且为《孟子》中的弓箭手隐喻提供了有用的背景。作者重点分析了《孟子》的《公孙丑上》第七章和《万章下》第一章，这两篇都与射手隐喻相关，它们都处理了儒家道德心学中的核心观念。作者特别阐明了它们与主体和自由的主体的相关性，并从射手人物形象的角度来进行讨论。文章共分为四部分：第一部分是 "Literary Metaphors: Exemplification and Context-Sensitivity（文学隐喻：例证与语境制约）"，第二部分是 "Confucius the Archer and Gentlemen Archers in the *Analects*（《论语》中的射手孔子与君子射手）"，第三部分是 "The Archer Metaphor in the *Mencius*（《孟子》中的射手隐喻）"，第四部分是 "Agency and Freedom *à la* Confucius（孔子思想中的主体与自由）"。

［308］Lizhu Li（李丽珠），"Zhi and Neng Belong to Mind: A Study of the

Capacity to be Good in the Mind of Xunzi", *Asian Philosophy*, Nov. 2018, Vol. 28, Issue 4, pp. 348 – 357

【作品简介】

学界主流认为，荀子的性恶论与孔孟相反，且无法为人类道德主观性提供基础。然而，越来越多的学者提出了不同的观点，如路德斌、冯耀明等。他们认为，荀子的"伪"包括了"知"与"能"，是一种思考与行为的先天资质，是属于"性"的。然而，本文指出，"知"与"能"属于"心"而非属于"性"。在《荀子》中，"性"主要被视为人类的情感与欲望，如果不加控制就会导致混乱。如果将"知"与"能"归属于"性"，就不符合荀子的"性"的本意了。文章共分为五部分：第一部分是"The Aim of this Essay（本文的目的）"，第二部分是"The Meaning of *Xing* in Xunzi's Thought（荀子思想中的'性'）"，第三部分是"The Meaning of *Zhi* and *Neng*（'知'与'能'的含义）"，第四部分是"The Relationship of *Zhi* and *Neng* and *Xing* and *Xin*（'知''能''性''心'的关系）"，第五部分是结论。

［309］Min Jung You（柳旻定），"New Trends in Commentary on the Confucian Classics: Characteristics, Differences, and Significance of Rhetorically Oriented Exegeses of the Mengzi", *Acta Koreana*, Dec. 2018, Vol. 21, Issue 2, pp. 503 – 523

【作品简介】

起初，东亚思想家关注儒家经典哲学，而很少评论其文学层面。然而，18、19 世纪有三部评释作品提出了探究《孟子》的不同进路：朝鲜魏伯珪（Wi Paekkyu）的《孟子劄义》、中国牛运震的《孟子论文》、日本广濑淡窗（Hirose Tansō）的《读孟子》。这三部作品都从文学角度来研读《孟子》，包括修辞技巧、语法、用词等。作者将这些评释作品称为"文辞评论"，因为它们比以往评释更强调修辞。文章展现了这些作品的文辞评论如何不同于普通的或一般的评论，如朱熹、焦循等人的传统评论。作者还指出了这三部作品的不同点，评价了 17 世纪至 19 世纪东亚出现文辞评论的意义，并从中古至前近代东亚文学界的历史变幻的背景出发来进行分析。文章共分为四部分：第一部分是"Changes in Perspective: Reading the *Mengzi* as a Compositional Model（眼下的改变：将《孟子》作为写作模型来解读）"，第二部分是"Characteristic of Rhetorical Commentaries（文辞评论的特征）"，第三部分是

"Differences Between the Three Rhetorical Commentaries（三部文辞评论作品的区别）"，第四部分是"Significance of the Emergence of Rhetorical Commentaries（文辞评论出现的意义）"。

［310］Martin Svensson Ekström（象川马丁），"Editor's Preface：Sino-methodological Remark on the Metaphor of *Metaphora* and the Limitations of the 'Conceptual Metaphor Theory'"，*Museum of Far Eastern Antiquities Bulletin*，2018，Issue 79 – 80，pp. 5 – 29

【作品简介】

本文探究了"文人"（literary scholars）理论的益处与局限，从早期中国哲学文献中摘取了许多例子，特别关注了《荀子·性恶篇》。

［311］Tongdong Bai（白彤东），"Individual，Family，Community，and Beyond：Some Confucian Reflections on Themes in Sandel's *Justice*"，Michael Joseph Sandel（沈岱尔），Paul Joseph D'Ambrosio（德安博），eds.，*Encountering China：Michael Sandel and Chinese philosophy*，Cambridge，Mass.，London：Harvard University Press，2018，pp. 19 – 28

【作品简介】

作者指出，沈岱尔（Michael Joseph Sandel）的《正义：该如何做是好？》以一种共产主义的立场挑战了罗尔斯的《正义论》，并将哲学融入人们的日常政治生活与道德决策。作者将儒家思想引入这一争论，讨论了关于自由和共产主义等政治问题，从而丰富了沈岱尔所提出的议题。文中对孟子的人性论、形而上学、道德哲学、道德两难、人皆可以为尧舜等观念多有论及，并指出沈岱尔的共产主义哲学与儒学存在本质区别。

［312］Yong Huang（黄勇），"Justice according to Virtues，and/or Justice of Virtues：A Confucian Amendment to Michael Sandel's Idea of Justice"，Michael Joseph Sandel（沈岱尔），Paul Joseph D'Ambrosio（德安博），eds.，*Encountering China：Michael Sandel and Chinese philosophy*，Cambridge，Mass.，London：Harvard University Press，2018，pp. 29 – 65

【作品简介】

作者认为，沈岱尔（Michael Joseph Sandel）的《正义：该如何做是好？》考察了三种实现正义的路径，分别是实用主义路径、自由主义路径和亚里士多德派路径。沈岱尔认为前两种路径不充分，发展了第三种路径。由此，这种路径具备了两个特征："作为道德的正义"与"根据道德发展而来的正义"。作者对此二者进行了深入探讨，并大量汲取儒家思想资源为依据。对于"作为道德的正义"，作者只进行了简要讨论，关注个人道德中的正义与社会制度中的正义的关系问题，以及儒学对此问题的贡献。而对于"根据道德发展而来的正义"，作者进行了更详细的论述。文中对孟子的内圣外王、仁心仁政、四端说、大体小体等观念多有涉及。

[313] Michael Joseph Sandel（沈岱尔），"Learning from Chinese philosophy"，Michael Joseph Sandel（沈岱尔），Paul Joseph D'Ambrosio（德安博），eds.，*Encountering China：Michael Sandel and Chinese philosophy*，Cambridge，Mass.，London：Harvard University Press，2018，pp. 245 – 279

【作品简介】

作者对比了三段经典文字：约翰·密尔（John Stuart Mill）的《论自由》中关于人有权自由作出行为决策的论述、《论语·子路》中关于"父为子隐，子为父隐"的对话、《孟子·尽心上》中关于"舜为天子，皋陶为士，瞽瞍杀人"的对话。由此，作者指出了东西方哲学的差异：西方重视自由与个体，而孔孟侧重家庭与孝道的道德优先性。由此，作者展开了对东西方哲学传统的比较研究。文章共分为七部分：第一部分是"Justice，Harmony，and Community（正义、和谐与社群）"；第二部分是"Aristotle，Confucius and Moral Education（亚里士多德、孔子与德育）"；第三部分是"Civic Virtue or Moral Virtue?（公德还是德性?）"；第四部分是"Gender，Pluralism，and *Yin-Yang*（性，多元与阴阳）"；第五部分是"Daoism，Hubris，and Restraint（道、自满与节制）"；第六部分是"Confucian Conceptions of the Person（儒家关于人的观念）"；第七部分是"Dialogue across Cultures（跨文化交流）"。

[314] Seán Moores，"Deconstructing'Rightness'：The Role of yi（义）in the Early Thought of Kang Youwei（康有为）"，*Journal of the Oriental Society of Australia*，2018，Vol. 50，pp. 27 – 62

【作品简介】

"义"是儒家思想的基础观念之一，从孟子起，它与首要价值"仁"相匹配，通过不同哲学、政治学与社会学议题的大量重复与转换而出现了多层次的含义。在过去的两千五百多年里，它几乎未曾受到挑战。本文解读了《康子内外篇》，作者认为，尽管它长期以来被学界忽视，但它展现了康有为最早的成熟而独立的关于"义"的哲学学说的表达，他从一种非常负面的角度来描述"义"，认为它是"仁"的对立面，等同于理学所引发的中国社会的不公正。作者不仅探究了康有为关于"义"的观念在其自身哲学体系中的地位，也讨论了它在整个中国哲学史上的意义。文章共分为三部分：第一部分是"A'Genealogy'of *Yi*（'义'的系谱）"，第二部分是"Kang Youwei's Reinterpretation of the Notion *Yi*（康有为对'义'观念的再阐释）"，第三部分是结论。

[315] Tobias Benedikt Zürn（陶全恩），"Overgrown Courtyards and Tilled Fields：Image-based Debates on Governance and Body Politics in the Mengzi, Zhuangzi and Huainanzi"，*Early China*，2018，Vol. 41，pp. 297–332

【作品简介】

迄今为止的早期中国研究大多着力于对术语、概念的争论和诠释。本文展示了一种新的研究方法，即通过研究意象的转化来分析各种话语的变化发展。尤以《孟子·滕文公上》第四章、《庄子·马蹄》和《淮南子·主术训》第十三章为例，重构了这三个文本所体现的统治与修身话语。虽然《孟子·滕文公上》第四章主张耕作与修身是礼乐文明赖以发展的必经阶段，《庄子·马蹄》的一些章节却要求人们去除礼乐教化，回归"广莫之野"。而《淮南子·主术训》第十三章借由两个比喻——以"朝廷芜"比喻君主"无为而治"，以"田野辟"比喻官吏"务功修业"——将《庄子·马蹄》的荒野和《孟子·滕文公上》第四章的耕作这两种不同意象融为一体。由此，《淮南子·主术训》第十三章创造性地提出了一种整合礼乐教化与无为复朴的统治术。文章共分为十部分：第一部分是引言，第二部分是"Hans Blumenberg's Project of a Metaphorology（Hans Blumenberg关于一种隐喻学的课题）"，第三部分是"'Shengmin' and the Myth of an Agricultural Revolution（'生民'与农业革命的传说）"，第四部分是"Agricultural Technologies and Rulership in *Mengzi* 3A. 4（《孟子·滕文公上》第四章中的农业技术与统治）"，第五部分是"The Call of the Wild：The Admonition to De-Cultivate in the *Zhuangzi*'s'Mati'Chapter（野性的呼唤：《庄子·马蹄》中的去栽培化忠告）"，第六部分是"Employing Wilderness and Tilled Fields：The Huainanzi's'Arts of Rulership'（运用野性与耕作：《淮南子·主术训》）"，第七部分是"Unwrapping the Allusiveness of the Images of an Overgrown Courtyard and Tilled Fields（揭开杂草丛生的庭院与耕作的意象的影射）"，第

八部分是 "The Tracelessness of the Way and the Sage's Eradication of Traces in the *Huainanzi*（《淮南子》中道的无痕与圣人的灭迹）"，第九部分是 "Embodying the Way：The Sage as a Form－，Action－，and Traceless Dao-Being（具身之道：圣人是形、行、无迹的道人）"，第十部分是 "Conclusion：The Role of Imagery in Early Chinese Texts（结论：早期中国文献中意象的作用）"。

［316］Karyn L. Lai（赖蕴慧），"Emotional Attachment and Its Limits：Mengzi, Gaozi and the Guodian Discussions"，*Frontiers of Philosophy in China*，2019，Vol. 14，Issue 1，pp. 132－151

【作品简介】

孟子主张，"仁"与"义"都是人性中天赋的成分，这一观点在儒家思想史上占据了支配地位。在《孟子·告子上》中，告子挑战了这一观点，主张义是由外在环境状况决定的。作者讨论了郭店楚简中的一些文段，其中也体现了对告子观点的支持，它们还反映了与告子存在细微差别的相关性与局限性的考虑，对既定方案中的道德行为设置了要求，在这些方案中，关系联结并不发挥动机作用。作者展现了"义"的复杂性，强调了其内涵，涉及内外之争、作为正义或做正确事情的"义"、如何理解早期中国论争中关于道德与正确行为之间的关系问题。郭店楚简的这些材料不仅提供了关于人性与道德的长期探究的新视角，还挑战了战国儒家思想史的主流观点。文章共分为五部分：第一部分是 "Mengzi and Gaozi（孟子与告子）"，第二部分是 "Guodian Discussions of *Yi*（郭店楚简中关于'义'的讨论）"，第三部分是 "*Yi* in the Guodian Passages, and the Gaozi-Mengzi Debate（郭店楚简中的'义'与告子孟子之争）"，第四部分是 "Wherein Do Our Moral Resources Lie?（我们的道德资源在何处?）"，第五部分是 "Relationships, Roles, and Doing the Right Thing（关系、作用与做正确的事情）"。

［317］Sin Yee Chan（陈倩仪），"Why does Confucianism Prefer Compassion to Empathy?"，Yanming An（安延明），Brian Bruya（柏啸虎），eds.，*New Life for Old Ideas：Chinese Philosophy in the Contemporary World：A Festschrift in Honor of Donald J. Munro. Shatin*，Hong Kong：Chinese University Press，2019，pp. 71－104

【作品简介】

文章辨析了同情与同感在当代心理学与哲学议题中的概念，接着分析了

《论语》《孟子》和《荀子》这三大儒家经典对同情与同感这两个概念的运用，从而解释同情如何比同感更与儒家主题贴合。作者创造性地指出，同感在一定程度上的确具有认识的工具性优势，可以帮助理解与兼容他人的想法，但它无法取代同情的重要地位。文章共分为六部分：第一部分是"Concepts of Empathy and Compassion（同感与同情的概念）"；第二部分是"Empathy and Compassion in the Text（经典文献中的同感与同情）"；第三部分是"Sameness，Differences，Empathy and Compassion（同感与同情的相同之处与相异之处）"；第四部分是"Compassion as a Proto-form of Ren（恻隐之心，仁之端也）"；第五部分是"Compassion，Empathy，and Relatedness（同情、同感及其相关性）"；第六部分是结论。

[318] Xiaogan Liu（刘笑敢），"The Goodness in Human Nature：New Perspectives on Mencian Theory"，Yanming An（安延明），Brian Bruya（柏啸虎），eds.，*New Life for Old Ideas：Chinese Philosophy in the Contemporary World：A Festschrift in Honor of Donald J. Munro. Shatin*，Hong Kong：Chinese University Press，2019，pp. 183 – 224

【作品简介】

本文重新考察了关于孟子人性论的具有代表性的重要现代解释，从而为作者对孟子学说的见解与其方法论的提出奠定基础。作者引入了关于孟子学说的多种立场，并关注三个主要问题：一是如何区分孟子的"性"与现代学者所说的人性；二是学者们在解读孟子时往往会无意识地受到现代西方哲学思想的影响，这一因素如何影响了对孟子的解读，以及这对孟子研究带来的积极和消极影响是什么；三是如何给解释孟子学说的研究定向的问题，是要贴近孟子原意去解释还是以孟子学说为基础来创建一个现代社会的新学说，是应该注重学术诠释还是实践考虑，这就引出了文本的、客观的、历史的与现代的、实践的、建构的这两种方向。文章共分为三部分：第一部分是"A Survey of Divergent Understanding（纵览学者们在理解上的分歧）"；第二部分是"A Straightforward Reading of the Text（对文本的直接解读）"；第三部分是"Discussion on Methodological Issues（方法论问题的讨论）"。

[319] Rina MarieF. Camus（甘海宁），"Zhi 志 in Mencius：A Chinese Notion of Moral Agency"，*Asian Philosophy*，Feb. 2019，Vol. 29，Issue 1，pp. 20 – 33

【作品简介】

"志"是一个重要的中国观念，它表达了人类具有设置目标、决定行动过程、决心坚持的能力。在中国思想资源对西方自由意志之争的贡献中，"志"这个词自然脱颖而出。本文通过东西方比较解释了"志"的含义，并以《孟子》为核心形成了关于"志"的三层次的文本分析。作者列出了《孟子》中"志"的不同用途，考察了它们之间的细微差别，以及《公孙丑上》第二章所体现的"志"的主要含义。此外，文章还讨论了基于语言模型的抽象特征问题，产出了一个关于"志"的更本土化的理解，并与西方道德主体观念进行了比较分析。文章共分为五部分：第一部分是引言，第二部分是"Senses of 'Zhi'（'志'的意义）"，第三部分是"*Zhi* in Mencius 2A. 2（《孟子·公孙丑上》第二章中的'志'）"，第四部分是"Notional Features of *Zhi* Based on Syntax（'志'基于句法的抽象特征）"，第五部分是"Is There *Zhi* in Western Philosophy? Analogues of Moral Agency（在西方哲学中是否有'志'？道德主体的对等物）"。

［320］Yong-yun Lee，"Mengzi's Philosophical Scheme of Human Nature"，*Journal of Confucian Philosophy and Culture*，Feb. 2019，Vol. 31，pp. 1 – 14

【作品简介】

本文主张孟子的人性论应被理解为哲学蓝图而非现实观察。孟子主张人生来就具有成为圣人的潜能，这可理解为哥白尼式转向，因为他将人性论的焦点从外在的条件（传承古代圣王的道德教训）转移到内在特质（修养人与生俱来的内在的道德潜能）。质言之，孟子的人性观为人类成圣成贤的最高归宿铺陈了道路。孟子对天的说明也为其哲学框架提供了支撑，天普遍地让人人都具有成圣的种子。文章共分为七部分：第一部分是引言，第二部分是"*Tian*-Cosmology：*Tian* 天 as the Source of an Ethical Framework（'天'宇宙论：'天'作为一个伦理框架的来源）"，第三部分是"Mengzi's Target Audience of Ethical Teaching（孟子伦理学说的目标听众）"，第四部分是"Human Nature in Moral Learning（道德学说中的人性）"，第五部分是"Structural Resemblance between Cosmology and Ethical Framework（宇宙论与伦理框架之间的结构类似）"，第六部分是"Consequentialist Aspects of the *Mengzi*（《孟子》中结果主义的层面）"，第七部分是结论。

［321］Chenyang Li（李晨阳），"Declare the Independence of Confucianism from the State：Rethinking Outer Kingliness' in a Democratic Era"，*Journal of Confucian Philosophy and Culture*，Aug. 2019，Vol. 32，pp. 7 – 16

【作品简介】

自古以来，儒者们就在寻找良好的统治方法，试图通过国家的赞助来实现他们的哲学理想。然而，不论儒者什么时候寻求国家的赞助，政府自然都会为了它自身的目的有选择地采纳儒家哲学，这多少有损儒学的完整性。在整个中国历史中，数不尽的儒家臣子试图引导统治者做正确的事，但当他们的建议与统治者的基本利益相悖时，他们往往会失败。其实，这样的结果并不出乎预料。统治者的基本目标是巩固权力，而儒家的基本关切是民众福祉。当此二者矛盾时，政府就极不可能将儒家理想置于优先地位。在民主时代，儒学即便没有参与国家机构运作，也可以影响社会。它能够也必须通过草根民主参与来推进社会理想的实现，而不是寄希望于国家赞助的恩典。

［322］Halvor Bøyesen Eifring（艾皓德），"Spontaneous Thought and Early Chinese Ideas of 'Non-action' and 'Emotion'"，*Asian Philosophy*，Aug. 2019，Vol. 29，Issue 3，pp. 177 – 200

【作品简介】

早期中国关于"无为"的观念所说的并非自发性，而是主体与自发性之间的关系。"无为"应该与情感联系起来思考，这也涉及自发性。与现代认知科学中关于自发思想的讨论相比，关于"无为"与情感的论争是有益的。早期中国进路更关注情感而非思想，更注重关系与生态，认为生物类别之间是持续互动而非相互排斥的，并将主体与自发性视为其互动关系中的平行过程，这些都为现代观念提供了补充。此外，情感代表着同物质世界和社会环境中的外在变化相应的内在同等物，这指向我们内在与外在的"性"之间的密切关系。从更广泛的角度来说，有意的行为有其发生作用的天赋内在的和外在的环境，"无为"所指示的就是这种行为与环境之间的关系。文章共分为十二部分：第一部分是"The Issues（问题）"，第二部分是"Cognitive Science and Contemplative Traditions（认知科学与默观传统）"，第三部分是"The Sources（来源）"，第四部分是"Non-Action（'无为'）"，第五部分是"Non-Action and Spontaneity（'无为'与自发性）"，第六部分是"No Paradox（没有悖论）"，第七部分是"Daoist Non-Action（道家的'无为'）"，第八部分是"Confucian Non-Action（儒家的'无为'）"，第九部分是"Emotion（情感）"，

第十部分是 "Emotion as Spontaneity（作为自发性的情感）"，第十一部分是 "Ambivalence toward Emotions（对情感的矛盾态度）"，第十二部分是 "Steps to an Ecology of Mind（迈向心灵生态学的进程）"。

[323] Ranjoo Seodu Herr, "Confucian Democracy as Popular Sovereignty", *Asian Philosophy*, Aug. 2019, Vol. 29, Issue 3, pp. 201 – 220

【作品简介】

儒家民主在哲学上是合理的吗？近年来，主流儒家理论为这一问题给出了否定答案，认为与儒学相一致的政治体系是贤能政治或精英统治。这个立场预设了民主与儒学之间的对立关系。为了反驳这种立场，本文提出了一个哲学上合理的儒家民主规范概念。作者仔细考察了公民人文主义共和传统（civic humanist republican tradition）中卢梭（Jean Jacques Rousseau）和施米特（Carl Schmitt）的民主理论，以及孟子传统中的儒家政治哲学，从而阐明，一种人民主权论的民主是支撑并守卫着儒家政治理想的基本观念。文章共分为六部分：第一部分是引言，第二部分是 "Inapplicability of Democracy in Confucian Contexts?（民主在儒家语境中的不适用性）"，第三部分是 "An Alternative Conception of Democracy as Popular Sovereignty（作为人民主权论的一个民主替代概念）"，第四部分是 "Popular Sovereignty and Confucian Values（人民主权理论与儒家价值）"，第五部分是 "Min as Passive and Incompetent Masses?（'民'是消极的和无能的群众吗?）"，第六部分是结论。

[324] Hiu Chuk Winnie Sung（宋晓竹），"*Bu Ren*（Cannot Bear to Harm）不忍 in the *Mencius*", *Philosophy East & West*, Oct. 2019, Vol. 69, Issue 4, pp. 1098 – 1119

【作品简介】

本文分析了"不忍"的四个心理条件：一是采取了一个无中介的视角，二是采取了一种参与其中的立场，三是将受害人视作特别的人，四是不想让受害人受到伤害。这一解释强调了"不忍"的关系相关性，即我们自然地将自己卷入了他人所处的被伤害状态。文章共分为七部分：第一部分是引言，第二部分是 "*Bu Ren* in the *Mencius*（《孟子》中的'不忍'）"，第三部分是 "An Interpretation of *Bu Ren*（对'不忍'的解读）"，第四部分是 "Psychological Conditions for *Bu Ren*（'不忍'的心理条件）"，第五部分是 "King Xuan and the Ox（齐宣王与牛）"，第六部分是 "Implications（暗示）"，第七部分是结论。

[325] Kevin James Turner（田凯文），"On Subjectivity and Objectivity in the Mengzi—Or Realism with a Confucian Face"，*Asian Philosophy*，Nov. 2019，Vol. 29，Issue 4，pp. 351 – 362

【作品简介】

本文认为，孟子的哲学思想并非内化道德的理想主义或自然主义，这些解读都受到了笛卡尔哲学关于主观性与客观性假设的限制，而这并非孟子哲学的全部。本文重新推演了西方哲学中的这个关于主观性与客观性的问题，认为《孟子》中不存在类似的二分，相反，它主张心与其世界互为必需的构成部分。作者考察了"心""性""天"之间的关系，认为"心"是"人性"的表现，而"人性"是被称为"天"的外在儒家道德的内化解释框架。人类都处于提供世界视野的历史传统中，在儒家世界之外没有别的世界了，在儒家的"心"之外没有别的"心"了，孟子思想属于一种儒家式的理想主义。文章共分为四部分：第一部分是引言，第二部分是"The Problem of Subjectivity and Objectivity（主观性与客观性问题）"，第三部分是"The Mengzi's Theory of Mind-World Interdependence（孟子的心与世界相互依赖理论）"，第四部分是结论。

[326] Anselm Kyongsuk Min，"Rethinking Justification by Faith Alone in the Era of Globalization：A Confucian Perspective"，*Journal of Ecumenical Studies*，Winter 2019，Vol. 54，Issue 1，pp. 47 – 73

【作品简介】

我们或许可以从儒学中获得一些与神学问题相关的启示，比如关于神学被分割为天主教与路德宗两派的问题，特别是关于当代的善功神学问题。本文描述了基督教内部的神学，总结了天主教与路德宗几十年来的对话，以及其正义原则在全球化世界中的当代意义与挑战。当今的虚无主义似乎挑战了"罪"的观念，在教义中，对"罪"的宽恕陷入了危险。当今的教义中必须包含罪恶中受害者的正义，包括我们的人类同胞与自然万物。作者还从儒家令人信服的天道语境出发，提供了一个关于善功价值的儒家式反思。儒家关于美德与团结的政治主张、其宇宙万物统一体的意味，都与当代求索的社会与生态正义相关。此外，作者还提供了天主教与儒家视角对话的开端，以及在当今世界变幻的背景下对各宗教学说之间的方法论的反思。文章共分为四部分：第一部分是"The Significance and Challenge of the Doctrine of Justification Today（当今称义教义的意义与挑战）"，第二部分是"Insights from the Confucian Tradition（来自儒家传统的见解）"，第三部分是"A Catholic-Confucian Dialogue（一个天主教与儒家的对话）"，第四部分是总结反思。

［327］Boqun Zhou（周博群），"Virtue as Desire：*Mengzi 6A* in Light of the *Kongzi Shilun*"，Philosophy East & West，Jan. 2020，Vol. 70，Issue 1，pp. 196 - 213

【作品简介】

本文运用出土竹简《孔子诗论》中的内容重新考察了《孟子·告子》中关于道德与欲望的一组类比。作者先从《孔子诗论》的角度出发提供了一个关于《关雎》的新解读，接着讨论了《孟子·告子上》与《孟子·梁惠王》，从而强调了孟子道德哲学中的特殊层面，而非解释其整个人性论并为之辩护。文章共分为三部分：第一部分是"The *Shilun* Reading of 'Guanju'（《孔子诗论》对《关雎》的解读）"，第二部分是"Ritual and Pleasure in the *Mengzi*（《孟子》中的礼与愉悦）"，第三部分是结论。

［328］Tao Jiang（蒋韬），"Ambivalence of Family and Disunity of Virtues in Mencius' Political Philosophy"，*Journal of Confucian Philosophy and Culture*，Feb. 2020，Vol. 33，pp. 70 - 105

【作品简介】

本文认为，尽管家庭在孟子道德哲学中扮演了重要角色，但家庭在其政治哲学与家庭和政治的关系中的地位则比一般设想得要更为复杂和含糊不清。作者通过重新解读倪德卫（David Shepherd Nivison）的"二本"问题，考察了关于孟子哲学的两个相关假设，一个关于家庭的角色与作用，另一个关于美德的统一。由此，作者提供了一个不同的解读与结论，认为孟子哲学中有"二本"，即家庭之本与普遍恻隐之本。此二者在孟子的思想框架中有时是矛盾的，这揭露了其中的深层张力。为了证明这一点，我们区分了孟子思想中的两个截然不同的线索，即标准的"扩充主义"（extensionist）与更激进的、不那么受赞赏的"牺牲主义"（sacrificialist）。"扩充主义"的孟子在个人、家庭与政治领域之间建立了普遍一致的假设；而"牺牲主义"的孟子识别了家庭与政治之间的极端不可通约性，并为了保护家庭而接受了自我牺牲的必要性。传奇的圣王舜，是"牺牲主义"的孟子的唯一的英雄。文章共分为六部分：第一部分是"Normative Mencius：The Extensionist（规范的孟子：扩充主义者）"，第二部分是"The Case of Shun（舜的案例）"，第三部分是"Radical Mencius：The Scrificialist（激进的孟子：牺牲主义者）"，第四部分是"Mencius：The Extensionist vs. the Sacrificialist（孟子：扩充主义者与牺牲主义者）"，第五部分是"The Ambivalence of the Familial in the Mencian Political Thought（孟子政治思想中关于家庭的矛盾）"，第六部分是"Conclusion：A Mencian Question（结论：一个孟子式的问题）"。

［329］Yinghua Lu（卢盈华），"Respect and the Confucian Concept of *Li*（Ritual Propriety）"，*Asian Philosophy*，Feb. 2020，Vol. 30，Issue 1，pp. 71 - 84

【作品简介】

本文关注了儒家文本中的恭敬之心与"礼"之间的关系。"礼"有积极与消极两个层面的来源，从积极层面来说，"礼"让人表达内在道德与宗教情感，尤其是尊敬、敬畏与谦卑。此外，本文还探究了恭敬之心与"礼"的相关情感与行为以及对"礼"的有意义的批评，从而阐明了"礼"的有助于实现人类内在道德与宗教路径的真正表达。文章共分为三部分：第一部分是"The Source and Basis of *Li*（'礼'的来源与基础）"，第二部分是"The Connection between *Li* and Respect：How Ritual（Music）Expresses Moral and Religious Respect Properly（'礼'与恭敬之心之间的联系：礼（乐）如何恰当表达了道德与宗教层面的内容）"，第三部分是结论。

［330］Qingjuan Sun（孙庆娟），"Revisiting the Internal-External Issue of *Ren* and *Yi*：In and Beyond Mengzi 6A：4"，*Philosophy East & West*，Apr. 2020，Vol. 70，Issue 2，pp. 506 - 521

【作品简介】

本文重新考察了仁义的内外问题，包括孟子的"仁""义""礼""智"观念。作者分析了《孟子·告子上》第四章之外对于"仁"与"义"的内外问题的阐述，以及其对类比与隐喻的运用。文章共分为五部分：第一部分是引言，第二部分是"Mengzi's View on the Internal-External Issue of Ren and Yi（孟子关于'仁'与'义'的内外问题的看法）"，第三部分是"Two Criteria in Distinguishing between the Internal and the External（区分内与外的两个标准）"，第四部分是"Two Threads of Argumentation in Mengzi 6A：4（《孟子·告子上》第四章中的两条论点）"，第五部分是结论。

［331］Alexander Townsend Des Forges（戴沙迪），"Industry and Its Motivations：Reading Tang Xianzu's Examination Essay on the Problem of Excess Cloth"，*Harvard Journal of Asiatic Studies*，Jun. 2020，Vol. 80，Issue 1，pp. 85 – 122

【作品简介】

明清时期的科举考生常遇到立意狭窄的"小题"题目，迫使他们翻空出奇。汤显祖的"女有余布"即为一例。此文超出了孟子原文的本义，展开一种经济与道德并行的新分析。为避免盈余对生产动机的负面影响，汤提倡文人、织女均可以售物而介入市场交换，以达致修身齐家的境界。

［332］Jeremiah Carey，"Mencius，Hume，and the Virtue of Humanity：Sources of Benevolent Moral Development"，*British Journal for the History of Philosophy*，Jul. 2020，Vol. 28，Issue 4，pp. 693 – 713

【作品简介】

本文阐明了孟子与休谟思想中的道德心理学与道德社会学，并提出了三点主张：第一，孟子与休谟在仁慈美德的主要心理学来源上有很强的相似性；第二，他们在仁慈美德的主要社会来源上有很强的相似性；第三，他们在仁慈美德的主要认知来源上存在弱相似性。作者指出，这些相似性的数量与性质表明，关于儒家与休谟主义道德哲学之间的观念联系的研究，尤其是关于仁慈美德的心理与社会来源的研究，将来会有较大的发展需求。文章共分为四部分：第一部分是"Psychological Sources of the Virtue of Humanity（仁慈美德的心理来源）"，第二部分是"Social Sources of the Virtue of Humanity（仁慈美德的社会来源）"，第三部分是"Cognitive Sources of the Virtue of Humanity（仁慈美德的认知来源）"，第四部分是总结与暗示。

［333］Yun-woo Song（宋允宇），"Differing Views on Heaven's Role in Accounts of Undeserved Hardship in Early China"，*Philosophy East & West*，Jul. 2020，Vol. 70，Issue 3，pp. 801 – 818

【作品简介】

本研究从郭店楚简中关于不应忍受的困苦的内容入手，区分了关于天的角色的观点。作者分析了《荀子》与《穷达以时》的异同，还比较了《孟子·告子下》第十五章与《荀子·宥作》。其中，《孟子·告子下》体现了对"天"的不同理解。文章共分为四部分：第一部分是引言，第二部分是"The QDYS and Its Parallels（《穷达以时》及其类似物）"，第三部分是"Differing Views on Heaven's Role in Explanations of Undeserved Hardship（在解释不应受的苦难的过程中区分关于'天'的角色的观点)",第四部分是结论。

[334] Zhijie Xie,"The Foundation of Morality:A Comparison between Mencius and Aristotle", *Advances in Social Science*,*Education and Humanities Research*,Aug. 28,2020,Vol. 466,pp. 368 – 373

【作品简介】

孟子与亚里士多德围绕着同一个领域发展出了两种完全不同的伦理理论：孟子建基于人性本善论，而亚里士多德建基于人性的随机性（Randomness）。此外，二者关于道德修养过程中丰富多样的方式也不同。作者将孟子的伦理学视为"内化的"，而将亚里士多德的视为"外化的"，并对比和总结二者的不同特征。文章还从二者的理论与哲学著作出发，为二者各自的特殊性寻找形而上学解释。文章共分为四部分：第一部分是引言；第二部分是"Different Representations of Human Nature and Two Cases of Virtues（人性论的两个不同代表与道德的两种案例）"；第三部分是"Metaphysical Basic for the Two Differences（二者不同的形而上学基础）"；第四部分是"Conclusion:Universality in Diversity—Benefits to The Modern World（结论：多样性中的普遍性——对当代世界的益处）"。

[335] Ping-cheung Lo（罗秉祥）,"Gratian and Mengzi:Pioneer Works in the Christian and Confucian Just War Traditions", *Journal of Religious Ethics*,Dec. 2020,Vol. 48,Issue 4,pp. 689 – 729

【作品简介】

本文比较了"正义战争"传统的两位跨文化的开创性思想家的观点：基督教传统的格拉提安（Flavius Gratianus）与儒家传统中的孟子。作者考察了他们的历史文化背景与讨论正义战争的需要，讨论了他们的论述及其中正义战争基本理论的性质，追溯了二者理论对后来正义战争伦理学的影响。二者都相信，正义的原因、正当的权威与正义的企图是发动正义战争的重要条件。然而，格拉提安的理论有一个反对非正义的推定，而孟子的理论中也有反对战争的推定。作为一个教会的法理学家，格拉提安寻求区别正义与非正义的战争；而孟子作为一个统治者的仁政劝导者，他更关心如何避免流血和建立持久和平。作者分别考察了二者的历史影响，并主张《格拉提安教令集》与《孟子》在两种意义上都是开创性的：第一，他们提供了关于正义战争观念在中世纪欧洲与前近代中国的发展如何不同的重要线索；第二，他们都体现了帮助塑造各自随后的思想传统的特征，两种思想传统反过来也塑造了两者作品不同的风格。

［336］David Machek，"Mengzi on Nourishing the Heart by Having Few Desires (7B. 35)"，*Philosophy East & West*，Apr. 2021，Vol. 71，Issue 2，pp. 393 – 413

【作品简介】

本文基于孟子的道德学说，考察了小体的欲望如何有害于心的成长与修身。探究的问题包括：孟子用来描述心堕落的词、人身体中的心与理智这两种动机力量之间的关系、欲望的意义与种类。文章共分为六部分：第一部分是引言，第二部分是 "Three Preliminary Points about 7B. 35（《尽心下》第三十五章中的三个开端点）"，第三部分是 "Nourishing the Heart（养心）"，第四部分是 "The Indirect Impact of Desires：The Petty Part as Parasitic on the Activity of the Great Part（欲望的间接影响：寄生在大体活动上的小体）"，第五部分是 "The Direct Impact of Desires：Desensitization and Distortion（欲望的直接影响：脱敏与扭曲）"，第六部分是总结评价。

［337］Daniel J. Stephens，"Later Mohist Ethics and Philosophical Progress in Ancient China"，*British Journal for the History of Philosophy*，May 2021，Vol. 29，Issue 3，pp. 394 – 414

【作品简介】

后期墨家的作品通常被认为包括几次关于后果主义伦理观念的更新，本文捍卫了对这些更新的一种解释，分析了它们如何在墨家观念的语境下发挥作用，使他们的观点更有说服力。葛瑞汉认为，后期墨家的辩论技巧是发展一种先验观念，并将伦理观点建立在先验理性主义的基础之上。而作者不认同这种看法，相反，作者认为，后期墨家伦理观点的长处很大程度上在于，他们运用主观标准来识别有助于后果主义论的东西。作者解释了这些标准如何适应了后期墨家关于人们估价立场的多样性的思想倾向，并深入展示了它如何反驳其他哲学流派。文章共分为六部分：第一部分是引言，第二部分是 "The Novel Features of Later Mohist Ethics（后期墨家伦理学的新奇特征）"，第三部分是 "Graham and Interpreting the Later Mohists as Rationalists（葛瑞汉与将后期墨家解读为理性主义者）"，第四部分是 "My Interpretation of the Later Mohists' Argumentative Strategy：The Novel Features（我对后期墨家论辩技巧的解读：新奇的特点）"，第五部分是 "My Interpretation of the Later Mohists' Argumentative Strategy：The Broader Context（我对后期墨家论辩技巧的解读：更广阔的语境）”，第六部分是结论。

［338］Yen-yi Lee（李彦仪），“The Narrative of the Junzi as an Exemplar in Classical Confucianism and Its Implications for Moral and Character Education”，*Educational Philosophy & Theory*，Jun. 2021，Vol. 53，Issue 6，pp. 634 – 643

【作品简介】

有一些问题直接针对在道德与品德教育中运用典范的结果，同时，在道德与品德教育的语境中，典范故事的作用常常仅被视为说教和灌输性的道德经验。另一方面，一些学者试图探究典范及其故事对于道德与品德教育的意义。在经典儒学中，典范常被称作“君子”，孔子、孟子与荀子常常提到许多关于他们的故事，从而作为其门徒追随的对象。本文认为，传统儒家运用典范及其故事可以给予我们关于进行道德与品德教育的另一种视角。作者先阐述了经典儒学中作为典范的君子观念，接着探究了其故事的作用，最后讨论了其对道德与品德教育的四层暗示：一是帮助学生发现自身与典范之间的共性并以此为起点努力赶上典范；二是帮助学生通过与他者互动来建立道德品质；三是引导学生创造自己的合适的故事来塑造一个生命的综合观；四是在道德与品德教育中强调教师的典范功能。文章共分为四部分：第一部分是引言，第二部分是“The *Junzi* as an Exemplar in Classical Confucianism（经典儒学中作为典范的君子）”，第三部分是“The Role of the Narrative of the Junzi as an Exemplar in Classical Confucianism（经典儒学中作为典范的君子的故事的作用）”，第四部分是“The Implications of the Narrative of the Junzi as an Exemplar in Classical Confucianism for Moral and Character Education（经典儒学中作为典范的君子的故事对于道德与品德教育的暗示）”。

［339］Lan Yu（喻岚），“Relational Autonomy：Where Confucius and Mencius Stand on Freedom”，*Asian Philosophy*，Aug. 2021，Vol. 31，Issue 3，pp. 320 – 335

【作品简介】

作者通过与角色伦理学和自主问题进行对话，在“仁”与“礼”的语境中探究了人的问题。作者提出了如下假定：第一，在早期儒家的案例中，尽管人致力于道，但他享有不受胁迫的选择自由，或者至少在一定程度上享有这种自由；第二，在中国思想的语境下，情感与理性这两个领域是相统一的，它们共同做出判断，而西方则更强调理性的作用；第三，“仁”与“礼”分别作为内在感知与外在实践，相互构成、相互需要、相互补充。尽管"仁"与"礼"都指向社会秩序，它们在内化认知与简单遵循规范方面有所不同。如果关系是由人构成的，关系自主的重点在于教养，那么自足与自主之间就没有矛盾了。文章共分为四部分：第一部分是"What Kind of Autonomy is Compatible with Confucius and Mencius?（什么类型的自主与孔孟兼容?）"，第二部分是"The Significance of Moral Judgement for the Socially Connected and Relational Person（道德判断对于社会联系与关系中的人的意义）"，第三部分是"*Ren* and *Li* in the Context of Relational Autonomy：Is There Tension between Role Ethics and Rational Autonomy?（关系自主语境中的仁与礼：角色伦理学与理性自主之间有张力吗?）"，第四部分是结论。

[340] Jong-woo Yi，"The Relationship between People and Ruler：A Comparison of Dasan Jeong Yagyong and King Jeongjo"，*Korea Journal*，Summer 2021，Vol. 61，Issue 2，pp. 146 – 170

【作品简介】

丁若镛与朝鲜正祖之间的相似性源于统治者应执政为民的信仰。丁若镛认为，统治者是由民众选定或由上帝授权，前者体现了茶山的政治理想，后者表达了其现实观念。他认为，上帝的授权代表了民众的意愿，所以统治者还是由民众选定的，这类似于正祖的思想。然而，丁若镛一面相信统治者通过观察民众来了解授权规则，一面又相信统治者应该由具有这方面知识的大臣来辅佐，这就形成了矛盾。尽管正祖没有提及民众选择统治者的问题，但他将自己视为民众之父，认为统治者应该爱民如子，并由此加强王权。丁若镛也将统治者视为民众之父，统治者的职责是保障民众福祉。要达到这一目标，统治者就必须改革政府系统，这就需要强大的王权。文章共分为四部分：第一部分是引言，第二部分是"The Ruler Chosen by the People in the First Natural Community or Appointed by the Mandate of Heaven（在最初自然群落中由民众选定或拥有天命的统治者）"，第三部分是"The Ruler as Father to the People（对民众来说像父亲一样的统治者）"，第四部分是结论。

[341] Lee Wilson，"Confucianism and Totalitarianism：An Arendtian Reconsideration of Mencius Versus Xunzi"，*Philosophy East & West*，Oct. 2021，Vol. 71，Issue 4，pp. 981 – 1004

【作品简介】

本文认为，儒学为极权主义拒绝自由及其替代性的合法性提供了基础，这有其合理的适当性。讨论的问题包括：被阿伦特（Hannah Arendt）区分为"极权主义"的社会秩序现象学层面的内容；极权主义通过完全限制全人类在工作层面的活动，从而让人们仅仅在劳动层面活动；儒家的美德观念。文章共分为四部分：第一部分是"An Arenditian Framework（一个阿伦特式的框架）"，第二部分是"Mencian Naturalism（孟子的自然主义）"，第三部分是"Xunzian Constructivism（荀子的构成主义）"，第四部分是结论。

［342］Mark A. Berkson，"A Confucian Defense of Shame：Morality，Self-Cultivation，and the Dangers of Shamelessness"，*Religions*，2021，Vol. 12，Issue 1，pp. 1 – 32

【作品简介】

西方的许多哲学家和学者对羞耻抱有偏见，在许多后古典时代的西方伦理思想中，羞耻被与罪恶感进行负面比较。这是因为羞耻与外在环境相关，比如在外人面前要如何表现，这只是面子问题；而罪恶感与内在领域的感知与灵魂相关。人类学家与哲学家用这一框架来区分发展得更为道德的西方"罪感文化"与亚洲的"耻感文化"。许多哲学家也对羞耻怀有负面看法，将羞耻视为对自我的毁坏。本文则认为，这些哲学家和心理学家对羞耻的理解是误导性的，经典儒家传统对羞耻的解读可以表明这一点。孔孟详细说明了羞耻有一种深入的内在领域，在道德修养的过程中，它的作用比罪恶感更为重要。儒家区分了道德与反常病态的羞耻，并解释了后者的危害，但前者是成德不可或缺的。作者展现了羞耻与罪恶感的儒家视角，它与我们当下生活的历史时刻具有意义深远的相关性（尤其是特朗普统治下的这几年）。儒家思想阐明了还有一些更糟的、更具毁灭性的东西——无耻。文章共分为九部分：第一部分是前言，第二部分是"Shame and Guilt: The Conventional Western View（羞耻与罪恶感：传统的西方思想）"，第三部分是"The Confucian Understanding（Confucius and Mencius）［儒家的解读（孔子与孟子）］"，第四部分是"A Confucian Contribution to the Understanding of Shame and Guilt（儒家对羞耻与罪恶感理解的贡献）"，第五部分是"Examples：Isolating Guilt and Shame（案例：隔绝罪恶感与羞耻）"，第六部分是"Philosophical Distinctions（哲学区分）"，第七部分是"The Psychology of Shame：Freud and Wollheim（羞耻的心理学：弗洛伊德与沃尔海姆）"，第八部分是"Moral and Pathological Shame（道德与病态的羞耻）"，第九部分是结论。

［343］Christina Chuang，"Mencius and Hutcheson on Empathy-based Benevolence"，*Philosophy East & West*，Jan. 2022，Vol. 72，Issue 1，pp. 57 – 78

【作品简介】

本文认为，尽管孟子与哈奇森（Francis Hutcheson）被解读为"道德情感主义者"，他们的"仁"可能并不纯粹根植于情感。作者指出，孟子与哈奇森的思想实验引导我们运用理性能力并让我们从认知层面详细理解同情心的形态，这涉及模仿、换位思考的复杂过程。文章共分为四部分：第一部分是"Mencius versus Hutcheson on Benevolence（孟子与哈奇森论仁）"，第二部分是"Mencius，Ren and Ceyin Zhi Xin（孟子、仁与恻隐之心）"，第三部分是"Hutcheson，Benevolence，and Empathy（哈奇森、仁与同情）"，第四部分是结论。

［344］İlknur Sertdemir，"Intuitive Learning in Moral Awareness：Cognitive-Affective Processes in Mencius' Innatist Theory"，*Academicus International Scientific Journal*，Jan. 2022，Vol. 13，Issue 25，pp. 235 – 254

【作品简介】

孟子返古开新，从而将其性善论建立在心学成分的基础之上，虽然继承了孔子的道德行为原则，但他结合了社会心理的发展，从而使其理论变得不同寻常，这对儒家学派的发展产生了很大的影响。孟子陈述了一个积极的观点，他认为，个体道德意识是通过不分离的"诚"的情感形成的，并主张人具有天赋的善性。心与思的相互关系是对内在动机的补足。知识与道德都是先天善性的扩充，是能被直觉地理解的。情感动机回应了环境，并被传递至认知过程中，最终行为就产生了。与孟子所处的战国时代同期的西方哲学家亚里士多德，作为古希腊哲学的先驱，他主张运用演绎的与诱导的方法来探究精神活动；而孟子则倾向于用类比推理的方法。本文主张，大多数发展的理论的假设都源于孟子，它们至今都被视为现代哲学必不可少的部分。此外，作者还讨论了孟子跨越情理矛盾的主要范式，它使理性高于情感，使情感高于思想。文章共分为四部分：第一部分是引言，第二部分是"Four Sprouts and Intuitive Learning（四端与直觉学习）"，第三部分是"Analogical Reasoning and Cognitive-Affective Processes（类比推理与认知—情感过程）"，第四部分是结语。

［345］ Yujian Zheng（郑宇健），"Path-bound Normativity and a Confucian Case of Historical Holism"，*Asian Philosophy*，May 2022，Vol. 32，Issue 2，pp. 215 – 235

【作品简介】

作者提出了一个关于历史整体主义的新论点来探讨孟荀的人性论之争，这有双向的意义：一是作者重构了孟子与荀子的观点，从而展现了在很大程度上被忽视但非常重要的儒家观点；二是任何赞成孟子观点的人都会认为这一关于历史整体主义的重构是成功的，它在当代分析哲学领域是有突破性的。作者更侧重于第一个方向的意义，并提供了非常翔实的对历史整体主义关键分析要素的探究。这一探究体现了回顾的重要性，它支撑着受路径限制的规范性的主要观点，即一种暗示的与内生的规范性。文章共分为五部分：第一部分是引言，第二部分是 "Background Ideas and an Outline of the Main Argument（主要观点的背景观念与大纲）"，第三部分是 "The Path-bound Notion of Retrospective Necessity and Its Role in Validating Historical Holism（回顾的必要性的受路径限制的观念及其在证实历史整体主义中的作用）"，第四部分是 "Application of Historical Holism to the Mencius-Xunzi Dispute about *Xing*（孟荀人性论之争对历史整体主义的运用）"，第五部分是总结观察。

［346］ Meng Zhang（张萌），"Sensibility and Moral Values in Mengzi's Metaethics"，*Asian Philosophy*，May 2022，Vol. 32，Issue 3，pp. 312 – 330

【作品简介】

本文考察了当下学界对孟子元伦理学思想的研究，并重构了孟子关于道德的情感与表面客观性之间关系的观点。作者先回顾了道德的两个特征——道德价值的表面客观性与动机力量。这是元伦理学理论必须面临的问题，强调了孟子思想能解释此二者的可能性。接着，作者考察了学界过去对孟子元伦理学的重构：自然主义路径与情感理论路径都抓住了孟子观念的重要特征，但各有其缺陷。作者认为，孟子的观点有助于修订情感理论，这种情感理论从颜色之类的次要资质出发塑造了道德性质，从而保留了所谓的优势，即能够解释道德的两个特征。文章共分为五部分：第一部分是 "The Nature of Morality（道德之性）"，第二部分是 "Early Confucianism as Naturalism（作为自然主义的早期儒学）"，第三部分是 "Mengzi as a Sensibility Theorist?（孟子是一个情感理论家吗?）"，第四部分是 "Human Psychology and the Conception of Virtue in the Mengzi（孟子思想中的人类心理学与道德观念）"，第五部分是结论。

（五）博士学位论文

[1] Philip Ho Hwang（黄弼昊），William Horosz（Principal Adviser），*A Critical Study of Mencius' Philosophy of Human Nature：With Special Reference to Kant and Confucius*，for the Degree of Ph. D. in Philosophy，University of Oklahoma，1978

【作品简介】

人性与人类行为之间关系密切，作者认为，要探索这一关系，大体有两种方式。一种方式是从人性的角度来分析人类行为，这通常被称为人性哲学。例如，如果人基本上是善的，他会倾向于行善而非作恶；如果人基本上是恶的，他会倾向于作恶而非行善。基于这一精神，东西方许多哲学家试图从人性论的角度来解释人类行为的复杂多样性。另一种方式是先分析人类行为，并将对人性的评价建基于人类行为之上，不论它是善的、恶的，还是中立的。

孟子哲学以人性本善为基础，其思想整体可以用一句话概括：每个人应该尽最大能力来将本然善性发展到极限，如果他丧失了善性，也要尽力恢复它。作者认为，孟子哲学只体现了第一种人性哲学方式中的某种特殊形式，第一种人性哲学方式包含了许多版本，如有神论的、无神论的、非有神论的。但所有这些变种都有一个共同特征：它们认为人性的普遍特征是没有例外的。事实上，所有的人性哲学的主要特征就是其普遍性阐述。

孟子展现了一幅有吸引力的画卷：如果我们了解了人性，就能轻易解释人做某事的原因和状态，以及人为什么应该做某事和应该如何做，而非去做与之相反的事。孟子解释了行善意味着什么、人为什么应该行善而非作恶、人应该如何行善。然而，作者指出，孟子哲学是失败的，因为它基于人性理论，而人性理论本身的实证经验性是不确定的，而且孟子所主张的基于不确定人性论的普遍性是无根据的。

为了论证这一点，第一章解释了孟子人性论的意义，提供了许多与此相关的不同观点，讨论了孟子对性善论的深入论证，并分析认为孟子的这一理论建构是失败的。第二章参考了康德关于"科学与道德"的论证，并由此指出孟子的人性哲学是不充分的。康德除了在《单纯理性限度内的宗教》（*Re-*

ligion within the Limits of Reason Alone）中涉及了人性之外，就相对较少讨论人性了。基本上可以说，他未曾主张任何形式的人性哲学，他认为我们无法合情合理地讨论人性论，因为它无法完全基于实证经验，我们最多只能讨论人向善或向恶的倾向。康德对人性与人类行为之间的关系也不感兴趣，他主要关注建立道德行为与基于道德行为的道德科学的"一般条件"（general condition）。康德在《道德形而上学的奠基》（*Foundations of the Metaphysics of Morals*）中试图论证最高道德原则的普遍性与必要性，这是一种无条件的必要性。康德的论证过程在一定程度上与孟子试图论证其人性论普遍性的做法相似，尽管他们想要建构的结论完全不同。作者分析了二者的相似之处，认为康德的论证很清晰，这可以帮助我们理解和评价孟子的人性哲学，以及二者的不同立场、基础假设和论证形式。作者比较了康德的分析法论点与孟子的心理学论点，以及康德的综合论点与孟子的更高原则论点。由此，作者展现了孟子人性论的不合理性与其基于人性论的哲学的不充分性。作者通过引入基础充分的康德思想，论证了孟子哲学并没有成功回答他自己想要解决的主要问题，即为什么人应该行善和做道德的事。

如果孟子哲学是不充分的，那么从伦理角度是否有其他方式可以在一定程度上解释复杂的人类行为？如果有，那么这种替代性哲学的主要特征是什么？为了解决这一问题，作者在第三章中从孔子的思想中汲取了资源。孔子是一个行动者，其哲学是一种行动哲学。他总是对人类行为感兴趣，而对人性论思考不感兴趣。作者认为，孔子行动哲学比孟子人性哲学更充分，孔子哲学的主要特征是许多标准的立场（position of many criteria）。而在第四章，作者强调了孔子哲学比孟子哲学要合理得多，孟子哲学是不健全的。孟子从人性论的角度努力解释复杂人类行为的做法是失败的，不仅因为他的哲学无法成功解释人为什么要行善，还因为他未能解释人应如何行善。孟子人性论不论是从演绎还是归纳推理都是无法被澄清的，所以我们不能沉溺其中，而应该将我们对人类行为的探究建基于人类行为本身，尽管这很困难。然而，作者也指出，并不是说只有孔子所展现的不建基于人性而建基于人类行为的行为哲学才是合理的，而是说我们至少可以通过孔子哲学来探寻孟子哲学的替代性方案。

〔2〕Chun-chieh Huang（黄俊杰），Jack L. Dull（杜敬轲）（Principal Adviser），*The Rise of the Mencius*：*Historical Interpretations of Mencian Morality*，*ca. A. D. 200 – 1200*，History Department，University of Washington，Jul. 3，1980

【作品简介】

孟子的道德学说可以分为两个必要层面：内在的先天禀赋与外在的理想仁政。内在层面包括了对人性本善的信念，并回到心性的自发性；而外在层面包含四个原则：应由仁者领导政治、政府应该是道德的政府、君臣关系应该是有条件的、政治统治的目的是民众。内在层面是实现外在层面的基础，在无止境地追求成圣的过程中，二者共同构成了和谐的整体。

在儒学传统中，对孟子道德学说的诠释经历了两个转变：第一个转变发生在汉代后期，而第二个转变发生在南宋。汉代的许多学者从传统经学的角度出发，将《孟子》理解为政治学著作，赵岐掀起了此派发展的高潮，其对孟子道德学说的解释明显关注政治，并将政治视为实践道德信念的方法。这种进路不断推动孟学的发展，直至 11 世纪。唐代的韩愈与皮日休从佛学与道家的角度来理解孟子，他们确立了孟子在儒学思想史上的正统地位，并借孟子思想来理解当时的社会动乱，林慎思则推动了在政治语境中诠释孟子道德学说的进一步发展。北宋的孟子诠释学依旧在政治语境中发展，涉及的学者包括李觏、王安石和司马光，争论的主题包括王霸之辨、君臣关系、社会秩序与孝，甚至在关于孟子人性论的争论中也引入了政治因素。王安石变法的失败标志着孟子诠释学的转变。11 世纪之后，许多学者认为，孟子思想主要关注的是道德，这也是其哲学的终极目标。朱熹的解释显然标志着学界关注点由治国理政向哲学的转变，但他还是从《大学》中"内圣外王"的哲学体系的角度解释了孟子的道德学说，并构建了他自己的以"理"的原则为核心的理性主义哲学，通过抬高成圣过程中知识的意义，拓展了孟子道德学说的内在层面。总体而言，孟子诠释学史的发展体现了学界研究旨趣由特殊主义向普遍主义的转变。

文章共分为六部分。第一部分是前言，包括 "Confucian Ideal and Political Reality（儒家理想与政治现实）""The Historical Background of Mencius（孟子的历史背景）""Toward a Definition of Mencian Morality（关于孟子道德学说的定义）""The *Mencius* in Political History（政治史中的《孟子》）""The *Mencius* in Confucian Scholarship（儒学研究中的《孟子》）""Problems，Sources and Method（问题、来源与方法）"。第二部分是 "Mencian Morality in a Political Form：Chao Ch'i's Commentary on the *Mencius* and Its Place in Later Han Scholarship（政治形式下的孟子道德学说：赵岐对《孟子》的解释及其在后汉学界

中的地位）"，包括 "Chao Ch'i and His Historical Setting（赵岐及其历史设定）""Chao Ch'i's Interpretation of Mencian Morality（赵岐对孟子道德学说的解释）""Anthropogenesis of Social Order and Historical Evolution in Chao Ch'i's Mind（赵岐思想中的社会秩序的人类起源学与历史进化论）""Chao Ch'i and Later Han Scholarly Trends（赵岐与后汉的学术趋势）""Conclusion：Politics and Beyond Politics（结语：政治与政治之外）"。第三部分是 "From Intellectual Orthodoxy to Political Protest：Three Interpretations of Mencian Morality in T'ang Times（从正统解释到政治抗议：唐代孟子道德学说的三种解释）"，包括 "The *Mencius* in the T'ang Intellectual Context（唐代思想史背景下的《孟子》）""Han Yü's Elevation of Mencius（韩愈对孟子地位的提升）""Mencian Morality as Conceived by P'i Jih-hsiu（皮日休构思的孟子道德学说）""Mencian Morality as Political Protest：Lin Shen-ssu and His *Continuation of the Mencius*（*Hsü Meng Tzu*）（作为政治抗议的孟子道德学说：林慎思及其《续孟子》）""Conclusion（结语）"。第四部分是 "Old Faiths and New Doubts：Sung Perspectives on Mencian Morality（老信念与新怀疑：孟子道德学说的宋儒视角）"，包括 "Wang An-shih's Role in the Rise of the *Mencius*（王安石在《孟子》地位提升中的作用）""The Flowering of Mencian Scholarship in Sung Times（宋代孟学的成熟）""Sung Perspectives on Mencian Benevolence Government（孟子'仁政'的宋儒视角）""Sung Perspectives on Mencian Theory of Human Nature（孟子人性论的宋儒视角）""Conclusion and Implications（结语与含义）"。第五部分是 "The Synthesis of Old Pursuits and New Knowledge：Chu Hsi's Interpretation of Mencian Morality（旧目标与新知识的综合：朱熹对孟子道德学说的解释）"，包括 "The Place of the *Collected Commentaries on the Mencius* in Chu Hsi's Scholarship and System of Thought（《孟子集注》在朱熹学术思想体系中的地位）""Mencian Morality as Conceived by Chu Hsi（朱熹构思的孟子道德学说）""Chu Hsi's Image of Mencius（朱熹对孟子形象的理解）""The Innovative Aspects of Chu Hsi's Interpretation of Mencian Morality（朱熹对孟子道德学说解释的创新层面）""The Conventional Aspects of Chu Hsi's Interpretation of Mencian Morality（朱熹对孟子道德学说解释的保守层面）""Conclusion（结语）"。第六部分是结论。正文之后，除了参考文献，还有一篇附录："A Chronology of the Rise of the Mencius and Development of Mencian Scholarship（年表：孟子地位的提升与

孟学发展)"。

[3] Francis Charles Gramlich, *Mencius's Moral Philosophy*, For the Degree of Ph. D. in Philosophy, Stanford University, 1980

【作品简介】

孟子在中国产生的巨大影响对于西方读者来说是很难理解的，西方读者倾向于认为他的思想难以理解，他们至少会有四方面的困惑：第一，《孟子》一书是一个轶事与对话的合集，而非西方哲学家常常撰写的那种文集；第二，孟子在表达观点的过程中，常常运用类比推理而非明晰表述；第三，一些特定的中国文化关键术语难以翻译，许多译本都具有误导性；第四，许多重要的孟子思想观念与主张，在西方思想中都难以找到同等物，可如果不以某种形式与西方的类似观点相联系，人们又很难理解孟子的观点。本文的目的就是处理上述问题，从而帮助西方读者理解孟子思想。

本文共分为两部分。第一部分专门解决了前三个问题，即关于《孟子》的类型、阐述模式、翻译的问题。作者用论述的方式展现了孟子的主要思想主张，避免使用类比推理，并讨论了一些关键术语的翻译问题。作者围绕"性"与道德品格的发展来展开讨论，这里的道德品格包括了仁、义、礼、智。一些更重要的结论包括：善是道德的行为，而道德是一种先天内在的善的动机；仁需要义，而义需要礼；智相当于自我的知识，它也在避免从外在寻求知识；人对自己的情感产生了意识，道德才能够得到发展。此外，作者还讨论了与智相关的天和天命、天的知识，以及寻求导致外部事件不会增加它们发生的可能性的断言。

第二部分专门解决了第四个问题，即孟子观点本身的陌生感。作者认为，这种陌生感的根源在于孟子的"求"（seeking）的观念。孟子"求"的观点类似于西方意义上的感觉材料（Sense Datum）理论，于是，作者发展了一种对孟子"求"的观念的分析。在孟子哲学中，"求"的概念与其他一切关键术语密切相关，与"求"相关的主张也与孟子的其他主要主张密切相关，因此，理解"求"的概念也有助于理解其他关键术语和主张。

[4] Kwong-loi Shun（信广来），*Virtue, Mind and Morality: A Study in Mencian Ethics*, For the Degree of Ph. D. in Philosophy, Stanford University, 1986

【作品简介】

本文解读了孟子的道德思想，认为这是一种品格发展理论，它有三个主要组成部分：何谓道德的人、人如何成德、其他相关的理论问题。对于这三个层面，作者分别在第二、第四、第五章进行了讨论。其中，第二章考察了孟子思想中的四种道德、不动心、恐惧与诱惑、道德行为令人愉悦、关于道德的人的动机的多样观察；第四章思考了孟子认为人要想成德需要做什么、人这么做的合理性，并解释了如果人未能做到这些的原因；第五章思考了孟子的人性观念与其形而上学在其道德哲学中的作用。孟子关于道德与心的关系理念，塑造了孟子道德观念中一个更大的部分，这是第三章所讨论的内容。此外，第四章和第五章还讨论了这一部分与孟子道德哲学中其他部分的关系。

研究孟子道德思想与儒家伦理学，对于当代道德哲学而言具有重大意义。它深入了我们对品德发展的理解，这是我们道德生活的一个层面，却常常被当代道德哲学家所忽视。因此，第一章介绍了本研究的意义，而第六章专门探究了品德发展理论，提出我们应该运用品德发展理论来公正地对待美德对于我们道德生活的重要性，并阐明了将孟子的道德理论用作道德发展理论的范例的特定层面。然而，第六章并不是要提供一个对品德发展理论的彻底解释，而是要展现一个更大的规划，即孟子研究只是探究品德发展理论的更广大细节观念的第一步，而儒家伦理学研究能以多样化方式来帮助我们更好地理解品德发展理论的性质。

［5］Philip John Ivanhoe（艾文贺），David Shepherd Nivison（倪德卫）（Principal Adviser），*Mencius in the Ming Dynasty：The Moral Philosophy of Wang Yang-ming*，for the Degree of Ph. D. in Philosophy，The Religious Studies Department，Stanford University，Mar. 1987

【其他版本】

Philip John Ivanhoe（艾文贺），*Ethics in the Confucian Tradition：The Thought of Mencius and Wang Yang-ming*，Atlanta，Georgia：Scholars Press，1990

Philip John Ivanhoe（艾文贺），*Ethics in the Confucian Tradition：The Thought of Mencius and Wang Yang-ming*，Indianapolis：Hackett Publishing，2002

【作品简介】

本文考察了王阳明的道德哲学，并从其与孟子道德哲学之间的关系出发来进行分析，讨论了二者对一些共同问题的不同观点，以及二者道德学说的中心。作者特别关注了王阳明从其所处时代的特征出发对孟子道德学说的重塑，以及他如何将独特的孟子设定的意象转变为典型的佛学意象以作为其思想的隐喻，并指出这一转变不仅仅是用新语言重塑旧叙述那么简单。王阳明所依赖的意象来自他自己的假设，它们将他引向新方向与新结论。只有仔细考察这些意象才能理解孟子与王阳明之间思想差异的性质与限度。

在第一章中，作者先描述了孟子如何转变了其精神向导——孔子的思想。孟子将自己视为孔子思想遗产的合法继承人以及儒学事业的捍卫者，但他面临着可怕的思想新对手，即墨子与杨朱的追随者。他们深刻影响了孟子的思想，既定义了其思想范围，又提供了争论的特定关键成分，这似乎在王阳明的时代以一种不同的方式重演了——王阳明也认为自己是孟子思想的继承者与捍卫者。作者比较了二者的道德学说，展现了王阳明对孟子思想继承的广度，但二者也存在很大的哲学与时间差距。孟子死后，到了 4 世纪左右，佛教流行于中国，到了王阳明的时代，佛教已经根本改变了中国思想家思考自身与世界的方式，佛学思想向儒者发起挑战并回答了一系列孟子思想从不涉及的形而上学问题。这引发了一场道德哲学的戏剧性转变，即道德的基础从人性转变为形而上学理论。在这一变迁中，道德思想的范围与形式都发生了变化。王阳明通过回顾《孟子》与其他早期文献来寻找灵感，但他对待这些文献的态度大不相同。他并不完全了解孟子以来中国思想发生了多大的转变，最重要的是，他不清楚佛教多么深刻地影响了中国思想家解决道德哲学中特定问题的方式。他透过一个佛学滤镜来看待孟子，尽管他试图理解孟子的道德哲学，但他还是透过滤镜改变了它。

本文共分为七部分。第一章是 "Kongzi's View of the Way（孔子对'道'的看法）"，是对孟子与王阳明思想进行溯源与理论背景分析。从第二章至第六章，作者分不同专题对孟子与王阳明的思想进行了清晰的系统性比较，第二章是 "The Nature of Morality（德性）"，第三章是 "Human Nature（人性）"，第四章是 "The Nature and Origin of Wickedness（恶之性与起源）"，第五章是 "Self Cultivation（修身）"，第六章是 "Sagehood（圣贤）"，在这几个专题之下，都分别包括孟子、王阳明、总结这三个小节。通过比较研究，作者进而分析了传统儒学与佛学的形而上学之间的互动及其影响。在第六章之后，是结论、附录、注释、参考文献和索引。其中，附录有三篇。第一篇介绍了《传习录》在内容与形式等方面的流传与演变，以及创造和流传这些不同版本的学者们对该作品的性质与运用的不同观点。第二篇分析了"传习"二字的内涵，包括西方语言对其诠释与翻译的历史演变，并提供了一种新的翻译方式。第三篇是从《传习录》中引用文段的查找列表。

作者毕业几年后，本文更名为 *Ethics in the Confucian Tradition*：*The Thought of Mencius and Wang Yang-ming*，并作为图书出版。

【相关评论】

Henry G. Skaja，"Ethics in the Confucian Tradition：The Thought of Mencius and Wang Yang-ming by Philip J. Ivanhoe"，*Philosophy East and West*，Jul. 1994，Vol. 44，Issue 3，pp. 559 – 564

Jane M. Geaney（金格倪），"Chinese Cosmology and Recent Studies in Confucian Ethics：A Review Essay"，*The Journal of Religious Ethics*，Fall 2000，Vol. 28，Issue 3，pp. 449 – 470

Rene Goldman，"Ethics in the Confucian Tradition：The Thought of Mengzi and Wang Yangming, Second Edition by Philip J. Ivanhoe"，*Pacific Affairs*，Spring 2003，Vol. 76，Issue 1，pp. 118 – 119

［6］John Woodruff Ewell，Jr.，Frederic Evans Wakeman，Jr.（魏斐德）（Principal Adviser），*Re-inventing the Way*：*Dai Zhen's Evidential Commentary on the Meaning of Terms in Mencius*（1777），For the Degree of Ph. D. in History，University of California，Berkeley，1990

【作品简介】

本文完整翻译了戴震的《孟子字义疏证》，并在开头以三章导言内容讨论了该作品的来源与意义。冯友兰曾指出，哲学一词源于西方。作者由此发问：如果我们将《孟子字义疏证》视为一部哲学作品，意味着什么？第一章考察了中国思想传统的背景；第二章考察了20世纪以来学界对戴震这本著作的各种解读，并指出事实上戴震自己可能已经定义了自己的作品，用20世纪的术语来说，就是一种实践理论和圣人之道的建构；第三章探究了戴震对宋代道学的基本假设与诠释理论的批评的起源。宋代道学由北宋的周敦颐、邵雍、张载、程颐、程颢所构建，并由南宋朱熹系统化。

［7］Bryan William Van Norden（万百安），David Shepherd Nivison（倪德卫）（Principal Adviser），*Mencian Philosophic Psychology*，for the Degree of Ph. D. in Philosophy，The Department of Philosophy，Stanford University，Jul. 1991

【其他版本】

Bryan William Van Norden（万百安），"Kwong-loi Shun on Moral Reasons in

Mencius", *Journal of Chinese Philosophy*, Dec. 1991, Vol. 18, Issue 4, pp. 353 – 370

Bryan William Van Norden（万百安）, "Mengzi and Xunzi: Two Views of Human Agency", *International Philosophical Quarterly*, Jun. 1992, Vol. 32, Issue 2, pp. 161 – 184

Bryan William Van Norden（万百安）, "Mengzi and Xunzi: Two Views of Human Agency", T. C. Kline Ⅲ, Philip John Ivanhoe（艾文贺）, eds. , *Virtue, Nature, and Moral Agency in the Xunzi*, Indianapolis, Ind. : Hackett Publishing Company, 2000, pp. 103 – 132

万百安（Bryan William Van Norden）:《孟子和荀子: 人性主体的两种见解》, 克莱恩（T. C. Kline Ⅲ）、艾文贺（Philip John Ivanhoe）编, 陈光连译:《荀子思想中的德性、人性与道德主体》, 南京: 东南大学出版社, 2016年, 第95—122页。(中文译本)

【作品简介】

本文探究了孟子的哲学心理学, 考察了欲望、情感和实践推理等因素在孟子的修身养性和道德繁荣观中的作用。本文共分为三章。第一章是"Introduction（引言）", 讨论了为什么孟子仍然值得哲学家研究、某些解释学问题, 以及古代中国与古代希腊哲学之间的某些特征差异的历史性成因。第二章是"Mengzi and Xunzi: Two Views of Human Agency（孟子与荀子: 关于道德主体的两种观点）", 考察了孟子对欲望的看法及其对成德的影响, 并对比了孟子、荀子和告子对此问题的态度。本章内容后经修改, 于1992年发表于期刊 *International Philosophical Quarterly*, 又于2000年发表于 Virtue, Nature, and Moral Agency in the Xunzi。第三章是"Mengzi and Practical Reasoning（孟子与实践推理）", 讨论了实践推理在《孟子》中的作用, 批评了信广来（Kwong-loi Shun）对此问题的一个具有重大影响的解释。信广来对倪德卫著作中隐含的一些思想进行了发挥, 认为孟子在伦理思考中强调类比推理和事物之间的一致性, 作者通过论证对此进行了反驳。本部分内容后经修改, 于1991年发表于期刊 *Journal of Chinese Philosophy*。作者认为, 孟子是一个直觉主义者, 但与西季威克（Henry Sidgwick）、摩尔（George Edward Moore）和普里查德（Harold Arthur Prichard）等西方典型的直觉主义者有着许多有趣的不同。在文末的附录中, 作者翻译并评论了一些孟子在《孟子》文本之外的其他言论。

［8］Cheng-hui Liu（刘承慧），Frank F. S. Hsueh（薛凤生）（Principal Adviser），*Nouns, Nominalization and Denominalization in Classical Chinese：A Study Based on 'Mencius' and 'Zuozhuan'*，for the Degree of Ph. D. in Chinese Linguistics，Department of East Asian Language and Literatures，The Ohio State University，1991

【作品简介】

本文基于《孟子》与《左传》中的案例，试图对文言文中的实词进行分类。由于形态学的缺乏，实词在传统上被认为共享相同的词汇地位。过去，已经有学者试图以句法功能的优点来给实词分类，作者以王力的"临时功能"理论作为本研究的出发点。"临时"的概念可以建基于原型理论与标记理论，此外，"临时"理论与不同语言学层面中各分类之间的自然相互关系理论一致。

凭借两种显著的短语结构和三种主要的谓语类型，作者假定了实词的三个分类，即动词、名词和兼有动词和名词功能的混合词（ambivalents）。作者还从相一致的三种论述功能（即指称、核心与修饰）出发，将句法功能分为三类，即主语/宾语（subj/o）、谓语/述语（p/pred）、形容词/副词/补语（adj/adv/comp）。接着，名词与"指称/主语/宾语"功能的自然联系就被建立起来了。作者还探究了动词与"指称/主语/宾语"以及名词与"核心/谓语/述语"的不自然联系。

由于形态学的缺乏，不自然的联系主要通过语义漂移的优势来得到认可。当名词与副词或谓语/述语发生不自然联系时，这种联系会与语义漂移共同发生；而当名词与主语/宾语发生联系时，就不会产生语义漂移。类似的，当动词与主语/宾语发生联系时，就可以预知语义漂移的发生了。

语义漂移充当着零转换（zero conversion）与去范畴化（decategorization）的标记者，由此提出了两种词汇规则：名词化（nominalization）与去名词化（denominalization）。前者是一种去范畴化的规则，而后者是一种零转换规则。一个名词可以被去名词化而变成一个动词或副词，一个动词可以通过名词化被去范畴化而变成一个动词派生的名词（deverbal entity）。作者证明了一个名词派生出来的动词可以确切地像一个典型的动词那样发挥作用，但一个动词派生出来的名词在高度限制条件下只能发挥名词功能。

［9］Henry George Skaja，Roger Thomas Ames（安乐哲）（Principal Advis-

er），*Getting Clear on Confucius: Pragmatic Naturalism as a Means of Philosophical Interpretation*，For the Degree of Ph. D. in Philosophy，University of Hawai'i at Manoa，Dec. 1992

【作品简介】

本文列举了儒家哲学传统的关键概念——仁、义、礼、智、德、天、天命、君子等——引出了一个关于如何从传统西方哲学观念与语汇出发来解读与翻译这些概念的长期问题。本文展现了这一问题的部分改进，是通过将皮尔士（Charles Sanders Peirce）与杜威（John Dewey）的实用主义或实用自然主义用作哲学解读和翻译方法来实现的。作者认为，解决这一问题的基本线索在于"天性"的观念。

具体而言，作者认为，实用主义者与儒者都主要根据"人生"的特征来将"性"视为一种"生"的持续过程。所以皮尔士与孟子都将人性视为社会之"心"——社区与交流或"心"的持续创生；且杜威和孟子都大体上将"性"的过程视为必需品，尤其是对于人性而言。鉴于此，孟子对人性的描述，相当于对儒家之道及孔子用来释道的前述关键概念的自然主义解读。由此，作者认为，皮尔士与杜威的实用主义或实用自然主义提供了翻译和解读儒家及其他中国哲学的最合适的方式之一。此外，由于皮尔士与杜威的实用主义或实用自然主义与当代哲学讨论相关，它也提供了指出孔子与儒家哲学的当代关切的适时方法。为了证明这一点，作者提供了许多原始的翻译与论点，它们指出了一些关于"哲学翻译"的显著问题是如何被解决的，从而使西方思想家能真正参与到与当代中国本土思想家的对话中去。

［10］Eske Janus Møllgaard，Wei-ming Tu（杜维明）（Principal Adviser），*Aspects of Early Confucian Ethics*，for the Degree of Ph. D. in East Asian Languages and Civilizations，Department of East Asian Languages and Civilizations，Harvard University，May 1993

【作品简介】

本文关注《论语》与《孟子》中的早期儒家伦理学的一些层面。第一章指出，《论语》的宗教或哲学的基本方向体现在"学"的经验中，这一方面要在《诗经·国风》中的一种独特否定行为的背景下来理解，另一方面则推导出了孔子的"仁"的概念。第二章和第三章指出，《论语》中体现的"礼"的限制性功能，要在"学"的经验中的违反与禁止之间的动态平衡中理解。

此外，作者主张，"思"与"义"的观念以及《论语》中在重要道路上关于选择与判断的暗含观念，其所内在本有的衡量标准不同于亚里士多德式的实践理性中内在本有的衡量标准。作者指出了《论语》中"言"的重要功能：老师将理论传给门徒，并在这一过程中发生了确立、约束与转换。第四章主张，《孟子》的宗教或哲学的基本方向体现在"恻隐之心"的体验中，这一方面可以从牺牲的角度来理解，其实孟子自己也是这样解释的；另一方面也是孟子"仁"的观念的基础。第五章认为，孟子的"思""义""智""权""扩充"等观念中内在本有的衡量标准，在很多重要层面上不同于亚里士多德式的实践理性所内在本有的衡量标准。作者还深入论述认为，孟子的学说与实践理性之间的巨大差距导致其受到完美主义者的攻击。最后，作者指出，正如《论语》中的"言"一样，孟子学说的终极目标也是确立与转换。

［11］Xinyan Jiang（姜新艳），Lawrence J. Jost（Principal Adviser），*Courage*，*Passion and Virtue*，for the Degree of Ph. D. in Philosophy，Department of Philosophy of the College of Arts and Science，University of Cincinnati，Oct. 1994

【作品简介】

成德是否需要主体的正义行为与正义情感（感觉、欲望、倾向）的和谐？这是一个关于德性的重要问题，本文通过考察勇气这一特殊道德来回答了这一问题。文章讨论了东西方对勇气之德中行为与情感的关系问题的不同立场，这些观点形成了如下谱系。一是孟子的观点，即勇气并不涉及敌对欲望与情感的争斗，因为"勇者无惧"。此外，大勇或道德的勇气是情感驱动的。二是亚里士多德的观点，即勇气不是一种自我控制的形式，尽管勇者有中庸之心。然而，正如亚里士多德观点中的其他道德一样，勇气也同样并非情感驱动的，但勇气并非一种无感情状态，因为它在一定程度上还是可以被爱这种高尚的情感驱动。三是 James Donald Wallace 的观点，即勇气有时是一种自我控制的美德，有时又不是。对于主体而言，不论是行为与情感之间的和谐，还是一种天生内在的努力，都不是养成勇气的必要条件。四是 Robert Campbell Roberts 的观点，即勇气往往涉及与逃避和克服恐惧的欲望抗争。尽管有例外，但勇气基本上是一种自我控制。

作者还表达了自己对于这一问题的观点，即在勇气的问题中，行为与情感之间的关系是多样的。在具备理想的勇气的情况下，一个主体的行为与情感是和谐的，但该主体的情感动机主要来自他的其他美德。在具备普通勇气的情况下，尽管主体不得不与负面情感作抗争，但勇敢的行为并非意志力量独自战胜情感的胜利结果，而恰恰是认知和情感因素促成了意志力量。作者指出，行为与情感之间的和谐仅仅是完美道德的一个标准，一般意义上的道德并不需要这种和谐。

[12] Browse Byung-do Moon（文炳道），Chung-ying Cheng（成中英）（Principal Adviser），*An Inquiry into Mencius' Moral Thinking: Two-Level Utilitarian Interpretation of Mencius' Theory of Virtue and Moral Decision*，for the Degree of Ph. D. in Philosophy，Department of Philosophy，University of Hawaii at Manoa，Dec. 1996

【作品简介】

本文重新解读了孟子的美德与道德决策理论，比以往的解读方式都更具有可辩护性，对未来发展也更有希望。在分析孟子思想的核心观念与评论的过程中，作者将孟子的伦理理论视为一个整体，并称之为"二元功利主义美德伦理学"（two-level utilitarian virtue ethics）。在这一重构的基础上，作者阐明了许多关于孟子道德思想的基本问题，如孟子的人性论及其对墨子、杨朱等反对者的批评。

作者认为，"恕"的方法或黄金准则实际上等同于一种功利主义的道德决策方法，它同时需要行为功利主义（act-utilitarianism）和规则功利主义（rule-utilitarianism）。在我们遇到的每一种情境下运用道德决策的行为功利主义方法，并不会使总体偏好效用（preference-utilities）最大化，因为还存在许多人类缺陷。在规范情境下，最大化整体偏好效用的最有效方式是遵从"礼"的传统习惯规则，这是基于规则功利主义而作出的选择。然而，对于道德矛盾，在已经制定的"礼"的传统习惯规则中找不到任何解决策略，这就需要运用道德决策的行为功利主义方法，"恕"的方法是对行为功利主义和规则功利主义的一种老练结合。

根据"恕"的方法而进行的道德决策阶段，是深层反思层面上的思考。在道德情境中，根据构建得很好的"礼"的传统习惯规则而形成的直觉的道德决策阶段，则是传统层面上的思考。根据孟子的观点，每个人都有天赋的原初能力来进行二元功利主义的自发性道德思考。如果能很好地修养这些道德能力，人就能成德。孟子的人性论只是指出了原初道德能力完满成长为美德的发展过程。孟子的二元功利主义美德伦理学展现了其反对者的基本缺陷。墨子的一元功利主义与狭隘的实用概念需要吸收孟子的道德思想；杨朱需要放弃其自我中心主义的教条，因为它无法适应黄金规则的需要。

[13] Jane M. Geaney（金格倪），*Language and Sense Discrimination in Ancient China*，for the Degree of Ph. D. in Comparative Philosophy of Religion，The Divinity School，University of Chicago，Dec. 1996

【作品简介】

本文探究了中国古典哲学文献中的语言与意义辨析之间的交叉点，作者围绕这一问题，用五个单独的章节分别解读了《老子》、《荀子》、《孟子》、新墨家经典、《庄子》。通过分析同语言与意义辨析相关的修辞格，作者主张"听觉与视觉"的组合形成了中国宇宙论中有意义的二元论。

这种"听觉与视觉"二元论的意义有三个层面。第一，它阐明了传统的中国认识论。本文认为，传统中国认识论是听觉与视觉之间的许多平行层面的匹配问题，换句话说，传统中国的知识是通过听觉与视觉的一致性被证实的。第二，"听觉与视觉"二元论改变了一种普遍假设，即传统中国的意义辨析是自然的而语言是传统惯例的。听觉与视觉是意义辨析的两个层面，但它们也是语言的两个层面。也就是说，"语言"的类别延伸到了这个二元论的两边，它既是听觉的（听见的言论）又是视觉的（看见的言论）。由此，"作为传统惯例的语言"与"作为自然的意义辨析"之间的对立就没有在传统中国发展起来。语言与意义辨析在一定程度上都是自然的与传统惯例的。第三，视觉与听觉的重要性与其同"名与实"的组合有关。"名与实"通常被翻译为"names and reality"或"names and objects"，这是基于一个假设，即"实"更实质性所以更真实。但作为"听觉与视觉"二元论的一个形式，将"实"理解为"真实"似乎不合理。眼见为实，就像耳听为名一样，但二者都不能表示它们在本质上的真实性。作者认为，从"听觉与视觉"二元论的角度来看，我们必须重新思考是什么构成了传统中国"真实"的观念。

[14] Manyul Im（任满悦），Stephen Darwall（Principal Adviser），*Emotion and Ethical Theory in Mencius*，for the Degree of Ph. D. in Philosophy，Department of Philosophy，University of Michigan，1997

【作品简介】

早期儒家思想仍然没有被完全理解，尤其是在孟子思想方面，而作者为此提供了一种新的解读。传统分析中的关键问题在于，认为孟子主张人的道德能力尤其是其情感要通过修养来形成正确的行为与感知。这种解读与特定的重要章节结合在一起，让孟子的思想看似十分令人困惑。因为他似乎在那些文段中劝告人们去做和感受正确的事，尽管他们缺乏孟子所要求的那种修养。另外，他显然认为这种人能够马上去做和感受正确的事。

然而，作者认为，一旦我们抛开这种修养论的解读，孟子思想的碎片就能逐步清晰有序地展现，而且一种或多或少系统性的伦理理论就开始形成了。作者指出，孟子从心理的现实主义的角度描述了道德的人，承认了人类情感生命的局限性，还合理地描述了我们为自己对他者的感受负有控制权与责任，并将这两种描述结合在一起。如此一来，我们就不再觉得孟子的思想令人困惑了。

［15］Mark A. Berkson, Carl W. Bielefeldt（Principal Adviser）, *Death and the Self in Ancient Chinese Thought：A Comparative Perspective*, for the Degree of Ph. D. in Religious Studies and Humanities, Department of Religious Studies, Stanford University, Dec. 1999

【作品简介】

本文探究了中国古典思想家尤其是战国时代思想家的死亡观念，并考察了其中的自我概念。作者从孔孟开始讲起，但主要聚焦了荀子与庄子。作者分析了这些思想家对如下问题的观点：一是关于死亡的观点，二是如何面对自己的死亡，三是如何面对自己所爱之人的死亡，四是死亡与自我的观念同伦理与救赎论的内涵之间的关系。本文从两条路径进行了比较研究：第一，比较了儒家与庄子对死亡与自我观念的不同看法，也论述了儒家思想家内部各派观点的异同；第二，从一众现代西方思想家的挑战与框架的角度出发，探究了儒家与庄子的描述。此外，作者还总结了中国传统何以充分地帮助我们理解和处理死亡。每一个思想家在构思适当的死亡观念的过程中，都会留下关于其潜在的自我观念的问题。相反，这些关于自我的理解依赖于一系列因素，正是这些因素引发并支撑了自我观念，尤其是时间观念与人性观念。这些中国思想家通过承认、修养，以及儒家的象征性表达、多种形式的连通性与连续性，开始正视和接受了不同流派观点之间的疏离与界限。儒家的联结模型包括家庭与血统、传统、弟子与朋友、通过成就与品格来留名身后，这些都是基于结构性与叙事性的时间与自我，并取决于我们的记忆能力；而庄子的联结模型包括更大的自然世界、通过练习沉思和汲取技能而培养的非二元体验，这些都是基于瞬息的自然循环或"漫游"的时间与放任自流，并取决于我们的忘记能力。

[16] Xiusheng Liu（刘秀生），David Braybrooke（Principal Adviser），*The Place of Humanity in Ethics：Combined Insights from Mencius and Hume*，for the Degree of Ph. D. in Philosophy，Department of Government（and Philosophy），University of Texas at Austin，Dec. 1999

【其他版本】

Xiusheng Liu（刘秀生），"Mencius，Hume，and Sensibility Theory"，*Philosophy East and West*，Jan. 2002，Vol. 52，Issue 1，pp. 75 – 97

Xiusheng Liu（刘秀生），"Mengzian Internalism"，Xiusheng Liu（刘秀生），Philip John Ivanhoe（艾文贺），eds.，*Essays on the Moral Philosophy of Mengzi*，Indianapolis：Hackett Publishing Company，2002，pp. 101 – 131

Xiusheng Liu（刘秀生），*Mencius，Hume and the Foundations of Ethics*，Hampshire，Aldershot，Hampshire，Burlington：Ashgate，2002（于 2003 年重印）

Liusheng Liu（刘秀生），*Mencius，Hume and the Foundations of Ethics*，London：Routledge，2016（于 2017 年重印）

【作品简介】

本文探究了作为伦理学基础的自然主义、先天内在主义与现实主义理论，这种理论又是以一种特殊的仁道观念为基础的，它结合了孟子与休谟道德传统的特征。一个合理的道德理论必须包括对人性论与道德现象学的描述，前者包括对道德主体与道德心理学的分析，后者则包括道德感知的性质与道德语言的意义。孟子与休谟都提出了满足这两个条件的道德理论，但他们都完全没有成功。继孟子和休谟之后，作者维护了他们的立场，即道德判断或对或错地将可定义和自然经验的品质归于行为、客体或人。

作者深入论述认为，一个正确的道德判断必须基于道德条件下的道德判断知觉而作出。在这些规范条件下，人的情感会被唤起和被期待。何谓仁道？休谟将其描述为持续性的怜悯。我们常发现自己将怜悯之心延伸至一个朋友，而不会将其延伸至一个陌生人。仁道要求我们将怜悯持续扩充至一切人。由此，休谟的观念与孟子的仁的观念就很相似了。然而，对于仁道的特定层面，二者还是提出了不同的描述。一方面，休谟解释了典型的人类情感在认知方面的重要性，以及仁道与理性之间的关系。另一方面，孟子通过自我修养展现了"仁"的实现理论，并详细论述认为，作为道德统一的"仁"是一种单独的力量，通过它，所有人类行动都可以得到完善。

本文对本体论与认识论的坚持，使先天内在主义不仅是可能的，更是不可避免的。考虑到道德判断与行动的动机或理性之间的关系，形成了两个观点：一个是常常非现实的立场，也就是先天内在主义；另一个是现实主义立场，即外在主义。内在主义认为，在道德判断与行动动机或理性之间存在一种分析的联结；而外在主义拒绝这种必要的联结。作者反驳认为，外在主义是成问题的，因为它无法解释道德的动机力量；而且，如果传统的先天内在主义诉诸一些形式的情感主义来拒绝道德现实主义，那它就是不合理的，因为这样会陷入激进的关系主义与专断。

2002年，本文的第四章"Experience, Sensibility, and Moral Objectivity（经验、感性与道德客观性）"被改写为一篇名为"Mencius, Hume, and Sensibility Theory"的论文，发表于期刊 *Philosophy East and West* 中。该文通过将孟学与休谟学传统的互补性特征相结合，展现了一种感性理论并为之辩护，这种感性理论是自然主义的道德现实主义的一种特殊表现。道德非现实主义强调的是主观性，而传统的道德现实主义强调的是客观性。在现实主义基础上调和主观性与客观性，就能区分感性理论与其他形而上的伦理学理论。道德经验与次级道德经验虽然有区别，但也存在相似的层面。而本文的第六章"Moral Motivation, Human Nature, and Mencian Internalism（道德动机、人性与孟子的内在主义）"被改写为一篇名为"Mengzian Internalism"的论文，收录于刘秀生与艾文贺（Philip John Ivanhoe）共同主编的论文集 *Essays on the Moral Philosophy of Mengzi* 中。该文主要论述了孟子的伦理推理思想，认为孟子是道德内在主义者，即孟子认为道德行为来自道德判断。这与西方伦理学界多年来讨论的有关道德行为与伦理推理关系的话题有关，但与人性论不直接相关。

【相关评论】

Willem Lemmens, "Mencius, Hume and the Foundations of Ethics (Ashgate World Philosophies Series) by Liu Xiusheng", *Tijdschrift voor Filosofie*, Tweede Kwartaal 2005, 67ste Jaarg., Nr. 2, pp. 360 – 361

Eric L. Hutton（何艾克）, "Mencius, Hume and the Foundations of Ethics (review)", Apr. 2004, Vol. 30, Issue 1, pp. 201 – 203

[17] Shu-ching Ho（何淑静），Ronald Polansky（Principal Adviser），*Practical Thought in Aristotle and Mencius*，for the Degree of Ph. D. in Philosophy，The McAnulty College and Graduate School of Liberal Arts，Duquesne University，Apr. 2000

【作品简介】

亚里士多德与孟子的伦理学分别代表了西方与中国的经典伦理学传统，将他们放进一个对话中，可以在两种传统之间建立桥梁，并有助于深化和丰富我们自己的伦理思想。作者指出，一直都没有人建立这种桥梁，因为论者往往将这两种传统分隔得太远。

本文通过比较亚里士多德与孟子的思想，证实了他们的伦理思想并不像人们通常猜想的那样不同，并由此提供了一个二者对话基础。二者的相似之处包括：一是人类生活的终极目标在实践上是可及的，它与人类福祉和人性特征相关；二是为了实现这一目标，人必须在完整的生命中参与道德活动；三是这一目标的实现需要一些好运，但最终起决定作用的并不是好运而是道德行动；四是人类有善性，所以成德并非对人性的摧残，而是对人性的发展；五是道德上善的行为与情感相关，情感并非盲目而不可靠的；六是为了做出正确的行为，主体必须考虑特定情境；七是要想实现终极目标，利他的关怀是必需的，一个人与他者的关系越亲密，他对他者利益的关切就越强烈；八是心是人的真实自我，它是真实自爱中的自我，是自我指涉的利他主义中的自我，是被赋予个性的人类自我；九是类上帝的和类天的生活是人类能过的最高生活；十是亚里士多德的理性（*nous*）如同孟子的人性一样，是一种追求不朽的超验而内在固有的基础。

[18] Dan Robins（丹若宾），Chad Hansen（陈汉生）（Principal Adviser），*The Debate over Human Nature in Warring States China*，for the Degree of Ph. D. in Philosophy，University of Hong Kong，Apr. 2001

【作品简介】

本文探究了早期中国哲学中最著名的争论，即孟子与荀子之间关于人性善恶的争论。作者对此给出了一种新奇的解释，并对其发展史进行了充分的描述。作者认为，人之性与"human nature"并不对等，这场争论在一个很短的时期内展开，发生在荀子与孟子死后依然活跃的孟子学派成员之间。如果我们将孟子与荀子的争论当作当代文献来理解，就可以发现它们以精确得惊人的方式在相互影响，由此，作者对这场争论的特殊哲学特征给予了前所未有的密切关注。

作者对"性"的解读，强调了它与自然、健康和自发性之间的联系。人性是与自然连续的轨迹，它保持着规范哲学与心理学的功能，尤其是包括感官的合适功能以及情感与欲望的适当产物。这种功能可能也与特定类型的行为相关；如果人性要求人按特定方式行事，那么人就确实会不假思索地按那种方式行事，就像人饿了就要吃饭一样。"性"是脆弱的，可以由于剥夺或过分放纵而被损坏，这种损坏会通过使人不健康的方式来侵蚀其自发性。

孟荀之争关系到道德参与由"性"维持的自然经济的限度。孟子后学认为，正确的自我修身可以滋养"性"的自然生长，这可以存养"性"并发展道德。荀子则认为，任何严肃的道德发展过程都不能限制其自然发展。这两派都试图将许多其他关于"性"理论，合并入自家的道德与心理观念。通过区分他们遗留文献的时间先后顺序，作者追溯了他们观念的发展与互动关系。尽管作者关注儒家的哲学家，但也指出这场争论最初是由庄子思想所引发的。

作者与芬格莱特（Herbert Fingarette）、伊若泊（Robert Eno）、陈汉生（Chad Hansen）一样，都认为早期中国哲学家都具有行为的"表现模型"的特征。在对孟子与荀子的中心观点进行详细解读的过程中，作者展现了他们如何强调了"能"而非"想"。最后，作者反驳了将这场关于"性"的争论的中心归于理性或道德直觉的观点。

[19] Lyndon Storey, *Climbing a Tree to Look for Fish: Mencius and Kenneth Waltz Debate the Balance of Power from Ancient China to Post Cold War NATO*, for the Degree of Ph. D., Department of Government and International Relations, University of Sydney, 2001

【作品简介】

本文介绍了一位"新"的同时也是最老的国际关系理论家——孟子。然而，现代学者研究它，常常是为了了解中国人是怎么思考的，而不是为了孟子思想本身的价值而去研究它。作者将孟子作为国际关系理论家来研究，从而回应了一种普遍批评，即国际关系学科过于"欧洲中心主义"。作者并非要回击这种批评，而是要找到一个欧洲中心之外的重要思想家。这样一个思想家可以被作为国际关系理论家来介绍，由此就能证明我们其实应该留意欧洲中心主义的批评并研究欧洲中心之外的框架，而非简单地断言国际关系就是欧洲中心的，并千篇一律地进行又一项欧洲中心的研究。

孟子生活在战国时代，试图为世界带来和平与秩序。在这一过程中，他发展了成熟的国际关系理论，这可以用来分析当下的国际事件。作者比较了孟子与当代国际关系学家 Kenneth Neal Waltz 的观点，展现了孟子理论的力量。孟子认为，如果秩序可以由"仁"这一基于普遍价值的伦理来立法，那么即便是无政府体制的国家也可以很有秩序。Kenneth Neal Waltz 认为，价值从来都无法支撑一个与国家利益相反的秩序。一旦一个无政府的国际体系开启了权力平衡，就会出现阻止其走向秩序的趋势。二者之间的思想分歧具有深远意义，这不仅与国际关系体系的模式简单相关，更是关于一个基于价值的改革政策能否在国际关系的舞台上获得成功。Kenneth Neal Waltz 与绝大多数国际关系理论家给出了否定的答案，这种对进步的排除将国际政策研究从国内政治研究中区分出来。孟子并没有将它从中排除出来，并为国际关系舞台的进步与改革提供了希望。由此，解决欧洲中心主义问题的尝试让作者靠近了一个最大的问题，即对国际世界中的价值作用的否定。作者认为，孟子的国际关系理论比极端实证主义者 Kenneth Neal Waltz 的理论更具有解释力。作者还阐明，将价值从国际关系政治学中排除出来是错误的。

［20］Wan-hsian Chi（齐婉先），Paul Rakita Goldin（金鹏程）（Principal Adviser），*The Notion of Practicality in Wang Yang-ming's Thought*，for the Degree of Ph. D. in Asian and Middle Eastern Studies，University of Pennsylvania，2001

【作品简介】

过去对王阳明哲学的研究已经有很大进展，但少有学者关注他的实用性儒学及其与孔孟实用性之间的内在联系。如果不详细考察其实用性理念，王阳明作为儒学大家的意义就无法受到合理的重视。因此，作者在考察王阳明对孔孟思想的解读过程中，考察了王阳明的实用性理念。

作者先阐明了真实行为与具体实践所必要的孔孟思想，还找到了一个实用性方向，从而为与朱熹相反的王阳明仍被视为儒学大家提供了解释。这一实用性方向包含了儒家思想的多样性，并保留了孔孟思想的精髓。作者指出，王阳明的"知行合一"是其对儒家实用性的成功运用，这同样也是源于孔孟的思想。由于"仁"的实现需要人对自身与各种社会角色相应的道德责任的履行，王阳明强调，人不能将自己与家庭和社会分隔开。另外，他关于心即理的教义提供了不同的视角，有助于更好地理解一个观念，即不受社会规章制度限制地扮演社会角色与履行家庭责任，这就指向了我们的行为实践。作者认为，王阳明成功传承了孔孟以实用性为导向的学说，其实用性观念是其思想与孔孟思想一致的一个重要原因，也是他被视为行为哲学家的重要原因。

[21] James P. Behuniak Jr. （江文思），Roger Thomas Ames（安乐哲）(Principal Adviser)，*Mencius on Becoming Human*，for the Degree of Ph. D. in Philosophy，Center for Chinese Studies，University of Hawaii at Manoa，Dec. 2002

【其他版本】

James P. Behuniak Jr. （江文思），*Mencius on Becoming Human*，Albany：State University of New York Press，2004（于2005年重印）

江文思（James P. Behuniak Jr.）：《在〈孟子〉中人是如何相似的?》，安乐哲（Roger Thomas Ames）、江文思（James P. Behuniak Jr.）编，梁溪译：《孟子心性之学》，北京：社会科学文献出版社，2005年，第287—304页。（中文译本）

【作品简介】

本作品充分利用了出土文献等原始资料中的孟子思想，重新诠释了孟子的人性论。孟子的人性论一般被理解为一种动态的天性，它会受到文化的和历史的客观因素的影响，孟子的成人学说（Becoming Human）描述的是引导天性成善成德的过程。同时，作者还关注孟子学说中的一系列重点问题，包括家庭的角色、个人的修身和成长、道德养成、人的发展和进步等。作者重构了孟子学说背后的哲学假设，回到了孟子的思想史语境中进行分析。本书引言部分进行了论点概述和研究方法介绍，正文部分分为五章。第一章为"The Cosmological Background（宇宙论背景）"，认为孟子人性论的基础是一种天生自发的气质和能量，其中借鉴了庄子的思想。同时，作者还介绍了中国宇宙论的特征。第二章为"The Role of Feeling（情感的角色）"，涉及了情感与道、情感交互作用、灵感与勇气、内在与外在、人性论的植物生发隐喻模型、欲望、连贯性与整体性等问题。第三章为"Family and Moral Development（家庭与成德）"，讲了自发成德与借助外在技术手段成德的效果区别、墨学的挑战、对儒学尺度的恢复、作为根源的家庭、家庭与天性的扩充等。第四章为"The Human Disposition（人的天性）"，内容包括孟子的性善论、四端之心与家庭、成人的实现、人的价值等问题。第五章为"Advancing the Human Way（推进人道）"，涉及了抱负、政治合法性、人的成就等问题。

【相关评论】

Jeremy J. Allen，"Mencius on Becoming Human"，*International Philosophical Quarterly*，Jun. 2005，Vol. 45，Issue 2，p. 282

Robert Eno（伊若泊），"Mencius on Becoming Human by James Behuniak，Jr."，*China Review International*，Fall 2005，Vol. 12 Issue 2，pp. 359 – 363

Barbara Hendrischke（杭智科），"New Dimensions of Ancient and Medieval Chinese Thought"，*Asian Studies Review*，Mar. 2006，Vol. 30，Issue 1，pp. 77 – 87

Erin McGinnis Cline，"Mencius on Becoming Human by James Behuniak，Jr."，*Journal of Asian Studies*，Feb. 2007，Vol. 66，Issue 1，pp. 217 – 219

Franklin Perkins（方岚生），"Mencius on Becoming Human by James Behuniak Jr."，*Philosophy East and West*，Oct. 2007，Vol. 57，Issue 4，pp. 596 – 599

［22］Shirong Luo（罗世荣），Michael A. Slote（Principal Adviser），*Early Confucian Ethics and Moral Sentimentalism*，for the Degree of Ph. D. in Philosophy，University of Miami，May 2004

【其他版本】

Shirong Luo（罗世荣），*Classical Confucianism and Moral Sentimentalism：A New Perspective on Confucian Ethics*，Saarbrücken：VDM Verlag Dr. Müller，2008

【作品简介】

当代美德伦理学基本上在亚里士多德传统内发展，然而，近年来，一些非亚里士多德主义的形式出现了。其中，Michael A. Slote 作出了对古希腊传统最根本性的抽离，在 18 世纪英国道德情感主义与女权主义伦理的观照下，他提出了以主体为基准（Agent-based）的道德伦理学。面对这种新的趋势，新西兰道德伦理学家 Mary Rosalind Hursthousethe 提出，尽管早期中国伦理学的发展强调古希腊传统的基础性，但将来它同样也将从这一基础中根本抽离出来。本书就是对这种抽离的开创性实践，本文将早期儒家伦理学与道德情感主义的一些形式进行对比，尤其是将孔孟思想与 Michael A. Slote 的以主体为基准的道德伦理学和 Nel Noddings 的女性关系关怀伦理学（Feminine Relational Ethics of Caring）作比较。另外，作者还将荀子与休谟的道德情感主义思想作比较。通过理论重建，作者阐释了以下观点：首先，孔孟伦理学是以主体为基准的，而荀子哲学是主体优先（Agent-prior）；其次，孔子的"恕"、孟子的"恻隐之心"与荀子的内在建构是同情心的不同表现。作者提出了相关道德的概念来调和同情心的道德伦理概念与关系伦理概念。由此，作者强调了儒家伦理与道德情感主义传统的共同基础。

［23］Wiebke Denecke（魏朴和），Stephen Owen（宇文所安）（Principal Adviser），"*Mastering*" *Chinese Philosophy*: *A History of the Genre of "Masters Literature*"（诸子百家 *Zhuzi Baijia*）*from the* Analects *to the* Han Feizi，for the Degree of Ph. D. in East Asian Languages and Civilizations，Department of East Asian Languages and Civilizations，Harvard University，May 2004

【作品简介】

自从中国接触了西方文化史及其最华丽的学科——哲学，中西学者就很自然地将先秦诸子文献视作西方哲学学科的同等物。尽管这种假设保证了诸子文献获得广阔的读者，但也严格限制了对这些文献的解读，常常避免它们为一直困扰西方伦理学、形而上学和认识论的问题提供答案。先秦诸子的学说一般被视为"中国哲学"而非"诸子百家"，关于这一问题，作者给出了理由，还分析了从《论语》到《韩非子》的一般惯例与修辞手法，用丰富的文本细读阐明了范式转变的可能性。

第一章描述了从耶稣会教士传教至今的哲学范式的发展，也触及了形象语言与思想信息的复杂共生。第二章分析了战国后期至汉代"诸子百家"观念的发展，按照与年代相反的顺序探究了"正统教义"与"诸子百家"的竞争，分析了《史记》中先秦诸子的传记，选择分析了先秦诸子文献中的论辩，最终主张将先秦诸子视为一种散乱空间的文本内在理解，并将其定义与汉人的想象区分开。第三至第九章构成了本文的核心，这七章关于《论语》《墨子》《孟子》《荀子》《老子》《庄子》《韩非子》的描述，将范式转变置于文本细读的实践检验中。最后，作者比较了汉人视角下的先秦诸子与希腊文化对古希腊思想家的想象。尽管只有最后一章是明确的比较研究，但本文整体都具有比较视野。其理想目标是要论证一个观点，即如果我们能避开已过时的修辞与哲学的敌对，更加密切关注文献分析，就能让西方哲学学术的形式更加合理。

［24］Yamin Cheng（郑世明），John Curtis Raines（Principal Adviser），*Ren and Society*: *Social Cohesion in Mencius and Emile Durkheim*，for the Degree of Ph. D. ，Temple University，Aug. 2004

【作品简介】

本文解读了社会凝聚力与成人观念之间的关系，特别是阐明了社会凝聚力及其内涵的成人观念，主要聚焦了两大内容：这些是社会凝聚力的存在的理性（*raison d'etre*）与"运作模式"（*modus operandi*）。作者选择了涂尔干（Émile Durkheim）与孟子的相关观点进行了分析。

作者之所以选择涂尔干，有三方面原因。第一，他试图记述人类社会进步的大体过程，从人类初生到成长为工业国家时代的复杂存在。第二，在记述社会进步史的过程中，其作品的焦点在于社会凝聚力及其所暗含的成人观念。第三，他是现当代思想家中第一个运用科学方法探究社会现象的人，在探究社会凝聚力现象及其内涵的成人观念的过程中，他脱离了此前学者从哲学与政治学立场来研究的做法，而是将社会凝聚力置于现实生活的社会经历的语境中，关注人口统计学、迁移倾向、劳工、自杀等形态因素，以及制度因素和象征因素。因此，涂尔干是最早将哲学和政治思想与社会学联系起来的现代思想家之一。

作者同样关注了孟子，孟子是孔子之后另一位卓越的儒家传统思想家，其学说与思想同孔子的一起形成了东亚民族超过两千年的思想文化基础。孔子是这一传统的推动力，为该传统的成功提供了"软件"；而孟子解释了其内容的细节与"运作模式"，从而使这一传统在个人发展与社会建构方面都具有可行性。

文章还探究了一个问题，即在现代社会中，自由民主作为一种社会凝聚力的可行源头与准则，它对于成人观念是否具有可行性。

美籍日裔思想家福山（Francis Fukuyama）曾在冷战时代结束时写过一本书，主张自由民主是人类历史的最终形态。本文也探究了福山说自由民主是所谓的"历史的终结及最后之人"的问题，并考虑了涂尔干和孟子的思想中与这些观点相关的内容，从而评估了自由民主在现代社会的可行性。

[25] Shun-chuen Wan（温信传），*Virtues in Mencius：An Interpretation and Justification*，for the Degree of Ph. D. in Philosophy，University of Hong Kong，Sep. 2007

【作品简介】

本文探讨了《孟子》中的道德，即仁、义、礼、智。中心问题包括两个层次：第一，我们应该怎么理解孟子思想中的美德？第二，对孟子人性论的捍卫如何能够证明这些美德在道德意义上是值得称赞的？前者是关于文献解读的问题，后者是关于哲学辩护的问题。在解答它们之前，作者考察了关于孟子人性论的一些重要观念，并涉及了与孟子同时期的三种流行的竞争性理论，从而为理解孟子伦理学中美德的意义与内涵提供了必要的背景。关于第一个中心问题，作者认为，孟子思想中的美德可以被理解为出于善的理智的动机，而非出于任何特定的自利性目的。而关于第二个问题，孟子思想中的美德在道德上是值得称赞的，这其中混杂了多种原因：一是对上述美德的实践为整个团体带来了社会效益，二是对美德的实践为行为主体自身带来了精神满足。由此，孟子思想中美德的道德价值得到了辩护，至少是从结果的角度得到了证明。

[26] Edward Elliott Jr. Kaitz, Yi Wu（吴怡）（Principal Adviser）, *The Virtue of Courage in Confucius and Mencius（with Comparisons to Hindu and Classical Greek Philosophies）*, for the Degree of Ph. D. in Humanities with a Concentration in Philosophy and Religion and an Emphasis on Asian and Comparative Studies, California Institute of Integral Studies, 2008

【作品简介】

在经典的西方哲学传统中，智慧、正义、勇气与节制被认为是"四主德"。其中，勇气用希腊语表述为"andreia"，它与英语中的"人"（man）在希腊语中的词根都是"andr"，这是勇气与智慧、正义、节制所不同的地方。尽管崇高的哲学一般围绕勇气之外的其他美德展开，但古代西方文化现实地降低姿态，在勇气的自然环境即战场中证明自我是一个"人"。

相反，在传统中国世界中，"勇"德受到了极大的怀疑。孔子与孟子等哲学家意识到，如果不是由于这种不稳定性道德被刚毅所驯服，从周朝开始就不断发生的战争与混乱可能已经将中国拆分得支离破碎了。

通过比较希腊、中国与印度关于勇气、刚毅、战争等问题的哲学传统，作者发现，从历史的角度来看，关于"西方在东方"的说法，很少有"东方在西方"的相反表述，很大程度上是因为西方从未成功地将勇气与刚毅从战场上脱离出来。

[27] Myeong-seok Kim（金明锡）, Philip John Ivanhoe（艾文贺）（Principal Adviser）, *An Inquiry into the Development of the Ethical Theory of Emotions in the Analects and the Mencius*, for the Degree of Ph. D. in Chinese, University of Michigan, 2008

【作品简介】

我们如何区分道德上的对错？当我们道德地行动时，是什么在驱使着我们这么做？我们如何成长才能让我们的道德知识与道德行为之间没有差异？本文探究了《论语》与《孟子》中情感在三大重要的伦理领域的作用，这三大领域即道德判断、道德动机与道德修养。过去学界关于古典中国情感的研究单一地集中于对"情"这一术语的分析，而作者从这种思路中脱离出来，在《论语》与《孟子》的文献与历史语境中，详细分析了许多中国文化术语，包括"爱""忧""惧""欲""恶"等，并由此重构了孔子的情感观念。作者主张，尽管"情"后来变得与特定的具体情感相关，但在《论语》中对"情"的最佳翻译仍然是"品质"。体现了正确道德判断与强烈动机力量的道德情感构成了美德品质的重要部分（第二、三章）。

伤感主义者对情感的看法在当代哲学情感理论中处于支配地位，据此，人的价值判断与其感知事物的方式紧密纠缠在一起。例如，一个人认为冰激凌可爱是因为他喜欢冰激凌，一个人认为自己应该帮助卡特里纳飓风的受害者因为他感到了对他们的同情。过去有些学者用这一观点来理解孟子的道德情感（四端），认为道德情感为正确的道德决策提供了全部基础，孟子思想中道德的人很乐意受到道德情感动机力量的驱使。然而，作者通过详细分析一批文本证据，认为道德情感为整个伦理判断提供了很重要但只是一部分的基础，道德自主观念从未屈从于道德情感。作者提出了一个对孟子思想中道德主体的替代性解读，即规范理性能力监管着道德情感的功能（第四、五章）。

此前，关于"情感推及"的问题，学者进行了很多争论，这一问题关乎孟子思想中关于如何修养道德情感的著名理论。他们的基本观点是，一个人被赋予了一系列道德情感，明显指示了在范例情况下做什么事是正确的，而行为主体可以将道德情感"扩充"至其他非范例情况中去，从而完全成长为道德的人。（例如，人出于同情，没有多想就去拯救陷入危险的婴儿，并"扩充"他们的这种同情心去帮助无家可归的人。）问题是，孟子理论中的"扩充"究竟意味着什么？他们提出了三种解读方式："逻辑扩充""情感扩充"与"发展扩充"。作者认为，这三种方式犯了一个共同的错误，即忽视了文化与社会的关键作用，即它们会通过一种既定社会文化传统的特有方式来塑造人的道德反应。作者展现了孟子的道德情感扩充理论在多大程度上根植于孟子理想的儒家社会的文化假设，这让我们重新思考孟子与荀子之间的传统界限，二者分别捍卫了内在与外在的道德基础（第六章）。

[28] Min-kyu Park, Ellen Ott Marshall (Principal Adviser), *The Heroic*

Saint, Junzi, and Bodhisattva: A Cross-religious and Cultural Dialogue of Moral Exemplars, for the Degree of Ph. D. in Religion, The Claremont Graduate University, 2010

【作品简介】

当代比较宗教伦理学学者探究了多种道德典范人物的理想类型，从而理解社会的道德。他们中的许多人讨论了理想的西化类型，特别是"圣人"与"英雄"，就好像这些类型可以被普遍运用于所有社会一样。然而，在东亚社会，"君子"与"菩萨"在传统上被视为道德典范的独特类型。因此，希腊罗马式与犹太基督式传统中的"圣人"与"英雄"的观念不能被普遍运用于跨宗教与跨文化传统的道德典范比较研究。

本文通过在三种不同道德传统的代表之间建立跨宗教与文化的交流，从而将道德典范的三种理想类型概念化。作者通过历史的和解释学的对话，比较了犹太基督教中阿奎那的英雄圣人（heroic saint）、中国儒学中孟子的"君子"与朝鲜佛教中万海的"菩萨"。每一种类型都阐述了多种观念的集合，还讨论了三类观念之间的桥梁观念。

对阿奎那的英雄圣人和孟子"君子"的研究，体现了东西方传统的异同。万海的"菩萨"被视为一种可行的对谈者，它可以将对话转移到东西方或中西方二元对立的视角之外。作者引入万海的佛学理想的典范人物观念，有助于在比较研究领域更好地理解人类道德传统如何在多元的全球化世界中保持活力。

通过考察道德典范过去已有的模型，作比较研究的学者可以了解信仰与行为的异同。道德典范的西化模型，如英雄或圣人，对于试图理解每一种道德传统中道德推理深层结构的比较对话而言并无助益。这种比较研究主张运用一种方法论，从而在伦理上反思当代多元社会的道德独特性。

[29] Thomas Herrnstein, Leslie Pickering Francis (Principal Adviser), *The Challenge of Minor Ethical Matters for the Agent in Business*, for the Degree of Ph. D. in Philosophy, Department of Philosophy, The University of Utah, May 2013

【作品简介】

商业伦理理论倾向于关注商业中的主要伦理问题，而本文主张，商业中的一些次要伦理问题（minor ethical matters）也很重要、不容忽视。此外，一种道德伦理学的批评可以作为指导性方法，从而展现为什么商业中的次要伦理问题是重要的，以及伦理理论如何帮助恰当处理了商业领域中的次要伦理问题。

通过对案例研究、心理实验和哲学思想实验的分析，作者在四章内容里展现了道德伦理批评如何提供了一种对商业领域中次要伦理问题的启发性分析。第一章运用了孟子对主次伦理问题的重要性与值得称赞性的强调，而此后的三章关注两种美德和一种恶习——诚实、虚伪、坦率，解释了它们在商业领域如何与次要伦理问题相关。讲诚实的那章抓住了在商业关系中的次要伦理问题里做到诚实的值得称赞性；讲虚伪的那章回应了在次要伦理问题中商业里的虚伪可以是一种美德的观点，作者主张，在次要伦理问题中诚恳才是道德的，而在特定类型的商业情形中，适当的伪装看似是一种虚伪，实际上却是可取的；讲坦率的那章讨论了主体应该在何种程度上展现自己的私人信息的问题，认为商业中的道德主体在次要伦理问题上都很小心谨慎，特别是在社会联网的媒体面前避免完全暴露。

通过这些分析，作者认为道德伦理批评可以提供一种启发性分析，原因包括：第一，对于商业主体而言，从道德角度来思考可以帮助他们意识到，次要伦理问题应该从伦理角度来思考；第二，从品格角度来思考体现了我们希望商业主体在次要伦理问题上如何行动；第三，从品格立场来处理问题潜在地帮助主体更好地处理商业中的次要伦理问题。

［30］On Ki Ting（丁安祺），Kim-Chong Chong（庄锦章）（Principal Adviser），*Does Morality Require External Sanction？：A Discussion from the Perspectives of Evolutionary Psychology，Mencius and Xunzi*，for the Degree of Ph. D. in Philosophy，Division of Humanities，Hong Kong University of Science and Technology，Aug. 2013

【作品简介】

本文讨论了不具备外在制裁的道德是如何可能存在于自然主义的语境中，呈现了当代西方进化心理学视角与早期儒学尤其是孟子与荀子的视角。由此，在道德判断制定过程中，道德制裁的意义就凸显了出来。

文章第一部分聚焦于对从进化心理学视角提出的帮助行为的解释，专门讨论了道德是否可以被内化，以及进化是否可以为先天内在的道德提供解释。通过这些探讨，在承认道德观念真正价值的过程中，以及在推动人成德的过程中，道德情感的重要性就被提出来了。文章第二部分讨论了孟子与荀子关于道德是不是人性的一部分的不同看法，解释了孟子从道德情感角度提出的本善观以及荀子的性恶论。作者借荀子的观点，提供了一种基于行为动机转换来转变人性的替代性解读。

[31] Se-hyoung Yi, John G. Zumbrunnen（Principal Adviser），*Deliberation and Its Tragic Moment：Deliberative Harmony in Aeschylus' Oresteia and Mengzi's Mengzi*，for the Degree of Ph. D. in Political Science，University of Wisconsin-Madison，2014

【作品简介】

作者借鉴了埃斯库罗斯（Aeschylus）的悲剧与早期儒学中古人对深思熟虑（deliberation）的理解，从而主张和谐应该被理解为在文化与道德冲突语境中深思熟虑的最终目标。作者从跨时代、跨文化、跨流派三个层次来进行比较研究，由此指出，只有当两极化的深思熟虑者（deliberators）意识到一致认同的解决方案不可能达成时，才能真正实现和谐。意识到所面临的道德原则之间的矛盾不可根除的时刻，就是深思熟虑的悲剧时刻，它会引导深思熟虑者在矛盾的中间作为一个社团来共享一种深刻的怜悯与同情的感受，既不根除矛盾，也不缓和矛盾。因此，埃斯库罗斯与孟子中的深思熟虑体现了和谐的一种新层次。和谐不是指没有矛盾，而是让相反但密切联系的两个概念结合在一起的动态时刻：矛盾与友谊。

[32] Yinghua Lu（卢盈华），Douglas L. Berger（Principal Adviser），*The Heart has Its Own Order：The Phenomenology of Value and Feeling in Confucian Philosophy*，for the Degree of Ph. D. in Philosophy，Department of Philosophy in the Graduate School，Southern Illinois University at Carbondale，Dec. 2014

【作品简介】

本文对古典儒家与理学中的价值与情感进行了一种现象学探究，特别关注了孟子与王阳明的思想，并从德国现象学家舍勒（Max Ferdinand Scheler）关于人类的经验体验与价值理论的观念出发来进行探究。现象学的方法与态度探求本质的方式，是诉诸具体的个人的和人际的经验体验，而不是依赖于概念系统的假定。它提供了一种新鲜的和深刻的视角，由此来探究儒家传统中的道德经验形式。为了阐明道德情感与价值是如何相互建立的，作者考察了孟子讨论的道德情感四端中的恻隐之心与仁、羞恶之心与义、辞让之心与礼、是非之心与智之间的"情感—价值"相互关系。文章不仅阐明了道德情感的理想经验，还指出了被王阳明称为"天理"的"良知"的具体内容。这种对儒家价值的现象学表达，特别是在王阳明理论的调解下，通过舍勒思想的澄清，从而反对了教条主义和相对主义的"理"的观念以及对"良知"的没有具体内容的抽象解读，由此，它相对适用于指导我们的道德生活。不同传统中的经验阐述对于现象学与中国哲学研究来说都是有意义的，这种方法让经验分析成为可能，从而为世界上多种文化之间的相互理解提供了更大的可能。

［33］Dobin Choi（崔多斌），Jiyuan Yu（余纪元）（Principal Adviser），*Sentimentalist Virtue Theories of Mengzi and Hume*，for the Degree of Ph. D. in Philosophy，Department of Philosophy，State University of New York at Buffalo，Sep. 2015

【作品简介】

尽管孟子与休谟之间存在时空鸿沟，但二者在情感基础上构建美德理论的努力是相似的。道德情感一般被认为是多变的和主观的，它将相同的哲学任务强加给两位哲学家，即为合适的道德评判呈现一种道德客观标准。作者探究了孟子学说中关于自我修身的道德标准以及休谟对道德的科学分析，从而指出二者都在人心的自然构造中寻求道德情感的终极标准。

乍一看，孟子与休谟展现了不同的道德情感研究方法：孟子的目标是让人通过滋养情感之端来修养道德，而休谟则试图基于道德情感展现道德的实证科学。二者之间在理论目标上的区别将我们引向对二者道德理论的比较研究，然而，休谟对美德的科学探究关注了孟子的道德心理学所没有注意到的暗面，而孟子的自我修身方法也阐明了休谟道德思想中可能被其现代科学思想忽略的道德修养观念。

作者首先考察了孟子的道德情感基础，即"恻隐之心"，并与休谟对同情的描述进行了比较。根据休谟的分析，作者提出了一个假设，即孟子的恻隐之心应该被视为"心"的自然形式的外向表达，而不只是一种自发情感的例子。接着，作者转向了他们的关于道德及其修养的思想。孟子采用了一种道德的发展描述，聚焦于通过扩充对他人的恻隐之心来培养"仁"的方法；而休谟提供了一种从社会和经验的角度来决定道德的大体描述。然而，他们不同的看法在为决定和修养道德设定标准的问题上达成了必然的共识。我们也可以看到，他们都不可避免地从人心内在固有的结构中去寻求这一标准。

这两位哲学家对美德的情感主义描述都与体验（taste）问题密切相关，体验问题也是通过情感来表达的。休谟部分赞同对体验多样性的怀疑论，而孟子从体验的普遍性中寻求"义"的内在固有的种子的关键证据。休谟在美学鉴赏家的情感判断中寻求体验的标准，而孟子强调美学工匠对他们表现的不断培养，由此，我们的经验才能意识到我们对这种表现具有普遍一致的体验。尽管他们关于体验的相反观点与他们对道德的不同强调相匹配，休谟是通过判断来描述道德评价，而孟子是通过表现来描述道德修养，然而，作者指出，二者都依赖于体验的一致性的基础自然原因来作为体验的标准：休谟术语中的"心"的主要构造，或孟子的"心"的自然模式。最后，作者讨论了二者关于利己主义的观点。孟子指出，为"义"而不屈不挠能滋养"浩然之气"，这是一种甚至不需要社会认可就能达到的自我完善的终极境界。类似的，休谟的道德分类包括一些源于自尊心的利己主义美德。这种相似性体现了二者的情感主义方法同步地支撑起了他们道德理论中的人类尊严感。

正如休谟所观察的那样，情感是多变的；也正如孟子所指出的那样，情感是普遍的。这两位哲学家将道德建基于情感之上，不得不将道德与体验的标准置于"心"的自然构造中，这一构造产出了普遍的、独立于环境情势之外的情感。他们同样相信人类"心"中有进行道德导航的道德罗盘（compass），它指引着我们在进行道德判断时考虑其自然模式。这暗示了一种规范力量，它培养了我们的精神能力与道德，从而维护我们自然的"心"的完整而不受外在情势环境因素的影响。

［34］Antonio Di Biagio，Nicholas J. Rengger（Principal Adviser），*The Problem of Order in the Political Thought of Mencius and Aristotle：A Comparative Study*，for the Degree of Ph. D.，University of St. Andrews（United Kingdom），2016

【作品简介】

本文关注亚里士多德与孟子的政治思想中的秩序问题，试图通过探究其语源学的、宇宙论的、形而上学的、心理学的和政治学的内涵，来重构秩序这一古老而长期存在的问题。作者在这两位思想家的理论中将秩序作为规范与美学的结合，认为我们应该考虑理性与非理性因素来提供一个综合理解。当代许多学者在研究这一问题时通常只强调两个层面中的一个，而作者认为，亚里士多德与孟子同样致力于提出一种更具容纳性的关于秩序的解读，其中一种克服了著名的二元论，如超越与内在、统一与多样、心与体。另外，当他们将秩序与善、美等同时，也就意识到秩序在实践语境下的局限性了：一方面，在一种普遍道德规范的抽象概念中，秩序问题有其统一主题；另一方面，由于秩序总是必然暗示了一定程度上的无序，它也具有一种内在固有的情境属性和实践部分的内容。在最后一个层面，亚里士多德和孟子都持有复杂的、老练的道德心理学观点，这代表了秩序的形而上学观念及其社会政治案例之间的联系。对于古希腊与中国传统思想的比较研究，以及秩序在政治理论与国际关系中的特定概念，秩序问题都提供了非常丰富的案例。秩序代表了一种观念，它比其他观念更多地避免了本质主义、具体化和将不同文化传统思想的陌生方案强加于人的风险。

［35］Jing Iris Hu，David B. Wong（黄百锐）（Principal Adviser），*A New Perspective on Sympathy and Its Cultivation*，*with Insights from the Confucian Tradition*，for the Degree of Ph. D. in Philosophy，Department of Philosophy，Duke University，2017

【作品简介】

本文认为，同情心如果可以被很好地培养，就足够激发和产生持续而可靠的利他行为。作者通过创造中西哲学传统之间的对话，论证了这一点。作者将同情心定义为一种四维情感，包括洞察力敏锐的（perceptive）、本能的（visceral）、动机的（motivational）和认知的（cognitive）层面。作者认为，成熟阶段的同情心能够持续激发人，其在道德中的作用无法被其他情感替代。另外，作者认为从一种不稳定的反应飞跃到成熟、持续而可靠的情感，这是通过合适的修养过程实现的。作者还讨论了修身的方法，如礼的实践、理性说服、自我修养等。文章的最后还涉及了同情心的局限性及其修养。

［36］Nicholas Mathew Lassi，Martin Gottschalk（Principal Adviser），*A Confucian Theory of Crime*，for the Degree of Ph. D. in Law，Department Criminal Justice，The University of North Dakota，May 2018

【作品简介】

本文聚焦于先秦儒家哲学，因为作者认为它适合于分析犯罪与犯罪相关的个人控制与社会控制问题。由此，作者发展出了一个全新的和独特的犯罪理论。同犯罪和包括个人控制与社会控制在内的犯罪相关问题有关的材料，被从主流的先秦儒家文献（即孔孟荀）中筛选了出来，被解析并与历史和现代的西方犯罪学思想并列，最终被系统化为一个统一的儒家犯罪理论。儒家视角有助于丰富和增强我们对犯罪的认识和对西方犯罪学的理解，一种基于西方犯罪学的实证研究与理论发展为一个观察与分析儒家犯罪学思想的棱镜。

本论文的一个主要目标是，通过将西方的犯罪和刑罚理论与儒家哲学进行比较，并在适当的时候将它们与儒家哲学相结合，从而在理论构建的背景下加强西方的犯罪和惩罚理论。作者通过合并先秦儒家的哲学作品和塔尔德（Jean-Gabriel Tarde）、赫胥（Travis Warner Hirschi）、高佛森（Michael Ryan Gottfredson）、苏哲兰（Edwin Hardin Sutherland）、布雷思韦特（John Bradford Braithwaite）等人的犯罪学理论，并在二者之间进行观察，从而获得了新奇的理论框架。不同传统之间有着丰富且深刻的理论联系，如赫胥式的社会控制理论（social bonding theory）和儒家的礼、高佛森与赫胥的自我控制理论语境下的预防犯罪的育儿方法（parenting approach）和儒家的育儿实践。通过这种筛选、分析和理论建构，作者提出了一种儒家犯罪理论，详细论述了儒家对犯罪原因与补救措施的阐述。作者在儒家语境中建构了三种主要的对犯罪行为的补救措施：一种对家庭团结与凝聚力的关注；在正式的教育环境中，重要的是在父母监护下的家庭中适当教育孩子；最后是容纳家庭、学校、社会中的礼与亲社会行为（prosocial behavior）的仪式化模式，从而获得社会所需原理的更深刻的意义与理解，从而确保社会的有效功能。

[37] Jesse Andrew Ciccotti（司安杰），William Yau-nang Ng（吴有能）（Principal Adviser），*Do Sages Make Better King? A Comparative Philosophical Study of Monarchy in the Mèngzǐ and Marcus Aurelius's Meditations*，for the Degree of Ph. D. in Philosophy，Department of Religion and Philosophy，Hong Kong Baptist University，Feb. 2019

【作品简介】

《孟子》与罗马帝国后期的马可·奥勒留（Caesar Marcus Aurelius Antoninus Augustus）的《沉思录》塑造了统治者的政治行为以及政治理论的观念与理想，本文考察并比较了二者关于支撑君主中央集权的政治哲学。二者都对现实统治中哲学导向的君主（philosophically-oriented monarch）的作用进行了实质阐述，认为其在专制权威形式下是与人为善的、仁慈的。本文比较了孟子与马可·奥勒留的政治哲学的基本原理，二者都与君主统治相关，由此，作者建立了一个新的政治哲学标准，用于评判当代强中央集权的政治安排。本文并不是为君主或强中央集权政治统治争辩，而是探究孟子与马可·奥勒留提出的政治哲学原理，从而阐明在强中央集权政治体制下的统治者如何运用权力来造福人民，以及在不借助大多数盎格鲁欧洲语境中所流行的政治哲学原理的前提下，如何将这些原理在当代政治环境中转变为实践运用标准。

[38] Ying Zhou，Paul Rakita Goldin（金鹏程）（Principal Adviser），*How to Live a Good Life and Afterlife：Conceptions of Post-mortem Existence and Practices of Self-cultivation in Early China*，for the Degree of Ph. D. in East Asian Languages and Civilizations，Department of East Asian Languages and Civilizations，University of Pennsylvania，2019

【作品简介】

在汉学界，众所周知，身心合一（mind-body holism）是早期中国人类生活观念的最典型特征，有学者甚至认为，早期中国从未出现身心二元论的假设。而本文反驳了这一看法，阐述了早期中国同时存在的关于生与死的争论观点。首先，作者考察了从西周到汉代上层精英的葬礼，从而阐明了从东周到汉代，两种截然相反的死亡观念是如何无缝结合的，这两种观念即缺乏永存的祖灵观和超凡肉身的神仙观。其次，作者通过探究许多早期中国文献中的生与自我修身实践的观念，阐明了身心合一论与身心二元论在早期中国是共存的，身心合一论在《管子·内业》《孟子》《淮南子》的一些部分中表现得尤为明显，而身心二元论则主要体现于《庄子》与《淮南子》的另一些部分。尽管《管子·内业》与《孟子》主张不同类型的自我修身，但二者修身的线索都涉及生命的心理与精神、身体与生理层面的转换。相反，庄子主张一种显著的身心二元论，认为身体会在死亡后崩解并进入宇宙变换之中，但精神实体如果能得到妥善照顾，则可以通过与宇宙的祖先结合来超越肉体形式并获得永存。因此，庄子的修身主要关涉对生命精神层面的参与。《淮南子》描绘了两种直接反对人类的生的观念，它们各适应了一种特殊的人类典范类型。其中的一部分赞成庄子的二元论，认为尽管肉体会腐化，但精神可以永远保持不变；另一部分则赞成《管子·内业》的传统，主张生命是通过精神与肉体的联合来实现持续的，尽管精神与肉体都是可以耗尽、可以毁坏的。这两种类型的人类典范的区别在天体演变过程中已经被预定了，接着它们在影响宇宙秩序的过程中基本分离，它们之间的界限是无法通过自我修身来跨越的。

[39] Robert Anthony Carleo Ⅲ，Yong Huang（黄勇），*Mengzi，Personhood，and Freedoms：The Contours of Confucian Liberality*，for the Degree of Ph. D. in Philosophy，Philosophy Department，The Chinese University of Hong Kong，Nov. 2019

【作品简介】

许多学者认为，孟子的古典儒学中包含着自由主义思想的某些要素，譬如人格尊严、自由、自律，它们有时以典型的自由主义形式出现，有时转型为一种儒学形式。有些人甚至把孟子的学说视为一种自由主义。本文探讨的是：孟子之教义在何种程度上支持自由、在哪些方面支持自由？这些问题首先要求我们考虑，什么叫自由？我们不能简单地衡量一套教义所支持的自由有多少，这也就要求我们首先要确定哪种自由有价值以及如何分配这些自由。作者从"现代自由主义"，特别是密尔（John Stuart Mill）、罗尔斯（John Bordley Rawls）和德沃金（Ronald Myles Dworkin）的个别代表性理论中，汲取了这一标准。本文第一章描述了这种自由主义，第三章则对这三个思想家进行了更详细的分析。现代自由主义的各种理论虽然具有多样性，但共享了一个基本的价值结构，它们通过这个共同的价值结构支持一些非严格界定但特殊的核心自由，并要求这些自由应平等分配。

因此，要想测定孟子在何种程度上、在哪些方面支持自由，就需要研究他的学说与现代自由主义的原则和价值观之间的相配性，本文从第二章至结尾都在探索这些问题。由于孟子和现代自由主义者同样以人性论为他们道德论的基础，故作者从孟子的人性论开始分析，认为孟子通过性善论建立了一种道德平等，要求每个人修养自己内在的道德，尤其是不忍人之心。孟子认为，因为我们本性善良，所以我们的行为应该是善良的。接着，作者考察了自由主义理论的相关方面，设定一般性人格是"自由"的，为每个人的基本道德能力赋予了同等价值，并由此建立某种自由的价值：自由主义者认为，因为我们的基本人格皆一样自由，所以我们彼此应该享有对自己的理想进行批判性追求的平等条件。这两种理论的对比很明显：孟子说我们善，所以我们应该对人善；自由主义者说我们有平等自由，所以应该各自自由。两者的社会道德规范不同，可见许多现代学者将自由主义的某些主张归因于孟子是有问题的。不过，尽管孟子与自由主义者提出了不同的主张，对我们的要求不一样，但是这两种传统还是共享了一些相同的基本价值，因此二者之间具有深厚的对话基础。

[40] Meng Zhang（张萌），Aaron Stalnaker（史大海）（Principal Adviser），*Sentimentalist Virtue Ethics Reconsidered: A Comparison of Mengzi and Hume*, for the Degree of Ph. D. in Comparative Religious Ethics, Department of Religious

Studies，Indiana University，Aug. 2020

【作品简介】

本文对孟子与休谟的伦理思想进行了系统性比较，认为孟子与休谟的伦理观点具有意义重大的类同性：两种伦理形式都在理解道德心理学时主张人性中情感的敏感度，都将道德标准锚定在由关系中相互作用的人类评价活动所产生的情感中，都认为有些道德在于自愿服从于有利人类福祉的社会规范。

学界过去对孟子与休谟的比较研究包括了对二者的误读，在他们的阐述之外需要形而上学的投入。作者基于对两位思想家的准确可靠的解读，提出了一种比较框架。首先，作者将孟子的伦理学从过去那些解读的不可靠的形而上学中分离出来，认为它是一种吸引人的、辩护性的伦理理论；其次，作者讨论了基于情感的伦理学中的制度规范的作用；最后，作者运用孟子式和休谟式的资源重构了一种道德修养的合理模型。由此，作者提出了一种基于情感的美德理论，避免了幸福主义（eudaimonistic）道德伦理的一些问题。从更广泛的层面上看，作者重新思考并批判地鉴赏了启蒙的合法性。

（六）译介

[1] David Collie（柯大卫），trans.，"Memoirs of Mencius"，*The Chinese Classical Work Commonly Called the Four Books*，Malacca：Mission Press，1828

【其他版本】

David Collie（柯大卫），trans.，"Memoirs of Mencius"，*The Chinese Classical Work Commonly Called the Four Books*，Gainesville，Florida：Scholars' Facsimiles & Reprints，1970

【作品简介】

柯大卫是最早将《孟子》翻译为英文的传教士，本作品附有他对《孟子》的注释。全书共分为五部分：第一部分是引言；第二部分是"The Four Books（四书）"；第三部分是"Preface by David Collie（柯大卫的前言）"；第四部分是"Memoirs of Confucius（孔子回忆录）"，包含了对《大学》《中庸》《论语》的介绍；第五部分是"Memoirs of Mencius（孟子回忆录）"，专门介绍了《孟子》，并在《滕文公下》和《离娄上》之间划分界限，从而将《孟子》分为《上孟》和《下孟》两部分，并特别关注了孟子的政治统治思想。

［2］James Legge（理雅各），trans.，*The Chinese Classics：With a Translation，Critical and Exegetical Notes，Prolegomena，and Copious Indexes/* Vol. 2，*The Works of Mencius*，Hongkong & London：Trübner，1861 – 1872（于 1939 年重印）

【其他版本】

James Legge（理雅各），*The Chinese Classics：With a Translation，Critical and Exegetical Notes，Prolegomena，and Copious Indexes/*Vol. 2，*The Works of Mencius*，Oxford：Clarendon Press，1861（于 1895 年重印）

James Legge（理雅各），*The Chinese Classics：With a Translation，Critical and Exegetical Notes，Prolegomena，and Copious Indexes/*Vol. 2，*The Works of Mencius*，New York：J. B. Alden，1883

James Legge（理雅各），*The Chinese Classics：With a Translation，Critical and Exegetical Notes，Prolegomena，and Copious Indexes/*Vol. 2，*The Works of Mencius*，Hongkong：London Missionary Society；London：Oxford and Henry Frowde，1893 – 1895

James Legge（理雅各），*The Chinese Classics：With a Translation，Critical and Exegetical Notes，Prolegomena，and Copious Indexes/*Vol. 2，*The Works of Mencius*，Taipei：Wen Shi Zhe Chubanshe（台北：文史哲出版社），1972

James Legge（理雅各），*The Chinese Classics：With a Translation，Critical and Exegetical Notes，Prolegomena，and Copious Indexes/*Vol. 2，*The Works of Mencius*，Taipei：SMC Publishing Inc.（台北：南天书局），1991

James Legge（理雅各），*The Chinese Classics：Mencius*，Charleston，South Carolina：Bibliolife，2010

James Legge（理雅各），*The Chinese Classics：With a Translation，Critical and Exegetical Notes，Prolegomena，and Copious Indexes/*Vol. 2，*The Works of Mencius*，Shanghai：East China Normal University Press（上海：华东师范大学出版社），2011

【作品简介】

本书包括三部分：第一部分为"The Prolegomena（前言）"即本目录在上文中"专著中的章节"部分介绍过的"James Legge（理雅各），"Book Ⅱ. Mencius"，*The Prologomena to the Chinese Classics of Confucius and Mencius*，Oxford：

Oxford University Press，1907”一条；第二部分是对《孟子》全文的翻译与解析；第三部分是附录，对一些文化专有术语进行了翻译和解释。

[3] Augustus Ward Loomis（罗密士），trans.，*Confucius and the Chinese Classics*，*or*，*Readings in Chinese Literature*，San Francisco：A. Roman & Company，1867（于 1882 年重印）

【作品简介】

本书共分为四部分：第一部分是 "History and Biography（历史与传记）"，介绍了本书的背景，包括从中国古代到西方基督纪元的时代背景、中国古代的环境背景和孔子其人的生平背景；第二部分是 "The Four Books（四书）"，按顺序对《论语》《大学》《中庸》《孟子》分别进行了专题性整理，其中，《孟子》部分的介绍分为五章，包括政治统治思想、形而上学与道德思想、理想人格、国内制度和杂篇，每一章都是围绕该章主题的摘录；第三部分是选集，围绕许多古代文化专题进行了专题性论述；第四部分是编者对中国圣哲文化原则和教义的评价。

[4] Ernst Faber（花之安），Arthur B. Hutchinson（trans.），*The Mind of Mencius*，*or*，*Political Economy Founded upon Moral Philosophy：A Systematic Digest of the Doctrines of the Chinese Philosopher Mencius*，*B. C. 325*，Boston：Houghton，Mifflin，1882（英文译本）

【其他版本】

Ernst Faber（花之安），*Eine Staatslehre Auf Ethischer Grundlage：Oder*，*Lehrbegriff Des Chinesischen Philosophen Mencius*，Elberfeld：R. L. Friderichs，1877（法语原版）

Ernst Faber（花之安），Arthur B. Hutchinson（trans.），*The Mind of Mencius*，*or*，*Political Economy Founded upon Moral Philosophy*，London：Trübner，1882（英文译本）

Ernst Faber（花之安），Arthur B. Hutchinson（trans.），*The Mind of Mencius*，*or*，*Political Economy Founded upon Moral Philosophy*，London：Routledge，1882（于 2000、2018 年重印）（英文译本）

Ernst Faber（花之安），Arthur B. Hutchinson（trans.），*The Mind of Mencius*，*or*，*Political Economy Founded upon Moral Philosophy*，Whitefish，MT：Kessinger Pub.，1882（于 2003 年重印）（英文译本）

Ernst Faber（花之安），Arthur B. Hutchinson（trans. ），*The Mind of Mencius*, *or*，*Political Economy Founded upon Moral Philosophy*：*A Systematic Digest of the Doctrines of the Chinese Philosopher Mencius*，*B. C. 325*，Tokyo：Nippon Seikokwai Shuppan Kwaisha，Yokohama Kelly & Walsh Ltd. ，1897（英文译本）

【作品简介】

花之安指出，虽然当时《孟子》已被翻译成多种语言，但由于中国古典哲学著作缺乏系统性，故其内在逻辑与理论框架在西方世界仍不明确。在列强入侵的背景下，中西方之间缺乏相互理解，故他希望能通过系统化的解读来向西方世界介绍孟子的思想。他以焦循的《孟子正义》为主要依据，摘取《孟子》中的关键段落进行了翻译和评介。本书分为三大部分：第一部分是"The Elements of Moral Science（道德科学的要素）"，包括"Concerning Properties（相关属性）"与"Virtues and Corresponding Duties（美德及其相应义务）"两个小部分；第二部分是"The Practical Exhibition of Moral Science（道德科学的实践表现）"，包括"In the Individual Character（个人品格）"与"The Ethico-Social Relations（伦理－社会关系）"两个小部分；第三部分是"The Result Aimed at in Moral Development：The Organisation of the State（成德的目标：治国）"。孟子的治国论以其人性论为伦理学基础，由此，花之安对比了墨子、杨朱与孟子，并与政治经济学分析紧密结合。同时，他也从传教士的立场出发，对比了中西德性，提出了一些批评意见。

［5］Tingfang Wu（伍廷芳），"Confucius and Mencius"，*Ethical Addresses*，Feb. 1901，Series 8，Issue 2，pp. 21 – 38

【作品简介】

伍廷芳是近代外交家、法学家、政治家，是首位取得外国律师资格的华人，也是香港首名华人立法局议员，官至中华民国外交总长。本文是较早对孔孟的历史背景、生平事迹、思想主张进行介绍与概述的作品。文章大概分为三部分，第一部分是对孔子的介绍，第二部分是对孟子的介绍，第三部分是作者对传教士汉学研究的评价，以及对东西方文化交流的看法。

［6］Frederick Storrs Turner（丹拿），trans. ，*Mencius*，London：Harrison and Sons，1907

［7］Yutang Lin（林语堂），trans. ，*The Four Books*，*or*，*The Chinese Classics in English*（中西四书），Shanghai：China Book Company（上海：中华图书

馆），1914

[8] Leonard Arthur Lyall（赖发洛），trans.，*Mencius*，London，New York，Toronto：Longmans，Green and Co.，1932

【作品简介】

本书在翻译过程中给每一篇中的每一章都加上了概括性的事件标题，使每一章的人物信息一目了然，有些标题甚至还概述了所问所答的关键词。在翻译过程中，作者还给出了丰富的注释。

[9] Lionel Giles（翟林奈），trans.，*The Book of Mencius（Abridged）*，New York：Dutton，1942

【其他版本】

Lionel Giles（翟林奈），trans.，*The Book of Mencius（Abridged）*，London：John Murray，1942（于 1983 年重印）

Lionel Giles（翟林奈），trans.，*The Book of Mencius（Abridged）*，Boston：Charles E. Tuttle，1942（于 1993 年重印）

【作品简介】

本书以极精简而缩略的方式有选择性地传达了孟子的思想，仅用了一百二十页的篇幅。

[10] Guillaume Jean Pierre Pauthier（卜铁），Duncan Greenlees（trans.），*The Gospel of China：Love Virtue，and then the People will be Virtuous*，Adyar，Madras：Theosophical Publishing House，1949

【其他版本】

Guillaume Jean Pierre Pauthier（卜铁），*Confucius et Mencius：Les quatre livres de philosophie morale et politique de la Chine*，Paris：Charpentier，1841（于 1845、1846、1852、1858、1862、1868 年重印）（法语原版）

Guillaume Jean Pierre Pauthier（卜铁），Johann Andreas Schmeller（trans.），*Confucius und Mencius：Die vier bücher der moral und staatsphilosphie China's*，Crefeld：J. H. Funcke，1844（德语译本）

[11] Ezra Pound（庞德）（trans.），David McCall Gordon（commentary），"Mencius Ⅲ. ⅰ. Ⅲ."，Ezra Pound（庞德），David McCall Gordon，Enzo Siciliano，*Every Man Has the Right to Have His Ideas Examined One at a Time：Canto XIV; Mencius Ⅲ ⅰ Ⅲ.*，Genova：Ana eccetera，1959

【作品简介】

本书的第四页至第九页为庞德的《诗章 14》，由 Enzo Siciliano 翻译成意大利文，该选段引用了《孟子》中的词句，彰显了庞德的儒者身份。而本书的主体部分为庞德所未完成的《孟子》的英文译稿，由 David McCall Gordon 进行了注释。

[12] James Roland Ware（魏鲁男），trans., *The Sayings of Mencius*, Taipei：Confucius Publishing Company，1959（于 1970 年重印）

【其他版本】

James Roland Ware（魏鲁男），trans., *The Sayings of Mencius*，New York：New American Library，1960

【作品简介】

译者在开头写了一篇很详细的引言，内容包括孟子生平传记，以及墨翟、杨朱、庄周、列御寇、荀况等人的思想，并对他们的思想进行了评价，具有比较研究的性质。

[13] William Theodorede Bary（狄百瑞），Wing-tsit Chan（陈荣捷），Burton Dewitt Watson（华兹生），eds.，"Mencius on Government and Human Nature：Selections from the Mencius"，*Sources of Chinese Tradition*（Vol. 1），New York，London：Columbia University Press，1960，pp. 86 – 98

【作品简介】

编者先对孟子的政治哲学与人性论进行了简要介绍，接着开始分专题节选《孟子》原文并进行翻译。这些专题包括："Human Nature（人性论）""Humane Government（仁政）""The Economic Basis of Humane Government（仁政的经济基础）""The Well-field System（井田制）""Importance of the People and the Right of Revolution（民贵与革命的正义性）""Mencius' Defense of Filial Piety（孟子对孝的维护）"。每个专题的开头都有一小段对孟子关于该专题的观点概述。

[14] Chiu-Sam Tsang（曾昭森），*Mencius*，Vol. 1，Issue 1，Jul. 1961，*Chung Chi Journal*（《崇基学报》），pp. 48 – 67

【作品简介】

作者先对孟子的生平与思想成就进行了评价，接着分专题介绍了孟子的思想，共包括三个专题："Political Philosophy of Mencius（孟子的政治哲学）"

"Mencius and His Contemporaries（孟子及其同时代思想家）""Education and Psychology（教育与心理学）"。在介绍每个专题的过程中，作者都大量引用了《孟子》原文，并进行了评析。

［15］William Arthur Charles Harvey Dobson（杜百胜），*Mencius：A New Translation Arranged and Annotated for the General Reader*，Toronto：University of Toronto Press；London：Oxford University Press，1963（于1966年重印）

【其他版本】

William Arthur Charles Harvey Dobson（杜百胜），*Mencius：A New Translation*，Toronto：University of Toronto Press，1966

William Arthur Charles Harvey Dobson（杜百胜），trans.，"Selections, The Book of Mencius"，RogerEastman，ed.，*The Ways of Religion*，3rd ed.，New York；Oxford，England：Oxford University Press，1999

【作品简介】

译者对《孟子》进行了一种自由的文学复述，相较于还原孟子原意，译者更倾向于借助孟子的思想来表达自己的思想。

［16］Wing-tsit Chan（陈荣捷），"Idealistic Confucianism：Mencius"，*A Source Book in Chinese Philosophy*，Princeton：Princeton University Press，1969

【作品简介】

本文先对孟子其人其书进行了简要介绍，概述了其思想要点，以及对后世的影响。接着以《孟子·告子上》为重点进行了翻译和解读，每一章后都附有一段译者的评论。最后又编选了一些文段，同样也附有评论。

［17］Dim Cheuk Lau（刘殿爵），trans.，*Mencius*，London：Penguin Books，1970（于2004年重印）

【其他版本】

Dim Cheuk Lau（刘殿爵），trans.，*Mencius*，Hong Kong：Chinese University Press，1983（于1984、2003年重印）

【作品简介】

该译本一经问世，就在学界引发了重大反响。时至今日，它仍被视为西方孟学研究参考文本的标准。本书在开头有一篇详细的引言，在结尾有五篇很重要的附录。第一篇是"The Dating of Events in the Life of Mencius（孟子生命大事年表）"，第二篇是"Early Traditions about Mencius（关于孟子的早期传

统）"，第三篇是"The Text of the *Mencius*（《孟子》的文本背景）"，第四篇是
"Ancient History as Understood by Mencius（孟子理解的古代历史）"，第五篇是
"On Mencius' Use of the Method of Analogy in Argument（关于孟子在论证过程中
对类比方法的运用）"。

[18] Junchao Shi（史俊超），*The Sayings of Mencius*，Hong Kong：Zhiwen
Chubanshe（香港：志文出版社），1973

[19] Philip Kheng Hoe Chew，ed.，*A Gentleman's Code：According to Con-
fucius，Mencius and Others*，Singapore：Graham Brash，1984（于 1995、2000 年
重印）

【作品简介】

本书围绕"君子"这一议题，节选了《论语》《孟子》等经典中的语录
片段进行翻译，并加以文学、哲学等层面的解释。

[20] Tsai Chih Chung（蔡志忠）（ed. /illustrate），En Tzu Mary Ng（吴恩
慈）（trans.），*The Sayings of Mencius：Wisdom in a Chaotic Era*，Singapore：
Asiapac，1991

【其他版本】

Zhizhong Cai（蔡志忠），Brian Bruya（trans.），*Mencius Speaks：The Cure
for Chaos*（孟子说：乱世的哲思），Beijing：Modern Press（北京：现代出版
社），2005

Tsai Chih Chung（蔡志忠），Brian Bruya（trans.），*Meng Zi Shuo：Luan Shi
de Zhe Si*（孟子说：乱世的哲思），Sydney：CPG International，2008

【作品简介】

本书是中英文对照读物，并配有丰富而生动的连环画式插图。开头先介
绍了孟子的生平，接着开始翻译《孟子》一书。从《梁惠王》上、下，到
《尽心》上、下，每一部分都摘取了经典段落进行翻译和绘画诠释。

[21] Zhentao Zhao（赵甄陶）（trans. into English），Wenting Zhang（张文
庭）（trans. into English），Dingzhi Zhou（周定之）（trans. into English），Bojun
Yang（杨伯峻）（trans. into modern Chinese），*Mencius*，Hunan，China：Hunan
People Publishing House，1993

【作品简介】

本书是中英文对照读物，以杨伯峻的译本为基础进行英文翻译。

［22］William Arthur Charles Harvey Dobson（杜百胜），trans.，Victor Henry Mair（梅维恒），ed.，"Mencius："Bull Mountain'；'Fish and Bear's Paws'"，*The Columbia Anthology of Traditional Chinese Literature*，New York：Columbia University Press，1994，pp. 20 – 21

【作品简介】

本文摘录了《孟子》的"牛山之木尝美矣"和"鱼与熊掌"两章并进行了解析与评价。

［23］David Hinton（亨大卫），*Mencius*，New York：Counterpoint Press，1998（于1999年重印）

【其他版本】

David Hinton（亨大卫），*Mencius*，Berkeley，CA：Counterpoint，2015

［24］Muzhi Yang（杨牧之），*Mencius*，Hunan：Hunan People's Publishing House，1999

［25］Bryan William Van Norden（万百安），trans.，"Chapter Three Mengzi（Mencius）"，Philip John Ivanhoe（艾文贺），Bryan William Van Norden（万百安），eds.，*Readings in Classical Chinese Philosophy*，New York：Seven Bridges Press，2001

【其他版本】

Bryan William Van Norden（万百安），trans.，"Chapter Three Mengzi（Mencius）"，Philip John Ivanhoe（艾文贺），Bryan William Van Norden（万百安），eds.，*Readings in Classical Chinese Philosophy*，2nd ed. Indianapolis，Ind.；Cambridge，Mass.：Hackett Publishing Company，2005

Bryan William Van Norden（万百安），trans.，*Mengzi：With Selections from Traditional Commentaries*，Indianapolis Ind.：Hackett Publishing Company，2008

Bryan William Van Norden（万百安），ed.，*The Essential Mengzi：Selected Passages with Traditional Commentary*，Indianapolis，Ind.：Hackett Publishing Company，2009

【作品简介】

该译本是选译本，在开头附有介绍性前言。

［26］Muller Albert Charles（马勒），*Five Chinese Classics*，2003

［27］Donald B. Wagner（华道安），ed.，*A Mencius Reader：For Beginning and Advanced Students of Classical Chinese*，Copenhagen：NIAS；London：Taylor & Francis，2003（于 2004 年重印）

［28］Kujie Zhou（周奎杰），ed.，*A Basic Mencius：Wisdom and Advice of China's Second Sage*，San Francisco：Long River Press，2005（于 2006 年重印）

【作品简介】

本书对《孟子》的核心思想进行了分类整合，分为"Will and Study（意志与学习）""Duty and Moral Character（责任与道德品质）""Handling One's Affairs（处理个人事务）""In Society（在社会中）""Affairs of State（国家事务）""Principles of Cultivation（修身原则）"这六类，每一类下面都包含了若干相关的孟子教诲，每一条教诲的标题下面都是对其出自《孟子》原文段落或相关典故的翻译和介绍。

［29］Xiqin Cai（蔡希勤）；Zuokang He（何祚康），Ling Yu（郁苓），trans.；Shiji Li（李士伋）（illustrate），*Mencius Says*（《孟子说》），Beijing（北京）：Sinolingua（华语教学出版社），2006（于 2007、2009 年重印）

【其他版本】

Xiqin Cai（蔡希勤）；Zuokang He（何祚康），Ling Yu（郁苓），trans.；Shiji Li（李士伋）（illustrate），*Mencius Says*（孟子说），Petaling Jaya：ZI Publications，2009

Xiqin Cai（蔡希勤）；Zuokang He（何祚康），Ling Yu（郁苓），trans.，Shiji Li（李士伋）（illustrate），"*Mencius Says*（《孟子说》）"，*The Collected Works of Ancient Chinese Philosophy*（《中国古代哲学思想选集》），*Vol.* 4，Beijing（北京）：Sinolingua（华语教学出版社），2013

【作品简介】

本书节选了《孟子》中的一百个选段，进行配图、英译、注释和文白翻译。

［30］Naiying Yuan（袁乃英），James Geiss（盖杰民），Haitao Tang（唐海涛），*Classical Chinese：Supplementary Selections from Philosophical Texts*，Princeton，NJ：Princeton University Press，2006

【其他版本】

Naiying Yuan（袁乃英），Haitao Tang（唐海涛），James Geiss（盖杰民），

"孟子选读 Selections from the Book of Mencius",《经子选读》 *Classical Chinese* (*Supplement* 4)：*Selections from Philosophical Texts*, Princeton, NJ：Princeton University Press, 2018, pp. 126 – 204

[31] Daniel K. Gardner（贾德讷）, trans. , *The Four Books：The Basic Teachings of the Later Confucian Tradition*, Indianapolis：Hackett Publishing Company, 2007

[32] Jason Steuber, ed. , "Mengzi", *China：3000 Years of Art and Literature*, New York, San Francisco：Welcome Books, 2008, p. 104

【作品简介】

本书共分为八个主题章节，内容涉及生活、自然环境、爱与家、心与记忆、食物与饮料、战争与政治、宗教与精神、死亡与来世。作者在每一章中都摘录了中国经典的文学作品，按时间顺序排列，追溯了中国的历史，并配有精美的博物馆藏品插图，从牛肩胛骨上的占卜文字到近现代政府的宣传海报，展现了中国丰富的绘画和物品。其中，"孟子"一节被安排在了"Mind and Memory（心与记忆）"一章，摘录的内容是《孟子·告子上》的第二节，即用水来比喻人性善的言论。

[33] Irene T. Bloom（卜爱莲/华霭仁）（trans. ）, Philip John Ivanhoe（艾文贺）（ed. ）, *Mencius*, New York：Columbia University Press, 2009

[34] Xingwu Xu（徐兴无）, David B. Honey（韩大伟）, *Mencius*, Nanjing：Nanjing University Press（南京：南京大学出版社）, 2010

[35] En Tzu Mary Ng（吴恩慈）（trans. ）, Chunjiang Fu（傅春江）（illustrate）, *Inspiration from Mencius：Celebrating the Splendour of Human Spirit*, Singapore：Asiapac Books Pte Ltd. , 2013

[36] Thomas Radice（雷之朴）, *Mencius*, New York：Oxford University Press, 2014

[37] Zhiye Luo（罗志野）, trans. , *Book of Poetry, the Analects of Kong Qiu, Meng Ke's Social and Political Philosophy*, Nanjing：Southeast University Press（南京：东南大学出版社）, 2014

[38] Zhu Xi（朱熹）, Bryan William Van Norden（万百安）（trans. ）, "Collective Commentaries on the Mengzi", Justin Tiwald（田史丹）, Bryan William Van Norden（万百安）, eds. , *Readings in Later Chinese Philosophy：Han Dynasty*

to the 20th Century, Indianapolis, Ind. : Hackett, 2014

[39] Kurtis G. Hagen, Steve Coutinho, trans. , "Meng Zi (Mencius)", Philosophers of the Warring States: A Sourcebook in Chinese Philosophy (With Commentary by Kurtis Hagen and Steve Coutinho), Peterborough, Ont. : Broadview Press, 2018

[40] Eastern Philosophy: The Art of War; Tao Te Ching; The Analects of Confucius; The Way of the Samurai; The Works of Mencius, London: Arcturus Publishing, 2020

索　引

中文术语索引

英文术语索引

后 记

　　2016 年，我申请了一个国家社会科学基金项目，项目名称是"先秦秦汉性字词义及其与人性论关系研究"。该项目后来聚焦于两个领域，一是早期性字词义，二是孟子性善论的阐释与理解问题。前者涉及人性概念在先秦至两汉的多义性，后者涉及孟子性善论的解释问题。在第一个领域，我重点分析了先秦至两汉一批子书中所使用的人性概念，这就是呈现在本书第一编的主要内容。在第二个领域，我不仅系统查阅了从古代、民国到现当代学者的多种相关研究，还重点研读了一批日本、朝鲜、韩国有关孟子人性论的古代研究文献。这些文献主要限于现代以前，全部为古汉语写成，故无阅读障碍。此外，对于西方汉学中的孟子研究成果，特别是如葛瑞汉、安乐哲、信广来、华霭仁（又译卜爱莲）等人的研究，我早在 2003—2004 年赴美进修期间就有所了解，也收集了一些资料。课题下来后，我又专门收集了一些新的研究成果。在这些资料基础上，我撰写了一批论文并发表，后又结集成书，于2022 年 10 月以《性善论新探》为名正式出版了。但在从事这一项目的过程中所收集的材料，特别是所写下的读书笔记，我觉得可能还有一定价值。目前大家所看到的这本书，正是在当初收集的材料及读书笔记的基础上整理而成的。

　　本书之所以没有做成纯粹的资料汇编，主要因为它是源于我的一个国家社会科学基金项目的读书笔记。如果变成纯资料汇编，一方面原来笔记中的各种个人看法将消失，另一方面也会涉及域外文献的版权问题。同时纯粹的资料汇编需要花大量时间从事翻译，这是我一时做不到的。

　　我在收集材料的过程中，发现自己无法做到事无巨细，只能有重点、有选择地进行。这一点，我希望读者能够理解。但如果读者发现有些确实重要的人物或文献，本该收入而未收入，我非常希望读者能告诉我。人物不全的另一个原因，当然也与我自己的语言局限有关。比如德语、法语等非英语写的西方成果，以及现代人用日语、韩语、越南语写的研究成果，本书基本没有涉及。这不得不说是一个遗憾。希望将来能与通晓这些语言的研究者合作，将本书内容拓宽。

本书几乎一半内容由博士生闫林伟和简佳星完成。本书原未计划与学生合撰，但撰写到后期，发现由我一个人完成精力不足，所以想到请闫林伟协助我写（他以前研究过相关内容，又正好有充裕时间），后来简佳星则是原书快要写完时意外加入的。闫、简二人的加入都不是最初的决定，但都写了不少内容（其中闫林伟17万字、简佳星27万字［WORD字数］）。闫、简二人根据我的布置撰写。其中闫林伟主要完成了以下内容：第二编"隋唐以来学者论人性善恶"中的刘宗周、朱舜水、黄宗羲等人，第三编"亚洲其他国家学者论人性善恶"中的李退溪、李栗谷、徐滢修、尹行恁、柳建休、阮文超、阮德达等人，第四编"欧美汉学论人性善恶"中的牟复礼（Frederick W. Mote）、倪德卫（David S. Nivison）、安靖如（Stephen C. Angle）等人；第五编"现代中国学者论人性善恶"中的胡适、蒙文通、钱穆、李泽厚等人，以及附录一、二中的部分内容。闫林伟的参与，减轻了我不少劳动。此外，闫林伟亦撰写了术语索引。完稿之际，适逢简佳星回国，带回不少资料，我发现她的工作适合作为本书附录，故附录四均是她所写。另外，她又在第四编"欧美汉学论人性善恶"部分补充了陈汉生（Chad Hansen）、艾兰（Sarah Allen）、Joanne Davison Birdwhistell、方岚生（Franklin Perkins）这四位汉学家的内容。考虑到各人的写作有风格、特点差异，为了让读者易于辨认，也为了充分体现他们的工作，本书凡是由他们完成的部分，均在结尾注明。未注明部分，均由我个人完成。

最后还想说明一点，书稿完成后，我发现此书不少地方仍带读书笔记性质。读书笔记的特点是比较简约、随意，上下文关联不清。有些点评代表当初的想法，但未必恰当，至少现在看来并不中肯（如第五编第169章"张祥龙"部分的点评，五校时感觉问题可能较大，但已来不及大改），甚至可能有误解。阅读校样时我深深感到，要对他人成果作出精准恰当的评述，是多么不易，而我对自己的评述文字，往往事后不满意。虽然修订过程中作了大量完善，肯定仍有不少问题，盼海内外方家指正。

方朝晖

2023 年 9 月 12 日星期二

图书在版编目（CIP）数据

古今中外论人性及其善恶：以孟子为中心：全三卷／
方朝晖，简佳星，闫林伟著． -- 北京：社会科学文献出
版社，2023.11

ISBN 978 - 7 - 5228 - 2402 - 4

Ⅰ．①古…　Ⅱ．①方…②简…③闫…　Ⅲ．①孟轲（
前390 - 前305年）- 性善论 - 研究　Ⅳ．①B82 - 069
②B222.55

中国国家版本馆 CIP 数据核字（2023）第 165155 号

古今中外论人性及其善恶（全三卷）
——以孟子为中心

著　　者／方朝晖　简佳星　闫林伟

出 版 人／冀祥德
责任编辑／曹义恒
责任印制／王京美

出　　版／社会科学文献出版社（010）59367126
　　　　　　地址：北京市北三环中路甲29号院华龙大厦　邮编：100029
　　　　　　网址：www.ssap.com.cn
发　　行／社会科学文献出版社（010）59367028
印　　装／三河市东方印刷有限公司

规　　格／开　本：787mm × 1092mm　1/16
　　　　　　印　张：83.25　字　数：1405千字
版　　次／2023年11月第1版　2023年11月第1次印刷
书　　号／ISBN 978 - 7 - 5228 - 2402 - 4
定　　价／398.00元（全三卷）

读者服务电话：4008918866